전정판

Peace and Arms Control of the Korean Peninsula

한반도 평화와
군비통제

한용섭 저

박영사

전정판에 부처

2004년 7월에 『한반도 평화와 군비통제』의 초판이 출판되었고, 그해 12월 한국국제정치학회에서는 이 졸저에 대해서 2004년의 학술상을 수여하였다. 2005년 2월에, 초판에다가 "한반도의 평화체제에 대한 새로운 접근방법"과 "6자회담을 이용한 북핵문제의 해법"을 새로운 장으로 첨가하여 수정판을 내놓게 되었다.

그로부터 10년이 경과한 지금, 본 전정판은 2005년 수정판에다가 그동안 악화된 남북한관계와 중국의 부상 이후 한층 복잡해진 국제적 상황을 감안하고 변화된 국제비확산 및 군비통제 환경 속에서 한반도에서 평화와 군비통제를 이루려면 어떻게 해야 할 것인가에 대한 해답을 제시하고자 노력하였다.

또한 전정판은 초판과 수정판의 순서를 대폭 수정하여서, 제1부에 한반도의 평화를, 제2부에는 유럽의 헬싱키 프로세스와 군축을, 제3부에서는 한반도의 재래식 군비통제를, 제4부에는 국제핵비확산체제와 동북아를, 제5부에는 북핵문제에 대한 새로운 접근을 다루고자 하였다. 각 분야에는 10년간의 변화된 환경을 새롭게 분석하고, 안보와 군사문제를 군비통제 프레임워크로 해결할 수 있는 새로운 접근방식 등을 다루고자 하였다.

2005년 2월에 필자가 출판한 수정판의 제1부를 "북핵문제의 해법"이라고 명명하고, 6자회담을 이용한 북핵문제의 해결방식을 제시하고자 했는데, 그해 9월에 나온 9.19공동성명은 본 저서와 대체로 일치하는 협상결과가 담겨 있어서 다행이란 생각이 들었다. 또한 2009년 광복절 기념사에서 이명박 전 대통령은 북핵문제를 풀기 위해 그랜드바겐 방식을 제안하였는데, 필자의 수정본에서는 그랜드바겐이 네 군데 있다는 것을 어느 학생이 발견하여 보여주어서 필자는 그런 개념을 5년 전에 제시했던 것에 대해서 보람을 느꼈다. 그러나 지금 6자회담은 깨어지고, 북한의 핵능력은 한층 강화되고 있으며, 한반도는 평화는커녕 긴장이 최고조에 이르게 되었다. 해방 70주년, 분단 70년을 맞는 지금, 한반도는 일촉즉발의 위기에서 서성거리고 있다. 북핵문제는 더욱 엄중하고 장기적인 문제가 되어 백약이 무효하게 되었고, 한국은 통일만이 북핵을 포함한 모든 북한문제의 해법이라고 외치고 있으며, 북한은 핵보유의 공고화만이 살길이고 경제·핵개발 병진 정책이 미국, 한국과 겨루어 승리를 달성할 수 있다고 강변하고 있다. 이런 상황에서도 지식인은 현재의 난관을 꿰뚫고 평화스럽고 안전한 미래를 달성할 수 있는 방법을 찾아내어야 한다는 각오로 전정판을 쓰게 되었다.

이 책의 제1부는 가장 근본적인 이슈 즉 한반도의 평화에서 출발하기로 하였다. 이 책의 제2부는 "유럽의 헬싱키프로세스와 군축"이라고 하고, 1장에서는 헬싱키프로세스를 심층 분석하기로 한다. 2장에서는 유럽의 군축을 다루고, 3장에서는 유럽의 안보협력기구(OSCE)와 동북아에의 함의를 다룬다.

이 책의 제3부는 한반도의 군비경쟁과 재래식 군비통제를 다루기로 하였다. 전정판의 제4부에서는 국제핵비확산체제, 글로벌 핵안보레짐, 동북아의 핵군축, 유엔에서의 군비통제 등에 대해서 2005년부터 10년간 핵비확산, 핵군축, 핵안보, 핵안전 등에 대해서 변화된 사항들을 추적·분석하여 새로운 내용을 담으려고 노력하였다.

그리고 제5부에서는 북핵문제에 대한 6자회담의 공과를 분석하고, 한반도 신뢰구축과 북핵문제를 연계시킨 해결방안을 제시하려고 노력하였다.

새벽이 가까워질수록 어둠이 더 짙다고 했던가? 평화와 군비통제가 이루어지기 전에 군비경쟁은 더 치열하고 군사적 긴장은 더 높아만 가고 있다. 이 암담한 현실 속에서도 우리는 후손들에게 남북한 간의 전쟁과 경쟁의 역사보다는 평화와 협력의 역사를 만들고 평화통일의 기반을 구축해서 전해 주어야 하지 않겠는가 하고 생각한다. 남북한의 지도자들과 여론 지도층은 우리 한민족의 역사 앞에 진실하고 겸손한 자세로 평화와 협력을 만들어 내기 위해 노력하는 자세를 보여야만 할 것이다. 이 전정판이 이러한 노력을 하는 사람들에게 조그만 길이라도 보여줄 수 있다면 하는 소원을 담고자 노력하였다.

전정판의 출판을 기꺼이 맡아 준 안종만 박영사 회장님과 관계자들에게 감사드린다. 그리고 이 책을 계속해서 사랑해 준 독자들에게 감사드린다. 이 전정판의 수정 작업을 맡아 도와 준 국방대 원승종 박사과정 학생, 교정에 노력을 기울인 정상혁, 이준상 대학원생들에게도 감사를 드린다. 본서의 모든 내용은 저자 개인의 의견임을 밝히며, 부족한 점들은 모두 저자 개인의 책임이므로 독자 여러분들이 좋은 가르침을 주시기를 바라는 바이다.

2015년 10월 15일
수색 국방대의 학구재에서
한용섭

수정판 서 문

본 저서의 초판이 2004년 7월에 발행된 이후, 2004년 12월에 한국 국제정치학회에서 올해의 저술상을 받게 되었다. 이 저술상을 수상하면서 감사를 드리고 싶은 분들이 많다.

대학졸업 때부터 지금까지 계속 군사안보분야에 전념해서 전문가가 되라고 격려해 주셨던 고 구영록 교수님을 추모하며, 감사드린다. 서울대학교의 은사님이셨던 이홍구, 길승흠, 최명, 김학준, 안청시 교수님께 깊은 감사를 드린다. 국제정치학회에서 군사안보분야의 학술사업과 세미나를 계속할 수 있도록 늘 지도와 격려를 해주신 황병무 전 회장님을 비롯한 역대 회장님들과 임원들, 우리의 학술사업에 지원을 해주신 역대 국방부 장관님들(특히 권영해, 조성태, 김동신, 조영길)께도 감사를 드린다. 한반도 군비통제에 대해 많은 대화를 나누면서 지도를 아끼지 않으신 임동원 전 통일부장관님께도 감사를 드린다.

1998년 8월 15일 정부수립 50주년을 기념하면서 저자는 한국 평화학회의 창립을 주도한 바 있는데, 최상용, 하영선 역대 회장님, 문정인 현 회장님, 평화학회와 한국 군비통제연구모임을 같이 꾸려 왔던 동료 교수와 학자들에게도 감사를 드린다. 국방대 권영기 총장님을 비롯한 국방대 동료 교수님들에게도 이 책을 쓸 수 있는 시간과 지원을 제공해준 데 대해 감사를 드린다.

돌이켜 보면 이 책을 쓰는 데에 15년이 걸렸다고 할 수 있다. 15년간의 현장경험과 이론연구가 반영된 것이라고 할 수 있다. 지난 15년간 저자는 몇 가지 질문을 가지고 이에 대한 해답을 얻기 위해 노력해 왔다.

유럽은 15년 전에 무기를 쟁기로 바꾸는 군비통제를 성공시키고 탈냉전이 되었는데 왜 한반도는 아직 냉전을 벗어나지 못하고 있는가? 한반도에서 군비통제를 달성하고 탈냉전을 달성하는 방법은 무엇인가? 중동에서는 1973년 전쟁 후에 평화체제가 정착되었는데, 왜 한반도는 아직도 정전체제 하에서 군비경쟁을 계속해야되는가? 북한은 1991년부터 1994년까지 한국과 미국이라는 상대를 바꾸어 가면서 핵협상을 한 결과 협상에 성공했고 핵무기옵션도 유지했는데, 왜 그렇게 되었는가? 제2차 북한 핵 위기를 해결하는 방법은 무엇인가?

이와 관련된 대표적인 저자의 경험을 들자면, 1991년부터 1992 사이에 전개된 남북한 핵협상에 직접 참가함으로써 북한에 대한 참여관찰과 협상에 대한 개인적인 아이디어를 적용할 수 있는 기회를 가졌다. 한·미의 팀스피리트 훈련 취소와 북한의 비핵화 수용을 맞바꾸자고 건의함으로써 한반도 비핵화공동선언의 합의에 기여한 바 있다. 제2차 북한 핵 위기를 해결하기 위해 6자 회담을 갖자고 제일 먼저 한국 정부와 국제사회에 제의하기도 했었다. 다른 경험들은 제1판 머리말에서 소개한 바 있으므로 생략한다.

　돌이켜 보면 2002년부터 한국 내에서 전개되고 있는 국민적인 논쟁은 해방 이후 지금까지 한국의 국제정치를 지탱해 온 모든 가정과 전제들에 대한 일대 도전이라고 할 수 있다. 이 거센 도전은 미국이 무엇인가, 동맹이 무엇인가, 민족이 무엇인가, 북한이 무엇인가, 안보가 무엇인가, 군축이 무엇인가 등에 대해 근본부터 다시 정립할 것을 요구하고 있다.

　국제정치학에서 다루는 가장 중요한 주제 중의 하나인 평화도 예외는 아니다. 평화는 반미, 반제, 반전, 반 국방, 반 군수업체, 반 보수, 반기성세대적 사고방식으로만 달성될 수 있다고 하는 극단적인 사고가 널리 퍼지고 있다. 더욱이 가슴 아픈 것은 학계에서 조차 이런 이분법적 사고방식이 퍼지고 있다는 사실이다.

　이러한 이분법적이고 이데올로기적인 국민적 균열을 극복하기 위해서는 균형감과 심층적인 연구자세를 가진 우리 학계의 노력이 필요하다. 도전이 거셀수록, 응전도 강하고 창조적이어야 한다. 우리 학계가 새로운 자세로 강하고 창조적인 반응을 보여줌으로써, 이 도전을 극복하고 평화, 안보, 군축에 대한 국민들의 합의를 이룩해야 할 것이다. 이 책이 이런 작업에 조금이나마 도움이 되었으면 하고 바라는 마음 간절하다. 더욱이 이 시대의 화두인 한반도 평화체제구축에 조금이나마 도움이 된다면 하는 마음이 간절하다. 이 책의 내용에 대해서 더 많은 애정과 질정이 있으시기를 기대하는 바이다.

2005년 1월 원단에
국방대 한용섭 교수

머 리 말

한반도에서 공고한 평화를 구축하기란 매우 힘든 과제이다. 1945년 분단된 이래 한반도에는 냉전체제가 59년간이나 계속되고 있으며, 정전체제가 51년이나 계속되고 있다. 그렇기 때문에 한 순간에 정치지도자가 결단을 한다거나 선언을 한다고 해도 평화가 즉시 건설되는 것은 아니다. 어느 누가 남북한의 현존 대결 체제를 부인한다고 해도 평화가 자동적으로 건설되는 것도 아니다. 그렇다고 해서 현존 분단체제의 고수를 위해서 남북한 각자가 군사력을 꾸준히 건설하고 훈련시키고 동맹체제를 공고하게만 만들면 평화체제가 건설되는 것도 아니다.

이런 힘든 상황 속에서 어떻게 한반도에 공고한 평화를 구축할 수 있을까? 필자는 이러한 질문을 가지고 이를 해결하기 위해 20년이 넘게 실제 정책분야에서 활동하고, 이론적인 연구를 병행해 왔다고 볼 수 있다.

필자는 국가안보가 성역에 쌓여 있을 1980년대 초에 국방부에서 민간 공무원으로서 일을 시작한 이래, 한미안보협력에 관한 일을 맡았다. 그 당시에는 주로 군인들이 이 분야에 종사하고 있던 터라, 이 분야에서 실제 업무에 바탕한 민간인 전문가가 되기로 작심하고 열심히 근무했다. 그러다가 1980년대 후반에는 미국에서 공부를 하면서 안보와 군비통제를 병행할 수 있는 연구를 시작했다. 왜냐하면 그 당시에 유럽에서는 군비통제회담의 성공을 통해 냉전체제를 해체시킬 조짐을 보이고 있었기 때문이다.

한반도 재래식 군비통제 방안으로 박사학위를 얻은 이래, 세계적인 군축전문가와 정책담당자들을 인터뷰하여 유럽의 군비통제에 대한 실제 경험과 이론을 전수받을 수 있었다. 1991년 박사학위 취득 후에, 한국 국방부의 군비통제관실 핵정책담당관으로 재직하면서 우리 정부에 팀스피리트 연습의 취소를 건의한 바 있으며, 결국 남북한 간에 한반도비핵화공동선언의 합의를 유도하는데 일조했다. 그러나 노태우 정부에서는 한반도비핵화공동선언의 합의를 서두른 나머지 북한의 핵시설에 대한 사찰이나, 재래식 군비통제의 물꼬를 트지 못했다는 뼈아픈 경험을 하기도 했다.

그 후 필자는 한반도의 평화체제를 구축하기 위해서는 우선 우리와 유사한 상황에 있다가 냉전구조나 군사적 대결구도를 청산하고 평화체제를 구축한 유럽과 중동으로부터 교훈을 배울 필요가 있다고 생각했다. 그래서 미국과 소련, 서구와 동구 간에 군비통제를 협상하는 현장에 있었던 많은 정책담당자들과 전문가들을 만났다. 상호균형군감축회담(MBFR)의 미국측 대표였던 조나단 딘 대사를 10여 차례 만나 현장 경험을 들었다. 1980년대 미소 핵군축회담의 대표였던 로날드 레만 III세를 수차례 만났으며, UN 군축사무차장이던 자얀타 다나팔라 대사를 여섯 차례 만나 국제군축에 대해 배웠다. 그리고 유럽군비통제회담의 유럽 대표들을 몇 차례 만났다. 이들로부터 유럽의 상황과 한반도 상황에 대한 유사점과 차이점을 발견하게 되었으며, 한반도에 알맞은 군비통제 대안과 평화구축 대안을 마련하는 데 도움을 얻을 수 있었다.

중동 평화협상의 성공 결과 탄생한 이스라엘의 베긴-사다트 센터를 방문해서 심도 깊은 토의를 가졌으며, 시몬 페레스 전 이스라엘 수상을 2번 만나 그 어려운 중동의 평화건설 방법에 대해 배웠다. 북핵문제를 협상을 통해 해결한 비결을 문의하고, 필자의 남북한 핵협상 참가 경험과 비교함으로써 앞으로의 북한 핵문제에 대한 교훈을 얻고자 로버트 갈루치 대사를 8번 인터뷰했다. 그로부터 북-미 핵협상에 대한 모든 과정에 대해 소상히 알 수 있었다.

북한 핵문제는 1991년부터 1994년 말까지 한반도에서 가장 큰 안보문제였다. 한국 정부는 핵에 대해서 시인도 부인도 하지 않은 (NCND : Neither Confirm Nor Deny) 정책으로만 일관하고 있었기 때문에 핵에 대한 전문가도 없었고, 북핵문제에 대한 어떤 실질적인 대안이 있을 수 없었다. 그래서 북핵 해법에 대해 미국의 일방적인 요구에 따라 갈 수밖에 없는 실정이었다. 결국 남북한 회담이 결렬되어 미-북 회담으로 가버린 것은 전문성의 결여 때문이었다고 해도 과언이 아니다. 필자는 1991년부터 1992년까지 남북한 핵협상에 대한 과정과 교훈을 국제사회에 알리기 위해 1992년 말 스위스 제네바 소재 유엔군축연구소에 객원연구원으로 갔다. 북핵문제에 세계적 이목이 집중된 것을 이용하여, 21세기의 한반도에 가장 중요한 안보문제는 북핵문제일 뿐만 아니라 중국과 일본의 핵문제임을 알리고 세계적인 정책주목을 환기시키기 위해 동북아의 핵군축과 비확산(Nuclear Disarmament and Nonproliferation in Northeast Asia)이란 책을 저술했으며, 이는 1995년에 UN의 이름으로 출판된 적이 있다.

또 다시 북핵문제가 10년 만에 한반도와 동북아의 가장 중요한 안보문제로 등장했다. 그동안 한국 내에도 전문가들이 많이 생겨났으므로, 한국이 좀 더 주도적인 입장에서 이 문제에 대한 접근을 할 수 있게 되었다. 그러나 현재 한국의 문제점은 15년의 역사가 있는 북핵문제의 현실과 북한의 군사현실을 무시한 채, 현재 북한의 주장에 근거하여 북핵문제와 평화체제 문제에 접근하고 있는 것이다. 또한 국제정치의 현실을 무시한 채 한국의 주도적 역할을 너무 과신하고 있는 것이다.

필자는 좀 더 객관적인 시각을 가지고 지난 15년 동안 북핵문제와 한반도 평화문제에 대한 접근을 시도해 왔다. 정책현실과 이론의 세계가 상호 열린 자세를 갖지 못하고 있으며, 특히 우리 국내에 평화와 군비통제에 대한 전문가 층이 두껍지 못한 현실을 안타까워한 결과, 1996년에 정부관료와 전문가들로 구성된 한반도 군비통제연구모임을 조직한 바 있다. 이를 바탕으로 1998년 8월 15일 정부수립 50주년을 기념하면서 한국 평화학회 창립을 주도했다. 이를 주도한 이유는 그동안 한국은 한 번도 외국을 침략해 본 적이 없는 평화애호국가임을 국제사회에 자랑해왔고, 현대사에서도 방어중심적인 국방정책을 자랑만 해 왔지 이를 이론적으로 뒷받침하고 세계 평화학회에 회원으로서 참석할 수 있는 한국 평화학회가 없었기 때문이었다.

이러한 정책활동과 연구 및 학회활동을 통해서 필자는 제1차 북한 핵위기 때에 팀스피리트 연습과 북한의 핵시설에 대한 사찰을 연계하는 것을 전제로 팀스피리트 연습의 취소를 최초로 건의한 적이 있으며, 제2차 핵위기와 관련하여 이를 해소하는 방안으로 동북아 6자회담을 건의한 적이 있다. 뿐만 아니라 한반도 평화체제수립과 관련하여 여러 가지 개인적인 정책대안을 연구하고 발표한 바 있다.

이 책은 모두 4부로 구성되어 있다. 1부에서는 북한 핵문제의 해법, 2부에서는 한반도의 평화, 3부에서는 국제 대량살상무기 통제체제와 한반도, 4부에서는 재래식 군비통제에 대해 설명하고 있다.

제1부는 북한 핵문제의 해법에 대해서, 1장에서는 2004년 북핵문제 해결방안, 2장에서는 1990년대 남북한, 미·북한 핵협상에서 북한의 협상전략과 전술, 3장에서는 제네바 핵합의와 한국의 국가이익, 4장에서는 1990년대 북한 핵문제의 기원과 전개과정에 대해 분석했다.

제2부는 한반도의 평화체제 수립방안에 대해서 썼는데, 1장은 평화와 군사안보에 대한 제이론과 개념을 제시했으며, 2장은 한반도 평화체제의 내용과 추진전략에 대해서 설명했고, 3장은 국방과 군비통제에 대한 개념과 이론을 제시했다. 4장에서는 한반도의 군비경쟁의 이론과 현실을 조망해 보았다.

제3부는 국제 대량살상무기 통제체제와 한반도에 대해서 썼는데, 1장에서는 핵확산금지체제와 국제원자력기구에 대해서, 2장에서는 동북아의 핵무기와 핵군축에 대해서, 3장에서는 21세기 UN과 국제군축활동에 대해서, 4장에서는 북한의 미

사일 위협과 한국의 대응책에 대해서 언급하면서 미사일 방어체제에 대해서도 설명하고 있다.

제4부는 "남북한 간에 혹은 한－미, 북한 간에 군비경쟁을 멈추고 군비통제를 통해 평화체제를 구축하는 길은 무엇인가"에 대한 대답을 제시하려는 목적 하에 1장에서는 한반도 군사적 신뢰구축방안을, 2장에서는 한반도에서 재래식 군축 협상대안과 평가를, 3장에서는 한반도 재래식 군비통제의 과거와 현재를, 4장에서는 검증 대해서, 5장에서는 한반도에서 재래식 군비통제 시대가 왔는가라는 질문에 대답하고 있다.

이 책은 과거 10년간 필자가 각 곳에 기고한 논문들을 책으로 재편집하면서 일부 내용을 수정했다. 이 책이 출판될 수 있도록 도와주신 박영사의 관계자들께 감사드리고, 책의 내용을 손질하는 데 도와 준 본 연구실의 홍준기, 강찬재 대위에게 고마움을 표시하고 싶다. 이 책에는 많은 세계적 전문가들, 한국의 전현직 고위 관리들, 국제정치학계의 선배님들의 혜안과 가르침이 들어 있으므로 이분들께 감사드린다. 본서의 모든 내용은 필자 개인의 견해임을 밝혀드리며, 부족한 점에 대해서는 많은 질정을 기대하는 바이다.

2004년 5월
한용섭 교수

차   례

제2부 유럽의 헬싱키 프로세스와 군축

제3부 한반도의 재래식 군비통제

제4부 국제 대량살상무기 통제체제와 한반도

제 5 부 **북한 핵문제의 전개과정과 해법**

제1장 1990년대 북한 핵문제의 기원과 전개과정 399

제1부

한반도의 평화

제 1 장

평화와 군사안보

Ⅰ. 빙탄불상용(氷炭不相容)의 관계?

흔히들 군사안보와 평화는 서로 반대 관계에 있다고 생각해왔다. '평화를 원하거든 전쟁에 대비하라'(Si vis pacem, para bellum)는 격언이나 '상대방 국가보다 힘의 우위에 있어야 평화를 달성할 수 있다'(peace through strength)라는 상식은 군사안보를 군사력 중심의 논리에 기초하게 했으며, 그 결과 국가 간의 군비경쟁은 끊이지 않게 되었다. 극심한 군비경쟁은 결국 국가 간의 관계를 전쟁으로 이끌게 되며, 국가들이 군사안보에만 몰두하게 되면 전쟁을 피할 수 없기 때문에 많은 사람들은 평화와 군사안보를 빙탄불상용의 관계에 있다고 믿어왔다.

그러나 20세기에 들어 두 차례의 세계대전을 겪은 인류는 전쟁의 참화로부터 인류를 구하고자 군사안보에 대한 새로운 접근을 시도한 바, 다음과 같은 세 가지 흐름이 생겨났다.

첫째, 집단안보를 통해 군사안보와 전쟁 간의 상호관계를 끊고 군사안보를 보다 광범위한 시각에서 접근함으로써 군사안보의 취약점들을 보완해 나간 흐름이다. 집단안보는 세계 모든 국가가 회원국이 되는 유엔을 창설하여 전쟁을 일으킨 국가에 대해서는 모든 국가의 이름으로 응징한다는 결의를 보여줌으로써 전쟁을 방지한다는 움직임이었다. 안보 개념의 이러한 광역화 움직임은 국가의 안보를 군사적인 측면에만 두지 않고 정치·경제·사회·인간·환경 등 포괄적인 면에서 증진시킴으로써 결국 군사안보도 확보하려는 것이었다.

둘째, 인류를 파멸로 이끌 수도 있는 핵무기의 개발 이후 국가들 간에 공포의 균형을 이룸으로써 전쟁을 자제하고 억제시키는 억지이론(deterrence theory)이 등장하여 인류를 전쟁의 참화로부터 막아온 흐름이다. 이것은 유엔 안전보장이사회 5대 상임이사국들 관계에서뿐만 아니라 그들과 타국과의 관계에서도 일정한 역할을 하였다.

셋째, 군사안보의 개념도 심층화되어 국가 간 협상을 통해 국가들이 건설한 군사구조와 무기들을 감축시켜 나가는 군비통제를 선택하게 된 흐름이다. 군사안보 전문가들은 군비통제를 통해 군비경쟁을 억제하고 상호 신뢰구축과 군축을 통해 무기와 병력을 줄임으로써 위협을 감소시켜 나가는 데 괄목할 만한 기여를 하였다.

이번 장에서는 이상의 세 가지 흐름 속에서 군사안보와 평화가 어떤 관계를 가지고 발전해왔고, 평화를 정착시키고 증진시키기 위해 국제적으로 군사안보 전문가들이 발견하고 추구해온 각종 안보 개념들은 어떤 것들이 있으며, 그러한 안보 개념들이 발전하면서 평화에 어떠한 보탬이 되었는지를 살펴본다. 그럼으로써 아직도 군사적으로 대치상태에 있는 국가들 간에 평화를 증진시킬 수 있는 방안들은 무엇이 있는지 아울러 살펴본다.

Ⅱ. 집단안보와 안보 개념의 광역화

20세기 후반에 들어서면서 국가안보의 범위는 점점 넓어지기 시작했다. 이것은 수평적인 측면에서 군사와 대등하거나 군사보다 더 중요한 국가의 다른 분야들, 즉 정치·경제·환경·사회 분야와 국가안보 간의 상호관련성이 중요함을 인식하게 된 결과다. 필자는 이를 군사안보 이외의 안보 개념이 등장하고 발전되었기 때문에 '안보 개념의 광역화'라고 부른다. 특히 제2차 세계대전 이후 강대국 간 또는 유럽 대륙의 국가 간에 전쟁이 사라지고 '긴 평화'의 시기를 맞게 되자 국가들은 군사력 건설 이외에 경제력 경쟁을 통해 국가의 우위와 안보를 확보하려고 노력하게 되었다. 한편 자본주의와 공산주의 간 이념 경쟁을 하면서 국가의 생존과 번영 그리고 경쟁적 우위를 달성하기 위해서는 정치·경제·사회적으로 안정되고 발전된 국가건설을 도모해야 한다는 자각 하에 국가안보와 정치·경제·사회·문화에 대한 연계를 튼튼히 하려는 노력을 기울였다.

또한 국가들의 이기적인 산업화와 경제발전은 인류 공동의 삶의 터전인 환경을 파괴하게 되어 환경을 보호해야 된다는 자각을 불러일으켰다. 탈냉전 이후 세계화의 진행과 더불어 지방화가 진행되고 종족분쟁과 인종청소가 중요한 국제안보문제로 등장하면서 국가의 '합법적' 폭력 독점이 국가의 구성원인 개인들의 안보를 증진시키고 있는가에 대한 회의가 싹트면서 인간안보에 대한 관심이 증대되었다. 이로써 정치안보, 경제안보, 사회안보, 환경안보, 인간안보의 개념들과 그 중요성에 대한 인식이 싹텄으며, 종래의 군사적인 면에 한정하여 부르던 안보 개념은 정치,

경제, 사회, 환경, 인간 안보로 광역화되었다. 이러한 안보 개념의 광역화는 평화에 적잖은 기여를 해오고 있다. 여기서는 군사안보 이외에 정치·경제·사회·환경·인간 안보에 대한 개념들과 그것이 현대의 평화에 주는 함의를 살펴볼 것이다. 또한 한 국가의 침략에 대해 모든 국가가 집단적으로 대응하는 집단안보와 평화의 관계도 살펴본다.

1. 집단안보

유엔은 그 헌장에서 "전쟁의 참화로부터 미래의 인류를 구하고, 국제평화와 안보를 위해 단결된 힘을 발휘하여 공동의 목적 이외에 군사력을 사용하지 않으며, 경제적·사회적 발전을 촉진시키기 위해 국제기구를 사용한다"고 하고 있듯이, 침략국에 대한 집단 응징을 행사함으로써 전쟁을 방지하고 있다. 유엔이 추구하는 집단안보란 '국제체제 내에서 어느 한 국가가 다른 국가로부터 공격을 당할 때, 공격자 이외의 다른 모든 국가들이 피공격 국가를 구하기 위해 집단적 대응을 취할 것이라고 가정하는 안보체제'를 말한다. 유엔은 안전보장이사회로 하여금 침략자를 식별하고 회원국들로 하여금 평화를 관철시키기 위해 필요한 군사력을 제공하도록 요구하여 유엔군의 이름으로 그 분쟁에 개입해왔다.

유엔이 집단안보의 이상과 규범에 의해 국가들의 침략행위를 얼마나 자제시켜 왔는지 정확하게 알 수는 없다. 유엔이 집단안보의 명분 하에 개입한 많은 분쟁 사례들은 유엔이 실제로 국가들 간의 분쟁 이후에 개입함으로써 더 이상의 침략행동을 자제시키도록 한 것으로 보여진다.[1] 예를 들면, 1948년의 인도네시아 내분사태와 1950년의 6·25전쟁을 비롯한 중동, 콩고, 사이프러스 등에 개입한 사례가 있다. 이렇듯 유엔은 안전보장이사회의 결의에 근거하여 그 시대마다 출현하는 위협에 대해 공동 대처할 것을 결의하고 있다. 21세기에는 세계적 규모의 테러에 공동대처하며, 대량살상무기의 확산을 방지하기 위해 노력하고 있다.

2. 정치안보

국가의 안보를 성공적으로 달성하는 데 필요한 국내 정치적 조건들이 존재한다. 국가안보가 대내외 위협으로부터 국가체제와 국가이익을 보호하고 확장하는 기능을 가지고 있다고 할 때, 국가의 안전에 대한 내적 위협을 정치분야에서 해결해주어야 한다. 여기에는 국민의 기본권과 행복을 보장하는 민주주의 정치제도의

---

1) David P. Barash, *Introduction to Peace Studies*(Belmont, CA : Wadsworth Publishing Company, 1991), pp. 389-392.

확립, 높은 도덕성을 갖춘 정치적 리더십의 확보와 효과적인 지도력의 발휘, 국가안보에 대한 초당적 협력 여건의 조성, 빈부 격차를 해소할 정책의 집행 등이 있어야 한다.2)

　　20세기 후반에 "민주주의 국가들은 분쟁보다는 평화적 방식으로 국가 간의 문제 해결을 선호하기 때문에 전쟁은 어렵다"는 민주주의 평화 이론이 많이 나오게 되었다.3) 이에 근거하여 클린턴 전 미국 대통령은 민주주의의 확산을 위한 개입과 협력전략을 내놓기도 했다. 민주주의란 국민들이 국가체제에 대해 가장 많은 신뢰와 지지를 가지고 있는 정치체제이므로, 국가가 외부적으로 위협을 받을 경우 일치단결하여 국가를 수호할 뿐만 아니라 정부가 민주주의 원리에 따라 국민들의 정치참여와 기본권 보장을 확실하게 하면 국가에 대한 내부적 불만이나 소요가 최소화되어 정치안정을 이루어 국가체제에 대한 내부 위협이 없어진다는 가정을 전제로 하고 있다. 또한 민주주의 국가들은 국가가 간혹 전쟁 결정을 한다고 하더라도 반대의견을 활발하게 표현함으로써 전쟁에 보다 신중하다는 것이며, 일반적으로 폭력보다는 대화와 협력을 통해 국제사회의 안전을 도모한다는 것이다. 민주주의 국가들도 국력과 외교력의 크기에 따라 다른 정치체제의 국가들 보다 더욱 팽창 지향적이며 국가이익을 위해 무력의 행사도 불사하는 국가들도 있기 때문에, 민주주의 평화가 보편적 진리라고 받아들이는 데 한계가 있는 것도 사실이다. 하지만 적어도 국가안보에 대한 국내적 위협요소를 방지하고 제거하는 데 있어 민주주의 정치체제는 가장 발전된 정치체제이므로 정치안보를 고려함에 있어 민주주의의 발전은 필수요소라고 할 것이다.

　　후진국의 정치사를 회고해보면, 민주화가 덜 되었거나 되지 않은 시기에 국가안보가 정권안보용으로 이용되는 경우가 허다하다.4) 진정한 정치안보는 몇 년 안에 끝나는 정권을 지키고자 하는 것이 아니고 유구한 역사를 가진 민족과 국가를 지키기 위한 국가안보로 되어야 안보가 지속적인 초당적 지지를 받을 수 있기 때문에, 정권안보와 국가안보를 잘 구분하는 지혜가 필요하다. 따라서 정치를 민주적으로 하여 국가안보를 달성하는 것이 대내적 평화와 대외적 평화를 달성할 수 있기 때문에 정치안보와 평화의 관계는 매우 긴밀하다고 할 것이다.

---

2) 김석용, "국가안보와 정치," 국방대학원, 『안보기초이론』(서울 : 국방대학원, 1994), pp. 48−64.

3) Jack S. Levy, "Democratic Politics and War," Journal of Interdisciplinary History, 18−4(Spring 1988), pp. 653−673; Alex Mintz and Nehemia Geva, "Why Don't Democracies Fight Each Other?," Journal of Conflict Resolution, 37−3(September 1992), pp.484−503; 김석우, "민주적 평화와 안보협상," 『국제정치논총』, 37−1(1997), pp. 83−108.

4) 구영록, "한국의 안보전략," 『국가전략』, 제1권 1호, 1995년 봄, pp. 49−50.

3. 경제안보

경제발전이 국가와 국제안보에 미치는 영향을 중시하여, 제2차 대전 후 서독과 유럽의 재건을 부르짖은 이는 조지 마샬 미국 국무장관이었다. 그는 마샬 플랜을 통해 유럽의 경제부흥을 도왔다. 경제적으로 부강한 서부 유럽은 공산주의 위협에 대항하여 생존과 번영을 이룰 수 있을 뿐만 아니라 공산주의의 침투를 막을 수 있다고 보았다. 미국이 제2차 세계대전 후 일본의 경제발전과 한국전쟁 후 한국의 경제발전을 도왔던 사례도 마찬가지 맥락에서 이해할 수 있다.

그러나 경제가 국가안보에 미치는 영향을 중시하여 정작 '국가안보의 경제적 차원'이라는 화두를 처음 던진 사람은 헬무트 슈미트 전 서독수상이었다.[5] 그의 발언은 1970년대 세계에 충격을 준 오일쇼크 이후에 나왔는데, 국가안보의 경제적 차원이란 안정적 에너지 공급과 자원에 대한 자유로운 접근을 보장하고, 경제적 활동의 자유를 보장하는 금융제도를 확립하는 것이며, 이것이야말로 바로 국가안보를 경제적으로 보장하는 방법이라고 하였다. 미·소 대결 시대에 군비경쟁은 악순환을 거듭하면서도 교착상태에 빠졌으나, 대결에서 이기는 방법은 상대방보다 더 강한 경제력을 보유하는 방법 외에 다른 길이 없다고 자각한 끝에 경제력을 안보전략의 수단으로 사용하는 정책이 많이 개발되었다.

예를 들면, 소련제국의 팽창을 막기 위한 봉쇄전략의 일환으로 소련과 그 위성국들에게 유입되는 자원과 전략물자, 과학기술 등에 통제를 가하기 위해 안보적 측면에서 경제거래를 제한했다. 미국을 위시한 자유진영은 대공산권 수출통제기구(COCOM, Coordinating Committee for Multilateral Export Controls)를 만들었으며, 이것을 어기는 국가에 대해 경제제재의 수단을 사용했다. 경제제재에는 수출통제, 수입통제, 금융통제 수단이 사용되었다. 물론 미국을 비롯한 서방의 경제제재와 금수조치는 공산진영 국가뿐만 아니라 자유진영 국가에 대해서도 취해진 바가 있다.

한편 자유진영 국가들은 공산주의의 위협에 대응하여 그들 간에 자유무역을 진흥시키고 국제 경제협력을 진행함으로써 자유진영의 복지와 국부를 증대시켜왔다. 이들은 자유진영 내 경제질서를 안정시키기 위해 오일 쇼크의 재발 방지, 국제금융질서의 안정화, 시장경제의 발전, 자유진영 국가들의 경제발전 지원을 통해 경제적 안정과 발전을 꾀해왔는데 이는 시장경제를 바탕으로 자유진영 국가들이 공산진영과의 대결에서 이기기 위한 방법으로 적극적으로 추진되었다. 이는 국가안

5) Amos A. Jordan, et. al., *American National Security : Policy and Process*(Baltimore and London : American National Security, 1989), p. 3.

보의 경제적 차원을 강화시키는 것이라고 볼 수 있다.

공산주의와 소련이 붕괴한 이후 안보전문가들은 군사적으로 아무리 강한 국가라고 하더라도 경제력이 밑받침되지 않을 경우, 그 국가가 붕괴되고 만다는 사실에 착안하여 경제안보에 대한 관심이 커졌다. 미국 랜드연구소에서는 경제안보에 대한 개념을 규정했는데, 경제안보란 미국의 경제적 이익을 위협하거나 차단할지 모르는 사건·상황·행위에 직면해서 그 이익을 지키거나 또는 촉진시키는 능력으로 정의하고 있다.[6] 경제안보는 국제경제관계를 지배하는 룰을 확립하는 데 주도적 역할을 수행하고 경제적 수단을 사용하여 국제경제환경을 미국에 유리하게 조성해나가는 능력에 의해 좌우되며 이를 위해 적정 군사력을 뒷받침하는 경제력이 중요시된다.

20세기 후반 전지구적 규모의 산업화가 이루어지고 과학기술과 정보체계가 급속한 속도로 발전함에 따라, 국가들은 지속적인 경제발전의 원동력인 과학기술을 발전시키고 국가의 정보체계와 네트워크를 보호하지 않으면 안 된다는 자각을 갖게 되었다. 과학기술은 국가안보의 핵심인 군사력 중 무기체계의 발전을 지탱할 뿐만 아니라 국가경제의 국제경쟁력을 담보하는 것이기에 국가들은 경쟁적으로 과학기술의 발전을 도모하고 있다. 그뿐만 아니라 21세기에는 세계가 정보지식사회로 진행함에 따라 정보와 지식을 방해받지 않고 신속하게 전파하고 공유하며 활용하는 문제를 국가안보의 전략적 이슈로 삼고 있다. 따라서 국가의 정보능력과 연계망을 국내외의 위협으로부터 보호하는 정보전이라는 개념이 등장하면서 국가안보의 범위도 확대되고 있다.

이런 경제안보 개념은 21세기 초반 실패한 국가(failed state)들에게도 적용되고 있다. 이들을 세계경제로 편입하도록 하여 지역을 불안정하게 만드는 일이 없도록 하자는 움직임이 가시화되고 있다. 따지고 보면, 남북한 경제교류 협력도 북한의 경제안보를 도와줌으로써 북한이 체제불안으로 인해 외부적 군사도발을 하는 것을 막아보자는 생각이다. 그러나 그 성공여부는 북한의 변화 여부에 달려 있다고 하겠다.

4. 환경(생태)안보

20세기에 이르러 인구 폭발, 식량부족과 에너지 자원의 고갈, 환경오염, 지구온난화 현상, AIDS와 같은 치명적인 전염병에 기인한 인류 공동의 위협 등장은 군사적 침략 이외에 국가안보를 위협하는 요소들이 되고 있다. 이에 대한 해결은 개

---

6) 김덕영, "국가안보의 경제적 쟁점: 경제안보 이론체계의 구상," 『국방연구』, 제43권 제1호(서울: 국방대학교 안보문제연구소, 2000.6.), p. 25.

별 국가의 노력만으로 달성되는 것이 아니기 때문에 국제적인 공동 해결방안이 필요해졌다.

안보적 측면에서는 이를 환경안보 내지 생태안보(ecological security)라고 불리며 국가뿐만 아니라 시민, 국제사회가 공동으로 이 문제 해결을 시도하고 있다. 국방분야에서는 환경과 자원을 비롯한 인명의 대규모 파괴와 살상의 가능성을 방지하고자 대량살상무기금지 체제를 운영하고 있으며, 환경의 대규모 파괴를 금지하는 환경무기금지협약 체제를 운영하고 있다.

5. 사회안보

마약, 조직범죄, 종족갈등, 테러리즘, 불법이민의 증가 등으로 인해 사회불안이 조성되고 있다. 이러한 불안요소들은 한 국가의 국경을 넘어 국제적인 규모로 국가들의 안보를 위협하고 있기 때문에 국제적으로 국내적으로 사회안보를 확보할 필요성이 증대되고 있다.

사회안보를 확보하기 위해서는 범죄예방과 대응능력 향상, 사회통합 능력의 증대, 군의 관심범위의 증대, 국제적 협력체의 구성과 운영 등에 관한 필요성이 요구된다. 사회안보를 통해 폭력이 구조화되는 것을 막을 수 있기 때문에 이를 적극적 평화라고 부르는 사람도 있다.[7]

6. 인간안보(human security)

탈냉전 이후 국제관계에서 양극체제가 붕괴되고 미국과 러시아, 유럽에서 군비경쟁이 중지됨에 따라 세계적 규모의 안보딜레마 현상도 없어지게 되었다. 이제 국가안보에서 국가생존이 어느 정도 확보되고, 국가 간 힘의 맹목적 추구 현상에 제동이 걸리면서 전통적인 국가 중심의 안보추구가 국가의 구성원인 개인들에게 실제로 안전과 자유를 보장해왔는가에 대한 반성이 일어나게 되었다. 그것은 국제사회에서 빈부의 불평등, 저발전, 국가의 정치불안정과 빈번한 종족분쟁으로 인해 국가 폭력이 무자비하게 개인과 종족을 말살하게 되자 안보 개념도 국가 중심에서 국내문제와 개인의 인권 차원을 중시하게 되었다.

한편 국가 간의 국경이 무의미하게 되는 세계화 현상이 전개되고 국가경제가 자유화되었으며, 국가-지방 사이의 복잡한 상호의존관계가 심화되면서 국가 간 외교관계에서도 정부보다는 비정부단체, 시민단체, 개인들에게까지 안보의 관심이

---

7) Johan Galtung, *Peace by Peaceful Means: Peace and Conflict, Development, and Civilization* (London and New Delhi : PRIO, 1996) 참조.

확대되었다. 이에 따라 국가법체계와 정치적 담론에 대한 국제적 기준의 적용 문제, 정부형태, 인권, 남녀평등 및 발전과 교육에 대한 인간 개인의 권리가 국제적으로 이슈화되었다. 그래서 인간안보란 "인간 개인에 대한 위협을 감소시키거나 제거시키고자 하는 움직임에서 출발하여, 개인들을 결핍과 공포, 억압으로부터 자유를 보장하자는 것"으로 발전되었다.8) 유엔과 국제기구, 범세계적 NGO 연대운동에서는 인간안보 문제를 다루고 있는 것이다.

유엔의 개발프로그램은 인간의 기본적 필요를 충족시켜주는 것을 목표로 한다. 국가안보가 인종청소를 막지 못하므로 유엔과 선진국들은 공동으로 인종청소를 막는 지원활동과 군사개입을 실시한다. 또한 새로운 안보라는 관점에서 AIDS, 마약, 테러, 경무기, 비인도적 무기, 사이버 전쟁, 가난, 범죄 등을 퇴치하기 위한 프로그램들을 개발하고 있다. 최근의 인간안보 개선 움직임은 군사중심의 국가안보를 생각해온 정책담당자들에게 심오한 질문을 던지고 있다. 국가 구성원인 개인들의 안전과 권리, 행복을 보장하지 못한다면 국가의 존재가 무슨 소용이 있는가. 개인과 국가, 개인과 국제사회 간의 갈등에 관해 한 번 더 철학적 질문을 제기하는 데서 인간안보의 존재이유가 있다.

7. 소결론

집단안보와 안보 개념의 광역화는 군사안보 일변도의 국가관계에서 포괄적인 안보, 집단적 안보로 인류와 국가들의 관심을 넓히게 되었다. 정치, 경제, 사회, 환경, 인간 문제에 국가들이 힘을 합쳐 문제해결에 임한다면 군사안보에 집착해 있을 때보다 훨씬 국제평화를 이루기 용이할 것이다. 이런 인식 하에서 유엔과 각 국가들은 집단안보와 광역화된 안보 개념을 추구함으로써 군사안보의 한계를 넘어서고자 노력하였다. 이는 오늘날 안보 이슈가 한 국가의 국경 내에 머물러 있기보다, 범세계적 또는 지역적 문제로 되고 있기 때문이다.

군사안보에 집착한 나머지 국경을 폐쇄함으로써 사람들의 국경을 초월한 경제활동을 제한한다든지, 국제금융의 흐름을 차단한다든지 하는 것은 경제발전을 저해하여 결국 군사안보에도 도움이 되지 않을 것이다. 또한 환경이나 자원의 문제는 국내 문제라기보다 지역적 또는 국제적 문제가 되고 있다. 전통적인 군사문제마저 국제적 범세계적 이슈가 되고 있는 경우가 많은데 대량살상무기의 확산과 세계적

---

8) Edward Newman, "Human Security and Constructivism," *International Studies Perspectives*, 2-3 (August 2001), pp. 239-251; 현인택·김성한, "인간안보와 한국외교," 『IRI 리뷰』, 5-1(2000겨울/2001봄), pp. 71-120.

규모의 테러가 그것이다.

　이러한 국내문제와 국제문제가 중첩되는 분야에 대해서는 보다 광역화된 안보 개념을 가지고 국가들이 임하는 것과 그렇지 않은 것과는 많은 차이가 있다. 따라서 앞으로 국가들은 집단안보와 광역화된 국가안보 개념에 근거하여 평화를 달성해 나가야 할 것이다.

Ⅲ. 억지이론과 평화

　제2차 세계대전 후 미국과 소련 두 초강대국은 핵무기 경쟁에 돌입했다. 미국이 먼저 핵무기를 개발했을 때 제2차 세계대전을 빨리 끝내기 위해 일본을 상대로 핵무기를 사용했다. 그러나 그 결과 핵무기의 효력이 재래식 무기와는 비교도 안될만큼 엄청나다는 사실을 깨닫고 핵무기 사용을 자제하게 되었다. 미·소 양국은 세계를 민주주의와 공산주의 양대 진영으로 나누어 패권적 지배를 구축하고 냉전질서를 구축했다. 그리고 양국은 핵무기 경쟁에서 이기기 위해 핵군비 경쟁에 돌입했다. 그러나 핵무기는 많이 가지면 가질수록 상호 공멸할 수밖에 없다는 역설에 도달했다.

　핵군비 경쟁의 이면에는 상대방의 핵무기 사용을 억제하기 위해 핵무기를 더 많이 가져야 하며, 더 치명적인 핵무기를 가져야 한다는 심리가 작용했다. 억지이론(deterrence theory)은 브로디(Bernard Brodie)가 주장하고,[9] 월스테터(Albert Wohlstetter), 셸링(Thomas Schelling), 조지(Alexander George) 등이 이론화한 것으로 미·소 양국 간 핵전쟁을 막는 논리가 되었다.[10]

　억지란 "한 국가가 원하지 않는 행동을 상대국가가 하려고 할 때, 만일 그런 행동을 하게 되면 감당하지 못할 손실을 입히겠다고 위협함으로써 그 행동을 하지 못하게 하려는 시도"[11]라고 정의할 수 있다. 억지이론을 국가 간의 전쟁행위에 적용해본다면 한 국가가 침략행위를 고려할 때, 침략으로부터 얻을 이익과 피침략 국가로부터 받을 보복에서 오는 손실을 비교하여 손실이 이익보다 더 크게 되면 침략행위를 삼가게 된다는 것이다. 이 억지이론은 미·소 양국 간의 핵전쟁을 막는 논

---

9) Bernard Brodie, *Strategy in the Missile Age*(Princeton, NJ : Princeton University Press, 1959), pp. 150－158.

10) Albert Wohlstetter, "The Delicate Balance of Terror," *Foreign Affairs*, 37－1:4 (October 1958－July 1959), pp. 211－213, 215－216, 219－221.

11) Phil Williams, "Nuclear Deterrence," John Baylis, et. al., *Contemporary Strategy*, 2nd ed.(New York : Holmes & Meier, 1987), pp. 113－139; 이상우, 『국제관계이론(3정판)』(서울 : 박영사, 1999), p. 456에서 재인용.

리가 되었다. 어느 한쪽이 핵무기의 가공할 만한 효력에 의지하여 상대를 공격할 경우 다른 쪽이 핵무기로 보복하게 되면 둘 다 공멸하게 된다는 것을 깨달은 결과 핵전쟁 도발을 자제했다는 것이다.

그러면 이 억지이론은 모든 경우에 평화를 가져올 수 있는가? 미·소 양국간 또는 유럽에서 미국을 중심으로 한 나토(북대서양조약기구)와 소련을 중심으로 한 바르샤바조약기구 간에 핵전쟁과 재래식 전쟁을 방지하는 데 이 억지이론이 효력이 있었다고 할 수 있다. 유럽에서는 동서 양 진영이 군사적으로 대결하고 있었음에도 불구하고, 소련이 재래식 무기로 서독을 공격하게 될 경우 미국은 핵전쟁으로 보복할 것이며, 그렇게 될 경우 미·소 양국은 핵전쟁을 피할 수 없다는 핵과 재래식 전쟁간의 상호 연계(coupling) 때문에 재래식 전쟁도 억제되어왔다고 할 수 있다. 그러나 다른 지역의 경우에는 핵무기에 의한 대량보복 가능성이 전쟁을 막지 못한 사례도 많았음을 찾아볼 수 있다. 베트남 전쟁에서 미국의 핵 보복 가능성이 월맹과 베트콩의 전쟁의사를 막지 못했고, 아프가니스탄 전쟁에서 구소련의 핵 보복 가능성이 아프가니스탄의 항전의사와 능력을 막지 못했다고 볼 수 있다. 그러나 핵무기의 가공할 파괴력은 미·소간의 핵전쟁을 억제시킨 것은 사실이다.

미·소간의 핵무기 경쟁에서는 억지이론이 몇 가지 단계를 거쳐서 발전하게 되었다. 미국이 소련에 비해 핵 우위를 유지하고 있던 1945년부터 1950년대 말까지는 미국은 소련의 핵전쟁 도발을 막기 위해 대량보복전략을 견지했는데, 이 시기에는 소련이 핵전쟁을 도발하게 되면 양과 질 면에서 우위를 점하던 미국이 대량 핵 보복공격을 가함으로써 소련이 받게 될 손실이 이익보다 더 크다고 인식시킴으로써 핵전쟁의 발발을 억제했다. 그러나 1960년대 이후 미·소간의 핵 우위가 바뀌면서 미국은 소련의 첫 핵공격으로부터 살아남을 수 있는 핵무기를 개발하기 시작했다. 선제 핵 공격능력을 제1격 능력(first strike capability)이라고 부르고 선제공격으로부터 살아남은 핵 반격능력을 제2격 능력(second strike capability)이라고 부르는데, 미국은 이 제2격 능력을 보유하여, 소련에게 선제공격의 이득이 없음을 인식시킴으로써 핵전쟁을 억제했다. 제2격 능력의 중심은 두말할 것도 없이 잠수함 발사 핵미사일이었다. 미국은 태평양, 인도양, 대서양의 우세한 해군력을 이용하여 제2격 능력의 우세를 유지해왔다.

한편, 소련은 미국의 핵 억지이론과 제1·2격 능력에 대한 논쟁을 접하면서, 소련 나름대로 미국의 핵 공격능력을 무력화시키고 핵 전쟁억제를 위해 노력했었는데, 그것은 미국과 수적인 경쟁에서 이기는 길이었다. 소련은 1957년에 미국보다 먼저 인공위성 발사에 성공했으며, 연이어 대륙간탄도탄을 개발하기 시작했다. 미국보다 핵 우위에 서게 된 소련은 미국 본토를 초토화시키고 전세계를 멸망시킬 수 있는 가공할 핵무기 능력을 갖게 되었다.

그래서 미·소 양국은 상호 억지이론을 도입하기 시작했다. 미·소 상호간에 어느 일방이 핵공격을 받게 되면 양쪽 다 제2격 능력을 갖춤으로써 승자도 패자도 없는 상호 확실한 파괴가 가능하기 때문에 서로 핵공격을 억제하게 만든다는 것이다. 또한 미·소 양국은 상대방이 발사한 전략핵무기가 본국의 영토에 도달하기 전에 이를 식별하여 타격할 수 있는 능력을 제한하기 위해 대탄도탄요격미사일 조약(ABM: Anti-Ballistic Missile Treaty)을 체결했다. 이것은 상대방의 제1격 능력이 성능이 탁월한 레이더에 걸려 무력화된다면, 미·소 양국은 제2격 능력을 많이 보유하기 위해 무한경쟁을 할 것이고, 또 레이더를 타격하기 위해 제1격 능력도 첨단화시킬 것인데 그렇게 되면 핵무기의 무한 경쟁을 촉진하게 될 것이고, 세계는 안보불안에 시달릴 것이란 것이었다. 그래서 상대방의 제1격 능력에 자국을 노출시킴으로써 상호 취약성을 갖게 하여 핵무기의 전략적 안정성과 핵전쟁 억제를 달성하기 위해 ABM 조약을 체결했다. 이 ABM 조약은 2001년 10월 미국의 조지 부시 대통령이 일방적인 파기를 선언할 때까지 효력이 존속되었다. 미국은 ABM 조약에서 규정한 레이더의 제한은 준수했지만, 미국은 소련이 발사할지도 모를 대륙간탄도탄을 우주에서 타격하여 없애버릴 수 있는 탄도탄요격 미사일을 개발하고자 노력해왔다. 1980년대 초반 레이건 미국 대통령이 이를 시작하여 전략방위구상(Strategic Defense Initiative)이라고 불렀고, 조지 W. 부시 대통령은 이를 범세계방어(Global Protection Against Limited Strikes)체계라고 불렀으며, 클린턴 대통령은 국가미사일방어체제(National Missile Defense), 조지 부시 대통령은 미사일방어체제(MD: Missile Defense)라고 명칭을 바꾸고 그 배치를 확대하고 있다.

핵무기의 가공할 만한 파괴능력은 미·소 양국을 포함한 영국, 프랑스, 중국을 자제시켰다. 즉, 핵 억지에 의한 평화를 달성 가능하게 했던 것이다. 이스라엘은 아랍국가들로 둘러싸인 안보불안을 해소하고자 억지적 측면에서 핵무장을 한 것으로 추정되고 있으며, 인도와 파키스탄은 상호 핵 억지를 위해 핵무장을 했다. 그러나 이스라엘과 중동 국가 간에는 이스라엘의 핵 억지력에도 불구하고 분쟁이 끊이지 않았으며, 인도와 파키스탄 간에도 캐시미어에서 재래식 분쟁은 계속되고 있다.

핵 억지이론이 미·소간 그리고 5대 핵강국 간에는 핵전쟁을 억제시켰지만(중소간의 국경충돌은 예외), 핵 억지이론의 폐해도 많았다고 할 수 있다. 핵 억지이론

은 미·소 양국 간에 무한한 핵 군비경쟁을 야기했고 과다한 군비지출 결과 소련이
붕괴하게 되는 원인이 되기도 했다. 미·소의 핵 경쟁은 다른 국가들의 핵무기 보유
를 촉진시키는 원인이 되기도 했음을 부인할 수 없다.

그러므로 억지이론은 핵무기 보유 국가들 간, 그리고 핵보유 국가들과 군사동
맹 관계에 있는 국가들 간에 전쟁방지를 해온 것은 사실이지만, 그렇지 않은 사례
들도 적지 않은 것을 볼 때 억지이론이 평화에 미친 영향은 논란의 여지가 많다고
할 수 있다. 더욱이 핵무기와 가공할 재래식 무기를 더 많이 보유함으로써 상대국
가에게 대량 피해를 끼칠 수 있다는 위협에 근거한 평화보장은 역설적으로 군비경
쟁을 더 부추기는 결과를 가져왔다. 따라서 억지이론이 평화에 미친 영향은 제한적
이라고 할 수 있을 것이다.

Ⅳ. 군사안보 개념의 심층화와 평화

두 차례에 걸친 세계대전 이후 국제사회는 궁극적으로 무장이 없는 평화를 이
상목표로 삼았다. 유엔헌장에서 평화와 군축을 목표로 삼았으며, 1959년 유엔총회
에서 전반적이고도 완전한 군축(general and complete disarmament)개념을 만들었고,
1978년에 군축에 관한 특별 총회를 개최한 이후 모든 무기체계에 걸쳐 군축을 추
진하고 있다. 이러한 유엔 차원의 활동은 냉전시대 미·소간의 핵 군비경쟁과 모든
국가들의 군비경쟁으로 인해 큰 성과를 거두지 못하다가, 탈냉전 이후 진영 간 대
결이 사라지면서 커다란 성과를 거둔 바 있다.

냉전기간 동안 미·소간 또는 자본주의 진영과 공산주의 진영 간에 군비경쟁을
하면서도, 각 진영의 군사안보 전문가들은 극심한 군비경쟁을 막고 전쟁을 방지할
방법을 찾기 위해 많은 노력을 기울였다. 그것은 기존의 억지이론에 근거하여 대량
보복을 하기 위한 군사적 수단을 준비하는 국방정책 담당자와 군사전략가 및 군산
복합체에 대항하여, 동서 양 진영의 평화공존을 만들어낼 뿐만 아니라 상호 군비증
강 동기도 인정하면서 군비를 통제하기 위한 개념을 만들어내게 된 것이다. 결국
상대방 국가를 침략하거나 상대방의 침략으로부터 방어하기 위해 만든 무기들과
군대를 협상에 의해 줄이는 방안을 강구하게 된 것이다. 이것을 군비통제라고 부른다.

그 결과 나오게 된 안보 개념들은 기존의 억지이론에 바탕한 절대안보 개념을
대체하는 개념이라고 하여 대안적 안보 개념이라고 불렀다. 이 대안적 안보 개념에
는 상호안보, 공동안보, 협력안보, 그리고 포괄적 안보를 들 수 있다. 본 장에서는

이 개념들을 살펴보면서 군사안보 측면에서 이들 개념들이 평화에 어떻게 이바지해왔는지 살펴보기로 한다.

1. 절대안보(absolute security)

전통적으로 군사안보는 절대안보 개념에 기초했다. 이 개념에 의하면 개별국가는 그의 적대국을 희생시켜야만 안보를 달성할 수 있다는 가정 하에서 절대적 안전을 추구한다는 것이다. 절대안보 개념은 가장 고전적이며 과거 미·소 냉전시대에 주류를 이루어온 안보개념이다.[12) 이러한 안보 개념은 정치적 현실주의(political realism)에 바탕을 둔 세계관에서 출발한다. 상호 경쟁하면서 침략을 통해 자국의 힘과 안보를 극대화하려는 국가들간에는 적대국가가 소멸되지 않고는 안전할 수 없다는 것이다.

개별 국가들은 당연히 자신의 생존을 위하여 적국보다 절대적으로 우월한 군사력 수준을 유지함으로써 안보를 확보하고자 노력한다. 이에 따라 국제사회는 과도한 군비경쟁에 돌입할 수밖에 없다. 한편 강대국들은 상호 억지와 균형을 통해 안보를 달성하면서도 상대편보다 양적으로나 질적으로 우세한 군사력과 동맹을 유지하려고 한다. 강대국들은 동맹권을 형성하여 자국보다 열등한 동맹국들에게 국방정책, 군사전략, 교리와 무기체계 등을 전수받도록 영향력을 행사한다. 결국 다른 동맹권을 이기기 위한 전략의 일환이다.

그러나 국가 간의 무한한 군비경쟁은 어느 쪽도 원하지 않았던 안보 딜레마(security dilemma)현상을 낳았다.[13) 안보 딜레마란 "한 국가는 자국의 안보를 증진시키려는 매우 합리적 동기에서 군사력 건설을 시작하지만, 다른 국가도 역시 안보불안을 없애기 위해 군사력 건설을 계속한다. 이 작용-반작용적인 군비경쟁의 결과 어느 국가도 군비경쟁 시작 전보다 안전하지 못하다는 결론에 이르게 되는 현상"을 말한다. 사실 미·소간의 군비경쟁은 1987년에 그 절정을 이루었다.

따라서 절대안보에 기초한 군사력 증강만으로는 개별국가의 안보를 증진시키는 데 한계가 있다는 점이 노정되었다. 과도한 군비지출은 경쟁국의 경제체제를 악화시키고 결국은 소련이 몰락하는 현상도 초래되었다. 이러한 역사적 경험의 여파는 현재 남북한 관계에도 적용되고 있다. 남북한간 과도한 군비경쟁은 선군정치를 앞세운 북한에게 더 큰 타격을 주었고, 현재 북한은 체제유지에 곤란을 받고 있다.

---

12) 황진환, 『협력안보시대에 한국의 안보와 군비통제 : 남북한, 동북아, 국제군비통제를 중심으로』 (서울 : 도서출판 봉명, 1998), pp. 33-34.

13) John H. Herz, *International Politics in the Atomic Age*(New York, NY : Columbia University Press, 1959), pp. 231-235.

적대세력간에 절대안보를 상호안보, 공동안보, 협력안보, 포괄적 안보로 전환시키기 위한 노력이 필연적으로 대두될 수밖에 없었다.

2. 상호안보(mutual security)

1980년대에 이르러 세계의 정세는 변화하고 특히 구 소련이 미국과의 적대관계를 수정하면서 안보 연구에 대한 경향도 냉전시대와는 다른 양상을 보이게 되었다. 고르바초프의 소련 국방정책에 대한 수정과 1986년 유럽안보협력회의의 스톡홀름선언 채택 등은 명실공히 종래 적대적인 양 진영 간의 안보전략과 개념의 수정을 요구하는 시대적 상황을 만들어냈다.

이와 병행하여 미·소간에는 상호안보를 증진시키고자 하는 연구작업이 개시되었는데 그 대표적 작업은 1987년에 시작되어 1989년에 끝난 미국 브라운대학의 외교정책발전연구소와 구 소련의 과학아카데미 산하 미국·캐나다 연구소에 의해 공동 집필된 책인『상호안보』(Mutual Security)가 그것이다.[14] 이들에 의하면, 1990년대는 국가의 진정한 이익과 군사력이 상호 직접적인 관계를 상실하게 되는 시대가 도래한다고 예견되었는데 적어도 미·소간 또는 유럽에서는 그런 시대가 도래하였고 이는 다른 지역에도 큰 충격파를 던지게 될 것이었다. 기실, 오늘날 국제사회의 상호의존성은 피할 수 없는 현상으로서 종래 세계질서를 지탱해온 서로 화해할 수 없는 대결이라는 개념을 대치하게 되었다. 이들의 세계인식과 안보관은 현대세계에서 양극체제의 몰락이 필연적이며, 화해협력시대의 개막을 통해 국제체제와 각국의 외교정책의 우선순위에 있어서 미·소 관계의 중요성을 감소시키는 데 일조했다. 또한 국제체제에서 중소 규모 국가들의 달라진 중요성은 다자 안보체제의 시작을 시사하는 것이다.

이러한 세계적 변화를 이끌 새로운 안보 개념이 필요하게 되자 상호안보론자들은 상호안보란 개념을 제시했다. "상호안보란 각자가 상대방의 안보를 감소시키거나 저해함으로써 자국의 안보를 증진시킨다고 하는 개념에 반대되는 개념으로서, 결국 자국이나 자기 진영의 안보는 타국이나 타진영의 안보를 똑같이 인정하는 바탕 위에서 공동으로 추구되어야만 한다는 것"이다.

---

14) Richard Smoke and Andrei Kortunov(eds.), *Mutual Security : A New Approach to Soviet-American Relations*(New York : St. Martin's Press, 1991).

3. 공동안보(common security)

상호안보에 대한 접근과 아울러서 1982년부터 유엔에서는 유엔 산하 군축과 안보문제에 관한 독립적 위원회(일명 Palme Commission)를 발족시켜 새로운 시대에 걸맞는 안보 개념에 대한 연구를 시켜왔는 바, 스웨덴 SIPRI의 팔메(Olof Palme), 함부르크의 평화연구 및 안보정책연구소의 바(Egon Bahr) 등이 주동이 되어 미래 국제체제에서 국가의 안보를 달성하는 개념으로서 전통적 안보 개념과는 다른 공동안보라는 개념을 제시하게 되었다.

공동안보란 개념은 "어떤 한 국가도 그 자신의 군사력에 의한 일방적 결정, 즉 군비증강에 의한 억지만으로 국가의 안보와 평화를 달성할 수 없으며, 오직 상대 국가들과의 공존(joint survival)·공영을 통해서만 국가안보를 달성할 수 있다는 것"이다.15) 이들은 현재의 국제체제에서 국가 간의 공동체가 중앙집권적 권력에 의하여 지지되는 법체계와 그 법체계를 집행할 수 있는 정당성을 보유하고 있지 않는 한, 국가들은 자기방어라는 정당한 이유 때문에 무장을 할 수밖에 없으며, 또한 일방적으로 우세한 지위를 얻으려고 할 수밖에 없다. 따라서 국가들은 안보를 추구하기 위해서 격렬한 경쟁과 더욱 긴장된 정치적 관계를 가질 수밖에 없는 바, 결국 모든 관계국들의 안보가 감소될 수밖에 없다는 안보 딜레마 상태에 빠지게 된다는 것이다.

공동안보는 다음과 같은 현실적인 인식을 갖고 안보 딜레마의 해결에 초점을 맞춘다. 공동안보원칙의 채택은 이타적인 동기에서가 아니라 자기 국가의 국가이익을 신중하게 추진하자는 것이며 자국의 이익이 중요한 만큼 상대국가의 이익에 대한 신중한 배려를 해야 한다는 인식을 가지고 있다. 공동안보론자들은 국가 간의 경계는 군사력에 의해서만 방어될 수 있는 더 이상 침투 불가능한 방패가 아니라는 현실을 인식하고 있으며, 궁극적으로 세계의 안보란 상호 의존적이라는 점을 인정한다. 따라서 안보 딜레마나 증대하는 상호의존성은 종래 한 국가가 견지해온 합리성이란 개념에 좀 더 수정이 가해져야 함을 의미한다. 즉, 한 국가의 입장에서 보아온 합리성의 제약을 극복하기 위해서는 과거 한 국가 중심의 역사와 정치의 한계 내지는 경계를 뛰어넘어야만 가능하다. 국가들은 다른 국가들의 안보우려를 좀 더 개방된 자세로 합리적으로 고려해야 한다. 각 국가는 안보동반자 또는 안보공동체의 일원이며 한편으로는 자제하고 한편으로는 공동안보를 위해 협력을 해야 한다는 것이다.

---

15) Bjorn Moller, *Common Security and Non-offensive Defense : A Non-realist Perspective*(Boulder, Colorado : Lynne Rienner Publishers, Inc., 1992), pp. 28-30.

공동안보는 상호 전쟁방지를 위해 협력하는 것이며 종래의 무장을 통한 억지개념을 대치하는 것이다. 국제적인 평화는 상호파괴를 통한 안보의 확보보다는 공동생존을 통한 안보의 확보에서 얻어질 수 있다. 따라서 공동안보에 의한 국방정책은 항상 침략 시 받을 손해가 이익보다 크다는 것을 인지케 함으로써 군비 증강을 통해 침략의 의사를 억제시킨다는 억지이론을 대체하고자 한다. 억지이론은 적을 늘 고정적인 이미지로 보고 있지만 공동안보론자들은 적의 이미지를 변화시키고자 하는 보다 적극적인 안보정책을 시도한다.

구체적으로 보면, 반드시 상호주의에 의한 일대일의 전환이 아니라 어느 한편이 군사태세를 비공격적 방어태세로 전환시킴으로써 일방적으로 시도할 수도 있는 것이다. 그러면 늘상 적이라고 생각해오던 상대 국가가 처음에는 인식상의 혼란에 빠지지만 차츰 적대관이 달라질 것이고 종국에는 공격적인 군사배치를 방어적으로 전환하게 되리란 것이다. 근본적으로 공동안보론자들은 군축을 적극적으로 지지하며 국제관계에서 상호 대결보다는 협력을 중시한다.

공동안보의 내용은 비단 군사적인 면에 한정되는 것이 아니라 종래의 동서 진영 간의 무역증대를 추진하여 경제안보를 통한 공동번영을 추구함으로써 양 진영 간의 상호의존도를 증대시키고 또한 생태계에서 지구환경에 대한 재앙을 예견하고 이를 예방하기 위해 공동작업을 추진할 것을 제안하기도 한다. 즉, 저발전을 지속시키는 군사화와 군비경쟁, 갈등과 소요를 유발시키는 저발전, 외세의 개입을 부르는 국내 분쟁, 다른 외세의 개입을 촉진하는 특정 외세의 개입, 산업화된 국가 간의 분쟁으로 이어질 수 있는 저개발국가들 내부의 분쟁을 예방해야 한다고 주창한다. 이들에 의해 주장되는 공동안보를 위한 군사적 조치들을 구체적으로 보면, 우선 공격적인 군사전략과 배치 및 무기체계를 방어 위주의 군사전략, 병력의 후진 배치, 그리고 방어적 무기체계로 전환할 것을 권장한다.

4. 협력안보(cooperative security)

독일의 통일과 동구의 몰락, 구 소련의 해체와 더불어 시작된 탈냉전시대에 걸맞는 새로운 안보 개념이 1990년대에 등장하게 되었는데 이를 협력안보라고 부른다.

협력안보라는 개념은 각 국가의 군사체제간의 대립관계를 청산하고 협력적 관계의 설정을 추구함으로써 근본적으로 상호 양립 가능한 안보목적을 달성하는 것을 의미한다.16) 이 개념에 의하면 상대국의 군사체제를 인정하고 상대국의 안보이

---

16) Janne E. Nolan(ed.), *Global Engagement : Cooperation and Security in the 21st Century* (Washington DC : The Brookings Institution, 1994), pp. 3 – 18.

익과 동기를 존중하면서 상호 공존을 추구한다는 면에서 위에서 말한 공동안보와 유사하나, 전쟁예방을 위하여 보다 적극적으로 양자 간 또는 다자 간의 합의된 조치들을 추구하고 침략의 수단을 총동원하기 어렵게 만드는 조치를 적극 추구한다는 면에서 공동안보와 차이점이 있다.

협력안보 개념은 상호안보나 공동안보의 개념이 냉전시대 후반기에 등장한 것과는 대조적으로 탈냉전기에 등장하였다. 냉전의 종식과 더불어 소련의 해체는 종래의 국제안보의 개념과 내용을 완전히 변화시켰다. 대규모 지상전과 핵공격의 가능성은 더 이상 국방기획의 주요 이슈가 될 수 없는 상황이 되었다. 그리고 탈냉전의 시기에 발생한 걸프전에서는 다국적군이 침략국인 이라크를 첨단무기로 철저히 항복시킴으로써 지역 내지 세계적인 차원에서 침략자를 응징할 수 있는 선례를 만들게 되었는데 이것이 서로 상승작용을 하여 협력적 안보의 출범에 유리한 배경을 만들었다. 그리고 국가 간의 정치적·경제적 상호의존성이 증대함에 따라 상호의존성을 더욱 증대시키는 것이 국가의 목표이자 현실이 된 지금 무력에 의한 침략은 그 자체가 자기파괴적이며 엄청난 손실을 가져올 수밖에 없다는 인식이 협력적 안보를 추구하게 되는 배경이다.

협력적 안보를 달성할 수 있는 수단은 더 이상 물리적 위협이나 강요가 아니라 제도화된 동의를 통해서 관련국의 협력적 개입을 유도하는데 그 기본 정신이 있다. 냉전시대 집단안보가 군사적 대비를 통한 침략의 억지 그리고 만약 침략받을 경우, 적을 철저하게 패퇴시키는 것이 안보의 목적이었다면 협력안보는 조직적인 침략이 발생할 수 없도록 방지하며, 만약 침략당할 경우에는 다국적군(multinational forces)에 의한 대규모 보복을 통하여 침략국을 철저하게 파괴시키는 것을 목적으로 한다. 그러나 이러한 차이에도 불구하고 완전한 협력안보체제는 무력침략의 경우 그 참여국가의 안보를 보장하는 여분의 요소로서 집단안보의 규정들을 포함한다고 볼 수 있다.

이러한 맥락에서 협력안보론자들은 한 국가가 군사력을 보유하는 정당한 이유는 국토의 방어에 있고, 또 평화를 창출하고 유지하기 위해서 국제적으로 지지되는 제재조치에 다국적군의 일원으로 참여하기 위해서라고 군사력의 목적을 한정시킨다. 이들은 한 국가의 안보는 세계적 차원의 운명과 직결된다고 인식하며 이를 위해서 국제안보의 개념을 중시한다. 또한 국제적인 규제, 중재, 평화유지활동, 다국적군을 통한 집단적 개입 등의 새로운 정책 수단을 강구하기도 한다.

그러나 완전히 새로운 정책수단은 아니며 그동안 유엔을 통해서나 냉전시대

양극화된 안보체제 속에서 계속 발전되어온 정책적 조치들, 즉 핵확산금지체제 (NPT: Nuclear Nonproliferation Treaty), 비핵화 및 비핵지대화 노력, 화학 및 생물무기 금지협약, 미사일기술 수출통제체제(MTCR: Missile Technology Control Regime), 환경무기 금지협약(ENMOD: Treaty on Environment Modification), 재래식무기 감축(CFE: Conventional Forces in Europe) 및 신뢰 및 안보구축조치(CSBM: Confidence and Security Building Measures), 검증조치 등을 모두 계승 발전시키려고 하며, 각 국가가 국제적인 안보를 강화시키기 위해서 스스로 노력해야 할 조치 등을 첨가시킨다. 즉, 각 국가가 군사적인 측면에서 상호 자제를 보이도록 조치를 강구해 나가며, 타국에 대해서 안보를 재보장 (reassurance)해줄 것을 요구한다. 단, 상호 자제는 검증 가능해야 하고 재보장은 각 국의 병력배치와 작전, 무기 생산·판매·구매 등을 투명하게 보여줌으로써 얻어진다고 본다. 그리고 그러한 국제적인 투명성 제고 체제는 각 국가가 가진 상대국에 대한 군사 정보를 공유함과 아울러 상대국의 미사일 사용에 대한 경보체제, 항공감시, 위성사진, 중요한 군사훈련을 상호 감시하기 위해 공동으로 배치한 지상감시체제의 원활한 운영과 상호 협조를 통해 뒷받침되도록 해야 한다고 주장한다.

5. 포괄적 안보(comprehensive security)

전통적으로 적과 우방간의 구별이 분명한 국제관계에서 전면전 가능성 못지않게 중요한 것이 정치·경제·사회 등 제분야에서 적의 간접침략으로 인한 중대한 안보문제 발생 가능성이며, 이에 대처하는 안보 개념도 군사 이외의 분야에서 국가안보를 고려하는 것이기에 포괄적 안보라고 부를 수도 있다.[17] 하지만 안보전문가들은 이를 포괄적 안보라고 부르지 않고 비군사 분야의 안보라고 불렀다. 포괄적 안보가 안보연구의 구체적 관심사로 대두된 것은 역사적으로 유럽과 동남아시아에서였다.

유럽에서는 1973년부터 유럽 33개국과 미국과 캐나다가 참가하여 유럽안보협력회의를 개최하고, 35개국 간의 안보협력과 경제·사회·인도적 교류와 협력을 모색하기 시작했다. 동서 양 진영의 집단방위 기구인 나토와 바르샤바조약기구 간에는 배타적인 군사력감축 회담이 전개되었고, 중립국과 비동맹국들도 참여하는 유럽안보협력회의에서는 군사적 신뢰구축 문제도 논의하는 한편, 유럽 국가들 간에 경제·사회·인도적 교류 협력이 협의의 주제로 등장했다. 35개국은 1975년에 헬싱키 최종선언과 1986년 스톡홀름선언을 거치면서 정치·외교·군사·경제·사회·인도주

17) 정준호, "국가안보개념의 변천에 관한 연구," 『국방연구』, 제35권 제2호(서울 : 국방대학원 안보문제연구소, 1992. 12), p. 19.

의 면에서 교류와 협력을 증진시킴으로써 안보협력을 도모하는 포괄적 접근방법을 채택했다. 그러나 이들 국가들은 그들의 안보협력 방식을 '포괄적 안보'라고 부르지는 않았다. 오히려 공동안보나 안보협력이라고 지칭했다.

실제로 포괄적 안보라는 개념을 사용한 이들은 아세안 국가연합이었다. 1990년대 아세안에서 시작한 아시아 지역의 다자간 안보협력을 주도하는 안보 개념은 포괄적 안보이다. 포괄적 안보에 의하면 안보는 경제적 협력과 지역적 노력 그리고 평화적 수단을 통해 국가 간의 문제를 해결하려는 공약을 통하여 상호의존성과 신뢰를 증진시킬 수 있으며, 이를 통해 국가들은 궁극적으로 안보를 증진시킬 수 있다고 본다. 따라서 이들은 군사적 수단보다 비군사적 수단을 통한 안보증진이 더욱 중요하다고 생각한다. 아세안(ASEAN) 국가들은 포괄적 안보 개념을 세 가지 차원에서 적용한다.

우선, 국가 내부의 힘을 기르는 차원이다. 국가건설과 훌륭한 통치력을 육성하며 국가의 정치적 안정을 도모하는 차원에서 안보를 활용한다. 이러한 과정에서 군사적 역할도 중요하지만 정치·사회·경제정책이 더 중요하다. 다음으로 포괄적 안보는 아세안 국가 간 안보를 증진하는 차원에서 활용된다. 여기서도 지역 국가 간에 민감한 군사문제는 뒤로 미루고 정치적·경제적 협력을 증진하는 차원에서 안보를 활용한다. 이것은 북대서양조약기구(NATO)에서 군사지도자나 국방전문가들이 동구의 바르샤바조약기구 국가들의 군사지도자들과 마주앉아 군사적 문제를 우선 다루었던 경험과는 정반대의 경우에 해당한다. 안보에 있어 군사적 문제를 제기하는 대신에 정치적 대화, 경제적 협력, 상호 의존성 증대, 국가들의 통치능력 증진에 초점을 맞춘다. 아세안은 우선 국가능력의 증진을 도모한 다음 구성원 국가들 간 협력 증진을 도모했다. 그럼으로써 아세안에 대한 군사적 위협을 해결해왔으며, 마지막으로 이러한 성공경험을 토대로 1994년부터 전아시아 태평양 지역에 아세안지역 포럼(ARF: ASEAN Regional Forum)을 시작했다. 이제 ARF는 포괄적 지역 안보협력 기구로 발전을 도모하고 있으며, 군사적 이슈도 조심스럽게 다루고 있다. 의제도 신뢰구축, 예방외교, 북한 핵문제, 동남아 비핵지대화, 유엔 무기이전 등록제도 구현, 유엔이나 지역의 군축 이슈, 영토분쟁 해결 등으로 확대되고 있다. 참여를 거부하던 북한은 2000년부터 정회원 국가로 참여하고 있으나 미온적인 활동을 보이고 있다.

포괄적 안보는 성공적인 실천 경험이며 아직까지 발전된 정교한 전략적 이론의 뒷받침은 없다.[18] 그러나 이에 자극받은 중국은 1995년 10월 사상 최초로 『군축

---

18) Andrew Mack and Pauline Kerr, "The Evolving Security Discourse in the Asia-Pacific," *The Washington Quarterly*, Vol.18, No.1, 1995, pp. 391-408.

백서』를 발간하여 국방정책을 대내외에 밝힌 바 있다. 적어도 ARF 참가국들은 협력을 바탕으로 안보를 증진시키기 위해 다자 회담에 대한 지지와 참가, 신뢰 구축 및 형성의 원칙에 대한 폭넓은 지지, 포괄적 안보에 대한 공감, 아시아-태평양 지역의 안정과 평화를 위한 미군 주둔의 당위성, 다각적 안보협력과 예방외교의 필요성에 공감하고 있다. 이러한 광범위한 안보협력은 아직도 각국의 군사정책과 국방기획에 큰 영향을 주지는 못하고 있으나, 군 인사 및 정보에 대한 교류 협력 과 군 교육교류 활성화에 이바지함으로써 간접적인 영향은 주고 있다고 할 것 이다.

한국의 김대중 대통령이 주도한 햇볕정책은 유럽의 공동안보나 협력안보라기 보다는 오히려 아세안의 포괄적 안보 접근방법에 가깝다고 할 수 있다. 아세안의 포괄적 안보접근 방식은 군사적 문제를 처음에 배제함으로써 국가 간 포괄적 협력 을 증진시킨다는 것이었기에 김대중 정부의 햇볕정책은 아세안식 포괄적 안보협력 접근방법과 더 유사하다고 할 수 있을 것이다.

6. 신뢰구축과 군축

위에서 언급한 상호안보, 공동안보, 협력안보, 포괄적 안보가 군사안보에 적용 될 때 나타나는 현상은 군사적 신뢰구축과 군축이다. 군사적 신뢰구축과 군축을 통 틀어 군비통제라고 부르기도 하고, 군축의 개념 속에 군사적 신뢰구축과 군비통제 를 다 포괄하기도 한다. 하지만 군축은 매우 이상적이며 급진적인 개념이라고 생각 하여 20세기 후반에는 군비통제라는 개념을 많이 사용하고 있다.

군비통제는 '국가 간의 합의에 의해 상호 위협을 감소시키는 행위'라고 정의 할 수 있다. 군비통제는 운용적 군비통제(operational arms control)와 구조적 군비통제 (structural arms control)로 나눈다.[19] 운용적 군비통제는 군사력의 규모와 무기체계, 구성, 병력에 손을 대지 않고 군사력의 운용적인 면, 즉, 선언적 조치, 훈련, 기동, 행위, 특정지역에 군 배치 등을 통제하는 것을 말한다. 운용적인 군비통제는 다시 군사적 신뢰구축(CBM: confidence building measures)과 제한조치(constraint measures) 두 가지로 구분할 수 있는데 군사적 신뢰구축은 선언적 조치, 군사력 보유, 훈련, 기 동, 행위 등을 공개하여 투명하게 만들고 예측 가능하게 함으로써 상호 전쟁하려고 하는 의도를 약화시키거나 제거하도록 하는 것을 말하고, 제한조치는 군사훈련의

19) Richard Darilek and John Setear, *Arms Control Constraints for Conventional Forces in Europe* (Santa Monica, CA: RAND N-3046, March 1990), p.vi; Robert D. Blackwill and Stephen F. Larrabee, *Conventional Arms Control and East-West Security*(Durham, NC: Duke University Press, 1989), pp. 231-257.

규모와 빈도수를 제한하고, 배치지역을 제한하는 것을 말한다.[20] 이와 대조적으로 구조적 군비통제는 군축(arms reduction)이라고 부르기도 하는데, 이는 군사력(병력, 무기 및 장비)의 규모, 구조, 구성 및 무기체계의 개발 및 보유를 금지하는 것을 의미한다.

역사상 가장 성공한 군사적 신뢰구축 조치는 유럽에서 합의된 1986년 스톡홀름 협약, 이스라엘과 이집트 간에 합의된 1974년 시나이협정 I 과 1975년 시나이협정 II 등을 들 수 있다. 1986년 스톡홀름 협약은 1975년 유럽안보협력회의에서 체결되었던 헬싱키 최종선언의 초보적 군사적 신뢰구축 조치를 발전시킨 것이다. 이로써 동·서구 국가들은 상호 군사적 신뢰를 구축하였으며, 결국 평화공존으로 이르게 되었다. 몇몇 학자들은 이러한 군사적 신뢰구축과 그에 따른 소련과 동구의 개방이 그들의 몰락을 가져오게 된 원인이 되었다고 주장하기도 한다.

상대 국가를 침략하거나 상대 국가의 침략을 막기 위해 만든 무기체계를 감축하기로 합의하고 성공적으로 감축시킨 최초의 사례는 1987년 미·소 양국 간의 중거리핵무기폐기협정(INF : Intermediate-range Nuclear Forces Treaty)이다. 이 협정에 따라 양국은 유럽에 배치했던 중거리핵무기를 완전 폐기시켰다. 연이어서 유럽 국가들은 1989년에 재래식 무기의 보유상한선에 합의하고, 5대 공격용 무기(전차, 장갑차, 야포, 전투기, 공격용 헬기)를 1992년부터 폐기하기에 이르렀다.[21]

이스라엘과 이집트 양국은 네 차례에 걸친 중동전쟁을 종료하고, 이스라엘이 점령하였던 영토를 이집트에 돌려주는 조건으로 평화를 얻었다. 이 두 국가는 상호 비무장 완충지대를 설정함으로써 군사적 신뢰를 구축하고 평화를 정착시켰다. 또한 유엔긴급군이 완충지대 내에 주둔하고 감시초소를 감독하며 미군의 조기경보체제를 운용함으로써 공중정찰을 정기적으로 실시하고 그 정보를 이스라엘과 이집트에 각각 나누어줌으로써 평화를 지키고 있다.

오늘날 국경지대에서 국가 간의 군 충돌 가능성을 줄이고 긴장을 완화시키며 신뢰를 구축하기 위해 신뢰구축 조치와 군축을 합의한 국가들이 많이 있다. 예컨대 러시아, 중국, 카자흐스탄, 키르기스스탄, 타지키스탄 등 5개국은 1996년에 군사정보교환과 군사활동의 제한 및 상호통보, 군사활동 참관 등을 하기로 합의한 상하이 협정에 서명했다. 이들은 1997년에 모스크바 협정을 맺고 국경지대 군사력 감축에 대해서도 합의했다.

---

20) 한용섭, "한반도 군사적 신뢰구축: 이론, 선례, 정책대안,"『국가전략』, 제8권 4호(성남 : 세종연구소, 2002), pp. 47-75.

21) 유럽재래식무기폐기협정은 CFE라고 불리는데, 1992년에 나토와 유럽의 구 공산권 국가들(바르샤바조약기구 회원국) 사이에 각 진영이 전차 2만대, 장갑차 3만대, 야포 2만문, 공격용 헬기 2천대, 전투기 6천 8백대를 각각 보유 상한선으로 정하고, 그 초과분에 대해서 계속 폐기해 나갔다.

이와 같이 군사적 신뢰구축과 군축은 세계의 유행이 되고 있다. 군사안보 분야에서 신뢰구축과 군축을 이행함으로써 상호 신뢰와 안보를 증진시키고 있는 것이다. 이제는 냉전 당시 불가능하게 생각되었던 냉전시보다 '더 낮은 수준'에서 군사력을 유지함으로써 안보를 달성하고 있다. 군사적으로 첨예하게 대치하고 있는 국가들 간에 상호합의에 의해 신뢰와 군축을 이루기 힘든 것은 사실이다. 그래서 어떤 국가들은 상호 합의 없이도 일방적으로 군대를 축소함으로써 먼저 상대국가들에게 신뢰를 보여주었고, 그 결과 상호 군축합의가 성공하게 된 사례들도 있다.

따라서 오늘날 군사안보는 국가 간에 군비경쟁보다는 적절한 규모의 군사력을 보유하면서 한편으로는 군비통제를 통해 상호신뢰와 안보를 달성하려는 두 가지 노력을 기울이고 있다고 할 것이다. 아직도 군사적으로 첨예하고 대치하고 있는 남북한은 이런 세계적인 추세를 활용하도록 해야 할 것이다. 특히 과도한 군사비 지출로 체제위기까지 맞고 있는 북한으로 하여금 군사적 신뢰구축과 군축을 통한 안보를 달성하도록 남한과 주변국들이 설득해 나가야 할 것이다. 그러기 위해서는 남북한간, 남북한-미국간, 남북한과 주변 4강간에 다각적인 안보대화가 이루어져야 할 것이다.

V. 결　　론

21세기에 국가들은 군사안보에만 의존하여 평화를 추구하지는 않는다. 군사안보는 집단안보, 정치안보, 경제안보, 사회안보, 환경안보, 인간안보라는 광역화된 안보 개념 속에 하나일 뿐이다. 물론 군사안보가 국가안보의 최종적인 임무를 맡고 있음에는 틀림없으나, 광범위한 안보 개념 중 하나라도 무시하게 되면 국가안보에 치명적인 결과를 초래할 만큼 안보 개념은 넓어지게 되었다.

또한 20세기 후반에 국가들은 군사적 차원에서도 국가간의 끊임없는 군비경쟁과 침략의 악순환에서 벗어나기 위해 절대안보 개념을 대치할 새로운 안보 개념들을 추구했다. 그것은 상호안보, 공동안보, 협력안보, 포괄적 안보 등으로서 군사안보 개념이 더욱 심층화되고 있는 것이다. 심층화된 군사안보 개념은 결국 국가들 상호간에 군사적 위협을 감소시키기 위해 군사적 신뢰구축과 군축이라는 정책적 개념을 만들어내게 되었고, 평소보다 더 작은 규모로 안보를 달성할 수 있다는 획기적인 발상을 하게 되었다. 그 결과 유럽, 중동, 아시아에서 사상 최초로 합의에 의해 군사정보를 교환하고, 군사훈련을 통보하며, 군대 규모를 줄이게 되는 군비통제 성공사례가 연이어 발생하게 되었다.

따라서 군사안보가 평화를 항상 위협하며 군사안보를 강조하게 되면 항상 전쟁을 초래한다는 말은 20세기 후반과 21세기에는 항상 옳은 말은 아니라는 것을 알게 되었다. 21세기의 국가들은 상호 힘의 균형이나 상대보다 더 많은 군사력에 의지한 억지만으로 안보가 이루어질 수 없다는 것을 자각하고 있다. 나아가 실제적인 안보는 상호 위협을 감소시키고 신뢰를 구축해 나가는 일이 더 중요하다는 것을 깨닫게 되었다. 이에 따라 인류는 보다 평화로운 세계를 향하여 군사안보를 더욱 협력적으로 달성해 나감과 함께 군비통제를 더욱 진척시키고자 노력하고 있다.

지구상에서 마지막 남은 냉전의 장인 북한을 다룸에 있어서도 억지력 중심의 군사안보에다 남북한 평화공존을 만들어내기 위해 상호안보, 공동안보, 협력안보, 포괄적 안보 개념을 도입할 필요가 있다. 이러한 관점에서 남북한은 미국 및 주변국과 함께 군사적 신뢰구축과 군축을 논의하고 실천에 옮겨 나가야 할 것이다.

제 2 장

한반도 평화체제 : 내용과 추진전략

Ⅰ. 평화체제의 필요성

20세기말 세계의 탈냉전 추세에도 불구하고 한반도는 여전히 냉전의 고도로 남아 있다. 전쟁이 없는 상태를 평화라고 한다면 그동안 한반도에서 평화를 근본적으로 위협해 온 많은 요소들의 존재에도 불구하고 한반도에서 평화는 유지되어 왔다. 물론 전쟁이 없는 상태를 유지해온 유일한 국제법적 차원의 장치는 1953년 7월 27일 체결된 정전협정이다.

세계의 탈냉전 상황과 동구에서의 공산주의 몰락, 소련의 해체, 그리고 북한을 지원해 오던 전략적 우방국의 상실 등의 안보위기 상황에서 북한은 체제의 안전을 보장하고 한국으로의 흡수통일 우려를 불식하고자 하는 동기에서, 한국 정부는 한반도에서 냉전을 종식하고 화해·협력의 단계를 거쳐 종국에는 평화통일로 이르고자 하는 단계적 통일 접근법의 일환으로 남북한 간 고위급회담을 개최하여 1992년 2월 19일 기본합의서를 합의하여 발효시켰다.

기본합의서의 발효는 한반도에서 박빙의 정전상태를 공고한 평화상태로 전환시키기 위한 한민족의 자발적인 탈냉전 시도의 일부로 간주되었다. 하지만 기본합의서 발효 이후 대두된 북한의 핵개발 문제는 남북한의 화해협력을 위한 더 이상의 관계개선에 찬물을 끼얹었으며, 결국 핵문제는 미·북한 간 회담, 6자회담으로 타결을 보는 듯 했으나, 북한의 연이은 핵실험으로 더욱 악화되고 있다.

한반도에서 평화가 얼마나 깨어지기 쉬운 상태에 있는가는 6·25전쟁 이후 몇 차례의 위기상황을 맞으면서 증명되었고, 1993년에는 북한의 NPT 탈퇴선언 이후 빚어진 위기 상황과 1998년 8월 북한의 대포동 미사일 시험발사 후 고조된 한반도 주변의 위기 상황에서 새롭게 확인된 바 있다. 2010년 3월 천안함 폭침 사건과 같은 해 11월 연평도 포격 사건, 2013년 2월 북한의 3차 핵실험과 연이은 대남 및 대미 핵공격 위협은 한반도에서 긴장상태가 얼마나 심각한지 보여주고 있다. 다시 말해서 남북한 간에 합의된 기본합의서나 비핵화 공동선언, 제네바 합의, 6자회담 공동선언도 북한이 지키지 않으면 한반도에서 평화를 보장할 수 없다는 사실이 증명된 셈이다.

북한은 전후 62년간 유지되어 온 정전협정을 무효화시키기 위한 책동을 전개해 왔다. 1994년 4월 28일, 새로운 평화보장체계 수립을 위한 대미협상을 제의한 이래, 군사정전위원회로부터 북한군 대표단 철수, 조선 인민군 판문점 대표부 설치 및 중국의 군사정전위 대표단 소환 등 대미 평화협정 체결을 위한 정지작업을 전개했다. 1995년 9월에 미국 카네기 평화재단의 셀리그 해리슨을 통하여 북한은 대미 평화협정이 당장 어렵다면 미국과 북한 간에 잠정적인 조치를 취할 필요가 있다고 전해왔고 이는 1996년 2월 22일 북한의 대미 잠정협정 체결제의로 구체화 된바 있다. 그 이후 북한은 대미국 수교협상과 미사일회담 채널을 통해 잠정협정을 구체화하는 제안을 계속해 왔다. 마침내 2000년 6월 남북한 정상회담 이후 미국과 미사일 문제 해결, 관계 정상화와 평화협정을 논의할 목적으로 2000년 10월 조명록 특사를 워싱턴으로 보내 클린턴 미국 대통령과 회담을 갖고 북미관계 정상화와 적대관계 해소를 위해 노력한 바 있다. 화전양면전략을 구사해 온 북한은 한편으로는 핵개발을 지속하면서, 다른 한편으로는 핵문제 해결을 위해서라면 미국과 평화협정체결이 필요하다고 계속해서 주장하고 있다.

한반도 평화체제 문제에 대해서 북한의 공세적 행동에 대해서 수세적이며 원칙적인 대응만을 해왔던 한국 정부와 미국 정부는 북한의 정전협정 파기 사태를 더 이상 방치할 수 없다는 인식하에서 정전체제의 평화체제로 전환을 포함한 한반도의 긴장완화와 공고한 평화체제 구축을 위해 1996년 4월 16일 제주도 정상회담에서 한반도 평화를 토의하기 위한 남북한, 미국, 중국이 참여하는 4자회담을 제의하게 되었다. 이것은 한반도 평화체제에 관한 한 남북한 당사자 간의 대화를 통해서 해결해야 한다는 한국과 미국의 종래 입장에 일정한 변화가 있었다는 것을 의미했다. 즉, 1994년 10월 미국과 북한 간에 합의된 제네바 핵 합의에 따라 미·북 관계가 발전하고 있는 현실을 인정한 바탕 위에서 북한의 계속되는 정전체제 파기 행위를 공식적으로 다룰 채널을 제시하게 된 것이었다. 그러나 4자회담은 아무런 진전을 보지 못하고 결렬되었다. 2003년부터 2008년까지 북한의 비핵화를 위해 남북한, 미국, 중국, 일본, 러시아가 참가한 6자회담에서 한반도 평화체제와 관련하여 직접관련당사국들끼리 별도의 포럼을 개최할 필요성을 인정하기는 했으나 실제로 개최된 바는 없이 오늘에 이르고 있다.

한반도의 평화구축과 관련하여 고려해야 할 점은 많다. 그 중에서도 정전협정 체제를 다시 검토해 보아야 하며, 한미동맹을 한반도 평화구축과 관련하여 재검토해보아야 한다. 아울러 한반도의 냉전구조를 평화구조로 전환하기 위해서는 주변 4강의 이익을 다시 한 번 검토해 보아야 한다.

따라서 이번 장에서는 지금까지 한반도 평화체제와 관련한 남북한 간의 논의를 정리하고 미 행정부의 대북한 정책을 감안하면서 한반도에서 실질적이고 적극적인 평화를 건설할 수 있는 한국의 정책대안을 모색해 보고자 한다. 글의 순서는 첫째, 한반도 평화체제와 관련한 남북한의 입장은 무엇인가? 둘째, 미국 정부의 대북한 정책의 변화와 한반도의 평화체제는 어떤 관련성이 있는가? 셋째, 한반도에서 적극적 평화를 위한 평화체제의 내용은 무엇인가? 넷째, 한반도의 평화체제를 수립하기 위한 전략은 어떠해야 하는가? 하는 4가지 질문을 다루고자 한다.

Ⅱ. 한반도 평화체제에 관한 남북한의 입장

1. 남한의 입장

남한에서는 보통 평화는 전쟁이나 무력충돌 없이 국내적, 국제적으로 사회가 평온한 상태라고 정의한다. 미국의 일반적 개념정의도 가치중립적 입장에서 전쟁이나 기타 적대행위의 부재, 싸움과 반목으로부터의 해방을 의미한다. 남한의 평화개념은 전쟁이 없는 상태이다. 대한민국 헌법 제5조에서 "대한민국은 국제평화의 유지에 노력하고 침략적 전쟁을 부인한다"고 하고 있다. 이것은 만약 외부로부터 침략을 받았을 경우에 한하여 자위 목적의 방어적인 전쟁을 인정한다고 볼 수 있다.

남한은 한반도에서 평화를 구축하기 위하여 단계적 접근 방법을 추구한다. 가장 대표적인 문서는 1992년 한국의 통일부에서 발행한 『남북 기본합의서 해설』이다. 그것은 <표 Ⅰ-1>과 같이 나타내 볼 수 있다.[22] 즉, 남북한은 화해·협력의 단계를 거쳐 평화체제에 이르며 종국에는 민족통일로 간다는 3단계 접근법을 추구하고 있다. 현재는 남북한이 정치적, 군사적 대결상태에 있고 정전체제 하에 있으므로 1992년 2월 19일 남북한 간에 합의, 발효된 기본합의서에 따라 상호불신과 반목을 해소하고 신뢰를 구축하여 민족적 화해를 이루며 다각적인 인적, 물적 교류를 증대시키고 협력을 촉진하여 쌍방의 체제와 이념간의 격차를 해소해 가면서 민족 공동의 이익과 번영을 도모해 나가야 비로소 한반도에 평화가 정착될 수 있다고

---

22) 통일원, 『남북 기본합의서 해설』(서울 : 통일부, 1992), pp. 30-32.

보는데, 이 과정을 화해·협력단계라고 부른다. 기본합의서는 화해·협력 단계 다음에 오는 평화체제를 규율할 민족공동체헌장이 마련될 때까지 남북 간의 화해·군축·교류협력을 추진하기 위해 마련된 규정이기 때문에 남북한이 평화체제에 들어가려면 반드시 기본합의서를 지켜야 한다는 것이다.

표 I-1 통일단계별 기본규범과 국가형태

단 계	기 본 규 범	국 가 형 태
화해·협력	기본합의서	분단국가
평화체제/ 남북연합	민족공동체헌장	남북연합
민족통일	통일헌법	통일국가

* 출처 : 통일원, 『남북 기본합의서 해설』(1992), p. 27.

한편, 한국 정부는 화해·협력 단계에서는 한반도에서 정전협정을 준수해야 하며, 남북한 당사자가 평화협정으로 바꿀 때까지는 정전협정은 유효하다는 입장을 견지하고 있다. 한국 정부는 기본합의서, 화해분야 부속합의서, 불가침분야 부속합의서, 교류협력분야 부속합의서를 남북한이 제대로 이행해 나가면 한반도에서 공고한 평화상태는 창출되게 되어있다고 해석한다. 또한 남북사이의 평화상태란 남과 북을 당사자로 하고 관련 국가들이 보증하는 평화협정의 체결에 의한 평화상태로의 전환을 의미하는 것으로 보아야 한다고 설명한다.

통일에 대한 3단계 접근 방법은 1994년 8월 김영삼 대통령에 의해 화해·협력－남북연합－통일국가 순으로 바뀌고, 1998년 2월 김대중 대통령의 취임과 함께 화해·협력 단계와 남북연합단계의 구분이 모호해졌다. 아태평화재단이 1995년 발간한 『김대중의 3단계 통일론』에 의하면 3단계 통일론은 남북연합－남북연방－통일국가 순으로 발전하는 것이었다.[23] 그러나 2000년 6·15 공동선언 제2항에서 "남북 쌍방은 남측의 연합제 안과 북측의 낮은 단계의 연방제가 공통점이 있다고 인정하고 이를 바탕으로 통일을 지향해 나간다"고 합의함으로써 김대중 정부의 통일론에 대한 논란이 일게 되자 국민의 정부가 나서서 3단계 통일론은 이전 정부와 같이 화해협력－연합단계－통일단계를 승계한다고 함으로써 수습되었다. 『김대중의 3단계 통일론』에 의하면 남북 연합단계에서 평화공존, 평화교류, 평화통일의

---

23) 아태평화재단, 『김대중의 3단계 통일론』(서울 : 아태재단출판사, 1997), p. 70.

3대 행동강령을 구현할 것인데, 평화공존은 분단상황을 평화적으로 관리하는 것을 뜻하고, 이를 위해 무력대결이 발생하지 않도록 모든 조치를 취하며, 군사적 신뢰구축, 군축, 검증을 실시해야 한다고 주장하고 있다.

김대중 정부와 그 이전 정부와의 차이점은 남북한 간 관계개선과 평화정착에 있어 기본합의서의 이행에 큰 중점을 두지 않았다. 이것은 남북정상회담 개최 이전에 남한정부의 기본입장이었으나, 북한 측이 정상회담의 의제채택을 완강하게 반대했기 때문에 일어난 일이다. 김대중 정부는 한 단계 더 나아가 지금까지 한반도에서는 평화를 지키는 전략에는 성공하였으나, 평화를 만들어 나가는 전략에는 소홀히 했음을 지적하면서, 평화를 만들어 나가는 전략을 병행 추진하겠다고 하고 6·15공동선언에서 빠진 평화문제를 보충하고자 노력하였으나[24] 제2차 남북정상회담의 불발로 그 뜻을 이루지 못했다.

평화를 지키는 전략은 자주국방력과 한미연합전력을 통해 안보태세를 강화하는 것이고, 평화를 만들어 가는 전략은 남·북간 화해와 협력, 한반도 냉전종식, 북한의 개방과 변화를 통해 적화전략 포기를 유도하는 것이라고 설명한다. 그리고 한반도 냉전종식을 위한 5대 과제를 제시하였는바, 남북관계 개선, 북·미, 북·일 관계 개선 및 정상화, 북한의 국제사회 참여 및 개방, 대량살상무기 위협 해소 및 군비통제, 정전체제의 평화체제로의 전환이 그것이다.

한반도 냉전종식을 위한 5대 과제 중 남북관계 개선과 북·미간 핵협상에 이어 미사일 협상과 '페리 프로세스'를 통한 대량살상무기 위협 해소가 어느 정도 달성되는 듯 했으나, 2001년 9·11 테러 이후 미국의 대북 강경정책의 대두와 북한의 비밀 우라늄농축시설이 밝혀지면서, 6자회담의 일부 성과에도 불구하고 북핵문제가 악화일로를 걷게 되어 한반도 군비통제와 정전체제의 평화체제로의 전환 문제는 시작도 되지 못했다.

한국 정부는 1995년 8월 15일 광복절 기념사에서 김영삼 대통령은 한반도 평화체제는 남북한 당사자가 주가 되지만 주변국의 협력을 필요로 한다고 함으로써 1996년 남북한, 미국, 중국이 참여하는 한반도 평화를 위한 4자회담을 제안했다. 1997년 12월 첫 4자회담이 제네바에서 개최된 이래 1999년 8월 제6차 회담까지 모두 여섯 차례 본회담이 개최되었다. 1998년 10월 제3차 회담에서 남북한, 미국, 중국 4국 참석자들은 '긴장완화 분과위원회'와 '평화체제구축 분과위원회'의 구성에 합의하였고, 1999년 1월 제4차 회담에서 두 개의 분과위원회를 처음으로 가동시켜

---

24) http://www.unikorea.go.kr. "통일정책 : 2000년 대북정책 추진 실적" 참조.

분과위원회 운영절차에 대한 합의각서를 채택하였다. 1999년 4월에 5차 회담, 8월
에 6차 회담을 갖고 의제에 관한 토의를 진행하였다. 그러나 6차 회담에서 북한 측
이 주한미군 철수와 북·미 평화협정 체결을 의제로 할 것을 주장하면서 회의가 결
렬된 이후 지금까지 회담이 개최되지 않고 있다. 그러나 한국정부의 공식 입장은
4자회담이 한반도 평화구축을 위해 유용한 방법이라고 인식하고 있으며 남북한이
주체가 되고 미국과 중국이 참여하고 보장하는 방식의 평화체제가 수립될 수 있도
록 노력하겠다고 밝히고 있다.[25]

한국의 입장은 주한미군 문제는 한미 간의 사안으로서 북한이 관여할 바가 아
니며, 평화체제 구축문제에 실질적인 진전이 이루어질 때 한반도의 모든 군대의 구
조나 배치문제가 논의 가능하며, 이때에 남북한의 군사력과 함께 주한 미군도 논의
될 수 있다는 입장을 견지하고 있다. 또한 한반도에 평화체제가 구축되고 통일이
이루어진 후에도 미군이 동북아 지역의 안정자 역할을 수행하기 위해 한반도에 주
둔하는 것이 바람직하다고 보고 있다.

4자회담이 결렬되어 한반도 평화문제에 아무런 진전이 없을 때, 2000년 6월 사
상 최초로 남북한 정상회담이 개최되었다. 정상회담 이후 발표된 6·15공동선언에
서는 남북정상회담의 의의가 남북 간에 서로 이해를 증진시키고 남북관계를 발전
시키며 평화통일을 실현하는데 있다고 천명한 이외에 한반도 평화체제를 구축하기
위한 실질적 합의나 언급은 없었다고 해도 과언이 아니다. 다만 김대중 대통령이
전한 바, 북한의 김정일 위원장은 통일 후에도 한반도에 주한미군의 주둔의 필요성
에 공감을 표명했다는 것 정도였다. 그러나 이 사항도 두 달 뒤 개최된 북·러 정상
회담에서 북한이 부인함으로써 근거가 약해졌다. 정상회담 이후 2000년 9월에 남
북 국방장관회담이 개최되어 "남북 쌍방은 군사적 긴장을 완화하며, 한반도에서 항
구적이고 공고한 평화를 이룩하여 전쟁의 위험을 제거하는 것이 긴요한 문제라는
데 이해를 같이하고 공동으로 노력해 나가기로 하였다"라고 원칙적으로 합의하였
으나, 그 후 실천되지 못했다.

노무현 정부는 제2차 북핵위기를 안고 출범했기 때문에 북핵문제의 우선 해결
을 포함하여 한반도 평화체제 구축을 위한 3단계 접근방법을 제시하였다. 제1단계
에서 북핵문제의 해결과 평화증진의 가속화, 제2단계에서 남북협력심화와 평화체
제의 토대 마련, 제3단계에서 남북평화협정체결과 평화체제의 구축을 제시하였는
데, 실제로는 북핵문제의 해결을 위해 6자회담을 통해 9·19 공동성명, 2·13 합의,

---

25) 국방부, 『국방백서 2000』(서울 : 국방부, 2000), pp. 76-77.

10·3 합의를 도출했음에도 불구하고, 2006년 10월 북한의 제1차 핵실험으로 북핵문제가 암초가 되어 한반도 평화체제 수립에 대한 실질적인 진전을 이루지 못했다. 노무현 정부는 한반도에서 정전체제를 평화체제로 바꾸는 것이 중요하다고 인식하고, 부시 미국 대통령을 설득하여 종전선언을 하고자 하였으나 미국의 무관심 내지 반대로 말미암아 무산되고 말았다. 다만 남북한 교착상태를 해소하고자 2007년 10월 제2차 남북정상회담을 개최했으나, 10·4 남북공동선언 이외에 이렇다 할 성과를 내지 못했다.

이명박 정부는 북한 핵문제의 해결을 남북관계의 최우선 순위에 두고 '비핵·개방·3000'이라는 정책을 추진했다. 북한의 비핵화에 아무런 진전이 없었기 때문에 한반도 평화체제에 대해서 명확한 정책을 제시하지 않았다. 2010년 광복절 경축사에서 북한에 대하여 3대 공동체[26] 즉, 한반도의 안전과 평화가 보장되는 '평화공동체,'[27] 북한 경제를 획기적으로 발전시켜 남북 경제통합으로 나아가는 '경제공동체' 그리고 한민족 모두의 자유와 행복이 보장되는 '민족공동체'의 실현을 제안했다. 그러나 북한의 아무런 호응이 없었고, 오히려 북한의 핵무장 강화와 무력도발로 남북관계는 경색되었다.

2. 북한의 입장

북한이 보는 평화는 두 가지 종류가 있다.[28] 하나는 노예의 평화이고 다른 하나는 항구적 평화인데, 전자는 제국주의자들의 착취계급에 의한 외부적 평화이고 후자는 제국주의의 섬멸 종식과 세계혁명의 완수 이후에 오는 평화이다. 따라서 영구적인 평화를 달성하기 위해서는 자기민족을 해방하기 위한 민족해방전쟁과 프롤레타리아 계급을 해방하기 위한 혁명전쟁 같은 전쟁을 인정한다. 즉, 이 두 가지 전쟁은 정의의 전쟁으로서 정당한 전쟁이므로 평화를 위해서는 불가피하다는 것이다.

결국, 북한이 규정하는 평화는 전쟁이 없는 상태가 아니다. 이런 맥락에서 한반도에서 외세가 배제되고 민족이 자주적인 입장에 설 때 평화의 기본적인 조건은 갖추어지고, 객관적으로 북한에게 힘이 유리한 상황이 되면 한반도가 북한에 의해 사회주의식으로 통일이 되어야 진정한 평화가 올 수 있다고 보는 것이다. 이와 같

---

26) 이명박, 『대통령의 시간』(서울 : 알에이치코리아, 2015), pp.363-364.
27) 필자는 남북관계발전 자문위원으로서 당시 통일부가 북한의 비핵화를 강조하기 위해 '비핵공동체'라고 표기하려고 하는 것을 비핵은 평화의 한 구성요소이므로 좀 더 포괄적인 의미의 '평화공동체'라고 쓰는 것이 더 바람직하다고 주장하여, 결국 '평화공동체'라고 쓰게 되었다.
28) 북한 사회과학원 철학연구소 간, 『철학사전』(평양 : 사회과학 출판사, 1970) pp. 633-635 와 pp. 498-500. 이호재 편, 『한반도 평화론』(서울 : 법문사, 1986), p. 328에서 재인용.

은 평화의 조건을 창출하기 위해서는 남북한 간에는 불가침협정을 맺어야 하고 북·
미 간에는 평화협정을 체결해야 한다는 것이다.

북한이 주장하는 평화협정의 내용은 미국과 협상을 통해서 6·25전쟁으로 인
한 손해배상문제, 전범자 처단 문제, 6·25전쟁의 법적 종결선포, 미군 철수 문제,
군축과 긴장완화를 위한 대규모 군사연습의 중지제안을 비롯한 남한에서 미국의
무력증강 책동, 무기반입책동 분쇄, 미군기지의 폐쇄를 해결함은 물론, 한미상호안
보조약과 미국의 남한에 대한 정치, 경제, 군사 등 모든 분야의 결정적 영향력을 제
거함으로써 한반도의 자주화 달성을 최종목표로 들고 있다.[29]

이 기본 입장은 1990년대 초반에 들어와 더욱 구체화되었는데 주한미군 핵무
기 철수는 미국의 일방적인 조치로 이미 달성되었다고 보고 유엔군사령부(UNC) 해
체, 휴전협정 파기, 평화에 입각한 군축과 평화원칙을 들고 있는데 주한미군을 포
함한 3단계에 걸친 병력 10만으로의 감축, 무력증강과 군비경쟁금지, 무기도입금
지, 외국군 기지폐쇄와 외국군 철수, 연합훈련의 금지, 그리고 민족대단결 원칙을
내세워 남한 사회의 친 북한 정권수립을 위한 민중혁명 등을 들고 있다.

종래 북한은 한반도의 무력적화통일에 이르는 전략으로서 대미평화협정을 주
장해 왔다. 대미평화협정 체결 이후에 북한에 유리한 한반도의 정치·군사정세를
조성하고 마침내 북한주도의 통일을 이룸으로써 한반도에서 항구적인 평화체제를
구축한다는 것이다. 따라서 평화체제에 이르는 전략으로서는 미국과의 각종 협상을
통해 북한-미국 간 관계 개선, 정전체제의 무효화, 대미 군사 직접창구 개설, 안보
문제에 관한 한 한국 정부의 최대한 고립화 및 한미 관계의 이간 극대화를 추구함
으로써 결국 대미유화노선과 평화공세로 평화협정을 이끌어 내고자 노력하고 해왔다.

그러나 북한에서도 종래의 대미평화협정 주장에 대한 변화가 발견되었다.
1995년 1월부터 북한은 미국에 대해서 평화협정에 대한 미국의 반대가 완강해지자
평화보장체계가 수립되는 것이 필요하다고 하였다.[30] 정전협정의 평화협정으로 전
환과 관련, 북한은 1960년대에는 남북 평화협정 체결을 강조하였으나 1970년대 이
후부터는 북·미 평화협정 체결을 주장하고, 특히 1984년 이후에는 남북 불가침선
언과 북·미 평화협정체결을 주장해 왔다.

예를 들면, 1984년 1월 북한은 중앙인민위원회 최고인민회의 상설회의 연합회
의 명의로 한국 및 미국의 국회에 보내는 편지에서 남북 불가침 공동선언과 대미

---

29) 통일원,『북한의 평화협정제의 관련 자료집』(서울 : 통일원, 1994), pp. 265-286 참조.
30) 1996년 4월 북한 외교부는 성명을 통해 북·미간 정전협정을 평화협정으로 바꾸고 현 정전기구
   를 대신하는 평화보장체계를 수립하자고 제안했다.

평화협정 동시체결을 제의했으며, 그 이후 1994년 9월 북한 외교부 대변인은 남북 간에는 이미 불가침합의서가 채택되었으므로 북·미 평화협정만 체결되면 한반도 의 공고한 평화보장체제가 수립될 수 있다고 주장하였다.

북한은 대미 평화협정을 체결하기 위해서 1995년 말까지 휴전협정 사문화와 대미 직접협상 모색이라는 양대 전략을 구사하여 왔다. 휴전협정 사문화 전략의 일 환으로서 북한은 1991년 3월 이래 한국군 장성이 군사정전위원회(군정위) 수석대표 로 임명되었다는 이유로 군정위 활동을 계속 거부하여 왔으며, 1993년 4월 체코의 중립국감독위원단(중감위) 대표단을 철수시켰고, 1995년 2월 폴란드 중감위를 철수 시킴으로써 중감위를 완전 무력화 시켰다. 아울러 1994년 5월 북한은 군정위를 대 신하는 새로운 협상기구로 조선인민군 판문점 대표부를 일방적으로 개설하였으며, 그해 12월 중국은 군정위 자국대표를 소환하였다. 이로써 한반도 정전협정을 관리 하는 기구로서는 한국군 장성이 대표로 있는 군정위와 정전협정을 무시하는 조선 인민군 판문점 대표부가 아무런 대화 없이 양립하는 체제 아닌 체제가 되어버렸다.

이보다 앞서 북한은 1994년 4월 28일 외교부 성명을 통해 휴전협정은 "평화를 보장할 수 없는 빈 종잇장으로 되고 군사정전위원회는 사실상 주인 없는 기구로서 유명무실하게 되었다"고 주장하고 한반도의 진정한 평화와 안전을 보장하기 위해 "현 정전기구를 대신하는 평화보장체계를 수립"할 것을 미국에 요구하였다. 한편, 북한은 1995년 6월과 8월에 김영남 외교부장이 UN사무총장 앞으로 보낸 서한을 통해서 유엔군사령부를 해체하고 한반도로부터 외국군대를 철수시키며 한반도의 새로운 평화보장체계의 수립의 필요성을 강조하였다. 그리고 1995년 7월 4일 북한 인민군 판문점 대표부 대표가 주한미군 기획참모부장에게 북·미 간 평화보장체계 의 수립 필요성을 재강조하고 북·미 간 장성급 접촉을 제의하였다. 만약 이를 거부 할 경우 북한 측은 비무장지대와 정전협정의 지위에 관한 필요한 조치를 취하겠다 고 협박하였다. 그러던 중 북한 당국은 1995년 9월 18-26일 미국 카네기 재단의 샐리그 해리슨을 평양으로 초청하여 새로운 평화체계(a new peace mechanism)의 내용 을 대외에 전달케 했다.[31]

즉, 북한지도부는 북·미 평화협정 체결의 비현실성을 인정하고 평화협정이 북· 미 관계정상화의 전제는 아니라고 말하면서 종래의 대미 평화협정체결 입장에 대 한 수정을 시사했다. 아울러 주한미군이 무기한 주둔하는 데 대해 찬성한다는 극적 인 발언을 했다. 그리고 북한이 주장하는 새로운 평화체계는 우선적으로 북·미 간

---

31) 『중앙일보』, 1995. 9. 28일자.

에 상호안보협의 위원회를 구성·운영하고 그 위원회가 실질적으로 가동 준비가 끝난 시점에, 지난 1992년 남북기본합의서에서 합의한 남북 군사공동위원회를 가동해 나간다는 한반도 평화체제에 관한 2원적 접근방법을 취한다고 하였다.

그러나 북·미 양국 간 관계정상화를 위해서는 유엔군사령부의 해체는 불가피하다는 입장을 고수했다. 강석주 외교부 부부장은 "북－미간 우호적 관계를 위해 주한미군이 유엔의 모자를 벗을 때가 됐다"고 말했다고 전했다. 북한 인민군 판문점 대표부 이찬복 중장은 "북한은 미국 군 당국과의 상호양해 아래 주한미군이 무기한 주둔을 인정하는 바탕위에 새로운 평화체제를 구상했다. 북한의 입장은 궁극적으로 주한미군이 철수돼야 한다는 것이지만 미국의 동아태 전략상 하루 이틀에 이루어지지 않을 것임을 잘 알기 때문에 새로운 평화체제를 구상한 것이다. 정전협정이란 북한에 대한 적대관계를 규정하는 것이므로 현 협정이 존속하는 한 북－미 관계 정상화는 불가능하다"고 전언했다. 그리고 북－미간 협상과정에서 양국 간 군사접촉 창구를 개설하기로 합의했었다고 주장한 이후 양측 간 장성급 회의가 개최되고 있다.

1996년 2월에 북한은 외교부 성명을 빌어 새로운 평화보장체계의 내용을 구체화하는 잠정협정에 관한 제안을 미국을 향해 내놓았다.[32] 잠정협정의 내용으로는 첫째, 군사분계선과 비무장지대의 관리, 무장충돌과 돌발사건 발생 시 해결방도, 군사공동기구의 구성과 임무 및 권한, 잠정협정의 수정보충 등 안전질서유지와 관련되는 문제들이 포함될 수 있다고 밝힌 바 있다. 사실 이 내용은 정전협정 중에서 지금까지 효력이 없어진 조항을 없애버리고 그나마 효력이 남아있는 조항들, 즉 군사분계선과 비무장지대의 관리, 분쟁 시 해결방법 등을 반영하고 군사정전위원회의 주체를 미국과 북한으로 바꾸는 문제 등을 재론하고자 하는 것이다. 둘째로, 잠정협정은 반드시 북－미 사이에 체결되어야 하며, 잠정협정은 완전한 평화협정이 체결될 때까지 정전협정을 대신한다. 잠정협정을 이행, 감독하기 위하여 판문점에 현 군사정전위원회를 대신하는 북－미 공동군사기구가 조직·운영되어야 한다. 셋째로, 잠정협정을 채택하며 북－미 공동군사기구를 내오는 문제를 토의하기 위하여 해당 쪽에서 협상이 진행되어야 한다고 하였다. 이 잠정협정을 논의하기 위해서는 북－미 간 고위안보대화가 진행되어야 함을 주장하고 있다.

1998년 10월 4자회담에서 북한은 평화보장체계는 북미 간 평화협정이 체결되고 평화보장기구가 마련되어야 가능하다고 하였고, 2000년 9월 남북한 국방장관회

---

32) 북한 외교부 성명, 1996. 2. 22. 『노동신문』, 1996. 2. 23. 참조.

담에서 한반도의 긴장완화와 공고한 평화를 이룩하는 데는 북한—유엔군(미군) 간 정전협정을 평화협정으로 대체한 이후 남북 간 군사문제를 토의하는 것이 순서라고 하였다. 그리고 2000년 10월 워싱턴에서 개최된 북—미 고위급 회담에서 공동성명을 통해 "쌍방은 한반도에서 긴장상태를 완화하고 1953년의 정전협정을 공고한 평화보장체계로 바꾸어 한국전쟁을 공식 종식시키는 데서 4자회담 등 여러 가지 방도가 있다는 데 대하여 견해를 같이하였다"고 합의했다. 그리고 양측은 적대의사를 포기하고 새로운(평화스런) 관계 수립을 위해 노력한다고 합의했다.

북한의 입장은 평화협정은 반드시 북—미 간에 체결되어야 한다고 주장한다. 북한의 논리에 의하면 6·25전쟁의 교전 당사자는 미국과 북한이며, 미국이 정전협정의 실질적 서명 당사자이고, 주한미군이 한국군의 작전통제권을 보유하며 무력의 실권을 행사하며, 남북한 간에는 불가침협정(기본합의서)을 체결했기 때문에 이제 남은 것은 북—미 간 평화협정 밖에 없다고 하고 있다. 이러한 북한의 입장은 "한반도 평화를 위한 유관국끼리의 별도회담 채널을 인정하면서도 북핵문제는 북미대화를 통해서 풀 수 있으며 북미 평화협정이 동시에 체결되어야 한다"는 논리가 기저에 깔려있는 것을 볼 때 한반도 평화체제의 당사자로서 한국을 무시하는 입장이 지속되고 있다고 볼 수 있을 것이다.

3. 소결론

남북한 간에는 한반도에서 평화체제의 개념, 내용, 접근 전략이 서로 상이하다. 따라서 양측을 모두 만족시킬만한 방법은 어렵다. 그래도 최대공약수를 찾는다면 고위급회담 당시 기본합의서 제5조에 대한 협상태도를 유추해보는 수밖에 없다.

한국 측은 고위급회담에서 휴전체제를 평화체제로 전환시키기 위해 공동노력하며 평화'체제' 마련 시까지 현 정전협정을 준수해야 한다고 북한에 제안하였으며, 북한 측은 '체제'를 '상태'로 하자고 표현을 수정한 우리 측의 절충안에 동의해옴으로써 결국 기본합의서 제5조는 정전상태를 공고한 평화'상태'로 전환시키기 위해 공동노력하며 이러한 평화상태가 이룩될 때까지 정전협정을 준수한다고 합의했다. 이어서 화해분야 부속합의서 제18조에 남과 북은 현 정전상태를 남북사이의 공고한 평화상태로 전환시키기 위해 기본합의서와 한반도의 비핵화에 관한 공동선언을 성실히 이행 준수한다고 합의하였으며, 제19조에는 남과 북은 현 정전상태를 남북한 사이의 공고한 평화상태로 전환시키기 위해서 적절한 대책을 강구한다고 합의하였다.

그러나 북한은 평화체제에 대한 논의는 미국과 평화협정을 체결함으로써 가능하다고 주장하고, 이를 위해 대미 공세를 강화해 왔다. 그 이유는 북한이 바라는 평화의 조건은 남한과 대화해서 창출할 수 없다고 믿고 있으며, 이를 대남 우위 확보를 위한 소재로도 활용하고 있기 때문이다. 하지만 북한은 북한식 통일방식을 포기하고 남과 북이 정전체제를 남북한 사이의 공고한 평화체제로 전환시키기 위해 남한과 평화문제를 협의하면서 미국과도 동시에 협의를 하지 않으면 안 될 것이다.

Ⅲ. 미국의 한반도 평화체제에 대한 입장

미국은 한반도의 평화체제에 관해서 한국 정부의 공식 입장을 지지해 왔다. 1996년 4자회담을 제의하기 전까지는 정전협정체제는 남북 직접협상에 의거, 합법적인 평화체제로 대체될 때까지 존속시킨다는 입장을 견지해 왔다.[33] 이에 따르면 북한이 주장하고 있는 북·미 평화협정은 불가능하며, 남북 당사자 원칙에 입각하여 남북한 평화협정을 통해 한반도 평화체제가 구축되어야 한다는 것이다. 그러나 1997년 4자회담을 개최하고 난 후부터는 "4자회담이 한반도에서 긴장완화와 평화체제 구축을 위한 유용한 포럼이라는 데 한미 양국은 인식을 같이하고 있으며, 남·북 관계 및 북·미 관계가 진전되어 4자회담이 재개되기를 희망하였다."[34] 그리고 1953년 군사정전협정이 유효하며, 항구적 평화체제로 대체될 때까지 계속 준수되어야 한다고 하고 있다.

미국이 어떤 내용으로 한반도 평화체제를 구축하기 원하는 지는 아직 밝혀지지 않고 있다. 다만 미국은 한미연합 억지력에 의해 한반도에서 전쟁을 억지하며 전쟁 발생 시 북한을 격퇴한다는 국방정책은 분명하다. 그리고 클린턴 행정부에서는 북한과 협상을 통해 북한의 대량살상무기 위협을 제거해 나가면서 북한과 관계 개선을 통해 한반도의 평화와 안정을 달성한다는 데 그 목표를 두었다. 반면 부시 행정부는 클린턴 행정부의 대북 접근법을 불신하고, 미국 정부는 북한에 대해 철저한 상호주의와 검증을 요구할 것임을 분명히 하였으며, 부시 대통령은 북한의 핵·미사일 위협 뿐 아니라 재래식 위협도 중시하고 있다고 수차례 표명한 바 있다.

2001년 6월 미국 정부는 북한에 대해 핵 문제의 투명성 보장, 미사일 생산과 수출 문제를 포함한 미사일 문제의 해결, 그리고 재래식 군사위협 문제의 해결을

---

33) 대한민국 국방부, 『국방백서 1994–1995』(서울 : 국방부, 1995), p. 261에 있는 한미안보협의회의 (SCM) 공동성명 3항 참조. 본 조항은 매년 SCM의 공동성명 중 필수적인 사항이다.
34) 대한민국 국방부, 『국방백서 2000』(서울 : 국방부, 2000), p. 242에 있는 제32차 한미안보협의회의 (SCM) 공동성명 7항 참조.

촉구한 바 있다. 이것은 북한의 대량살상 무기와 재래식 위협을 포괄적으로 해결하겠다고 하는 입장을 표명한 것이다. 미국이 북한의 재래식 군사위협 문제도 해결하겠다고 입장을 표명하자, 한국 정부는 난감해 했다. 핵과 미사일 문제도 해결되지 않았는데, 그 때까지 전혀 거론조차 되지 않았던 재래식 무기도 북한과 협상에서 다룰 경우 북—미 관계의 진전은 물론 한국 정부의 대북 화해협력 정책도 진전이 안 될 것을 우려하여 2001년 6월 한미 국방장관 회담을 개최하였다. 여기서 한미 양국 지도부(김동신 국방장관—체니 미국 부통령) 간 회담에서 북한의 재래식 군사 문제는 1992년도 군사적 신뢰구축과 군비통제를 위해 남북한 간에 체결된 남북기본합의서를 재가동시키는 방향에서 한국 정부가 주도적으로 대북협상을 통해 해결하도록 하는데 공감을 표명했다. 아울러 북한의 재래식 군사위협을 감소시키기 위한 문제는 한국 정부가 주도권을 갖고 북한과 협상에서 다루되, 한미 양국이 이에 대해 공동으로 준비하며, 추진과정에서 긴밀한 협의를 갖기로 합의하였다. 따라서 한미 양국의 군 당국 간에는 한반도 신뢰구축과 군비통제를 위한 공동연구를 한 적이 있으며, 그 1단계인 신뢰구축방안을 공동으로 연구하여 발표한 바 있다.[35]

미국은 한반도의 평화와 안정을 유지하는 것이 미국의 국익이라는데 이의가 없다. 그러나 당사국들이 협의하여 공고한 평화체제를 구축하기 전까지는 정전협정을 준수해야 한다는 입장을 고수하고 있다. 이는 2000년 10월부터 경의선 철도 연결을 위한 남북한 군사실무자 회담에서 경의선의 DMZ통과를 논의할 때, 유엔군사령부가 보인 태도를 보면 알 수 있다. 즉, 남북이 협력하여 DMZ를 통과하는 철도를 건설한다고 하더라도 그 지역에 대한 법적 관할권은 정전협정에 의해 유엔군사령부가 보유하며, 남북한 당국은 관리권을 가질 뿐이라고 한데서 나타난다. 그리고 2000년 6월 남북 정상회담 이후 남한에서 통일열기가 고조되자 미국 정부는 "정상회담 합의문에는 한반도에서 군사적 긴장을 실질적으로 완화시켰다는 아무런 증거가 없다"고 함으로써 그 열기를 가라앉히는 데 주력했다. 이는 미국이 한미동맹과 주한미군에게 영향을 미치는 급격한 변화가 한반도에서 일어나지 않기를 바라고 있다고 볼 수 있다. 그래서 한반도의 안정을 원하지만 현 정전체제를 획기적으로 변화시킬 조치가 일어나는 것을 우려하고 있는 것이다. 그러면서 미국은 북한과 개별 군사 사안인 대량살상무기와 미사일, 재래식 군사위협을 해소하는 군비통제를 지향하고 있다.

하지만 북핵문제가 심각해지면서 미국은 한반도에서 핵억제력을 강화시키는

---

35) 『동아일보』, 2002년 2월 27일자.

한편 한반도의 평화와 안정의 유지가 급선무이며, 평화체제에 대해서는 미온적인 태도를 보이고 있다. 북한이 북미 평화협정을 제의하는 것은 북한 핵에 대한 미국과 국제사회의 관심을 회피하려는 시도로 간주되고 있다. 그리고 북핵문제가 선결되어야 한반도 평화체제나 군비통제가 거론될 수 있을 것이라고 생각하고 있다.

IV. 평화체제의 의의와 내용

1. 평화와 평화체제의 개념

요한 갈퉁은 평화를 두 가지로 구분했다.[36] 소극적 평화(negative peace)와 적극적 평화(positive peace)가 그것이다. 소극적 평화란 전쟁이 없는 상태를 가리킨다. 적극적 평화란 전쟁뿐만이 아니라 전쟁의 원인이 될 수 있거나 사회체제 내에 갈등이 생길 수 있는 구조적인 폭력이 없는 상태를 의미한다.

소극적 평화는 전쟁이 없는 상태인데 활성적이고 조직적인 군사폭력이 일어나지 않는 상태를 말한다. 레이몽 아롱은 국가 간에 폭력적인 행동을 억누르고 있는 상태라고 했다. 소극적인 평화는 국가 간에 전쟁을 포함한 직접적 또는 물리적 폭력이 없는 상태인 것이다.

적극적 평화는 국가 간에 전쟁과 폭력이 없을 뿐만이 아니라 국가 간 또는 국가 내부에서 기존체제가 정치적으로 억압하지 않으며 경제적으로 수탈하지 않고 문화, 종교 등이 폭력을 권장하지 않는, 즉 구조적 폭력이 없는 상태라고 부를 수 있다.

그런데 한 국가가 소극적인 평화를 정책목표로 삼게 되면 전쟁의 예방과 전후의 평화복구를 의미하는 평화유지(peace keeping)에만 신경을 쓰게 된다.[37] 만약 한 국가가 적극적인 평화를 정책목표로 삼게 되면 국가 간에 조화로운 관계를 수립하기 위해 노력하며 국내외적으로는 비착취적인 민주적 정치체제를 구축하려고 하고, 나아가 전쟁이 없을 때에도 평화를 건설하려고 애쓰게 된다. 이를 평화구축 (peace building or peace making)이라고 할 수 있다.

---

36) Johan Galtung, *Peace by Peaceful Means*(London : Sage Publications, 1996), pp. 1–4; Johan Galtung, *Buddhism : A Quest for Utopia and Peace*(Honolulu, Hawaii : Daewonsa Buddist Temple of Hawaii, 1988). 갈퉁은 동양사상에도 해박하여 불교사상에서 세계평화를 위한 원개념을 찾아 설명했다.

37) 평화유지(peace keeping)와 평화 만들기(peace making)의 개념은 David P. Barash, Introduction to Peace Studies(Belmont, CA : Wadsworth Pub. Co., 1991), p. 9에서 처음 제시되었으며, 한국에서는 김대중 정부에서 인용해서 사용한 바 있다.

적극적 평화구축은 소극적 평화보다 더 힘든 과정이다. 창조적인 생각을 필요로 하며 목표지향적이고, 정답이 없고, 목표가 성스럽다면 전쟁까지 불사해야 한다는 신념들이 존재하고 있기 때문에 매우 힘들다고 할 수 있다. 이스라엘과 팔레스타인 간의 평화협상을 성공으로 이끌었던 시몬 페레스 전 이스라엘 수상은 민주주의 국가에서 적대국가와 평화를 만들기란 매우 힘들다고 고백한 적이 있다. 전쟁은 눈앞의 적과 싸우기만 하면 되지만 평화를 만들려면 적과 협상을 해야 하며, 또 하나의 적인 민주국가의 국민여론과도 싸워야 하는 힘든 과정이라고 말했다. 민주주의 국가에서 적국과 평화 만들기는 매우 힘들다는 것을 극명하게 보여준 말이라고 하겠다.

그러면 평화체제란 무엇인가? 평화체제(peace regime)는 "국가들 간에 전쟁의 위험을 제거하고, 상호불신과 군비경쟁으로 초래된 적대관계를 청산하며, 상호간에 공존과 번영을 추구하기 위해 협력을 해 나가도록 국가들 간에 합의하는 절차, 원칙, 규범, 규칙 그리고 그것을 관할하는 기구 등을 의미한다.[38]

한반도 평화체제를 구축하기 위해 참고로 삼아야 할 세계적 사례는 어떤 것들이 있을까? 적대관계에 있던 국가들이 평화체제를 이룬 예로는 유럽에서 냉전의 해체, 이스라엘과 이집트 간의 평화협정, 이스라엘과 요르단 간의 평화협정, 이스라엘과 시리아 간의 평화협정, 베트남과 미국의 평화협정을 들 수 있다.[39]

유럽에서 동서간의 냉전이 사라지게 된 데에는 평화협정을 체결해서가 아니고 국가들 간에 전쟁을 방지하고 신뢰를 구축하며 군비경쟁을 지양하고 군비를 폐기하는 노력이 일어났기 때문에 가능했다. 이러한 유럽의 평화과정은 1973년 출범한 유럽안보협력회의(CSCE, Conference on Security & Cooperation in Europe)에서 유럽의 모든 국가들과 미국, 캐나다가 참여하여 다자간의 정치적, 경제적, 군사적, 사회문화적 신뢰구축을 한 결과로서 이루어졌다.[40] 이를 헬싱키 프로세스라고 부른다. 다른 한편으로는 미국이 주도한 북대서양조약기구(NATO, North Atlantic Treaty Organization)와 소련이 주도한 바르샤바조약기구(WTO, Warsaw Treaty Organization) 간의 첨예하게 대립된 군사적 긴장과 위협을 감소하기 위해 양 진영이 1973년부터 상호균형된 병력감축회담(MBFR, Mutually Balanced Force Reduction)을 시작해서 1990년에 재래식무기

---

38) 이것은 저자가 국제정치학에서 체제론자들로부터 체제의 개념을 차용하여 평화와 체제의 개념을 복합하여 만들어낸 것이다.

39) 베트남과 미국 간의 평화협정은 전쟁을 통해 베트남이 재통일되는 과정에서 미국이 철수하기 위한 협정이었으므로 본고의 논의에서는 제외한다.

40) James Macintosh, *Confidence Building in the Arms Control Process: A Transformation View* (Canada, Department of Foreign Affairs and International Trade, 1996), pp. 31–61.

폐기협정(CFE, Conventional Forces in Europe)을 거쳐 군축을 하게 되었다. 이 과정은 비엔나 프로세스라고 부른다. 유럽에서 냉전의 해체와 평화구축은 헬싱키와 비엔나 프로세스의 상호 호혜적 기여에서 초래되었다고 볼 수 있다. 다시 말해서 20여 년간에 걸친 평화 프로세스가 중단 없이 발전해 왔기 때문에 평화협정 없이도 평화구축이 가능했다고 볼 수 있다.

이스라엘과 주변국들 간에는 평화협정을 체결함으로써 평화체제에 이르게 된 사례이다. 유럽과 비교해서 짧은 시간 내에 평화체제에 이르게 되었으나, 이스라엘과 주변국의 평화협정은 대규모 전쟁을 몇 차례 치르고 난 후 가능했으며, 아직도 테러와 자살공격이 빈발하고 있어 평화체제는 취약하다고 할 수 있다.

이스라엘과 이집트 간의 평화협정은 네 차례에 걸친 중동전쟁(제4차 중동전쟁 : 1973.10.6. − 24) 이후 1973년 11월에 정전협정을 체결함으로써 시작되었다. 1974년 1월에 양국 간에는 양국 군대의 무력충돌을 방지하기 위해 군사력 배치 제한지대와 비무장 완충지대를 건설하는 군사력분리협정에 합의했다. 1975년 9월에 제2차 군사력분리협정을 체결하고 그 이행을 감시하기 위해 유엔과 미국에 감시검증을 요청했다. 이어서 1978년 9월 카터 미국 대통령의 중재로 캠프데이비드 협정을 맺게 되었으며, 1979년 3월에 미국이 보증하고 이스라엘과 이집트 간에 평화협정이 정식으로 조인되었다. 이 평화협정의 주요 내용은 이스라엘이 이집트의 구 영토를 반환하며, 국경지대에 완충지대를 설치하고, 이스라엘의 안보를 보장하는 조치가 포함되었다. 협상에서 이집트는 미국의 원조를 받아 경제회복에 집중한 결과 정권안정과 경제난의 해결을 도모할 수 있었다. 이스라엘은 이집트로부터 오는 안보불안을 해소했다. 그런데 이스라엘과 이집트 간의 평화협정이 성공한 원인은 첫째, 네 차례에 걸친 반복되는 유혈전쟁을 피해야 한다는 국민들의 열망과 평화협상에 대한 국내외의 반대를 극복할 능력을 가진 강력한 지도자들이 존재했다는 것이다. 둘째, 카터 미국 대통령이 강력한 의지를 가지고 중재자로서 역할을 수행했기 때문이다. 셋째, 이집트와 이스라엘 사이의 완충지대인 시나이 반도는 군사적 신뢰구축과 배치제한지역의 설정에 알맞은 지형조건(인구가 희박한 광대한 지역)을 갖추고 있었다. 이스라엘이 전쟁에서 뺏은 땅을 이집트에 반환하면서 병력분리지역을 설정하는 방식으로 평화협정을 합의했기 때문에 합의가 가능했다고 볼 수 있다.

요르단과 이스라엘 간의 평화협상은 1991년 10월 스페인 마드리드에서 개최된 중동다자협상 이후에 중동을 둘러싼 국제적 환경이 호전되면서 시작되었다. 1993년 9월 요르단과 이스라엘은 협상의 의제에 서명, 1994년 7월 클린턴 미국 대통령이 이스라엘의 라빈 수상과 요르단의 후세인 국왕을 초청하여 워싱턴에서 3자회담을 개최하고 워싱턴 선언을 채택했다. 워싱턴 선언에는 요르단과 이스라엘 사이에 교전상태가 종식되었음과 영구적이며 포괄적인 평화를 모색하기 위해 양국간 직통전화 설치, 공용 전기시설 설치, 새 국경선 설정, 여행의 자유, 항로개설 운항 등을 협조하기로 했다. 10월에는 요르단과 이스라엘 양국간에 평화조약이 체결되었다. 그 조약은 국경선 문제 확정, 상호 평화와 안전보장 문제, 테러와 폭력행사 금지, 군사공격을 위한 동맹제휴 금지, 적대감 고취와 적대시 법률제정 금지, 중동안보협력회의 창설지지, 양국간 수자원 문제 해결 및 경제협력 약속 등을 담았다. 요르단－이스라엘 평화협정이 성공한 이유는 첫째, 상호간에 안보위협이 비교적 적었고, 요르단이 이스라엘의 물과 경제지원을 매우 필요로 했기 때문이다. 둘째, 미국이 적극적으로 개입해서 성공했으며, 사실상 미국이 요르단을 친미화함으로써 가능했다. 셋째, 구체적 협력사항을 합의하고 실천에 옮겼으며, 안보와 경제문제를 함께 해결했다.

　　이스라엘과 시리아 간의 평화협상은 이집트－이스라엘 평화협정과 같은 개념으로 추진되었는데, 이스라엘이 점령한 시리아의 영토인 골란고원을 분할하여 반환하면서 병력배치제한지대를 설정하고, 유엔 감시군이 그 이행여부를 상주 감시하는 개념이었다. 그러나 이집트－이스라엘 평화협정이 1979년에 완성된 것과 달리 시리아와 이스라엘 간에는 군사적 긴장이 1990년대 초반까지 계속되었다. 시리아는 이집트의 대이스라엘 화해 이후 중동의 맹주가 자신이라고 생각하고 이스라엘과 적대정책을 계속했다. 양국간의 평화협상은 이스라엘－요르단과 같이 1991년 10월 스페인 마드리드에서 개최된 중동다자협상 이후에 중동을 둘러싼 국제적 환경이 호전되면서 시작되었다. 1994년 클린턴 미국 대통령의 시리아 방문 이후 미국의 중재노력으로 1995년 5월 시리아－이스라엘 안보협정에 관한 양해각서에 서명했다. 클린턴 대통령은 시리아－이스라엘 평화협정의 성공이 대통령 재선에 중요한 요소로 생각하고 크리스토퍼 국무장관으로 하여금 셔틀외교를 강화하도록 했다. 하지만 양측은 골란고원의 반환에 관한 입장차이가 커 협상이 난항을 거듭하였다. 순탄치 못하던 시리아－이스라엘 평화협상은 1999년 재개되었지만 이듬해인 2000년 이스라엘이 레바논의 헤즈볼라 거점지역을 폭격하면서 양국 협상은 막을 내리게 되었다.

　　랜드연구소의 달릭(Richard Darilek)은 <그림 Ⅰ－1>에서 보는 바와 같이 유럽과 중동의 평화구축과정을 평화와 전쟁 사이에 존재할 수 있는 여러 가지 형태의

정책 조치들을 포함시켜 하나의 스펙트럼으로 나타낸 바 있다.[41] <그림 Ⅰ-1>
의 왼쪽 끝에는 전쟁이, 오른쪽 끝에는 평화가 있다고 본다면 중간에는 위기가 있
다. 위기는 국가 간에 최고 목표가 위협을 받고 짧은 시간 내에 제한된 정보를 가
지고 전쟁을 선택할 것이냐 평화를 선택할 것이냐의 기로에 서 있는 상황을 의미
한다. 적대관계에서는 위기가 전쟁과 평화 간의 분기점이다. 여기서 평화상태는 위
기를 방지하고 평화를 건설하는 적극적 행위를 포함한다. 평화와 위기 사이에는 화
해협력과 군사적 신뢰구축, 군비제한, 군축 등의 정책행위가 포함되어 있다. 화해
협력은 위기시 접촉창구와 직통전화 설치, 상호 군사적 이해증진, 관계와 접촉의
정상화, 일반적 접촉 증가와 상호 이해의 증가, 상호 경제, 사회, 문화적 교류협력
이 포함된다.[42] 위기와 전쟁 사이에는 전쟁을 방지하고, 위기를 해소하는 행위가
포함되는데 예를 들면 정전협정, 군사력 분리협정, 비무장지대의 설정, 전쟁 직후
군사력배치제한지역 설정 등을 들 수 있다.

그림 Ⅰ-1 평화와 전쟁 사이의 각종 정책목표와 발전상황의 개념도

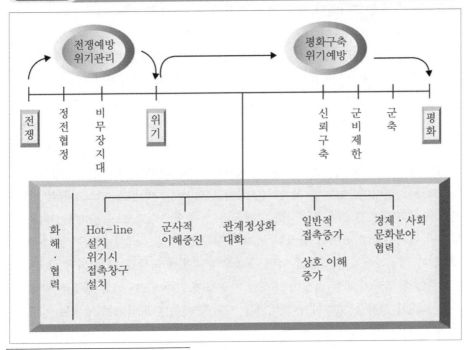

---

41) Richard E. Darilek. *A Crisis or Conflict Prevention Center for the Middle East*(Santa Monica, CA：
RAND, 1995), pp. 6-11.
42) <그림 Ⅰ-1>에서 큰 네모 안에는 화해협력이 들어 있는데, 이것을 한국에 적용시킨다면 김대중
정부가 추구한 햇볕정책의 내용인 화해와 협력의 과정이라 할 수 있다.

유럽이나 중동의 사례에서 보듯이 평화건설에는 화해협력조치와 군사적 신뢰구축, 군비제한, 군축을 필수요소로 하고 있다. 중동에서는 전쟁 직후 비무장지대와 병력철수지대 건설이 가장 기초적으로 추구되었지만, 시간이 지남에 따라 안보와 경제협력을 포괄하는 평화협정이 추구되었던 것을 알 수 있다. 한반도에서도 평화체제를 구축하려면 위기관리체제의 정착부터 시작해서 화해협력 조치, 군사적 신뢰구축, 군비제한, 군축 조치들이 남북한, 미국 사이에 합의되고 실천되어야 할 것이다. 유럽과 중동의 사례에서 나타난 바와 같이 미국이 적극적 역할이나 중재자 역할을 하지 않으면 미국이 개입된 지역에서 평화를 구축하는데 난관이 너무나 많다는 것을 알 수 있다. 따라서 한반도에서 평화체제를 구축하기 위해서는 남북한 당사자 간의 역할 이외에 미국이 주도적, 중재자적 역할을 하도록 촉구해야 할 것이다.

2. 평화체제 구축의 의의

남북한 그리고 미국의 한반도 평화체제에 관한 입장과 접근방법에서 차이를 비교해 보면서 한반도에서 실질적이고 지속적인 평화체제를 수립하기가 쉽지 않을 것이라는 결론에 도달한다. 그럼에도 불구하고 한반도의 지속적이고도 효과적인 평화는 기다리고만 있다고 해서 주어지는 것은 아니다.

물론 한반도에서 지금까지 깨어지기 쉬운 평화를 정전체제가 지켜온 것은 상당 부분 강력한 미국의 대한 안보지원정책과 한미연합방위력 때문이었다고 볼 수 있다. 따라서 한미연합방위를 더욱 강화시키면서 억지력을 제고시켜 나가면 한반도에서 전쟁의 재발을 막고 결국 시간은 우리 편이기 때문에 북한은 전쟁의지를 포기하지 않을 수 없을 것이라는 입장도 있다. 북한도 한반도에서 전쟁이 없었던 것은 북한 대 한미연합군 간에 억지력의 균형이 이루어진 때문이라고 지적한 바 있다.[43]

그러나 한미연합방위에 의존하는 정책도 미국의 대한반도 안보정책의 변화에 따라 우리의 안보가 좌우될 수 있고, 한국의 대미 안보의존으로 인하여 정치·경제 분야의 대미관계에 있어서 한국이 독자적 목소리를 낼 수 없을 만큼 제약되어 왔으며, 미국과 북한이 핵협상에 이어 재래식 군비통제 협상을 하게 되면 한국 내에 안보불안과 정권에 대한 불신이 초래될 가능성이 있다. 또한 미국 행정부가 북한에 대해 적대시 정책을 고수하거나 대화를 기피할 때 한반도의 평화체제는 이루어지기 힘들다는 것을 부인할 수 없다.

---

43) 한호석, "개입확장전략과 협상공존전략의 대치, 그리고 한(조선)반도 통일정세의 변동방향"과 "한(조선)반도에서 정전상태를 평화상태로 전환하는 길," 미주평화통일연구소, 인터넷 홈페이지, 1996 참조. http://www.onekorea.org/research/

한편, 탈냉전기의 안보환경은 냉전기의 양극체제하의 동맹과 핵 억지력에 근거한 억지만으로는 한 국가의 안보를 확보할 수 없다는 것을 보여준다. 또한 무한정한 한반도 군비경쟁은 한반도를 제외한 세계 전역에서 전개되고 있는 경제 경쟁에 남북한이 동시에 참여할 수 있는 능력을 소진한다. 특히 북한이 군사력 부문을 제외한 모든 분야에서 남한보다 낙후된 지금, 상호 협력적 군비통제채널이 없는 상태가 오래 지속되면 아무리 억지력이 강하다고 할지라도 북한의 자포자기적인 군사도발이나 군사력이 녹슬기 전에 침략하려는 전략적 의도를 방지하지 못할 수도 있다.

따라서 한반도에서 전쟁이 중지되어 있는 정전상태를 유지하는 소극적 평화보다는 남북한이 불신의 적대관계를 청산하고 상호 국가의 안보이익을 인정하고 공존공영을 추구할 뿐 아니라 민족공동의 이익을 위해 상호 협력하는 적극적인 평화를 구축하는 것이 필요하다.

이러한 적극적인 평화를 구축하는 작업을 평화'체제'의 구축작업이라고 부를 수 있는데, 여기서 체제라 함은 국제정치학의 이론상 체제론자(regime theorists)들이 주장하는 개념과 동일하다. 체제(regime)란 포괄적인 개념으로서 두 개 또는 그 이상의 국가 간에 설치된 기관이나, 상호관계를 규율하는 합의된 원칙, 규범, 절차, 그리고 규칙을 의미한다.44) 체제이론은 미·소간의 적대적 관계를 협력적 관계로 전환시킨 이유를 상대방에 대하여 군비경쟁을 할 것이냐 아니면 군비통제를 할 것이냐 하는 국가정책을 결정할 경우 각기 고려했던 요소로서 상호 군비를 통제하는 체제의 존재여부에서 들고 있다. 여기서 미·소간의 안보관계가 실현가능하고도 포괄적인 안보체제에 의해 규제되고 있었는가에 대한 의문은 있지만, 양국의 관계는 몇몇 안보문제에 있어서 광범위하고도 특정한 몇 가지 합의된 규칙이 있었던 것임에 틀림이 없다.

체제라는 개념은 국가 간의 경쟁을 억제하고 협력을 촉진하기 위해 국가 간 또는 조직 간에 합의한 규칙과 규율을 이행하도록 상호 감시하고 격려하는 절차를 고안하거나 기관을 설치하는데 매우 유용하다. 국가 간에 기관을 설치하는 것의 중요성은 국제정치에서 게임이론가들이 전혀 생각하지 못했던 협력을 촉진하는 하나의 요소이다. 유럽의 신뢰 및 안보구축조치, 유럽의 재래식 무기감축조치에 대한

---

44) Joseph Nye, Jr., "Nuclear Learning and U.S. Soviet Security Regimes," *International Organization*, Vol. 41, No. 3, Summer 1987, p. 391. 죠셉 나이는 로버트 코헤인의 책에서 체제의 개념을 인용했다. Robert Keohane, *After Hegemony*(Princeton, New Jersey : Princeton University Press, 1984), p. 59. 비슷한 개념으로서 Stephen D. Kranser, "Structural Causes and Regime Consequences : Regimes as Intervening Variables," in Stephen D. Kranser ed., *International Regimes*(Ithaca, NY : Cornell University Press, 1983), pp. 1–21.

검증체제는 유럽의 안보와 평화를 증진하는데 혁혁한 공로를 세웠다. 또한 체제론자들은 적대적인 국가들 간에 상호이해를 증진하기 위해서는 국방관련 개념과 독트린에 대한 핵심적인 공동 이해와 지식을 증진시킴으로써 상호안보 관계의 개선에 기여하는 방법으로서 법적·정치적인 타결의 프레임워크를 완성하는 것이 얼마나 중요한가를 일깨워 주었다고 할 것이다.

남북한 간의 군사대결 상태를 종식하고 협력적인 남북한 관계로 지향하기 위해서는 바로 상호관계를 규제하고 일정한 방향으로 발전을 유도할 규범, 규칙, 기관, 제도의 설립이 대단히 중요하다. 이러한 의미에서 전쟁을 통해 국가이익을 추구하기보다는 평화공존을 통해 상호 안보를 추구하고 꾸준히 협력해 갈 수 있는 평화체제의 구축이 중요함은 두말할 나위가 없다.

3. 평화체제구축의 원칙

가. 당사자 원칙과 국제주의의 조화

남북 평화체제 수립의 당사자는 남한과 북한임은 두말 할 나위가 없다. 그러나 북한 핵문제의 해결과정에서 1993-1994년 사이에는 미국과 북한 간의 직접협상에 의해서 핵문제가 해결되었고, 부시 미 행정부도 북핵문제에 대해 직접접촉을 기피해오다가 2006년 북미 직접 대화를 재개했던 사례를 볼 때 한반도 평화문제에 대해서 미국의 참여도 배제할 수 없다. 북한도 평화보장체계 문제는 미국과 선결되어야 할 문제라고 주장하고 있다. 따라서 앞으로 한반도 평화체제 구축에 있어서는 남북한 당사자 원칙을 반영하되 어떻게 미국을 참여시킬 것인가 또는 4자회담의 경우 중국의 역할을 어떻게 활용할 것인가 하는 문제가 과제로 되고 있다. 이와 아울러 미국이 북한과 직접 군사문제를 협상하려고 할 경우 한국을 제치고 평화문제를 타결하지 않도록 할 정책대안의 개발도 요구된다. 따라서 이제는 한반도 평화문제는 남북 당사자 입장 고수로만 해결될 수 없는 형편에 이르렀다. 남북 당사자, 3자 또는 4자, 6자회담까지도 관계를 잘 정립해야 될 시점에 다다랐다고 할 수 있다.45)

나. 단계별 접근 원칙과 포괄적 원칙의 조화

남북한 간에는 상호 불신이 골이 너무 크고 군사적 대결상태에 있으므로 어느

---

45) 제성호는 4자회담과 남북 당사자 회담을 병행 추진해야 한다고 주장한 바 있다. 제성호, "한반도 평화체제 구축을 위한 한국의 전략," pp. 29-56. 고유환은 북한이 통미봉남 정책을 접고 남한당국도 평화체제 협의 대상으로 인정해야 한다고 주장한다. 고유환, "평화체제 구축에 대한 북한의 전략 : 북미 협정," pp. 57-87. 두 논문 모두 다음 책에서 인용. 곽태환 외, 『한반도 평화체제의 모색』(서울 : 경남대학교 출판부, 1997).

한 순간에 법적으로 완벽한 체제의 수립을 선포함으로써 평화체제가 되었다고 하기보다는 평화체제 수립에 필수적인 몇 가지의 조치를 합의하기 쉽고 이행하기 쉬운 것부터 합의하기 어렵고 이행에 시간이 소요되는 조치로 단계별로 묶어 단계별 실천을 보장해나가는 방법이 더 효과적이고 결과적으로 지속적인 평화를 보장할 수 있을 것이다.

남북기본합의서의 타결과정에서 끝까지 문제가 되었던 조항이 바로 정전체제를 평화체제로 전환하는 조항이었음을 감안할 때, 평화체제는 평화공존을 지향하는 과정에서 갈등보다는 협력, 대결보다는 협동을 선호하게 되는 과정으로 파악해야 하며, 북한이 주장하는 것처럼 어느 한 순간에 합의서만 맺었다고 해서 평화공존이 이루어지는 것이 아니다. 그 합의사항을 실천해 가면서 신뢰가 구축되고 상대방과 더 협력하고자 하는 동기가 발생할 때 보다 더 어려운 분야의 합의 사항을 도출해내고 꾸준히 협력해 나가는 과정이 있어야 남북한 간에 참된 평화가 올 수 있다.

하지만 단계적 접근을 만병통치약으로 볼 수는 없다. 단계별 접근의 약점은 첫 단계를 거치지 않으면 다음 단계로 진입할 수 없다는 것이다. 남북한 군사관계에서 초기 형태의 신뢰구축을 하지 않으면 제한조치나 군축에 이를 수 없다는 매우 엄격한 단계별 접근은 평화협정과 군축부터 실시하자는 북한의 입장과 너무 대립되어 한 발짝도 진전을 이룰 수 없었다. 이것은 남북한 간에 아무런 교류나 협력이 없었던 때에는 일면 타당한 접근이기도 했지만, 정상회담도 이루어지고 교류협력이 대규모로 실시되고 있는 상황에서는 타당하지 않다. 따라서 한반도 군비통제를 위한 포괄적 접근 방식을 북한에게 요구하고 타협하여 그 중에서 실천하기 용이한 것부터 실천해 나가는 매우 신축적인 접근을 하는 것이 필요하다.

다. 상호 검증가능성의 원칙

남북한 간에는 합의사항을 도출했다고 하더라도 상대방이 그것을 준수하는지 하지 않는지 검증할 수 있어야 참된 신뢰가 쌓일 수 있고 평화공존 상태를 창조해 낼 수 있다. 북한의 수많은 정전협정 위반 사례와 기본합의서 무시 행위를 보면서 철저한 검증 절차 없는 합의서의 양산이 평화정착에 별로 도움이 되지 못한다는 것을 알 수 있다.

이러한 맥락에서 앞으로의 평화체제 건설을 위한 조치들은 철저하게 검증 가능한 절차의 합의와 함께 합의에 이르는 것이 중요하다. 한반도 비핵화 공동선언의 이행여부를 검증할 절차에 관한 합의 없이 비핵화 공동선언만 합의했다가 남북한 핵협상이 실패하고만 사례는 검증가능성이 북한의 태도변화를 확실하게 보증할 수 있는 방법임을 여실히 증명해 주고 있다. 물론 남북한 간에 아무런 신뢰도 축적되지 않은 상태에서 침투력이 너무 강한 사찰제도를 요구하다가 남북한 관계가 깨어져 버리는 우를 범해서는 안 될 것이다. 침투성이 약하더라도 정기적으로 사찰을 하게 되면 북한의 합의서 이행을 점검할 수 있는 길이 열릴 수 있을 것이다. 검증은 신뢰구축의 한 방편이 되기도 하기 때문에 100% 완벽한 사찰을 주장하다가 신뢰구축은커녕 적대관계가 심화되는 일은 해서는 안 될 것이다.

라. 과거의 대결상태로 돌아가지 않기(irreversibility) 원칙

평화체제는 평화공존을 지향하는 과정에서 갈등보다는 협력, 대결보다는 협조를 선호하게 되는 과정을 의미하게 되므로 일단 한 단계에 합의하고 그것을 지켜왔다면 평화공존을 송두리째 깨는 행위가 없는 한 대결의 과거로 돌아가서는 안 된다는 것이다. 즉, 정전협정 또는 7·4 남북공동성명은 그 이후 모든 것을 송두리째 깨어버리고 대결의 과거로 돌아가 버린 사례이지만, 제네바 핵합의는 여러 가지의 단계 단계마다 상호 지켜야 할 사항을 규정하고 있고 각 단계를 지켜나가면 핵합의 전체를 송두리째 부정하는 즉, 북한의 핵무기 보유 같은 행위가 없는 한 핵합의가 없던 그 이전의 상태로 어느 일방이라도 돌아가서는 안 된다는 것을 보여주는 사례였다. 하지만 북한의 명백한 제네바 합의 위반으로 말미암아 제네바 합의는 파기되었다. 이것은 쌍방이 합의를 지킴으로써 얻는 이익이 합의를 위반하거나 깸으로써 얻는 손실보다 더 크다는 인식을 가질 수 있도록 합의내용에 중장기적인 인센티브를 반영하여야 한다는 것을 의미한다.

북한 측이 한반도 비핵화 공동선언에 합의하는 것을 조건부로 남한 측은 북한 측이 요구하던 팀스피리트 연습 취소를 수용하였으나 그 후 남한은 북한이 남북한 상호사찰을 받아들이지 않자 1993년 1월에 팀스피리트 연습을 재개하였다. 이에 대응하여 북한은 남북한 회담을 결렬시켰으며, 1993년 3월에 핵확산금지조약(NPT)으로부터의 탈퇴를 선언했다. 이것은 돈 오버도퍼가 지적한 바, 남북한 관계의 악화에 치명적인 결정타를 날렸다.46) 이것은 남북한 간이나 북미 간에 어떤 합의가 있었으면 합의 이전의 상태로 돌아가서는 관계 발전이 있을 수 없다는 것을 말해준다.

4. 평화체제의 내용

위에서 설명한 네 가지 원칙을 염두에 두고 앞으로 고려해야 할 평화체제의

---

46) Don Oberdorfer, *The Two Koreas: A Contemporary History*(Reading, MA: Addison−Wesley, 1997), p. 273.

내용을 살펴보기로 한다. 이들 모두를 평화협정에 담아서 평화협정을 체결하거나 이들 중 중요한 몇 개를 평화체제를 구축하기 위한 실천방안으로 보고 그것을 실천해 나가면 마지막 단계에서 평화협정을 체결하면 될 것이다.[47)]

가. 단기적인 차원에서 정전협정의 준수와 중장기 차원에서 정전체제의 변경

현재 유효한 정전협정의 조항은 군사분계선과 DMZ의 유지관리, 그리고 그것을 관리하기 위한 군사정전위원회(군정위)의 구성과 운영에 관한 조항이라고 볼 수 있다. 그나마 1991년 군정위 유엔군사령부의 수석대표로 한국군 장성을 임명한 이후 군정위는 한 번도 개최된 적이 없으며, 1990년대 후반부터는 북한이 북·미 장성급 접촉 채널을 활용해 오고 있다. 사실상 남북기본합의서와 기본합의서의 불가침분야 부속합의서 그리고 군사공동위 구성·운영에 관한 합의서를 보면 정전협정의 군사분계선 문제는 남북한 간의 문제로 흡수되었고 북한이 우리 측 수석대표를 군정위 대표로 수용하거나 군사공동위원회가 정전협정의 관리를 할 수 있도록 된다면 정전협정 중 유효한 조항을 이행하는 데는 아무 문제가 없다. 하지만 북한이 이 모든 것을 부정하고 있고, 유엔군사령부도 한반도에 평화체제가 구축되지 않는 한 현재의 군사분계선과 DMZ를 관할하는 권한을 포기하거나 급격하게 변경하는 것을 원하지 않고 있다. 그러나 현 정전체제의 문제점은 위반사례에 대해 효과적 제재방안이 결여되어 있으며, 1991년 3월 이래 군정위 회의가 전무한 실정이고 북측 중립국 감독위 철수 및 중국대표 철수, 그리고 북한의 DMZ 내 정전협정 위반사례 증가에도 효과적 대응방안이 전혀 없다는 데 있다. 또한 현 정전체제 하에서는 남북한 간 군비경쟁을 방지할 아무런 장치도 없다는 것이 결정적인 결함이다.

한국의 단계적 통일 방식이나 평화체제 수립을 위한 단계적 접근 방식에 의하면 공고한 평화상태가 이루어 질 때까지 정전협정을 준수해야 한다고 주장하고 있다. 하지만 평화상태는 어느 일방에 의해서만 이루어지는 것이 아니고 현 정전체제의 문제점을 개선할 방안도 마련되어야 이루어질 수 있다는 관점을 수용해야 할 것이다. 즉 과정적·단계적 접근만으로 공고한 평화상태가 이루어지기 힘들다는 점을 고려하여 정전체제를 점진적으로 변경시킬 수 있는 구조적 접근 방법도 검토하여 유엔군사령부를 비롯한 미국, 한국 등은 이에 대한 해결책을 내놓아야 할 것이다.

---

47) 김명기 교수는 평화협정 체결 방식을 두 가지로 분류하고 있다. 하나는 획일강화형으로 한 시점에 완전한 평화협정을 맺는 것이다. 다른 하나는 단계강화형으로서 단계적으로 하나하나씩 실천해 감으로써 평화를 강화시켜 나가는 것이다. 김명기, "한국 평화조약체결에 관한 연구,"『국제법학논총』, 제31권 제2호(1986), pp. 36-37.

나. 6 · 25전쟁의 청산과 더 이상의 전쟁 방지

평화체제로 이르기 위해서는 6 · 25전쟁의 책임규명과 전쟁 유제의 청산이 필수적이다. 그러나 이 문제는 북한이 6 · 25전쟁의 책임자 처단 문제, 전쟁피해보상 문제, 6 · 25전쟁의 법적 종결문제를 반드시 다루자고 제의하면 이 문제를 엄격하게 다루되, 만약 북한이 이 문제를 주장하지 않으면 남북 양측은 다시는 이 땅위에 전쟁이 있어서는 안 되며, 문제해결 방법으로서 전쟁을 포기한다는 약속을 할 수 있어야 한다.

다. 위기관리체제의 수립

정전협정은 6 · 25전쟁 이후 남북관계를 관리해온 유일한 법적 문서다. 그러므로 정전협정이 무력화된다는 것은 남북한이 법적으로는 전시로 돌입한다는 것을 뜻한다. 따라서 정전협정이 무력화된다면 남북한의 평화 완충지대인 비무장지대에서 소규모의 무력충돌이 일어나는 경우에도 오해와 오지로 인해 큰 분쟁으로 확대될 가능성이 커진다. 따라서 위기관리체제의 수립이 시급하다.

1994년 12월 발생한 휴전선 이북에서 미군헬기 격추 사건과 1999년 6월 발생한 제1연평해전, 2001년 6월 발생한 북한 상선의 한국 영해 침범 사건, 2002년 6월 발생한 제2연평해전은 북한이 군정위를 계속 거부하고 있는 한, 군정위가 효과적인 위기관리나 의사소통 체제가 될 수 없음을 분명히 해준 사건이다. 지금까지의 사례를 살펴 볼 때 한반도에서 위기관리체제가 정상화될 필요가 있으며 특히 남북한 정상 간, 그리고 군사 당국자 간의 직통전화가 교환 설치될 필요가 있다.

1994년 6월 한반도 핵 위기 시 지미 카터 전 미국 대통령이 남북한 정상회담을 중재함으로써 한반도의 위기가 해결될 실마리를 제공하였지만 김일성의 사망으로 인해 남북 정상 간 직접 채널이 이루어지지 못했다. 2000년 6월 남북정상회담에서도 정상 간 직접 채널이 설치되지 못했다. 그러나 그 결과 임동원-김용순 간 임시 연락 채널이 2001년 6월 발생한 북한상선의 영해 침범 사건 때 의사소통과 위기 확산 방지 채널로 활용된 점을 고려한다면 이러한 채널은 상설될 필요가 있다. 따라서 한반도 위기사태 발생 시 위기를 관리하기 위한 남북한 간 직접 채널과 북한-유엔군사령부 채널, 북한-미국 간 직접 채널, 남북한-미국 3자 간 채널이 상설화되지 못하면 조그마한 위기가 분쟁으로 치달을 가능성을 배제할 수 없다. 고로 남북 정상 간 그리고 군사 당국자 간 핫라인의 개설이 기본적으로 고려되어야 한다.

라. 군비통제 조치

군비통제조치란 남북한과 미국이 보유하고 있는 한반도 내 군사력을 상대방에 대한 무력행사의 수단으로 사용하지 못하도록 방지하며, 만약 전쟁을 일으켰을 경우를 가정할 때 상대방의 영토를 획득하지 못하도록 조치를 미리 취함으로써 정치지도자의 군사력 사용동기를 억제하고, 군비경쟁을 막을 필요가 있다. 이를 위해 상대방의 군사력의 사용, 배치, 운용, 건설을 제한하고 상호 위협을 감소시킬 필요가 있는바 결국 군비통제의 방법이 이에 해당된다.

군비통제방법 중 첫째, 신뢰구축조치가 필요한데 남북한 간에는 상호군사정보 교환과 훈련 및 기동의 통보 및 통제문제가 다루어져야 한다. 신뢰구축조치는 원래 상대편이 군사력을 사용하여 정치적인 목적을 달성하려는 전쟁의도를 저지하는 목적 하에 구상되었다. 신뢰구축조치는 상호 군사정보 교환을 통해 군사력의 보유 및 배치상태에 대한 전반적인 정보의 파악, 군사훈련의 통보 및 참관을 통하여 상대방의 전투대비태세의 정도와 훈련의 정형, 작전적 전술의 운용 등을 알 수가 있고 특히 현장사찰을 통하여 상대방 군사의 사기 상태와 무기의 질적 수준 등을 파악할 수 있으므로, 신뢰구축조치를 실천할 경우 남북 양측은 기습공격의 가능성을 상당한 정도로 약화시킬 수 있게 된다.

둘째, 제2의 남침 도발 가능성을 막는 방안으로서 군비제한조치가 있다. 군비제한조치는 현존의 군사력 보유는 그대로 인정하지만 그 사용과 배치, 운용 등을 규제하는 조치인데 이를 남북한 군사 대치 현실에 적용해 본다면 DMZ의 범위를 확장하여 북한이 전방 배치한 과다병력을 후방으로 철수시킴으로써 평시 무력충돌 가능성을 감소시키고 전쟁을 예방하는 수단으로서 대단히 효과적인 방안이 된다.

셋째, 남북한의 과다한 병력과 무기를 축소하여 작게 가진 쪽보다 낮은 수준에서 군사적 안정성을 달성하는 방안으로서 군비축소가 있다. 신뢰구축조치가 아무리 군사적 투명성과 예측가능성을 증진시킨다고 하더라도 북한이 보유한 공격 무기를 감축시키지 않는다면 공격할 의도가 약화되었는지 여부를 판단하기 힘들다. 특히 북한이 남한보다 많은 공격용 무기를 휴전선 가까이 배치하고 있는 상황에서 무기의 감축이전에 북한을 신뢰한다는 것은 거의 불가능에 가까울 것이다. 따라서 군사적 신뢰구축조치와 비무장지대를 확대한 병력배치 제한지역의 설정과 관리, 이어서 상호군축조치가 신축적으로 진행되면서 철저한 상호 검증체제가 갖추어져야 군사적 안정성 확보를 통한 평화체제 설립이 가능하다.

마. 화 해

김대중 정부는 남북한 간에 화해 협력의 중요성을 강조했다. 민족의 생존과 발전을 위해 남북대결을 종식시키고 화해해야 하며, 남북의 최고 당국자가 남북 간 신뢰구축과 화해 협력을 주도해야 한다고 주장했다. 화해의 도구로서 정상회담, 당국자 간 회담, 이산가족 교환 상봉, 사회 문화 교류 등을 들 수 있으며 협력은 주로 경제분야에 이루어졌다.

남북한은 6·25전쟁의 피해, 적대감, 불신 등이 얽혀 역사적으로 적대적 상호작용을 강화시켜 왔다. 이 갈등상황에서는 매우 뿌리 깊은 불신, 격렬한 적대감, 공포, 심한 양극화와 편 가르기, 매우 감정적인 문제가 발생하기 마련이다.

따라서 화해는 민간 대 민간 차원, 정부 대 정부 차원, 정부 대 민간 차원에서 이루어질 수 있는데 주로 남북 정상회담과 당국자 간 회담을 통해 화해가 이루어지고 있다고 할 수 있다. 사실 화해는 국가 간의 국제적 관계와 외교를 통해 이루어질 수도 있고, 사회적·국가적 문제의 본질과 근원에 착안함으로써 사회적·문화적·창의적 해결 방법을 통해 달성될 수도 있다.

남북한 사이에서는 상대방에 대해 쌓인 적대 감정, 공포, 미움의 해소가 필요한데, 이를 위해 화해의 과정이 필요하다고 할 수 있다. 레드라치(Lederach)에 의하면, 화해는 인간관계와 국가관계를 정상화하는 것이며, 화해를 이루려면 4가지 요소가 필요하다고 한다.[48] 즉, 화해는 진실, 자비, 정의, 평화의 개념으로 구성되어 있는데 각 개념은 다음과 같다.

- 진실 : 인정, 투명성, 과거 폭로, 명확성, 공개적 책임감
- 자비 : 수용, 용서, 지지, 동정, 치유(진실, 정의, 평화를 생각하지 않는 자비는 모든 것을 숨겨주고, 너무 빨리 잊는다는 약점이 있다.)
- 정의 : 평등성, 올바른 관계, 잘못을 시정, 회복 또는 복권
- 평화 : 조화, 통일, 복지, 안보, 존경(평화가 모두에게 주어지지 않고 일부 층에게만 주어진다면 그것은 가면극에 불과하다.)

이를 국가 간의 갈등에 적용시켜 본다면 진실은 상대 국가가 잘못된 것을 인정하기를 바라고, 고통스러웠던 상실과 경험을 그렇다고 인정하는 것이며, 반드시 자비를 동반해야 한다. 자비는 상대방을 받아들이며, 망각하게 하며, 새로운 시작을 할 수 있도록 하는 것이다. 정의는 개인과 집단의 권리를 추구하게 하며, 사회재건과 복권을 포함한다. 그리고 정의는 반드시 평화와 연결되어 있어야 한다. 평화는 상호의존성과 서로의 복지와 안보를 중요시한다. 이 모든 개념들이 정치적 영역에서 살아 움직여야 화해가 이루어진다.

남북한 관계에서 정상회담 이후 전개된 여러 가지 사건, 즉, 당국 간 회담, 이

48) John Paul Lederach, *Building Peace : Sustainable Reconciliation in Divided Societies*(Washington, D.C. : United States Institute of Peace Press, 1997), pp. 23−35.

산가족 상봉, 민간 교류, 상호 비방·중상 중지, 상호 인정, 대북 지원, 등은 남북한
간 화해를 이루는데 일정 부분 기여했다. 당국 간 화해가 민간인 간의 화해보다 더
이루어졌다고도 볼 수 있다. 그러나 완전한 화해가 이루어진 것도 아니며, 아직도
화해를 진정으로 이룰 부분은 많이 남아 있다. 여기서 주의할 점은 화해는 평화의
필요조건일지언정 충분조건은 아니라는 것이다. 특히 평화체제의 건설은 화해 이
외의 수많은 조치들을 필요로 한다.

바. 협   력

사실상 한반도의 평화체제는 과거의 한국전 경험을 상기해야 할 뿐 아니라, 21
세기를 내다보는 장기적인 지역적 전략적 비전을 가져야 한다. 통일에 이르기 전
남북연합의 단계에서 또는 통일에 이르는 전환기에서 남북한 간에 안보협력을 촉
진할 수 있는 내용과 한반도의 지역적 안정성을 담보하는 내용이 담겨야 할 것이
다. 즉 미래의 군비경쟁의 요인을 억제하고 공동이익을 위해 협력할 수 있는 요소
가 그 내용으로 되어야 한다. 또한 통일한국에 이르는 과정에서 동북아 지역 내 어
느 국가가 한반도에 대한 강압을 실시하거나 급변사태에 개입하지 않도록 해야 하
며, 통일 후 통일한국의 안보가 급속하게 취약해지는 사태를 맞아서는 안 된다. 이
러한 의미에서 협력은 공동의 손해를 회피하기 위한 상호조정(mutual coordination)보
다는 공동의 이익을 실현하기 위한 적극적인 의미에서 협동(collaboration)의 차원으
로 나아가야 한다.

여기서 협력의 구체적인 예는 남북한 당국 간 그리고 주한미군이 계속 주둔하
고 있다면 3국의 군사 합동훈련, 공동 가상적에 대한 전략전술의 개발, 무기의 공
동생산, 그리고 지역적 안보협력에 참여 등이 포함될 것이다. 즉 한반도에서 군사
력을 유지하고 있는 실질 당사자 간의 신뢰구축과 협력, 그리고 동북아 지역 6자
협력 그리고 아세안 국가들이 주도하는 아세안지역 포럼(ARF)에 적극적 활동을 전
개함을 의미한다.

V. 결론 : 한반도 평화체제 수립을 위한 전략

사실 한반도의 평화체제가 수립되기 위해서는 불량국가로 낙인찍혀 있는 북한
이 대량살상무기와 재래식 군사 분야에서 선의를 가지고 적극적인 조치를 취하는
것이 바람직하다. 즉, 북한이 과다한 군사력을 축소하면서 기습공격전략과 그에 따
른 병력배치를 수정하고 방어적 태세로 전환하면서 남북한 간의 실질적인 평화공존

을 요청하고 나와야 한다. 남한은 김대중 정부가 햇볕정책 즉, 대북 화해협력 정책에 근거하여 북한을 포용하고 북한이 국제사회의 성숙한 일원이 되고 한반도에서 협력적 동반자가 될 수 있도록 인도적 지원과 경제협력, 교류활성화를 추진해 왔으며, 노무현 정부도 정도의 차이는 있지만 대북 협력정책은 계속해왔다. 그러나 김정일·김정은 정권은 계속해서 핵실험을 감행하면서 한반도에 군사적 긴장을 조성해왔다. 이러한 환경에서 북한 정권이 선의를 가지고 비핵화 추진 및 한반도에서 군사적 긴장감소와 신뢰구축을 제의하지 않는다면 한반도 평화체제 전망은 요원하다.

한반도의 객관적인 주변 안보상황과 북한의 국가능력은 북한이 종래 주장해온 평화협정 체결전략을 구사할 수 있을 정도가 아니다. 북한은 한미연합방위체제로부터 받는 군사위협보다는 이제는 체제의 불안과 남한과 점차 커지는 국가능력 격차에서 더 큰 안보위협을 받고 있다고 해도 과언이 아니다. 북한의 총체적 위기의식은 앞으로 한반도의 안보문제에 대한 북한의 전략적 선택에 큰 제한 요소이자 남북한 모두에 대한 위협요소로 될 것이 분명하다. 남북한 간에 경제력과 기술능력의 차이는 점점 커지고 있기에 남한의 군사력이 북한을 훨씬 앞지를 것이란 예상을 하기는 그리 힘들지 않다. 따라서 북한은 앞으로 대량살상무기를 포함해도 모든 군사력 면에 있어서 남한에 뒤질 지도 모른다는 불안감을 가지고 계속 군비경쟁에 매달릴 것이다.

이러한 북한의 체제내부의 성향과 체제 내외의 취약성을 비교해보면, 북한이 내세운 지금까지의 평화협정내용과 그에 이르기 위한 전략은 근본적으로 수정을 거쳐야 할 것으로 보인다. 즉, 주한미군 철수 후 전쟁을 통한 한반도의 적화통일은 이미 달성 불가능한 목표가 되었다. 대미평화협정은 한꺼번에 달성할 수 없다는 것을 자각하고 전술적인 변화를 추구함으로써 북한은 미국과 평화협정에 이르는 중간조치를 여러 경로를 통해 미국에 전달하기도 했다.

그리고 한국의 객관적 국력의 우세와 주변정세의 유리한 변화는 한국이 한반도 평화체제수립 전략의 주도권을 행사하기에 유리하다. 미국의 지속적인 한국정부의 대북정책에 대한 지지 표명, 한반도에서 재래식 군사위협 해소에 대한 적극적 관심 표명 등은 이에 대한 긍정적 환경을 조성하고 있다. 2001년 9·11테러 이후 미국이 국제테러 국가와 테러보호국가에 대해 테러와의 전쟁 중에 있어서 한국 정부의 대북 신뢰구축정책 구사에 난관이 조성되어 있는 점은 부인할 수 없다. 이 교착상태를 푸는 길은 북한이 한반도 평화체제 구축과 남북한 군사적 긴장완화를 위해 적극적으로 나서는 것이다.

  그러나 실제로는 북한이 일방적 조치를 취할 것이라고 기대하기 곤란하다. 그
래서 북한이 경제개발을 위해서 남한 또는 기타 국가들과 경제협력을 원하고 있다
는 점을 활용하여, 한반도에서 실질적 평화를 구축하기 위한 대타협(grand bargain)을
설계하고, 북한이 비핵화와 한반도 평화구축에 협력하는 것을 조건으로 경제협력
을 대폭 지원하는 방식으로 문제를 해결해 나가는 것이 바람직하다. 그러나 만약
북한이 끝내 미국과 평화협정을 체결해야 한다고 주장하면서 한국과의 평화공존을
제도화 시키는 노력을 거절한다면, 한국은 안보를 중시해 나가면서, 대북 지원도
그 크기를 조절할 수밖에 없을 것이다. 하지만 북한이 체제보전에 한계를 느끼고
외부세계에 대한 개입정책을 구사할 때에는 한국이 북한, 미국과 한반도 평화체제
제도화를 위한 공통분모 찾기에 주도적 역할을 해야 할 것으로 보여진다.

제 3 장

국방과 군비통제

Ⅰ. 군비통제에의 새로운 접근

20세기 종반의 세계적인 안보환경은 군비증강보다는 군비축소를 추구하고 있다. 냉전질서를 지탱해 온 가장 중요한 요소의 하나인 강대국 중심의 군사대결도 역사상 유례없는 자발적이고도 평화적인 군비통제 협상을 통하여 적어도 유럽에서는 사라지게 되었다.

이에 따라 자연스럽게 우리의 관심은 한반도에서는 언제 동족 간 군사대결상태가 사라질 수 있는가에 모아지고 있다. 그동안 국제적으로나 국내적으로 군비통제에 관한 많은 논의가 있어 왔음에도 불구하고 한반도의 군사적 대결상태는 계속되고 있으며, 정부의 정책중심은 군비통제정책을 체계적이고 일관성 있게 추구하기 보다는 남북한 간의 대결을 상정한 군비증강에 더욱 중점을 두고 있는 실정이다. 또한 관련 학계에서도 남북 고위급회담이 태동하기 직전인 1988년부터 남북대화가 핵문제에 걸려 파국을 맞는 1992년 말까지 한반도 안보문제에 대한 해결방안의 하나로써 군비통제를 모색해보려는 노력이 있었지만, 그 노력은 깊은 이론적·정책적 결실을 보지 못하고 도중에 그 논의가 중단된 감이 있다.

그동안 한국 국내에서의 군비통제에 대한 논쟁을 요약해 보면 다음과 같다.

첫째, 군비통제가 국가목표인 안보를 달성하기 위한 수단으로 인식되기 보다는 국방비와 관련하여 국방비를 줄일 수 있느냐 없느냐 하는 수단적인 측면에 논쟁의 중점이 놓여 있었다. 군축을 지지하는 일단의 견해는 군비통제는 곧 군축을 의미하며, 군축은 국방비 삭감을 가져오게 되고 국방비 삭감은 일반 경제부문에 대한 정부투자를 증대시켜 경제발전을 가속화시킨다는 즉, 군비통제=군축=국방예산삭감=경제발전이라는 등식으로 군비통제를 설명해 왔다.

다른 한편의 견해는 앞의 견해에 대한 반박으로서 군비통제는 결국 낡은 무기를 주로 감축시키면서 신예무기의 증강을 가져오는 것이기 때문에 오히려 국방비

의 증액을 초래한다는 논리를 채택하여 군비통제＝노후무기 감축＝첨단무기 증강
＝국방비 증가라는 등식으로 간단하게 군비통제를 설명해 왔다. 물론 이것은 간단
한 도식화이긴 하지만 군비통제를 국방비 삭감 또는 증가의 수단으로 보거나, 군비
통제가 국방비에 미치는 영향을 강조한 아주 지엽적인 논쟁의 일면을 보여준다.

둘째, 군비통제의 올바른 순서는 정치적, 군사적인 신뢰구축부터 시작하여 장
기간에 걸쳐 신뢰가 튼튼하게 조성되었다고 판단할 때 단계적으로 군축에 들어가
야 한다는 것이다. 대체로 이러한 견해는 유럽의 군비통제 경험을 인용하여 유럽에
서는 1975년 헬싱키 선언에서 초기의 신뢰구축조치(CBM, Confidence Building Measures)
가 취해지고 10여년이 경과한 후인 1986년의 스톡홀름선언에서 신뢰 및 안보구축
조치(CSBM, Confidence and Security Building Measures)가 취해짐으로써 신뢰구축조치가
완결되고 난 다음에 재래식무기감축협정(CFE, Conventional Forces in Europe)이 타결되
었기 때문에 군비통제는 신뢰구축부터 달성하고 군축에 들어가는 것이 정석이라고
설명하고 있다.

그러나 이 견해는 서구에서 나토(NATO)와 바르샤바 조약기구(WTO) 간에 직접
적으로 상호균형군감축회담(MBFR, Mutually Balanced Force Reduction)이 1973년에 시작
되어 신뢰구축을 위한 협상이 진행 중이던 기간 동안 줄곧 군감축회담이 병행되어
진행되어 온 역사적 사실을 무시하고 있으며, 유럽에서 재래식 군사력 면에서 소련
에 비해 열세를 우려했던 미국은 신뢰구축조치에 대한 협의를 주도하던 유럽안보
협력회의(CSCE, Conference on Security and Cooperation in Europe)보다는 나토와 바르샤바
조약기구 간의 병력감축회담을 더 군비통제에 가깝다고 간주해 왔다는 사실을 간
과하고 있다. 이 두 번째의 관점도 역시 군비통제를 이루는 순서와 수단에 그 논의
의 중점이 놓여 있다고 할 것이다.

셋째, 군비통제는 국가전략의 한 부분이 아니라 국방정책의 하위개념이며 군
사력의 통제를 논의한다는 측면을 중시하여 남북대결 상태인 한반도에서는 철저하
게 국방정책의 통제를 받아야 한다는 관점이 그것이다. 사실 미국은 1961년부터
1994년까지 대통령 직속 기구로 군비통제국(ACDA, Arms Control and Disarmament Agency)
이 있어서 국무부, 국방부, 중앙정보국(CIA) 등 관련 부처의 입장 차이와 이해관계
를 국가전략 차원에서 조정·통제함으로써 군비통제를 추구해 왔다는 점을 알아야
한다.[49] 이와 대조적으로 우리나라는 아직도 군비통제가 국방정책의 하위개념으로

---

49) The White House, *National Security Strategy of the United States*, 1991, 1992, 1993. 미국은 매년
백악관이 발행하는 국가안보전략이라는 문서에 외교, 국방, 군비통제 및 국제경제전략의 4가지
부문의 전략이 제시되는 바, 이는 국가의 안보목표 달성을 위한 4가지 부문 중 어느 하나라도
무시하거나 균형을 잃어서는 안 된다는 인식을 가지고 있다.

놓여있다. 특히 기존의 국방부 예하 군비통제실을 없애버리고 과 수준으로 축소시
켰다. 따라서 군비통제 정책이 대통령의 국가안보정책 차원에서 추진되지 못하고
있으며, 심지어는 군사력 건설을 주무로 하는 국방부장관을 통과해 나가지 못하는
실정에 있다.[50]

　　물론 우리나라에 군비통제라는 개념이 소개된 지도 얼마 되지 않았고, 현재까
지는 군비통제가 북한에 대한 적대 의식을 약화시킬 뿐 아니라 공산주의체제인 북
한과 협상을 통해서 얻는 것 보다는 잃는 것이 많다는 우려 때문에 국방을 저해하
는 것으로 간주되고 있는 경향이 강하여 국방전략과 대등한 수준의 군비통제전략
을 구사하기가 쉽지가 않다. 뿐만 아니라 군비통제정책을 관장할 독립적인 기구를
만들기도 어려운 형편이다.

　　군비통제와 관련하여 위에서 지적한 국내적 논쟁의 문제점 외에 북한에게도
심각한 문제가 있다. 객관적인 체제유지 위기에도 불구하고, 북한은 아직도 핵 및
비대칭 전력의 우세를 이용하여 남한을 적화통일하려는 기존의 국방정책을 유지한
채 점점 불리해지는 대남 군사력 균형 문제를 해결하기 위해서 핵무기 및 미사일
개발을 계속하고 있다. 또 한편으로는 주한미군 철수, 한미 연합군사훈련 중지 등
종래의 주장을 되풀이 하고 있다. 이와 같은 북한의 태도는 세계적인 군축무드에
편승하여 한미 연합방위체제를 약화시킬 기회를 만들고자 하는 의도로 간주되며,
주한미군의 철수 주장 등은 대남 우위를 확보하기 위한 선전적인 평화공세로 받아
들여지고 있을 뿐이다. 따라서 북한과의 타협가능성과 군비통제의 실현 가능성을
고려하지 않은 국가전략을 제시하기도 어려운 실정이다.

　　그러나 한반도에서 남북한 간의 냉전적 대결의 존속에도 불구하고 미국은
1990년대 상반기에 북미협상을 통해 세계적인 화해와 군비통제 추세를 이용하여
군비통제전문가들과 직업 외교관들을 대거 투입시켜 북한 핵문제의 타결과 전반적
인 관계개선을 시도한 적이 있다. 이것은 적국과의 협상을 통해 안보문제를 해결할
뿐 아니라 핵무기 개발 위협도 감소시키는 넓은 의미에서의 군비통제전략을 수행
한 것이다. 아울러 한미 연합방위체제도 굳건히 한 점을 감안할 때 국방전략과 군
비통제전략을 병행 추구하고 있음을 알 수가 있다. 한국도 남북한 간의 군사적 대
결상태를 종식하고 평화공존체제를 구축함은 물론 나아가 통일을 앞당기기 위해서
는 하루라도 빨리 국방전략에 걸 맞는 군비통제전략을 구상하여 시행해 나갈 필요
가 있다.

---

50) 1989년부터 남북고위급 회담을 대비하여 국무총리 산하에 비상설 군비통제 대책단이 운영되고
　　있었으나 1992년 이후 없어진 상태이다.

따라서 본장에서는 군비통제전략의 국가안보전략으로서의 위상을 재조명하기 위하여 군비통제이론의 국제정치학 이론과의 상관성과 안보 전문가들의 군비통제에 대한 연구내용을 요약하면서, 군비통제전략과 국방전략과의 바람직한 상호관계를 설명한다. 아울러 군비통제의 개념과 그 정치적·경제적·과학기술적 상호관련성을 검토하면서 군비통제의 촉진요인을 제시하고, 군비통제가 현대국가의 안보정책에 미치는 영향을 전망한다.

Ⅱ. 군비통제 논의의 이론적 배경

1. 군비통제의 국제정치학 이론적 위치

군비통제는 역사상 오랜 선례가 있기는 하지만 본격적으로 국가 간의 관계를 설명하는 국제정치이론에 등장하게 된 것은 2차 세계대전 종전 이후 양극화된 대결 위주의 냉전체제를 협조적인 국제체제로 전환시키기 위한 노력의 일환으로 개념화, 이론화되기 시작하면서부터다. 국제정치학에서는 상호 대결하고 있던 미·소 중심의 두 개의 안보동맹체제 하에서 군사적 대결문제를 해결하기 위해 적대적인 두 국가 또는 두 진영 간에 어떻게 하면 안보면에서 협력을 유도할 수 있겠는가에 연구의 중점을 두어 왔다.

이러한 접근방식은 지금까지 대결구조 하에서 한 국가가 가져왔던 인센티브와 기대이익을 전환시킴으로써 협력을 유도하는 전략의 발견에 중점을 두고 있었다. 즉, 군사부문에서 상호군비경쟁을 가속화시키려는 이유를 발견하고, 한 국가가 가지고 있는 기대이익체계에 영향을 줌으로써 결국 군비경쟁을 완화하거나 중지시키는 데 그 목적을 두어 온 것이다. 그리고 이들은 대치하고 있는 쌍방의 서로 다른 안보이익을 합치하도록 만드는 요인과 조건들을 발견하고자 하였다. 이들의 접근법을 좀 더 상세히 보면 다음 네 가지로 구분할 수 있다.

첫째는 국제관계이론 중심의 접근인데 이들은 국가 간에 유사하거나 갈등하는 이익들이 혼재되어 있는 상황에서 국가들로 하여금 어떻게 협력을 유도할 수 있는지에 대해 깊은 관심을 나타내었다. 액셀로드(Robert Axelrod)는 이와 같은 국제적 상황 하에서 협력을 유도할 수 있는 방안의 하나로 컴퓨터 시뮬레이션을 통해 죄수의 딜레마 현상을 해결할 수 있는 방법을 발견하고자 하였다.[51] 그의 작업은 뒤에 미국과 구 소련 간의 안보관계에 있어 죄수의 딜레마와 같은 유사한 교착상태를

---

51) Robert Axelrod, *The Evolution of Cooperation*, Based Books, Inc., New York, 1984.

해결하는데 유용한 방법이 있는지 연구하던 다른 학자들, 예를 들면 스나이달 (Duncun Snidal), 저비스(Robert Jervis) 등에 의하여 계승 발전되었다.[52]

이들의 이론적 작업은 게임이론으로 지칭되는 바, 비단 안보문제에 뿐만 아니라 보다 광범위한 국제관계에 대한 적용을 추구하게 되어 오늘날 국제정치이론의 한 부분이 되고 있다. 저비스의 공헌은 더욱 주목할 만한데, 그는 '안보딜레마'라는 개념을 세련화시켰으며 안보딜레마의 영향을 완화시키거나 악화시키는 변수를 발견하고자 노력하였다. 연구결과 국가 간의 협력이 보다 잘 이루어질 수 있는 조건을 발견하였는데 첫째는 첨단과학기술의 발전결과로 무기체계 중에서 공격적 무기와 방어적 무기가 쉽게 구분이 될 수 있을 때 첨단 방어적 무기체계를 가진 국가가 공격 측에 대해서 천천히 반응을 해도 방어를 충분히 할 수 있는 능력이 있다고 간주함으로써 방어적 전략이 공격적 전략보다 우세할 수 있다는 확신을 갖게 되는데, 이 경우는 협력이 더 잘 이루어 질 수 있다는 것이다. 왜냐하면 이 경우에는 현상유지를 원하는 국가는 방어적 무기체계를 획득할 것이기 때문이라는 것이다. 이와 아울러 군비통제 지지자들은 국제적인 협력과 안정을 도모하는 방안으로서 공격적인 배치를 방어적인 배치로 전환할 것을 주장하였다.[53]

둘째, 일부 국제정치학자들은 국제안보와 정치경제 영역에서 국가 간의 대결보다는 협력을 조성할 수 있는 조건과 전략을 발견하기 위하여 역사적인 사례 연구중심으로 접근을 하였는데, 이들은 『월드 폴리틱스』(World Politics)라는 학술지를 중심으로 연구활동을 하였다. 그들의 연구목적은 두 가지로 요약될 수 있다. 하나는 국제관계에 있어 왜 협력이 발생하며 왜 협력이 발생하지 않는가에 대한 보다 적절한 설명을 추구하였으며, 다른 하나는 만약 한 국가가 다른 국가와 협력을 하려고 하면 협력을 촉진시킬 수 있는 정책적 대안이 무엇인가에 대해 모색하였다. 그들은 사례 연구를 통해 다음 세 가지 가설을 추출하고 이를 검증하기 위해 노력하였다.[54] 즉, 국가 간에는 첫째, 협력을 할 경우 얻는 이익이 협력을 하지 않을 경우 얻는 이익보다 클 경우, 다시 말해서, 이익의 상호성이 존재할 때 협력하려고

---

52) Duncun Snidal, "The Game Theory of International Politics," *World Politics*, Vol. 38, No. 1, October 1985, pp. 25−57. Robert Jervis, "Cooperation under the Security Dilemma," *World Politics*, Vol. 30, No. 2, January 1978, pp. 212−214.

53) International Peace Research Association, Disarmament Study Group, "Building Confidence in Europe," *Bulletin of Peace Proposals*, Vol. 2, No. 2, 1980, p. 161.

54) Kenneth A. Oye, "Explaining Cooperation under Anarchy : Hypotheses and Strategies," *World Politics*, Vol. 38, No. 1, October 1985, pp. 1−24, 안보문제에 대한 적용으로는 다음의 동일 문헌 참조. Robert Jervis, "From Balance to Concert : A study of International Security Cooperation," pp. 58−79. Stephan Van Evera, "Why Cooperation Failed in 1914?" pp. 80−117. George W. Downs, David M. Rocke and Randolph M. Siverson, "Arms Race and Cooperation," pp. 118−146.

하며, 둘째, 국가 간 상호작용이 계속 되풀이 되어서 미래에 대한 기대나 영향이 크다고 간주할 때는 관련 국가들은 대결을 통한 단기적 이익보다는 협력을 통한 장기적 이익을 선호하게 되므로 협력을 선호하며, 셋째, 협력과 대결관계에 있는 국가의 수가 적을수록 협력을 선호하게 된다는 것이다.

이러한 연구결과는 군비통제에 대하여 다음과 같은 시사점을 주었다. 국가 간에 군비경쟁을 감소시키기 위해서는 일방적 조치와 협상전략이 뒤따라야 한다는 것이다. 일방적 조치는 저비스가 강조한 방어적 무기체계로의 전환, 방어위주의 동맹형성, 전략적 완충역할을 할 수 있는 국가의 존재, 군비경쟁을 하는 국가에 대한 감시·정보능력의 보유 등이 뒷받침되어야 한다는 것이고, 협상전략으로는 군비경쟁을 다른 이슈 즉, 경제 자원에의 접근 허용, 영토 반환권에 대한 인정, 경제협력 등과 연계시키는 전략이 중요하다는 것이다. 그리고 상대방 국가와 협상을 일회적인 것으로 추진할 것이 아니라 몇 번이고 계속해서 추진함으로써 상대방 국가의 지도부로 하여금 대결이나 회피보다는 협력을 추구하는 것이 장기적으로 이익이 될 것이라는 인식의 전환을 가져와야 한다는 것이다.

『월드 폴리틱스』학자들은 이러한 협상전략을 성공으로 이끌기 위해서 협상에 참여하는 국가나 개인들이 완벽한 정보와 그들 정부의 다른 조직까지도 완벽한 통제가 가능하므로 상대국가의 의도를 파악하는데 아무런 문제점이 없다고 가정하고 있다는 점에서 한계가 있다. 또한, 이들은 그들의 전략이 어떤 상대방에 대해서 더 잘 협력이 이루어지며 어떤 상대방에 대해서는 협력이 잘 되지 않는지를 구분해서 설명하는 것에는 실패하고 있다.

셋째, 『월드 폴리틱스』학자들을 비판하면서 나온 부류들로서, 대표적인 학자들로는 조지(Alexander George)와 그의 동료들을 들 수 있다.[55] 이들은 어떤 경우에 협력이 발생하며 발생하지 않는가에 대한 일반적인 이론이 적용될 수 있는 특수한 조건을 구별하는 데 연구의 초점을 맞추었다. 초강대국 미국과 구 소련 간에는 쿠바 미사일 위기나 베를린 위기 때와 같이 양국 간의 안보관계의 상호의존성이 높고 긴밀한 이슈영역에는 협력이 발생하며, 앙골라사태와 같이 미·소 양국 간 안보관계의 상호의존성이 높지 않고, 이슈가 주변적인 경우에는 협력이 발생하지 않는다는 것이다.

그러나 상호 합의하였을 경우 초강대국의 사활적 안보이익을 별로 저해하지

---

55) Alexander L. George, Philip J. Farley, and Alexander Dallin, *U.S.-Soviet Security Cooperation : Achievements, Failures, and Lessons*, Oxford University Press, New York, Oxford, 1988, pp. 645-648.

않을 경우에는 헬싱키 신뢰구축조치나 부분적 핵실험금지조약처럼 쉽게 합의에 이르게 된다고 하였다. 같은 안보 이슈라도 어떤 이슈들은 국가지도자의 주의를 끌지 못함으로써 국가이익에 덜 중요하다는 인식을 심어주어 협력을 유도하는데 실패한다고 지적한다. 그리고 상대국과의 장기적인 관점에서 반복되는 게임을 만듦으로써 미래에 대한 비중을 제고하는 것도 미·소간의 안보관계에 있어서 협력을 유도하는 경우와 유도하지 못하는 경우가 있다고 비판한다. 즉, 만약 미·소와 같이 오랜 기간 동안 상호 적대적 이미지를 갖고 살아온 경우 미래에 대한 비중제고가 반드시 협력을 유도하지는 않는다고 보고 있다.

조지는 협상에 참여하는 숫자가 적을수록 협력을 촉진시킬 수 있다고 본『월드 폴리틱스』학자들의 견해는 반드시 옳지 않다고 비판한다. 1970년대 초기의 미·소간의 데탕트의 출현은 미·소 양자 간의 노력도 물론 중요한 역할을 하였지만, 프랑스의 역할과 서독의 동방정책에 의해 촉진되었으며, 유럽안보협력회의의 진전도 미·소간의 관계가 데탕트로 전환하는데 큰 도움을 주었다는 것이다.

네 번째 중요한 국제정치학의 이론으로는 체제론(regime theory)을 들 수 있다. 체제론자들은 미·소간의 안보협력의 성공이유를 상대방에 대하여 군비경쟁을 할 것이냐 아니면 군비통제를 할 것이냐 하는 국내의 국방정책을 결정할 경우 각기 고려했던 요소로서 상호 군비통제체제의 존재를 들고 있다. 여기서 체제(regime)란 포괄적인 개념으로서 국가들 간에 설치된 기관, 양자 간의 상호관계를 규율하는 합의된 원칙, 규범, 절차, 그리고 규칙을 들고 있다.56)

미·소간의 안보관계가 실현가능하고도 포괄적인 안보체제에 의해 규율되고 있었는가에 대한 의문은 있지만, 양국의 관계는 몇몇 안보문제에 있어서 광범위하고도 특정한 몇 가지 합의된 규칙이 있었던 것임에 틀림이 없다. 나이(Josheph Nye) 교수는 미·소 양국 간의 안보체제는 전쟁을 회피하기 위한 핵무기 개발경쟁을 제한하는 문제, 핵무기와 관련된 사고와 위기발생 시 위험을 감소시키는 문제, 핵비확산 체제를 유지하는 문제, 그리고 핵무기의 균형을 수용하는 문제들에 관하여 안보체제가 존재하고 있었다고 지적한다.

체제라는 개념은 국가 간의 경쟁을 억제하고 협력을 촉진하기 위해 국가 간 또는 조직 간에 합의한 규칙과 규율을 이행하도록 상호 감시하고 격려하는 절차를 고안하거나 기관을 설치하는데 매우 유용하다. 국가 간에 기관을 설치하는 것의 중요성은 게임 이론가들이 전혀 생각하지 못했던 협력을 촉진하는 하나의 요소이다.

---

56) Joseph Nye, Jr., "Nuclear Learning and U.S. Soviet Security Regimes," *International Organization*, Vol. 41, No. 3, Summer 1987, p. 391.

유럽의 신뢰 및 안보구축조치, 신뢰구축조치, 유럽의 재래식무기 감축조치에 대한 감시체제는 유럽의 안보와 평화를 증진하는데 혁혁한 공로를 세웠다. 또한 체제론 자들은 적대적인 국가들 간에 상호이해를 증진하기 위해서는 국방관련 개념과 독 트린에 대한 핵심적인 공동 이해와 지식을 증진시킴으로써 상호 안보관계의 개선 에 기여하는 방법으로서 법적·정치적인 타결의 프레임워크를 완성하는 것이 얼마 나 중요한가를 일깨워 주었다고 할 것이다.

결론적으로 국제정치학자들이 군비통제의 개념과 원칙의 설정에 미친 영향은 실로 광범위하고도 다양하다고 할 수 있다. 그들은 군비통제를 완성하기 위해 국가 간에 협력을 촉진하는 요소와 조건들을 발견하는 데 기여하였으며, 그들의 발견은 적대관계에 있는 국가들이 영원히 반복될 수밖에 없는 군비경쟁과 교착상태를 빠 져 나와 협력을 추구하게 되는 조건을 조성하는 아이디어를 제공하였다. 그러나 그 들 대부분의 연구는 미·소간 전략핵무기의 통제와 감축의 연구에 중점을 두었으며 과거 핵무기 감축과 통제의 협상과 합의체제 등에 대한 사례 연구중심으로 이루어 졌다.

따라서 한반도의 재래식 무기통제와 감축이라는 이슈에는 그 적용의 한계성이 뚜렷하다고 할 수 있다. 하지만 군비통제체제의 수립과 절차의 확립, 아울러 기구 의 창설 등을 포함한 체제론자들의 아이디어는 정전체제 이후 한반도의 안보문제 를 다루는 남북한 간 또는 주변국과 남북한 간의 안보체제가 없는 현실에서 한반 도에 대한 적용을 시도해볼만 하며, 남북한의 안보이해가 서로 접근하도록 정책을 전개해 나가야 할 현시점에서 남북한 간의 서로 상충되는 안보이익을 감소시키고 협력을 유도할 수 있는 방안을 찾아야 한다는 당위성에서 볼 때 국제정치의 협력 이론도 원용해볼 만한 가치가 충분히 존재한다고 볼 수 있다.

2. 안보 전문가들의 접근과 군비통제

국제정치학자와는 달리 보다 국방문제와 냉전의 안보현실에 더욱 초점을 맞춰 실제적인 정책문제를 다루려고 한 집단을 여기서는 '안보전문가들'이라고 지칭한 다. 이들은 적대관계에 있는 양 진영 또는 양 국가가 공동으로 찬성할 수 있는 안 정적인 군사적 균형이 있을 수 있는가 하는 문제에 대한 해답을 발견하려고 하였 다. 그리고 그들의 분석적인 연구 작업의 결과 군비통제조치를 통하여 그러한 정책 목적을 달성할 수 있는 대안의 발견과 그 대안을 양측에 설득시키는 작업을 병행 하였다. 또한 군비통제를 이행가능하며 신뢰할 수 있는 개념으로 정착시키기 위하여 적절한 검증조치와 합의를 발견하려고 애썼다.

　이들 안보전문가들은 냉전시기에는 군비통제회담 등 협상을 통해 안정된 군사력 균형에 도달하려고 노력하였으며, 각 국가가 군비경쟁을 지양하고 군비통제를 위한 협력에 이르는 요인을 발견하려고 하기 보다는 군비통제를 주어진 정책과제로 간주하고 그 방안을 발견하려고 노력하였다는 점이 국제정치학적 접근과는 다른 점이다. 물론 뒤에서 언급하겠지만 뮐러(Bjorn Moller)와 같은 공동안보론자들은 국제정치의 이론과 안보전문가적 실질적 접근을 접목하려는 시도도 보이지만 말이다. 안보전문가들은 양측이 수용할 수 있는 개념과 군비통제정책을 유도해가는 원칙의 정립에 신경을 썼다.

　특히 유럽 전역에서 구 소련이 가진 재래식 무기의 우세를 삭감하는 방법을 궁구하고 있었는데, 이들은 안정된 군사력 균형을 달성하는 방법으로서 군비통제를 추구하고 있었다. 핵무기의 억지 역할과 핵경쟁의 안정성 달성과 무관하게 재래식 군사력 균형이 추구될 수 있을 것인가에 대한 학문적인 논란은 차치하고라도 이들은 재래식 군사력 균형이 달성가능하며 실현가능하다고 보았다. 즉, 이들은 양국 간 또는 양 진영 간의 관계에 있어 정치적·군사적 안정성을 동시에 고려함으로써 재래식 군사력에 있어 안정성을 달성가능한 것으로 보았다.[57]

　국가 간의 관계에 있어서 '정치적 안정성'은 어느 한 쪽이 현재의 상태를 변화시키는데 관심이 없거나, 보복에서 오는 자기파괴를 무릅쓰지 않고는 다른 쪽을 침략할 능력이 없을 경우에 생긴다고 일반적으로 믿고 있다. 그러나 보통 정치적 안정성을 '위기안정성'과 동일시하는 경향이 있는데 안보전문가들은 위기안정성은 갈등을 해결하기 위해서 모든 정치·외교적 수단을 구사할 경우에 이를 배제할만한 군사적 압력이 없는 상태로 정의하고 있다.

　이러한 안정성을 얻기 위해서는 갈등을 해결하는 수단으로서 군사력을 사용하려고 하는 정치지도자의 의지를 변화시키는 것을 목표로 한다. 신뢰구축조치란 바로 이러한 위기안정성을 제고하기 위해서 고안된 것이다. 국가 간에 증대된 커뮤니케이션과 국제체제에 있어 예측가능성은 국가의 정치·군사적 행동에 대한 오해에 의해 발생할 수 있는 분쟁의 위험을 감소시킨다고 보는 것이다. 따라서 이러한 신뢰구축조치는 군비통제와 더 나아가서 군축을 촉진시킨다.

　이러한 맥락에서 홀스트(Jorgen Holst)가 주장하는 신뢰구축조치는 정치적 안정성의 개념을 더욱 세련화시킨다. 그는 신뢰구축조치는 유럽안보의 정치적인 측면

---

57) Hubert K. Reiner(ed.), *Military Stability*(Baden−Baden, Germany : Nomos Verklagsgesellschaft, 1990), p. 52.

과 군사적 측면을 연계시키는 개념이며, 군사적 행위를 통해 군사적 압력을 행사하는 기회를 제한하고 상대방의 불확실성을 감소시킴으로써 국가들에 대한 안보의 재보장을 가능하게 한다는 것이다.[58] 그러나 랜드연구소의 루이스(Kevin Lewis)는 사례연구를 통해서 신뢰구축조치가 위기안정성을 제고하는데 가진 한계성을 지적한다.

루이스에 의하면 신뢰구축조치는 정치지도자가 아주 신중하고도 의도적인 군사행동을 시도하지 않을 경우에 그 효과가 대단하지만, 관련 국가의 근본적인 이익이 전쟁이나 항복 같은 신중하고도 의도적인 군사행동을 통해서만 달성될 수 있다고 판단할 때에는 그 역의 경우도 사실인 것으로 드러났다고 주장했다.[59] 랜드연구소의 달릭(Richard Darilek)도 1986년 스톡홀름회의에서 채택되었던 신뢰 및 안보구축조치는 어떤 한 국가가 일상적인 군사기동과 훈련을 가장한 형태로 바로 기습공격으로 들어갈 수 있는 가능성을 방지하는 데는 적합한 형태가 아니라고 지적함으로써 신뢰구축조치의 발전적 형태인 신뢰 및 안보구축조치도 한계성이 여전히 있다는 것을 보여주고 있다.[60] 이러한 신뢰구축조치의 한계성을 인식하면서 안보전문가들은 신뢰구축조치를 포함한 군사작전과 군사대비태세에 영향을 미치는 제반 요인의 정의와 발견에 심혈을 기울였다.[61]

그 결과 나온 것이 '군사적 안정성'에 대한 개념인데, 국방전문가들에게 가장 논리적인 출발점은 유럽에서 두 개의 적대적인 군사 진영 간에 존재하는 군사력의 불균형을 어떻게 직접적인 방법으로 시정할 수 있느냐 하는 문제의식이었다. 양쪽의 군사력을 어느 정도 감소시키는 것이 군사적 안정성을 달성할 수 있을 것인가 하는 물음을 가지고 그들은 동태적인 군사력 균형 분석방법을 개발해 내었다.

이들은 분석적인 군사게임과 컴퓨터 시뮬레이션을 사용하여 전쟁의 결과에 영향을 미칠 수 있는 모든 요소 즉, 기습전과 소모전에 있어서 각각 다른 대응방법,

---

58) J. J. Holst and K. A. Melander, "European Security and Confidence-Building Measures," *Survival*, July/August 1977, p. 146.

59) Kevin N. Lewis and Mark A. Lorell, "Confidence-Building Measures and Crisis Resolution : Historical Perspectives," *Orbis*, Vol. 28, No. 2, Summer 1984, pp. 281-306.

60) Y. Ben-Horin and R. Darilek et. al., *Building Confidence and Security in Europe : The Potential Role of Confidence Building Measures*(Santa Monica, C.A. : Rand, R-3431-USDP, December 1986).

61) Paul K. Davis, *Toward a Conceptual Framework for Operation Arms Control in Europe's Centural Region*(Santa Monica, C.A. : Rand, R-3704, November 1988), Robert D. Blackwill, "Conceptual Problems of Conventional Arms Control," *International Security*, Vol. 12. No. 4, Spring 1988, Blackwill and Larrabee(eds.), *Conventional Arms Control and East-West Security*, Duke University Press, Durham and London, 1989.

병력의 집중도, 전장에 있어 병력의 비율, 무기의 효력, 치사율, 효과적인 전투력, 진격 속도, 직접공격 또는 우회공격, 진격 또는 포위, 지형·지물, 도로, 후방지원 정도, 매일 매일의 전선에의 군사력 투입결정과 정도, 동맹국의 군사력의 증원·전개속도와 크기, 육·해·공의 합동작전전략과 능력, 전술공군의 각각 다른 임무와 첨단기술능력 등의 변수들을 모두 반영한 실지 전쟁과 유사한 상황 하에서 군사력의 함의를 분석해내어 현재의 군사력 불균형을 시정할 수 있는 대안을 도출하고 그러한 방향으로 군비통제대안을 고안하였다.

　이러한 접근 방법은 지금까지 금기시 되어왔던 군사력의 운용 분야에 민간 국방전문가와 군비통제협상 실무자의 접근을 가능하게 하였으며, 적대적인 양 진영 간에 타협 가능한 방안들을 많이 만들어 내게 되었다. 물론 이들은 안정성을 달성하는 방안으로서 군비통제협상의 제약성도 인지하고 있다. 그러나 이들의 군사력 운용과 제한, 감축에 관한 다양하고도 실질적인 연구는 정치지도자로 하여금 군사력의 증강과 군비통제라는 두 전략의 세심하고도 분별있는 사용을 가능하게 해 주었으며, 경제학적으로 말하면 현존 군사력에 몇 단위의 군사력을 더 증강하거나 감소시킬 경우 달성할 수 있는 국가안보의 한계적 가치의 계산과 가치 대 비용의 비용－효과분석을 가능케 하였다. 아울러 국가 간의 관계에서 군사비 지출의 한계효용에 대한 인식을 근거로 적대적인 관계에 있는 국가들의 군사비에 관한 인식을 환기시킴으로써 상호 군비경쟁을 지양할 수 있는 협상대안을 많이 제공하게 되어 협상의 성공에도 기여하게 되었다. 그리고 현재 전선의 군사적 안정성을 유지하면서 최대한 감축시킬 수 있는 군사력의 최대치가 무엇인지 하는 물음을 갖고 이에 대한 답을 제시하기도 하였다.[62]

　이러한 연구결과 외에도 안보전문가들은 국방에 있어서 합리적 충분성, 방어의 우위, 비공격적 방어, 전략 전술에 대한 협상이라는 개념들을 만들어 내었으며, 이 개념들을 실제 국방전략과 군사태세에 적용할 수 있는 방법이 무엇인가에 대해 많은 연구를 하였다. 그러나 이들이 제시한 연구의 실질적 유용성에도 불구하고 아직도 공격능력이 결여된 방어적 태세가 실제 가능한 것인가 하는 의문과, 방어가 항상 공격보다 우위에 있을 수 있는지에 대한 의문은 여전히 존재하고 있으며, 현재의 군사력 중에서 방어적 능력을 보유하면서 얼마나 많은 공격적 군사능력을 제거할 수 있는지에 대한 방안의 제시가 미흡한 점이 또한 문제점으로 남아 있다.

　이러한 문제점에도 불구하고, 국제정치학자들이 군비통제에 이를 수 있는 국

---

62) Paul Davis는 이를 작전적 최소치(operational minimum)라고 표현한다.

가 간의 환경조성과 조건의 창출, 그리고 군비통제의 목표 등을 제시하는 데 그쳤다면 안보전문가들은 군비통제를 달성할 수 있는 정책적 처방과 대안의 제시를 주도하였다는 면에서 그 노력을 평가할 만하다. 안보전문가들의 연구는 전쟁과 전략에 대한 역사적 사례 연구로부터 출발하여 여러 가지 분석적인 개념과 원리를 추출함으로써 국제정치학자들의 사례 연구의 약점을 많이 보강하기도 하였다.

안보전문가들이 안보현실에 대한 깊은 천착을 함으로써 국제정치학자들보다는 보다 현실적이고 정책적 활용성이 큰 대안을 많이 제시하였다. 사실 국가 간의 관계를 보다 광범위하고 거시적인 관점에서 본 국제정치학자들과 군사적인 문제의 특수한 측면을 미시적이고 보다 깊은 관점에서 연구한 안보전문가들의 노력이 병행되지 않았다면 2차 세계대전 이후 적대적인 미·소 양 진영이 군사적으로 대치해 왔던 현실을 타개하는데 커다란 어려움이 있었을 것임에 틀림없다.

3. 탈냉전기의 안보연구 경향과 군비통제

1980년대에 이르러 세계의 정세는 변화하고 특히 구 소련이 미국과의 적대관계를 수정하면서 안보연구에 대한 경향도 냉전시대와는 다른 양상을 보이게 되었다. 고르바초프의 소련 국방정책에 대한 수정과 1986년 유럽안보협력회의의 스톡홀름선언 채택 등은 명실 공히 종래 적대적인 양 진영 간의 안보전략과 개념의 수정을 요구하는 시대적 상황을 만들어 내었다.

1980년대 중반에 미·소간에는 상호안보를 증진시키려는 노력이 있었다. 1990년대에는 국가 간의 관계에 있어서 군사력이 큰 역할을 하지 못할 시대가 올 것이라고 예견하고, 자국이나 자기 진영의 안보는 타국이나 상대 진영의 안보를 상호인정하는 바탕 위해서 공동으로 추구해야 한다는 것을 인식한 결과였다. 상호안보 개념은 미·소간의 군비통제를 촉진시켰다고 볼 수 있다.

1980년대 초반에 유럽에서 시작된 공동안보라는 개념도 양 진영의 공동 생존과 공동 번영을 추구하지 않으면 둘 다 생존하기 힘들다는 인식에서 나왔다. 이 공동안보가 전 유럽의 안보협력을 촉진시키는 안보철학이 되었음은 앞 장에서 설명한 바와 같다. 공동안보는 유럽의 다자간 군비통제를 촉진시키는 안보개념이 되었다.

그리고 독일의 통일과 동구의 몰락, 구 소련의 해체와 더불어 시작된 탈냉전시대에 걸맞는 새로운 안보개념이 1990년대 초반에 등장하게 되었는데 이는 협력안보라고 부른다. 이러한 국제적인 투명성과 재보장이 협력안보의 요체라고 할 수 있으며, 결국 협력안보는 현대의 군비통제를 지지하고 있는 안보개념이라고 할 수 있다.

이상에서 살펴 본 바와 같이 변화하는 국제관계와 국제질서 그리고 국제안보 환경 속에서 국가안보를 달성하기 위한 적절한 정책 수단을 강구해 나가는 과정에 서 국제정치이론의 개발과 안보문제전문가들의 보다 실질적인 정책 대안의 개발이 이루어져 왔으며, 특히 적대관계에 있던 양 진영 또는 두 국가 간의 협력을 증대시 키고 군비통제로 유도하기 위한 국제적인 조건과 요소의 창조 그리고 구체적인 정 책대안이 많이 제시되었다. 아울러 탈냉전기가 가까워짐에 따라 새로운 안보개념 의 태동과 함께 국가안보와 국제안보를 동시에 달성해가는 군비통제는 강력하고도 효과적인 정책수단이 되었으며, 오히려 탈냉전기에는 군비통제 자체가 국제관계의 필수요소이자 그 목적이 되고 있음을 발견하였다.

국제정치학자들과 안보전문가들이 제시한 군비통제의 목적, 개념, 내용, 중요 한 추진방향, 원칙들은 냉전기에 국가 간의 군사대결상태를 종식하는 데 기여한 바 가 크므로 한반도의 군사적 대결상태를 종식하고 평화공존구조를 창출하려는 우리 의 노력에 적합한 정책적 시사점을 제공하고 있는 것을 부인할 수 없다. 물론 모든 개념들이 전부 다 한반도의 전략적 실정에 맞지는 않겠지만 대다수의 개념과 특히 추진방침, 원칙들은 음미해볼 만하며, 한반도의 현실에 창조적 적용을 요구한다고 하겠다. 따라서 다음 절에서는 한국 내에서 무시되어온 경향이 짙은 군비통제전략 의 국가안보전략으로서의 위치를 재정립하고자 한다.

Ⅲ. 군비통제의 국가 안보전략적 위상

1. 군비통제와 국방정책의 상호 관계

외관상으로 볼 때 국방력의 건설을 근간으로 하는 국방정책과 궁극적으로 국 방력의 감축을 목표로 하는 군비통제 전략은 상호 양립할 수 없는 정책으로 보일 수 있다. 그러나 이것은 형식논리이며 보다 깊이 관찰해보면 군비통제와 군비증강을 연결하는 매개 변수가 존재하는 데 그것이 바로 적의 위협이라는 것이다. 적의 위 협이 있기 때문에 군사력 건설을 계속하는 것이며, 적의 위협이 있기 때문에 협상 을 통하여 그것을 감소시키려고 하는 것이다. 따라서 군비통제든 군비증강이든 적 의 위협을 중심으로 생각해 본다면 두 개념은 밀접히 연관되어 있음을 알 수 있다.

국방전략을 달성하는 수단으로서 군사력 건설의 정당성은 적의 현존하는 위협 과 미래에 예상되는 위협에서 나온다. 특히 군사력 건설에는 많은 시일이 소요되므

로 예상되는 위협도 중요한 변수가 된다. 그런데 국방정책의 기본 가정은 적의 군
사적 위협이 계속 증가하고 있다는 것이다. 특히 북한의 군사적 위협은 북한체제의
불변하는 대남적화전략의 산출물이므로 이 전략은 북한의 대내외 정세의 변화에
상관없이 독립적으로 증가하고 있다고 가정한다. 이러한 기본가정 위에 우리는 해
마다 군사력 건설을 증대시켜야 한다고 주장하는 것이다.

그러나 군비통제의 입장에서 보면 북한의 군사적 위협은 항상 독립적으로 증
가하는 독립변수가 아니라 주변정세나 남한의 정책, 미국의 정책, 그리고 북한 내
부의 정세변화 또는 북한의 동맹국들의 정책변화 등에 의하여 영향을 받는 종속변
수라고 가정한다. 남북한의 군사력 증강추세가 상호의 정책 변수에 의하여 영향을
받는다는 가설이 몇몇 연구에 의하여 입증된 바 있듯이,[63] 남북한 간의 군비경쟁
은 상호의존관계에 있으며, 북한의 군사력 증강 결정 자체도 주변 전략 환경의 변
화, 남한의 군비증강 및 군비통제정책, 미국의 대북정책, 북한 내부의 경제사정, 국
제적인 군비통제추세 및 압력 등의 영향을 받을 것임에 틀림없다. 따라서 군비통제
는 북한의 군비증강결정이 남한의 정책선택 여하에 많은 영향을 받을 수밖에 없는
현실을 감안하고, 국제적인 안보환경의 변화와 국제적인 군비통제의 추세, 한반도
내의 분단구조의 건설적인 청산요구, 그리고 북한 내부의 정치, 경제사정을 총체적
으로 고려하여 대화를 통하여 북한의 군사적 위협을 감소시키려고 하는, 다른 측면
에서 국방정책의 목표를 달성하려고 하는 국가전략의 일환이다.

군비통제의 요체인 신뢰구축조치와 군축조치의 목적을 국방의 측면에서 면밀
하게 분석하여 보면 군비통제조치가 국방전략의 목표를 달성하는 또 하나의 효과
적인 정책대안임을 알 수 있다. 군비통제 방법 중의 하나인 신뢰구축조치는 원래
상대편이 군사력을 사용하여 정치적인 목적을 달성하려는 전쟁 '의도'를 저지하는
목적 하에 구상되었다.

신뢰구축의 논리를 북한의 군사에 적용해 본다면, 북한군은 기습전략으로 남
한을 공격하려는 의도를 가지고 있는데 신뢰구축조치는 상호 군사정보 교환을 통
해 군사력의 보유 및 배치상태에 대한 전반적인 정보의 파악, 군사훈련의 통보 및
참관을 통하여 상대방의 전투대비태세의 정도와 훈련의 정형, 작전적 전술의 운용
등을 알 수가 있고 특히 현장사찰을 통하여 상대방 군대의 사기와 무기의 질적 수

---

63) Tong Whan Park, "The Korean Arms Race : Implications in the International Politics of Northeast,"
Asian Survey, June 1990, Vol. ⅩⅩ, No. 6, pp. 654. 그리고 하영선 편저, 한반도의 군비경쟁의 재
인식, 1988. 하 교수에 의하면 주변 안보환경이 군비감소추세로 변하는데도 불구하고 한반도 내
의 군비경쟁이 유지된다면 이는 남북한 간의 작용 — 반작용적인 대결이 더욱 중요한 역할을 하기
때문이라고 말하고 있다.

준 등을 파악 할 수 있으므로, 신뢰구축조치를 실천할 경우 우리는 북한의 기습공격의 가능성을 상당한 정도로 약화시킬 수 있게 된다. 특히 북한의 전격적 기습공격 전략은 전진 배치된 충분한 병력과 지하 갱도화된 진지, 높은 대비태세와 기동능력, 특수화 부대, 기만 가능한 지휘통제능력을 이용하여 개전 초기에 서울을 함락시킬 목적으로 수립되어 있기 때문에,[64] 이러한 기습공격의 가능성을 막는 것에 우리의 국방정책이나 군비통제 정책의 주안점이 있을 수밖에 없다는 점을 감안한다면, 북한의 군사에 대한 투명성의 증가로 얻는 현실적인 정보는 바로 국방정책 면에서 기습공격에 효과적으로 대비하게 할 뿐 아니라 군비통제 면에서는 미리 기습공격을 할 수 없도록 막는 전략의 하나가 충분히 되고도 남는다.

다시 한 번 강조하자면, 신뢰구축조치는 서로 대치하고 있는 적국에 대한 군사 분야에 대해 예측가능성과 투명성을 증대시킴으로써 상대방이 군사력을 사용하여 정치적 목적을 달성하려는 의도를 약화시키거나 아예 포기하도록 만든다는 목적이 있으므로 신뢰구축이 바로되었나 안 되었나 하는 평가도 바로 이 의도가 약화되었나 안 되었나 하는 점에 그 중점을 두어야 한다. 북한의 군사적 위협의 두 번째 요소는 핵무기를 포함한 물리적인 군사력의 우위이다. 신뢰구축조치가 아무리 군사적 투명성과 예측가능성을 증진시킨다고 하더라도 북한이 보유한 공격 무기를 감축시키지 않는다면 공격할 의도가 약화 되었는지 안 되었는지 어떻게 믿을 수 있단 말인가. 특히 북한이 우리보다 많은 공격용 무기를 가지고 있는 지금, 무기의 결정적인 감축이전에 북한을 신뢰한다는 것은 거의 불가능에 가까울 것이다.

군사적인 불안정성의 원인은 바로 상대편에 대하여 무력으로 공격할 의도와 능력을 가진 것이 문제인데 결국 공격의 가능성은 정치지도자가 그 목적을 달성하기 위하여 사용가능한 군사력이 충분히 있는가에 달려있다. 군사력을 많이 가진 쪽을 감축시키지 않는다면 군비경쟁을 계속하는 양쪽은 서로 위협을 느끼게 되며 이 인지하는(perceived) 위협은 실제(real) 군사력의 격차보다 더 큰 것이 현실이다. 따라서 군비통제는 군사력의 불균형을 문제시하며 적이 우리보다 더 우세한 군사력을 보유하고 있을 때 이의 감축을 그 근본 목적으로 삼는다. 결론적으로 말하자면, 군비통제는 신뢰구축조치와 감축조치를 통해 적의 군사적 위협의 감소를 근본 목적으로 하므로 국방전략이 적의 위협을 주어진 변수로 간주하고 대응 군사력을 키우

---

64) Trever N. DuPuy, *A Study of Breakthrough Warfare*(Washington, D.C. : U.S. Defence Nuclear Agency, 1976), p. 10. 기습의 효과는 기존 군사력의 우세를 배가 내지 3배가 할 수 있는 승수효과가 있다. 북한은 남한의 장기소모전하에서는 이길 가능성이 거의 없으므로 초전에 전략적 목표를 달성한 뒤에 지구전 내지 협상으로 갈 가능성이 가장 많다. 그런 관점에서 북한의 핵무기 보유 의미를 분석해 보아야 한다. 대한민국 국방부, 『국방백서』, 1993~94, p. 56 참조.

는 데 주안점을 둔다면 군비통제전략은 적의 위협 자체를 감소내지 약화시키려는 보다 적극적인 전략의 일환이다.

결론적으로 전력이 상대편 보다 열세에 있을 경우에는 다른 힘 즉 정치력, 외교력, 경제력, 기술능력 면에서 상대방에 비해 우세한 위치에 있어야 협상력 (negotiating power)이 생길 수 있으며 막강한 경제력과 기술능력을 바탕으로 군비경쟁을 할 수 있을 자신이 있고 이러한 의지와 정책이 상대방의 군비경쟁과 긴밀한 연계성을 갖고 조건부화 되고, 또 그 정책이 분명히 상대방에게 전달되어야 협상을 통한 군비통제에 이를 수 있다는 것이다. 즉 군비통제와 국방정책은 긴밀한 연계를 가질 때에만 두 정책이 더욱 힘을 발휘할 수 있게 되는 것이다.

2. 국방전략에 의해 군비증강만을 할 경우의 문제점

지금 우리나라에서는 군비증강만 하면 되지 적인 북한과 무슨 군비통제 협상이냐 하는 강한 의문이 존재하고 있는 것이 사실이다. 그러나 군비통제정책 없이 국방전략에 의한 군비증강만 추구할 경우의 문제점은 다음과 같다.

첫째로 국방재원의 제약성 때문에 현실적으로 북한과 무한정 군비경쟁을 할 수 없게 된다. 우리 사회의 민주화, 다원화로 인해 증가하는 복지, 교육, 경제, 사회, 문화, 환경분야의 정부에 대한 서비스 확충요구는 정부 예산에 대한 경쟁적 요구를 낳게 되어 종전과 같은 국방비 확보를 불가능하게 할 뿐 아니라 탈냉전 이후 군비통제가 국제질서의 대세가 되어 가는 상황에서 군비경쟁을 지속시킬 수 있는 논리의 설득력이 점점 약화된다는 점을 들 수 있다.

이러한 경향은 이미 현실화 되고 있다. GNP 대비 국방비의 비율이 1980년대 초 6%에서 1991년도에는 4%로, 1992년도에는 3.6%로, 1993년과 1994년도에는 3.5%로 점점 감소하다가 2000년대에는 2.7%, 2010년대에는 2.5%로 대폭 떨어졌다. 이러한 추세를 보면 군비증강을 무한정 계속하기는 힘든 형편이 되어 가고 있다는 것을 알 수 있다.[65]

따라서 군비증강의 무한정 계속으로 인한 경제의 희생을 줄이고 같은 규모의 국방비로 방위력의 효과를 극대화하기 위해서는 국방재원의 효율적 사용을 고려할 뿐 아니라, 북한에 비해 월등한 우리의 경제력, 과학기술 능력을 언제라도 결심만 하면 북한 보다 월등한 군사력으로 전환할 수 있다는 최고 지도자의 정책적 의지를 북한에게 직접 전달하면서 북한의 군비확장을 수그러들도록 하는 군비통제정책

---

65) 대한민국 국방부, 『국방백서 2014』 참조.

을 수립해야 한다. 이와 같은 관점은 군비증강만 할 경우의 두 번째 문제점으로 유도한다.

둘째, 군비경쟁만 지속할 경우에는 북한경제나 사회가 갖고 있는 치명적인 약점을 활용할 수 없게 할 뿐 아니라 극한 경쟁은 전쟁의 가능성을 높이고 북한으로 하여금 점점 더 고립화 및 도발정책을 취하도록 영향을 줄 가능성이 있다.

이미 알려진 바와 같이 북한의 GNP는 우리의 약 1/40 정도 밖에 되지 않으며 1990년대에는 계속 마이너스 성장을 하여 식량과 에너지 사정을 비롯한 경제전반의 사정은 극도로 악화되었다. 러시아와 중국에 대해서 경화결제도 못하고, 대외무역은 거의 일방적인 수혜에 의존하고 있다. 따라서 북한은 남한과 군비경쟁을 지속하지 못할 상황으로 되어간다. 물론 이러한 경우 북한으로 하여금 항복하게 하는 전략의 하나로 무한한 군비경쟁을 선택할 수 있겠지만, 이는 북한의 지도부로 하여금 오판을 하게 할 가능성이 있다. 중장기적인 관점에서 보면 정치, 경제 뿐 아니라 군사면에서도 남한에 뒤질 수밖에 없기 때문에 더 이상 시간이 가기 전에 핵무기 개발을 완료하여 전쟁을 일으키자고 북한 지도부가 호전적인 전략선택을 하도록 촉발할 지도 모른다. 한편, 북한이 군비지출을 감소시킴으로써 경제발전을 도모하고자 하는 고려를 못하도록 하는 요인도 된다.

셋째, 북한 사회 내에 김정은 체제의 안정화 작업과 관련하여 과거의 교조적 노선을 지양하고 대외협력을 강화함으로써 체제를 유지 발전시키려는 소위 말하는 온건파 내지 대화파가 있을 수 있는데, 우리가 군비경쟁만 한다면, 북한 내의 온건파와 강경파의 대립을 적절히 활용하지 못하고 오히려 강경파의 득세를 도와줄 가능성이 있다. 이렇게 되면 남북한은 오히려 극한 대결상태로 가게 된다.

북한은 김정은의 '경제·핵 개발 병진정책'에서 드러난 바와 같이 국제적 고립을 탈피하고 제한된 범위의 개방과 경제발전을 추구함으로써 체제유지와 경제난을 벗어나려고 하는 의도가 있다. 그러기 위해서는 한반도의 분단을 당분간 그대로 온존시키고 싶은 의도도 있을 것이다. 만약 우리가 군비증강만 할 경우 북한의 이러한 정책의도를 제대로 활용하지 못하게 될 가능성이 있다. 더욱이 북한의 강경파의 입지를 계속 강화해주는 정책을 우리가 취하게 되면 평화공존상태의 창출은 물론 통일은 점점 힘들게 된다.

넷째, 무엇보다도 중요한 것은 군비증강만 계속하게 될 경우 북한의 위장평화 공세의 허구성을 입증할 수 없게 된다. 왜냐하면, 우리가 신뢰구축과 군축의 성공적 추진을 위해 그 선결조건으로서 상호정보교환과 군사기지사찰을 요구하게 될 경우에, 북한이 개방과 그 파급효과를 두려워하여 허위정보를 우리에게 제공하거나 군사기지에 대한 상호사찰을 반대한다면, 북한이 구두선처럼 반복해 온 한반도 평화체제의 건설 등의 허구성이 백일하에 드러날 것이지만, 우리가 군비통제에 대한 아무런 정책적 대안이나 적극적인 의도를 제시하지 않는다면, 북한은 이미 밝힌 대로 핵보유를 기정사실화하고 대미 평화협정을 체결하려고 적극 시도할 것이다. 그럴 경우 우리는 북한의 평화공세에 밀리게 될 소지가 있어 북한 주장의 허구성을 입증하기가 힘들게 된다. 따라서 북한의 화전양면공세를 대응하는 데 있어서 우리가 군비통제정책을 강력하게 추진할 경우 북한의 평화공세의 허구성을 반증하는 증거들을 우리 국민과 국제사회에 제시할 수 있게 될 것이다. 이럴 경우 우리 국민의 대북경계심과 안보의식은 상대적으로 높아질 수도 있다.

다섯째, 군비의 과다경쟁은 현재의 국제정치의 지배적인 추세에 배치되며, 더욱이 북한은 국제적으로 알려진 많은 군비통제 제안을 가지고 우리의 한미안보동맹을 저해시키고 대북경계태세를 이완시키기 위해 부단히 노력할 것인데 이점을 우리가 유효하게 막을 수 있는 방법이 없게 된다. 이 관점은 위의 네 번째 사항과 연관성이 있다.

그보다 더 중요한 것은 국제적인 핵비확산 체제, 화학, 생물무기 금지협약, 미사일 수출통제제도, UN 무기이전등록제도, UN 국방예산 투명성제도 등 국제적인 면에서 강화되고 있는 군비통제추세를 활용하여 북한을 군사적인 면에서 개방시키고 북한군사체제의 투명성을 증진시켜야 하는데 군비경쟁에만 중점을 두고 있다면, 이러한 국제적인 환경과 추세를 활용할 수 없게 된다.

여섯째, 군비증강만 하려고 하면 군비통제조치에 일단 남북한이 합의한 이후 계속하여 집중적으로 우리의 적극적인 평화공세가 가능하다는 점을 때때로 간과하는 경향이 있다. 즉 군사적으로 집중되어 있고 내부적 통제가 극한에 다다른 북한의 군부는 신뢰구축조치든 군비감축조치든 일단 실행에 옮기기 시작하면, 개방이 가속화될 수밖에 없다는 것이다.

일곱째, 미국의 대한반도 전략의 변화를 적극 이용할 수 없게 된다. 1991년 9월 미국이 주한 미군의 전술핵무기를 일방적으로 철수한다고 발표하였을 때 사실은 남한의 군비통제전략이 미리 수립되어 있었다면 핵무기 철수카드를 북한의 핵무기 개발과 연계하여 제대로 활용할 수 있었을 것이다. 현실이 그렇지 못했기 때문에 이 기회는 그냥 날려 보내었으며 후에는 한미 간의 재래식 군사합동훈련인 팀스피리트 연습까지 연계하지 않으면 안 되었다. 앞으로도 주한미군의 규모와 훈련 등 여러 가지 미국의 안보정책에 변화가 있을 것으로 예상되는데 이들이 한국 안보에 미치는 영향을 고려한다면 북한과의 군비통제협상에서 이용할 수 있는 소지는 얼마든지 있다.

결론적으로 군비통제는 평화 시에 시대의 추세와 적의 결함을 잘 이용하여 우리가 주도권을 잡고 남북한의 군사관계를 진전시켜 나가는 것을 출발점으로 하여 전쟁이 아닌 협상을 통하여 적의 위협을 감소시킬 수 있는 적극적 국가전략이므로 군비통제를 하지 않고 군비증강만 지속해 나간다면, 결국 평시에는 북한의 허위 평화공세와 대남 선전 전략에 이용당할 수밖에 없고 나아가서는 북한을 변화시킬 수 있는 기회를 만들어 낼 수 없다.

3. 군비증강 없는 군비통제전략만의 한계성

군비증강 없는 군비통제만의 추구는 군사적인 면에서 현존하는 적이 없으면 모르되, 적이 엄연히 존재하는 상황에서는 우리의 안보상의 취약점만 노출할 뿐 국가의 생존에 도움이 되지 못한다. 군비증강과 긴밀하게 연결이 되지 않은 군비통제만을 추구할 경우 문제점은 다음과 같다.

첫째, 북한에 비해 현재의 군사력 숫자가 적은 남한이 군비통제를 요구하게 될 경우 남한이 정치적, 경제적 당근을 주지 않을 경우 북한과 타협에 이를 가능성이 적다는 것이다. 북한이 현재 재래식 무기와 병력의 숫자에 있어 남한보다 우위에 있으므로 군사적 안정성을 확보하는 측면에서 군비감축은 상호불균형 감축을 할 수밖에 없는데 이 경우 북한이 남한보다 더 많은 수를 삭감해야 하는데 북한이 이를 받아들일 가능성이 적다는 것이다.

이것은 북한이 정전협정 체결 전후의 시기에 북한이 가졌던 동기와 정반대의 경우이다. 정전협정 협상 당시 북한의 군사력은 연합군을 포함한 남한의 군사력과 비교도 안 될 정도였다. 그 당시 북한의 지도부는 보유하고 있는 무기의 교체 이외의 목적으로 외국으로부터 무기 반입을 금지한 정전협정 13항 'ㄹ'목에 합의하면서도 속으로는 정전협정의 조항을 위반할 의도를 가지고 있었다.[66] 따라서, 정전협정 중 무기증강금지조항은 북한이 계속 위반하였기 때문에 사문화되고 말았다.

군사력이 열세한 측이 군비통제협상을 통해 우세한 측의 무기를 감축해 달라고 요구한 예는 바로 나토와 바르샤바 조약기구 간에 즉 미국과 구소련 간의 협상

---

66) 정전협정 13항 ㄹ목은[한국경외로부터 증원목적으로 작전비행기, 기갑차량, 무기 및 탄약을 들여오는 것을 정지한다]라고 규정하고 있다. 그러나 북한은 이 규정을 위반하고 1957년 미국이 이 조항의 사문화를 주장할 때까지 계속 소련으로부터 미그기, 전차 등을 계속 들여왔으며, 이에 대한 중립국 감독위원회의 확인 사찰을 금지 또는 방해활동을 벌인 것으로 알려져 왔다.

에서 찾아진다. 미국의 군사전문가에게는 소련이 유럽지역에 배치한 재래식 무기의 우세가 중대한 안보문제였다. 미국은 군비통제협상을 통해 이의 감축을 부단히 요구해 왔다.

또한 미·소간 전략무기 감축협상에서도 소련이 미국과 핵전력에 균형(parity)을 이룰 정도로 증강했을 때 협상이 성공한 것을 볼 때,[67] 어느 한쪽이 군사력의 불균형이 심각하다고 생각할 때에는 협상 외적 요인이 작용하지 않는다면 재래식 무기 감축을 위한 협상의 타결가능성이 적다고 볼 수 있다.

둘째로, 군비통제만 추구할 경우 북한은 남한 내의 평화무드에 편승하여 국론을 분열시키고 한반도의 군사적 긴장의 조성원인이 미군의 주둔에 있음을 선전적으로 이용하여 반미분위기를 확산시키고 나아가 한미연합방위체제를 붕괴시키고자 할 것이다.

앞에서 지적한 바와 같이, 북한에게 가장 위협이 되는 부분은 주한미군의 존재와 함께 전시에 미국이 전개할 최첨단 무기를 앞세운 증원군일 것이다. 따라서 북한은 군비통제협상을 통하든 아니든 주한미군의 철수와 함께 한미연합방위능력을 저해하기 위하여 노력을 할 것이란 사실이다. 북한은 이미 남북한 고위급회담에서 외국과의 합동군사훈련 일체 중지, 주한 미군의 단계적 철수를 주장해 왔으며, 한반도 비핵화 공동선언을 인용하여 한반도에서 핵전쟁의 위협을 제거하기 위해 소위 '핵전쟁 연습'이라고 주장하는 팀스피리트 연습의 영구 중단을 요구한 바 있다. 나아가 북한 핵문제의 선결조건으로서 팀스피리트 연습을 포함한 모든 핵무기와 장비를 동원하는 외국군과 합동군사연습을 중지할 것을 제안한 바 있으며,[68] 미·북한 고위급회담에서도 일괄타결의 일환으로 이를 제의한 바 있다. 2015년 북한은 한미연합 키리졸브 연습을 중단하면 제4차 핵실험을 하지 않을 수 있다고 제의한 바 있는데, 이는 북한이 항상 평화공세를 할 수 있다는 것을 말해준다.

따라서 남한은 북한이 주한미군, 한미연합훈련 등을 협상의제로 제시할 경우 그중 아무 것도 협상 대상이 아니라고 소극적으로 대응할 것이 아니라 북한이 비핵화를 하고, 기습공격능력과 전반적인 군사력 불균형을 시정하도록 우리는 역제안을 해야 한다. 북한이 그런 의제를 제시할 경우 그 의제들을 수용하게 되면 우리의 총체적인 전투력, 전투대비태세, 미군의 신속증원능력에 어떠한 영향을 줄 것인가를 면밀히 분석하여 그만큼 북한의 전투력을 감소시킬 만한 역제안을 하면 얼마

---

67) Albert Carnesale & Richard N. Haass, *Superpower Arms Control: Setting the Record Straight* (Cambridge, MA : Ballinger Publishing Company, 1987), p. 330.
68) 연형묵 북한 총리 서신, 1992. 10. 13.

든지 협상이 가능할 것이다.

셋째, 군비통제정책이나 협상에 대해서 국민과 군의 광범위한 지지를 받을 수 있을 정도로 장기적인 안목에서 국가의 통일, 외교, 안보전략과 논리적인 통일성을 가지고 추구해 가야 한다. 만약 임기응변적이고 정치적인 인기몰이로 군비통제를 추구한다면, 국내의 여론은 분열되고 북한에게 협상주도권을 빼앗길 가능성이 존재한다. 우리의 군비통제전략은 북한의 군사분야를 공개, 개방함으로써 투명성을 증진시키고 침략의도를 약화시키며, 결국 전쟁을 치를 수 있는 군사력의 감축을 목적으로 하는 것임에 반해 북한은 위장평화무드를 확산시키고 주한미군을 철수시키며, 우리의 전투력을 제대로 발휘하지 못하도록 하는데 주안점을 두고 있기 때문이다.

따라서 군비통제와 국방전략이 상당한 정도로 긴밀한 연계성과 북한의 변화를 유도하는 통일, 외교정책과 그 맥락이 통하도록 통일성을 갖고 추구되어야만 안보 모험을 극소화 하면서 북한의 기습남침의도와 능력을 감소시킬 수 있을 것이다.

4. 소결론

결과적으로 군비통제는 평시에 적국 혹은 잠재 적국과 대화 내지 협상을 통해 상호 위협되는 요소를 감소시키는 일종의 안보협상 내지 안보협력 행위이므로, 손자가 갈파한 "싸우지 않고 승리할 수 있는 소위 부전승을 위한 국가전략"이라고 볼 수 있다.[69] 전시에 승리하기 위해서는 적을 최대한 파괴시켜야 하지만, 평시에 적이 가진 군사력 중에서 우리 편에 가장 위협적인 군사력을 감소시키거나 제거할 수 있다면, 이것은 상호 파괴적인 전쟁보다 훨씬 나은 국가전략이라고 볼 수 있을 것이다. 그래서 군비통제는 가장 효과적인 국가안보전략의 하나로 볼 수 있다.

다음 <표 Ⅰ-2>에서 국방정책과 군비통제의 상호관계를 보면, 군비통제가 국가안보에 기여하는 효과는 더욱 확실하게 드러난다.

---

69) 저자가 1991년 국방부 군비통제관실에서 근무할 때, 군비통제정책을 작성하여 당시 합참의장에게 "군비통제는 평시에 협상을 통해 적의 위협을 감소시키는 것입니다"고 하면서 보고를 했다. 그 자리에서 합참의장이 "그러면 군비통제는 손자병법 모공편에 나오는 부전승전략이네"라고 말씀했다. 손자병법의 모공편에 "백전백승이 결코 최상의 방법이 아니라 싸우지 않고 승리하는 것이 최상의 방법이다. 고로 최상의 전법은 적의 전쟁의지를 분쇄하는 일이고 그 다음이 적의 동맹관계를 파괴하는 일이며, 그 다음은 군사를 징벌하는 일이요, 최하책은 적의 요새를 공격하는 일이다"(百戰百勝, 非善之善也, 不戰而屈人之兵, 善之善者也, 故上兵伐謀, 其次伐交, 其下攻城)라고 쓰여져 있었다. 여기서 싸우지 않고 상대방의 위협적 요소를 감소시키는 것은 군비통제이며, 적이 싸우려고 하는 의지를 분쇄하는 것은 군사적 신뢰구축이라고 말할 수 있다.

표 I-2	국방정책과 군비통제의 상호관계	

구 분	국가안보	
	국방정책	군비통제
안보개념	절대안보	공동/협력안보
위협대비	위협대응 군사력 건설	위협 감소 조치
평화본질	억제에 의한 평화	상호 협력에 의한 평화
도발대책	적 도발시 전승 보장	적 도발의지 약화/제거
성 격	일방적 조치	양자/다자간 조치
관심대상	자국/동맹국의 군사능력	상대방의 협상 의지
정책수단	군비증강	합의에 의한 군비통제

우선 국방정책의 기본 안보철학은 상대방을 희생시켜서라도 우리 편은 생존하고야 말겠다는 절대안보가 그 기저에 깔려있는 반면에 군비통제는 상대방의 존재를 인정하고, 공동의 생존과 번영을 지향하는 공동안보와 협력안보를 그 기저에 깔고 있다. 따라서 두 정책은 국가안보의 달성을 목표로 하고 있으면서도 안보개념은 매우 대조적이라고 볼 수 있다.

또한 국방정책은 위협이 주어진 것이라고 가정하거나 위협이 계속 증가하고 있다고 가정하고 거기에 대비해서 대응전력을 건설하는 것이다. 그러나 군비통제는 위협 그 자체를 감소시키고자 한다는 측면에서 매우 적극적인 전략이다. 국방정책과 군비통제 모두 궁극적인 평화를 목적으로 한다. 그런데 국방정책은 억지력을 보유함으로써 전쟁을 억제하고, 만약 적이 침략했을 경우 전쟁에서 승리를 보장할 수 있는 정책을 수립함으로써 평화를 보장한다. 반면에 군비통제는 적과 대화와 협력을 통해 평화를 보장하고자 하며, 상대방 국가가 침략하려는 의도를 공개시키고 투명하게 만듦으로써 침략을 하지 못하도록 한다. 국방정책은 일방적 결정에 의해 군비를 증강시킨다. 물론 상대방 국가가 군비증강을 하면 그에 대한 대응으로써 군비를 증강시키기도 하지만 한 국가가 일방적인 위협판단에 기초하여 군비증강 결정을 하는 것이다. 결국 군비통제는 양자간 혹은 다자간 대화를 통해 상호 위협을 감소시키고자 하는 것이다. 국방정책은 억제력과 방위력을 증강시켜야 하므로 자국과 동맹국의 군사능력에 관심이 있으나, 군비통제는 상대방이 협상을 통해 상호 위협을 감소시키려는 의지가 있는지에 대해 관심을 기울이고 그러한 유인책을 쓰고자 늘 상대방의 타협의지에 대해 관심을 경주한다. 국방정책의 정책수단은 군비증강이며 군비통제의 정책수단은 상호 협상과 합의라고 할 수 있다. 이와같이 국방정책과 군비통제는 국가안보를 달성하는 두 개의 양립할 수 있는 정책인 것이 분명하다.

Ⅳ. 군비통제의 발달과 개념정의

냉전체제하에서 동·서 양 진영은 상대방을 적으로 간주하고 상대방의 침략을 억제하며 상대방을 무력으로 쓰러뜨리기 위해 군비경쟁을 계속해 왔다. 이러한 군비경쟁의 결과, 어느 한 쪽도 안전하지 못하다는 안보딜레마를 느끼게 되었으며, 양 진영은 평화스럽게 공존할 수 있는 현실적 대안을 모색하게 되었다.

평화공존을 모색하게 된 직접적인 원인은 미국과 소련이 상대방뿐만 아니라 전 지구를 절멸시킬 수 있는 핵무기의 균형을 이루었기 때문이다. 소위 말하는 '공포의 균형'하에서 상호 생존할 수 있는 정책적 대안을 모색했는데, 그 정책이 바로 상호 합의에 의한 군비통제였다.

미국과 소련 사이에 합의에 의한 군비통제에 이르기 전에는 인류에게 폐해를 주는 모든 살상용무기를 다 없애자는 급진적이고 이상주의적인 차원의 군축이라는 개념이 있었다. 군축 또는 무장해제(disarmament)라는 개념은 1899년 헤이그에서 개최된 만국평화회의에서 시작되었다고 할 수 있다. 이 회의는 비인간적인 살상무기를 모두 없애자는 급진적이고, 이상적인 회담이었으나 포괄적인 합의로는 채택되지 않았다. 겨우 납탄 소위 덤덤탄과 질식가스의 사용을 금지시켰다.

제1차 세계대전 후 국가들은 국제연맹을 통해 이상주의적인 완전무장해제 즉 군축의 필요성을 느꼈지만, 강력한 세계정부의 부재로 그 해법을 찾지 못했다. 특히 국제연맹규약 제4항에서 국가들의 군비삭감과 제14항에서 국제연합체 형성을 시도했지만 미국이 참가하지 않았고, 패전국 독일의 기본적인 안보동기를 철저히 무시한 일방적인 군비제한의 강요는 그 실효를 거두지 못했다. 특히 1934년 영국 챔벌린 수상은 프랑스와 함께 독일에 대해서 이상주의적인 유화정책(appeasement policy : 독일의 무장이 유럽의 안전에 기여하므로 독일의 부흥을 도와주어야 한다는 정책)을 취하게 되고 결국 독일은 재무장의 기회를 활용한 끝에 또 다시 제2차 세계대전을 일으키게 되었다.

한편, 1차 세계대전 이후 미국과 영국은 태평양에서 발호하는 일본의 해군력 증강을 규제하기 위해 1921년 워싱턴회의를 개최하여 미국, 영국, 일본, 이태리, 프랑스 간의 해군함정 건조비율을 5 : 5 : 3 : 1.67 : 1.67로 규제하기로 합의했다.[70]

---

70) 김민석, "워싱턴체제의 성립과정과 요인에 관한 연구,"(서울 : 고려대 정치외교학과대학원 박사학위논문, 2002).

이것은 국가들 간에 합의를 통해 사상 최초로 해군력의 건설을 통제한 해양군비통제의 사례로 인정되고 있으나, 워싱턴체제는 1931년 일본의 만주침공과 세계적 경제 불황, 일본의 해군력 증강에 대응한 미국과 영국의 재무장 추진으로 깨어지고 말았다. 제2차 세계대전 후 결성된 UN의 헌장에서도 군축(disarmament)과 무장의 규제를 추구하고 있다. UN 헌장 제11조에서 총회는 국제평화와 안보를 위해 군축, 무장의 규제에 관한 원칙을 심의하고 이를 회원국 또는 안전보장이사회에 권고할 수 있도록 했다. UN에서의 군축노력은 두 차례의 세계대전의 참화로부터 인류를 구하기 위해서 국가들의 군축과 무장을 규제해야 한다는 이상주의적 규정이었다고 할 수 있다.

이러한 이상주의적 노력이 미국과 소련 사이에 핵무기 경쟁을 완화시키지도 못하고, 대부분의 국가들이 다시 군비증강에 돌입하자, 이제 조그만 성과라도 거두자는 현실주의적인 입장이 대두되었다. 현실주의적 군비통제의 주창자는 셸링과 핼퍼린(Thomas C. Shelling and Morton H. Halperin)이다. 1950년대 말에 이들은 "군비통제란 잠재적인 적국 사이에 전쟁의 가능성을 줄이고, 전쟁 발발 시에 그 범위와 폭력을 제한하며, 평시에 전쟁준비에 소요되는 정치적, 경제적 비용을 감소시키기 위해 행하는 모든 형태의 군사적 협력"[71]이라고 정의했다. 키신저(Henry A. Kissinger)도 군축보다는 군비통제라는 개념을 선호했는데, 군비통제가 의미가 있으려면 무기를 완전히 도외시하는 도덕적 분개만 가지고 달성될 수 없으며 오히려 신중하고 세심하며 고도의 기술적인 협상에 참가하려는 의지를 갖고 있어야 한다고 강조했다. 그렇지 않으면 군비통제는 안보를 증가시키기 보다는 오히려 불안을 증가시킬 것이라고 했다. 한편 군비통제를 안보협력의 일종으로 다루고 관련국가간에 상호협력 하에 군비를 조정하거나 통제할 것을 주장하였다.

셸링과 키신저는 미국과 소련이 각각의 안보동기를 인정하면서도 양국 사이의 군비경쟁이 상호 규제가능하고 예측가능한 범위 내에서 진행됨으로써 군비경쟁의 악순환과 전쟁발발 가능성을 방지하는 차원에서 군비통제의 현실성과 효용성을 보고 군축대신 군비통제를 지지하였다. 미국과 소련간의 군비통제를 일반화시키기 위해 군비통제를 잠재적국 사이에 전쟁을 방지하고 전쟁 발발시 피해를 최소화하며 평시에 군비경쟁에 드는 비용을 감소시키기 위한 목적 하에서 진행하는 모든 형태의 군사협력으로 개념을 넓힌 것이다. 키신저도 군축은 실현가능성이 없다고

---

71) Thomas C. Schelling and Morton H. Halperin, *Strategy and Arms Control*(New York : A Pergamon–Brassey's Classic, 1961), p. 142. *Strategy and Arms Control*(New York : A Pergamon–Brassey's Classic, 1985), p. 2.

보았으며, 오히려 양극 체제하에서 매우 신중하고도 기술적인 협상을 함으로써 군
비통제를 통해 안보를 달성할 수 있다고 보았다.

불(Hedley Bull)은 군비통제를 세력균형의 관점에서 보았는데, 국제안보는 세력
균형이 있어야 달성가능함을 지적하면서 세력균형의 요건으로서 군비재조정이 필
요하므로 군비통제가 필요하다고 주장했다.72) 한편 퍼거슨(Allen R. Ferguson)은 "군
비통제란 완전한 무장해제로부터 상호 억제의 안정성을 증가시키기 위해 몇 가지
의 무기를 증강하는 것도 포함한다"73)고 하면서 군비통제의 범위를 확대시켰다.
불과 퍼거슨은 군비통제를 적대관계인 양측의 안정성을 달성하는 수단으로 보고
있다고 할 수 있다.

번스(Richard D. Burns)는 군비통제를 국가안보와의 관계에서 주목하였는데, 군
비통제는 국가의 안보증진을 위해 필요하며 군비통제 협상에 참여하는 국가들은
안전이 확보되어야 한다고 주장했다. 팔리(Philip J. Farley)는 미국과 소련은 안보 영
역에서 상호 협력의 수단으로서 군비통제를 도입했다고 설명했다.74) 이들의 주장
은 무정부상태의 국제체제 속에서 개별 국가들이 생존과 독립을 위해 군비경쟁을
전개하지만 그 결과 안보딜레마에 직면하게 되므로 안보를 확보하기 위해 상호 대
화와 협력을 통해 군비를 통제함으로써 안보를 달성한다고 설명한다.

송대성은 "군비통제란 군비경쟁의 상대적인 개념으로써 군비경쟁을 중지 또는
안정화시키는 각종 노력을 뜻한다"고 설명한다.75) 황진환은 군비통제란 일방, 쌍
방, 혹은 다자간의 합의를 통하여 특정 군사력의 건설, 배치, 이전, 운용, 사용을 확
인, 제한, 금지 또는 축소하여 군사적 투명성을 확보하고 군사적 안정성을 제고하
여 궁극적으로 국가안보를 달성하려는 안보협력 방안이라고 정의하고 있다.76)

이상의 논의를 종합해 보면, 군비통제는 평시에 양자 간 혹은 다자 간의 상호
협의를 통해 군사적 위협요인을 감소시키거나 약화시킴으로써 안보를 달성하는 행
위라고 정의할 수 있다. 여기서 군사적 위협요인은 상대국가에 대한 적대시 정책,
공세적이고 비밀스런 배치, 훈련 혹은 전략, 병력, 국방예산, 무기 등이 포함된다.

72) Hedley Bull, "Arms Control and the Balance of Power," in Robert O'Neill and David N. Schwartz,
    eds. *Hedley Bull on Arms Control*(New York: St. Martin's Press, 1987), p. 54.
73) Allen R. Ferguson, "Mechanics of Some Limited Disarmament Measures," *American Economic
    Review* 51, May 1961, p. 479.
74) Philip J. Farley, "Arms Control and U.S.−Soviet Security Cooperation," in Alexander George, et.
    al., *U.S.−Soviet Security Cooperation : Achievements, Failures and Lessons*(New York : Oxford
    University Press, 1988), p. 618.
75) 송대성, 『한반도 평화체제구축과 군비통제 : 2000년대 초 장애요소 및 극복방안』(성남 : 세종연구소,
    2001), p. 25.
76) 황진환, 『협력안보시대에 한국의 안보와 군비통제』(서울 : 도서출판 봉명, 1998), p. 52.

만약 일개 국가가 상호 합의에 의한 군비통제는 힘들기 때문에 먼저 일방적으로 군비를 축소함으로써 상대방 국가에게 평화적 의지를 보이고자 한다면 이는 일방적인(unilateral) 군비통제 행위라고 부를 수 있다. 그러나 군비통제는 일방적으로 이루어지는 경우도 있으나 대개의 경우는 상대방 국가 또는 다수의 국가들과의 협상을 통해서 이루어진다.

그러므로 군사적 긴장이 높은 상황에서 적대국과 대치하고 있을 때, 군비통제는 평시에 상호 전쟁가능성을 방지하고, 전쟁 발발 시 피해규모를 줄이며, 전쟁준비에 소요되는 경비를 줄이고, 양국 내지 다국 사이에 군사적 안정성을 달성함으로써 평화스럽게 공존할 수 있는 조건을 창출하는 데 목적을 두고 있다고 할 수 있다.

유럽에서는 군비통제의 성공과 공산주의의 몰락으로 유럽이 하나가 되는 역사가 일어났다. 미국과 소련의 양극체제도 정치적 데탕트와 함께 군비통제 협상의 성공으로 신뢰와 안정의 관계를 가지게 되었으며, 결국 소련의 해체로 탄생한 러시아와 독립국가연합들과 미국은 전략적 우방관계가 수립되는 역사가 일어났다. 유럽 대륙의 군비통제의 성공사례는 탈냉전 이후 아시아, 한반도, 중남미, 아프리카로 확산되고 있다. 2001년 9·11테러 이후에는 국제군비통제의 우선순위가 대량살상무기의 방지와 핵안보(대테러세력의 핵 및 미사일에 대한 접근차단)로 옮아가고 있다. 이렇듯 군비통제는 세계적 차원에서 안보를 증진시키는 다양한 협력을 유발시키고 있다고 할 수 있다. 오늘날 국제안보와 안정을 달성하는 중요한 정책수단으로 널리 인정을 받고 있는 것이다.

V. 군비통제의 분류

군비통제는 군비감축 내지 축소(군축: Arms Reduction), 군비제한(Arms Limitation), 군축 또는 무장해제(Disarmament), 군비관리(Arms Management), 신뢰구축(CBM: Confidence Building Measures), 군비동결(Arms Freeze) 등을 포함하는 포괄적인 개념으로 사용되고 있다.[77]

군비감축 내지 축소(arms reduction)란 이미 건설된 군사력 즉 보유중인 무기나 병력의 수량적 감축을 의미한다. 군비제한이란 군사력을 양적 또는 질적으로 일정하게 제한하는 것이다. 원래 의미의 무장해제(disarmament)란, 군사력의 완전한 해체를 의미하는 것으로서 현실에서의 예는 승전국이 패전국의 무장을 완전하게 해체

---

77) 국방부, 『군비통제란?』(서울: 국방부, 1996), p. 6.

하는 것에서 발견된다. B.C. 201년 로마가 카르타고 군사를 완전 무장해제 시킨 것
과 2003년 미국이 이라크 군대를 완전 무장해제 시킨 것 등이 있다. 그러나 오늘날
은 disarmament를 무장해제라기보다는 군축(arms reduction)과 동일한 개념으로 보는
경향이 지배적이다. 군비관리(arms management)는 일본에서 주로 사용되는 용어로서
군비통제를 의미한다. 이것은 통제나 감축이 군사력 건설에 대한 부정적인 영향을
나타내는 것이므로 좀 더 중립적인 용어를 찾은 결과라고 할 수 있다. 한국 정부도
1990년대 초반에 군비통제 대신에 군비관리를 사용하자는 논의가 있었다. 그러나
군비관리는 보편적인 용어는 아니다. 군사적 신뢰구축은 상대방의 군사행동의 예
측가능성을 제고함으로써 위험을 감소시키고 위기관리를 용이하게 하려는 제반조
치를 의미한다. 동결(freeze)은 현 수준에서 더 이상의 개발을 중지하는 것이다.

스위스의 유명한 군비통제 전문가인 골드블랏(Jozef Goldblat)은 군비통제를
(1) 특정 무기의 동결·제한·감축·폐기, (2)특정 군사활동의 방지, (3) 군사력배치
의 규제, (4) 주요 무기의 이전 제한, (5) 특정무기나 전쟁 방법의 규제 또는 금지
(6) 군사문제의 개방화를 통한 국가간 신뢰구축조치로 분류했다.[78] 그리고 번즈는
(1) 무기의 제한 및 감축 (2) 비무장·비핵·중립지대 설치 (3) 특정무기의 제한 및
규제 (4) 무기제조 및 이전의 통제 (5) 전쟁규제에 대한 국제법 (6) 국제환경의 안
정성 증가 조치로 분류했다.[79] 한국의 국방부에서는 군사력의 건설, 보유, 운용, 배
치를 규제하는 것을 군비통제라고 분류하고 있다.

이상의 여러 가지 분류를 종합하여 군비통제를 다음의 다섯 가지로 분류하고
역사상의 실례를 열거하면 다음과 같다.

○ 군사력의 개발, 제조 및 보유의 통제 : 새로운 군사력의 보유를 제한하거나
현재 보유한 군사력을 감축시키는 것으로서 1919년 1차 대전 이후 독일의
군사력 건설을 제한한 베르사이유조약, 1922년에 일본의 해군력 건설을 제
한한 미·영·일·불·이 간의 워싱턴조약, 1968년의 핵확산금지조약, 1972년
미국과 소련간의 전략핵무기제한협정(SALT I), 1987년 미·소간의 중거리핵무
기폐기협정(INF), 1990년의 유럽의 재래식 무기폐기협정(CFE), 1991년의 미·소
간의 전략핵무기감축협정(START), 1992년 한반도 비핵화 공동선언 등이 있다.
○ 군사력의 사용 및 실험금지 : 무기의 사용을 금지한 것으로서 1925년의

---

78) Jozef Goldblat, *Arms Control : A Guide to Negotiations and Agreements*(London : SAGE Pub.,
1994), p. 3.
79) Richard Dean Burns ed., *Encyclopedia of Arms Control and Disarmament*(New York : Charles
Scribner's Sons, 1993), pp. 4−5.

화생무기의 사용을 금지한 제네바의정서, 중국과 소련이 주장했던 핵무기의 선제불사용(No-First Use), 1977년의 환경의 대규모 변형을 초래하는 무기의 사용을 금지한 UN 환경무기금지조약, 1981년의 비인도적 무기의 사용금지협약, 1997년의 지뢰사용을 금지한 오타와 협약, 1963년의 부분핵실험금지조약, 1996년의 포괄적핵실험금지조약(CTBT) 등이 있다.

○ 군사력의 배치 금지 및 제한 : 1959년의 비군사화를 선언한 남극조약, 1967년의 라틴아메리카 비핵지대조약(Tlatelolco), 1985년의 남태평양 비핵지대조약(Rarotonga), 1953년의 한반도의 비무장지대 설치(DMZ), 1978년의 이스라엘-이집트 간의 병력분리협정, 2009년의 중앙아시아 비핵지대 조약, 그 외 완충지대의 설치 등이 있다.

○ 군사력의 운용 제한 : 1975년의 군사적 신뢰구축조치를 포함한 헬싱키 최종선언, 1986년의 군사적 신뢰 및 안보구축조치를 포함한 스톡홀름선언, 1996년 중국·러시아·키르기스스탄·타지키스탄·카자흐스탄간의 국경지역 신뢰구축조치 등이 있다.

○ 국제이전금지/통제 : 1968년의 핵확산금지조약, 1987년의 미사일 수출통제체제 및 각종 수출통제체제, 소형무기이전금지, UN이 시행하는 무기이전등록제도 등이 있다.

군비통제를 군비통제와 군축(disarmament) 두 가지로 구분할 때, 군비통제는 군축을 포괄하는 보다 광범위한 개념으로 사용된다. 그러나 혹자가 말하는 것처럼, 군비통제가 군축보다 상위개념이라고 볼 수는 없다. 오늘날 UN에서는 군비통제와 군축이 상호 호환적이며 상호 보완적인 개념으로 사용되고 있다. 탈냉전 이후 미국의 클린턴 행정부에서 미국의 군비통제 및 군축처(ACDA : Arms Control and Disarmament Agency)를 해체하고 국무부 산하로 편입할 때까지 군비통제와 군축은 상호 보완적인 개념으로 사용해 왔다. 그러나 군축을 군규모를 감축하는 좁은 의미의 군비감축(arms reduction)으로 사용할 때에는 군비통제가 군축보다 더 광범위한 개념이라고 할 수 있다.

군비통제를 크게 두 가지로 구분할 때, '운용적 군비통제(operational arms control)'와 '구조적 군비통제(structural arms control)'로 구분하기도 한다.80)

운용적 군비통제는 우선 군사력의 운용과 배치를 통제하는 것이다. 과거 전쟁

80) Richard Darilek, "The Future of Conventional Arms Control in Europe : A Tale of Two Cities, Stockholm and Vienna," *Survival*, Vol. 29, No.1, (January/February, 1987), pp. 5-6.

의 대부분이 잘못된 정보, 오해, 오산과 상호불신에서 비롯되었다고 보고 이러한 전쟁 원인이 되는 상호 불신과 오해 및 오산을 줄이기 위해 서로 군사정보를 교환하고 부대 이동이나 기동훈련, 부대의 배치 상황 등 주요 군사활동을 상대방에게 공개함으로써 군사활동의 투명성과 예측가능성을 높이고 군사적 의도를 명백히 한다면 전쟁의 발발 가능성을 감소시킬 수 있다고 보았다. 그 결과 상호간의 군사력 운용을 공개 노출시켜서 군사력 활동에 대한 투명성을 제고하고 상호 감시 확인케 함으로써 기습공격의 가능성을 제거하는 방법을 군사적 신뢰구축이라고 하는데 이것이 운용적 군비통제의 중요한 부분을 차지한다. 또한 상호 대치하고 있는 군사력을 서로 떼어 놓을 때 기습공격과 전쟁의 가능성은 감소한다. 이러한 점에 착안하여 유럽의 군비통제 전문가들은 전방에 배치한 군사력을 후방으로 배치시키는 것을 제안했던 것인데 이러한 조치들을 제한조치(constraints measures)라고 부르고, 운용적 군비통제에 포함시키기도 한다. 아울러 대규모 군사훈련이나 기동을 금지시키고 완충지대나 비무장지대를 설치하여 상호 충돌 가능성을 막는 것도 운용적 군비통제에 포함시킨다.

반면 구조적 군비통제는 군사력의 규모와 구조를 통제하는 것이다. 군사력의 규모와 구조를 통제하는 방법은 첫째, 현 수준에서 군사력을 증강하지 않는 동결(freeze), 둘째, 일정 수준의 상한선(ceiling)을 정해 놓고 그 이상으로의 군비증강을 막는 증강제한, 셋째, 특정유형의 무기 또는 화력의 사용을 규제하는 금지, 그리고 일정 비율 또는 일정 수량의 무기를 폐기시키는 감축(reduction)이 있다.[81]

한편, 군비통제를 세 가지로 구분할 때에는 군사적 신뢰구축, 제한조치(혹자는 군비제한이라고 부르기도 한다), 그리고 군비감축으로 구분하기도 한다. 앞에서 설명한 바와 같이 운용적 군비통제는 군사적 신뢰구축과 제한조치로 다시 구분된다. 그리고 군비감축은 바로 구조적 군비통제이기 때문에 군비통제를 세 가지로 구분할 때에는 반드시 군사적 신뢰구축, 제한조치, 군비감축으로 구분하는 것이 통설이다.

문정인은 군비통제를 신뢰구축, 군비통제, 군축 세 가지로 구분하고 있다. 군비통제와 군축에 들어가기 위해서는 군사적, 정치적, 경제적, 사회문화적 신뢰구축을 해야 한다고 주장한다.[82] 하영선은 이보다 앞서 남북한이 군비경쟁을 종식시키고 군비통제와 군축에 들어가려면 최우선적으로 신뢰구축을 위한 신뢰구축조치를 선행해야 한다고 주장했다. 한반도는 유럽의 경우보다 불신의 정도가 더 깊기 때문

---

81) 이서항, "한반도 안정과 평화를 위한 포괄적 군비통제 방안,"『한반도 군비통제』국방부 군비통제자료집 24집(1998), pp. 24-25.
82) 문정인, "남북한 신뢰구축 : 그 가능성과 한계," 함택영 외,『남북한 군비경쟁과 군축』(서울 : 경남대 극동문제연구소, 1992), pp. 183-215.

에 신뢰구축방안을 위한 신뢰구축방안을 거쳐서 정치적, 군사적, 규제적 신뢰구축
방안을 구체적으로 검토하여 그것을 실천하는 과정 속에서 군비통제와 군축으로
들어갈 수 있다고 함으로써 군비통제의 전 과정을 신뢰구축, 군비통제, 군축 세 단
계로 나누고 있음을 유추할 수 있다.[83]

VI. 군비통제와 다른 이슈들과의 상호관계

군비통제는 과학기술, 경제와 불가분의 관계에 있다. 흔히들 과학기술의 끊임
없는 발전은 군비통제를 불가능하게 만들며, 군비통제와 국가경제는 서로 반비례
관계에 있다고 설명되어 왔다. 그러나 과연 그럴까? 다음에서 이 문제들을 살펴보
고자 한다.

1. 군비통제와 과학기술

군비통제는 핵무기와 재래식 무기의 안정성을 보장하기 위해, 무기의 수량을
규제하는 것을 주된 목표로 삼고, 무기의 질적인 규제를 목표로 삼지 않았다. 그러
나 미국과 소련 간에는 군비경쟁의 안정성을 위해서 질적인 문제에 대한 규제를
시도한 적은 있으나 그 효과는 별로 크지 않았다.

인류는 발전하는 과학기술이 군비경쟁을 가속화시킬 것이라고 우려한 나머지
군사과학기술의 발전을 규제하기 위해 군비통제를 활용하고자 했다. 그러나 군비
경쟁을 규제하기 위해 군비통제에 합의했지만, 발달된 과학기술을 활용함으로써
기존의 군비통제 합의를 피해 나간 점을 지적하지 않을 수 없다. 그리고 어떤 합의
도 인간의 과학기술 발명과 발전에 대한 본성을 다 규제할 수는 없었다.

예를 들면, 1972년에 합의된 요격미사일제한조약(ABM)은 레이다의 크기와 수
및 요격 미사일의 배치장소를 제한함으로써 미국과 소련간의 핵군비 경쟁을 막고
자 했다. 아울러 1972년에는 미국과 소련 양측이 공격용 전략핵무기 탄두 수를 제
한하고자 전략무기제한협정(SALT I)에 합의했다. 미국과 소련은 탄두 수에 대한 제
한을 지키면서도 한 개의 탄두 속에 다탄두를 집어넣을 수 있는 기술을 개발함으
로써 다탄두 경쟁시대로 들어가게 되었다.

한편 1979년에 미국과 소련 간에 체결된 SALT II는 다탄두 미사일 수를 새롭게
제한하고, 새로운 형태의 대륙간탄도탄을 금지시켰다. 그러나 장거리 순항미사일,

83) 하영선,『한반도의 전쟁과 평화 : 군사적 긴장의 구조』(서울 : 청계연구소, 1989), p. 88. 신뢰구축
을 위한 신뢰구축방안은 남북한의 공식 및 비공식 접촉, 인적 및 물적 교류를 의미한다.

중거리 유도탄, 지상발사순항미사일에 대해 예외를 인정함으로써 미소 양국은 다시 이 분야에서 군비경쟁을 시도하게 되었다. 이후 1987년 미소 양국은 중거리 유도탄과 지상발사순항미사일을 폐기시키는 중거리미사일폐기협정(INF 조약)에 합의했지만, 순항미사일의 발전은 막지 못했다.

1990년대에 소련이 해체된 이후 미국은 러시아에 대한 전략적 우세를 달성하기 위해 미국과 러시아 간의 핵군축에 적극적으로 응하지 않았다. 그러다가 미국은 2002년 5월, ABM조약을 일방적으로 파기함으로써 미사일방어체제를 개발하는데 그 어떤 제약을 가하는 것을 기피했다. 이것은 미국이 가진 기술적 우위를 제한시키는 군비통제를 회피한 결과라고 볼 수 있다. 이상에서 볼 수 있듯이, 군비통제협정은 기술적인 경쟁을 막지 못했으며, 과학기술의 발달은 그 이전의 군비통제 협정이 가진 약점을 악용하는 데 기여했다고 볼 수 있다.

2. 군비통제와 경제

군비통제를 옹호하는 자들은 과도한 군비경쟁이 민간경제에 대한 투자를 구축(驅逐: crowding-out)하는 효과를 초래함으로써 국민경제의 성장을 저해하기 때문에 군축을 해야 경제성장을 제대로 할 수 있다고 주장해 왔다. 이들은 군비통제와 군축을 통해 절약한 군사비를 민간 경제에 투자함으로써 민간경제를 성장시킬 수 있다고 믿는다. 또한 과도한 군비투자는 민간경제 부문에 투자되어야할 연구개발예산을 군사기술연구개발예산으로 전환시키기 때문에 경제성장을 저해한다고 주장하기도 했다.

실제로 미국이 탈냉전 이후 10년 동안 유례없는 고성장을 지속할 수 있었던 것은 소련이라는 위협이 사라지고 군사비를 삭감할 수 있게 된데 그 원인의 일단이 있었다고 할 수 있다. 미국에서는 이를 평화배당금(peace dividend)이라고 불렀다.

그러나 군사비의 민간투자 구축효과는 경제가 완전고용상태에 있을 때에만 적용가능한 것이다. 만약 경제가 불완전 고용상태에 있으면 국가가 국방비를 증가시킴으로써 고용과 국민생산을 증가시킬 수 있다는 것이 경제학자들의 설명이기도 하다.

군사비가 경제에 손해를 끼친다는 주장에 대해서 군사비 옹호론자들은 반박을 가했다. 군사비 지출의 경제에 대한 관계는 '시금치와 뽀빠이(popeye)'의 관계와 같다고 비유하면서 군사비는 방위산업의 고용을 촉진시키고, 발달된 군사기술은 민간 기술에 긍정적인 파급효과를 미친다(spin-off)고 설명함으로써 군사비 지출을 옹호했다. 그리고 군비통제로 인한 군축은 주로 노후무기의 도태와 신예무기의 증강을 가져와 결과적으로 군사비의 증가를 초래한다고 주장하는 학자도 있었다. 비교적 중립적인 위치에 있는 학자들은 군사비의 경제적 영향은 불확실하거나 중립적이라고 주장했다.

이러한 주장들이 군비증강이나 군비통제에 결정적인 영향을 미치지는 못했다. 미국을 비롯한 자본주의 국가들은 의회를 통해 일정한 수준으로 군사비를 제한시켰으며, 군사비를 효율적으로 사용하도록 정부와 군, 방위산업을 감시하고 통제해 왔기 때문에 군사비가 국가의 경제력에 미치는 부정적인 영향을 방지하는데 비교적 성공했다고 볼 수 있다. 반면에 소련을 비롯한 공산주의 국가들은 과도한 군사비를 지출했으며, 군사비의 경제적인 사용도 못했기 때문에 결국은 공산주의가 몰락하는 운명을 겪었다고 볼 수 있다. 이러한 관점에서 볼 때 군산복합체가 군비경쟁을 유도하며, 군산복합체가 우세한 미국의 경우 전쟁을 선호한다고 결론짓는 것은 너무 비약적이다. 미국의 의회는 군사비를 일정 부분 통제하면서 방위산업에 대한 지원도 통제하고 있다. 즉, 군산복합체가 국제적 환경이나 국내적 환경의 제약을 무시하고 군비에 무한정 투자를 할 수 없으며, 군비경쟁을 무한정 계속할 수 없는 것이다. 이것이 민주주의의 특징이기도 하다.

3. 군비통제의 촉진요인

그러면 국가들 간에 군비통제를 촉진하는 요인은 무엇일까? 군비통제의 촉진요인은 국제적 요인과 국내적 요인으로 구분해 볼 수 있다.

퍼트남(Robert D. Putnam)과 부에노 드 메스키타(Bruce Bueno de Mesquita)는 국내정치지도자가 국내정치적인 고려와 국제적 압력에 대한 자신의 대응을 고려하면서 그 상호작용의 결과로서 외교정책을 결정한다고 하면서 윈셋(win-sets)개념을 제시했다.[84] 윈셋은 이슈들이 서로 연계되었을 때 행위자들의 선호가 서로 겹치는 부분을 표현함으로써 행위자들의 정책 선택을 설명해주는 역할을 한다. 즉, 미국의 어떤 정치지도자가 특정 군비통제 정책을 추구할 때, 국제적 환경에서 동맹국들의 지지, 유럽과 미국 내의 지지와 선호를 결합시켜 적극 추진하는 사례들에서 윈셋의 중요성을 인식할 수 있다는 것이다. 만약 군비통제에 대한 국내적 요구가 많다고 하더라도 국제적 환경이 뒷받침을 해주지 않으면 군비통제는 현실화되기 힘들고, 국제적 환경은 군비통제를 지향하고 있는데도 국내적 지지가 뒷받침되지 않으면

---

84) Bruce Bueno de Mesquita, *Principles of International Politics : People's Power, Preferences, and Perception*(Washington D.C. : Congressional Quarterly Press, 2000), p. 282. Robert D. Putnam, "Diplomacy and Domestic Politics : The Logic of Two-Level Games," *International Organization*, Vol. 42, No. 3, Summer 1988, pp. 430-437.

군비통제가 어렵다는 것을 말해주기도 한다. 군비통제를 촉진하는 국제적 요인과
국내적 요인을 설명하면 다음과 같다.

가. 국제적 요인

군비통제를 촉진하는 국제적 요인들은 다음과 같이 요약해 볼 수 있다.

첫째, 국가들 간에 정치적 관계가 개선되었을 때 상호 합의에 의한 군비통제의
가능성이 높아진다. 다른 말로 표현하자면 국가들 간에 상대방에 대한 인식이 적대
적인 인식에서 호의적 인식으로 변화할 때, 긴장이 완화되고 전반적인 관계가 개선
될 때, 국가들 간에 공통적인 이익이 증가되고 있다고 느낄 때 군비통제의 가능성
이 증가한다는 것이다. 국가들 간에 정치적 경제적 사회문화적인 관계가 개선되었
을 때, 국가들 간에 군사협력을 증대시킬 조건이 존재한다는 것이다. 이것은 일반
적으로 국가들 간에 신뢰관계가 조성되었을 때, 군사분야의 협력인 군비통제가 이
루어질 수 있다는 것이다.

둘째, 국가들 간에 군사력 균형이 존재할 때 군비통제의 가능성이 증가한다는
것이다.[85] 프리드만(Lawrence Freedman)은 군사력의 가시적인 대등성이 군비통제 이
슈에서 군비경쟁을 안정시킬 수 있는 요인으로 지적했으며, 도티(Paul Doty)는 미국
과 소련의 군비통제협약이 특정 군사력에 있어 대략적인 균형을 이루었을 때 일어
났음을 핵무기협상 사례를 통해 설명하려고 했다.

셋째, 국가들 간의 경제적 상호의존성이 증대했을 때, 군비통제의 가능성이 증
가한다는 것이다. 코헤인(Robert Keohane)은 경제적 상호의존에 기초한 협력이 다른
분야로 확대됨으로써 군사문제에 대한 집중된 관심을 다양한 이슈로 전환시키기
때문에 군비통제가 가능할 것으로 보았다.[86] 돔크(William Domke)는 경제적인 상호
의존성의 증가로 인해 형성된 상대방에 대한 의존성은 한 국가의 전쟁결심과 같은
안보이슈에서 정책결정을 제한하게 된다고 하였다.[87] 노브(Alec Nove)는 소련 블록
의 경우 서방 블록과의 무역을 통해 긴장완화와 함께 상용 재화 생산 및 수입에 대
한 유인이 커져서 국가자원을 군사력의 건설에 할당하는 정도가 줄어들 수 있다고
지적하기도 했다.[88]

---

85) Albert Carnesale and Richard N. Haass eds., *Superpower Arms Control : Setting the Record Straight*
 (Cambridge MA : Ballinger Publishing Company, 1987), pp. 329－333.
86) Robert O. Keohane and Joseph S. Nye, Kr., 이호철 역, "현실주의와 복합상호의존," 김우상 외 편,
 『국제관계론 강의 I』(서울 : 한울 아카데미, 1999), pp. 393－405.
87) William K. Domke, *War and the Changing Global System*(New Haven : Yale University Press,
 1988), pp. 43－47.
88) Alec Nove, "East－West Trade in an Arms Control Context," in Emile Benoit eds., *Disarmament and
 World Economic Interdependence*(New York : Columbia University Press, 1967), pp. 210－213.

넷째, 국제정치에서 자유주의적인 시각을 나타낸 나이(Joseph Nye)는 국가들 간에
안보레짐이 존재하기 때문에 군비통제가 가능하다고 했다. 라이스(Condolessa Rice)도
미국과 소련사이에 군비통제협상과정을 통해 형성된 제한적인 레짐을 통해 국내정
치적으로 새로운 관료 및 제도가 형성되는 과정에 있었다고 설명하고 있으며, 몰츠
(James Moltz)는 고르바초프 이후 미국과 소련이 군비통제정책에서 협력적이 된 것은
상호 학습의 결과라고 하면서 양국 사이에 형성된 안보레짐을 군비통제의 촉진요
인으로 잡고 있다. 이러한 체제론자들에 의하면 체제의 형성이 군비통제를 촉진한
다고 보는 것이다.

나. 국내적 요인

군비통제를 촉진하는 국내적 요인은 다음과 같이 요약해 볼 수 있다.

첫째, 국내적 요인 중에 가장 중요한 것은 대통령의 리더십과 군비통제에 대한
의지이다.[89] 민주주의 국가든 공산주의 국가든 간에 그 국가의 최고지도자가 상대
방 국가와의 협상에 의한 군비통제를 우선적인 정치적 의제로 추구하면 군비통제
가 합의될 가능성이 높아진다. 대통령의 리더십은 각기 다른 의제를 추구하고 다른
입장을 지닌 정부의 각 부처와 의회의 차이점을 해소시키면서 군비통제로 관심과
이해를 결집시키고 상대방 국가의 지도자를 설득하여 합의에 이르게 한다. 대통령
은 행정부의 수장으로서 관료와 군부가 군비통제를 선호하도록 설득하며 선거에
당면하여 국민의 지지도를 높이고자 군비통제를 정치적 아젠다로 제시한다. 또한
의원들의 다양한 입장을 설득하여 국가들과의 군비통제 협상을 수용하도록 설득하
고, 의회의 군비통제 제안을 받아들여 국가적 어젠다로 추구한다. 한편 동맹국들의
다양한 견해를 결집하고 군비통제 제안을 추구해 나간다. 예를 들면, 조지 부시 대
통령은 1992년에 의회의 Nunn-Lugar법안을 받아들여 러시아, 우크라이나, 카자흐스
탄, 벨라루스 등의 국가들에게 미국의 예산을 지원하여 협력적 핵위협감소(cooperative
threat reduction) 프로그램을 이행했다.

둘째, 한 국가가 군비증강을 지속적으로 뒷받침할 수 없는 경우에 군비통제를
선호하게 된다는 것이다. 미·소 양국은 핵무기 개발 경쟁에 소요되는 군사비를 절
감하기 위해 핵군축협상에 들어갔으며, 미사일의 개발 경쟁을 제한하기 위해 우주
무기개발금지 및 중거리핵무기 폐기협상을 갖기도 했다. 황진환은 국가경제의 침
체에도 불구하고 지속적으로 많은 군사비를 투자할 경우 종국에는 정권의 안정을

89) Alexander L. George, *U.S.-Soviet Security Cooperation: Achievements, Failures, Lessons*(New York, Oxford: Oxford University Press, 1988), pp. 673-674.

해치게 되는 상황에 처하므로, 이를 사전에 예방하기 위해 적국과의 군사적인 협력을 시도한다고 설명한다.[90]

셋째, 국내의 제도권 내에서 군의 군비통제에 대한 태도가 군비통제에 영향을 미친다는 것이다.[91] 군부는 전통적으로 군비통제에 대해 부정적이거나 소극적인 생각을 가지고 있다. 그러나 미국 합참의 경우, 미·소간의 군비통제협정이 질적인 무기 경쟁을 허용해 주면 기존의 무기에 대한 군비통제를 받아들이는 경향을 보인 데서 알 수 있듯이, 군부가 항상 군비통제에 대해 부정적인 생각을 가진 것은 아니었다. 특히 군비통제의 결과 적대국가의 군사정책에서 투명성과 공개성, 예측가능성을 증대시키고, 적대국가의 가장 위협적인 무기들을 감소시키는 데 기여한다면 군부는 군비통제에 대해 적극적인 지지를 보이기도 했다.

넷째, 국내의 비제도권에서 평화운동이 증가하고, 일반국민의 여론이 군비증가보다는 군비통제를 지지하게 되면 군비통제의 가능성이 훨씬 높아진다는 것이다. 1980년대 초반, 미국의 국내에서 포스버그(Randall Caroline Forsberg)를 주축으로 한 여성의 핵무기 동결운동이 범 국민적인 운동으로 전개되자, 레이건 행정부는 소련과 중거리핵무기폐기협상과 전략무기감축협상을 서두르지 않을 수 없었다고 한다.[92] 노프(Jeffrey W. Knopf)도 평화운동과 같은 시민운동이 군비통제에 중요한 영향을 미칠 수 있다고 보았다.[93] 소련 내에서도 민간 과학자들이 중심이 되어 군비통제를 강력하게 지지한 결과 공산당이 이를 국가적 의제로 채택하는데 영향력을 미쳤다고 볼 수 있다.

VII. 군비통제의 현대적 활용

군비통제는 앞에서 설명한 바와 같이 국가의 안보를 강화하는 국가안보전략의 일종이다. 국제사회에서 긴장완화와 전쟁방지, 전쟁 발발 시 피해의 최소화, 군비 경쟁에 드는 비용의 절감 등을 위해서 적대국 또는 잠재적 적대국 사이에 행하는 모든 형태의 군사협력이라고 앞에서 정의를 한 바 있다. 또한 군비통제란 결국 적대국 내지 잠재적 적대국 사이에 협상을 통해 상호 위협을 감소시켜 나가는 정부의 활동이라고 좀 더 현실에 가까운 정의를 내릴 수 있다.

90) 황진환, op. cit., p. 67.
91) Lloyd Jensen, *Bargaining for National Security : The Postwar Disarmament Negotiations*(Columbia : University of South Carolina Press, 1988), pp. 14−39.
92) Randall Caroline Forsberg, http://www.idds.org 참조.
93) Jeffrey W. Knopf, *Domestic Society and International Cooperation : The Impact of Protest on the U.S. Arms Control Policy*(Cambridge : Cambridge University Press, 1998), pp. 247−248.

20세기 후반과 21세기 초반에 군비통제는 국가들 간에 양자적 또는 다자적인 형태의 안보협력을 위한 정책수단으로 널리 사용되고 있다. 오늘날 국가들은 유엔 차원 또는 지역적 차원에서 다자간에 안보를 증진시키는 방법의 하나로서 군비통제를 널리 사용하고 있는 것이다. 모든 안보이슈는 국제적 또는 지역적 안보대화에서 의제로 제기되고 토의되고 있다. 그 결과 국가 간에 합의서를 만들고 이행해가려고 노력하고 있다. 즉, 국가들 간의 현안 군사문제가 전쟁을 통해서 해결되는 것은 거의 예외적인 경우이고, 평화 시에 대화를 통해 해결되는 것을 원칙으로 삼고 있다.

평화 시에 국가들은 군비통제를 추구할 준비가 되어 있어야 한다. 정부뿐만 아니라 광범위한 전문가들이 참여하여 국가 간의 안보문제들을 광범위하게 토의하고 그것의 해결과 우려해소를 위해 노력해야 한다. 따라서 오늘날 국가들은 독자적이거나 동맹에 근거한 억지력과 방위력 증대를 통해 국방을 달성하는 한편, 대화를 통해 신뢰를 구축하고 상호 합의에 의한 방위력의 감소를 달성함으로써 국가안보와 국제안보를 달성하려는 노력을 병행해 갈 필요가 있다.

국가들 간에 군사적 긴장도가 높은 지역일수록 군비통제의 효용성과 가치는 더욱 크며, 국가들은 군비통제를 통한 상호 안보와 공동 안보를 추구해 나가기 위해서 매우 현실적이고 능숙한 외교를 필요로 한다. 따라서 군비통제의 역사적인 성공사례와 그 활용도를 잘 연구하고, 그것을 실천에 옮기려는 노력을 해가야 할 것이다. 21세기 평화를 지향하는 모든 국가들과 국제사회는 개별 국가들의 이러한 노력을 환영하고 국제적인 지원을 제공하고 있다. 특히 엄청난 군사비의 지출로 경제가 파탄지경에 도달한 실패한 국가들을 설득하여 군비경쟁을 중단하도록 유도하는 것은 협상의 직접 당사국들뿐만 아니라 세계 전체의 안전과 행복의 증진에 기여할 수 있는 것이다.

유럽에서 성공한 군비통제는 공존공영의 바탕 위에서 안보를 달성하는 방법의 하나로서 다른 지역에서도 광범위하게 수용되고 있다. 21세기의 국가들은 국가안보전략의 하나로서 군비통제정책을 수립해야 하며, 국제사회에서 건설적인 일원이 되려면 이 정책을 적극적으로 추진해 나갈 필요가 있고, 군비통제 협상 전문가들을 제대로 훈련시킬 필요가 있다. 따라서 군비통제 전문가들은 또 하나의 안보전문가로 자리매김하고 있다고 할 것이다.

제 4 장

군비경쟁의 이론과 한반도의 실제

I. 군비경쟁의 정의

군비경쟁의 개념에 관한 논의는 다양하다. 그러나 어떤 현상을 군비경쟁이라고 볼 것인가에 대해서는 학자들의 견해가 일치한다. 국가들 간에 적대감과 상호작용이 있어야 한다는 것이다.[94] 즉, 군비경쟁이 성립되기 위해서는 한 국가가 상대국가로부터 두려움을 느끼고 이 두려움에 대처하기 위해 군비증강을 한다는 것이다. 한 국가의 군비증강은 다른 국가의 군비증강을 유도한다. 이런 상호작용(action-reaction)을 군비경쟁으로 간주한다.

헌팅턴(Samuel P. Huntington)은 "군비경쟁이란 두 개의 국가 혹은 국가군이 갈등적 목표추구나 상호 공포로 인하여 평화 시에 군사력을 점진적이고 경쟁적으로 증강시키는 것"이라고 정의하고 있다.[95] 스미스(Theresa C. Smith)는 군비경쟁을 "둘 또는 그 이상의 국가 간 뚜렷한 경쟁 혹은 상호작용으로 이루어지는 군비의 양적 혹은 질적 증가"로 정의하고 있다.[96] 스미스는 군비경쟁의 성립요건으로써 군사비의 증가와 상대국에 대한 적대적인 정책이 존재해야 하며, 군비경쟁기간이 최소 4년 이상이어야 한다고 주장한다. 그레이(Colin S. Gray)는 군비경쟁을 "서로 적대관계에 있다고 여기는 양자 또는 다자가 과거와 현재, 그리고 미래에 예상되는 상대의 군사, 정치적 행위들에 대비하여 그들의 군비를 급속도로 향상 또는 증가시키는 행위"로 정의한다.[97] 하몬드(Grant T. Hammond)는 군비경쟁을 "양자 혹은 다자간의 경쟁국, 경쟁 집단들이 정치적 목표 달성을 위해 타국에 대한 상대적인 군사력을 양적,

---

94) Dieter Senghaas, "Arms Race Dynamics and Arms Control," in Nils Petter Gleditsch and Olav NjØlstad eds., *Arms Races*(London : SAGE Publications, 1990), p. 15.

95) Samuel P. Huntington, "Arms Races : Prerequisites and Results," in Robert J. Art and Kenneth N.Waltz cds., *The Use of Force*(Boston : Little Brown and Company,1971), p. 366.

96) Theresa C. Smith, "Arms Race Instability and War," *The Journal of Conflict Resolution*, Vol. 24, No. 2(June, 1980), p. 255.

97) Colin S. Gray, "The Arms Race Phenomenon," *Journal of Conflict Resolution*, Vol. 24, No. 1 (October,1971), pp. 39-40.

질적으로 향상시키고자 하는 격렬한 경쟁"으로 정의한다. 앤더튼(Charles H. Anderton)은 군비경쟁을 "양자 혹은 다자가 상대방의 과거, 현재, 미래의 양적 혹은 질적 군사력 증강에 대한 반응으로서 자신의 양적 혹은 질적 군사력을 변화시키는 상황"으로서 정의하고 있다.[98]

여러 가지 개념정의에서 도출할 수 있는 논쟁거리는 두 가지다. 첫째, 군비경쟁이 반드시 두 개 또는 두 개의 국가군에만 한정된 것인가 아니면 두 개 또는 그 이상의 국가들 간 또는 국가군들 간의 군비경쟁으로 해야 할 것인가의 문제이다. 헌팅턴을 제외한 거의 모든 학자들은 두 개 혹은 두 개 이상으로 정의하고 있기 때문에 필자는 두 개 또는 그 이상으로 정의하기로 한다. 둘째, 군비증강의 속도(템포)와 정도에 관한 논쟁인데, 헌팅턴이 말한 "점진적"이란 표현은 군비지출이 꼭 점진적인 연도별 맞대응 모델(annual tit-for-tat model)일 필요는 없다고 다른 학자들은 평가하고 있다. 그레이와 하몬드는 '급속한' 경쟁 또는 '격렬한' 경쟁이 군비경쟁의 핵심이라고 주장했으나, 어느 정도가 '급속한' 또는 '격렬한' 경쟁인지 조작적인 정의를 내리지 않고 있다. 따라서 필자는 군비경쟁에서 중요한 것은 상대를 이기는 것이며, 특정 기간에서 더 많은 차이를 내는 것이 목적이 아니므로 상대를 이기기 위해 군비증강을 하는 정도로 정의하고자 한다.

이상의 논의를 종합해 보면, "군비경쟁은 적대관계에 있는 둘 또는 그 이상의 국가(군)들이 상대 국가의 과거·현재·미래의 양적 및 질적인 군비증강에서 이기기 위해 자국의 과거·현재·미래의 군사력을 증강시키는 상호작용"이라고 정의를 내릴 수 있다.

II. 군비경쟁의 원인

국가가 군비를 건설하는 1차적 목표는 국가 안보를 보장하려는 것이다. 그러나 한 국가의 군비건설은 자국을 방어하기 위한 방어적인 성격과 동시에 타국에게 위협을 느끼게 하는 성향을 함께 지니고 있는 것이다.[99] 때문에 양자 혹은 다자간의 군비 경쟁은 상호 불안과 위협을 더욱 증대시킬 수 있는 가능성을 지니고 있다.

그렇다면 군비경쟁은 왜 발생하는가? 군비경쟁이 국가들 간의 상호작용이 주요 원인이라고 보는 학자들은 외부적 요인을 중요시한다. 반면에 군비경쟁은 국가

---

98) Charles H. Anderton, "A Survey of Arms Race Models," in Walter Isard ed., Arms Races, *Arms Control, and Conflict Analysis*(New York : Cambridge University Press, 1988), p. 17.
99) Barry Buzan, 김태현 역, 『세계화 시대의 국가안보』(서울 : 나남출판, 2001), pp. 306-307.

간의 상호작용에서 연유하기 보다는 한 국가 내의 요인들이 군비경쟁을 초래한다고 보는 학자들은 내부적 요인을 중요시한다.[100] 이들 주장은 시대와 환경에 따라 설명의 적합성과 정당성에서 차이를 노정해 왔다고 볼 수 있다.

1. 외부적 요인

외부적 요인의 대표적 모델은 바로 리차드슨(Lewis F. Richardson)의 작용－반작용이론이다. 리차드슨은 군비경쟁이 국가들 간의 작용－반작용에 의해서 발생한다고 한다. 리차드슨은 상대방에 대한 두려움이 군비를 증가시키며 그러한 상호자극들에 의해 군비경쟁이 발생한다고 생각했다.[101] 이러한 상호자극과정을 수학공식으로 표현하였는데 다음과 같다.

$$(1)\ dx/dt = ky - ax + g$$
$$(2)\ dy/dt = lx - by + h$$

(1)은 t시점에서 x국가의 군사비 변화율이며, (2)는 t시점에서 y국가의 군사비 변화율을 나타낸다.

이 공식에서는 양국의 군사비 변화율이 다음 3가지 요인에 영향을 받는다고 설명한다. 첫째는 x국가의 군사비 증가율은 y국가의 위협인 군사비 지출에 영향을 받으며, y국가의 군사비 증가율은 x국가의 위협인 군사비지출에 영향을 받는다는 것이다(여기에서 k, l은 방위계수라고 부른다). 둘째는 한 국가의 군사비 증가율은 자신의 군사비 수준에 영향을 받는다는 것이다. (1)식에서 x는 x국가의 군사비, (2)식에서 y는 y국가의 군사비를 나타낸다. 즉, 군사비가 증가할수록 경제에 부담을 주기 때문에 결국 군사비 증가율은 자국의 군사비와 부정적인 관계를 가질 수밖에 없다는 것이다(그래서 a, b는 그 국가에게 이 같은 부담을 나타내는 피로계수라고 부른다). 셋째는 한 국가의 군사비 증가율은 양국관계에 잠재되어 있는 불만 또는 협력에 따라 영향을 받는다(그래서 g, h를 불만계수라고 한다).[102]

리차드슨 모델에 의하면 한 국가가 다른 국가에게 복종할 때는 k 또는 l이 1보다 작으며, 한 국가가 다른 국가와 대결할 때에는 k 또는 l이 1보다 크다. 그러나 국가

100) 함택영, "남북한 군비경쟁의 대내적 요인,"『안보학술논집』, 3권 1집 (서울 : 국방대학교 안보문제연구소, 1992), p. 270.
101) Craig Etcheson, 국방대학원 역, 『군비경쟁이론』(서울 : 국방대학원, 1994), p. 35.
102) Bruce Russett, 이춘근 역, 『핵전쟁은 가능한가』(서울 : 청아출판사, 1988), p. 100.

들이 다른 국가에 대해 기계적인 반응을 보인다는 설명은 많은 비판을 받고 있다.

외부적 요인 모델은 군비경쟁이 근본적으로 상대국의 군비지출에 의한 위협과 불만에 기인한다고 하며, 군비경쟁의 정도는 자국의 경제적 피로계수에 의해 조정될 수 있음을 설명하고 있다. 그러나 실제 국제 사회의 모습은 그렇지 않았다. 한 국가의 군비증강률을 다소 완화시켜주는 피로계수는 예상과는 다른 방향으로 군비경쟁을 방치하는 경우도 있었다. 예컨대 2차대전 당시의 미국의 군사비 지출이 최고 40%까지 이르렀던 것이나, 영국과 소련의 군사비 지출이 최고 60%까지 이르렀던 사례들은 "피로 요인"이라는 변수가 특정시기 즉 전쟁시기에는 작동하고 있지 않다는 것을 나타내고 있다.

또한 피로계수가 마이너스가 아닌 경우도 있었다. 예를 들면 한 국가의 경제가 계속 성장하고 있을 경우, 그 나라의 경제는 군비지출로 인한 피로를 느끼지 않으므로 계속 군비증강을 한다는 것이다. 이 경우 피로계수 a, b는 플러스가 아니라 마이너스가 된다.

또한 리차드슨은 정책결정의 단위로서 영국과 프랑스의 동맹을 사용하여 1908년부터 1914년까지의 군비경쟁을 작용–반작용 모델로 설명했으나, 이 모델이 설명력을 갖는 것은 이 시기 뿐이었다고 혹평을 받고 있다. 그것은 리차드슨 자신이 1914년 이후는 분석 단위로서 동맹을 사용하지 않고 개별 국가를 분석단위로 사용한데서도 드러나고, 오스트롬과 마제스키 등이 정책결정단위로서 행정부, 대통령, 의회를 사용한데서도 드러난다.

설사 군비경쟁이 상호적인 반응으로 일어나는 경우가 대부분이지만, 군비경쟁에서 희망이 없다고 생각하는 국가들은 상대국의 군비증강에 대해 군비를 일방적으로 축소하는 경우도 있고, 상대방의 군비축소에 대해서 축소하지 않고 오히려 증강하는 경우도 있다. 리차드슨 모델은 이를 설명하지 못하고 있다.

리차드슨의 단순한 작용–반작용 모델과 달리, 에치슨 같은 학자들은 군비경쟁이 다른 국가의 군사비 증강에 대해 한 국가가 즉각 반응하는 것이 아니라 한 국가가 상대방 국가의 위협분석을 하고, 그 위협이 전쟁으로 치달을 수 있는 최악의 시나리오를 가정하고, 그 시나리오에 대해 대처하는 방법으로서 군사전략을 설정하고, 그 군사전략을 뒷받침할 수 있는 국방기획과 무기체계의 획득을 결정함으로써 군비경쟁이 생긴다고 하였다.[103] 즉 새로운 전략과 정책, 교리의 선택의 결과 군비경쟁이 생기기 때문에 기계적인 작용–반작용은 타당하지 않다고 설명한 것이

---

103) Craig Etcheson, *Arms Race Theory : Strategy and Structure of Behavior*(New York : Greenwood Press, 1989), pp. 47–57.

다. 기계적인 대응방식과 달리 군사전략과 국방정책의 선택과정에서 군비경쟁을
지향할 수도 있고 안 할 수도 있다는 것이다.

또한 리차드슨 모델은 한 국가의 군비증강에 대해 시차를 두고 반응하는 현실
을 무시하고 있다. 따라서 힐(Walter W. Hill)은 한 국가는 다른 국가의 군비증강에 대
해 즉각 반응하는 것이 아니라 시차를 두고 위협인식을 하고 난 후 반응한다고 함
으로써 시차개념과 위협인식을 도입하고자 했다.104)

작용－반작용은 양적인 군사비로 나타내지 않고 질적인 형태로 나타나는 경우
도 있다. 레이건 미국 대통령 당시 SDI의 개발을 추진한 미국의 정책을 들 수 있다.
미국과 소련간의 군비경쟁은 질적인 작용－반작용이 많았다고 볼 수 있다.

작용－반작용의 양적인 형태로서 적대국보다 앞서가는 것을 원치 않지만 적이
앞서지 못하게 방해하는 형태로서 follow－on, 바짝 따라잡으려는 catch－up, 적대
국보다 더 많이 가지려는 stay ahead 등을 들기도 한다.

반작용의 시기에 따른 분류로서 과거의 증강형태에 대한 반응으로서 수동적반
작용, 현재 또는 미래에 압도적 우위를 유지하기 위한 선제적 반작용, 상대방의 우
위를 예방하기 위한 예방적 반작용 등이 있다.

군비경쟁에서 동맹의 역할을 강조한 견해도 있다. 즉, 동맹관계에서 군대의 고
정(fix), 동맹국의 교리, 책임과 비용분담, 무기수출, 경제적 원조 등이 군비경쟁을
촉진한다는 것이다. 인트릴리게이터와 브리토는 작용－반작용이 기계적으로 작동
한다기보다 강대국 간의 경쟁이 안정한 영역과 불안정한 영역이 있을 수 있는데,
이 불안정한 영역에 있을 때 경쟁이 발생한다고 설명했다.

그런데 리차드슨의 모델에 결정적인 문제점은 환경을 분석하지 않은데 있다.
즉, 국가가 군사력을 증강시키는 이유는 당면한 경쟁국뿐만 아니라 불특정 다수의
불확실한 위협에 대비해서 군비를 증강시킨다는 것이다. 국가는 군사력을 보유함
으로써 중립국이 적국에 가담하는 것을 막고, 동맹국 사이에서 지위를 유지하고,
군사원조를 통해 영향력을 행사하고, 국내의 반대세력을 진압하는 데 사용하는 것
이다. 이러한 관점에서 환경요소들을 군비경쟁의 모델에 반영하는 것이 필요하다.

1950년대 초 미국의 군사비 증강은 한국전쟁 직후 급격하게 늘어났다. 이것은
공산주의 위협에 대한 반작용이라고 볼 수 있다. 양차 대전 사이에 일어난 군비경
쟁은 작용－반작용 모델이 잘 적용되지 않는다. 히틀러가 군비지출을 강화하기 시
작하자 영국과 프랑스는 초기 5년 동안에는 반응을 하지 않았다. 이것은 그들이 독

104) Walter W. Hill, "Time－Lagged Richardson Model," *Journal of Peace Science*, Vol. 13, No. 1, 1978, p. 56.

일에 대해 위협감을 느끼지 않았다는 데 기인하므로 반작용을 하지 않은 것이다. 2차 세계대전 이후에는 램펠레트는 강대국 간의 전력을 핵전력과 재래식전력으로 구분하여 핵무기분야는 작용-반작용이 작용했으나, 재래식무기분야에서는 오히려 부정적인 관계가 존재했다고 설명하고 있다.

핵무기 분야에서 군비경쟁이 발생한 이유로서는 이 책의 제1부 제1장에서 설명한 억지이론 때문이라고 볼 수 있다. 억제정책은 최악의 시나리오를 가정하여 보복력을 구비함으로써 선제공격을 못하도록 막기 위한 억지이론에서 나왔기 때문에 핵억제력을 갖기 위한 군비경쟁을 부추긴 것이다.

그렇지만 냉전시기에 일어난 군비경쟁에는 대체로 작용-반작용 모델이 설명력이 더 크다고 결론지을 수 있다.105) 그런데 군비경쟁이 반드시 국가들 간의 상호작용(작용-반작용)의 결과로만 발생하는 것인가? 이에 대한 의문은 군비경쟁의 내부결정요인에 연구의 초점을 맞추게 만들었다.

2. 내부적 요인

군비경쟁을 국가 내부적 요인에 기인한다고 보는 학자들은 국가내의 이익집단들이 군비증강을 선호하기 때문에 군비경쟁이 발생한다고 설명한다. 이익집단에는 경제적 이익집단이 제일 큰 요소로 꼽힌다. 경제적 이익집단에는 지배층, 산업, 노동자, 지역사회 등이 있다. 다음으로 관료적 이익집단, 연구 이익집단, 군 이익집단, 국가내부의 군사적인 통제를 선호하는 정치적 이익집단 등이 있다. 민주주의 국가는 다원주의 사회이기 때문에 많은 이익 집단이 존재하지만, 이들 모든 이익집단이 단결하여 한 목소리로 군비증강을 선호하기 때문에 국가들 간에 군비경쟁이 발생한다는 주장으로서 군산복합체론(military-industry complex)이 있다. 그 외에도 군비경쟁의 국내적 요인으로서 관료정치, 기술적 관성 등을 드는 학자들이 있다.106).

젱하스(Dieter Senghaas)는 냉전시기 동·서 간 대립에 있어 관료주의적 타성, 압력단체들, 군산복합체 등과 같은 다양한 내부요인들이 중요했다고 강조하고 있다. 즉 군비경쟁의 이유가 대외적 요인 보다는 대내적 자폐적 행동에 더 기인하고 있다고 본다.

군산복합체이론은 1961년 1월 아이젠하워 미국 대통령의 고별 연설에서 군산복합체가 미칠 수 있는 정치적 영향력에 대해 경고하면서 주목받기 시작했으며,107)

105) Dieter Senghaas, "Arms Race Dynamic and Arms Control," in Nils Petter Gleditsch & Olav Njolstad ed., *Arms Races : Technological and Political Dynamics*(London : PRIO, 1990), pp. 24-27.
106) Bruce Russett, 이춘근 역, 『핵전쟁은 가능한가』(서울 : 청아출판사, 1988), pp.103-113.
107) 시드니 렌즈, 서동만 편역, 『군산복합체론』(전주 : 기린출판사, 1983), pp. 15-22.; 아이젠하워

본격적인 논의의 대상이 된 것은 베트남 전쟁이 막바지에 다다른 1960년대 후반이라 할 수 있다.108) 엄청난 병력과 전비의 투입에도 불구하고 미국이 승리할 수 없었기 때문에 느꼈던 미국인들의 좌절은 심각한 여론 분열과 반성을 가져다주었고 거액의 군사비 지출을 중심으로 한 국방부, 산업계·노동계 등의 긴밀한 유착관계, 즉 군산복합체가 원치 않는 분쟁으로 이끌고 간 것이 아닌가하는 비판을 키웠던 것이다. 군산복합체는 단순한 군수공장이 아니고 군부, 행정부와 대규모 방위산업체들의 상호의존체제를 일컫는다.109) 즉, 군부와 방위산업체들의 유착관계로 인해 군사비는 증가하고 이로 인해 군비경쟁이 촉발되며 결국 전쟁으로 이끈다는 것이다. 이 주장에 의하면 외부적 요인과는 별도로 국가 내부의 군, 기업, 정계, 학계 등의 긴밀한 유착으로 인해 군사비는 계속 증가하게 된다는 것이다. 갈퉁은 군산복합체는 너무 단순한 개념이며 오히려 군-관-산-학(military-bureaucracy-corporation-intellectuals) 간의 복합체가 군비경쟁의 원인이 된다고 지적했다.

군비경쟁의 내부적 요인을 강조하는 또 하나의 학파는 1970년대 미국의 대외정책결정에 대한 연구에서 강조한 관료정치의 패러다임의 역할을 지적한다. 즉 관료정치연구는 국가가 리차드슨이 보는 것과 같이 합리적인 단일 행위자가 아니라 국내에서 다양한 행위자들이 경쟁함으로써 군비경쟁을 부추긴다는 논리로서, 국내 정책결정에 참여하는 주요 행위자들이 소속되어 있는 부서의 이익과 입장을 보다 적극적으로 대변함으로써 군비경쟁을 부추긴다고 보는 것이다.110) 즉, 어떠한 정부 조직도 자기 예산과 조직의 규모가 감소되기를 바라지 않는 것과 마찬가지로 국방 관련 정책결정자들은 국방예산의 증가를 경쟁적으로 추구하기 때문에 이것이 군비 증강과 경쟁을 불러온다는 것이다.

젱하스는 군비경쟁의 주요 국내요인으로서 조직의 지상명령(organizational imperatives)에 중점을 둔다. 무기체계의 연구·개발·시험·생산 그리고 활용은 치밀한 계획에 의해 이루어지는 것이지 국제정세에 따라 변화되지 않는다고 주장한다. 국방기획

대통령은 이연설에서 군산복합체의 문제점을 다음과 같이 경고하고 있다. "방대한 군사조직과 거대한 군수산업간의 결합은 미국인들이 전혀 경험하지 못했던 새로운 현상이다. 경제, 정치, 정신적 영역에까지 침투하고 있는 그것의 전면적인 영향력은 도시, 주정부, 연방정부 어디에나 뚜렷하다. 정부내의 여러회의에서 이 군산복합체가 의식적이건 무의식적이건 간에 부당한 영향력을 획득하려는데 대해 우리는 경계해야만 한다. 이 오도된 세력이 급격히 팽창하여 파멸적인 결과를 초래할 가능성은 현재에도 존재하고 있으며 앞으로도 계속 존재할 것이다.
108) 군산복합체의 태동은 이미 1937-38년도부터 시작되었으며 미국의 제2차대전 참전의 영향요인 중 하나로 인식되고 있다. 이 당시 미국의 군산복합체의 상세한 과정은 다음문헌을 참고할 것. Anthony Sampson, 전종덕 역, 『전쟁상인과 무기시장』(서울 : 일월총서, 1982), pp. 97-121.
109) http://100.naver.com/100.php?id=23494&cid=AD1033036743044&adflag=1.
110) 최경락·정준호·황병무, 『국가안전보장서론』(서울 : 법문사, 1989), pp. 164-165.

은 이익단체와 기술의 발전과정에서 밀접한 관련 속에서 이루어지며, 군의 임무와
기구들은 환경변화에도 불구하고 그들의 이익을 지속적으로 추구하고 있기 때문에
군 관련 조직이 조직의 이익을 지상명령으로 삼고 지속적으로 이익을 추구하는 것
이 군비경쟁을 유도한다는 것이다. 국내에서 각 군 간에 벌어지는 첨단 무기 개발
과 획득 경쟁이 국가 간의 경쟁보다도 더 심각하다는 것이다. 그는 무기체계 개발
시 군수산업의 이익 ⇒ 이익단체의 로비활동 ⇒ 무기획득 결정 ⇒ 기술혁신 ⇒ 사
용계획의 공식화 ⇒ 특수무기에 적용 등의 논리의 체인으로써 군비증강의 원인을
설명하기도 했다.

군사기술이 군비경쟁에 결정적인 역할을 한다는 학자들도 있다. 이들은 질적
인 군비경쟁이 양적인 군비경쟁 보다 훨씬 중요하다고 설명한다. 에반젤리스타
(Evangelista)는 과학기술의 기업가 정신이 작용-반작용, 군사적인 고정(fix)에 이어
중요한 군비경쟁의 설명요인이 된다고 주장한다.111) 기술적 관성은 군비경쟁에 중
요한 역할을 함에 틀림없다. 왜냐하면 기술개발을 위해서 많은 시간과 인적, 물적
자원들이 요구되며 하나의 무기체계를 생각한 이후 설계, 실험, 평가, 훈련, 배치에
이르기까지 대략 수년 이상이 걸리게 되고, 한 번 결정된 계획이 착수된 이상 그것
을 중지시키기는 대단히 어렵기 때문에 이를 기술적 관성이라고 보는 것이다.

예컨대 소련의 핵무기 위협을 사전 방지하고 대규모 비용이 요구되는 무기체
계의 군비경쟁을 촉발시킴으로써 결국 소련의 붕괴를 가져왔던 미국의 MD사업이
소련의 붕괴 이후 계속된 논란거리가 되면서도 현재까지 지속된 이유 중 하나도
바로 기술적 관성에 기인한다고도 볼 수 있다.112) 만약 외부의 위협이 없는 국가들
이 해마다 군비를 증강시킨다면 이것은 군비경쟁에 있어 외부적 요인보다는 내부
적 요인에 기인한다고 볼 수 있을 것이다.

그런데 군산복합체가 군비경쟁을 유도하며 전쟁으로 이끈다는 주장은 과학적
으로 입증된 바는 없다. 더욱이 군-산 복합체는 사회학적인 개념이라고 볼 수 있
으나, 이 복합체의 구성요소인 군대와 방위산업이 팽창적이고 호전적인 대외정책
을 항상 같은 목소리로 지지하고 있다고 볼 수 없다. 안보전문가들의 대부분은 군
산복합체론자들의 주장과 달리, 군대는 전쟁에 대해 매우 조심스런 태도를 가지고
있는 것으로 분석하고 있다. 또한 방위산업은 기술의 연구와 개발을 주도하고 있지
만, 정부가 어떤 무기체계의 결정과정에 매우 경쟁적으로 임하며 냉전시기에는 매

111) Matthew Evangelista, "Case Studies and Theories of the Arms Race," *Bulletin of Proposal*, Vol. 17, No. 2 (May 1986), pp. 197-206.
112) 미국 MD정책에 대한 시대별 역사적 검토는 다음 문헌을 참고할 것. 전성훈, 『미국의 NMD 구축과 한반도 안전보장』(서울: 통일연구원, 2001), pp. 23-79.

우 경쟁적인 산업구조를 갖고 있었기 때문에 모든 방위산업이 군비증강과 전쟁을 똑같이 지지했다고 보기 힘들기 때문이다.

또한 국내적 요인만 강조하는 학자들은 왜 1990년대 전반기에 미국이 군규모를 감축시키고 군사비를 감소시켰는지에 대해 설명을 제공하지 못하고 있다. 그리고 2001년 9·11 이후 미국이 군사비를 왜 대폭 증가시키고 있는지에 대해서도 설명력이 빈약하다.

국가들 간의 군비경쟁은 국외적 요인과 국내적 요인이 복합적으로 작용하고 있다고 보는 것이 타당한 설명이다. 국외적 요인과 국내적 요인 중 어느 것이 더 큰 설명력을 가지는지는 시대와 환경, 국내체제의 조직과 논리에 따라 다를 수 있다. 특히 군산복합체의 이익수호를 위해서 군비경쟁이 발생하며, 나아가 군산복합체의 이익을 위해 국가가 전쟁을 선호한다는 주장은 그 설명력과 보편타당성이 결여되어 있다고 할 수 밖에 없는 것이다.

Ⅲ. 군비경쟁과 전쟁 가능성

그러면 군비경쟁은 전쟁을 유발하는가? 군비경쟁에 반대론자들은 심한 군비경쟁은 전쟁의 가능성을 높이기 때문에 반대한다. 그러나 학문적인 연구는 군비경쟁이 전쟁의 가능성을 높였다는 가설과 전쟁과 상관없다는 가설 중 전쟁과 상관없다는 가설의 손을 들어주고 있다.

군비경쟁과 전쟁의 상관성에 관한 연구는 세 가지 상반된 결론을 제시하고 있다. 첫째, 군비경쟁을 통해 상호 충분한 군사력을 갖추게 되면 전쟁비용이 너무 커지기 때문에 어느 쪽도 공격을 주저한다는 견해, 둘째, 군비경쟁이 전쟁억제보다는 긴장과 적개심을 고조시키므로 전쟁을 유발한다는 견해, 셋째, 국가의 모험성향, 인식에 따라 군비경쟁은 전쟁을 일으킬 수도 억제할 수도 있다는 견해가 그것이다. 이러한 세 가지 견해는 주로 1970년대 들어서면서부터 활발하게 논의된 것들이며 특히 월레스(Wallace)의 경험적 연구는 군비경쟁과 전쟁가능성간 관계를 살펴보는 최초의 과학적 연구로, 초석을 제공했다는 점에서 가치를 평가할 만하다.

그러나 현재까지 이루어진 군비경쟁과 전쟁 가능성에 관한 연구는 아직 확실한 해답이 없다. 군비경쟁이 평화의 조건 혹은 전쟁의 서곡이라는 극단적인 해석은 마치 현실주의와 자유주의의 거리만큼이나 멀다. 한쪽의 시각만으로 국제사회의 모든 현상을 설명할 수 없듯이 군비경쟁 또한 한쪽의 견해만으로 단정할 수는 없다. 오히려 양쪽의 시각은 상호 보완적인 관계를 지닌다.

월레스(Michael D. Wallace)는 1833년부터 1965년 사이에 일어났던 99건의 분쟁 중 군비경쟁을 하고 있던 국가들 간에 일어난 분쟁은 28건이었으며 이들 중 23건의 분쟁이 전쟁으로 확산되었음을 주장했다. <표 Ⅰ-3>은 월레스의 경험적 결과를 데이터로 나타낸 것이다.[113]

표 Ⅰ-3	월레스의 군비경쟁과 전쟁가능성		
전쟁의 유무 ＼ 군비경쟁의 유무	유	무	계
유	23	3	26
무	5	68	73
계	28	71	99

위의 결과에서 주요쟁점은 군비경쟁의 범위와 사례에 관한 문제였다. 특히 베데(Weede)는 다음 세 가지 비판을 제기했다.[114]

첫째, 1852-1871, 1919-1939, 1945년 이후의 기간 동안에는 군비경쟁과 무관하게 군사적 갈등이 전쟁으로 비화된 경우가 없었으며 둘째, 전쟁으로 비화된 것 중 다수는 같은 전쟁에서 발생한 것으로서 군비경쟁 때문이라기 보다는 전쟁자체의 확산에 의하여 일어난 것이고,[115] 셋째, 위험요인은 지속되는 군비경쟁이 아니라 현상유지를 원하지만 군비경쟁에서 진 국가에 있다는 것이다.

올트펠트 역시 월레스의 경험적 연구에 대해 많은 문제점들을 지적하고 있다.[116] 특히 그는 월레스가 정의한 "과도한 군사비 증가율(10%)"에 관한 정의를 8%로 낮추어 분석할 경우 한 전쟁에서 파생된 전쟁까지도 전쟁 횟수에 과도하게 포함시켰기 때문에 군비경쟁은 전쟁을 초래한다는 결론을 내게 되었다는 것이다. 그래서 월레스가 지적한 전쟁으로 확산된 26건의 사례 중 15건이 군비경쟁 없이 발생한 전쟁

---

113) Michael D. Wallace, "Arms Race and Escalation : Some New Evidence," *Journal of Conflict Resolution*, Vol.23, No.1(March,1979), pp. 3-16.
114) Erich Weede, "Arms Races and Escalation : Some Persisting Doubts," *Journal of Conflict Resolution*, Vol.24, No.2(June,1980), pp.285-287.
115) 베데는 월레스가 제시한 23건의 전쟁 중 제1차 대전과 관련있는 사례가 9건, 제2차 대전과 관련있는 사례가 10건으로 대부분의 전쟁사례를 차지하고 있음을 지적하고, 월레스의 군비경쟁 사례는 각기 독립된 것이 아닌, 대전의 확산에 비롯된 것이 보다 정확하다고 보았다. Ibid., p. 286.
116) Michael Altfeld, "Arms Races?-And Escalation? A Comment on Wallace," *International studies Quarterly*, Vol. 27, No. 2(June, 1983), pp. 225-231.

이었고(58%), 단지 11건만이 군비경쟁 하에서 발생되었다고 주장했다.

인트릴로게이터(Michael D. Intriligator)와 브리토(Dagobert L. Brito)는 미소간의 핵 군비경쟁과 전쟁가능성의 연구결과를 통해 군비경쟁이 전쟁을 야기할 수도 있으며 평화를 달성케 할 수도 있다고 주장한다.117)

인트릴로게이터와 브리토는 군비경쟁을 하더라도 쌍방이 서로 억제할 수 있는 영역 속에서 군비경쟁을 한다면 전쟁은 억제된다고 했다. 즉 상대의 제1격에 대해 제2격 능력을 충분히 보유하고 있는 범위 안에서는 군비경쟁을 하더라도 전쟁이 억제된다는 것이다. 그러나 군비경쟁을 하는데 쌍방 중 어느 한 쪽도 상대의 1격에 대한 충분한 2격 능력을 갖추고 있지 못한 범위 내에서는 상호 취약성이 두드러지게 되는데 이때에는 기습공격의 효과가 매우 크게 된다. 여기서 문제 삼는 것은 양 국가간 군사적 안정성이 확보되지 않은 영역의 존재인데, 이 영역 내에서만 전쟁가능성이 높은 것이다.118)

결론적으로 말해서 군비경쟁이 자동적으로 전쟁으로 이어지지는 않는다. 군비경쟁이 전쟁으로 발전하려면 군비경쟁의 정도가 심해야 하며, 군비증강을 추진하는 국가의 지도자가 모험성향을 갖고, 군사력 사용의 결과에 대해 낙관적인 견해를 갖고 있어야만 가능한 것이다. 군비경쟁과 전쟁간의 상관관계가 매우 높다는 월레스의 주장은 무리가 있으며, 군비경쟁이 심하면 오히려 전쟁을 억제시킨다는 주장도 무리가 있는 것이다. 따라서 국가들 간에 군비경쟁의 정도, 기간, 국가지도자의 성향, 적대감, 국가들의 동맹정책 등을 종합적으로 검토해야 군비경쟁이 전쟁으로 이어질 것인지에 대한 여부를 알 수 있다고 하겠다.

Ⅳ. 세계적 차원의 군비경쟁

1. 양극체제에서 군비경쟁의 특징

1945년부터 1990년까지 세계는 미국을 정점으로 한 자유진영과 소련을 정점으로 한 공산진영이 양편으로 갈라져서 양적 및 질적인 면에서 군비경쟁을 전개해 왔다.

먼저 양적인 군비경쟁을 고찰해 보기 위해서는 세계의 군사비 지출총액이 어떻게 변화하는가를 보아야 한다. <표 Ⅰ-4>를 보면, 1955년에 세계의 군사비총액은 1,273억 달러였으나 1980년에 6,020억 달러, 1985년에는 9,522억 달러를 거쳐

---

117) 위 글은 Michael D. Intriligator, Dagobert L. Brito, "Can Arms Races Lead to the Outbreak of War?," op. cit., pp. 73-78을 요약한 것임.
118) Ibid., pp. 76-77.

1990년에 가장 많은 1조 861억 달러를 기록했다. 냉전체제의 붕괴와 함께 소련이 해체되고 난 후에는 세계의 군사비 총액은 1995년에 7230억 달러로 급격히 감소했다. 그 후 2000년에 7,570억 달러로 약간 상승했다. 그러나 9·11 테러 이후 미국이 국방예산을 대폭 증가시킴에 따라 2014년 세계의 군사비 총액은 1조 8천억 달러에 달하고 있다.[119]

여기서 볼 수 있듯이 양극체제 하에서 자유진영과 공산진영은 격렬한 군비경쟁을 해왔다. 국제정치에 관한 이론은 양극체제가 다극체제 보다 안정적이었다고 하지만, 군비경쟁은 다극체제에서 보다 양극체제 하에서 더 정도가 심하고 격렬하게 전개되었던 것을 발견할 수 있다. 이 표를 통해서 보면, 냉전시대의 군비경쟁의 원인은 국내적 요인 보다는 국제적 요인이 더 크게 작용했음을 알 수 있다. 즉, 국가 대 국가, 진영 대 진영 간의 적대감과 상호작용의 결과 군비경쟁이 더 치열했다고 볼 수 있다.

표 Ⅰ-4	세계의 군사비 지출 총계(1955-2014년)

1955	1960	1965	1970	1975	1980	1985	1990	1995	2000	2005	2010	2014
1,273	1,308	1,622	2,458	3,629	6,020	9,522	10,861	7,230	7,570	11,180	17,560	17,760

(단위: 억 US달러, current dollar)

* 출처: US Arms Control and Disarmament Agency, *World Military Expenditures and Arms Transfers 1967−76, 1974−86, 1991−92, 1995.* SIPRI, *Military Expenditure in SIPRI Yearbook 1999~2015.*

<표 Ⅰ-4>에서는 제2차 세계대전 이후 지금까지 중에서 1980년대가 미·소 간의 군비경쟁과 자유·공산 진영 간의 군비경쟁이 가장 치열했음을 보여 준다. 이 치열한 군비경쟁을 더욱 격화시킨 것은 미국의 레이건 행정부의 대소련 안보전략이었다고 볼 수 있다. 레이건 행정부는 소련과의 군비경쟁을 통한 승리냐 혹은 소련이 군비경쟁을 포기하고 군축협상으로 나오게 만드느냐의 선택을 강요하게 만드는 양면전략(two−track approach)을 추구했다.[120] 미국과 소련은 1980년대 10년 동안 세계 군사비의 약 70퍼센트를 지출함으로써 결국 1990년의 세계군사비가 1조 달러를 넘기는데 중심역할을 했다.

둘째, 미·소간에 양적인 군비경쟁을 더 격화시킨 것은 질적인 측면에서의 군

---

119) *SIPRI Yearbook* 2015.

120) Peter Schweizer, *Victory*, 한용섭 역, 『냉전에서 경제전으로: 소련을 붕괴시킨 미국의 비밀전략』 (서울: 오름시스템, 1998), pp. 194−218.

비경쟁이었다. 미소 양극체제 하에서 미국과 소련은 양적인 군비경쟁을 벌였을 뿐
만 아니라 군사기술에서 우위를 차지하려는 질적인 경쟁을 끊임없이 벌였다. 이것은
군사기술혁신으로 발전했으며, 20세기 후반에는 군사혁신(revolution in military affairs)
라는 개념도 등장했다. 핵무기에 있어 수량적인 경쟁은 이 책의 3부 1장의 "NPT와
IAEA"에서 다루므로 여기서는 질적인 경쟁만 언급하려고 한다. <표 Ⅰ-5>에서
보듯, 미국은 인공위성과 요격미사일 두 가지만 제외하고 나머지 전 종목의 핵무기
와 투발수단의 개발에서 소련보다 몇 년 앞섰다. 그러나 미국이 먼저 개발해 놓으
면 소련은 몇 년 이내에 따라잡았다. 이와 같이 양극체제 하에서 미소간의 군비경
쟁은 매우 치열했으며 조금도 상대국에 뒤지지 않으려는 정치적 의지가 강했고, 기
술경쟁과 자원경쟁도 뒷받침이 되었다.

표 Ⅰ-5 미국과 소련의 핵무기체계 개발 연대 비교표		
미국의 개발 시기	핵 군비경쟁의 종류	소련의 개발 시기
1945	원자탄	1949
1948	대륙간폭격기	1955
1954	운반가능한 수소탄	1955
1958	인공위성(대륙간탄도탄)	1957
1960	잠수함발사유도탄	1968
1970	요격미사일	1968
1972	다탄두미사일	1975
1982	장거리순항미사일	1989

* 출처 : Paul P. Craig & John A. Jungerman, *Nuclear Arms Race : Technology and Society*(New
York : McGraw-Hill Book Company, 1988), p. 37. 이 책의 그림을 표로 바꾼 것임.

　　탈냉전 이후 미·소간의 군사기술 개발 경쟁은 미국의 승리로 막을 내렸다. 현재
미국은 군사기술분야에서 세계패권을 유지하고 있다. 냉전 시기에 소련과의 ABM
조약의 제약사항과 소련의 반대로 개발할 수 없었던 미사일방어체제를 개발하게
되었다. 미국의 미사일방어체제에 대해 중국이 강한 반대를 나타내고 있으며, 미국
에 대응하여 중국은 미사일 기술 개발을 서두르는 징후가 있다. 따라서 21세기의
군비경쟁은 아무래도 미사일기술 분야와 우주무기 개발 경쟁이 군비경쟁의 핵심이
되고 있는 것이다.

2. 군비경쟁이 각국의 국내체제에 미친 영향

세계적 차원의 군비경쟁은 국제체제의 구성원인 개별 국가의 국내체제에 엄청난 영향을 미쳤다. 국내 정치적인 면에서는 군부와 관료의 국내정치적 영향력의 증대로 많은 국가들의 민주주의 발전이 지체되었다. 경제적으로는 경제발전에 투자해야 할 자원이 군사분야에 더 많이 투자되어서 경제발전에 손실을 가져 왔다. 선진국에서는 군사기술의 발달로 민간 산업에 후방연관효과(spin-off) 현상이 나타나기도 했으나, 중진국과 후진국에서는 경제발전의 잠재력을 잠식하는 현상이 나타나기도 했다. 사회문화적인 측면에서는 경직되고 권위적인 문화가 팽배하게 되었다. 이를 보다 상세하게 설명해 보기로 한다.

첫째, 국내 정치면에서는 군비증강을 책임진 군부와 관료의 규모가 증가했다. 군인, 군무원, 공무원, 연구개발 분야 종사자, 방위산업, 무기거래상, 언론 등이 지배 엘리트층을 이루게 되었다. 군부와 관료의 정치적 영향이 증대된 반면, 시민사회와 평화 NGO의 미성숙으로 인해 민주주의 발전이 늦어지는데 군비경쟁이 일조하였다.

둘째, 경제적 측면에서는 단기적인 면에서 일부 고용이 증대되고, 국민총생산이 증가하는 현상을 보였다. 이런 현상은 국내 경제가 완전 고용 상태에 있지 않을 때에는 더욱 뚜렷해 보였다. 그러나 장기적인 면에서는 군사분야에 대한 투자가 비교적 기회비용이 높았기 때문에 고비용 저효율 현상을 만연시켜 국민총생산이 줄어드는 효과를 가져왔다. 후진국들은 선진국들의 고가 무기를 구매함으로써 후진국의 연구개발 능력이 잠식당하기도 했다. 선진국은 무기의 연구개발을 주도함으로써 군사과학기술의 빠른 진보를 달성할 수 있었고, 군사분야에서 민간분야로 기술의 전이가 이루어져 민간분야의 기술발전에 촉매제의 역할도 할 수 있었다. 냉전체제 하의 선진국과 후진국의 기술 격차는 시간이 지남에 따라 더욱 커지는 경향을 보이기도 했다. 1980년대의 과도한 군비투자는 자원의 고갈을 촉진시켰으며, 인적자원이 군사분야에 상대적으로 많이 집중됨으로써 민간분야와의 균형을 잃게 되었다. 미국을 비롯한 여러 나라들은 모병제를 택함으로써 민간분야에 인력이 원활하게 공급되도록 했으나, 징병제를 가진 나라들은 많은 노동력이 군사분야에 묶여 있어 민간경제에 손실을 입었다.

셋째, 사회문화적인 측면에서 분위기가 경직되고, 문화가 권위주의적이 되는 경향을 보였다. 사회문화 분야에 투자되는 자원이 부족하여 사회문화 분야는 군사분야에 비해 상대적으로 낙후되었다. 정치의 초점이 국가안전보장에 놓여 있어서 다양한 의사표시는 안전보장을 해치는 것으로 간주되기도 했다. 군사조직의 보편적 특성인 비밀주의가 일반 사회문화에도 팽배했다. 군비경쟁은 적대감과 상호작용에 근거하고 있으므로 사회문화 속에서는 상대국에 대한 적대감과 상호 긴장을 강화시키는 가치들이 우세하게 자리 잡게 되었다.

3. 군비경쟁이 국제체제에 미친 영향

국제관계의 심리적 측면에서 군비경쟁은 적대 이미지를 강화시켰다. 정치외교적 측면에서는 양극 체제로 분리된 세계에서 각 세력권 내의 위계적 질서가 매우 공고하게 되고 지속되는 경향을 보였을 뿐만 아니라 각 세력권에 속한 모든 동맹국들이 단체로 군비경쟁에 참여하는 현상을 보였다. 경제적 측면에서는 각 세력권의 지도국들은 첨단 무기 경쟁을, 세력권에 소속된 다른 참가국들은 지도국의 방위산업에 하청업체로 참여하게 되었으며, 지도국은 지속적인 무기수출을 하게 되고, 약소국은 지속적인 무기수입을 하게 되었다. 그 결과 약소국들은 강대국의 군비경쟁에 영향력을 거의 미치지 못하고 끌려가게 되었다.

첫째, 심리적 차원에서 보면 군비경쟁으로 인해 국가 간의 관계에서 상대국가에 대한 적의 이미지가 강화되었다. 한 국가는 상대방 국가를 적으로 간주했으며, 적과 싸워 이기기 위해 건설한 군비와 그 군비의 운영자들은 상대방에 대한 적대적 이미지를 계속 강화시켰다. 미소간의 지속적인 군비경쟁의 결과, 1980년대 미국의 레이건 정권은 소련을 악의 제국(evil empire)라고 부를 정도로 소련에 대해 "적의 이미지(enemy image)를 갖게 되었다. 소련 또한 미국을 적으로 간주하고 적대감을 나타내었다. 한반도에서도 한국 전쟁과 그 후 지속된 군비경쟁의 결과 남북한관계에서 상대방에 대한 적대적 이미지가 강화되었다고 할 수 있다.

국가들은 상대방에 대한 두려움으로 인해 자국은 매우 선하고 평화지향적인데 상대방 국가는 매우 악하고 전쟁지향적이라고 인식하는 '거울이미지(mirror image)'를 갖게 되었으며, 군비경쟁은 이러한 거울이미지를 더욱 강화시키게 되었다. 그 결과 국가들은 무한 대결로 인해 여유를 상실하게 되었으며, 긴장이 고조되고, 안보딜레마를 겪게 되었다.

둘째, 정치·외교적 측면에서는 약소국들은 강대국들과 군사동맹을 맺고 강대국 중심의 세력권에 편입되었다. 강대국은 약소국에게 핵무기 개발을 포기하는 대가로 핵우산과 억지력을 제공했다. 강대국들 간의 군비경쟁이 가속화된 결과, 약소국들은 강대국들이 군비경쟁을 계속하는 동안에 자국이 속한 세력권 전체가 군비경쟁에 이길 수 있도록 일정부분의 역할을 담당하도록 영향을 받았다. 또한 보다 많은 군비가 보다 많은 안전을 가져온다는 힘의 정치, 현실주의적 생각이 지배하게 되었다.

셋째, 경제적 측면에서 보면 강대국들 간의 군비경쟁이 치열해 질수록 군소 동맹국들은 강대국들로부터 경제적인 면에서 일정한 역할을 하도록 영향을 받았다. 약소국들의 방위산업은 선진 강대국들의 방위산업과 관련된 하청업체로 되었으며 상호운용성(interoperability)이라는 목표 하에 무기를 생산 및 도입하도록 영향을 받았다. 특히 무기수출정책은 강대국의 외교정책의 수단으로 사용되므로 약소국은 강대국의 외교 정책에 순응하지 않으면 무기 지원을 받기 힘들었다. 물론 군사강국들은 경제적 이유로 약소국들에게 무기를 적극 수출하는 정책을 보이기도 했으며, 미국과 소련은 영향권을 확대하기 위해 무기 지원, 무기 수출을 하는 경향을 보였다. 이러한 가운데 약소국들은 선진 강대국의 군사원조에 무임승차도 했지만 경제력이 성장된 이후에는 국력에 상응하는 군사적 투자를 했어야만 했다.

넷째, 국가들 간의 관계는 죄수의 딜레마(prisoner's dilemma)현상을 보였다. 그래서 협력 보다는 경쟁을 선호하게 되었던 것이다. <표 Ⅰ-6>에서 보는 바와 같이 미국과 소련이 군비경쟁을 할 때, 상호 경쟁을 하게 되면 똑같이 800 만큼의 손실을 보게 된다.

표 Ⅰ-6 죄수의 딜레마		
소 련 / 미 국	경 쟁	협 조
경 쟁	−800, −800	−5, −1000
협 조	−1000, −5	−10, −10

만약 미국이 협력을 하기로 결정하고 군비경쟁을 중지하나, 소련은 미국과 협력하지 않고 일방적으로 군비를 증강시키게 되면 소련은 손해를 5 정도 받게 되고, 미국은 군비의 격차로 인해 손해를 1000 정도 받게 된다고 인식한다. 만약 소련이 협력을 하기로 결정하고 군비경쟁을 중지하는데 미국이 소련과 협력하지 않고 일방적으로 군비를 증강시키게 되면 미국이 받는 손해는 5, 소련은 1000 정도 손해를 받게 된다고 인식한다. 그런데 미국과 소련 둘 다 협력을 하기로 결정하고 군비경쟁을 중단하게 되면 둘 다 10 정도의 손실을 받게 된다. 이러한 현상을 죄수의 딜레마 현상이라고 불렀다.

그런데 이와 같은 예상손실(expected payoff)의 표를 미소 양국이 사전에 다 알게 된다면 양쪽은 분명 협력을 하면서 군비경쟁을 중단할 것이다. 그러나 미소 양국이 이 표를 모르면, 자기가 당하는 손해를 피하기 위해 군비경쟁을 결심하게 될 것이다. 만약 양쪽 다 협력을 선택하지 않고 경쟁을 선택한다면 결국 양쪽 다 손해를 800 정도 본다는 것이다. 이것은 군비경쟁으로 인한 상호 피해가 크다는 것을 보여 준다. 사실 냉전시대 미·소간의 대결은 이런 현상을 노정했다.

이런 기대치 상황에서 양국은 어떤 선택을 할 것인가? 이 경우 양국은 군비경쟁을 하는 것이 손해를 덜 입게 된다고 생각한다. 따라서 경쟁상태에서는 협력보다는 비협력 또는 갈등적 요인이 더 크게 작용하여 무한경쟁으로 갈 수밖에 없다. 그러나 서로가 군비경쟁과 협력에서 느끼는 효용에 대한 정보를 서로 교환하기로 결정하고 협력관계가 될 때는 쌍방 간 피해가 최소인 군비경쟁 중단을 선택하게 된다. 따라서 상호 대결적인 관계에서는 의사소통과 상대방의 위협에 대한 정보의 공개가 매우 중요하다고 할 것이다.

4. 군비경쟁의 해결 방법

위에서 지적한 군비경쟁의 폐해를 막기 위해 냉전 시기에 미국과 소련을 비롯한 적대적인 대치 상태에 있는 국가들, 그리고 제3세계에서 많은 정책적 처방들이 제시되었다. 이 책의 제2부와 제3부에서는 군사적 대결을 종식시키고 평화공존으로 가기 위한 군사안보적 차원의 정책처방들과 군비통제 차원의 정책처방들이 설명되고 있다. 여기서는 범위를 국한시켜 냉전시대에 제안되었던 국제정치적인 정책처방들을 요약해 보기로 한다.

첫째, 심리적 차원에서 군비경쟁을 완화시키는 방법은 국가사이에 적 이미지를 약화시키는 것이다. 즉, 국가 간에 적대감 내지 적개심을 줄이는 것이다. 적대관계에 있는 어느 일방이 충격요법으로서 적대감을 완화시킬 일방적인 조치를 취하는 것을 권장한다. 1988년 12월 소련 공산당의 고르바초프 서기장이 동구에 배치했던 소련군 50만을 일방적으로 감축하겠다고 선언한 것은 그 대표적인 예이다. 적국이 일방적으로 공격적인 군대를 철수시키거나 감축한다면 상대국가가 갖고 있는 적의 이미지를 약화시킬 수 있다는 것이다. 또한 한 국가가 적국에 대해서 일방적으로 인도주의적 지원을 대폭 증가시키는 것도 적의 이미지를 약화시킬 수 있는 방안의 하나로 권장되었다.

둘째, 점진적 상호긴장완화 조치(GRIT : Graduated Reciprocation In Tension Reduction)

가 있다.[121] 긴장완화조치를 먼저 취하는 국가는 불신의 관계를 신뢰의 관계로 바꾸기 위해 일련의 우호적 정책과 양보를 할 것을 선언한다. 상대방이 어떤 반응을 보이든지 관계치 않고, 몇 차례 우호적인 행동을 보여준다. 일정한 기간 동안 이러한 긴장완화 조치는 계속된다. 그러나 GRIT를 취하는 국가는 자국의 방어능력을 손상시켜서는 안 된다. 일정기간 후 만약 상대방이 적대적 반응을 보이거나 이미 이루어진 양보를 악용하려고 할 경우에는 GRIT를 중단하고 원상을 회복하기 위해 적절한 적대적 대응을 취한다. 만약 상대방이 우호적인 반응을 보이면 보다 화해적이고 우호적인 대응을 더 보여준다. 이렇게 함으로써 상대방으로부터 협력적 행동을 유도할 수 있다는 주장인데, 성경에 보면 황금의 법칙, 즉 "네가 남에게 받고 싶으면 먼저 주라"는 것으로서 김대중 정부의 햇볕정책이 이에 해당한다고 볼 수 있다. 즉 GRIT 전략은 상호 대치하는 국가들 간에 군비경쟁을 지양하고 군비통제를 하기 위해 협력하는 분위기를 만들어낼 수 있다고 본다.

셋째, 상호주의(reciprocity)를 적용하는 것이다. 상호주의에는 엄격한 상호주의(specific reciprocity)와 탄력적 상호주의(diffuse reciprocity)가 있다. 엄격한 상호주의는 동종(同種)·동시(同時)·동가(同價) 원칙으로서 일대일 원칙을 적용하는 것이다. 즉 한 쪽이 양보를 하면 다른 쪽이 그와 똑같은 종류, 똑같은 가격, 똑같은 시기에 양보를 해야 한다는 것이다. 반면에 탄력적 상호주의는 엄격한 상호주의를 적용할 경우 아무런 관계진전이나 군비통제의 가능성이 없으므로 적대국간에 비동종, 비동시성, 비동가성의 교환도 가능하다는 것이다. 이러한 상호주의적 작용은 "tit-for-tat" 즉, 맞대응 전략이라고도 불린다. 즉, 첨예한 대립상태에서는 GRIT보다는 맞대응 전략이 장기적으로 볼 때 최상의 전략이라고 주장한 학자도 있다.

넷째, 상호불신과 적대관계는 상대방에 대한 무지와 오해에서 생기므로 접촉과 교류협력을 증대시킬 것을 권고한다. 국가간의 전반적인 관계에서 정치, 경제, 사회문화, 군사적 차원에서 교류와 협력을 증대시킴으로써 군비경쟁을 완화시킬 수 있다는 것이다. 경제적 차원에서는 상호의존성을 증대시킴으로써 대결과 갈등, 전쟁으로 갈 수 있는 가능성을 차단할 수 있다는 주장이다.

다섯째, 국제적 차원에서 국제기구나 안보레짐을 활용하라는 것이다. 국가들로 하여금 지역안보체제를 만들도록 권고한다. 또한 지역안보기구, 국제기구나 UN을 활용함으로써 국가들이 긴장과 대결에서 벗어나 화해와 협력할 수 있는 제도적 틀을 만들고 그것을 지속적으로 활용하라고 권고한다. 부정기적인 대화만으로 군

---

121) Charles E. Osgood, "Suggestions for Winning the Real War with Communism," *Journal of Conflict Resolution*, Vol. 3, No. 4, December 1959, pp. 295–325.

비경쟁은 완화될 수 없고, 정기적인 안보대화를 할 뿐만 아니라 나아가서 안보협력을 하도록 권고하고 있다.

V. 한반도에서 군비경쟁

1. 남북한 간 군비경쟁 양상

1953년 한국 전쟁 이후 2010년까지 전개된 남북한 간의 군비경쟁 양상을 분석하기 위해서는 남북한의 군사비 지출의 동향을 분석하면 된다.[122] <그림 I - 2>에서는 1960년부터 2010년까지의 남북한의 군사비 지출의 변동 추세를 보여주고 있다. 이 표에서 발견되는 가장 큰 특징은 1975년을 기점으로 남한의 군사비가 북한의 군사비를 능가해서 그 후 25년간 계속 남한의 군사비가 북한의 군사비를 압도하고 있다는 것이다. 1960년부터 1975년까지는 북한의 군사비가 남한의 군사비를 능가했다.

먼저 1980년 이전의 남북한 군사비를 비교해 보자. 남한의 군사비는 1964년부터 1980년까지 급속도로 증가하는 경향을 보여 주고 있다. 1973년 오일쇼크의 여파를 제외하고서는 말이다. 북한의 군사비는 1960년부터 1975년까지 남한보다 더 큰 규모의 군사비가 계속 증가세를 보이고 있다. 왜 1975년을 분기점으로 남북한의 군사비가 남한우세로 결정 난 것일까? 남북한 간의 경제경쟁에서 남한의 국민총생산액이 북한의 국민총생산액을 능가하기 시작한 연도가 1972－1973년 무렵이기 때문에 1975년부터 남한의 군사비가 북한의 군사비를 추월한 것이다. 경제력의 우세가 군사비의 우세로 전환되려면 몇 년 정도의 시간차(time lag)가 존재한다.

1980년대에 남한의 군사비는 초반에 약간의 하강경향을 보이다가 1985년을 넘어서면서부터 2000년까지 대폭적인 증가현상을 보이고 있다. 1980년대에 북한의 군사비는 완만한 상승세 아니면 현상유지를 보이고 있다. 1980년대 10년간은 남한의 군사비 지출 누계가 북한의 군사비 지출 누계를 훨씬 능가하고 있다. 1990년대에 들어서면 남한의 군사비는 계속 증가하고 있는 반면 북한의 군사비는 경제의 연속적인 마이너스 성장 때문에 계속 감소하고 있다. 그래서 남한의 군사비 지출 누계와 북한의 군사비 지출 누계의 차이는 급격하게 늘어나고 있는 것을 볼 수 있다.

---

122) 함택영, 『국가안보의 정치경제학』(서울 : 법문사, 1998), pp. 201－250.

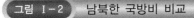
그림 Ⅰ-2 남북한 국방비 비교

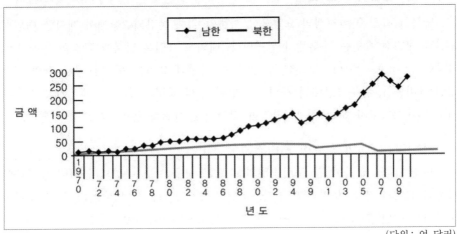

(단위 : 억 달러)

* 출처 : 세종연구소, 『통계로 보는 남북한 변화상 연구 : 북한연구자료집』(성남 : 세종연구소, 2011), p. 154.

1960년부터 2000년까지 남한의 군사비 누계는 북한의 군사비 누계를 훨씬 능가한다. 군사비만 가지고 보면 남한이 더 많은 군사비를 사용해 온 것이다. 그러나 병력, 무기와 장비의 숫자를 가지고 비교하면 아직도 북한의 병력, 무기와 장비가 남한 보다 훨씬 많다는 것을 알 수 있다. 북한이 양적 우위를 유지하고 있는 이유는 북한의 인건비가 남한의 1/10 정도 밖에 되지 않고 무기의 가격이 훨씬 저렴하기 때문이다.

남북한 간의 군비경쟁의 양상을 보면 남한의 병력은 60만에서 69만 명 사이에 한정되어 있었던 까닭에 무기와 장비에 많이 투자해 왔으며, 북한은 1980년대 이후 감소하는 군사비를 보충하기 위해 병력중심의 군사력 건설을 해왔다. 그리고 1990년대 이후에는 핵무기 개발을 비롯한 화생무기 개발에 중점을 두는 비대칭전략을 구사해 왔다. 재래식 군비경쟁에서 장기적으로 불리해질 것을 감안하여 대량살상무기와 미사일의 개발에 주력해 온 것이다. 남한은 미국의 핵우산 제공에 의존한 채 철저하게 재래식 군비증강을 해왔으며 재래식 첨단 전력을 건설하는 데 중점을 두었다. 전반적으로 보면 남북한의 군비경쟁 양상은 1980년대 후반부터 양적인 데서 질적인 경쟁으로 전환되고 있고, 1990년대부터 지금까지 남한의 재래식 무기 대 북한의 대량살상무기의 비대칭 군비경쟁으로 바뀌고 있음을 알 수 있다.

2. 군비경쟁의 요인 분석

남북한 간의 군비경쟁의 요인을 분석하기 위해 본장의 2절에서 제기한 대외적 요인과 대내적 요인을 구분해서 설명한다. 대외적 요인은 남북한 각각의 동맹관계, 남북한 간 상호작용으로 구분할 수 있으며, 대내적 요인은 육·해·공군 간의 경쟁적인 군비증강, 자주국방내지 자위적 국방력 건설 정책의 추구, 노후무기를 신예무기로 대체시키고자 하는 정책, 남북한 각각의 군사전략 등이 그 요소가 된다.

가. 1960년대의 남북한 군비경쟁

1960년대의 남북한 간 군비경쟁의 주요 특징을 보면 북한의 군사비 증가율이 남한의 그것을 훨씬 능가하고 있다. <그림 Ⅰ-2>에서 보는 바와 같이 북한의 군사비는 매년 수직적으로 상승한 반면 남한의 군사비는 1967년부터 상승하기 시작하므로 엄격히 말하면 1960년대에는 군비경쟁이 존재했다고 할 수 없다(상호작용이 3년에 불과하기 때문). 북한의 경제가 남한의 경제보다 우세했고, 북한의 군사정책이 매우 공세적이었다. 북한은 경제·국방건설 병진을 추구했다. 남한은 경제개발을 성공하기 위해서 선 경제건설, 후 국방건설 정책을 추진하고 있었다. 북한은 소련과 관계개선을 하고 소련의 군사지원을 받았다. 한국은 미국의 군사지원 하에 있었다. 전반적으로 볼 때 북한의 군비증강이 남한의 군비증강을 리드하고 있었다.

이 시기의 남북한 군비경쟁의 대외적 요인을 살펴보면 다음과 같다. 북한은 1960년대 초반에 소련과의 관계가 악화됨에 따라 1962년 12월에 노동당 제4기 5차 전원회의에서 국방자위노선을 채택하고 국방력 강화를 선언했다. 동맹관계가 악화되자 자체 국방력 증가를 결행한 것이다. 1964년 10월 브레즈네프 소련 공산당 서기장의 등장으로 북·소 우호 관계가 회복되고 1965년 10월 코시킨 수상의 북한 방문을 계기로 조-소 군사지원협정을 체결하고 난 후 7년간 계속해서 소련제 전차, 장갑차, 항공기, 함정 등을 대량으로 지원받았다. <그림 Ⅰ-2>에 보면 1965년부터 1972년까지의 북한의 군사비는 거의 수직적 상승을 기록하고 있는 바 이것은 조-소 동맹관계에 기인한 바가 크다고 하겠다.

남한의 대외요인을 보면 남한은 1960년대의 전반기에는 군사비가 정체상태에 있다가 1966년부터 점차적으로 증가하는 추세를 보인다. 이 증가세의 이유는 미국이 한국의 월남전 파병을 계기로 군사원조와 장비의 현대화에 대한 지원을 증가시켰기 때문이다. 또한 1968년에 발생한 북한의 각종 무력도발에 대응하기 위해 자주국방력 건설의 조짐이 보이기 시작했기 때문이다. 그래서 1960년대 후반에 남한이 군비를 증가하기 시작한 것은 북한에 대한 반작용의 원인이 크다고 할 수 있다.

1960년대 남북한 군비경쟁의 대내적 요인은 다음과 같이 설명할 수 있다.[123] 북한의 국내요인을 보면 북한은 1962년 12월에 4대 군사노선을 선언하고 제1차 7개년 경제계획을 연기하면서까지 4대 군사노선을 실행에 옮겼다. 1966년 10월에 개최된 제2차 노동당 대표자회의에서 김일성은 "사회주의 건설을 촉진하여 우리의 혁명기지를 강화한 데 대하여"라는 연설문을 통해 "원쑤들의 침략책동에 대비하여 국방력을 더욱 강화할 수 있도록 경제건설과 국방건설을 병진시키는 것입니다"[124] 라고 하여 경제·국방 건설 병진 정책을 발표했다. 북한은 1967년에 민족보위비를 국방비로 개칭했다. 1966년까지는 군사비가 국가예산의 10%정도였던 것을 1967년부터 30% 이상으로 확대했다. 북한은 남한과 미국을 압도할 군사력 건설을 목표로 하고 있었다. 또한 북한은 기습선제공격 중심의 군사전략을 뒷받침하기 위해 군사비를 대폭 증가시켰다. 1969년 1월 군당 제4기 4차 회의에서 정규전과 비정규전의 배합, 대량 기습선제공격, 속전속결전략을 내용으로 하는 김일성 전략을 발표했다.[125] 이 군사전략을 뒷받침하기 위한 군사비 증가는 1971년까지 계속되었다.

남한이 군사비를 증가시킨 대내요인은 1968년 1월에 있은 북한의 청와대 기습사건과 미국 정보함 푸에블로호 납치사건에 대한 미국의 차별적인 대응을 본 박정희 정부가 자주국방을 생각하기 시작한 것이다. 남한의 경제는 이제 막 발전을 시작했고 미국의 방위지원에 의존하는 수동적 군사전략이었으므로 군사비를 증가시킬 만한 대내적 요인은 크지 못했다고 볼 수 있다.

나. 1970년대의 남북한 군비경쟁

1970년대의 남북한 간 군비경쟁의 주요 특징을 보면 남북한이 상호 군비경쟁에 돌입했다는 것을 눈으로 볼 수 있다는 점이다. <그림 Ⅰ-2>에서 보는 바와 같이, 남북한 모두 다 군사비를 매년 10퍼센트 이상 증가시켰으며, 남한이 상대적으로 더 높은 연평균 증가율을 보이고 있다. 이 시기에는 남한의 군사비가 매년 수직적으로 상승한 반면 북한의 군사비는 남한의 군사비 증가율 보다는 낮게 증가하고 있었다. 남한의 경제가 북한의 경제를 앞지른 1972년 이후 1975년부터 남한의 연간 군사비가 북한의 군사비를 앞서기 시작했다. 1970년대는 남한은 미국과의 동맹관계가 어려웠고, 북한도 북·중, 북·소 동맹관계가 어려웠던 시기였다. 그래서

---

123) 1970-80년대의 남북한 군비경쟁의 요인 분석은 다음 책을 참조. 하영선 편, 『한반도 군비경쟁의 재인식』(서울 : 인간사랑, 1988).

124) 조선로동당출판사 편, 『김일성 저작집 20』(평양 : 조선로동당출판사, 1982), p. 383.

125) 북한연구소, 『북한총람』(서울 : 북한연구소, 1983), pp. 1468-1470.

남북한은 각기 자주 내지 자위 국방을 추진한 결과 군사비를 대폭 증가시켰다고 볼 수 있다. 그런데 북한은 남북조절위원회 회의가 있었던 1972년부터 군사비를 은닉하기 시작했다. 북한은 1971년까지 정부예산의 30%를 차지하던 군사비를 1972년부터 16%대로 낮추어 대외에 발표하기 시작한 것이다. 그런데 남북 화해 무드에 편승하여 한편으로는 남침용 땅굴을 파면서도 군사비 예산은 낮게 발표한 것이다. 여하튼 1970년대는 남북한 간의 군비경쟁이 매우 격렬했던 시기라고 할 수 있다.

남북한 간 군비경쟁을 촉진시킨 대외적 요인은 다음과 같다. 1970년대 초반에 북한은 소련의 군사지원을 많이 받았으나 중반 이후 소련의 군사지원이 대폭 감소되고 중국의 대북한 군사지원이 증가했다. 군사지원의 총액에는 별로 차이가 없었고 미·중 관계 정상화의 쇼크로 김일성은 대남관계의 개선을 추진하는 한편, 월남의 패망을 기화로 한반도에서 전쟁의 기회를 창출하고자 외교적 노력을 기울였다. 이러한 대외정세를 북한에 유리하게 만들기 위해 군사비 증강을 하지 않을 수 없었다. 한편 북한은 1976년부터 시작된 한·미 팀스피리트 연습에 대해 민감하게 반응했다. 한미 합동훈련을 북침을 가상한 핵전쟁 연습[126]이라고 비난하면서 북한은 준전시상태를 선포하고 전투동원태세령을 시달하여 전쟁분위기를 고조시키면서 군사비를 계속 증가시켰다.

남한의 군사비 증강을 촉진시킨 대외적 요인은 1971년 주한미군 제7사단의 철수, 1975년 월남의 공산화, 1977년 카터 미국 대통령의 주한미군 철수선언 등으로 미국의 대남한 안보공약이 흔들리자 안보불안을 느껴 자주국방정책을 추진하고 율곡사업을 시작했다. 기본 무기와 장비의 국산화 정책을 뒷받침하기 위해 군사비를 대폭 증가시켰다. 그리고 북한의 남침 가능성과 선제기습공격 전략에 대응하기 위해 군사비를 증가시켰다. 남한의 군비증강은 철저하게 대외적 요인에 더 많이 기인한 것으로 볼 수 있다.

남북한 간 군비경쟁을 촉진시킨 대내적 요인은 다음과 같다. 북한의 대내요인은 대외정세의 불안을 극복하고 북한의 안보를 강화하기 위해서 1970년 11월 제5차 당대회에서 김일성 주체사상을 채택하고 "남조선 민족해방 인민민주주의 혁명을 달성"하겠다고 함으로써 군사력 증강에 박차를 가했다고 볼 수 있다. 김일성 체제를 공고하게 하면서 김정일 세습체제 구축을 시작했다. 이를 뒷받침할 독재정치가 필요했기 때문에 국방에서 자위의 원칙, 4대 군사노선, 미국의 적대시 정책 등을 강화시키고, 군사비를 증가시킨 것이다.

---

126) 배명오, "북한의 대남전략 전술의 변천과정 분석과 향후 전망," 『정책연구보고서 87-2』(서울 : 국방대학원 안보문제연구소, 1987), pp. 76-78.

남한의 군비증강을 촉진한 대내요인은 1970년대 성공적인 경제발전의 결과 군사비에 투자할 여력이 생긴 것으로 볼 수 있다. 또한 박정희 정권의 정치적 안정을 위해 대내적으로 통제를 강화할 필요성 때문에, 북한의 대남 적대시 정책을 활용할 필요가 있었다.

다. 1980년대의 남북한 군비경쟁

1980년대의 남북한 간 군비경쟁의 주요 특징을 보면 1980년대 상반기에는 남북한이 상호 군비감소 경향을 보이다가 1980년대 후반에 가서야 군비경쟁 양상을 보인다는 것이다. <그림 Ⅰ- 2>에서 보는 바와 같이, 1980년대 전반에는 북한은 경제적인 어려움으로 인해 군사비를 축소했고, 남한은 미국의 군사원조의 중단으로 군사비의 총량이 줄어드는 경향을 보였다. 1983년부터 중단된 미국의 대한 군사원조는 한국의 군사비에도 영향을 미쳤다. 미국의 대외군사원조계획(military assistance program)과 무상군사원조(military assistance service fund)가 1982년까지 제공되었다. 따라서 1983년에는 1982년보다 남한의 군사비가 감소되었다. <그림 Ⅰ- 2>에서 보는 바와 같이 한국의 군사비는 1985년까지 마이너스 성장을 계속했다. 그 주요 원인은 1980년에 있었던 국내경제의 마이너스 성장에도 원인이 있지만 1970년대부터 1982년까지 지속되어 오던 미국의 군사원조가 없어졌기 때문이다. 1980년대 후반에 남한은 군사비를 대폭 증가시켰으며 북한도 완만한 증가추세를 보였다.

1980년대 남북한 간 군비경쟁을 촉진한 외부적 요인은 다음과 같다. 북한은 1984년부터 다시 소련으로부터 군사원조를 받았고, 최신예 전투기와 지대공 미사일을 지원받음으로써 군사력을 증강시켰다. 또한 계속되는 한미연합훈련과 한미연합군의 새로운 교리에 대응하고, 남한의 질적인 군비증강에 대응하는 반작용으로서 군사비를 증가시켰다. 이에 비해 남한은 1987년에 미국의 해외군사판매차관(FMS : Foreign Military Sales Credit)이 중단되자, 군 현대화계획에 지장을 주지 않기 위해 군사비를 늘렸다. 1983년 북한의 아웅산 테러와 1987년 KAL기 폭파사건으로 고조된 북한에 대한 적대감은 남한의 군비증강을 부추긴 원인이 되었다.

남북한 간 군비경쟁을 촉진한 내부적 요인은 다음과 같다. 북한의 군비증강을 촉진한 내부요인은 대규모 기습공격 전략을 뒷받침하기 위해 병력을 70만에서 100여만 명으로 대폭 증가시켰으며 기습의 효과를 높이기 위해 미사일과 생화학무기의 개발과 생산을 시작한 것을 들 수 있다. 전후방 동시 전장화를 위한 군사전략과 정규전과 비정규전의 배합전을 새로운 교리로 채택하고 특수부대를 수송할 수 있는 AN-2기 중심의 전력을 증강시키는데 군사비를 많이 투자했다.

남한의 군비증강을 촉진한 내부요인은 무기의 질적인 향상을 도모한 율곡사업의 지속적 추진과 공지전(air-land battle) 군사전략의 채택을 들 수 있다. 1982-1986년 사이에 제2차 율곡사업이 있었으며 1987-1992년 사이에 제3차 율곡사업을 추진했으므로 남한은 군사비를 대폭 증가시켰다. 특히 제3차 율곡사업 기간 중에는 한국형 전차(K-1) 및 한국형 장갑차(K-200)를 실전배치했다. 해군은 하푼 미사일과 대잠수함 무기를 도입하고 고속정을 생산했으며 독일형 잠수함 3척을 보유하게 되었다. 공군은 F-4D/E 팬텀기를 추가적으로 도입하고 F-16 20대를 확보하여 무기의 질적인 향상을 도모했다. 남한은 미국으로부터 무기수입을 대폭 늘렸다. 1981년부터 1985년 사이에 총 19억 6천만 달러의 해외무기 수입액 중 19억 달러에 상당하는 미국무기를 수입했다. 주요품목으로는 F-16전투기, 스팅거, 호크, 매브릭 미사일을 구입했으며 장갑차도 수입했다. 1987년에는 미국의 대한군사판매차관이 종결되어 남한은 군사비를 더 증가시킬 수밖에 없었다.

1980년대 남한의 군사전략은 미국의 공지전 교리[127)]를 반영했다. 평시억제 전략과 유사시 공세적 방어전략이다. 공지전 교리는 북한의 기습공격이 있을 경우 현 전선에서 전진방어를 할 뿐만 아니라 적의 후방의 제2공격선을 공격함으로써 최전선의 적과 후방의 적을 분리시키겠다는 구상에서 나온 것이었다. 이 공지전 교리를 실행에 옮기기 위해서는 군사비의 증강이 필요했다.

라. 1990년대부터 2000년대의 남북한 군비경쟁

1990년대의 남북한 군비경쟁의 특징은 남한은 계속 군사비를 증가시킨 반면 북한은 군사비를 계속 감소시킬 수밖에 없었다는 것이다. 남한의 경제는 계속 성장한 반면 북한의 경제는 계속 파탄의 길을 걸었기 때문에 남한의 군사비는 증가했고 북한의 군사비는 계속 감소했던 것이다. 남북한 모두 동맹관계에 변화가 생겼는데 미국은 한반도 주둔 미군의 3단계 철수안을 제시했고, 소련은 북한과 군사동맹관계를 파기하였다. 북한은 전략적으로 고립되었고, 한미 동맹은 더욱 강화되어 갔다. 이러한 전략적 고립 상황을 감안하여 북한은 핵무기를 비롯한 대량살상무기의 개발을 시도하는 비대칭위협전략을 구사했고, 남한은 북한의 침략을 방어하는 무기뿐만 아니라 주변국의 불특정 위협에 대비해서 군사력을 증강시켜 갔다. 그래서 이 시기의 군비경쟁의 특징은 남북한 간에 대칭적인 군비경쟁이 아니고 차원이 다른 비대칭적인 군비경쟁을 해갔다는 점이며, 군사비에 대한 관찰만으로는 이 사실

---

127) 육군 교육사령부, "적극방어에서 공지전투로 : 1973년부터 1982년까지의 미육군 교리발전," 『군사발전 제31호 부록』(육군 교육사령부, 1986), p. 1. 1976년 적극적 방어-1980년 통합전장 -1981년 확대전장-1982년 공지전투개념으로 발전해 왔음을 설명하고 있다.

을 파악할 수 없는 군비경쟁이 전개되었다고 볼 수 있다.

이 시기의 남북한 군비경쟁을 촉진한 외부적 요인은 다음과 같다. 북한의 군비증강을 초래한 외부적 요인은 탈냉전 이후 공산권의 몰락과 러시아와 중국으로부터 외교적 고립, 1996년 9월의 북·러 군사동맹관계의 파기 등으로 인한 전략적인 고립에 대한 북한식 대응방안의 도출이었다. 2001년 출범한 미국의 부시 행정부가 대북한 압력정책을 강화시킨 것도 북한의 대응을 강하게 만들었다. 이것은 북한이 핵개발을 비롯한 대량살상무기와 미사일 개발에 전력을 경주하게 만든 원인이었다. 한편 남한의 군비증강을 촉진한 외부적 요인은 미국이 남한에게 방위비 분담을 증액시킬 것을 요구했으며 남한 단독으로 북한의 침략을 막을 수 있는 능력을 보유할 것을 요구한 때문이다. 아울러 북한이 핵무기를 비롯한 대량살상무기를 개발하고 있기 때문에 이에 대한 대응으로서 군사비를 증가시킨 것이다.

남북한 간에 군비경쟁을 촉진한 내부적 요인은 다음과 같다. 남한이 군비를 증강한 내부적 요인은 군사력의 현대화사업 때문이다. 첨단 군사력을 확보하기 위해 야심적인 계획을 세웠으나 1997년의 외환위기, 민주화 이후 국방예산 확보의 상대적 어려움으로 인해 첨단무기 획득이 지연되면서 군사비의 증가율이 해마다 둔화되고 있다. 북한이 군비를 증강하게 된 내부적 요인은 30−40년 이상 된 노후무기의 대체를 가장 큰 이유로 들 수 있다. 김정일 체제를 강화시키기 위해 선군정치에 근거하여 국내통제력을 강화시키는 방편의 하나로 대량살상무기의 보유와 군사력의 건설을 재촉하고 있으나 자원부족으로 곤란을 겪고 있는 형편이다. 이상에서 볼때 1990년대와 2000년대는 남북한 군비경쟁에서 남한이 리드하고 있으나, 북한은 억지력과 공격력이 높은 전략무기 확보에 주력하고 있는 실정이다.

마. 2010년대의 남북한 군비경쟁

2000년대의 남북한 군비경쟁의 특징은 남한은 계속 군사비를 증가시킨 반면 북한은 군사비를 낮은 수준에서 동결시킬 수밖에 없었다는 것이다. <그림 Ⅰ−2>를 보면 남한의 군사비는 계속 증가추세를 보이다가 2008년도부터 2년간 하강세를 보이는데 그 이유는 미국발 금융위기로 인해 달러 대 원화의 환율이 인상되어 달러로 나타낸 남한의 국방비는 하강세를 보일 수밖에 없었기 때문이다(반면에 한화로 나타낸 남한의 국방비는 매년 증가세를 보이고 있다). 한편 북한의 경제는 1%대 내외의 낮은 성장을 보이고 있으므로 재래식 군사비 지출은 매년 일정한 수준에서 동결되어 있다. 그러나 북한은 핵과 미사일 개발에 전력을 기울이게 되는데, 김정일이 별도로 경비를 조달하여 사용한 것으로 파악되고 있다. 따라서 북한의 재래식 군사비 계산에는 포함되지 않았다.

남한은 북한의 지속적인 핵개발에 대해서는 미국의 핵우산과 확장억제정책에 의존하는 한편, 북한의 재래식 공격 가능성에 대해서는 남한의 재래식 억제력을 증가시키고자 노력했다. 2000년대 초반에 남한 정부는 대북한 햇볕정책을 추진하면서 국방비의 매년 증가액을 어느 정도 자제했으며, 노무현 정부에 이르러서 국방개혁의 일환으로 재래식 군사비를 증가시켰고 이명박 정부에서는 북한의 도발에 대응하고, 국방을 선진화하기 위해 군사비를 증가시켰다. 북한은 선군정치에 근거하여 소위 "미국의 적대시 정책과 위협을 억제하기 위해" 핵무기와 대량살상무기를 개발, 실험하고 이에 대한 국방비 지출을 증가시켰으나, 그 예산 내역을 공표하지 않았다.

그래서 이 시기의 군비경쟁의 특징은 남북한 간에 대칭적인 군비경쟁이 아니고 차원이 다른 비대칭적인 군비경쟁을 하고 있다고 볼 수 있다. 따라서 재래식 군사비 지출에 대한 관찰만으로는 이 사실을 정확하게 알 수 없는 남북한 간 군비경쟁이 전개되고 있다고 볼 수 있다. 만약 북한의 핵무기와 대량살상무기의 개발에 드는 비용을 추정한다면, <그림 Ⅰ-2>는 달라질 수 있으며, 북한의 군사비는 계속 증가추세를 보일 수 있을 것이다.

이 시기의 남북한 군비경쟁을 촉진한 외부적 요인은 다음과 같다. 북한의 군비증강을 초래한 외부적 요인은 북한이 지속적으로 핵과 미사일을 개발하고 실험을 감행함으로써 국제사회로부터 제재를 받기 시작했으며, 북한이 미국을 비롯한 국제사회의 제재에 강하게 반발하는 양상을 띠면서 핵과 미사일 개발을 더 가속화시켜 왔다고 볼 수 있다. 북한은 한반도 군비경쟁을 주도하고 있으며, 미국과 남한의 군비증강에 대한 반작용으로서의 군비증강도 하고 있다고 볼 수 있다. 한편 남한의 군비증강을 촉진한 외부적 요인은 북한이 핵무기를 비롯한 대량살상무기를 개발하고 있기 때문에 이에 대한 대응으로서 군사비를 증가시킬 수밖에 없었다고 할 것이다.

남북한 간에 군비경쟁을 촉진한 내부적 요인은 다음과 같다. 남한이 군비를 증강한 내부적 요인은 국방개혁의 일환으로 인력위주의 군대를 첨단전력 위주의 군대로 바꾸는 과정에서 노무현 정부는 군사비를 대폭 증가시켰고, 연이어서 이명박 정부에서는 북한의 무력도발에 대해서 강력하게 대응할 필요에서, 그리고 국방을 선진화시키기 위해 군사비를 증액시켰다. 북한이 군비를 증강하게 된 내부적 요인은 김정일 체제를 강화하기 위해 선군정치에 근거하여 국내통제력을 강화시키는

방편의 하나로 대량살상무기의 보유와 군사력의 건설을 서둘렀으며, 김정은 시대
에서도 정권 강화책의 일환으로 핵실험, 미사일 시험, 핵무기 사용 위협 등으로 한
반도에서 긴장을 고조시켰다. 이러한 북한에 대응하여 미국이 대한국 국방지원을
강화시키자 북한당국은 소위 "미국의 위협에 대응하기 위해 군사비를 증가시킬 수
밖에 없었다"고 주장하고 있는 것이다.

　　이상에서 볼 때 2000년대와 2010년대는 남북한 군비경쟁에서 남한이 북한을
크게 리드하고 있으나, 북한은 핵과 미사일을 비롯한 대량살상무기를 증강시킴으
로써 남북한 간에는 비대칭 군비경쟁 양상을 보이고 있다고 할 수 있다.

Ⅵ. 결   론

　　이상에서 세계적 차원의 군비경쟁과 한반도 차원의 군비경쟁을 대비시켜 분석
해 보았다. 세계적 차원의 군비경쟁은 양극체제 하에서 더 격렬하게 전개되었으며,
군비경쟁에서 국력이 먼저 소진된 소련과 공산권의 몰락으로 세계적 차원의 군비
경쟁은 끝나게 되었다. 공산권의 몰락 이전부터 미국을 비롯한 유럽의 자유진영은
소련을 비롯한 공산권과 대화와 대결을 번갈아 하면서 1980년대 후반에는 상호 협
상을 통한 군비경쟁의 규제에 대한 합의를 일구어 내기도 했다. 꼭 군비경쟁에 국
한된 정책대응은 아니었지만, 동서간의 긴장완화와 외교관계에서 군사의 비중을
약화시키기도 했다. 적대적 이미지를 약화시키기 위해 군사안보차원에서부터 정치,
경제, 사회문화 차원의 다각적인 교류와 협력을 전개해 왔다. 상호 합의에 의한 군
비통제를 하기 위해 GRIT를 비롯한 상호주의, 맞대응 전략, 봉쇄전략 등을 다양하
게 구사했다.

　　사실상 군비경쟁을 완화시키기 위한 미국과 서유럽의 전략은 성공적인 결과를
낳았다. 미국과 서유럽이 치밀한 정책공조를 하던 중에 소련에서 개혁·개방적인
지도자인 고르바초프가 등장함으로써 소련이 오히려 적대 이미지를 해소하기 위해
방어중심의 전략을 선택하고, 선제적인 군축조치를 취했으며, 정치와 경제가 군사
보다 우선한다는 전략사상을 채택함으로써 소모적인 군비경쟁을 종식시키기에 이
르렀다. 그러나 소련의 정책전환이 미국과 아무런 상관없이 독자적으로 이루어진
것이 아니라 오히려 미국의 양면적인 대소련 안보전략과의 상호작용의 결과라고
하는 편이 나을 것이다.

　　20세기에 이어 21세기에도 한반도에서 군비경쟁은 계속되고 있다. 그러나 군

비경쟁의 양상은 바뀌고 있다. 남한은 군사비의 규모와 재래식 무기 분야에서 군비경쟁을 리드하고 있다. 북한은 재래식 군비경쟁에서 졌기 때문에 대량살상무기 군비경쟁으로 가고 있다. 북한이 대량살상무기 군비경쟁을 지향하는 이유는 전략적인 고립, 외부 특히 미국으로부터의 안보불안, 체제 내부의 불안, 남한과의 재래식 군비경쟁에서 패배를 생각하기 때문이다. 남한이 재래식 군비증강을 지속하고 있는 이유는 북한의 기습선제전략과 재래식 무기의 양적 우세, 북한의 적대적 이미지, 지역 국가들로부터의 잠재적인 안보위협 등을 생각하기 때문이다.

남북한 간에 상호작용으로 인한 군비경쟁은 어떻게 해소되어야 할까? 우선 남북한 간에 적대적 이미지를 해소해 나가야 한다. 그러기 위해서는 남한의 북한에 대한 적대의식과 한반도의 공산화통일을 규정한 북한의 노동당 규약이 바뀌어야 할 것이다. 아울러 북한의 선군정치에 근거한 북한의 군사우선 정책, 기습선제공격전략과 전방에 배치한 과다한 공세적 전력이 방어중심으로 수정되어야 하며, 대규모 미군의 증원전력에 의존하는 한국의 방위전략도 바뀌어져야 할 것이다. 또한 군비경쟁을 촉진하는 국내적 요인이 해소되어야 한다. 예를 들어 북한체제가 민주화됨으로써 북한사회에서 당 간부와 군대가 가진 영향력이 축소되어야 할 것이다. 남한은 민주화와 시민사회의 성장 덕분에 군비경쟁을 선호하는 내부적 요인은 많이 줄었으나 일방적인 군축을 주장하는 목소리가 커짐에 따라 남북한 간에 군비경쟁을 규제하기 위한 협상에서 남한의 협상력이 낮아질 수 있음을 고려해야 할 것이다. 아울러 세계적 차원에서 군비경쟁의 완화방법인 GRIT, 맞대응전략, 상호주의전략, 계산된 양면전략 등을 시의 적절하게 구사해야 할 것이다.

제 2 부

유럽의 헬싱키 프로세스와 군축

제1장

헬싱키 프로세스와 유럽의 군사적 신뢰구축

I. 군사적 신뢰구축(Military Confidence Building)의 정의

국가들 간의 일반적 관계의 개선을 의미하는 광범위한 신뢰구축은 "양 국가 간 또는 다수의 국가들 간에 상호작용, 교류, 합의를 통해 이해와 신뢰를 촉진시키는 정치적, 경제적, 군사적, 기술적, 문화적인 면의 모든 행위를 모두 포함하는 것"이라고 본다.[1] 이 관점은 적대적인 국가들 사이에 관계를 개선하기 위해서는 외교관계 정상화, 정보의 자유로운 교류와 교환, 경제적 교류와 협력, 사회 문화의 교류와 교환, 군사적 신뢰구축 등을 모두 포괄적으로 실시하여야 한다고 본다. 이를 다른 말로 'DIME(Diplomatic, Information, Military, Economic) 접근법'이라고 부르기도 한다.

신뢰구축 개념이 탄생한 1970년대에는 이러한 광의적인 개념정의도 실제로는 국가들 간의 긴장완화와 관계개선이 결국 국가들 간 군비경쟁을 완화시키고, 군축으로 이끄는 데 기여해야 한다는 시각을 갖고 있었다.[2] 그래서 신뢰구축이 반드시 군사적 성격을 갖고 있을 필요는 없으나 국가 간에 정치적, 외교적, 경제과학적, 인적 접촉과 교류가 결국 군비경쟁을 유발하는 제 요인을 감소시키는 데 기여할 것이라는 기대를 갖고 있었다.[3]

반면, 협의의 관점에서는 군사적 신뢰구축만 분리하여 "군사적 신뢰구축은 국

---

1) James Macintosh(1985), *Confidence(and Security) Building Measures in the Arms Control Process : A Canadian Perspective*(Otawa, Canada : Department of External Affairs, 1985), pp. 51−60. 서구의 학자들은 신뢰구축을 협의의 관점에서 안보 내지 군사 문제와 관련시켜 군비통제의 한 유형으로 보는 견해가 지배적이었고, 동구나 구소련의 학자들이 신뢰구축을 광의의 관점에서 국가간의 데탕트를 촉진시키는 모든 요소라고 보았다.

2) International Peace Research Association, Disarmament Studies Group, "Building Confidence in Europe," *Bulletin of Peace Proposals* 11, 2, 1980, pp. 150−166.

3) 강성학, "한반도의 군축을 위한 신뢰구축 방안," 이호재 편, 『한반도 군축론』(서울 : 법문사, 1989). pp. 222−251. 강성학은 국가 간 군축과 신뢰구축이 이루어지기 위해서는 국가간 긴장완화, 정치적 갈등 해소가 선행해야 한다고 주장한다. 하영선은 한반도에서는 남북한간에 불신의 골이 유럽보다 더 크므로, 신뢰구축방안을 위한 신뢰구축방안이 필요하다고 보았다. 하영선, 『한반도에서 전쟁과 평화 : 군사적 긴장의 구조』(서울 : 청계연구소, 1989), p. 88.

가들 상호간에 안보와 군사문제에 있어 이해와 신뢰를 증진시키는 특별한 국가 행위"라고 정의한다.[4] 이 관점은 신뢰구축이 안보정책과 군비통제의 특수한 개념이라고 보는 견해에 속한다. 즉, 협의의 관점은 국가들이 상호 군사안보관계에 있어 불신을 배양할 수 있는 오해(misunderstanding)와 오인(misconception), 두려움(fear)을 시정하기 위해 취하는 조치들에 국한한다.

군사적 신뢰구축은 국가들 간의 관계에서 정치적으로나 심리적으로 중요하다. 왜냐하면 국가들 간에 군사정보를 교환하고 군사행동 즉 훈련이나 기동을 통보하고 확인하게 되면 군사력을 사용해서 침략을 할 의도가 없는 것으로 확인되기 때문에 신뢰구축은 실천을 통해서만 달성될 수 있다. 신뢰구축조치의 목적은 군사행동에 있어 불확실성을 감소시키고 군사행동을 통해 압력을 행사하는 기회를 제한함으로써 국가들 간에 안심을 하게 한다는 것이다.[5]

그러므로 군사적 신뢰구축은 한 국가의 군사적 의도에 대해 상대방 국가에게 믿을만하다는 확신을 시켜주는 것이기 때문에 재보장(reassurance)을 해준다고 말하기도 한다. 이 재보장은 탈냉전 이후 협력안보론자들이 이론화 시켰다.[6] 즉, 재보장은 국가들이 자신의 군사정보와 훈련과 작전, 무기 등을 공개하고 투명화 시킴으로써 다른 국가로 하여금 안심하게 하여 결국 국가들은 상호 군사적 대립관계를 청산하고 협력적 관계로 나가게 된다고 주장한데서 비롯되었다.

군사적 신뢰구축이란 또한 심리적 현상을 다룬다고 할 수 있다. 국가의 의도, 의사소통, 인식 등에 관해 다루기 때문이다. 상대방의 의도를 정확하게 알기 위해서는 정보수집이 필요하다. 군사정보기술이 현저하게 발달된 현대에서는 상대방 국가의 의도를 통보받지 않고도 일방적 정보수집을 통해 의도를 비교적 정확하게 파악할 수 있다. 하지만 일방적인 정보수집의 결과 상대방의 의도를 잘못 판단할 수 있다. 특히 적대관계가 구조화되어 있는 국가 간의 관계에서는 더욱 그렇다. 따라서 군사 정보교환과 군사훈련에 대한 상호통보와 참관은 상호 신뢰할 수 있는 조건을 만들어 냄을 부인할 수 없다. 또한 신뢰구축이란 기습공격의 공포와 같은 군사적 우려를 취급한다. 이것은 동서 양 진영 간 군사충돌 가능성이 높았던 중부유럽에서 신뢰구축조치가 출발했던 이유이기도 하다. 신뢰구축은 잠재적 적국이

4) Y. Ben−Horin, R. Darilek, M. Jas, M. Lawrence, and A. Platt, *Building Confidence and Security in Europe : The Potential Role of Confidence and Security−Building Measures*(Santa Monica : RAND, 1986).
5) Johan Jorgen Holst and Karen Allette Melander, "European Security and Confidence−Building Measures," *Survival 19*, 4, (July/August, 1977), pp. 147−148.
6) Janne E. Nolan, *Global Engagement : Cooperation and Security in the 21st Century*(Washington, D.C. : The Brookings Institution, 1994), pp. 13−17.

상대방의 정당하고 비공격적 군사 활동의 의도를 오해하거나 오인하지 않도록 군사 의도를 투명하게 만드는 데도 노력을 맞춘다. 그러나 신뢰구축은 군사 의도(intentions)만 중시한 나머지 군사 능력(capabilities)을 다루지 않는다는 점에서 군비통제가 아니라고 주장하는 많은 사람들이 있다.

좀 더 엄밀하게 정의하자면 군사적 신뢰구축은 특정 군사위협이나 활동으로부터 생길 수 있는 오해나 오인을 감소시키거나 제거하기 위해 한 국가가 일방적으로 취하거나 두 개 이상의 국가가 합의에 의해 취하는 각종 통제 조치를 의미한다. 일방이 상대방에 대해 가진 군사우려가 근거가 없다거나, 군사력을 사용해 공격할 정치적, 군사적 의도가 없다는 것을 증명하기 위해 상대방이 수용할 수 있는 증거를 제시하며 그것을 검증 가능하도록 해주는 행위를 가리킨다.

이에는 기습공격이 어렵고 불가능하다는 것을 알려주기 위해 조기경보를 가능케 하도록 하는 행위가 포함되며, 아주 민감한 지역에 군사력을 배치하거나 그곳으로 군사적 이동을 하지 않고, 기타 군사 활동에 제약을 가함으로써 군사력 사용이 힘들도록 제한하는 행위가 포함된다.

결국 신뢰구축의 궁극적인 종착역은 국가들이 군사적 신뢰구축에 합의하고 그것을 이행하는 국가들은 전혀 군사력을 사용하여 상대방을 공격할 의도가 없어야 한다는 것이다. 만약에 상대방 국가가 군사력을 사용할 것이란 의심을 다른 국가가 계속 가지고 있거나, 한 국가가 군사력을 사용할 의도를 실제로 갖고 있다면 신뢰구축체제는 불완전하고 깨어질 수밖에 없다.

결론적으로 군사적 신뢰구축(military confidence building)은 한 국가가 군사력을 사용해서 정치적 목적을 달성하려는 의도를 규제하고 약화시키거나 제거하는 것이라고 볼 수 있다. 손자병법에 보면 "최선의 전략은 싸우지 않고 승리하는 것이며 차선의 전략은 적이 싸우려고 하는 의도를 분쇄하는 것"[7]이라고 하고 있는데, 바로 군사적 신뢰구축이란 상대방의 싸우려고 하는 의도를 투명하게 만들고 공개시킴으로써 그 의도를 약화시키거나 제거하는 것을 말한다. 따라서 군사적 신뢰구축이란 군사력의 규모, 무기체계, 구조, 구성을 손대지 않고 군사력의 운용(operations) 즉, 훈련, 기동, 가용성, 행위, 특정지역에서 배치 등을 통제하는 것으로 볼 수 있다. 그런 점에서 군사적 신뢰구축을 운용적 군비통제(operational arms control)라고 부르기도 한다.[8] 반면, 군사력의 규모, 무기체계, 구조, 구성에 손을 대어 이를 감소

---

7) 이종학 편역, 『손자병법』(서울 : 박영사, 1987), pp. 71-77.

8) Richard Darilek and John Setear, *Arms Control Constraints for Conventional Forces in Europe* (Santa Monica, CA : RAND N-3046-OSD, 1990), p. 6. Robert D. Blackwill and Stephen F. Larrabee, *Conventional Arms Control and East-West Security*(Durham, NC : Duke University

시키는 것은 군축 또는 구조적 군비통제(structural arms control)라고 부른다.

Ⅱ. 군사적 신뢰구축의 접근방법

유럽에서는 군사적 신뢰구축을 국가들 간의 일반적 관계 개선과 동시에 추진했다. 유럽에서는 군비통제의 목적을 대개 네 가지로 규정했는데[9] 이를 군사적 신뢰구축의 목적과 관련시켜 설명하면 다음과 같다.

첫째, 국가들 간에 정치적, 군사적 긴장을 완화하고 적대감을 감소시킨다. 군사적 신뢰구축은 국가들 간에 군사적 투명성과 예측가능성을 증대시킴으로써 긴장완화와 적대감 해소에 기여한다. 하지만 그 영향에 한계가 있음을 인정하지 않을 수 없다.

둘째, 전쟁발발 가능성을 감소시킨다. 전쟁발발 가능성을 감소시키기 위해서는 상대방의 군사적 의도와 능력을 통제해야 하는데, 신뢰구축은 정치지도자들이 군사력을 사용하려고 하는 의도를 제한하여 결국 전쟁을 방지하는 것이다.

셋째, 기습공격(surprise attack)을 방지한다.[10] 이를 위해서 군사력의 배치, 군 구조, 전략, 훈련, 사기 등을 공개함으로써 상대방이 모르는 가운데 병력을 집중함으로써 기습공격을 하려고 하는 의도를 제거하고자 했다. 실제로 조기경보와 적의 기습가능성에 대한 정보를 사전에 인지함으로써 기습공격 가능성을 줄일 수 있다.

넷째, 국가 간에 오인(misperception)과 오산(miscalculation)을 방지한다. 실제로 유럽의 군사적 신뢰구축에서 가장 중요했던 것은 오인과 오산의 방지였다. 역사적 사례를 보면 베를린 위기(1958), 체코 자유화운동 시기(1968), 소련군의 폴란드 진주(1980) 시, 소련군이 기동하여 그 사태들을 진압했는데 이 때 서구에서는 소련군이 전쟁을 하러 오는 줄 잘못 알고 오지와 오산에 의한 과잉반응을 하게 되면 전쟁 발발이 가능했었다. 이를 막기 위해 유럽에서 군사적 신뢰구축이 채택되었다. 특히, 1975년 헬싱키 최종선언에 반영된 유럽의 군사적 신뢰구축은 기습전쟁 방지 측면보다는 오해와 오산 방지 성격이 더 강했다고 볼 수 있다. 그러나 신뢰구축조치는 고의적이고 계산된 침략(intended and calculated invasion)을 막지 못한다는 결정적 결함이 존재함을 잊어서는 안 된다고 서구의 전문가들은 경고하고 있다.[11]

Press, 1989), pp. 231－257.

9) J. J. Holst and K. A. Melander, op. cit., p. 146.

10) Adam Rotfeld, "CBMs Between Helsinki and Madrid : Theory and Experience," in Stephen Larrabee and Dietrich Stobbe eds., *Confidence Building Measures in Europe*(New York : Institute for East－West Security Studies, 1983), p. 93.

11) Kevin N. Lewis and Mark A. Lorell, "Confidence Building Measures and Crisis Resolution : Historical Perspectives," *Orbis* 28, 2(Summer 1984), pp. 281－306.

유럽에서는 군사적 신뢰구축의 원칙으로서 세 가지를 꼽았다. 투명성(transparency), 공개성(openness), 예측가능성(predictability)이 그것이다. 사실 한 국가가 국가안보에 가장 중요한 군사적 요소들을 숨기면서 상대방 국가에게 믿어 달라고 일방적으로 요구는 할 수 있으나 그것을 믿고 다른 나라가 국방정책을 바꿀 수는 없다. 군사적 신뢰성의 정도는 군사정보에 대한 투명성과 공개성 여부에 달려있기 때문이다. 그러나 투명성과 공개성은 그 개념이 구분된다. 투명성은 군사전략과 실제 군사행동을 상대방에게 완전히 투명하게 하는 것이다. 이것은 상대방의 태도에 대한 추론을 가능하게 하고, 더욱 예측가능하게 하며, 계산할 수 있게 한다. 동구권 국가나 소련은 이 투명성(transparency : prozracnost)이라는 개념에 대해 반대했다. 왜냐하면 투명성이란 간첩행위를 합법화시키는 것과 같다고 생각했기 때문이다. 냉전시대 철의 장막 속에 살던 소련과 동구권은 투명성이라는 이름으로 군사정보를 얻으려고 하는 미국과 서방에 대해 강한 불신감을 나타냈다. 대신에 소련과 동구권은 공개성 내지 개방성(openness : otkrovennost)이란 용어를 사용했다.[12] 이것은 투명성에 대한 반대를 나타내는 동시에, 신뢰구축조치에 대한 동구의 관점을 나타내는 것이었다. 서구에서는 투명성과 공개성이란 용어를 동의어로 취급했다. 보통 투명성은 정도의 차이가 없지만 공개성은 정도의 차이를 나타낼 수 있다고 본다. 왜냐하면 공개성은 한 국가가 공개 내지 개방할 준비가 얼마나 되어 있는가에 따라 정도의 차이가 나타나기 때문이다.

예측가능성은 한 국가의 군사행동에 대해 적어도 몇 년간 예측할 수 있게 만든다는 뜻이다. 군사적으로 대규모 훈련을 한다든지, 대규모 기동을 한다든지 하는 것이 갑자기 발생하게 되면 불확실한 상황 하에서 위기로 발전할 수 있고, 과잉반응을 유도할 수도 있으므로 이러한 행동에 대해 미리 예측가능하게 하는 것은 군사적 신뢰구축을 조성하기 위해 필수적이라고 보았다.

유럽에서는 국가들 간에 일반적 관계 개선을 의미하는 광범위한 신뢰구축을 먼저 진행하고 군사적 신뢰구축은 어려운 문제이기 때문에 후로 미루지 않았다. 유럽에서는 국가들, 민주 대 공산 진영 간 첨예한 군사대치 현실을 개선시켜 나가는 안보대화채널을 먼저 제도화했다.

유럽 군비통제의 양대 산맥은 신뢰구축을 논의한 CSCE와 군축을 논의한 MBFR으로 구분할 수 있다. 군비통제를 구상하는 정책담당자들은 이 양대 채널이 1973년 거의 동시에 출범했다는 사실을 기억할 필요가 있다. 그 후 양대 회담은 계속 개최

---

12) Falk Bomsdorf, "The Confidence Building Offensive in the United Nations," *Aussenpolitik* 33, 4, (Winter, 1982), pp. 376-377.

되어 왔기 때문에 유럽에서 군사적 신뢰구축과 군축이 어떻게 진행되어 왔는가는 이 두 채널을 동시에 분석해야 올바른 시사점을 얻을 수 있다.

우선 CSCE는 미국, 캐나다와 소련이 참가하고, 유럽의 모든 나라가 참가한 35개국 회의로서 1973년 7월부터 시작되어 다자 간 신뢰구축을 다루어 왔고 유럽 각국의 수도를 옮겨 다니며 회의를 개최하였다. 반면, MBFR은 1973년 10월부터 1차 회의가 시작되었으며, 오스트리아의 비엔나에서 줄곧 개최되었다. 여기에는 나토 16개국 중 미국·영국·캐나다·벨기에·네덜란드·룩셈부르크·서독 등 7개국이 회원국으로 참가하였고, 5개국(덴마크, 그리스, 이태리, 노르웨이, 터키)이 옵서버로 참가하였으며, 바르샤바 조약기구 7개국 중 4개국이 회원국(소련·동독·폴란드·체코)으로 참가하고, 3개국(불가리아·헝가리·루마니아)은 옵서버로서 총 19개국이 참가하며 16년 간 지속되었다. 양대 군사동맹들이 배타적인 군축회담을 가짐으로써 중립국이나 프랑스는 참가하지 못했으며 1989년 CFE(Conventional Forces in Europe)로 변경되어 개최될 때에 프랑스가 참석하게 되었다.

양대 채널 중에서 미국은 양 진영 간에 군사적 대치현실을 배타적으로 다루는 군축회담인 MBFR을 CSCE보다 우선시했던 경향이 있다. 그 이유는 군사적 신뢰구축이 합의되더라도 군사능력을 통제하지 않으면 적대 진영을 신뢰하기에는 부족하다는 생각이 있었기 때문이다. 실제적으로 미국은 CSCE에서 소련과 동구진영에 경제·과학기술 교류를 허용하는 조건부로 군사적 CBM과 인도적 교류를 수용할 것을 설득시켰다. 따라서 유럽의 군사적 신뢰구축은 동서 양 진영 간의 경제·사회·교육·인도적 교류 협력과 동시에 시작되었다고 할 수 있다. 또한 미국은 유럽에서 재래식 군사력 균형의 우세를 유지하고 있던 소련으로 하여금 군축협상인 MBFR을 수용하라고 촉구했고, 소련이 군축회담을 받아들이는 조건부로 미국은 CSCE를 수용했던 것이다.

그 결과 미국은 동구권과 소련을 군사적으로 개방시키는 첫 계기를 마련했던 것이다. 소련은 미국과 서유럽 국가들로부터 공산권의 영향권과 소련 중심의 위성국들의 국경선을 인정받으려 노력했고 동구를 포함한 공산국가들은 서유럽으로부터 경제와 과학기술의 교류 협력을 원했기 때문에 미국과 서유럽 국가들은 소련과 동구의 이러한 동기를 이용하여 유럽안보협력회의를 탄생시키는 한편, 소련에 조건부로 군사적 신뢰구축조치를 받아들이도록 설득했다. 안보와 군비통제 전문가들은 1975년에 초보적인 신뢰구축조치를 받아들였던 소련이 공산주의 입장에서 보면 바보 같은 짓을 했다고 놀리기까지 했을 정도였다.

<표 Ⅱ - 1>에서 보는 바와 같이, 1975년 헬싱키 최종선언에 담긴 신뢰구축조치는 병력 25,000명 이상이 참가하는 군사훈련 상황을 21일 전에 통보하는 것이었으며, 군사훈련 참관단 초청은 회원국의 자발적 의사에 맡겨 놓았다. 따라서 법적인 구속성이 전혀 없었다고 할 수 있다. 군사적으로는 아무런 의미가 없다는 비판을 면키 어려웠다. 소련과 동구 국가들은 미국과 서방 국가들을 초청하지도 않았고, 군사훈련 통보 숫자도 매우 적었다. 이렇게 해서는 안 되겠다고 하는 반성에서 1986년 스톡홀름 협약이 나왔다. 즉 군사적으로 의미 있고, 구속력이 있는 신뢰구축조치들이 들어가게 되었다. 그래서 이를 1975년 신뢰구축조치와 구별하여 1986년 신뢰 및 안보구축조치(CSBM : Confidence and Security Building Measures)라고 부른다. 이때는 13,000명 이상의 병력과 300대 이상의 전차가 동원되는 군사훈련을 42일 전에 통보할 것을 의무화 하였으며, 통보국가는 매년 3차례의 현장 사찰단을 초청하도록 의무화하였다. 7만 명 이상의 병력이 참여하는 대규모 훈련은 2년 전에 통보하지 않으면 중지시킬 뿐 아니라 4만 명 이상의 훈련도 1년 전에 통보할 것을 의무화했다.

1985년 10월 소련에서 신사고와 개혁개방을 부르짖는 고르바초프가 등장함에 따라 소련과 동구는 적극적으로 신뢰 및 안보구축조치를 받아들이겠다고 선언했다. 이러한 신뢰 및 안보구축조치는 동구권의 개방을 야기했으며 결국은 1990년 11월 파리헌장으로 유럽에서 냉전을 완전 종식시키는 쾌거를 가져오게 된 것이라고도 볼 수 있다.

한편 서독과 동독은 CSCE에서는 각각 나토와 바르샤바 조약기구의 일원으로 참가하고 활동하였으며 독자적인 목소리를 내지 못했고 또 내려고도 하지 않았다. 두 나라는 상호균형된 병력감축회담에도 집단방위기구인 나토와 바르샤바 조약기구의 일원으로 참가했다. 서독과 동독은 1975년 헬싱키 최종선언에 합의된 군사훈련의 통보 조항을 나토와 바르샤바 조약기구의 일원으로서 준수했다. 1986년 스톡홀름 협약에 합의된 CSBM을 준수한 것도 사실이다. 동서독 간에 관계가 개선되고 일반적 신뢰가 구축된 것은 1970년 시작된 빌리 브란트 수상의 '동방정책'에만 기인한다고 주장하는 것은 설득력이 모자란다. 동서독 간에 군사적 신뢰가 구축된 것은 유럽전체에서 군사적 신뢰구축과 군축에 대한 합의가 있었고 동서독은 집단방위기구의 일원으로서 이를 수용하고 이행해 나갔음을 간과해서는 안 된다. 그리고 냉전기간 동안 미군이 동독에 연락사무소를 두고 있었음도 상기할 필요가 있다. 미국은 이 연락사무소를 통해 동독지역을 순찰할 수 있는 권한도 갖고 있었다.

아울러 1986년 스톡홀름 협약에서 한 단계 더 진전된 신뢰구축 조치가 1990년 비엔나 협약에서 합의되었다. <표 Ⅱ - 1>에서 보는 바와 같이 훈련제한 조치가 강화되었다. 4만 명 이상이 참가하는 훈련은 2년 전에 통보하지 못할 경우 훈련 자체를 실시하지 못하게 했으며 4만 명 이상의 훈련은 2년에 1회로 제한되었다.

학자들은 유럽의 군사적 신뢰구축의 성공 원인으로서 대개 세 가지를 꼽고 있다. 첫째, 양대 진영 간, 그리고 유럽의 모든 나라들이 참여하는 안보대화를 제도화한데서 찾기도 한다. 이를 다른 다자안보체제와 구별하여 CSCE 안보레짐이라고 부르기도 한다.13) 그리고 이러한 안보레짐에 의한 신뢰구축을 실제 합의된 신뢰구축조치들과 구분하여 신뢰구축과정(confidence building process)으로 보기도 한다.14)

유럽에서는 국가의 안보가 확보되려면 군사적 안보, 인권, 경제협력의 세 가지 축이 제대로 균형된 발전을 해야 된다고 하는 강력한 믿음에 근거하여 CSCE를 탄생시켰고, 헬싱키 선언과 스톡홀름 협약에 그것이 반영되었다.15) 매년 35개 회원국 간에 정상회담, 외상회담, 안보 및 군사담당 관료 및 전문가들이 정기적인 회담을 개최하여 그 이행 성과를 평가하고 토론하도록 합의하였다. 이것은 미소 간의 관계가 순탄하거나 악화되거나 관계없이 정기적으로 개최되었다. 이러한 정기적 안보대화 채널이 있었기 때문에 1975년 헬싱키 최종선언 이후 별로 진전이 없었던 군사적 신뢰구축 분야에 1986년 획기적 진전을 만들어 낼 수 있었다. 유럽에서 신뢰구축조치가 성공하게 된 또 하나의 이유는 12개 중립국과 비동맹국들이 CSCE에 참가하여 양 진영 간의 대립을 약화시키고, 입장 차이를 중재하여 결국 타협으로 이끌게 한 공헌도 무시할 수 없다고 할 것이다.16)

---

13) Ki-Joon Hong, *The CSCE Security Regime Formation : An Asian Perspective*(New York : St. Martin's Press Inc., 1997).

14) James Macintosh(1996), *Confidence Building in the Arms Control Process : A Transformation View* (Canada : Department of Foreign Affairs and International Trade, 1996), pp. 31-61.

15) John Fry, *The Helsinki Process : Negotiating Security and Cooperation in Europe*(Washington, D.C. : National Defense University, 1993), pp. 5-21.

16) James E. Goodby, "The Stockholm Conference : Negotiating a Cooperative Security System for Europe," in Alexander L. George, et. al., *US-Soviet Security Cooperation : Achievements, Failures, Lessons*(New York, Oxford : Oxford University Press, 1988), pp. 166-167.

표 Ⅱ-1   1, 2, 3 단계 CBM 비교[17]

구 분	헬싱키 협약(1975)	스톡홀름 협약(1986)	비엔나 협약(1990)
적용지역	유럽, 구소련 일부 (우랄산맥 서쪽)	전 유럽지역 (인접해상, 공중지역 포함)	전 유럽지역 (인접해상, 공중지역 포함)
구속력	자발적 준수	정치적 구속	제도화, 의무화
규제대상	군사이동/기동 (병력 25,000명 이상)	상호 합의된 훈련/기동 (병력 13,000명 이상, 전차 300대, 항공기 200쏘티 (헬기제외), 3,000명 이상 상륙군/공수부대) 및 적용지역 밖에서 안으로의 이동	상호 합의된 훈련/기동 (병력 13,000명 이상, 전차 300대, 항공기 200쏘티 (헬기제외), 3,000명 이상 상륙군/공수부대) 및 적용지역 밖에서 안으로의 이동
통보기한	25,000명 이상이 참가하는 훈련의 경우 가능하면 21일전 사전통보	42일전 통보	42일전 통보
참관초청 대상	각자 자유재량	의무화	의무화
제한조치	·	40,000명 이상이 참가하는 훈련은 1년 전에, 75,000명 이상이 참가하는 훈련은 2년 전에 통보, 미통보시 훈련 못함	40,000명 이상이 참가하는 훈련은 2년 전에 통보(2년에 1회만 가능), 미통보시 훈련 못함
참관초청 기준	·	지상군 17,000명 이상의 훈련이나, 5,000명 이상의 상륙군/공수부대 훈련에는 참관인 초청 의무화	지상군 17,000명 이상의 훈련이나, 5,000명 이상의 상륙군/공수부대 훈련에는 참관인 초청 의무화
검 증	·	- 각국은 매년 1~3회 　초청 의무 - 참관인에게 브리핑 실시, 　지도/쌍안경/사진기/ 　녹음기 사용 허용 - 어떤 국가도 검증 요구 　가능 - 피검 국가는 거절 불가 - 지상 또는 공중을 통한 　현장사찰 - 한 국가로부터 1회 이상 　검증 불가 - 검증 요청 후 36시간내 　검증 허용, 검증단 48시 　간내 검증 종결	- 각국은 매년 1~3회 　초청 의무 - 참관인에게 브리핑 실시, 　지도/쌍안경/사진기/ 　녹음기 사용 허용 - 한 국가로부터 1회 이상 　검증 불가 - 피사찰국 POE 지점 선정 - 사찰장소 도착 후 48시 　간 이내 사찰 종결 - 지상 또는 공중을 통한 　현장사찰 - 해군함정, 군용차량 및 　항공기와 같은 방어시설을 　제외하고 사찰관의 접근/ 　출입 및 현장사찰 허용

---

17) Yong-Sup Han, *Designing and Evaluating Conventional Arms Control Measures : The Case of the Korean Peninsula*(Santa Monica, CA: RAND, 1993), p. 97.

둘째, 유럽의 군사적 신뢰구축이 성공하게 된 주요 원인은 안보 및 군비통제 전문가 집단의 기여와 활약상이 대단했다는 것이다.[18] 이들은 헬싱키 최종선언에 들어갈 내용을 소속 국가와 정부에 건의했을 뿐 아니라 CSCE에 정부 대표단 및 집단 방위기구의 자문역으로 참여했다. 1975년 헬싱키 최종선언의 군사적 신뢰구축조치의 약점을 간파하여 그 이후 몇 가지 준비회의(1977년부터 1978년까지 유고슬라비아 베오그라드에서 회의, 1980-83년 사이에 스페인 마드리드에서 회의, 1984-86년 사이에 스웨덴 스톡홀름에서 회의)를 통해 헬싱키 최종선언에 반영되었던 제1세대 군사적 신뢰구축조치의 문제점을 해소하기 위해 좀 더 군사적으로 의미 있고, 정치적으로 회원국들의 자발적 의사에 맡겨 놓지 않고 그들이 합의를 지키도록 구속할 능력이 있으며, 검증 가능한 신뢰구축조치를 논의할 것을 결의하고, 그 방향으로 회원국들의 외교노력을 집중했다. 끊임없는 연구를 거듭한 끝에 1986년 스톡홀름에서 개최된 CSCE에서 군사적으로 의미 있고, 유럽의 군사적 안정에 도움이 되며, 법률적 구속력이 있는 군사적 신뢰 및 안보구축조치를 반영시켰다. <표 II - 2>에서 보는 바와 같이, 유럽 각국은 1986~1987년을 기점으로 대규모 군사 훈련과 기동을 대폭 감소시켰으며, 일정규모 이상의 군사훈련과 기동을 통보하는 횟수가 그 이전 보다 3배나 증가하였다.

| 표 II - 2 | 군사기동 및 이동 통보현황[19] |

구 분	75	76	77	78	79	80	81	82	83	84	85	86	87	88	89	90	91
NATO	6	7	7	6	7	6	12	9	10	8	10	10	36	45	31	10	5
WTO	0	5	2	3	5	2	1	4	2	0	1	3	31	35	21	7	4
NNAS*	2	2	3	1	3	0	1	2	3	2	2	2	5	3	3	4	1

* NNAS[20](Nonaligned and Neutral States)

이들은 상호균형된 병력감축회담에도 참석하여 전문적인 협상 대안을 발의하고 토의를 주도하였다. 물론 나토와 바르샤바 조약기구의 범위 내에서 그렇게 했다. 하지만 이들이 전문적인 연구와 각 정부에 대한 끊임없는 설득, 부단한 세미나와 워크숍을 통해 군비통제를 지지하는 국제적 전문가 공동체를 형성하지 않았더라면 유럽의 군사적 신뢰구축은 더욱 진도가 느렸을지도 모른다.

---

18) James Macintosh(1996), op. cit., p. 38. 매킨토시는 유럽에서 신뢰구축과정이 성공할 수 있었던 것은 초국가적인 안보전문가들의 인식공동체(epistemic community)가 있었기 때문이라고 한다.

19) Yong-Sup Han, *Designing and Evaluating Conventional Arms Control Measures: The Case of the Korean Peninsula*, p. 100.

20) NNAS : 유럽의 중립국 및 비동맹국 12개국(스웨덴, 스위스, 오스트리아, 핀란드, 헬레닉, 사이프러스, 리히텐슈타인, 유고슬라비아, 말타, 모나코, 산마리노, 홀리시).

셋째, 유럽의 군사적 신뢰구축이 성공한 이유의 하나로 회원국들이 검증(verification)을 성실히 이행한 사실을 들 수 있다. 유럽 국가들은 상대방이 선의를 갖고 있다는 믿음 하나만으로는 안보에 영향을 미치는 합의의 기반이 될 수 없음을 자각하고, 합의에 서명한 국가들이 그 의무를 성실하게 이행하고 있는지를 검증하는 제도를 만들었다. 1975년 헬싱키 최종선언에서는 검증을 자발적으로 수용하도록 촉구했으나, 1986년 스톡홀름 협약에서는 검증을 의무화하였다. 1990년 CFE 협약에서는 검증의 강도도 높아졌다. 이보다 앞선 1987년 미-소간 중거리 핵무기 폐기협정(INF)에서는 사상 최초로 침투성이 높은 사찰제도를 반영했다.

검증은 당사국들 간 안보관계에서 신뢰증진에 도움이 된다.[21] 그것은 앞으로도 합의를 이행할 것이란 신뢰를 보증하는 행위가 되기 때문이다. 그러나 검증 자체가 목적이 될 수는 없다. 검증은 군사적 신뢰구축이나 군축의 목적에 맞게 고안되어져야 한다. 또한 당사국들 간의 정치적 관계를 고려해야 한다. 즉, 정치적 관계를 악화시킬 정도로 검증의 침투성을 강화시켜서는 곤란하다.

헬무트 콜 독일 수상은 군비통제 및 군축은 모든 단계에서 쉽게 검증이 가능하여야 하며, 이를 통해서만 상호신뢰가 구축될 수 있음을 강조한 바 있고, 구소련에서도 군축은 강제적이고 포괄적인 검증방안이 구비되어야 한다고 주장한 바 있다.[22] 유럽에서는 다자적인 관계에서 신뢰구축을 해왔으므로 이 검증이 끼친 긍정적 영향은 대단하다고 할 수 있다.

유럽의 신뢰구축과정은 1989년 CFE 회담을 개최한 이래, 1992년 재래식 무기 폐기 협정과 병력감축협정이 발효되었고 34개 CSCE회원국(독일 통일로 말미암아 35개국이 34개국으로 되었음)은 5대 공격용 무기(전차, 장갑차, 야포, 전투기, 공격용 헬기)를 일정 수준 이하로 폐기하기에 이르렀다. CSCE는 1995년 기존의 34개 회원국과 구소련과 구유고 연방 공화국들을 모두 포함한 55개 회원국이 참가하여 OSCE(Organization for Security and Cooperation in Europe)로 명칭을 바꾸고 OSCE 산하 분쟁방지센터에서 회원국들 간 분쟁방지와 신뢰 및 안보구축조치의 추진실적을 매년 평가하고 있으며 재래식 무기와 병력 폐기는 OSCE 산하 공동협의그룹에서 조약의 이행을 점검하고 있다.[23] 이제 OSCE는 유럽에서 성공한 각종 군사적 신뢰구축조치를 다른 지역에 적용하기 위해 노력하고 있다.

---

21) 전성훈,『군비통제 검증 연구; 이론 및 역사와 사례를 중심으로』(서울 : 민족통일연구원, 1992). p. 30.
22) Harriet Fast Scott and William F. Scott, *Soviet Military Doctrine*(Colorado : Westview Press, 1988), pp. 223–224.
23) OSCE는 활동실적을 매년 연례보고서로 발간하고 있다. OSCE, *Annual Report 2001 on OSCE Activities*, November 26, 2001. http://www.osce.org

Ⅲ. 군사적 신뢰구축조치(Military CBM)

유럽에서 군사적 신뢰구축의 성공 원인으로서 각 국가들이 합의하고 이행해야 할 조치를 잘 만들어내었기 때문이라고 보는 견해가 지배적이다. 따라서 군사적 신뢰구축조치를 군사적 신뢰구축과정과 동일시하는 견해도 많다. 그러나 눈 여겨 보아야 할 대목은 군사적 신뢰구축 과정(process)과 실제 합의된 조치(measures)를 동일시해서는 안 된다는 것이다. 앞서 과정에 대해서는 설명을 하였으므로 본 절에서는 실제 합의된 조치들을 살펴보고자 한다.[24]

역사상 합의되었던 군사적 신뢰구축조치들을 성질별로 범주를 나누어 설명해 보기로 한다. 이 분류는 매킨토시(Macintosh)의 분류를 따르고자 하며, 매킨토시는 유럽의 군사적 신뢰구축조치만 내용으로 분류한 반면,[25] 필자는 각 항목에 유럽 이외의 지역에서 채택된 신뢰구축조치도 포함하여 설명하기로 한다.

1. 정보, 통신, 통보, 참관조치

첫째, 정보조치는 출판과 회람, 군사력 구성에 관한 정보 교환, 전략에 대한 세미나, 상설협의체 구성 등으로 나눌 수 있다. 출판과 회람은 국방예산, 군사력에 관한 기술적 정보, 국방백서의 발행과 교환, 군비통제 영향평가서 등의 발간에 관한 것이다. 군사력 구성(전투서열)에 관한 정보 교환은 병력숫자, 배치계획, 특정부대 위치, 장비 현황, 장비의 위치 특히 민감한 지역에 대한 병력·무기의 배치 및 수량, 지휘구조에 대한 정보를 교환하는 것을 말한다. 전략에 대한 세미나는 관련국의 군사전문가들이 참가하는 전략 환경에 대한 세미나 등을 말하며, 상설 협의체 구성은 관련국간에 군사문제를 상설적으로 협의하기 위해 합의하는 것으로 예를 들면, CSCE, MBFR, CFE, 미소 간의 전략무기제한 협정(SALT: Strategic Arms Limitation Talks) 체결 시 상설 협의위원회 구성합의 등을 들 수 있다.

둘째, 통신조치에는 직통전화(hot line) 설치와 위험감소센타의 설치가 있다. 직통전화는 미-소, 인도-파키스탄, 이스라엘-시리아, 중-러 사이에 설치되어 운영되고 있다. 위험감소센타는 위기를 예방하고 관리하기 위한 것으로 OSCE산하에 분쟁예방센타, 중동에 위험감소센타 등이 설치되어 있다.

---

24) 송대성, 『남북한 신뢰구축: 정상회담 이후 근본 문제점 및 해결방안』(성남: 세종연구소 세종정책 연구 2001-17, 2001), p. 28.

25) James Macintosh(1985), op. cit., pp. 113-117.

셋째, 통보조치에는 군사이동과 기동의 사전 통보, 해군과 공군기동의 사전통
보, 동원 통보 등이 있다. 군사이동과 기동의 사전통보는 앞에서 설명한 바 있듯이
헬싱키 최종선언과 스톡홀름 협약의 핵심 내용으로서 이동의 규모, 기간, 목적지
등을 통보한다. 해군기동의 사전통보는 육군 기동훈련 보다 덜 구체화되고 있는데
기동 기간, 기동하는 함대의 전력구성, 위치 등을 상대 국가에게 통보하는 것으로
실제로 채택된 예는 없다. 공군기동의 사전통보는 유럽에서 50대 이상의 전투기가
기동할 때 통보하게 되어 있었다. 동원 통보는 동원훈련 시간, 숫자, 통상 이동의
정도를 통보하는 것이다.

넷째, 기동 및 훈련 참관조치가 있다. 초청받은 참관자들은 초청국의 군사정보
수집과 교육적 차원에서 참관을 한다. 1986년 스톡홀름 협약에서 지상군 1만 7천 명
이상의 훈련이나 5천 명 이상의 상륙 공수 훈련에는 참관인 초청을 의무화했다.

2. 제한 및 기습공격방지용 신뢰구축 조치

제한 및 기습공격방지용 신뢰구축 조치에는 사찰조치, 특정행위 금지를 통한
긴장감소 조치, 제한조치, 선언적 조치 등이 있다.

첫째, 사찰조치는 검증을 의미하는 것으로 유럽이나 중동, 미·소 간 핵군축에서
사찰조치가 있었다. 유럽에서는 참관, 현장사찰 등이 있었으며, 이집트·이스라엘
간에는 1975년 9월 시나이협정 II 에서 병력배치 제한지대와 상호 감시초소를 설치
하고 양국은 완충지대에서 동시 사찰을 시행하기 위한 미군의 조기경보체계를 운
용했다. 이때에는 아무런 간섭 없이 상대 국가의 군사시설을 점검할 수 있는 권한
을 부여하는 것이 이슈였다. 특히 아무런 방해를 받지 않고 검증하는 국가의 국가
기술수단(national technical means)을 사용할 수 있도록 하는 조치는 미·소간 전략핵
무기제한회담에서 시작되어 중거리핵무기폐기조약(INF : Intermediate−range Nuclear Forces
Treaty)을 거쳐 현대에도 중요한 정책 이슈가 되고 있다.

둘째, 특정행위 금지를 통한 긴장감소 조치에는 공격성향 또는 도발적인 군사
행위를 금지하는 것으로 그 출발은 1972년 미소간의 해양에서 사고방지협약에서
시작되었다.

셋째, 제한조치(constraint measures)에는 병력배치 및 무기 보유 제한, 기동 및 이
동 제한, 훈련금지, 특정무기의 사용 및 실험금지 등이 포함된다. 병력 및 무기 보
유 제한조치는 특정지역에 병력의 배치를 금지하거나 제한하며 무기 보유를 제한
하는 조치로서 1990년 CFE에서 유럽에서 양 진영의 무기 보유 상한선을 규정한 예

라든지, 1975년 9월 이스라엘—이집트 간에 시나이 반도에 병력 배치 제한, 중·러 및 기타 3개국 간 병력배치 제한지대 설치가 있다. 그런데 유럽에서는 배치제한 보다는 공격용 무기 폐기가 먼저 합의되었으므로 배치제한은 실제로 합의되지 않았다. 기동 및 이동 제한조치는 특정 규모 이상의 군 병력 기동 및 이동을 제한하는 것이다. 훈련금지는 민감한 지역 내, 특정 무기와 특정 병력수준 이상을 가지고 하는 훈련을 금지하는 것으로서 1986년 스톡홀름 협약에서 채택되었고, 1990년 CFE 협약에서 4만 명 이상 훈련은 2년 전에 통보하지 않으면 훈련을 금지시켰으며, 1996년 중·러 간 상하이 협정에서 국경 100km이내 2만 5천 명 초과훈련은 매년 1회 이내 실시하도록 하였다.

특정무기의 사용 및 실험금지는 화학무기, 생물 및 독극물 무기, 핵무기의 사용과 실험을 금지하는 것에서 예를 찾을 수 있다.

넷째, 선언적 조치로서는 선제불사용의 원칙(no first use)과 무력 불사용 원칙이 있다. 선제불사용 원칙은 구소련과 중국에서 핵무기의 선제 불사용을 선언함으로써 시작되었고, 무력 불사용과 불가침은 유럽이나 1992년 남북한 기본합의서에도 반영된 바 있다.

3. 안보관리와 위험관리 차원에서 안보대화 채널의 상설화

매킨토시는 신뢰구축의 결정적 관건으로서 국가 간 안보관계의 관리와 개선을 토의하기 위한 안보대화 채널의 상설화를 국가 간 신뢰구축의 필수요건으로 들고 있다. 이것은 앞장에서 설명한 바와 같이 유럽에서 신뢰구축의 성공요건으로서 모든 관련 국가들이 참가하는 안보대화레짐의 상설화를 통해 신뢰구축과정을 만들어 갔다는 데서 밝혀진 바 있다. 따라서 그 지역의 군사문제를 해결하기 위해서는 군사적 이해가 걸린 모든 국가들이 참가하는 안보대화레짐의 구축이 있어야 하는 것을 말해준다.

Ⅳ. 결   론

유럽에서는 국가들 간의 관계개선을 위한 일반적 신뢰구축과 동서 양 진영 간 군사적 긴장을 해소하기 위한 군사적 신뢰구축을 동시에 추진하였다. 또한 실제 합의된 군사적 신뢰구축을 지속적으로 이행하기 위해 국가들 간의 협의를 정기적으로 진행함으로써 정상회담, 외상회담, 전문가회의를 제도화시켰다. 그래서 이를 신뢰구축조치라고 부르기 보다는 신뢰구축프로세스 즉 헬싱키프로세스라고 부른다.

유럽의 모든 국가들과 미국, 캐나다가 참여함으로써 범 유럽안보협력회의가 1973년에 태동했고, 1975년 헬싱키 최종선언에서 정치군사, 경제, 인권 및 사회문화 분야 등 모든 분야에 걸쳐 신뢰구축을 진행하였다. 1970년대 말과 1980년대 초반에 미소관계가 악화되어 유럽의 신뢰구축과정은 소강상태에 이르렀음에도 불구하고 대화의 프로세스는 계속되었기 때문에, 소련의 페레스트로이카 지도자 고르바초프의 등장을 최대한 활용하여, 1986년에 한층 강도가 높은 신뢰구축조치를 담은 스톡홀름선언을 성공시킬 수 있었다.

이러한 장기간에 걸친 헬싱키프로세스가 발전을 거듭한 결과, 유럽에서 탈냉전을 가져왔을 뿐만 아니라 군사적 긴장과 대결상태에 있었던 다른 지역의 국가들에게도 영향을 미쳤다. 예를 들면 탈냉전시대에 중국과 러시아는 헬싱키 신뢰구축조치를 벤치마킹하여, 1992년에 양국의 국경지대에 신뢰강화와 상호군사력 감축을 위한 지침에 관한 양해각서를 체결하였다. 나아가 1996년에는 상하이협정을 체결하여 국경지대에서 군사적 신뢰구축을 시행하였다. 중국, 러시아, 카자흐스탄, 키르키즈스탄, 타지키스탄 등 5개국이 참가한 이 협정은 군사정보교환과 군사활동의 제한 및 상호통보, 군사활동 참관 등을 의무화하고 상호 감시하기도 하였다. 그 내용을 보면 군사정보는 국경선 100km 내 병력, 주요 무기/장비(전차, 장갑차, 야포, 미사일, 전투기, 정찰기, 전자전기, 전투헬기)에 대한 정보의 교환, 군사훈련은 국경선 100km 이내에 2.5만 명 이상 훈련 시 국경선 100km 부근에서 1.3만 명 초과 또는 전차 300대 이상 훈련 시 참관자를 초청할 것을 의무화하였다.

헬싱키프로세스의 성공은 아세안(ASEAN : 동남아시아국가연합)에도 영향을 미쳤다. 아세안은 1967년에 결성되어, 국가들 간의 정치, 경제, 사회, 문화적 관계개선과 교류협력을 통해 동남아 국가연합 내의 협력을 강화시켜 왔으나, 군사분야의 신뢰구축은 뒤로 미루고 있었다. 탈냉전 이후 유럽의 헬싱키프로세스의 성공사례를 동남아시아에 적용하려는 노력을 시도한 결과 1997년에 아세안지역포럼(ARF : ASEAN Regional Forum)을 출범시켰다. ARF에서는 아태지역의 안보정세 평가, 안정유지를 위한 권고, 유엔 재래식 무기 등록 제도에 대한 자발적 참여 촉구, 역내 국가 간 신뢰증진을 위한 군사교류 추구, ARF에서 국방인사 참여 확대, 해양안보협력 추구, 해군함정 상호교환 방문, 군수 및 군 의료분야에서 다자간 협력, 국방백서 발간 장려, 예방외교의 중요성 강조 등 구속력은 적으나 매우 광범위한 활동을 전개하고 있다. 2010년대에 이르러 아세안확대국방장관회의(ADMM Plus)를 출범시켜 아태지역에서 기초적인 군사적 신뢰구축과 비전통적 안보영역에 대한 초보적 협력을 시도하고 있다고 하겠다.

헬싱키프로세스는 냉전적 대결상태에 있던 한반도에도 영향을 미쳐, 이 책의 제3부에서 설명하는 바와 같이 1990년대 이후 한반도에서 남북한 간에 군사적인 신뢰구축을 비롯한 전반적인 관계에 대한 신뢰를 증진시키기 위한 방법의 하나로 적용이 시도되기도 했다. 하지만 한반도에서 신뢰구축은 제대로 전진하지 못하고 있는 것이 현실이다. 그럼에도 불구하고, 한국 정치지도자들과 지식인 사회는 헬싱키프로세스를 벤치마킹하기 위한 노력을 계속 기울이고 있다. 북한의 냉전적 대결 방식 고수와 동북아의 대결적 국제정치구도가 한반도와 동북아의 신뢰구축프로세스의 제도화를 방해하고 있으나, 한반도와 동북아에서 신뢰구축프로세스를 구축하기 위한 노력은 계속되어야 할 것이다.

제 2 장

유럽의 재래식 군축

I. 유럽의 재래식 군축협상

1. MBFR 협상

유럽에서 균형군감축회담(MBFR : Mutually Balanced Force Reduction)은 1960년대로 거슬러 올라간다. 유럽에서 재래식 무기의 균형은 나토에게 불리하게 되어 있었다. 동서독 국경을 중심으로 약 450마일에 이르는 전선에서 동서 양 진영은 약 170만 명(서독 지역 70만, 동독과 체코지역 100만)에 달하는 병력이 상호 대치하고 있었다. 이런 환경에서 재래식 군사력 비교에서 불리한 나토국가들은 소련을 비롯한 동구 국가들의 재래식 군사력을 큰 위협으로 간주했다. 이러한 군사력의 불균형의 시정 없이는 안보가 불안할 수밖에 없었던 나토 국가들은 재래식 군감축이야 말로 제일 시급한 안보문제였다.

그러나 그 해결의 기미는 요원했다. 미·소 양국은 핵무기 경쟁을 비롯한 재래식 무기 경쟁을 하고 있었다. 재래식 군사력 균형 비교에서 수적 우위를 차지하고 있던 소련에 대응하기 위해 케네디 정부는 재래식 무기를 증강하기 위해 유연반응전략(Flexible Response Strategy)을 내놓았다. 또한 나토는 불리한 군사력 균형을 만회하기 위해 전쟁 발발 시 핵무기를 먼저 사용한다는 전략으로서 전쟁을 억제하고 있었다. 이런 군비경쟁이 진행되는 가운데 동서 양 진영의 재래식 군감축회담을 촉진시키는 사건이 발생했다.

미국은 유럽에 배치되어 있던 병력을 베트남전쟁으로 전환시키고자 했다. 미국의 국내에서는 베트남전에 대한 반전 여론이 높았기 때문에, 마이크 맨스필드(Mike Mansfield) 상원의원을 중심으로 유럽에 주둔하고 있는 미군 30만 명 중 15만 명을 베트남으로 보내야 한다고 주장하게 되었다. 이러한 움직임에 대해 유럽에서 안보 불안을 느낀 존슨 대통령은 1966년 10월에 나토와 바르샤바조약기구 간에 양편 군사력의 점진적이고 균형된 조정을 지지한다고 발표했다. 1967년 12월에 나토의 외무장관들이 모여서 벨기에의 외무장관이 주축이 되어 나토동맹의 미래 과제라는 'Harmel 보고서'를 채택했다. 이 보고서의 목적은 나토의 동맹국들이 유럽에서 균형적인 군사력 감축을 포함한 군축과 실제적인 군비통제 조치를 연구해야 한다는 것이었다. 이들은 유럽에서 긴장을 완화시키기 위해서 나토와 바르샤바조약기구의 균형적인 군사력 감축이 유일한 대안이라고 결론을 지었다. 그리고 미국은 유럽주둔 미군과 기술자를 포함한 약 8만 명을 베트남으로 보내고 유럽에서는 신병으로 대체시켰다. 유럽주둔 미군의 전력이 약화되자, 이를 본 나토의 동맹국들은 1968년 6월 아이슬란드의 레이캬비크에서 개최된 나토각료이사회에서 '상호균형군감축'을 공식적으로 논의하기에 이르렀다.[26]

1970년 나토 장관회담에서 바르샤바조약기구와 개별 국가에 대해 지역적 차원에서 비대칭 상호병력 감축을 제안했고, 외국군뿐만 아니라 자체 군의 단계적 균형 감축과 무기검증을 제안했다. 소련과 동구 국가들은 큰 반응을 보이지 않다가 1970년 6월 22일 헝가리의 부다페스트에서 유럽안보와 데탕트 촉진을 책임질 안보체제의 창설에 동의했다.

한편 1971년 5월 미국 의회에서 맨스필드 상원의원이 유럽 주둔 미군의 철수에 관한 수정안을 법제화하려고 하자, 1971년 5월 14일 레오니드 브레즈네프 소련 공산당 총서기가 중부유럽의 상호병력 삭감과 유럽안보협력회의의 동시 개최를 제안하게 되었다. 그 이유는 만약 미군이 유럽에서 일방적으로 철수하게 되면 서독이 재무장할지 모른다는 우려가 생겨났고, 그로 인해 유럽의 안보질서가 변한다면 소련은 동유럽 국가들에 대한 소련의 지배권에 대한 도전을 받을 지도 모른다는 우려에 직면하게 된다는 것이었다. 닉슨 대통령과 브레즈네프 서기장은 1972년 5월 정상회담을 갖고 유럽안보협력회의(CSCE)와 군축회담을 동시에 병행해서 개최한다는 데에 합의했다. 미국이 유럽에서 먼저 철수하려고 하자 소련은 유럽의 모든 국가들과 미국과 캐나다가 참여하는 유럽안보협력회의를 개최하여 동구에 대한 지배권과 영향권을 인정받는 대신에, 미국과 나토 동맹국들이 주장하던 균형군감축회담에 동의해 준 것이다. 즉 그 당시의 국제질서와 군사적 현실을 유지하기 위해 군축회담에 응해주었다는 것이다. 여기서 주목할 만한 것은 재래식 군사력이 불리한 쪽인 나토가 먼저 소련의 군축을 주장했고, 소련이 이에 응함으로써 재래식 군축회담이 시작된 것이다.

이로써 1973년 10월 30일, 나토와 바르샤바조약기구 간에 오스트리아 비엔나에서 상호균형군감축회담(MBFR)이 개최되었다. 신뢰구축을 다루기 위해 유럽 각국

---

26) 김성희·황우웅 공저, 『군비통제선험사례연구』(서울 : 한국전략문제연구소, 1992), pp. 103–109.

의 수도를 옮겨 다니면서 개최한 유럽안보협력회의와 달리 MBFR은 오스트리아 비엔나에서 줄곧 개최되었으며 여기에는 나토 16개국, 바르샤바 7개국 등 23개국이 참가하였고 중립국이나 비동맹국, 프랑스는 참여하지 못했다. 그 후 MBFR은 16년간이나 계속되었다.

MBFR에서 군축의 대상지역은 중부유럽(독일, 체코, 헝가리, 폴란드 지역)이었으며 무기의 불균형보다는 병력의 불균형을 어떻게 시정할 것인가에 협상의 초점이 맞추어졌다. 미국을 비롯한 나토국가들은 유럽의 군사력 균형을 달성하기 위해 소련이 병력을 대폭적으로 감축해야 하며 검증을 수용해야 한다고 주장했다. 소련은 나토보다 우세한 군사력을 유지하기 위해 동일 수량 감축 혹은 동일 비율 감축을 주장했으며, 적용지역은 중부유럽에 국한시킬 것을 주장했다. 협상의 과정에서 소련은 나토 측이 요구한 상호검증 제안에 대해 극렬하게 반대했다. 감축을 합의하기 이전에 군사정보에 대한 이견해소를 위해 정보교환을 요구했으나, 소련이 이를 받아들이지 않았다.

MBFR협상의 중요한 사건들을 보면 다음과 같다. 1973년 11월에 나토 측은 병력의 공동상한선을 70만 명으로 하자고 제안했다. 이에 대해 바르샤바조약기구 측은 1975년 5월에 양측 모두 똑같이 20만 명의 병력을 감축하며, 장비를 동률로 감축하자고 역제의를 해왔다. 이에 대해 나토 측은 1976년 2월에 전구급 핵무기의 감축을 제의했다. 이에 대해 바르샤바조약기구 측은 1976년 6월에 병력의 동률감축과 핵감축을 제의해 왔다. 1979년 12월에는 상호 병력에 관한 데이터를 교환하자고 제의했다. 1980년 6월에 나토 측은 30만 명의 소련군과 13만 명의 미군을 동시에 감축하자고 제의했다. 1984년 4월에 바르샤바조약기구 측은 소련군 20만 명을 감축한 후 상호 병력 감축을 제의했다. 1985년 12월에 나토 측은 바르샤바조약기구에게 검증 방법을 수용할 것을 요구했다. 1986년 4월에 나토 측은 최종합의 전에 지상군 병력을 우선 감축할 것을 제의했다. 그러던 중 1986년 6월에 고르바초프 소련 서기장은 우랄에서 대서양까지의 재래식 군축 계획을 발표했다. 더 이상의 진전이 없자 1987년 6월 비엔나에서 개최된 CSCE에서 모든 참가국들이 재래식 군축에 관한 원칙을 협의했다. 1988년 12월에 고르바초프 공산당 서기장은 UN에서 연설을 통해 유럽에 배치한 소련의 군사력 중 50만 명을 일방적으로 감축할 것임을 발표했다. 이로부터 유럽에서 군축은 급물살을 타기 시작하여 1989년 3월 6일 군축에 대한 새로운 접근을 하기로 합의함으로써 유럽의 재래식무기감축(CFE : Conventional Forces in Europe)협상이 시작되게 되었다.

1973년 이래 약 16년간이나 계속되어 온 MBFR협상에 대해 상반된 평가가 존재한다. 우선 비판적인 입장은 아무런 합의를 내놓지 못한 데 집중되어 있다. 의제가 검증하기 힘든 병력의 감축에 중점을 두었고, 소련이 동수 내지 동률 감축을 고집했으며, 서방에서는 소련군의 우선 감축을 고수했기 때문이다. 그러나 그보다 더 근본적인 문제는 소련이 재래식 무기의 우세를 양보하기를 원하지 않았고 상호 정확한 정보교환과 검증을 반대했기 때문이다. 미국을 비롯한 나토 국가들은 소련이 양보하지 않는 한, 구두선에 그치는 어떠한 군축조약도 합의하기를 원하지 않았다. 그러나 MBFR협상에 대한 긍정적인 평가도 존재한다. 필자가 열 번을 만나 인터뷰한 적이 있는 MBFR협상의 미국대표 조나단 딘(Jonathan Dean) 대사는 MBFR의 성과에 대해 다음과 같이 말한다.27)

> 16년 동안 나토와 바르샤바조약기구는 균형군감축회담을 오스트리아의 비엔나에서 개최했는데 최초에는 양측이 쓰는 군사용어가 다르고, 상대편에 대해서 공격중심적이라든가 기습전략을 가지고 있다든가 하는 비판을 하게 되었다. 그러나 계속 협상을 하는 중에 군사용어와 개념에 대한 공통의 이해가 생겼다. 전략에 대한 이해도 생겼다. 또한 많은 군사정보를 공유하게 되었다. 이러한 공통의 이해제고 작업이 없었다면 1989년에 MBFR가 CFE로 개칭되어 군축협상에 대해 양측이 매우 진지해졌을 때, 그렇게 빨리 군축합의가 나올 수 없었을 것이다.

즉, 이러한 지루한 협상을 통해 상호 안보협력의 필요성에 대해 공감대를 이루어가고 있었다는 뜻이다.

2. CFE 협상

1989년 3월에 시작된 CFE협상은 1990년 11월 재래식 무기의 폐기를 합의하기에 이르렀다. 연이어 1992년 10월에는 병력의 감축에 대한 합의도 이루어졌다. CFE조약의 목적은 유럽에 있어서 재래식 군사력의 균형을 나토가 보유한 수준보다 낮은 수준에서 달성함으로써 기습공격과 대규모 침공을 막는 것이었다. 대상 지역은 대서양으로부터 우랄산맥까지의 모든 유럽의 영토를 포함하는 것이었다. CFE는 MBFR이 중부유럽 지역에 국한시켰던 것을 전 유럽으로 확대했다. 그리고 병력감축 중심의 MBFR이 실패했던 점을 교훈으로 삼아 공격용 5대 무기(전차, 장갑차, 야포, 전투기, 공격용 헬기) 중심의 재래식무기 감축에 합의했다.

---

27) Jonathan Dean, "Conventional Arms Reduction in Europe : Past, Present and Future," in Korea Institute of Foreign Affairs and National Security(IFANS), *Arms Control on the Korean Peninsula : What Lessons Can We Learn from European Experiences?*(Seoul : IFANS, 1990), pp. 23 – 37.

CFE조약에 보면 그 목적이 뚜렷하게 드러나는 바, 보다 낮은 수준에서 재래식 무기의 안정적·안전한 균형의 달성, 안전과 안보에 저해되는 불균형의 제거, 기습 공격능력의 제거, 대규모 공격행위를 가능케 하는 능력의 제거에 초점을 두었다. CFE협상 과정에서 서구의 숙원이던 동구와 소련의 군사력의 수적우세와 기습공격 능력과 대규모 공격능력을 제거하려는 목적이 달성되었다. 나토 국가들은 바르샤 바조약기구와의 재래식 군사력 균형에서 사상 처음으로 수적인 우세를 확보했다. 이제 미국은 유럽을 방어하기 위해서 핵무기를 먼저 사용할 필요가 없어졌다.

감축 방법은 보유상한을 초과하는 무기의 감축은 파괴시키거나 민수용으로 전 환시키는 방법으로 3단계로 나누어 감축을 실시하되, 조약 발효 후 40개월 이내에 완전히 감축을 완료한다는 것이었다. 제1단계(조약발효 후 16개월 간)에서는 조약규제 대상 무기에 대하여 각각 감축량의 25% 이상을 삭감시키고, 제2단계(조약발효 후 28 개월 간)에서는 조약규제 대상 무기에 대하여 각각 감축량의 60% 이상을 삭감시키 고, 제3단계(조약발효 후 40개월 간)에서는 감축을 완료한다는 것이었다. 나토와 바르 샤바조약기구의 감축 합의 내용을 보면 다음 <표 Ⅱ - 3>과 같다.

표 Ⅱ-3   CFE 재래식무기 감축 합의 내용

구 분		전차	장갑차	야포	전투기	공격용 헬기
NATO	보유상한선	20,000대	30,000대	20,000문	6,800대	1,800대
	현보유	22,757대	28,197대	18,400문	5,531대	1,685대
	삭감규모	2,757대	0	0	0	0
WTO	보유상한선	20,000대	30,000대	20,000문	6,800대	1,800대
	현보유	33,191대	42,900대	26,900문	8,371대	1,602대
	삭감규모	13,191대	12,900대	6,900문	1,571대	0

* 출처 : *Arms Control Today*, Vol. 21, No. 1, January/February 1991, p. 29.

<표 Ⅱ - 3>에서 보는 바와 같이 유럽에서 나토는 전차 22,757대를 보유하고 있었으며 바르샤바조약기구는 33,191대를 보유하고 있었다. 보유상한선은 20,000대 이었으므로 나토군은 2,757대, 바르샤바조약기구군은 13,191대를 감축하기로 했다. 즉, 나토군 대 바르샤바조약기구군의 전차 감축의 비율은 약 1 : 4 비율로 비대칭 감축을 하게 되었다. MBFR협상에서는 나토 국가들은 바르샤바조약기구 국가들에 게 나토 국가의 수준으로 병력을 줄이라고 제안했고 바르샤바조약기구 국가들은

이에 반대했었는데, CFE에 와서는 나토보다 낮은 수준에서 군사적 안정성을 유지하기 위해 상호 감축을 합의한 것이다.

처음에 나토는 소련의 지상군 우세를 삭감시키기 위해 지상군만 감축하자고 했으나 바르샤바조약기구는 미국의 공중우세를 저지하기 위해 전투기까지 포함하자고 제의했다. 미국은 소련에 대해 우세를 유지하고 있던 공군을 감축대상에 포함하기를 반대했다. 하지만 동구 공산주의의 몰락, 소련의 해체 등을 염두에 두고 급속하게 변하는 유럽의 안보환경을 안정적으로 이끌기 위해 소련의 제안을 수용하기로 결정했다. 그래서 최종 순간에 조지 부시 대통령과 고르바초프 서기장 간의 몰타회담에서 지상군과 전투기의 감축에 합의하게 된 것이다. 전투기 분야에서 나토와 바르샤바조약기구 간에 각각 6,800대를 상한선으로 합의했다. 이에 따라 나토는 오히려 1,270대 정도를 증가시켜도 되었으며, 바르샤바조약기구는 1,571대를 삭감시켜야 했다. 이를 이행하기 위해서는 나토는 증강을, 바르샤바조약기구는 감축을 해야 했다.

양 진영은 장갑차를 30,000대로 한정시키기로 했다. 나토의 보유량은 이 보다 부족했으므로 줄이지 않아도 되었다. 그러나 바르샤바조약기구는 12,900대를 폐기시켜야 했다. 야포도 마찬가지였다. 양 진영은 각각 야포를 20,000문 보유하기로 합의했다. 바르샤바조약기구는 12,900대를 폐기시켜야 했으며, 나토는 보유량이 2만 문에 미달했으므로 줄이지 않아도 되었다. 공격용 헬기부문에서는 양측 다 1,800대에 미달했으므로 줄일 대상이 없었다. <표 Ⅱ-3>을 보면 나토 측의 완전한 승리였다. 협상을 통해 재래식 무기의 불균형을 완전히 시정한 것이다. 또한 나토가 보유한 수준보다 더 낮은 수준에서 군사력 균형을 달성했다는 것이 주목할 점이다.

미국을 비롯한 나토의 군사전문가들은 양 진영이 좁은 공간에 재래식 무기를 과다 보유한 것이 군사적 불안정의 원인이 되므로 양측 모두 낮은 수준으로 감축시킬 수 없는가를 연구했다. 그 중 대표적인 전문가가 톰슨(James Thomson) 박사였다. 톰슨은 1983년에 나토와 바르샤바조약기구 간의 비대칭 군축과 함께 나토가 낮은 수준으로 군감축을 동시에 시도해야 한다고 주장했다.[28] 만약 나토 대 바르샤바조약기구의 감축률이 1:4가 되면 군사적 안정성이 달성되며, 1:1 동일 비율에서부터 1:3 정도의 비대칭 비율 감축까지는 바르샤바조약기구의 침공에 나토의 영토(예: 서독)를 빼앗길 가능성이 크므로 불안정하게 되어 군감축을 하지 않음만 못하다는 결론을 제시했다. 1980년대 초반, 미소 간에 군비경쟁이 치열하던 시점에

---

28) James A. Thomson and Nanette C. Gantz, "Conventional Arms Control Revisited : Objectives in the New Phase," Uwe Nerlich and James A. Thomson eds., *Conventional Arms Control and the Security of Europe*(Boulder and London : Westview Press, 1988), pp. 108-120.

낮은 수준으로의 재래식무기 감축을 주장한 것은 용기 있는 연구였다고 할 수 있다. 그러나 그로부터 7년 후 미소 양국을 포함한 나토와 바르샤바조약기구는 낮은 수준으로 상호 무기감축을 실현시켰던 것이다. 여기서 미국과 나토 군사전문가들이 얼마나 깊이 있는 연구를 통해 군감축 방안을 제시했는지 감탄할 만하다. 그들의 연구결과가 얼마나 현실적이고 통찰력 있으며 동서 양 진영 간에 타협가능성을 염두에 두었던 것인가를 알 수 있다.

CFE가 성공하게 된 이유는 다음과 같다. 미국과 소련을 비롯한 나토와 바르샤바조약기구 국가들의 정치지도자들이 MBFR의 실패를 딛고, CFE는 꼭 성공시켜야 한다는 강력한 정치적 의지를 갖고 있었다는 점이다.[29] 특히 고르바초프는 국가가 안보를 달성하는 것은 정치적인 과제이고 정치적 수단에 의해서만 가능하다고 보았다. 고르바초프 이전의 소련 지도자들은 상대보다 강하고 많은 군사력만이 안보를 유지할 수 있는 수단이라고 보았으나, 고르바초프는 군사력은 정치와 경제를 뒷받침해야 하는 수단으로 보았던 것이다. 또한 MBFR에서는 중부유럽에서 균형군감축을 시도했으므로 나토와 바르샤바 조약기구의 회원국 중 일부인 11개국이 참여하였으나, CFE는 나토와 바르샤바조약기구의 23개 회원국(독일 통일 후 22개국)이 전부 참가했으며, 유럽의 모든 지역에서 지상군·공군의 병력 및 공격용 무기감축을 시도했으므로, 의제가 복잡했으나 성공할 수 있었던 것이다 또한 미소 간에 1987년 체결한 중거리핵무기폐기조약(INF)의 성공으로 소련은 더 이상 핵무기감축을 유럽 재래식 군축에서 의제로 제기하지 않았기 때문에 협상의 장애물이 없어졌고, INF 조약의 결과 소련이 검증문제를 수용했기 때문에 재래식 무기의 폐기를 검증할 수 있는 사찰방안도 쉽게 수용할 수 있었다. 또한 현재보다 낮은 수준에서 전쟁 억지와 안보가 가능하다는 혁명적인 사고의 변화가 미국과 소련 내에서 각각 생겨났다. 미국의 군사전문가들은 나토보다 낮은 수준에서 군사적 안정이 가능하다는 것을 전쟁모의실험모델로 증명했고, 소련에서는 방어중심의 합리적 충분성이 가능하다는 것을 연구로서 뒷받침했다. 그러나 무엇보다도 CFE 성공의 큰 원인은 소련이 군비경쟁에 몰두한 나머지 경제가 파탄지경에 이르게 되고, 동구의 자유화 바람이 휩쓸면서 동구의 공산주의 국가들이 바르샤바조약기구로부터 탈퇴하려는 움직임을 보이는 등 유럽의 안보환경이 혁명적인 변화를 겪었기 때문이다. 이런 와중에서 미·소 양국의 지도자들은 유럽의 미래를 보다 안정되고 확실한 방향으로 이끌기를 원했기 때문에 유럽에서 재래식 무기의 일정부분 폐기에 극적으로 합의하게 된 것이다.

---

29) Suk Jung Lee, *Ending the Last Cold War : Korean Arms Control and Security in Northeast Asia* (Brookfield, USA : Ashgate Publishing Ltd., 1997), pp. 81–83.

Ⅱ. 유럽에서 군축의 방법

유럽에서 군축을 시키기 위해 여러 가지 제안들이 있었고, 일부는 합의되어 실행에 옮겨졌고 일부는 합의에 이르지 못했다. 이를 도표로 나타내어 설명하면 다음과 같다.[30]

1. 현 수준 동결(Freeze)

이것은 현재 쌍방이 보유한 군사력을 더 증강시키지도 감축시키지도 않고 현 수준을 유지하자고 하는 것이다. 다음 그림에서 보면 1988년 무렵의 나토와 바르샤바조약기구의 군사력을 표준사단지수(ED : Equivalent Division)로 나타내면 나토는 35개 표준사단을, 바르샤바조약기구는 50개의 표준사단을 보유하고 있다고 평가되었다. 현재 보유량이 많기 때문에 더 이상 증강을 하지 말자는 제안이다. 이는 협상에서 받아들여지지는 않았으나 군축협상은 현존 보유량이 출발점이 된다는 점에서 의미가 있다.

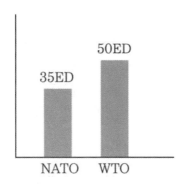

2. 증강제한

군축협상에 참여한 쌍방이 안보적 이유로 앞으로 어느 정도의 군사력 증강을 할 것으로 가정하고, 상한선(Ceiling)을 설정하여 그것을 초과할 수 없도록 하는 방안이다. 군축합의가 없을 경우 적대적인 쌍방은 서로 군비증강을 할 수 밖에 없는 현실을 인정하되, 불안정한 군비경쟁을 막기 위해 상한선을 그어 그 이상으로 증강할 수 없도록 한 것이다.

실제의 예로서는 CFE협상 때에 공격용 헬기의 상한선을 2,000대로 설정하고,

---

30) 이달곤, 『협상론 제2판』(서울 : 법문사, 2000), pp. 412－413. 이달곤 교수의 병력규모축소의 대안에 관한 도표를 응용하여 설명했다.

나토는 현 보유수준인 1,685대에서 315대를 증가시켜도 좋다고 하고, 바르샤바조약
기구는 현 보유수준인 1,602대에서 398대를 더 증가시켜도 좋다고 합의했다. 이것
은 나토와 바르샤바조약기구가 각각 보유한 양보다 더 높은 수준에 보유상한선을
그은 것이었다.

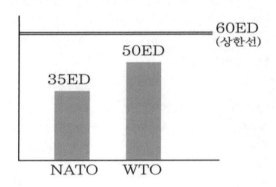

3. 감축(Reduction)

감축은 전통적인 군축방법으로서 실제로 군사력을 감축시키기로 합의하고 약
속한 양을 폐기시키는 것이다. MBFR협상에서 나토 측은 병력을 많이 가진 바르샤
바조약기구 측이 일방적으로 감축시킬 것을 주장했다. 이에 대해서 바르샤바조약
기구는 똑같이 줄이거나 동일 비율로 줄이자고 하면서 반대했다. 감축방법은 첫째,
동일비율로 줄이는 방법, 둘째, 동일한 양을 줄이는 방법, 셋째, 불균형이 너무 심
해서 한쪽은 증강을 허용하고 한쪽은 감축을 하는 방법, 넷째, 공동 하한선을 정해
서 거기까지 줄이는 방법이 있다.

• 동일 비율(예 : 10%)로 줄이는 방법

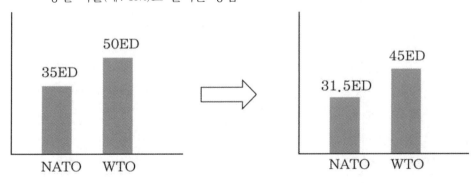

각 10%씩 동일하게 감축할 경우 나토는 3.5ED를, 바르샤바조약기구는 5ED를 감축하는 방안인데, 동일비율로 줄일 경우 적게 보유한 측이 많이 보유한 측보다 더 불리해진다. 왜냐하면 군사력 불균형이 더 심화되기 때문이다. 소련은 MBFR에서 이러한 동일비율 감축을 제안했다. 즉, 1986년 6월 헝가리의 부다페스트에서 바르샤바조약기구 국가들 간에 회의를 개최하고 동서 양 진영의 병력을 각각 25%씩 감축하자고 제안한 바 있다.

• 동일 수량을 줄이는 방법

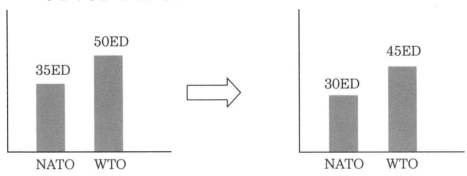

각 측이 표준사단을 5만큼 감축할 경우 나토 측은 30개의 표준사단을, 바르샤바조약기구 측은 45개의 표준사단을 갖게 된다. 동일 숫자를 감축할 경우 적게 보유한 측이 많이 보유한 측보다 더 불리해진다. 왜냐하면 군사력 불균형이 더 심화되기 때문이다. 소련은 MBFR에서 이러한 동일 숫자 감축을 제안했다. 즉, 1986년 6월 헝가리 부다페스트에서 바르샤바조약기구 국가들 간에 회의를 개최하고 동서 양 진영의 병력을 1단계에서 각각 10내지 15만 명을 감축하자고 제안한 바 있다.

• 증강과 감축을 혼용
  – 한쪽은 감축하고 한쪽은 증강하여 동일 수준을 형성

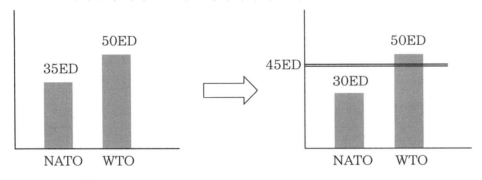

위 그림에서 보는 바와 같이 나토는 15개의 ED를 늘이고 바르샤바조약기구는 5개의 ED를 줄이는 방안이다. 이것은 CFE협상에서 양측이 6,800대의 전투기를 보유하기로 합의했는데 나토는 1,269대를 증가시킬 수 있고, WTO측은 1,571대를 감축해야 하는 수준이었다. 그래서 증강과 감축을 혼용한 결과가 나왔다고 할 수 있다.

    − 양쪽이 낮은 수준으로 동시 감축

위와는 대조적으로 나토와 바르샤바조약기구 간에 전차의 감축은 하한선을 20,000대로 잡고 나토는 2,757대를 감축하고 바르샤바조약기구는 13,191대를 감축하기로 합의했는데, 이것은 양쪽이 동시에 하한선으로 감축을 한 예에 해당한다. 이를 그림으로 나타내면 다음과 같다.

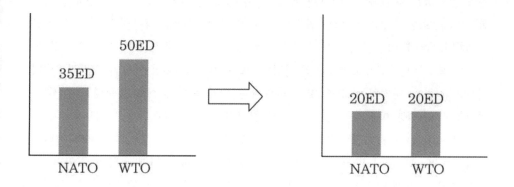

이상에서 유럽의 재래식무기 감축방법을 그림으로 설명해 보았다. 각 방안의 장단점이 각 항에서 분명하게 설명되었다.

Ⅲ. 유럽의 제한조치와 군축에 대한 비교 분석

위에서 유럽의 제한조치와 군축조치에 대한 전개과정은 설명되었다. 본 절에서는 제한조치의 목적과 종류, 군축조치의 목적과 종류에 대해 설명한다.

1. 제한조치(Constraint Measures)

제한조치가 가지는 목적, 해결하고자 한 안보문제, 협상실태 및 기구상의 특징 등을 사례연구 방법을 이용, 분석적이고 체계적으로 서술하면 다음과 같다.

가. 제한조치의 목적

제한조치는 재래식 군사력의 운용에 제약을 가한다는 의미에서 신뢰구축조치보다 더 직접적인 조치이다. 즉 군사력을 감축시키지 않으면서 군사력이 사용되어지는 방법에 대해서 제약을 가하는 조치이다. 만약 일정 수준 이상의 군사훈련이 문제라면 그 훈련을 중지시키며, 만약 전투대비태세가 너무 높다면 그것을 감소시키고자 하며, 만약 어떤 지역 내에 너무 많은 군사력이 배치되어 있어서 전쟁의 가능성이 높다면 그 지역 내에 일정 수준 이상의 군사력 배치에 제한을 가하는 것이다. 이와 같이 유럽에서 고려된 제한조치에는 훈련제한, 작전제한, 배치제한 등이 있다.

훈련제한조치에는 1986년 스톡홀름선언에서 합의된 40,000명 이상의 훈련은 1년 전에 통보해야 하고, 75,000명 이상의 훈련은 2년 전에 통보하지 않으면 훈련을 못하도록 했다. 1990년 비엔나 협약에서는 40,000명 이상 또는 900대 이상의 전차가 참가하는 훈련을 2년에 1회 이상 할 수 없도록 금지시키고 사전통보를 의무화시켰다. 또한 13,000명 이상 또는 300대 이상의 전차를 하한선으로 하고 병력 40,000명, 900대 이상의 전차를 상한선으로 하는 규모의 훈련은 1년에 6회 이상 할 수 없도록 하며 사전통보를 의무화시켰다. 또한 최소 9,000명 이상의 병력과 250대 이상의 전차가 참가하는 훈련 및 군사행위는 42일 전에 문서로 통보할 것을 의무화하고, 13,000명 이상의 훈련은 반드시 참관자를 초청해야 한다고 의무화시켰다.

이 조치는 현재의 군사력을 줄이지 않고 어떻게 현존 군사력의 운용에 제한을 가함으로써 그것들이 100% 힘을 발휘하지 못하도록 하기 위해 고안된 것이다. 따라서 이러한 제한조치들을 사찰하기 위하여 불시에 검증단이 상대편의 영토 내로 방문한다면 미리 위기사태 이전에 이를 조기 경보할 수 있다는 것이다.

이 제한조치는 방어하는 국가의 군대보다는 공격하는 국가의 작전능력에 보다 더 많은 영향을 주기 위해서 고안된 조치로써 특히 전쟁준비에 걸리는 시간과 비용을 더 많이 들게 할 뿐 아니라, 전쟁준비가 조기에 경보 가능하도록 고안된 것이다.

나. 안보문제

바르샤바조약기구의 군사 능력에 더 많은 제한을 가함으로써 기습공격의 가능성을 줄이기 위한 방법으로 개발되었다. 이 조치는 나토 측의 전략적·전술적인 조기 경보 능력을 제고하기 위하여 고안된 바, 전쟁준비를 더욱 쉽게 발견하기 위하여 어떤 보급로나 보급품의 집결지를 제한하며, 전방으로의 이동거리를 더 멀리함으로써 전방으로 움직이는 부대들이 쉽게 관찰되도록 한다든지, 대규모 훈련을 중지시키거나 일정기간 이전에 통보를 할 것을 의무화하였다든지, 훈련에 대한 정보교환 내지 사찰을 통하여 기습공격의 준비가 어렵도록 만드는데 그 주안점이 주어졌다. 재래식 군사력에서 우위인 소련을 비롯한 바르샤바조약기구 가맹국들이 그들의 전격기습공격 전략으로 서독 및 서구 국가를 기습할 가능성이 항상 상존해 있었기 때문에 이러한 조치가 고안된 것이다.

다. 협상실태 및 기구

훈련과 기동에 대한 제한조치가 1986년 스톡홀름선언, 1990년 비엔나 협약에서 합의되었던 것은 본 저서의 제2부 1장의 "헬싱키 프로세스와 유럽의 군사적 신뢰구축"에서 설명했다. 그리고 병력의 배치에 대한 제한조치는 CFE회담에서 제안되었다. 나토는 병력감축조치와 함께 제한조치를 바르샤바조약기구와 합의하기 위해 정보교환, 안정화 조치, 검증조치 등과 함께 제안하였던 것이다.

유럽에서는 배치제한조치가 CFE회담에서 제안되기는 하였지만 감축조치가 먼저 미·소와 양 진영 간에 합의되었으므로 이 조치가 가지는 여러 가지 장점에도 불구하고 채택되지는 못하였다. 그 이유는 각국이 이미 군사력 감축에 합의하였으므로 적은 군사력을 효율적으로 운용하기 위해서는 작전적 측면에서 타국의 간섭을 받기를 원하지 않았기 때문이다.

제한조치는 나토와 바르샤바조약기구 간의 CFE회담에서 감축조치와 함께 협상 의제로 올랐던 까닭에 그 우선순위가 낮을 수밖에 없었다. 감축조치에 대한 합의가능성이 높았으므로 곧바로 감축에 중점을 둘 수밖에 없었다. 그러나 한반도에서는 북한의 기습공격의 가능성이 상존하고 아직 어떤 감축조치도 논의된 바 없기 때문에 배치제한조치의 효용성이 오히려 높을 수도 있다.

2. 감축조치(Reduction Measures)

여기서는 감축조치가 가지는 목적, 해결하고자 한 안보문제, 협상실태 및 기구상의 특징 등을 사례연구 방법을 이용, 분석적이고 체계적으로 서술하고자 한다.

가. 목 적

감축조치의 최대 목적은 유럽의 안정과 안보를 강화시키기 위하여 군사력의 불균형을 시정한다는 것이었다.[31] 군사적 불안정의 근본적인 원인은 무엇보다도 한편이 상대편에 대하여 기습공격을 할 능력과 가능성이 있다는 것이다. 침략의 가능성은 결국 지도자의 뜻대로 이용가능한 군사력이 있는가 없는가에 달려있다. 따라서 군사력을 많이 가진 쪽이 감축시키지 않는다면 군비경쟁을 계속하는 양측은

---

31) 1989년 비엔나 회담의 최종 결의문은 CFE회담의 목적이 유럽 대륙에 있어서 안정성과 안보를 강화시키는데 있으며 이 목적달성을 위하여 세 가지 중간 목적이 있음을 밝혔다. 첫째, 낮은 군사력의 수준에서 안정적이고 안전한 균형을 달성하며 둘째, 군사력의 비대칭성을 제거하며 셋째, 큰 규모로 기습공격과 공격작전을 감행할 수 있는 가능성을 방지한다는 것이었다.

위협을 서로 느끼게 되며, 인식되는 위협은 실제의 군사력의 비율보다도 더 큰 것이 사실이다.

나. 안보문제

감축조치가 해결하고자 한 최대 안보문제는 나토에게 불리한 바르샤바조약기구의 우세한 재래식 군사력의 불균형이었다. 나토 국가들은 재래식무기 감축협상의 결과 양측이 동의할만한 안정적인 수준의 군사력은 어느 정도인가를 연구하였고 이 연구결과를 바탕으로 재래식 군축협상의 가이드라인으로 삼았다.[32]

전방 배치한 병력의 불균형뿐만 아니라 소련의 우랄 산맥 서쪽으로부터 독일의 군사분계선에 이르는 거리가 미국으로부터 서유럽에 이르는 거리보다 훨씬 가까운 점을 이용하여 보다 짧은 시간 내에 소련의 군대가 증원되는 점까지도 해결하지 않으면 안 되었다. 왜냐하면 소련군의 조기 동원 및 전개능력은 훨씬 강하였기 때문이었다.

이러한 소련의 동원능력과 기습공격능력은 항상 나토에게 있어 제일 중대한 위협이었고 이 문제를 해결하기 위한 방법으로써 우랄 산맥 서쪽의 모든 소련군은 감축 협상의 대상이 되어야 했다. 실제로 군축협상의 많은 시간이 군축의 대상이 되는 지역의 범위 설정에 소요되었던 사실은 이 문제의 중요성을 보여준다.

일반적으로 유럽에서는 핵전쟁의 안정성과는 별도로 재래식 전쟁에 있어서 안정성의 확보가 가능하다는 전략적 평가와 인식이 있어 왔다. 물론 핵전쟁은 재래식 전쟁과는 떼어 놓을 수 없는 문제이며 미국의 나토전략의 골간을 이루어 온 것이 재래식 군사력의 불균형으로 인한 패전 시 핵전쟁으로 확전(extended deterrence) 시킴으로써 전쟁을 유리한 국면으로 전환시킨다는 것이었기 때문에 핵전쟁과 재래식 전쟁은 확전의 어떤 시점에서 연결된다는 것이 종래의 통설이었다.[33]

하지만 미소 양국이 핵전쟁 수행능력 면에서 상호 비슷하여, 핵무기의 사용에 의존할 경우 상호 멸망한다는 의식을 공유하게 되면서 핵과는 별개로 재래식 군사 면에서 안정성은 고려가능하고 또 달성될 수 있다는 생각이 군사문제 전문가들 사이에 일반화되어 왔다. 이러한 맥락에서 서방측의 군사문제 전문가들은 재래식 군

---

32) James A. Thomson, *An Unfavorable Situation : NATO and the Conventional Balance*(Santa Monica, CA : The RAND Corporation, N−2842 : November 1988).

33) Erich Weede, "Beyond Pax Atomica : Is Conventional Stability Conceivable? Does Tension Reduction Matter?" in Huber K. Reiner(ed.), *Military Stability, Nomos Verlagsgesellschaft, Baden−Baden, Germany*, 1990, p. 52. 위드는 재래식 군사적 안정성은 핵의 안정성과 따로 존재할 수 없다고 한다. 왜냐하면 재래식 억지는 항상 핵의 억지와 연결되어 위기의 안정화에 기여해왔기 때문이다. 재래식으로 우세한 국가가 선제공격을 할 수 없었던 것은 바로 침략행위의 도발시 핵의 보복 위협이 존재하고 있다는 것을 항상 염려하였기 때문이라고 한다.

사력의 안정성을 확보하기 위한 여러 가지 협상 대안을 개발하였으며 결국 비엔나
군축회담에서 소련과 타협에 이르게 된 것이었다.

다. 협상실태 및 기구

군축조치는 원래 미국이 대소련 협상에서 진정한 의미의 군비통제 조치라고
간주하던 것이다.[34] 군축조치는 나토와 바르샤바조약기구 양 진영 간의 회담에서
배타적으로 다루어져 왔으며 철저하게 미소 양국의 안보이익에 종속되어 왔던 것
이다. 앞에서 설명했듯이 1973년부터 시작된 MBFR회담에서 재래식 병력의 감축문
제가 논의되었으며, 1989년부터는 CFE회담에서 공격용 무기의 감축문제가 논의되
었다.

CFE회담은 스톡홀름 회담의 신뢰구축조치가 성공하고 난 뒤에 시작되었다. 소
련의 지도자들은 국내 경제적 이유 때문에 병력을 감축시키기를 원하였다. 이 기회
를 완전하게 장악하고자 부시 대통령은 이전까지 병력감축에 소극적이던 나토 국
가들의 지지를 동원하였으며 그때까지 협상의 진전을 가로 막고 있던 소련의 나토
국가에 대한 전술공군기의 감축제안도 상호주의의 원칙에 의거하여 받아들이기로
결단을 내렸다.

1988년 12월 고르바초프는 CFE를 성공적으로 이끌기 위해서 동유럽으로부터
소련군의 일방적 철수를 발표하였으며 1989년 1월 동서 양 진영의 군축협상참여자
들은 서방측의 제안에 근거한 새로운 협상 틀의 조건에 합의했다. 바르샤바조약기
구는 전술핵무기의 감축과 같은 어려운 문제는 다른 형태의 회담에 맡기기로 합의
하였고 동일한 시기에 자기 측의 재래식 무기의 수적 우위를 사상 최초로 인정한
군사자료를 서방측에 제시했다. 동년 3월, 셰바르드나제 소련 외무장관은 서방측의
보유수준 보다 더 낮은 수준으로 양측의 공격용 무기를 제한하자는 서방측의 개념
적 제안에 동의했다.

그는 제한대상의 무기로서 전차, 야포, 장갑차를 포함시켰으며, 전술공군기 및
무장헬기도 포함되어야 한다고 주장해서 서방측의 논란을 불러 일으켰지만 1989년
5월 부시 대통령이 파격적으로 이 제안도 수용하여 결국 CFE는 성공의 길을 걷게
되었다. 이러한 급속도의 진전은 구조적 군축의 성공을 촉진했으며 그 결과 나토의
최대 군사적 위협이 되어왔던 소련의 기습공격 가능성은 제거되게 된 것이었다.

CFE 진전의 또 하나의 이유는 급속하게 변화하는 유럽의 정세 속에서 미소 양

---

34) 미국은 원래 유럽에서 소련의 재래식 무기의 우세를 삭감하는 방법으로써의 Mutually Balanced
Forces Reduction(MBFR)만을 진정한 의미의 군비통제라고 간주하고 있었으며 이 MBFR 회담에
는 중립국 및 프랑스의 개입을 원치 않았다고 알려져 있다.

국이 예측 내지 통제할 수 있는 방향으로 그들의 동맹국을 유지해야 한다는 현실적 필요성에서 견해의 일치를 보았기 때문이다. 협상을 통한 질서 있는 변화의 유도가 어느 한편의 일방적인 감축으로 야기될 혼란보다도 훨씬 자국의 이익에 도움이 된다는 미소 양국의 전략적 판단은 결국 군축회담의 진도를 가속화시켰다.35) 다른 한편으로는 바르샤바조약기구 회원국들이 소련보다 더 빨리 자국의 일방적인 군축을 시도했다면 소련이 불안감을 느껴 그들의 내정에 군사적으로 개입했을 가능성도 있었던 상황에서 소련에게 협상을 통해서 자기들도 얻을 것은 얻었다는 인식을 부여해 줌으로써 협상을 급속도로 진전시킨 일면도 있었다.

IV. 결   론

이상에서 본 바와 같이 유럽에서 합의된 군비통제조치들은 유럽이 가진 특수한 안보문제를 해결하고 동서 양 진영의 안보정책의 목적을 달성하기 위하여 다자간의 협상기구와 채널을 거쳐 합의된 것이 분명하다. 즉 정치적 위기가 군사적 위기로 발전되는 것을 방지하기 위하여 다국 간 신뢰 및 안보구축조치(CSBM)를 취하였고, 동서 양 진영 간의 재래식 전력 격차와 그로 인한 기습공격에 대한 우려를 해소하기 위하여 군축조치 및 제한조치가 나왔다고 볼 수 있을 것이다.

특히 군축조치는 군사적으로 대결하고 있는 양측이 신뢰를 구축하기로 합의했다고 하더라도 대규모의 공격적 군사력을 보유하고 있을 때 어떻게 진정으로 신뢰할 수 있을 것인가라는 문제에 대한 해답을 주기 위해 시도되었다. 유럽에서 양 진영이 170만의 병력과 55,900여대의 전차, 71,000여대의 장갑차, 45,000여문의 야포, 13,900여기의 전투기, 3,280여대의 공격용 헬기가 대치하고 있는 현실에서 어떻게 군축을 하지 않고 평화와 안정을 달성할 수 있을 것인가라는 근본적인 문제를 해결하고자 시도했던 것이다.

재래식 병력과 무기의 수에서 압도적 우세를 누리고 있었던 소련에서 신지도자 고르바초프가 "국가안보는 무기와 병력의 우세에서 나오는 것이 아니라, 경제와 민심의 우세에서 나온다"는 것을 자각하고 합리적 방어충분성의 원칙에 입각하여 거대 병력과 무기를 선제적으로 군축시키겠다는 정치적 결단을 함으로써 유럽에서 실질적인 군축의 단초가 마련되었다. 이러한 기회의 창을 적시에 활용하기 위해 조지 부시 미국 대통령이 유럽에 배치한 미국의 공군력까지도 군축의 협상 대상으로

---

35) Jonathan Dean, "Negotiated Force Cuts in Europe : Overtaken by Events?," *Arms Control Today*, December 1989/January 1990, p. 12.

고려하겠다고 함으로써 미국 대 소련의 재래식 군축의 합의의 장을 열었던 것이다. 물론 1973년 이후 17년간 계속되었던 나토 대 바르샤바조약기구간의 상호균형군감 축회담도 한 몫을 했다고 볼 수 있다. 아울러 핵과 재래식 군비경쟁이 동시에 진행 되었던 유럽에서 핵과 재래식 분야의 군축이 별도로 진행될 수 있다는 논리가 등 장했고, 그 결과 재래식 군축이 성공적으로 달성되기도 했다.

유럽에서의 군축의 성공 사례와 논리는 탈냉전 이후 다른 지역에도 영향을 미 쳤다. 국가들 간에 군비경쟁을 일삼던 지역에서 군비경쟁에 소요되던 국가예산을 민간 경제의 발전과 시민의 복지향상에 투자하겠다는 정치적 결단과 국가 간의 외 교협상을 통해 군축에 이른 예들이 존재한다. 정치지도자가 진정으로 국민의, 국민 에 의한, 국민을 위한 정치를 하겠다면, 국가 간의 군비경쟁의 상황을 타개하기 위 해 상대국가와 협상을 통해 군축에 이르도록 해야 할 것이다. 진정한 안보는 군비 경쟁의 결과로 확보되기 보다는, 협상을 통해 상호 군축에 이르렀을 때에 장기간 달성 가능하다는 것을 깨달아야 할 것이다.

제 3 장

OSCE의 경험과 동북아의 평화

I. 서 론

세계적 차원의 탈냉전과 군비통제 추세에도 불구하고, 동북아와 한반도에서는 냉전체제와 상호 군비증강이 계속되어 왔다. 동북아와 한반도에서 냉전체제를 극복하기 위해 적지 않은 연구노력과 정치적 노력이 있어 왔다. 그럼에도 불구하고 동북아와 한반도에서 지속적인 평화를 구축하기 위한 다자간의 안보협력체제는 출발조차 못하고 있으며, 한반도에서는 두 차례의 남북한 정상회담에도 불구하고 남북한 상호 합의에 의한 평화와 안보협력체제는 구축되지 않고 있는 실정이다.

동북아 혹은 한반도와는 달리, 유럽에서는 냉전기간 중에도 다자간 경제협력과 다자안보협력, 특히 안보분야에서 신뢰구축과 군비통제를 통해 긴장완화와 평화, 안보와 경제의 공동체를 만들어 내었다. 본장에서는 동북아에 평화와 협력을 정착시키기 위해 유럽의 헬싱키 프로세스에서 교훈을 도출하고, 동북아와 한반도의 평화에 적용가능한 시사점을 제시하고자 한다. 그리고 동북아와 한반도의 평화에 필요한 다자안보협력체의 가능성과 방향을 검토해 보고자 한다.

유럽에서 다자안보협력이 성공한 원인은 네 가지로 요약할 수 있다. 첫째, 전략적인 자원인 석탄(coal)과 철(steel)을 개별 국가를 위해 사용하지 않고, 프랑스의 주도하에 서독, 베네룩스 삼국과 이태리가 공동생산 및 공동관리 하는 유럽석탄철강공동체(ECSC : European Coal and Steel Community)를 출범시킨 이후 유럽 국가들은 국경과 국가주권을 초월한 유럽의 경제공동체를 부단하게 추구해옴으로써 결국 유럽연합을 탄생시켰다. 이러한 유럽경제공동체의 성립과정이 국가 간의 안보협력을 촉진하는데 기여했다는 것은 명약관화한 사실이다.

둘째, 양대 진영과 유럽의 모든 나라들이 참가하는 안보대화인 CSCE(유럽안보협력회의)를 제도화함으로써 1973년부터 CSCE를 지속적으로 개최하고 운영해 왔으며 결국 탈냉전 이후 오늘날 56개국이 참가하는 유럽안보협력기구(OSCE : Organization for Security and Cooperation in Europe)로 발전되게 되었다. 헬싱키 프로세스라고 불리는 유럽의 다자간 신뢰 및 안보구축 과정은 결국 유럽에서 냉전의 종식을 가져왔다. 헬싱키 프로세스는 3개의 바스켓, 즉 정치와 군사 면에서 다자간 신뢰구축 바스켓, 경제와 과학기술의 교류와 협력을 촉진시키는 경제 바스켓, 인권과 사회문화, 인도주의 교류협력 측면에서 사회문화인권 바스켓 즉 세 가지 바스켓에 의한 다자간 신뢰와 안보구축을 꾸준히 실시해 왔다. 즉, 유럽은 경제공동체의 형성과정과는 별도로 안보협력 채널을 만들어 상호 협상을 통한 신뢰구축과 재래식 군비통제를 해왔다. 미국과 소련은 핵군축회담을 통해 유럽의 안보협력과정을 촉진하는 역할을 했으며, 유럽의 신뢰구축과정과 군비통제과정에 적극적으로 참가함으로써 유럽의 안보와 평화를 주도하는 역할을 했다. 유럽의 신뢰구축과정과 군비통제과정은 다른 지역에도 많은 시사점을 던져 주고 있다.

셋째, 유럽의 군사적 신뢰구축과 군축과정에서 안보 및 군비통제 전문가 집단의 기여와 활약상이 대단했다. 이들은 헬싱키 최종선언과 스톡홀름 협약, 비엔나문서에 들어갈 내용을 소속 국가와 정부에 건의했을 뿐 아니라 CSCE와 OSCE, MBFR(상호균형군감축회담)에 자문역으로 참여했다. 또한 유럽의 많은 NGO들은 인권과 교류협력의 견인차 역할을 해왔다. 이들이 전문적인 연구와 각종 참여활동, 부단한 세미나와 워크숍을 통해 안보협력을 지지하는 국제적 전문가 공동체를 형성하지 않았더라면 유럽의 다자안보협력은 진척속도가 느렸을 것이다.

넷째, 회원국들이 검증(verification)의 중요성을 인식하고, 이의 수용을 부단히 촉구했으며, 결국 합의에 대한 이행여부를 검증을 통해 실시함으로써 상호 확인 속에 신뢰를 구축할 수 있었다. 1975년 헬싱키 최종선언에서는 검증을 자발적으로 수용하도록 촉구했으나, 1986년 스톡홀름 협약에서는 검증을 의무화하였다. 1987년 미-소간 중거리 핵무기 폐기협정(INF: Intermediate Nuclear Forces Treaty)에서는 사상 최초로 침투성이 높은 사찰제도를 반영했다. 1990년 CFE(유럽재래식무기폐기조약)조약에서는 검증의 강도를 보다 강화시켰다. 이러한 과정을 통해 유럽에서는 검증을 통한 신뢰구축의 바탕위에서 다자안보협력을 달성할 수 있었다.

본장에서는 이상의 네 가지 교훈 중에서 다자안보협력분야와 관련이 있는 요소들을 동북아에 적용시켜 동북아 국가들 간에 다자안보협력체를 구축하기 위한 정책적 시사점을 도출하고자 한다. 그러나 유럽의 경험과 교훈을 동북아에 그대로 적용하는 데에는 많은 문제점이 있다. 그래서 유럽의 경험을 동북아와 비교하여 그 차이점과 유사점을 분석하고, 동북아에 적용가능한 시사점을 도출하는 것이 의미가 있기 때문에 여기에서는 유럽과 동북아, 동서독과 남북한 관계를 비교분석함으로써 동북아에 유의미한 결론을 도출하고자 한다. 이를 바탕으로 동북아의 지속적인 평화체제 구축을 위해 동북아의 다자간 안보협력의 필요성과 발전방향을 모색해 볼 것이다.

Ⅱ. OSCE의 전개과정

OSCE는 유럽안보협력회의의 참가국이었던 34개국과 소련 해체 이후 나타난 독립국가연합의 국가들과 구유고연방공화국들을 다 포함한 56개회원국이 1995년에 CSCE를 발전적으로 통합시켜 만든 유럽지역의 다자안보협력기구이다. 탈냉전과 유럽통합 이후 유럽에서의 포괄적이고 협력적인 안보를 촉진하기 위해 만든 기구이다. 군비통제, 예방외교, 신뢰 및 안보구축조치, 인권, 민주화, 자유선거 모니터링, 경제 및 환경안보 등의 안보문제를 포괄적으로 협의하고 증진시키며 모든 회원국들이 동일한 지위를 갖고 협력하는 기구이다.[36] 산하에 있는 분쟁방지센터에서는 회원국들 간의 분쟁방지와 소형 및 경무기의 통제를 위해 활동하고 있으며, 북대서양조약기구가 다루지 못하는 과거 동서 양 진영에 소속해 있었던 국가들과 비동맹, 중립국가들 간의 다자간 안보협력문제를 다루고 있다. 또한 안보협력포럼은 매주 비엔나에서 개최되며 OSCE 지역 내의 안보의 군사적 측면에 대해 협의하고 결정을 내린다.

그러나 냉전시대에 비해 OSCE의 활동여건은 좋은 편은 아니다. 냉전종식 이후 안보에 대한 중요성과 공감대가 약화된 점이 있고, 과거 동구권과 소련의 구공화국들을 모두 흡수함으로써 OSCE가 표방하는 가치에 대한 공유도와 정체성이 낮아지고 있기 때문이다. 그 이외에도 나토가 과거 동구권과 러시아 연방공화국들에 대한 안보역할을 확대하고 있고, EU가 유럽의 안보역할을 공유하게 됨으로써 OSCE와 경쟁적이 되고 있다는 점 등이 OSCE의 활동을 제약하고 있다. 특히 2008년 8월 러시아의 조지아 사태에 대한 무력개입 이후 OSCE의 역할의 정당성과 효과성에 대해 의문이 제기되고 있는 점, 2014년 러시아의 크리미아 반도 점령 및 우크라이나 사태에의 무력적 개입 등이 OSCE에 대한 도전요인이 되고 있다.[37]

그러나 9·11 사태 이후 OSCE도 대테러전에서 일정한 역할을 수임하고자 하는

---

36) The OSCE Press and Public Information Section, *OSCE Handbook*, Vienna 2007.
37) 필자의 OSCE 대변인 Martin Mesirky와의 인터뷰, 2008.9.9.(비엔나의 OSCE본부). 최근의 우크라이나 사태를 포함시켰다.

의도에서 아프가니스탄에서 다양한 활동을 전개한 바 있다. 총 16개의 프로젝트를 추진하여 왔다. 이러한 점을 OSCE의 적극적인 기여라고 볼 수도 있다. 2015년 현재 OSCE는 56개 회원국을 가진 세계에서 가장 규모가 큰, 지역차원의 다자안보협력기구가 되었다. 정치와 군사를 중심으로 하되 경제, 인도주의적 협력 등 다양한 분야로 포괄적인 협력을 추진함으로써 안보에 대한 종합적 접근을 시도하며 실용적인 협력의 범위를 확대시키고 있다.38) 동아시아를 비롯한 다른 지역에 OSCE의 경험을 전파하고, 적용하는데 도움을 주고자 노력하고 있다.

여기에서는 유럽의 다자간 신뢰구축과정을 주도해 온 CSCE(일명 헬싱키 프로세스)의 전개과정과 유럽에서 양 진영 간의 군축문제를 주도해 온 MBFR과정, 그리고 연이어 유럽의 재래식무기폐기협정을 주도해 온 CFE프로세스를 앞장과의 중복을 피하면서 간략하게 설명하고자 한다.

1. 헬싱키 프로세스와 군축 프로세스의 태동 배경

유럽에서 국가들 간에 상호 협의를 통해 안보와 평화를 증진시키기 위해 CSCE를 통한 상호 신뢰구축을 했으며, 재래식 군사력 감축을 위한 상호균형군감축회담(MBFR, 후에 재래식무기폐기협정(CFE)로 발전됨)을 시도했다. 이 양대 채널은 미국과 소련의 첨예한 국익대결에서 타협의 산물로 시작되었다.

소련은 CSCE를 통해 자국의 동구권에 대한 영향력을 인정받고 국경선을 그대로 인정받기를 원했다. 대신에 미국은 소련의 군사력을 감축시키기 위해 나토와 바르샤바 조약기구 간에 군축회담을 수용하도록 소련에게 촉구했다. 그리하여 1973년 7월 3일 CSCE가 핀란드 헬싱키에서 개최되었다. 그 후 CSCE는 유럽 각국의 수도를 옮겨가면서 개최되었다. MBFR은 1973년 10월부터 비엔나에서 계속 개최되었다. 따라서 유럽에서 국가들 간에 상호 군사위협을 감소시켜 올 수 있었던 것은 CSCE와 MBFR이라는 두개의 채널을 동시에 분석해야 올바른 시사점을 얻을 수 있다.

CSCE에서 국가간의 관계 개선과 신뢰구축을 했고, MBFR에서 동서 양 진영 간에 군사적인 이해의 바탕이 이루어졌고, 실제적인 군축 합의는 이루어지지 않았다 하더라도, 곧바로 CFE가 성공할 수 있었던 것은 17년 동안 동서 양 진영이 MBFR에서 상호 큰 입장 차이에도 불구하고 군축에 대한 이해와 공동인식을 이루어 놓았기 때문이라고 보아야 할 것이다.

여기서 분명한 것은 미국이나 소련은 MBFR이라는 군축회담이 열렸기 때문에,

---

38) 도브 린치(Dov Lynch), "유럽안보협력기구의 정치군사적 의미," 제주평화연구원 편, 『동북아시아의 평화와 번영 : 유럽경험의 탐색』(제주 : 제주평화연구원 연구총서 6, 2008), pp.215-224.

미국과 소련 그리고 양 진영에 속한 나라들의 군사력의 감축에 관한 의제는 CSCE
에서 거론하지 않았던 것이지, 신뢰구축만 중요하기 때문에 CSCE에서 군축의제를
다루지 않았던 것이 아니란 것이다. 유럽에서 CSCE와 MBFR은 병행하여 개최되었
으며, 냉전시기 유럽이 안고 있었던 안보문제와 정치외교, 경제협력, 인권문제가
진전을 보게 되었다.

2. 헬싱키 프로세스

1973년에 유럽에서 CSCE가 개최되게 만드는 데에 큰 영향을 준 두 가지 사건
이 있었다. 하나는 유럽석탄철강공동체(ECSC)의 탄생이고, 그 둘은 빌리 브란트 전
서독 수상의 동방정책이다.

유럽석탄철강공동체는 1952년부터 계속하여 유럽의 경제적 통합을 이끌어 갈
철학과 비전을 제시해주는 역할을 했다. 1950년 5월 9일 프랑스 외상 로버트 슈망
이 발표한 선언에 의하면,[39] "ECSC는 유럽에서 전쟁을 위한 화약을 생산하는데 오
랫동안 사용되어 왔던 천연자원인 석탄과 철강을 앞으로는 프랑스와 독일간의 국
가를 초월한 고위기관의 관할 하에서 공동 생산 공동 사용하기로 함으로써 유럽의
운명을 바꾸기 위해 창설되었다"고 하고 있다. ECSC는 유럽대륙에서 긴 평화는 전
략적 자원을 공유함으로써 달성될 수 있다는 프랑스의 전략가 쟝 모네의 구상을
프랑스 정부가 외교정책으로 채택함으로써 시작되었으며, 서독과 이태리, 베네룩
스 삼국을 참가시킴으로써 다자적인 안보 및 경제협력으로 발전하게 되었다. 그 후
이들 6개국은 1958년에 유럽에서 평화적인 원자력 협력을 추진하기 위해 유럽원자
력공동체를 만들기로 합의함과 아울러 유럽경제공동체를 만들기로 합의한 로마협
정에 서명했다. 물론 초기에 유럽경제공동체는 서방의 국가들 간에 제한적으로 경
제협력이 시작되었지만, 탈냉전 후에 과거 동구권도 포함하는 유럽연합으로 발전
하게 되었다.

둘째, 유럽에서 경제공동체를 만들기 위한 작업이 진행되는 동안, 서독은 구소
련을 비롯한 동구권, 동독과의 정치적 화해와 관계개선을 이루기 위해 1970년부터
동방정책을 구사했다. 서독의 빌리 브란트 수상은 1970년에 폴란드 내 과거 유태인
수용소 자리를 방문하여 제2차 세계대전 중 유태인 학살에 대한 사죄와 용서를 빌
었고, 1970년 서독－소련간의 불가침조약을 체결해서 소련과 정치적 화해 및 경계
선을 확정했으며, 1972년 동서독 정상회담을 통해 동서독간의 화해와 교류협력의
장을 열었다.

---

39) Declaration of 9 May 1950, Europa－The symbols of the EU－Europe day.

서독의 대공산권에 대한 일련의 화해작업으로 말미암아 유럽에서 자유 공산 양 진영의 국가들이 모여 다자간 안보협력 논의할 수 있는 CSCE가 출범하는데 기여를 한 것임은 두말할 필요가 없다.

유럽의 신뢰구축 과정 즉 헬싱키 프로세스는 1973년 7월 3일 유럽 33개국과 미국, 캐나다가 참여하는 유럽안보협력회의가 개최됨으로써 시작되었다. 유럽에서 추진된 신뢰구축은 정치적 신뢰구축과 군사적 신뢰구축이 동시에 합의되고 이행되었다. 유럽에서 동서 양 진영이 대립하고 있던 1970년대에 곧바로 군사적 문제를 토의하여 위협을 감소시킬 수 없었기 때문에 국가들은 CSCE라는 다자적 포괄적 안보협의체를 만들어서 국가 간의 관계를 발전시킬 수 있는 틀을 출발시켰는데, 국가 간에 정치적, 외교적, 안보적, 경제적, 사회문화적, 인도적 교류와 협력을 발전시키면서 동시에 군사적인 면에서 초보적인 신뢰구축을 실시하였다. 그 결과 국가 간 관계의 발전을 도모하면서 동시에 군사적 신뢰구축도 어느 정도 달성할 수 있었다.

1975년 헬싱키 최종선언을 채택할 때, 35개 회원국들은 국가관계를 개선시키기 위해 3개의 범주(basket)로 나누어 회의를 실시했다.[40] 이 basket 개념은 서방측이 제안한 신뢰구축 및 안보 그리고 인도주의/기타 분야의 협력을 각각 제1범주와 제3범주, 동구권에서 제기한 국가 간 경제·과학기술 교류 관련 의제를 제2범주에, 소련이 제기한 국경선 인정과 영향권 인정 문제는 제1범주에 분류하여 협상에 들어갔다.

그 결과 채택된 헬싱키 최종선언의 제1 배스킷은 정치/안보/신뢰구축에 관한 문제에서 국가 간의 일반적인 관계에 대한 합의를 담게 되었다. 이에는 참가국간 국제관계를 규정하는 10대 원칙에 대한 천명이 들어 있는데, 주권평등의 원칙, 무력사용 혹은 위협의 금지 원칙, 국경 불가침의 원칙, 영토보전의 원칙, 분쟁의 평화적 해결 원칙, 내정불간섭의 원칙, 인권존중과 자유의 원칙, 인간평등과 자결의 원칙, 국제협력의 원칙, 국제법 준수의 원칙 그리고 군사적 신뢰구축 조치 등이 들어 있다.

제2 배스킷에서 협력은 유럽의 경제 사회 발전을 촉진시키고, 그것을 밑바탕으로 하여 달성가능한 평화와 안보를 강화하기 위해 합의된 것이다. 그 내용을 보면 다음과 같다. 첫째, 상업협력은 경제 상업에 관한 정보의 질을 향상, 공급 증대, 마케팅 기술과 지식 제고를 위한 노력, 산업협력을 위한 새로운 분야 개발을 포함한다. 둘째, 산업협력에는 유럽 내 전기용량의 효율적 활용을 위해 상호 전력 교환, 새로운 에너지 특히 원자력 에너지 개발 협력, 도로 네트워크의 발전, 항로 개발,

---

40) The Final Act of the Helsinki Conference on Security and Cooperation in Europe signed on August 2, 1975.

연구에서 협력, 다양한 교통망 발전 및 교통수단 개발, 표준화 및 중재법 향상 등을 포함한다. 셋째 무역협력은 사업간 접촉과 과학협력이 있다. 넷째, 기술협력은 농업, 에너지, 신기술, 대중교통, 물리학, 화학, 기상학, 빙하학, 컴퓨터, 수력, 해양학, 지진연구, 의사소통 정보기술, 우주연구, 의학, 공중보건, 환경 연구 교류 협력증대를 포함한다. 다섯째, 환경문제에 대한 협력으로서 이에는 대기오염, 수질 오염, 수자원관리, 해양환경, 토지사용, 자연보호, 주거환경, 환경변화 측정 공동협력 등이 포함된다.

　　제3 배스킷에서 협력은 국가의 정치적, 경제적, 사회적 체제의 차이와 관계없이 모든 국가 간에 추진하며, 인도주의와 제1, 제2 배스킷에서 다루지 않은 분야의 협력을 합의한 것으로 가장 큰 내용은 인권의 신장을 가능케 한 것이었다. 구체적 내용을 보면, 첫째 인간접촉을 강조한 것으로서 개인적, 단체적 차원(정부, 기관, 개인 간 공식·비공식적이든)을 막론하고 인간들 간의 자유로운 접촉, 이동을 장려하고, 가족의 접촉과 정기적 상봉, 가족의 재결합, 이민족간 결혼, 여행, 젊은 세대들 간의 접촉, 회합의 여건 개선을 하기로 한 것이다. 둘째, 정보교류의 활성화로서 정보에 대한 접근, 정보 보급 체제 발전, 정보교환, 라디오·TV·언론기관 간 협력, 신문기자들의 근무조건 개선을 시도한 것이다. 셋째, 문화교류로서 상대국의 문화에 대한 이해 증진을 위해 정보의 상호교환, 문화유산, 자산의 교환을 위한 시설 개선, 문화인들 상호교류 협력 증대, 문화협력의 새로운 분야와 형태 추진 등을 포함한다. 넷째, 교육교류로서 교육·과학 기관 간 협력 확대, 학생, 선생, 학자들의 교육, 문화, 과학 기관에 대한 접근 개선, 과학정보와 문서의 상호 교환증대, 외국어 문화에 대한 연구 장려, 교수방법의 경험 교류 등이 있다.

　　유럽에서 제2 배스킷과 제3 배스킷이 국가 간의 일반적인 관계 개선과 발전에 기여했지만, 제1 배스킷의 군사적 신뢰구축이 유럽의 안보협력에 특별하게 기여한 점을 아무리 평가해도 지나치지 않다. 유럽의 군사적 CBM은 세 가지 단계를 거쳐 발전하게 되었다. 군사적 CBM을 통해 유럽국가들은 상호 군사안보관계에서 불신을 제거하고 두려움을 제거하게 됨으로써 결국 신뢰관계로 만들 수 있었다.[41] 즉 군사적 CBM과 일반적인 관계의 발전이 상호 선순환 관계를 가졌던 것이다.

　　1975년 헬싱키 최종선언에서 합의되고 이행되었던 CBM을 제1세대 CBM, 1986년 스톡홀름선언에서 나온 CBM을 제1세대의 CBM과 차별화시켜 제2세대 CBM이라고 부른다. 제2세대 CBM은 군사적으로 의미가 있는 조치를 담아야 한다는 합의

---

41) J.J. Holst and K.A. Melander, "European Security and Confidence Building Measures," *Survival*, Vol. 19, No.4, July/August 1977, pp. 147-148.

정신을 반영하여 CSBM이라고 불렀다. 탈냉전 직후 채택된 CBM은 제3세대 CBM으로 불리는데, 1990년 비엔나 협약으로부터 기원한다. 제3세대 CBM은 비엔나 회의에서 계속 협의를 거쳐 몇 차례 더 강화된 합의를 거쳐 계속 발전하고 있다.

　　그러나 탈냉전 이후에는 유럽에서 국가 간의 군사적 긴장은 사라졌고 오히려 구유고와 같은 국가 내부의 인종분쟁 등이 심각하게 되어 공동으로 이 문제를 해결하기 위해 OSCE가 노력하게 됨으로써 유럽 내의 CBM에 대한 의미는 거의 의미가 없게 되었다. 그럼에도 불구하고 OSCE의 큰 업적인 군사적 CBM은 탈냉전 이후 다른 지역 특히 중국과 러시아를 비롯한 중앙아시아 국가들 간의 상하이협력기구에서 응용되고 있으며, 한반도와 중남미, 중동 지역에 그 응용을 모색하고 있는 실정이다.

3. 재래식 군축 프로세스(MBFR과 CFE)

　　보통 헬싱키 프로세스라고 하면 유럽에서의 재래식군축프로세스를 간과하는 경향이 있는데, 이것은 큰 과오라고 말할 수 있다. 유럽에서는 헬싱키신뢰프로세스와 병행하여 군축프로세스가 진행되었다는 점을 명심할 필요가 있다.

　　앞장에서 설명한 바와 같이 유럽의 재래식군축프로세스는 MBFR로부터 시작됐다. 1970년대 초반 미국의 유럽주둔 미군의 감축필요성과 맞물려서, 소련은 미국과 협상을 통해 소련이 제의한 CSCE를 미국이 받아들이면, 소련도 미국이 제안한 MBFR을 수용하겠다고 타협함으로써 MBFR이 시작되었다. 1973년 10월 비엔나에서 나토와 바르샤바조약기구 회원국들이 재래식 무기의 감축을 위해 MBFR회담을 창설하였고 초기에는 양측의 병력감축에 관련된 내용을 토의하기 시작했다. 결국 병력의 계산과 검증방법에 대한 논란 끝에 합의에는 이르지 못했다. 이 MBFR회담은 1986년까지 지속되면서 1987년 CFE로 명칭이 변경되었고 1989년 말 합의문서가 채택되어 CFE 체제로 격상되어 성과를 보게 되었다.

　　CFE에서는 나토보다 낮은 수준에서 군사적 안정성을 달성하기 위해 동일한 보유 수준으로 감축을 실시하기로 합의했다. 즉, 동서 양 진영은 탱크 수를 각각 20,000대, 장갑차 수를 30,000대, 야포 수를 20,000문으로 동일한 수준을 유지하기로 합의하였다. 소련은 미국이 우세를 가진 전술공군의 감축을 의제로 넣자고 주장했고 미국 측은 이의 의제화를 반대하면서 지상군의 감축만 의제로 하자고 주장했다. 양측의 주장이 팽팽하게 맞서 회담은 교착상태에 빠지는 듯했으나 1989년 몰타회담에서 부시 미 대통령과 고르바초프 소련 당서기는 빠른 속도로 냉전이 끝나가

는 것을 알고 전투기도 군축 의제에 포함시키기로 합의하고,[42] 각각 전투기 6800
대, 공격헬기 2000대를 보유하기로 합의했다.

　　CFE협상과정에서 서구의 숙원이던 동구 및 소련의 군사력의 수적우세, 기습공
격 능력, 대규모 공격능력을 제거하려는 목적이 달성되었고, 소련은 미국의 공군력
에 대한 통제를 달성하게 되었다. 그리고 유럽에서는 방어적 충분성에 근거한 군사
적 안정성을 확보하기 위한 최소한의 공격용 무기만 보유하게 되었다. 그 결과 유
럽에서는 탈냉전 이후에도 군사적인 안정을 확보한 바탕 위에서 모든 국가들이 안
보협력을 도모하게 되는 환경을 만들어 내게 되었던 것이다. 1990년대 전반기에는
매우 빠른 속도로 재래식 군축에 진전이 있었으나, 구소련이 13개의 공화국으로 분
리되고, 미국과 러시아간의 핵군축 속도에 영향을 받아 그 후 재래식 군축은 모멘
텀을 잃어갔다.

　　무엇보다 중요한 것은 양측이 당시보다 낮은 군사력을 가지고도 억지가 가능
하다는 생각을 하게 되었고, 군사분야에서 의사소통과 투명성의 중요성을 인식하
고 이를 협상채널에서 합의로 구체화시켰으며, 검증을 통해 군축과정을 진행함으
로써 상호 신뢰와 공동안보를 달성하게 되었던 것이다. 만약 유럽에서 이러한 군축
과정이 없었다면 OSCE는 유럽의 평화를 달성할 수 없었을 것이라고 해도 과언이
아닐 것이다.

Ⅲ. 다자안보협력과 관련한 유럽과 동북아의 비교: 차이점, 유사점, 시사점

　　동서양을 막론하고 많은 학자들과 정치가들이 유럽과 동북아를 비교하면서 유
럽에서는 CBM과 군축을 통한 다자간 안보협력이 가능했지만, 동북아에서는 불가
능하다고 하는 비관주의적 시각을 보이고 있다.[43] 여기에서는 과연 그럴까 하는
의문을 가지고 다자안보협력과 관련시켜 유럽과 동북아의 차이점과 유사점, 그리
고 유럽경험이 동북아에 주는 시사점 등을 살펴보고자 한다.

1. 차이점

　　학자들은 유럽과 동북아, 특히 한반도에 대한 비교분석을 통해서 유럽에서는
다자간의 안보협력이 성공했지만, 동북아나 한반도에서 다자간 혹은 양자 간 안보

---

42) 부시와 고르바초프간의 몰타 회담.
43) Georgy Toloraya, "Whither Institutionalization of Cooperation in Northeast Asia?," *Korean Journal of Security Affairs*, Vol. 12, No. 1, December 2007, pp. 93–108.

협력이 성공할 수 없는 요인들을 지적했다.

유럽에서는 미국과 소련 간에 세력균형이 존재했고 이 세력균형 속에서 나토와 바르샤바조약기구 간에 군사력의 균형이 존재했으며, 각각의 진영은 상대진영에 대한 공통의 위협이 존재했기 때문에 결국 상호 협상을 통해 신뢰구축과 군축을 이룰 수 있었다고 설명해 왔다. 반면에 동북아에서는 세력균형이 존재하지 않고, 미국을 상대할 만한 동북아차원의 국가들이 없으며 한미동맹이나 미일동맹이 중국과 러시아, 북한 삼국을 공동의 적으로 보지 않을 뿐만 아니라 중국과 러시아, 북한이 공통의 위협으로 보는 국가도 각기 다르기 때문에 다자간 안보협력이 발생하기 힘들다고 보고 있다.

유럽에서는 냉전시기 35개국이 모두 참가하여 안보문제를 논의하기 위한 다자간 채널이 만들어 졌으며, 특히 자유진영과 공산진영의 집단방위동맹에 속한 국가들은 다자안보대화의 습관이 배양되었기 때문에 다자안보협력체가 성공할 수 있었다고 보고 있다. 반면에 동북아에서는 다자가 참가하는 대화채널이 부재할 뿐만 아니라 동맹체제도 양자동맹은 있으나 다자동맹이 없어서 동맹 내에서도 다자안보대화의 습관이 전혀 길러지지 못했음을 이유로 들면서 동북아에서는 다자안보협력이 불가능하다고 보고 있는 것이다.

또한 유럽의 국가들은 법치주의와 합의 존중의 행동습관이 있으므로 협상의 결과 조약과 합의문을 만들고 준수하기를 좋아하는 반면, 미국을 제외한 동북아 국가들은 합의보다는 구두약속, 법적인 구속성이 없는 합의를 선호하며 합의 후에도 이를 준수하기를 좋아하지 않는다고 유럽과 동북아의 차이를 지적하면서 동북아나 한반도에서는 합의에 의한 신뢰구축과 안보협력이 더 어렵다고 하고 있다. 다시 말해서, 유럽의 국가들은 시간이 걸리기는 했지만 헬싱키 최종선언과 스톡홀름 협약을 꾸준히 준수한 것에 비해서 남북한 관계에 있어서는 북한이 기존 남북한의 합의 및 북미간의 합의를 준수하지 않고 오히려 북한이 위반행위를 자주 범했다는 차이가 있다. 동북아 국가들이 모두 참가하는 동북아 다자간 안보대화가 없었으며 포괄적인 합의가 없었다는 점은 중요한 차이점으로 지적되고 있다. 북한 핵문제에 대해 2003년부터 6자회담을 개최하였으며, 2005년 9·19 공동성명을 비롯해서 북핵문제를 포괄적으로 해결하기 위한 포괄적 합의가 여러 차례 있었으나 그 합의가 전혀 이행되지 않아 남북한 관계 개선은커녕, 동북아 다자간에 안보와 평화에 관한 협의조차 이루어지지 못하였다.

유럽에서는 35개국의 정상들이 참가하는 정상회의가 정기적으로 개최되었으

나, 동북아에서는 북미, 북일 관계가 정상화 되지 않아서 다자간 정상회담이 개최
되지 않고 있으며 남북한 간에 정상회담이 두 차례 있었으나 제도화 되지 못하고
있다는 차이점이 발견된다.

특히 유럽에서는 다자간 안보회의에서 동서 양 진영 간에 이해와 입장이 첨예
하게 대립될 때, 스웨덴, 핀란드, 스위스, 바티칸공화국 등 12개 중립국 및 비동맹
국들이 중재자로서의 기능을 함으로써 양 진영 간의 첨예한 이해대립을 조정하여
헬싱키 프로세스나 비엔나 프로세스를 성공적으로 이끌 수 있었다고 지적하고 있
다. 한편 동북아에서는 미중 간, 미러 간, 북미 간, 남북한 간에 이해가 첨예하게 대
립될 때 이를 중재할 수 있는 중재자나 중재국가가 없으므로 동북아에서는 다자간
의 안보협력의 가능성이 낮다고 보고 있다.[44]

예를 들어 동서독 관계와 남북한 관계를 비교하면서 동서독 간에는 전쟁이 없
었고 정전협정이 없었으며, 동서독 분단 후 소련과의 경우를 제외하면 동서독 자체
간에 국경도발이 없었지만, 한반도에서는 남북한 간 전쟁이 있었으며, 미국과 중국
이 참전했고 정전협정이 있으며 그 후 북한이 정전협정을 위반하고 국경도발을 빈
번하게 감행했기 때문에 남북한 간 신뢰구축과 합의에 의한 군축 혹은 평화체제가
수립되기 힘들다고 말하고 있다.

아울러 동서독은 통일을 지향한다고 명시적으로 말한 바도 없기 때문에 통일
이 가능했고, 북한은 무력통일을 해서라도 통일하겠다고 주장했고 남한은 평화적
통일 혹은 통일 대박을 계속 주장하는 등 남북한 둘 다 통일을 궁극적으로 지향한
다는 것 때문에 상대방을 인정하지 않아서 신뢰구축과 평화구축이 어렵다고 설명
하고 있는 것이다.

2. 유사점

그런데 유럽과 동북아, 동서독과 남북한을 비교할 때 유사점도 만만찮게 발견
된다. 헬싱키 프로세스가 포괄적 합의를 이루어낸 데 비하여 남북한 관계에서도
1992년 화해와 불가침, 교류협력에 관한 기본합의서에서 보듯이 정치적, 군사적,
경제 및 사회문화적인 측면에서 포괄적인 합의를 이룬 바 있다는 것이다.

헬싱키 프로세스가 가능했었던 시기는 유럽이 이념적으로 분단되어 있었으며
냉전체제 하에 있었다. 소련은 전후의 국경과 영향권을 인정받기를 원했으며, 소련
을 비롯한 동구권은 미국과 서방의 경제에 비해 매우 열세한 입장에 있었다. 남북

---

44) 김경수, 『비확산과 국제정치』(서울 : 법문사, 2004), p. 303.

한과 동북아와 비교해 볼 때 매우 유사한 점이 많다. 한반도와 동북아는 이념적으로 분단되었으며 아직도 냉전체제 속에 살고 있다. 한반도에서 한미동맹을 고려하면 북한과의 사이에 억제력의 균형이 이루어져 있다고 볼 수 있다. 유럽에서 상호합의에 의한 군축이 가능했던 것은 동서 양 진영 간에 어느 정도 군사력의 균형이 이루어진 시기라고 본다면, 한반도에서 군사력 균형의 달성은 비슷한 조건을 가지고 있다고 볼 수 있다.

신뢰구축이라는 측면에서 볼 때, 유럽에서 소련과 동구권 국가들은 초기에 미국 주도의 신뢰구축과 검증을 완강하게 거부했다. 공산권 국가들은 서방국가들이 군사적 투명성을 제고하기 위해 군사정보의 교환, 군사훈련의 상호참관 등에 대한 제안을 거부했던 것이다. 인권에 대한 조항도 반대가 만만치 않았다. 북한도 별반 다르지 않다. 남한의 수차에 걸친 신뢰구축 제안을 반대했으며, 군사정보의 투명화, 한미연합훈련에의 참관 초청 등에 대해 중국과 북한은 계속 반대를 표명해 왔던 것이다. 인권문제에 대해서는 모든 것을 걸고 반대해 왔다. 그러나 소련의 반대 속에서 미국이 절묘하게 협상을 통한 타협을 유도하여 신뢰구축과 검증을 통과시켰던 예에서 볼 때 북한과 중국의 투명성에 대한 반대 자체만으로 유럽과 동북아의 차이점을 지적하는 것은 문제가 있다고 볼 수 있다.

군축이라는 측면에서 볼 때 유럽과 동북아 간에, 동서독과 남북한 간에 유사점이 있다. 미국과 서구는 소련과 동구가 주장하는 군축의제를 원하지 않았다. 특히 미국은 소련이 제기하는 미국의 해·공군 감축 문제를 군축협상의 의제로 삼기를 원하지 않았다. 게다가 소련은 서유럽에서 외국군의 철수를 군축의 전제조건으로 주장했던 것이다. 이것은 한반도의 경우에도 일치한다. 한미양국은 북한이 지속적으로 제기해 온 주한미군의 군축의제를 거부해 왔다. 특히 주한미군은 남북협상이나 한미북중 4자 회담의 의제로 될 수 없음을 분명히 했다. 반면에 북한은 주한미군의 철수를 한반도 군비통제 및 평화체제 구축 협상에 가장 중요한 의제로 항상 제기해 왔던 것이다. 따라서 군축의제에 대한 이견이 존재한다는 유사점이 있다.

3. 유럽경험의 동북아에 대한 시사점

유럽에서 미국, 캐나다, 소련을 비롯한 유럽의 모든 국가들이 참가하여 CSCE를 정기적으로 개최하게 되고, 미국, 소련, NATO, WTO, 중립국 및 비동맹국 등 5개 세력 간 충돌하는 국가 및 진영 간에 안보이익 면에서 상호 절충이 가능해진 것은 동북아에 많은 시사점을 주고 있다. 더욱이 헬싱키 최종선언은 국가 간의 관계가 지속적으로 발전하고 유럽의 안보가 확고하게 보장되려면, 군사적 안보, 인권, 경제협력의 세 가지 축이 균형되게 발전해야 된다고 하는 강력한 공유된 믿음에 근거하여 탄생되었고 그런 방향으로 국가 간의 이익을 상호조정해왔으므로 성공하게 된 것이었다.

    CSCE에서 미국과 소련간의 국가이익이 절묘하게 절충되었다. 소련은 미국과 서유럽국가들로부터 제2차 세계대전 이후 생긴 국경선과 소련의 영향권을 인정받으려고 시도했다. 미국은 유럽에서 소련의 기득권과 영향권을 인정해 주는 것이 싫어서 유럽안보협력회의의 탄생을 지지하지 않았다. 그러나 만약 소련이 유럽안보협력회의에서 공산권의 인권문제의 증진과 철의 장막 속의 소련의 군사력에 대한 투명성과 예측가능성을 증진시키기 위한 신뢰구축조치를 받아들인다면 소련의 기득권과 영향권을 인정해 주어도 좋다는 생각으로 돌아서게 되었다. 이런 동기가 상호 타협을 보게 되어 CSCE가 시작된 것이다. 즉 세력균형과 공통의 위협의 존재가 다자간 안보협력체의 출발 동기라고 볼 수는 없는 것이다. 따라서 세력균형과 공통의 군사위협의 존재를 유럽과 동북아의 다자안보협력의 성패의 조건으로 보는 견해는 문제가 있다.

    헬싱키 프로세스의 창시자들은 유럽의 미래에 대한 비전을 공유하고 있었다. 동서 양 진영 간의 대립을 현실로 수용하면서도 미래에 양 진영 간의 대결을 해소할 수 있는 포괄적인 전략구상을 하고 있었던 것이다. 즉, 서구의 민주 국가들은 유럽의 자유로운 왕래, 사회·문화·경제·기술 교류뿐만 아니라 미소간의 첨예한 대결을 완화하고 유럽에서 광범위한 안보협력을 통해, 안전하고 평화스런 유럽을 건설하고자 하는 희망에서 CSCE를 찬성했다. 동구 공산권 국가들은 서구 자유진영 국가들과 경제·기술교류를 통해 국민의 복지 향상을 간절히 바라는 여망에서 CSCE 개최에 찬성했던 것이다. 소련은 동구와 서구간의 교류협력의 결과, 헝가리 체코 등지에서 자유화 운동이 사라질 것으로 예측했으나 결국 헬싱키 선언의 인권조항은 동구에서 자유화운동에 빌미를 제공하고야 말았다. 중립국과 비동맹 국가들은 자국의 안보를 확보하고, 미소간의 충돌과 전쟁가능성을 방지하며, 양극 체제 간 타협과 양보를 통해 유럽을 안정시키고 안보를 확보하기 위해 CSCE에 참가해서 적극적인 중재 역할을 담당했다. 일례로 1986년 스톡홀름선언에서 1975년 헬싱키 최종선언의 신뢰구축조치(CBM)와 다른 신뢰 및 안보구축조치(Confidence and Security Building Measures) 중 안보(Security)라는 용어를 첨가하게 되었는데 이것은 비동맹국인 유고슬라비아 대표의 발의로 된 것이었다. CSCE의 의사결정방식은 전원합의 유도 방식이었으며, 1국가가 1표를 행사하는 방식이었고 의장이 윤번제로 됨으로써, 상대적으로 약소국과 중립국/비동맹 국가의 영향력도 무시할 수 없게 되었다. 그리고 모든 국가들이 지속적으로 참여하게 되는 계기를 제공함으로써 성공하게 되었던 것이다.

한편, 유럽의 국가들은 미국과 소련의 주도하에 군사적 신뢰구축과 군축이 반드시 동시에 추구되어져야 실질적으로 신뢰와 안보를 증진시킬 수 있다는 믿음을 가지고 CSCE와 동시에 재래식 군축을 시도했던 것을 성공요인으로 들 수 있다. 이것은 동북아와 한반도에 많은 시사점을 던져 주고 있다. 즉 다자간의 안보협력을 성공시키기 위해서는 정치, 경제, 과학기술, 인권 같은 포괄적인 문제를 다루는 한편, 군사적인 문제를 동시에 해결하고자 노력하는 것이 국가 간의 안보협력을 실질적으로 증진시킬 수 있다는 것이다. 특히 한반도에서는 남북한간의 군사대결 양상이 심각하므로 남북한 간 경제분야의 협력이 자동적으로 군사분야 협력으로 이어지지 않는다. 신뢰구축에서 선언적 조치만 합의되면, 통일열기가 높은 한반도에서는 통일환상이 군사적 대치현실을 무시해 버리는 결과가 나타날 가능성이 있다. 결국 한미동맹과 주한미군에 의지하여 안보를 확보해온 한국은 상대적으로 무장해제 요구에 취약해질 가능성이 있다는 것이다.

또한 유럽에서는 미국과 서유럽 국가들이 소련과 동구 공산권 국가들에게 검증조치를 요구했으며, 그것을 관철시켰다는 것이다. 처음에는 소련과 공산권이 완강하게 반대했으나, 고르바초프의 등장 이후 검증을 수용하였다. 상호 검증의 결과 신뢰가 더욱 증가했으며, 군축과정에서 검증에 대한 협조로 인해 미소 간, 양 진영 간 신뢰가 더욱 증가했다.

이상의 논의에서 동북아의 다자간 안보협력과 평화체제 구축에 주는 시사점은 다음과 같이 요약할 수 있다.

첫째, 동북아 국가들이 모두 참가하여 향후 50년을 내다보는 상호공존과 협력을 위한 공동 비전의 형성과 상호 충돌하는 안보이익을 절충하기 위한 그랜드 바게인(grand bargain)의 디자인이 필요하다. 이런 점에서 국제핵비확산 체제와 동북아 안보의 사활적인 이익이 걸린 북한 핵문제의 해결을 위한 6자회담의 존재 자체는 긍정적이다. 그러나 동북아 국가들 간에 북핵문제의 해법을 둘러싸고 이견이 있고, 북핵문제를 제외한 동북아 국가들의 직접적이고 사활적인 이해가 걸린 군사안보문제를 다루고자 할 경우, 동북아에서는 미·중·러·일 등이 참가를 주저할 가능성이 있기 때문에 오히려 주변 4국의 핵심적 안보이익과 관련이 없는 작지만 협력하기 용이한 문제부터 거론하는 것이 현실적일 것이다.

둘째, 신뢰구축을 군사적인 면에만 한정하기 보다는, 북한과 중국, 러시아의 민주주의를 향상시키기 위해 안보분야 신뢰구축에 인권조항, 경제·과학기술 교육에 있어 교류와 협력, 여행의 자유, 이산가족 자유상봉 등을 포함하는 헬싱키 프로세스 같은 것을 지향하는 것이 필요할 것이다.

이런 관점에서 볼 때 2000년부터 시작된 한국의 햇볕정책의 문제점을 발견할 수 있다. 한국이 북한에 제공할 수 있는 경제, 사회, 문화적인 분야의 당근책을 북한의 군사 면에서의 신뢰구축 증진과 실질적 군사위협감소를 위해 전혀 활용하지 않고, 일방적인 지원을 해버렸다는 문제가 있다. 미국과 일본, 한국의 대중국 경제협력 면에서도 이러한 상호주의는 제대로 고려되지도 활용되지도 않았던 것이다. 특히 중국의 대북한 경제원조는 전혀 이런 점을 고려하지 않았다. 따라서 향후 동북아 다자간 안보협력을 구상할 때 군사안보문제를 포함한 포괄적 관계개선과 평화증진을 고려할 필요가 있을 것이다.

셋째, 한반도와 동북아에서 남북한 간 뿐 아니라 한국, 북한, 미국, 중국, 러시아, 일본의 지도자가 참가하는 정상회담을 지속적으로 개최할 필요가 있다. 이러한 정상회담에서 남북한 간 뿐만 아니라 동북아에서 정치적 신뢰구축과 더불어 군사적 신뢰구축, 경제사회적 교류협력, 인권문제 개선이 동시에 합의되도록 하는 것이 필요하다. 아울러 다자간 협의를 제도화 할 필요가 있다. 이런 관점에서 북핵문제 해결을 위한 6자회담도 비정기적으로 회의를 개최할 것이 아니라 정기적으로 회담을 개최하고, 이란 핵협상이 타결된 이유 중의 하나가 회담 대표단이 각국의 외교장관이었음을 참고하여 6자회담 대표단의 자격을 장관급으로 격상시킬 필요도 있다.

한반도와 동북아에서 그동안의 군비경쟁과 군사문제에 대한 비밀성과 폐쇄성을 극복하기 위해서는 제한된 분야라고 할지라도 투명성과 공개성을 향상시키기 위해 검증제도를 도입하는 것이 필요하다. 한반도에서는 남북한 간에 상호 합의된 군축을 예상하여, 한반도에서 낮은 수준에서 군사적 안정성을 달성할 수 있는 군과 무기의 적정 규모를 설정해 놓을 필요가 있다. 군축을 위해, 쌍방이 상호 정치적인 대타협을 할 때 상호주의와 검증가능성을 적용하여야 할 것이다.

유럽지역에서 미국과 소련 간에 중거리 핵무기 감축협정이 성공한 사례와 재래식 군비통제 협상이 성공하게 된 사례를 보면, 협상을 통해 군사적 위험을 실질적으로 감소시키기 위해 상호 양보를 했다는 점을 유념할 필요가 있다. 유럽의 신뢰구축과 군축과정을 볼 때, 수적으로 우세한 상대방을 일방적으로 감축하라고 주장하거나, 우리 편의 군사력과 동맹의 군사력은 어떠한 일이 있어도 감축대상이 될 수 없다는 완고한 자세는 상대방의 협력을 결코 유도할 수 없다는 것이다. 상호 협상을 통해 군사적 안정성을 달성하는 낮은 수준의 군비감축에 합의하려면,[45] 안보전문가들과 군사당국자들이 군사력의 감축 이후 어떻게 군사적 안정성을 달성할 것인가 미리 연구해서 내부적인 합의를 이루어 놓는 것이 필요할 것이다. 유럽에서 군축이 획기적으로 이루어지게 된 것은, 미국과 유럽의 안보전문가들이 나토가 보유하고 있었던 현존 군사력보다 낮은 수준에서 국경을 지키고, 군사적 안정성을 확보할 수 있다는 연구결과들이 있었기 때문에, 이를 협상에서 활용함으로써 소련측을 설득했으며, 소련측의 합의를 유도해 낼 수 있었기 때문이다.

아울러 중요한 시사점은 유럽에서 다자안보협력이 시작될 때, 집단방위동맹을 부정하지 않았다는 점이다. 즉 나토와 바르샤바조약기구의 존재를 인정한 바탕 위에서 다자안보협력을 추구해갔다는 것이다. 또한 국가들은 당시의 국경선을 존중하고 국가 간의 이해가 충돌할 경우에 무력사용을 배제하는데 합의했던 것이다. 이런 점들은 동북아에서 다자안보협력체가 한미동맹, 미일동맹, 북중동맹을 인정한 바탕 위에서 출범해야 한다는 사실을 알려준다. 즉 양자동맹은 다자안보협력과 상호보완관계에 있는 것이지 결코 상호배타적이거나 제로섬게임이 아니라는 것을 인식할 필요가 있다.

Ⅳ. 동북아의 평화 : 역내 다자안보협력체제의 필요성

동북아에서 다자안보협력체제를 발전시키는 데에는 촉진요인과 방해요인이 있다. 먼저 동북아에서 다자안보협력체제를 촉진시키는 요인 세 가지를 살펴보고, 다음으로 다자안보협력체제의 출범을 방해하는 요인 세 가지를 살펴보기로 한다. 동북아 다자안보협력체제에 참가해야 하는 국가들은 북핵 6자회담의 참가국인 한국, 북한, 미국, 중국, 러시아, 일본이 될 것이다. 우선 1단계로서 이 6자회담이 잘 되었을 때에 참가국의 범위를 확대시키는 문제에 대해 관련국들이 협의할 수 있을 것이다. 2단계에 참가국들은 몽골과 캐나다 등이 될 수 있을 것이다.

동북아 다자안보협력체제의 발전을 촉진하는 요인들은 다음과 같다. 첫째, 동북아 국가들이 다자안보협력체제의 필요성에 대체로 공감하고 있다는 것이 동북아 다자안보협력체제를 촉진할 수 있는 요인이 되고 있다. 20세기와 비교하여 21세기에 동북아 지역 내의 국가들이 공동으로 해결해야 할 안보문제가 증대하고 있다.

---

45) The Final Document of the 1989 Vienna Meeting, September 1989.

동북아 지역 내의 정치·외교 지도자들이 21세기에는 20세기의 군사동맹관계로 해결할 수 없는 초국가적 안보위협이 증대하고 있다고 인식하고 있다. 초국가적 안보위협은 비전통적, 비군사적 안보위협으로 불리기도 하는데, 이에는 테러리즘, 대량살상무기, 조직적 범죄(마약, 인신매매 등), 해적, 전염병, 재해재난, 환경오염, 지구온난화, 에너지 문제 등이 포함된다고 보고 있다. 이러한 초국가적 안보문제에 대해서 세계는, 주권 국가들뿐만 아니라 모든 시민단체와 전문가들이 공동으로 참가하여 협력해서 해결해나갈 필요성에 대해 공감하고 있으며, 동북아에서도 이런 필요성을 인식하기 시작하였다.

20세기 동북아에서는 민주주의와 공산주의의 이념적 대결이 첨예하였고, 따라서 군사적인 면에서도 소련, 중국, 북한을 연결하는 북방 삼각체제와 미국, 일본, 한국을 연결하는 남방 삼각체제 간에 첨예한 대결이 펼쳐졌으며, 두 체제 간에 군비경쟁 현상이 있어왔다. 21세기에 이르러 중국의 부상, 북한의 핵보유, 일본의 보통국가화 등으로 동북아에서는 힘의 대결 현상이 협력과 평화를 희구하는 세력을 능가하는 현상이 벌어지고 있다.

그러나 군비경쟁은 평화와 번영을 향한 동북아 시민들의 열망을 더 지연시키고, 초국가적인 위협과 도전은 더욱 증가할 것이다. 이렇게 되면, 동북아에서는 공동 및 협력안보의 수요는 증가하는데 협력적 장치의 공급이 부족한 현상을 보게 될 것이다. 따라서 동북아 국가들은 이러한 초국가적 안보위협문제를 해결하기 위해 지역 내 모든 국가들이 참여하여 공동관심사를 논의하고 공동의 해결책을 모색해야 한다는 절박감을 더 느끼게 될 것이다.

둘째 동북아지역내에서는 미국이 주도하는 국제질서가 중국의 경제대국 및 군사강국으로의 대두로 인해 도전받고 있고, 장기적으로는 미국중심의 단극질서에서 다극질서로 변화할 가능성이 크다. 따라서 동북아 지역 내의 다자안보협력체는 현재의 힘의 균형을 기정사실화 하고, 미래 힘의 균형의 변화를 안정되고 예측가능한 방향으로 이끌어가는 역할을 할 수 있을 것이다. 이런 과정에서 세계에서 뿐만 아니라 동북아 지역에서 동맹에 안주해 왔던 미국이 동북아지역에서 다자안보협력을 위해 긍정적이고 적극적인 역할을 할 수 있도록 지역국가들이 요구하고, 미국이 이런 역할을 성공적 수행하도록 미국 내의 전문가 공동체에서 이를 적극 지원할 필요가 있다.

셋째, 미국의 동맹 파트너인 한국과 일본뿐만 아니라 중국과 러시아, 북한은 지역의 안보문제를 해결하기 위한 각국의 명확한 비전과 입장을 정립하고, 양자 간, 삼자 간, 혹은 다자 간의 노력을 가속화시킬 필요가 있다. 동북아에서 다자간 안보협력 아키텍처를 구축하고, 그 속에서 양자 간, 삼자 간 협력을 촉진할 수 있을 것이다.

미국이 주도하는 동북아 질서 속에서 한국과 일본은 미국과의 동맹체제의 하위 국가(spoke states)로서 한일 상호 간에 국익이 충돌하는 문제에 대한 미국의 중립적 혹은 수수방관적인 태도에 대해 좌절감을 느껴왔던 것이 사실이다. 남북한 관계, 한중 관계, 한러 관계, 한일 관계, 중일 관계, 러일 관계 등은 미국의 입장을 먼저 고려요소로 넣고, 미국의 국익을 해치지 않는 범위와 이슈 내에서 한일 양국이 각자의 정책을 조정해 왔던 것이 사실이다. 그래서 한일 양국은 각각 그들의 양자관계를 미국의 동맹정책보다 하위의 개념으로 다루어 왔던 것이다. 동북아에서 다자간의 안보협력이 전개되려면, 한일 양국은 각각 한미, 미일 동맹관계는 존중하되, 일정한 범위 내에서 한국과 일본의 대주변국 관계에 대한 독자적 목소리를 추구하는 것이 필요하다.

북한 또한 미국과의 핵문제 해결과 관계개선 등을 최우선시 하면서 상황에 따라 한국 혹은 중국을 배제하려는 경향을 보여 왔다. 만약 동북아에서 다자안보협력을 위한 제도가 마련된다면 북한이 한국 혹은 중국을 배제하려는 시도는 급격하게 감소될 수밖에 없을 것으로 예상된다. 따라서 동북아에서 다자간의 대화가 시작되면, 결국 자국의 양자 간의 관계를 가지고 다른 국가의 정책을 방해하거나 다른 국가들의 양자관계를 약화시키려는 노력은 그 효과가 점차 약해질 것이며, 그러한 노력은 결국 사라지게 될 것이다. 따라서 동북아에서 다자간의 관계를 향상시키려는 다자 간의 안보협력 대화가 시작되는 것이 중요하다.

따라서 이런 양자문제가 해결되지 않고도 동북아 국가들 간에 다자안보협력이 전개될 필요가 있다는 것이 드러난다. 다자간에 초국가적 안보위협에 대해 협의하게 되면, 다자간에 협력하는 습관과 규범, 나아가 협력 문화가 조성될 것이고, 이것은 다른 한편으로 양자 간의 문제해결에 도움을 줄 수 있다. 즉 양자관계와 다자관계는 선순환 구조를 가질 수 있을 것이다. 이것은 바로 박근혜 정부가 시도하는 동북아평화협력포럼의 주된 목적이 되고 있다. 그러므로 양자 간의 문제가 있더라도, 다자 간의 문제를 대화를 통해 해결하려는 분위기를 조성하기 위해 노력할 필요가 있는 것이다.

물론 동북아의 다자 간 안보협력을 추진하는 데 있어 장애요인이 있는 것은 사실이다. 첫째, 중국과 러시아는 미국의 대동북아 정책을 반대하고 있다는 점이다. 중국과 러시아는 미국이 대한국, 대일본 동맹관계를 변화시키려고 할 때 미국의 바뀌는 지역안보전략이 한반도와 일본을 벗어나 지역적이거나 세계적인 함의를 가지게 될 경우, 미국의 동맹정책 변화를 반대할 가능성이 크다.[46] 한반도에 국한된 한미동맹과 주한미군, 일본에 국한된 미일동맹과 주일미군에 대해서는 현상유지 차원과 각각의 지역에서 평화와 안정을 유지하는데 기여하고 있으므로 중국과 러시아는 수사적으로는 반대의견을 나타내 보인 적이 있지만 실질적으로는 반대하지 않고 있다. 중국은 경제발전에 성공하여 경제력 면에서 미국을 능가할 때 까지 주한미군과 주일미군에 대해 반대하지 않을 것으로 예상된다.

반면에 중국이 제일 관심을 쏟는 문제는 대만문제이다. 양안 간에 분쟁이 발생했을 때 미국이 주일미군이나 주한미군을 지역에 전용할 수 있는 전략적 유연성 문제에 대해 우려를 나타낸 바 있다. 1996년에 미일동맹의 범위를 확대하려고 했을 때부터 대만문제에 대한 미국과 동북아 지역의 미군이 개입할 가능성에 대해 우려하고 있다. 특히 동북아의 다자안보협력체가 대만문제를 거론할 가능성은 중국이 제일 우려하는 요소라고 할 수 있을 것이다.

하지만 중국의 국력이 성장하며 군비를 지속적으로 증강시키고 있기 때문에 중국이 지역 군사강국을 넘어서 세계적인 군사대국이 되어 갈 때에 미·중 간에는 갈등요소가 협력요소보다 커질 가능성이 상존한다. 이것이 장기적으로 동북아에서 다자안보협력을 저해할 중요 요인이 될 것이다.

둘째, 동북아 지역 내에 존재하는 한일, 중일, 북일, 러일 간의 역사문제와 영토문제가 지역 내 다자안보협력체의 탄생을 어렵게 만들고 있다.[47] 특히 21세기에 들어서서 일본, 중국, 한국 등의 국내에서 점증하고 있는 민족주의 열풍은 동북아 국가들의 역내 안보협력을 어렵게 한다. 특히 일본이 과거 식민지 역사에 대한 진실한 사죄를 하지 않고 일본 총리를 비롯한 정치지도자들이 야스쿠니 신사를 지속적으로 참배하는 문제, 일본의 독도 영유권 주장, 중국의 센카쿠 열도 영유권 주장, 일본의 북방 4개 섬 반환 주장, 일본의 역사왜곡 문제, 중국의 동북공정 등은 동북아 국가들 간에 다자간 안보협력을 저해하는 고질적인 요소가 되고 있다.

셋째, 선군정치 노선을 고수하면서 핵개발에 집착하는 북한의 존재 자체가 동북아 다자간 안보협력에 장애요인이 되고 있다. 이에 따라 '선 북핵문제해결, 후 동북아 다자안보협력 추진'이라는 입장이 오랫동안 지속될 가능성이 있다. 북한이 핵개발을 하지 않았거나, 핵을 검증가능한 방법으로 폐기했더라면 동북아 국가들 간의 다자 간 안보협력은 더 일찍 시작되었을 가능성이 높다.

---

46) 황병무, "중국의 입장," 한용섭 외, 『동아시아 안보공동체』(서울 : 나남출판, 2005), pp. 107 – 137.

47) Jianwei Wang, "Territorial Disputes and Asian Security," Muthiah Alagappa ed., *Asian Security Order : Instrumental and Normative Features*, (Stanford, CA : Stanford University Press 2003), pp. 380 – 423.

　그러나 북핵문제 해결에 이미 장기간이 소요되었으며, 앞으로도 단기간 내에 해결될 전망이 높지 않다면, 위에서 지적한 바와 같이 동북아 지역 내의 초국가적 안보이슈 해결을 위해 북한을 제외하고서라도 한, 미, 중, 러, 일 5개국 간의 공동 노력을 시작할 필요가 있다. 아울러 경제적인 실패에 처한 북한이 김정은 체제에서 맞을 수도 있는 북한급변사태가 동북아 지역에 미칠 영향에 대해 미리 생각해 본다면, 인도주의적인 지원을 요하는 분야에서부터 북한을 포함시켜 다자간 안보협력을 강구할 필요성이 지금부터 제기되는 것은 당연한 일일지도 모른다. 따라서 6자회담은 북핵문제 해결에 국한시키되, 동북아 다자간에 인도주의적 지원, 재난 구조 등의 문제에 대해서 협의하고 협력할 수 있는 채널을 마련하는 것은 매우 시급한 일이라고 할 것이다.

　북한 역시 북미간의 직접대화를 통해 적대관계 청산과 안전보장 문제가 해결되기 이전에 다자안보협력을 회피하는 경향을 노정해 왔다. 또한 북한은 선군정치의 기치 아래 국내체제에 대한 강력한 통제를 통해 체제 안정과 현 상태 유지를 달성하려는 정책 성향을 고수하고 있기 때문에 한국을 비롯한 주변국들이 정치적, 경제적, 사회적, 군사적 상호 교류와 신뢰구축을 요구해도 이에 대해 수동적이고 부정적인 반응을 보여온 것이 사실이다. 하지만 북한이 정치적, 군사적 이슈가 아닌 외교적, 경제적, 인도주의적 지원 문제를 다루는 채널을 굳이 반대할 이유는 없을 것이며, 특히 자연재해와 재난 시 국제사회나 지역사회로부터 지원을 얻을 수 있는 채널이 있다면 그러한 채널에 참가하는 것을 굳이 회피하지는 않을 것이다. 이러한 다자간 채널에 북한이 계속 참가하게 된다면 장기적으로 북한의 외교관과 관료들의 국가이익에 대한 인식체계와 행동에 긍정적인 영향을 주게 될 것이다. 따라서 북핵문제 해결을 위한 6자회담을 운영해 나가는 동시에 초국가적 안보위협에 대한 동북아 지역 내의 다자간 협력체를 조직하고 운영하려는 노력을 계속해 나가는 것이 필요하다고 할 것이다.

　결론적으로 유럽안보협력기구의 경험은 동북아에서 적용 불가능한 것이 아니라 주어진 전략환경 속에서 참가국들의 정치가와 전문가들이 비전을 제시하고 리더십을 발휘하며, 참가국들 간에 이해를 절묘하게 타협시키는 협상의 기술이 뒷받침되면 동북아에서도 다자간의 안보협력은 가능하게 될 것이다. 특히 북핵문제 해결을 위한 6자회담이라는 다자간 안보대화채널을 경험해 본 지금 그 실패요인을 잘 분석하고 집단적으로 교정행위를 하게 된다면 다자간 안보협력을 성공시킬 수 있는 요인을 발견하게 될 것이다.

기회는 주어지는 것이 아니라 만드는 것이다. 군비경쟁이 한창이던 1970년대 초반에 협력을 통한 신뢰구축프로세스와 군축프로세스를 만들어 내었던 유럽의 지도자들의 리더십과 정책방향을 본받을 수 있다면, 동북아에서도 전혀 불가능한 일이 아니다. 동북아에서 국가 간의 충돌과 초국가적 위협의 범람을 예방하기 위해 동북아 다자간 안보협력의 기치를 높이 들고 나갈 때가 되고 있는 것이다.

제 4 장

검증(Verification)

Ⅰ. 검증의 필요성

앞에서 군비통제란 국가 간에 협상을 통해 서로 군사적 위협을 감소시켜 나가는 것이라고 정의한 바 있다. 따라서 군비통제를 합의한 국가들은 합의사항을 제대로 지키고 있는지 아닌지 확인을 해야 위협이 줄었는지 아닌지 알 수 있는 것이다. 확인을 하기 전에는 상대방 국가가 합의를 지킬 것이란 막연한 기대와 신뢰를 가질 수 있다. 그러나 기대한 대로 상대방 국가가 군비통제 합의를 잘 지킨다면 국가안보에 별 문제가 없지만 상대방 국가가 군비통제 합의를 잘 지키지 않는다면 그것을 잘 지키고 있는 국가는 잘 지키지 않는 국가보다 안보가 더 위태로워질 가능성이 크다. 군비통제 합의의 대상이 치명적인 공격용 무기(핵무기, 전차, 장갑차, 야포, 전투기 등)일 경우, 그 합의를 지키지 않는 국가는 이전보다 공격력이 더 강해질 것이며, 지키는 국가는 공격력이 이전보다 약해져서 엄청난 군사력 불균형을 가져온다. 뿐만 아니라 잘 지키는 국가의 국민들은 허위 안보의식(false sense of security)을 가지게 되어 국가안보에 치명적 손실을 가져오게 된다.

이와 같이 상대방 국가가 군비통제합의를 잘 지키게 만들 뿐만 아니라 막연한 기대와 근거 없는 신뢰가 초래할 위험성을 막기 위해서도 군비통제 합의의 이행 여부를 국가 간에 확인할 제도적 장치가 필요한데 그것이 검증(verification)이다. 검증은 군비통제합의에 참여한 국가들이 군비통제협정을 잘 이행하고 있는지 여부를 확인하는 제도이다.

냉전시기 미국과 소련 간에는 몇 가지 중요한 군비통제협정이 있었고, 유럽에서는 헬싱키 프로세스에서 신뢰구축조치에 대한 합의, 스톡홀름 협약에서 신뢰 및 안보구축조치에 대한 합의, 비엔나 프로세스에서 재래식 무기 폐기협정이 있었다. 시간의 경과에 따라 이들 군비통제 협정의 이행 여부를 확인하기 위한 검증제도는 제도화되고 강화되었다. 1975년의 헬싱키 최종선언에서는 검증이 제도화되지 않았다. 통보된 군사훈련에 대한 참관단 초청도 국가들의 자발적 의사에 맡겨 놓았다. 이러한 자발적 참관단 초청이 국가 간의 신뢰구축에 큰 도움이 되지 않았다는 자각이 일어났다. 그래서 1986년 스톡홀름 협약에서는 군사훈련 통보와 통보된 훈련에 대한 참관단 초청을 의무화시켰다. 앞장에서 설명한 바와 같이 군사훈련의 통보 회수도 3배로 늘어났으며, 실제 참관 횟수도 3배로 늘어났다.

상호 군사적으로 적대관계인 국가들 간에 군비통제검증에 있어 획기적인 변화가 일어난 사건이 1987년 12월에 체결된 미국과 소련 간의 중거리핵무기폐기협정(INF: Intermediate-range Nuclear Forces Treaty)이다. 미국은 소련에게 미국의 군인과 민간 전문가들이 소련에 직접 들어가서 중거리 핵무기 시설을 확인하고 그 폐기 현장을 검증할 수 있도록 하는 매우 침투적인(intrusive) 사찰제도를 수용할 것을 주장했다. 소련은 이런 침투적인 사찰제도는 간첩행위를 정당화시킬 뿐이라고 하면서 격렬하게 반대했다. 그러나 미국의 협상대표단은 소련의 협상대표단에게 소련의 속담인 "믿어라 그러나 확인하라(doveryai no proveryai: trust but verify)"를 인용하면서 "우리는 소련이 합의사항을 지킬 것이라고 믿고 싶고 또 믿는다. 그러나 중거리핵무기가 폐기되지 않고 남아있다면 얼마나 국가안보가 위험해지겠는가. 소련의 속담에도 '믿어라 그러나 확인하라'는 말이 있지 않은가. 그래서 우리도 소련을 믿지만 확인해야 하겠다. 소련도 우리들을 확인하라"고 설득했다고 한다. 때마침 고르바초프 서기장은 개혁과 개방을 추구하고 있었기 때문에 미국의 집요한 설득을 받아들였다고 한다. 그래서 역사상 처음으로 적대국 간에 가장 침투적인 사찰이 제도화되게 된 것이다.

미·소간의 중거리핵무기폐기협정 이후 유럽의 재래식무기폐기협정(CFE)에서는 유럽의 각국이 보유하고 있던 재래식 무기를 합의한 수준 이하로 줄이기로 함에 따라 상호 검증단을 교환해서 무기를 폐기하는 현장을 검증했다. 이로써 인류역사상 처음으로 핵무기와 재래식 무기의 폐기에 대한 사찰을 실시하게 되었으며, 이러한 검증제도는 다른 지역의 군비통제협상에서 참고해야 할 선례로서 작용하게 되었다.

한편 국제원자력기구(IAEA)에서도 핵물질과 핵시설에 대한 안전조치의 이행 여부를 사찰을 실시함으로써 확인해 왔는데, 이를 IAEA의 검증제도라고 부른다. UN에서는 1991년 걸프전 이후 UN안전보장이사회에서 687호 결의안에 근거하여 이라크의 대량살상무기의 폐기를 위한 강제사찰제도를 만들었다. 이라크에 대한 사찰 과정에서 제기된 이라크의 비협조적 태도에 대해 논란이 많았으며, 결국 2003년

3월에 미·영 연합군의 이라크에 대한 군사공격으로 결론이 났다.

냉전시기의 사찰제도가 적대국 또는 적대진영 간에 상호검증을 통한 신뢰구축에 기여했다면, 탈냉전 후 이라크에 대한 사찰제도는 초기에는 UN의 권한을 강화시키고 이라크의 대량살상무기 확산 방지에 기여했지만, 후기에는 관련국 간에 불신을 강화시켜 결국 전쟁에 이르게 했다. 냉전기에는 검증제도가 국가 간의 냉전의 정치적 대결을 극복하는 수단으로 사용되었다. 그러나 탈냉전기에는 검증이 세계적으로 확대되고, 사찰방법도 화학무기폐기협정의 검증제도와 국제원자력기구의 사찰제도강화에서 보듯이 매우 침투적인 제도로 발전하고 있다. 검증 전문가들도 국제적인 기관들에 소속되어 활동하고 있으며, 사찰을 국제정치적 도구로 활용하는 경향이 증가하고 있다.

따라서 검증에 대한 새로운 도전이 발생하고 있다. 군비통제와 검증이 선진국을 벗어나 후진국, 제3세계에 적용되기 시작하자 국가들 간에 이에 대한 인식과 이해의 수준이 달라 곤란을 겪고 있다. 폐쇄적 정치체제를 가진 국가들과 군비통제협정을 원하지 않고 군사안보를 독자적으로 추구하는 국가들은 근본적으로 검증을 회피하는 경향을 보이고 있다. 검증의 강도가 세어지고, 검증기술도 다양하게 발전함에 따라 검증에 소요되는 비용이 폭발적으로 증가하고 있다.

검증의 강도가 세어짐에 따라 생물무기금지협정(BWC : Biological Weapons Convention)의 이행과정에서 보듯이 선진국들은 이중용도 품목의 연구개발단계에 까지 국제사찰단이 사찰하는 것을 바라지 않고 있다. 이러한 도전을 극복하고 세계적 수준에서, 그리고 한반도에서 검증을 적용하는 방법이 무엇인지 알아보는 것은 매우 의의가 크다. 특히 북한 핵사찰이 제대로 이루어지지 못하고 결렬된 상황에서 검증에 대해 연구해 보는 것은 매우 의미있는 일이다.

본 장에서는 검증의 개념정의, 검증의 기능, 검증의 과정, 검증의 방법, 검증의 역사적 사례들에 대해서 설명하면서 한반도에서 검증관련 문제를 검토해 보기로 한다.

Ⅱ. 검증의 개념과 기능

한글사전에서 검증의 정의는 "검사하여 증명한다"라고 되어 있다. 옥스퍼드 사전에서는 검증이란 "조사나 증명에 의해 특정사항의 진실이나 정확성을 확립하는 행위"라고 정의하고 있다. 영어의 검증은 verification인데 이것은 진실이라는 라틴어 veritas에서 파생된 단어다. 즉, 검증은 진실여부를 확인하는 것이다. 군비통제 분야에서는 상대방 국가가 합의사항을 진실로 이행하고 있는지의 여부를 확인하는 것이다. 앞장에서 군비통제에서 '신뢰(confidence)'란 용어도 '상대방이 믿을 수 있는지 확인해 보고 믿는다'는 뜻을 내포하고 있듯이, 검증은 상대방이 합의한 것을 지키고 있는지 여부를 확인해본다는 뜻이다.

전문가들의 개념정의를 종합해 보면 검증은 "일방적, 상호협력적인 수단과 방법으로 합의당사국들이 군비통제합의를 준수하고 있는지의 여부를 확인하는 과정"이라고 정의할 수 있다. 칼코스쯔카(Andrzej Karkoszka)는 "검증이란 군비통제조약 당사자들이 조약에서 규정한 의무이행의 정도를 결정하기 위해 조약 당사자 단독 내지 쌍방 간에, 또는 국제기구에 의해 인적 내지 기술적인 방법으로 확인하는 조약에 보장된 과정"48)이라고 정의한다. 콜드웰(Dan Caldwell)은 "검증은 조약당사자들의 행동이 조약과 일치하는지 여부를 결정하는 정치적 과정"49)이라고, 크래스(Allan Krass)는 "검증이란 다양한 기술적 제도적 수단에 의해서 얻어진 증거나 정보에 의해서 조약의 준수여부를 증명하는 행위"50)라고 정의하고 있다. 이들 전문가들의 공통점은 검증에는 검증조약이 있어야 하며, 사찰전문가들이 기술수단을 가지고 조약의 이행여부를 확인하는 행위가 있어야 한다고 한다.

이상의 개념정의를 요약하면, 검증이란 군비통제조약의 당사자들 간에 조약에서 합의한 의무를 제대로 이행하고 있는지의 여부를 확인하는 행위로서 정치적 과정과 기술적 과정으로 나눌 수 있다. 기술적 과정은 검증의 목적을 달성하기 위해 검증 전문가들이 기술적 수단을 가지고 검증을 실시하는 과정이며, 이는 거의 100퍼센트 완벽하면서도 효과적인 검증을 목적으로 한다. 반면에 정치적인 과정은 군비통제조약을 협상하는 과정과 검증의 결과를 가지고 상대방 국가에게 어느 정도 문제를 제기할 것인가에 대해 정치적인 결정을 하는 것을 의미한다.

UN의 검증원칙에 의하면 검증은 적절하면서도(adequate) 효과적인(effective) 검증이 되어야 한다고 하고 있는데, 검증이 적절하다고 하는 것은 정치적 과정을 의미하며, 효과적이라고 하는 것은 검증의 기술적 과정을 의미하기도 한다.51)

---

48) Andrzej Karkoszka, "Strategic Disarmament, Verification and National Security," *SIPRI Yearbook 1976*(Stockholm : SIPRI, 1977), pp. 13–14.
49) Dan Caldwell, "The Standing Consultative Commission: Past Performance and Future Possibilities," William Potter, ed. *Verification and Arms Control*(Los Angeles : UCLA, 1985), p. 220.
50) Allan S. Krass, "Verification : How Much is Enough?," *SIPRI Yearbook 1984*(Stockholm : SIPRI, 1985), p. 6.
51) UN General Assembly, *The Sixteen Verification Principles*, Resolution A/RES/43/81(B), December 7, 1988.

그러면 검증은 어떤 기능을 수행할까? 군비통제 전문가들은 검증이 네 가지 기능을 수행하고 있다고 말한다. 즉, 의무위반행위의 적발(detection), 더 이상의 위반행위의 억제(deterrence), 신뢰구축(confidence-building), 안보의 향상이 그것이다.52) 이 네 가지 기능을 좀 더 자세히 살펴보자.

첫째, 검증의 가장 중요한 목적은 합의를 지키고 있는지 아닌지를 확인하는 것이므로, 일차적인 기능은 상대방의 위반행위를 적발하는 것이다.

둘째, 검증행위가 반복됨으로써 조약의 당사국들은 더 이상 위반행위를 범해서는 안 되겠다고 하는 결심을 할 수가 있는데 이것은 억제기능이라고 불린다. 검증제도가 있음으로써 국가들은 협정을 위반하고 싶은 욕구를 억제하게 되며, 적발의 가능성을 높임으로써 위반 절차나 위반의 시도를 더 어렵게 만든다. 예를 들면, 1990년대 초반에 이라크에 대해서 유엔강제사찰단이 사찰을 실시한 결과, 이라크는 위반행위를 하기가 점점 어렵게 되었으며, 그 과정에서 이라크의 핵기술자가 서방으로 귀순함에 따라 주요 핵시설에 대한 적발도 가능해졌다. 즉 검증행위가 반복되면 위반행위를 하기 힘들게 만드는데, 이를 검증의 억제 기능이라고 부른다.

셋째, 검증행위가 반복됨으로써 국가들은 비로소 상호 신뢰할 수 있는 관계로 발전하는데, 이에 근거해서 검증은 신뢰구축기능이 있다고 말한다. 헬무트 콜 전 독일수상은 군비통제 및 군축은 모든 단계에서 쉽게 검증이 가능하여야 하며, 이를 통해서만 상호신뢰가 구축될 수 있다고 말한 바 있다. 검증은 국가 간의 신뢰를 제고할 뿐만 아니라, 국내에서도 국민들이 자국 정부를 신뢰하게 되는 계기를 만든다. 즉, 검증에 합의하기 이전에는 국민들이 정부가 검증하기 싫어서 군비통제 협상을 하지 않을 것이라고 정부를 불신하고 있으나, 마침내 정부가 검증을 받아들이고 합의이행을 하게 되면 국민들이 정부를 신뢰하게 된다는 것이다. 이와 같이 국내적 신뢰와 국가 간의 신뢰는 상호 강화작용을 한다.

넷째, 이러한 과정을 거치게 되면 결국 조약당사국들은 군비통제 합의 이전보다 훨씬 안보가 개선 내지 증진되었다고 확신할 수 있게 된다. 따라서 검증은 궁극적으로 안보증진의 기능을 하게 된다. 검증을 통해 상대국의 위협이 감소하게 된 것을 확인하게 되면 안보가 증진되었다고 할 수 밖에 없을 것이다. 따라서 검증기능이 활성화되면 될수록 국가들 상호 간에는 안보를 증진시키는 기능을 할 수 밖에 없는 것이다.

---

52) Allan S. Krass, "Arms Control Treaty Verification," Richard Dean Burns ed., *Encyclopedia of Arms Control and Disarmament*(New York : Charles Scribner's Sons, 1993), p. 297.

Ⅲ. 검증의 과정

군비통제 협상을 통하여 검증에 관한 제반 문제들이 당사국 간의 합의하에 조약의 일부로 명시됨으로써 검증은 효력을 발생하게 된다. 예를 들면, 협상에서 당사국들은 검증의 필요성에 동의하며, 검증의 대상과 검증방법 등에 대해 합의하게 된다. 그 이후에는 합의한 것을 이행하는지의 여부에 대해 실제로 검증을 실시하고, 조약 위반행위를 적발했을 경우 상대방 국가에게 이의제기를 하며 이에 대한 쟁의를 해결하는 절차를 밟게 된다. 이를 검증의 과정이라고 하며, 검증과정은 다음과 같이 세 단계로 구분된다.[53]

첫째, 협상이다. 군사적 적대국 간에 또는 국제기구 내에서 국가들 간에 검증의 대상(OOV: objects of verification), 범위(scope) 및 방법(methods)을 협상하는 것이다. 이 첫 번째 과정을 정치적 과정이라고 한다. 왜 정치적 과정이라고 부르는가 하면, 검증조항은 군사적 문제이므로 합의하기가 매우 까다롭기 때문에 피검증대상을 더 많이 갖고 있거나 검증을 싫어하는 국가들은 그렇지 않은 국가들과 협상할 때, 타협을 조건으로 많은 것을 요구하게 된다. 즉 검증을 제안하는 국가들은 보통 민주적이며 개방적인 국가들인데 반해, 검증을 많이 받아야 하는 국가들(이들은 주로 폐쇄적인 독재국가들이 많다)에게 정치적 및 경제적 유인책을 제공해야 합의에 이를 수 있다. 그래서 이 협상과정을 검증을 위한 정치적 과정이라고 한다.

예를 들면, 미·소간의 중거리핵무기폐기협정은 총 1, 2부로 구성되어 있으며, 1부는 100페이지 분량의 조약본문이고, 2부는 200페이지 분량의 검증조항인데 양국은 이를 동시에 서명했다. 보통 조약본문을 타결할 때 정치적 딜이 오고간다. 미국의 넌-루가(Nunn-Lugar) 법안에 의한 미국과 소련 간의 협력적위협감소프로그램도 마찬가지 경우였다. 미국과 소련 간에 전략핵무기감축협정을 이행할 때 미국은 소련에 매년 2억불 정도의 폐기 및 검증비용을 지불하기로 합의했다. 소련의 경제사정을 고려할 때 미국이 비용을 지원하지 않고서는 소련이 검증협정에 대해 합의하기 힘들었기 때문이다.

그런데 남북한은 1991년 12월 한반도비핵화공동선언을 합의할 때 검증조항을 협상하지 않고 모법인 비핵화공동선언에만 합의했다. 이 협상과정에서 북한은 남한의 팀스피리트 연습을 취소하면 비핵화공동선언에 합의할 수 있다고 주장했다.

---

53) 전성훈, 『북한 핵사찰과 군비통제검증』(서울: 한국군사·사회연구소, 1994), pp. 22-24.

검증조항의 합의 없이 정치적 타협은 이루어졌다. 정치적 타협의 과정에서 제일 중요한 검증조항을 관철시키지 못했던 것이다. 그 후 사찰조항에 대한 협상에 들어갔으나 회담은 결렬되었다. 그래서 검증의 제1단계인 협상과정에서 상대방 국가에게 여러 가지 유인책을 사용할 때 검증의 대상과 범위, 절차를 같이 확정하는 것이 중요하다.

검증협상과정에서 검증과 상호주의라는 개념이 사용되고 있다. 상호주의는 엄격한 상호주의와 포괄적 상호주의 둘로 구분할 수 있다. 협상과정에서 국가들은 합의에 이르기 위해 포괄적 상호주의를 적용하는 것이 좋다. 엄격한 상호주의는 검증대상과 범위에서 일 대 일, 즉 하나를 보여주면 하나를 보아야 한다는 원칙을 의미한다. 그러나 협상과정에서 검증대상을 많이 보유한 국가, 검증범위가 넓은 국가, 검증을 기피하는 국가는 검증을 받아들이는 대신, 협상대상국에게 정치적, 경제적 양보를 요구하는 경향이 많다. 이 딜레마를 풀고 타협에 이르기 위해서는 검증대상이 적은 국가, 검증 범위가 좁은 국가, 검증에 대한 거부감이 적은 국가, 상대적으로 잘 사는 국가들은 그렇지 못한 국가에게 정치적 및 경제적 인센티브를 제공해야 검증을 관철시킬 수 있다. 이것을 포괄적 상호주의라고 부른다. 따라서 검증의 제1단계는 보통 포괄적 상호주의가 통하는 단계라고 부를 수 있다.

둘째, 검증의 두 번째 단계는 정보수집과 분석의 단계이다. 여기서 이슈는 무슨 수단을 갖고 정보 수집을 할 것인가 하는 것인데, 사찰국가가 보유한 수단인 국가기술수단(NTM : National Technical Means)으로 사찰하는 방법과 조약에 합의된 국제적인 기술수단인 국제기술수단(ITM : international technical means)으로 하는 방법이 있다.

국가기술수단은 개별 국가가 보유한 항공기, 위성, 인간·신호정보의 능력을 사용해서 검증하는 것을 말한다. 이 경우 국가 간에 기술수준이 상이함에 따라 정보의 비대칭문제가 생기며, 기술이 덜 발달된 국가는 주권침해문제를 제기하게 된다. 정찰기술이 발달된 미국은 국가기술수단을 인정하자고 주장했던 반면, 공산국가는 국제기술수단만 인정하자고 주장한 바 있다. 특히 중국은 포괄적 핵실험금지조약이나, 다른 국제군비통제조약에서 국제기술수단만 주장하고 미국의 국가기술수단을 극구 반대한 바 있다.

국제기술수단의 대표적인 예로서는 이스라엘과 시리아는 양국 간 비무장지대의 준수여부에 대한 검증에서 미국의 정찰기에게 부탁을 하여 똑같은 정보를 받아 사용하였다. 오늘날 화학무기폐기협정에서도 국제적인 검증수단을 사용하고 있다.

일단 정보를 수집하고 나면 분석하게 된다. 정보수집과 분석단계에서는 엄격한 상호주의가 적용된다. 조약에 규정된 사찰장비를 사용하며, 엄격하게 분석을 실시한다. 이를 검증의 정치적 과정과 대조시켜 기술적 과정이라고도 부른다. 왜냐하면, 이 단계에서는 양측이 기술적 검증능력을 최대한 발휘하여 조약의 이행여부를 철저하게 확인하는 과정이기 때문이다. 예를 들면, IAEA가 핵사찰 수검국에게 실시하는 원자로 주변의 CCTV설치, 시료채취, 사진촬영 등은 바로 엄격한 기술적 과정에 해당된다.

셋째, 마지막 단계로서 검증결과의 평가 및 대응의 과정이다. 즉 검증의 결과가 상대방이 협정을 이행하고 있다고 믿을 수 있는 결과인지, 위반행위에 해당되는지를 결정한다. 만약 위반행위가 적발되었다고 한다면, 묵인할 것인지 어느 정도 수준에서 문제를 제기할 것인지를 결정하는 정치적 과정이라고 할 수 있다.

카터 전 미국 대통령은 소련의 전략핵무기제한협정의 위반사례를 발견했을 때, 미소 간의 신 데탕트를 위해 어느 정도의 위반행위를 묵인하기로 결정했다. 그러나 레이건 전 대통령은 소련의 위반행위를 문제 삼았으며, 제재를 가하려고 시도했으나, 이를 실행에 옮기지는 않았다.

2003년 2월, 미국은 이라크에 대해 중대한 위반사항을 발견했다고 공표했으며 3월에 군사적 응징을 실시했다. 이보다 앞서 2002년 10월 미국은 북한에 대해 제네바 합의에 대한 중대한 위반사항을 발견했다고 북한에 항의했으며, 그 후 제네바합의는 사실상 파기되었다. 따라서 협정의 위반사항을 발견했을 때, 어느 정도 문제를 삼을 것인가는 정치적 과정이며, 문제 삼는 국가의 정치적 의지에 따라 상호주의의 적용 정도가 좌우된다. 지금까지 강대국 간에는 일반적인 상호관계를 생각하여 포괄적인 상호주의를 적용하여 융통성을 보인 경향이 있으나, 강대국과 약소국 간에는 엄격한 상호주의를 적용하여 융통성을 보이지 않는 경향을 노정하고 있다고 볼 수 있다.

Ⅳ. 검증의 역사적 사례[54]

1. 미·소간 중거리핵미사일폐기조약(INF)

군비통제조약에서 검증이 가장 철저하게 진행된 최초의 사례는 1987년 12월 미국과 소련 간에 체결된 중거리핵미사일폐기조약이다. 미국과 구 소련은 이 조약을 준수하여 1988년부터 1991년 5월까지 2,692기의 중거리 핵미사일, 발사대 및 지

---

54) 검증의 역사적 사례 중 INF와 CFE에 대한 설명은 다음의 자료에 의존한 바 크다. 김헌환, "군비통제에서 검증과 상호주의에 대한 연구"(국방대 석사학위논문, 2002).

원장비들을 폐기시켰다. 미국의 퍼싱-Ⅱ 미사일과 소련의 SS-20 미사일을 포함하여 제거된 무기체계들은 그 당시까지 가장 발달된 중거리핵미사일이었다.

INF조약의 검증조항은 그 당시까지 합의된 핵군비통제 조약에서 가장 정밀하고 포괄적인 것이었다. 왜냐하면 조약의 폐기대상인 미사일 체계는 작고 기동성이 있어서, 검증의 강도는 침투성 수준이 전례가 없는 것이어야 했다. 즉, 상대방 국가를 불시에 사찰할 수 있고, 상대방의 미사일 생산기지에 상주하면서 사찰할 수 있는 제도를 만들었다.

INF조약의 검증수단은 소위 국가기술수단(NTM : National Technical Means)을 인정했다. NTM은 인공위성의 사용을 포함하여, 가용한 모든 합법적인 정보수집수단을 사용할 수 있도록 했다. NTM을 방해하는 것을 금지했고 은폐수단을 폐기하도록 했다. 현장사찰은 NTM을 통한 정보수집을 보완하고, 조약이행을 보장하기 위해 인정되었다.

양국은 그들이 보유하고 있는 핵위기감소센터(NRRC : Nuclear Risk Reduction Center)를 활용하여 공식적인 조약관련 자료의 교환과 통보를 요구하도록 하였다.[55] 또한 검증이행을 용이하게 하기 위해서 영구적인 특별검증위원회(SVC : Special Verification Commission)[56]를 설치하여 조약과 관련된 이슈를 해결하고 조약의 효과성을 증진시키도록 했다. 중거리핵미사일폐기조약(INF)에서 인정된 검증의 종류와 검증실적을 보면 다음과 같다.

가. 기초사찰(baseline inspections)

기초사찰은 조약 비준 후 30-90일 사이인 1988년 7월 1일부터 8월 29일까지 미사일, 발사대, 지원구조 및 장비의 수량을 검증하기 위해 시행되었다.[57] 사찰은 양해각서 상의 정보를 확인하거나 수정을 위해 실시되었다. 사찰관들은 조약내용보다 더 크거나 같은, 신고된 기지의 모든 장소와 대상을 사찰할 수 있는 권한을 가졌다.

현장사찰을 실시한 13년 동안 기초사찰기간이 가장 침투적인 사찰활동을 한 기간이었다.[58] 미국은 이 기초사찰 기간 중에 117회의 사찰(1일당 2회)을 실시하였

---

55) NRRC는 INF조약 "2장 13조"의 "지속적 통신"유지에 의거, 1987년 9월 15일에 설립되어 현장사찰팀의 입국지점 도착시간 통보, INF 이동 및 제거통보 등 상호 통신소요를 해결했다. 미국은 워싱턴의 미국무부 건물 7층 통신센터 내에 설치하였고, 구소련은 모스크바의 국방부내에 설치하였다.
56) INF조약 이행을 위한 최고협의기구로서 조약 발효전에 INF기술회담을 진행하고, 의정서 및 양해각서를 작성하며 대표는 대사급으로 임명했다.
57) 국가안전기획부, 『군축조약집』(서울 : 국가안전기획부, 1989), p.119.; INF 조약 제 11조 3항.
58) John Russell, "On-Site Inspections Under the INF Treaty," *Vertic Briefing Paper*(2001.8), p. 21.

고, 구 소련은 34회의 사찰을 시행했다. 기초사찰을 위한 중요한 절차는 도착지점 (POE: point of entry), 통신, 교통, 보급, 통역관 및 호송원 등을 규정하는 것이었다.

양국의 사찰관들은 통제된 환경 하에서 모의사찰(mock inspections)을 연습하고, 조약절차에 의한 사찰진행에 익숙해진 후에 실제 사찰을 시행했다. 이러한 사찰의 성공적인 선례는 1991년 START와 1990년 CFE 조약체결 시에 활용되었다.[59]

나. 폐기사찰(elimination inspections)

폐기사찰은 INF조약의 대상이 되는 미사일 기지에 전개되어 있는 미사일, 추진체, 발사대 등을 폐기기지로 이동시켜 폐기하기 위한 사찰로서, 구 소련 내의 8개 기지, 미국 내의 3개와 서독 내 1개 기지 등 지정된 기지에서 시행되었다. 단거리 미사일은 최초 18개월 이내에, 중거리 미사일은 최초 3년 이내에 폐기하도록 되었다. 양국군은 미사일을 폐기기지까지 이동하며, 미국과 구 소련이 동일기간 내에 동일 비율로 폐기시키기로 하였다.

폐기사찰의 시행절차는 제거 30일 전에 사찰국에 통보(장비명, 좌표, 제거일자 및 완료일자)하고, 사찰국은 현장사찰인원의 도착 72시간 전에 피사찰국에게 통보하며, 사찰관들은 피사찰국의 호송 하에 폐기대상기지까지 동행하여 폐기 완료시까지 상주하였다. 폐기방법은 절단, 폭발, 분해 및 로켓 추진체의 연소 등을 사용하였다.[60]

다. 폐쇄사찰(closeout inspections)

폐쇄사찰은 폐쇄된 미사일 기지, 지원시설 혹은 발사대 생산시설의 상태를 확인하는 사찰이다. 폐쇄단계는 핵위험감소센터(NRRC)를 통해서 상대국에 신고하고, 미사일을 운용기지에서 폐기기지로 이동(통상적으로 이동기간은 약 30일)한 후에 상대국이 폐쇄확인 절차에 의거하여 확인 후에 NRRC를 통하여 상대국에게 확인해 줌으로써 가능하다.

기지폐쇄의 일반적 절차는 폐쇄 3일 전에 상대국에게 통보[61]하면 상대국에게 통보 혹은 폐쇄사찰 60일 후에 기지 폐쇄에 대한 최종 판단이 나오게 된다. 또한

59) John Russell, ibid., p. 8.
60) 양국은 100기 이하의 INF에 대해 최초 6개월 이내에 발사를 통한 폐기방법을 사용토록 상호허용했다. 이 방법은 지상에 고정된 미사일 발사시에 관련 장비를 모두 파괴하는 것을 의미한다. 폐기 사찰관들은 검증을 위해 발사하는 곳에서 사찰을 시행했다. 구소련은 이와 같은 방법으로 SS-20을 72기 폐기했다. John Russell, Ibid., p. 18.
61) 폐쇄조건은 ① 기지에서 모든 INF미사일, 발사대, 관련장비 제거 ② 미사일 및 발사대, 발사대 패드 등 INF미사일 지원 장비 및 시설을 철거 또는 파기 ③ INF 시설은 생산, 비행시험, 훈련, 수리, 저장 또는 INF미사일 전개 등 관련된 모든 활동이 중지됨으로써 가능.

폐쇄사찰 절차는 기초사찰 절차와 동일하다. 폐쇄된 INF기지는 다른 미사일 체계의 기지로 전환이 가능하다. 하지만 이런 경우에 30일 전에 전환목적과 전환완료 일자를 상대국에게 통보할 것을 명시하고 있다. 이에 따라서 구 소련은 몇 개의 기지를 SS−25 기지로 전환하였다. 하지만 미국은 전환된 기지는 INF 조약상에 불시사찰(short−notice inspection)의 대상이 된다는 이유로 인해 전환하지 않았다.[62]

라. 불시사찰(short−notice inspection)

양국은 9시간 전에 통보를 하면 상대방이 신고한 시설에 대해 불시사찰을 시행할 수 있다. 불시사찰은 진행 중이거나 종료된 것이거나 관계없이 모든 INF대상 미사일 시스템, 시설물 또는 활동을 24시간 동안 확인할 수 있는 권리를 사찰단에게 부여했다. 피사찰국은 사찰국이 통보하기 전에는 사찰할 장소를 알지 못하도록 했다.

INF조약에는 불시사찰의 횟수를 3단계로 나누어 규정했다. 처음 3년간은 연간 20회, 그리고 다음 5년간은 연간 15회, 다음 5년간은 연간 10회의 불시사찰을 할 수 있다.[63] 이를 모두 합하면 13년간 총 185회의 불시사찰을 할 수 있다. 이에 따라 <표 Ⅱ−4>에서 보는 것처럼 미국은 13년간 총 185회를, 구 소련은 141회의 불시사찰을 시행했다.

사찰 시 입국지점으로부터 사찰기지까지 9시간 이내에 도착해야 하기 때문에 이동시는 항공기를 사용하였다. 인원은 기초사찰과 동일하게 1개조 10명으로 구성하였다. 장비는 줄자(사찰관 당 1개), 이동용 무게 측정기(팀당 1개), 카메라(팀당 1개), 방사능 측정기(팀당 1개), 기타 이동용 장비(사찰관 당 1개) 등을 보유하였다.

카메라의 사용은 사찰단의 촬영 요구 시 호송관이 폴라로이드 카메라로 촬영하여 2장을 인화하고 각국이 1장씩 보유하고, 보고서에 동봉하였다. 방사능 측정기는 특히 미국이 SS−20, SS−25의 탄통이 유사하기 때문에 방사능 측정기를 사용하여 구분하였으며, 줄자 및 이동용 무게 측정기는 양해각서 상에 각 무기체계의 세부제원(미사일 길이, 지름, 무게, 높이 등의 상세 제원)이 제공되었기 때문에 이를 확인하는 장비로 운용되었다.

---

62) Joseph P. Harahan, *On−site Inspection under the INF treaty*(Washington D.C. : US DOD, 1993), p. 113.

63) 백진현, 『군비통제 검증관련 기구 및 법령에 관한 연구』, 2001년 국방정책연구보고서(서울 : 한국전략문제연구소, 2001), pp. 60−61.

표 Ⅱ-4	INF 사찰형태 및 횟수64)		
구 분	미 국	구소련 / 계승국	계
기 초 사 찰	117회	34회	151회
폐 쇄 사 찰	101회	27회	128회
폐 기 사 찰	137회	109회	246회
불 시 사 찰	185회	141회	326회
계	540회	311회	851회

마. 상주감시(portal monitoring)

상주감시는 현대 군비통제조약 상에서 최초로 적용된 것이었다. 조약 발효 후 30일 이후에 양국은 중거리 미사일 최종 조립 공장이나 생산시설에 30명까지 현장 사찰관을 상주시킬 수 있는 권리가 있었다. 미국은 소련 보틴스크(Votinsk)에 있는 중거리미사일 최종조립공장을 감시하기 위해 사찰관 24명을 보냈으며, 소련도 미국의 유타(Utah)주의 마그나(Magna)에 있는 중거리미사일 로켓모터 생산공장에 사찰관 21명을 보냈다.65)

비록 사찰관들은 공장에 출입할 수는 없었으나, 출입구와 공장주변에 대해 매일 24시간, 13년 동안 중거리미사일의 생산중지를 감시했다. 스타이너(Steven Steiner) 미국 대사는 2000년 12월 현장사찰을 종료하면서 "일일 24시간 13년 동안의 상주감시 레짐은 종료되었다. 모든 트럭, 콘테이너, 미사일을 적재할 수 있는 카고 등을 사찰했다"고 말하였다.66) 이 현장사찰은 미·소간에 상호신뢰와 안보를 증진시키는 데 큰 역할을 했다.

바. INF조약 검증제도의 평가

INF조약의 검증제도는 미·소 관계사에서 가장 획기적인 것이었다. 미·소간의 상호신뢰를 증진시키는 제도였으며, 이를 성공적으로 준수함으로써 결국 미국과 러시아가 전략적 우방으로 바뀌는데 일조를 한 제도라고 할 수 있다. 불시사찰과 상주감시소는 유례가 없을 정도로 침투성이 강한 사찰제도였으며, 1990년대의 국제검증제도에 큰 기여를 한 제도라고 할 수 있다. 그 외의 특징은 다음과 같다.

첫째, 군비통제 협정의 준수 여부를 검증하기 위해 현장사찰과 더불어 참가국

64) http://www.dtra.mil/os/ops/inf/os_inf.html.
65) Joseph P. Harahan, op. cit., p. 63.
66) Steven Steiner 미국 대사는 "미·러는 INF 미사일 사찰을 종료하는데 합의했다"고 언급했음. Reuters, 14 December, 2000.

들의 국가기술수단을 허용함으로써 보다 확실한 검증이 가능토록 했다는 점이다. 즉 SALT-Ⅰ, SALT-Ⅱ 조약이 현장사찰제도를 배제한 국가기술수단에만 의존했기 때문에 검증실시가 실패했다면, INF조약에서는 다양한 현장사찰제도를 세밀한 부분까지 규정했을 뿐만 아니라 여기에 국가기술수단을 보완했기 때문에 성공한 것이라는 평가를 내릴 수 있다.

둘째, 양측 모두 현장사찰이 실시되는 과정에서 어떤 어려운 문제에 봉착했을 때 이를 회피하고 해결하는 방식을 배웠으며 이를 위해서는 조약에 명시된 그들의 권리에 대한 세부적인 숙지가 필수적임을 알게 되었다.

셋째, 계속적으로 실시된 현장사찰의 결과 양측 모두 개방과 투명성을 증진시킴으로써 상호신뢰구축을 가져왔다. 특히, 소련은 군비통제에 있어서 현장사찰이 그들의 국가안보를 심각하게 위협하는 것이 아니라는 인식을 갖게 되었는 바, 이러한 인식의 전환이 바로 성공적인 검증제도에 가장 큰 원동력이 되었다.

2. 유럽에서 재래식무기감축협정(CFE) 검증

앞 장에서 설명한 바와 같이, 유럽에서 기습공격의 가능성을 제거하고 나토와 바르샤바조약기구 사이에 낮은 수준에서 군사적 안정성을 달성하기 위해 1987년 2월 17일 나토의 16개국과 바르샤바조약기구의 7개국이 비엔나에서 회의를 가졌다. 2년간에 걸친 회담 끝에 1989년 1월 14일 유럽의 재래식무기감축협상(CFE)의 기본지침에 합의했다.

이 지침에 근거해서 1989년 3월 9일부터 협상에 들어갔다. 여기서 협상의 관건은 첫째, 어느 지역과 어떤 무기를 대상으로 할 것인가. 둘째, 어떤 검증방법을 합의할 것인가. 셋째, 병력보다는 무기와 장비를 대상으로 하는 것이 성공할 수 있을 것인가 등의 문제였다. 그런데 이 모든 것은 현장사찰이 가능해야 성공할 수 있었으므로 고르바초프 서기장은 이 모든 것을 수용했다.

1990년 11월 19일 파리에서 개최된 CFE조약 서명식에 부시, 고르바초프, 콜, 미테랑, 대처 등 22개국의 정상들이 모였다. 이 조약에서 모든 서명 국가들이 총 38,500점의 무기를 감축하도록 하였으며, 분쟁을 예방하도록 조치했다. CFE조약의 검증조항은 현대의 그 어떤 군비통제조약보다도 복잡하고 강력하며 상세한 것이었다.[67]

가. 검증체제

CFE Ⅰ 조약의 제13조, 제14조, 제16조 및 제17조, 정보교환의정서, 검증의

---

67) Joseph P. Harahan, *On-site Inspections under the CFE Treaty*, p.1.

정서와 합동자문단(Joint Consultative Group : JCG)에 관한 의정서에 명시된 군비통제 검증의 내용은 다음과 같이 요약될 수 있다.[68]

통보 및 정보교환(제13조, 제17조 및 정보교환의정서)은 참가국의 지상군 및 공군의 구조, CFE Ⅰ 조약에서 규정하는 무기의 총보유수, 정규군 및 준정규군 보유무기의 장소, 유형 및 총수, 검증대상(OOV)[69]과 신고장소(declared site),[70] 철수무기가 소재했던 장소 등에 대한 군사정보를 당사국들 간에 상호교환한다. 그러나 교환되는 모든 정보가 현장사찰의 대상이 되는 것은 아니다.

현장사찰은 ① 신고기지사찰(declared site inspection : DSI), ② 강제사찰(challenge inspection within specified areas : CI), ③ 감축사찰(inspection of reduction : IR), ④ 재분류확인사찰(inspection of certification)의 네 가지로 분류된다.[71] 당사국은 어떠한 국가도 사찰할 수 있으나, 같은 집단방위체제 내의 국가를 연간 5회 이상 사찰할 수 없다.[72] 예를 들면 루마니아는 헝가리를 매년 5회 이상 사찰할 수 없다. 터키는 그리스를 매년 5회 이상 사찰할 수 없다. 참가국의 사찰실시 할당량(active inspection quota)의 배분은 각 그룹 내에서 결정하며, 그룹 내 참가국 간에 권한의 양도가 가능하다.

검증대상은 기본적으로 규제대상무기를 보유하고 있는 지상군 여단이나 비행단 급의 군부대와 특정무기저장고로서 신고기지사찰의 대상이 된다. 하나의 공개장소는 수 개의 검증대상으로 구성될 수 있다. 훈련장소와 같이 수 개의 검증대상이 있는 시설은 각 검증대상이 사찰을 받을 때마다 사찰가능하며, 수검국에서 사찰횟수를 초과하지 않는 범위 내에서 동일 사찰팀이 연속사찰(sequential inspection)을 실시할 수 있다. 참가국이 동시에 받아들일 수 있는 최고 사찰횟수는 별도로 정의되고 있으며 동일 참가국으로부터 사찰의무할당량(passive inspection quota)의 50%를 초과하는 사찰을 받을 필요는 없다. 강제사찰은 공개된 장소나 검증대상 외의 기타 지역에서 통보되지 않은 장비나 군 이동을 사찰하기 위한 사찰수단이다.

---

68) 전성훈, 『군비통제검증연구 — 이론 및 역사와 사례를 중심으로』, (민족통일연구원 연구보고서 92-06, 1992), pp. 210-216.

69) 검증대상은 다음과 같이 네가지로 정의된다. ① 여단, 연대, 비행단, 비행여단, 독립대대, 독립포병대대, 독립비행대대 등의 부대, ② 상기부대에 속하지 않은 지정된 무기저장소, 독립된 수리 및 유지부대, 군사훈련소, 규제대상 무기가 주둔하는 군사비행장, ③ 무기 및 장비의 폐기장소, ④ 여단, 연대보다 상위부대의 직속으로 규제대상 무기를 보유한 대대 미만급 부대의 경우 이 상위부대가 여단, 연대급 예하부대를 갖고 있지 않은 경우, 해당 대대 미만급 부대가 예속된 상위부대

70) 공개장소는 CFE 규제대상무기와 기타 유사무기가 상주하거나 정기적으로 주둔하는 철도하역시설, 헬리콥터장, 보수 및 격납지역, 훈련지역, 사격실시지역이 위치하는 모든 영토를 말하며 일개 공개장소는 다수의 검증대상을 포함할 수 있다.

71) 전성훈, 위의 책, p. 205.

72) Pal Dunay, *Verification of Conventional Arms Control in VERITIC*, pp. 106-107.

사찰기간과 사찰통보요건은 사찰유형에 따라 다르다. 한 사찰팀은 9명으로 구성되며 다국적 사찰팀은 1국이 사찰팀을 운영하는 책임을 진다. 사찰팀은 사찰이 도보, 차량, 헬리콥터 혹은 복합적인 방법으로 실시되는지를 미리 통보해야 하고 헬리콥터는 수검국에서 제공하며 수검국 차량을 사용하는 것도 가능하다. 신고기지사찰은 의무적으로 실시되며, 특별사찰은 수검국이 거부할 수 있으나, 거부 시에는 거부이유를 충분히 설명해야 한다. 신고된 장소의 경우 사찰팀은 규제대상무기가 소재해 있는 모든 시설물을 방문할 수 있다. 그러나 일부 민감한 시설에 대해서는 접근이 금지될 수 있고, 이 경우 수검국은 조약이 위반되지 않고 있다는 사실을 충분히 증명할 수 있어야 한다.

사찰팀은 자체적으로 이동형 수동 야간 관측기, 쌍안경, 비디오카메라, 고정형 카메라, 자, 전등, 전자 콤파스, 컴퓨터 등을 이용할 수 있다. 사찰 종료 후 사찰팀은 사찰 결과보고서 2부를 작성하여 사찰팀장과 수행팀장의 서명 후 각각 1부씩 보관한다.

국가기술수단과 다국적 기술수단에 대해서는 참가국이 국가기술수단(NTM)과 국제기술수단(ITM : international technical means)의 사용권을 갖는다. NTM과 ITM은 조약에 정의되어 있지 않지만 검사대상국의 국경선 밖에서 인공위성이나 비행기, 함정 등에 탑재된 탐지기로 정보를 수집하는 기술적 수단이다. 이러한 기술적 수단을 방해하거나 은폐물을 설치하는 행위도 금지되어 있다. 합동자문단(JCG)은 ① 교환된 정보에 대한 의문점 해소, ② 조약준수에 관한 모호한 점 해결, ③ 조약 이행 시 어려운 점 해결 등의 임무를 수행한다.

나. 최초 검증기간 사찰

1992년 7월 18일 조약이 발효된 이후 후속검증기간이 종료되는 1996년 3월 16일까지 CFE조약의 범위 내에서 실시된 사찰은 약 2,500여 회 이상이다.[73] 나토 국가들은 나토의 산하에 검증이행조정위원회를 두고 회원국들 간에 검증에 대한 정책조정을 실시했다. 이 다국적 검증팀은 똑같은 장소를 2회씩 방문했다. 폐기될 장비를 확인하기 위해 그리고 폐기 후 확인하기 위해 2회 방문한 것이다. 2003년 말까지 3800여 회 현장사찰이 이루어졌다고 알려졌다. 검증의무를 위반한 국가는 러시아를 제외하고는 없다. 그 이유는 동구의 국가들조차 민주화되어 위반할 필요가 없었기 때문이다. 국가들은 상대방을 속이면서까지 무기를 보유할 필요를 느끼지 않았다. 하지만 CFE조약에 따라 모든 국가가 실시한 현장사찰 횟수는 종합된 것이

---

73) 외교통상부, 『OSCE 개황』, p. 64.

없다. 왜냐하면 동구권 국가들이 실시한 사찰과 동구권 국가들끼리의 사찰은 종합적으로 기록된 자료가 없기 때문이다.

다. 폐기사찰(1992. 11. 14 ~ 1995. 11. 17)

(1) 장비 감축량

22개국이 1990년 11월 19일 조약을 서명할 때 이들은 자국이 보유한 장비현황 자료를 교환하였다. 조약서명 당시, 나토의 의무 감축량은 12,914개였었는데, 감축량의 대부분은 통일 전의 동독이 가지고 있던 장비였다. 동구권 국가들의 의무 감축량은 34,665개였다. 숫자야 어떻든 조약은 양쪽 그룹 국가들에게 조약 발효일로부터 40개월 이내에 해당 재래식 장비의 감축을 완료하라고 요구했다.74)

(2) 병력감축량

CFE국가들은 직업군인(full-time military personnel)을 실질적으로 감축하고자 1992년 7월 CFE 1A 조약을 따로 합의했다. 조약 당사국들은 그로부터 40개월 후 자국의 군병력을 상한선 이하로 감축하겠다고 선언하였다. 각국은 자발적으로 상한선을 설정하였는데, 결론적으로 상향조정된 상한선을 설정한 것으로 판명되었다. 1995년 11월에 40개월의 감축기간이 종료되자, 모든 국가는 CFE 1A에 따라서 자국의 군병력을 보고하였는데, 아르메니아, 그루지아 및 벨라로시 등 3개국은 보고하지 않았다. 병력은 각국이 자발적으로 선언한 내용으로서 사찰은 실시되지 않았다. <표 II-5>는 CFE 1A와 관련된 주요 국가의 병력을 1992년 7월과 1995년 11월 시점에서 비교한 표이다.

표 II-5	주요국가의 CFE 1A조약에 따른 유럽 내 병력 비교	
구 분	1992년 7월 CFE 1A상한선	1995년 11월 보유 병력
미 국	250,000	107,166
독 일	345,000	293,889
터 키	530,000	527,670
러 시 아	1,450,000	818,371
폴 란 드	234,000	233,870
우크라이나	450,000	400,686

* 출처 : *Arms Control Reporter*, 407.A.11, 1993. : *Arms Control Reporter*, 407.B.553, 1996.

---

74) Randall Forsberg, Rob Leavitt and Steve Lilly-Weber, "Conventional Forces Treaty, Buries Cold War," *Bulletin of the Atomic Scientists*, January/February 1999, pp. 32-37.

라. 후속검증기간사찰(1995. 11. 18 ~ 1996. 3. 16)

폐기기간 40개월 이후 120일 동안, 조약은 각 국가가 소속 동맹에서 분배해준 만큼 다른 동맹국가들에 대해 조약상 제한무기 및 군사력 보유를 검증할 수 있도록 하였다. 폐기기간 종료시점인 1995년 11월 17일 당시 동구권 국가 검증대상목록에 따르면, 나토 국가들은 120일 동안 현장사찰 247회를 실시할 수 있는 반면, 동구권 국가들은 254회 현장사찰을 실시할 수 있었다. 조약에 따르면 "후속검증기간 (the residual level validation period)"은 조약의 마지막 단계인 "조약잔여기간(the residual period)"에 선행한다. 한편 "조약잔여기간"은 종료시점이 없고, 현장사찰에 의한 감시는 각 국가 검증대상 비율에 따라 지속적으로 실시될 것이다. "후속검증기간"은 "조약검증기간"에 각 국가별로 조약제한 장비감시에 대한 출발점이 될 수 있도록 폐기 직후 조약 국가들의 보유량을 정확히 검증하게 해준다는 점에서 매우 중요한 기간이었다.[75]

미국은 현장사찰처(OSIA : On-site Inspection Agency)가 자국의 CFE조약 사찰 횟수와 종류를 기록하였는데 이 자료에 따르면 미국이 CFE조약의 모든 측면에서 적극적으로 개입하였다는 것을 알 수 있다. <표 Ⅱ - 6>은 미국이 CFE 조약 사찰 시행에 참여한 횟수를 나타내주고 있다.

표 Ⅱ-6　미국의 CFE현장사찰 횟수

기　간	최초사찰	1993	1994	1995	1996
신고기지사찰	43	16	12	14	31
강제 사찰	1	2	5	1	7
감축 사찰	5	49	47	41	–
타국사찰참여	9	86	89	50	56
총　　계	58	153	153	106	94

* 출처 : The United States On-Site Inspection Agency, (May 1996).

마. CFE조약 검증에 대한 평가

CFE조약 협상과정에서 검증과 관련된 쟁점들은 군사정보교환, 발틱 3개국에 관한 문제였다. 먼저 정보교환에서는 조약 참가국들이 조약 서명 시에 조약지역 내 조약제한장비에 대한 정보와 군 구조, 군사력 규모, 부대 및 조직에 관한 자료를 교

---

75) Ibid., Article Ⅳ; Colonel Kenneth D. Guillory, USA, Commander, European Operations Command, OSIA, Briefing, "RLVP Summary," May 9, 1996.

환했다. 하지만 구 소련이 조약 보유량을 심각할 정도로 낮게 신고하였다고 서방측이 인식하였다. 부시 대통령에게 보고한 자료에 의하면 20,000~40,000개의 차이가 있었다. 그래서 미국, 독일, 캐나다 및 영국 4개국은 소련이 제시한 군사정보에 대한 문제를 합동자문단(JCG)에 상정하였다. 그 결과, 1991년 1월 부시 대통령에게 보고된 정보부서의 자료에는 오차가 2,000~3,000개 정도라고 확인함으로써 상호협의를 통해 문제를 해결하였다.

검증분야 협상과정에서 CFE조약의 검증기간을 무기한으로 정한 것은 "미래의 비중(shadow of future)"을 확대시킨 효과를 가져왔다. 즉 40개월의 조약감축기간 종료 후, 후속검증기간을 거치고 나서 1996년 5월에 최초검토회의를 가진 후에 매년 조약 관련된 사항을 회원국 간에 공개하기로 하였다. 특히 1990년대 초반 동구권의 정치적 변혁에도 불구하고 CFE조약은 협상을 통해 지속적으로 시행이 되었으며, 유럽의 전쟁가능성을 감소시킨다는 목적에 부합되게 계속 진행되었다.

군비통제 협상이 성공하기 위해서는 관련국 간에 군비통제를 통한 쌍무적 이익이 존재해야 하는데, CFE조약 협상에서도 NATO와 WTO간에 쌍무적 이익이 존재하였다.[76] 또한 22개국(2002년 12월 현재 30개국)에 이르는 각국은 주권을 가진 국가였지만 양대 그룹 내에서 이 협상에 참가하였다. 탈냉전의 불확실성이 존재하는 동안, 미국 및 소련 정치지도자들은 계속하여 CFE조약에 관심의 초점을 맞추었으며, 그들의 집요함이 결과를 산출하였다. 즉, 이 국가들은 양대 그룹에 속한 동맹 내에서 협상목표와 전략을 공유함으로써 쌍무적인 관계를 형성하였다. 따라서 검증협상 과정에서 행위자 간의 쌍무적 관계는 포괄적 상호주의를 적용할 수 있도록 하였다.

CFE조약의 기본 검증조치, 즉 자료제공, 폐기감시, 무기 재분류 및 의혹기지에 대한 현장사찰팀 운용은 잘 이행되었다. 2,500여 회의 현장사찰 중 50회 미만의 현장사찰에서만 문제가 제기되었으며, 기타 소모적인 논쟁소지가 있는 많은 문제는 CFE조약 규정 및 의정서 테두리 안에서, 현장에서 사찰관과 호송관 간에 해결하였다.

판단 및 대응과정에서는 먼저 1994년 3월에 우크라이나와 벨라로시가 경제적인 문제로 인하여 폐기의무에 대한 이행불가를 선언하려 하자 감축이행을 지원하기 위하여 미국은 검증조약이행을 위해 벨라로시에 7천만 달러, 우크라이나에 2억 7천만 달러의 폐기비용을 지불하고 폐기를 검증하였는데, 이것은 경제적 지원을 통한 검증이행을 촉진함으로써 이슈차원의 포괄적 상호주의를 적용하였다.

또한 검증을 실시하는 동안 문제점으로 대두되었던 사찰관의 신고기지 출입,

---

76) 황진환, 『협력안보 시대에 한국의 안보와 군비통제』, pp. 256 - 257.

우랄 동쪽에 위치한 러시아 조약제한장비 감축 등에 대하여 양당사국 그룹간의 합의를 통하여 해결이 되었다. 즉 사찰관의 신고기지 출입은 러시아가 미국 및 기타 조약국이 인정한 자료양식을 수용함으로써 가능했고, 강도 높은 협상의 결과 우랄 동쪽에 위치한 구 소련 조약제한장비 감축문제는 1995년 12월 31일까지 우랄산맥 동쪽에 위치한 전차 6,000대, 야포 7,000여 문 및 장갑차 1,500대(총14,500개)를 폐기 또는 개조하겠다는 공약을 함으로써 해결이 되었다. 또한 1993년 11월 나토는 동구권 국가들이 나토 동맹국의 CFE조약 데이터베이스인 "VERITY"를 공동 사용할 수 있도록 허용함으로써 1994년 중반부터 나토국 및 동구권 국가들은 사찰자료를 공유하도록 하였다.

이상에서 분석한 CFE조약의 성공요인을 정리하면 다음과 같다.

첫째, 군비통제 협정에 상호 합의한 사항의 준수여부를 검증하기 위해 현장사찰의 방법과 더불어 참가국들의 국가기술수단을 허용함으로써 보다 입체적인 검증이 가능토록 했다.

둘째, 양측 모두 조약이 진행되는 과정에서 어떤 어려운 문제에 봉착했을 때, 이를 회피하고 해결하는 양보를 배웠으며 이를 위해서는 조항에 명시된 그들의 권리에 대한 세부적인 숙지가 필수적임을 알게 되었다. 셋째, 계속적으로 실시된 현장사찰의 결과 양측 모두 개방과 투명성을 증진시킴으로써 상호신뢰구축을 가져왔다.

마지막으로 철저하고 전반적인 검증을 추구하기 위하여 엄격한 검증기준을 설정한 경우에는 과다한 검증부하[77]의 발생으로 오히려 역효과를 초래할 수 있음을 인지하였다.

3. 이라크에 대한 사찰

가. 이라크에 대한 검증의 탄생과 전개과정

이라크의 쿠웨이트 침공을 응징하기 위해 전개된 걸프전이 끝난 직후, 1991년 4월 3일 UN 안전보장이사회에서는 UN안보리 결의안 제687호를 통과시켰다. 이 결의안의 주요 목적은 미국을 비롯한 다국적군과 패전국인 이라크 사이에 공식적인 정전(cease-fire)을 위한 조건을 법적으로 만들기 위한 것이었다. 또 하나의 목적은 다국적군이 이라크의 생화학무기 및 핵무기 개발 프로그램, 사거리 150km 이상의 탄도미사일을 검증하고 폐기시킬 뿐만 아니라 이라크에 대한 장기적인 사찰제도를 확립하는 것이었다. UN안보리는 1991년 4월 18일 이라크의 대량살상무기와 미사

---

77) 검증부하란 검증대상, 검증요구도, 검증능력 및 검증기간 등 검증에 부과되는 유무형의 과제를 의미한다.

일의 검증과 폐기의 책임을 질 기구로 UN특별위원회(UNSCOM : UN Special Commission)를 설치했다. UN특별위원회는 안보리 상임이사국 전부와 호주, 오스트리아, 캐나다 등 20개국의 대표로 구성되었다. UN특별위원회의 위원장은 1991년 5월부터 1997년 6월까지 스웨덴의 롤프 에큐스(Rolf Ekeus) 대사가, 1997년 7월부터 1999년 6월까지는 호주의 리차드 버틀러(Richard Butler) 대사가, 1999년 7월부터 UN 감시검증사찰위원회(UNMOVIC : UN Monitoring, Verification, and Inspection Commission)의 위원장은 미국의 찰스 두얼퍼(Charles Duelfer) 대사가 임무를 수행했다. 이라크에 대해 이러한 특별조치를 취한 이유는 이라크가 패전국일 뿐만 아니라 그동안 IAEA의 사찰을 받으면서도 NPT를 위반하고 핵무기를 비밀리에 개발해온 점, 이란·이라크 전쟁에서 이라크가 이란에 대해 화학무기를 사용한 점, 1988년 3월 이라크 내 쿠르드족이 살고 있는 하라브자(Halabja)에 대한 화학무기 사용으로 약 5천여 명의 인명을 살상한 점, 중동의 안보질서를 해롭게 할 미사일을 개발하고 있던 점들을 응징하기 위해서였다.

UN특별위원회가 취한 검증제도는 강제사찰제도였다. 강제사찰은 UN특별위원회가 이라크의 모든 의심시설에 대해 언제, 어느 곳이든지 사찰하고자 하면, 이라크는 무조건 협조를 제공해야 했다. 강제사찰제도는 1987년의 미·소간의 INF 사찰제도와 CFE의 현장사찰제도보다 훨씬 침투성이 높은 제도였는데, 이러한 검증제도를 고려할 수 있게 된 것은 미국을 비롯한 서구와 러시아가 몇 년 전부터 이러한 검증에 대해 익숙해져 있었고, 패전국인 이라크에 대해서는 무엇이든지 부과할 수 있었기 때문이었다.

UN특별위원회는 이라크가 국제원자력기구의 사찰을 피해서 비밀 핵개발을 하고 있었던 점을 중시하여 IAEA의 사찰제도보다 훨씬 그 목적과 범위, 권한 면에서 강도가 높은 검증제도를 부과했다. 또한 승전국이 패전국에 대해 하는 사찰이었기 때문에 UN특별위원회의 사찰관이 원하는 곳이면 어디나 자유로이 임의의 시간에 접근할 수 있었으며, 이에 대한 방해는 바로 UN안보리 결의안 제687호에 위배되므로 UN의 강력한 제재조치가 수반되는 점에서 IAEA의 사찰과는 다른 것이었다.

UN특별위원회는 사찰단을 스스로 구성할 권리가 있었다. 그러나 핵문제에 대해서는 IAEA와 협조하여 사찰을 시행하도록 했다. 이라크는 1991년부터 사찰을 바로 수락했지만 1998년 12월 UN특별위원회의 사찰단을 완전히 추방할 때까지 간간히 사찰에 비협조적이거나 적대적으로 나왔으며, 간혹 사찰단의 일부를 거부하는 등 끊임없이 국제적인 시비대상으로 올랐다. 그래서 미국을 비롯한 다국적군은 1998년 12월 17일부터 20일까지 "사막의 여우(desert fox)" 작전을 수행함으로써 이라크에 대한 응징공격을 가했다. 1999년 12월에는 UN안보리에서는 안보리결의안 1284호에 의거하여, UN특별위원회를 폐지시키고 UN 감시검증사찰위원회를 창설했다. 이라크와 UN 감시검증사찰위원회 간의 갈등이 증폭되고 미국의 부시 행정부가 이라크에 대한 정책을 더 강화시킴에 따라 이라크에 대한 사찰은 더욱 더 힘들어져 갔다. 결국 2002년 11월 UN 감시검증사찰위원회가 철수하고 미국과 영국 주도로 UN안보리 결의안 제1441호를 통과시켰다. 이것은 이라크의 사찰규정 위반이 중대하고 명백하다고 판단되는 한, 이라크를 공격하겠다는 최후통첩의 성격을 지녔었다. 결국 이라크에 대한 강제사찰과 그에 대한 이라크의 협조여부를 둘러싼 논쟁은 2003년 3월 미국을 비롯한 다국적군의 공격으로 이어지게 되었다.

여기서 주목할 사항은 1998년부터 이라크에 대한 사찰문제로 UN안보리 상임이사국 간에 의견 대립이 생겼다. 미·영 양국은 이라크가 사찰을 지속적으로 방해하므로 사찰강화와 경제제재가 계속되어야 한다고 주장했고, 러·중·프 3국은 사찰이 충분하며 오랫동안의 경제제재로 인해 이라크의 민생이 피폐해졌으며 그것이 이라크로 하여금 국제사회에 더욱 비협조적으로 만들므로 오히려 경제제재를 완화하거나 폐지하자고 주장했다. 이러던 차에 사담 후세인의 UN 감시검증사찰위원회 사찰관 추방은 문제를 일으켰으며 결국 미국을 비롯한 다국적군의 공격을 초래하게 되었다. 미국과 영국을 중심으로 한 다국적군의 공격 직후 UN 감시검증사찰위원회의 사찰활동은 다시 재개되었다. 하지만 이라크 내 대량살상무기의 흔적은 끝내 발견되지 않았다.

나. 사찰체제와 실적

UN특별위원회는 이라크에 대한 대량살상무기의 사찰을 실시하고 그것을 제거하거나 파기하는 과정을 감시했으며, 이라크가 다시는 대량살상무기와 미사일을 개발하지 않도록 장기적인 감시체제를 확립하고 감독하는 기능을 수행했다. 다만 핵무기에 대해서는 IAEA가 감시임무를 맡고 UN특별위원회가 협조하도록 했다.

UN특별위원회의 사찰 방법은 불시강제사찰이었다. 비행기와 위성을 활용한 공중감시를 병행했으며, 지상에서는 카메라 설치를 통해 이라크의 활동을 감시했다. 그리고 1996년 3월에는 UN안보리 결의안 제1051호에 의거, 이라크의 수출과 수입을 감시하는 체제도 수립했다. 모든 이중용도품목을 이라크에 수출할 경우 대상국들은 UN특별위원회와 IAEA에 사전신고를 해야 했으며, 이라크에 도착하는 순간 UN특별위원회의 사찰을 받았고, 또 이라크가 수출하는 지역에서도 사찰이 가해졌다.

1999년 말까지 40개 이상의 UN회원국(UN특별위원회 참가국 20개국 포함)들과 IAEA

로부터 연 인원 1,000여 명의 사찰관이 약 250여 회의 사찰을 시행했다. 연간 사찰
예산은 2,500만~3,000만 달러가 소요되었는데, 이라크 정부로 하여금 원유를 팔아
서 이 경비를 의무적으로 지원하도록 했다.

이라크는 UN특별위원회에게 대량살상무기와 미사일에 관련된 모든 지역, 시
설, 구성요소, 모든 기록과 정보들을 무조건 제공하기로 되어 있었다. 그리고 UN특
별위원회의 사찰관이 지정하는 모든 시설에 대해 무제한의 접근을 허용해야 했다.
만약 이라크가 거부한다면 경제제재가 부과되도록 되어 있었다. 1997년 가을에 이
라크는 UN특별위원회 사찰관을 추방했다.

<표 Ⅱ-7>에서 보는 바와 같이 UN특별위원회는 1991년 5월부터 1998년 9
월까지 많은 실적을 남겼다. 690톤의 화학무기작용제, 38,537개의 속이 찼거나 비
어있는 화학탄약, 3,000톤 이상의 화학무기작용제의 원료, 수천 개의 생산장비와
분석장비를 파괴시켰다. 8가지의 운반체계, 알하캄에 있는 생물무기 생산시설, 48
개의 스커드 미사일, 6개의 이동발사대, 28개의 고정발사대, 32개의 건설 중인 고정
발사대, 390개의 화학탄두, 14개의 재래식탄두, 기타 장비들을 파괴시켰다.

표 Ⅱ-7 UNSCOM의 대이라크 사찰 활동 평가

분 야		내 용
생물학무기	UNSCOM 성과	· 이라크의 핵심 생물학무기 생산 시설 폐기 감독 · 다른 3곳의 시설에서 60여 종의 장비 폐기 · 생물학무기 배양매체 약 22톤 폐기
	UNSCOM 사찰결과 및 평가	· UNSCOM의 조사결과와 이라크의 신고 내용이 불일치 · '99. 1월 최종 보고 − 대부분의 숙주(agent)들의 폐기에 신뢰 불가 − 생산능력과 기반지식의 보유로 언제든지 무장 가능
	노정된 핵심현안	· 증거자료에 의한 입증 결여와 이라크의 불완전하고 부적절한 생물학 무기계획 신고 · 생물학 무기계획의 완전한 발표와 외부 전문가에 의한 검증 필요
화학무기	UNSCOM 성과	· 화학탄두 38,000발 이상 폐기 · 화학무기작용제 690톤, 예비 화학무기 3,000톤 이상, 600종 정도의 장비 폐기 · VX 프로그램 적발
	UNSCOM 사찰결과 및 평가	· 증거자료와 정보의 부족으로 이라크의 신고 내용을 증명할 수 없음을 인정

핵 무 기	노정된 핵심현안	· 이라크 정부의 사찰팀 문서 압류 · 이라크의 신뢰할 수 없는 화학무기의 분실 주장 · 생물학 숙주를 탑재한 공중 폭탄의 누락 · VX 문제 · 화학무기 생산 장비에 대한 신뢰 상실
	UNSCOM 성과	· '94년 2월까지 프랑스와 구소련에서 수입한 고농축 우라늄 50kg 정도를 포함한 무기화 가능한 핵물질 제거 · IAEA 통제 하 밝혀진 모든 시설과 특수장비 폐기
	UNSCOM 사찰결과 및 평가	· 이라크가 핵무기 제조를 하려는 어떠한 증거, 능력도 없음 · IAEA는 단지 징후가 없다는 것이지 존재치 않는다는 것은 아니라고 주장 · 또한 이라크의 신고에 대한 절대적인 보장을 할 수 없음
	노정된 핵심현안	· 핵심적인 기술 문서 미제공 · 핵무기 계획을 지원하는 외부 인사 관련 정보 미제공 · 핵개발을 포기한다는 증거 또는 문서 미보유
탄 도 미 사 일	UNSCOM 성과	· 817기의 탄도미사일 폐기 감독 · 이동 미사일 발사대 15개와 고정 발사대 56개소 폐기 · 50기의 미사일 탄두(30기는 화학물질 함유) 폐기 감독 · 미사일 연료 20톤, 산화제 52톤 폐기 · 자체 미사일 및 supergun 생산기반시설 폐기
	UNSCOM 사찰결과 및 평가	· 운용중인 미사일 재고량의 2/3, 생산능력 미신고 · 사찰 중에도 미사일 개발계획 미포기(예 : gyroscope 수입) · '88년에 건설한 미사일 생산 시설 · 이라크의 일방적인 능력 폐기 주장 관련 신뢰 곤란
	노정된 핵심현안	· 화학, 생물학 탄두를 장착한 탄도미사일의 불일치 · 이라크의 일방적인 탄도미사일 능력 폐기주장의 신뢰성 문제

* 출처 : Arms Control Today, "Iraq : A Chronology of UN Inspections and An Assessment of
Their Accomplishments," http://www.armscontrol.org/act/2002-10/iragspecialoct02.asp

UN특별위원회는 이라크가 탄저균을 비롯한 많은 종류의 세균무기를 개발하고 있다는 정보를 들었으나 구체적으로 파악하지 못했다. 이라크가 신고한 생물무기 보유량은 탄저균 8.4톤, 보틀리늄 독소 19톤, 클로스트리듐 3.4톤, 애플래톡신 2.2톤, 리신 10리터 등이었다. UN특별위원회가 생물무기탄약 중 폐기시킨 것은 스커드미사일 탄두 25개(탄저균 5개, 보틀리늄톡신 16개, 애플래톡신 4개), 공중탄 157개(탄저균 50개, 보틀리늄톡신 100개, 애플래톡신 7개), 공중살포탄 4개 등이었다. 기타 생물무기시험탄은 155미리 야포, 로케트 야포, MiG-21, 공중살포제 등이었다.

이라크가 신고한 화학무기보유량은 겨자개스 500~600톤, 사린 또는 타분 작용제 100-150톤, 신경개스 50~100톤이었다. 화학탄약은 공중탄, 공중살포제,

신경개스를 갖고 있는 122미리 로켓포 등이었다. 미사일은 819개의 300킬로미터 SCUD-B, 개발 중인 사거리 650km의 알후세인 미사일, 개발 중인 사거리 950km 의 알아바스 미사일, 사거리 150km 이내의 알사무드 미사일(UN결의안 제687호에 의거 허용된 미사일임), SS-21 단거리미사일발사대 등이었다.

그런데 이라크는 1981~88년 동안 2,870톤의 화학무기작용제를 써버렸다고 주장했다. UN특별위원회는 이를 확인할 수 없었다고 말했다. 이런 활동에도 불구하고, 1998년 말에 나온 보고서에 의하면[78] UN특별위원회는 이라크의 대량살상무기 프로그램이 전부 발견되고 파괴되었는지 여부를 확신할 수 없으며, 프로그램의 전부를 다 파악할 수 없었다고 고백했다. 특히 이라크에 대한 장기적이고 효과적인 검증제도의 수립을 목표로 하던 UN특별위원회와 UN 감시검증사찰위원회는 이라크의 협조여부와 이라크 정부에 대한 신빙성 여부에 대해 신뢰를 할 수 없게 된 점이 결정적인 사태 악화 원인이 되었다.

다. 이라크에 대한 검증제도의 평가

이라크에 대한 검증제도는 미국을 비롯한 다국적군이 이라크를 응징하기 위한 전쟁에서 승리하고 난 후 패전국인 이라크에 대해 UN차원에서 결정한 사상 초유의 강제사찰제도라는 데 그 의의가 있다. 즉 이라크에 대한 강제적인 검증제도는 이라크와 타협대상이 아니었으며 UN에서 강제적으로 부과한 것이다.

또한 UN특별위원회가 실시한 사찰에는 핵개발관련 프로그램의 적발과 폐기, 핵개발프로그램의 억제 분야는 IAEA가 맡았고, 생화학무기와 미사일관련 능력과 프로그램의 적발과 폐기, 개발 억제분야는 UN특별위원회가 맡았다. 만약 이라크가 폐기와 개발중단 의무를 위반하거나 UN특별위원회의 검증활동에 대해 만족스런 협조를 하지 않을 경우 UN안보리에서 제재를 가할 수 있다는 점에서 매우 집행력이 강한 검증제도였다. 이라크가 의무를 잘 이행한 초기 몇 년 동안에는 이라크의 검증제도가 최고로 효과적이고 바람직한 제도로 여겨졌다.

그러나 아무리 완벽한 검증제도라고 하더라도 피검증국인 이라크의 정치적인 결단과 협조적 자세가 없이는 UN특별위원회와 이것을 지도하는 미국이 만족하거나 신뢰할 수 없었다는 데에 문제가 있는 제도였다. 특히 검증제도가 유효기간이 없이 무기한으로 지속될 수 있었던 점, 장기적으로 완벽한 검증제도를 확립하는 것을 목표로 하고 있었던 점 등은 이라크가 모든 규제대상을 100퍼센트 포기하고 투명

78) SIPRI, *Iraq : The UNSCOM Experience*, in SIPRI FACT SHEET 1988, October 1988.
http:// editors.sipri.org/pubs/Factsheet/UNSCOM.pdf

하게 하지 않는 한 문제가 발생될 소지가 많았다고 할 수 있다. 설령 이라크가 대량 살상무기와 그 개발프로그램을 100퍼센트 투명하게 했다고 하더라도 미국을 비롯한 UN특별위원회가 신뢰하지 않으면 양측의 의견 차이를 중재할 방법이 없다는 것이 문제점이었다. 결국 UN특별위원회가 목표를 제대로 달성하지 못했다고 평가한 UN안보리는 UN 감시검증사찰위원회를 조직했으며, 이 UN 감시검증사찰위원회와 이라크 정부가 적대적인 관계를 지속한 결과 2003년 3월 전쟁으로 치닫게 되었다.

V. 각종 검증제도의 교훈

국제적인 검증제도를 비교해 보면, 어떤 검증제도가 어느 지역에 보편적으로 적용될 수 있는지에 대한 해답은 없다는 결론에 이르게 된다. 피사찰국이 정치적 결단을 내려 검증의 필요성을 수용하고 검증방법, 검증대상, 검증절차 등에 관해 협상을 한 결과 검증제도를 확립하면 검증이 추구한 목적인 위반적발, 위반억제, 상호신뢰증진, 안보증진의 목적을 다 달성할 수 있지만, 피사찰국의 의사에 반해 일방적으로 부과한 검증제도는 위반적발과 억제는 가능할지 모르지만 상호신뢰증진과 안보증진에는 실패한 것을 발견한다.

유럽의 경우, 침투성이 높은 사찰이 제도화되고 제도화된 사찰을 통해 쌍방은 신뢰와 안보를 더욱 증진시켜왔지만, 이라크의 경우에서 보듯 피사찰국이 끝까지 반대하면 강도 높은 검증이 합의되지 못할 뿐만 아니라, 강도 높은 검증이 제도화되었다고 하더라도 불신이 악화되고 안보가 악화되었던 점을 무시할 수 없다는 것이다. 이것은 앞에서 논의했듯이 유럽과 이라크의 사례를 비교해 보면 확연하게 드러난다.

유럽의 경우 1960년대 말부터 미국을 비롯한 나토 국가들은 소련에 대해 검증제도를 받아들일 것을 요구했으나, 1986년 소련에서 개혁과 개방을 지향하는 고르바초프가 등장하고 난 후에야 검증제도를 받아들이기 시작했던 것이다. 1986년 9월 스톡홀름선언에서 신뢰 및 안보구축조치에 합의하면서 상호 통보한 훈련과 기동에 대해 참관단을 초청하는 것을 의무화시켰고, 1987년 미·소간 중거리핵무기폐기협정을 검증하기 위한 침투성이 높은 사찰제도에 합의했으며, 1990년에는 유럽의 재래식무기폐기협정을 검증하기 위해 침투성이 높은 사찰제도에 합의했고, 그것을 잘 실천해 왔다. 그 결과 쌍방 간에는 신뢰가 증진되었으며, 결국 미국과 러시아는 전략적 우방국이 되기에 이르렀다.

또한 유럽에서는 검증제도가 침투성이 약한 제도부터 강한 제도로 점진적으로 진전되어 갔다. 동서 양 진영 간의 군사대결이 끝나면서 검증은 적어도 유럽에서는 보편적 제도가 되었으며, 검증을 이행하는 데 있어서 국가들 간에 상호 협조적이고 신뢰적이 되었다. 즉, 군비통제조약에 대한 검증이 상호 신뢰와 안보를 증진시킨다는 합의가 이루어졌다고 볼 수 있다. 미국과 러시아를 포함한 유럽 국가들은 국제 비확산레짐을 강화시키고 재래식 군사분야에서 신뢰와 군축을 촉진하는 방안의 하나로 검증의 효용성을 강조하고 있다.

유럽에서는 상호 대치하던 양 진영과 국가들 간에 검증을 위한 협상을 할 때 정치적 타협과 검증조항의 합의를 동시에 달성했다. 1986년 신뢰 및 안보구축조치, 1987년 INF조약, 1990년 CFE조약은 모두 정치적 타협과 함께 검증조항이 동시에 합의된 성공적인 사례다. 아울러 검증의 이행과정에서 관련국들은 검증조항을 엄격하게 적용했다. 그러나 검증대상의 수에 있어서는 더 많은 사찰대상이 있는 국가들은 더 많은 사찰을 수용했다. 소련은 미국보다 사찰대상이 훨씬 많았으나 이를 수용했다. 검증의 결과 상대측의 위반사항이 발견되었을 경우(소련의 위반사항이 훨씬 많았음), 미국은 소련의 위반을 이유로 양국관계를 단절시키는 극한적 대응을 하지는 않았다. 물론 민주당 정권이냐 공화당 정권이냐에 따라 대응의 수위는 달랐으나, 위반사례에 대해서는 정치적인 결단을 포함하여 느슨한 상호주의를 적용함으로써 검증이 계속되도록 만들었던 것을 알 수 있다.

반면 이라크의 경우는 1991년 걸프전 패전 전까지 IAEA의 사찰을 받으면서도 비밀리에 핵개발을 해왔다는 사실이 검증의 출발점이었다. 이라크가 패전하고 난 후 1991년 5월부터 UN특별위원회(뒤에 UN 감시검증사찰위원회)에 의해 강제사찰을 받았다. 이라크의 지도부가 전략적이고도 선택적인 협조와 비협조를 거듭함에 따라 결국 검증문제에 대한 이견이 커져서 미·영을 비롯한 다국적군의 이라크에 대한 전면적인 공격을 초래하게 되었다. 이라크에 대한 검증제도는 이라크만 사찰하는 것이었고 UN특별위원회와 미국은 이라크에 대해서 군사적인 능력과 정책을 보여주는 것이 없기 때문에 상호신뢰가 조성될 수 있는 여지가 없었다. 패전국에 대한 승전국의 일방적인 의무부과로 시작된 검증제도는 철저하고도 완벽한 사찰 그 자체를 목적으로 하고 있었으므로 사찰결과 쟁의사항에 대해 정치적으로 타협할만한 여지도 없었다고 할 수 있다.

남아공의 경우 핵무기를 자발적으로 폐기시키기로 결정하고, 모든 핵개발 기록을 IAEA에 공개하고 사찰단을 불러들여 폐기과정을 모두 보여줌으로써 국제적인 신뢰를 회복하고 주변국들과 안보협력을 강화시킬 수 있게 되었다. 2003년 리비아의 경우 미국, 영국과 협상을 통해 핵무기 개발프로그램을 폐기하기로 결정하고 IAEA의 사찰을 받아들였다.

국제적인 검증사례를 비교분석한 결과, 지속적이고 안정적인 검증제도가 성립하려면 쌍방이 검증의 정치적 측면과 기술적 측면을 적절하게 조화시켜야 한다는 것을 알 수 있다. 또한 검증에 관련된 협상국면, 검증실시 국면, 검증의 결과에 대한 처리 국면에 따라서 각각 상호주의의 적용 수준도 달라야 한다는 것을 알게 되었다. 한 쪽이 일방적으로 부과한 검증제도는 검증의 완벽성은 달성할 수 있을지는 몰라도 결국 양측의 관계는 파국으로 치닫는 것도 알게 되었다. 따라서 어떤 검증제도가 그 지역에 알맞은 제도인지는 보편적인 결론을 내릴 수가 없다고 할 수 있다.

Ⅵ. 한반도에서 검증 논의

한반도에서 검증이 논의된 것은 1953년 정전협정으로 거슬러 올라간다. 정전협정에 규정되어 있던 군비통제 관련 조항들, 즉 한반도 이외의 지역에서 한반도로 증강시키는 병력 및 무기의 반입을 금지하였던 정전협정 제13항 'ㄷ', 'ㄹ' 목과 이를 검증하기 위한 검증기구 및 검증조항이 군사정전위원회의 유엔군 대표와 북한·중공군 대표 간에 합의된 바 있다. 그런데 이 조항에 근거한 사항은 북한이 소련으로부터 비밀리에 미그기를 도입하는 등 많은 위반사례가 발생했으나, 북한이 중립국감독위원회의 감시소조에 대한 사찰 접근을 계속 방해함으로써 사찰이 제대로 실시되지 않았다. 북한의 사찰의무 위반에 대한 유엔군과 북한군 사이에 쟁의가 계속되던 중, 1957년 유엔군사령부가 북한이 한반도의 군사력 균형을 북한에게 훨씬 유리하게 만드는 데 정전협정 제13항 'ㄷ', 'ㄹ' 목을 악용했다고 비난하고 동 조항의 효력을 정지시킴으로써 정전협정 상의 검증조항은 없어진 것이나 마찬가지가 되었다. 그 이후 35년 만인 1991년 말에 북한의 핵개발 방지 및 한반도의 재래식 군사 위협감소에 대해서 상호 합의에 의한 군비통제와 그 검증을 남북한 당사자 간에 논의하게 되었다.

특히, 한국 정부로서는 남북한 당사자 간에 새로운 핵군비통제 체제를 구축해 나가는 작업의 일환으로서 1992년 3월에 핵통제 공동위원회를 발족시키게 된 것이다. 남북핵통제공동위원회는 비핵화 공동선언에 근거하여 남북한 간의 핵개발 경쟁을 사전에 방지하고 핵전쟁의 위협으로부터 한반도를 보호하기 위해 쌍방의 핵

관련 시설과 연구개발 활동을 사찰을 통해 검증함으로써 한반도의 핵군비경쟁을 완전히 통제해 나간다는 점에서 남북한 당사자 간에 진행하는 모든 군비통제 회담의 전례가 되는 것이었다. 남북한 간에 직접 핵관련 민간시설과 핵관련 의혹이 있는 군사기지에 대해 상호사찰을 실시하기 위해 협상을 벌였다.

남한이 핵관련 의혹이 있는 군사기지를 핵사찰의 대상으로 넣은 이유는 남북한 쌍방이 핵무기, 핵폭발장치, 핵무기 투발수단을 갖고 있다고 의심받는 장소이거나 상대방이 핵무기 기지라고 주장하는 장소를 일대일 상호주의 원칙에 의해 모두 사찰해야 한다는 것이었다. 여기서 핵관련 군사기지는 넓게 보면 일반 군사기지가 모두 포함될 수 있지만 좁게 보면 핵무기의 은닉이 가능한 군사기지 및 지하시설, 핵폭발장치 및 핵투발 수단이 있는 군사기지 및 시설 등이 될 수 있다. 그러나 1992년 1년 내내 북한은 남북핵통제공동위원회 회의에서 "북한에는 핵 기지가 없으며 남한 내에 있는 모든 주한미군기지가 핵 기지이기 때문에 핵사찰 대상은 북한의 영변 핵연구단지 한 곳과 남한 내에 있는 모든 미군기지"라고 끝까지 우겼다. 북한은 남한이 보유한 원자력 발전시설에 대한 사찰은 관심도 없으며 사찰대상이 아니라고 주장하고 오로지 주한미군기지만 사찰하겠다고 고집했다. 또한 북한은 남북한 간에 신뢰도 조성되지 않은 상황에서 특별사찰이나 강제사찰은 우발적 사고가 날 가능성도 있고 북한의 군사기지는 전부 재래식 무기가 있는 기지이므로 핵사찰의 대상이 될 수 없다고 주장했다.

한반도에서 핵군비통제의 검증에 대한 출발은 미국 정부가 1991년 9월 주한미군의 전술핵무기 철수를 시작하면서 북한의 핵개발 의혹을 투명하게 하기 위해 한국 정부로 하여금 북한과 핵협상에서 검증을 관철하라고 주문한 데서 비롯되었다. 당시 미국의 입장은 남북한 간에 상호 사찰제도를 만드는데 시간이 소요되므로 그 이전에 북한의 군사기지 1곳과 영변 핵시설 1곳, 한국의 핵시설 1곳과 군사기지 1곳이라도 상호주의 원칙에 의거하여 시범사찰을 하는 것이 좋겠다고 생각하고 한국정부로 하여금 북한에게 제안하게 했다. 그런데 북한은 시범사찰에 대해 줄곧 반대했다.

한국은 1970년대 중반에 핵무기 개발 시도가 미국의 압력에 의해 중단된 이후 모든 원자력 시설들에 대해 IAEA와 미국의 사찰과 감독을 받아왔기 때문에 핵사찰에 대해서는 수용적 자세를 갖추고 있었다. 반면 북한은 NPT 가입 이후 6년간이나 IAEA와 안전조치협정도 체결하지 않고 있었기 때문에 어떠한 종류의 사찰도 거부하고 있었다. 이런 배경 하에서 북한이 남한의 제안인 시범사찰에 대해 강한 반대를 나타내었다는 것은 북한 입장에서 보면 당연한 것이었다.

1991년 12월 31일 한반도비핵화공동선언이 합의된 후 북한은 1992년 5월부터 1993년 2월까지 6차에 걸쳐 IAEA의 정기사찰과 임시사찰을 받았다. 그러나 이 사찰은 북한이 IAEA에 신고한 시설에 대한 사찰이었다. 북한은 자기들이 보여줄 만하다고 생각하는 곳만 보여주고 민감한 지역은 신고에서 의도적으로 누락시켰다. 신고한 시설만 사찰하고 난 IAEA는 북한이 신고한 내용과 발견사항에서 "중대한 불일치"를 발견하고 북한이 신고하지 않은 대상에 대해 1992년 2월 25일에 특별사찰을 결의했다. 북한은 IAEA의 특별사찰요구는 유사한 전례가 없고 북한의 군사시설을 보고자 하는 불공정하고 부당한 요구이므로 거부한다고 밝히면서 1993년 2월 NPT 탈퇴를 선언했다. NPT에 대한 정면 도전을 선언한 북한과 미국이 양자 간 협상을 거친 끝에 1994년 10월 제네바 합의가 나왔다.

제네바 합의에 의하면 북한의 핵시설에 대한 검증제도는 다시 IAEA의 사찰에 의존하는 것이었다. 즉, IAEA가 제네바 합의의 이행을 감독하고 북한의 핵시설에 대해 사찰을 실시하는 것이었기 때문에 미국이 요구하는 수준의 사찰과 북한이 수용하고자 하는 사찰 사이에는 큰 간격이 존재하고 있었다. 따라서 북한의 핵검증 문제는 언제든 다시 불거질 수밖에 없었다고 볼 수 있다. 왜냐하면 1995년 무렵에는 IAEA의 사찰권한이 1992년보다 강화된 것이 없었기 때문이다.[79)]

한편 IAEA의 사찰제도의 취약성을 인식한 한국과 미국은 1992년 남북핵통제 공동위원회 회의에서 남북한 간에 침투성이 강한 사찰제도를 반영시키고자 했다. 미국의 주문을 반영한 한국은 북한에 대해 매년 24회에 달하는 특별사찰과 24회의 정기사찰을 받아들일 것을 요구했다. 사찰대상도 민간핵시설뿐만 아니라 상대측이 의혹을 제기하는 군사기지도 포함되어야 한다고 주장했다. 사찰횟수는 남한이 한 곳을 사찰하면 북한도 한 곳을 사찰해야 하는 상호주의 원칙을 주장했다. 그 뒤 남한은 동수주의에 대한 입장은 완화시켰으나 상호주의 원칙은 끝까지 견지했다. 이에 대해 북한은 남한이 요구한 특별사찰은 한반도비핵화공동선언에서 합의된 바가 없으므로 논의할 수 없고 사찰대상은 핵무기관련 대상에 엄격하게 국한시켜야 하며 북한이 의혹을 가지고 있는 주한미군기지 100여 곳 전부와 남한이 의혹을 갖고

---

79) 그 후 UN안보리와 IAEA는 IAEA의 특별사찰권한을 강화시키기 위해 「93＋2」라는 안전조치협정 강화문안을 만들기 시작해서 1997년에 IAEA이사회에서 통과시켰다. 그러나 2004년 현재까지 이 강화된 합의가 국제사회의 동의를 받아서 완전하게 발효되지 못하고 있다. 「93＋2」의 내용 중 핵관련 모든 연구개발에 대한 정보를 IAEA에 통보하도록 되어 있는데, 연구정보까지도 통보해야 하는가에 대해 IAEA안전조치협정을 잘 준수해 온 국가들조차도 유보적 태도를 보이는 국가들이 많다.

있는 북한의 영변 한 곳으로 제한해야 한다고 주장했다. 그럼으로써 남한의 상호주의와 동수주의 원칙을 끝까지 반대했다. 결국 특별사찰과 상호주의 원칙에 대한 논란 끝에 남북한 핵협상은 결렬되고 말았다. 즉 침투성이 강한 검증제도에 대해 북한은 끝까지 반대했던 것이다. 그리고 보상이 없고 의무만 있는 검증제도에 대해서는 북한이 받아들일 수 없다는 것을 분명히 했다.

여기서 눈여겨 볼 대목은 북한이 국제적 압력에 굴복하여 1992년 5월 이전까지 거부해 왔던 IAEA의 사찰을 남북한 핵협상과 북미 간 핵협상에서 수용했다는 점이다. 북한이 남북한 핵협상에서 얻을 수 있는 이익과 사찰을 통해 받을 수 있는 손해를 비교해서 이익이 많다고 생각하고 IAEA의 사찰을 받아들였다는 것이다. 그러나 침투성이 강한 특별사찰은 끝까지 반대했다. 즉, 북한이 주도권을 쥐고 사찰의 부정적 효과를 최대한 통제할 수 있는 IAEA의 사찰은 받아들이되, IAEA 혹은 남한이 제기했던 특별사찰은 끝까지 거부했다는 점이다. NPT나 IAEA가 회원국에게 부과한 의무에는 없지만 한반도비핵화공동선언에서 부과된 재처리시설의 중단과 관련하여 그 봉인상태를 IAEA의 사찰관에게 보여주었다는 데 의미가 있다고 할 수 있다. 한편 제네바 합의에서는 북한이 핵시설을 동결하고 그 동결 여부를 IAEA의 사찰관에게 보여주었다는 데에 그 의미가 있다.

그러나 문제는 북한이 NPT와 IAEA의 회원국으로서 자발적으로 IAEA의 사찰제도를 받아들인 것이 아니라 국제적 의무조차도 남북한 또는 북미 간 협상에서 협상 카드로 활용했으며, 그 이후 IAEA의 사찰 때마다 문제를 제기하여 북한의 이익을 극대화 할 수 있는 카드로서 활용했다는 데에 문제점이 있다. 결국 한반도비핵화공동선언과 제네바 합의의 성실한 이행 여부에 대해 미국을 비롯한 관련 국가들은 북한과 서로 다른 평가를 내렸으며, 제네바 합의가 파기되는 결과에 이르렀다.

이러한 역사적 경험을 볼 때, 북한의 지도부가 국제적으로 공인된 IAEA의 사찰제도를 수용한 것은 1990년대 이전보다 진전된 태도변화라고 할 수 있지만, 그 이후에도 줄곧 IAEA의 핵사찰에 대한 전략적이고 선택적인 비협조 태도를 보인 것과 침투성이 약한 사찰제도를 악용하여 핵개발 프로그램을 계속해온 것은 국제사회의 불신을 더 강화시키는 결과를 초래했다. 이러한 악순환의 결과, 정도의 차이는 있지만 미국을 비롯한 한국, 일본, 중국, 러시아의 불신을 초래하게 되었고 그 결과 2004년에는 미국이 북한의 핵관련 활동에 대해 "검증가능하고 불가역적이며 완전한 폐기(CVID : complete, verifiable, irreversible dismantlement)"를 주장하게 된 것이다. 이에 대해 북한은 제네바 합의 수준의 핵시설 동결과 그 이행여부 검증은 IAEA를 통해 가능하지만 그 이상의 검증은 안 된다고 주장하였다.

이로써 한반도에서 검증의 경험은 정전협정에서 출발해서 1990년대 초반의 한반도비핵화 공동선언에 대한 검증 논란, 1990년대 후반의 제네바 합의에 대한 검증 논란을 거쳐 2000년대 6자회담에서 북한 핵에 대한 검증 논의로 이어지고 있다. 1950년대 정전협정에 대한 검증 논란은 북한의 계속되는 위반과 유엔군사령부의 검증조항 무효선언으로 실패사례로 끝났다. 1990년대 북한의 핵에 대한 검증은 국제적으로 공인된 IAEA의 사찰이 시행되었지만 결국 검증의 실패로 끝났다고 볼 수 있다. 그리고 6자회담에서 검증논의가 계속되었지만 효과적인 핵사찰을 하지 못하고 검증은 실패로 끝나게 되었다.

VII. 북한에 대한 검증제도의 전망

그러면 북한의 핵문제를 해결하기 위해 북한 핵에 대한 CVID는 합리적이며 실현가능한 대안일까? 또한 한반도에서 재래식 군사 분야에 있어서 군사적 신뢰구축, 제한조치, 군축에 관한 검증은 합리적이며 실현가능한 것일까? 북한에 대한 검증제도 중 어느 것이 바람직할까?

결론부터 말하자면 북한 핵문제에 대한 CVID의 타협가능성은 회의적이라고 볼 수 있다. 1990년대 남북한 간, 미·북한 간에 전개되었던 검증논쟁을 회고하고 국제적인 검증경험을 고찰해볼 때, CVID의 회의론은 설득력을 더 얻는다고 볼 수 있다. 그 이유는 국제적으로 인정되는 의무인 IAEA의 사찰조차도 북한이 받아들일 때에는 남한과 미국으로부터 보상을 요구했으며 남한과 미국은 보상을 제공했기 때문에 그보다 더 강도가 높은 검증제도를 북한에 요구할 때 과거보다 더 큰 보상이 없으면 북한이 수용할 가능성이 거의 없기 때문이다. 북한은 핵개발 프로그램을 체제의 존망과 관련되는 국가의 최고이익으로 간주하기 때문에 완전히 투명하게 밝히는 것을 끝까지 거부할 가능성이 있다. 또한 북한의 핵관련 핵심시설과 프로그램은 군사기지에 있을 가능성이 높은데 북한은 군사기지에 대한 사찰을 핵협상에서 논의하는 것을 일관되게 거부해왔기 때문에 군사기지에 대한 광범위한 검증제도 없이 북한의 핵에 대한 검증은 목적을 달성할 수 없다는 점도 현실적인 문제로 되고 있다.

한편 국제적인 검증협상을 보면, 피사찰국이 자발적으로 동의한 경우에 침투성이 높은 사찰이 제도화되고 제도화된 사찰을 통해 쌍방은 신뢰와 안보를 더욱 증진시켜왔지만, 피사찰국이 끝까지 반대하면 강도 높은 검증이 합의되지 못할 뿐만 아니라 강도 높은 검증이 제도화 되었다고 하더라도 불신이 심화되고 안보도 악화되었던 점을 무시할 수 없다는 것이다. 이것은 앞에서 논의했듯이 유럽과 이라크의 사례를 비교해 보면 확연하게 드러난다. 유럽의 경우 1960년대 말부터 미국을 비롯한 나토 국가들은 소련에 대해 검증제도를 받아들일 것을 요구했으나 1986년 소련에서 개혁과 개방을 지향하는 고르바초프가 등장하고 난 후에야 검증제도를 받아들이기 시작했다. 1986년 9월 스톡홀름선언에서 신뢰 및 안보구축조치에 합의하면서 상호 통보한 훈련과 기동에 대해 참관단을 초청하는 것을 의무화시켰고, 1987년 미·소간 중거리핵무기폐기협정을 검증하기 위한 침투성이 높은 사찰제도에 합의했으며, 1990년에는 유럽의 재래식무기폐기협정을 검증하기 위해 침투성이 높은 사찰제도에 합의했고, 그것을 잘 실천해왔다. 그 결과 쌍방 간에는 신뢰가 증진되었으며 결국 미국과 러시아는 전략적 우방국이 되기에 이르렀다.

　　반면 이라크의 경우는 1991년 걸프전에서 패전당하기 전까지는 IAEA의 사찰을 받으면서도 비밀리에 핵개발을 해왔으며, 1991년 5월부터 UN특별위원회, UN감시검증사찰위원회에 의해 강제사찰을 받으면서도 이라크의 지도부가 전략적이고도 선택적인 협조와 비협조를 거듭함에 따라 결국 검증문제에 대한 이견이 커져서 미·영을 비롯한 다국적군이 이라크에 대한 전면적인 공격을 실시한 것이다. 남아공의 경우 핵무기를 자발적으로 폐기시키기로 결정하고 모든 핵개발 기록을 IAEA에 공개하고 사찰단을 불러들여 폐기과정을 다 보여줌으로써 국제적인 신뢰를 회복하고 주변국들과 안보협력을 강화시킬 수 있게 되었다. 리비아의 경우 미국, 영국과 협상을 통해 핵무기개발프로그램을 폐기하기로 결정하고 IAEA의 사찰을 받아들였다. 국제적인 검증사례에서 보듯이 검증제도가 성립하려면 우선 피사찰국의 정치지도자가 검증제도에 대한 결단이 있어야 하며 적대적인 불신이 만연한 상태에서 검증의 의무를 부과시킬 수 있었다고 하더라도 일방적인 부과는 결국 갈등을 증폭시키고 결국 전쟁에도 이를 수 있다는 것을 알 수 있다.

　　북핵문제에 대한 검증은 이를 받아들이겠다는 북한 지도자의 정치적 결단이 선행되어야 한다. 그리고 미국을 비롯한 관련 국가들이 북한 지도자가 이런 결단을 하도록 고위 정치수준에서 인센티브를 제공해야 할 것이다. 그리고 고위 수준의 정치적 타협을 할 때 핵능력과 개발프로그램의 폐기의 이행여부를 검증할 적절하고도 효과적인 사찰제도가 동시에 합의되어야 하는 것이다. 이것은 북핵문제뿐만 아니라 다른 대량살상무기와 미사일, 재래식 군사분야에 있어서도 마찬가지다.

북한과 관련국가들 간에 상호 신뢰가 없는 가운데 완벽한 검증제도 자체만을 고집하게 되면 불신이 더 악화되어 검증에 대한 합의에 전혀 이를 수 없거나 검증에 대한 합의에 이르렀다고 하더라도 그 불이행 여부에 대한 논쟁이 갈등을 증폭시킬 가능성이 높다는 것이다. 따라서 북한 핵에 대한 검증은 기술적 완벽성과 정치적 수용가능성, 과거 북한의 검증제도에 대한 이행실적, 북한의 군사문제 협상에 대한 태도와 입장을 잘 고려해서 협상에 임해야 할 것이다. 물론 북한의 과거 검증에 대한 협상태도와 이행실적을 고려하면 침투성이 높은 검증제도가 제도화되어야 하는 것이 바람직한 것은 두말할 나위도 없다. 하지만 목표와 현실 사이의 거리를 좁히며 검증을 관철시켜야지 완벽한 검증 자체가 유일한 목표가 되면 아무런 검증도 이루어질 수 없을 것이다. 그리고 북한에 대한 일방적인 검증제도는 상호 신뢰구축과 안보증진에 도움이 되지 않으므로 남북한, 미국을 포함한 관련국들과 상호 신뢰를 구축할 수 있는 광범위한 신뢰구축, 제한조치, 군축, 핵군비통제 등을 포괄하는 검증제도가 모색되는 것이 바람직하다.

제 3 부

한반도의 재래식 군비통제

제1장

한반도 군사적 신뢰구축

Ⅰ. 군사적 신뢰구축의 필요성

한반도 군사적 신뢰구축은 1992년 남북 기본합의서에서 제목만 합의된 이래 한 발짝도 진전을 못하고 있다. 반면 유럽에서는 군사적 신뢰구축이 1973년부터 시작되어 1990년 탈냉전을 이룰 때까지 획기적인 진전을 이루었으며 오늘날 국제관계에서 군사적 신뢰구축의 모델로 간주되고 있다. 탈냉전 이후 인도-파키스탄, 이스라엘-주변 아랍국가들, 중국-러시아 간에도 군사적 신뢰구축은 유행처럼 번졌다. 특히 주목할 만한 사건은 종래 공산주의 국가이던 러시아, 중국, 카자흐스탄, 우즈베키스탄, 타지키스탄, 키르기스스탄 간에 군사정보 교환, 군사활동 통보 및 참관, 군사훈련 제한을 규정하는 신뢰구축조치의 제도화이다. 중앙아시아의 신뢰구축은 매우 진전되어 '아시아 교류 및 신뢰구축회의(CICA, Conference on Interaction and Confidence-Building Measures)'로 발전하고 있다. 이제는 1945년부터 군사적 대결을 해온 남한, 북한, 미국, 그리고 동북아 주변국들도 만시지탄이 있지만 양자 및 다자 간에 군사적 신뢰구축을 서두를 때임에 틀림없다.

역사상 선례를 보면 군사적 신뢰구축은 국가들 간의 일반적 신뢰구축과 병행되어 전개되었거나 일반적 관계의 개선 이후에 시작된 두 가지 경우가 있다. 유럽에서는 국가들 간에 군사적 신뢰구축을 포함한 안보관계 개선과 동시에 정치적, 경제적, 사회적, 문화적, 인도적 교류와 협력이 이루어졌고, 동남아에서는 정치적, 경제적, 사회적, 문화적, 교류와 협력이 이루어지고 난 후 군사문제를 다루기 시작하였다. 국가 간에 군사적 대치가 첨예한 유럽에서는 정치적, 경제적, 사회적, 문화적, 인도적 교류와 협력을 진행할 유럽안보협력회의(CSCE: Conference on Security and Cooperation in Europe)를 개최함과 동시에 군사문제를 다룰 상호균형 군병력감축회담(MBFR: Mutually Balanced Force Reduction)을 개최하였으며, 유럽안보협력회의에서는 일반적 관계 개선과 함께 국가 간, 진영 간 군사적 신뢰구축을 논의하였다. 동남아 국가들은 1967년

아세안에서 출발하여 1994년부터 아세안 지역 포럼(ARF : ASEAN Regional Forum)에서
아시아·태평양 지역 전체의 안보문제를 논의하기 시작했는데, 이는 확실히 국가들
간에 일반적 관계 개선을 먼저 성공시키고 난 후 군사적 신뢰구축을 논의하기 시
작했다고 할 수 있다. 여기서 중요한 것은 군사적 대치가 심각하였던 유럽에서는
군사적 신뢰구축을 처음부터 다루었다는 것이다.

한국이 한반도에서 군사적 신뢰구축을 실현하기 위해 상기한 두 접근법 중 어
떤 것을 따라야 하는가에 대한 많은 논란이 있다. 탈냉전과 함께 시작되었던 남북
고위급 회담에서 남북한은 유럽의 모델을 따르고자 시도했다. 1992년 기본합의서
의 내용을 보면 정치적 화해, 군사적 불가침, 경제사회적 교류와 협력을 동시에
추진하는 것으로 되어 있었다. 그러나 북한 핵문제로 인해 남북관계가 교착상태에
빠진 이후, 1998년 출범한 김대중 정부는 북한과 정치적, 경제적, 사회적, 문화적
교류 협력을 우선시하고, 군사적 신뢰구축과 군축을 뒤로 미루는 접근법을 채택하
였다. 1998년 8월 북한의 대포동 미사일 발사 실험 이후 미국이 북한의 대량살상무
기와 미사일을 문제시함에 따라 동 문제를 미국이 맡기로 하고, 남북관계 개선과
병행하여 추진하기로 합의했다. 2001년 부시 행정부 출범 이후 미국이 북한의 재래
식 군사 위협 문제를 제기함에 따라, 이제 또다시 군사적 신뢰구축을 비롯한 군축
문제가 주목을 받게 되었다. 그러나 2002년 10월 불거진 북한의 비밀 핵개발 문제
로 인해 한반도의 군사적 신뢰구축 문제는 또다시 난관에 부딪치게 된다. 이후 남
북한과 미국, 일본, 중국, 러시아가 참여하는 6자 회담을 통해 북핵 문제 해결을
모색하였지만 2008년 이후 이마저 중단되어 오늘에 이르고 있다. 북핵 문제 해결이
이루어지지 않은 상태에서 남북 간 군사적 신뢰구축 논의는 전혀 이루어지지 못하
고 있다.

그러면 어떻게 해야 한반도에서 군사적 신뢰구축을 달성할 수 있는가? 본장에
서는 한반도에서 군사적 신뢰구축과 관련된 교착상태를 타개하고, 이를 새롭게 추
진하는 방안을 검토해 보고자 한다. 그러기 위해서는 먼저 일반적 신뢰구축과 군사
적 신뢰구축에 대한 개념을 정의하고, 유럽과 기타 지역에서 성공적으로 추진되었
거나 추진되고 있는 국가 간의 안보관계 개선 틀로서 군사적 신뢰구축 접근방법을
살펴보고, 군사적 신뢰구축의 선례를 파악하고자 한다. 그런 다음에 한반도의 실정
에 맞는 군사적 신뢰구축 내용을 제시하고, 그것을 실천에 옮길 수 있는 방법을 모
색해 보고자 한다.

Ⅱ. 한반도 군사적 신뢰구축 : 내용과 실현 방안

1. 군사적 신뢰구축 이슈의 전개 과정

1991년 남북한은 기본합의서 협상과정과 합의에서 남북한이 불가침의 이행과 보장을 위해 몇 가지 군사적 신뢰구축과 군축에 관한 조치를 군사공동위원회를 개최하여 협의 추진하기로 하였다. 군사적 신뢰구축에는 대규모 부대이동과 군사연습의 통보 및 통제, 비무장 지대의 평화적 이용, 군 인사 교류 및 정보 교환을 하기로 합의하였고, 군축과 관련해서는 대량살상무기와 공격능력의 제거를 비롯한 단계적 군축의 실현문제 그리고 검증문제 등을 협의하기로 하였다. 남한은 대규모 부대이동과 군사연습의 통보 문제, 비무장지대의 평화적 이용, 군 인사 교류 및 정보 교환, 대량살상무기의 제거 및 검증 문제를 제기해서 통과시켰고, 북한은 군사연습의 통제, 즉 금지와 공격능력의 제거 문제를 제기해서 통과시켰다. 그러나 이 합의는 실천에 옮기지 못하고 지금까지 사문화되어 있다.

1992년 이후 북한 핵문제가 최우선 순위의 정책과제로 등장함에 따라, 남북 간의 일반적 혹은 군사적 신뢰구축 과정은 불가능해졌다. 한국 정부가 미국 정부의 주문을 받아 핵문제의 해결과 남북 관계 개선을 연계시킴에 따라 북한 핵사찰에 진전이 없게 되자 남북관계도 교착상태에 빠졌다. 핵문제를 둘러 싼 위기로 인해 남북관계는 단절되고 악화되었으며, 북한 핵문제는 미국과 북한 간의 직접 협상을 통해 1994년 10월 제네바 핵합의로서 타결되었다. 북미 간 핵협상은 북미 간에 신뢰부재의 상태에서 핵합의를 이행함으로써 양국 간에 신뢰를 쌓고, 관계개선을 위한 수단으로 활용하게 되어 있었다. 제네바 합의 이후 북－미, 남－북한, 북－일 간에 문제가 없는 것은 아니었으나, 그 이행과정에서 적어도 핵문제에 관해서는 최소한의 신뢰를 구축할 뻔하였으나 북한이 비밀리에 핵개발을 함에 따라 신뢰는 깨어지고 말았다.

1998년 2월까지 남북관계나 한반도 군사문제에 대한 아무런 진전이 없다가, 김대중 대통령의 햇볕정책 하에서 남북관계는 개선되었다. 남북관계를 개선시키고 북한이 개혁개방으로 나오도록 여건을 조성한다는 햇볕정책을 추진한 결과 한반도의 안보여건은 개선된 것이 사실이다. 그러나 남북 간에 정치적 화해와 경제적, 사회적, 문화적 교류와 협력은 증대되었으나, 군사적 위협이나 긴장은 완화되지 못했다고 할 수 있다. 김대중 정부 동안 남한 측의 북한 측에 대한 위협 인식은 많이 감소되었고, 햇볕정책과 대북 지원에 대한 남한 국민의 지지도는 여전히 높았던 것이 사실이다.1) 하지만 북한 측의 남한 측에 대한 위협인식이 어떻게 변하고 있는지, 북한 측의 남한과 대외에 대한 군사위협이 변하고 있는지 측정할 방법이 없다.

1998년 2월부터 2000년 12월까지 한반도 군사정세를 보면, 1998년 8월 북한이 대포동 미사일을 시험발사하자 한반도와 동북아에는 군사적 긴장이 최고조에 달했다고 볼 수 있다. 북한의 미사일 문제를 해결하고자 미─북한 간에 미사일 회담이 개최되었고, 미국은 윌리엄 페리 전 국방장관을 대북정책 조정관으로 임명하여, 미사일 문제 해결에 임했다. 그 결과 페리보고서가 나왔고 미국은 북한과 협상으로 핵문제와 미사일 문제를 해결하고자 했다.

그 과정에서 북한은 조명록 특사를 미국에 보내 핵과 미사일을 비롯한 양국 간 안보문제와 관계개선 문제를 토의하게 했다. 그 결과 북─미 공동성명이 나왔으며, 양국은 적대 의사가 없다는 것과 한반도에서 평화체제를 수립하기 위해 4자회담 등 여러 가지 방법을 강구한다고 합의했다. 그러나 클린턴 행정부가 끝나고 조지 W. 부시 공화당 행정부가 시작됨에 따라 북한이 미국으로 하여금 클린턴 행정부와 합의한 사항을 승계한 상태에서 회담을 지속할 것을 요구하였고, 미국은 북한 정권에 대한 회의를 표명함과 동시에 핵, 미사일, 재래식 군사 위협까지 협상의제로 요구하면서 북미관계는 더욱 냉각되었다. 2001년 9·11 테러 이후에 세계정세가 더욱 긴장됨에 따라 북미관계 역시 더욱 악화되었고, 2002년 1월 말 부시 대통령이 북한을 '악의 축'으로 분류함과 동시에 북미관계는 최악의 상태를 맞게 되었다. 2002년 10월 북한의 비밀 핵개발 계획 시인은 북미관계 뿐 아니라 한반도와 동북아의 정세를 긴장시키는 요인이 되고 있다. 또다시 핵문제 우선 해결이냐 핵문제를 포함한 전반적 군사적 신뢰구축이 우선이냐 하는 갈림길에 서게 되었으나, 당분간은 핵문제가 관련국들의 초미의 관심사가 될 수밖에 없는 형편이 되었다. 따라서 군사적 신뢰구축은 또 다시 뒤로 미루어지게 되었다.

노무현 정부에서 북한의 핵문제가 악화되었지만 남북정상회담을 추진하면서 남북정상간에 정치적 신뢰를 구축할 수 있는 계기가 마련되는 듯 했다. 정상회담에 연이어 개최된 제2차 남북국방장관회담에서 군사적 신뢰구축의 기회가 주어지는 듯 했으나, 북한은 NLL을 평화수역으로 전환시켜 이득만 취하고자 하는 속내를 보였다. 그리고 남한에서 대통령 선거가 도래함에 따라 신뢰구축은 제도화되지 못했다.

---

1) 한국 통일부의 발표에 의하면 햇볕정책에 대한 지지도는 항상 70% 이상을 웃돌고 있다. 하지만 중앙일보의 조사에 의하면 2000년 6월 남북정상회담 직후에 73.5%, 2001년 9월에 48.4%, 2002년 9월에 51.8%를 기록하고 있다. 『중앙일보』, 2002. 9. 19.

2. 군사적 신뢰구축에 대한 정책 지침

한반도의 특수한 사정과 역사적인 군사적 신뢰구축 사례들을 고려하여 한반도 군사적 신뢰구축에 필요한 정책 가이드라인을 아래와 같이 추출해볼 수 있다.

첫째, 남한, 북한, 미국 3자 간 군비통제 협상 채널을 정례화 하는 것이 필요하다. 앞에서 지적하였듯이 유럽에서 군사적 신뢰구축이 성공한 것은 안보대화 채널을 상설화하고 제도화하였으며 이를 체제로 발전시킨 덕분이다. 역사적으로 남북 정상회담, 북일 정상회담이 개최된 것을 감안하여 남북한, 미국, 일본, 중국, 러시아의 정상들이 참여하는 6자 정상회담, 또는 남북한, 미국이 참여하는 3자 정상회담도 고려해볼 만하다. 유럽 35개국 정상들이 모여 CSCE를 정치적으로 리드해 나갔듯이 안보문제 해결에 정치적 의지를 실어주어야 할 것이다. 아울러 한반도 군사적 신뢰구축을 위해서는 남북한, 미국, 중국, 러시아, 일본 등 상호 충돌하는 이익을 절충할 '그랜드 바게인(grand bargain)'의 디자인이 필요하다. 그러나 신뢰구축의 측면에서 보면 러시아와 일본은 한국과의 관계, 즉 정치적, 역사적, 군사적 관계를 고려하여, 남한·북한·미국 등 3자간 신뢰구축 회담이 어느 정도 결실을 거둔 다음 중국을 포함한 4자회담으로 확대하며, 장기적으로는 6자회담으로 확대하는 것이 필요하다.

남북한, 미국 3자회담에서는 3자가 원하는 모든 안보의제를 정기적으로 다루도록 해야 한다. 남한은 북한을 위협으로 간주하고 있으며, 북한은 미국을 위협으로 간주하고 있고, 미국은 북한을 위협으로 간주하고 있음을 감안하여 3자회담은 시의 적절한 대책이 될 것이다.

둘째, 군사적 신뢰구축, 제한조치, 군축은 반드시 동시에 논의되어져야 실질적으로 신뢰와 안보를 증진시킬 수 있으며, 선 군축을 주장해 온 북한과 타협가능성이 높을 것이다.[2] 동시에 논의하여 포괄적 합의에 이르되 실천하기 쉬운 것부터 단계적으로 이행해 가는 장기적 프레임워크를 만드는 것이 바람직하다. 북한이 전방배치한 공세 전력을 후방으로 물리거나 군축을 하지 않고, 신뢰구축에서 선언적 조치만 합의한다면 6·15 공동선언 직후에서 목도했듯이 통일 열기가 높은 한반도에서는 통일 환상이 군사적 대치현실을 무시해 버리는 결과가 나타날 가능성이 있다. 이 경우 한미연합방위에 의존하는 한국이 북한보다 더 많이 상대적으로 무장해제될 우려가 상존하기 때문에 북한의 군사능력에 손을 대는 조치들이 군사적 신

---

2) Yong-Sup Han, Paul K. Davis, and Richard E. Darilek, "Time for Conventional Arms Control on the Korean Peninsula," *Arms Control Today* 30, 10(Dec. 2000), pp. 16-22.

뢰구축과 병행되어 추진되어야 한다.

물론 군축을 고려할 때 감안할 사항이 있다. 유럽에서는 미국을 비롯한 서유럽 국가들은 재래식 무기에 있어 소련과 동구보다 열세에 있었으므로, 군축에 늘 수동적이었다는 점이다. 그래서 소련이 먼저 재래식 군축을 일방적으로 선언하고 군축에 매우 진지하게 나서야 그 기회의 창을 놓치지 않기 위해 군축을 시도하고자 하였다. 그러나 한반도에서는 한미 연합전력이 북한을 충분히 억제하고 능가한다는 점을 감안해서 군축에 너무 수동적일 필요가 없다는 것이다.

셋째, 신뢰구축을 군사적인 면에만 한정하기보다 북한이 대남, 대외 정책을 개선함으로써 경제적 이득을 얻으려고 하는 동기를 활용하는 것이 필요하다. 북한이 남한과 이익이 되는 범위 내에서 협조하려고 하는 동기를 활용하여 군사적 신뢰구축으로 들어올 수 있도록 유인하는 것이 필요하다. 이것은 유럽에서 공산권이 서구와 경제적, 과학기술적 협력을 원하던 동기를 미국과 서구가 활용하여 군사적 신뢰구축을 설득시킨 점을 충분히 활용할 필요가 있다.

넷째, 군사적 신뢰구축은 검증 가능한 조치를 동시에 수반해야 상호 확실한 신뢰와 안보가 증진된다는 믿음을 가질 수가 있기 때문에 남북한, 미국 간에 신뢰구축과 군비통제를 하고자 할 때, 검증 가능한 조치들을 관철시켜야 할 것이다. 소련과 동구 공산국가들은 검증조치를 처음에는 완강히 반대하다가, 고르바초프가 개혁개방을 추구하면서 공개성에 입각한 검증조치를 수용하였다. 북한도 개혁개방이 확실해지면 제한적이기는 하지만 군사정보의 공개도 고려할 수 있을 것이다. 물론 처음부터 침투성이 너무 높은 사찰을 관철시키려고 하는 것은 피해야 한다. 아무런 신뢰구축도 되지 않은 상태에서 북한 핵시설에 대한 특별사찰을 관철하려고 시도했던 1991년과 1992년의 경험에서 배울 것은 배워야 할 것이다.

다섯째, 군축을 예상하여 한반도에서 낮은 수준에서 군사적 안정성을 달성할 수 있는 군 규모와 무기의 적정 규모를 설정해 놓을 필요가 있다. 군축은 상호적이어야 한다. 따라서 북한에 대해서 수적인 우세만을 일방적으로 감축하라고 주장하거나, 주한미군의 규모조정은 어떠한 일이 있어도 안 된다는 주장은 북한의 협력을 유도할 수 없을 것이다. 북한이 한반도 군비통제에 대해서 어떻게 나올 지에 따라 시나리오 베이스로 한미 동맹의 구조를 재조정하는 방법도 고려해 놓아야 할 것이다.

여섯째, 한반도의 군사적 신뢰구축과 군축에 대한 전문가 공동체가 발전되고 확대되어야 할 것이다. 유럽에서 군사적 신뢰구축이 성공적으로 이루어지게 된 것은 안보와 군비통제 전문가들이 국경을 초월하여 지적(知的)공동체를 결성하여 활동했고, 나토의 현존 군사력보다 낮은 수준에서 국경을 지키고 군사적 안정성을 확보할 수 있는 연구결과를 제시하였기 때문에 군축이 이루어질 수 있었다. 한국, 북한, 미국의 관련 전문가들이 공동으로 이런 작업을 해내어야 할 것이다.

일곱째, 한반도에서 아직 아무런 실질적 군비통제조치가 합의되지 않은 점을 고려, 기습 공격의 가능성을 방지할 수 있는 배치제한 지역 설정이 매우 효과적인 군사적 신뢰구축 조치가 될 수 있다. 향후 북한에 대한 경제지원을 조건으로 전방에 배치한 북한군을 후방으로 이동시킬 수 있는 제한조치의 도입이 필요하다. 이런 식의 남북한 간 협력은 남북한 사이 신뢰구축의 기반이 될 뿐만 아니라 전방 배치 병력의 후방 이동이 자연스럽게 이루어질 것이다.

3. 한반도에 알맞은 군사적 신뢰구축 조치

이상의 일곱 가지 정책 지침을 고려하여 한반도에 알맞은 군사적 신뢰구축조치를 제시해볼 수 있다. 한국 국방부에서는 2002년 2월 27일 한미 공동 연구팀이 연구한 한반도 군사적 신뢰구축 방안을 발표했다.[3] 그 내용을 보면, 군사적 신뢰구축 이행 및 체제관련 조치, 군사 분야 교류 및 접촉 확대, 남북한 교류협력에 대한 군사적 지원, 정전체제 준수, 우발적 충돌 및 오해방지 등 다섯 가지 범주에서 32개 방안을 발표한 것으로 되어 있다. 국방부의 발표 내용과 필자의 견해를 종합하여 한반도 군사적 신뢰구축 과정 구축과 구체적 신뢰구축조치에 관한 대안을 제시하면 다음과 같다.

첫째, 한반도에서 장기간에 걸쳐 당사국들 간에 안보문제를 논의할 수 있는 제도를 만든다. 이것은 남북한과 미국 3자 간 안보대화 채널을 상설화 하는 것을 의미한다. 한반도에서는 남한은 북한을 위협으로, 북한은 미국을 위협으로, 미국은 북한을 위협으로 간주하기 때문에 위협의 비대칭성이 존재한다.[4] 따라서 이 문제를 해결하기 위해서는 3자 회담의 제도화가 필수적이다. 한편 군사적 신뢰구축에 대한 북한의 오해를 불식시키기 위해 북한으로 하여금 각종, 다자 간 안보대화에 적극적으로 참여하도록 촉구할 필요가 있다. 즉, ARF와 아태안보협력이사회, 동북아 협력 대화, 동북아비핵지대화 회의에 적극적으로 참여할 수 있도록 조력을 제공해야 한다. 또한 남북한 간에 단절되어 있는 남북 국방장관 회담과 남북 군사공동

3) 『동아일보』, 2002. 2. 27.
4) 현인택·최강, "한반도 군비통제에의 새로운 접근," 『전략연구』 제9권 2호(2002. 7), pp. 6−46. 두 학자는 한반도에서 위협의 불균형과 비대칭성 때문에 군비통제가 진전되지 못했다고 지적하고 있다. 필자는 바로 위협의 불균형과 비대칭성 때문에 남북한, 미국 3자가 재래식 군사위협 문제를 논의하지 않으면 안 된다고 생각한다.

위를 재개하도록 해야 할 것이다. 이것은 장기적이고 일관성 있는 군비통제 계획 없이 시시때때로 발생하는 군사문제를 해결하겠다고 쫓아다니는 어리석음을 막을 수 있다. 미국이 북한의 핵문제가 중요하다고 할 때, 그 문제만 쫓아다니다가 한반도의 군사적 대치 구조를 해결하지 못한 과거를 생각할 때 안보대화 채널을 상설화하고, 모든 군사문제를 포괄적으로 다루도록 하는 것이 필요하다.

둘째, 남북한, 미국 3자 간에 상호 불가침을 선언하고 이를 합의하는 것이다. 한미 양국은 대북한 무력 불사용을 선언하고, 동시에 북한도 한국과 미국에 대해 무력 불사용을 선언하는 것이다. 이것은 관계정상화와 전쟁억지에 도움이 될 것이다. 북한이 지속적으로 미국에 대해 불가침 조약 체결을 주장하는 데서 이 방안의 현실성이 입증된다. 물론 남북한 간에는 기본합의서에서 불가침선언이 있다. 하지만 북한은 미국이 포함되지 않은 불가침선언의 제한성을 너무나 잘 알고 있다. 또한 남북한, 미국 3국은 상호체제를 인정하고 상대방을 적대시하는 제도와 법령을 개정하도록 합의에 이르러야 한다. 이에 앞서 북미 간에는 대량살상무기와 미사일에 관한 협상을 재개하여 상호 합의에 이르러야 하며, 이 과정에서 관계정상화의 일환으로 북미 간 상호 불가침을 합의할 때에 한반도 평화체제 수립의 일환으로 남북한도 동시에 불가침에 재합의해야 할 것이다.

셋째, 군사훈련과 기동의 사전 통보 및 참관, 훈련규모 제한 조치를 합의해야 한다. 병력 25,000명, 전차 300대 이상을 동원하는 훈련은 21일 이전에 상호 통보하며 상대방을 초청하여 참관하도록 의무화해야 할 것이다. 2년 이전에 통보되지 않으면 병력 5만 명 이상 동원하는 훈련을 규제하도록 하는 것도 고려해볼 만하다.

넷째, 휴전선에서 북쪽으로 40km, 남쪽으로 20km 지역에 병력배치 제한 지대를 만든다. 동부, 중부, 서부에 각각 1개 사단 정도만 남기고 제한지대를 벗어나 후방배치토록 하게 한다. 이것은 조기경보를 가능하게 하고 양측의 군사적 충돌을 막아 기습공격을 방지하기에 가장 효과적이다. 북한으로 하여금 많은 양보를 요구하는 비대칭 후방 배치는 양쪽의 안보와 평화를 위해 필요하며, 특히 남한의 수도권 안전보장을 위해 필수적이다.

다섯째, 군 인사교류와 정보교환을 실시한다. 우선 군 고위급 인사들과 군사교육기관 교수와 학생들을 상호 교류한다. 군사 전술과 교리에 관한 공동 세미나 개최를 비롯하여 군 체육 및 군의료진 교류도 활성화한다. 정보교환은 우선 전방에 배치한 병력과 무기·장비 현황을 상호 통보하고, 그 정확성을 상호 검증하도록 한다. 위에서 말한 병력배치 제한지대를 건설하고자 한다면 우선 휴전선에서 북쪽으로 40km, 남쪽으로 20km 범위 내에 있는 모든 군사력에 대한 정보를 교환하여야 할 것이다.

여섯째, 비무장 지대의 일부를 평화지대로 만드는 것이 필요하다. DMZ 평화공원은 이 구상의 일보이다. 경의선과 도로, 동해선과 도로가 지나가는 비무장지대 일부의 법적 지위를 변경하여 유엔군사령부 관할에서 남북 공동관할 구역으로 변경하는 것이 필요하다. 이 공동관할 구역은 남북한 군이 공동으로 감시하고 협조하도록 한다. 이것은 기존의 정전협정 준수에서 예외지역을 설정함을 의미한다. 이것은 남북한 간 일반적 신뢰구축의 결과가 군사적 신뢰구축으로 확대되는 것을 말한다.

일곱째, 한반도에서 위기를 방지하고 군사적 신뢰구축에 대한 정치적 의지를 뒷받침하기 위해 남북한 정상 간에 그리고 군당국자 간에 직통전화 설치가 필요하다. 미-러, 인도-파키스탄, 이스라엘-중동국가, 중-러 간에 직통전화가 운영되고 있다. 북한이 군사우선정책과 김정은 일인독재체제임을 감안하여, 남북한 정상 간 직통전화를 설치하게 되면 정치적으로 군사 활동을 규제한다는 의미에서 바람직한 대안이다.

여덟째, 남-북, 북-일, 북-미 간의 대화와 일반적 관계개선을 지원하기 위해 남북한 군대 사이에 협력해야 할 사항이 많다. 이것은 남북 양측이 국방장관 회담과 군사공동위원회를 상설화하여 민간분야의 협력이 방해받지 않고 계속될 수 있도록 협조조치를 취해야 할 것이다.

Ⅲ. 결 론

그동안 한국 내 연구경향을 보면 1990년대 초반에 신뢰구축방안에 대한 연구가 많이 있었으나 남북한 관계가 냉각되자 연구가 사라졌었다. 북한은 체제안전에 대한 우려와 대미 군사문제 해결 우선 정책 때문에 신뢰구축에 대한 거부반응을 보여 왔었다. 한편 미국은 북한의 대량살상무기와 미사일 우선 해결 정책 때문에 신뢰구축에 대한 원칙적 지지표명 이외에 재래식 군사문제에 대해서는 관심을 표명하지 않았다. 그렇지만 북미 간, 남북한과 미국이라는 군사적 대결의 근본적인 구조와 신뢰부재를 해소하지 않고서는 핵문제가 성공적으로 해결될 수는 없을 것이다. 이런 배경 하에서 한반도에 직접적인 군사적 이해를 가진 남북한 미국이 참여하는 군사적 신뢰구축을 본격적으로 진행할 방안을 마련하는 것은 시의적절한 일이다.

이제 한반도 군사적 신뢰구축은 정치적 논쟁의 대상이 아니라, 한반도 내외의 전문가들과 정책담당자들이 협상과 실천의 장으로 끌어들여야 할 때가 된 것이다. 유럽이나 기타 지역에서 군사적 신뢰구축이 성공해 온 이유는 당사자들이 모든 군사문제를 토의할 안보대화 채널을 상설화, 제도화시킨 것과 국가들 간의 일반적인 관계의 부침에 영향을 받지 않고 그 채널을 계속 유지하면서 안보 및 군비통제 전문가들이 상호 공동의 안보를 증진시키기 위한 방법론을 개발하고 국가의 정책으로 채택하도록 부단한 노력을 기울인 결과다. 물론 그 지역의 특성에 맞는 군사적 신뢰구축 조치를 개발하고 적대 국가와 진영에 타협을 설득해 온 결과이기도 하다.

한반도에서 군사적 신뢰구축의 이행은 북한에 대한 경제지원의 폭과 북한의 신뢰구축수용을 연계시킬 때에 추진속도를 빠르게 할 수 있다. 이렇게 해야만 대북 경제지원에 대한 한국 내 부정적 여론을 제거할 수 있다. 무엇보다도 군사적인 긴장과 위협을 줄여 평화공존의 기반을 구축할 수 있다. 미국과 일본이 제기하는 군사적 이슈에 따라서 한반도의 안보 분위기가 급변하는 사태를 막을 수 있다.

그러나 한반도에 알맞은 군사적 신뢰구축을 고려함에 있어 1975년 유럽의 초보적 신뢰구축조치만 따라가는 것은 적절하지도 효과적이지도 않다. 유럽과 중동, 기타 지역에서 이루어진 신뢰구축을 검토하고, 특히 북한의 전통적 우방국이었던 러시아와 중국 간 신뢰구축조치도 연구하여 포괄적인 방안을 가지고 북한에게 설득하는 것이 더 효과적일 것이다.

제 2 장

한반도 재래식 군축 협상대안과 평가[*]

Ⅰ. 군축의 필요성

지금까지 한국 내에서 군비통제는 주로 국제정치적 차원에서 국가 간의 무력 경쟁을 감소시키는 방법으로써 정치, 경제, 사회문화, 인도적 측면에서 상호 접촉 과 거래를 증대시켜 신뢰를 조성하면 이 상호신뢰는 결국 무력경쟁을 지양시킬 것 이라는 가정위에 서 있었다. 이 가설에 의하면 군비경쟁은 상호불신의 결과이므로 상호불신을 감소시키면 군사적으로 대치하는 국가들이 군비경쟁보다는 협력을 통 한 군비통제를 지향하게 될 것이라고 한다.

그러나 이 가설은 적대국이 아닌 우방국들 사이에서도 상호불신이 있다는 사 실을 구별하여 설명하지 못하며 군사력 증강이 고의적인 침략이나 침략을 막기 위 한 방어력의 구축, 그 뿐만 아니라 힘의 외교 등을 통한 자국의 국가목표를 달성하 기 위한 수단으로 추구되기 때문에 설령 교류와 협력의 증대를 통해 신뢰가 조성 된다고 하더라도 군비경쟁을 포기하게 될지는 의문인 것이다. 신뢰조성과 군비경 쟁의 감소가 인과관계가 아닌 것은 소련이 군비경쟁을 포기한 이유가 서방과의 신 뢰조성의 결과가 아니라 군비경쟁을 지속할만한 정치·경제적 능력이 객관적으로 부족했기 때문이라는 것은 일반적으로 널리 알려진 사실이다. 한편 미국도 1975년 헬싱키 신뢰구축조치 합의나 1986년 스톡홀름 신뢰 및 안보구축조치 합의 이후 군 사비를 감소시키지 않았으며 나토 합동훈련의 규모도 축소하지 않았던 것이다.

만약 신뢰 및 안보구축조치 합의가 군비경쟁의 감소를 반드시 수반하지 않았 다면 문제는 심각해진다. 북한은 남한보다 재래식 군사력이 우세하며, 과거 우세한 군사력을 이용, 남침한 전례가 있으므로, 북한의 지도부가 마음만 먹는다면 이 군 사력은 그들의 국가이익달성을 위하여 언제든지 사용가능한 것이므로, 직접적인 북한의 군사위협을 감소시키고 한반도를 안정화시키는 방법으로써 군비통제조치

---

* 본 논문은 1992년 한국국방연구원 발간, 『국방학술논총』에 게재되었던 것을 수정 보완한 것임.

가 추구되어야 하지 유럽에서 다국 간에 합의되었던 정치적, 군사적 신뢰조치만이 한반도에 적용 가능한 것으로 이해해서는 군비통제조치의 한계성이 명백해진다.

따라서 본 장에서는 어떤 군비통제조치가 실제 군사적 측면에서 한반도에서 전쟁 가능성을 줄이고 군사적 안정성을 제고시킬 수 있는가 알아보기로 한다. 이를 분석하기 위해서는 지금까지 사용되던 단순 숫자비교에 근거한 정태적 군사력균형 비교가 아니라 동태적인 한반도 전쟁모델이 필요하다.

여기에서 군사적 안정성이란 유럽의 재래식무기 감축협상에서 쓰였던 용어로서 어느 한 편이 현존하는 군사력을 가지고 상대편을 공격했을 때 획득할 수 있는 영토가 거의 제로에 가까운 군사력균형 수준을 의미했다.5) 이 개념을 한반도에 적용시켜 본다면 남북한 어느 한 편이 현재의 군사력을 어떤 군사전략을 이용, 전쟁을 도발하였을 때 상대편 영토를 한 치도 얻을 수 없는 상태라고 정의된다. 물론 공격하는 측이 공격의 목표인 영토획득이 불가능하다고 판단하면 공격 자체를 시작할 이유가 아예 없어지기 때문에 양측 간에는 군사적 측면에서 안정성이 존재하는 것이라고 정의한다.

예를 들면 군사적 안정성은 공격측이 공격을 개시한지 한 달 내에 최전선에서 방어측의 영토를 몇 km 진격하였는가를 측정하는 것을 그 기본 분석단위로 삼는다. 군사적 안정성의 개념이 유용한 것은 각종의 군비통제조치들이 현재의 군사력을 어떤 형태로든 변화시킬 것(신뢰구축조치는 상대방의 군사력과 그 운용전략에 관한 정보를 상대방에게 알게 함으로써 전쟁수행의 방법이나 수행능력에 간접적인 영향을 미치게 되며, 제한조치는 현재 수행하고 있는 군사훈련과 배치지역 등에 영향을 주어 전쟁수행능력을 감소시킬 수 있고, 감축조치는 군사력 자체를 감소시킬 수 있음)이 분명하기 때문에 그 군비통제조치들이 실제의 남북한 군사력 균형을 어떻게 변경시키며, 변경된 군사력이 실제 전쟁에서 어떤 의미를 지니는가를 미리 예측해 봄으로써 각종 군비통제조치들의 장단

---

5) 군사적 안정성에 관해 크게 두 가지 정의가 있는데 하나는 Laurinda Rohn에 의한 정의이고 나머지 하나는 Paul Davis에 의한 정의이다. Rohn은 재래식 군사적 안정성을 공격적 안정성과 방어적 안정성으로 구분하고 있는데 공격적 안정성은 어느 한편도 공격을 통하여 성공할 수 없다고 믿을 때(어느 정도의 영토획득은 가능하다고 하더라도) 존재하며, 방어적 안정성은 어떠한 공격도 영토의 상실 없이 방어할 수 있을 때 존재한다고 한다. Davis는 군사적 안정성은 공격을 받았을 경우에 방어측이 우세하다고 양측이 믿는 경우에 존재하며 군사적 배치상태에 적은 변화가 있을 때에도 방어측의 우세가 불변이라고 양측이 올바르게 인식하고 있을 경우에 존재한다고 한다. Rohn과 Davis의 경우가 유사하기는 하지만 방어적 안정성의 개념이 더 우선된다는 점을 지적할 수 있으며, 본 연구에서는 군사적 안정성의 개념을 공격측이 공격하더라도 방어측의 영토를 거의 얻을 수 없는 상태라고 정의한다. 관련 문헌으로는 Laurinda Rohn, *Conventional Forces in Europe : A New Approach to the Balance, Stability and Arms Control*, The RAND Corporation, R-3732, May 1990, p. 63. Paul K. Davis, *Toward a Conceptual Framework for Operational Arms Control in Europe's Central Region*, R-3704, November 1988.

점을 상호 수량적으로 비교할 수 있기 때문이다.

군사적 안정성을 측정하기 위해 쓰이는 한반도 전쟁 모델은 지상전과 공중전을 결합한 공지전(air-land battle) 군사 시뮬레이션 모델이며, 한반도를 7개의 공격축으로 구분, 지상군은 이 7개의 전진축선을 따라 전진 및 후퇴를 하는 것으로 가정한다.6) 전술 공군은 공군기의 기종과 임무에 따라 3가지 임무에 배정된다. 즉 공대공, 공대기지, 공대지 임무에 배분되는데 공대지 임무에 배정된 공군기는 적 지상군의 전방과 후방을 폭격함으로써 적의 전진을 저지시키는 한편, 아군의 전진을 돕는 기능을 한다. 이 모델을 통한 군사적 안정성의 평가는 본장의 4절과 5절에서 각종 군비통제조치들의 군사력 균형에 대한 영향을 분석하는데 쓰일 것이다. 그 외에 본장에서는 유럽의 재래식무기감축협상의 사례를 분석해 봄으로써 장차 한반도의 군축에 유용한 교훈들을 얻고자 한다. 또한 유럽의 재래식군축에 대한 객관적인 분석을 통해 현재 한국의 국내에서 일부가 가지고 있는 군축에 대한 잘못된 견해도 바로 잡고자 한다.

Ⅱ. 한국의 안보문제와 군비통제 정책목표

한국의 군비통제가 풀어야 할 안보문제는 수없이 많이 존재하고 있지만, 그중 중요한 문제를 남북한에 공통적인 것과 이질적인 것으로 나누어 볼 수 있다. 공통적인 것은 적대적 관계를 점진적으로 청산하고 상호 공동의 안보를 증진시키기 위하여 정기적으로 협의하고 어떤 합의에 이를 수 있는 상설화된 협상 기구(regime)의 부재가 제일 심각한 문제이며, 이질적인 것은 남한 측에서 보면 재래식 군사력의 불균형, 북한의 기습공격능력과 전략, 북한의 핵개발 등이며 북한 측에서 보면 한미 군사동맹과 그 작동(주한미군, 한미연합연습, 미국의 핵우산)에 관한 것과 남북한 간에 커지는 경제력과 기술 능력의 격차에서 오는 심리적 위협이 그것이다.

따라서 남북한은 각자에게 위협이라고 인식되는 것을 해결하기 위한 정책으로서 군비증강정책을 취할 수도 있고 상호협상을 통한 군비통제정책을 추구할 수도 있을 것이다. 여하튼 군비통제회담은 남북한 간에 서로 중요한 안보문제라고 여겨지는 것들을 토의하고 해결해야 한다. 만약 남북한 양측이 각자에게 위협이라고 간주하는 중요한 의제들을 군비통제회담을 통해 해결할 수 없다면 그만큼 협상의 중

---

6) 한반도 전역 전쟁모델은 저자의 논문, Yong-Sup Han, *Designing and Evaluating Conventional Arms Control Measures : The Case of the Korean Peninsula*, Doctoral Dissertation of the RAND Graduate School, *The RAND Corporation*, 1991, Ch. 4 and Appendix.

요성은 낮아지고 계속의 필요성도 줄어들 것이다. 그러므로 남북한 상호간에 군비경쟁 보다는 협상을 통해 문제를 해결하는 것이 손실보다는 이익이 많을 것이라는 인식을 같이해야 군비통제 정책은 성공할 수 있는 것이다. 따라서 남북한 간에 중요한 안보문제는 무엇인가에 대한 연구가 대단히 중요하다.

1. 한국의 안보문제

위에서 지적한 바와 같이 한국의 심각한 안보문제는 남북한 양측이 궁극적인 전쟁으로 치닫는 군비경쟁을 지양, 공동의 안보를 상호협의를 통해 증진시킬 수 있는 군비통제체제의 결여이다. 정전협정 체결 이후 존재해온 정전회담은 남북한이 직접 만나 안보문제를 제기하고 토의할 수 있는 체제가 못되었다. 주지하다시피 남한은 정전협정의 당사자가 아니고, 정전체제는 비무장지대를 그대로 온존시키기 위한 정전관리체제에 불과했으며 정전 이후 1991년까지 유엔군 대표가 정전회담의 수석대표가 되어 있는 실정이다. 1991년에 한미 양국은 넌·워너 법안에 의거 주한미군 3단계 철수에 맞추어 군사정전위 UN사측 대표를 한국군 장성으로 임명하는 조치를 취했으나 북한이 이를 인정하지 않아 군사정전위가 개최되지 않았다.

특히 정전협정 중에서 군비통제와 관련된 유일한 규정이었던 제2장 13조 C항과 D항, 즉 남북한은 병력과 무기의 증강을 전제로 한 외부로부터의 도입을 금지한다는 규정은 협정체결 후 1년도 지나지 않아 유명무실화 되었으며, 그 규정의 시행을 감독할 중립국 감시위원단의 활동도 처음부터 제대로 실시되지 않다가 1957년에는 중단되고 말았던 것이었다. 따라서 남북한이 각자 중요한 안보문제라고 여기는 의제를 정전회담에서는 다룰 수가 없으므로 다른 채널이 필요한데 남북한은 1990년 9월 이후 남북 고위급 회담에서 남북 군비통제 협상체제를 구축하기 위해 8차례 회담을 개최하였으나 그 이후 양측은 이러한 체제의 구축에 합의하지 못하고 있는 것이다.

남북한이 군비통제 협상체제를 구축하기 위해서는 남북한 각자가 자기 측의 안보이익에 큰 위협이라고 평가하는 군사적 위협들을 논의하여야 하며 양측이 상대방의 위협인식을 일리가 있다고 간주하고 그 위협의 감소를 상호 타협을 통해 풀어야 하는 것이다. 이러한 면에서 볼 때 지금까지의 남북한 회담은 그러한 의제를 토의하지 못하였으며 남북한이 가장 큰 안보문제의 하나로 여기는 핵문제도 남북한 당사자 회담이 아닌 장외에서 나루어져 온 것을 부인할 수 없다.

남한이 제기해야 할 안보문제는 남한에게 가장 위협이 되는 북한의 재래식 군사력의 불균형, 비대칭적인 전방배치 병력을 이용한 기습공격능력 및 전략, 그리고 북한의 핵개발 가능성이다. 하지만 핵문제는 제5부에서 다루고 있으므로, 여기서는 한반도의 재래식 군사력 균형의 확보와 북한의 기습공격 능력 및 대규모 공격능력의 감축문제가 처음부터 줄기차게 군비통제협상의 대상이 되어야 한다고 주장한다.

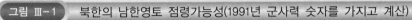

그림 Ⅲ-1   북한의 남한영토 점령가능성(1991년 군사력 숫자를 가지고 계산)

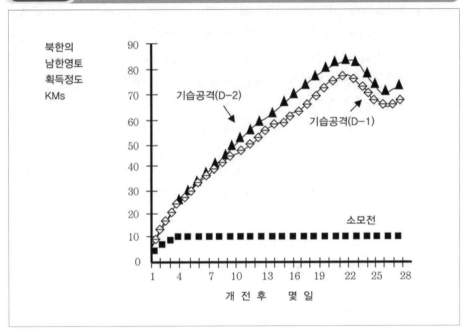

<그림 Ⅲ-1>에서는 필자가 한반도 전쟁모델을 사용하여 1991년 당시 남북한 간의 군사력의 불균형과 북한의 기습공격능력이 전쟁에 어떤 결과를 초래할 것인가를 분석해 본 것으로 전적으로 필자 개인의 견해이다. 북한이 남한의 조기경보보다 하루 먼저 기습공격을 감행한다면 전쟁개시 한 달 안에 남한 영토의 60-70km를 점령할 수 있을 것이며 이틀 먼저 기습공격을 감행한다면 70-80km 진격할 수 있을 것으로 예측된다. 그런데 북한이 공격준비를 하고 있는 것이 남한의 조기경보에 발각되어 북한의 주공격목표와 병력의 집중상태를 남한이 미리 알고 개전과 동시에 남한도 반격한다면 전쟁의 결과는 북한이 남한의 영토를 전 전선에 걸쳐 10km 정도를 진격할 수 있을 것으로 예측되므로 이 결과는 군사적 안정 상태에 매우 가까운 것으로 나타난다.

따라서 남한에게 군사적으로 위협이 되는 것은 북한의 기습공격능력과 그 가능성인 것이므로 군비통제회담에서는 이 문제가 지속적으로 제기되어야 하며 이의 해결책이 가장 효과적인 군비통제조치가 될 것이다.

2. 한국의 군비통제 정책 목표

한국의 국방정책 목표는 첫째, 적의 무력침공으로부터 방어 및 전쟁 억지, 둘째, 한미 연합방위태세의 유지, 셋째, 장기적인 관점에서 대북우위의 자주 국방력 달성이다.[7] 그런데 이 국방정책 목표를 달성하기 위해서 설정되어 있는 군비통제 정책 목표는 첫째, 남북 긴장상태 완화 및 전쟁가능성 감소, 둘째, 현재의 군사적 불균형 감소로 군사전략적 안정성 제고, 셋째, 과다한 군사력 통제를 통한 낮은 수준에서 균형전력 유지가 있다.[8]

국방정책의 목표와 일관성 있게 군비통제정책 목표가 설정되기 위해서는 한국의 안보문제에서 제시된 바 있듯이 북한의 기습 공격 가능성 방지가 구체적으로 제시되어야 하며, 군비통제정책의 목표를 달성하기 위한 조치로서 선 신뢰구축 후 감축조치 보다는 양자를 병행해서 협상해 나가는 것이 바람직하다고 생각된다. 한편 북한으로 하여금 군비통제 협상에 지속적으로 임하게 하는 데에는 북한이 주장하는 감축조치도 상호주의의 원칙에 의거 어느 정도 수용의 여지를 보여 주어야 할 것이므로 신뢰구축과 감축조치 그리고 제한조치를 같이 협의해나가야 타협가능성을 높일 수 있을 것이다.

결론적으로 한국의 군비통제 정책목표는 전쟁재발 방지 및 북한의 기습공격 가능성 제거, 군사적 불균형 감소로 군사적 안정성 제고, 그리고 낮은 수준에서의 군사적 안정성 제고가 될 수 있을 것이다. 그리고 그 정책목표를 달성하는 수단으로써 신뢰구축, 제한조치 및 감축조치가 병행되어 추구되어야 한다.

Ⅲ. 남북한 군비통제 협상대안 및 평가

위에서 제시한 한국의 군비통제 정책 목표를 달성하기 위한 정책수단으로써 지금까지 남북한 간에 제시된 바 있거나 한반도의 안정에 중요하다고 사료되는 제반 군비통제 대안을 네 가지로 분류하여 이들 조치가 (1) 한반도의 군사적 안정에 어떤 영향을 미칠 수 있는가? (2) 어느 정도 남북한 쌍방을 법률적으로 구속할 수

---

7) 『국방백서 1990』, (서울 : 국방부, 1990), 제1장 참조.
8) Ibid., 제4장.

있는가? (3) 어느 정도 검증가능한가? (4) 협상 및 타협의 가능성이 어느 정도인가 하는 문제를 평가해 보기로 한다. 군사적 안정성의 평가에 있어서는 앞에서 서술한 전쟁 모델을 이용, 비교분석하며, 이들 대안이 한국의 군비통제 정책 목표와 일관성이 있으며 또한 정책 목표달성을 가능하게 할 수 있는가를 분석한다.

1. 주요 협상 대안

<대안 1> 남북한 간의 병력배치 제한지역 설정(군사분계선에서 북쪽으로 40km 남쪽으로 20km)

○ 가정 및 영향평가

이 대안은 서울과 평양이 휴전선에서 서로 비대칭적인 거리에 있음을 감안, 북한의 군대는 휴전선에서 북쪽으로 40km 물러나며 남한의 군대는 휴전선 남쪽으로 20km 물러나 배치함을 가정한다. 만약 남북한 중 어느 한편이 일정규모 이상의 병력을 상대방에 통고하지도 않고 위 군사 배치제한지역을 통과 배치시킨다면 이는 침략행위로 간주된다. 즉, 북한의 병력이 이 제한지역을 넘어 남쪽으로 이동하기 시작하면 이는 즉각 남한의 경보망에 의해 남한의 군 지휘부로 보고되며 남한의 전술공군기가 출격, 남하하는 북한군을 공격해도 좋다는 말이 된다.

이 대안에서는 배치제한 지역을 넘어선 북한의 병력이 현재의 휴전선까지 진격하는 데에 24시간이 걸린다는 것을 가정하며, 이러한 이동이 남한의 경보망에 의해 사전 탐지되므로 북한군은 결코 기습공격의 장점을 가질 수 없게 된다. 또한 북한이 어느 지점을 주 공격 목표로 삼고 있는지 그 병력의 집중도를 보아 식별 가능하므로 남한은 그에 맞는 병력의 배치와 휴전선으로의 재배치를 24시간 내에 할 수 있을 것이다. 이 대안에서는 남한과 북한의 군대가 휴전선으로 누가 빨리 달려 갈 수 있는가가 문제가 되며 또한 남한의 경보능력도 중요한 요소가 된다.

남한 측에서 보아 최선의 경우는 북한군이 제한지역을 통과하는 즉시 남한군의 병력을 휴전선으로 재배치하는 것이며 최악의 경우는 우물쭈물하다가 남진하는 북한군이 휴전선을 통과하고 난 뒤에 전쟁에 돌입하는 경우이다. 하지만 어떠한 경우에도 남진하는 북한군의 병력배치상황이 관측 가능하므로 소모전이 전개되지 기습공격으로 들어가지는 않을 것이다.

○ 군사적 안정성

이 조치는 남북한 양측의 합의사항 위반을 조기에 발견 가능하도록 함으로써 군사적 안정에 기여한다. 남한 쪽으로 보아 최선의 경우는 북한군이 제한지역을 통과하는 즉시 전술공군기들이 출격, 남진하는 북한군을 공격하게 되므로 북한군의 휴전선 이남으로의 진격을 방지할 수 있게 된다는 것이다. 동태적 한국 전쟁 모델은 다음의 <그림 Ⅲ-2>에서 이 시나리오 하에서의 전쟁결과를 보여준다. 그런데 이 전쟁 결과는 현재의 재래식 군사력 하에서 북한이 치를 소모전보다도 더 나은 결과를 보여주므로 제한지역의 설정은 군사적 안정을 증진시킨다.

만약 북한군이 휴전선에 도달할 때까지 남한의 전술공군기가 폭격을 하지 못했다면 북한군은 배치제한지역의 남쪽 한계선인 휴전선 남방 20km까지 진격할 수 있을 것이다. 이 전쟁 결과는 북한이 현재의 재래식 군사력 하에서 치를 소모전 시나리오와 비슷한 결과를 보이고 있으므로 결국은 한반도에서의 군사적 안정을 제고시킬 것이다.

배치제한지역의 설정과 관련된 조치의 하나로 DMZ의 비무장화와 평화적 이용제안이 있다. DMZ의 비무장화는 현재 그 지역에 있는 지뢰와 대전차장애물 그리고 요새화된 철조망 및 방어벽 등을 제거하는 것을 의미한다. 만약 평양이 DMZ의 평화적 이용이란 합의를 위반하고 바로 기습공격을 시도한다면 불과 몇 분 안에 이 지역을 통과할 수 있게 될 것이다. 그러므로 DMZ의 평화적 이용 그 자체만으로는 군사적 불안정을 더욱 악화시킬 것이다.

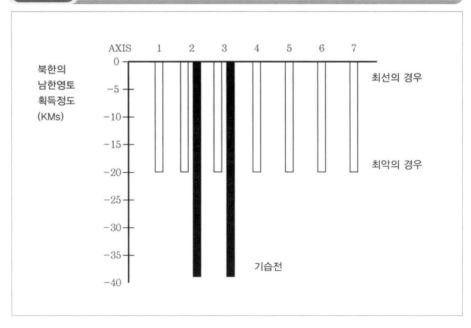

그림 Ⅲ-2 병력배치 제한지역 설정시 전쟁결과 예측(가상적임)

○ 법적 구속성

확실히 이 조치의 합의도 남북한 양측의 정치적 의지를 필요로 한다. 그러나 일단 합의되면 위반하기가 힘들고 위반하면 심각한 대가를 치르게 되므로 쉽게 위반할 수 없게 만들 것이다. 북한이 제한지역 밑으로 땅굴을 계속 판다면 이 조치의 효력을 어느 정도 약화시킬 수도 있지만 북한의 현재 경제능력이 허락하지 않을 뿐 아니라 이 조치에 대한 합의 이후에는 그럴 가능성이 매우 적다고 할 것이다. 땅굴작업을 적발하기 위한 기술은 많이 발전되어, 조기탐지가능성이 더욱 커지고 있다고 볼 수 있다.

○ 검증 가능성

제한지역설정의 합의 이후 상호 만족스러운 집행을 위해서는 양측이 군대와 무기를 제한지역의 이북 또는 이남으로 완전히 철수하는지 여부를 확인하게 될 것이다. 이 조치는 더욱 강력하고 철저한 상호 현장조사를 필요로 하므로 조사단의 규모도 방대하여 어떤 군비통제조치보다도 거대한 규모의 인원과 예산이 소요될 것이다. 또한 상대방의 위반을 즉시 발견할 수 있도록 하기 위하여 상대방의 제한지역 내에 상주 감시초소를 몇 군데에 설치하도록 합의하거나 상대측의 감시초소의 허용이 어렵다면 정기적인 공중정찰을 허용하도록 해야 할 것이다.

하지만 상대방 지역 내 지상 감시초소의 허용은 대단히 합의되기 힘들다. 그러나 일단 양측이 제한지역의 설정에 합의하고 병력 및 무기의 철수를 개시한다면 이에 대한 검증은 집행하기가 용이한 이점이 있다. 이 조치의 적용범위는 제한지역 내에 한정되므로 검증절차는 어떤 군비통제조치보다 간단하고 검증결과의 신뢰성도 최고로 높아질 것이다.

○ 타협 가능성

이 조치에 대한 타협가능성은 아주 낮다. 특히 북한에게 남한보다 더 먼 거리로 군대를 철수하라고 한다면 공정하지 않다고 주장할 것이다. 6·25전쟁 때인 1951년부터 1953년까지 2년간 한 치의 땅이라도 더 뺏기 위하여 참호전을 경험했던 사실을 상기해 본다면 10km 더 물러나라고 한다는 것은 북한에게 받아들여지기가 힘들 것이다.

그러나 이 제한지역의 설정은 무기와 지뢰가 없는 DMZ를 더 넓히는 개념으로써 양측이 납득할만한 여지가 많을 것이다. 왜냐하면 양측은 이미 DMZ의 평화적 이용에 관해 1991년 총리회담에서 제안한 바 있기 때문이다. 특히 이 대안은 남한이 북한에게 일방적으로 남한의 수준으로 군대와 무기를 감축하라는 주장보다는 훨씬 타협의 가능성이 높을 것이다.

그럼에도 불구하고 북한으로 하여금 이러한 비대칭적인 제한지역의 개념을 받아들이게 하려면 남한 측에서 다른 양보가 있어야 할지도 모른다. 즉 북한 측이 주장하는 주한미군의 일부 감축 혹은 대폭적인 경제지원 등을 북한에게 해주어야 할지도 모르는 것이다.9)

유럽에 있어서 병력감축에 대한 합의를 더욱 어렵게 만든 요소 중의 하나로 상주 감시단을 상대편의 영토 내에 두자는 나토 측의 주장이 있었다. 그러나 이 사실은 제한조치의 이행여부를 검증하는데 있어 결정적인 약점이 되지 못한다. 그 이유는 상주 감시단이 상대편 영토 내에 거주하지 않는다고 하더라도 공중정찰 등을 통해 보완할 수 있기 때문이다.

만약 남북한이 이 배치제한지역 설정에 먼저 합의한다면 병력의 감축에 대한 합의는 더욱 빨라질 것이지만, 유럽에서와 같이 군사력의 감축에 먼저 합의한다면 배치제한지역의 설정에는 합의가 힘들어질 것이다. 즉 20km 내지 40km 후방으로 철수한 병력을 그대로 유지하려면 부대이동비용과 신규시설비용이 엄청나게 소요될 것이므로 철수한 병력은 자연 해체될 가능성이 커지기 때문이다.

<대안 2> 한미연합연습(예: 키리졸브 연습)의 감소와 북한의 전방배치 병력의
감축10)
- 키리졸브 연습크기의 50퍼센트 감소
- 키리졸브 연습 중단의 경우
○ 가정 및 영향평가

두 가지 경우가 가정된다. 하나는 키리졸브 연습의 규모를 반으로 축소시키는 경우이고 나머지 하나는 키리졸브 연습을 완전히 중단하는 경우이다. 어느 쪽이든 남한 자체의 소규모 훈련은 계속된다는 것을 가정한다. 키리졸브 연습의 규모를 반으로 줄일 경우 한미연합의 전쟁 대비태세 및 전투수행능력은 5퍼센트 감소된다고 가정한다. 이러한 경우 한미 연합전력의 5퍼센트 감소는 실제 전쟁에서 연합전력의 95퍼센트만 발휘된다고 가정한다.

---

9) 2003년 한국이 개성공단건설을 지원하면서, 개성공단 주변에 주둔하고 있던 일부 북한군대가 배후로 이동하였다. 앞으로 한국이 다른 공단을 건설해주는 것을 조건부로 북한군의 후방 철수를 요구할 수 있을 것이다.

10) 필자가 1991년 8월에 박사학위 논문을 쓴 후 남북한 핵통제공동위 전문위원에 소속되어 핵 회담 실무를 맡게 되었다. (1991. 9) 1991년 12월 말에 필자는 북한이 한반도 비핵화 공동선언에 합의하고, 남북한 상호사찰을 받게 되는 것을 조건부로 팀스피리트 연습의 취소를 건의하는 보고서를 작성하여 노태우 대통령의 재가를 받은 적이 있다.

이 경우에도 한반도 유사시 미국의 증원군 전개능력이나 속도는 영향을 받지 아니한다고 가정했다. 게다가 이만한 키리졸브 연습규모 축소에 상응하기 위하여 북한의 병력과 무기가 얼마나 감축되어야 하는지를 측정해 보기로 하였다.

키리졸브 연습을 완전히 중단하는 경우 전투대비태세나 전력은 10퍼센트 감소한다고 가정한다. 물론 전투력의 감소가 전쟁의 결과에 어떠한 영향을 주는가를 측정하기 위하여 키리졸브 연습의 중단 시 가장 최악의 경우 전력의 25퍼센트까지 감소할 수 있다고 가정하고 이 경우를 시험해볼 수 있을 것이다.

물론 키리졸브 연습의 완전 중단의 경우 미국의 증원군 전개능력과 속도는 영향을 받게 될 것이지만 여기서는 첫 번째 경우와의 비교를 위하여 무시하기로 하였다. 만약 키리졸브 연습을 중단하는 경우 북한에게 상응하는 군사력 감축을 요구하기 위하여 적정요구 수준을 추정해볼 수 있다.

물론 이 대안은 북한이 키리졸브 연습을 위협으로 간주하고 있으며 남한 측이 키리졸브 연습의 규모 축소와 북한의 상응한 군사력 감축을 협상하고자 하면 북한도 이에 응할 수 있다고 하는 가정 위에 서 있다.

○ 군사적 안정성

아래 <그림 Ⅲ-3>은 키리졸브 연습규모의 축소나 완전 중단이 한미연합군의 전투수행능력에 얼마나 영향을 줄 것인가를 보여준다. 즉, 현행 키리졸브 연습에 아무런 변화가 없는 상태에서 북한이 기습공격을 하루 먼저 개시했을 때와 비교하여 전쟁개시 한 달 만에 남한의 영토를 얼마나 점령할 수 있는가를 보여준다.

따라서 키리졸브 연습의 축소 내지 완전 중단으로 인한 남한 측의 전쟁수행능력이나 전투대비태세의 약화를 상쇄시키기 위해서 북한 측에 어느 정도의 병력감축을 요구해야 하는가가 중요한 문제인 바 여기서는 한국전쟁 모델을 사용하여 적정한 병력감축 요구수준을 예측해 보기로 한다. 수천 번의 시뮬레이션 결과 북한병력의 감축수준과 남한의 키리졸브 연습감축수준과의 관계를 각각의 시나리오 하에서 북한이 기습공격을 했을 때 어느 정도 남한의 영토를 점령할 수 있는가 하는 정도로 나타내어 본 것이 <그림 Ⅲ-3>이다.

<그림 Ⅲ-3>에서 보는 바와 같이 팀스피리트 연습의 규모가 50퍼센트 감축되면 앞에서 가정한 바와 같이 남한의 전력은 5퍼센트 감소되며 이로 인한 전쟁결과에 미치는 부정적인 영향을 상쇄하기 위해서 북한은 전진 배치한 병력 중 1개 내지 1.5개 사단을 감축해야 하며 전차와 같은 공격무기를 100 내지 150대 폐기시켜야 한다. 만약 키리졸브 연습의 완전 중단으로 인해 남한의 전투수행능력이 10퍼

센트 감소된다면 북한은 전진 배치한 병력 중 3개 내지 4개 사단 또는 전차와 같은 공격무기를 300 내지 400대 폐기처분해야 한다.

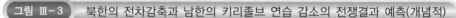

그림 Ⅲ-3 북한의 전차감축과 남한의 키리졸브 연습 감소의 전쟁결과 예측(개념적)

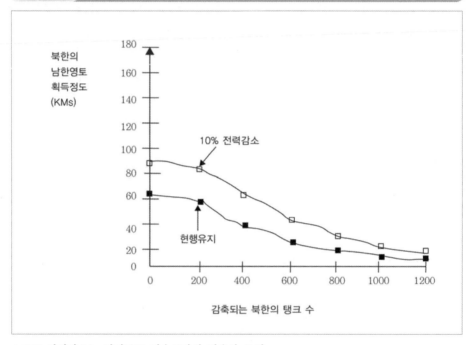

* 10% 전력감소는 키리졸브 연습중단의 경우와 동일

이 키리졸브 연습의 규모 축소와 북한의 전진 배치한 병력의 일부 폐기는 분명히 한반도의 군사적 안정성의 제고에 이바지 한다. 벌써 협상의 조건으로써 남북한이 상호 타협할만한 가능성을 염두에 두었을 뿐 아니라 키리졸브 연습의 감소가 초래할 남한의 전력감소를 해결하는 방안을 여기서 제시하고 있기 때문이다. 게다가 이 조치에 대한 남북한 상호합의는 여타 군축조치에 대한 합의를 훨씬 수월하게 해줄 것이다.

○ 법적 구속성

키리졸브 연습 등 연합훈련의 규모가 감소되거나 중단되면 한미 양국의 연합방위전략도 어느 정도 변경이 불가피할 것이다. 만약 키리졸브 연습을 중단하게 되면 한미 양국의 연합 작전이나 동맹의 유지에 전혀 색다른 개념이 필요하게 된다. 따라서 남북협상에서 키리졸브 연습의 변경을 의제로 제시하기 위해서는 한미 양국의 사전협의가 선행되어야 한다. 한미 양국은 연합연습의 중단이나 규모의 축소를 북한의 전진배치 병력의 감축과 맞바꾸려는 제안을 하기가 현실적으로 어려울지도 모른다.

하지만 북한이 과거 수년 동안 키리졸브 연습과 한미연합연습을 빌미로 남북대화를 빈번히 중단시켜 왔고 한반도의 긴장조성의 원인을 한미연합연습에 돌려왔음을 생각할 때 한미연합연습의 감축을 북한의 병력 감축과 조건부 합의를 제안한다면 협상의 성공 가능성도 어느 정도 있을 것이다. 남북한 양측이 한미연합연습의 축소 또는 중단에 합의한다면 한미 양국은 이 합의에 구속될 것이며 북한의 병력감축의 진전 속도에 맞추어 연합 연습의 규모도 조정할 수 있을 것이다. 따라서 남북한 간에 상호 합의한 사항의 이행을 위해서는 서로 다른 성격의 법적 구속이 필요하다. 북한의 전진 배치 병력의 일부의 폐기는 다시는 돌이킬 수 없는 것이고 미군의 한미 연합훈련에의 파견도 어려워질 것이다.

○ 검증 가능성

이 조치의 이행사항을 검증하기 위해서는 서로 다른 검증 조치가 요구된다. 합의된 한미연합연습의 규모축소나 완전 중단을 감시하기 위해서 북한은 연합연습에 대한 참관 또는 정찰위성을 통한 미군병력의 한반도 전개를 감시해야 할 것이며, 북한의 병력감축 및 폐기를 감시하기 위해서는 한미 양측의 현장사찰이 필요하다. 서로 다른 성격의 검증방법에 대하여 남북한 상호간에 논란도 예상되나 한미연합연습의 중단에 대한 검증은 아주 쉽고, 북한의 무기 감축도 검증하기가 용이할 것이다.

○ 협상 가능성

이 대안은 당초 상호 타협이 가능하도록 남한 측의 북한군사력 감축제안과 북한 측의 한미연합연습의 규모 축소 내지 중단에 관한 제안을 조합한 것이다. 따라서 북한이 소위 말하는 최대 위협인 한미연합연습과 남한 측의 최대 위협인 수량적으로 우세한 북한의 전진배치 병력의 문제가 잘 연계된 대안인 것이다. 반면에 한미 양국으로서는 선뜻 이 대안을 북한에게 제시하기가 힘들지도 모른다.

한미연합연습은 사실상 미국의 안보전략의 핵심인 전진배치 전략과 동맹전략을 유지하는데 있어서 핵심적인 요소이다. 이점은 유럽 군축회담(CFE나 CSCE)에서 미국이 나토국가들과의 연합훈련의 규모를 축소하거나 중단시키라고 주장하던 소련의 요구를 끝까지 거부하였던 데서도 유추될 수 있다.[11] 미국은 근본적으로 동맹의 유지와 관리를 위해서 위기 시 역외로부터의 증원군 전개를 그 전략의 골간으로 삼고 있으므로 이 전개능력의 전개에 제한을 받는 어떠한 협의도 거부해 온 것이었다. 그러나 남북한 간에는 1992년과 1994년 이래 북핵문제와 연계하여 팀스

---

11) *SIPRI Yearbook, Armament and Disarmament*를 1975년부터 1990년까지 분석해 보면 미국과 나토 제국간의 합동훈련 규모를 1986년 후에도 감소시키지 않았으며, 결국 탈냉전 후에 감소시켰다.

피리트 연습은 중단된 바 있음을 감안할 때, 앞으로 북한군이 전방배치한 군을 후방으로 배치할 의사를 보이거나 군 감축을 할 의사를 보인다면 거기에 상응하여 한미연합훈련의 연계도 고려해볼 만한 여지는 있다.

　　＜대안 3＞ 미군과 북한 동시 감축 및 남북한 동시 감군

　　• ＜대안 3-1＞ 주한미군과 북한군 동시 감축
　　• ＜대안 3-2＞ 주한미군은 한국에 계속 주둔하고 남·북한군 상호 감축

　　마지막 대안은 남북한 간에 남북한 양측의 군사력 감축이 합의되거나 주한미군의 감축과 북한군의 감축이 합의되었을 경우 그 감축결과 양측이 갖게 되는 군사력으로 북한이 선제공격을 하였을 때 현재의 군사력 하에서 전쟁을 하는 것과 어떻게 그 결과가 다르게 나타나는가를 평가해 보려고 한다.
　　두 가지 경우가 평가될 것인데 첫 번째는 주한미군이 완전히 철수하는 경우와 상응한 북한군의 감축(유사시 미군의 한반도 전개가 있을 경우와 없을 경우), 두 번째는 주한미군은 한국에 주둔하고 있는 채로 남북한의 군이 상호 감축하는 경우가 그것이다.
　　○ 가정 및 영향평가
　　첫째, 주한미군이 철수하는 경우는 지상군 1개 사단 및 약 100여 대의 미군 전투기가 한국으로부터 빠져 나간다는 것을 가정한다. 미국이 한반도 유사시 한미상호방위조약에 따라 병력을 지원하는가 하지 않는가가 두 개의 시나리오로 상정된다. 병력을 지원하는 경우 한반도에로의 전개속도는 현재와 같다고 가정된다. 왜냐하면 한반도로의 증원군 파견 및 한미연합연습은 그대로 지속되고 있기 때문이다. 만약 미군의 병력파견이 없는 경우는 한국군 독자적으로 전쟁을 수행한다고 가정된다.
　　둘째, 주한미군이 여하한 이유로 한국에 그대로 존재하고 있는 경우에도 남북한은 상호 군축에 합의할 수도 있을 것이다. 이 경우 한국군이 어느 정도 감축될 경우 한반도 상에서 안정성을 유지하기 위해서는 북한군이 어느 정도 감축되어야 하는지를 추정해 내고자 한다.
　　만약에 북한이 주한미군의 철수를 몇 십년간 주장해 왔음에도 불구하고 장기적으로 남한의 증가하는 군사력을 겁낼 경우 내심으로는 주한미군의 완충역할을 인정하여 주한미군의 한국 내 잔류를 원할지도 모르며, 한미 양국이 군사동맹관계를 지속시키면서 북한의 군축동기를 해결하는 방안으로써 한국군의 감축을 원한다

면 이 두 번째 안도 고려가 가능한 대안이 될 수 있다.

　ㅇ 군사적 안정성

아래 <그림 Ⅲ-4>에서 보는 바와 같이 미국이 주한미군 철수 후 한반도 유사시 지원군을 파견하지 않을 때 북한군은 기습공격개시 한 달 이내에 전 전선에 걸쳐 평균 100km 이상 진격할 수 있는 것으로 예측된다. 이 시나리오는 지금까지 검토한 모든 경우 중 군사적으로 최악의 결과를 초래한다. <그림 Ⅲ-4>에서 중간 곡선이 보여주듯이 주한미군이 철수하더라도 지원 병력이 전개된다면 그 전쟁 결과는 첫 번째의 경우보다는 덜 심각하며 북한군은 기습공격개시 한 달 내에 평균 80km 정도 남한의 영토를 점령하게 되는 것으로 예측된다.

그림 Ⅲ-4　주한미군 철수의 경우 전쟁결과 예측

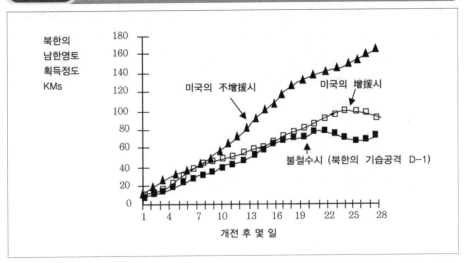

여기서 미국이 주한미군을 철수시킨 후에도 지원 병력을 다시 전개할 것인가가 문제로 되는 바 만약 북한이 기습 선제공격으로 남침할 경우는 걸프전이나 6·25 전쟁에서 보듯이 다시 한국에 대한 지원을 하게 될 가능성이 크므로 중간의 커브가 더욱 현실성이 있을 것으로 보여 진다. 그러나 미군철수 이후 장기간이 경과되고 미국이 국방비 삭감 등 국내이유로 철수한 미군을 해체시키며 미국 내 여론도 한국에의 개입을 적극 반대한다면 유사시 지원의 가능성도 점점 작아질 것이다. 따라서 미래의 최악의 경우에 대비한 국방기획 상 주한미군이 완전 철수하게 되면 증원군도 없을 것이라고 가정하고, 이 경우에 북한에 요구할 군대감축의 적정수준을 측정해 보아야 할 것이다.

군사시뮬레이션의 결과를 토대로 북한이 주한미군의 철수를 조건으로 몇 개의 사단을 군축할 경우 미군의 철수 및 한반도 유사시 비지원시의 경우와 비교하여 그 전쟁결과가 어떻게 나타날 것인가를 측정해 보면 <그림 Ⅲ-5>와 같다. 북한이 전방 배치한 4개의 사단을 감축 해체할 경우, 8개 사단을 해체할 경우, 그리고 12개의 사단을 해체할 경우부터 그 예측되는 전쟁결과는 급속도로 안정적인 효과를 달성하게 된다.

12개의 사단을 해체하는 경우 <그림 Ⅲ-5>에서 보는 바와 같이 북한이 기습공격을 감행하더라도 획득할 수 있는 남한의 영토는 아주 무시할만하므로 군사적으로는 대단히 큰 안전성을 가져다 줄 것이다.

만약 북한이 12개의 표준사단을 감축할 경우 전방에는 13개의 표준사단만 남게 되어 전방에 배치한 남북한 병력은 비슷한 규모가 될 수 있을 것이다. 그렇게 되면 주한미군의 완전철수와 북한의 12개 사단의 해체가 조건부로 합의되어야 하는 바 그 교환 비율은 1 대 12의 비대칭 군축이 되어야 한다. <그림 Ⅲ-5> 상에 북한의 8개 사단이 해체되는 경우가 보여주듯이 전쟁의 결과는 초기 5일 이후에 북한군이 더 이상 진격할 수 없게 되므로 만약 군사적 안정성을 공격 측이 한 달 내에 얻을 수 있는 영토가 20km 이내인 경우로 완화시킨다면 주한미군의 철수와 북한 8개 사단의 감축 교환도 받아들일 수 있을 것이다. 그렇게 되면 남북한의 군축협상 교환비율은 1 대 8이 되는 것이다.

그림 Ⅲ-5 주한미군 철수의 경우 전쟁결과 예측

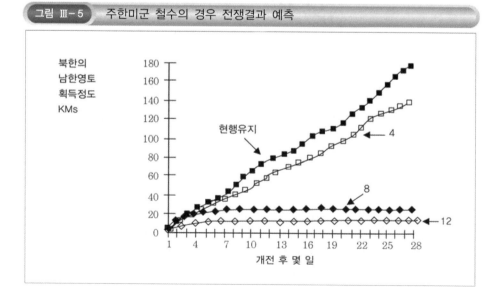

* 위의 숫자(4, 8, 12)는 북한이 감축할 표준사단 수

주한미군이 그대로 있을 경우 남북한 간에 군사적 안정성을 달성하기 위하여 어느 정도까지 상호 군사력을 감축하여야 할 것인가를 알아보기 위하여 한반도 전쟁모델을 이용한 군사시뮬레이션을 실시해 보기로 한다. <그림 Ⅲ-5>는 북한의 전방배치 병력이 감축되는 수준과 북한이 기습 공격 시 점령할 수 있는 남한의 영토와의 관계를 보여주고 있다. 북한이 어떠한 공격 전략을 구사하더라도 남한의 영토를 한 치도 얻을 수 없다고 여길 때 북한은 공격하려는 의도를 포기할 것이기 때문에 만약 주한미군의 주둔에 변경이 없을 시 남한은 북한에게 전진 배치한 10개 내지 11개 사단의 일방적인 감축을 주장해야 한다. 이의 밑바탕에는 휴전선을 중심으로 북한이 공격을 하고자 해도 제한된 지역 내에서 병력의 우세한 집중을 할 수 없게 된다고 하는 논리가 깔려 있다. 즉 꼭 같은 병력 수로는 어느 한 공격 지역에 우세한 병력의 비율을 얻을지라도 타 전선에서는 역으로 불리한 병력의 비율을 갖데 되어 공격을 제대로 결행할 수 없게 만든다는 것이다.

이 대안은 유럽의 재래식무기 감축을 위한 비엔나 회의 시 서구의 제안인 우세한 병력을 가진 쪽이 열세한 쪽으로 먼저 일방적인 감축을 해야 한다는 것과 일맥상통한다. 사실 북한이 일방적으로 8개 사단 정도를 감축 해체하면 어느 정도 한반도의 군사적 안정성은 달성된다. 북한이 남한 영토의 10km를 획득하기 위해서 그 엄청난 전쟁을 도발할 수 있다고는 믿기 어렵기 때문에 8개 사단의 일방적 감축도 남한 측에서는 받아들일 수 있을 것이다.

만약 북한이 일방적으로 2개 정도의 사단을 해체하려고 할 때 남한 측은 받아들일 수 있을 것인가? 그 사단이 상비사단이냐 여부를 차치하고서라도 2개 사단 정도의 해체는 별로 군사적 안정에 기여하지 못하며, 오히려 그것이 미칠 남한에 대한 부정적인 선전 효과 때문에 남한은 받아들이기 힘들 것이다. 만약 북한이 일방적으로 감축하려는 사단수가 4개 이상을 넘을 때 그것이 한반도의 전쟁에 미치는 결과는 상당히 안정적인 데로 접근한다. 따라서 군축회담의 초기에 북한의 일방적인 군축은 4개 사단 이상, 즉 공격용 무기인 전차 400대 이상 800대까지 이를 경우 남한 측은 수용할 수 있을 것이다.

이와 관련하여 북한의 주장인 남북한 공히 1단계 30만 명, 2단계 20만 명, 3단계 10만 명으로의 감축은 기본적인 군사원칙인 군사 대 거리의 필수적인 비율(force to space ration)을 무시한 것으로써 한반도 밖의 군사적 위협에 대한 방어를 불가능하게 함은 물론 한반도 내 군사적 안정을 크게 저해한다. 즉 6·25전쟁 개전 초기에서도 보았듯이 방어측이 최전선의 각 지역을 골고루 방어할 수 있는 최소한의 병력이 없을 때는 공격측이 뚫린 방어선을 먼저 공격해 들어옴으로써 방어측은 방어의 상호관련성을 잃고 결국 모든 방어선이 무너지게 되는 것이다.

따라서 휴전선 250km를 뚫리지 않고 골고루 병력을 분배할 때 필요한 최소한의 병력은 양측에 남아야 하는 것이다. 군사적 원칙이나 통념에 의하여 1개 표준사단이 담당할 수 있는 거리는 지형에 따라서 다르지만 대개 20km에서 30km라고 볼 때 휴전선을 방어 측의 입장에서 성공적으로 커버하기 위해서는 12개 사단 정도가 소요되며 그 12개 전방 사단을 보조해줄 전투 예비사단 56개 정도가 필요하므로 최소 17-18개 사단은 강력한 방어를 위해서 필수적으로 요구되는 것이다. 최종 소요 지상 병력은 30-35만 명 정도가 필요하므로 북한의 10만 명 주장은 군사적 상식을 벗어난 것임에 틀림없고 또한 군사적 불안정성을 드높이는 역할을 한다.

그러므로 북한은 먼저 10개 전방사단 병력을 일방적으로 감축하여 남북한 상호간에 균형을 이루며 제2단계로는 적은 병력 하에서도 안정성을 달성할 수 있도록 남북한 간에 합의하여 10개 사단 정도를 상호 동수로 감축할 수 있을 것이다. 이러한 단계적 감축은 <그림 Ⅲ-6>에 요약되어 있다.

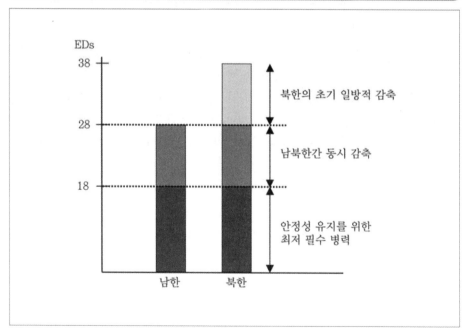

그림 Ⅲ-6　남북한 상호 감축

* ED는 표준 사단

○ 법적 구속성

만약 미국이 남북한 협상의 결과 철수하기로 합의했다면 미국은 법률적 구속성을 느낄 것이다. 한반도에서 전술핵무기의 철수 및 폐기를 선언한 미국은 그 후 바로 철수조치를 한 데에서 보듯 미국은 한 번 국가 간에 합의된 것은 이행하려고 들 것이며 철수된 주한미군은 전쟁이 일어나지 않는 한 다시 배치되기가 힘들 것이다.

그런데 주한미군 철수를 남북 간에 협상 의제화 하기는 미국의 사전 양해 없이는 거의 불가능할지도 모른다. 그럼에도 불구하고 한미 간에 어떤 사전 이해가 있었다고 치더라도 주한미군의 철수와 북한병력의 감축은 북한의 합의 사항이 완벽하게 진행되는 것과 철수 진도를 똑같이 해야 북한을 합의사항에 구속시킬 수 있을 것이다.

○ 검증 가능성

상호 병력 감축 조치를 이행하기 위해서는 유럽의 군축에서 보듯이 군인 수의 동수 감축보다는 무기의 동수 감축이 더 효과적이다. 그러나 상호 교환하는 자기 측의 병력 및 무기의 수에 대한 정보가 신뢰할만한 것인가가 큰 이슈로 등장한다. 북한과 중공이 휴전 회담 시에 제공했던 유엔군 및 남한의 포로수를 보면 북한이 앞으로 제공할 그들의 무기 보유수에 대한 정보의 정확성을 충분히 의심하게 한다.[12]

그리고 검증의 체계는 전반의 상비 병력에 배치한 최신식 무기를 빠짐없이 점검하도록 짜여야 하며 또한 상대측이 무기 수가 검사되고 난 후에 숨겨두었던 무기를 가지고 나오는 것을 방지할 수 있도록 철저를 기해야 하는데 복사할 수 없는 기술로 무기의 일련번호를 매긴다든지 무기고를 표시한다든지, 허가된 무기고의 수를 줄인다든지 하는 방법 등이 있다.[13]

협상담당자들은 합의사항이 상비부대에 배치된 전차만을 규제하는지, 아니면 무기고 속의 전차도 포함하는지, 예비부대나 생산공장에 있는 것도 포함하는지, 수출을 위해 창고 속에 재고되어 있거나 생산 중에 있는 것도 포함되는지도 결정해야 하므로 이의 합의에는 대단히 오랜 기간이 소요될 것이다.

---

12) 휴전회담에서 북한은 그들이 보유한 포로의 숫자를 11,559명이라고 유엔군 측에 통보해 왔다. 그런데 이 숫자는 유엔군 측이 북한이 보유하고 있다고 주장한 88,000명과 너무나 거리가 있는 것이었다. 결국 북한은 1953년 7월 27일 공산 측에 귀화한 포로를 제외한 12,773명을 교환하였는데 이 숫자만으로도 최초 제시한 숫자보다 10퍼센트 이상이 많았던 것이 드러난다. Clay Blair, *The Forgotten War : America in Korea, 1950－1953*, An Anchor Press Book, Double day, New York and London, 1989, p. 235.

13) Thomas J. Hirschfeld, *Verifying Conventional Stability in Europe : An Overview*, The RAND Corporation, N－3045, April 1990, p. 12.

또한 외국에서 들여오는 신형 무기를 어떻게 규제할 것인지 또는 국내에서 제조하는 무기는 어떻게 규제할지 복잡한 문제들이 많다. 휴전 협정에 규정되었던 외국으로부터의 무기반입은 당시 국내에 있던 노후한 무기를 대체할 경우에만 한정하였으나 이 합의사항은 1년도 채 못되어 사문화되었던 것을 생각한다면 다시 한번 외국으로부터의 대량의 무기수입에 의존하고 있는 남한과, 국내생산으로 충당하는 북한 간에는 이 문제의 검증은 심각한 문제로 될 것임에 틀림없다고 하겠다.

감축조치는 후방으로의 철수, 이송, 부대의 해체, 수출 또는 파괴 등의 형태를 띠게 되는데 검증을 제일 쉽게 하는 방법으로는 파괴하거나 부대 해체 등과 같은 형태를 띠어야 한다. 주한미군의 경우는 철수의 형태를 띨 것이고 북한의 감축은 부대의 해체 및 무기의 파괴 등의 형태이므로 서로 다른 형태의 검증 절차를 요구하게 될 것이며 이 과정에서 검증방법을 둘러싸고 논란이 예상된다. 하지만 검증의 방법은 남북한 상호 감축 대상부대 방문 및 합의사항에 대한 현장 검증의 형태를 띠게 될 것이므로 가장 강한 정도의 검증이 요구될 것이다.

○ 협상 가능성

남한은 어떠한 형태이든 미군철수의 결과 초래될 수 있는 한반도에서 힘의 공백과 북한에 대한 억지력 약화에 대한 우려에서 주한미군의 철수를 원하지 않을 것이며 미국보다 먼저 이 문제를 남북한 간 협상의 주제로 삼으려 하지 않을 것이다. 미국도 유럽의 재래식무기 감축회담에서 보듯 주한미군의 감축과 북한의 병력감축 합의에 별다른 관심을 나타내지 않을 것이다.

유럽의 군축회담에서 보듯 미국은 오히려 소련이 감축의 문제에 주도권을 쥐고 적극적으로 해줄 것을 기대하고 있었는데 그 이유는 나토의 재래식 군사력이 불리한 입장에 있었을 뿐 아니라, 나토 가맹국인 여러 나라들 간에 어떻게 병력을 감축할 것인가에 대한 여러 갈래의 의견을 잘 조정할 수 없었기 때문이다. 이러한 예는 북한이 일방 감축을 포함한 어떤 획기적인 조치를 취하지 않는 이상 미국은 주한미군과 북한의 군 감축 문제를 연계시키려는 어떤 노력도 기피할지 모른다는 것을 보여준다.

그러나 한미 양국은 한반도에서 이루어질 군축의 전반적인 진도와 주한미군의 감축을 연계시키는 정책에 대해 계속 침묵할 수만은 없을 것이다. 이 문제에 대해 한국이 수동적인 자세를 보이는 것은 유럽의 CFE군축에서 소련의 일방적인 군축조치가 선행되었기 때문이라고 하는 사태인식을 한국이 가지고 있다는 데에서 기인된다. 그래서 남한은 북한이 이러한 일방적인 조치를 취해주기를 바라면서 자꾸 압력을 넣으려 하고 있다.

북한이 이러한 조치를 취할 단계가 되기 전까지는 감축의 문제에 대해 논의하
는 것은 이익이 될 것이 없다는 판단인 것이다. 하지만 남한은 감축의 문제가 가지
는 긍정적인 면도 똑바로 인식해야 하며 북한이 감축문제에 대해 남한이 바라는
어떤 조치를 취하도록 여건 조성을 해주어야 한다는 측면에서 이 문제는 소극적으
로 회피할만한 문제만은 아닌 것이다.

북한이 수적 우위의 입장에서 항상 이러한 감축문제를 제기해온 것은 다름 아
닌 미군의 일방적 철수가 가져올 안보상의 유리한 여건조성 때문이란 것을 위에서
본 시뮬레이션 결과는 말해주고 있다. 즉 그들은 북한의 무기들이 낡아 못쓰게 되
기 전에 경제력의 약화로 전쟁을 치를 능력이 없어지기 전에 이러한 전쟁결과를
현실화 시킬 수 있으리라고 믿고 있을 지도 모른다. 남한의 이러한 사태판단은 군
축에 대한 관심을 더욱 뒤로 미루게 하고 있는 것이다.

2. 대안의 평가

이번에는 위의 분석을 토대로 각 군비통제대안이 가질 효과를 한국이 달성해
야 할 군비통제목표와 관련시켜 서로 비교해 보고자 한다. 각 대안을 비교함에 있
어 평가기준은 상기한 바와 같이 군사적 안정성의 면에서는 북한이 24시간 기습공
격의 경우 얼마나 한국의 영토를 점령할 수 있는가가 측정단위가 되며, 다른 기준,
즉 법적 구속력의 정도, 검증 가능성의 정도 및 협상을 타협가능성의 정도 등을 비
교해 보고자 한다.

○ 군사적 안정성

군사적 안정성의 측면에서 볼 때 남북한 간에 병력배치제한 지역을 설정하는
것이 가장 안정성을 제고할 수 있다. <표 Ⅲ-1>에서 보는 바와 같이 대안 1
<병력배치제한 지역의 설정>은 북한으로 하여금 남침을 해도 영토 획득이 불가
능하도록 만든다. 최악의 경우에도 북한은 남측의 병력배치 제한지역을 넘을 수 없
을 것이다. 대안 3-1 <주한미군의 철수와 북한병력의 감축>은 미군 철수 시 북
한군이 8 내지 12개 사단을 감축시켜야 안정적인 결과에 다다른다. 만약 북한의 감
축이 그 보다 적은 경우 한반도의 군사적 불안정성은 높아진다. 대안 2 <한미연합
연습의 축소와 북한군의 감축>은 현재와 비슷한 군사적 안정의 유지를 전제로 하
여 시험되었으므로 현재와 유사한 수준의 군사적 안정의 유지에는 한미연합 군사
연습의 중단이 한미연합전력의 10퍼센트 감축을 가져온다면 북한군은 3-4개 사단,

즉 전차 300-400대를 폐기시켜야 할 것이다. 따라서 한미연합연습을 일방적으로 중단시키거나 크게 축소시키는 것은 한반도의 군사적 안정에 저해될 뿐만 아니라 가장 유용한 협상카드 하나를 잃는 것이 된다.

그러나 대안 3 <주한미군의 철수와 북한 병력의 감축>은 미군의 철수속도가 북한군의 감축보다 더 빨리 진행된다면 더욱 큰 문제를 야기시키며 최악의 경우는 주한미군이 철수하고 한반도 유사시 증원되지 않고 북한군이 합의한 감축조치를 제대로 이행하지 않을 경우이다.

○ 법적 구속성

북한의 국제 규약이나 협약을 준수하려는 태도에 일대 변화가 없이는 어떤 군비통제조치도 그 실효성이 의문시되는 것이 사실이다. 북한은 약할 때는 대화로, 강할 때는 힘으로라는 전통적인 공산주의적 태도를 버리지 못하고 있는 것이 사실이다. 이러한 태도는 북한이 휴전협정의 체결 이후 남북한에 유입되는 신규 병력과 반입하는 무기를 제한했던 제13조, 제C항과 D항을 체결되자마자 위반했던 사실과, 그 뒤 줄곧 협정을 위반했던 사실에서 보여진다. 따라서 법적인 구속성을 더욱 제고시키기 위해서는 합의사항의 실천 이후에 다시 원상복구를 하기가 더욱 힘들도록 만드는 방법이 제일 현명할 것이다. 이러한 측면에서 볼 때 합의 이후 단지 몇 시간 안에 합의 이전의 상태로 되돌아 갈 수 있는 신뢰구축 조치보다는 합의 이전으로 복구할 경우 많은 시간과 비용이 소요되는 병력배치 제한지역의 설정이나 병력감축과 같은 것이 법적인 구속성을 더욱 제고하게 될 것이다. 즉 합의사항의 이행을 상호 조건부로 한다든지 이행의 속도를 조건부로 한다든지 하여 서로 상호의 존도를 높이는 것이 결국 남북한 간의 관계개선에도 이바지하게 될 것이다.

이러한 측면에서 볼 때 대안 1 <병력배치 제한 지역의 설정>과 대안 2 <한미연합연습과 북한 병력의 상호 감축>은 다른 대안보다도 상호간의 구속 정도를 제고하게 될 것이다. 대안 3-1 <주한미군의 철수와 북한 병력의 감축>은 서로 격이 다른 합의를 필요로 하기 때문에 구속정도가 별로 크지 않을 것이다.

○ 검증 가능성

어떤 대안이 보다 쉬운 방법으로 검증이 될 것인가 검토해 보면 대안 2 <병력배치제한 지역의 설정>는 초기 단계에서 검증이 대단히 힘들 것이다. 왜냐하면 이 대안은 상호병력감축안에서와 똑같은 강도의 상대방에 대한 내부사찰이 요구되기 때문이다. 하지만 양측 병력이 철수하고 난 뒤 그 다음부터는 다른 성격의 검증이 요구된다. 즉 상대방에 대한 내부 사찰을 하지 않더라도 공중 정찰 등을 통해 상대방의 제한지역 통과여부를 감시하면 되고 또한 지역적으로 제한된 범위를 감시 검증하는 것이 전 한반도를 감시 검증하는 것보다 비용이 덜 들 것이기 때문이다.

대안 2 <한미연합연습과 북한병력의 상호감축>에서 한미연합연습이 중단 되었냐 여부는 인공위성이나 국제 언론 등을 통해 감시가능하며 훈련규모가 축소되었냐 하는 것은 상호참관을 통한 검증이 가능할 것이고 북한군의 감축에 대한 감시는 강도 높은 내부 사찰을 필요로 한다. 남북한 간의 상호 병력 감축은 대단히 검증하기가 힘들 것이다. 그리고 가장 많은 기간과 비용을 필요로 한다.

○ 타협 가능성

이 기준은 남북한 중 어느 쪽이 더 협상에 응할 가능성이 많은가 검토하는 것으로서 대안 1 <병력배치 제한지역의 설정>은 남북한 양측이 이미 비무장 지대의 비무장화 및 평화적 이용이란 제안을 공동으로 하고 있기 때문에 이를 좀 넓히는 개념인 제한지역의 설정에도 의사가 있을 것으로 추정된다. 이는 이전에 발표된 바 있는 판문점 공동경비구역의 한국 측으로의 이양 및 미군의 후방으로의 철수계획이 이루어지면 보다 그 현실가능성이 클 것으로 기대된다. 한미연합연습의 감축과 전진 배치한 북한 병력의 감축은 북한이 한미연합연습의 중단을 계속 제의하고 있고 남한으로서도 북한의 기습공격을 방지하기 위하여 전진 배치한 병력의 불균형을 시정해야 하므로 양측의 안보이해와 관심, 그리고 협상유인이 크기 때문에 타협의 가능성이 높은 것이다.

주한미군의 철수와 북한 병력의 감축은 미국이 자국 군대의 북한 협상과의 연계불원 입장에 있기 때문에 협상이 불가능할지도 모른다. 군축 협상에 미국, 중국, 러시아 등 강대국이 참여하지 않는 한 주한미군과 북한군의 상호감축은 실현이 어려운 형편이다. 이 대안의 실현불가능성은 남북한 간 상호 무력감축을 선행으로 요구할지도 모른다.

<표 Ⅲ-1>에서 대안 1 <병력배치 제한지역의 설정>은 한반도의 군사적 안정성을 제고시키는 데 기여하며 남북한 양측으로 하여금 지속적인 협상에 임하도록 많은 유인을 제공하며, 남북한 양측이 합의된 사항을 위반하려고 하면 이익보다는 손실이 더 클 것이기 때문에 합의된 사항을 잘 준수하려고 할 것이나 검증의 초기 단계에서 많은 비용과 노력이 들 것이다. 대안 2 <한미연합연습의 감축 또는 중단과 북한의 병력 감축>은 상호 주고받는 원칙에 입각해 있으므로 북한으로 하여금 남북협상에 임하게 하는 유인을 제공하며 법적 구속력의 면에서는 남한이 보다 더 쉽게 그 합의사항을 이행하는지 안하는지 구속될 가능성이 크므로 불공정하

다는 인식을 갖기가 쉬울 것이다. 또한 한국의 전투대비태세에 부정적 영향을 받을 것이므로 이 효과를 상쇄시킬 만한 북한의 병력 및 무기를 감축시키기 위한 조치가 필수적으로 요구된다. 이 대안의 검증방법은 남한과 북한에 각각 다른 성격의 접근방법이 필요하다. 북한의 병력감축은 보다 더 엄격한 검증절차를 필요로 한다. 그러나 이 대안은 차후의 본격적인 상호 군사력 감축을 위한 초기의 단계로서 유용성이 있을 뿐 아니라 대안 1 <병력배치제한 지역의 설정>을 위한 단계로 연계되어 사용되어 질 수 있다.

대안 3-1 <주한미군의 철수와 북한의 병력감축>은 당장의 실현가능성 면에 있어서 문제가 되고 있지만 한반도에서 실질적인 군축의 실현을 위해서는 종국에 가서는 이루어질 수도 있는 것이다. 결국 북한이 계속 주장해온 바가 주한미군의 철수라고 한다면 협상의제로 주한미군의 철수를 제시할 때 북한은 협상에서 얻을 수 있는 안보이익이 있으므로 참여하게 될 것이고 남한도 협상을 통하여 북한에 상응한 병력감축을 요구할 수 있으므로 협상의 타결 가능성은 더욱 높아질 것이다. 미국이나 한국은 이 합의사항에 보다 높은 강도로 구속을 받을 것이다. 그 이유는 남한은 주한미군이 철수하고 나면 다시 미군의 한반도 전개 필요성이 생길 때 북한이나 국제여론에 발각될 위험성이 크고 민주주의 국가의 특성상 합의된 사항을 이행해야 하므로 구속정도가 크나 북한은 병력을 감축시키더라도 이후에 증강할 수 있으므로 구속정도가 적을지도 모른다는 것이다.

표 Ⅲ-1 대안의 비교

대안 기준	군사적 안정성	법적 구속성	검증 가능성	타협 가능성
대 안 1	+	+	0 / -	+ / 0
대 안 2	+ / 0	0 / -	+ / -	+ / 0
대안 3-1	+ / 0	-	-	+ / 0
대안 3-2	+	-	-	+ / -

* 참 고
  안정성 정도: +(안정적), 0(불변), -(불안정적)
  법적구속력 정도: +(강함), 0(중간), -(약함)
  검증가능성 정도: +(용이), 0(중간), -(곤란)
  타협가능성 정도: +(북한의 긍정적 반응예상), 0(별무효과 예상), -(북한의 부정적 반응예상)

Ⅳ. 결론 및 정책 제안

1. 결   론

이상의 분석에서 볼 때 한반도에서 가장 시급한 안보문제는 이미 대부분의 효력이 정지된 정전협정에 기초한 정전관리체제를 대체할 군비통제체제의 결여이며 남한 측에서 볼 때 북한의 재래식 군사력의 우세와 전진배치한 군사력의 불균형 시정과 기습공격의 가능성 방지 등이다. 북한 측에서 볼 때는 재래식 군사력의 측면에서 한미 연합으로 시행되는 한미연합연습 및 주한미군의 존재 등의 위협들이 토의되어야 남북한 간의 상호 관계와 상호 의존성을 증대시킬 수 있는 것이다.

한반도 군사문제는 남북한 간 또는 남북한·미국의 3자간의 대화를 통해 해결해 나간다는 방침을 확고하게 정하고 대화의 테이블에서 상대방이 평가하는 위협을 전향적으로 수용하고 상호 타협의 길을 모색하는 것이 바람직하다. 핵문제에 있어서도 외교적 압력과 병행, 북한이 위협이라고 생각하는 요소를 남한과 미국이 전향적으로 해결해줄 수 있도록 북한에게 여러 가지 인센티브를 제공하고 압력도 행사하며 국제적인 분위기도 전달하면서 북한의 양보를 유도할 수 있어야 협상체제가 탄생, 정례화 될 수 있는 것과 같이 재래식 군비통제협상도 남북한 상호간의 중요한 위협요소가 지속적으로 토의되고 상호 타협을 모색할 수 있어야 정례화 된 채널을 마련할 수 있는 것이다.

한반도의 군비통제 협상체제가 구축되려면 군비통제를 지속적으로 추구할 수 있으며, 상호의 안보이익을 충족시킬만한 장기적 가이드라인이 필요하다. 이러한 측면에서 군비통제의 목적이 궁극적인 군사적 안정성의 달성이 되어야 하며, 그것의 달성을 위해서 북한의 기습공격 가능성 방지가 중요한 중간 목표가 되어야 한다는 점을 지적하였다.

군사적 안정성의 달성이 중요한 것은 남북한뿐만 아니라 한반도 안보의 이해당사국인 미국의 관점에서 보아서도 그러하다. 한반도의 안정과 평화는 결국 미국의 안보이익이며, 미국이 제시하는 바람직한 한반도 군비통제조치는 군비통제의 결과 한반도의 안정을 저해해서는 안 된다는 것이다. 따라서 군사적 안정의 달성은 남북한 양측이나 미국의 입장에서도 공통적인 안보이익을 보장할 수 있게 된다고 하겠다.

이러한 군사적 안정성의 달성과 군비통제의 실효성을 제고하기 위하여 다른 세 가지 기준이 제시되었는 바, 한반도의 군비통제조치는 합의당사자를 법적으로 구속할 만큼 실행가능하고 강력한 것이어야 하며 검증가능하고 타협의 가능성이 높아야 한다는 것을 지적하였다.

이상 네 가지 기준에 입각하여 <대안 1> 병력배치 제한지역의 설정이 군사적 안정성을 최대한 확보할 수 있는 대안으로 평가되었으며, <대안 1>과 <대안 3-1> 주한미군의 감축과 북한군의 상호감축과 <대안 3-2> 남북한 군사력 상호 감축이 상대방을 가장 강하게 구속할 수 있는 것으로 평가되었다. <대안 2> 한미연합연습의 감축 및 중단과 북한의 전진배치 병력의 감축과 <대안 1> 병력배치 제한지역의 설정이 상호간 타협가능성이 제일 높은 것으로 평가되었다.

결론적으로 한반도의 군비통제가 유럽에서 관찰하였던 그러한 군축의 결과에 이르기까지는 장구한 시간이 소요될 것이다. 왜냐하면 상호 타협가능성을 무시한 제안들이 서로 제시되고 상대방의 안보이익을 인정해 주면서 자기 측의 안보이익을 확보하겠다는 의지가 아직도 나타나지 않고 있으며, 이상에서 제시된 각종 군비통제조치들은 한미 간의 사전 협의와 조정을 필요로 하기 때문이다. 그러나 분명한 것은 신뢰구축조치와 군비조치들은 한 채널에서 토의되어야 할 것이다. 왜냐하면 한반도에는 다자간의 군비협상체제가 없으며 남북한과 미국이 직접적인 이해 당사자이기 때문이다.

2. 정책제안

본 연구의 연구결과는 다음과 같은 정책제안을 가능하게 하며 또한 한국 측에 장차 필요한 군비통제 협상의 가이드라인을 제공한다.

첫째, 신뢰구축조치, 제한조치 및 감축조치는 하나의 협상채널에서 병행되어 추구되어야 한다. 이는 상호간의 타협가능성을 제고하고 지속적인 회담을 개최하고 싶은 인센티브를 제공할 것이다. 신뢰구축조치에만 매달리면 북한과의 합의가능성이 별로 없다. 설사 부분적인 신뢰구축조치에 합의했다고 하더라도 다른 군비통제조치가 연이어 합의되지 않는다면 한반도의 군사적 안정의 제고에 이바지할 수 없을 것이다.

둘째, 보다 장기적인 관점에서 일관성 있는 군비통제 정책목표의 설정이 필요하다. 역사적인 사례에서도 보듯이 그 지역의 군사적 안정성 같은 정책목표의 설정이 필요한 것이다. 이러한 정책목표는 안보 이해 당사국의 국방정책과 군비통제정책 사이의 갈등과 부조화를 해결하며 보수적 안보주의자나 진보적 평화주의자 사이의 견해차를 중간으로 끌어당기는 구심력 역할을 한다. 한반도의 군사적 안정성은 남북한과 미국뿐만이 아니라 중국, 일본, 러시아의 안보이익을 어느 정도 충족시킬 수 있는 최대 공약수가 될 수 있을 것이다.

셋째, 군사적 안정성이란 변화를 무시한 현재 상태의 고수가 아니어야 한다. 군사적 안정성이란 안보환경의 변화나 군비통제 협상의 결과 국방정책의 몇 가지 구성요소에 변화가 생기더라도 군사적으로 안정된 결과가 유지되어야 한다는 뜻이다. 방어 측의 입장에서 볼 때 공격 측이 영토를 획득하지 못하도록 하는 것이 군사적 안정성의 정의라고 규정한 바와 같이, 이러한 기준은 미래의 한반도의 군사력 균형이 이러한 상태에 도달해야 한다는 것을 포함한다. 이러한 면에서 군사적 안정성의 개념은 제한조치나 감축조치에 대한 엄격한 분석도 가능하게 하므로 미래의 군비통제 정책수립을 위해서도 지속적으로 발전되어야 하는 개념이다.

넷째, 병력배치 제한지역의 설정이 가장 효과적인 군비통제조치로 우선 추구되어야 한다. 이 조치가 군사적 안정성을 확보시켜 준다는 점뿐만 아니라, 제한된 지역 내에서 투명성을 확실하게 증대시키며, 나아가서는 북한의 기습공격 가능성을 제거해 준다는 점에서 가장 나은 조치가 된다. 북한이 일방적으로 거대한 규모의 군사력을 축소시킬 가능성이 매우 적고 또한 한미연합군사연습과 조건부로 북한 군사력의 감축을 합의할 가능성이 적은 점을 고려해본다면 병력배치 제한지역의 설정은 상호주의의 원칙에 비추어 보아 타협의 가능성이 높다고 할 것이다.

다섯째, 한미연합연습의 감축과 그로 인한 남한의 전력손실, 그 전력손실을 보상하기 위한 북한의 조건부 군사력 감축, 이 세 가지 변수 사이의 관계를 잘 측정하는 것이 필요하다. 이 세 가지 변수 사이의 관계를 예측해본 시뮬레이션에서 보았듯이 가정에 따라 그 관계가 얼마나 민감하게 변하는가 하는 것을 우리는 알 수 있다. 본 연구에서 제시한 한미연합연습의 규모를 50퍼센트 감축 시 북한은 전진배치한 병력 중 1 내지 1.5개 사단, 또는 전차 100 내지 150대를 폐기해야 한다는 것을 문자 그대로 받아들여서는 안 될 것이다. 이 연구는 몇 가지 가정 하에서 이루어진 것이므로 가정의 변경에 따라 이 숫자는 달라질 수 있을 것이기 때문이다. 이러한 점은 다음의 정책제안을 가능하게 한다.

여섯째, 국방 및 군비통제 정책을 연구할 전문가를 양성해야 한다. 유럽의 군비통제사례에서 본 바와 같이 군비통제의 영향에 대한 전문가적 분석능력과 군비통제에 대한 공통적인 개념과 지식의 대국민 및 정치인 전파 및 동서 양 진영 간의 공통된 개념과 지식의 공유 등이 유럽의 군비통제를 성공으로 이끌었다고 볼 때 관계 전문가의 양성은 국방정책 기획의 일부로 되어 있어야 할 것이다. 무엇보다도 각종 군비통제조치의 안보에 대한 치밀한 영향평가는 군비통제를 바람직한 방향으로 이끄는데 필수적인 요소이다.

제 3 장

한반도 군비통제의 과거와 현재

Ⅰ. 현재까지의 논의

　　남북한 간에는 고위급회담과 군사 분과위원회 등을 통하여 군비통제조치에 대한 많은 제안을 주고받았다. 1991년 12월 13일 합의된 기본합의서의 제2장 불가침 분야 관련 조항과, 1992년 5월 7일 발효된 '남북군사공동위원회 구성·운영에 관한 합의서' 그리고 1992년 9월 17일에 발효된 '남북사이의 화해와 불가침 및 교류·협력에 관한 합의서'의 제2장 '남북 불가침의 이행과 준수를 위한 부속합의서'가 그것인데, 1990년대에 남북한 간에 제안되었거나 합의가 된 군비통제조치의 제목은 <표 Ⅲ-2>과 같다.

표 Ⅲ-2 1990년대의 남북한의 군비통제 및 군축 제안 비교

항목	한 국	합의사항(91년 남북기본합의서)	북 한
단계	• 단계적 개념 강조 ① 정치적 신뢰구축 ② 군사적 신뢰구축 ③ 군축		• 단계적 개념 강조하지 않음 ① 군사적 신뢰구축 ② 무력 감축 ③ 외국 무력철수 ④ 군축 후 평화보장
군사적 신뢰구축	• 군 인사의 상호방문 교류 • 군사정보의 상호공개 및 교환 • 여단급 이상 부대이동 및 기동훈련의 45일전 사전통보 및 참관 • 우발적 무력충돌 방지를 위한 직통전화 설치 • 군사공동위 운영 • 비무장지대의 평화적 이용 • 수도권 안전보장	• 무력사용 및 침략 금지 • 군사직통전화 설치 • 대규모 부대이동과 군사연습의 통보 및 통제 • 군 인사 교류 • 비무장지대의 평화적 이용	• 군사훈련과 군사연습 제한 : 한·미 연합 군사훈련 중단 등 • 비무장지대의 평화 지대화 및 중립국 감시군 배치 • 일반적 충돌방지를 위한 안전조치 • 남·북·미 군사 공동기구 구성 • 쌍방 군사당국간 직통 전화 설치·운영 • 군사공동위 운영

군축	• 공격형 전력 우선 감축 및 기습공격능력 제거 • 상호동수보유원칙과 동수균형 유지 • 무기감축에 따라 병력감축, 상비전력감축에 상응한 예비전력과 유사 군조직의 감축 • 쌍방 군사력의 최종 수준은 통일국가의 군사력 소요를 감안하여 쌍방 합의하 결정 • 군사력 불균형 시정 • 핵·화학·생물무기 등 대량살상무기 금지	• 대량살상무기 제거 • 기습공격능력 제거 • 단계적 군축	• 무력의 단계적 감축 : 3~4년 동안 3단계(30만, 20만, 10만)로 나누어 실시, 병력감축에 상응하게 군사장비도 축소 및 폐기, 제1단계 감축시 민간군사조직과 민간무력 해체 • 군사장비의 질적 갱신 중지 : 새로운 군사기술, 장비의 도입 및 개발 중지, 외국으로부터 새로운 군사기술과 무장장비의 반입 금지
외국군 철수 (주한미군)	• 평화체제 구축에 관한 실질적 진전 이후 한·미간 논의할 사항		• 조선반도의 비핵지대화 : 남한에 배치된 핵무기의 즉시 철수 위한 공동노력, 핵무기의 생산 및 구입금지, 핵무기 적재 외국비행기 및 함선의 한반도 출입 및 통과 금지 • 한반도에서 외국군대 철수위해 노력 : 주한미군과 장비를 남북한 군축에 상응하게 단계적으로 완전철수, 미군철수에 상응하게 미군 기지들도 단계적으로 철폐
검증	• 현장 검증 • 감시 공동 검증단 • 상주감시단 구성	• 검증	• 군축정형의 호상통보와 검증 : 무력 감축정형의 통지, 상대측 지역에 대한 상호 현지사찰에 의한 검증
평화협정	• 남북한 당사자원칙에 의한 남북한간 체결	• 공고한 평화체제 수립 때까지 정전체제 고수	• 남북한간에는 불가침 선언으로 해결 • 미·북 평화협정 체결
평가	• 군사적 투명성 제고위한 신뢰구축 위주 • 군사력 불균형 시정 및 대량살상무기 제거에 중점	• 군사적 신뢰구축 및 군축문제를 포함한 광범위한 내용	• 주한미군 및 유엔사 제거 및 대남군사력 우위를 감안한 군축에 중점 • 군사적 신뢰구축에 대한 소극적 태도 견지

<표 Ⅲ-2>에서는 군사적 신뢰구축 조치, 군축, 외군군 철수문제, 검증, 평화협정 문제를 구분해 설명하고 있다.

첫째, 군사적 신뢰구축조치라고 부를 수 있는 조치로는 불가침 조항 그 자체, 군사 당국자 간 직통전화 설치 및 운영, 그리고 소위 5대 불가침 이행 보장조치라고 불리는 것 중 (1) 대규모 부대이동과 군사연습의 통보 및 통제 문제, (2) DMZ의 평화적 이용, (3) 군 인사교류 및 정보교환, (4) 검증 등이 있다. 그런데 가장 초보적인 군비통제 조치인 불가침 선언에는 양측의 합의만으로 시행이 가능하기 때문

에 이미 기본합의서의 제9조에서 남북한은 상대방에 대하여 무력을 사용하지 않을 것과 무력으로 침략하지 않는다고 하고 있고, 제10조에는 의견대립과 분쟁문제들을 대화와 협상을 통하여 평화적으로 해결한다고 하고 있으므로 이를 지키기만 하면 되는 것이다. 군사 당국자 간 직통전화의 설치 운영의 이행에는 큰 문제가 없으나, 1992년 북한 측이 우리의 한미 간 연합훈련의 실시를 핑계로 그 실무협상을 중단시킨 바 있고, 나머지 신뢰구축조치들도 그 이행을 위한 구체적인 합의에 이르기까지에는 많은 난관이 존재한다.

둘째, 군축조치라고 부를 수 있는 것은 5대 불가침의 이행·보장 조치 중 대량살상무기와 공격능력의 제거를 비롯한 단계적 군축조치와 그 검증이 있다. 그런데 북한은 미군의 단계적 철수를 포함한 남북한 상호간의 군축조치의 실현에 남북한 간 군비통제회담의 중점을 두어 왔으므로 신뢰구축조치의 시행 이후 단계적으로 군축에 들어가야 한다는 남한 정부와 서로 합의에 이르기까지에는 많은 시간이 소요될 것이다.

셋째, 신뢰구축조치나 군축조치의 범주에 넣기가 어려운 개념들이 북한측에 의하여 군사분과위원회에서 제안되어 1992년에 군사공동위원회의 토의 의제로 위임된 바 있는데, 그 예로서는 군사분계선 일대의 무력증강금지, 상대방에 대한 정찰활동금지, 영해와 영공의 봉쇄금지 등이 그것이다. 엄밀하게 말하자면 군사분계선 일대의 무력증강금지는 어느 특정지역에 더 이상의 군사력 증강배치를 금지하자는 것으로서 제한조치에 해당되며, 상대방에 대한 정찰활동의 금지는 군비통제조치의 합의 이후 검증이 불충분할 때 사용할 수 있는 국가감시능력(National Technical Means)을 사용해서는 안 된다는 것으로서 신뢰구축조치의 목적에 위배되는 반(反)신뢰구축조치라고 할 수 있으며, 영해·영공의 봉쇄금지는 핵문제와 관련하여 향후 있을 지도 모를 대북한 제재조치를 근본적으로 방지하자는 의도에서 제안된 것으로 해석할 수 있다. 그리고 우리 측이 제안한 것으로서 수도권의 안전보장문제가 있는데 이것은 불가침선언의 이행과 신뢰구축조치나 군축조치 어느 것을 통해서도 실현될 수 있으므로 추구하는 조치 여하에 따라 어느 쪽으로도 분류할 수 있다.

결론적으로, 남북한 간에는 군사공동위원회에서 협의해야 할 의제의 제목만 합의해 놓은 상태이며, 그 의제들을 더욱 구체화시키거나 이행하고, 그 이행여부를 검증할 절차들은 모두 차후 군사공동위원회의 활동 여부에 달려 있다고 하겠다. 그러나 군사공동위원회는 구성된 바도 없고 개최된 바도 없다. 또한 위에서 지적한 의제들 이외에도 한반도의 군사적 안정과 평화정착에 도움이 되는 새로운 제안사항이 있다면 논의할 수 있는 길이 열려있다.

하지만 1992년 핵문제의 원만한 해결 없이는 기본합의서의 어떠한 분야도 진전시킬 수 없다는 남한 정부의 강력한 연계정책과, 남한측이 팀스피리트 연습을 재개할 경우 핵협상을 비롯한 어떤 남북대화도 거부하겠다는 북한의 입장이 팽팽히 맞서 군비통제를 위한 남북한간의 회담은 결렬되었다. 그 이후 남북한 간에는 군비통제를 진전시키기 위한 어떤 접촉도 없었다. 대신 북한 핵문제에 대한 교착상태를 해결하기 위하여 북미 간의 고위급 접촉이 1993년 6월부터 1994년 10월까지 개최되어 핵문제를 비롯한 북미관계 개선에 관한 제네바 합의서가 체결되었고, 미북 간에는 2000년 10월에 올브라이트(Madline Albright) 미 국무장관의 북한방문, 같은 해 11월 조명록 차수의 워싱턴방문으로 북미 간에는 적대의지의 부재, 한반도 평화를 위한 4자회담 등 각종 장치의 중요성을 합인하는데 그쳤다. 남한은 남북한 간의 군사당국자회담을 재개시키고자 노력한 결과 2000년 9월 사상 최초로 남북한 간 국방장관회담이 있었으나 군비통제에 대한 합의는 하지 못하고 남북한 간 경의선 철도 연결을 위한 실무회담을 개최하는데 그쳤다. 2007년 11월 제2차 남북국방장관회담에서 제반신뢰구축조치와 남북조사공동위의 개최 필요성에 대한 합의만 있었고, 실질적인 군비통제조치는 실현되지 않았다.

Ⅱ. 남북한의 군비통제 목표와 협상전략

1. 남한의 군비통제 목표

남한의 군비통제 목표는 아래와 같다. 남한은 재래식 군비통제에 관한 유럽의 경험으로부터 다양한 목표를 도출하여 한반도 상황에 적용해 왔다.

ㅇ 궁극적 목표
  − 국가안보와 안전을 증진
  − 평화공존의 달성
  − 평화통일에 이바지

ㅇ 운용적 목표
  − 남북한 간의 군사적 신뢰구축
  − 오해와 오산에 의한 전쟁방지

　　– 기습공격과 전면전의 가능성 방지
　　– 북한의 우세한 전력을 줄이기 위한 비대칭적 군축 추진

　　첫째, 남한의 궁극적인 군비통제 목표는 남한 정부의 제안에서 살펴볼 수 있다. 이러한 궁극적 목표는 국방정책과 군비통제정책을 구성하고 있는 외교정책과 안보정책을 통하여 달성될 수 있는데 남한의 궁극적 목표는 안보와 안정의 증진, 평화 공존의 달성, 그리고 이 두 가지 목표를 발전시켜 궁극적으로는 평화적 통일을 추구하는 것이다.

　　둘째, 군비통제의 운용적 목표는 다음과 같다. 상기항의 궁극적 목표를 이루기 위하여 4가지 운용상의 목표를 가지고 있는데 그러한 것들은 특히 군비통제에 적합하다고 할 수 있다. 남한의 군비통제에 대한 운용적 목표는 남북한 간의 신뢰를 구축하고, 오해와 오산을 방지하며, 기습공격과 전면전에 대한 가능성을 줄이고, 더 나아가 북한의 과다한 군사력의 감축을 달성하는 것이다.

● 남북한 간의 신뢰구축

　　남한은 군비통제의 발전을 위한 선행단계로서 남북한 간의 신뢰구축을 강조한다. 이러한 생각은 매우 중요하다. 왜냐하면 북한이 6·25전쟁 이후 모든 협정을 지속적으로 위반해 왔기 때문이다. 빈번한 접촉과 정보의 교환을 통한 신뢰구축은 남한 정부와 전통적인 기능주의자들에 의한 접근방법에 의해 제시된 바와 같이 평화 공존과 통일을 보다 앞당길 것이다. 북한은 남한의 신뢰구축에 대해 자신들을 개방시키기 위한 남한의 전략으로 분석하고 있으며, 그들은 외부에 대한 개방의 영향으로 붕괴될지도 모른다는 우려를 갖고 있다.

● 오해와 오산의 감소

　　오해와 오산은 의도하지 않은 긴장을 야기하는 군사행동과 대응을 나타내는 것으로 여기서는 서로 바꾸어 사용될 수 있다. 이것은 군사기동에 대한 의도는 상대방에 의하여 잘못 분석될 수 있으며, 과잉반응을 유도할 수도 있다는 것이다. 따라서 이것의 목표는 "잘못된 판단"으로 말미암은 전쟁의 가능성을 줄이는 것이다. 특정한 환경 하에서 북한 당국이 전쟁을 하면 승리할 수 있다는 오산을 방지하고, 남한과 미국이 북한을 침공하기 위한 군사행동을 하리라는 북한의 오해를 방지하는 것이 중요하다. 또한 북한 내부의 급변 사태 시 우리의 과잉행동을 자제하는 것이 중요하다.

● 기습공격과 전면전의 가능성을 방지

남한에 대한 주된 위협은 전방배치병력에 의한 북한의 대량 기습공격능력이다. 6·25전쟁에서 본 바와 같이, 북한의 공세적 군사교리와 태세는 기습공격을 뒷받침한다. 또한 북한은 현 배치상태에서 곧바로 기습공격을 감행할 수 있다. 따라서 기습공격과 전면전의 예방은 종종 기습공격을 공격이 아니라고 하는 잘못된 판단의 가능성을 방지하는 것을 의미한다. 서구에서와 달리 한반도에서 오해와 오인에 의한 공격보다는 기습공격가능성이 많다. 그러므로 이 목표는 한반도에 가장 중요한 군비통제목표가 될 수 있다.

● 북한의 수적으로 우세한 군사력을 감소시키기 위한 비대칭 군축의 추진

남한 정부는 군축이 위에서 기술한 3가지 운용적 목표에서 가시적 성과를 거둔 후에 군축으로 들어가야 한다고 주장한다. 수적열세를 가진 남한은 군축을 선호하지 않으므로 먼저 북한을 남한의 군사력과 동일한 수준으로 끌어 내리려는 입장을 고수하려 한다. 그런 다음 만일 가시화된 조치를 통해 검증가능하고 신뢰할 수 있는 방법으로 분쟁의 가능성을 증대시키는 양측의 대량파괴무기에서부터 재래식무기에 이르기까지 광범위한 군축제의를 할 것이다.

2. 남한의 군비통제 전략

남한은 6·25전쟁 이후 북한의 남침의도가 불변인 것으로 간주하고 남북한 간 군비통제가 실시되기 위해서는 우선 정치·군사적 신뢰구축이 선행되어야 한다고 강조해 왔다. 신뢰구축에서 군축에 이르기까지는 수년이 걸릴 것으로 예상하여 단계적인 접근전략을 채택해 왔다. 첫째 단계에서는 남북한 간에 초보적 신뢰구축을 실시함으로써 긴장완화조치를 취하고, 둘째 단계에서 기본합의서에 의한 남북기본관계 개선과 함께 군사적 신뢰구축에 합의하고 합의되는 것부터 시행해 나간다. 셋째 단계에서는 군사력의 제한 및 감축을 추진하는데 먼저 북한이 공격용 무기 수에서 남한보다 우위에 있으므로 남한 수준까지 감축한 이후에 상호동수로 축소해간다. 넷째 단계에서는 남북한 간 군비통제 완성 후에 평화공존체제를 확립한다는 것이다.

그런데 이와 같은 전략은 1992년부터 남북한 간에 전개된 핵협상이 전면에 대두되면서 변모를 겪게 된다. 북한 핵문제 우선 해결원칙에 따라 재래식 군비통제는 우선순위에서 밀리게 되었고 오히려 북한 핵의 투명성 확보와 팀스피리트 재래식 연합훈련을 연계시킴으로써 재래식 군비통제 분야의 가장 중요한 카드를 날려 버리게 되었다. 또한 남북한 군사회담을 통해 추진할 군비통제협상도 북미 간 핵협상

때문에 뒤로 미루어졌으며 제네바 핵합의 이후에는 북한의 의도적인 통미봉남 정책에 따라 남북한 군사협상이 재개되지 못했다. 2000년 6·15 공동선언에서 남북한 군비통제를 기대했으나 수포로 돌아갔다. 2004년 또다시 북한 핵문제가 대두됨에 따라 재래식 군비통제는 뒷전으로 밀리고 말았다.

1996년 한국은 한반도에서 긴장을 완화하고 남북한 간 군사대치 현실을 극복하여 재래식 군비통제를 달성하기 위해서는 미국과 북한을 한국이 주도하는 대화의 장으로 끌고 들어와야 한다는 기본인식에 근거하여 4자회담을 제의했다. 만약 북한이 미국을 상대로 한반도 군사문제를 다루게 될 경우 북한이 군비통제에서 달성하려고 하는 한반도 군사문제에서 정통성 확보와 미국의 영향력 배제, 나아가 주한미군 철수 작업에 박차를 가할지 모른다는 우려에서 한국은 북한의 체제난, 경제난 및 외교적 고립을 해결하는 방안의 하나로서 북한이 4자회담에 응해올 경우 얻을 수 있는 경제적 이득을 보여줌으로써 북한을 유인했다. 그러나 4자회담은 실패로 끝났으며 한반도 재래식 군비통제는 한 발짝도 진전을 하지 못하고 있다. 그 후 노무현 정부에서 한반도 평화체제 수립전략의 일부로서 신뢰구축과 군비통제를 추진하고자 하였으나 실패로 끝났다. 그 후 북한 핵문제가 심각해짐에 따라 협상을 통한 한반도 군비통제는 요원해졌다.

3. 북한의 군비통제 목표

북한의 군비통제 목표는 구체화하기가 매우 어렵다. 그러나 북한 일간지(로동신문)와 정부기관의 성명은 북한의 공식적 입장에 관한 제한된 정보자료를 제공한다. 또한 북한의 정책입장을 비판하는 남한의 공식성명은 또 다른 정보원이 된다. 북한 정부가 군비통제 회담을 통해 추구하는 군비통제 목표는 그러한 자료로부터 다음과 같이 추론할 수 있다.

o 궁극적 목표
 − 북한 방식에 의한 통일 달성
 − 북한체제의 생존 보장

o 운용적 목표
 − 한반도의 정치적/군사적 문제에 대한 미국의 영향력 제거
 − 남한의 안보를 저해하기 위해 미 군사력의 감축 및 철수의 촉진

- 미국의 핵 억제력을 약화 또는 제거
- 남한에 대한 군사력 우위의 유지

첫째, 북한의 군비통제에 대한 궁극적 목표는 위에서 요약한 것처럼 국가체제의 생존을 보장하고, 기회가 왔을 경우 그들 방식에 의한 통일을 달성하는 것이다. 이러한 궁극적 목표를 달성하기 위해 네 가지 운용적 목표를 구체화시키고 있다.

둘째, 북한이 추구하는 군비통제의 운용적 목표는 다음과 같이 설명할 수 있다.

● 정치적/군사적 문제에 관한 미국의 영향력 제거

북한의 리더십은 군사적인 면에서 한반도에서 외세의 영향을 제거함으로써 북한의 궁극적인 목표인 통일을 달성하려 한다. 미국의 영향을 제거함으로써 북한에게 유리한 방향으로 현상의 변화를 가져올 것을 가정하고 있으므로 북한은 군사력을 지속적으로 증가시킴으로써 기회를 추구하고자 한다. 특히 대량살상무기에 의한 비대칭위협을 증가시킴으로써 남한에 대한 전략적 우위를 달성하고, 핵회담에서 미국과 한반도 평화를 담판지음으로써 결과적으로 한반도에 대한 미국의 영향을 배제하려 한다.

신뢰구축에 대한 북한의 접근방법은 남한과는 상이하다. 왜냐하면 평양은 한반도에서의 미국의 억제와 방위전략을 위협의 주원인으로 간주하고 있고, 긴장 완화와 신뢰구축을 위한 선결요소로서 남한에서의 외국 군대의 철수를 바라기 때문이다.

● 남한의 안보를 저해하기 위한 미군의 전력 감축 및 철수의 촉진

북한은 미국과 남한의 연합군사훈련과 미국의 핵 능력, 그리고 한미 간의 안보동맹 자체의 강한 응집력을 위협으로 보고 있다. 북한의 미군철수 주장은 휴전협상 이후 계속되어 왔으나, 그 당시와 다른 안보환경의 변화로 철군의 합리성도 변화하여 왔다. 현재 북한의 선전전략은 남한이 미군에 종속되어 있다고 강조함으로써 미군철수를 위해 군비통제의 분위기를 이용하려고 한다. 북한은 미군의 완전철수를 달성함으로써 북한에 유리한 상황을 만들어 내려고 한다. 그리고 남한 내부의 반미주의자를 선동함으로써 정치적 이익을 추구할 수 있을 것이라고 생각한다. 그러나 북한이 만일 현상유지 이외에 대안이 없다면, 그들의 이러한 입장은 변화될 것으로 기대할 수 있다. 혹자는 1990년대 후반에 북한이 주한미군의 단계적 철수론에서 주둔용인론으로 입장변경을 시도하고 있다고 해석하기도 했다.[14]

---

14) 임동원, 『한겨레신문』(1999. 4. 7).

● 미국의 핵억제력을 약화 또는 제거

북한은 미국이 한반도에서 핵전쟁을 위협하고 있다는 주장을 계속해 왔다. 북한 핵개발의 이유가 남한 내 미국의 핵무기 제거에 있다고 주장해 왔다. 북한은 군비통제협상을 통하여 한반도에서의 비핵지대 설치를 주장해 왔으며, 한반도 비핵화 공동선언 합의 이후에도 비핵지대화 주장을 늦추지 않았다. 2000년대에 이르러 미국의 대북한 선제공격 가능성을 억제시키기 위해 핵무기를 개발하고 있음을 밝히기도 했다.

● 남한에 대한 군사력 우위의 유지

북한은 군사 수단에 의한 그들의 혁명전략을 추구하기 위하여 대량파괴무기를 증강시키고 있다. 그러한 혁명전략은 공산주의체제의 본질적인 속성으로서 이러한 전략적 우위를 유지하기 위하여 북한은 남한의 경제와 기술력을 바탕으로 한 질적 우세를 방지하고자 한다. 경제력과 군사비 면에서 남한에 뒤진 북한은 한편으로 핵무기 등 대량살상무기를 증강시키면서 남한에 대해서 미국이나 선진국으로부터 첨단무기구입을 중단하도록 요구하였으며, 질적인 면에서 군사력 개선을 금지하자고 제안한 바 있다.

4. 북한의 군비통제 전략

북한은 대남적화통일의 달성을 위해서 군사력을 계속 증강시키는 한편, 미군 철수와 한반도 군축을 주장해 왔다. 군비통제를 군축의 차원에서만 활용해 온 것이다. 그러나 탈냉전과 공산주의의 붕괴 이후 북한은 부득이 그들의 군비통제정책을 변경하지 않을 수 없었다. 미군의 핵무기 철수와 재래식 무기 철수에 정책의 초점이 놓여 있었으나 1991년 9월 부시 전 미국 대통령의 전술핵무기 철수 선언과 미국의 대이라크전쟁의 승리를 본 이후 북한은 그들의 핵무기 개발계획을 카드로 활용하여 미국의 대북한 체제 안전보장을 획득하는 수단의 하나로 군비통제개념을 활용했다. 즉 북한의 핵무기개발계획의 동결과 북미 간 정치적 신뢰구축, 긴장완화, 경제제재 철폐, 대북 에너지 지원 등의 방식으로 핵통제 개념을 활용한 것이다.

이것은 북한의 전통적인 대미 적대정책과 대외군사정책에 변화가 있었음을 의미한다. 핵개발 카드를 사용하여 전략적·안보적으로 불리한 상황을 호전시키는 의미에서 상대국과 협상을 통해 자기의 안보이익을 달성한 것이다. 북한에게 또 하나 의미가 있는 것은 핵카드와 팀스피리트 연습의 중단을 교환한 것이다. 북한의 대내 사정이 열악한 점을 감안하여 전통적인 대남군사적화전략을 일단 유보하면서 시간을 버는 동시에 핵카드를 사용하여 자기들의 안보이익을 달성하는 수단으로 군비통제를 활용해 왔다고 볼 수 있다. 북한이 안보이익을 증진시키고 상대방으로부터 오는 군사적 위협을 감소시키기 위해서 군비통제 협상의 일부를 활용했다는 점은 시사하는 바가 크다.

그러나 기본합의서 합의 이후 북미 핵협상만 중요시한 나머지 한국 정부를 소외시키고 배제해온 전략은 그들의 군비통제정책 목표를 100% 달성할 수 없도록 만들었다. 오히려 재래식 분야에 있어 한미 간 안보협력은 더욱 긴밀해졌고 특히 미국은 한반도 핵위기 시 한반도의 안보불안을 감안하여 재래식 무기 배치를 증강했다. 따라서 북한은 핵분야에서 군비통제, 그리고 재래식 분야에서 일부의 군비통제 목표를 달성했으나 재래식 분야의 군비통제 목표는 제대로 달성할 수 없었다. 오히려 북한에게는 군사적 위협이 증가되었다고 보는 편이 타당하다.

이는 북한이 갖고 있는 군비통제전략, 특히 한반도에서 미국 영향력의 제거라는 목표 하에서 추진하고 있는 한국배제전략의 한계라고 볼 수 있다. 즉 한반도 군사대치의 실질적, 법적 당사자인 한국을 배제하는 것은 그들의 군비통제목표를 제대로 달성할 수 없게 만드는 요인이다. 북한은 북한판 양면전략을 사용하고 있다. 즉, 일면 미국과 안보문제를 협상하면서 다른 면으로는 대미평화협정공세에 미국이 응하지 않을 경우, 한국의 안보불안을 인질화 함으로써 한반도에 군사적 긴장을 제고시키는 양면전략을 구사해 나갈 것으로 예상된다.

Ⅲ. 2000년대 남·북한·미국의 군비통제에 대한 입장

이상에서 남북한은 군비통제에 대한 목표와 협상전략이 판이하다는 것이 밝혀졌다. 이것은 21세기에도 계속되고 있다. <표 Ⅲ-3>에서 보는 바와 같이 남북한·미국은 한반도 군비통제에 대한 각기 다른 시각을 노정하고 있다.

이를 의제별로 분석해 보고자 평화협정문제, 주한미군문제, 군사적 CBM문제, 미사일문제, 재래식문제로 구분해 보았다. 평화협정문제에 대해서 남한은 남북이 당사자가 되어서 남북한 간에 체결해야 한다는 입장을 견지하고 있다. 즉 남북한 간에 평화협정을 체결하고 미국과 중국이 지지하고 보장하면 된다는 것이다. 평화협정의 체결시기도 한반도에 실질적 평화가 정착되어 평화상태가 이루어져야 평화협정이 가능하다는 입장이다. 이에 비해 북한은 북미 간에 평화협정이 체결돼야 한다는 주장을 굽히지 않고 있다. 2003년 8월부터 개최된 6자회담에서도 북한에게 필요한 것은 미국의 대북한 적대시 정책의 포기와 불가침을 포함한 안전보장이라고 밝히고 있다. 이것은 북한이 종래 주장해오던 북미 평화협정 체결주장의 변용이라고 볼 수 있다. 반면 미국은 한반도에 실질적 평화가 조성된 후 남북한 간에 평화협정을 체결하거나, 한반도에서 긴장완화와 위협해소가 이루어지면 평화가 달성된다는 입장을 가지고 있다. 1990년대 클린턴 행정부에서는 북미 간에 적대의사가 없으며 한반도 평화체제구축을 위해 4자회담이 유용하다는 입장을 보인 바 있다. 그러나 2000년대 부시 행정부에서는 핵무기와 재래식 군사위협문제를 동시에 해결하는 것이 급선무이며 평화협정문제는 미래의 일이라는 입장으로 변경되었다.

주한미군문제에 대해서 남한과 미국은 거의 입장이 일치한다. 즉 이것은 한미 간의 문제이며 북한과 협상의제가 될 수 없다는 것이다. 남한은 "안보위협이 존재하는 한 주한미군이 한반도에 주둔해야 하며 통일 후에도 한반도와 지역안정을 위해 주한미군이 주둔해야 한다"는 것이다. 미국은 이에 동조하면서도 2003년 이라크 전쟁 수행 이후 세계적 차원에서 군사전략을 변경시키는 일환으로 주한미군을 후방 배치시키고 있다. 부시 행정부가 북한군의 후방배치를 요구했음에도 불구하고 그 이행여부에 관계없이 주한미군의 후방배치를 일방적으로 감행하고 있는 것이다.

북한의 주한미군에 대한 대미정책의 최우선 과제는 '남조선을 강점(强占)하고 있는 미군을 철수시켜야 한다'고 주장하고 있다. 즉 주한미군 철수가 북한이 원하는 군비통제협상의 의제이며, 이는 처음부터 의제로 포함되어야 군비통제협상이 가능하다는 것이다.

군사적 CBM에 관해서 남한은 한반도의 긴장완화와 공고한 평화상태를 구축하기 위한 최우선 과제로서 남북한 간 군사적 신뢰구축이 필요하다고 주장하고 있다. 그리고 어떤 종류의 군사적 신뢰구축조치가 필요한지에 대해서는 남북한 간에 협의가 용이하고 이행이 용이한 사항부터 해나가자는 입장이다. 미국은 북한의 재래식 전력의 위협감소가 중요하며 군사적 CBM은 한반도의 주한미군의 안전보장을 위해 중요하다는 생각이다. 북한은 북미 간에 평화협정체결 또는 불가침보장이 이루어지면 그것이 바로 군사적 신뢰구축이며, 남북한 간 군사적 CBM은 그 이후에나 가능하다고 주장한다.

미사일문제에 대해서 남한은 북한이 MTCR에 가입해야 한다는 입장이며 미·일 등 주변국을 위협하는 북한의 미사일 개발과 시험발사 배치는 중단되어야 한다는 입장이다. 그러나 남한의 주된 안보관심은 북한의 중·장거리 미사일이라기보다는 북한이 전방에 배치한 장거리 야포에 놓여있다. 미국은 북한의 미사일 위협을 근본적으로 제거하는데 주목하고 있다. 북한이 미사일을 해외에 수출하거나 시험·

발사·배치하는 것을 중단시키려 하고 있다. 2001년 9·11 테러 이후 미국은 북한의 미사일 수출을 방지하기 위해 PSI(Proliferation Security Initiative) 조치를 강구하고 있다. 반면 북한은 '미사일은 북한의 자주권과 생존권의 문제로서 연구와 개발을 계속할 수밖에 없음'을 분명하게 밝히고 있다. 다만 1999년 클린턴 행정부 당시 북미 간에 고위급 대화를 통해 미국과 2003년까지 시험발사를 유예하기로 합의한 바 있다.

재래식 무기에 대해서 남한은 재래식 무기문제는 남북한 간에 해결돼야 한다는 입장을 견지하고 있다. 김대중 정부 때에는 핵을 비롯한 대량살상무기문제는 북미 간에 해결하고, 남북한 간에 1992년 기본합의서에 의거하여 재래식 군비통제문제에 대해서 해결·노력한다는 역할분담론을 발표한 바 있다. 노무현 정부에 들어와서는 핵문제가 6자회담을 통해 논의됨에 따라 핵문제 해결에도 적극 참여하고 있으며 재래식무기문제는 남북한 간에 해결하려고 노력한 바 있다. 미국은 재래식 무기문제에 대해 한국의 주도권을 인정하되 한미 간 공동연구를 통해 공통된 입장을 가지고 접근하는 것이 바람직하다고 생각하고 있다. 북한은 2001년 7월 부시 행정부가 북한의 재래식 군사위협문제를 제기하자 "이것은 북조선을 무장해제 시키고 고립압살 시키려는 정책"이라고 반발하면서 주한미군 철수와 연계시키는 주장을 했다. 즉 재래식 무기문제는 미국이 문제이며 북한은 문제될 것이 없다는 입장을 견지하고 있다.

이렇게 군비통제에 대한 남북한의 입장은 판이하다. 한미 양국은 대개 같거나 비슷한 입장을 지니고 있으며 북한의 입장은 너무도 다른 것이다. 이런 입장차를 해소하기 위해서는 남북한·미국 3자가 한자리에 모여 토의하는 것이 필요하다. 공통점이 작을지라도 공통점을 찾으려는 노력부터 해나가는 것이 군비통제를 출발시키는 지름길이다.

표 Ⅲ-3 2000년도 이후의 남·북한·미국의 군비통제에 대한 입장

항목	남 한	북 한	미 국
평화협정문제	• 평화정착 과정이 진전되어 사실상 평화상태하 체결가능 • 남북이 당사자가 되어 체결 • 미·중이 지지·보장	• 정전협정을 미·북 평화협정으로 대체	• 실질적 평화상태 조성 후 평화협정 체결
주한미군문제	• 한·미간 해결문제 • 안보위협이 존재하는 한 주한미군의 존재는 필수적	• 대미정책의 최우선 과제는 남조선을 강점(强占)한 미군을 철수시키는 것	• 한·미간 해결문제 • 안보위협이 존재하는 한 주한미군의 존재는 필수적 • 주한미군의 일방적 후방배치

군사적 CBM 문 제	• 한반도 긴장완화, 공고한 평화정착을 위한 정치·경제· 사회·문화적 교류협력과 연계 • 군사적 CBM 추진 긴요 • 이행이 용이한 사안부터 점진적/단계적 확대추진	• 선 미·북간 평화협정 체결로 대북 군사적 안전보장, 후 군사 적 CBM 추진가능	• 북한 재래식전력 위협감소 • 한반도/주한미군 안전보장
미사일 문 제	• 북한의 MTCR 가입유도, 대남 위협감소	• 자주권, 생존권 문제로 개발 계속 • 클린턴행정부 당시 2003년 까지 시험발사 유예약속	• 근본적으로 북한의 미사일 능력(시험, 생산, 배치, 수출 포함) 제거
재래식 무 기 문 제	• 재래식무기 감축 문제는 남·북한간 해결	• 미국의 재래식무기 의제화에 반발, '고립압살정책'으로 비난, 주한미군 철수와 연계	• 한국의 주도권 인정하되, 한미간 공동연구실시

Ⅳ. 앞으로의 한반도 군비통제

북한의 핵무기 개발위협을 해소하기 위해서 북미 간에 핵협상이 전개되었으며 미국과 한국이 위협으로 간주하던 1994년 이후 2002년 10월 말까지 북한의 플루토늄 핵개발 가능성이 동결되었고 북한이 위협으로 간주하던 주한미군의 핵무기 철수, 미국의 핵무기 불사용과 불위협 보장을 해주었다. 그래서 부분적이기는 하지만 핵무기 차원에서는 군비통제가 이미 시도되었으나 결과는 실패였다.

한반도의 군비통제는 엄격히 말해서 광범위한 안보회담 성격의 군비통제가 되고 있다. 한반도에서 군사적 대치구조와 탈냉전적 국제질서의 성격이 교차되는 가운데 군비통제는 남북한 관계개선, 북미 관계개선, 상호경제협력 분위기 조성, 원자력 에너지 차원의 협력과 핵무기위협 해소 등 광범위한 안보협력의 차원에서 군비통제가 접근되고 있다.

남북한·미국 사이의 관계가 복잡해지면서 군비통제의 성격도 변화가 불가피하다. 냉전 50년간의 국제 군사질서의 구조상 한반도에서 군비통제가 이루어지기 위해서는 일정부분 북미 간 관계개선이 필요하다. 그러나 한반도의 군사질서 구조는 북한이 주장하는 것과는 달리 북미 간 대결구조가 아니라 남북한과 미국이 직접적 이해관계를 갖고 있기 때문에 군사적 차원의 군비통제는 북미 간 회담으로는 풀릴 수 없다.

북미 간 관계개선이 당초 북한이 생각했던 것과 달리 진척속도가 느린 것은 한반도에서 남북한 간 군사대치구조가 너무나 첨예하기 때문이다. 동일한 이유로 한국이 1992년 말까지 남북한 당사자 원칙 아래 추구해오던 남북한 신뢰구축이 왜 답보상태를 걸을 수밖에 없었던가 하는 이유도 설명이 가능하다. 한반도의 정치군사문제는 남북한 당사자만의 회담으로 해결될 수 없는 부분이 엄연히 존재한다. 따라서 남북한, 미국이 참여하는 3자회담의 필요성이 증명된다.

탈냉전 이후 아시아 모든 국가들이 경제발전을 통한 국민복지와 번영의 달성을 제일 중요한 국가목표이자 국가이익으로 상정하고 총력을 경주하고 있는 시점에서 남북한은 고질적인 대결과 낭비적인 군비경쟁을 지양하고 한민족의 공동번영을 이루기 위해 상호안보를 존중해주는 차원에서 군비통제를 이루어가야 한다. 탈냉전시대의 안보개념이 군사적 차원을 넘어 경제, 외교, 환경 및 사회면으로 확대되고 있고 특히 안보는 경제와 밀접한 상호관련성을 갖고 추구되고 있는 것을 볼 때, 남북한은 각각 공동안보의 이념 하에 안보 딜레마를 해결하도록 노력해야 한다.

따라서 군비통제의 개념도 포괄적이고 광범위한 안보협력증진의 차원에서 적용되어야 한다. 특히 북한이 고질적인 경제난을 겪으면서도 군사비를 축소하지 못하는 딜레마를 해결할 전환점을 마련하도록 한반도에서 군비통제는 한국과 미국이 주도해 나갈 수밖에 없다. 그러기 위해서는 한국의 군비통제전략이 새롭게 정립되어야 한다.

북한이 군사비 지출을 경제면으로 전환할 수 있도록 하기 위해서는 북한에 대한 양면전략이 필요하다. 첫째는 한국이 북한의 총체적 체제 불안을 감안하여 한반도에서 실질적인 평화공존을 지향하고 있다는 것을 명확하게 제시해야 한다. 즉, 흡수통일에 대한 희망이나 논의를 접어두어야 한다. 나아가 북한의 경제난을 해소시켜 어느 정도 국가로서 명맥을 유지할 수 있도록 경제협력을 증진시킴으로써 한국이 북한과 실질적 공존을 원하고 있다는 것을 보여주어야 한다.

둘째는 한국이 북한의 군사위협에 대응하여 독자적으로 북한을 방어할 수 있도록 꾸준히 군사력을 현대화 및 첨단화시켜 나가야 한다. 이러한 군사력 현대화는, 북한이 계속 군비경쟁을 고집할 경우, 더욱 경제력이 소진되어 결국 국가로서 존망의 위기에 처할 수밖에 없게 된다는 위기의식을 북한지도부에 심어주도록 해야 한다. 북한이 내부적으로 군비경쟁의 지속이냐 국가패망이냐 하는 심각한 토론을 전개할 수 있을 때, 한반도에서 군비통제회담은 실질적으로 가속화될 수 있을 것이다.

한반도에서 실질적으로 평화체제 구축을 위해서 남·북한, 미국, 중국 간 경제협력의 활성화로 남북한 간 경제관계를 상호의존적인 틀로 만들면서, 북한에 대한 경제지원을 조건으로 북한의 과다한 군사력 축소, 전방밀집병력의 후방철수 등을 요구할 수 있을 것이다. 결국 한반도에서 군사적인 군비통제는 북한의 경제난과 체제난을 해소하는 공동안보 차원에서 접근해 나가야 성공 가능성이 제고될 것이다.

한반도에서 군비통제는 남북한 간에 상호 위협이라고 간주하는 모든 군사문제에 대해서 남북한 간의 대화를 통해 해결해 나간다는 방침을 확고하게 정하고, 상대방이 평가하는 위협을 전향적으로 수용하고 상호 타협의 길을 모색하는 것이 바람직하다. 핵문제 해결을 위한 북미 간 회담에서 드러난 바와 같이 북한이 위협으로 생각하는 모든 요소와 미국이 위협이라고 간주하는 모든 요소가 협상의제로 채택되고, 또한 미국은 미국뿐만 아니라 우방인 한국, 일본의 정치력, 경제력, 외교력 모두를 총동원하여 강자의 입장에서 협상을 진행하였으며, 의제는 핵문제에만 한정하지 않고 정치, 외교, 경제, 군사 모든 면을 통괄하는 협상을 추구해 나간 것을 볼 때, 우리도 우리의 강점과 북한의 약점을 십분 활용하는 국가전략의 차원에서 군비통제회담을 이끌어 나가야 할 것으로 보인다.

다시 말하면, 장차 재래식 군비통제협상은 남북한 상호간의 중요한 위협요소를 모두 의제로 채택하고, 상호 타협을 모색할 수 있어야 하며, 이를 해결해나가는 데에 있어서 우리의 정치력, 외교력, 경제력, 국제정세의 군비통제 선호도, 그리고 북한체제의 전반적인 취약점을 십분 활용할 수 있도록 통일에 이르는 국가 전략의 틀 내에서 군비통제전략을 구상하고 실천해 나가야 할 것이다.

한반도의 군비통제 협상체제가 구축되려면, 남북한 공히 상호의 안보이익을 군비통제회담을 통해 확보하며 합의사항을 지속적으로 실천하여 한반도의 평화공존구조를 정착시키겠다는 최고 정치지도자의 확고한 의지와 철학이 뒷받침 되어야 하며, 그러한 정치적 철학과 의지가 국민과 군의 공감대 속에서 현실화되도록, 관련 정부기관이나 전문가들은 합리적이고 효과적인 군비통제대안을 개발하고 국민, 특히 군을 설득해 나가야 할 것이다.

이러한 취지 하에서 이제는 남북한 간에 모든 군비통제조치를 동시에 진행하는 전략이 필요하다. 그래야 타협가능성도 높고 실현가능성도 높을 것이다. 왜냐하면, 부분적인 조치에 합의했다고 하더라도 다른 군비통제조치가 연이어 합의되지 않는다면 한반도의 군사적 안정의 제고나 상호 신뢰구축은 기대하기 힘들 것으로 보여지기 때문이다.

제 4 장

남북한 긴장완화와 신뢰구축 방안

I. 서 론

　　한반도에서 군사적 긴장을 완화하고 신뢰를 구축하는 방안은 무엇일까? 2008년부터 계속 악화되어 온 군사적 긴장이 그대로 지속될 경우, 한반도의 평화와 안정 문제는 어떻게 될 것인가? 특히 북한의 김정은 정권이 제3차 핵실험을 감행하고 핵보유 국가임을 공표한 후, 서울과 워싱턴에 핵공격 협박을 가하고 북한 군대에 대해서 무력도발을 부추기는 상황에서 한반도에서 군사적 긴장을 완화시킬 묘안이 있을 수 있는가? 이러한 질문들이 제기되고 있는 것은 그만큼 한반도의 군사적 대결 상황이 심각하기 때문일 것이다.

　　남북한 간의 군사대결 상황은 6·25전쟁 이후 계속되어 왔으나 세계적 차원의 탈냉전과 더불어 새로운 전기를 맞았던 것임에는 틀림없다. 남한은 이를 주동적으로 해소하기 위해서 북한과 1992년 2월 남북사이의 화해, 불가침, 교류협력에 관한 합의서(일명 기본합의서), 9월의 기본합의서의 부속합의서에서 무력사용금지와 우발적 충돌방지, 그리고 5대 불가침 이행 보장조치, 즉 대규모 부대 이동과 군사연습의 통보 및 통제문제, DMZ의 평화적 이용, 군 인사 교류 및 정보교환, 대량살상무기와 공격능력의 제거를 비롯한 단계적 군축조치, 검증 등에 긴장완화와 신뢰구축을 향한 기본 사항의 제목에 합의했다. 그러나 상호 이행을 위한 구체적인 논의에 들어가지 못하고, 북한의 핵개발 문제가 심각해짐에 따라, 핵문제 우선 해결방침으로 한미 양국 정부가 돌아섬에 따라 재래식 신뢰구축과 군비통제 논의는 중단되었다.[15]

　　그 후 2000년 6월 사상 최초의 남북한 정상회담을 통해 남북한 관계사에서 일대 전환점이 마련되는 듯 했었다. 남북한 간에는 장관급 회담, 국방장관 회담, 이산가족 상봉, 장기수 송환, 경제지원 등 화해와 교류협력이 활성화 되었으나 북한은 남한과 경제교류협력만 추구하고, 핵문제 등 군사안보문제는 다루어지지 않았다.

---

15) 백영철 외,『한반도 평화 프로세스』(서울 : 건국대 출판부, 2005). pp.187−216.

한편 북한은 핵과 미사일 문제를 미국과 해결하려고 추구함으로써 소위 말하는 '통미봉남'이 계속되었다. 2007년 제2차 남북정상회담에서 북한은 핵문제는 미국을 위시한 6자회담에서 다루고, 재래식 군사문제는 NLL문제만 한국과 협상하되, 다른 군사문제는 다루기를 원하지 않았다.

이명박 정부에서는 한국이 핵문제 우선 해결입장을 고수하고 있던 중, 북한이 2008년 7월 금강산 관광객 피살사건, 2010년 3월 천안함 피격 및 11월 연평도 포격 사태 등을 일으킴으로써 한반도에서 군사적 긴장이 증가하고, 남북한 군사안보관계는 악화되었다. 북한의 연이은 핵실험과 김정은 정권의 무자비한 협박언사와 도발 때문에 핵문제가 악화일로를 걷고, 재래식 군사긴장은 최고조에 이르게 되었다.

박근혜 정부에서는 북한의 핵을 비롯한 무력도발 위협을 억제하기 위해 노력하는 한편, 남북한 간의 신뢰프로세스를 발동시켜 긴장을 완화하고 신뢰를 구축함으로써 한반도의 평화통일 기반을 구축하겠다는 정책방침을 발표했다. 하지만 현재까지는 가시적인 성과를 못 거두고 있으며, 남북한 간 긴장은 오히려 고조되고 있다. 그 주요원인은 북한 김정은 정권이 한반도의 안보와 안정을 위협하는 상황이 계속되고 있기 때문이다.

따라서 한반도에서 북한의 대남한 기습공격 능력과 위협, 북한의 핵과 미사일 능력과 사용 협박이 계속 증가한다면 한반도의 안보는 불안해져서, 결국 어떤 사태가 초래될지 매우 불확실하다. 그러므로 본고는 지난 20여 년 동안 고조되어 온 군사적 긴장을 완화하고 신뢰를 구축하기 위해서 간헐적으로 전개되었던 남북한 간의 군비통제 노력을 분석하고, 그것의 진전을 가로막은 장애요인을 찾아서 새로운 긴장완화 방안과 신뢰구축 방안을 모색해 보고자 한다.

Ⅱ. 과거 남북한 간 신뢰구축과 군비통제 회담

1990년대와 2000년대에 남북한과 북미 간에 한반도에서 긴장을 완화하고 군사 분야의 신뢰를 구축하기 위한 협상이 여러 차례 개최되었다. 이러한 회담의 의제와 결과를 분석해 봄으로써 앞으로 전개될 수 있는 남북한 회담, 북미 회담, 또는 남북한과 미국이 참여하는 3자회담, 한반도 평화체제를 향한 4자 회담, 북핵 6자회담의 동북아 평화안보체제 워킹그룹 등의 회담에서 한반도의 신뢰구축과 군비통제에 대한 역사적인 시각과 함께, 미래 지향적인 정책 가이드라인을 얻을 수 있다.

1. 남북한 신뢰구축과 군비통제 회담

탈냉전 후 한국 정부는 한반도에서 긴장을 완화하고, 군사적 신뢰를 구축하기 위한 노력을 지속적으로 전개해 왔다. 군사적 신뢰구축은 남북한 간의 군사관계에 있어서 투명성, 공개성, 예측가능성을 높임으로써 군사적 긴장을 완화하고, 오해와 오인, 오산을 통한 전쟁발발 가능성을 줄이며, 국가 목적을 달성하기 위해 군사력을 사용하려는 정치적 의도를 약화시키거나 제거하는 것이다.[16)]

노태우 정부는 1992년 남북기본합의서를 통해 남북한 간의 전반적인 신뢰를 구축하기 위해 정치분야의 화해, 군사분야의 불가침, 경제·사회·문화 분야의 교류협력을 활성화시켜야 한다고 주장하였다.[17)] 김영삼 정부는 핵무기를 만드는 북한과 대화할 수 없다는 입장을 견지하였고, 북핵문제가 미북 제네바회담으로 넘어감에 따라, 남북한 간에 군비통제 회담이 열리지 않았다. 김대중 정부는 북핵문제는 미북 간에 다루고, 남북한 간에는 주로 경제교류협력을 위해 햇볕정책을 추진하였다. 남북한 간의 군사회담은 개최되었으나, 남북경제협력 사업을 군사적인 면에서 지원하기 위한 군사보장조치의 논의에 국한됨으로써 남북한 간의 신뢰구축과 군비통제에 대한 논의는 이루어지지 않았다.

노무현 정부에서는 「국가안보전략서」에서 한반도의 군사적 신뢰구축과 군비통제의 여건을 조성한다는 전략과제를 제시하고, 우선 다양한 교류협력과 함께 군사분야의 초보적 신뢰구축 조치를 시행하며, 나아가 다양한 군사적 신뢰구축조치를 본격적으로 시행하고 제도적 장치를 마련하며, 마지막 단계로서 군사력의 운용통제 및 상호검증을 추진함으로써 구조적 군비통제를 위한 토대를 마련한다고 제시했다.[18)] 그러나 실제로는 개성공단 건설을 포함한 남북교류의 군사적 보장 조치의 실현에는 어느 정도 성공했으나, 군사분야의 전반적인 신뢰구축에는 이르지 못하였다. 이명박 정부는 비핵-개방-3000이라는 정책을 제시하고 북핵문제의 해결에 올인했으나, 북한은 핵포기는 커녕 핵능력을 오히려 증강시켰고 무력도발로 군사적 긴장을 더 고조시키고 있다.

이러한 한국의 접근 방법의 특징을 보면, 한반도에서 군사적 긴장이 높은 이유는 남북한 간에 신뢰의 부족 때문이라고 분석하고, 군사분야에서 투명성, 공개성,

---

16) 한용섭, 『한반도 평화와 군비통제』(서울 : 박영사, 2005), pp. 367-372.
17) 통일원, 『남북 기본합의서 해설』(서울 : 통일부, 1992). pp.30-32.
18) 국가안전보장회의, 『참여정부의 안보정책구상 : 평화번영과 국가안보』(서울 : 국가안전보장회의 사무처, 2004), pp. 32-37. 우리 정부가 처음 공식적으로 국가안보전략서에서 군비통제를 운용적 군비통제와 구조적 군비통제로 구분하여 설명하고 있는데, 이는 필자의 건의에 의한 것이었다.

예측가능성을 높이는 조치를 북한당국에 제의함으로써 남북한 군사관계는 신뢰구축부터 출발하여 군비제한을 거쳐 종국에는 군축으로 가는 3단계 군비통제전략을 취했다고 할 수 있다.

반면 북한은 남한의 선 신뢰구축 후 군축 제안에 대해서 반대하는 입장을 내놓고, 한반도에서는 주한미군의 철수를 비롯한 군축이 선행되어야 하며, 신뢰구축은 군축이 달성되면 자연히 달성될 수 있다고 주장해 왔다.[19] 아울러 북한은 1990년대 후반부터 2000년대에 걸쳐서 선군정치의 기치아래 핵과 미사일 개발에 올인해 옴으로써 국제사회로 부터의 고립이 심화되었으며, 김정일·김정은 정권은 대를 이어서 한반도에서 긴장을 고조시켜 왔다.

북한이 군사적 신뢰구축에 대해서 반대하는 보다 근본적인 이유는 김정일 개인의 시각에서 비롯되었다. 김정일은 소련이 붕괴된 이유가 1975년 헬싱키최종선언에서 서방측이 요구한 신뢰구축을 받아들임으로써 서구의 영향력이 소련 속으로 들어가 군부의 정신을 무장해제 시켰기 때문에 소련이 붕괴되었다고 보고 있다.[20] 이 논리를 따라서 북한은 남한이 신뢰구축을 제안하는 이유를 북한 속에 남한과 서방세계의 영향력을 불어넣어서 북한체제를 붕괴시키거나 전복시키려는 것이라고 의심하고, 남한의 대북한 신뢰구축제의를 줄곧 거부해 왔다. 이것은 2000년 9월 제주도에서 개최되었던 제1차 남북 국방장관회담에서 남한 측이 남북한 간 군사적 신뢰구축을 제의했을 때, 북한 측이 "정전협정을 평화협정으로 바꾸어 북미 간에 교전상태를 해결하는 것이 급선무이며, UN군의 모사를 쓴 미국이 남북한 간의 신뢰구축을 어기면 언제든지 백지장이 되어버릴 수 있다"고 말함으로써 남한의 신뢰구축제의를 일언지하에 거절하였던 사례에서도 드러난다.[21] 북한이 군사적 신뢰라는 용어에 대해 회의감과 강한 의심을 갖고 있다는 점을 고려하여, 1990년대 유엔군축연구소에서는 북한의 평화군축연구소 인원을 초청하여 신뢰구축과 군비통제에 대한 한글 용어사전을 편찬하는 작업에 참가시키면서 신뢰구축 대신 안보협력이라고 에둘러 표현하기도 하였다. 스웨덴의 스톡홀름국제평화연구소(SIPRI)에서는 북한은 신뢰구축에 대해 거부감을 갖고 있으므로 북한에 대해서 신뢰구축을 수용토록 하기 위해서는 비군사분야의 신뢰강화조치(Confidence Enhancing Measures)를 병

---

19) 황진환, 『협력안보 시대에 한국의 안보와 군비통제』(서울 : 도서출판 봉명, 1998).
20) Yong—Sup Han, "An Arms Control Approach to Building a Peace Regime on the Korean Peninsula : Evaluation and Prospects," edited by Tae—Hwan Kwak and Scung—Ho Joo, *Peace Regime Building on the Korean Peninsula and Northeast Asian Security Cooperation*(Surrey, UK : Ashgate, 2010). pp. 45−61.
21) 필자와 국방부 군비통제관(김국헌 장군)과의 인터뷰, 2001.1.30. 한용섭, "한반도 군사적 신뢰구축 : 이론, 선례, 정책대안," 『국가전략』 2002년 제8권 4호, p. 68.

행 추진할 필요가 있다고 주장한 바 있다.[22]

또한 신뢰구축의 주체라는 관점에 있어서 남북한의 입장은 확연하게 차이가 난다. 한국은 북한을 정당한 대화상대자로 간주하고 남북한 간 대화를 통해서 신뢰를 구축할 수 있다고 보는 반면, 북한은 한반도에서 군사적 신뢰구축의 주체는 남북한이 아니고 북한과 미국이라는 입장을 견지해 왔다. 북한이 남한을 군사적 신뢰구축의 대화당사자로 인정하지 않은 것은 1993년 7월부터 개최된 북미 제네바협상 때부터 현실로 드러났다. 북한은 핵과 미사일을 비롯한 한반도 군사문제는 전적으로 북미간의 문제이지 남한이 개입할 성질이 못된다고 하면서 완강한 태도를 보였다. 그 후 2000년 6·15 공동선언에서 남북한 군사문제가 전혀 다루어지지 않았고, 햇볕정책을 추진한 김대중 정부는 남북한 간에 선 경제교류협력, 후 군사문제논의 방식을 채택하였기 때문에 북한에 대한 경제지원이 남북한 간 군사적 긴장완화와 신뢰구축 및 군축으로 이어지지 못하였다. 2000년 10월에 북한 인민군 조명록 차수가 워싱턴을 방문하여 클린턴 대통령과 면담한 이후 나온 북미 공동성명에서 양국은 적대의사가 없으며, 한반도 평화체제를 구축하기 위해 4자회담 등 여러 가지 방법을 강구한다고 합의하였는데, 북한은 미국의 대북 적대시정책의 제거가 북미 간 신뢰구축의 출발점이라고 인식한 것으로 볼 수 있다. 그러나 북미간의 신뢰구축문제는 2001년 미국의 부시 행정부 등장 이후 북한의 지속적인 핵개발 사실이 알려지고, 북미관계가 악화되면서 북핵문제의 시급성과 우선순위에 밀려 사라지고 말았다.

남북한 간의 군사적 신뢰구축에 관한 건널 수 없는 입장 차이에도 불구하고 1992년 2월의 남북기본합의서와 2007년 11월의 제2차 남북국방장관회담 합의서에서 군사적 신뢰구축과 관련된 합의사항이 있었던 점은 주목할 만하다. 남북기본합의서의 남북불가침 조항을 보면, 남북한은 다섯 가지 신뢰구축과 군비통제 관련 조치를 합의하였는데, 그 내용을 보면 신뢰구축에는 대규모 부대 이동과 군사연습의 통보 및 통제 문제, 비무장지대의 평화적 이용, 군인사 교류 및 정보교환을 추진하기로 합의했다. 군축분야에서는 대량살상무기와 공격능력의 제거를 비롯한 단계적 군축의 실현문제와 검증 문제 등을 협의하기로 했으나 그 이후 후속협상과 합의는 없었다. 그로부터 15년 후인 2007년 10월 개최된 제2차 남북정상회담의 10·4 공동선언에서 남북한 정상은 "남과 북은 군사적 적대관계를 종식시키고 한반도에서 긴장완화와 평화를 보장하기 위해 긴밀히 협력하기로 하였다. 남과 북은 서로 적대시하지 않고, 군사적 긴장을 완화하며 분쟁문제들을 대화와 협상을 통하여 해결하기

---

22) Zdzislaw Lachowski, Martin Sjogren, Alyson J.K. Bailes, John Hart, and Shannon N. Kile, *Tools for Building Confidence on the Korean Peninsula*(Solna, Sweden : SIPRI, 2007), pp. 7-14.

로 하였다. 남과 북은 한반도에서 어떤 전쟁도 반대하며, 불가침의무를 확고히 준수하기로 하였다. 남과 북은 서해에서의 우발적 충돌방지를 위해 공동 어로수역을 지정하고 이 수역을 평화수역으로 만들기 위한 방안과 각종 협력사업에 대한 군사적 보장조치 문제 등 군사적 신뢰구축조치를 협의하기 위해 남측 국방장관과 북측 인민무력부장 간 회담을 2007년 11월 중에 평양에서 개최하기로 하였다."라고 합의했다. 제2차 남북정상회담의 후속조치로서 남북국방장관회담이 개최되었고, 여기서 군사적 신뢰구축과 군비통제에 관련된 합의가 이루어졌는데, 그 내용을 보면 신뢰구축분야에 선언적 조치인 적대행동금지, 불가침경계선과 구역의 준수, 무력불사용과 분쟁의 평화적 해결원칙 재확인, 서해상의 충돌방지 대책 논의, 정전체제의 종식 및 평화체제 구축 노력, 남북교류사업에 대한 군사적 보장조치 대책 강구 및 군사공동위원회 등 후속 회담의 개최 약속 등이 있다.23) 그 이후 이에 대한 이행과 후속회담, 검증조치는 합의되지 않았다.

따라서 남북한 군사관계에서 신뢰구축을 위한 회담이 몇 차례 개최되기는 했으나 소제목만 합의해 놓은 상태이며, 실천은 제대로 되지 못했고 합의의 이행여부를 확인하는 검증은 한 번도 논의조차 되지 못했던 데서 남북한 간의 군사적 신뢰구축에 대한 큰 입장 차이를 발견할 수 있다.

그러면 북한핵문제에 대해서 몇 차례의 협상과 합의가 있었는데 그 결과 북한과 남한, 북한과 국제사회 사이에는 신뢰가 구축되었다고 볼 수 있는가? 한마디로 대답하면, 북한은 핵분야에 있어서 국제적 신뢰를 얻지 못했다고 할 수 있다. 1992년 한반도 비핵화 공동선언의 이행과정에서 북한은 남북한 간 상호사찰을 회피하고 비교적 용이하다고 생각한 IAEA의 사찰을 수용했다. 그러나 IAEA에 신고한 핵시설을 몇 개 이내로 제한시켰고, 핵무기 개발은 여러 곳에서 은닉시킨, IAEA에 신고하지 않은 비밀시설에서 진행되었다. 북한은 한반도비핵화공동선언을 명백하게 위반하고 핵무기 제조와 시험을 실시했으며, 재처리시설과 농축시설을 보유함으로써 핵물질을 지속적으로 생산해 왔다.

1993년 3월에 핵확산금지조약(NPT)의 탈퇴를 선언함으로써 제1차 핵위기를 도발하고, 연이어 개최된 북미제네바 핵협상에서 제네바합의를 하였으나 제네바합의에서 금지한 핵무기 개발을 계속했고, 영변 이외의 지역으로 주요 핵시설을 옮겨서 비밀리에 핵개발을 지속했던 것으로 드러났다. 제네바합의에서 약속했던 핵시설의 동결을 풀고, 핵물질을 지속적으로 생산하였으며, 특히 우라늄 농축시설을 건설하

---

23) 대한민국 국방부, 『2008 국방백서』(서울: 국방부, 2008), pp. 274-276.

여 우라늄탄을 개발한 사실이 적발되자, 제네바합의 파기 및 NPT를 다시 탈퇴하였다. 제2차 핵위기를 해소하기 위해 2003년부터 2008년까지 6자회담이 개최되었고, 9·19 공동성명과 2·13 조치 등이 합의되었으나, 곧이어서 6자회담의 9·19 공동성명을 위반하고, 핵물질의 신고를 이행하지 않고 사찰도 받지 않았다. 그리고 핵실험을 세 차례나 감행함으로써 핵무기의 소형화, 경량화, 다종화를 성공시켰다고 선언하고, 한미 양국에 대해서 핵전쟁 협박을 가함으로써 모든 기존의 핵합의를 폐기시키고, 북한핵에 대해 조금이라도 남아있던 기대와 신뢰를 완전히 사라지게 만들었다.

북한은 1990년대 이후 북핵문제에 대해서 타협과 파행, 진전과 후퇴를 반복해옴으로써 한미중러일 등 6자회담 참가국과 국제사회의 신뢰를 상실했을 뿐 아니라 도리어 악화시켰다. 북핵을 이용한 위기조성 – 협상 – 합의 – 합의위반 – 위기조성 등을 주기적으로 반복했으며, 어떤 국제정치학자는 북한의 핵과 관련한 행위를 도발 – 위기 – 일괄타결 – 합의붕괴 – 도발의 악순환으로 지적하기도 했다.[24] 북한이 반복적으로 합의위반과 위기조성 행위를 선택한 결과 북한의 핵능력은 더 증강되었고 북한핵을 협상으로 해결할 수 있을 것인가에 대해 외부세계의 좌절감과 불신은 더 가중되었다.

마침내 김정은 정권이 북한의 핵보유를 김정일의 최대 업적으로 북한 헌법에 기술하고 과시함으로써 외부세계에 대해서 북한의 핵보유를 기정사실로 받아들일 것을 강요하고 있다. 앞으로 핵협상이 개최될 경우, 미국을 비롯한 국제사회가 북한이 핵보유국임을 인정하고, 향후의 핵개발프로그램 만이 협상의제가 될 수 있다고 선수를 치고 있다. 북한 당국은 "미국과의 관계정상화 없이는 살아갈 수 있어도 핵억제력 없이는 살아갈 수 없다. 미국의 대조선 적대시정책과 핵위협의 근본적인 청산 없이는 100년이 가도 우리 핵무기 먼저 내놓은 일은 없을 것이다. 조미관계정상화를 핵포기의 대가로 생각한다면 큰 오산이다."[25]라고 하며, 핵보유를 정당화시켰다. 그리고 북한은 자주권과 생존권을 수호하기 위해 핵억제력을 갖추었음[26]을 분명히 하고, 앞으로 핵무장력을 계속 강화시켜 나갈 방침임을 밝혔다. 또한 핵을 경제적 혜택과 맞바꾸는 흥정은 절대 하지 않을 것이라고 협상으로 핵문제를 풀 수 있을 것이라고 기대하는 국제사회에 대해 쐐기를 박기도 했다.[27]

북한이 그동안 제네바합의의 이행과정에서나, 9·19 공동성명의 이행과정에서

---

24) 전봉근, 『북한의 2.13 합의 이행 동향과 전망』, 외교안보연구원 주요국제문제분석, 2007.6.12.

25) 북한 외무성 대변인 성명, "미국과의 관계 정상화와 핵문제는 별개문제," 『연합뉴스』, 2009.1.17.

26) 전성훈, 『김정은 정권의 경제·핵무력 병진 노선과 4·1 핵보유 법령』, 통일연구원 Online Series NO. 13 – 11.

27) 북한 외무성 성명, "핵보유 경제적 흥정물 아니다," 『연합뉴스』, 2013.3.16.

일부 핵시설을 IAEA와 미국의 소수 전문가들에게 공개하거나 냉각탑을 폭파하는 행동을 보이기는 했지만, 북한은 그들의 핵프로그램에서 핵심적인 시설들을 지하화, 은닉, 분산시켜 비밀리에 핵개발을 지속해 왔다. 따라서 북한의 핵무기와 핵물질, 핵개발프로그램의 대부분이 비밀에 가려져 왔기 때문에 외부로부터 최소한의 신뢰도 받지 못하였고, 특히 6자회담이 중단된 2008년 말 이후에 모든 핵개발프로그램은 외부로부터 접근이 차단되었다. 그러므로 북핵에 대한 외부의 신뢰를 증진시키기 위해서는 북한의 핵에 대한 투명성이 증대되고, 공개되며, 예측가능한 방향으로 북한의 핵관련 행위와 시설, 무기와 물질들을 강력하게 통제할 수 있는 시스템의 구축이 필요한 것이다.

2. 향후 긴장완화와 신뢰구축 노력에 대한 시사점

위에서 본 바와 같이 남북한 간에 군사적 신뢰구축은 소제목만 합의해 놓았을 뿐 북한이 한국을 신뢰할만한 대화당사자로 간주하지 않는다는 근본적인 문제가 있음이 발견되고 있다. 북핵문제와 관련해서도 남북한 간, 북미 간, 북한과 국제사회 간에 신뢰구축이 되지 못하고 있으며, 국제사회의 북한에 대한 불신은 점점 더 악화되는 현상을 보이고 있다. 이러한 악순환의 고리를 끊고 남북한 간에 군사분야의 신뢰를 구축하고, 북핵문제에 대해 국제사회의 신뢰를 구축하기 위해서는 무슨 일을 해야 할 것인가?

첫째, 남북한 간에 군사적 신뢰가 구축되기 위해서는 제일 먼저 북한이 남한을 긴장완화와 신뢰구축의 당사자로 간주해야 한다. 북한이 한반도 군사문제의 대화당사자로서 미국만을 고집하는 경우 대화를 통한 남북한 간 신뢰구축에는 본질적으로 장애요인이 존재한다.

그러나, 신뢰구축에 대해 남북한 간, 북미 간의 입장차이가 크고, 신뢰가 부족하다고 하여 신뢰구축을 할 수 없다는 말은 성립되지 않는다. 1973년에 시작된 유럽의 헬싱키 프로세스를 보면, 미국을 중심으로 한 자유진영과 구소련을 중심으로 한 공산진영 간에 불신이 존재했고 군사적으로 대치해 있었지만, 헬싱키 프로세스는 각 진영의 정치군사적, 경제적, 인도적 및 사회문화적 교류협력 면에서 이익의 비대칭성을 활용하여 이해를 타협하는 방식으로 신뢰구축을 합의하고 실천해 내었기 때문에 신뢰프로세스가 성립되었다고 볼 수 있다.[28] 따라서 군사분야의 신뢰를 구축하기 위해서는 남북한, 미국이 반드시 당사자로 참가하는 대화가 개최되고, 각

---

28) James Macintosh, *Confidence Building in the Arms Control Process: A Transformational View* (Canada: Department of Foreign Affairs and Trade, 1996), pp. 31–61.

국이 확보해야 할 이익을 의제로 제출하고 상호 타협을 거쳐 합의를 만들고 그 합의의 검증가능한 이행을 보장함으로써 신뢰프로세스를 만들어갈 수 있다고 보는 것이 타당하다.

둘째, 남한은 한미동맹을 통한 억지력과 군사력을 총체적으로 우리 편으로 보고 북한의 핵과 재래식 전력과 비교해서 군사력 균형을 생각하는 반면, 북한은 한반도에 배치되어 있거나 증원될 미군의 모든 군사력을 위협요소로 생각하고 있다. 즉, 위협의 비대칭성이 있기 때문에 대화를 통한 긴장완화와 위협의 감소를 목표로 하는 군사적 신뢰구축에 대해서 남한, 북한, 미국의 입장이 판이하게 다르다는 점을 인식하고, 이를 현실적으로 감안한 포괄적인 신뢰구축대화 채널을 구상할 필요가 있다는 것이다.[29] 즉, 한반도에서 평화체제를 구축하기 위해서 남한, 북한, 미국이 필수적으로 참가해야 하는 것이다. 여기서 남북미 간의 3자회담의 필요성이 제기된다.

셋째, 지금까지 남북한 간에 문서상으로 합의되었으나 북한의 이행여부가 보장이 되지 않은 군사적 신뢰구축과 군비통제에 대한 몇 가지 합의사항이 있는데, 군사적 신뢰구축이 제대로 되기 위해서는 합의당사자들이 합의의 이행여부를 확인함으로써 더욱 신뢰가 강화될 수 있다는 인식을 가지고, 기존의 합의를 이행하려는 진정성 있는 의지를 재천명하고,[30] 이러한 합의의 이행여부를 확인하는 검증체제를 반드시 마련할 필요가 있다.[31] 즉, 재래식 군사분야는 최소한 남북한과 미국 3자 간에 회담이 개최되면 3자간의 신뢰구축을 위한 합의문과 검증절차를 마련하는 것이 필요하다.

넷째, 핵분야와 재래식 군사 분야를 구분하여 핵문제의 해결 노력과 병행하여 재래식 긴장완화 및 신뢰구축을 추진할 필요가 있다. 북한의 핵문제가 심각해지면서 북미 간의 제네바 협상, 6자회담의 합의 및 합의의 이행과정에서 재래식 군사대결 문제는 뒤로 미루어지고, 핵문제 우선 해결에만 집중하게 되었다. 특히 6자회담 이후 한반도의 정전체제를 평화체제로 전환하는 문제와 한반도의 재래식 군사문제는 핵문제의 해결 이후로 미루어지게 되었다. 한편, 북한은 핵보유를 기정사실화하면서 핵개발과 핵실험을 계속하고, 핵과 미사일로 한반도의 평화와 안정을 위협하면서, 핵문제를 해결하려고 하면 조건없는 핵회담의 재개와 북미평화협정을 병

---

29) 현인택 · 최강, "한반도 군비통제에의 새로운 접근," 『전략연구』, 제9권 2호. 2002. pp. 6−46. 백승주, "한반도 평화협정의 쟁점 : 주체, 절차, 내용, 평화관리방안," 『한국과 국제정치』, 제21권 1호, 2006년 (봄) 통권 52호, pp. 257−287.

30) 박영호, "박근혜 정부의 대북정책 : 한반도 신뢰프로세스와 정책 추진 방향," 『통일정책연구』, 제22권 1호 2013, pp.1−26.

31) 전성훈, 『북한 핵사찰과 군비통제검증』(서울 : 한국군사사회연구소, 1994), pp. 22−24.

행해서 추진해야 한다고 주장해 왔다. 이에 맞서 남한은 북핵문제는 6자회담에서 해결하고자 하는 한편, 평화체제에 관한 협상은 별도의 채널 즉 4자회담에서 핵문제의 해결 이후 개최하는 것으로 입장을 정리한 바 있다.

그러나 한반도에서 군사적 긴장이 최고조에 도달하고, 남북한 간 군비경쟁이 치열하게 전개되고 있으며, 한반도에서 전쟁위험이 증대하고 있는 상황을 타개하기 위해서 핵분야의 협상과 재래식 군사분야의 협상이 병행 추진될 필요가 있다.[32] 북한이 핵보유를 바탕으로 재래식 기습공격을 시도한다면 재래식 전쟁과 핵전쟁을 혼합하여 전개할 가능성이 커지고 있다는 점을 감안할 필요가 있다. 북한의 핵과 미사일에 대해서는 미국의 강화된 대한국 확장억제의 제공과 한국의 킬체인 및 한국형 미사일 방어체제로 대처하는 것이 바람직하다.[33]

한편, 북한이 핵을 보유한 상황에서 남한에 대해 재래식 무력을 사용한 강압외교와 무력도발, 전쟁협박을 구사하고 있으므로 이를 방지할 필요가 있다. 만약 남북한 간에 군사대화 없이 북한의 핵능력과 재래식 능력이 날로 증가한다면 한반도에서 전쟁발발 가능성과 전쟁 발발시 피해가 엄청나게 증가할 것으로 예상된다. 만약 북핵과 재래식 군사문제를 분리할 수 있고 북한의 재래식 군사문제에 대한 양보와 남한이 제공하는 경제협력 등을 연계할 수 있다면, 재래식 군사 긴장완화와 신뢰구축의 가능성은 커질 수도 있을 것이다.

지난 10년(2001-2010)간 북핵과 재래식 군사위협의 증가현상을 분석해 보면, 남북한 간의 군비경쟁과 안보불안이 얼마나 심각한지 알 수 있다. 남한의 군사비는 121% 증가했으며, 북한의 군사비는 81.8% 증가했다. 이것은 격렬한 군비경쟁 현상이 전개되고 있음을 말해주고 있는 것이다.

표 Ⅲ-4 남북한 군사비 비교(2001-2009)					
	2001	2004	2007	2009	증가율
남 한	110.8	163.5	265.9	245	+121%
북 한	31.3 (북한발표자료)	39.1	51.3	56.9	+81.8%

(단위: 억 달러)

* 자료: 한국 국방백서 및 IISS, *Military Balance* 해당연도. 북한의 핵과 미사일에 대한 투자는 북한이 발표한 자료에는 반영되어 있지 않은 것으로 추정됨.

---

32) 조성렬, "한반도 비핵화와 평화체제 구축의 로드맵: 6자회담 공동성명 이후의 과제," 통일연구원 KINU 정책연구시리즈, 2005-05.

33) 박인휘, "한반도 신뢰프로세스의 이론적 접근 및 국제화 방안,"『통일정책연구』, 제22권 1호 2013, pp.27-52.

한편 북한은 선군정치에 근거해서 핵무기와 미사일, 비대칭 무력의 증강을 지속적으로 도모해 왔다. 북한의 핵무기 증가율을 보면, 2001년부터 10년간에 걸쳐 핵무기 숫자가 300% 증가한 것으로 추정되고 있다. 또한 아래 <표 Ⅲ-5>에서 보는 바와 같이, 북한은 자주포와 다연장포 부문에서 폭발적인 양적 증가를 보이고 있다. 이것은 북한이 기습공격능력을 증가시키고 있는 것이라고 볼 수 있다. 북한의 재래식 공격능력의 증가에 대응하여 남한은 육군의 장갑차와 자주포, 해군과 공군력의 증가를 보이고 있다.

표 Ⅲ-5   남북한 주요 재래식 장비 증가 내역(2001-2013)

		2001	2013	12년간 증가율
남 한	육군 장갑차 2,520	3,030	+20.2%
	해군 초계함/연안전투함 : 84	114	+35.7%
	공군 정찰기 23	41	+78.3%
북 한	핵무기 3-5	10-30	+300%
	다연장포 2500	5100	+104%
	자주포 4400	8500	+93.2%
	초계함/연안전투함 310	383	+23.5%

* 자료 : 영국 IISS, *Military Balance 2001-2002, 2013.* 현용해, 『탈냉전 이후 동북아 지역의 군비 증강 및 군비경쟁 구조와 추이 분석』(서울 : 경기대학교 박사학위 논문, 2014), pp. 183-192.

위 <표 Ⅲ-4>과 <표 Ⅲ-5>에서 나타난 바와 같이 남북한 간의 군비경쟁과 북한의 기습공격용 무기의 증가가 계속된다면, 한반도에서 전쟁이 발생할 가능성이 점증하는 것으로 볼 수 있다. 또한 북한이 핵을 보유했다고 공언한 이후 증가하고 있는 무력도발 양상은 북한이 체제붕괴에 직면하거나, 외부의 압력을 내부 단결로 막을 수 없다고 판단하는 시기에 가서 전쟁을 개시할 가능성이 커진다는 것을 의미한다. 이러한 전쟁가능성을 억제하기 위해, 핵분야의 북한 대 미국의 핵 억제력 균형을 감안하여, 북한으로 하여금 재래식 분야의 신뢰구축과 군비통제에 나오도록 유도하는 정책을 구사할 필요가 발생한다. 이를 군사분야의 신뢰프로세스라고 불러도 좋을 것이다.

다섯째, 핵분야에서 북한핵의 투명성과 공개성, 예측가능성과 검증가능성을 제고함으로써 북핵에 대한 신뢰를 다자간에 구축해 나갈 제도화가 필요하다. 다자 검증기구에는 6자회담 참가국 이외에 IAEA를 포함시킬 필요가 있다.

Ⅲ. 신뢰구축과 군비통제의 원칙과 목적

1. 신뢰구축과 군비통제의 원칙

만약 한반도에서 긴장완화와 신뢰구축을 위한 회담이 재개된다면, 회담을 진행할 원칙들이 있어야 하는데 남북한 양측은 다음과 같은 원칙을 견지해야 할 것이다.

우선 남한의 입장에서 보면, 첫째, 남한에 위협이 되는 북한의 기습공격능력을 축소시키는 방향으로 회담을 진행해야 한다. 일단 합의사항을 실천하게 되면 다시 과거로 돌아가기 힘든 조치들을 선택해야 한다. 김정은 위원장이 군사적으로 안도할 수 있는 좋은 말을 하고 좋은 의도를 표출했다고 하더라도, 그대로 다 믿고 아무 것도 하지 않을 것이 아니라, 그 의도를 확인하고 합의할 수 있는 것은 합의하고 그것을 실천할 수 있는 조치를 선택해야 한다는 말이다. 왜냐하면 북한과 같이 경제파탄에 직면한 공산주의 국가는 언제든 의도를 바꿀 수 있기 때문이다. 또한 한미 양국의 국내 여론과 제반 정치세력들의 견해차를 줄이기 위해서라도 안보관련 합의 내용은 명문화되는 것이 필요하다.

둘째, 북한의 상응한 조치가 없이, 주한 미군이나 한국의 방어태세에 일방적인 악영향을 줄 수 있는 조치들을 가급적 피해야 한다. 특히 주한 미 지상군은 일단 철수되면 다시 들어오기 힘들기 때문에, 군비통제조치를 선택할 때 이를 유의해야 한다.

셋째, 한국은 정치 경제 협상의 단계마다 북한의 상응한 군사위협 감소가 달성되었는가를 점검하면서 다음 단계의 협상으로 진행해야 한다. 군비통제가 성공하려면, 남북한 간에 상호 위협요소를 인정한 바탕 위에서 협상을 진행해야 한다. 사실 남북 상호간에 가진 불신과 의혹이 크므로 이를 줄이기 위해서는 남한과 미국은 북한의 위협인식과 북한이 지적하는 위협을 의제에서 배제해서는 곤란하다. 북한 또한 남한과 미국이 주장하는 군사위협을 인정하고 남북한 군사회담시 이를 의제로 수용해야 한다.

넷째, 남북 양측은 위기 시 무력사용의 가능성 또는 유혹으로부터 벗어나야 한다.

다섯째, 남북 양측은 기습공격과 대규모 종심 깊은 공격을 방지해야 한다.

여섯째, 남북 양측은 신뢰구축, 군비제한 조치와 군비축소를 동시에 해 나간다.

특히 군비통제를 해 나가는 데 있어 장기적으로 유의할 사항을 고려해야 한다. 즉, 통일 후 또는 통일을 향해 가는 과정에서 주변국의 위협으로부터 안전해야 하며, 통일 한국의 안전을 확보하고 주권을 수호할 수 있는 군사력 수준을 염두에 두면서 군비통제를 해 나가야 한다. 통일 한국의 지역적 위상을 고려한 장기적 군비통제원칙은 다음과 같다.

첫째, 한반도는 대량살상무기나 장거리 미사일이 없어야 한다.

둘째, 어느 정도의 군사력 현대화는 인정된다.

셋째, 종국적으로는 한반도에서 주한미군은 지상군 중심에서 공군과 해군 중심으로 전력을 재편성하면서 지역적 안정을 위해 장기적으로 주둔해야 한다. 북한의 상응하는 군사위협의 감소와 동시에 주한미군을 재조정할 때, 주한 미 지상군은 후방으로 배치되거나 규모가 축소될 수도 있음을 감안해야 한다.[34)]

2. 한반도에서 신뢰구축과 군비통제의 목표

그러면 한반도에서 군비통제를 통해 달성하려고 하는 정책 목표는 무엇인가? 이 정책목표의 설정은 대단히 중요하다. 이런 목표들이 분명하지 못하면 그 목표에 맞는 군비통제 조치를 간과할 수 있고, 수단을 목적시 할 수도 있기 때문이다. 즉, 지엽적인 몇 개의 군비통제조치를 관철하는 것이 목적시 될 수 있기 때문이다. 현재의 대치상황을 고려하여 남북한·미국의 정책담당자들이 한반도의 군사문제에 대해 갖고 있는 정책목표들을 다음과 같이 재설정할 수 있다.

첫째, 평화, 남북관계 정상화, 궁극적으로 평화통일 달성에 기여

둘째, 침략의 억지와 전쟁 방지

셋째, 위기방지와 위기 발생 시 위기안정성 유지

넷째, 군비경쟁의 감소 및 종식

다섯째, 남북관계 정상화 평화정착 이후 동북아시아와 아태지역에서 한국의 안보와 지역 내 위상 유지

이러한 원칙과 목표를 견지하면서 남북한 간에 협상에서 합의를 하든, 아니면 대화에서 양측이 해야 할 일을 결정하고 각각 실천해 나갈 수 있는 군비통제조치를 제시하면 다음 <표 Ⅲ-6>과 같다. 가장 이상적인 것은 남북 양측이 군비통제 회담을 통해 합의서를 만들고 실제적 효과가 큰 조치들을 차근차근 이행해 나가는 것이다. 그러나 북한 김정은 리더십의 군 장악 정도, 남한 내의 진보 대 보수의 갈등 정도, 한미 양국 간의 견해차에 따라 협의사항의 우선순위가 조정될 수도 있다.

이와 관련하여 한 가지 상기할 것은 햇볕정책 추진 시에 김대중 정부가 북한

---

34) Paul Wolfowitz나 Richard Armitage 같은 이는 2000년 워싱턴에서 "북한이 서울을 향해 겨누고 있는 장사정포나 공격적 군사력을 후방으로 배치시킨다면, 주한 미 2사단도 후방으로 배치 전환해야 할 것"이라고 말한 바 있다.

에 대해서 '선 경제 후 군사' 접근방식을 취했던 결과, 군사적 신뢰구축과 군비통제에서 한 발짝도 나아가지 못했던 과거를 되풀이해서는 안 된다는 것이다. 그 당시 북한에 대해 군사적 문제를 제기하게 되면 북한의 자존심(pride)을 손상시키게 되어 북한이 남한과 경제협력도 하려고 하지 않을 것이란 견해가 존재하고 있었다. 따라서 경제교류협력 카드를 군사적 위협감소와 신뢰구축을 위해 연계시키지 못하고 일방적인 퍼주기 논쟁이 벌어졌던 것이다. 앞으로 남북한간, 혹은 남북한과 미국간의 신뢰구축과 군비통제 회담에서 우리가 가진 경제협력 카드를 북한의 실질적 군사위협 감소와 연계시키려는 시도가 일관성 있게 추진되어야만 진정한 신뢰구축이 시작될 수 있을 것이다.

3. 정책목표별 신뢰구축, 제한조치, 군축조치

아래 <표 Ⅲ-6>은 한반도에서 평화를 구축하고, 남북 관계에서 긴장을 제거하고 정상적인 관계로 바꾸고 궁극적으로 평화적 통일에 이르기 위해서, 그리고 전쟁을 억지하고, 기습공격을 방지하며, 군비경쟁을 종식시키고, 위기안정성을 제고하며, 장기적 지역안정을 위해서 취해야 할 군비통제조치들을 제시하였다. 각 항에는 남북한이 달성해야 할 정책 목표별로 신뢰구축조치, 제한조치, 군축조치가 제시되어 있다.

표 Ⅲ-6   정책목표별 군비통제 조치

	평화, 관계정상화, 평화 통일	전쟁 억지	군비경쟁 완화	위기 방지	장기적 · 지역적 안정성 강화
각종 신뢰 구축 제한 조치	**신뢰구축** 비난, 파괴활동 금지 정부 · 민간교류 양측의 안보우려 토의와 해소를 위한 공식적 · 비공식적 포럼 개최 및 정례화 **제한조치** 대규모 훈련 잠정 중지 한미 군사력의 급속한 변화 금지	**신뢰구축** 대규모 군사훈련 참관단 한국 · 미국의 대북한 무력불사용 선언 및 북한의 한미에 대한 무력불사용 선언 핵무기/ 장거리 미사일 모라토리움 및 폐기 선언과 검증 **제한조치**	**신뢰구축** 군사현대화 문제에 대한 상호토의 경제건설위한 군 인력 전용 사용 **제한조치** 현재의 훈련강도와 준비태세의 감소 **군축** 똑같이 낮은 수준으로 군감축	**신뢰구축** 대규모 군사훈련의 1년전 통보 직통전화의 설치 일정규모 이상의 군 훈련 중단 **제한조치** 비대칭적 후방배치 (북한이 남한보다 더 후방으로 배치) 후방이동한 지역에	**신뢰구축** 지역안보대화에서 미래 한국군의 역할 토론 6자회담(남북한, 미 · 러 · 중 · 일)에서 지역신뢰구축방안 토의 **제한조치** 남북한 신뢰구축 및 공격 제한 조치 이후 주한미군의 지상군

군축 조치	군축 주한미군 문제 협상의제 수용 및 군사비 현재 수준 에서 동결	기습공격 방지 위한 군사력재배치 기습공격 방지 위한 선긋기(red lines) 군축 똑같이 낮은 수준 으로 군 감축	군사현대화 속도와 정도에 관한 상한선 설정	선긋기(red lines) 군축 신속공격 가능한 군사현대화 금지	점진적 감축 및 해· 공군으로 전환 군축 미래 한국의 독립과 안전보장할 군사력 수준 확보

* 출처: Paul Davis, Richard Darilek and Yong—Sup Han, "Time for Conventional Arms Control on the Korean Peninsula," *Arms Control Today*, December 2000을 현 상황에 맞게 수정한 것임.

신뢰구축조치(Confidence Building Measures : CBM)는 군사정책과 군구조, 군의 운용에 관한 투명성, 공개성, 예측가능성을 제고하기 위해 고안된 조치다. 신뢰구축조치는 원래 상대편이 군사력을 사용하여 정치적인 목적을 달성하려는 전쟁의도를 저지하기 위한 목적으로 구상되었다. 신뢰구축은 기습공격 의도를 감소시킨다. 신뢰구축조치는 상호 군사정보 교환을 통해 군사력의 보유 및 배치상태에 대한 전반적인 정보의 파악, 군사훈련의 통보 및 참관을 통하여 상대방의 전투대비태세의 정도와 훈련의 정형, 작전적 전술의 운용 등을 알 수가 있고 특히 현장사찰을 통하여 상대방 군사의 사기 상태와 무기의 질적 수준 등을 파악할 수 있으므로, 신뢰구축조치를 실천할 경우 기습공격의 가능성을 상당한 정도로 약화시킬 수 있게 된다. 또한 군인사의 상호 교류, 군 고위 당국자 간 회담의 상설화, 전략·전술 토의, 직통전화의 설치 등을 통해 상호 의심관계에서 상호 신뢰할 수 있는 관계로 바꾸어 갈 수 있다. 여기에서 가장 중요한 것은 남북한이 정치 군사 분야의 신뢰구축을 위해 정상회담, 국방장관 회담, 군사공동위 회담을 정기적으로 개최해야 한다는 것이다. 이 대화포럼이 프로세스로 정례화 될 때에 비로소 신뢰와 평화의 프로세스가 작동될 수 있는 것이다.

군비제한조치는 현재 군사력보유를 그대로 인정하지만 그 사용과 배치, 운용 등을 규제하는 조치인데 훈련규모의 축소 또는 훈련의 중단, 훈련 빈도의 감소, 대비태세와 전투력의 약화, 전방 배치한 병력을 후방으로 철수시키는 조치, 평화지대의 설치들을 포함한다. 여기서 박근혜 정부가 제안한 바 있는 DMZ 평화공원은 현재 대부분 무장화되어 있는 비무장지대를 진정한 비무장지대로 바꾸고, 남북한과 세계가 공유할 수 있는 공원으로 바꿈으로써 군비통제에서는 군비제한조치로 분류할 수 있다. 군비제한조치는 다른 말로 운용적 군비통제라고 불리는데 이러한 조치들은 군비통제를 추상적인 개념에서 구체적인 조치로 바꾸는데 이롭다.35) 이는 평시 무력충돌 가능성을 감소시키고 전쟁을 예방할 뿐 아니라 기습공격의 가능성을 줄이는 수단으로서 대단히 효과적인 방안이 된다.

군비축소는 문자 그대로 군사력을 줄이는 것이다. 병력은 민간 경제 활동 인력으로 전환시키고, 무기의 경우 완전 폐기시키는 것을 의미한다. 이는 신뢰구축조치를 통해 아무리 군사적 투명성과 예측가능성을 증진시킨다고 하더라도, 공격 무기를 감축시키지 않는다면 공격할 의도가 없어졌는지 여부를 확인할 길이 없으므로 무기의 결정적인 감축 이전에 상호 신뢰한다는 것은 대단히 어려운 것을 감안한 조치다. 상호 군비축소를 하게 되면 국방비를 절감하며, 군 인력을 감소시키고, 군비경쟁의 요인을 약화시키게 된다.

<표 Ⅲ-6>에서 보는 바와 같이, 한반도 평화와 남북관계 정상화, 그리고 궁극적 평화통일을 달성하기 위해서는 남북 양측이 신뢰구축 차원에서 상호 비난 파괴활동과 전복활동의 금지, 무력도발의 금지, 정상회담, 국방장관회담, 군사공동위회담의 정기적 개최, 정부와 민간 인적교류의 활성화, 군사훈련에 대한 상호 통보 및 참관, 제한조치 차원에서 대규모 훈련 잠정중지 및 군사훈련의 횟수와 규모의 제한, 전방 배치 공격 전력의 후방 배치, 군축차원에서 주한미군 협상의제 수용, 군사비동결 등을 조치해야 한다.

둘째, 전쟁억지와 기습공격 방지를 위해서 남북한 및 미국은 신뢰구축 차원에서 대규모 군사훈련 통보 및 참관, 북한에 대한 한미 양국의 무력 불사용 선언, 북한의 한미 양국에 대한 무력 불사용 선언, 제한조치로서 기습공격을 방지하기 위한 군사력 후방배치, 후방배치 후 전방과 사이에 군사진입 금지선(red lines) 설정 등을 해야 하며, 군축조치로서 남북한과 미군이 현재의 남한과 미국이 갖고 있는 수준보다 낮은 수준으로 북한과 한미 양국이 동시에 장비와 인력을 감축하는 조치를 취해야 한다.

남북한 군비경쟁 완화 및 종식을 위해서 신뢰군축 조치로서 군사 현대화 문제에 대한 상호 토의를 하고, 경제건설을 위한 군 인력 전용 사용을 제도화 하며, 제한조치로서 현재의 훈련강도와 빈도 수, 준비태세와 전투력을 감소시키며, 군축으로서 북한·남한·미군이 현재 남한보다 낮은 수준으로 장비와 인력을 동시에 감축시켜가야 한다.

위기방지와 위기안정성 제고를 위해서 신뢰구축 조치로서 대규모 군사훈련을

---

35) Paul K. Davis, *Conceptual Framework for Operational Arms Control in Europe's Central Region* (Santa Monica, CA : RAND, 1988).

하게 되면 1년 전에 상호 통보하고, 직통전화를 설치하며, 제한조치로서 상호 후진 배치를 하되, 북한 군사력을 남한보다 더 후방으로 배치시켜야 하며(서울의 휴전선 근접을 이유로), 후방으로 이동한 병력에 대해서는 전방 진출을 금하는 진입금지선 (red lines)을 그어서 그것을 이행토록 한다. 군축조치로서는 신속 공격을 가능하도록 하는 분야의 군사 현대화를 금지시킨다.

장기적 지역적 안정을 제고하고 한반도의 위상을 유지하기 위해서는 신뢰구축 차원에서 지역안보대화를 적극 활성화 하여 미래 한국군의 위상과 역할에 대해 주변국의 컨센서스를 도출하며, 제한조치로서는 주한 미 지상군을 점진적으로 해·공군 위주로 전환시키며, 군축차원에서는 미래 한국의 독립과 안전을 보장하기 위해 적정군사력을 정해 그 수준으로 전력을 조정하면서 미 지상군은 본토로 귀환시킨다.

Ⅳ. 결 론

북한 핵시대에 남북한 간의 재래식 군사 긴장완화와 신뢰구축은 더 지난한 과제임에 틀림없다. 그러나 북핵문제에 진전이 없다고 해서, 재래식 군사적 대치와 긴장 문제를 그냥 두는 것은 북한이 재래식 기습 전쟁과 핵무기 사용을 연계할 수 있는 가능성을 열어줄 수 있다는 점을 간과해서는 안 된다. 유사시 북한의 전쟁개시로 인한 피해가 더 커질 수도 있고, 군비경쟁에 소요되는 비용도 천문학적으로 증가한다는 점도 고려해야 한다. 또한 북한 핵문제를 해결하기 위해 지금까지 20년이 넘게 경과하였으나 북핵문제는 오히려 악화되어 한반도의 긴장을 더 악화시키고 있다. 만약 북핵문제가 협상을 통해 해결된다고 하더라도, 남북한 간의 재래식 군비경쟁과 북한의 무력도발 등이 지속된다면, 국제적으로는 평화와 안정이 도래할 수 있지만, 한반도에서 재래식 군사대치와 긴장은 여전히 남아서 남북한 간의 불신과 대치관계는 존속되게 된다. 따라서 북핵문제의 해결노력과 병행하여 한반도에서 남북한 간에 군사적 신뢰구축과 긴장완화 노력이 계속될 필요가 있다. 또한 북한의 지도부가 핵무기 보유의 결과 미국과의 대결상태를 어느 정도 통제할 수 있다고 보고, 경제발전을 위해 재래식 군비통제와 군축을 시도할 의사도 생길 수 있을 것인데, 이러한 의사를 테스트하기 위해서라도 재래식 군사분야에서 신뢰구축과 긴장완화를 위한 노력은 시도될 필요가 있다.

지금까지 미국은 핵과 미사일 문제를 중심으로 북미간의 대화와 대결을 전개해왔다. 2001년 미국의 부시 행정부는 잠깐 한반도에서 재래식 군사위협 문제와 북핵 문제를 동시에 다룰 필요가 있다고 생각했으나, 제2차 북핵위기 이후 지금까지 북핵문제를 중심으로 한반도 문제를 다루어 왔음을 알 수 있다. 미국 정부가 북핵 문제와 함께 북한의 재래식 군사 위협 문제를 다루도록 한국은 미국 정부와 의회 지도자들의 관심을 환기시켜야 한다. 한반도에서 군사적 긴장완화와 위협감소를 위해서 어떠한 제약사항 없이 모든 의제를 협상 의제로 다룰 필요가 있다.36) 남북 한 간, 혹은 남북한과 미국 3자 군사회담이 이루어질 수 있다면 재래식 군사분야의 신뢰구축과 군비통제 논의는 더욱 활기를 띨 수 있을 것이다.

그리고 남북한 간 혹은 남북한 미국 3자 간에 신뢰구축과 군비통제 회담이 성 립된다면, 한국은 군비통제 정책목표인 평화, 남북 관계 정상화, 평화통일, 한반도 에서 전쟁억지 및 북한의 기습공격 가능성 제거, 남북한 간 군비경쟁 완화, 한반도 에서 위기방지 및 위기안정성 제고, 지역적 안정성 제고 등을 한꺼번에 달성할 수 있는 포괄적 군비통제 조치들을 제안하고 관철시켜야 한다. 이러한 관점에서 남북 한 간 경제협력은 남북한 간 군사위협 감소를 연계시키는 가운데 전개될 필요가 있다.

햇볕정책처럼 북한에 대해 경제지원을 하면서 그 대가로 북한의 군사위협을 실질적으로 감소시키는 양보를 얻지 못한다면 한국은 큰 손해를 입을 수 있다. 박 근혜 정부의 한반도 신뢰프로세스에서 제시하고 있는 바와 같이, 억지와 대화의 균 형적 접근, 경제와 안보의 균형적 접근을 해야 할 필요가 있다. 그러나 지금까지 박 근혜 정부도 선 핵문제 해결, 후 군사적 신뢰구축과 군비통제 같은 입장을 보이고 있고, 김정은 정권 또한 핵보유국 지위 강화 및 북미 평화협정 같은 데에 우선순위 를 두고 있으므로 남북한 간 혹은 남북한 및 미국 3자 간에 신뢰구축 및 군비통제 회담이 성사되기 힘든 것이 사실이다.

그러나 개성공단 확대 및 금강산 관광 재개, 남북한 간 경제협력을 고려할 때 반드시 우리의 대북한 경제지원과 북한의 군사방면 양보를 연계시켜야 할 것이다. 즉, 종합적인 관점에서 군사분계선 남북 지역의 남북한 연결을 검토하고, 상호 군사 적 긴장완화와 위협감소책을 동시에 고려요소로 생각해야 한다는 것이다. 예를 들 면, 남측은 군사분계선에서 남쪽으로 20km, 북측은 군사분계선에서 북쪽으로 40km 비대칭 군사배치제한 지역을 만들고 이 비무장 지역을 평화와 산업 복합지대로 개 발하는 것도 한 가지 대안이 될 것이다.37) 물론 그 지역의 경계에는 남북한 경계초

---

36) 이 문제와 관련해 본 연구진은 많은 전문가들과 의견을 나누었으며, 대체로 이러한 필요성에 대 해 공감했다.

37) 필자의 Simon Peres 전 이스라엘 대통령과의 인터뷰(1998. 10. 18, 텔아비브).

소를 두어서 대규모 군사력 이동을 방지하고 점검하는 조치가 취해져야 할 것이다. 이것은 한반도 해빙과 남한의 대북한 경제지원, 남북한 교류활성화, 한반도 군사적 긴장완화와 위협감소책을 종합적으로 고려한 예에 불과한데, 이와 같이 한반도 상황에 맞는 구체적인 조치들을 개발하고 그것을 협상하고 합의에 이르도록 해야 할 것으로 본다.

유럽의 헬싱키 프로세스에서 여러 가지 조치들을 한반도에 그대로 적용시키려고 하는 것은 무리수다. 유럽에서도 신뢰구축을 위한 회담과 군축을 위한 회담이 1973년에 동시에 출발했으며, 꾸준히 개최되어 온 사실을 명심해야 한다. 다만 군축이 어렵기 때문에 동서 양 진영이 완전 합의에 이르는 데 시간이 더 많이 걸린 것뿐이다. 동서 양 진영과 유럽의 중립국 및 비동맹국들이 모두 회의체를 상설화하고, 모든 국가가 위협으로 간주하는 것을 토의 의제로 제기했으며, 장기간 대화를 거쳐 가시적인 신뢰구축과 군축을 달성해 온 사실을 명심해야 한다. 또한 군축회담에서 양 진영의 군부 지도자들 간에 쌍방의 군사전략과 정책에 대한 공감대를 형성해 놓았기 때문에 고르바초프의 등장 이후 군축협상에서 급속도의 진전을 볼 수 있었다는 것을 고려해야 한다.

분단 70년 동안 쌓아 온 남북 사이의 적대감과 한반도 내의 모든 군사력을 하루아침에 감소하거나 없앨 수 있다고 생각한다면 큰 오산이다. 북핵 문제가 심각하다고 해서, 북핵 문제의 해결 없이는 재래식 군사문제에 대해서 토의조차 해서는 안 된다는 주장은 더 큰 오산이다. 그래서 우리가 처한 군사 대치 현실을 철저하게 연구하고 그것을 해소할 수 있는 종합적인 방책을 마련하는 것이 한반도에서 신뢰를 구축해 나가는 길이다.

앞으로 제3의 한반도 신뢰구축 시대가 개막될 것이다. 한반도를 냉전에서 벗어나 상호 신뢰 속에서 평화공존하는 체제로 만들기 위해서는 신뢰구축과 군비통제를 실천해야 할 때가 되었다. 북한이 경제개발을 진정으로 원한다면, 우리가 평화통일을 진정으로 원한다면, 남북한 군사대결과 군비경쟁 구조를 바꾸어야 할 것이다. 북한의 핵무기 개발로 교착상태에 이르고, 군사적 긴장이 사상 유례없이 높아진 지금, 우리 한민족을 전쟁의 공포와 억압에서 벗어나, 경제발전과 복지향상으로 매진하도록 만들기 위해서는 남북한 간에 혹은 남북한 및 미국 3자 간에 허심탄회하게 군사문제를 모두 논의하고 포괄적인 신뢰구축과 군비통제를 논의해야 한다. 그래야만 전쟁을 억제하고 평화통일에 이를 수 있을 것이다.

제 4 부

국제 대량살상무기 통제체제와 한반도

제1장

NPT와 IAEA

I. 핵확산금지체제 : 어디까지 왔나

　제2차 세계대전 후 43년 동안 핵무기 증강경쟁을 해왔던 미국과 소련은 1987년 중거리핵무기폐기협정(INF : Intermediate－range Nuclear Forces)을 고비로 하여 상호 핵무기감축을 시작하였다. 탈냉전 이후 미국과 러시아는 예상할 수 없이 빠른 속도로 전략핵무기 감축을 진행하고 있다. 한편 러시아와 중국은 더 이상 핵무기로 상대방을 공격목표로 삼지 않는다는 합의에 이르렀다. 냉전시 핵비보유국(앞으로는 '비핵국'으로 지칭함)의 핵확산을 방지하는 일에만 의견의 일치를 보아왔던 5개 핵보유국들(미국, 러시아, 중국, 영국, 프랑스 : 앞으로는 '핵국'이라고 지칭함)은 1996년에 핵무기시험을 전면적으로 중지하는 전면핵실험금지조약(CTBT : Comprehensive Test Ban Treaty)에 합의했다. 그리고 2000년 5월 유엔에서 개최된 NPT평가회의에서 핵무기의 전면적인 폐기를 위해 성실히 노력을 한다는 조항에 합의했다.

　1970년 3월 발효된 핵확산금지조약(NPT : Nuclear Nonproliferation Treaty)은 인류를 핵전쟁의 위험으로부터 예방하고, 비핵국에게 핵무기 보유금지와 핵사찰수용의무를 규정하며, 핵국에게 핵실험중지와 성실한 핵군축노력 의무를 부과하는 조약이다. NPT가 발효된지 25년이 지난 1995년 5월에 UN에서는 NPT의 무기한 연장을 표결 없이 만장일치로 통과시켰다. 2015년 7월 현재 NPT 회원국은 191개국으로서 모든 국제기구나 협정부문에서 최다수 회원국을 가지고 있다. NPT발효 이후 45년 간, 몇몇 국가의 경우를 제외하면 비핵국의 핵무기 개발노력은 NPT체제하에 성공적으로 저지되어 왔다고 볼 수 있다. NPT가 성공적일 수 있었던 근본원인은 핵국들이 비핵국과 양자관계, 또는 다자관계에 의한 외교적 노력을 통해서 핵개발을 막아왔으며, 한편으로는 핵국이 주도한 NPT의 보조장치들이 국제적인 규범과 기구로서 어느 정도 역할을 잘 수행해왔기 때문이다.

　인도, 파키스탄, 이스라엘 등의 핵보유가 NPT가 구분한 핵국과 비핵국의 구분에 강력한 도전이 되었으나 핵무기 확산은 그 정도에서 중단되었다. 구소련의 붕괴로 핵무기 보유국가가 3개국(우크라이나, 카자흐스탄, 벨루로스) 더 늘어났으나 미국이 제안한 넌-루가프로그램과 G-8의 글로벌 파트너십 프로그램에 의해 이들로 하여금 핵무기들을 러시아로 인도하거나 폐기하도록 하였다. 이라크, 북한 등은 후발 핵무기보유 시도 국가로서 다시 한 번 국제사회의 주목을 받았으나, 이라크는 미국이 주도한 군사적 공격을 받았으며, 북한은 미국을 비롯한 국제사회로부터 핵포기의 압력을 받아왔다. 한편 남아프리카 공화국의 자발적인 핵무기 포기는 핵무기 확산을 저지하려는 국제적 노력의 성공적인 사례라고 볼 수 있다.

여러 가지 내부적 문제점과 외부적 도전에도 불구하고 NPT체제는 성공적으로 존속되어 왔고 탈냉전 이후에는 NPT체제는 UN안보리의 역할증대와 더불어 국제사회의 하나의 규범이자 가장 보편적인 기구 중 하나가 되었다. NPT체제를 강화시키는데 핵국들이 앞장서고 있으며 비핵국들도 더 이상 NPT체제 자체에 대한 도전을 삼가하고 있는 실정이다. 그리고 NPT체제에 대한 보조장치로서 탄생된 대공산권수출통제체제(COCOM), 핵 선진기술국간의 수출통제체제(쟁거위원회, 런던 핵공급국 클럽)와 미사일기술 수출통제체제(MTCR), 호주그룹 등이 갈수록 회원국이 증가하면서 활동을 가속화하고 있으며, 1993년 성안되고 1997년 발효된 화학무기폐기협정(CWC)이 사찰제도 면에서 NPT체제의 약점을 보강하고 있다. 또한 지역국가간의 비핵지대조약이 NPT의 외곽에서 NPT를 지지하고 있다.

이러한 배경하에서 본장에서는 NPT체제를 비롯한 보조적 장치가 국제 핵확산 방지에 미친 영향과 핵국, 비핵국의 세계적인 핵군축 노력에 대한 참여도를 살펴보는 한편 NPT 평가회의가 취급해온 의제와 NPT 자체의 발전과정을 설명하고, 핵무기확산을 규제해온 국제원자력기구의 활동내역을 평가해보면서, 아울러 이들 국제적인 핵확산금지 노력과 체제에 한국의 외교가 어떤 역할을 해왔으며 앞으로 어떻게 활동해야 하는지 살펴보고자 한다.

Ⅱ. NPT체제

NPT는 1970년 당시 핵국(미, 소, 영, 중, 불)의 기득권을 존중하면서, 새로운 핵보유국의 등장을 저지하고 핵보유국간의 군비경쟁을 저지함으로써 인류를 핵전쟁의 위험으로부터 보호하고 세계평화에 이바지할 목적으로 1970년 발효되었다. NPT의 목적 중 비핵국의 핵보유를 저지하는 것을 수평적인 핵확산금지(horizontal nonproliferation)

라고 부르고, 핵국이 더 이상의 핵증강을 하지 못하도록 막는 것을 수직적인 핵확산금지(vertical nonproliferation)라고 부른다.

NPT가 궁극적으로 핵무기 없는 평화적인 세계를 지향하고 있다 하더라도 그 본질적인 성격은 핵국의 핵보유를 기정사실화 하는 한편 비핵국의 핵무기보유를 금지하는 불평등과 차별성으로 특징지워진다. 핵국은 양적으로나 질적으로 핵무기를 증강시키더라도 별다른 제재가 없었던데 반해서 비핵국은 핵개발 의혹이 생기면 반드시 핵국이 주동이 된 국제적인 압력과 제재를 받았다. 핵국은 비핵국의 핵무기 보유를 방지하기 위해 많은 보조장치를 만들었다.

1. NPT조약의 구조

NPT는 전문과 본문 11개 조항으로 구성되어 있다(부록 : 핵무기확산금지조약 전문 참조). 조약의 전문은 핵무기의 확산으로 인한 핵전쟁의 위험성을 방지할 필요성, 핵안전조치에 대한 협력의 필요성, 핵폭발에 대한 평화적 응용, 평화적 핵이용을 위한 협력, 핵실험 영구중단 노력, 핵무기 제조중단과 제거노력 강조 등을 담고 있다.

본문 1조는 핵국이 핵무기나 핵폭발장치를 비핵국에 양도하지 않으며, 비핵국에 대해 핵무기 제조나 개발을 도와주지 않을 것을 약속하며,

본문 2조는 비핵국이 핵국으로부터 핵무기나 핵폭발장치를 인수하지 않으며, 핵무기를 제조하지 않을 것을 약속하며,

본문 3조는 비핵국에게 원자력의 군사적 목적으로의 전용을 금지하고 NPT에 가입한 후 180일 이내에 국제원자력기구(IAEA)와 핵안전조치협정을 체결하여 사찰을 받을 의무를 부과하고 있으며,

본문 4조는 조약 참가국의 평화적 핵이용 권리를 설명하고 그를 위한 장비, 물질, 과학기술정보교환에 상호 협력하며,

본문 5조는 핵폭발의 평화적 이용에서 발생하는 이익은 차별 없이 비핵국에게 제공토록 하고 있으며,

본문 6조는 핵국에게 핵무기경쟁을 조기에 중지하고 궁극적인 핵폐기를 위한 핵무기의 군축을 위한 협상에 들어갈 것을 촉구하며,

본문 7조는 각 지역에 핵무기 부재를 보장하는 지역적 조약을 체결 가능토록 하며,

본문 8조는 조약의 개정에 관해서 회원국 1/3 이상이 요청할 경우 전체회의를 소집하여 다수결원칙에 따라 결정을 하며, 조약발효 후 매 5년마다 평가회의를 개

최한다고 하고 있다.

본문 9조는 조약의 조인절차를 설명하며,

본문 10조는 회원국이 국가의 최고이익이 침해된다고 간주할 때 탈퇴할 수 있음을 규정하고, 조약 발효 후 25년 만에 연장여부를 결정하도록 하고 있다.

1970년 79개국의 서명으로 출발한 NPT는 2015년 7월 현재 191개국이 가입하여 단일국제조약으로는 최다가맹국을 가짐으로써 국제적인 체제가 되었다. NPT 체제를 유지하기 위해 핵국과 비핵국은 각각 노력해온 바, 이를 정리하면 다음과 같다.

2. 핵국들의 핵무기 증강과 군축노력

아래 <표 Ⅳ-1>에 나타난 바와 같이 NPT체제하의 핵무기 수는 계속 증가되었다. 핵국들이 보유한 총 핵탄두수는 1968년에 12,000기, 1978년에 41,000기, 1988년에 55,000기로서 10년 간격으로 보면 1968년과 78년 사이에 약 3.5배가 증가하였고 1978년과 88년 사이에는 30% 증가하였다. 1990년과 1995년 사이에는 탈냉전의 영향으로 10% 감소하였다.

표 Ⅳ-1 세계의 핵무기 수

년 도	총 핵탄두 수	전략 핵탄두 수
1948	50	
1958	2,836	
1968	12,000	
1978	41,000	6,742
1988	55,000	16,000
1995	50,000	24,172
2003	29,965 *	24,000
2008	25,000	
2010	22,600**	
2013	17,132***	
2015	15,850****	

자료출처 : UNIDIR, *Nuclear Deterrence : Problems and Perspectives in the 1990s*, 1993, p. 69.
* 2003년 자료는 http://www.ceip.org/files/nonprolif/numbers/default.asp. 참고.
** *SIPRI Yearbook 2010* 참고.
*** 2013년 자료는 CNN, "Nuclear weapons : Who has what?," March 2013. 참고.
**** *SIPRI Yearbook 2015* 참고.

미·소 양국 간에는 1972년 요격미사일금지조약(ABM Treaty)을 시작으로 핵전쟁으로 인한 상호공멸을 막고 NPT에서 규정한 핵군축을 하기 위한 외교노력을 계속 해왔다. 1972년 전략무기제한협정(SALT-Ⅰ)을 체결하여 미·소 양국이 보유한 탄두수의 상한선을 설정하고 이를 넘지 않도록 규정했다.1) 그러나 이 양적 상한선은 질적인 핵군비경쟁을 막지 못하여 핵탄두가 다탄두화하는 기술적 경쟁을 초래하였다. 이에 1979년에 SALT-Ⅰ의 문제점을 개선하기 위해 SALT-Ⅱ를 합의한 것으로 다탄두의 수를 제한시키는 협정이었다. 그러나 SALT-Ⅱ는 소련의 아프가니스탄 침공에 따른 양국 간의 관계 악화로 미국 상원에서 비준되지 못하였다.

미·소간의 냉전 해소 움직임은 1985년 고르바초프의 등장과 함께 본격화되었는데 1987년 양국 안보 관계사상 최초로 상대방 군인, 민간 전문가가 입회하여 사찰하는 가운데 중거리핵무기 폐기가 이루어지는 중거리핵무기폐기협정(INF Treaty)이 체결되었다. 상호 600여 회의 현장사찰이 이루어져서 2,000여 기가 넘는 중거리 핵무기가 모두 폐기되었다.

이어 1991년 구소련의 해체와 더불어 전략핵무기감축회담이 이루어져 감축협정이 합의되었는 바, 이를 START-Ⅰ이라고 부른다. START-Ⅰ에서 미국은 핵탄두수를 총 8,500여 기 정도, 러시아는 총 6,100여 기 정도 보유하도록 허용하고 있으나 1994년 12월 우크라이나가 NPT에 공식 가입함으로 인해 늦게 발효되게 되었다. 따라서 START-Ⅰ에 의한 핵군축결과는 신통치 않았다. 왜냐하면 START-Ⅱ가 그 이전에 서명되었기 때문이다. START-Ⅱ는 1993년 1월 3일 부시와 옐친 간에 서명되었다. 이에 의하면 미·러 양국은 전략 핵무기를 현재 보유 수보다 2/3 감축하여 2003년에는 총 3,500기 이하로 보유하기로 하였다. 그리고 대형 및 다탄두 대륙간탄도탄은 2003년까지 모두 폐기하도록 하였다. 2002년 5월 미국 조지 W 부시 대통령과 러시아 푸틴 대통령은 양국의 전략핵무기를 1,700~2,200기까지 추가 감축하기로 합의했다(SORT 혹은 '모스크바협정'이라고도 불린다). 또 2010년 4월 미국 오바마 대통령과 러시아 메드베데프 대통령 간 합의된 New START는 실전배치된 핵탄두 수를 양국이 각각 1,550기로 제한하고 있다(아래 <표 Ⅳ-2> 참조).

---

1) 미국에게는 1,054기의 ICBM, 656기의 SLBM이 허용되고, 소련에게는 1,608기의 ICBM, 740기의 SLBM이 허용되었다.

| 표 IV-2 | 미-소(러) 간 핵무기감축협정 |

조약	체결연도	내용
SALT-I	1972.5 (닉슨-브레즈네프) 1972.10 발효	ICBM과 SLBM 발사대 수 동결 미 : ICBM 발사대 1054, SLBM 발사체 656 소련 : ICBM 발사대 1608, SLBM 발사체 740
ABM Treaty	1972.5 (닉슨-브레즈네프) 1972.10 발효	ABM 기지 수 2곳으로 제한(수도방어와 ICBM 기지 방어). 이후 1곳으로 축소 조정
SALT-II	1979.6 (카터-브레즈네프) 발효되지 않음	ICBM 발사대, SLBM 발사 잠수함, 전략폭격기 수 제한 : 미·소 모두2250
INF	1987.12 (레이건-고르바초프) 1988.6 발효	중거리핵미사일(사거리500-5500km) 모두 폐기(미국 : 1846; 소련 : 2692)
START-I	1991.7 (H. 부시-고르바초프) 1994.12 발효	ICBM 발사대, SLBM 발사대, 전략폭격기 수 제한 (미·소 모두 1600); 실전배치 핵탄두 수 제한 (미·소 모두 6000)
STRAT-II	1993.1 (H. 부시-옐친) 발효되지 않음	MIRV 금지(단일탄두미사일만 배치); 2007년까지 핵탄두 수 제한(3000-3500)
SORT (Treaty of Moscow)	2002.5 (W. 부시-푸틴) 2003.6 발효	2012년까지 전략 핵탄두 수 감축(1700-2200)
New START	2010.4 (오바마-메드베데프) 2011.2 발효	실전배치 핵탄두 수 제한(1550); 모든 ICBM 발사대, SLBM 발사대, 전략폭격기 수 제한(800); 실전배치된 ICBM 발사대, SLBM 발사대, 전략폭 격기 수 제한(700)

결국, 미·소간의 전략핵무기 감축을 포함한 핵 군축이 성공할 수 있었던 이유는 첫째, 양국이 핵무기 균형을 이룸으로써 더 이상의 군비경쟁은 무의미하게 되었다는 자각이고, 둘째, 둘 사이의 무한경쟁은 국력의 소진을 가져와서 경제를 악화시키며 그렇게 될 경우 미·소는 다른 국가와의 경쟁에서 질 수밖에 없다는 자각이다. 셋째, 미·소간의 정치적, 외교적 관계개선과 고르바초프 이후 탈냉전의 조짐이 나타나고 급격한 세계정세의 변화로 소련이 몰락했기 때문에 더 이상 핵무기 경쟁은 할 필요가 없었기 때문이다.

한편 미·소, 미·러 간의 핵군축회담에도 불구하고 영·중·프 3국간에는 영국이 1963년 미·소와 함께 부분적 핵실험금지 조약에 서명한 경우를 제외하고는 공식적인 핵군축모임은 없었으며 각자 미·소 같은 핵 초강대국과 경쟁상대가 안 된다고 생각하여 5개국 간 회의에 불참하거나 군축노력을 회피해왔다.[2]

영국은 1968년 NPT의 원 서명자이며 NPT의 기탁국 중 하나이다. 현재 215기 정도의 핵탄두를 보유하고 있다. 프랑스는 1992년에서야 NPT에 가입하였으며 중국도 마찬가지이다. 프랑스는 현재 300기의 핵무기를, 중국은 260기 정도의 핵무기를 보유하고 있다.[3]

그러나 이들 3개국도 탈냉전 후 안보정세의 변화와 국제적인 핵군축의 흐름에 수수방관만 하지 않았다. 국제적 여론을 의식한 탓이다. 영국은 90년대 초 모든 전략핵무기의 공격목표를 제거했으며 전술 공대지 핵무기를 취소했다. 그리고 지상기지 핵야포와 랜스미사일 기지를 폐쇄했다. 4개 트라이던트급 잠수함에서 핵탄두 수를 128개에서 96개 이하로 감소시켰다. 프랑스는 1990년대 후반에 플루톤 단거리 미사일을 퇴역시켰으며 사거리 480km의 미사일 하디스를 배치하지 않기로 했다. 핵잠수함도 세 척에서 두 척로 줄였다. 트리옴팡급 전략핵잠수함도 6척에서 4척으로 건설키로 변경했다. S45 중거리 지상발사미사일 배치도 취소했다. 중국은 1994년 9월 3일 러시아 옐친대통령과 합의에서 서로 상대방에 대하여 핵탄으로 공격하지 않으며 무력을 사용하지 않기로 하였다. 중국은 선제불사용이라는 선언적 정책에다가 1996년에 전면핵실험금지조약에 서명하며, 결국 핵무기의 완전한 제거라는 목표를 향해 노력할 것이라고 거듭 천명하고 있다. 그러나 1996년 전면핵실험금지조약이 체결되기 전까지 프랑스와 중국은 핵실험을 더욱 열심히 하였기 때문에 세계의 비난을 받기도 했다.

3. 비핵국들의 핵확산 실태[4]

가. 인   도

NPT회원국이 아닌 인도는 1974년 5월 핵실험을 감행함으로써 핵무장능력이 있음을 내외에 과시하였다. 인도는 1950년대와 60년대에 캐나다와 미국으로부터 기술지원을 받아 연구용원자로를 건설하였으며 바바 원자력연구센터에서 플루토늄 추출시설을 세웠다. 1962년 중국과 국경분쟁에서 패배한 뒤 핵무기를 갖고자 하

2) Jack Mendelsohn and Dunbar Lockwood, "The Nuclear Weapon States and Article Ⅵ of the NPT," *Arms Control Today*, March 1995, pp. 11-16.
3) *SIPRI Yearbook 2015.*
4) Leonard S. Spector and Mark G. McDonough, *Tracking Nuclear Proliferation : A Guide in Maps and Charts*, 1995, Carnegie Endowment For International Peace, pp. 97-101.

는 의지가 견고해졌으며, 1974년 드디어 핵폭발실험을 하기에 이르렀다.

그럼에도 불구하고 인도는 평화적 핵폭발 실험을 하였다고 주장하였으며 미국·캐나다와 원자력협력 협정을 위반한 것이 아니라고 우겼다. 이에 대응하여 캐나다는 모든 원자력 상업계약을 취소시켰으며 미국은 1963년도에 판매하였던 타라푸스 핵발전 원자로에 대한 통제를 강화했다.

1980년대에 들어와 인도는 파키스탄이 핵능력을 보유함에 따라 핵위협이 파키스탄으로부터 온다고 간주하고 핵개발을 서두른 흔적이 있다. 인도는 1998년 5월 핵실험을 6차례나 강행했다. 인도가 핵무기를 보유한 목적은 국제사회에서 미·러·영·프·중 5개 안보리 상임이사국과 같은 국제적 지위를 얻고, 파키스탄과 중국의 위협을 억제하며, 남아시아에서 패권적 영향력을 유지하기 위함이라고 간주된다.[5]

현재 인도는 NPT회원국이 아니고 모든 핵시설에 대해서도 IAEA의 안전조치를 취하지 않고 있다. 인도는 핵실험 이후 국제여론의 비난을 회피하기 위해 더 이상 핵실험을 하지 않고, 핵실험금지조약에 가입하겠다고 선언하였다. 현재 인도는 90에서 110기 정도의 핵탄두를 보유하고 있다.[6] 2008년 미국은 인도와 원자핵협력협정을 체결하여 인도의 민수용 원자력발전에 대한 지원을 약속하였다. 세계의 핵비확산공동체는 인도가 핵무기를 개발했음에도 불구하고 제재대신 지원을 약속한 미국의 행위는 앞으로 핵비확산체제를 와해시킬 위험이 있다고 경고한 바 있다.

나. 파키스탄

파키스탄은 NPT회원국이 아니며 1971년 인도·파키스탄 전쟁에서 패배 후 1972년에 핵무기개발계획을 수립했다. 1974년 인도의 핵실험에 자극을 받아 핵무기개발을 서둘렀으며 1980년대에 이르러 큰 진전이 있었다. 이 계획의 핵심은 카후타 농축시설이며, 물론 이 시설은 IAEA의 안전조치를 받지 않고 있다. 파키스탄 정부의 공식입장은 "핵무기를 제조할 능력은 있지만 아직도 그렇게 하지 않았다"고 하는 것이었다. 미국 정부의 고위 관리에 의하면 파키스탄은 1991년 7월에 이미 카후타 우라늄농축시설과 주요핵무기 부품제조시설에서 무기용 핵물질 생산을 동결했다고 한다.

그러나 1994년 8월에 전 파키스탄 수상 나와츠샤리프는 파키스탄이 핵무기를 보유했다고 선언했다. 더욱이 파키스탄의 핵무기 생산능력은 중국으로부터 원조를 받아 건설 중인 쿠삽원자로가 IAEA의 사찰을 받지 않는다면 더욱 강화될 것이라고

---

5) 王仲春, 『核武器·核国家·核战略』(中国 北京 : 时事出版社, 2007), pp. 308-319.
6) *SIPRI Yearbook 2015.*

우려하고 있다. 파키스탄이 핵무기 개발을 서두른 이유는 인도의 핵보유 사실과 그로부터 오는 안보위협 때문이다. 따라서 인도가 NPT에 가입하거나 또는 핵비확산조치를 받아들인다면 파키스탄도 그렇게 하겠다고 제의하였다. 그러나 인도는 그들의 안보위협이 중국으로부터 온다는 사실을 강조하면서 파키스탄의 제의를 거부했다. 파키스탄은 1998년 5월 인도의 핵실험에 맞춰 핵무기 실험을 강행했다.

파키스탄의 핵정책은 최소한도의 핵무기로 인도의 핵위협에 대한 억제를 달성하는데 있다. 그리고 핵선제불사용 정책를 선포하기는 했으나 최소한도의 핵억제력이 핵무기 몇 개를 보유하는지에 대해서는 밝히지 않고 있다.

파키스탄과 인도 간에 신뢰구축과 군비통제조치가 전혀 없었던 것은 아니다. 1991년 1월 발표된 양자 간의 핵군비통제협정이 대표적인 예이다. 양국은 고위군사당국자 간 직통전화 개설을 비롯하여 양국의 핵시설에 공격을 금지하는 협정에 따라 1992년과 93년에 상기 핵시설의 목록을 교환하였다. 1992년 8월에는 군사훈련의 상호사전통보와 전투기의 영공비행 금지에 합의했다. 또한 화학무기의 보유·생산·사용에 금지하는 협정에 서명했으며 1993년 CWC에 모두 가입했다. 그러나 상기 모든 양자 간 협정의 이행여부를 검증하는 장치에 대한 구체적인 조치는 여전히 결여되어 있다.

1991년 6월 파키스탄은 미국·러시아·중국이 파키스탄과 인도 간의 핵군비통제협상에 중재역할을 해주도록 요청했다. 인도가 이 제안을 거절했음은 물론이다. 파키스탄의 핵무장능력을 제한하기 위해 미국이 주도적 역할을 해왔다. 1990년 10월 미국은 파키스탄에 대한 경제·군사원조를 중단했다. 미국은 파키스탄의 핵문제에 대해 파키스탄·인도 양자 간에 해결노력이 부진한 것을 고려하여 1992년 말 미의회에서는 행정부가 남아시아에서 지역 핵비확산정책을 추진하도록 요구하는 「대외지원법」에 새로운 조항을 추가했다. 그리고 행정부가 매년 2회 중국, 인도, 파키스탄의 핵무기, 미사일 프로그램의 상황에 대해서 보고하도록 하였다. 미 행정부는 1994년 남아시아의 핵문제에 구체적인 제안을 내놓고 인도와 파키스탄을 계속 설득해 왔으나, 1998년 이후의 핵실험 이후 모든 노력이 수포로 돌아갔다고 볼 수 있다. 현재 파키스탄은 100-120기의 핵탄두를 보유하고 있다.[7]

다. 이스라엘

이스라엘은 NPT회원국이 아니며 사실상 핵무기보유국으로 간주되고 있다. 1986년 10월 전 핵물리학자 모데차이 바누누는 런던 선데이타임즈와의 기자회견에

---

7) *SIPRI Yearbook 2015.*

서 이스라엘이 아마도 200여 기의 핵폭발장치를 가지고 있을 것으로 추정했다.[8]

이스라엘은 1955년에 미국의 지원을 받아 평화적 목적의 연구용 원자로를 건설했다. 이스라엘의 핵무기계획은 1956년 가을 수에즈운하 위기발생 때 본격적으로 시작됐다. 중동에서 고립되어 적으로 둘러싸인 이스라엘은 안보목적상 프랑스와 비밀계약으로 대규모 플루토늄 생산이 가능한 원자로를 디모나에 건설하기 시작했다. 첩보에 의하면 프랑스는 핵무기설계와 제조에 관한 정보도 제공한 것으로 되어 있다. 그러나 1967년 6월 중동전쟁 이후 UN 안보리의 제재가 강화되자 남아공과 핵협력을 시도했다. 그 결과 1979년 9월에 이·남아공 합작으로 핵실험을 진행하였다.

이스라엘은 더 이상의 무기용 우라늄과 플루토늄의 생산을 금하는 클린턴 행정부의 "핵분열 물질 중단"에 관한 조약의 제안에 찬성하지 않고 있으며 앞으로도 핵옵션에 대한 제약을 원하지 않고 있다. 한때 200여 발의 핵탄두를 보유했던 이스라엘은 현재 80여 발을 보유한 것으로 알려져 있다.[9] 이스라엘은 2010년 유엔에서 개최된 NPT평가회의에서 중동의 비핵지대가 결의되었음에도 불구하고 이러한 노력에 동참하지 않고 있다. 이스라엘은 아랍국가들에 의해 둘러싸여 생존의 위협을 받고 있는 상황 속에서 국가안보를 확고하게 달성하기 위해 핵을 보유하며, 핵보유에 대해 시인도 부인도 하지 않는 NCND 정책을 고수하고 있다.

라. 기타 국가

전술한 인도, 파키스탄, 이스라엘 외에도 핵무기를 보유하고자 야심을 가진 국가들이 많이 있었다. 그 예는 루마니아, 남아프리카 공화국, 이라크, 이란, 북한 등이다. 남아프리카 공화국은 핵보유에 성공하였으나 그동안 미국과 구소련이 주도한 외교압력과 경제제재를 받아왔으며 냉전의 종식과 함께 자발적으로 핵무기를 폐기하면서 1991년 7월 NPT에 가입하였고 그해 9월 16일 IAEA 안전조치협정에 서명하였다. 루마니아, 이라크, 이란, 북한 등은 남아프리카 공화국과는 달리 NPT회원국이 먼저 되었으면서도 IAEA의 사찰제도의 취약성을 악용하여 핵무기를 개발해왔던 국가들이다. 루마니아는 1970년에 NPT회원국이었으면서도 차우세스쿠 독재정권하에서 핵무기보유를 시도했으나 성공 여부는 알려지지 않았으며, 이라크는 1969년 NPT회원국이 되었으나 1991년 걸프전 패배 이후 UN특별위원회에 의해 핵무기개발계획이 탄로 났으며 중지되었다.

8) *Sunday Times*(London), "The Secret of Israel's Nuclear Arsenal," Oct 5, 1986.
9) *SIPRI Yearbook 2015*.

그리고 북한의 경우 1985년 NPT회원국이 되었으나 1980년대 말부터 핵개발을 서두르다 국제적 압력에 직면하여 미국과의 제네바 합의에 의거, 1994년 10월 핵동결을 약속했다. 하지만 2002년 10월 고농축우라늄 개발계획이 밝혀진 이후 북한은 지금까지 핵무기 개발을 포기하지 않고 있다. 2006년, 2009년, 2013년 각각 핵실험을 강행하여 현재 약 8개 가량의 핵탄두를 보유한 것으로 추정된다.[10]

이란의 경우 1970년에 NPT에 가입했다. 하지만 2002년 이란 반체제 단체가 이란 내 미신고 우라늄농축시설이 있다고 폭로하면서 이란 핵개발 의혹이 제기되었다. 우라늄농축 활동의 금지를 요구하는 국제사회의 압력에 대해 이란은 원자력의 평화적 이용 권리를 내세워 거부하였고, 결국 유엔의 대이란 경제제재조치가 이루어졌다. 수년에 걸친 P5+1(유엔안보리 상임이사국 5개국 + 독일)과의 협상 끝에 2015년 7월 이란은 P5+1과의 이란 비핵화를 위한 포괄공동행동계획을 받아들이는 대신 유엔 경제제재 해제를 얻어내었다.

4. 핵무기확산에 관한 이론

NPT체제가 수립되고 개별국가가 핵국들과 쌍무관계 또는 다자관계에 의해 핵무기 개발에 대한 엄격한 규제를 받고 있음에도 불구하고 핵무기가 확산되는 현상은 어떻게 설명할 수 있겠는가? 많은 국제정치학자들이 이러한 현상을 설명하기 위해 이론적 작업을 경주해왔다. 핵무기확산에 관한 이론 중 대표적인 것으로 기술이론과 동기이론, 그리고 핵확산이 국제질서의 안정과 평화에 기여한다는 이론과 그렇지 않다는 이론이 있다.

첫째, 기술이론은 1950년대와 60년대에 형성된 학설로서 이 이론에 따르면 핵기술능력의 보유가 곧 핵무기의 보유가 된다.[11] 즉 기술이론은 핵무기를 제조할 수 있는 잠재적 능력 자체가 핵무기개발 결정에 충분조건이 된다고 보고 핵능력의 확산정도에 따라 핵확산은 도미노방식으로 전 세계에 파급될 것으로 보는 이론이다. 이러한 관점에서 핵무기확산방지는 핵무기의 제조와 밀접한 관계가 있는 민감한 기술이나 물질, 그리고 시설들의 이전 등에 대한 통제를 통해서만 이루어질 수 있다고 주장하고 있다.

그러나 기술이론은 지나치게 단순하고 결정론적인 측면에서 핵확산의 원인을 설명하고 있기 때문에 현재와 같은 수평적 핵확산 현상을 설명하고 예측하고 통제

---

10) *SIPRI Yearbook 2015*.

11) Stephen M. Meyer, *The Dynamics of Nuclear Proliferation*, (Chicago : The University of Chicago Press, 1984), p. 5.

할 수 있는 충분한 이론적 틀이 되지 못한다고 볼 수 있다. 뿐만 아니라 통제와 봉
쇄에 의해서 핵확산을 방지해야 한다는 논리도 미국과 소련의 경찰력을 바탕으로
비핵국의 핵보유는 억제하고 기존 핵국의 핵확산은 아무래도 괜찮다는 논리를 깔
고 있다. 그리고 또 하나의 한계점은 핵능력이 있으면서도 핵무장을 추구하지 않는
국가들에 대해서는 설명력을 제공하지 못한다는 것이다. 예를 들면, 일본, 독일, 스
웨덴 같은 나라가 왜 핵무기를 개발하지 않고 있는지 설명할 수 없다.

둘째, 동기이론은 기술이론의 한계점을 극복하고자 대두된 이론으로 핵확산의
원인으로 기술적인 측면보다는 정치, 군사적인 동기의 중요성을 강조하는 이론이다.[12]

동기이론은 핵무기를 개발할 수 있는 잠재적 능력과 같은 요소는 핵확산의 필
요조건에 불과하며 핵무기 개발결정에 충분조건은 핵무기 개발의 필요성을 느끼게
하는 정치, 군사적인 동기라고 주장한다. 즉, 핵확산의 직접적인 원인은 핵개발을
추진하고 있는 국가가 핵무기의 필요성을 느끼게 한 어떤 동기(motivation)가 있다는
것이다. 이 이론은 수평적 핵확산의 충분조건으로 기술수단뿐 아니라 핵무기 개발
이유가 있어야 함을 지적함으로써 기술이론의 미비점을 크게 보완하고 있다. 또한
이 이론은 기술이론에서 말하는 "통제와 봉쇄"만으로는 핵확산 방지책이 될 수 없
음을 지적하고 정치·군사적 긴장완화, 강대국과 약소국 간의 군사동맹의 강화, 집
단안보체제의 구축, 그리고 핵국의 비핵국에 대한 소극적 안전보장과 적극적 안전
보장 선언[13] 등을 통하여 핵무기 개발 동기 자체의 발생을 억제해야 한다는 점을
강조하고 있다.

그러나 이 이론도 핵확산의 원인에 부합되는 핵확산 방지를 위한 대책을 보다
현실성 있게 제시하였다는 긍정적인 면이 있는 반면에 몇 가지 제한점들이 있다.
우선 정치, 군사적인 동인의 발생이 인접국과 군사적 긴장 또는 영향력 경쟁 등만
을 의미함으로써 핵강국의 수직적 핵확산이 수평적 핵확산과는 무관하다는 논조를
내포하고 있다. 즉, 동기이론 역시 수직적 핵확산을 정당화시키려는 패권주의적 요
소를 배제치 않고 있는 것이다. 그리고 동기이론에서 제시하고 있는 국가안보나 국
가적 위신고양 등과 같은 요인들은 사실 어느 국가나 관심을 가지고 있는 요소들

---

12) Lewis Dunn, *Controlling the Bomb : Nuclear Proliferation in the 1980s*, (New York : Yale University
Press, 1979)와 Robert Strong, "the Nuclear Weapon States," in William Kincade and Christoph
Bertram eds., *Nuclear Proliferation in the 1980s*(London : MacMillian Press, 1982), pp. 3-26이 있음.

13) 적극적 안전보장(positive security assurance)은 "동맹국가에 대해 적국이 핵무기로 공격했을
경우 그 동맹국이 핵무기로 보복해도 좋다"는 것으로 1968년 6월 UN안보리 결의안 255호에 의해
통과되었다. 소극적 안전보장(negative security assurance)은 "NPT에 가입한 비핵국가에 대해 핵국
가들이 핵으로 위협하거나 핵무기를 사용할 수 없도록 규정한 것"으로 1978년 UN에서 통과된
바 있다.

이므로 핵개발을 추진하고 있는 국가와 그렇지 않은 국가들의 차이를 구별하기가 어렵다는 점이다.

셋째, 기술이론과 동기이론만으로 핵확산현상을 충분히 설명하지 못하자 1980 년대에 이르러서 이러한 접근방식과는 다른 제3의 접근방식들인 유사동기이론과 연계이론이 등장하였다.[14]

유사동기이론이란 동기이론의 변형으로 볼 수 있는 이론으로 핵확산의 원인을 설명함에 있어서는 동기이론과 같은 접근법으로 설명하면서도 그 억제방안에 있어서는 기술이론을 수용하는 모순된 논리를 전개하고 있다. 즉, 유사동기이론은 장차 수평적 핵확산의 형태와 속도는 정치, 군사적 동인에 의해 결정될 것이며 핵무기 확산방지는 요주의 국가들에 대한 경계와 압력강화, 핵물질 거래의 규제, 핵강국에 의한 핵원료시장의 독점 등 "통제와 봉쇄"를 통해 가능하다고 주장하고 있는 이론이다. 그러나 유사동기이론은 동기에서부터 핵확산의 원인을 분석하였으나 그로부터 도출된 대응책은 기술이론의 주장을 반복함으로써 논리적으로 상충된 모순을 안고 있다.

또 다른 이론으로는 연계이론이 있다. 연계이론이란 위에서 설명한 확산이론들이 패권주의적 모순을 안고 있기 때문에 수직적 핵확산이 수평적 핵확산에 영향을 미친다고 주장하는 이론이다. 즉, 연계이론이란 핵확산의 원인을 설명함에 있어서 기술능력의 보유나 동기에서 찾기보다는 기존 핵보유국들에 의한 수직적인 핵확산이 결국 수평적 핵확산으로 이어진다고 주장하는 이론이다. 연계이론의 등장은 일면 위에서 설명한 핵확산이론들이 수평적 핵확산과 수직적 핵확산의 관계를 경시하고 있다는 점을 감안할 때 지극히 당연한 논리하고 볼 수 있다. 그러나 이 연계이론 중에서도 "자유주의적 입장"의 학자들과 "제국주의적" 이론가들의 이론이 서로 상충되고 있다.

즉 미국을 중심으로 한 "자유주의적 입장"의 학자들은 세계 핵무기 분포의 불공평을 인정하고 비핵보유국들이 불만을 갖는 것은 당연하다고 보고 있다. 그러나 그러한 불공평성이 국제체제의 차별적이고 착취적인 본성에서 기인된 것은 아니며 따라서 현재의 핵확산금지체제 자체를 구조적으로 변화시킬 필요는 없다고 주장하고 있다. 반면에 제3세계 이론가들의 견해인 "제국주의적" 논리는 핵확산의 보다

---

14) 유사동기이론을 주장하는 학자는 John Weltman, Thomas Dorian, Leonard Spector 등이 있는데 Thomas Dorian and Leonard Spector, "Covert Nuclear Trade and International Nuclear Regime," *Journal of International Affairs*, 35-1(Spring/Summer 1981)을 참조. 연계이론을 주장하는 학자들은 William C. Potter, "Nuclear Proliferation : US-Soviet Cooperation," *Washington Quarterly*, 8-1(winter 1985).pp. 141-154.와 Joseph Nye, "Nuclear Proliferation in the 1980s," *Bulletin of the Atomic Scientists*, 38-7(August/September 1982), p. 31을 참조.

중요한 원인은 강대국들에 의한 수직적 핵확산이라고 주장하면서 비핵국들의 핵보
유만을 제한하는 것은 제국주의적 발로라고 보고 있다. 따라서 비핵국들이 핵국들
의 제국주의에 대항하기 위하여 핵무기를 보유하여야 하며 강대국들이 억제이론를
포기하는 것만이 수평적 핵확산을 방지하는 지름길이라고 "자유주의적 입장"의 학
자들과는 상반된 주장을 펴고 있다.

　　이와 같이 기존의 핵확산이론들이 모두 저마다의 특색과 설명력, 그리고 제한
점을 가지고 있다. 따라서 특정 이론만을 적용하여 핵확산 현상을 설명한다는 것은
많은 제약과 위험이 따른다. 그러므로 각 이론들에서 주장하고 있는 핵확산 원인들
가운데 보다 설득력 있는 요인들을 종합하여 개별국가의 핵무장정책 추진현상을
설명하는 것이 바람직하다고 볼 수 있다.

　　그러면 핵확산이 국제체제를 안정적으로 만드는가? 불안정적으로 만드는가?
더 많은 국가들이 핵무기를 보유할수록 국제체제는 오히려 안정된다는 이론은
왈츠(Kenneth Waltz)에 의해서 주창되었다.[15] 미어샤이머(John Mearsheimer)는 핵무기가
우수한 억지력을 갖고 있기 때문에 독일, 우크라이나, 일본이 탈냉전 후 핵무기 국
가가 된다면 세계는 더욱 안전한 곳이 될 것이라고 주장하였으며, 반에베라(Stephen
van Evera)도 독일이 러시아의 위협을 억제하기 위해서는 핵무기를 가져야할 것이라
고 핵무기의 부분적 확산을 지지했다.[16] 그리고 핵무기를 보유하는 국가의 수가
많아질수록 국제체제는 불안정해진다는 주장은 현재 다수설로써 세이건(Scott Sagan)
에 의해서 잘 요약되어 졌다.[17]

　　국제관계에 있어 신현실주의자인 왈츠에 의하면 핵무기 확산으로부터 오는 위
험이 너무 과장되었다고 하면서 더 많은 국가가 핵무기를 가질수록 국제질서는 더
안정되고, 안보는 더 좋아진다는 것이다. 왜냐하면 신생 핵무기보유국가는 핵무기
를 다른 국가의 침략가능성을 억지하는데 사용할 것이기 때문이라는 것이다. 핵무
기 개발은 근본적으로 안보상의 이유 때문이며 따라서 근본적으로 무정부상태인
국제사회에서 한 국가의 안보는 그 국가의 최종책임이며, 그 국가는 재래식무기에

---

15) Kenneth Waltz만이 이 주장을 하는 것은 아니다. Bruce Bueno de Mesquita and William Riker는
　　모든 국가들이 핵보유국이 되면 국가간의 분쟁이 핵전쟁으로 발전될 가능성 때문에 전쟁이 억제되
　　므로 핵확산이 선별적으로 허용되어야 한다고 주장했다.(Mesquita and Riker, "An Assessment of the
　　Merits of Selective Nuclear Proliferation," *Journal of Conflict Resolution* 26, No.2(June 1982), p. 283.

16) Mearsheimer, "Back to the Future : Instability in Europe after the Cold War," *International Security*
　　15:1(Summer 1990), pp.5－56.; Van Evera, "Primed for Peace : Europe after the Cold War,"
　　International Security, 15:3(Winter 1990/91), p. 54.

17) Scott D. Sagan and Kenneth N. Waltz, *The Spread of Nuclear Weapons : A Debate*(New York and
　　London : W.W. Norton & Company, 1995) 참조.

의존한 무한한 군비경쟁에 참여하기보다는 억지력이 가공할만한 핵무기를 보유함
으로써 근본적으로 군비경쟁도 완화되고, 전쟁의 발생빈도도 적어진다는 것이다.

　　그러나 이러한 인식이 무한정한 핵확산을 가져오지는 않는다. 왜냐하면 국가
들은 핵무기개발 결정을 하기 전에 그들의 안보를 확보할 수 있는 가능한 방식을
강구한다. 또한 핵무기는 공포의 균형을 가져와서 핵무기를 적게 보유한 국가가 핵
무기를 사용하게 될 경우 핵강대국으로부터 받을 엄청난 손실을 계산하고 있기 때
문에 핵무기를 적게 보유한 국가는 실제 전쟁에서 사용하기보다는 억지목적에 사
용하고자 한다는 것이다. 따라서 많은 국가들이 핵무기를 가질수록 재래식전쟁 발
생가능성도 줄어들게 되고, 더군다나 핵전쟁이 일어날 가능성이 점점 감소하게 되
므로 오히려 세계는 평화적이고 안정적이 된다는 것이다.[18]

　　그러나 이에 반대하는 주장이 다수설을 이루고 있다. 즉, 핵보유국가가 많게
될수록 신생 핵보유국은 핵전쟁이 그들의 국가이익이 아니므로 핵전쟁을 피하기
위해 노력을 할 것이라는 합리적인 가정은 잘못되었다고 비판하면서 신생 핵보유
국의 행동은 기존의 5대 핵보유국과는 달리 그들 내부의 군부조직은 편견과 엄격
한 통제로 특징지워지며 시민사회의 미성숙으로 인해 군부만의 편협된 이해를 대
변할 가능성이 높아서 결국은 억지의 실패, 핵무기의 사용을 포함한 전쟁의 빈도수
를 더욱 증가시킬 것이라는 것이다. 즉 신생 핵보유국들은 국제체제나 조직의 규범
이 덜 교화되어 있어서 사고를 범할 가능성이 높다는 것이다. 따라서 핵무기 확산
을 통제하지 않으면 국제체제는 더욱 무정부상태로 될 가능성이 높다는 것이다. 이
것은 오늘날 핵을 포함한 대량살상무기의 보유를 시도하는 국가들을 정상국가가
아닌 불량국가(rogue states)로 분류하는 사고방식의 근저를 이루고 있다.

　　그런데 현재까지 NPT체제가 유지되면서 미국과 구소련, 그리고 핵국들이 비핵
국들의 핵무장을 저지하기 위해 벌려온 외교, 경제, 군사적 노력은 후자의 비관적
입장을 뒷받침한다. 그리고 냉전시대 핵확산을 그런 대로 저지해온 것은 미·소 양
진영의 견고한 양자 대치 상황 하에서 각 국가들이 안보를 보장받아왔으며 그 대
가로 핵무기 보유를 포기해왔기 때문이다. 그러나 탈냉전 이후 양극체제가 붕괴되
고 핵국들의 비핵국에 대한 영향력이 상대적으로 약화됨에 따라 비핵국들이 핵무
장화할 가능성과 이로 인한 국제체제의 불안정성과 불확실성이 높아질 가능성이
상존한다.

---

18) Scott D. Sagan, "The Perils of Proliferation : Organization Theory, Deterrence Theory and the
　　Spread of Nuclear Weapons," *International Security*, 18:4(Spring 1994), pp.66－107와 Sagan and
　　Waltz, Ibid. 참조.

5. 비핵국들의 핵 비확산 실태

NPT에서 규정된 비핵국들의 의무 중 가장 중요한 것이 핵물질을 군사적 목적으로 전용하는 것을 금지시키는 것이며 이를 준수하는 대가로 비핵국들은 평화적 목적으로 원자력을 이용하기 위한 기술이나 지원을 받을 수 있도록 되어 있다. 비핵국들이 NPT체제에 순응하려는 노력은 한편으로는 자발적으로 세계평화와 안정을 위해서 핵옵션을 포기함으로써 이루어지기도 하였으나 다른 한편으로는 대부분 핵국과의 쌍무관계, 국제체제 내에서 다자적 압력, 그리고 IAEA라는 국제기구를 통해 반강제적으로 요구되어졌다고 볼 수 있다. 다음 제Ⅳ절에서는 IAEA의 기원과 발전과정, IAEA와 NPT체제와의 상호관계, IAEA의 활동내역 등을 평가해 본다.

Ⅲ. NPT 평가회의

NPT는 제8조에서 조약 전문과 각 조항의 목적이 실현되고 있는지 여부를 확인하기 위한 목적으로 매 5년마다 한 번씩 평가회의(Review Conference)를 개최하도록 규정하고 있다. 1975년 1차 평가회의를 시작으로 1980년, 1985년, 1990년, 1995년, 2000년, 2005년, 2010년, 2015년 등 9차례에 걸쳐 평가회의가 개최되었으며, 조약 제10조에 의해 조약 발효 후 25년이 지난 1995년에 NPT조약의 무기한 연장 여부를 결정하는 검토회의가 1995년 4월 17일부터 5월 12일까지 유엔본부에서 개최되어, NPT의 무기한 연장을 결의하였다.

1975년 5월 제네바에서 개최되었던 1차 평가회의에서는 핵무기 확산방지와 핵무기 경쟁중지 및 핵군축을 위해 NPT가 중요한 역할을 해왔음을 평가하고 핵국에 대하여서는 핵군축 의무의 이행과 지상, 지하 핵실험을 중단하고 궁극적으로 핵실험을 전면적으로 금지하자는 CTBT(Comprehensive Test Ban Treaty)의 체결을 요구하였을 뿐 아니라, 비핵국에 대해서는 핵의 평화적 이용과 평화적 핵폭발을 보장하며 핵사찰 의무를 받아들일 것을 권고하는 최종선언문을 채택했다. 그러나 핵무기 감축과 핵실험금지에 대해서 핵국과 비핵국간에 갈등이 표출되었고 비핵국들은 핵국들이 원자력의 평화적 이용에 대해서 적극적인 기술협력을 해줄 것을 요구하였다.

표 Ⅳ-3 NPT평가회의 결과비교

구 분	1차 평가회의	2차 평가회의	3차 평가회의	4차 평가회의	5차 평가회의	6차 평가회의
개최 기간	1975.5	1980.8	1985.8	1990.8	1995.4-5	2000.4-5
시대 상황	74년 인도 핵실험 72년 SALT-I 타결 73년 석유파동	79년 소련의 아프간침공 신냉전	미소군축 본격적 거론	소련붕괴, 동구권개방, CFE타결 직전	탈냉전, 인도 등 비동맹권 핵패권 반대	탈냉전, 미·러 협력적 핵군축, 인도·파키스탄 핵보유
회의 분위기	남북갈등 표출	비관적 분위기 * 남북, 남남, 북북 갈등심화	실질적 토의 진전 * 일부의견 불일치	희망적 출발 * 가시적 성과, 일부 첨예한 대립	실질적 토의	실질적 토의
최종 보고서	작성	합의실패	작성	합의실패	작성	작성
주요 안건	• 군축의무 이행 • 지상, 지하 핵실험 중단, CTBT 체결 • 평화적 핵 이용 • 평화적 핵 폭발 보장 • 핵사찰 보편화	• 핵군축 요구 • CTBT 체결 요구 • 런던가이드 라인 및 쌍무 협정을 이용한 공급 규제 • NPT미가입 국에 원자력 수출규제 * 수출통제 제도 강화	• NPT조약, 핵군축 • 원자력 평화 적 이용 • 핵안전조치, 핵보유국도 적용 • 핵물질 및 시설방호 • PNE보장 • 비핵국 안전 보장	• NPT존속문제 • 비회원국 사찰 강화 • 원자력수출 경쟁조정문제 • IAEA사찰제도 보완 • 비핵국 안전 보장 • CTBT, 군축 노력	• NPT 무기한 연장 • NPT 검토 회의 강화 • 1996년 까지 CTBT 통과 • 핵보유국 의 안전보장 촉구 • 중동지역 평화과정 지지	• NPT체제의 유용성강조, 강화 약속 • IAEA의 추가 의정서 이행촉 구 및 플루토늄 관리 투명성 촉구 • 회원국확대 환영 및 가입 촉구 • CTBT 조기 발효 촉구 핵국의 핵무기 완전 폐기합의 • 중동 남아시아 비핵지대화지지 • 북한/이라크에 대한 사찰촉구

* 출처: 김태우, "NPT연장협상과 우리의 외교," 『외교』 제27호 1993. 9. p. 30; 전성훈, 앞의 책 참조; 1995, 2000년 검토회의 결과는 http://www.un.org/disarmament 참조.

	7차 평가회의	8차 평가회의	9차 평가회의
개최 기간	2005.5	2010.5	2015.4-5
시대상황	9·11 테러 이후 변화된 국제환경	2009.4 오바마 '핵 없는 세상' 2010.4 New START 서명	2015.4 이란 핵문제 해결을 위한 기본안 합의

회의 분위기	핵국－비핵국 갈등	실질적 토의	핵국－비핵국 갈등
최종 보고서	합의실패	작성	합의실패
주요 안건	• 비핵국에 대한 안전보장 제공문제 • 핵분열물질감축협상 (FMCT) 개시 촉구 • 비핵지대 설치지지 • 북한의 NPT, 6차회담 복귀 촉구 • 이란의 IAEA 안전조치 의무 이행 촉구	• 핵국의 실질적이고 구체적인 핵군축 의무 이행 촉구 • 중동비핵지대 창설 합의 • 이스라엘의 NPT 가입 및 IAEA 안전조치 수용 촉구 • 북한의 NPT, 6차회담 복귀 촉구	• 중동비핵지대 창설 • 전면적핵무기금지조약 제정

* 출처 : 권희석, "제7차 NPT 평가회의 결과와 향후 전망," 『원자력산업』(2005.7); 정은숙, "제8차 NPT 평가회의와 비확산 레짐의 미래," 『정세와 정책』(2010.6); 이서항, "흔들리는 범세계 적 핵비확산 체제," *JPI PeaceNet* 2015－24.

1980년 8월 제네바에서 개최되었던 제2차 평가회의에는 모두 75개 회원국이 참가하였다. 회의는 1979년 소련의 아프간 침공과 그로 인한 미·소 관계의 냉각상황 등 비관적인 분위기에서 개최되었다. 주요 안건으로는 핵국에 대해서 핵군축 의무 이행, CTBT체결 등이 요구되었으며 비핵국에 대한 핵안전보장 문제와 비핵국에 대한 수출통제제도 강화 문제가 논의되었다. 동 회의에서는 원자력 수출규제 문제에 대한 차별성문제가 77그룹에 의해 제기되었다. 이들은 특정국가에 대한 핵공급국의 무분별한 핵기술 및 연료수출로 IAEA의 철저한 사찰이 이루어지지 않음으로써 일부 NPT 비회원국가의 핵무장을 부추기고 있다고 비난하였다. 이에 대해 미국, 캐나다, 호주는 자국 내 모든 핵시설을 사찰대상에 신고하지 않은 나라는 상업용 핵수출을 금지하자는 결의문을 채택토록 제의했으나 영국, 서독, 이태리, 일본 등이 반대하여 뜻을 이루지 못했다. 그리고 핵군축문제에 대한 77그룹의 강경한 입장 때문에 최종선언문이 합의되지 못했다.

1985년 8월 제네바에서 제3차 평가회의가 개최되었다. 동 회의는 미·소 양국 간의 핵군축 문제가 본격적으로 논의되는 시기에 개최됨에 따라 최종선언문에 합의할 수 있는 분위기가 조성되었다. 핵국들은 IAEA의 전면안전조치 및 수출통제의 강화 필요성과 핵비확산이 국제원자력 교역의 전제조건임을 강조하면서 기술과 정보의 교환은 원자력 공급국이 스스로 결정할 문제라고 주장하였다. 비핵국들은 원자력 수출통제는 NPT의 범위를 벗어난 원자력 공급국들의 월권행위라고 비난하면서 장기적으로는 예측가능한 원자력공급 보장대책을 마련하라고 촉구했다. 또한 IAEA의 안전조치가 핵국에게도 적용되어야함을 주장하였다. 그리고 비핵국은 평화적 핵폭발의 권리를 보장해줄 것을 요구했다.

1990년 8월 제네바에서 제4차 평가회의가 개최되었다. 구소련의 붕괴, 동구권의 개방, 그리고 CFE(Conventional Forces in Europe)타결 등 호의적인 분위기에서 개최되었다. 동 회의는 비핵국들의 핵국에 대한 요구가 거세어 최종합의문에 합의하지 못하고 폐회되었다. 비핵국들은 핵국에 대해서 NPT연장에 앞서 CTBT를 체결할 것과 비핵국에 대한 핵안전보장을 해줄 것을 요구하였다. 반면 핵국들은 NPT연장과 CTBT의 체결을 연계짓는 것에 반대하면서 비핵국에 대한 IAEA안전조치만 강조하였다. 따라서 이 회의에서는 최종합의문에 합의하지 못했다. 제4차 평가회의에서는 북한이 NPT가입 이후 최초로 참여함으로써 남북한 대결이 벌어지기도 하였다. 동 회의에서 한국대표는 회원국 중에서도 핵개발 우려가 있는 국가에 대해 적절한 조치가 있어야 함을 역설하면서 북한 핵문제에 대한 주의를 환기시켰다. 그러나 북한대표는 한국에 미국의 핵무기가 1,000여 기나 있으므로 한국의 주장은 적절치 못하다고 반박하였다.

1995년 4월 17일부터 5월 12일까지 유엔 본부에서 제5차 평가회의가 개최되었다. 이 회의는 NPT조약 제10조 2항에서 NPT의 발효일로부터 25년이 경과한 후에 조약의 연장 여부 등을 검토하는 회의를 개최하도록 규정함에 따라 정례적 검토회의 겸 NPT연장 검토회의로 개최되었다. 동 회의에서는 선진국과 개도국 간에 NPT의 활동평가에 대한 의견대립으로 최종선언문 채택에는 실패하고 3개 문건에만 합의했다. 즉 NPT의 무기한 연장, NPT평가회의 절차의 강화 및 핵비확산과 군축의 원칙과 목표의 설정 등이다. NPT의 무기한 연장은 투표없이 채택됐다. NPT평가회의는 매년 5년 단위로 개최하면서 평가회의 3년 전에 준비회의를 10일간 3회 개최하기로 하였다. 핵국의 핵군축에 대해서는 1996년까지 CTBT를 완료하고 핵물질 생산중단을 목표로 하는 cut-off협약을 합의하기 위해 협상을 즉각 개시하며 최대한 조기에 이를 종결한다고 하였다. 비핵국의 핵안전보장에 대해서는 안보리 결의안을 1995년 5월 11일 채택하고 각 핵국들의 소극적 안전보장(Negative Security Assurances)과 적극적 안전보장(Positive Security Assurances)선언 이외에 국제적으로 구속력있는 문서형태를 추진한다고 합의했다. 비핵지대에 관해서는 각 지역의 특수성을 감안하여 우선적으로 추진을 권장하고 핵국들이 협조할 것을 요구했다. NPT연장회의를 전반적으로 평가해보면 미국 핵외교의 승리라고 말할 수 있다. 캐나다, 호주의 대표를 앞세워서 무기한 연장안을 제출했을 뿐 아니라 이집트 등 반대국가들을 일대일로 접촉, 각개격파 함으로써 무기한 연장을 달성했다. 또한 NPT의 무기한 연장은 북·미 제네바 핵합의의 효용성을 간접적으로 증명하게 되는 계기가 되었다. 이와 함께 비동맹권의 자체 분열 즉 인도네시아, 나이지리아 등과 남아프리카 공화국의 노선갈등은 비동맹이 한 목소리를 내지 못하는 결과를 초래했다. 결국 NPT는 세계 178개국의 회원국이 무기한 연장을 결의한 것과 마찬가지가 되었다.

2000년 4월 24일부터 5월 19일까지 제6차 NPT 평가회의가 유엔 본부에서 개최되었다. 표면상 핵국들간에 국가미사일방어체제(NMD)를 둘러싼 논쟁, 미국과 핵국들의 국내정치사정, 제네바 군축회의의 답보상태, 인도·파키스탄의 핵실험 등의 이유로 별 진전이 없을 것으로 예상되었으나, 모든 국가들이 새로운 천년을 맞기 위한 역사적인 노력으로 인하여 핵국들은 상호간에 핵공격목표를 해제하였으며, 이 지구상에서 핵무기를 완전히 폐기하겠다는 결의안에 동의하는 성과를 이룩했다. 참가국들은 모두 NPT체제가 세계평화와 안보에 필수적임을 재확인하고, 1997년에 IAEA에서 통과된 93＋2, 즉 핵안전조치를 강화시킨 추가의정서인 INFCIRC 540호를 이행하도록 촉구하며 플루토늄관리에 관한 투명성조치를 환영한다고 결의했다. 또한 기존의 187개 회원국 외에 이스라엘, 쿠바, 인도, 파키스탄의 가입을 촉구했다. 그 결과 2002년에 쿠바가 가입했다. 중동 및 남아시아 비핵지대화를 지지하고, 몽골의 1국 비핵지대화를 지지했으며, 인도와 파키스탄의 핵실험을 강하게 비판하고, 핵보유국의 지위를 인정하지 않는다고 결의하면서 이 두 나라의 NPT와 CTBT에 가입을 촉구했다. 그리고 이 두 나라의 핵실험금지선언을 환영했다. CTBT 의 조기발효를 촉구했으며, 북한과 이라크에 대한 IAEA의 사찰을 촉구하였다. 또한 핵무기용 분열성물질의 생산금지 회의를 조기에 개최할 것을 촉구했다.[19]

2005년 5월 2일부터 27일까지 유엔 본부에서 열린 제7차 NPT 평가회의는 핵국과 비핵국 사이의 의견 대립이 그 어느 때보다 증폭되었던 회의로, NPT 역사상 "최대의 실패였고 NPT체제의 위기를 초래한 회의"[20]로 평가받고 있다. 비핵국들은 핵국들의 보다 성실하고 실질적인 핵군축 의무 이행을 촉구했다. 특히 핵군축 문제에 강경한 입장을 보인 "New Agenda Coalition" 7개국[21]은 2005년 현재 핵탄두 수가 냉전시대와 크게 다르지 않음을 지적하였다. 또 핵국들이 보관 중인 핵물질로만 수천 개 핵탄두의 추가생산이 가능하다는 점과, 핵국들이 계속해서 신형 핵무기를 연구개발하고 있음을 비판했다. 이에 반해 미국 등 핵국들은 9·11 테러 이후 급격히 변화한 국제환경에서 핵군축보다는 불량국가나 테러집단에 의한 핵확산 방지를

---

19) 전성훈, 『1995년 NPT 연장회의와 한국의 대책』, 민족통일연구원, 1994. 12, pp. 8-10.

20) 백진현, "핵확산금지조약(NPT)의 성과와 한계," 백진현 편, 『핵비확산체계의 위기와 한국』, 서울: 오름, 2010, p.56.

21) 남아공, 뉴질랜드, 멕시코, 브라질, 스웨덴, 아일랜드, 이집트.

위한 대책마련이 중요하다고 맞섰다. 북한 핵문제에 있어서도 국가들 사이 의견은 크게 엇갈렸다. 서방국가들은 북한이 모든 핵 프로그램을 국제 검증을 통해 전면 폐기해야 하며, NPT 및 6자회담으로의 복귀, IAEA 안전조치협정의 이행을 촉구했다. 반면 비동맹 국가들은 북한에 대한 안전보장 문제가 우선 다루어져야 북한이 6자회담에 복귀할 수 있을 것이라 주장하였다. 이렇듯 첨예한 의견 대립으로 결국 최종 합의문 도출에 성공하지 못했다.[22]

　제8차 NPT 평가회의는 2010년 5월 3일에서 28일까지 유엔본부에서 개최되었다. 이 회의를 준비하는 과정에서도 핵국과 비핵국 사이 갈등은 줄어들지 않았고 최종 합의서 작성이 어려울 것이라는 예측이 우세했다. 하지만 2009년 4월 오바마 미국 대통령이 '프라하 선언'을 통해 이른바 "핵 없는 세상"에 대한 비전을 제시하였고, 1년 후인 2010년 4월 미국과 러시아가 New START에 서명함으로써 분위기는 반전되었다. 그리고 2010년 NPT 평가회의에서는 최종 합의문이 작성되었다. 그 내용은 크게 세 가지로, 핵군축, 중동비핵지대 구상, 북핵 문제 등이었다. 우선 핵군축과 관련한 합의는 NPT 5개 핵보유국들은 핵군축 의무를 충실히 이행하며 그 진전상황을 2014년에 열리는 제9차 평가회의 준비회의에 보고하도록 하였다. 두 번째 중동비핵지대 창설은 2012년 '중동대량살상무기 자유지대 창립에 관한 회의'를 유엔 사무총장 주관으로 개최하기로 했다. 세 번째 합의사항은 북한의 6자회담 복귀 및 핵 프로그램의 검증과 NPT 복귀를 촉구하는 것이었다.[23]

　2015년 4월 27일에서 5월 22일까지 유엔본부에서 열린 제9차 NPT 평가회의는 최종 합의문을 채택하지 못했다. 9차 회의에서 최종 합의문 채택 실패의 가장 큰 원인은 중동지역 비핵지대(NWFZ, Nuclear Weapon Free Zone) 설립과 관련한 이해 당사국들 사이의 의견 대립이었다. 의장이 제시한 최종 합의문 초안에 명기된 "2016년 3월 1일까지 중동지역 비핵지대 회의를 개최한다"라는 문구에 대해 이해 당사국들의 입장 차이를 줄이지 못했던 것이다. 중동지역 비핵지대 창설 계획은 이미 1995년 제5차 NPT 평가회의에서 중동국가들이 제안하여 최종 합의문에 포함되었다. 당시 합의에 의하면 중동지역 비핵지대 창설을 위한 회의를 2012년 개최하기로 되어 있었다. 이 합의는 2010년 제8차 NPT 평가회의에서 재합의되었다. 중동국가들이 중동지역 비핵지대 창설에 적극적인 이유는 핵무기를 보유한 것으로 알려진 이스라엘 문제를 해결하기 위해서다. 하지만 미국은 계속해서 다른 주장을 하고 있다. 중동지역 핵문제에서 더 큰 이슈는 이란이며, 이란 핵문제가 해결되지 않은 가운데

---

22) 권희석, "제7차 NPT 평가회의 결과와 향후 전망,"『원자력산업』, 2005.7, p.17－27.
23) 정은숙, "제8차 NPT 평가회의와 비확산 레짐의 미래,"『정세와 정책』, 2010.6, pp.14－15.

이스라엘만을 문제삼는 것에 반대했다. 이러한 반대로 중동지역 비핵지대 창설에 진전이 없자 중동국가들은 2015년 NPT 평가회의에서는 2016년 3월 1일이라는 보다 구체적인 시한을 정하려 했던 것이다. 하지만 이러한 제의는 다시 미국 등 일부 국가들이 이스라엘의 사전 동의의 필요성을 내세우며 받아들이지 않아 최종합의문 작성에 실패했다.[24]

Ⅳ. 국제원자력기구(IAEA)

1. IAEA기구의 발전과정

IAEA는 1953년 12월, 유엔 제8차 총회에서 미국의 아이젠하워 대통령이 원자력의 평화적 이용을 제창하고, 이를 전담할 기구의 필요성을 제기하면서 시작되었다. 그 후 1955년 4월, 12개국으로 구성된 위원회에서 기구 규정안을 채택하고 1957년 7월, 유엔 산하기관으로 창설되었다. 한국도 1957년에 가입하였다. 2015년 3월 현재 회원국은 164개국이다.[25]

IAEA의 기본적인 목적은 원자력의 평화적 이용을 촉진하고 원자력의 군사적 전용, 즉 핵무기 개발을 방지하는데 있다. IAEA의 존재의의는 NPT체제의 확고한 보장에 있다. IAEA의 중요한 임무는 첫째, 회원국으로 하여금 관련 원자력 기술을 자립토록 하는데 목표를 두고 평화적 이용을 위한 원자력 기술을 지원하고 협력하며, 둘째, 안전기준과 지침을 개발, 보급함으로써 사고를 미연에 방지하고 사고 시 비상대응체제를 운영하는 등 원자력의 안전기준을 제정하고 안전을 제고하는 일, 그리고 마지막으로 원자력의 군사적 전용금지를 위한 안전조치제도(safeguard)의 수립 및 운영을 책임지고 있는데 이를 위해서는 IAEA는 사찰관의 파견을 통한 협정 체결국가의 의무사항 준수여부를 확인하고 시정조치를 명령한다. 만약 회원국이 IAEA가 권고한 시정조치를 이행하지 않을 경우, IAEA는 이를 UN안보리에 신고한다.

IAEA는 모두 3가지 종류의 회의를 개최한다. 총회, 이사회, 특별이사회 등이 있는데, 총회(General Conference)는 회원국 대표로 구성되며 매년 9월 하순 오스트리아의 비엔나에서 1회 개최된다. 총회에서는 이사국을 선출하고, 사무총장을 임명하며, 예산을 승인하고, 회원국의 가입을 승인한다. 이사회(Board of Governors)는 35개 이사국으로 구성되어 있으며 원자력기술 선진국 10개국(미·러·프·독·영·중·캐·호 의 9개국은 당연직, 이태리, 스페인, 스웨덴, 스위스, 핀란드, 벨기에 중 1개국이 매년 교대 선출되

---

24) 이서항, "흔들리는 범세계적 핵비확산 체제," 『JPI PeaceNet』, 2015-24.
25) www.iaea.org/about/memberstates.

어 임기 1년의 이사국역할을 함)과, 임기 1년의 지역대표 3개국(중남미 1, 아프리카 1, 중동 및 남아시아 1), 그리고 임기 2년의 지역별 선출국 22개국으로 구성되어 있다. 이사회는 매년 5회 개최(3월, 6월, 12월 각 1회, 9월 2회)되며 IAEA의 제반임무 수행에 필요한 의사결정을 한다. 그리고 특별이사회는 사무총장이나 이사국의 제안에 의해서 특별한 경우에 소집한다.

IAEA은 사무총장 산하에 사무국과 6개 부(department)로 조직되어 있다. 6개 부는 관리부(Department of Management), 원자력에너지부(Department of Nuclear Energy), 원자력안전·안보부(Department of Nuclear Safety & Security), 원자력과학·응용부(Deparment of Nuclear Sciences & Applications), 안전조치부(Deparment of Safeguards), 기술협력부(Deparment of Technical Cooperation) 등이다. 기타 조직으로서는 총회 및 이사회 부속기관으로서 기술위원회와 행정예산위원회가 있다. 기술위원회는 매년 11월 회의를 개최하여 기술협력사업실적 및 계획을 심의하고 이사회에 보고하며, 행정예산위원회는 매년 5월에 회의를 개최하여 행정, 재정문제를 심의하고 그 결과를 이사회에 보고한다. 한편 회원국 전문가들로 구성되는 국제위원회, 자문단 및 작업반이 8개 있는데 국제 핵융합 연구협의회(IFRC), 국제 원자력데이터위원회(INDC), 국제 방사성폐기물 관리자문위원회(INWAC), 안전조치 적용에 관한 상설자문단(SAGSI, Standing Advisory Group on Safeguards Implementation), 식품조사에 관한 국제 자문단(ICGFI), 국제원자력 안전자문단(INSAG, International Nuclear Safety Advisory Group), 원자력안전기구 자문단(NUSAAG), 방사성물질의 안전수송에 관한 상설자문단(SAGSTRAM)이 있다.

IAEA의 관련회의 및 협약으로는 IAEA활동의 모법이 되는 핵무기 비확산조약(NPT), 원자력손해배상 책임에 관한 협약, 물리적 방호에 관한 협약, 원자력사고 시 비상대응에 관한 협약, 핵연료주기 평가회의, 원자력 평화적 이용을 위한 국제협력 추진에 관한 유엔회의, 원자력 안전협약 등이 있다.

IAEA의 지금까지의 활동과 미래에 영향을 미치는 사항을 두 가지 관점에서 논의해 보고자 한다. 즉, IAEA 기구 밖의 외부적 요인과 IAEA 자체가 개선할 수 있는 기구 내부적 요인으로 구분하여 설명하고자 한다.

2. IAEA의 활동에 영향을 미친 요인[26]

가. 외부적 요인

IAEA의 과거활동과 미래에 영향을 미치는 외부적 요인은 대개 세 가지, 즉 원

---

26) Programme for Promoting Nuclear Non-Proliferation, *IAEA and Its Future*, April 1994, 특별호.

자력의 수요의 변화, 안전조치와 관련된 문제, 핵확산의 위험 등으로 나누어 볼 수 있다. 첫째, 원자력 수요의 변화와 관련하여 미래의 수요전망은 1964년에 예측하였던 수준에 훨씬 못 미친다. 1964년의 예측은 2000년 전 세계의 원자력 총 발전능력이 2,000GW(e)가 될 것이라고 하였으나, 20세기 말의 원자력 규모는 1960년대에 예상했던 것보다 1/5정도 수준인 약 350GW에 달하고 있을 뿐이다. 한편, 1960년대에는 20세기 말까지 40여 개 이상의 개발도상국이 원자력 발전능력을 보유할 것으로 예상했지만 20세기말에는 약 30여 개 국가로 제한되었다. 쿠바는 최초 소련이 지원한 2개의 원자로를 완성할 자금을 마련하지 못해 중단하였다. 동아시아에서는 활발한 경제력을 바탕으로 원자력발전소를 꾸준히 증가시키고 있는데, 일본이 그 중 으뜸이었으나 2011년 3월 11일 후쿠시마 원자력 발전소 사고 이후 주춤한 상태이다. 그다음은 중국, 한국, 대만 순이다. 2015년 현재 세계의 원자력 발전 국가는 31개국, 발전 규모는 375GW에 달하고 있다.

개별국가의 원자력에 대한 수요와 선호의 변화는 환경문제와 핵의 안정성에 관한 국민여론의 추이, 정부의 대응능력, 전력회사들의 장기적인 안목, 국가들의 재정부담능력 등 복합적 요인에 의해 영향을 받아 왔다. 미국의 쓰리마일 Island 사고 때까지만 해도 선진 핵국의 원자력 당국들은 IAEA의 핵안전 관련 활동에 대해 찬사를 보냈지만, 구체적으로 몇몇 케이스를 제외하고는 안전문제에 관한 IAEA의 주도에 대해 참여하지 않았다. 체르노빌 사고 이후 원자력발전소의 안전문제에 대한 세계의 관심이 증대하였으며 안전문제가 심각하다고 여길수록 핵발전소에 대한 수요는 증가되지 않았다.

둘째, IAEA의 활동에 가장 큰 영향을 미치는 요인은 안전조치 분야이다. NPT 조약은 전 세계와 관련되어 IAEA의 안전조치에 근거를 제공하고 있다. 만약 NPT가 IAEA의 안전조치에 관해 법적 필요성을 폐기한다면 IAEA 안전조치는 단지 남미 국가에게만 적용되고 미국 및 서유럽 선진국들이 제공하는 연료 및 기술과 관련 있는 발전소에만 적용될 것이다. 만약 NPT가 없고 1950년대 및 1960년대와 마찬가지로 핵무기 제조능력을 가진 국가들이 자유롭게 핵무기를 생산했다면 오늘날 아마도 40-50개국이 핵무기 생산능력을 가졌을 것이다. 그러나 당초 예상과는 달리 오늘날 핵무기 보유국은 NPT상의 핵국을 포함하여 9개 국가로 추정된다. IAEA기구 밖의 국제기구들 즉, G-8, G8 Global Partnership, NATO, EU는 NPT체제에 대한 지지와 함께 체제유지를 위해 적극 노력해 왔으며 차후의 IAEA의 권한 강화는 미국과 러시아간의 New START의 성공적인 이행, 핵보유 국가간의 CTBT로의 발전,

특별사찰권한 강화, 중동문제의 해결 등에 영향을 받을 것이다.

셋째, IAEA의 성공에 치명적인 영향을 미치는 외부적 요인은 더 이상의 핵무기 확산의 위험이다. 일반적으로 잠재적 핵위협은 냉전 이후 사라진 것으로 인식되었다. 그러나 냉전종식과 소련의 붕괴는 모스크바와 워싱턴의 통제를 더욱 어렵게 만들어 오히려 더 많은 위험과 불안전을 가져왔다. 만약 핵무기 확산을 방치한다면 IAEA의 안전조치는 효력을 상실할 수도 있었다. 핵확산에 관련된 몇 가지 비관적 사실은 북한과 우크라이나에서 볼 수 있다. 우크라이나는 소련의 붕괴 후 보유하게 된 1,522기의 핵탄두 폐기문제로 러시아, 미국과 협상하여 이 문제를 매듭지었다. 하지만 북한의 경우 NPT와 IAEA에서 탈퇴한 상태이며 이미 세 차례(2006, 2009, 2013)의 핵실험을 실시하였다. 북한의 이러한 핵개발은 주변국 특히 한국과 일본의 핵개발을 자극하고 있다.

그러나 다른 곳에서의 핵확산 위험은 감소되고 있다. 중남미 지역은 지금 틀라텔로코 비핵지대화 조약을 이행함으로써 쿠바의 핵개발 가능성이 사라졌고, 아프리카는 나미비아와 모잠비크의 민주화로 안정되었으며, 남아공이 NPT에 가입함과 동시에 7기의 핵탄두를 폐기하였다. 이에 힘입어 1995년 5월 아프리카 비핵지대화 조약이 합의되었다. 중동지역 국가들은, 위에서도 살펴본 바와 같이, 오랫동안 중동비핵지대 창설을 추진해오고 있다. 이들 국가들은 비핵지대를 창설함으로써 이스라엘 핵문제를 해결하고자 하고 있다. 하지만 친 이스라엘 국가들은 이 지역 핵문제의 핵심은 이란임을 강조하면서 비핵지대 창설에 소극적이었다. 하지만 2015년 7월 이란 핵문제가 타결됨으로써 중동비핵지대 창설 관련 이스라엘에 대한 압박효과가 커져서 이 문제에 대해 어느 정도 진전이 있을 것으로 예상된다.

나. 내부적 요인

IAEA의 과거활동과 미래에 관해 영향을 미치는 내부적 요인은 세 가지로 요약해볼 수 있다. 즉, IAEA의 안전조치제도의 문제, UN안보리와 공동 협조문제, 그리고 IAEA의 내부 재정문제와 조직문제이다.

첫째, IAEA 안전조치제도의 취약성은 이라크가 신고한 핵시설에 대한 핵사찰을 과거 20년 동안 실시해 왔으나 핵개발 징후를 발견하지 못했던 사실에서 분명하게 드러났다. 이라크 핵문제의 규명실패는 이라크에 관심있는 주도적인 국가들이 정보를 공유하지 못한데 기인한다. 그러나 이것이 1970년과 1971년 사이에 확립된 NPT안전조치 체제의 실패를 의미하는 것은 아니다. 보다 근본적인 문제는 IAEA의 문서 INFCIRC/153에서 비롯된다. 이에 의하면 안전조치의 목적은 "평화적인 목적에서 군사적인 목적으로 전용한 핵물질의 상당한 양을 적기에 적발하는데 있다"
라고 되어 있다. 환언하면, IAEA는 8kg 혹은 그 이상의 플루토늄 혹은 25kg 또는
그 이상의 고농축 우라늄의 양을 찾는데 있다고 하는 것이다. 따라서 규정상의 문
제도 있는 것이다.

    1971년의 체제는 사담 후세인이 시도했던 비밀스럽고 독자적인 핵 연료주기의
존재를 찾아낼 수 없었다. 즉 IAEA에 신고가 안 된 시설에서 핵개발은 적발가능하
도록 되어 있지 않다는 것이다. 그러므로 한스 블릭스 IAEA 사무총장은 IAEA가 이
라크와 같은 비밀 핵활동에 관한 정보를 찾아낼 수 있으려면, 회원국들은 보다 더
상세하고 완전한 핵활동에 관한 정보를 제공해야 한다고 언급하였다. IAEA는 의
혹을 갖는 핵개발의 색출에 목표를 두고 있는 관련국가의 국가기술수단(National
Technical Means)에 대한 접근이 허용되어야 한다는 것이다. 이와 관련하여 IAEA 내
에서 제도개혁이 요구되고 있다. 관련 국가의 정보제공 의무와 발견된 사실의 공유
제도와, 특별사찰 요구 권리와 안보리의 결의에 의한 뒷받침, 핵시설 사찰에 핵무
기 전문가 참여의 제도화 등이 그것이다.

    둘째, UN안보리와 협조문제이다. UN안보리는 결의안 제687호(1991. 4. 3)를 통
해 이라크에 대해 NPT위반을 지적하면서 특별위원회(UNSCOM)를 만들어 강제사찰
을 실시할 것을 결의했다. 이 특별위원회는 이라크에 대한 강제사찰을 통해 IAEA
의 사찰제도가 달성할 수 없었던 목표를 달성했다. 그러나 미국 내 몇몇 비판가들
은 IAEA 사찰단의 권한이 일반적으로 핵개발 의혹을 가진 국가에 대해서는 너무
미약하기 때문에 안보리의 지원하에 강화되어야 한다고 주장한다. 이는 1992년
1월 UN안보리 상임이사국 정상회담의 공동성명에서 현실화되었다. 즉, IAEA가 회
원국의 안전조치의무 위반행위를 안보리에 보고한다면 안보리의 상임이사국은 이
문제에 대해 공동으로 필요한 대처수단을 강구한다고 하였다. 미국을 비롯한 UN
안보리 상임이사국들은 1999년에 이라크에 대해 UNSCOM의 문제점을 지적하고,
UNMOVIC(UN Monitoring, Verification and Inspection Commission)을 출범시켰다. 그러나
UNMOVIC의 활동은 미국, 영국의 신뢰를 받지 못하고 결국은 2003년 3월 미국을
중심으로 한 연합군의 이라크 공격을 초래하게 되었다.

    한편 북한과 같은 핵개발 의혹국가에 대해서 UNSCOM과 같은 강제사찰을 요
구하려던 시도는 북한의 강력한 반발에 부딪혔다. 1993년 2월, IAEA이사국들은
북한 핵문제에 대해 특별사찰결의를 하였으나, 3월에 북한의 NPT탈퇴라는 강력
한 반발을 야기했고 안보리는 중국의 거부권을 두려워하여 북한에 대해 완화된

결의안을 채택하고 말았다. 여기서 안보리의 역할도 문제점이 드러나고 있는 바, UNSCOM을 일반화하기가 불가능한 것이다.

셋째, IAEA의 내부기능의 개선이다. IAEA는 회원국과 기술협력을 통해 회원국의 원자력활동을 촉진하는 기능과 핵의 평화적 사용을 위한 안전조치와 핵시설 안전을 도모하기 위한 규제적 기능을 가지고 있다. 그런데 사실 규제적 기능이 더 중요한 역할을 하고 있으므로 이 규제적 기능을 새로운 국제기구로 독립시키자는 주장도 만만치 않다. 그러나 이는 사실상 어렵다. 왜냐하면, IAEA의 기술지원 예산이 안전조치의 예산과 일정하게 연계되어 있기 때문이다. 두 가지 프로그램간의 관계를 유지하는 것이 개도국에 유리하고, 동시에 선진국은 IAEA를 순수한 기술지원기관으로 유지하는 데는 별 관심이 없기 때문에, 더욱 강화하여 핵무기 개발 시도 국가가 그것을 포기하는 대신 기술지원을 증가시키는 식의 인센티브로 활용하는 것이 보다 바람직할 것이다.

다. IAEA 임무의 확대

1954-56년 IAEA가 구상되던 때와 NPT가 1970년 등장한 이후 무엇이 변화하고 또 무엇이 변화하지 않았는가? 아이젠하워 대통령의 근본적인 구상은 IAEA가 미소양국의 핵분열물질 보유를 감축함으로써 궁극적으로 핵 감축을 보장하는 수단이 될 것이라는 데 있었다. 당시 IAEA는 이러한 계획이 약화되는 1957년 탄생하였다. 그러나 이러한 1950년대의 비전은 START조약이 이행됨과 동시에 되살아나고 있다. 미국과 러시아가 핵무기를 폐기시킴에 따라 핵분열 물질을 IAEA의 관리하에 둠으로써 다시 핵탄두를 못 만들도록 하는데 도움이 된다는 것이다.

또한 1950년대 예상되어진 문제 중에서 민간이 사용하는 잉여플루토늄과 관련하여 IAEA헌장 7조 A.5항은 국제 플루토늄관리체제(Plutonium Management System)의 조직화로 다시 나타나고 있다. 12개 국가들이 IAEA를 계획하였을 때 IAEA사찰단의 임무에 대해 많은 논쟁이 있었다. 헌장 7조 A.6항은 사찰단은 "필요하다면 모든 장소, 모든 사람에게 접근해야 한다"라고 되어있다. 이라크와 북한의 경험이 이러한 경우를 잘 나타내고 있다. 그리고 IAEA헌장 3장 B.4항은 이사회와 안보리간의 밀접한 관계, 즉 "국제적 평화와 안보의 주요 책임을 위한 상호 협력관계"의 필요성을 예견하였다. 이러한 관계의 정립은 안전조치 협의를 위협하는 요인에 대해 안보리가 IAEA를 도와줄 수 있다는 점이 내포되어있다.

1991년과 92년 서방과 러시아는 IAEA에서 새로운 사찰의 필요성과 국가의 정보기관간에 상호협조할 필요성에 동의하였다. 두 강대국간의 핵무기의 감축은 안전조치와 핵안전에 핵심을 갖춘 IAEA에게 용기를 주었다고 할 수 있다. 따라서 안전조치제도의 부분적인 취약성에도 불구하고 IAEA는 국제사회에서 평화적 목적의 핵물질과 핵시설의 군사적 전용을 감시하는 권위적이고 강력한 기구가 되어 핵감축과 핵비확산 임무를 효과적으로 시행하고 있다고 할 수 있다.

3. 소결론

IAEA의 활동의 결과 많은 국가들의 핵활동이 투명하게 되었으며 핵확산노력이 성공적으로 저지되었다. 그러나 위에서 말한 바대로 IAEA와 NPT회원국이 아닌 인도, 파키스탄, 이스라엘 등은 핵개발이 이미 이루어진 것으로 되어 있다. 이들의 경우는 다른 IAEA 회원국에게도 유혹적인 요소가 될 수 있다. 북한의 경우도 1994년 5월 IAEA를 탈퇴한 이후, IAEA 밖에서 미국의 대북 협상노력에 의해 핵개발이 지연되기는 했으나 핵개발을 막는 데는 실패했다.

앞으로 IAEA의 안전조치가 얼마나 강화될지는 미지수이다. 하지만 IAEA가 국제기구로서 평화적 핵활동을 장려하면서 UN안보리와의 상호관계를 더욱 공고히 해나가면 IAEA의 취약점은 어느 정도 보강되어 핵확산저지를 위한 활동을 원활히 수행해 나갈 수 있을 것이다. 1993년 말에 시작된 '93＋2 제도'는 핵시설에 대한 사찰관의 접근범위를 늘리고 환경시료분석을 통한 핵활동 검증능력의 확대를 통해 IAEA의 특별사찰제도를 강화시키는 것이었다. 그 결과 1998년 INFCRC 540호의 특별사찰강화조치로 연결되었다. 앞으로 이러한 제도강화는 꾸준히 계속될 것이다.

V. NPT체제의 보완장치들

NPT체제를 보완하는 장치는 누가 그 장치를 주창하고 왜 그것을 제도화 했는지에 따라 크게 보아 네 가지로 나눌 수 있다. 첫째, 냉전시대 공산주의와 자본주의의 대치하에서 미국과 서방세계가 주도하여 공산권에 첨단과학기술(원자력기술 포함)의 제공을 금지하고 공산권에 흘러 들어가 무기로 전환될 수 있는 전략물품의 무역을 금지하기 위하여 탄생한 대공산권 수출통제체제가 있다.

둘째, NPT체제하에서 NPT를 강화할 목적으로 서방 원자력기술 선진국이 주동하여 NPT비회원국들에게 핵물질 및 장비를 제공하지 않기 위한 단체행동을 고취하기 위해 1971년 결성된 쟁거위원회, 1974년 인도가 캐나다에서 평화적인 목적으로 수입한 원자로를 사용하여 핵을 개발하자 미국과 캐나다가 주동이 되어 NPT

3조 비핵국의 '핵물질 군사적 전용금지 및 IAEA 안전조치의무' 조항만으로는 핵확산 방지에 불충분하다고 인식하고, 프랑스, 서독, 영국, 일본, 구소련까지 가세하여 설립한 런던 핵공급국 클럽이 있다.

셋째, NPT체제에서 금지하고 있지 않은 핵무기운반수단의 개발과 대량살상무기의 개발 및 확산을 금지시키기 위하여 미국이 중심이 되어 1987년 출발시킨 미사일 수출통제체제가 있으며, 1984년 화학무기의 개발과 관련되는 물질, 장비, 기술의 이전을 통제하고자 호주가 중심이 되어 탄생한 호주그룹(Australia Group), 그리고 1993년 1월 프랑스 파리에서 조인한 화학무기 폐기협정(CWC)도 여기에 해당한다.

넷째, NPT 7조에 의거, 핵비보유국들이 중심이 되어 지역내 핵무기의 완전한 부재를 보장하는 비핵지대화 조약을 만들어 나간 운동이다.

1. 대공산권 수출통제체제(COCOM)[27]

대공산권 수출통제체제는 1949년 11월 미국주도로 설립하고 1950년 1월 1일에 발효되었다. 이는 소련을 종주국으로 한 공산진영에 군사적으로 대항하는 NATO에게 정치·경제적 뒷받침을 하기 위해 창설되었으며 실질적으로는 공산권의 경제를 약화시키는 동인이 되었다.

COCOM은 구소련을 비롯한 공산권 국가들의 군사력을 강화시킬 수 있는 전략물자와 첨단기술 수출을 금지시키고 사전승인제도를 강화하는 것이었으며 1970년대 이후에는 전략기술이전통제에 중점이 옮겨갔다. 물론 이 COCOM의 활동이 소련의 핵무기의 질적, 양적 증강추세에 견제역할을 하지 못한 것은 사실이다. 왜냐하면 COCOM의 목적은 핵무기 확산방지보다는 일반적인 군사기술의 현대화와 경제의 발전을 저지시키는 데 그 직접적인 목적이 있었기 때문이다.

사실 동구권의 핵개발 가능성은 구소련이 대동구권 양자관계 또는 다자관계에서 철저하게 통제해 왔기 때문에, 핵확산을 성공적으로 방지하였다고 볼 수 있다. 구소련은 미국과는 달리 원자력기술을 수출할 경우 쌍무협약에 의해서 원전에서 추출한 사용후핵연료를 반드시 회수해 갔으며, 소련이 직접 재처리하고 난 뒤 핵연료를 다시 제공하였다. 이러한 제도는 중국만 예외로 하고 모든 나라에 적용되었기 때문에 오히려 서방보다도 핵확산 통제를 더 강하게 유지했다고 볼 수 있다.[28]

---

27) COCOM : Coordinating Committee for Multilateral Export Controls. 냉전기간 중 1947년에 동구권 진영 국가들에 대한 서방진영의 수출통제체제. 탈냉전 이후 1994년에 폐지되고 바세나르 협정으로 승계됨.

28) David A. V. Fischer, *The International Non-Proliferation Regime 1987*(Geneva, Swiss : UNIDIR, 1987), pp. 20-40.

그러나 COCOM은 냉전의 종식과 함께 구소련과 동구공산권이 몰락함으로써 그 존재근거가 없어지게 되었다. 1993년 단일 유럽공동시장이 탄생됨과 아울러 유럽국가간의 무역장벽이 제거됨으로써 COCOM은 그 효력을 상실하게 되었으며 이는 그해 10월 클린턴 미 대통령의 UN연설에서 확증되었다.

또한 핵무기 개발 위험성의 확산은 과거 COCOM의 회원국이 아닌 나라들, 특히 중국, 인도, 아르헨티나, 브라질 같은 국가들이 원자력 기술을 중동, 파키스탄 등에 수출함으로써 심화되고 있으며, 한편으로는 구소련의 연방국들이 독립하면서 국가통치능력이 이완됨으로써 핵기술자 및 핵물질이 해외에 유출될 가능성이 많아졌다. 이러한 새로운 위협에 대비하여 새로운 기구의 창설이 논의되고 있는 바, 예를 들면 모스코바와 키에프에 본부를 둔 국제과학기술센터, 미국과 일본의 주도로 현존하는 모든 수출통제기구와 COCOM을 통합한 가칭 '국제무기확산금지기구' (International Weapons Non-Proliferation Organization), 그리고 1996년 COCOM의 대안으로서 등장한 바세나르(Wassennar)협정 등이 있다.[29]

2. 쟁거위원회와 런던 핵공급국 클럽

쟁거위원회(Zangger Committee)는 NPT 제3조의 "회원국은 안전조치를 조건으로 하지 않고서는 핵물질과 장비를 제공하지 않는다"는 조항에 근거하여 1971년 설립되었다. 1974년 동 위원회는 NPT에 가입하지 않은 비핵국으로 핵물질과 장비를 수출하거나 허가를 발급할 때 서로 정보를 교환하기로 합의하였다. 2015년 7월 현재 34개 회원국이 있으며 초기에 규정한 핵물질과 장비품목을 시간이 흐름에 따라 세분화하여 농축법, 재처리 공장장비, 중수소 생산공장시설 등을 포함시키기도 하면서 잘 운영되어 왔으나 1970년대 중반에 런던 핵공급국(Nuclear Suppliers Group, NSG) 클럽이 생기면서 임무가 중복되고 회원국도 서로 중복됨에 따라 최근에는 런던 핵공급국 클럽으로 상호 통폐합하자는 여론이 일고 있다.

런던 핵공급국 클럽은 위에서 지적한 바와 같이 인도가 캐나다 원자로와 자국산 우라늄을 사용하여 핵실험에 성공하자 핵수출통제를 강화하기 위하여 미국과 캐나다가 중심이 되어 시작했다. 그러나 상업적인 기술수출을 통제하는 것이 자본주의 시장경제원리에 위반된다고 하는 반대가 프랑스와 구서독에 의해 제기되었

---

29) *Arms Control Today*, "Post-COCOM 'Wassenaar Arrangement' Set to Begin New Export Control Role," December 1995/January 1996, p. 24. 1995년 12월 19일 미국을 중심으로 한 28개국이 네델란드 바시나에 모여서 코콤을 계승발전시키기 위한 첫 회담을 개최하고 재래식 무기, 민군 겸용 상품과 기술의 대외(지극히 대외적 행동이 우려스러운 이란, 이라크, 리비아, 북한 등에 대한 수출금지) 수출을 금지하는 체제의 창설에 합의했다.

다. 결국 미국과 캐나다의 설득이 주효하여 이들 국가가 가입하게 되었고 곧 영국과 일본, 구소련 등이 가세하여 최초 7개국으로 출발하여 1978년 1월 런던가이드라인을 발표함으로써 공식화되었다. 2015년 현재 가입국 수는 48개국[30]이며 한국이 1995년 10월 가입하게 되어 한국도 원자력 수입국에서 공급국(수출국)의 자리에 올라서는 계기가 되었다.

런던 핵공급국 클럽의 활동은 1992년 4월부터 사실상 본격화되었다고 볼 수 있는데, 원자력시설, 장비, 부품, 핵물질 및 기술을 수출할 때 수입국이 IAEA와 전면안전조치협정을 체결하지 않으면 수출을 금지하기로 합의하였다. 그리고 쟁거위원회나 COCOM보다 훨씬 넓은 범위의 품목을 수출금지하기 때문에 관련국의 원자력기술향상에 큰 장애를 줄 수 있다는 점을 유의해야 할 것이다.

3. 미사일 수출통제체제, 호주그룹, 그리고 화학무기폐기협정

미사일 수출통제체제(Missile Technology Control Regime, MTCR)는 1980년대에 들어서 핵무기 확산 가능성이 높아짐과 함께 개도국들의 군사기술이 발전하고 특히 탄도미사일 제조능력이 고도화되고 확산됨에 따라 핵운반수단이 개방될 가능성이 고조되어 이를 방지하기 위해 태동된 체제이다. 미국이 중심이 되어 1987년 4월 출범하였으며, 2015년 현재 34개국이 회원국으로 있다. 한국은 2001년 가입하였다.

MTCR의 활동은 핵 및 화생무기 운반수단으로 사용할 수 있는 사정거리 300km, 탄두중량 500kg 이상의 미사일, 관련 장비 및 기술의 수출을 통제하는 것인데 MTCR 회원국들이 국내법으로 입법한 MTCR 특별수출통제법을 제정하여 집행하고 있다. 그리고 아직까지 MTCR이 국제체제로서 일반성을 갖추지 못하고 있으므로 비회원국들이 얼마든지 미사일 능력을 개선, 발전시켜도 아무런 제재나 법적근거를 들이댈 수 없는 한계성이 있다.

호주그룹(The Australia Group, AG)은 이란-이라크의 8년 전쟁 당시, 1982년 화학무기가 실제로 사용되자, 이 같은 화생무기 사용의 재발을 방지할 목적 하에 호주의 주도로 1984년에 설립되었다. 이 그룹도 역시 일정한 기구나 규약을 갖지 않고, 참가국간의 협의를 통해 운영해 가는 비공식인 협의체로서 정기적으로 1년에 2회씩 회합을 갖는다. 회원국으로 가입되어 있는 국가는 2015년 현재 42개국이다. 한국은 1996년에 가입했다.

호주그룹도 마찬가지로 회원국의 협의에 의해 자발적으로 준수해야 하는 경고

30) www.nuclearsuppliersgroup.org/en/national-authorities

지침(Warning Guidelines)을 제정하고 있고, 수출통제품목으로 11개의 핵심품목을 포함하여 50개의 경고품목(Warning Lists)을 규정하고 있다. 경고지침이 명시하고 있는 주요 내용은 다음과 같다. 첫째, 회원국들은 기생산한 화생무기의 수출 및 기술이전을 통제한다. 둘째, 이중용도를 가진 장비 및 물질에 대해 합법적인 거래에 저촉되지 않는 범위내에서 통제한다. 셋째, 화생무기를 생산 또는 도입하고자 하는 국가에 대해 정보를 교환한다.[31]

화학무기금지협정(Chemical Weapons Convention, CWC)은 소량의 화학물질로도 대규모 살상이 가능한 소위 "빈자(貧者)들의 핵무기"라고 불리는 대량살상무기를 폐기하기 위해 1992년 11월 제47차 UN총회에서 화학무기금지협정(CWC) 지지 결의안이 채택되고 1993년 1월 프랑스 파리에서 137개국이 서명식을 마침으로써 출발한 국제체제이다.[32] 1997년에 화학무기금지기구(OPCW)가 설립되었으며, 네덜란드 헤이그에 그 본부가 있다. 2015년 현재에는 190개국[33]이 가입한 거대한 국제조직으로 성장했다.

왜 화학무기금지협정이 핵무기 확산금지체제와 관련성이 있는가 하면, CWC가 최초로 특별사찰을 제도화한 국제협약이기 때문이다. 이것은 NPT체제가 안고 있는 문제점을 보완하기 위해 고안된 제도로서 CWC 회원국은 회원국 중에서 타회원국의 화학무기 보유에 대한 의심을 해소하기 위해 특별사찰요구를 할 수 있으며, 이는 화학무기금지협정 집행이사회에서 결의를 통해 실행할 수 있다. 피특별사찰국은 5일 이내에 이사회에서 결의한 사찰대상에 대해서 어느 곳이든 사찰을 수용해야할 의무가 있다.

4. 비핵지대화 조약

비핵지대화 조약은 지역내 비핵국가들이 자기지역내 핵무기 제조금지는 물론 핵국의 핵무기가 통항하거나 반입되는 것을 금지시킴으로써 핵무기 없는 지역을 만듦으로써 핵무기로 인한 안보 위협을 제거하자는 취지에서 만들어지고 있다. 법적인 근거로서는 NPT의 제7조에 "본조약의 어떠한 규정도 수개의 국가가 각자 지역내에 있어서 핵무기의 완전한 부재를 보장하기 위한 지역적 조약을 체결하는 권리에 영향을 미치지 아니한다"라고 되어 있다.

---

31) The Heritage Foundation, "Four Principles for Curtailing The Proliferation of Biological and Chemical Arms," *Backgrounder*, No. 844, Aug.1991, pp. 7−8.
32) 신우철, "화학무기의 과거, 현재 그리고 미래," 한반도 군비통제 자료 17(국방부 군비통제관실, 1995. 10), pp. 154−173.
33) www.opcw.org/about−opcw/member−states.

비핵지대화 조약은 1959년 남극 비핵지대화 조약, 1968년 중남미국가들이 주
동이 되어 출범시킨 중남미 비핵지대화 조약(Tlateloco Treaty)을 대표적인 예로 들 수
있으며, 1985년 남태평양 비핵지대화 조약(Rarotonga Treaty), 1995년 5월 통과한 아프
리카 비핵지대화 조약(Pelindaba Treaty)과 1995년 12월 합의된 동남아시아 비핵지대
화 조약 등이 있다. 안보문제가 지역화 되고 지역내 다자간 안보협력이 증대됨에
따라 1999년 몽골이 개별 국가로서 처음으로 비핵지대를 선포했으며, 21세기에 들
어와서는 중앙아시아 국가들(카자흐스탄, 키르키스스탄, 우즈베키스탄, 타지키스탄, 투르크
메니스탄)이 2006년 9월 비핵지대조약에 서명, 2009년 3월에 조약을 발효시킨바 있
다. 또 2015년 현재 중동 비핵지대, 동북아 비핵지대 창설 움직임이 있다. 이러한
움직임에 비추어 앞으로 비핵지대화 조약은 더욱 늘어날 전망을 보이고 있다.

Ⅵ. NPT, IAEA와 한국외교

한국정부는 1957년 IAEA의 창설 회원국으로 IAEA에 가입했다. 1968년 미국으
로부터 평화적 이용목적으로 도입될 각종 원자력시설 및 핵물질에 대한 안전조치
사찰을 수락하는 IAEA·한·미 3자간의 협정을 체결하면서 한국은 원자력산업에 관
심을 보이기 시작했다. 그 후 1975년 4월 NPT에 가입하였고 이 조약의 3조에 따라
그해 11월에 IAEA와 전면안전조치협력협정을 체결하여 국내의 모든 핵물질과 관
련핵시설에 대해 안전조치를 받게 되었다.

1970년 7월 미국이 주한미군의 철수계획을 발표하자 북한으로부터 군사위협에
당면하여 안보위기가 고조되기 시작했으며 1975년 베트남이 몰락하자 이 위기의식
은 절정에 도달했다. 핵확산의 동기이론이 지적한 바대로 한국정부는 미군이 철수할
경우 안보목적상 핵무기를 만들 수밖에 없는 상황에 직면할 것이라고 선언했다.[34]

이어서 한국정부는 프랑스로부터 재처리시설을 수입할 계약을 맺었다. 이러한
핵확산 움직임은 미국의 당연한 압력을 초래했다. 미국은 캐나다와 협력하여 한국
정부에 경제제재를 가했다. 1977년 1월 한국은 핵재처리시설 도입계획을 취소하고
핵무기를 개발하지 않겠다고 선언했다.

1970년대 핵개발을 둘러싼 한미간의 갈등은 NPT평가회의에서도 우리가 큰 목
소리를 낼 수 없는 조건을 만들었다. 또한 한국은 매년 3회씩 매회 1-2개월간 스
위스 제네바에서 개최되는 제네바 군축회의(Conference on Disarmament : CD)의 회원국

---

34) *Washington Post*, June 12, 1975. 하영선 저, 『Nuclear Proliferation, World Order and Korea』,
　　서울대 출판부, 1983, p. 127에서 재인용.

이 아니었기 때문에 수직적 핵확산이든 수평적 핵확산이든 우리의 독자적인 소리를 낼 수 없는 상황이었다. 또한 UN회원국도 아닌 상황에서 UN총회, UN 제1위원회(정치·군축)에서도 사정은 마찬가지였다. 그리고 미국의 핵우산의 보호에 의존하고 있었던 한국은 미국의 NCND정책을 그대로 준수한 나머지 핵무기에 대하여 관심을 가질 수 없었다.

1991년 냉전의 종식과 함께 도래한 구소련의 해체라는 세계적 변화 속에서 미국은 구소련의 연방국가들과 동구의 전술핵무기를 회수하기 위하여 미·소간에 전술핵무기 폐기조치를 단행할 것을 선언하고, 1991년 9월에는 한국에서 전술핵무기를 모두 철수하겠다고 선언했다. 이어서 1991년 11월 8일 노태우 대통령이 '한반도의 비핵화와 평화정착에 관한 선언'에서 한국은 핵무기를 시험, 제조, 저장, 배비, 사용하지 않으며 핵무기용 물질을 생산할 수 있는 재처리시설과 농축시설을 보유하지 않겠다고 하였다.

이러한 재처리 농축시설의 일방적인 포기선언은 국내에서 많은 논란을 불러일으킨 것이 사실이다. 포기선언의 논리로서는 그 당시 북한이 영변에 건설하고 있었던 대규모 재처리시설의 포기를 유도하기 위해서는 우리가 먼저 재처리 농축시설의 포기를 선언하고 북한을 협상으로 유도해서 재처리시설의 건설중단과 폐기를 할 것이란 것이었다. 사실 1991년 12월 31일 남북한간에 합의된 '한반도 비핵화 공동선언'은 제3항에서 남북한 공히 농축시설과 재처리시설을 갖지 아니한다고 규정하였고 이어서 북한은 영변에 건설하고 있던 재처리시설의 건설을 중단하고 그 이후 IAEA의 감시하에 두게 된다. 그러나 재처리 농축시설의 일방적인 포기를 반대했던 논리는 재처리와 농축시설은 NPT와 IAEA의 요구사항을 준수하면서도 IAEA의 안전조치 사찰을 받는다면 어느 국가든 재처리·농축시설을 가질 수 있는 고유권한이고 또한 그러한 능력을 가지게 된다면 한국의 평화적 원자력 이용에도 큰 자원이 될 뿐 아니라 일단 유사시 우리의 안보를 확보할 수 있는 핵주권을 보유할 수 있다는 것이었다.

그 이후 전개된 한국의 핵외교는 주한미군의 핵무기 철수와 재처리 농축시설 포기에 근거하여 북한을 협상으로 유도하여 핵무기 개발 의혹을 해결할 수 있는 기회를 마련했다. 그때까지만 해도 IAEA와 수동적인 관계를 가져왔던 한국정부는 비핵화정책에 근거하여 IAEA의 특별이사회, 정기이사회 등에 이사국으로서 참가하여 북한의 NPT 위반행위에 대해서 강력하게 고발하는 한편 북한이 IAEA의 핵안전조치를 완전하게 수용하도록 국제적인 압력을 동원하기 시작했다. 우방국인 미국과 일본의 강력한 지지와 더불어 중국, 러시아의 지지를 획득하기 위해 외교활동을 전개했다. 이러한 외교적 활동의 성과로 결국은 1991년 북한의 재처리시설 포기와 함께, 미국과 정책공조를 통해서 1994년 제네바 합의를 통해 핵활동의 동결을 유도해 내게 되었다. 물론 후자는 미·북한 간 협상을 통해 이루어졌다.

한편 한국정부는 1995년 10월 사상 처음으로 핵공급클럽(런던클럽)의 공급국으로 가입하게 되었다. 지금까지 원자력 기술 수입국에서 수출국으로서 지위로 전환되게 된 것이다. 그것은 한국이 세계 제9위의 원자력 발전량을 가지게 된 원자력 공업국의 지위를 반영한 것이기도 하지만 1990년대 들어와 비핵활동을 전개한 국제 원자력 외교활동의 결실이기도 한 것이다.

그러나 한국의 비핵정책이 성공하려면 아직도 갈 길이 멀다고 하겠다. 먼저 북한이 경제·핵 병진정책을 포기하고 진정성 있는 비핵화 방침을 천명해야 한다. 또한 한국의 비핵정책은 단순히 한반도 비핵화에만 국한되어서는 안 될 것이다. 일본의 핵개발능력 문제, 특히 플루토늄의 다량 보유 문제를 제기하고 그들의 핵정책을 투명하게 만들며, 중국의 핵정책과 능력에 대해서 투명성을 제고시키고, 핵군축의무를 성실하게 준수토록 부단한 촉구를 해야 한반도가 장차의 핵위험으로부터 안전하게 되는 조건을 창출해 낼 수 있다.

이러한 일련의 비핵정책 외교가 성공하려면 국내의 핵 및 군비통제 전문집단의 폭넓은 연구와 정책개발의 뒷받침이 필수적이며 정부와 학계, 언론계 그리고 군축을 위한 국제적인 연대도 필수적이라고 하겠다.

Ⅶ. 결   론

NPT체제는 이미 국제적으로 제도화되었다. 1970년 출발한 NPT체제는 몇몇 일탈행위에도 불구하고 당초 예상과는 달리 핵무기의 확산을 성공적으로 저지해 왔다. 비핵국들에게 부여된 의무가 핵국에게 부여된 의무보다 형평성을 위협할 정도로 많음에도 불구하고 국제사회의 성원들은 최선책은 못되지만 현실적인 차선책에 순응하기로 하였다. 그리고 주로 핵국들이 주동이 되어 NPT를 보조하기 위한 장치들, 즉 COCOM, Zangger Committee, London Nuclear Suppliers Club, MTCR, CWC, 호주그룹 등을 조직하고 활성화 시켜왔다. 그리고 탈냉전적 국제안보환경에 편승한 국제적인 비핵지대화 조약 체결노력은 NPT체제를 한층 더 강화시키고 있다. 한국을 비롯한 세계 191개국이 2015년 현재 NPT에 가입하고 체제유지에 공헌하고 있다는 것은 NPT체제보다 더 나은 체제가 가능하지 않다는 현실주의를 말해주는 듯하다.

그동안 탈냉전과 함께 핵국들도 혁명적인 핵군축을 시도하고 있으며 전면 핵실험 금지조약을 체결하기 위해 노력하고 있다. 그리고 안보개념의 변화(군사안보 중심에서 포괄적 안보개념으로)와 경제적 상호의존성의 증대는 NPT체제의 보편성에 측면지원 요소로 역할을 하고 있다.

아직도 NPT체제를 이탈할 가능성이 있는 국가들이 있다. 가장 최근의 예는 북한이다. '핵무기의 억제기능이 거의 상실되었음에도' 불구하고 북한은 핵억제력 보유를 주장하고 있다. 한편, 한반도는 북한의 재래식 무기 위협도 군비통제 접근방식으로 풀어가야 하는 이중고에 시달리고 있다.

다시 한 번 NPT체제의 방향을 잘 고려해보면서 북한 핵문제가 갖고 있는 위험도 NPT체제 일반화에서 그 해답을 찾아야 할 것이다. 왜냐하면 191개 회원국들이 모두 핵무기 없는 세계를 지향하고 있기 때문이고 또한 국제사회가 한 목소리로 북한을 견제할 수 있기 때문이다.

한편 한국이 1996년부터 제네바 군축회의(CD)의 정회원국이 됨에 따라 이제 한반도 핵문제를 비롯한 동북아의 모든 군축문제는 제네바를 중심으로 논의되고 또다시 UN 군축위원회에서 논의될 수 있게 되었다. 필자는 1993년부터 유엔 군축연구소를 통해 한국이 CD의 정회원국이 되는데 일조를 했다. 이러한 때 한국내의 학계와 정부, 언론계 등은 군비통제커뮤니티를 조성하여 전문성있고 실효성있는 국제 핵비확산정책과 군비통제정책을 지속적으로 추진해 나갈 때가 되었다. 아울러 동북아시아 지역에서 다자간의 안보대화와 협력을 체계화함으로써 한국의 안보를 장기적으로 확보해 나갈 때가 되었다. 이와 같은 맥락에서 NPT와 IAEA는 더욱 많은 시사점을 우리에게 던져주고 있다.

제 2 장
글로벌 핵안보레짐의 탄생과 전개과정

I. 머리말

전쟁사를 회고해 보면, 20세기의 전반은 제1차 세계대전과 제2차 세계대전 등 세계적 규모의 전쟁의 시기였다고 할 수 있다. 20세기의 후반은 핵무기의 개발로 미소 양국 간에 공포의 균형을 이루면서 한국, 베트남, 중동 등지에서 지역적인 전쟁은 있었으나, 세계적인 차원에서의 전쟁은 억제되었다. 덕분에 긴 평화(a long peace) 가 유지되는 가운데, 인류는 경제발전, 탈냉전, 세계화를 경험할 수 있었다. 21세기의 벽두에 인류는 다가올 새로운 천년이 평화와 공존공영의 밀레니엄이 될 것이라고 기대에 부풀었다. 그러나 21세기는 테러와 반테러 전쟁으로 시작되었다.

2001년 9·11 테러 이후 세상은 완전히 달라졌고, 미국을 비롯한 다민족국가들은 테러리즘을 가장 큰 위협으로 간주하게 되었다. 테러와의 전쟁은 종래의 재래식 전쟁과 판이하게 다른 양상으로 전개되었다. 국가나 정부가 위협의 주체가 아니라 비국가단체(non-state actors)와 불법세력들이 위협의 주체가 됨으로써 새로운 위협은 초국가적 위협(transnational threats)으로 불리게 되었다. 9·11 이후 전 세계에 전염병처럼 번진 테러세력의 공격은 종래의 주권국가 중심의 국방정책과 동맹정책, 군비통제정책 만으로 해결될 수 있는 것이 아니었다. 이런 초국가적 위협은 국가들 간의 협력을 요구했고, 양자보다는 다자주의적인 대처, 그리고 국내외적으로 모든 행위자들이 통합된 포괄적 네트워크를 통한 글로벌 거버넌스 차원의 대처를 요구했다.

21세기 세계화와 더불어 인류에게 밀어닥친 가장 큰 위협은 테러세력과 핵무기의 결합가능성이라고 규정지어졌다.[35] 만약 알카에다, ISIS를 비롯한 테러세력들이 핵분열 물질을 손에 넣고 핵무기를 만들어 문명사회를 공격한다면 엄청난 재앙과 공포를 자아내게 될 것이라고 생각되었다. 미국은 이러한 위협을 재앙적 위협(catastrophic threat)이라고 부르기도 했다.[36]

---

35) Graham Allison, *Nuclear Terrorism*(New York : Times Books, 2004), pp. 104-120.
36) The US Department of Defense, *Quadrennial Defense Review*, February 2006.

핵테러는 세 가지 유형으로 구분된다. 첫째는 핵무기 또는 핵폭발장치를 이용한 테러 공격, 둘째는 방사능무기(RDD : Radiological Dispersal Device 혹은 dirty bomb)를 이용한 테러, 셋째는 민간 핵시설에 대해 공격(sabotage)함으로써 방사능을 누출시켜 민간인에게 피해를 주는 경우이다.

테러세력이 핵무기와 핵물질을 획득하고자 시도했다는 증거는 도처에서 발견되었다.[37] 알카에다 세력이 계속해서 핵물질을 손에 넣으려고 시도했으며, 알카에다의 고위 지도자가 핵시설을 공격하는 시나리오를 고려했다는 보고도 있다. 체첸의 테러리스트들은 러시아의 핵시설에 대한 공격을 공공연하게 협박하기도 했으며, 처음에는 쿠라차토프(Kurachatov)연구소의 원자로를 장악하기로 계획했었다는 보고도 있다. 핵물질의 불법 탈취 및 밀거래 건수는 IAEA(국제원자력기구)가 조사를 시작한 93년부터 2006년까지 매년 100건 미만에 그쳤으나 2007년 이후 매년 200여 건으로 늘어나서 2013년 말까지의 누적 빈도수는 2,330여 건으로 기록됐다.

2010년 핵안보정상회의 개최 이전에 세계에는 1600여 톤의 고농축우라늄과 500여 톤의 플루토늄이 산재해 있었다고 한다.[38] 이는 핵무기를 12만 6천여 개를 만들 수 있는 양으로 계산되고 있다. 테러리스트나 불법세력이 이 핵물질에 접근한다면 인류 최악의 시나리오가 발생할 수 있는 것이다. 그래서 핵테러는 발생 후에 조치를 취하는 것보다 예방하는 것이 최선이라는 결론을 도출하게 되었다.

핵테러가 아직 발생하지 않았다고 해서 안심할 일은 아니다. 세계의 전문가들은 핵테러가 발생하게 되면 9·11 테러보다 더 재앙적인 결과를 초래할 것이라고 생각한다. 9·11 테러가 남긴 인명과 재산 피해, 상호불신, 대테러 전쟁과정에서 숨진 인명과 대테러 전쟁비용, 인류의 여행과 물류의 유통과정에서 겪는 검문검색과 대테러 안전조치에 따르는 불편함을 돈으로 환산하면 가히 수조 달러에 달한다는 계산이 있다. 이러한 손실은 테러리스트가 도시의 한복판에서 핵무기를 터뜨릴 경우 입을 수 있는 수십만의 인명피해와 수십조 달러에 달하는 핵테러의 피해와 비교할 수 없을 것이다.

그래서 2007년 6월 반기문 UN 사무총장은 "핵테러는 현시대 가장 심각한 위협 중 하나이다. 단 한 번의 핵테러도 대량살상과 엄청난 고통과 원치 않는 변화를 영원히 초래할 것이다. 이런 재앙을 방지하기 위해 행동에 나서지 않으면 안 된다"[39]

---

37) Matthew Bunn, *Securing the Bomb 2010 : Securing All Nuclear Stockpiles in Four ears*(Cambridge : Harvard University Press, 2010), pp. 13−22.

38) International Panel on Fissile Materials(IPFM), *Global Fissile Material Report 2010*(Princeton, NJ : IPFM, 2010).

39) Ban Ki−moon, UN Secretary General Ban Ki−moon's Statement on the Entry into Force of the

고 역설했다. 이어서 2009년 4월 미국의 오바마 대통령이 체크공화국의 수도 프라하에서 "핵무기 없는 세계"를 만들겠다고 선언하면서,[40] 핵군축, 핵비확산, 핵테러리즘의 예방, 이 세 가지를 21세기의 안보과제로 제시하였다. 똑같은 논리의 연장선상에서 오바마는 글로벌협력을 통해 핵테러를 예방하기 위해 2010년 4월에 세계의 지도자들과 국제기구의 장을 초청하여 핵안보정상회의를 개최하였다. 핵테러리즘을 예방하기 위해 각국의 지도자를 초청하여 정상회의를 개최한 것은 기존의 핵 관련 국제레짐으로는 핵테러의 방지를 목적으로 하는 핵안보 문제를 다룰 수 없었기 때문이다. 1차 핵안보정상회의에 참가한 지도자들은 핵안보의 개념에 합의하고, 2013년까지 4년 동안에 핵물질의 안전한 관리에 합의했다. 이 회의에서 제2차 핵안보정상회의를 한국에서 개최하자고 합의함에 따라 2012년 3월 26-27일에 서울에서 제2차 핵안보정상회의가 개최되었다. 2년 후인 2014년 3월에는 네덜란드의 헤이그에서 제3차 핵안보정상회의가 개최되었다.

본장에서는 핵테러리즘을 예방하기 위해 개최된 핵안보정상회의가 세계 핵안보거버넌스로서의 존속 및 발전가능성에 기여한 점과 그 한계를 분석해 보고자 한다. 이를 위해 제1차 워싱턴 핵안보정상회의에서 거둔 성과를 분석하고, 그 결과를 평가한다. 이어서 제2차 서울 핵안보정상회의의 성과를 평가하고, 핵안보거버넌스의 구축에 있어서 한국의 기여와 역할을 분석한다. 그리고 2014년 3월 네덜란드 헤이그에서 개최된 제3차 핵안보정상회의의 성과를 분석하고, 이 세 가지 평가를 근거로 해서 향후 세계 핵안보거버넌스의 발전가능성과 한계를 분석하며, 핵안보거버넌스의 지속적인 발전을 위한 후속 과제와 시사점, 향후 한국의 역할을 도출해 보기로 한다.

II. 제1차 워싱턴 핵안보정상회의의 성과와 한계

2009년 4월 미국의 오바마 대통령이 체크공화국의 수도 프라하에서 "핵무기 없는 세계"를 만들겠다고 선언하면서, 핵군축, 핵비확산, 핵테러리즘의 예방, 이 세 가지를 21세기의 안보과제로 제시하였다. 오바마 대통령은 미국과 러시아간에 현재 주춤해 있는 핵군축을 가속시키기 위해서 New START의 체결을 포함한 핵군축을 획기적으로 추진하고자 했다. 핵비확산을 위해서 핵비확산체제를 강화시킴으로

International Convention for the Suppression of Acts of Nuclear Terrorism(June 13, 2007), http://www.un.org/sg/statements/index.asp?nid=2614(검색일: 2011.5.20.)

40) White House Office of the Press Secretary, "Remark by President Obama in Praque as delivered," (April 5, 2009) http://www.whitehouse.gov/the_press_office/Remark-By-Obama-in-Praque (검색일 : 2009.5.25.)

써 북한과 이란의 핵무기 개발 등 핵확산문제를 다루고자 했다. 그리고 글로벌협력을 통해 핵테러를 예방하기 위해서 2010년 4월에 세계 47개국의 지도자들과 유엔, 유럽연합, IAEA의 수장을 초청하여 핵안보정상회의를 개최하였다. 핵테러리즘을 예방하기 위해 각국의 지도자를 초청하여 정상회의를 개최한 것은 기존의 핵관련 국제레짐으로는 재앙적인 위협인 핵테러를 방지할 수 없다고 판단했기 때문이다.

제1차 핵안보정상회의에 참가한 지도자들은 핵안보(nuclear security)의 개념에 합의했다. 핵안보란 "전 세계의 핵물질, 방사성물질과 핵시설이 테러주의자와 범죄자, 불법세력에 의해 이용되지 않도록 국제적 협력을 강화함으로써 핵테러를 방지하자는 것"[41]이다. 그리고 핵테러를 방지하기 위해 여러 곳에 산재되어 있는 국제협약과 규범들에 대한 세계 각국의 가입과 비준을 촉구했다. 핵테러 방지 국제협약과 규범에는 핵테러억제협약(ICSANT : International Convention for the Suppression of Acts of Nuclear Terrorism), 개정핵물질방호협약(CPPNM : Convention on the Physical Protection of Nuclear Material), 유엔안보리결의 1540호(UNSCR 1540 : UN Security Council Resolution 1540), 핵물질의 물리적 방호지침(INFCIRC/225/Rev.5 : Physical Protection of Nuclear Material), 세계핵테러방지구상(GICNT : Global Initiative for Combating Nuclear Terrorism) 등이 있다.

워싱턴회의의 가장 중요한 합의사항으로는 2010 - 2013년까지 4년 동안 취약한 핵물질을 안전하게 관리하기로 합의한 것이다. 워싱턴 코뮤니케에서는 참가 국가들로 하여금 핵테러억제협약, 개정핵물질방호협약, 핵테러방지구상, 유엔안보리결의 1540호에 대한 가입과 비준, 그리고 이런 국제협약들을 이행할 국내법조치 등을 권장하고 촉구했다. 아울러 핵안보를 달성하기 위해 각국들이 이행해야 할 작업계획에 합의했다. 고농축우라늄의 최소화, 정보와 최적관행 공유 등 실천조치, 핵테러방지를 위한 양자 차원의 협력, IAEA와 G-8 글로벌파트너십의 역할과 기여의 인정, 핵탐지와 핵감식, 법집행, 신기술 개발 등의 분야에서 정보와 전문성의 공유, 핵안보문화의 권장 등을 결의했다.

또한 참가국들은 미국과의 양자관계를 발전시키고, 핵안보에 기여하기 위해 미국에게 개별적으로 자발적인 공약(일명 house gifts 라고 부름)을 하였다. 워싱턴정상회의에 참가한 32개국은 73개 분야의 자발적 공약을 약속했는데, 제2차 서울정상회의에 참가하여 그동안의 이행보고서를 의장국인 한국에게 제출하였다.[42] 국가별 이행보고서에 포함된 제1차 핵안보정상회의의 주요 이행성과를 열거하면 다음과 같다.

---

41) White House, "Communiqué of the Washington Nuclear Security Summit,"(2010) http://www. whitehouse.gov/the-press-office/communique.

42) 서울핵안보정상회의 준비기획단, 「서울 핵안보정상회의 참가국 국가이행보고서 내 주요 실적 및 공약」(서울: 서울핵안보정상회의 준비기획단, 2012.3.27).

칠레가 보유한 모든 고농축우라늄 18kg을 2011년 말까지 미국에 인도하기로 약속하고 칠레는 이 공약을 실제로 완수하였다. 카자흐스탄은 핵무기 700여 개를 제조할 수 있는 고농축우라늄(HEU: Highly Enriched Uranium)과 플루토늄을 안전하게 관리하기로 약속했고 이를 이행했다. 우크라이나는 HEU 전량을 제거 완료하기로 약속했고 이를 완료했다. 그리고 멕시코는 서울핵안보정상회의에 참가하기 직전에 HEU 전량을 미국에게 반납했다고 발표했다.

또한 워싱턴 정상회의 이후 체크공화국, 멕시코, 베트남이 HEU를 사용하는 원자로를 저농축우라늄(LEU: Low Enriched Uranium)을 사용하는 원자로로 전환완료 하였으며, 미국은 러시아와 함께 핵무기 17,000개에 해당하는 68톤의 플루토늄의 제거를 위한 미러간 플루토늄처분협정(미러 각각 34톤씩 처분)을 발효시켰고, 미국은 10.5톤의 고농축우라늄을 저농축우라늄으로 전환시켰으며 러시아가 보유한 2톤의 HEU를 LEU로 전환시키는 작업을 지원했다. 그리고 8개국이 보유한 400kg의 HEU 제거를 지원했다. 러시아는 잉여 군사용 HEU를 원전용 LEU로 전환시켰고, 러시아산 HEU를 제공받았던 국가들 중 폴란드, 우크라이나, 우즈베키스탄 등 3개국으로부터 HEU를 전량 회수했다. 아울러 미국과 공동으로 사용중인 HEU 연료를 LEU연료로 전환하는 사업에 대한 경제적 기술적 타당성조사를 완료했고, 미국과 플루토늄(Pu) 생산 중단을 약속했으며 해당 원자로를 폐쇄했다. 중국을 비롯한 한국, 일본, 인도, 카자흐스탄, 프랑스 등은 미국과 협력하여 핵안보교육훈련센터를 설치하기로 약속했으며, 중국은 미국과 동 사업관련 양해각서를 체결했고 일본은 핵안보훈련센터의 설립을 완료했다. 수개의 국가에서 핵물질의 오용을 방지하기 위해 새로운 수출통제법을 제정했고, 핵테러억제협약과 개정 핵물질방호협약을 비준했다.

그러나 핵안보체제를 확립하는 데에 까지는 이르지 못했다는 평가도 동시에 존재한다.[43] 지도자들은 무기급 핵물질의 최소한의 양에 대해 합의를 보지 못했다. 민간용 고농축우라늄의 사용금지에 합의하지 못했고, 핵무기용 물질의 해외이전을 금지하지 못했다.

또한 핵안보에 대한 국가 간의 인식 차이와 지도자들의 관심의 차이로 인해 참여한 모든 국가가 동일한 핵안보의 수준에 합의하지 못했다.[44] 또한 워싱턴 코뮤니케는 국가들의 자발적인 협력에 기초해 있기 때문에 집행을 강제할 능력을 결하고 있다는 한계가 있다. 핵테러 위협의 긴박성에 대한 인식 차이와 원자력 프

---

43) William Tobey. "Planning for Success at the 2012 Seoul Nuclear Security Summit." *Korea Review.* Vol. 1, No. 2 (December, 2011). pp 26−42.

44) 김영호, "2012 핵안보정상회의와 미국의 핵정책," 2012 핵안보정상회의 개최기념 한국국제정치학회 주최 국제학술회의 발표문, 2012.2.29.

로그램 보유여부와 핵안보를 달성하기 위한 기술능력과 경제력 차이로 인해 궁극적으로 각 국가의 집행동기와 능력에 차이가 있을 수밖에 없기 때문에 이런 한계를 해소하기 위한 각종 협력과 인센티브 제공방안에 대한 논의가 요구되고 있다. 한 번의 핵안보정상회의로는 핵안보체제 확립에 필요한 모든 조치를 취할 수가 없었기 때문에 제2차 핵안보정상회의가 필요하게 된 것이다.

Ⅲ. 제2차 핵안보정상회의의 성과와 핵안보거버넌스에서의 한국의 역할

2012년 3월 26－27일에 서울에서 개최된 핵안보정상회의는 글로벌 핵안보거버넌스(global nuclear security governance)를 강화하는 역사적이고 국제정치적인 의미가 매우 큰 회의였다고 할 수 있다. 2차 서울 핵안보정상회의에서는 1차 워싱턴핵안보정상회의에 참석했던 각국의 정상들이 핵테러를 방지하기 위해 핵안보체제의 강화필요성, 2010－2013의 4년간 핵물질의 안전한 관리, 핵테러관련 국제협약에의 가입 촉구, 핵안보강화를 위한 국제협력의 필요성 등에 합의하고 각국이 이행을 약속했던 자발적 공약들이 있었다. 제2차 서울회의에서는 그동안의 이행사항을 점검하고, 새로운 과제를 발굴하여 핵안보거버넌스를 발전시키고 강화시키기 위한 사항들을 협의하게 되었다.

여기서 레짐(regime, 체제)과 거버넌스(governance, 협치)라는 개념을 구분할 필요가 있다. 국제사회에는 초국가적 기구와 법제도가 존재하지 않기 때문에, 국가들의 행위를 규제하기 어렵다. 체제(regime)론자는 국가들의 행위를 협력적으로 만들기 위해 국제체제가 필요한데, 국제체제란 국가 간에 기대와 역할이 수렴될 수 있는 원칙, 규범, 법규, 의사결정절차 등을 의미한다고 정의한다.[45] 체제라는 개념은 양극체제하의 냉전시대에 생겨난 개념이나, 탈냉전 이후 세계화되고 다자주의화 되는 세계질서 속에서 신흥국가들이 부상하여 힘의 분포가 바뀌고 국제사회에 정부를 비롯한 전문가, 비정부단체, 비국가 행위자들이 참여함에 따라 국제질서를 안정적이고 협력적으로 유지하고 관리하기 위해서는 보다 포괄적이고 동태적인 개념이 필요하게 되었는데 이를 거버넌스라고 명명했다. 거버넌스란 주권정부들과 다양한 행위자들이 국제사안에 대해서 공동관리하는 것을 의미하는 것으로서 이는 구조(structure, regime, architecture)와 과정(process, management, interaction) 두 부문으로 구분해볼 수 있다.[46] 글로벌 거버넌스는 정부뿐만 아니라 국제기구, 기업, 전문가, 시민

---

45) Stephen D. Krasner, *International Regimes*(Ithaca, NY : Cornell University Press, 1983), p. 2.

46) Paul F. Diehl and Brian Frederking, eds., *The Politics of Global Governance : International*

사회, 비국가행위자 등 다양한 행위자가 참여하는 가운데 국제사회의 이슈에 대해 공동관리 형태를 논해야하므로 체제라는 개념보다는 훨씬 복합적이고 동태적이라고 할 수 있다.

글로벌 거버넌스의 관점에서 볼 때에 핵테러리즘의 예방을 위한 핵안보거버넌스는 아직 형성단계에 있다고 볼 수 있다. 두 차례의 핵안보정상회의를 거친 후, 앞으로 더욱 강건한 핵안보거버넌스의 형성과 강화방안이 강구되겠지만, 아직 핵안보거버넌스는 50여 개 국가의 정상과 네 개의 국제기구의 장이 참가하는 위로부터의 핵안보에 대한 비전과 목표설정 단계에 있다. 국제적으로 여러 곳에 산재한 협약과 규범, 국제기구 등을 통합해야 할 과제가 남아 있는 것이다.

따라서 제2차 서울핵안보정상회의의 성과를 먼저 살펴보고, 글로벌 핵안보거버넌스의 확립을 위하여 한국이 기여한 점과 중견국가로서의 특기할만한 역할을 분석해보기로 한다.

1. 서울 핵안보정상회의의 성과[47)

<표 Ⅳ-4>에서 보는 바와 같이 제2차 서울 핵안보정상회의의 성과는 제1차 워싱턴 핵안보정상회의보다 실질적이고 구체적이었다. 제1차 핵안보정상회의에서는 32개국이 73개 공약을 약속하고 그 이행보고서를 가져왔으나, 제2차 핵안보정상회의에서는 53개국이 총 100개 이상의 공약을 하였다. 그리고 그 공약의 특징은 개별 국가의 단독 약속이 아니고, 항목별로 다수의 국가들이 국제협력을 통해 핵안보를 달성하겠다는 집단적인 약속을 한 것이다.

서울 핵안보회의의 성과를 구체적으로 보면, 첫째 핵안보정상회의라는 방식을 통해 여기 저기 산재해 있는 핵테러방지관련 국제협약, 국제규범, 국제 구상, 국제기구 등, 예를 들면 유엔안보리 결의 1540호, 개정핵물질방호협약, 핵테러억제협약, 세계핵테러방지구상, G8 글로벌파트너십, IAEA, UN 등에서 산발적으로 추진되고 있는 핵테러방지정책과 국제협약들을 정상들의 정치적 의지와 컨센서스를 빌어 통

Organizations in an Interdependent World(Boulder, Colorado : Lynne Rienner Publishers, 2010), pp. 1-7. Commission on Global Governance, *Our Global Neighbourhood : Report of the Commission on Global Governance*(Oxford : Oxford University Press, 1995). James N. Rosenau and E. O. Czempel eds., *Governance Without Government : Order and Change in World Politics* (Cambridge : Cambridge University Press, 1992). 이동휘, 「새로운 글로벌 거버넌스의 모색 : G-8 과 G20의 비교분석을 중심으로」, 외교안보연구원 현지정책연구과제 2010-1(서울 : 외교안보연구원, 2010). 서창록, 『국제기구 : 글로벌 거버넌스의 정치학』(서울 : 다산출판사, 2004). pp. 39-63.

47) 서울핵안보정상회의 홈페이지, 서울코뮤니케(2012.3.27.), http://www.seoulnss.go.kr/서울핵안보정상회의%20Key%20Facts[1].hwp. (검색일 : 2012.3.28.)

합시키고 집대성할 수 있는 모멘텀을 제공하였다. 각국은 이 정상회의를 통해 국제 협약과 규범들에 부응한 국가차원의 행동을 하고, 협약과 규범들에 가입하고 비준하도록 권장받고 실제 행동으로 옮겼으며, 국내적 입법조치도 조속한 시일 내에 취하도록 권유받았다.

특히 차기 2014년 네덜란드 핵안보정상회의를 시한으로 설정하여, 미발효상태인 개정핵물질방호협약의 발효를 위해 국제사회가 노력해줄 것을 촉구하였다. 개정핵물질방호협약은 핵물질의 방호에 있어서 법적 구속력이 있는 유일한 국제문서로서 9·11 테러 이후에 개정을 통해서 당초 국제운송중인 핵물질에서 적용범위를 국내소재 핵물질과 원자력 시설로 적용을 확대하였다. 2012년 3월 현재 동개정협약에 가입하고 발효시킨 국가의 수는 55개로서 발효요건인 원래 협약 참가국 수의 2/3인 97개국 이상의 동의를 얻지 못해서 미발효상태에 있다. 이를 발효시키기 위해 노력하기로 약속했다는 데에 큰 의미가 있다.

워싱턴 정상회의 이후 서울정상회의 이전까지 핵테러억제협약은 14개 국가가 추가로 비준하여 가입국이 79개국으로 증가되었고, 개정핵물질방호협약은 20개국이 추가로 비준한 바 있다. 세계핵테러방지구상(GICNT)에는 워싱턴회의 이후 6개국이 더 가입하여 모두 82개국이 가입하였다. IAEA는 핵안보분야 다자협력체간 조정에 관한 국제회의를 2013년 개최하기로 하였다. 이렇듯 서울회의에서는 핵테러방지를 위한 국제협약, 결의, 구상 등에 모든 국가들의 참가와 비준을 장려하고 촉구함으로써 세계핵테러방지체제의 규범적 측면을 한층 강화시켰다는 점이 큰 성과로 기록될 수 있다.

둘째, 테러리스트와 불법세력이 획득할 수 있는 핵물질, 즉 고농축우라늄과 플루토늄의 양을 실질적으로 감축시키거나 사용을 최소화 하자는 데 실질적 성과를 거두었다. 서울 정상회의에서 미국과 러시아는 앞으로 핵무기 17,000개에 해당되는 플루토늄을 처분하겠다는 약속을 했으며, HEU를 가진 모든 국가들은 2013년 말까지 최소화 조치 계획을 제출하기로 합의했다. 아울러 여러 국가들이 이런 방향으로 HEU를 LEU로 전환하겠다는 공약을 발표했다. 이런 원자로 전환사업을 촉진하기 위해서 한국, 미국, 프랑스, 벨기에 등 4개국이 HEU를 사용하는 고성능 연구용 원자로를 LEU사용 원자로로 대체할 수 있는 고밀도 LEU연료의 성능확인작업을 공동협력사업으로 추진할 것을 발표했으며, 이 기술이 실증되면 전 세계 민수용 HEU 사용을 감소시키는 데 큰 기여를 하게 될 것으로 생각된다. 또한 미국, 프랑스, 벨기에, 네덜란드 4개국은 의료용 방사성 동위원소인 몰리브덴(Mo-99)의 생산을 위한 원자로에 사용되는 HEU를 LEU로 대체하기 위한 협력사업을 발표했다. 이는 인류의 복지증진 목적과 핵위협의 제거목적을 동시에 달성하는 것과 같다.

셋째, 서울 핵안보정상회의에서는 한국이 의장국으로서 1차 회의에서 거론되지 않았던 방사성물질의 안전관리를 제도화시키는 방법을 의제로 제시해서 통과시켰다.[48] 방사성물질은 방사성을 띠는 모든 물질을 지칭하며 이중에서도 의료용 혹은 산업용으로 사용하기 위해 분리 추출된 일부 고방사능 방사선원(radioactive source)은 방사능테러(radiological terror)를 위한 방사능살포장치(RDD)나 소위 말하는 dirty bomb의 제조에 사용될 수 있다. 의학용, 산업용, 농업용으로 사용되는 방사성물질은 높은 방사능을 띠고 있어서 테러리스트들이 이러한 방사성물질을 탈취하여 폭탄을 만들어 민간을 상대로 공격하게 되면 민간에게 충격을 가할 수 있고 그 빈도가 핵무기테러보다 더 많을 수 있기 때문에, 방사성물질의 안전관리는 핵안보를 증진시키기 위해 꼭 필요한 것이라고 생각되었기 때문이다. 따라서 각국에게 고준위 방사선원에 대한 국가등록시스템을 설치하고, IAEA가 가진 방사선원 행동지침과 수출입지침을 각국이 국내입법으로 만들기를 권장했다. 그리고 핵물질과 방사성 물질의 불법거래를 방지하는 조치를 취했는 바, 핵밀수 대처와 방사성물질의 안보에 관한 협력조치를 담은 다수 국가들 간의 공동성명이 발표되었다. 일본은 한국, 미국, 영국, 프랑스와 함께 운송보안에 관한 성명을 발표하고, 불법거래 되는 핵물질과 방사성물질의 원출처 파악을 위한 핵감식 능력을 제고하기 위해 국가 간 협력을 강화하기로 합의했다. 한국과 베트남은 IAEA와 협력하여 방사성물질의 도난방지와 안보강화에 도움을 주는 GPS기술을 이용한 방사성 물질 위치 추적시스템을 베트남에서 개발하기로 하고 그 시범사업을 추진하기로 하였다.

넷째, 한국이 의장국으로서 창의적으로 기여한 것은 핵안보와 핵안전의 연결고리를 강화시키는 의제를 제기하고, 정상회의공동선언문에 포함시킨 것이다. 이것은 2011년 3월 일본 후쿠시마 원전사고가 재앙적 피해를 초래한 것을 보고, 세계는 테러리스트들이 발전용 원자로를 공격하게 될 가능성에 대해서 우려를 표명하였는데, 동 의제는 이러한 우려를 제대로 반영한 것이다.[49] 만약 테러집단이 원자

---

48) 전봉근, "핵안보 정상회의 개최 배경과 핵안보 과제," 한국원자력통제기술원, 외교안보연구원, 한국원자력안전기술원 공동주최 2012년 서울 핵안보정상회의 특별 세미나 발제문(2011년 6월 1일).

49) 2011년 6월, 서울에서 세계 핵안보전문가들이 모여서 2012서울핵안보정상회의를 위한 준비회의를 처음 개최했을 때, 미국의 반응은 워싱턴핵안보정상회의의 의제를 더 확대시키지 말라는 것이었다. 필자는 후쿠시마 원전사고를 예로 들면서, 지금 세계의 어느 곳에선가 테러세력들이 모여서 후쿠시마 사고의 시사점을 어떻게 활용할 수 있을 것인가에 대한 워크숍을 하고 있을 것이라고 하면서, 우리 핵안보전문가들은 이러한 테러세력보다 더 영리할 필요가 있다고 함으로써 미국측을 설득하여, 핵안보와 핵안전의 연결고리 강화문제를 서울핵안보정상회의의 의제로 채택

로의 냉각장치, 원자로의 발전기, 사용후 핵연료 저장조 등을 공격한다면 핵물질을
손에 넣지 않고도 그에 버금가는 충격을 줄 수 있기 때문에, 이를 의제화하는 것이
매우 중요하게 된다, 따라서 서울정상회의에서는 핵안보와 원자력 시설의 안전 문
제를 같이 논의함으로서 핵안보와 안전의 연결고리를 강화시키는 방안을 협의하였
다. 후쿠시마 원전사고에서 인류가 배운 교훈은 "안보없이 안전없고, 안전없이 안
보없다"는 것이다. 이와 관련하여 반기문 유엔사무총장은 2011년 4월 19일 우크라
이나 키에프에서 개최된 '체르노빌 원전 사고 25주년 원자력안전과 혁신적 이용을
위한 정상회의'에서 핵안전과 핵안보는 상호 분리된 이슈이지만 한 부분을 강화하
면 다른 부분도 강화된다. 원전시설이 안전하게 관리되는 만큼 세상을 위한 핵안보
도 더욱 강화될 것"[50]이라고 역설하였다. 서울 핵안보정상회의에서는 핵안전과 핵
안보의 연계를 강화하는 문제에 대해서 새롭게 논의하여 서울 코뮈니케에 포함시
켰다. 핵안전과 핵안보의 시너지 효과 달성이란 의제는 원래 미국은 다루기를 원하
지 않았다고 전해진다. 왜냐하면 핵안보정상회의가 출범된 지 얼마 안 되기 때문에
의제의 범위를 너무 넓히면 핵안보도 달성되기 어렵다고 주장했기 때문이다. 그러
나 이 의제는 한국의 제안과 지속적인 설득에 의해 반영되게 되었고, 핵안보정상회
의에 참석한 각국의 정상들은 한국의 주도적 의제제안과 관리에 대해서 찬사를 아
끼지 않았다고 전해진다.

　　위에서 설명한 성과 이외에 서울 핵안보정상회의에서 거둔 성과는 <표 Ⅳ-
4>에서 상세하게 설명하고 있다. 핵안보분야에서 IAEA의 역할의 고유성과 중요성
을 재확인하고 한국을 비롯한 8개국이 IAEA에 핵안보기금을 기여하기로 서약했다.
불법거래를 방지하기 위해 IAEA에 불법거래 데이터베이스를 구축하기로 했고, 인
터폴과의 협력을 장려하였다. 핵감식 분야에서는 네덜란드가 실무논의를 주도하도
록 했다. 핵안보문화를 강화하기 위하여 브라질, 리투아니아, 파키스탄 등에서 핵
안보교육훈련센터를 추가로 설립하고 미국 주도로 핵안보교육훈련센터간에 협력
을 하도록 공동성명을 발표했다.

　　시키는 데에 성공했다.
50) Ban Ki-moon, UN Secretary General Ban Ki-moon's Address to the Kiev Institute of International
　　Relations(April 21, 2011), http://www.un.org/sg/statements/?nid=5212(검색일 : 2012.1.10.)

표 IV-4	서울 코뮤니케 - 11개 분야별 성과

항목별 요지	서울 정상회의 성과

○ 국제 핵안보 체제
· 개정 핵물질 방호협약(CPPNM) 및
  핵테러억제협약(ICSANT)의 보편적 가입
· 특히 개정 CPPNM의 2014년 발효를 위한
  노력 장려
· GICNT 가입 장려
· 2013년 IAEA 핵안보 활동 조정 국제회의
  개최
	· 15개국 이상 양 협약 비준 추진계획 발표
	· 인도네시아 주도로 모델 입법 kit 공동 성명 발표
	· 알제리, 말련이 GICNT 참여 의사 발표

○ IAEA의 역할 · IAEA의 중심적 역할 재확인 · IAEA 핵안보기금 기여 확대	· 벨기에, 캐나다, 덴마크, 인도, 일본, 한국, 노르웨이, 네덜란드, 영국 등이 IAEA 핵안보 기금 기여 서약

○ 핵물질
· 고농축우라늄, 플루토늄 제거, 전환 노력
· HEU 최소화를 위한 구체 조치 2013년 말
  까지 자발적 발표
· 연구로 및 의료용 동위원소 생산시 사용
  HEU → LEU
· HEU 관리 위한 국가정책(가이드라인)개발
	· 8개국(폴란드, 헝가리, 체코, 베트남, 호주, 벨기에,
	  이태리, 캐나다) : HEU/Pu 제거공약
	· 카자흐, 미, 러, 캐, 중, 헝, 폴 : 연구로 연료 전환
	  공약
	· 한−미−프−벨, 고성능연구로용 고밀도 LEU
	  연료 실증 협력사업 발표
	· 미−프−벨−네 Mo−99 생산시 2015년까지 HEU
	  타겟 사용 종료 위한 협력사업 발표

○ 방사선원
· 광범위하게 사용되고 취약한 방사선원 방호
  촉구
· 고준위 방사선원 국가등록부 설치 장려
	· 독일 주도로 방사선원 안보 공동성명 발표
	· IAEA와 협력하 우리의 방사선원위치추적시스템
	  (RADLOT) 베트남 구축 시범사업

○ 핵안보와 원자력 안전
· 양자를 일관되게 고려한 국가 대응능력 유지
  필요성 확인
· IAEA가 양자간의 관계 연구 지속 장려
· 사용후 핵연료 관리 필요성 인식
	· 한국, 호주, 핀란드, 루마니아, 미국, 터키 : IAEA
	  물리적 방호 자문서비스(IPPAS) 수검 계획 발표

○ 운송보안
· 최적관행 공유 및 핵물질 재고 관리시스템/
  추적 시스템 구축
	· 일본 주도로 미국, 프랑스, 영국, 한국과의 5개국
	  운송보안 공동성명 발표
	· 러시아, GICNT 운송보안 훈련 개최 계획 발표
	· RADLOT 구축 한−베−IAEA 협력사업

○ 불법거래
· IAEA 불법거래 데이터베이스 참여 및 관련
  국가역량강화
· 인터폴과의 협력 장려
	· 요르단 주도로 핵밀수 대응 공동성명 발표
	· 영국, 자신이 보유한 핵·방사성물질 탐지 선진
	  기술 공유 의사 표명

○ 핵감식 · 핵감식 능력 증진 위한 협력	· 호주, 태국, 싱가포르 : 핵감식연구소 설립 등 역량증진 계획 발표 · 네덜란드가 향후 핵감식 분야 실무논의 주도
○ 핵안보 문화 · 핵안보 교육훈련센터 설립 및 각국 COE간 정보 공유	· 브라질, 리투아니아, 파키스탄 등 COE 설립 공약 · 미국 주도로 COE간 협력 공동성명 발표

· 다양한 이해관계자들의 상호 소통·조정활동 장려	
○ 정보보안 · 사이버보안을 포함, 민감한 핵안보 정보보안 강화	· 영국 주도로 정보보안 공동성명 발표
○ 국제협력 · 국제사회의 핵안보 관련 지원 확대 장려 · 대중 인식제고 필요성 재확인	· 다양한 국가들이 IAEA, WINS를 통한 제협력, 개도국 지원 사업 동참의사 발표
○ 결 어 · 국별 이행보고서 제출 환영 · 차기 개최국 발표	· 이행보고서 제출 관행 유지로 사실상의 이행 검증 메커니즘 효과 기대 · 2014년 정상회의 네덜란드 개최로 모멘텀 유지

* 출처 : 서울핵안보정상회의 홈페이지, 서울핵안보정상회의에 관한 Key Facts(2012.3.28), http://www.
  seoulnss.go.kr/서울핵안보정상회의%20Key%20Facts[1].hwp(검색일 : 2012.3.28.)

영국주도로 핵시설에 대한 사이버테러를 막기 위한 정보보안강화를 위해 상호 협력하기로 했다. 국제사회에서 핵안보 관련 국제협력을 증진하기로 했으며, 2014년에 네덜란드에서 제3차 핵안보정상회의를 개최하기로 합의했다.

2. 글로벌 핵안보거버넌스에 대한 한국의 기여와 역할

한국이 국제정치에서 독특한 중견국(middle power) 지위를 활용하여 글로벌 핵안보거버넌스에 기여하고 활약한 점들을 아래와 같이 정리해 볼 수 있다.

첫째, 2012년 3월 한국이 주도하여 개최한 서울 핵안보정상회의는 워싱턴에서 일회성으로 끝났을 수 있는 핵안보정상회의를 정례화하는 의미가 컸다. 더욱이 핵안보정상회의에 참가하는 국가의 외교관들 간에 몇 차례 개최된 교섭대표회의 혹은 교섭부대표회의에서 한국은 주도적 역할을 함으로써 의제와 코뮤니케 내용을 합의했을 뿐만 아니라, 네덜란드로 하여금 제3차 핵안보정상회의를 개최하도록 설득함으로써 적어도 핵안보정상회의는 3회 이상 개최될 수 있는 가능성을 열어 놓았다.

핵테러 예방을 위한 핵안보거버넌스는 형성단계에 있기 때문에 정상회의가 꼭 필요하다. 왜냐하면 핵테러는 아직 발생하지 않았고, 핵물질을 보유한 국가들도 그렇게 많지 않기 때문에, 거대규모의 테러를 경험한 미국을 위시한 다민족국가인 러시아, 인도, 중국 같은 국가들을 제외하면 비핵국가나 테러위협이 거의 없는 나라들은 관심이 별로 없는 문제이기 때문이다. 국가들 간의 관심과 이익의 비대칭성 때문에 핵안보 자체가 글로벌 안보 아젠다가 되기 어려운 상황에서, 오바마 미국 대통령이 이니셔티브를 쥐고 세계 각국의 정상들을 워싱턴에 초청하여 핵안보정상회의를 개최함으로써 참가국의 지도자들로 하여금 핵테러방지의 필요성과 중요성,

그리고 시급성에 대한 공감대를 형성할 수 있었고, 연이어서 핵테러와 핵무기가 없는 한국이 정상회의를 개최함으로써 참가한 53개국과 4개 국제기구에게 더욱 큰 공감을 불러일으킬 수 있는 계기가 되었다.

한국은 핵안보정상회의 준비단계에서 참가국들을 선정할 때에, 지역의 대표성을 유지하면서도 핵무기 보유국, 핵물질 보유국, 비핵국, 비핵물질보유국 등을 적절하게 혼합되도록 했다. 그 결과 모두 53개국의 정상들이 참석하게 되었고 1차정상회의에 참석했던 유엔, EU, IAEA와 INTERPOL이 추가로 참가하게 되었다. 워싱턴회의 때에 참가국의 정상들이 개별적으로 약속했던 공약의 이행 정도를 의장국인 한국에게 직접 보고하도록 함으로써 핵안보정상회의가 핵안보거버넌스 확립에 있어서 중추적 역할을 할 수 있도록 제도화를 시도했다는 점은 의장국인 한국의 역할이 돋보이는 점이다.

둘째, 국제정치적으로 중견국인 한국이 제2차 핵안보정상회의를 개최함으로써 핵안보거버넌스에 대한 불확실성을 제거하고, 지속적으로 발전을 하게 되는 추동력을 제공했으며, 제1차 정상회의보다 실질적이고 구체적인 진전이 가능하도록 만들었다.

제1차 정상회의는 미국 주도로 개최되었기 때문에 참가국들이 미국과의 양자관계의 발전에 중점을 두고 자발적인 공약을 많이 하였으나, 미국은 자국의 군사용 핵무기와 핵물질을 논외로 해놓고 다른 국가들의 핵안보를 위한 공약만 촉구했다는 비판이 있었던 것도 사실이다. 또한 미국이 핵안보회의의 의제를 향후 4년간의 핵물질의 안전관리로 국한시켜 놓았기 때문에, 이후 핵안보정상회의에 대한 참가국들의 지속적인 관심과 협력 여부가 의문시되기도 했다. 한국이 제2차 핵안보정상회의를 개최하고 중견국으로서의 역할을 충실히 수행한 결과 제1차 회의가 미국 주도로 개최됨으로써 초래된 제반 문제점들을 극복할 수 있는 계기를 제공했다.

국제정치적으로 볼 때, 한국은 미국을 비롯한 러시아, 중국, 영국, 프랑스와 같은 핵무기 보유국이 아니고 비핵정책을 고수하고 있는 비핵국가이며, 강대국도 아니고 약소국도 아닌 중견국이다. "종래의 양극체제 하에서는 중견국가가 세계무대에서 큰 역할을 할 수 없었으나, 세계화되고 다자주의화 되고 있는 세계질서 속에서 중견국은 다자주의 외교를 통해서 뜻을 같이하는 여러 국가들과 의제의 연합을 통해서 국제적 이슈를 선점하고 적극적으로 문제해결방법을 제시함으로써 새로이 형성되는 국제적 규범이나 레짐에서 주도적 역할을 할 수 있는 공간을 만들어갈 수 있다"[51]고 지적되고 있다. 한국은 중견국가로서 세계적 공공재(a public good)인

핵테러 예방을 위한 핵안보거버넌스를 더욱 발전시키고 강화시킬 수 있는 촉진자 (facilitator) 혹은 정직한 브로커(honest broker)의 역할을 할 수 있었다. 따라서 서울 핵 안보정상회의는 한국이 적극적이고 창의적인 역할을 함으로써 핵안보거버넌스라 는 글로벌 안보의 중심역할을 할 수 있었던 것이다.

한국은 지금까지 국제기구와 규범의 추종자였으나 제2차 핵안보정상회의를 성 공적으로 개최함으로써, 핵안보관련 국제규범과 거버넌스의 창조자로서의 역할을 수행하게 되었다는 국제정치적 의미가 컸다. 특히 탈냉전 이후 세계화되고 있는 국 제정치에서 테러를 비롯한 초국가적 안보위협은 종래의 안보동맹이나 강대국 중심 의 접근방식으로 해결될 수 없고 모든 국가들의 협력을 필요로 하고 있다. 핵테러 를 예방하기 위해 등장한 핵안보정상회의로부터 개시된 핵안보거버넌스의 구축은 아직도 시작단계에 있기 때문에 한국 같은 중견국이 의제를 선점하고 주도할 수 있는 공간이 충분히 있었으며 한국은 이를 잘 활용한 것으로 보인다.[52]

셋째, 서울핵안보정상회의에서 핵안보관련 이해상관자(stakeholders)들의 적극적 인 참여를 가능하게 했다. 핵안보거버넌스론자들은 체제론자와 달리 핵안보에 관 련된 모든 행위자들의 협조적 관여와 공동 관리가 없이는 거버넌스가 성립될 수 없다고 보기 때문에, 서울코뮤니케에서 핵안보거버넌스를 형성하기 위해서 핵안보 문화라는 인프라의 구축이 필수불가결하며, 핵안보문화를 증진시키기 위해서는 모 든 행위자들간의 상호소통과 조정활동을 장려하게 되었다. 따라서 서울 코뮤니케 에서는 핵안보 이해상관자들로서 정부, 규제기관, 산업체, 학계, 비정부기구, 언론, 국제기구 등을 들고 있으며, 이들 간의 소통과 활동 조정을 촉진하고 상호네트워크 를 증진할 것을 권장하였다.

이중에서 정부의 역할이 제일 중요하지만, 그다음으로 중요도가 높은 이해상 관자는 학계와 원자력산업계이다. 따라서 서울정상회의 개최 3일 전인 3월 23일에 세계핵안보전문가심포지움과 세계원자력산업 CEO회의를 각각 개최하여 세계의 핵 안보전문가와 핵기술전문가의 공동체 네트워크의 구성을 촉진하는 기회를 제공했다.

왜냐하면 핵안보거버넌스의 필요성과 형성에 대한 아이디어를 제공하고 그에 대한 국내외의 지식과 이해도를 제고시키며 핵안보거버넌스의 국제적 협력프로세 스를 지속적으로 발전시키는 역할은 관련 전문가들의 공동체 형성과 커뮤니케이션 네트워크 구축에 달려있기 때문이다. 전문가들의 인식공동체의 존재가 유럽의 헬

---

51) 김성배, 신성호, 이상현, 전재성, 전진호, 「글로벌 거버넌스와 핵안보정상회의」(서울 : EAI, 2012).
52) William Tobey, "Planning for Success at the 2012 Seoul Nuclear Security Summit," *Korea Review.* Vol. 1, No.2, (December, 2011). pp. 29-30.

싱키 프로세스의 성공을 가져왔을 뿐만 아니라,[53] NPT체제의 진화과정에서도 입증된 바 있듯이, 핵안보거버넌스의 성공을 위해서는 국제적 전문가 네트워크의 구축과 활용이 중요하다고 인식되었다.

한국의 국내에서는 서울 핵안보정상회의를 유치한 직후부터 2년여 동안 한국의 핵관련 정책전문가와 핵기술전문가들 간에 전문가 네트워크를 구축하고 정기적인 세미나, 워크숍, 회의를 통해 이들의 전문성을 제고시킬 뿐만 아니라 전문가와 정부, 산업체 간의 협력프로세스를 만들어 왔다. 동시에 제1차 핵안보정상회의에 큰 기여를 했고 지금도 핵안보거버넌스의 강화에 일조하고 있는 미국의 전문가 네트워크와 긴밀한 소통과 교류를 통해 그들이 가진 노하우를 한국 전문가들이 전수받고, 세계의 핵안보전문가들과 트랙 1.5 혹은 트랙 2의 복합적 네트워크를 구축하려고 노력해 왔다. 이러한 네트워크의 형성 노력은 서울 핵안보정상회의 직전에 핵안보전문가심포지움과 핵인더스트리서밋을 개최함으로써 절정에 이르게 되었으며, 서울 핵안보정상회의 개최 직후에 평가회의와 후속발전과제를 토의함으로써 종결되었다. 이와 같은 노력의 결과, 서울 핵안보정상회의 직후 한국의 학계에서는 사회과학계와 자연과학계, 정부, 산업계의 대표들이 모여서 한국핵정책학회를 출범시켰고, 그 후 지속적인 활동을 통해 세계의 핵정책학계의 주도그룹의 일원으로서의 활약을 할 수 있게 되었다.

넷째, 서울 핵안보전문가심포지움에서 장기적으로 핵안보거버넌스를 발전강화시키는 문제에 대해 토론함으로써 2014년 이후 2020년까지 핵안보거버넌스에 대한 장기적 비전에 대한 세계 전문가들의 견해를 청취하고 공동연구를 촉진하였다.[54] 핵안보거버넌스를 강화하기 위해서는 핵테러 위협의 제거 혹은 핵테러 없는 세상의 건설이라는 장기적 목표를 설정하고, 이를 달성하기 위한 세부적이고 구체적인 목표설정과 함께 목표에 이르는 로드맵을 제시하고 그 전 과정을 이끌고 가는 것이 중요한데, 세계적인 전문가들이 한국에 모여서 이런 기회를 갖게 되었다. 특히 2014년 네덜란드에서 제3차 핵안보정상회의의 개최 이후 정상회의프로세스나 핵안

---

53) James Macintosh, *Confidence Building in the Arms Control Process: A Transformation View* (Canada: Department of Foreign Affairs and International Trade, 1996), pp. 31−61.

54) Kenneth Luongo, "Nuclear Security Governance for the 21st Century: Assessment and Action Plan," Presentation at the 2012 Seoul Nuclear Security Symposium, (2012.3.23). Irma Arguello, "Coordinating and Consolidating Global Nuclear Security Structure," Presentation at the 2012 Seoul Nuclear Security Symposium, (2012.3.23). John Carlson, "Revisiting Principles of Nuclear Security for the 21st Century," Presentation at the 2012 Seoul Nuclear Security Symposium, (2012.3.23). Yong−Sup Han, "Global Nuclear Security Governance and Korea," Presentation at the 2012 Seoul Nuclear Security Symposium, (2012.3.23).

보거버넌스의 미래에 대한 보장이 전혀 없는 상태에서 2014년 이후 2020년까지 장기 플랜에 대한 세계적 전문가들의 견해를 브레인스토밍을 통해 논의해 보았다는 것은 큰 의미를 지닌다.

다섯째, 서울 핵안보정상회의에서는 북한의 핵개발 문제를 직접 다루지는 않았지만, 6자회담 참가국인 미국, 중국, 일본, 러시아, 한국의 정상이 참가했을 뿐만 아니라 세계 53개국의 정상들이 참가하여 핵테러 없는 평화롭고 안전한 세계에 대해 논의함으로써 북한의 비핵화를 간접적으로 촉구하는 효과를 거두게 되었다. 특히 서울 핵안보정상회의 개최 10일 전에 북한이 발표한 광명성 발사 뉴스는 서울에 온 각국 정상들로 하여금 북한의 핵과 미사일에 대한 우려와 경각심을 제고시키는 효과를 거두었다. 메드베데프 러시아 대통령은 광명성 발사를 미사일 발사로 규정했고, 후진타오 중국 주석은 북한이 위성발사에 돈을 쓸게 아니라 민생부터 챙겨야 할 것이라고 대북 경고를 했으며, 유엔사무총장을 비롯한 각국의 정상들은 북한의 위성발사가 유엔안보리 결의에 위배되며 한반도와 세계평화를 해치는 행위라고 비난하면서 북한에 대해 즉각 중단을 요구했다. 원래 북핵문제는 서울 핵안보정상회의의 공식 의제는 아니었으나, 북한이 광명성발사라는 이슈를 선제적으로 던짐으로써 각국이 복수의 양자 정상회담을 통해 북한의 핵과 미사일문제에 대해 공통된 대응을 이끌어 내게 되었다.

한편 서울 핵안보정상회의에서 핵물질의 불법거래를 방지하는 의제를 논의함으로써 북한의 핵과 대량살상무기 기술이 해외로 이전되는 것에 대한 경고효과도 거두었다고 볼 수 있다. 북한이 말로는 핵안보정상회의를 평가절하하고, 한국을 적대시하며 긴장을 조성하는 언사를 사용했지만, 표면적인 도발은 없었고 정치적 전환기에 있는 동북아의 정세를 감안할 때, 서울 핵안보정상회의는 동북아정세를 안정화시키는 작용도 한 것으로 볼 수 있다.

Ⅳ. 2014 헤이그 핵안보정상회의의 성과

1. 2012-2014까지의 핵안보체제의 성과

2012-14년 사이 2년 동안 28개국이 핵테러억제협약(ICSANT)을 더 비준함으로써 2014년 3월 20일 기점으로 92개국이 비준을 하고 있다. 이는 국제협약을 발표시키는데 필요한 2/3선(142개국의 2/3)에 미치지는 못하고 있으나 괄목할만한 진전을 이루었다고 할 수 있다. 또한 지난 2년 동안 38개국이 개정핵물질방호협약을 더 비

준한 바, 2014년 2월 8일 현재 73개국이 비준함으로써 2/3선(142개국 중 2/3)에는 못 미치나, 이 또한 괄목할만한 성과라고 평가되고 있다.

또한 핵안보정상회의의 참가국들은 3000Kg의 HEU를 제거함으로써 12개국이 HEU의 완전 제거를 달성하였다. 이제 지구상에서 1kg 이상의 HEU를 보유한 국가의 수가 최초 52개국 중 25개국으로 감소하였다. 물론 미국, 러시아, 중국, 영국, 프랑스, 인도, 파키스탄 등 HEU를 군사용 목적으로 보유한 국가들을 포함, 25개국은 아직도 HEU를 보유하고 있음은 부인할 수 없다. 미국과 러시아는 핵탄두를 폐기하는 양자협정(이 협정은 메가톤급의 핵탄두에서 평화적 목적인 메가와트로 전환한다는 의미에서 'from the Megatons to Megawatts' 프로그램이라고 불리고 있음)에 따라 핵탄두에서 나온 500톤의 HEU(핵무기 2만개 분량의 HEU)를 평화적 목적의 원자로 사용이 가능한 LEU로 전환시켰다. 아울러 미국과 러시아 간에는 플로토늄 처분 협정(2011)에 따라 핵무기 17000개 분량의 Pu을 제거하기로 되어 있다.

핵안보교육훈련센터(Center of Excellence)를 건축하여 개소하기로 한 공약에 24개국이 동의했으며, 지난 2년간 14개국이 동 센터를 개소하였다. 한국은 2014년 2월 19일, 한국원자력통제기술원 내에 국제핵안보교육훈련센터(INSA : International Nuclear Nonproliferation and Security Academy)를 개소한 바 있다.

지난 2년간 IAEA 핵안보기금에 10개국이 기부하게 되었다. 이 10개국에는 벨기에, 캐나다, 덴마크, 프랑스, 일본, 노르웨이, 네덜란드, 영국, 한국, 미국 등이 있다. 그리고 지난 2년간 서울 핵안보정상회의에서 합의한 공동성과물 이행계획을 잘 이행함으로써 핵안보의 13개 분야에서 괄목할만한 진전이 있었다고 할 수 있다.

2. 2014 헤이그 핵안보정상회의의 성과

그러면 2014 헤이그에서 개최된 제3차 핵안보정상회의의 성과를 보기로 하자. 헤이그 핵안보정상회의는 2014년 3월 24일－25일까지 네덜란드 헤이그에서 53개국의 정상과 UN, IAEA, EU, 인터폴 등 국제기구의 수장들이 참가하여 개최되었다.

헤이그 핵안보정상회의의 주요 목적은 핵과 방사능 테러로부터 세계를 안전하게 보호하기 위해 세계의 정상들이 모여서 핵안보체제를 강화하고, 핵테러 방지 방안을 구체적으로 논의하고 국제적 협력을 통해 핵안보체제 강화조치를 이행하기 위한 것이었다. 헤이그 핵안보정상회의의 의제는 3가지 분야로 구분되는데, 첫째, 핵무기를 만들 수 있는 핵물질(HEU, Pu)을 최소화하는 문제, 둘째, 핵물질과 방사능물질을 안전하게 관리하는 방안을 협의하고 이행하는 문제, 셋째, 지구상에서 핵테러를 예방하기 위한 국제협력을 강화하는 방법을 강구하는 것이었다.

먼저 핵안보를 강화시키는 데 있어 정상회의가 중요하다는 인식의 바탕위에서 2016년 미국에서 제4차 핵안보정상회의를 개최하기로 결정함으로써 핵안보의 정치적 모멘텀을 지속시켰다는 의미가 크다. 또한 참가국들은 2012년 서울 핵안보정상회의에서 핵안보체제를 강화하기 위해 각국이 약속한 공약을 과거 2년 동안 이행한 이행실적에 대한 보고서를 헤이그 핵안보정상회의에 제출하고, 향후 각국이 핵안보체제를 강화시키기 위한 이행계획을 제시하였으며, 공동으로 핵안보체제를 강화시키기 위한 방법을 협의한 결과, 전원 합의하에 헤이그 공동선언(Hague Communique)을 발표하였다.

헤이그 코뮈니케는 전문, 12개항, 결어 순으로 구성되어 있다. 12개 항의 합의에는 국가의 근본적 책임, 국제협력, 국제 핵안보아키텍쳐의 강화(법, IAEA, UN, 국제적 구상 등의 역할 등), 자발적 조치, 핵물질, 방사성 선원과 물질, 핵안보와 핵안전, 핵산업, 정보 및 사이버 안보, 핵수송, 불법거래, 핵감식 등이 포함되어 있다.

헤이그 코뮈니케와는 별도로 35개국의 정상들이 핵안보정상회의 의장국 트로이카(한국, 미국, 네덜란드)가 주도한 '핵안보 이행 강화를 위한 공동선언문'에 합의하였다. 이에는 IAEA의 역할 강화방안이 포함되었다. IAEA가 핵안보체제를 강화하기 위해 작성한 권고 문서인 NSS 13, NSS 14, NSS 15를 존중하고, IAEA의 방사성선원의 안전과 안보에 관한 행동지침을 준수하며, NSS 20에서 규정한 바와 같이 한 국가의 핵안보레짐의 목표와 필수요소에 관한 원칙을 120개 국가가 준수하기로 정치적으로 공약하였다. 핵안보체제와 운영자 시스템의 효과를 증진하기 위해 정기적인 자체평가를 하고, 정기적인 동료그룹 검증(IPPAS 등)을 하기로 하였으며, 이 검증 수행 시에 받은 권고 등을 준수하기로 약속하였다.

또한 이행공동선언문에 합의한 국가들은 다음 중 하나 혹은 그 이상의 조치를 취함으로써 핵안보의 지속적인 개선에 기여하기로 약속하였다. IAEA의 핵안보지침 문서의 개발, 양자간 혹은 다자간 협력을 통해 다른 국가에게 기술과 지원 제공, 국내 혹은 지역 차원에서 핵안보 교육과 수료증 부여, 다른 국가들과 세미나, 워크숍, 연습 등을 통한 최적 관행의 공유, 정보 교류 및 교환, IAEA 핵안보 관련 서비스에 자국이 보유한 핵안보 전문가들을 제공, 사이버 안보 조치 강화, 핵시설의 핵주기의 모든 단계에서 핵안보를 고려, 효과적인 위기관리, 대응 및 충격완화 능력 구비, IAEA의 핵안보기금에 공여, 핵안보 관련 기술 연구개발, 핵안보 담당 경영자 및 인원을 위한 핵안보 문화 증진, WINS의 최적관행 지침과 훈련활동에 참가, 국제 및 지역 핵안보 개선을 위한 이웃 국가들과의 협력 등이다.

그런데, 핵안보정상회의는 헤이그에서 개최되었는데, 헤이그는 국제사법재판소, 국제형사재판소 등이 있는 세계평화와 정의의 상징적인 도시로서 1899년, 1907년 제1, 2차 만국평화회의가 개최된 적이 있는 역사적인 도시이다. 헤이그에서 제3차 핵안보정상회의가 성공적으로 개최됨으로써 명실 공히 헤이그가 세계평화와 정의의 메카로 자리잡게 되었다고 평가되고 있다.

이상의 성과에도 불구하고, ‘핵안보 이행강화를 위한 공동선언문’에 우크라이나 사태를 둘러싼 미국과 러시아 간의 갈등 때문에 러시아가 서명하지 않았으며, 중국, 인도, 파키스탄을 포함한 17개국도 서명하지 않아서 정상회의의 성과가 미진하다는 평가를 얻었고, 포괄적이고 보편적인 핵안보 협정 문제를 포함한 과제들을 2016년 미국 핵안보정상회의로 이관했다. 특히 우크라이나 사태를 둘러싼 미러간의 갈등관계가 지속됨으로써 급기야 러시아는 2016년 핵안보정상회의에 참석하지 않겠다고 선언함으로써 핵안보레짐에 대한 국제적 연대가 금이 가게 되었다는 점이 큰 문제점으로 남는다.

Ⅴ. 글로벌 핵안보거버넌스의 쟁점과 과제

1. 핵안보체제의 쟁점

핵안보체제의 근간이 되는 국제법체계와 관련하여 현재대로 핵테러억제협약, 개정핵물질방호협약, 핵테러방지구상, 유엔안보리결의 1540호 등으로 산재된 채 그대로 두어야 하는가, 혹은 비확산분야의 핵확산금지조약(NPT)과 같이 핵안보분야에도 한 개의 포괄적이고 보편적인 협정을 만들어야 하는가가 가장 큰 쟁점으로 부상하였다.

또한 핵안보를 주관하는 기관이 IAEA가 적합한지 혹은 UN이 주관해야 할지, 혹은 새로운 국제기구를 만들어야 하는지가 쟁점으로 대두되고 있다. 오바마 미국 대통령의 주도로 2010년 시작된 핵안보정상회의가 서울과 헤이그를 거쳐 2016년에 미국에서 제4차 핵안보정상회의를 끝으로 막을 내리게 되는데, 핵안보정상회의를 계속할 것인가 혹은 2016년 이후 핵안보의 중요성에 공감하는 국가들이 새로운 회의체를 만들 것인가 혹은 정상회의는 종식하되 각국의 핵안보를 책임진 장관 레벨에서 회의체를 계속 발전시켜 나갈 것인가가 쟁점이 되고 있는 것이다.

아울러 핵안보 관련 법규와 필수 역량을 어떻게 세계적으로 표준화시킬 것인가가 쟁점이 되고 있다. 현재 국가별로 핵안보의 기준과 관행, 검증시스템, 능력이 각각 다르고 관심수준도 다르기 때문에 이를 어떻게 표준화시키고 레짐화 시킬 것인가가 쟁점이 되고 있는 것이다.

핵안보의 대상이 되는 핵물질의 적용범위에 있어서 기존 핵보유국(미, 러, 중, 영, 프)과 불법적 핵보유 국가(이스라엘, 인도, 파키스탄, 북한)가 보유한 핵물질을 어떻게 핵안보의 적용 대상으로 만들 것인가가 쟁점이 되고 있다. 무기용 핵물질(HEU, Pu)이 전 세계 핵물질의 85%를 차지하고 있는데, 현재까지 핵안보체제는 군사용 핵물질을 논외로 하고 있기 때문이다. 제3세계 국가들을 중심으로 이 문제의 불공평성을 제기하고 있는 것이 사실이다. 또한 HEU를 LEU로 전환하는 문제에 있어서, 미국은 해군이 보유한 핵잠수함 등을 예외로 주장하고 있어 다른 국가들이 문제제기를 하고 있는 실정이다.

2. 핵안보체제의 과제

따라서 글로벌 차원에서 핵안보를 강화시키기 위해서는 세계 모든 국가가 참여하는 포괄적이고 보편적인 핵안보 규범이 마련될 필요가 있다. 이를 위해 미국의 Partnership for Global Security 연구소의 주도하에 핵안보거버넌스전문가그룹(NSGEG : Nuclear Security Governance Experts Group)이 조직되어, 핵안보의 장기적 비전을 창조하고 핵안보레짐을 강화하기 위한 정책대안을 제안하고 있으며, Framework Agreement for Nuclear Security의 초안을 작성하여 국제사회에 회람을 돌렸으나 그 반응은 미온적이다. NSGEG에는 세계의 유수한 핵전문가 뿐만 아니라 한국의 핵정책학회와 아산정책연구원의 핵정책 및 핵기술 전문가들이 참가하고 있고, 동 협정을 기초하는 데에 아산정책연구원이 참여한 적이 있다.

또한 2016년 제4차 미국 핵안보정상회의 이후 핵안보강화를 위한 국제적 노력이 느슨해질 가능성에 대비하여, 국제사회에서는 핵안보정상회의를 대체할 수 있는 핵안보레짐 강화 방안을 모색 중에 있다. 그러나 핵안보정상회의가 오바마 미국 대통령의 개인 프로젝트라는 인상이 강하여, 미국의 차기 행정부가 핵안보에 대해서 적극적으로 나올 것인지가 미지수이고, IAEA 혹은 참가국외교장관회의체 등이 거론되고 있으나 이에 대한 전망도 밝지만은 않다는 것이 현실적인 진단이다.

무엇보다도 기존의 핵비확산체제와 핵안보와 핵안전의 삼중 연결고리를 강화시키는 일이 필수적인데, 이를 위한 주도권을 누가 행사할지에 대해서도 불확실하다. 특히 핵안보체제의 바깥에 있는 북한같은 국가들이 핵안보와 핵안전, 핵비확산을 동시에 준수하도록 유도하는 것이 필요한데, 예를 들면, 핵안보를 강화시키기 위해서 북한에 대해서 확산방지구상(Proliferation Security Initiative)을 적용시키는 문제가 미래의 과제로 대두될 것이다. 예를 들면, 북한 핵문제의 경우 핵비확산 문제라고 해서 핵안보정상회의에서 다루지 못했으나, 북한 핵문제는 핵무기개발이라는 핵비확산 문제일 뿐만 아니라, 북한의 핵시설의 안전도가 너무 낮기 때문에 핵안전의 문제도 심각하다. 백두산의 화산 폭발시의 북한 핵시설은 안전문제로 인하여 한반도뿐만 아니라 중국과 일본, 동해와 서해에도 큰 영향을 미칠 것이기 때문에 핵안전문제가 안보문제로 확대될 가능성이 크다. 또한 북한이 과거에 시리아, 파키스탄, 이란 등에 대해서 핵과 미사일 관련 기술을 이전시킨 사례로 보아서 핵물질과 핵기술의 해외이전을 막는다는 차원에서는 핵안보문제와 관련이 있다. 북한 핵문제는 핵비확산, 핵안전, 핵해외이전 등의 삼중적 문제이므로 핵안보레짐과 관련하여 언젠가는 총체적으로 다루어져야 할 필요가 있을 것이다.

또한 테러세력들이 각국의 방대한 사용후 핵연료의 보관장소에 접근할 가능성이 있으므로 사용후 핵연료의 안전한 관리 문제도 2016년 핵안보정상회의의 의제로 채택될 필요가 있다.

무엇보다도 중요한 것은 핵안보문제를 전담할 국제기구의 창립 필요성이다. 지금까지 IAEA가 개정핵물질방호협약과 핵안전문제를 관리해 왔으므로 핵안보를 담당하게 되었으나 IAEA는 새로운 핵안보 이슈를 전적으로 담당하기에는 적절하지 않을 수 있다. 따라서 국제사회에서 핵안보에 관한 보편적이고 포괄적인 협약이 성안되면 그 이행을 책임질 기관으로 유엔이 적합한지, IAEA가 적합한지, 혹은 새로운 국제기구가 만들어져야 하는지에 대한 토론을 거쳐 핵안보 전담 국제기구를 확실하게 만들어야 할 필요가 있다. 또한 국가들의 국내에서 핵안보를 담당할 기구와 인원, 예산, 능력의 격차를 어떻게 메우느냐가 도전이 되고 있다. 따라서 국제사회에서는 UN과 IAEA, 인터폴, EU 등의 국제기구와 국가들 간의 협력 확보 및 핵안보 전문 국제 NGO(WINS : World Institute for Nuclear Security), PGS, FMWG(Fissile Material Working Group)와의 협력 등이 과제로 되고 있는 것이다. 특히 IAEA와 NGO들은 핵안보 분야의 최적관행과 우수사례를 전파하고, 교육과 훈련 프로그램과 매뉴얼을 만들고 교육하고 있다. 장기적으로는 이들 노력을 통합하여 국제적으로 공인된 상설 기관을 만드는 것이 필요할 것이다.

결론적으로 핵안보의 궁극적 책임은 개별 국가의 정부 능력에 있고, 정부가 원자력산업체, 전문가, 시민사회, 개인 등 모든 관련된 이해상관자들을 어떻게 네트워킹하며, 이들 간의 협력을 원활하게 조성할 수 있는 거버넌스를 구축하는 것이 관건이다. 왜냐하면 핵테러는 근본적으로 비국가행위자들이 저지르는 것이므로 이의 완벽한 예방과 사후 대응을 위해서는 관련 이해상관자들의 거버넌스(협치)를 확보해야 하는 것이 중요하기 때문이다. 국내에서는 관련 이해상관자들 간의 원활한 협력이 관건이 되기 때문에, 이들 간의 광범위하고 중층적인 네트워크를 조직하고 평소에 잘 작동하도록 교육·훈련하는 것이 아울러 필요하다.

VI. 향후 한국의 역할

한국은 원전 24기를 보유한 세계 제5위의 원자력 발전 국가이며, 비핵정책을 고수하는 비확산체제의 모범국가이다. 핵물질을 보유하고 있지 않지만, 핵안보를 통한 세계평화에 기여하는 중견국가로서 2012 서울 핵안보정상회의를 성공적으로 개최하고, 새로운 핵안보 규범과 체제를 만드는데 획기적인 기여를 한 국가로 인식되고 있다. 특히 53개 참가국들 간에 공동성과물이란 개념을 도입함으로써 13개 의제별 소그룹을 조직하여 핵안보체제 강화를 위한 구체적인 협력을 계속할 수 있도록 제안한 것은 창의적인 발상으로 평가되고 있다. 한국은 미국, 네덜란드와 함께 핵안보의 트로이카 체제를 주도해 나가고 있으므로 국제사회에서는 핵안보분야에서 한국의 지속적인 리더십 발휘를 기대하고 있는 것이 사실이다.

한국이 글로벌 핵안보레짐의 강화와 발전을 위한 리더십 역할을 지속적으로 수행하기 위해서는 핵전문가그룹, 원자력산업계, 정부기관 등이 전문가를 육성하고, 관련 기술의 연구개발 추진, 이해상관자들과 긴밀한 국내외 협조체제를 갖추어야 할 것이다. 이를 위해서는 전문가, 산업계, 정부 간 상시적인 워크숍, 세미나, 토론회 등을 가져야 하며, 이들 활동을 뒷받침할 예산과 인력의 지원이 요구되고 있다.

한국은 특히 북핵 위협에 노출되어 있고, 북한의 핵시설의 안전 문제도 심각하므로, 핵안보와 핵안전, 핵비확산 간의 삼중 연계 관계를 잘 발전시킬 수 있는 정책을 연구·제안해야 할 필요가 있다. 또한 정부와 산업계는 관련 핵전문가공동체를 잘 양성해야 할 필요가 있다. 또한 시민사회를 포함한 모든 이해상관자들이 핵안보 거버넌스를 효과적으로 구축하여, 평소에 위기 매뉴얼을 마련하고 모든 이해상관자들이 참여하는 교육훈련을 실시할 필요가 있는 것이다.

그리고 2030년까지 중국의 원전 숫자가 급속도로 증가하여 세계 원전의 1/4이 한국과 일본을 포함한 동북아에 위치하게 될 것으로 예상됨에 따라, 핵안전을 위한 지역협력을 강화시키는 것이 필수적이 과제로 된다. 이에 따라 박근혜 정부는 원자력 안전과 핵안보의 상호 관련성을 증대 시킬 수 있는 동북아 지역의 핵안전 협력의 증진을 포함한 동북아 평화협력구상을 추진하고 있는 바, 한국의 적극적인 정책 개발과 외교력 발휘가 요구된다고 할 것이다. 특히 중일간의 갈등과 미중간의 갈등과 경쟁을 고려할 때, 한국이 중견국으로서 새로운 지역협력의 촉진자 내지 주도자로서의 역할을 수행해야 할 것으로 보인다.

제 3 장

동북아의 핵무기와 핵군축

I. 동북아 각국의 핵능력과 핵정책[55]

이번 장에서는 동북아시아 각 국가들의 핵능력과 핵정책을 고찰해 보면서 동북아의 핵군축과 핵비확산 문제를 검토하고자 한다. 한 국가의 핵능력은 군사적 능력과 민수용 원자력 발전능력으로 나눌 수 있다. 군사적 핵능력은 핵무기의 원료가 되는 농축우라늄 및 플루토늄의 확보, 핵폭발 장치의 개발과 핵실험, 핵무기, 그리고 핵무기를 투사하는데 사용되는 투발수단의 4가지 주요 구성요소로 나누어 볼 수 있다. 여기서는 중국, 대만, 일본의 핵문제를 다루면서, 남북한의 핵문제를 동북아 차원에서 조명해보고자 한다. 북한 핵문제는 이 책의 제5부에서 다룰 것이므로 이번 장에서는 생략한다.

1. 중 국

중국은 동북아 지역 내 국가 중 유일한 핵보유국이다. 따라서 중국의 핵능력 그리고 핵능력 변화에 방향을 제공해 주는 핵전략과 핵정책은 핵강대국은 물론이고 주변국들에게 중요한 의미가 있다. 따라서 중국의 핵능력과 정책에 대한 분석과 핵 군비통제에 대한 중국의 태도를 살펴보는 것은 동북아의 핵군축과 핵 비확산에 대한 가장 중요한 분석 토대를 제공할 것이다.

가. 핵능력

중국은 1964년 10월 16일 중국의 신장 사막에서 핵실험에 성공함으로써 최초로 핵능력을 갖게 된다. 그 후 중국은 45회의 핵실험을 거치면서 그 능력을 증대시켜 왔다.[56] 중국은 초기에 핵개발과 병행하여 미사일의 개발을 실시했는데, 처음에는

---

55) Yong—Sup Han, Nuclear Disarmament and Non—Proliferation in Northeast Asia, *the UNIDIR Research Paper* No. 33, December 1995. 이를 바탕으로 쓴 글임.

56) 중국은 1996년까지 대기권 핵실험 23회, 지하 핵실험 22회를 실시했다. Statistics from the United Nations and Physicians for Social Responsibility Sources, *New York Times*, September 11, 1996,

소련으로부터 도입한 미사일에서부터 시작하여 자체 미사일을 개발하기에 이르렀다.[57]

초기의 미사일은 1960년 11월 5일 시험발사에 성공하여 1964년에 생산하게 되었다. 그러나 미사일에 대한 관심과 요구가 증대됨에 따라 지상기지 탄도미사일 개발이 시작되었다. '8년 4탄'으로 불리는 이 동풍(東風)시리즈 지침은 8년 이내 4종류의 미사일을 개발하는 것이었다. 여기서 4종류의 전략미사일은 「동풍-2」에서 「동풍-5」에 이르는 이른바 「동풍」계열의 개발을 의미하는 것으로써, 「동풍-2」는 일본을, 「동풍-3」은 필리핀을, 「동풍-4」는 괌, 그리고 「동풍-5」는 대륙을 건너 미국을 각각 공격할 수 있는 사정거리를 갖는 미사일이다.[58] 이러한 능력은 미사일의 종류에 따라 개발과정에서 정치적, 기술적 이유로 인한 굴곡이 있었음에도 불구하고 1980년대에 「동풍-5」(ICBM)의 시험을 성공하기에 이르렀다.

모택동 시대의 중국은 비록 미·소와 같은 초강대국에 비교해 볼 때 기술적인 정확도나 수준이 떨어지지만, 다른 중급핵무기 보유국들에 비교해 볼 때 전술미사일로부터 대륙간탄도탄(ICBM)에 이르기까지 포괄적인 범위의 핵능력을 보유하게 되었다.

중국의 핵미사일 개발과정은 기술의 발달에 따라 시대구분을 할 수 있다. 1980년대 중반 등소평 시대에 들어와서 중국의 핵능력에 있어서 주목할 만한 변화가 나타났다. 「동풍」시리즈의 양산 및 실전배치와 병행하여 획기적인 기술적 개선이 있었다. 다른 한편으로는 전술미사일 체계의 개발에 박차를 가한 것이다. 기술적인 측면에서 볼 때 먼저 미사일의 발사시간을 단축시키기 위해서 미사일의 연료를 액체연료에서 고체연료로 대체하기도 하였다. 이것은 수직 시에만 공급이 가능하고 공급 소요시간이 많이 걸리는 액체연료의 제한점을 개선한 것으로써 「동풍 21호」의 경우 고체연료를 사용함에 따라 발사시간을 4시간에서 10-15분으로 단축시킬 수 있었다.[59]

p. 43에서 인용.

57) 당 중앙군사위원회의 미사일 개발결정(1956.5.26)과 함께 연구 개발기구(국방부 제5학원)가 발족되었고, 본격적인 미사일 개발은 소련으로부터 탄도미사일을 도입하면서부터 시작되었다. 1956년 12월에 중국은 초보단계의 R-1 미사일(독일의 V-2의 모방)을 2기 구입했고, 1957년 12월 R-2 미사일(중국지정 1059) 2기를 도입함으로써 중국 탄도미사일계획의 실제적인 시작을 보게 되었다. 이 R-2미사일은 1958년 후반에 12기가 추가적으로 도입되었는데, 이것은 1957년 10월 15일 중·소 방위기술협정의 체결 하에 이루어지게 되었다. John Willson Lewis and Hua Di, "China's Ballastic Missile Programs : Technologies, Strategies, Goals," *International Security* 17:2 (Fall 1992), pp. 7-13.

58) John Wilson Lewis and Litai, "Strategic Weapons and Chinese Power : The Formative Years," *China Quarterly*, 112(December 1987), pp. 548-49를 황병무, 『신중국군사론』(서울 : 법문사, 1995), pp. 168-69에서 재인용.

59) John Lewis ed., op. cit., pp. 22-23.

고정배치에 의해서 발사하던 미사일을 이동배치로 전환시킨 것도 중요한 기술적인 변화인데 이것은 미사일의 생존성을 높이는데 크게 기여했다. DF−31과 개량형인 DF−31A가 이에 해당한다. 특히 DF−31A는 사거리가 10,000km로 미 본토 대부분을 타격할 수 있다. 또한 핵탄두의 축소기술의 발달로 인하여 JL−1, JL−2와 같은 잠수함발사 탄도미사일(SLBM)을 개발하고 실전배치하게 되었다. 이것은 지금까지 육상기지에만 국한되었던 것을 해상을 통해 전개한 것으로써 새로운 전략적 의미를 갖는 것이었다. 또 최근에는 미국의 해군 전력에 대항하기 위해 DF−21D 미사일을 개발하여 일부 배치한 것으로 알려졌다. '항공모함 킬러'로 불리는 이 미사일은 고체연료를 사용해 발사준비 시간이 짧으며, 이동발사대를 이용하므로 상대방에 의한 탐지가능성이 매주 적다. 통상의 대함 미사일이 아음속의 순항미사일로 속도가 느린 반면, DF−21D는 마하 10의 탄도미사일로 상대 함정이 대응할 수 있는 시간을 거의 주지 않는다는 특징이 있다.

한편 핵개발초기부터 전략탄도미사일과 함께 전술탄도미사일이 고려되었지만 초기에는 전략탄도미사일에 밀려 고위층의 관심을 끌지 못한 상황에서 사장되었다가 나중에 전술탄도미사일이 다시 주목을 받게 되었다. 그 주요 동기는 중국의 필요에 의해서보다는 대외무기 수출을 위한 것이었다. 중국이 전술탄도미사일에 대한 관심을 가지기 시작한 것은 1975년 김일성의 북경방문 때 오진우가 600km사정거리의 미사일을 제공해 주도록 요청한 것에서부터 시작된다. 그 당시 평양에 대한 지원용으로 개발하던 「동풍−61호」는 중국 국내적으로 운용책임자의 실각이라는 사정 때문에 중단되었지만, 1990년대에 파키스탄, 시리아 등과 같은 제3세계국가들에게 판매하기에 이르렀다.[60] 무기 수출에 대한 중국의 관심은 정치적, 이념적 목적보다는 경화를 획득하기 위한 경제적 이익 추구에 따른 것이었다.

현재 중국의 핵탄두 보유 수는 5개의 핵보유국 중에서 핵초강대국인 미국과 러시아를 제외하고 중급의 영국, 프랑스와 비교하여 볼 때, 자료에 따라서 차이가 있으나 영국, 프랑스와 적어도 수적으로 대등한 것으로 나타난다.[61] 2015년도 『SIPRI 연감』(<표 Ⅳ−5> 참조)에 의하면 중국이 260여 개의 핵탄두를 보유하고 있으며, 프랑스는 300개, 영국은 215개의 핵탄두를 보유하고 있다.

---

60) Ibid., pp. 32−33.

61) Hans M. Kristensen and Shannon N. Kile, "World Nuclear Forces," *SIRPI Yearbook 2003*(New York : Oxford University Press, 2003), pp. 610−627. Yong−Sup Han, Nuclear Disarmament and Non−Proliferation in Northeast Asia, *the UNIDIR Research Paper* No. 33, December 1995. p. 15.

| 표 IV-5 | 전 세계 핵탄두 현황(2015년 1월 현재) | | | | | | | | |

미국	러시아	영국	프랑스	중국	인도	파키스탄	이스라엘	북한	총
7,260	7,500	215	300	260	90−110	100−120	80	6−8	15,850

* 출처: *SIPRI Yearbook 2015*

중국의 핵능력은 다음과 같은 3가지 점에서 프랑스, 영국과 현저한 차이가 있다. 첫째, ICBM의 보유, 둘째, 잠수함 발사능력(SLBM)의 보유, 셋째, 전술핵무기의 개발이다. 1984년 중국은 전략핵무기에 새로운 전술핵무기를 추가함으로써, 명실공히 국지전에서 세계적인 규모의 전장에 이르기까지 어떠한 실제적인 분쟁상황에서도 사용가능한 모든 종류의 핵무기와 투발수단을 보유하게 되었다. <표 IV-6>은 이러한 중국의 핵무기 보유현황을 보여준다.

| 표 IV-6 | 중국 핵무기 현황 | | | | |

	기종	사거리(km)	보유수	배치연도	비고
단거리 미사일* (약264기)	DF−11, 11A	300−600	약108기	1995	
	DF−12	280−400		1995	
	DF−15	600−850	약144기	1995	
	DF−16	800−1,000	약12기		
중거리 미사일** (약122기)	DF−21, 21A	1,750+	약80기	1986	
	DF−21C	1,750+	약36기		
	DF−21D	1,750+	약6기		이동형, 지대함미사일
중·장거리 미사일*** (약10기)	DF−3A	3,000		1971	
	DF−4	4,750	약10기	1980	
대륙간 탄도미사일**** (약57기)	DF−5	13,000	약20기	1981	사일로(silo), 액체연료
	DF−31	8,000	약12기	1999	이동형, 고체연료
	DF−31A	10,000	약24기	2010	이동형, 고체연료
	DF−41	12,000		2020	이동형, 고체연료
전략핵잠수함 (4척)	Xia급		1척		JL−1 12기 장착
	Jin급		3척		JL−2 12기 장착, 2척 추가건조 중
폭격기	H−6	3,100+	약20대	1965	
	A−5A	400	약20대	1970	

순항미사일	DH-10	1,500+	약250기	2006	
	DH-20				

*단거리탄도미사일(SRBM, Short Range Ballistic Missile) : 사거리 1,000km 이하
**중거리탄도미사일(MRBM, Medium Range Ballistic Missile) : 사거리 1,000-3,000km
***중·장거리탄도미사일(IRBM, Intermediate Range Ballistic Missile) : 사거리 3,000-5,500km
****대륙간탄도미사일(ICBM, InterContinental Ballistic Missile) : 사거리 5,500km 이상

출처 : Global Security(http://globalsecurity.org); IISS, *The Military Balance 2014*, SIPRI, *SIPRI Yearbook 2014*.

한편 이러한 핵무기 개발과는 달리 민수용 원자력 산업은 비교적 늦게 시작되었다. 1985년에 최초 상업용 원자로가 건설되었던 것이다. 또 2009년까지만 해도 중국 전기생산량에서 원자력이 차지하는 비중은 1.9%에 불과했다. 하지만 급속한 산업화는 전기소비량을 또한 급속히 증가시켰다. 2011년 중국의 전기소비량은 11.7%나 증가하면서 전기부족 현상이 발생했다. 이에 중국은 국가차원에서 원자력 발전소 건설을 추진한 바, 2015년 5월 현재 20기의 원자로가 운용 중이며, 29기의 원전이 건설 중이다. 또 59기가 추가 건설예정이다. 2011년 3월 일본 후쿠시마 원전사고로 잠시 중단되었던 원전 건설은 2012년 3월 재개되었다. 중국 국가에너지행정청은 2011년 12월, 앞으로 10-20년 사이 원자력에너지가 중국 전력발전시스템의 기초가 될 것이라고 밝힘으로써 앞으로도 원자력에너지 개발에 더 많은 투자를 할 것임을 분명히 했다.

나. 핵정책과 군비통제정책

중국이 대외에 선언한 핵정책은 자체방위를 위해서만 핵무기를 보유한다는 것이다.[62] 중·소 국경분쟁 이래 소련의 핵위협은 물론 1950년대 6·25전쟁과 대만해협 위기를 겪는 동안 미국으로부터 핵위협을 겪어온 중국이 강대국들로부터의 핵위협을 항상 마음에 두었던 것은 사실이다. 그래서 미국과 구소련으로부터 중국 본토를 방위하는 문제는 중국지도자들에 있어서 가장 중요한 정치적 목표가 되어 왔다고 할 수 있다. 중국의 정책은 어쩌면 적을 공격하기 보다는 적이 감히 중국을 공격하지 못하도록 위협하는 것이었다. 이것이 중국의 핵개발에 있어서 제일의 목표였다.

방위 이외에 두드러진 정책목표로서 중국은 국제질서 속에서 중국의 국제적인 이익과 위상을 증진시키고 국제사회에서 영향력 발휘의 수단으로써 핵무기의 효용

---

62) Qichen, Speech at the Conference on Disarmament in Geneva, 27 February 1990. p. 5를 Ibid., p. 16에서 재인용.

성을 극대화시키기 위해서 핵무기를 개발했다. 역설적으로 중국은 기존의 핵강대국들의 핵독점을 저지함으로써 핵무기를 이 지구상에서 완전히 금지하고 완전히 제거하기를 원한다고 함으로써 핵무기 개발에 대한 이유를 정당화했다. 이것은 양극체제에서 제3세계에 대한 주도권을 얻기 위해서 다른 핵강국과는 차별성이 있는 중국의 입장을 강조한 것이다. 중국에 있어서 핵보유국이라는 위상은 구소련을 봉쇄하기 위해서 중국과의 우호관계를 추구하는 미국과 중국 사이에 분명한 전략적인 관계를 제공해 주고 있다. 그래서 핵국으로서 위상유지는 중국이 국가이익을 증진시키는데 있어서 정치적, 외교적으로 많은 자산을 제공해 주고 있다.

중국의 핵무기 개발에 있어서 가장 주목할 것은 양보다는 질적인 의미에서 능력을 증진하는데 초점을 맞추고 있다는 것이다. 이것은 중국으로 하여금 다른 핵국들 보다 많은 역량을 갖도록 해줄 것이다. 만약 중국이 다양한 능력으로 무장하고 있다면, 위기가 왔을 때 보다 빠르고 쉽게 핵무기를 다량생산 할 수가 있다. 질적인 면에서 핵초강대국과 대치하는데 있어서도 중국의 위협인식을 줄여줄 것이고 핵초강대국들에 대한 위협대응능력을 보유하게 된다. 질적 증진을 강조하는 전략적 이유는 초강대국들의 선도를 따라잡고, 동시에 서너 발 앞선다는 정책적 복안 때문이다.63)

중국의 핵군비통제 정책은 최초 중국이 핵무기를 개발하게 된 동기와 중국의 선언된 핵정책으로부터 도출할 수 있다. 중국이 핵무기 개발을 결정하고, 이를 추진하는데 있어서 가장 큰 동기로 작용했던 것은 대외적인 위협이다. 이러한 위협은 초기에는 미국으로부터의 위협을 막는 것이었으나, 구소련과의 결별 이후에는 그 대상이 미국으로부터 소련으로 바뀌었다.64) 따라서 초기 중국의 핵개발 결정과 이의 계속적인 추진에 있어서 주요 목표는 이러한 핵강국으로부터 자국을 보호하는 것이었다. 적으로부터 공격위협을 배제하려는 중국의 핵정책은 뒤늦게 핵무기개발을 시작하여 그 능력에 있어서 현격한 차이가 나는 중국의 입장에서는 당연한 것이라고 볼 수 있다.

한편 중국은 미·소의 중국 핵시설에 대한 예방공격을 무마시킬 목적으로 1964년에 핵선제불사용(no first use)을 선언했다. 미국에 대해서 핵선제불사용을 제안하면서 핵군축을 위한 한 가지의 대안으로서 핵선제불사용 협정을 체결하자고 주장했다. 만약 미·소 양국이 이것을 수용하면, 중국에 대한 핵공격 전력의 우세를 상실하는 것이었기에 이를 제안한 데에는 중국의 전략적 의도가 숨어 있었다고 할 수

63) Treverton, *Chinas Nuclear Force*. p. 41을 Ibid., p. 17에서 재인용.
64) John Wilson Lewis and Xue Litai, *China Builds the Bomb*, pp. 1-72; Melvin Gurtov and Byong-Moo Hwang, *China under Threat: The Politics of Strategy and Diplomacy*, (Baltimore: The Johns Hopkins University, 1980) 참조.

있다.

이러한 중국의 핵정책과 더불어 중국의 핵군비통제에 대한 시각은 핵개발 이후 지난 30년 동안 의미있는 변화가 있었다고 할 수 있다. 1960년대 중반 미·소간에 핵군비통제에 대한 논의가 본격적으로 거론된 이후, 1970년대에 미국과 구소련 간에 체결된 전략무기제한협정(SALT)에 대하여 중국은 미국과 구소련의 군비경쟁에 대한 위장막(smoke screen)을 제공하는 가짜 군비통제라고 무시했다.[65] 그 후 1980년대 미국과 구소련 사이에 전략무기감축, 중거리핵무기폐기(INF), 그리고 요격미사일 제한조약(ABM)에 의한 요격체계제한 등의 다양한 군비통제 협정들은 이들 핵강대국들의 핵능력을 제한함으로써 상대적으로 중국의 핵능력을 높이는 효과를 가져왔고, 중국은 무임승차(free-ride)의 이득을 얻어왔다고 볼 수 있다.[66]

그러나 미·소간의 핵군비통제에 대한 결실이 구체적으로 나타나면서 이러한 중국의 핵군비통제에 대한 태도변화를 요구하는 압력이 증가하였다. 특히 1987년 미·소간의 INF 체결과 이행, 그리고 1991년 구소련의 붕괴로 인하여 국제질서가 양극체제에서 다극체제로 전환되면서 중국의 핵능력이 상대적으로 부각되기 시작했다. 중국은 미·소와 자국사이의 현격한 핵능력상의 격차를 이유로 핵군비통제에 대한 압력을 계속 피해갔다. 그러던 중국은 1992년 1월에 5대 핵국의 핵군비감축협상에 참여하는 조건으로 미국과 러시아가 일단 중국과 대등한 수준으로 핵능력을 낮출 것을 제안했다.[67] 군축협상의 참여 조건에 대한 계속된 중국의 주장은 미국과 러시아가 2003년까지 각각 3,500개와 3,000개의 핵탄두를 남기고 폐기하기로 한 START-Ⅱ의 규정보다 더 감축할 것을 요구했던 것이다.[68]

이와 같은 군비통제, 특히 핵군비통제에 있어서 중국의 표방된 정책에도 불구하고 중국 내에서도 군비통제에 대한 시각은 변화되고 있다. 이러한 변화는 중국의 핵군비통제에 대한 문헌에서 찾아볼 수 있다.[69] 초기에는 중국의 핵군비통제에 대한 입장, 의의, 행태와 관련된 문헌이 대부분 서구에서 나온 데 비해, 중국 내에서

65) Banning N. Garrett & Bonnie S. Glaser, "Chinese Perspectives on Nuclear Arms Controls," *International Security* 20:3(Winter 1995/96), p. 47.

66) Ibid.

67) Zhonggue Xinwen She, January 30, 1992, cited in China-U.S.-CIS: Beijing Difines Nuclear Disarmament Condition, *FBIS-Trends, FB TM* 92-005, February 5, p. 46을 Ibid., p. 71에서 재인용; 여기에서 이야기하는 대등한 수준에 대해서는 중국이 명확하게 규명하고 있지 않으며 중국 내 군축전문가들 사이에 연구과제로 설정되어 계속 논의 중에 있고, 이러한 논의의 결과 미국과 러시아가 1,000개 이하로 줄이기 전에는 중국이 공식적인 감축협상에 참여하지 않을 것이라는 조건으로 나올 것이라는 견해가 있다. Ibid., p. 72.

68) Ibid.

69) Ibid., pp. 44-45.

는 미국과 구소련의 군비통제과정, 세계 군비통제체제(regime)에 대한 문헌들이 대
부분이었다.

그러나 근래에 들어서는 중국 내에서 중국의 핵무기 개발, 군비통제 참여에 따
른 이익 등에 대해서 조심스럽게 다룬 문헌들이 나오고 있다. 한편 중국은 1988년
비군사적인 부분에 한해서 IAEA의 안전조치에 서명한 이래, 1992년 NPT에도 가입
했으며,[70] 1995년 NPT연장 및 재검토회의에서는 NPT의 무조건, 무기한 연장에 적
극적으로 나서기도 했다. 또한 1995년 11월 16일에는 중국 역사상 최초로 군비통제
백서를 발표했다.[71] 이 군비통제 백서에 대해서는 중국위협론을 무마시키기 위한
선전적인 색채가 짙고 종전의 주장을 되풀이하는 정도에 불과하다는 평가도 있지
만,[72] 군비통제 과정에 있어서 신뢰구축의 조치의 하나라는 데 그 의의가 있다. 또
한 1996년 9월 유엔총회에 상정된 포괄적인 핵실험금지조약(CTBT)에 서명했다.[73]
이처럼 중국은 탈냉전시대에 들어서면서 핵군비통제에 대한 초기의 태도와 달리
상당히 적극적인 태도 변화를 보여주고 있는 것이다.

하지만 이러한 중국의 핵군비통제에 대한 태도변화에는 일정한 한계를 가지고
있다. 중국의 핵정책은 자체방위를 위해서만 핵무기를 보유한다고 표방하고 있지
만, 그 이면에는 핵보유를 통해서 국내외적인 위상의 증진을 도모하고 있다.[74] 따
라서 중국의 핵군비통제에 대한 태도는 자국이 개발 가능한 핵개발 범위에 대한
제약을 최소화시키며, 또한 국제적인 압력과 여건상 불가피할 경우에는 국제 핵군
비통제 체제 내에서 자국의 활동범위를 최대한 확대시키는 쪽으로 나가려 하고 있다.

중국의 핵군비통제에 대한 기본적인 태도는 핵군비통제의 각 분야에서 나타나
고 있다. NPT의 경우 지금까지의 유보적인 태도를 바꾸어 NPT연장회의를 3년 남
겨둔 1992년에야 비로소 NPT에 가입하였으며, 핵국에 속하는 중국의 입장에서 수
평적 확산의 방지를 목표로 한 NPT에 대해서 대단히 적극적인 태도를 보였다. 이
와 더불어 NPT가 가지고 있는 문제점을 지적하고 이의 수정을 요구함으로써 제3세
계의 충실한 대변자라는 입장을 부각시켰다. 이를 통해서 중국은 비확산정책을 추
진하는 미국을 비롯한 기존핵국과 비핵국에 속하는 제3세계국가들의 지지와 신뢰

---

70) 중국의 비군사 분야에 대한 IAEA 안전조치협정 비준은 1988년 9월 20일에, NPT가입은 1992년
   3월 9일에 각각 이루어졌다.
71) White Paper on Arms Control and Disarmament, *FBIS-CHI-95-221*, (Thursday November 16,
   1995) pp. 20-30.
72) 중국의 국방백서, 『극동문제』(1996. 1), pp. 108-14.
73) 『조선일보』 1996년 10월 1일자. 외교안보연구원, 포괄적 핵실험금지조약(CTBT)협상 동향과 전망,
   『주요 국제문제분석』(1996. 7. 10), pp. 7-10.
74) 황병무, 『신중국군사론』, p. 165.

를 동시에 추구하고자 했다.

한편 중국은 평화적 핵폭발 능력을 인정하자고 주장하면서 전면핵실험금지조약
(CTBT)의 타결에 지장을 초래하기도 했었다. 비록 핵군비통제에 대한 세계적인 추세
와 국제적인 압력에 의해서 CTBT에 합의하기로 결정하였으나, 합의 직전까지 지속
적으로 자국의 핵무기 성능을 향상시키기 위한 핵실험을 계속해 왔다. 그 후 1996년
에 CTBT에 찬성하게 되었다. 그러나 중국은 현재까지 CTBT를 비준하지 않고 있다.

핵무기의 투발수단인 미사일의 개발과 이의 판매에 있어서 중국은 자국의 이
익과 관련하여 미국의 정책에 강하게 반발하고 있다. 이것은 핵확산과 대량살상무
기(WMD) 확산에 대한 중국의 태도를 보여준다. 즉, 중국은 미국의 무기이전과 중국
의 미사일 수출을 연계시키면서 이러한 입장을 고수하고 있다.

이상에서 보여 주듯이 중국의 군비통제정책은 상호이익의 증대라는 인식에 바
탕을 둔 것이기 보다는 지금까지 중국이 취해왔던 강대국으로부터의 위협의 배제
라는 기본적인 입장의 연장선상에서 국제적인 핵군비통제 움직임에 최소한 동참하
는 양상을 보여주고 있다. 이러한 중국의 입장표명과 태도는 동북아시아 지역의 다
른 국가는 물론 세계 핵군비통제에 위협요소로 부각되고 있으나, 중국은 이러한
"중국 위협론"을 자국에 대한 모함으로 단정지우고 있다.[75]

다. 핵전략

중국은 모택동 시대에는 인민전쟁교리에서 핵전략분야에 대해 구체적인 논의
가 없었다.[76] 그러다가 등소평의 등장 이후부터 핵전략분야에 변화가 나타나기 시
작했다. 1980년대 후반부터 약 5−10년 동안 중국의 전략가들은 중국이 추구해야
할 핵억제전략으로 유한억제(limited deterrence)를 발전시켜왔다.[77] 유한억제의 개념은
과거 모택동 시대의 최소억제전략과 최대억제전략의 중간정도에 해당하는 핵전략
이다. 즉, 서구적인 시각에서 볼 때 모택동 시대의 최소억제전략과 구별되는 제한
전쟁의 수행(limited war fighting strategy)과 유연반응전략에 가깝다고 할 수 있으며,[78]

75) Reports Summatize, Highlight Defense White Paper Publicizes Basic Stand, *FBIS−CHI−95−221*,
    (Thursday, November 16, 1995) p. 31.
76) 황병무, op. cit., pp. 172−73.
77) Alastair Johnston, "China's New "Old Thinking" : The Concept of Limited Deterrence," *International
    Security* 20:3(Winter 1995/96), p. 5.
78) 중국의 핵전략을 보는 서구적인 시각에 는 3가지의 견해가 있다. 첫째는 서구적인 최소억제전략
    의 개념, 둘째는 최소억제와 구별되는 제한전쟁의 수행과 유연반응전략, 그리고 세째는 최소주
    의, 모호성, 유연성, 인내로 표현되는 중국의 전략적 전통에 영향을 받아 중국화된 억제전략개념
    으로 나눌 수 있다. 이러한 3가지 시각 중에서 중국이 표방하고 있는 유한억제전략의 개념과 가
    장 가까운 것은 두 번째로 제시된 제한전쟁의 수행과 유연반응전략이라고 할 수 있다. Ibid., pp.
    10−11.

여기에 중국의 전통적인 전략개념인 최소주의, 융통성, 모호성, 부정주의 등이 영향을 미치고 있다. 이러한 유한억제의 목적은 재래식 및 전역, 전략핵전쟁의 억제와 전쟁 중 확전의 통제 및 강압에 목적을 두면서 궁극적으로 전쟁승리를 추구한다.

운용면에서 유한억제는 최소억제에 비해서 요구표적이 차별화되어 있고, 보다 많은 표적을 요구한다. 이에 따라 능력면에서 보다 작고, 보다 정밀하고, 생존성이 있고, 침투성이 있는 많은 ICBM과 SLBM, 그리고 전술, 전역 핵무기 외에도 BMD, 우주기지, 조기경보 및 지휘통제체계, 대위성무기 등이 추가로 요구된다. 이러한 유한억제능력을 위하여 우주 기술과 무기, 탄도탄방어, 전구 및 전술핵, 그리고 민방위의 4가지 구성요소가 요구된다. 또한 유한억제는 적이 사용하기 전에 가능한 많은 적의 능력을 파괴하는데 목표를 두게 됨에 따라 핵선제불사용 원칙에 대치되며, 공격 타이밍을 중시하여 즉각적이고도 신속한 대응을 위한 선제 작전적 교리를 선호하는 경향이 있다.

중국은 미국의 미사일 방어망 구축이 중국의 핵억제력을 감소시킨다고 하면서 반대하고 있다. 2001년 3월 14일에 군사통제국장 샤주캉이 발표한 중국의 견해는 다음과 같다.[79) NMD(National Missile Defense : 국가미사일 방어체제)시스템 논쟁은 일종의 국제질서 건립논쟁이며 단극과 다극의 싸움이라는 것이다. 만약 미국이 이 시스템을 배치하게 되면 국제관계에서 미국의 독단주의와 무기를 이용한 협박주의를 더욱 조장하게 될 것이며, 이는 타국의 군비강화를 가져와 군비경쟁을 통한 안보딜레마에 봉착한다고 한다.

한편, 중국이 미국의 NMD시스템을 반대하는 것은 핵무기를 이용해 미국의 안전을 위협하려는 것이 아니라, 중·미관계에 은연중 존재하는 협박수단을 이용한 전략관계를 해소하려는 것이라는 것이다. 또, 미국의 NMD는 세계안보환경에 여러 가지의 악재를 형성한다고 한다. 첫째, 미국이 NMD를 실행하게 되면 세계의 전략적 평형과 안정을 파괴하고 강대국 간의 상호신뢰와 협력을 저해할 것이라는 것이다. 둘째, NMD는 세계 군비통제와 군축과정에 장애가 될 것이고, 심지어 새로운 군비경쟁을 유발하고, 세계 핵확산금지 체계와 노력들을 무산시킬 것이라는 것이다. 셋째, NMD시스템은 아태지역의 평화와 안전에 불리하며, 미국의 아태지역 TMD시스템 구축은 NMD를 능가하는 위협이 된다고 하였다.

---

79) 신화사, 2001년 3월 15일자 기사. http://www.sinoko.com(2001.3.16). Ambassador Sha Zukang, Director – General of Department of Arms Control and Disarmament Ministry of Foreign Affairs of the P.R.China, "Can BMD Really Enhance Security?," Remarks at the Second US–China Conference on Arms Control, Disarmament and Nonproliferation., 28 April 1999 Monterey, California. http://cns.miis.edu/cns/projects/eanp/research/uschina2/zukang.htm.

중국이 미국의 NMD와 TMD(전구미사일방어체제 : Theater Missile Defense)를 반대하는 진정한 이유는 군사적인 면에서 찾을 수 있다. 먼저, 미국의 NMD는 중국 핵억제력을 무력화시킬 수 있다. 오늘날 중국은 미국에 도달하는 능력을 보유하고 있는 ICBM 동풍-5A를 20기 보유하고 있는 것에 불과하다. 중국은 핵보복능력을 향상시키기 위해 현재 중국은 생존성 향상, 고체연료 사용, 원활한 지휘 관제, 정밀도 향상(GPS 사용), 핵탄두 수량 증가를 도모하고 있다. 중국의 걱정은 이러한 노력이 성과를 보기 시작할 시기에 미국의 NMD배치가 이루어진다면, 이런 노력들은 무의미해진다는 것이다. 또, 정치적인 면에서 본다면 NMD는 미국의 패권과 권력 정치의 항구화를 추구하는 것으로 미국 주도의 국제동맹관계의 결속을 촉진함으로써 국제정치의 다극화에 역행한다고 보고 있다.

한편, 중국은 미국의 TMD문제를 대만 문제와 연관시켜 반대하고 있다. 중국은 대만의 TMD배치가 중국이 연해에 배치한 단거리 미사일에 대한 대응이라는 미국 측 주장을 단적으로 부인하며 미국과 대만 군사관계를 확대시키려는 미국의 구실에 불과하다고 본다. 나아가, 대만 지도자들에게 잘못된 안보감을 고취함으로서 분리 지향적 정책을 촉발할 수도 있다는 점에서 우려를 나타내고 있다. 만약 TMD에 한국, 일본이 가담한다면 이는 중국 봉쇄정책을 의미하고, 실제로 대만 해협 위기 시 대중국 봉쇄라는 군사적 행동에 직면한다고 중국인들은 보고 있다.

이상에서 보여주듯이 모택동 시대에 명시적인 전략적 개념이 정립되지 않은 가운데 기술주도에 의해서 핵능력의 지속적인 증대를 추진해 왔던 중국은 등소평 시대에 들어와서는 유한억제전략을 발전시키고, 이에 적합한 능력을 추구하고 있다. 중국의 핵정책과 핵능력 개발의 지침을 제공해 주는 유한억제전략은 전략핵 미사일로부터 전역, 전술핵에 이르기까지 다양한 핵능력을 요구한다.

2. 대 만

대만은 중국과의 주권문제로 국제관계에 있어서 자주성에 제한을 받고 있다. 그러나 대만의 핵군비통제 문제는 비슷한 전략적 여건 하에 있는 지역 내 국가에게는 물론이고 중국에 미치는 영향을 고려할 때 중요하다.

가. 핵능력

대만은 현재 핵무기를 보유하고 있지는 않지만 중국에 대한 전략적 억제능력을 추구하기 위해서 여러 차례 핵물질의 획득을 시도했었다.[80] 이러한 노력은 중

---

80) Andrew Mack, *Proliferation in Northeast Asia*, pp. 7-9.

국에 대한 대만의 안보를 지원해 주는 미국과의 관계가 흔들릴 때마다 반복적으로 추진되곤 했다. 이것은 1970년대의 한국의 핵개발 시도와 비슷한 양상을 보여주고 있는데, 대만의 이러한 노력이 시도될 때마다 미국이 적극적으로 나서서 저지해 왔다. 따라서 대만은 핵분열성 물질을 보유하는데 필요한 우라늄 농축시설이나 플루토늄 재처리시설을 가지고 있지 않다.

그러나 이미 1960년대 워싱턴과 타이페이의 관계가 어려웠을 때, 대만의 국방부는 국립 충산 과학기술연구소를 설립하여 대만의 독자적인 핵능력 개발노력을 시작함으로써 현재 핵개발능력을 가진 과학자와 기술자를 확보하고 있는 것은 의심할 여지가 없다. 따라서 기술적인 면에서 볼 때 만약 대만이 핵개발 의지를 가지고 있는 상태에서 핵개발을 위해 필요한 핵물질을 확보한다면 핵무기를 개발하는 데는 문제가 없다고 할 수 있다. 핵물질을 확보하기 위해서는 지금까지 반복적으로 해 왔듯이 비밀리에 시설을 확보하는 것과 해외로부터 입수하는 방법이 있을 것이다. 이중에서 NPT의 의무조항을 무시하고 비밀시설을 확보하기 보다는 구소련의 한 국가들로부터 구입하는 것이 더 가능성이 있을 것이다.[81] 그러나 대만의 핵투발수단이 중국을 가상적으로 가정했을 때 전략적 신뢰성이 낮다. 왜냐하면 대만은 장거리 미사일도 보유하고 있지 못하며,[82] 또한 항공기도 요격에 취약하기 때문이다.[83]

나. 핵정책 및 군비통제

핵능력을 추구하는데 있어서 대만이 갖고 있는 전략적 인식은 북한의 그것과 유사하다.[84] 즉, 핵 및 재래식 군사력을 보유한 중국이라는 적대세력을 가지고 있고, 과거의 군사적 동맹관계를 유지하던 초강대국과의 관계가 약화된 상황에 처해 있는 것이다. 정치적으로 대만은 국제사회에서 자국의 입지를 부각시키려는 노력을 계속해 왔는데, 이것은 국내에 정치적으로 분리 독립을 주장하는 세력의 지지를 받고 있다. 중국은 이러한 대만의 노력에 민감하게 반응해 왔으며, 이러한 반응이 군사력을 사용한 대만해협의 위기를 조성해 왔다.

이러한 정치적인 상황에서 미국이나 다른 국가들에 의존해서는, 실제적으로 중국의 군사적 위협을 배제할 만한 장기적인 희망을 가질 수 없었다. 이것이 유인요인이 되어 대만으로 하여금 전략적 균형자로서 또한 강력한 억제수단으로서 핵

---

81) Ibid., p. 9. 대만은 1968년에 NPT에 가입했다.
82) 대만은 공식적으로 탄도미사일을 보유하고 있지 않으며, 사거리 1,000km의 순항미사일 슝펑2E를 실전배치하고 있다(*Military Balance 2015*).
83) Ibid., p. 11.
84) Ibid., pp. 9-10.

무기를 정책적으로 고려하게 만들었다. 그러나 대만이 핵정책을 추구하는데 있어서 다음 네 가지 중요한 억제요인이 있다.[85] 첫째, 대만의 핵능력 획득이 중국으로 하여금 군사적 행동을 취하도록 유도할 것이다. 둘째, 중국과의 대치상태에서 대만의 핵능력의 생존성을 확보하기 힘들다. 셋째, 핵 비확산의 국제규범을 파괴하면서 비밀리에 핵개발 계획을 진행시킬 때 입게 되는 정치적인 피해가 크다. 넷째, 핵무기의 최종성으로 인해 중국의 봉쇄에 대응해서 사용하기가 어렵다. 따라서 대만의 입장에서는 중국이 대만을 공격하는 쪽으로 완전히 기울거나, 미국의 군사적 지원이 현실적으로 어려울 때에 한해서 핵능력을 획득하는 쪽으로 정책을 추진할 가능성이 높다.

핵군비통제에 있어서 대만의 태도는 상당히 고무적이다. 미국의 제재를 받기는 했지만, NPT와 IAEA안전협정에 참여했고,[86] 이등휘 전 총통은 "대만은 핵무기 개발을 하지 않을 것이다"라고 분명히 밝힌 바 있다.[87] 중국으로부터 안보상의 위협을 받고 있는 대만은 이러한 위협의 주요 부분을 이루고 있는 중국의 핵능력을 제한한다는 측면에서 핵군비통제에 대한 긍정적인 태도를 기대할 수 있다. 그러나 중국과의 주권문제는 국제기구의 참여에 있어서 대만이 고려해야 할 장애요인이다.

3. 한 국

가. 핵능력

외부로부터의 군사적인 위협에 대하여 미국의 억제능력에 의존하고 있던 한국은 1970년대 전반에 주한미군이 철수한다고 발표됐을 때 핵개발을 시도했던 적이 있다. 그러나 미국의 비확산정책으로 제재를 당했으며 군사용 핵무기를 추구하지 않겠다는 핵무기 포기선언을 했다. 1991년 12월, 주한미군의 전술핵 철수로 한국은 비핵화가 되었다. 따라서 한국에서의 핵개발은 더 이상 논의의 대상이 되지 못하게 되었다.

반면에 민수용 원자력 발전능력에 있어서는 상당한 수준에 이르고 있다. 한국은 2015년 현재 24기의 발전용 원자로를 운영하고 있으며, 전체 전기 발전량의 30%를 이들 원자력 발전소가 담당하고 있다. 또한 한국은 원자로를 해외에 수출하게 됨으로써 원자력 공급국이 되었다.[88] 한국은 2012년 경수로 기반 중소형 규모

85) Ibid., pp. 10-11.
86) 대만은 UN에서 탈퇴하였지만, IAEA의 안전규정은 실질적으로 그대로 적용되고 있다.
87) Joyce Liu, *Taiwan: Taiwan Wont Make Nuclear Weapons, Says President, Reuters*, 31 July 1995 을 Ibid., p. 9에서 재인용.
88) 한국은 2009년 아랍에미리트 연합(UAE)과 원전 수출계약을 맺었으며, 2010년에는 요르단과 연구용

의 일체형원자로 SMART에 대한 세계최초 표준설계인가를 획득했으며, 2017년 완공을 목표로 '수출용 신형연구로' 연구개발 사업을 진행 중이다. 한편 한국은 우라늄 농축시설과 사용 후 핵연료의 재처리 시설을 개발하지 않겠다는 비핵정책을 발표함으로써 평화적인 이용분야에서 조차 자발적인 제한을 하고 있다.

투발수단에 있어서는 미사일의 경우 한·미 미사일 양해각서에 의해서 한국의 미사일은 MTCR의 규정에 상응하는 규제 하에 있다가[89] 2012년 12월 한미 양국 간 합의에 의해서 한국은 사거리 800km에 한하여 미사일을 개발할 수 있게 되었다. 몇 가지 항공기들이 비록 재래식과 핵무기에 이중목적으로 사용될 수 있지만 한국은 핵무기를 보유하고 있지 않기 때문에 모든 임무는 재래식 무기의 투발수단으로 제한된다.

나. 핵정책과 군비통제

대만과 마찬가지로 외부로부터의 위협을 억제하기 위해서 한국은 핵강대국인 미국의 핵우산을 필요로 했다. 즉, 한국은 미국의 적극적 안전보장(positive security assurance)에 의존해서 북한의 위협으로부터 안보를 보장받을 수 있었다. 그런데 미국과의 관계가 불안정했던 1970년대 초반에 핵개발을 시도했다. 이러한 한국의 핵추구 정책은 곧 포기되었으며, 탈냉전시대에 들어와서는 비핵화정책을 공식적으로 선언했다. 이것은 북한 핵문제에 대응하는 과정에서 분명하게 드러났다.

북한의 핵무기 개발계획에 대한 의혹이 짙어지면서 한국은 북한의 핵개발을 저지하기 위한 두 가지 선택적 전략을 고려해야 했다. 그 하나는 냉전시대에 전형적으로 구사해 오던 맞대응 전략(tit-for-tat strategy)이고, 다른 하나는 1980년대 말 유럽에서 성공하여 마침내 신 국제질서를 형성하고 있는 군비통제전략이었다.[90] 여기에서 한국은 장차 북한의 핵전력을 상쇄하기 위하여 미군의 핵무기 증강배치, 핵우산 보호 및 핵사용 위협, 그리고 한국의 핵무기 개발 옵션의 허용 등 북한 핵에 대한 대응전력(counter force)을 강화시키는 종래의 방법을 취하지 않았다.

대신에 북한의 핵개발 위협을 근원적으로 제거하기 위하여 미군의 전술핵무기의 완전한 철수, 한국의 비핵화 선언과 핵무기 개발옵션의 명백한 포기 등 일방적 선제조치와 함께 북한으로 하여금 동일한 행위를 하도록 요구했다. 즉, 한국은 시대적인 안보환경의 요구에 따라 군비통제에 입각한 핵정책을 추진하고 있다.

군비통제의 시각에서 볼 때, 한반도 비핵화 공동선언은 비록 북한의 핵개발로

원자로 수출계약을 맺었다.
89) 한용섭, Op. cit., pp. 27-28.
90) 한용섭, "전략 무기감축과 신 NPT체제," 『군사논단』(겨울호, 1996), pp. 65-66.

인해 결렬되기는 했지만, 한반도는 물론 동북아 지역의 핵군비통제에 긍정적인 방향을 제시해 주고 있다. 북한 핵개발이 사실로 판명된 상태에서도 한반도 비핵화 공동선언에 따른 비핵화 협정의 엄격한 이행을 북한에 촉구하고 있다.

다. 한반도 비핵화 공동선언

미국과의 군비통제협정에 추가해서 소련이 전술핵의 제거를 선언한 후에 미국의 부시 대통령은 해외에 있는 미국의 지상 및 해상에 배치한 전술핵미사일의 철수를 선언했다. 이러한 조치가 있은 후에 노태우 대통령은 1991년 11월 8일에 한반도 비핵화정책을 일방적으로 선언했다. 이것은 한국이 핵무기를 제조, 보유, 저장, 배치, 사용하지 않을 것이며, 또한 우라늄 농축시설과 사용 후 연료의 재처리시설을 보유하지 않는 것을 포함하고 있다. 이러한 정책의 이면에는 북한이 똑같이 한반도 비핵화를 수용하고 또한 북한의 핵시설에 대한 IAEA의 사찰을 수용할 것이란 기대가 있었다.

노태우 대통령은 한반도 비핵화를 진전시키기 위한 일방적인 조치로 1991년 12월 18일 미국의 핵무기가 한반도에서 완전히 철수했음을 확인하는 핵부재선언을 했고, 이에 따라 남·북한은 1991년 12월 31일 한반도 비핵화 공동선언에 서명했다. 이후 상대방이 선정하는 대상에 대한 상호사찰이 제의되었고, 선언이 효력을 발생한 후 한 달 이내에 조직하기로 한 남북 핵통제 공동위원회에 의해서 규정하는 절차와 방법에 따라서 사찰을 이행하기로 했다. 남북한이 비핵화협정을 채택하기로 의견의 일치를 보았고, 북한이 IAEA의 안전협정에 즉각 서명 및 비준하고, 남북 핵통제 공동위원회에서 규정되는 상호사찰은 물론 IAEA의 사찰을 즉각 따른다는 조건 하에 한국은 1992년 팀스피리트 연습의 취소에 합의했다. 고의적으로 협상을 지연시킨 북한은 한 달 만에 IAEA안전협정에 서명했으며, 그 후 또다시 두 달 만에 안전협정에 비준했는데 이것은 북한의 신뢰성을 의심받게 했다. 1992년 3월에 비준된 남북 핵통제 공동위원회의 조직과 운영에 대한 협정에 따라 남·북한은 1992년 중에 상대방에 대한 상호사찰을 위한 사찰규정의 토의에 들어갔으나, 합의에 실패했다.

4. 일   본

동북아 지역에서 중국이 실질적인 핵무기 능력을 보유한 핵 강국인 것에 비하여 일본은 민수용 원자력능력에 있어서 핵강국이다. 이러한 일본의 핵능력은 핵물질의 잉여보유와 함께 핵무장 잠재능력으로의 전환을 용이하게 함으로써 주변국들의 우려를 낳고 있다.

가. 핵능력

일본의 민간부문 원자력기술은 세계적인 수준으로 꼽히고 있다. 일본의 민간부문 핵에너지기술의 수준이 세계적인 수준에 이른 데에는 일본 내의 에너지자원부족이 가장 큰 요인이 되었다. 일본은 두 차례의 오일쇼크를 거치면서 보다 안전한 에너지원을 확보하고자 원자력발전에 대한 지속적인 개발과 투자를 해왔다. 그 결과 일본은 모든 종류의 원자로를 개발하고, 핵연료의 완전한 주기를 확보하게 되었다.[91] 2012년 2월 현재, 일본은 총 44,139Mw의 전기출력을 가진 50기의 원자로를 운영 중이며, 총 3,696Mw의 전기출력을 가진 3기의 원자력 발전설비를 건설 중에 있다. 원자력 발전을 통해 현재 일본은 전력의 30%를 생산하고 있으며, 2017년 41%, 2030년에는 50%의 전력을 원자력이 담당할 계획을 세우고 있었으나, 2011년 3월 후쿠시마 원전사고로 인하여 원자력발전소 증설 계획은 물론 현재 시설 운용도 재고중에 있다.

일본은 현재 핵무기를 보유하고 있지는 않지만 발달된 재처리시설 및 농축시설을 이용하면 군사적 용도로 전환될 수 있는 물질들을 보유할 수 있다. NPT에 가입한 비핵국가로서는 상업적인 재처리능력과 우라늄 농축능력에 있어서 세계적인 수준이다. 특히 고속증식로와 신형전환로에서는 원자탄과 수소탄 제조를 위해 기술적으로 전환이 가능한 핵물질들을 획득할 수 있다. 고속증식로는 사용 후 핵연료를 재처리하여 얻은 플루토늄을 우라늄과 혼합해서 연료로 사용하는 원자로로서 처음 장전한 양보다 연소 후에 더 많은 플루토늄을 생성시키는 원자로이다.[92] 따라서 이러한 능력이 일본이 가지고 있는 전자공학과 방위산업능력, 그리고 항공산업 등의 영역들과 결합되었을 때 짧은 시간 내에 핵무기 개발이 가능하다고 볼 수 있다.

투발수단 면에서 일본은 이중목적으로 사용할 수 있는 미국제 F-4, F-15, 일본이 자체개발한 F-2항공기를 보유하고 있다. 또한 2000년대 초에 개발한 대형 로켓인 H-2A를 군사적으로 응용하면 16톤 정도의 탄두를 실을 수 있는 대륙간탄도탄에 해당한다고 할 수 있다.[93] 일본은 현재 보유한 우주로켓과 관련 로켓기술만으로도 1만km 이상을 날아 갈 수 있는 대륙간탄도탄을 빠른 시간 안에 만들 수 있는 능력을 갖고 있다고도 할 수 있다.

---

91) 일본은 2개의 고속증식로를 가지고 있는데, 하나는 실험용 고속증식로로 조요에 있고 다른 하나는 몬주에 있다. 또한 2개의 신형전환로를 가지고 있는데, 하나는 165MWe 용량으로 후겐에 있으며, 다른 하나는 600MWe용량으로 오마에 있다. 그 외에도 16개의 연구용 원자로와 농축시설 및 사용 후 연료 재처리시설 등이 있다. Yong-Sup Han, Op. cit., p. 45.
92) 따라서 고속증식로는 자원이 빈약한 국가에서는 꿈의 원자로로 불리고 있다.
93) 채연석, "일 로켓 부러워만 할건가," 『조선일보』 2001. 9. 4.

나. 핵정책과 군비통제

일본의 핵정책을 잘 나타내는 두 가지 중심개념은 비핵원칙과 에너지 안보라고 할 수 있다. 일본은 인류 역사상 유일하게 전쟁 중 핵무기의 공격대상이 되어서 그 피해를 직접 경험한 국가이다. 따라서 일본은 제2차 대전이 끝난 후 평화헌법과 비핵 3원칙94) 등을 통해 핵의 군사적인 사용에 대한 원칙적인 배제를 표방한 후 오늘날까지 일관성 있는 정책을 유지하고 있다.

또한 일본은 2차 세계대전 이후 고도의 경제성장을 추구하는 과정에서 두 차례의 오일쇼크를 경험하면서 에너지 안보차원에서 핵능력을 지속적으로 추진하고 발전시켜왔다. 그 결과 일본은 민수용의 핵능력면에 있어서는 세계적인 수준에 이르게 된 것이다.

이러한 일본의 민수용 핵능력의 개발과 발전은 미국과의 밀접한 관계 속에서 이루어졌다. 즉, 일본의 원자력의 개발과 발전은 미국의 지원 하에 이루어졌다. 그러나 미국의 일본에 대한 지원이 항상 원활한 것은 아니었으며, 카터 행정부의 경우 미국 내 산업적 재처리금지와 타국의 재처리기술 및 시설확장금지 방침 등을 실시함으로서 일본의 원자력에 타격을 주었다. 그러나 핵의 평화적인 사용이라는 일본의 비핵정책에 대해 미국과 서방국가들의 신뢰를 쌓아온95) 일본은 우라늄 농축시설과 재처리시설을 포함한 완전한 핵연료주기를 구축했으며, 흑연감속로로부터 최신형 고속증식로에 이르기까지 모든 종류의 원자로를 보유하게 되었다.

핵비확산과 관련해서 일본은 기존의 비핵정책에 따른 핵의 평화적 이용이라는 일관된 입장을 보이고 있다. 일본은 핵기술의 연구와 개발에 있어 공개성, 자주성, 그리고 민주성이란 기본적인 방침을 적용해 왔다. 그러나 한편으로 일본이 이러한 잠재적 핵보유능력을 통해서 자국의 전략적 억제능력의 증대라는 부수효과를 누리고 있는 것도 사실이다. 즉, 일본은 핵무장을 위한 모든 하부조직이 완성된 단계에서 유사시 핵무기 개발 및 배치를 가능케 하는 정책을 발전시킴으로써 이에 따른 전략적 목적을 달성할 수 있다. 그것은 평시에는 국제적으로 일본이 핵무장 선택에 대한 가능성을 배제하지 않으므로 간접적인 핵억지효과를 가져오고, 유사시에는 주변국에게 위협을 가하지 않으면서도 강대국이 일본의 핵무기개발에 대해 견제하는 것을 막을 수 있다. 따라서 일본의 핵능력증대에 따른 핵의 하부 조직개발은 곧 핵전략의 보강으로 이어진다고 할 수 있다.

---

94) 일본은 1968년 핵무기 비보유, 비제조, 불반입이라는 「비핵 3원칙」을 천명했다.

95) 일본은 핵기술의 연구와 개발에 있어서 공개성, 자주성, 그리고 민주성을 기본적인 규정으로 적용해 왔다. Yong-Sup Han, Nuclear Disarmament and Non-Proliferation in Northeast Asia, p. 47.

핵군비통제적인 측면에서 일본은 현재 보유하고 있는 시설들을 동결시키는 것이 불가능하겠지만, 주변 국가들의 우려를 무마시키기 위해서 핵물질의 신뢰성이 있는 관리라는 새로운 대안을 통해서 일본의 핵능력에 대한 투명성을 제고시켜야 할 것이다. 또한 IAEA가 1년 내내 상주감시 함으로써 일본의 핵에 대한 투명성이 이루어지고 있는 점은 주목할 만하다.

다. 잉여 플루토늄

일본에서 민수용 핵기술의 발달은 플루토늄의 소요를 증가시켰다. 평화헌법과 비핵 3원칙 등을 바탕으로 원자력의 평화적인 사용을 표방해온 일본은 다른 한편으로 원자력 기술을 지속적으로 개발했고, 고속증식로와 재처리시설 등을 세계적인 수준으로 끌어올렸다. 고속증식로는 흑연감속로나 경수로보다 발달된 수준의 원자로로서 지금까지 사용되어오던 원자로가 우라늄을 원료로 사용했던 것과는 달리 플루토늄을 연료로 사용하는 것이다. 그 외에도 신형전환로(ATR : Advanced Thermal Reactor)와 MOX형[96]의 원료를 사용하는 경수로에도 플루토늄이 사용된다. 따라서 이와 같이 고도로 발달된 원자력기술은 일본의 플루토늄의 수요에 대한 증대를 가져왔다.

그런데 플루토늄을 원료로 사용하는 원자로의 플루토늄 공급량과 수요량의 차이로 인해서 플루토늄의 잉여현상이 나타나게 되었다. 일본의 플루토늄 공급원은 일본에 설립된 재처리시설에서 처리된 것과 해외에서 위탁 재처리된 것이 있는데, 이러한 공급원으로부터 오는 플루토늄 총량과 실제로 원자로에서 사용되는 플루토늄 총량에서 차이가 발생하는 것이다. 잉여 플루토늄의 발생은 플루토늄의 군사적 전용가능성에 대한 우려를 자아내게 만든다.[97] 또한 장기적인 잉여 플루토늄의 추정량도 그 기준에 따라 각기 다르게 나타나고 있으며,[98] 이러한 추정량의 차이는 잉여 플루토늄에 대한 의혹과 우려를 가중시키고 있다.

이에 따라 일본 원자력에너지위원회는 핵연료 재처리계획에 대한 투명성을 증대시키기 위해서 1995년에 플루토늄 수급계획에 대한 보고서를 발행하였다. 이 계획은 1991에 발표되었던 보고서를 수정한 것으로서 일본은 2010년까지 조요와 몬

---

96) MOX(mixed uranium and plutonium oxide)는 플루토늄과 우라늄을 혼합하여 경수로에 사용할 수 있도록 개발된 연료다.

97) 원자로급 플루토늄(핵분열성 물질함량 : 70%)과 무기급 플루토늄(핵분열성 물질함량 : 90%)의 핵분열성 물질 함유량의 차이를 구별하여 원자로급 플루토늄의 군사적 전용가능성을 부인하는 주장도 있으나, 보다 정밀한 설계를 통하여 원자로급 플루토늄의 군사적 전용은 기술적으로 가능하다. Eugene Skolnikoff, Tatwujiro Suzuki, Kenneth Oye, *International Responses Plutonium Programs,* the working paper CIS Archive #2616 MIT(August 1995), p. 18.

98) 플루토늄의 잉여량에 대해 일본정부는 +/-5톤 정도, 타카시 니시오는 53.91톤, Berkout은 48톤, 김태우는 12.81톤으로 추정한다. Yong-Sup Han, op. cit., p. 50.

주의 고속증식로와 후겐의 신형전환로에 35-45톤, 그리고 경수로에 MOX연료용으로 30톤의 플루토늄이 사용될 것으로 예측하였다. 이러한 수요를 충당하기 위해 총 69-79톤의 플루토늄이 필요하고, 이를 위해 도카이 재처리시설과 로카쇼 재처리시설로부터 35-45톤을 생산하고 해외에 위탁 처리한 플루토늄 30톤을 들여올 계획이었다.[99]

그러나 일본의 국내외적인 요인들은 이러한 핵연료 재처리계획의 변경을 불가피하게 하였다. 국내적으로는 신형원자로가 기술적인 문제점으로 인해서 가동이 지연된 반면, 국내 재처리시설 및 해외위탁 재처리를 통한 플루토늄의 공급은 예정대로 진행되었다. 이에 따라 잉여 플루토늄의 누적량이 증가하게 되었다. 이러한 잉여 플루토늄은 군사적 전용가능성에 대한 우려를 더욱 증대시켰으며, 그 외에도 테러의 표적이 될 가능성 증가와 환경에 대한 피해 증대 등의 부수적인 문제들을 야기시켰다.[100] 한편, 국제적으로는 북한 핵문제가 발생함으로써 구미국가들을 비롯한 주변국들이 평화적인 플루토늄 사용에 대해서 조차도 부정적인 시각을 갖게 됐다. 이에 따라 일본의 잉여 플루토늄에 대한 관심과 우려가 증대되었다. 해외로부터 위탁 재처리한 플루토늄의 해상수송에 대한 주변 국가들의 거부반응은 이러한 주변국들의 태도를 잘 반영해 주고 있다.

이와 함께 미국과 러시아의 핵무기 감축계획의 진행과 이로 인해 해체된 핵무기로부터 나온 플루토늄은 국제시장에서 플루토늄의 가격을 낮추게 하였다. 따라서 경제성 측면에서 플루토늄 생산의 필요성이 감소하게 된 것이다. 이러한 국내외적인 상황의 변화로 인해 일본 원자력에너지위원회는 1994년 6월 핵연료 재활용계획을 변경하게 되었다. 그 계획의 변경으로 인해 일본은 1991년 보다 플루토늄의 예상 수요량을 약 10톤 정도 작게 잡았다.

원자력 에너지의 연구개발 및 활용에 대한 장기계획에 따라 일본은 플루토늄을 추출하기 위한 제2의 재처리 공단의 건설을 연기시키는 것을 비롯하여 신형원자로와 재처리시설 및 MOX연료에 대한 전반적인 일정을 늦추었다. 특히 플루토늄 수급계획에 있어서 2010년까지 국내 수급량을 70-80톤으로 낮추었고, 잉여 플루토늄 무보유의 원칙에 입각해서 투명성을 증진시킨다는 정책을 재강조했다.[101]

99) Atomic Energy Commission of Japan, *White Paper on Nuclear Energy*, 1995, p. 26. 일본의 원자력위원회는 1991년에 처음으로 플루토늄 이용계획을 발표했는데, 그 당시에는 2010년까지 수요량을 총 80-90톤으로 추정했으며, 이를 충당하기 위해 도카이 재처리시설로부터 5톤, 로카쇼 재처리시설로부터 50톤을 생산하고 해외에 위탁 처리한 플루토늄 30톤을 들여올 계획이라고 발표했다. 1995년에는 수요와 공급을 낮게 책정했다.

100) Ibid., p. 51.

101) Japan Atomic Energy Commission, *Long-Term Program for Research, Development and Utilization*

그러나 일본정부의 이러한 계획변경에도 불구하고 잉여플루토늄에 대한 우려는 여전히 남아있다. 비록 이렇게 변경된 장기계획에 의해서 플루토늄의 평화적인 사용을 위한 계획의 진행이 늦추어지긴 했지만, 플루토늄의 재활용 개발계획 자체를 중요하게 생각하는 일본의 인식에는 변함이 없다. 또한 이러한 조치들은 주변국가들의 우려를 해소해 주는데 있어서 일본이 기대했던 것만큼 설득력을 제공해 주지 못했다.102)

그 이면에는 세 가지 정도의 이유가 제시될 수 있다.103) 첫째, 경수로에 필요한 MOX연료는 수요조절이 가능해서 의도에 따라서 올리거나 내릴 수 있다. 반면에 유럽의 재처리 회사와 로카쇼 재처리시설 등과의 계약에 의해서 이루어진 공급량은 변경이 어렵다. 이것은 곧 일본의 플루토늄 재처리 생산량이 연료의 수요량에 따라 결정되는 것이 아니라 공급량 자체에 의해서 결정된다는 것을 의미한다. 둘째, 비록 일본이 장기적으로 공급량에 따라 수요량을 맞춤으로서 플루토늄 재고량을 없앨 수 있다고 할지라도, MOX를 사용하는 경수로나 고속증식로 계획이 연기된다면 그에 따라 실제적인 재고량은 계속 남게 될 것이다. 셋째, 어느 정도의 플루토늄 물량은 실제로 사용되기 전까지 운용을 위한 대기상태로 남아있을 수밖에 없다는 점이다.

실제적으로 일본의 원자력에너지 위원회가 발행한 원자력 에너지 백서에 따르면 분리된 플루토늄의 양은 급속히 증가하고 있다. 1992년에는 일본 내 생산량 2.3톤과 해외 생산량 4.1톤으로 총 6.4톤이었으며, 1993년에는 일본 내 생산량 4.6톤과 해외 생산량 6.2톤으로 총 10.8톤이었다. 그러던 것이 1994년 12월까지 분류된 플루토늄양은 일본 내의 생산량 4.4톤과 해외 생산량 8.7톤으로 총 13.1톤에 이르렀다.104)

그리고 도쿄의 원자력위원회는 2000년 기준으로 4.7톤의 플루토늄을 보관하고 있다고 밝힌 바 있다. 미국의 국제정책연구소의 샐리그 해리슨은 일본은 2002년 핵탄두 650개를 만들 수 있는 플루토늄 5.2톤을 보관하고 있다고 주장했다.105) 보다 구체적인 일본의 플루토늄 보유량은 2014년 9월 일본 정부에 의해 확인되었다. 일본 정부는 2013년 말에 일본의 플루토늄 보유량이 47.1톤에 달한다고 발표하였다.106)

of Nuclear Energy, (1996. 6), pp. 57 – 59.

102) Hajime Izumi, "Japan and Proliferation in Northeast Asia," in Nuclear Policies in Northeast Asia Conference organized by UNIDIR with the co–operation of IFANS(Seoul, 25 – 27 May 1994), p. 5.

103) Eugene Skolnikoff, Tatwujiro Suzuki and Kenneth Oye, _International Responses Plutonium Programs_, p. 19.

104) Atomic Energy Commission of Japan, _White Paper on Nuclear Energy_, (1995), p. 27.

105) 샐리그 해리슨, "일본 핵무장지지 정서,"『한계레신문』, 2002.5.5.

106)『연합뉴스』2014.9.17.

과거 일본은 에너지 안보, 경제적 이익, 그리고 환경보호 등의 논리를 바탕으로 자국의 민수용 핵능력을 지속적으로 발전시켜왔고, 마침내 신형원자로와 재처리기술에 있어서 세계적인 수준에 이르게 되었다. 그러나 이러한 핵능력의 증대와 함께 발생한 잉여 플루토늄문제는 능력 면에서 핵무장 가능성을 그만큼 높이는 결과를 초래했고 이에 대한 주변국의 우려를 불러 일으켰다. 이러한 일본 국내외적인 요인들에 기인하여 일본이 장기적으로 플루토늄의 수급총량을 점차 낮추고 잉여량을 없앤다는 원칙을 강조하기도 했다. 그럼에도 불구하고 해마다 일본의 플루토늄량은 증가하고 있는 추세이고, 주변국들의 우려는 여전히 해소되지 않고 있다.[107] 따라서 이러한 문제를 해결하기 위해서는 플루토늄의 신속한 군사적 전용을 막을 수 있는 투명성 보장 등 플루토늄의 관리에 대한 국제적인 노력이 결집될 수 있는 신뢰구축조치가 필요하며, 장기적으로는 일본을 포함한 동북아지역의 비핵지대화 구상의 실현이 요구된다.

5. 소결론

동북아시아 각 국가들의 핵군비통제에 대한 입장과 태도는 다음과 같다. 첫째, 중국의 핵군비통제에 대한 입장과 태도는 방관과 무임승차에서 점진적인 참여로 변화하고 있다. 둘째, 중국으로부터 안보상의 위협을 받고 있는 대만은 이러한 위협의 주요 부분을 이루고 있는 중국의 핵위협을 완화시킨다는 측면에서 핵군비통제에 대하여 적극적인 입장을 가지고 있다. 셋째, 미국의 전술핵무기가 철수되면서 한국은 보다 독자적이고, 적극적으로 핵군비통제를 선도하려는 태도를 보이고 있다. 넷째, 북한의 핵군비통제에 대한 입장과 태도는 과거 대남적화전략을 위한 하나의 선전전술로부터 자국의 체제생존을 위한 핵무기 옹호론으로 전환되고 있다. 마지막으로 역사상 유일하게 핵무기의 피해를 직접 경험한 일본은 평화헌법과 비핵 3원칙 등을 통하여 핵의 군사적 사용에 대한 원칙적인 배제라는 입장을 일관성 있게 유지하고 있으나, 잠재적인 핵무기 개발 능력과 평화헌법 개정 움직임으로 인해 주변 국가들에게 우려를 주고 있다.

현재의 동북아 각 국가의 핵군비통제에 대한 입장과 태도를 볼 때 한국이 가장 선도적이며, 일본은 기존의 정책을 견지하는 수준을 유지하고, 중국은 지금까지

---

107) 전 SIPRI소장이었던 영국의 물리학자 프랭크 버나비박사는 일본방문중에 일본이 개발중인 고속 증식형 원자로에서 생산되는 플루토늄은 핵무기 제조에 가장 적합한 것이라고 주장하고, 플루토늄 확보를 위해 일본정부가 보이고 있는 이같은 행동은 핵무기생산 능력을 갖추기 위한 것이라고 밖에 볼 수 없다고 지적했다. 『조선일보』, "일본 플루토늄생산 강행땐 아시아 핵무기경쟁 초래," 1996년 11월 14일.

의 태도에서 크게 벗어나지는 않지만 점진적인 변화를 보여주고 있다. 한편, 북한
은 과거 일단 비확산체제에 순응과 반발을 계속하면서 이익을 극대화하는 쪽으로
비확산 희망국가들과 협상을 하였으나 세 차례 핵실험을 통해 핵무장 국가로서 지
위를 굳히려 하고 있다. 이러한 여건 속에서 새로운 쟁점의 부각과 세계적인 핵군
비통제의 추세는 동북아지역에서 보다 진전된 핵군비통제의 진행을 요구하고 있다.

동북아 지역 각 국가들의 핵능력 및 핵정책을 동북아 지역내 핵군비통제와 관
련하여 검토해 본 결과 다음과 같은 지역 핵군비통제의 쟁점들을 도출할 수 있었
다. 이러한 쟁점들로는 첫째, 북한의 핵문제의 완전한 해결, 둘째, 일본의 플루토늄
잉여 보유에 따른 투명성 확보 및 재처리시설과 농축시설에 대한 불안야기 문제,
셋째, 한반도 비핵화의 성공적 이행과 주변국의 한반도에 대한 핵위협 완화문제,
넷째, 중국의 핵군비통제 참여 문제 등을 들 수 있다. 그 중에는 이미 문제가 야기
되어 합의가 이루어지고, 그 합의를 이행중인 것도 있고, 또 아직까지는 크게 드러
나지 않고 내재된 핵안보위협의 쟁점들도 있다.

Ⅱ. 동북아시아의 핵군비통제

1. 동북아 지역 핵군비통제의 개념

핵군비통제의 기본적인 목적은 핵을 억제하여 동북아를 안전하게 하는 것이
다.[108] 보다 구체적으로는 핵무기의 사용 가능성을 방지하고 핵군축을 달성함으로
써 평화를 정착시키는 것이다.[109]

동북아 지역 핵군비통제의 목적을 세분화하여 제시하면 아래와 같다.

첫째, 핵무기의 확산을 막고 나아가서 잠재적인 확산가능성을 줄인다.[110] 동북
아 핵군비통제의 중심개념은 비핵국의 핵확산 방지로서 이는 NPT를 통해서 이루
어지고 있다. 이러한 NPT의 기능을 강화하고, 더 나아가서 핵의 잠재적인 확산가
능성을 줄이기 위한 지역적 수준의 모색이 필요하다.

둘째, 긴장을 완화시키고 신뢰를 구축함으로써 적대감을 완화시킨다.[111] 이를
위해서는 신뢰구축조치와 같은 것이 중요한 역할을 한다. 예를 들면 긴장완화와 신

---

108) Michael Sheehan, 『군비통제의 이론과 실제』 p. 16.
109) 이서항, "세계 군축사례와 한반도 군비통제 단계별 추진과업," (서울 : 외교안보연구원, 1994. 12),
    pp. 6-7.
110) Kelvin Lewis, "Arms Control Prospects for Northeast Asia : What Lessons From Recent Developments
    Elsewhere?" 제2차 한국전쟁 국제학술회의 제출논문, 1990년 6월 14일-15일. (초고), p. 8.
111) Ibid.

뢰구축을 추구하는 선언적인 정책을 발표하고 이를 지속적으로 지키는 것이다.112)

　셋째, 군비경쟁의 비용과 속도를 줄인다.113) 군비통제는 군사력의 수준을 낮추고, 어떤 특정한 분야의 연구개발비용을 없애주고, 필요한 준비태세를 유지하는데 드는 비용을 없애주는 것으로 군사비용절감을 가져온다. 이와 같이 절감된 비용은 각 국가의 경제적인 측면에 기여할 수 있다. 또한 이러한 목적은 비단 핵군비 뿐만 아니라 재래식군비에 대해서도 파급효과를 줄 수 있다.

　동북아 핵군비통제의 방법은 타 지역에 비해서 군비통제에 대한 논의가 활발하지 못했던 만큼 위에서 제시된 그러한 방법이 폭넓게 적용되지 못했었다. 지역 내에서는 핵군비통제가 활발하지 않았지만 세계적 차원의 NPT체제에 역내 각국이 참여함으로써 핵군비통제에 참가해 왔다. 그러나 탈냉전의 영향으로 역내 각국이 일방적인 조치를 취함으로써 핵군비통제에 참가했다. 이러한 예로는 주한미군이 전술핵무기를 일방적으로 철수한 것과 한국의 일방적인 비핵정책 선언, 남북한 간에 합의된 한반도의 비핵화 공동선언 등이 그것이다.114) 일본의 경우는 미일 안보동맹의 핵우산 하에 미국이 일본의 핵정책을 감시함으로써 비핵화를 달성했으며 일본은 핵투명성을 지속적으로 확대시키고 있다.

2. 동북아 핵군비통제의 접근방법

가. 핵확산 억제의 접근방법

　앤드류 맥(Andrew Mack)은 핵확산에 대응하기 위한 접근방법을 공급측면의 접근방법, 강압적 접근방법, 그리고 수요측면의 접근방법의 세 가지로 나누고 있다.115) 첫째, 공급측면의 접근방법은 핵무기 확산가능성이 있는 국가들이 핵무기를 제조하는데 필수적인 물질, 기술, 그리고 정보에 접근하는 것을 막는다. 둘째, 강압적 접근은 공급측면의 접근방법의 한계를 인식한데 바탕을 둔 것으로, 핵무기 확산가능성이 있는 국가들로 하여금 핵개발계획을 포기하도록 압력을 넣는다. 만약에 강압에 실패하면 군사력을 가지고 핵개발계획을 파괴하는 수준까지도 포함한다. 셋

---

112) 중국의 핵선제불사용(NFU : No First Use) 원칙 같은 것이 이러한 예가 될 수 있다.
113) Kelvin Lewis, Ibid., pp. 5-6.
114) 한국은 1991년 11월 8일「한반도 비핵화와 평화구축을 위한 선언」을 통해 한국은 핵무기를 제조, 보유, 저장, 배비, 사용하지 않을 것이며 핵연료 재처리 및 핵 농축시설을 보유하지 않을 것이라고 발표하고, 동년 12월 18일「핵부재선언」을 했다; 중국이 1995년 11월에 군비통제와 군축에 대한 백서(White Paper on Arms Control and Disarmament)를 배포한 것도 이러한 일방적 조치의 일환으로 볼 수 있다. FBIS-CHI-95-221, Thursday November 16, 1995. pp. 20-31.
115) Andrew Mack, *Proliferation in Northeast Asia*, (Washington D.C., The Henry L. Stimson Center, 1996), p. 38.

째, 수요측면의 접근방법은 핵무기를 개발하고자 하는 국가의 안보 및 다른 우려들을 제거하려는 방향에서 접근한다.

이러한 틀을 가지고 동북아 지역의 핵확산에 대한 대응방법을 분석한 앤드류 맥은 공급측면의 대응과 강압전략이 여전히 유효하지만, 비확산정책을 폭넓은 안보정책과 연계시킬 필요가 있기 때문에 수요측면에서 새로운 전략이 필요하다고 주장한다.116) 1994년 북·미 양국 간 제네바 핵합의에서 드러났듯이 북한의 핵동결과 미국의 경제제재 완화, 양국 간 관계개선 등의 포괄적 방식으로 핵확산 문제를 접근하는 것이 바람직하다는 것이다.

그러나 맥의 주장은 공급측면의 대응과 강압전략이 더 이상 불필요하다는 것을 의미하는 것은 아니다. 핵확산 국가의 수요적 측면만을 감안한 전략이 북한같이 합의를 위반하는 국가에게는 실질적인 성과를 기대하기가 어렵기 때문이다. 따라서 공급측면전략과 강압전략이라는 현재의 비확산 접근방법과 수요측면의 전략이라는 보다 장기적인 비확산 접근전략 사이에서 균형을 취하는 새로운 접근전략이 요구된다.

나. 동북아 핵군비통제의 접근방법

핵보유국인 중국과 다른 핵보유 가능국을 포함한 동북아 지역의 지리적 범위의 특성에 따라 동북아 지역의 핵군비통제는 개념상 두 가지로 범주로 나눌 수 있다. 하나는 핵국인 미국, 러시아, 중국 3자 간의 핵군축이며, 다른 하나는 핵비보유국들이 비확산 규범을 계속 준수하도록 만드는 것이다. 다만 비핵국들의 수평적 확산문제와 핵국들 간의 수직적 확산은 어느 정도 연계되어 있다. 특히 2001년 9·11 테러 이후 미국의 신핵태세보고서와 이에 대한 북한의 반발 등을 고려할 때 동북아에서는 미국의 수직적 핵확산과 북한의 수평적 핵확산이 어느 정도 연계되어 있음을 부인하기 힘들다.

동북아에서 핵군비통제방법은 대개 3가지 방향으로 진행될 수 있다. 전통적인 접근방법, 포괄적인 접근방법, 사안별 접근방법 등이 그것이다.

우선 전통적인 접근방법은 국제적인 비확산레짐에 근거해서 비확산체제를 더욱 강화시키는 방법이다. 비확산의 대상이 되고 있는 핵무기의 제조에 필요한 요소 즉, ① 우라늄 고농축 및 플루토늄 재처리의 금지, 고농축 우라늄과 플루토늄의 수출·입 통제, ② 핵무기 폐기 및 핵실험금지, ③ 핵무기 투발수단의 연구·개발·시험·배치의 제한 등의 세 가지로 나눌 수 있다. 이러한 분야는 NPT, CTBT, MTCR

---

116) Ibid., p. 59.

등의 국제적 체제와 IAEA, UN안보리 등을 통한 국제규범에 의해서 통제되고 있다. 최근에는 핵분열성물질 생산중단 조약(FMCT : Fissile Material Cutoff Treaty)이 국제적으로 논의되고 있는데, 일본과 중국뿐만 아니라 남북한은 이에 적극 참여해야 할 것이다.

둘째, 포괄적인 접근방법은 탈냉전시대에 들어오면서 부각된 것으로, 핵국가들로부터 위협을 받고 있거나 위협을 받는다고 생각하는 국가들이 생존과 안보 목적상 핵개발을 시도할 수 있는 가능성을 고려해야 한다는 것이다. 그래서 핵문제를 따로 생각해서 해결할 것이 아니라 핵무기를 개발하고 있는 국가들의 정치, 경제, 안보적 동기를 인정하면서 그들의 핵무기개발 프로그램의 포기를 조건으로 정치, 경제, 안보적인 차원에서 반대급부를 제공해야 한다는 것이다. 포괄적인 접근방법은 적극적 안전보장, 소극적 안전보장, 재보장, 신뢰구축, 공동안보 등을 바탕으로 핵확산 노력 국가들과 핵확산 방지 노력 국가들 사이에 대타협이 있어야 한다는 것이다. 동북아에서 구체적인 예로서 동북아 다자간 안보대화, 동북아 비핵지대화, 그리고 한반도 비핵화 공동선언, 제네바 핵합의, 한반도에너지개발기구의 설립과 운영, 6자회담 등의 노력이 이러한 범주에 속한다.

셋째, 사안별 접근방법은 위에서 제시한 전통적 접근방법과 포괄적 접근방법이 절충된 개념이다. 이것은 전통적인 접근방법의 기반 위에서 지역 내 국가들 간에 임시적인 대화채널을 만들어 해당 현안 이슈에 대해 광범위한 토의를 거쳐 문제를 해결해 가는 접근방법을 말한다. 동북아 지역에서는 북한 핵문제가 2002년 10월부터 현안 문제로 등장했고, 이의 해결을 위해 2003년 8월부터 동북아 6자회담으로 이 문제의 해결을 도모하였다. 또한 미국의 미사일 방어체제에 대해 중국과 러시아, 북한이 강렬한 반대를 나타내고 있는 바, 이에 대해 중국은 비공식 대화채널에서 이 문제를 제기한 바 있으므로, 이 현안문제에 대해서도 임시적인 대화채널을 만들어 협의할 수도 있다. 그리고 나아가서 동북아 비핵지대화 등의 문제를 사안별 접근방식으로 풀 수도 있다.

Ⅲ. 한국의 동북아지역 핵통제 정책

1. 앞으로의 과제

가. 동북아 원자력기구의 설치

북한의 핵문제가 다시 제기된 상황에서 동북아지역에서 핵 군비통제와 관련해서 가장 큰 관심의 대상은 핵물질(fissile material)의 통제 및 관리라고 할 수 있다. 핵물질의 통제 및 관리는 전 세계적 차원의 비확산체제인 NPT와 IAEA의 안전조치 하에 동북아지역의 모든 국가가 속해 있기는 하지만 이러한 체제가 가지는 한계점으로 인해 여전히 동북아뿐만 아니라 세계의 관심과 우려는 크다.

즉, NPT에 속해있는 국가라 할지라도 완전히 합법적으로 분리된 플루토늄과 고농축우라늄의 저장이 가능하다는 것과 원자로로부터 나온 폐연료의 재처리 양이 많을 때 이러한 연료의 전환에 대한 완전한 검증이 어렵다는 사실이다.[117] 따라서 5개 핵보유국에 속해 있지 않으면서도 우라늄농축시설 및 재처리시설을 보유하고 있으며 동시에 고농축우라늄과 플루토늄을 보유하고 있는 일본과 북한에 대한 우려는 당연한 것이라고 할 수 있다.

특히 일본의 경우 매년 증가하고 있는 고농축우라늄과 플루토늄의 잉여보유량이 문제이다. 북한 역시 계속해서 고농축우라늄과 플루토늄 보유량을 늘려가고 있는 것으로 알려졌다. 이러한 문제를 해결하기 위해서는 현재 진행되고 있는 전통적인 접근방법에 의한 IAEA의 사찰과 검증이 계속적으로 진행되어야 하지만, 포괄적인 접근방법에 의한 지역수준의 핵연료 공동관리 기구의 설치 또한 필요하다.

한편으로 한반도 비핵화 공동선언을 통해 우라늄농축시설 및 재처리시설까지도 포기한 한국의 발전용원자로에 대한 안정적인 연료공급의 필요성이 대두되고 있기 때문에 동북아 지역과 세계의 핵무기 없는 평화에 기여한 한국에게 핵연료의 안정적인 공급을 보상해주는 절차의 확립도 필요하다.[118] 즉, 지역의 비핵화를 위해 자국의 원자력 에너지 산업의 원료가 될 사용후 핵연료의 재처리까지도 포기한 국가에게는 인센티브를 주어야할 것이다. 이를 위해 지역적 핵연료관리공동기구의 설치가 필요한 것이다.

지역적인 핵연료공동관리기구 설치를 위해서 참고해야 할 사항으로서 다음 세 가지를 들 수 있다. 먼저 유럽원자력기구(EURATOM)의 활동과 교훈을 참고해야 한다. 둘째, 이러한 기구를 통하여 일본의 잉여 플루토늄에 대한 투명성 확보문제를 모색해야 한다. 셋째, 이와 함께 비핵정책을 위해 재처리시설을 포기한 국가에 대한 핵연료의 안정적 공급문제를 보장하기 위해 지역적인 제도를 마련해야 한다. 이를 위해 동북아 지역에서 유럽원자력기구와 같은 동북아원자력기구 혹은 동아시아원자력기구를 만드는 것을 고려해야 할 것이다. 동북아원자력기구에서는 핵개발을

---

117) Andrew Mack, *A Northeast Asia Nuclear Free Zone : Problems and Prespects*, p. 1.

118) 여기에 대해서는 동북아지역의 자발적인 제한을 고무하고, 특히 우라늄농축시설 및 재처리 능력의 개발을 포기한 국가들에 대한 국제적 경제 부양책이 제안되기도 했다. Youg—Sup Han, op. cit., pp. 55—64.

포기하는 북한에 대해서 평화용 원자력 기술을 제공하는 문제도 고려해봄직하다. 또, 동북아원자력기구에서 일본의 플루토늄의 공동관리도 제기해볼 만하다. 아울러 중국의 핵무기 감축시 발생할 고농축 우라늄과 플루토늄의 공동관리와 활용방안을 논의하고, 중국에 제공할 보상도 협의할 수 있을 것이다.

나. 한반도 비핵화와 동북아의 제한적 비핵지대화

동북아시아의 비핵지대화는 현안 이슈 가운데 가장 시간과 노력이 많이 소요되는 의제가 될 것이다. 이 문제는 미국의 핵억제능력을 약화시킬 목적으로 1950년대 말 이래 구소련과 중국에 의해서 꾸준히 제기되어 왔으며, 같은 맥락에서 한반도에서도 한국에 대한 미국의 핵우산을 제거할 목적으로 북한에 의해서 제기되어 온 것이다. 그러나 구소련의 붕괴와 함께 미국이 아시아·태평양 지역에 대한 새로운 핵전략을 모색할 필요성이 대두되었고, 한반도에서 비핵화 선언이 있었고, 일본이 비핵정책을 고수하고 있으므로 매우 활용도가 높은 의제라고 할 수 있다.

특히, 기존의 라틴아메리카 비핵지대화 조약, 남태평양 비핵지대화 조약, 아프리카 비핵지대화 조약에 이은 동남아시아 비핵지대화 조약의 발효로 바야흐로 남반구는 비핵지대화의 띠를 형성하기에 이르렀다. 이러한 추세는 북반구에 있어서도 동남아시아지역으로부터 시작하여 점차 확대되어가고 있는 추세이다. 동북아지역에서도 비록 성격상의 차이가 있기는 하지만 한반도에서 남북한간에 1991년 12월에 한반도 비핵화 공동선언이 채택됨으로 해서 더욱 고무적인 양상을 보였다. 그러나 이러한 움직임은 북한의 핵개발로 인하여 더 이상의 진전을 보지 못하고 결렬되고 말았다.

한반도 비핵화 공동선언은 남북한 간에 핵무기를 금지하는 것이었다. 북한이 이를 위반하고 있지만, 이 선언은 이미 체결한 비핵지대화 조약들과 비교해 보았을 때 약점이 많다. 즉, 이 선언은 핵국들이 핵무기를 사용하거나 핵무기 사용을 위협하지 못하도록 하지 못했다는 약점이 있다. 남북한간에는 의심스러운 시설에 대한 사찰에 합의하는데 실패했다. 결국 북한 핵문제의 재발을 막지 못했다. 북·미 제네바 합의도 결국 북한 핵문제의 재발을 막지 못했다. 또한 동북아 지역 내에서 북한 핵문제를 제기하고 지속적으로 논의할 대화채널도 만들지 못했다. 동북아 6개국의 전문가들이 정기적으로 협의할 채널을 만들기는 했으나 제도화시키지 못했다. 이러한 상황에 비추어 보았을 때 한반도 비핵화 공동선언은 군비통제적 접근이라기보다는 정치적이고 선언적인 접근방법을 취하고 있었기 때문에 결국은 실패에 이르렀다.[119] 따라서 이러한 취약성을 극복하는 것이 북한 핵문제를 해결하고 나아가서 동북아지역에서 핵확산을 막기 위한 장기적인 방법이 될 것이다. 그래서 한반도의 비핵화와 일본의 비핵정책을 묶고, 중국의 만주지역, 러시아의 극동지역, 미국의 태평양 지역을 묶어 동북아의 제한적인 비핵지대화 창설이 비공식적인 차원에서나마 논의되기 시작했다.

동북아 비핵지대화 조약에 포함되어야 사항들은 다음과 같다.[120]
① 지역국가들의 핵무기의 제조, 획득, 실험, 사용 등의 금지.
② 비핵지대 내의 지역과 국가들에 대한 핵무기의 배치의 금지
③ 핵국가들이 지역국가들에 대하여 핵무기의 사용과 위협의 금지
④ 지역 내 핵폐기물의 투기 금지
⑤ 무기급 핵분열성 물질의 생산과 수입 금지

만약 남북한간에 핵통제 공동위원회가 재가동되고, 동북아 국가간에 동북아 비핵지대화에 대한 논의가 시작된다면 제한적인 비핵지대화는 가능성이 있을 수 있다. 예를 들어서 조지아 대학의 엔디코트(John E. Endicott) 박사가 1991년 제안하였고 그동안 동북아 각국의 전문가들이 참여하여 10년 정도 논의해 온 동북아의 제한적인 비핵지대 방안은 한반도를 중심으로 반경 1,000km 이내로 제한된 지역에 한반도와 일본, 그리고 러시아와 중국의 일부분 그리고 태평양의 일부분을 포함하는 범위로 제한시켜 비핵지대를 창설하자는 것이다.[121]

동남아 비핵지대 조약도 1995년부터 논의하기 시작하여 1997년에 발효되었다. 물론 핵보유국의 동의가 없는 것이 약점이긴 하지만, 이제 동남아의 비핵지대화는 거스를 수 없는 현실이 되었다. 1999년 몽골이 단독으로 비핵지대선언을 함으로써 동북아에도 비핵지대가 시작되었다. 이제 남은 것은 남북한과 일본을 비핵지대로 연결하고 동북아 해양지역을 연결함으로써 동북아 비핵지대로 실현시키는 것이다.[122]

이것은 미국과 러시아의 전술핵무기가 철수된 상태에서 중국의 전술핵무기에 대한 규제와 핵무기 배치 제한 등의 의미를 포함하고 있다. 그러나 여기에는 검증

119) Ibid., pp. 11-12.
120) Ibid., p. 12.
121) John E. Endicott, *The Impact of a Nuclear Free Zone on Deployed Nuclear Weapons in Northeast Asia*, A paper prepared for the Northeast Asia Peace and Security Network managed by Nautilius Institute for Security and Sustainable Development(Berkeley, California : July 1994), p. 10.
122) 냉전이후 동북아의 핵 확산 문제가 부각되면서 1991년 미국 조지아공대 부설 국제 전략기술정책 연구소(CISTP)의 소장이며 동북아 안보문제 전문가인 존 엔디코트 박사는 동북아의 제한적 비핵지대화 방안을 제안했다. 임형주, "동북아의 비핵지대화 논의경과와 우리의 대응방향," 2000 국방정책 연구보고서(서울 : 한국 전략문제연구소, 2000), pp. 38-39.

의 문제와 함께 중국과 러시아의 군사교리 및 핵전략상의 문제 등이 고려되어야한다. 갈 길은 멀지만 21세기 동북아의 비핵지대화는 지금부터 시작되는 것이 중요하다.

동북아의 제한적인 비핵지대화 노력은 통일 한국의 안보를 보장하는 관건이기도 하다. 한반도의 비핵화를 비롯한 동북아의 제한적인 비핵지대화는 통일 한국이 핵무장할지도 모른다는 주변국들의 우려를 불식시키는데 필수적이다. 역으로 통일한국에게 중국의 핵능력과 일본의 핵잠재능력은 큰 위협으로 다가올 것이므로 이를 통제시키려는 노력이 전개될 필요가 있다. 그것은 통일 한국의 안전보장을 위해서 필수적이다.

2. 한국의 지역 핵통제정책

비핵국가인 한국은 지금부터 중국의 핵군축을 촉구하고, 일본의 핵능력 공개와 투명성 증대, 일본의 비핵정책을 비핵지대에 묶어두려는 노력을 해야 할 것이다. 한국은 장기적으로 한·일 관계에 대해 관심을 기울일 수밖에 없으며, 일본의 플루토늄 보유에 대해 안보적 차원에서 주목할 수밖에 없다. 또한 한국과 일본은 미국의 핵우산에 의한 안전보장을 동시에 받고 있지만, 미국의 장기적인 한반도 안보에 대한 공약은 변할 수 있기 때문에 미국의 핵우산 밑에 있을 때, 중국과 일본의 핵문제를 제기할 수밖에 없는 것이다. 또한 장기적으로 두 개의 핵강대국(러시아, 중국)에 둘러싸여 있으면서 하나의 준핵국(일본)과 대치해야 하는 한반도의 장기적인 안보전망에 대한 우려를 지금부터 해소해 나가야 할 것이다. 한미동맹이 확고할때, 이 문제를 제기하고 바람직한 방향으로 풀어 나가는 것이 중요하다.

한국은 국제 비확산레짐을 더욱 강화시켜 나가야 할 것이다. 비확산에 대한 전통적 접근방법은 중국의 핵실험을 막는 것과 핵물질과 운반수단의 대외수출을 막는데 효과적이었다. NPT체제에 의한 비확산은 한국과 일본, 대만의 핵개발을 막는데도 효과적이었다. 물론 미국의 강압적 핵외교가 한국과 대만의 핵개발을 막는데 효과적이었음을 부인할 수 없다. 그러나 최근 경험한 것처럼 전통적인 비확산 외교는 북한의 핵확산 시도를 막는 데는 문제점이 많았다고 할 수 있다.

따라서 탈냉전 이후 포괄적인 접근방법이 대두됐다. 그러나 앞에서 지적한 바와 같이 북한의 핵문제와 대북한 외교관계 개선, 경제관계 개선, 안보 보장 등으로 북핵문제가 완전히 해결된 것도 아니다. 동북아에서 포괄적인 접근방법은 유럽원자력기구와 같은 아시아원자력기구 또는 동북아원자력기구의 설치를 통해 가능하다.

또한 동북아의 다자간 안보협력체제가 구축되면 다차원적인 동북아의 핵문제도 정기적으로 논의되고 해결책도 마련될 가능성이 높아진다. 한국은 동북아 차원에서 비핵지대화를 위해 적극적인 외교노력을 전개해야 할 것이다.

한국정부는 동북아에서 전통적인 비확산 외교, 포괄적인 접근 방법, 사안별 접근방법은 동시에 중첩적으로 활용하도록 해야 한다. 동북아 6개국이 북핵문제에 대한 사안별 접근을 시작했으나 실패로 끝났다. 북핵문제가 해결되어야만 동북아 지역의 핵 군비통제는 제도화되고, 위에서 말한 세 가지 접근 방법이 시너지 효과가 날 수 있을 것이다.

그래서 동북아 국가들은 북·미 양자 간에 북핵문제를 풀도록 압력을 가할 것이 아니라 북핵문제에 대해 전문적인 식견과 정치적인 통찰력을 가지고 공동으로 이를 풀기위해 노력해야 한다. 북핵문제가 성공적으로 해결되면, 동북아는 제한적인 비핵지대화와 동북아 원자력기구의 설치, 동북아 핵연료공동관리기구의 설치, 동북아 안보협력기구 등으로 의제를 확대 발전시켜 나감으로써 핵분야뿐만 아니라 재래식 분야에서도 군비통제를 촉진시켜 나갈 수 있을 것이다.

제 4 장

21세기 UN과 국제군축활동

I. 국제군축의 메카 UN

UN은 출범할 때부터 군비통제와 군축을 핵심 임무로 하였다. 그러나 1947년부터 미국과 소련을 축으로 한 냉전체제의 심화, 핵무기의 등장과 핵 군비 경쟁의 악화, 핵보유국과 비동맹국가 및 중립국간의 갈등 등으로 인해 냉전기간 동안 UN은 군축활동에 있어 괄목할 만한 역할을 제대로 하지 못했다.

그러나 다음에서 보듯, UN에서 군축활동은 지속적으로 이어져 왔다. 특히 1978년 UN에서 군축에 관한 특별총회가 개최되면서 UN은 원래 목적인 군축에 전념할 수 있도록 법적·제도적 장치를 마련하게 되었다.

1970년대 중반부터 미국과 소련 간에는 핵군축을 위한 노력이 결실을 맺기 시작했으며, 유럽에서는 군사적 신뢰구축과 군비통제에 관한 논의가 시작되어 1980년대에 결실을 맺기 시작했다. 이러한 국제군축의 흐름은 UN 바깥에서 진행되었던 것이 사실이다. 한편 UN에서는 국제 군축활동이 계속되어, 주로 핵무기를 규제할 수 있는 조치들을 마련하고 있었다. 1990년대 세계적 차원의 냉전이 끝나고 소련의 붕괴로 말미암아 미소간의 군비경쟁이 멈춤에 따라, 또다시 UN은 국제 군축의 메카로서 각광을 받기 시작했다. 이것은 20세기 말 세계화의 추세와도 무관하지 않다. 강대국 간의 군비경쟁이 종식되고, 강대국들도 국제적·지역적 군축에 관심을 가지게 되어 UN의 군축활동에 더욱 박차를 가하게 되었다.

이번 장에서는 국제적·다자적 군축활동을 선도해 나가고 있는 UN과 그 하부기구들의 활동내용과 시대적 변천을 살펴보고, 앞으로 국제군축에서 UN이 차지하는 위치와 그 역할 전망을 살펴보면서, 한국의 대UN 군축활동의 방향을 제시하려고 한다.

Ⅱ. 군축관련 UN기구들과 활동내역

UN에서는 1959년에 전반적이고도 완전한 군축(general and complete disarmament) 개념을 만들고, 군축 협상 참가국들 간에 평등을 강조하는 한편, 핵전쟁을 예방하는 데 있어 UN의 역할을 부각시키면서 국제 군축 의제를 만들었다. 군축 협상의 주요 무대는 초기에는 UN 총회가 지명한 위원회가 되었으나 이후 미국과 소련이 주도하고 UN 총회가 승인한 준 독립적인 다자간 국제기구가 군축의 주요 역할을 맡게 되었다.

1970년대 미·소간 쌍무적 군비통제 협상은 주로 핵무기를 의제로 해서, UN 밖에서 행해졌고, UN이 바라는 전반적이고 완전한 군축보다는 부분적 군축 형태를 띠었다. 1990년대 탈냉전 시기에 들어서서 UN은 다시 국제 군축의 중심에 서게 되었고, 재래식 무기제한, 국제 무기이전 통제, 국가 간 투명성 및 개방성 제고를 통한 신뢰구축 방안, 국방예산 감소 방안 등 많은 군축의제를 다루고 있다. 더욱이 1997년부터는 제네바 군축회의에서 보다는 UN에서 전반적이고도 생산적인 군축 논의를 진행해 가고 있다고 할 것이다. 본 장에서는 군축관련 UN기구들의 발전과 정과 각 기구의 임무와 역할, 1990년대 활동내역을 살펴본다.

2000년대 초기에 존재하는 UN내의 군비통제와 군축 기구는 1978년 5월 제1차 유엔 군축 특별총회에서 결의하고, 10월 UN총회에서 채택된 결의안에 근거하여 조직되었다. 이 군축기구들은 미국 뉴욕에 본부를 두고 활동하고 있는 UN총회 본회의, 군축관련 UN 특별총회, 총회 산하의 제1위원회(First Committee in the General Assembly), 군축위원회(Disarmament Commission), UN 군축부(Department of Disarmament Affairs), UN 안전보장이사회, 스위스 제네바에 본부를 두고 활동하고 있는 군축회의(Conference on Disarmament)로 구성된다. 이 기구들 중 제네바 군축회의는 협상기구이고, 나머지는 모두 심의기구이다. 그리고 군축 정책결정이나 심의 조직은 아니지만 핵 관련 기술과 감시에 있어 중요한 기능을 지닌 국제원자력 기구(International Atomic Energy Agency)가 있음은 앞에서 설명한 바와 같다.

1. UN 총회

매년 9월 말부터 12월 초까지 개최되는 UN총회는 모든 회원국들이 공식적으로 자국의 군비통제정책을 연설하도록 기회를 제공한다. 광범위한 군축의제에 관

해 비슷한 입장을 가진 회원국들이 비공식 접촉을 통해 의제를 형성하도록 만들기
도 한다. 그리고 결의안, 성명서, 제안과 건의를 담은 결정을 한다. 다음과 같은 몇
개의 UN 총회 결의안들은 다자간 군축 심의 역사에서 큰 전환점을 제공하였다고
볼 수 있다.[123]

- 1946년 UN총회에서는 원자력 에너지를 평화적 목적으로만 사용하자는 결
  의안을 통과시켰다. 이 결의안에 근거, 원자력위원회(Atomic Energy Commission)
  를 만들었고, 결국 국제원자력기구(International Atomic Development Authority)를
  창설하게 되었다.
- 1947년 UN 총회에서는 재래식무기위원회(Commission for Conventional Armaments)
  를 만들어 핵 및 재래식 감축을 연계한 포괄적 군축회담을 시도했다.
- 1959년에는 일반적이고도 완전한 군축에 관한 결의안을 통과시켰다.
- 1961년에는 핵무기의 이전과 획득을 금지하는 국제적 합의를 할 것을 요구
  하는 결의안을 통과시켰는데, 이는 1968년 핵확산 금지조약의 근거를 제공
  했다.
- 1963년에는 핵무기와 대량살상무기를 우주나 천체에서 배치하거나 사용할
  수 없도록 규정하여 결국 4년 후 외기권조약을 만들게 했다.
- 1960년대 말에는 해저(seabed)나 해반(ocean floor)을 평화적 목적으로만 사용
  하자고 결의하여, 1971년 심해조약의 기틀을 제공했다.
- 생화학무기의 사용을 비판하는 결의안을 통과시켜, 1972년 생물무기 금지
  조약, 1993년 화학무기 폐기조약의 기틀을 제공했다.
- 세계 각 지역에서 핵무기 사용을 금지하는 결의안을 통과시켜, 각 지역에서
  비핵지대 조약 채택의 계기를 마련했다.
- 1990년대와 2000년대에는 UN총회의 결의안이 너무 많아서 군축에 대한 정
  치적 효과가 줄어드는 경향이 있으나, 여전히 회원국들로 하여금 군축제안
  을 하게 하고, 군축 관련 조약에 서명하고 이를 발효시키도록 촉구하는 기
  능을 하고 있음을 부인할 수 없다.

---

123) Edmund Piasecki and Toby Trister Gati, "The United Nations and Disarmament," in Richard D.
    Burns(Ed.), *Encyclopedia of Arms Control and Disarmament* Vol. 2, (New York : Charls Sorbne's
    son, 1993)

2. 군축관련 UN 특별총회

가. 제1차 UN 군축 특별총회

- 비동맹 국가들은 다자간 군축 협상의 제도적 문제점이 속출하고, 군축에 실질적 성과가 없자 불만을 나타내었다. 따라서 비동맹 정상회담에서는 UN 군축 특별총회 소집을 요구했으며, 세계 군축에서 UN의 역할을 강화시킬 것을 요구했다.
- 1978년 5월 UN 본부에서 열린 첫 번째 군축 관련 특별총회에서는 오늘날 '군축의 바이블'이라고 불리는 최종문서를 결의하였다. 이 최종문서에 근거, 오늘날 UN에서 군축을 위해 일하는 모든 기구들을 설치하게 되었다. 이 특별총회에서는 미소 양자 간 군축이라든가, 유럽에서 양 진영 간의 군축노력에 대항해, 제3세계 국가들이 목청을 높였다. 이 최종문서에서는 다자 군축에서 UN이 중심역할을 해야 하며, 핵군축이 다른 어떤 군축보다 우선한다고 하면서, 최우선 순위로 포괄적 핵실험 금지를 설정하였다. 그리고 안전보장은 군축을 통해서 추구되어야 한다고 선언하고 있다. 무엇보다 중요한 결정은 협상기구와 심의기구를 분리했는데, 협상기구는 제한된 회원으로 구성되지만, 심의기구는 전 UN회원국으로 구성해야 한다고 결정하였다는 것이다.
- 1978년 UN총회는 군축에서 UN의 역할을 강화하기 위해 총회의 직접 통제를 받는 제네바 군축회의(CD : Conference on Disarmament)를 조직했다. 이 조직은 비동맹 국가들이 보다 영향력 있는 국가가 되려는 정치적 의지를 반영하고 있다. 그래서 비동맹국가들은 자신들의 안보에 근본적 영향을 미치지는 않는 핵무기 감축에 열의를 보이게 된 것이다.

나. 제2차 군축관련 UN 특별총회

- 1982년에 UN 총회는 제2차 군축관련 특별총회를 소집하지만 소련 및 중국이 지원하는 비동맹 국가와 중립국 진영이 서방 진영과 날카로운 입장 대립을 보여 최종 결의문 합의에 실패했다. 이때 서방 진영은 일반적이고도 완전한 군축 과정에 관한 협약 자체를 비현실적인 것으로 간주하고 있었다.
- 제2차 군축관련 특별총회의 실패는 UN의 통제 범위를 넘어선 정치적 원인 때문이었으며, 특히 1970년대 후반 미·소 관계의 악화에 기인했다.
- 이 시기에는 저개발 국가들의 협상 참여를 거부하는 서방 진영과 동등한

협상 참여 권리를 주장하는 다수 국가들 간에 서로 공감대가 형성되지 못했었다.

- 그러나 1982년 제2차 군축관련 특별총회에서 UN산하에 군축전담기구인 UN군축부를 창설하기로 결정했다.

다. 제3차 군축관련 UN 특별총회

- 1980년대 후반, 동서 양 진영 간 정치적 긴장이 해소되면서 1988년 제3차 군축관련 UN 특별총회가 소집되었다. 이 시기에는 비동맹 그룹이 해체되고, 고르바초프의 '신사고'가 등장해 미소간이나 다자간 군축의 걸림돌이 많이 제거되었다. 이 시기에 대표적인 군축조약은 미·소간에 합의된 중거리 핵무기폐기 조약이었다.

- 그러나 이러한 성과에도 불구하고 비핵지대, 평화지대, 군축과 발전의 관계 설정, 남아프리카와 이스라엘의 핵 능력, 화학무기 사용 여부 조사에 대한 UN 사무총장의 역할 등의 문제들이 해결되지 못했다.

- 제3차 군축관련 UN 특별총회 최종 결의문에서는 비확산 체제, 첨단무기 확산 제한을 위한 기술통제 체제, UN이 군축 노력에 있어 가장 적합하다는 것, UN 군축 노력은 UN 평화유지 노력 진행과 맥을 같이 한다는 점, 재래식 군축 부문에서의 UN의 공헌도에 대한 폭 넓은 합의가 이루어졌다.

- 이 회의에서는 개도국과 선진국간의 무기이전에 대한 국제적 감시가 이루어졌고, 핵 및 재래식 군축 노력 간의 관심이 균형을 이루게 되어 미래의 군비 감축에 있어 하나의 진전을 이룬 것으로 평가된다.

- 그러나 핵 군축에 높은 우선순위를 부여하는 기존의 강대국들과 이에 반대하며 경제 및 사회 분야까지 안보개념 확대를 강조하는 제3세계 국가들과의 대립이 있게 되었는데, 이는 UN이 극복해야 할 장애요소로 인식되어졌다.

3. UN 제1위원회 [124]

- 1978년 이후 군축과 안보 관련 사안들을 배타적으로 다루어 왔다. 매년 UN 총회가 개최되는 10월부터 11월까지 집중적으로 개최되며 주로 핵무기 관련 의제들을 중점적으로 다룬다.

- 포괄적 핵 실험 금지, 비핵 지대, 우주에서의 군비경쟁 예방, 비핵 국가의

---

124) Josef Goldblat, "Contribution of the UN to Arms Control," Dimitris Bourantonis and Marios Evriviades eds, *A United Nations for the Twenty-First Century: Peace, Security and Development* (Kluwer Law International: the Hague, 1996), pp. 243-258.

안보 문제 등이 주요 관심 사항이다.

- 이 위원회는 지금까지 다자적 접근에 의한 군축 노력을 쟁점화시켜 왔으며 관련된 연구를 수행하고 총회에 보고해 왔다. 연구의제는 사무총장이 선정하고, 전문가 집단을 임명하고 연구 프로젝트를 주며 주로 2년간의 연구기간을 준다. 그중 대표적인 연구보고는 탈냉전 시대 핵무기 비축량의 추이, 검증 분야에서의 UN의 역할, 중동 지역 비핵지대 설정 관련 연구가 있다.
- 이 위원회는 다자간 군축 수단 창출을 위해 위원회의 의제 축소 및 단순화를 시도해왔다. 그래서 소속 회원국 간의 합의에 의한 군축 노력을 형성했고 그 결과로 탈냉전 이후 위원회 내부투표 행위 없이 회원국 간의 합의에 의한 결의를 채택하는 경우가 늘어났다. 탈냉전 후는 재래식 무기 이전에서 투명성을 제고하고, 국방예산을 삭감하여 환경을 보호하도록 유도하는 방안 등에 관심을 기울여 왔다.

4. 군축 위원회(Disarmament Commission)

- 군축위원회는 원자력위원회와 재래식 군축위원회의 후신으로서 1952년에 결성되었다. 1965년 이래 아무 활동도 없다가 1978년 UN 군축 관련 특별총회의 결의에 따라 재가동되었다. 이 위원회는 모든 UN 회원국들로 구성되어 있으며, UN총회의 보조적, 심의적, 회기 간 회의를 개최하는 기구이다. 매년 5월 약 4주간 회의를 개최하며, 그 결과를 UN총회에 보고한다.
- 이 위원회는 군축분야의 각종 문제들에 대한 심의와 토의를 위해 조직되었다.
- 1980년대에는 매 회기마다 7내지 8개의 의제들을 다루었다. 핵 군비경쟁, 핵 및 재래식 군축에 관한 포괄적 계획, 군축과 발전의 관계, 특정 지역의 핵 능력 등의 문제를 다루었다.
- 1988년에 이 위원회에서는 신뢰구축과 검증분야에 관해 회원국 간의 합의를 도출해낸 것으로 평가된다. 검증분야의 합의는 본서의 검증에 관한 장에 요약되어 있다.
- 이 위원회는 1990년대에 매년 검토의제를 최대한 4개로 제한하고, 주요한 의제를 검토하는 4개 이상의 보조적 조직을 갖지 못하도록 제한하였을 뿐 아니라, 3년 이상 똑같은 의제를 검토할 수 없도록 제한하였기 때문에 이 위원회의 활동이 개선되었다. 하지만 총회의 1위원회에 기탁할 수 없는 문제들은 다루지 않았기 때문에 이 위원회의 성과가 제한되어 왔다. 따라서

오늘날 국제사회에서는 이 위원회의 활동범위를 더욱 넓히고, 효과적으로 만들자는 견해들이 많이 논의되고 있다.

5. UN 군축부(UN Office for Disarmament Affairs)

1982년 제2차 군축관련 특별총회에서 총회의 결의에 의해 설치되었다. UN군축부(1982년 설치 당시 명칭 : Department for Disarmament Affairs)[125]는 1992년까지 계속되다가 코피 아난 유엔 사무총장이 유엔 개혁의 일환으로서 1998년 재설치하였다. 2007년에는 Office for Disarmament Affairs로 개칭하였다. 이 군축국은 유엔 사무총장이 임명하는 사무차장의 지휘하에, <표 Ⅳ-7>에서 보듯이, 제네바 CD 사무국 및 지원국, 대량살상무기국, 재래식 무기통제국, 검증·자료·정보국, 지역군축국 등 5개 국이 있다. 그리고 군축국 내에는 유엔 사무총장과 UN 군축연구소에게 군축분야에 대해 조언하는 저명한 군축문제 자문단이 있다. 2015년 6월 1일부터 한국 출신 김원수 유엔 사무차장보(Under Secretary General)가 군축고위대표 대행(Acting High Representative for Disarmament Affairs)을 맡고 있다.

표 Ⅳ-7 UN의 군축관련 조직

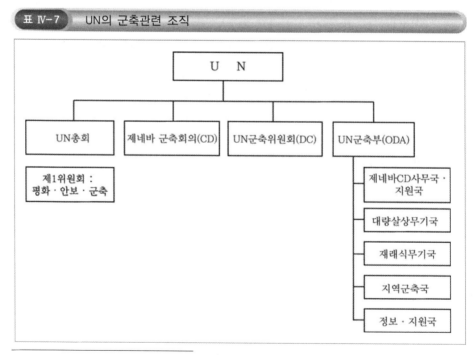

---

125) UN 군축부는 보통 UN 군축국이라고 불리고 있다. 하지만 UN에서는 국(bureaus)이라고 부를 수 있는 조직들이 부(department) 산하에 많이 있는 바, 필자는 국보다 상위개념으로 부라고 지칭하고자 한다.

UN의 이런 모든 요소들은 군축이슈들에 관해 사무총장에게 조언할 뿐만 아니라 회원국들에게 군축이슈들에 관한 정보와 정책결정에 따르는 업무지원을 제공한다.

대량살상무기국(Weapons of Mass Destruction Branch)은 핵, 화생무기의 군축에 관한 일을 맡고 있다. 이 국은 대량살상무기의 비확산을 강화시키기 위한 다자적·국제적인 노력을 지원하고 있으며, 대량살상무기와 관련된 국제기구들(IAEA, OPCW, CTBT, 군축회의 등)과 긴밀한 협조관계를 유지하고 있다.

재래식무기통제국(Conventional Arms Branch)은 대량살상무기를 제외한 모든 무기의 통제와 군축을 관장한다. 특히 투명성, 신뢰구축, 긴장지역에 소형무기 판매를 통제하며 실질적 군축(practical disarmament), 즉 위험지역에서 무기의 수거와 발전유인 제공 등을 추진하고 있다.

지역군축국(Regional Disarmament Branch)은 3개의 지역에 군축센터를 두고 지역내 평화와 군축을 장려하는 역할을 하고 있다. 3개 지역은 아프리카, 아시아·태평양, 라틴아메리카·카리비아해이다.

정보·지원국(Information and Outreach Branch)은 군축분야에 매우 다양한 행사와 사업을 조직하며 군축과 관련된 총괄사업(군축연감 등), 재래식 무기 등록 분야와 같은 자료를 유지하며, 지뢰금지협약의 이행실태 등을 유지한다.

UN 군축부 내에 지역군축국 산하에는 아시아 지역에는 네팔의 카트만두, 중남미 지역에는 페루의 리마, 아프리카 지역에는 토고의 로메 등에 있는 지역 센터들을 통해 유엔 군축국의 지역적 업무를 보좌하고, 지역내에서 제기되는 군축문제를 UN 군축부로 보고하는 역할을 한다. UN 군축부는 많은 전문가 회의들을 개최하고, 대중 강의, 세미나, 심포지엄을 가지며, 출판물을 다수 발간하여 군축에 관한 정보와 지식을 확산한다. 군축부는 규범에 근거한 조직(norm-based organization)이므로 일반대중과 회원국들에게 그런 규범들을 전파하고 국제적 군축활동을 독려한다.

6. UN 안전보장이사회(안보리)

UN 안전보장이사회는 국제사회에서 무장을 규제하는 UN 헌장의 기구이다. 안보리는 상임이사국의 군사참모로 구성되는 군사참모위원회의 지원을 받는다. 2차 대전 후 몇 년 동안 안보리는 군사참모위원회의 지원 없이 직접 군비통제회담에 관여했다. 1950년 이후 이 활동은 급속히 줄어들었다.

그러나 1968년에 안보리는 비핵국가들이 핵국가의 핵무기 위협이나 침략을 받을 때 지원을 제공한다는 소극적 안전보장을 보장하는 결의안을 채택했으며, 1995

년에는 핵국가들이 핵사용을 하지 않는다는 적극적 안전 보장을 통과시켰다.

1991년 안보리는 걸프전 이후 이라크에 대해서 결의안 제687호를 통과시키고, UN특별위원회(UNSCOM : UN Special Commission)를 결성했다.

UNSCOM은 이라크에 대해 세 가지 요구 사항을 결의했다. 첫째는 제네바 의정서, NPT, BWC를 비준하고 준수할 것과, 둘째는 이라크의 생화학무기 및 사거리 150km 이상의 탄도미사일을 폐기하고 개발능력을 포기할 것을 요구했고, 셋째는 핵무기 관련 시설과 연구개발능력을 포기할 것을 요구했다.

UNSCOM의 단기 목표는 이라크가 신고하였거나 신고하지 않은 생화학 및 탄도미사일 기지에 대한 현장사찰을 하는 것이었다. 중기 목표는 UNSCOM과 IAEA가 협력하여 이라크의 핵무기, 저장시설, 관련 시설 및 핵무기 원료에 대해 해체, 반출, 그리고 완전 폐기시키는 것이었다. 장기 목표는 UNSCOM과 IAEA가 공동으로 이라크의 핵무기 및 핵 관련 시설의 획득 및 개발 방지를 감시하는 것이었다.

이러한 3단계의 군축계획은 UNSCOM과 IAEA에 사안별로 분할되어 위임되었고 두 기구는 UN안보리의 후원하에 활동을 했다. UNSCOM의 이라크 내 활동에 있어 여러 가지 장애가 있었는데 그중 가장 중요한 것은 이라크 정부의 비협조적 태도였다. 이라크 정부는 사찰의 지연, 사찰장비 제한, 사찰요원에 대한 위협 등 여러 방식으로 저항했다. 또한 이라크의 숨겨진 시설물이나 전쟁 피해로 인해 위험성이 증가된 시설을 사찰하는 데는 기술적 어려움이 존재했었다. UN안보리와 IAEA 간의 불명확한 위계질서 및 UNSCOM과 다른 기구 간 관계의 불명확성도 미래의 강제적 군축 계획의 발전을 위해서는 해결되어야 할 사안이었다.

1992년 안보리에서는 북한 핵문제의 해결을 둘러싸고, IAEA가 그 회원국들의 핵시설과 핵능력을 사찰하는 과정에서 세계 안보와 평화에 중대한 위협을 발견할 경우 그 사례들을 안보리에 보고하게 하고, 안보리 이사국들은 그것의 조기 해결을 회원국에게 요구할 수 있도록 함으로써 안보리와 IAEA간의 연계를 강화시켰다. 이후 1996년에는 '93＋2 결의안'을 통과시켜 IAEA가 회원국의 미신고 핵시설도 사찰할 수 있도록 특별사찰제도를 강화시켰다. 그러나 1990년대 후반 UN안보리 상임이사국들의 일반적이고도 완전한 군축에 대한 무관심, 미국과 러시아의 핵군축에 대한 정치적 의지의 약화, 미국과 중국 간의 핵 및 미사일 문제 등으로 인해 안보리가 국제군축에서 차지하는 역할은 매우 축소되었다. 이는 21세기에 활성화되어야 할 과제로 남아 있다.

7. 군축회의(Conference on Disarmament)

제네바 군축회의는 역사적으로 제네바에 본부를 둔 몇 가지 군축회의의 후신으로서, 1978년 제1차 UN 군축특별총회에서 합의된 최종문서에 근거하여 1979년 결성되었다. 1960년 제네바에 본부를 두고 활동한 10개국 군축위원회, 1962년에 10개국이 18개국으로 늘어나면서 결성된 18개국 군축위원회(1962-68), 군축위원회의 회의(Conference of the Committee on Disarmament)가 1969년부터 1978년까지 존재했다. 제네바 군축회의는 1979년에 40개 회원국으로 출발했지만, 2015년 현재 65개국이 회원국이며, 미국과 러시아를 포함하여 남북한, 일본, 중국도 회원국으로 있다.

군축회의는 엄격히 말해서 UN의 기구가 아니다. 그러나 시간이 지나면서 UN과 군축회의간 긴밀한 관계로 발전하였다. 군축회의에서는 UN회원국들이 UN에서 행한 제안이나 UN 총회의 결의안을 감안해서 토의를 하며, 그 토의 결과를 정기적으로 UN 총회에 보고한다. 그리고 군축회의에서 합의된 합의서들은 군축회의의 모든 회원국들이 서명을 하여, UN 총회에 제출하며, 모든 UN 회원국들이 서명하고 비준하도록 강력한 지지활동을 한다.

군축회의의 예산은 UN 예산에 반영되어 있고, 군축회의의 사무총장은 UN 사무총장이 임명한다. 군축회의의 의사는 회원국 전원일치로 결정되며, 만장일치를 요하는 것으로 이해된다. 모든 군축회의 회원국들은 모든 의제나 의사진행 방식에 대해 거부권을 가진다. 그렇기 때문에 의사결정과 의제진행이 느리다는 비판을 받고 있다.

회의는 매년 3차례 스위스 제네바에서 열리는데, 첫 번째 회의는 1월부터 10주간, 두 번째 회의는 첫 번째 회의 후 7주간, 세 번째 회의는 두 번째 회의 후 7주간 65개의 회원국이 참여한 가운데 개최된다.

군축 회의는 1979년 전신인 군축위원회가 채택한 모든 분야에서의 핵무기, 화학 무기, 대량파괴무기 등을 포함한 10개 의제를 아직도 계속 유지하고 있다 : 1) 핵무기 2)화학무기 3)기타 대량살상무기 4)재래식 무기 5)군사비 감소 6)무력감축 7)군축과 개발 8)군축과 국제안보 9)신뢰구축/검증 10)효과적 국제체제하에 일반적이고도 완전한 군축으로 이끄는 포괄적 군축문제 등이 그 의제이다.

CD는 1992년도에 화학무기 금지협약의 원안을 합의하여 국제사회의 주목을 받았다. 1996년에는 CTBT의 합의문안을 도출하여 국제사회의 인정을 받았다. 그러나 그 후 CD는 이렇다 할 활동을 하지 못하고 있다. 이에 대해 국제사회는 걱정하고 있다. 군축회의가 어떤 생산적인 활동도 못하고 있는 것에 대해서 이 활동을 중단시키거나, 폐지하자고 하는 극단적인 주장도 있다. 그러나 이는 너무 급진적인 견해이며, 다자적 군축협상기구를 없애기는 쉬워도 만들기는 너무 어렵다는 역사적 경험을 감안한다면 너무 좁은 생각이다.

군축회의가 별로 활동을 못하고 있는 이유는 첫째, 1999년에 강화된 5개의 안보리 상임이사국들간에 깊은 의견 불일치가 존재하기 때문이다.[126] 미국은 CTBT를 비준하지 않고 있다. CD가 성공적으로 작동하기 위한 열쇠는 일반적으로 국제 상황의 개선에 있다고 할 수 있다.

둘째, CD가 아무런 성과를 내지 못하고 있는 이유는 CD의 의사결정방식인 만장일치에 기인한다고 할 수 있다. 5대 핵국이 아닌 국가의 대표가 CD의 의장을 맡고, 한 국가라도 의사의 진행에 반대하면 결의안이 나올 수가 없다. 따라서 이 의사결정 방식을 바꾸는 것이 군축회의의 문제점을 해결하는 방향이라고 생각하는 사람들이 많다. 몇 가지 해결방안이 제시되고 있는 바, 만장일치제를 포기하고 다수결로 결정하는 것, 중요한 안건은 만장일치로 하되 이해가 너무 첨예하게 대립하는 문제는 다수결로 하는 것, 아니면 CD에서 심의하고 남은 문제를 UN으로 이관하는 것 등이 그것이다. 하지만 현재의 만장일치제를 포기하기가 쉽지 않다. 세계적 안보와 군축 문제에 대해 다수의 편에 있는 국가들은 이 다수결을 지지할 것이다. 그러나 소수의 편에 있는 국가들은 만장일치제의 포기를 원하지 않을 것이다. 특히 미국과 러시아 같은 나라들이 소수의 편에 있을 경우 만장일치제를 폐지하려고 한다면 결단코 반대할 것이다. 인도나 파키스탄 같은 나라가 핵확산금지조약과 같은 이슈를 논의할 때, 소수의 입장에 있다면 군축회의에서 만장일치제의 포기를 원하겠는가? 그래서 이러지도 저러지도 못하면서 세계의 정치지도자들이 국제군축에 다시 한 번 강력한 지도력과 비전을 제시하기를 바라고 있다.

그러나 한국 등 중급 국가들은 이 CD를 잘 활용할 필요가 있다. 지역적 군축 문제를 CD에서 제기하고, 선진국의 경험과 전문성을 조언받을 필요가 있다. 따라서 대CD 외교를 활성화 할 필요가 있다.

---

126) *Arms Control Today*, "Illuminating Global Interests : The UN and Arms Control," An Interview With UN Undersecretary−General Jayantha Dhanapala, September/October 1999.

Ⅲ. 21세기 UN의 군축활동

21세기가 도래하면서 UN에서는 군축분야에서 왕성한 의욕을 보이고 있다. 20세기 UN의 활동이 집단안보, 평화유지, 예방외교, 제재 등에 중점을 두어 왔다면 1990년대 말부터 UN은 군축에도 똑같은 비중을 두고 활동을 전개하고 있다. 종래의 UN 활동이 분쟁으로부터 평화를 회복하고 평화를 유지하는 소극적 평화활동에 치중했다면 이제 평화를 창조하고 평화적 여건을 조성하는 적극적 평화활동에도 관심을 두겠다는 것이다. 이 일환으로서 UN의 군축활동이 활발해진 것이다.

UN 군축은 이제 세계 평화와 안보를 확실하게 구축하기 위해서 군축의 새로운 철학과 비전을 정립하겠다는 것이다. 국제군축도 모든 회원국이 대상이 되는 일반적이고 완전한 군축을 추구하면서, 동시에 개별 회원국의 구체적 수요에 맞는 (customer-oriented) 군축 서비스를 제공하는 개별적이고 부분적 군축도 추구하겠다는 것이다. 구체적 안보문제를 찾아서 국제적 컨센서스를 이루고, 그 합의에 근거하여 군축활동을 한다는 것이다. 이 과정에서 군축만 하는 것이 아니라 회원국의 저개발 문제, 구조적 폭력문제에 개입하여 경제사회 개발의 인센티브를 제공하면서 군축의 목적을 달성하는 군축과 개발을 병행 추진하겠다는 새로운 접근방식이 나오고 있다. 또한 냉전시대 미·소 양국 간에 추진되었던 핵군축도 UN의 토의의 장으로 끌어 들이고, 미사일 문제도 UN의 토의의 장으로 끌어들이려고 하고 있다. 한편 지금까지 대량살상무기 중심의 국제군축에서 재래식 무기와 소형무기까지도 그 토의 의제를 확대하고 있다.

따라서 본장에서는 UN이 최근 그 해결을 추구하고 있는 핵군축과 핵실험금지 문제, 미사일 확산방지 문제, 재래식 무기에 있어 투명성 문제, 소형 및 경무기 문제, 실제적인 군축조치, UN 군축의 제도보완 등의 이슈를 살펴보기로 한다.

1. 핵군축과 포괄적 핵실험 금지조약(CTBT)

UN은 미국과 러시아간에 진행되고 있는 핵군축이 조속히 실현되도록 촉구하는 결의안을 매년 채택해 왔다. 핵군축과 관련하여 미·러 간에는 두 가지 조약이 있다. New START와 ABM(요격미사일 제한 협정)이 그것이다. New START는 2010년 4월 미국 대통령 오바마와 러시아 대통령 메드베데프 사이에 서명되고 2011년 2월 발효되었다. 이 조약은 START-Ⅰ(2009년 12월 만료)와 SORT(2012년 12월 만료)를 대체하기 위한 것이다. New START에 의하면 우선 실전배치 핵탄두의 수는 1,550개로 제한하였다. 또 ICBM 발사대, SLBM 발사대, 전략폭격기의 수는 800대(실전배치 700대)로 제한하였다.

미국과 러시아간의 핵군축은 쌍무 협상에서 이루어지고 있고, 5대 핵국 간의 핵군축회담은 아직 개최되지 않고 있다. 하지만 핵군축 분야에서 2000년 5월 뉴욕에서 개최된 NPT평가회의에서 중요한 진전이 있었는 바, 5대 핵국은 핵무기를 지구상에서 완전히 제거하겠다는 합의를 한 바 있다.[127] 이것은 인도가 포괄적 핵실험금지조약에 가입하는 조건으로 5대 핵국이 시한을 설정하여 완전한 핵군축을 하도록 촉구하던 것에 반대하던 미·러 양국이 21세기 국제사회의 요구에 못 이겨 양보한 것으로 비쳐진다. 사실 5대 핵국이 시한은 정하지 않았지만 핵무기를 완전히 폐기하겠다는 약속은, UN에서는 NPT조약 제6조에서 규정한 완전하고도 포괄적인 핵군축의 실현을 앞당기는 조치로서 환영하고, 핵국들이 이를 조속히 실현해 줄 것을 촉구하고 있다. 아울러 1998년 5월 핵실험을 강행한 인도와 파키스탄이 NPT체제에 가한 충격을 UN은 서서히 벗어나고 있다. 인도와 파키스탄이 포괄적 핵실험금지조약에 가입할 것을 촉구했고, 두 나라는 그렇게 하겠다고 약속했다. 아울러 인도는 핵무기 전략을 UN에 제출했다. 그 신뢰성에는 아직도 의문이 있지만, 인도와 파키스탄이 NPT에 가입하도록 압력을 계속 행사하고 있다.

한편, 미·러 간에 공격용 핵무기의 경쟁을 막기 위해 1972년 합의한 ABM이 있다. 20세기 내내 미·러 양국은 ABM조약이 미·러 간의 전략적 안정성을 확보하고, 군비경쟁을 방지한다는 차원에서 긍정적이었다고 평가하고, 2000년 5월에 이 조약을 보존·강화한다는 것에 합의했다. 이는 2001년 미국의 부시 신행정부가 등장할 때까지 미국 정부의 입장이 되었다. 미국이 요격미사일의 발사대와 레이다를 제한한 ABM의 합의사항을 깨고, 미사일 방어체제를 미국뿐 아니라 우방국에 배치하려고 하는 움직임은 부시 공화당 행정부의 등장으로 현실화되고 있다. 사실 UN에서는 미국의 미사일 방어체제에 대한 우려가 지지보다 훨씬 높다.

한국에서도 이와 관련하여 2001년 2월 한·러 정상회담 때 한국이 ABM의 보존과 강화를 지지한다고 러시아와 합의함으로써, 미국의 미사일 방어체제에 대해 반대하고 러시아의 입장에 대해 지지하는 인상을 초래해 외교문제로 비화되었던 적이 있다. 유엔에서는 미·러간, 미·중간에 첨예한 입장 차이를 극복하고 핵군축을 앞당기는 차원에서 미사일 방어체제 문제가 해결될 것을 바라고 있는 실정이다.

---

127) Tarig Rauf, "An Unequivocal Success? Implications of the NPT Review Conference," *Arms Control Today*, July/August 2000, pp. 9-16.

한국 정부로서도 미사일 방어체제가 주는 안보상의 이점, 지역의 안정에 미치는 영향, 그리고 국제적 핵군축에 미치는 영향 등을 잘 비교하여 국가적 입장을 선택해야 할 것이다.

CTBT는 1996년에 타결되었다. 지구상에서 핵실험을 금지하자고 하는 제안은 1958년부터 핵무기 보유국인 미국과 소련, 영국간에 제기되어 왔다. 1972년부터는 제네바 군축회의에서 제기되고 협의되었다. 그러나 진전이 없다가 1995년 NPT연장 검토회의에서 5대 핵국을 제외한 다른 국가들이 강력하게 제기하여 NPT를 무기한 연장시키는 것을 조건으로 1996년에 NPT회원국들이 따로 모여 포괄적 핵실험 금지조약을 통과시켰다. 이 조약 제16조에는 강제가입 규정이 있다. 즉, 이 조약이 발효되려면, 5대 핵국을 비롯한 남북한, 인도, 파키스탄, 이스라엘 등 44개의 세계 주요 원자력 국가들이 이 조약에 서명하고 비준서를 기탁해야 한다는 것이다. 이런 요구조건은 다른 군축 조약에는 없는 것이다. 2013년 9월 말 현재 183개국이 서명했으며, 그중 161개국만이 조약을 비준했다. 하지만 미국은 2000년 12월 상원에서 이를 부결시켰다. 러시아와 중국도 CTBT를 비준시키지 않고 있으며 인도와 파키스탄도 정치적 약속은 했지만 비준을 않고 있다. 따라서 CTBT의 효력발생에 대한 단기적인 전망은 낙관적이지 않다. UN에서는 아직도 이를 비준하지 않고 있는 국가들에게 비준을 촉구하고 있다.

2. 실제적인 군축조치(practical disarmament measures)

1997년 12월 9일 UN 총회 결의안 제52/38G호에 의거, UN 군축부는 20여 개국의 관심있는 회원국 집단의 주도로 기금을 조성하고, 회원국으로부터 긴급하고도 실제적인 군축요구와 수요가 있을 때 개입하여 안보와 군축문제를 해결해 주도록 하는 적극적인 조치를 취하기 시작했다. 이것은 모든 UN 회원국에 대해 보편적이고 완전한 군축을 지향해 왔던 UN이 수요자인 개별 회원국의 필요에 따라 수요자 중심의 군축 서비스를 제공하여야 하고, 그렇게 하겠다는 발상의 대전환에서 비롯된 것이다.

우선 UN 군축부는 1998년부터 관심 있는 회원국 그룹을 결성했으며, 기금을 조성했다. 그리고 1998년 한 해 동안 세 개의 전문가 회의를 개최하였다. 1998년 7월 27-31일간 아프리카 카메룬에서 실제적 군축조치 담당자 훈련을 실시하고, 1998년 11월 18-20일간 남미의 과테말라에서 "무기 수집과 전투자의 시민사회로의 복귀"라는 주제하에 과테말라, 니카라과, 엘살바도르, 온두라스, 콜롬비아의 사례를 연구 발표하는 워크숍을 개최하였다. 이어서 1998년 11월에는 UN 본부에서 "소형무기 문제를 해결하기 위한 협조운동(Coordinating Action on Small Arms)"에 관한 회의를 개최했다.[128] 그리고 1998년 10월부터 알바니아에서 전쟁 후의 질서회복을 위해 군대 외의 전투원과 일반시민으로부터 소형무기를 회수하는 시범사업(Gramsh Pilot Project)을 시작했다.

이 시범사업은 군축의 관점, 사회개발의 관점, 공중의 인지도 제고라는 세 가지 관점을 결합하여 UN이 개별회원국의 질서와 안전문제에 개입한 첫 사례로 기록된다. 이것은 소요가 생활화된 국가 내에서 그 불안정과 폭력의 악순환을 영구화시키는 것은 저발전, 소형무기, 가난, 정부의 무능 등 복합적인 요소들인 만큼, 정부의 합법적인 군대 외의 전투원과 일반시민으로부터 무기를 회수하고, 그 반대급부로 물질적 혜택과 함께 장기적 개발을 돕는다는 것이었다. 물론 이 개발 프로그램은 UN 군축부와 경제사회이사회가 공조함으로써 작성되고 집행되었다. 그럼으로써 무기로 인한 폭력을 감소시키며, 사회질서의 안정을 되찾아 결국 UN의 목적인 평화와 안보를 달성해 준다는 것이다.

이 첫 시범사업은 성공했다고 판단하고 있으며, UN은 지금까지 산하 각 조직이 따로 따로 활동함으로써 UN 전체의 목적 달성이 어렵고 비효율적이었던 문제점이 있었는데, 군축과 개발의 공동활동은 이러한 문제점을 시정하려는 군축분야의 첫 출발이었다는데 그 의의가 있다. 이 성공사례를 바탕으로 UN은 보다 더 많은 실제적인 군축활동을 수요자인 개별국가의 필요에 맞게 전문적인 군축서비스와 개발서비스를 제공하는 방향으로 제도화시켜 가려고 노력하고 있다. 이러한 방향을 잘 인식하고 앞으로 재래식 무기가 너무 많은 북한이 정치적 사회적 불안정이 생길 우려가 있을 때, UN의 이러한 활동을 잘 활용하도록 해야 할 것이다.

3. 미사일 확산방지 문제

UN에서는 1998년부터 세계적 안보와 평화를 위해 미사일 확산을 통제하기 위한 활동을 개시했다. 지금까지 미국을 비롯한 30여 개 이상의 선진국들이 미사일 수출을 통제하는 미사일 기술 수출 통제체제(Missile Technology Control Regime)를 통해 미사일 확산을 방지해 왔다. 그러나 UN에서는 군비의 제한과 군축이라는 UN 자체의 목적을 내세우면서, 세계적 차원의 미사일 수출 통제와 특정 지역에서 미사일 확산 문제 등을 다루겠다고 천명하였다. 이는 탈냉전 후 21세기에 세계안보와 평화

---

128) UN Press Release DC/2623, December 18, 1998.

를 위협하는 가장 중요한 요소는 핵무기보다는 미사일에 있다고 보는 판단에서 나
왔다. 핵무기는 5대 핵국과 인도·파키스탄·이스라엘 정도에 국한되어 있지만 미
사일은 40여개 국가가 보유함으로써 지역적 세계적 안보를 위협할 수 있는 정도로
확산되고 있기 때문이다.

1999년과 2000년 UN 총회에서 미사일에 관한 결의안이 통과되었다. 물론 그
내용은 아직 추상적이었다. 이 결의안은 미사일이 중요한 안보이슈이며 국제적으
로 모든 국가가 참여하는 포괄적인 군축 노력을 필요로 한다는 데 공감하고 있다.
이 결의안이 이란의 주도로 UN 제1위원회와 총회에 제출됨에 따라 미국과 한국 등
65개국은 기권을 했고, 중국과 러시아 등 97개국은 찬성을 했다. 그러나 러시아와
중국은 미사일 문제에 대해 주도적 역할을 자임하면서, 전 지구적 미사일 감시체제
를 설립할 것을 주장했다. 러시아는 미국이 주도한 MTCR의 한계를 지적하고, 이를
보다 효과적인 미사일 확산방지 체제로 대체하기 위해, 5대 핵국을 포함한 47개국
을 초청하여 2000년 3월에 제1차 국제미사일 감시체제 회의를 개최했다. 2001년
2월에는 미국이 불참하고, 72개국이 참여한 제2차 회의를 개최했다. 이 회의의 개
최목적은 미국 중심의 MTCR과 미국의 국가 및 전구 미사일 방어체제를 견제하고,
러시아와 중국이 중심이 되는 새로운 미사일 확산방지 체제를 만들어 미사일 군축
과 비확산에서 주도권을 잡겠다는 것이다. 기존의 MTCR과 미국의 미사일 정책은
불량국가들을 국제체제에서 소외시키고, 미국 중심의 안보이익을 반영하고 있기
때문에 미사일 확산 문제를 불편부당한 입장에서 접근하고, 미사일 포기국가에 대
한 긍정적 유인책도 보장해야 한다는 이유를 명분으로 내세우고 있다.

현재로서는 미사일 확산을 막기 위해 미국 중심의 MTCR, 미국의 개별적 노력,
러시아와 중국 중심의 국제미사일 감시체제 등이 난립하고 있으나, UN에서는 앞으
로 매년 미사일 문제 해결에 우선순위를 두고 국제군축노력을 강화해 나갈 방침이
다. 이에 따라 한국에서도 미사일 전문가들의 양성과 미사일 협상 전문가들의 양
성, 그리고 전문가들과 정부의 협조체제 확립이 매우 시급하다. 왜냐하면 미사일
문제는 한반도의 가장 큰 안보문제일 뿐 아니라 21세기 동북아시아에서 가장 큰
안보문제이기 때문이다.

4. 재래식 무기 등록제도(UNRCA)

유엔 재래식 무기 등록제도(UNRCA, United Nations Register of Conventional Arms)는
국제 무기 거래에서 투명성을 제고함으로써, 회원국들이 불안정적인 공격용 재래

식 무기를 축적하는 것을 방지하기 위해 고안되었다. 재래식 무기의 국제적인 생산
과 수출, 수입에 관해 투명성을 증대한다. 이것은 중요한 신뢰구축 수단이다.

1991년 12월 15일 UN 총회에서는 회원국들의 군비에서 투명성을 증가시키기
위해 재래식 무기 이전 등록을 요구하는 결의안 제47/53L호를 통과시켰다. 이 결의
안에 의하면, 회원국들은 1993년부터 매년 무기 수출입 현황을 UN 사무총장에게
제출하도록 되어 있다. 물론 회원국들의 수출입 현황 통보는 자발적인 것이며 강제
적인 것은 아니다. 회원국들은 전차, 장갑차, 대구경 야포, 전투기, 공격용 헬기, 전
함, 미사일·발사대(사거리 25km 이상) 7개 항목에 걸쳐 그 수출국과 수입국을 명시하
여 수량을 제출하게 되어 있다.

1994년 1월부터 전 세계 80개국이 등록을 시작했으며, 2000년도에는 84개국이,
2006년 8월까지 169개국이 최소 1회 이상 등록하였다. 그러나 아직도 각 나라로부
터 제출된 자료들은 서로 맞지 않은 경우가 많다. 1999년 예를 들면, 미국이 스위
스에 대해 4개의 AIM-120을 수출하고 TOW 미사일은 하나도 수출하지 않았다고
신고했으나, 스위스는 500기의 TOW 미사일을 수입했다고 신고했기 때문이다. 전
문가들은 이를 각 국가들이 수출입현황을 보고할 때, 무기의 이름과 범주를 달리
기입하는 습관 때문에 차이가 생기는 것으로 보고 있다. 하지만 의도적으로 잘못
신고하는 경우도 배제할 수 없다.

USRCA는 국가들의 참여확대 등 발전방안과 운영현황 평가, 개선방안 모색을
위해 3년 마다 전문가 그룹회의를 개최하고 있다. 2003년 회의에서는 등록의무 7개
무기체계 중 대구경 야포의 등록대상을 100mm에서 75mm로 범주를 확대하였으며,
휴대용방공미사일(MANPADS)을 미사일·발사대 범주의 등록대상에 포함시켰다. 2006
년에는 전함(war vessels)의 등록대상 기준을 750톤에서 500톤급 이상으로 확대하
였으며, 아울러 소형무기 및 경화기를 등록 권고 대상에 포함시키는 등 소득을 올
렸다.[129]

그럼에도 재래식 무기 등록제도는 아직도 많은 문제점을 가지고 있다. 첫째,
회원국이 재래식 무기 수출입 상황을 보고하지 않더라도, 아무런 제재나 불이익을
가할 수 없다는 것이다. 둘째, 투명성과 공개성을 존중하는 국가들만 보고함으로
써, 그들과 갈등관계에 있는 국가들이 보고하지 않을 때, 오히려 안보상의 불이익
을 받을 수 있다는 것이다. 셋째, 무기의 국내생산과 연구개발을 막을 수 없다는 결
정적 단점이 있다. 넷째, 국가들만 등록함으로써, 자본주의 시장경제를 채택하고

129) 외교부, 『2013 군축·비확산 편람』, (외교부, 2013), pp.104-107.

있는 나라들에서는 무기 생산자들이 오히려 큰 정치적 경제적 힘을 가지므로, 무기 생산자·수출자들이 국제평화에 대한 아무런 도덕적 책임을 느끼지 않으므로, 등록 제도가 아무런 수출자제 효과를 거둘 수 없다는 데 있다.

이러한 문제점을 인식하고, 2000년 UN NGO총회에서 필자를 비롯한 몇몇 전문가들이 앞으로는 국가와 함께, 국가내의 무기 생산자, 수출입 회사들의 회사명과 주소, 그 생산, 수출입 실적을 보고토록 하는 것을 제안했고, 이것이 최종 결의안에 받아 들여졌다. 즉, 무기를 생산하고 수출입하는 업자들이 무기수출입으로 버는 돈을 세계평화에도 기여하도록 기부하거나, 아니면 회사들이 무기수출을 자제하도록 해야 한다는 것이다.

5. 소형 및 경무기 등록제도 및 불법거래 금지

20세기 후반 인류는 그들에게 가장 큰 위협은 대량살상무기 특히 핵무기에서 왔다고 인식하고 있다. 하지만 탈냉전 이후 핵군축과 핵실험 중지는 달성되고 있다. 반면에, 1945년 이후 싸운 전쟁은 재래식 무기를 사용해왔고 막대한 사망자와 파괴를 초래했다. 최근에는 국가 내에서 종족 간, 부족 간, 정부군과 반정부군, 불특정 단체들 간에 엄청난 소요와 폭력, 살상과 파괴를 가져왔다. 이 갈등의 결과, 정부의 군대가 아닌 불법 단체, 민간인, 어린이들이 소형무기를 소유하게 되어, 갈등이 있는 국가들 내에는 살인과 파괴가 생활화되고, 구조적 폭력이 체질화 되어 있다. 이는 저발전과 폭력, 무질서의 악순환이 되고 있음을 의미한다.

UN에서는 1997년부터 소형무기와 경무기 문제를 정부전문가 그룹에게 연구시켰고, 1998년부터 이 문제의 해결을 위해 노력하고 있다. 즉 소형무기와 경무기의 거래를 등록하고, 그 불법거래를 금지시키는 제도를 만들고 있다. 또한 UN 사무총장으로 하여금 UN 군축부에 소형무기와 경무기에 관한 활동을 책임질 부서를 정하도록 하였다. 이 문제에 관해, UN의 체계적 활동에 관한 정보를 수집하고 통제할 소형무기조정행동(Coordinating Action for Small Arms : CASA)이라 불리는 메커니즘을 설립했다.

여기서 소형무기란 개인이 사용할 수 있는 무기로서 준기관총과 소총을 말하며, 경무기란 작은 그룹의 구성원(예를 들면, 테러단, 범죄폭력단, 마약단 등)들이 사용하거나 경차량에 실을 수 있도록 고안된 무기, 즉 로켓추진유탄발사기(RPG), 경대전차 미사일, 휴대용 대공 미사일 등이 이에 속한다. UN에서는 전 세계에 약 5억 개의 소형무기가 흩어져 있다고 추산하고 있으며, 이들 중 90%가 일반시민이 보유하고 있는 것으로 보고 있다. 이 소형무기에 의한 희생자 중 80%가 아동과 여성인데 그 문제가 더 심각하다. 왜냐하면 아동들은 가치관이 생기기 전에 이 소형무기를 사용하고 희생되기 때문이다.

오랫동안 유엔안보리에서는 이러한 소형무기와 경무기에 관해 논의했으며, 총회에서 여러 개의 결의안이 통과되었다. 소형무기와 경무기 문제는 아프리카, 아시아, 중남미 등지에서 발생한 사회적 문제로서, 이들의 해결은 인도적 차원에서 매우 심각한 것이다. 아프리카의 소형무기 문제를 해결하기 위해 서부아프리카 경제공동체(ECOWAS : Economic Community of West African States)를 만들었다. ECOWAS는 소형무기와 경무기의 수입, 수출과 제조에 대해 모라토리엄(금지령)을 발동했다. 2001년 7월 뉴욕에서 소형 및 경무기 국제대회가 개최되었다.

소형 및 경무기에 대한 국제적 주의의 환기는 정부뿐 아니라 관련 전문가들이 이 문제에 책임을 지고 적극적으로 뛰어줄 것을 기대하고 있다. 이들의 생산, 불법 거래 등을 막고, 이미 개인의 손으로 넘어간 무기에 대해서는 경제적 인센티브를 주고 회수하여 정부의 손에 넘겨주는 작업을 하고 있다. 확실히 소형 및 경무기는 21세기 UN군축의 주요 이슈로 떠올랐다. 소형무기는 안보측면, 인권측면, 발전측면, 환경측면 등 모든 문제를 종합적으로 다루는 UN군축의 새로운 분야다. 이 분야에 대한 한국의 적극적인 참여와 기여가 요구된다. 왜냐하면, 북한이 국내 소요나 체제 붕괴의 조짐이 있을 때, 바로 소형 및 경무기가 일반주민, 게릴라의 손으로 확산될 것이기 때문이다. UN에서 유사한 문제에 대한 예상 문제점과 해결방안을 미리 숙지해 놓을 때, 보다 안전한 통일의 길이 열릴 수 있기 때문이다.

UN의 소형 및 경무기 문제 해결 노력에 대한 문제점도 만만치 않다. 왜냐하면 핵문제와 소형 및 경무기 군축에 UN이 인원과 예산을 다 사용한다면, 아시아에서 전개되고 있는 전통적인 재래식 군비경쟁과 무기들에서 생기는 문제점은 어떻게 하느냐 하는 것이다. 남북한 간의 재래식 군비경쟁, 아시아 국가들의 재래식 군사력 증강, 중동에서 재래식 전쟁 등은 누가 풀어 줄 것인가 하는 문제이다. 아시아 국가들은 소형 및 경무기보다 전차·장갑차·야포·미사일·전투기·헬기·전함에서 오는 소모적 군비경쟁과 분쟁시 폐해가 더 심각한 문제가 되기 때문이다.

이 문제점을 해결하기 위해 UN과 세계의 안보전문가들은 동북아, 동남아, 서남아, 중동에서 각각 소지역 차원에서 보편적 집단안보체제를 갖출 것을 제안하고 있다. 종래의 쌍무동맹 위주 안보에서 벗어나 소지역 다자 안보체제로 전환할 것을 요구하고 있는 것이다. 하지만 UN 차원에서 재래식 무기 군축을 장려하고 지도해 나갈 수 있는 비전과 창조적 프로그램을 마련해야 하고 이 부분에 대한 한국의 역할 또한 기대되는 것이다.

Ⅳ. 결   론

21세기에 제네바 군축회의의 기능이 아직도 살아나지 못하는 가운데, 뉴욕의 UN 본부를 중심으로 국제군축 활동이 활발해지고 있다. 이것은 세계화와 더불어 안보와 군축이 어느 한 지역이나 몇몇 국가들 간의 관심사가 아니라 세계의 관심사로 되고 있음을 반증한다.

21세기의 군축환경은 20세기와 많이 달라지고 있다. 먼저 군사과학기술이 엄청난 속도로 발전하고 있다. 냉전이 종식되고 세계화되면서 국가안보에서 국제안보, 인류안보로 안보의 초점도 확대되고 있다. 따라서 미사일, 소형 및 경무기, 군축과 경제사회발전 등이 새로운 이슈로 대두되는 한편, 대량살상무기는 국제적 방지체제가 훨씬 강화되고 있다. 또한 UN이 이 모든 이슈를 떠맡고 주도적인 역할을 하고 있다. 물론 UN이 군축에 사용하는 예산과 인원은 UN의 전통적 집단안보와 평화유지 기능보다 훨씬 적다. 이것은 UN개혁의 차원에서 다루어져야 한다.

UN에서는 총회, 제1위원회, 군축위원회, 소그룹 국가들 간의 집단토의에서 많은 군축의제들이 다루어지고 있다. 한국은 관련 전문가들과 정부 당국자들이 각종 국제적 군축 이슈에 관해 깊고도 넓은 지식, 국제적 협상과 협의 능력을 가져야 할 것이다. 전통적으로 군이 국경을 지키는 국가안보의 선봉에 서 왔다면, 오늘날 평화시대에는 UN에서 군축활동과 안보협의를 통해 국제적 안보를 확보해야 한다. 후자의 사명은 정부 대표 및 군축 전문가의 손에 달렸다고 볼 수 있다. 한국의 실정을 볼때, 정부는 잦은 인사교체로 인해 전문성을 유지하기 곤란하다. 따라서 정부가 군축전문가 공동체를 꾸준히 양성해야 하고, 이들을 각종 UN회의에서 활용해야 한다.

국제 군축 사회에서는 미·러 양국을 제외한 다른 나라들, 특히 캐나다, 호주, 스웨덴, 노르웨이, 핀란드 같은 국가들의 전문가와 외교관이 주도하고 있는 것을 볼 수 있다. 대표인 예로 1998년부터 2003년까지 UN 군축부의 사무차장을 맡았던 스리랑카 출신의 자얀타 다나팔라(Jayantha Dhanapala) 대사를 들 수 있다. 필자는 그를 세 번 만난 적이 있고, UN의 군축활동에 관해 소상히 질문한 적이 있다. 그는 직업 외교관 출신이지만, UN 군축연구소 소장을 7년간 역임하면서, 세계적인 군축전문가로 성장했다. 그는 2001년 2월 처음으로 한국을 방문하여, 한반도 같은 분단국, 군사적으로 첨예하게 대립되어 있는 한반도 현실은 군축이 너무나 필요하다는 것을 반증해 준다고 하면서, 한국이 세계평화와 군축분야에서 큰 역할을 해줄 것을 촉구했다. 비록 군사적 안보를 위해서는 한미 군사동맹에 의존해 왔지만, 군축분야에서는 한반도와 동북아에 맞는 창의적인 모델을 개발하고 전문가들을 양성하면 한국도 국제군축에 독자적으로 기여하면서 한반도와 동북아지역의 평화와 안보에 기여할 수 있는 길이 열릴 수 있다.

따라서 한국 같은 평화를 사랑하는 나라가 국제적으로 다른 나라와 경쟁에서 이길 수 있는 길은 UN과 국제군축의 선봉에 서서, 그 비전을 제시하고 모든 활동에 적극 참여하며, UN 군축의 움직임을 잘 활용하는 것이다. 앞으로 남북한 군사대결을 종식하고 평화공존체제를 확립하기 위해서는 UN과 국제군축 분야에서 활발한 활동을 하면서, UN의 전문성과 그 재원을 한국의 수요에 맞게 요구하고 활용하는 방향으로 나가야 할 것이다.

제 5 부

북한 핵문제의 전개과정과 해법

제 1 장

1990년대 북한 핵문제의 기원과 전개과정[*]

I. 핵이란 무엇인가

1. 원자력의 의미

세상의 모든 물질은 원자로 구성되어 있다. 원자는 그 중심에 있는 원자핵과 그 주위를 돌고 있는 전자로 이루어져 있으며, 원자핵은 양자와 중성자로 되어 있다. 핵분열이라는 것은 바로 이 원소의 원자핵이 갈라지는 것을 의미한다.

우라늄과 같은 무거운 원소의 원자핵에 중성자라는 아주 작은 입자를 충돌시키면 원자핵이 2개로 쪼개어 지면서 2-3개의 중성자와 에너지를 방출하게 된다. 이 중성자가 다른 원자핵을 때려 핵분열을 일으키게 되며, 이러한 현상이 순식간에 연속적으로 일어나게 되는 것을 핵분열 연쇄반응이라고 한다.

원자력이란 결국 핵의 연쇄적 분열에서 발생되는 에너지를 의미한다. 그러나 이렇게 폭발적으로 급격하게 생기는 에너지는 실제로 쓸모가 없기 때문에 안전하게 필요한 만큼 쓸 수 있도록 원자로가 고안되게 된 것이다. 원자력 발전이란 핵분열 연쇄반응을 지속적으로 천천히 일어나게 함으로써 원자로에서 나오는 열에너지를 이용하여 증기를 만들고 그것으로 터빈을 돌려 전기를 생산하는 과정을 말한다. 그러나 원자폭탄의 경우는 핵분열 연쇄반응을 순간적으로 일어나게 함으로써 순식간에 폭발하게 되는데, 이것이 원자로와 원자폭탄의 중요한 차이점이다.

또 한 가지 차이점은 원자력발전에는 순도가 매우 낮은 우라늄(0.7-4%)을 원료로 쓰지만 원자폭탄은 순도가 90% 이상인 고농축 우라늄을 사용한다는 것이다. 따라서 원자력 발전소에서는 원자폭탄과 같은 폭발은 거의 불가능하다.

핵연료를 원자로에 집어넣고 일정한 속도로 안정하게 핵분열(연소)시키기 위해 핵분열 때 나오는 2-3개의 고속중성자를 1개의 저속중성자로 감속시켜야 하는데 여기서 쓰이는 감속물질을 감속재라고 한다. 감속재는 흑연, 경수(보통의 물), 중수

---

* 원 논문: 한용섭, 『북한의 핵: 그 실상과 과제』, 공보처, 1992.

등이 있어 감속재의 종류에 따라 원자로를 흑연 감속재형 원자로, 경수형 원자로, 중수형 원자로라고 구분지어 부른다.

흑연 감속재형 원자로는 인류 최초의 원자로로서 주로 연구용으로 쓰이고 있으며, 북한의 원자로는 모두 이에 해당한다. 경수형 원자로는 보통의 물을 감속재로 쓰고 있으며, 저농축된 우라늄(2~4%)을 핵연료로 쓰고 있는, 전기 생산용 원자로이다. 한국 원자로의 대부분은 경수형 원자로이다. 중수형 원자로는 중수를 감속재로 쓰는데 중수는 보통의 물보다 감속효과가 30배 정도 우수하여 주로 천연 우라늄을 핵연료로 쓰는 원자로의 감속재로 쓰인다. 중수는 보통의 물보다 약 10% 정도가 더 무겁고 보통의 물에 약 0.015%밖에 포함되어 있지 않기 때문에 자연수에서 추출하는데 많은 설비투자가 요구되므로 한국에서는 캐나다에서 수입해서 쓰고 있다. 한국 중수형 원자로는 월성 1·2호기와 3·4호기가 있다.

2. 핵연료와 핵주기

원자로에 들어가는 핵연료의 제조과정과 사용된 핵연료의 처리과정, 그리고 핵연료의 활동주기인 핵연료 주기를 살펴보자.

우선 광산에서 채굴된 우라늄 원광석, 즉 천연 우라늄을 정련공장에 보낸다. 정련공장에서는 천연 우라늄을 정련한 다음 이를 옐로우 케이크로 바꾸어 변환공장에 보내게 된다. 변환공장에서는 이를 가스 상태의 6불화우라늄(UF_6)으로 변환, 저농축 공장으로 보낸다. 저농축공장에서는 U_{235}가 2~4%의 저농축된 검은 분말을 생산해 내게 된다. 이 검은 분말이 성형가공공장으로 가서 담배필터 크기만 한 핵연료 펠렛이 만들어진다. 이 펠렛을 가열시켜서 단단하게 만든 것을 핵연료라고 부른다.

이 핵연료는 특수합금으로 만들어진 속이 빈 긴 철막대 속에 차곡차곡 넣어져 1개의 연료봉을 구성한다. 1개의 연료봉 안에는 작은 핵연료가 350개 정도 들어간다. 연료봉 수십 개를 한 다발로 묶어 원자로의 연료 다발 구멍에 집어넣게 되는데, 이 연료봉 다발을 핵연료다발 또는 핵연료집합체라고 부른다.

핵연료집합체를 원자로에 수십 개 집어넣고 중성자를 투사하게 되면 원자핵이 분열되면서 많은 열에너지가 나오고, 여기서 나온 열에너지는 원자로 속에 있는 물을 데워서 증기를 생산해 내고 이 증기가 다시 터빈을 돌려 전기를 생산해 내게 된다.

원자로에서 다 탄 핵연료집합체는 '사용 후 핵연료'라고 부르며, 저장조(깊은 물속)에 보관된다. 사용 후 핵연료는 충분한 냉각기간을 거친 후 재처리시설에서 재처리과정을 거치게 되면 다시 핵연료로 사용할 수 있다. 만약 재처리시설이 없는

경우는 재처리 시설이 있는 외국에 재처리를 위탁하거나 재처리 시설능력이 갖추
어질 때까지 저장조에 보관하게 되는데, 한국은 후자의 경우에 해당한다.

그러면 핵연료의 성분은 어떻게 구성되어 있으며 사용 후 핵연료는 어떤 성분
으로 구성되어 있는지 알아보자. 아래 <표 Ⅴ-1>에서 보는 바와 같이, 천연우라
늄은 U_{235}가 0.7%, U_{238}이 99.3%로 구성되어 있다. 보통 경수로의 경우에는 천연 우
라늄 속에 U_{235}의 순도가 너무 낮아서 연료로 부적당하므로 저농축 과정을 거쳐
U_{235}의 순도를 높여서 핵연료로 쓴다. 왜냐하면 핵분열성 물질인 U_{235}가 원자로 속
에서 분열함으로써 에너지가 발생하기 때문이다.

U_{238}은 핵분열성 물질은 아니지만 핵연료를 원자로에서 연소시킬 때 한 개의
중성자를 흡수하여 핵분열성 물질인 Pu_{239}로 변한다. 따라서 사용 후 핵연료를 재
처리하면 Pu_{239}로 바뀐다. 이렇게 생성된 Pu_{239}의 추출을 위해서는 재처리시설이 필
수적이다.

표 V-1 핵연료 주기별 우라늄 성분 비교				
핵연료 우라늄	천연 우라늄	저농축 우라늄	무기용 우라늄	사용 후 핵연료
U_{235}	0.7%	2~4%	90% 이상	0.8%
U_{238}	99.3%	96~98%	10% 미만	93.7%
$Pu_{239,240,241,242}$	–	–	–	0.7%*
고준위 폐기물	–	–	–	4.1%

* 3년 연소 후 거의 소멸

그런데 사용 후 핵연료에서 추출할 수 있는 Pu_{239}의 양은 원자로에서 핵연료를
태우는 기간에 반비례한다. 즉, 경수로처럼 오랫동안 핵연료를 태울 경우 추출할
수 있는 Pu_{239}의 양은 거의 제로에 가까워지며, Pu_{239}의 양보다 Pu_{240}, Pu_{241}, Pu_{242}의
양이 상대적으로 증가하는 것이다. Pu_{240}, Pu_{241}, Pu_{242} 등은 무기제조용으로 전혀 사
용할 수 없다.

또한 여기서 한 가지 짚고 넘어가야 할 사실은 사용 후 핵연료를 재처리하면
U_{235}를 다시 회수해서 사용할 수 있기 때문에, 한국에서 사용 후 핵연료를 '순 국산
핵연료 자원'이라고 부른다. 한국은 천연 우라늄 전량을 수입에 의존하고 있기 때
문에 우리의 원자력 산업이 사용 후 핵연료를 재처리해서 사용한다면 자원의 활용
도를 2배 이상 높일 수 있다. 또한 고속증식로나 신형 전환로는 사용 후 핵연료의

활용도를 대단히 높게 할 수 있으므로 이 분야의 기술도 개발해야 할 필요성이 있다.

Ⅱ. 북한의 핵개발 어디까지 왔는가

1. 북한의 핵개발 의지와 동기

1992년 국제원자력 기구(IAEA)의 북한 핵사찰 결과를 놓고 북한의 핵기술 능력에 관해 평가가 엇갈리고 있는 것처럼 보여진다. 따라서 여기에서는 1992년 말까지 드러난 자료를 바탕으로 북한의 핵개발 실태와 능력을 객관적으로 평가해 보고자 한다.

북한이 핵무기 개발을 추진해온 이유는 대체로 네 가지 관점에서 설명해볼 수 있다. 이를 통해 북한이 정치, 군사, 외교, 경제 등 여러 측면에서 전략적으로 어떠한 판단 하에서 핵무기 개발을 시도하여 왔는지 알 수 있다.

첫째, 정치적인 이유로써 김일성, 김정일 세습체제를 강화하기 위해서 핵무기 개발을 서둘렀다는 것이다. 대외적 고립과 국내정치의 세습위기에서 고조될 수 있는 북한 주민과 테크노크라트(Technocrat)들의 불안을 무마하고 핵무기를 자력으로 개발함으로써 북한의 국제적 지위향상과 주체사상의 위력을 과시하고자 했을 것이다.

둘째, 군사전략적 측면에서 미국의 전술 핵무기의 위협에 대응하고 단기적으로 우세하지만 장기적으로는 불리해지는 대남 재래식 군사력 균형의 문제를 해결하기 위해 핵 억지력을 갖고자 했다는 것이다. 핵무기를 보유하게 될 경우 북한은 결정적 시기에 재래식 기습공격으로 개전초기에 전장의 우세를 장악하고 핵무기의 사용을 위협하면서 초반 승리를 그대로 굳힐 수 있는 협상카드로 사용한다는 것이다. 아니면 재래식과 핵전쟁의 동시 전개로 기습목적을 극대화하여 전쟁을 승리로 이끌겠다는 다양한 전략 구상 하에서 핵무기를 개발한다는 것이다.

셋째, 외교적 측면에서 핵무기 개발사실이 대외에 공개될 경우 한·미·일 3국을 협상의 테이블로 끌어들여 주한 핵무기 철수, 대미·대일 관계개선, 남북한 관계개선, 주변 안보환경의 개선 등을 시도할 수 있는 협상카드로 이용한다는 것이다. 즉, 북한이 심화된 국제적 고립을 탈피하고 한국 및 미국과의 협상을 통해 주한미군의 위협을 제거하면서 동북아의 신 데탕트에 진입하기 위해 핵개발을 카드로 사용하고 있다는 것이다.

넷째, 경제적 측면에서 심화되는 경제난을 탈피하기 위해서라고 보여진다. 이는 외교적인 측면과 결합되어 한·미·일의 경협을 받기위해 핵을 개발하려 한다고 추정해볼 수 있다. 그러나 대다수 국내외 학자들은 북한의 핵개발 동기에 대해 군사전략적 측면을 상대적으로 무시하고 협상카드로서의 측면을 상대적으로 강조해 온 것이 사실이다. 이것이 위험한 생각인 것은 북한의 핵개발이 국제적 이슈로 발전되어 남한을 비롯한 국제사회의 압력이 강화되지 않았다면 북한의 핵개발은 계속되었을 것이 분명하기 때문이다.

북한은 1950년대 말부터 미군의 한반도 내 핵무기 배치에 대해서 강력하게 비판하면서 주한미군의 철수를 위한 선전공세를 전개해 오면서 자체 핵무기 개발을 시작했다. 그럼에도 불구하고 김일성은 1976년 3월 26일 일본잡지 『세카이』 편집장과의 대화에서 "우리는 핵무기로 무장하려는 의도를 가지고 있지 않다. 우리는 핵무기를 생산할 돈도 충분히 가지고 있지 않으며, 그것을 시험해볼 장소도 없다"고 핵무기 개발의지를 부인하였으며, 1992년 2월 18일 제6차 남북고위급회담 시 정원식 국무총리와의 대담에서도 "우리는 핵무기를 개발할 의사도 능력도 없다"고 말한 바 있다.

하지만 북한은 핵무기를 개발할 능력이 있으며, 여러 가지 1차 자료를 통해 핵무기 개발이 사실로 드러나고 있다. 즉, 영변의 원자로 주위에서 1980년대 중반부터 고폭실험을 계속한 사실이 있는데 이것은 김일성이 1970년대에 "우리는 핵을 시험해볼 장소도 없다"고 한데 정면 배치되며, IAEA의 사찰결과 북한의 핵시설들은 전기발전용이라기보다는 핵무기 개발용으로 사용해 왔음이 밝혀졌다. 또한 북한의 경제수준상 수십 년 동안 전기생산 없는 원자력 연구활동을 해온 것은 김일성의 강력한 지원 없이는 불가능한 것으로 볼 때 핵개발 의지는 확고했던 것으로 보인다. 따라서 북한의 핵개발 동기도 위에서 말한 정치적·군사적 요인이 더욱 강했다고 판단해볼 수 있다.

2. 북한의 핵기술과 핵시설 현황

북한은 1956년부터 소련의 두브나 핵연구소에서 과학자들을 연수시켜 왔다. 한편 동구권과의 학자교류와 핵기술 교류를 추진해오기도 했다. 1959년 9월에는 '조·소간 원자력의 평화적 이용에 관한 협정'을 체결하고 소련과 공식적인 원자력 협력 체제를 구축하였으며, 1962년에는 영변에 원자력 연구단지를 설치하였다. 또 1965년 6월에는 소련으로부터 IRT-2000원자로(제1원자로)를 도입하여 본격적인 연구활동에 들어갔다. 1974년 9월, IAEA에 가입하고 1977년 12월에 IRT-2000원자로에 대한 부분적 핵안전조치협정을 체결하고 이 원자로에 대해서는 정기적 사찰을 받았다. 그 뒤 1980년에 30MW 제2원자로를 착공, 1986년에 가동에 들어갔으며, 1985년에는 200MW 제3원자로 및 재처리 공장 건설에 착수하였다. 1992년 5월 4일 북한은 가동 중이거나 건설 중인 핵시설에 관한 정보를 IAEA에 제출한 바 있다.

　북한이 제출한 핵물질 재고와 핵시설 설계정보는 모두 16가지(건설을 계획 중인 원자력 발전소 3기를 모두 포함)로 알려져 있다. 그 주요 내용을 보면 영변에 있는 임계시설, IRT－2000원자로(우리가 지칭하는 제1연구용 원자로), 1986년부터 가동 중인 전기출력 5MW 원자로(우리가 부르는 제2연구용 원자로), 핵연료저장시설, 핵연료 제조시설, 전자 선형 가속장치, 방사화학실험실 등이다. 또 태천에 건설 중인 200MW 원자력 발전소, 평산·박천의 우라늄 정련시설, 평산·순천의 우라늄 광산, 평양에 있는 김일성 대학의 준임계시설, 건설 계획 중인 원자력 발전소 3기 등이 있다.

　주요 시설별로 북한측 주장과 남한측이 추정하는 것을 비교해 보면 다음 <표 Ⅴ－2>와 같다.

표 Ⅴ-2	북한의 핵시설 현황			
순번	시설명	수량	위치	비고
1	연구용원자로 (IRT－2000)	1 기	영변	1965년(2MWt → 4MWt → 8MWt로 원자로용량 확정)
2	임계시설	1 기	영변	
3(★)	5MW 실험용원자로	1 기	영변	1979 착공 → 1986 가동개시
4(★)	방사화학실험실 (재처리시설)	1개소	영변	1985 착공 → 1989 가동 → 1995 완공예정이었으나 1994. 10 동결(동결당시 70% 공정완료)
5(★)	핵연료봉제조시설	1개소	영변	
6	핵연료저장시설	1개소	영변	
7	준임계시설	1 기	평양	김일성 대학
8(★)	50MW 원자력발전소	1 기	영변	1985 착공 → 1995 완공예정이었으나 1994. 10 동결
9(★)	200MW 원자력발전소	1 기	평북태천	1989 착공 → 1996 완공예정이었으나 1994. 10 동결
10	우라늄정련공장	1개소	황북평산	
11	우라늄정련공장	1개소	황북박천	
12	우라늄광산	1개소	황북평산	
13	우라늄광산	1개소	평남순천	
14－16	원자력발전소(635MW)	3 기	함남신포	계획단계에서 중단

17	동위원소생산연구소	1개소	영변	
18	폐기물시설	3개소	영변	1976, 1990, 1992 건설

(★) : 1994 미 · 북 제네바합의에 의거 동결된 핵시설(5개소)
  * 1-16번은 IAEA에 신고된 시설, 17-18번은 미신고된 시설
  * 18번의 폐기물 시설 3개소 :
    ① 고체 폐기물 저장소. 1976년부터 사용(1992년 8월 은폐 위장 실시)
    ② 액체 폐기물 저장소. 500호 건물이라 명명(1990년 9월 완공)
    ③ 폐기물 저장소로 추정되는 장소(1992년 8월 급조)

출처 : 국방부, 『대량살상무기(WMD) 문답백과』, 국방부, 2004, 56쪽.

평양에 있는 임계로와 영변의 IRT-2000원자로는 1978년부터 IAEA에 의한 사찰을 받은 바가 있으므로 비교적 명백히 밝혀져 있다. 문제는 북한이 말하는 전력 산출용량 5MW, 열출력 30MW의 시험 원자력발전소로, 우리가 부르는 제2연구용 원자로이다.

이 원자로에서 나오는 사용 후 핵연료를 재처리할 경우 연간 7-8kg의 플루토늄을 추출할 수 있을 것으로 추정되며, 이는 핵무기 1개를 제조할 수 있는 양으로 충분하다(참고로 핵무기 1개에 필요한 플루토늄의 양은 4.5-8kg이다). 1992년에 북한은 발전소임을 과시하기 위하여 일본 NHK-TV를 통해 발전터빈을 공개하기도 했으나 이 원자로는 플루토늄을 생산하기에 알맞은 원자로로 알려져 있다.

북한이 신고한 50MW의 원자력 발전소는 남한에게는 열출력 200MW의 제3연구용 원자로로 알려져 있었으며, 가동시 발생하는 사용 후 핵연료를 재처리할 경우 연간 18-50kg의 플루토늄이 추출 가능한 것으로 추정되어 왔다. 이 원자로는 1995년에 완공될 예정이었으나 제네바 합의 후 공사가 중단되었다.

북한이 제출한 핵물질 보고 및 핵시설 설계정보에 의거하여 한스 블릭스 IAEA 사무총장이 1992년 5월 11일부터 15일까지 북한을 방문하였다. 그리하여 영변의 5MW 실험용 원자력발전소, 건설 중인 50MW 원자력발전소, 태천에 건설 중인 200MW 원자력발전소, 영변의 방사화학실험실, 박천 · 평산의 우라늄 광산 및 정련시설, 그리고 평양의 원자력 연구소 등을 시찰하였다. 이어 북경에서 가진 기자회견에서 북한의 핵관련 시설을 방문한 소감을 피력하였다.

그의 이야기의 대부분은 북한 측의 설명을 인용하는데 그쳤기 때문에 평가할 만한 내용이 적지만 그 가운데 북한이 1990년 3월에 소량(90g)의 플루토늄을 추출한 사실이 있음을 시인하였으며, 영변에 건설 중인 방사화학실험실은 서방의 기준으로 볼 때 재처리 시설이라고 한 점은 주목을 끌었다.

그는 이 재처리 시설은 길이가 180m, 높이가 5층이나 되는 매우 큰 건물로 80% 정도가 완공되었으며, 실험기구 및 장비는 40% 정도 갖추어져 있다고 하였다. 또 북한이 원자력 기술면에서 자립능력이 충분히 있으며, 기술의 자력개발을 위해 오히려 효율성을 희생하고 있다고 언급하였다.

한편, 6월 10일 한스 블릭스 사무총장은 5월 25일부터 6월 5일까지 실시된 북한 핵관련시설에 대한 IAEA의 최초 임시사찰 결과를 주요 이사국들에게 보고하였다. 그 주요 내용은 북한의 원자로는 모두 가스 냉각방식으로서 흑연을 감속재로 쓰고 있으며, 이러한 원자로는 40년 전에 영국에서 주로 사용되었던 것으로 이제는 안전성과 경제성이 너무 떨어져 폐기한 것이라는 것이다. 따라서 위험성이 높은 흑연감속재형 원자로를 경수로로 전환해줄 것을 권고했고, 북한 측은 서방측이 경수로 기술을 제공해줄 경우 그렇게 하겠다고 긍정적 반응을 보였다.

하지만 북한은 경수로 기술을 제공해줄 경우 한 걸음 더 나아가 서방측이 의심하고 있는 재처리 시설을 포기하겠다는 의사를 밝힌 바 있는데, 이것은 북한이 경수로 및 안전성문제를 부각시켜 무기 제조용 플루토늄을 추출할 목적으로 건설하고 있던 재처리 시설의 본질을 은폐하려는 전술의 일환이라는 것이 권위 있는 전문가들의 견해이다.

북한은 또 모든 핵관련시설을 IAEA에 신고한 목록에 포함시키지 않았다고 여겨진다. 남한 측이 IAEA에 통보하지 않을 지도 모른다고 추측한 영변의 핵처리시설, 즉 북한이 말하는 방사화학실험실은 그 목록에 포함된 것으로 밝혀졌다. 하지만 그동안 북한이 핵관련시설에 대한 IAEA사찰을 지연시켜왔던 사실과 본격적인 대규모 재처리시설 건설 이전에 소규모 실험시설을 보유했을 가능성 등을 고려해 본다면 북한이 핵무기를 제조하는데 필요한 핵심시설과 물질을 다른 곳으로 옮겼을 가능성을 배제하기 어렵다고 해야 할 것이다.

한편 IAEA 임시사찰에서 북한이 최초에 보고하지 않은 시설 2곳이 밝혀졌다. 방사성 동위원소 생산시설과 우라늄 농축시설이 그것이다. IAEA가 요구하여 이들 시설을 방문한 결과, 방사성 동위원소 생산시설에는 플루토늄 생산을 위한 핫셀(Hot Cell)을 가지고 있다는 사실이 드러났으며, 우라늄 농축 시설에서는 우라늄을 농축하는 데 기초적인 이산화우라늄이 발견되었다.

따라서 북한이 IAEA에 신고하지 않은 시설들이 더 있을 것으로 추정된다. 다수의 전문가들이 북한의 핵시설이 지하에 은닉되어 있을 가능성을 지적하기도 했고, 스티븐 솔라즈 미 하원 아시아·태평양 소위원장은 1992년 5월 19일 한국의 서울방송과의 대담에서 북한의 지하에 재처리시설과 플루토늄이 은닉되어 있을 가능성이 있다고 말했다. 또 북한에는 1만 1천 개의 땅굴이 있으며, 여기에 플루토늄을 저장하고 핵무기 제조 시스템을 설치할 수 있다고 릴리 미 국방부 차관보가 언급한 사실들은 북한이 핵시설을 다 공개하지 않았을 것이라는 반증을 더욱 굳힌 것이라고 하겠다.

3. 북한의 사용 후 핵연료 재처리 시설

재처리 시설은 원자로에서 연소되고 남은 사용 후 핵연료에서 화학공정을 통해 분열성 핵물질인 플루토늄과 우라늄을 분리해 낸다. 그런데 북한은 고속 증식로나 신형전환로에 사용될 핵연료를 개발하기 위해 재처리 시설을 건설하고 있다고 밝혔다. 그러나 북한의 기술수준은 고속증식로나 신형 전환로의 연구단계에도 진입하지 못한 것으로 보여 핵무기의 주원료인 플루토늄을 대량추출하기 위해서 재처리 시설을 건설하고 있다고 해도 과언이 아니다.

북한의 재처리 기술은 플루토늄의 소량생산을 시인한 사실에서 보더라도 상당한 수준이며 또한 재처리에 필요한 화공기술은 비료정제 기술수준이면 감당할 수 있고, 소규모 시설로도 운전이 가능하다. 북한이 TV에 공개된 시설에서 재처리에 필수적인 핫셀이 발견된 것을 감안한다면, 기술수준은 이미 완비된 것으로 보여진다.

IAEA의 한스 블릭스 사무총장의 베이징 회견 이후 북한은 영변에 있는 재처리 시설이 방사화학실험실이며 재처리 시설이 아니라고 강력하게 부인하고 나섰다. 또 일·북한 수교협상의 북한측 대표인 이삼로도 한반도비핵화공동선언의 제3항에 규정한 "남과 북은 핵 재처리 시설과 우라늄 농축시설을 보유하지 않는다"는 조항에 북한의 재처리 시설 보유가 위반되지 않는다고 변명을 한 바 있으며, 도쿄에서 가진 기자회견에서 최우진 남북 핵통제공동위원회 북측 위원장도 동 시설이 재처리 시설이 아니라고 극구 부인한 바 있다.

그러나 북한은 다량의 플루토늄 추출에 알맞은 제2연구용 원자로를 1986년부터 운전해오고 있으며, 여기에서 나오는 사용 후 핵연료에서 재처리 시설을 이용하여 플루토늄을 추출해 오고 있는 것이 분명한 것으로 보인다. 또한 이러한 대규모 재처리 시설에 착공하려면 연구개발의 논리적 순서상 소규모의 실험실을 거치는 것이 상례임을 생각할 때, 북한이 소규모의 재처리 실험실의 존재를 부인하는 것은 납득하기 힘들다.

이 점에 관해서는 1992년 6월 15일부터 19일까지 개최된 IAEA 정기이사회에서 주요 이사국들의 견해가 일치했다. 또한 북한이 IAEA에 신고하지 않았던 방사성동위원소 생산시설은 플루토늄 분리용 핫셀을 7개나 가진 시설이었으며, 북한이 주요 군사시설을 지하화해 온 관행을 생각해 볼 때, 제3의 재처리 시설이 다른 곳에 은닉되어 있을 가능성은 대단히 크다고 하겠다.

4. 북한의 핵무기 제조능력

핵무기를 제조하는 방법에는 90% 이상 고농축한 U_{235}를 사용하여 우라늄탄을 만드는 방법과 원자로에서 타고 남은 사용 후 핵연료를 화학처리한 후 추출해낸 순도 95% 이상의 Pu_{239}를 사용하여 플루토늄탄을 제조하는 방법 등 두 가지가 있다. 우라늄탄은 미국이 2차 대전 당시 히로시마에 투하한 것이 그 최초인데 미국의 우라늄탄 제조계획은 우리에게 맨하탄 프로젝트로 널리 알려져 있다.

U_{235}를 90% 이상 농축하기 위해서는 천연 우라늄에는 U_{235}가 0.7%밖에 존재하지 않으므로 다양한 농축방법을 이용하여 고농축 시켜야 한다. 지금까지 알려져 있는 농축방법에는 가스확산법, 원심분리법, 레이저법, 노즐분리법 등이 있다. 그런데 일반적으로 농축법은 물리적인 방법을 사용, 질량이 다른 U_{238}과 U_{235}를 분리해내므로 전기가 엄청나게 많이 소요되는 것으로 알려져 있다. 맨하탄 프로젝트는 우라늄을 고농축하기 위해서 위에서 말한 여러 가지 방법을 동시에 사용하였다고 알려져 있는데, 미국은 여기에 소요되는 전기량을 충당하기 위해 대규모 수력발전소가 인접해 있는 테네시 주에서 이 사업을 시작하였던 것이다.

1992년 말 현재, 북한이 핵무기를 만들기 위하여 우라늄 농축방법을 택했을 가능성이 적다고 보는 것은 바로 이 방법에는 엄청난 전기가 소요되기 때문이다. 북한이 가스확산법을 택하기에는 시설이 너무 커서 외부에 노출되기 쉽고, 레이저법은 북한의 기술이 뒤따르지 못하며, 원심분리법은 대량의 주요 부품 수입이 불가피하여 외부에 적발되기 쉽고, 노즐분리법 등은 고농축이 잘 되지 않는다는 단점이 있다. 따라서 북한의 경우는 IAEA가 이라크에서 발견한 전자장 동위원소 분리기를 사용하여 우라늄을 농축했을 가능성과 소규모 가스확산법 등을 택했을 가능성이 가장 높은 것으로 생각해볼 수 있다. 또한 레이저 농축법을 중국으로부터 지원받았을 가능성도 제기되고 있다.

러시아의 두브나 핵연구소의 저명한 과학자들이 동구권과 이라크 등지에 수십대의 전자장 동위원소분리기를 판매했다고 말한 적이 있으며, 이라크는 바로 이 분리기를 이용하여 우라늄농축을 시도하고 있었던 것으로 IAEA사찰관에 의해 적발되었다. 이로 미루어 북한도 이러한 소규모 분리기를 수십 대 갖다놓고 우라늄 농축을 시도하고 있을 가능성을 전혀 배제할 수는 없다. 또한 북한은 천연 우라늄이 풍부하고, 우라늄탄은 핵실험이 필요 없음을 감안할 때 북한의 핵개발의지가 확고한 이상 이 방법을 회피할 이유가 없는 것으로 보여진다.

플루토늄탄은 미국이 일본의 나가사키에 투하한 것이 그 시초인데 플루토늄은 지구상에 존재하지 않는 원소이지만 원자로에서 연소하고 난 후 꺼낸 사용 후 핵연료에서 화학작용을 거쳐 추출해 낸다. 플루토늄은 독성이 강하므로 핫셀을 가진 화학실험실에서 추출해 낸다. 재처리 시설이 핵무기와 불가분의 관계인 것은 널리 알려져 있으며 인도, 이스라엘의 경우도 이 재처리 시설을 통하여 플루토늄탄의 개발에 성공한 것으로 알려져 있다.

따라서 플루토늄을 사용할 고속 증식로나 신형 전환로 등의 첨단 원자로가 없는 북한이 재처리 시설을 가지고 있으며 또한 플루토늄을 추출한 사실이 있음을 시인한 것을 볼 때, 북한은 틀림없이 플루토늄탄을 개발하고 있던 것으로 추측된다.

아울러 북한은 플루토늄탄의 핵심기술인 내폭실험을 거쳐 이미 기폭장치(핵뇌관)의 개발을 완료한 것으로 구소련 KGB 극비문서에서 밝혀진 바 있다. 특히 북한이 1986년부터 가동하고 있는 소위 제2연구용 원자로가 노심이 큰 영국의 콜더홀형의 원자로로서 다량의 플루토늄 추출이 가능하다고 볼 때, 북한은 기술면이나 능력면에서 플루토늄탄을 개발할 가능성이 더욱 큰 것으로 평가되고 있는 것이다.

5. 북한의 핵개발 전망

결론적으로 말해서, 북한은 핵개발 의지가 확고하였으며, 핵기술능력이나 핵무기 제조능력면에서도 핵무기 보유단계에 접근하고 있었음을 부인하기가 힘들다. 1990년대 초반에 한국의 주도하에 미국, 일본 등 우방국이 핵문제를 국제적으로 이슈화하여 북한에게 핵개발을 포기하도록 종용하자 북한은 IAEA핵사찰을 부분적으로 수용하여 압력의 예봉을 피하고자 노력했다.

하지만 1990년대 초반에 IAEA사찰보다 더욱 강력한 남북 상호사찰을 수용할 것을 국제사회가 요구함에 따라 핵개발의 실체를 세상에 완전히 드러내 놓고 모든 핵시설을 평화적 목적으로 전용하여 국제적 신뢰회복과 함께 동북아의 데탕트와 남북한의 평화공조에 진입할 것이냐 아니면 압력 속에서도 핵개발을 계속하여 파멸의 길을 갈것이냐 하는 진퇴양난의 정책적 기로에 섰다.

1991년 12월부터 1992년 12월 말까지 남북한은 남북핵통제공동위원회를 개최하여 남북한 핵사찰 협상을 벌였으나 핵사찰 협정을 해결하지 못하고 회담이 결렬되었다. 그동안 북한은 핵개발을 계속한 것으로 추정되고 있다.

Ⅲ. 핵사찰은 어떻게 하는 것인가

1. 사찰의 정의와 목적

사찰은 두 개 이상의 국가 사이에 어떤 사항을 합의하고 난 후 그 합의 이행 여부를 상호 확인하기 위하여 실시되는 것이다. 이때 확인하는 행위를 검증이라 하는데, 검증의 방법 중 가장 많이 사용되는 것이 현장을 직접 방문하여 사찰하는 현장사찰이며 현장을 방문하지 않고 공중정찰을 통해서 하는 사찰, 의심나는 현장에 상주하면서 하는 상주감시도 있다.

따라서 사찰은 두 단계의 합의서가 필요한데 첫째는, 어떤 사항을 이행하고자 합의하는 모법(母法)이 필요하며 둘째는, 그 합의가 잘 이행되고 있는지 여부를 확인하기 위한 검증의 방법을 규정하는 사찰규정이 그것이다.

IAEA의 사찰은 어떤 한 국가가 핵확산금지조약(NPT)에 가입하면 핵을 평화적인 목적으로만 사용할 의무를 지게 되는데서 나온다. 그러므로 NPT가 모법이 되며, NPT에 가입한 국가는 IAEA와 핵안전조치협정을 체결할 의무가 생기게 되며 IAEA에 의한 사찰은 바로 이 핵안전조치협정에 규정된 절차와 방법으로 받게 되는 것이다.

북한의 경우 1985년 NPT에 가입한 이래 6년여 동안 핵안전조치협정 체결을 미루어 오다가 1992년 1월 30일에 동 협정에 가입했다. 그리고 4월 10일에야 비로소 핵안전조치협정을 비준하게 되었는데, 그 이유는 핵개발에 대한 사찰을 계속 지연시켜 왔기 때문이라고 할 수 있다.

남북한 간에는 비핵화를 이행하자고 합의했는데 이것이 바로 1992년 2월 19일 발효된 비핵화공동선언이다. 비핵화공동선언에는 핵무기의 시험, 제조, 생산, 접수, 배비, 저장, 사용을 금지하는 비핵 8원칙, 핵에너지를 평화적 목적에만 사용하며 핵 재처리 시설과 농축시설을 보유하지 않는다는 원칙적인 의무조항이 포함되어있다. 따라서 남북한 간에는 비핵화공동선언이 NPT에 버금가는 모법이 되며, 이의 이행여부를 확인하기 위한 상호사찰 규정을 남북핵통제공동위원회에서 토의를 했던 것이다.

남북한 간의 상호사찰은 다음과 같은 목적을 지닌다.

첫째, 비핵화의무의 위반가능성을 사전에 억제하는데 있다. 즉, 사찰제도가 제대로 이행된다면, 기만이나 회피의 노력에 비용이 많이 들고, 위반활동이 적발되기 쉬울 것이기 때문에 위반행위를 하지 않게 만든다는 것이다. 이러한 이유로 비핵화 공동선언 채택 이전에 남한은 핵 부재선언을 하게 되었으며, 북한은 비핵화공동선언 채택 이전이나 IAEA사찰 실시 이전에 핵시설을 은닉하거나 이동했을 수 있다고 보는데, 이것은 사찰이 억지효과가 있다는 것을 그대로 보여준다.

둘째, 의무의 위반사항을 철저하게 적발한다는 것은 조그마한 위반행위도 조기에 즉각 적발한다는 것을 의미한다. 때때로 강력한 적발행위는 상대방의 의사에 반하는 탐지행위를 하게 되므로 강제사찰과 동일시되는 경우도 있다. 철저한 적발을 위해서는 사찰규정이 빈틈없이 만들어져야 한다.

셋째, 핵과 관련한 군사기지의 사찰은 군사적 신뢰구축과 안정성을 제고하게 된다. 남북 쌍방이 주장하는 핵무기 및 핵개발 프로그램이 검증의 결과 사실대로 확인되고 계속 상대방이 합의사항을 성실하게 준수하고 있다는 확신을 갖게 되면 남북한 간의 신뢰는 증진될 것이다. 특히 군사기지를 상호 방문하여 핵무기의 부재와 핵전쟁 전략이 없다고 확신하게 되면 군사관계에서 신뢰가 증진될 것이다. 또, 상호정보교환과 사찰을 통해 상대방의 전력과 전략을 부분적이나마 알게 되면 신뢰회복은 물론 군사적 안정도 증대시키게 될 것이다.

남북한의 핵사찰은 군사기지에 대한 사찰을 허용한다는 측면에서 IAEA의 사찰과는 판이하게 다르다. 군사기지의 사찰은 신뢰구축과 안정성의 제고 외에도 구체적으로 정보수집, 전쟁준비에 대한 조기경보, 군사분야의 투명성을 증진시킨다고 할 수 있다. 따라서 남북한 간의 상호사찰은 핵개발 저지뿐 아니라 더 나아가서 남북한 간의 신뢰증진과 긴장완화, 그리고 전쟁가능성을 줄일 수 있기 때문에 꼭 실현되어야 할 문제다.

2. IAEA사찰과 남북 상호사찰의 차이

IAEA와 핵안전조치협정을 체결하게 되면 체결 당사국은 동 협정의 발효 다음 달 말까지 IAEA에 핵물질 재고 보고서와 핵시설 설계정보를 제출해야 하는데, 이러한 보고내용은 사찰의 기본자료가 된다. 즉, IAEA사찰은 당사국이 제출한 핵물질 보고와 핵시설 설계정보에 근거하여 핵시설을 직접 방문하여 현장사찰을 행하게 된다. 이 사찰에서 당사국에서 제출한 기록과 현장의 시설 및 핵물질이 일치하는지를 조사하여 핵물질이 군사적 목적으로 사용되었는지의 여부를 가려내게 된다.

IAEA사찰은 당사국이 IAEA에 수시 및 정기적으로 보고하는 핵물질량과 그 국가 내에 현존하는 핵물질량이 같은지 비교확인하며, 핵물질이 핵시설의 외부로 반출되지 못하게 주요지점마다 감시용 카메라 및 봉인을 하며, 연속적으로 점검한다.

IAEA가 시행하는 사찰의 종류에는 다음 세 가지가 있다.

첫째, 당사국이 제출한 최초 보고서에 포함된 정보를 확인하며 핵물질의 국내 반입, 국외반출시 핵물질량 등이 보고한 내용과 동일한가를 확인하는 임시사찰제도이다. IAEA가 1992년 5월부터 1993년 2월까지 6차에 걸쳐 북한에 대한 임시사찰을 실시했다(1차: 1992. 5. 25 − 6. 5, 2차: 7. 8 − 18, 3차: 9. 1 − 9. 11, 4차: 11. 2 − 11. 13, 5차: 12. 14 − 12. 19, 6차: 1993. 1. 26 − 2. 6).

둘째, 당사국이 IAEA에 보고한 내용과 현재의 핵물질이 일치하는가를 조사하며, 최초보고 이후의 모든 변동사항을 체크하는 것이 정기사찰제도이다. 북한은 IAEA의 임시사찰 후에 보조약정을 맺고 1992년 9∼10월에 최초의 정기사찰을 받을 것으로 예상되었으나 실제로 실시되지는 않았고 북한은 계속해서 임시사찰만 받았다.

셋째, IAEA사찰에도 특별사찰제도가 있는데 이것은 당사국이 특별보고서를 제출한 경우이거나 IAEA가 기존의 사찰로서는 사찰이 불충분하다고 판단하는 경우 실시할 수 있다. 이때 후자의 경우는 당사국이 반드시 합의해야 하므로 실시가능성이 거의 없다고 보아야 할 것이다.

만약 북한이 최초보고서에 모든 핵물질과 핵시설을 신고하지 않았을 경우 IAEA는 임시사찰과 정기사찰만으로는 신고되지 않은 핵물질과 핵시설의 존재여부를 규명해낼 수 없으며, IAEA가 특별사찰을 실시할 것을 결정한 경우에도 북한이 거부하면 특별사찰을 시행할 수 없다. 설령 북한이 IAEA의 특별사찰을 수용한다고 하더라도 IAEA는 핵물질, 핵시설은 사찰이 가능하겠지만 핵폭발장치 등은 사찰할 수가 없는 것이다. 그러므로 IAEA의 사찰에는 여러 가지 한계가 있다. 1993년 2월 25일에 IAEA는 북한이 IAEA에 신고한 시한과 IAEA가 임시사찰 결과 발견한 사항 사이에 중대한 불일치가 있다고 주장하고 북한에 대해 특별사찰을 수용하도록 결의안을 통과시켰다. 북한은 이를 거부하고 NPT탈퇴를 선언한 것이다.

표 V-3 IAEA가 주장한 "중대한 불일치" 내용

구 분	북한 주장	IAEA 주장
Pu 추출량	90g	수 kg
Pu 추출시기	1회(1990)	3회(1989, 1990, 1991) 이상
Pu 추출처	손상된 사용후 연료봉	사용후 핵연료
미신고시설(2개소)	군사기지	핵폐기물 저장소

이라크가 IAEA사찰을 받아오면서 핵무기 개발을 계속해 왔다는 사실은 IAEA의 한계점을 극명하게 보여준 것이라 할 수 있다. 이것은 북한이 IAEA에 신고한 원자로 및 방사화학실험실을 이용하여 핵안전조치협정을 준수하면서 계속 플루토늄을 생산할 수 있으며, 이 플루토늄을 이용하여 신고가 안 된 장소에서 핵무기 제조를 할 수 있을 가능성을 충분히 시사하는 것이다.

또한 NPT나 IAEA의 핵안전조치협정은 당사국의 재처리 시설이나 농축시설 보유를 금지하지 않기 때문에 당사국은 언제든 이러한 재처리 시설이나 농축시설을 가동하면서 핵무기 개발을 계속할 수 있는 것이다. 아울러 IAEA사찰은 당사국이 IAEA와 핵안전조치협정을 체결하기 전에 보유한 핵무기에 대해서는 사찰할 권리가 없으며 당사국이 핵무기를 밀반입했을 경우에는 더욱 사찰할 수 없는 것이다.

따라서, IAEA사찰의 한계를 극복하기 위해서는 남북한 간의 상호사찰이 반드시 필요하다는 결론이 나온다. 남북한 간의 사찰은 IAEA사찰에서 해결할 수 없는 여러 가지 문제를 추가적으로 해결할 수 있다.

첫째, 남북한은 핵무기의 시험, 제조, 생산, 접수, 배비, 저장, 사용 등을 금하고 있기 때문에 핵무기가 접수, 보유, 배비, 저장되어 있다고 의심되는 모든 장소, 특히 군사기지도 사찰대상으로 포함한다. 따라서 핵무기에 대한 사찰을 가능하게 한다. 또한 핵무기의 시험, 제조, 생산을 금하고 있기 때문에 핵무기 제조에 필수적인 핵폭발장치, 즉 기폭장치 등에 대한 사찰도 가능하게 한다.

둘째, 남북한은 핵재처리 시설과 농축시설을 보유하지 못하게 되어있다. IAEA사찰과는 달리 남북한 사찰은 아예 사용 후 핵연료 재처리 시설과 농축시설을 금하고 있으므로 핵무기 제조의 원인을 그 싹부터 제거하게 되는 것이다.

셋째, 남한측이 제안한 남북 상호사찰의 내용에는 특별사찰제도가 그 핵심내용으로 되어있다. 특별사찰은 어느 일방이 상대측의 특정지역에 대하여 핵무기의 보유 등에 관한 의심이 있다고 주장하는 경우 그 지역을 24시간 이내에 사찰할 수 있게 해준다. 따라서 특별사찰은 핵무기의 보유 및 핵무기 개발과 관련하여 쌍방이 갖고 있는 의심을 완전하게 해소할 수 있는 제도이기 때문에 남한은 특별사찰의 관철을 위해 전력을 다했다.

물론 남북한 상호사찰에도 정기사찰은 있다. 정기사찰은 사찰대상을 미리 합의하고 난 후 며칠 후에 사찰하기 때문에 아무래도 사찰대상이 되는 핵물질이나 핵무기 등을 이동시킬 수 있는 것이다. 적절한 예로는 북한이 정전협정에 규정되어 있는 한반도 내의 새로운 무기증강 금지의무를 위반하고 소련으로부터 미그기를 도입하였던 사실을 알고 중립국 감독위원회가 사찰을 하였으나, 사찰단을 방해하면서 미그기를 다른 곳으로 옮기고 난 후 사찰을 받았던 역사적 사실이 그것이다.

지하시설에 은닉하여 핵무기 개발을 지속한다면 쌍방이 합의한 대상에 국한하여 사찰을 하는 정기사찰만으로는 그러한 시설에 대한 사찰은 불가능할 것이다. 따라서 남한이 미국의 주문을 받아들여 제안한 특별사찰은 남북한의 비핵화 의무이행을 상호 확인하는 가장 강력하고 효과적인 제도가 될 수 있으며, IAEA사찰의 한계점을 극복할 수 있는 제도가 될 수 있었다. 그러나 남북한 상호사찰은 서로 입장차이가 커서 합의되지 못했다.

3. 북한의 핵시설에 대한 사찰

IAEA는 1992년 5월 25일부터 6월 5일까지 북한이 제출한 최초 핵물질 보고서와 핵시설 설계정보에 근거하여 북한에 대한 사찰을 실시하였다. IAEA는 위에서 말한 바와 같이 북한이 제출한 기록과 현재 북한이 보유하고 있는 핵물질 및 핵시설이 일치하는가를 조사한 것이다. 그런데 1992년의 최초사찰은 핵안전조치협정의 보조약정을 맺기 위한 기초조사였다. 이 최초사찰에서 핵의혹을 완전히 밝힐만한 조사는 하지는 않았으나 주요지점마다 감시용 카메라를 설치한다든지 의심나는 시설에 대하여 봉인을 해놓았다.

IAEA의 사찰이나 남북한 상호핵사찰의 핵심대상은 원자로인데, 그것은 원자로에 핵연료가 장입되어 연소된 후 나오는 '사용 후 핵연료'에서 플루토늄을 추출할 수 있기 때문이다. 원자로에서 핵연료를 단기간 태우고 꺼낼 경우, 보다 순도 높은 플루토늄을 많이 추출할 수 있다. 발전용 원자로에서 핵연료를 보통 3년 태우고 꺼내는데, 이 경우에 핵무기용 플루토늄을 거의 추출할 수가 없는 것으로 볼 때 북한이 연구용 원자로에서 핵연료를 단기간 태우다가 꺼냈다면 핵무기용 플루토늄을 많이 추출했을 것으로 추정된다.

따라서 원자로가 사찰의 핵심이 되며, 그 다음으로 재처리시설과 농축시설이 우선순위가 될 것이다. 재처리 시설은 특히 플루토늄을 추출하기 위한 시설로서 플루토늄탄 제조와 긴밀한 관련성이 있기 때문에 사찰의 주 대상이 되고, 농축시설은 천연우라늄을 농축하여 농축 우라늄탄을 만들 가능성이 있으므로 사찰의 주요 대상이 된다.

IAEA사찰은 천연 우라늄 광산이나 정련공장에 대해서는 실시하지 않고, 변환공장에서부터 농축공장, 핵연료 가공공장, 연구용 원자로, 원자력발전소, 재처리 공

장, '사용 후 핵연료'의 저장시설 등에 대해 사찰이 행해진다. 그러나 북한은 우라
늄 정련공장도 사찰대상의 목록으로 제출한 바 있다.

그런데 이 핵연료 주기활동에 나타나지 않는 것이 고농축 시설이므로 원자로
에 대한 사찰만으로는 핵무기를 개발하기 위한 농축시설을 확인할 수 없다. IAEA
사찰에서는 위에서 말한 모든 핵주기 활동과 고농축 시설 중 신고된 대상에 대해
서만 사찰하게 되며, 남북상호사찰에서는 특별사찰이 제도화될 경우 모든 핵주기
활동과 재처리시설, 농축시설, 핵폭발장치, 핵무기 등을 사찰할 수 있게 될 것이다.

4. 이라크에 대한 강제사찰

1992년 한·미 양국이 북한에 대해 관철시키려 했던 특별사찰은 UN이 이라크
에 대해 실시했던 강제사찰을 참고했던 것이다.

이라크에 대한 강제사찰은 UN 안전보장이사회의 결의안 제687호에 근거했다.
이라크가 걸프전에서 패전하자 미국을 중심으로 한 걸프전 참전국들은 UN안보리
에서 이라크가 NPT를 위반하고 핵무기 개발을 계속해 왔음을 지적하면서 이라크
에 대한 강제사찰을 실시할 것을 결의하였다. 이러한 강제사찰은 이라크의 핵무기
관련 활동과 장비 및 물질을 확인하는 것뿐 아니라 그것들의 폐기, 나아가서는 생
화학무기, 사거리 150km 이상의 미사일을 완전히 제거하는 데 목적이 있었다. 따
라서 IAEA에서 통상 실시하는 임시·정기·특별사찰과는 그 범위와 목적, 권한 면
에서 판이하게 다른 것이었다.

즉, 앞에서 지적하였듯이 IAEA의 사찰만으로는 핵무기에 대한 사찰은 불가능
할 뿐 아니라 더욱이 생화학무기에 대한 사찰은 할 수 없다. 또한 이라크에 대한
강제사찰은 전승국이 패전국에 대하여 하는 사찰이기 때문에 사찰관은 원하는 곳
이면 어디나 자유로이 임의의 시간에 접근할 수 있으며, 이에 대한 방해는 바로
UN안보리 결의안 제687호에 위배되므로 UN의 강력한 제재조치가 수반되는 점에
서 IAEA사찰과는 다른 것이었다.

이라크에 대한 강제사찰의 임무수행은 IAEA 사무총장과 안보리 결의안 제687
호에 의거해 창설된 특별위원회 위원장에게 그 임무가 주어졌으며, 사찰단은 IAEA
사찰관뿐 아니라 특별위원회에서 선발한 사찰관으로 구성되어 있었다.

1991년 4월부터 모두 10여 차례에 걸친 이라크의 핵시설에 대한 사찰에서 특
별위원회는 고폭시험장을 발견하고, 가스확산법과 전자장 동위원소 분리법에 의한
우라늄 농축의 증거를 포착함으로써 핵무기 개발계획의 대부분을 밝혀내는데 성공

하였다. UN은 소량의 농축우라늄과 플루토늄 은닉시설을 발견하였을 뿐 아니라 1992년 4월 아데르 연구센터의 핵무기 개발설비를 폐쇄하기로 결정하였다. 특히 강제사찰을 통해 이라크는 소련에서 도입한 전자장 동위원소 분리기 수대를 이용하여 우라늄을 농축하고 있었다는 사실이 밝혀졌다. 만약 강제사찰이 없었더라면 수년 내 우라늄탄을 보유할 수도 있었을 것이다.

이라크에 대한 강제사찰의 경험은 남한에게 중요한 사실을 가르쳐 주었다. 즉, 어느 한 국가가 어떻게 해서라도 핵무기를 개발하고자 시도한다면, IAEA사찰만으로는 그 저지가 불가능하다는 점이다. 다시 말해서 핵무기의 확산을 금지시키기 위한 국제체제가 대단히 불완전하다는 것이다. 그래서 남북한 간의 특별사찰을 중심으로 한 상호사찰이 북한의 핵개발을 저지시키는데 더욱 효과적이라는 결론이 나올 수 있다. 하지만 남북한 간의 상호사찰은 UN이 이라크에 실시한 강제사찰보다도 더 강력할 수는 없을 것이다.

UN이 이라크에 대해 강제사찰이 가능했던 것은 이라크가 군사적으로 항복한 후 결행된 것이므로 사찰관은 아무런 사전통고도 없이 움직일 수 있었고 모든 시설에 예외 없이 접근 가능했기 때문에 사찰기간, 통신, 장비 등에서 아무런 제약을 받지 않을 수 있었기 때문이다.

IV. 한국의 대응책

남북 핵통제공동위원회가 발족된 후 사찰규정을 합의하기 위해 논쟁을 벌였다. 그동안 남북 쌍방이 합의한 것은 비핵화공동선언의 이행을 위한 합의서와 사찰규정을 일괄 채택, 동시 발효한다는 대원칙뿐이었다.

남북한 핵사찰 협상은 아무런 진전도 되지 못한 채 중단되고 말았다. 북한은 1993년 1월 한미 양측의 팀스피리트 연습의 재개를 이유로 남북한 핵통제 공동위원회를 중단시켰다. 그리고는 1993년 3월 12일 NPT 탈퇴를 선언했다. 우리 측도 북한 측이 사찰규정을 수용하지 않자 팀스피리트 연습의 재개를 결정했고, 국제기구에 호소하는 수밖에 없다고 결정하고 IAEA에 이 문제를 가져갔다. 그럼으로써 1년여에 걸친 남북한 핵통제 협상은 비핵화공동선언만 남기고 결렬되게 된 것이다.

북한의 핵무기 개발계획에 대한 의혹이 짙어지면서 남한은 북한의 핵개발을 저지하기 위한 방법으로 다음의 두 가지 중 하나의 전략을 선택할 수 있었다. 그 하나는 냉전시대에 전형적으로 구사해 오던 전략으로서, 이 전략에 의하면 장차 북한의 핵전력을 상쇄하기 위하여 미군의 핵무기 증강배치, 핵우산 보호 및 핵사용 위협, 그리고 남한의 핵무기 개발옵션의 허용 등 남한의 핵대응 전력을 강화시키는 것이었다.

다른 하나의 전략은 1980년대 말 유럽에서 성공하여 종국에는 신국제질서를 잉태시킨 군비통제전략이다. 이 전략에 의하면 북한의 핵개발 위협을 근원적으로 제거하기 위하여 미군 전술핵무기의 완전한 철수, 남한의 비핵화 선언과 핵무기 개발옵션의 명백한 포기 등 일방적 선제조치와 함께 북한으로 하여금 동일한 행위를 하도록 지속적으로 요구하는 것이었다.

그런데 1992년 당시 한·미 양국의 전략은 후자, 즉 군비통제전략이었다. 북방정책 등 외교정책의 승리로 북한과 소련의 동맹체제 이완, 경제력에서의 북한 압도, 그리고 미국 중심으로 재편된 신국제질서의 한반도에 대한 영향, 군축이 세계질서의 시대적 요청이 된 안보상황 등을 고려해볼 때 냉전시대의 전형적인 전략인 핵군비경쟁은 시대적으로나 상황적으로 타당성이 결여된 것이라고 판단됐다. 그래서 남한은 핵통제전략을 선택, 먼저 핵문제에 관한 투명성을 북한에게 완전하게 보여줌으로써 협상을 통한 북한의 동일한 조치를 요구하게 된 것이었다.

다시 한 번 강조하면, 이러한 핵통제전략은 소련의 와해와 더불어 국제질서의 세력균형이 깨어지고 지역국가들 간에 핵확산의 위험이 고조되면서 핵보유국들뿐 아니라 UN이나 IAEA 등에 의해 핵확산을 금지하기 위한 국제적 움직임이 일어난 것과 그 궤를 같이한다는 측면에서 시의적절한 조치였다. 또한 북한이 NPT당사국으로서 국제법적인 의무를 위반하고 있다는 사항도 신국제질서 하에서는 묵과할 수 없음을 고려할 때, 군비통제전략으로써 북한의 핵개발을 충분히 막을 수 있다는 자신감 속에서 이 전략이 채택된 것으로 간주된다.

만약 북한이 남한과 동일한 조치를 취하지 않을 경우 IAEA와 UN안보리에 의한 강제사찰이 추진될 것이고, 북한이 강제사찰을 거부하는 경우에는 결국 UN안보리 결의와 IAEA에 의해 취해졌던 경제·군사제재 등이 가해질 수 있을 것이다. 따라서 북한이 이렇게 정해진 코스의 국제적 압력을 받지 않으려면 IAEA와 남한이 요구하는 사찰을 받아야 한다고 요구했다. 즉, 북한이 IAEA사찰과 상호사찰을 회피함으로써 받는 불이익이 사찰을 받을 경우의 불이익보다 크면 IAEA와 남북 상호 핵사찰을 받을 것이란 것이었다.

남한의 핵통제 전략과 유사한 예는 미국과 소련사이의 중거리 핵무기폐기협정(INF)에서 찾을 수 있다. 중거리 핵무기폐기협정의 역사적 배경을 보면, 1970년대 말 소련이 동구권에 중거리 핵무기인 SS-20미사일 수백 기를 배치하기 시작하자 동서 유럽관계는 극도로 악화되었다. 그러자 미국도 이에 맞서 중거리 핵무기를 배치하는 등 강경조치를 취해야 한다는 주장이 일기 시작했다. 따라서 미국은 소련의 SS-20에 대응할 퍼싱-II미사일을 유럽에 배치하는 한편 소련이 군축협상에 응할지 여부를 타진하기 시작했다. 미국은 이때 두 가지의 구분된 전략구상을 갖고 있었던 것으로 알려져 있다.

그 하나는 만약 소련이 군축협상에 임해 올 경우에는 군비통제협상을 통해서 중거리 핵무기 감축에 합의하여 상대적으로 적은 수의 미국의 중거리 핵무기와 다수의 소련 중거리 핵무기를 지구상에서 추방한다는 것이었다. 물론 소련이 이 전략에 호응해올 경우에는 미국은 동서간의 데탕트를 진전시키며 중거리 핵무기의 협상의 성과를 재래식무기 감축에도 파급시킨다는 계획이었다.

또 하나는 만약 소련이 중거리 핵무기 협상에 응해오지 않는다면, 퍼싱-II를 SS-20과 비슷한 수준으로 배치하여 소련의 중거리 핵무기 전력을 상쇄시킨다는 것이었다. 그리하여 유럽의 냉전을 지속시킬 뿐 아니라 모든 면에서 군비경쟁을 가속화시켜 소련의 전반적인 경제력을 약화시키는 국방전략을 구사한다는 것이었다.

미국은 처음에 퍼싱-II를 배치시키는 국방전략을 구사했는데, 중간에 소련이 군비통제협상에 응해오자 군비통제전략으로 전환하게 되었으며, 종국에는 군비통제전략의 목표를 대부분 달성하였다. 이러한 중거리 핵무기폐기협정의 결과 유럽에서는 사상 최초로 미·소 양국이 생산한 핵무기를 상대방의 입회하에서 폐기하게 되었다. 즉, 군사적으로 적대국인 미·소 양국이 상대측의 군인과 민간 전문가의 현장입회 하에 자신이 만든 무기를 스스로 폐기하게 된 것인데, 여기에서의 현장사찰제도는 그 이후의 모든 군축조약에서 사찰규정의 모델이 되었다. 이러한 사찰제도는 역사상 가장 침투적이면서도 강력한 사찰제도가 되어 핵무기 폐기뿐 아니라 재래식무기 감축에도 반영시키게 되었다.

미국은 이러한 중거리 핵무기폐기협상의 경험을 한반도에 적용시키고자 했다. 그중에서도 가장 주목할 만한 사실은 군사적으로 적대적인 쌍방간에 합의사항을 준수하기 위해서는 침투적이고 가장 강력한 사찰제도가 필수적이란 것이었다. 물론 그러한 사찰제도가 합의에 이르기는 힘들지만 일단 합의가 되면 강력한 구속력을 지니게 되어 위반을 힘들게 하고 군비와 관련한 투명성을 증진시키게 된다는 것이다.

미국 정부는 남한이 북한과 협상에서 본격적인 사찰규정에 합의하기엔 시간이 많이 소요되므로, 북한의 영변단지와 군사기지 1곳을 먼저 시범사찰하자고 제의해 볼 것을 권유했다. 이것이 실패로 끝나자 남북한 핵통제공동위원회 회담을 통해서 특별사찰 24회, 정기사찰 24회를 제안하도록 권유했다. 그러나 북한은 IAEA사찰을 받으면서도, 침투성이 강한 남북한 간 상호사찰을 끝까지 거부했다. 북한에 대한 압박의 수단으로서 남한은 북한이 상호사찰을 받지 않으면 팀스피리트 연습을 중단하겠다고 연계시켰고, 북한은 이 연계를 취소하지 않으면 남북한 간 모든 회담을 중단시키겠다고 협박했다. 이러는 동안에 IAEA는 북한이 신고한 핵시설에서 중대한 불일치를 발견했고 북한에 대해 침투성이 강한 특별사찰을 결의했다. 이에 대해 북한은 NPT 탈퇴라는 강수를 둠으로써 남북한 핵사찰을 위한 협상은 결렬되고 미-북한 핵협상으로 넘어가게 되었다.

제 2 장

제네바 핵합의와 한국의 국가이익

Ⅰ. 북핵문제와 한국의 국가전략

북한 핵문제는 탈냉전의 국제질서하에서 관련 국가들이 어떻게 신축적으로 대응하면서 국가이익을 추구해 나가는가 하는 시험대였다고 할 수 있다. 북한 핵문제의 해결과정은 냉전시 고정적이었던 적의 개념과 무한 대립의 개념이 약화되고 상호 개입하면서 대화로 문제를 해결하려고 하였던 점에서 냉전시대의 안보문제 해결방식과는 아주 판이한 양상을 보였다. 이러한 과정에서 아직도 냉전 상황에 살고 있던 남북한 당사자들은 매우 당황하기도 하였다는 것은 사실이다.

북한 핵문제는 단순히 핵무기라는 군사적 차원에서 국한된 문제가 아니고, NPT라는 국제체제, 정치, 외교, 경제, 통일이라는 이슈가 뒤엉킨 문제로서 관련 국가들은 종합적인 차원에서 북한 핵문제를 해결하기 위한 대책마련에 몰두했던 것이다. 한국과 미국은 북한 핵문제를 해결하기 위해 각각 범정부 차원의 정책조정기구를 발족 운영하였으며, 북한 또한 당과 정부를 포함한 관련기관들을 연합한 정책조정기구를 조직 운영해온 증거가 발견되었다.

북한 핵문제에는 한국, 미국, 북한뿐만 아니라 일본, 중국, 러시아가 각각 개입하였으며, IAEA와 UN 안전보장이사회 같은 국제기구 그리고 유럽과 아시아의 지역 협력체들이 개입하기도 하였다. 한국, 미국, 북한은 각각 대내적으로 전문성과 역량을 총동원하여 문제해결을 위해 노력했으며 대외적으로는 우방국과 국제기구의 지지를 총동원하여 자국의 국가이익에 유리한 방향으로 문제를 해결하기 위해 노력해온 점을 볼 때 이는 실로 각국의 국가전략의 경쟁장이었다고 할 수 있다.

미국의 전술핵무기 철수 선언(1991.9), 남북한 비핵화공동선언에 이은 남북한 간 핵회담(1991.12~1992.12), 남한의 팀스피리트 연습 재개 선언과 연이은 북한의 NPT 탈퇴 선언(1993.3), NPT탈퇴 선언으로 빚어진 위기를 타개하기 위한 모색기, 미국과 북한간의 핵협상과 한반도 전쟁위기 고조(1994.6)에 이은 김일성의 사망과 제네바 핵 합의의 타결(1994.10)로 특징져지는 북한 핵문제의 전개과정은 실로 복잡하고 난해하였다. 제네바 핵합의와 경수로 공급협정의 타결로 북한은 핵프로그램을 동결하고 핵확산의 위험성이 덜한 경수로로 전환하기 위한 사업을 전개하였다.

제네바 핵합의와 경수로 공급협정 자체에 한국의 국가이익이 얼마나 반영되어 있으며 앞으로 이를 어떻게 달성할 것인가 하는 문제는 물론 중요하다. 그러나 상기한 바와 같은 복잡한 핵문제의 전개과정을 그대로 두고 제네바 핵합의의 내용만 가지고 각국의 국가이익이 어떻게 반영되었는가 분석하는 것은 별로 의미가 없다고 할 수 있다. 왜냐하면, 역사의 전후 배경을 무시한 채 한 시점의 합의가 한국의 국가이익에 어떤 영향을 미칠 것인지 분석해봄은 그 자체로서는 의미가 있을지 몰라도 앞으로 핵합의를 이행해감에 있어 우리의 국가전략을 어떻게 수행해 나가야 하는가에 대해서 큰 시사를 받을 수 없기 때문이다.

북한 핵문제 해결과정에서 각 국은 자국의 이익을 최대한 반영하고자 어떤 회담형식과 의제를 어떻게 추구해야 하는지에 대해서 첨예하게 대립하였다. 결국 북·미 회담으로 회담의 형식이 판가름 나고 그 내용도 핵문제의 해결에만 국한되지 않고 북·미간의 관계개선과 경제협력이 포함된 것을 볼 때, 그 이전의 과정을 면밀히 분석해보는 것도 한국의 국가이익의 측면에서 의미가 있는 일일 것이다.

따라서 북한 핵문제를 해결해 나가는 과정과 제네바 핵합의에서 추구되고 달성된 한국의 국가이익이 무엇인가 알아보기 위하여 먼저 국가이익의 정의와 그것을 추구하는 국가전략은 어떤 관계에 있는지에 대한 분석의 틀을 제시하고, 제네바 핵합의에 이르는 과정에서 한국의 국가이익이 어떻게 반영되고 있으며 제네바 핵합의 자체에는 한국, 미국, 북한의 이익이 어떻게 추구되고 반영되고 있는지 비교 평가해보기로 한다.

그리고 이러한 분석을 바탕으로 북한 핵문제에 있어서 한국이 국가이익을 추구하는데 있어서 보인 태도의 특징과 장·단점을 추출해보고 앞으로 대북정책 수립과 집행에 있어서 교훈을 제시해보기로 한다.

Ⅱ. 국가이익과 국가전략

구체적으로 나타난 한 가지 정책의 배후에는 반드시 그 국가가 국가이익을 달성하려고 하는 전략이 있게 마련이다. 즉, 목표와 수단을 연결시키려는 노력이 있다는 말인데 이때 목표와 수단을 연결시키는 방법이 전략이다. 그러나 한 가지 정책을 발표해 놓고 전략을 설정하지 않은 경우도 있고, 전략을 설정하더라도 그 정책이 주도된 정부 부처의 부분적인 전략만 있고 국가전체의 통합적인 전략이 뒷받침되지 않을 수도 있다. 본 절에서는 국가이익의 개념과 속성, 그리고 국가전략과 상호관계에 대해서 살펴보기로 한다.

1. 국가이익의 개념과 속성

구영록 교수는 국가이익을 "한 국가의 최고 정책결정과정을 통하여 표현되는 국민의 정치적, 경제적 및 문화적 욕구와 갈망"으로 정의하고 있다.[1] 뉴트라인(Nuechterlein) 교수는 "국가이익은 한 주권국가가 다른 주권국가들과의 관계에서 인지하는 필요와 갈망"으로 정의하고 있는데 그는 국제관계에서 주권국가가 모든 국민을 대표하여 최종적으로 행하는 행위에서 국가이익을 발견할 수 있다고 본다.[2] 이 두 가지 정의로부터 국가이익은 주권국가가 대내·외적으로 인지하고 추구하는 "가치(values)"라고 정의해볼 수 있다. 그러나 이러한 개념은 추상적이기 때문에 현실국가들이 어떤 가치를 추구하고 있는가 살펴보면 국가이익의 개념을 더욱 구체화시켜 볼 수 있다.

미국은 미국 자체의 생존(survival), 건실하고 성장하는 경제(a healthy and growing economy), 민주주의(democracy), 안정적이고 안전한 세계(a stable and secure world), 튼튼하고 활력있는 동맹관계(healthy and vigorous alliance relationship)를 국가이익으로 정의하고 있다. 이를 더욱 축약한다면 미국의 국가이익은 생존, 번영, 민주, 국제안정과 평화, 동맹관계의 유지 등이라고 할 수 있을 것이다.

한국에서 국가이익을 정확하게 규정한 문서는 존재하지 않으나 헌법의 전문과 1973년에 국무회의에서 의결된 <대한민국 국가목표>에서 유추해볼 수 있다.[3]

ㅇ 자유민주주의 이념 하에 국가를 보위하고 조국을 평화적으로 통일하여 영구적인 독립을 보전한다.
ㅇ 국민의 자유와 권리를 보장하고 국민생활의 균등한 향상을 기하여 사회복지를 실현한다.
ㅇ 국제적 지위를 향상시켜 국위를 선양하고 항구적인 세계평화를 이바지 한다.

1) 구영록, 『한국의 국가이익』(서울 : 법문사, 1995), p. 25.
2) Doanld E. Nuechterlein, "The Concept of 'National Interest': A Time For New Approaches," *Orbis.*, Spring 1979, pp. 75-77.
3) 국가안보회의 사무국, 공문(정지 911-18,1973.3.26), 임동원, "한국의 국가이익,"「국가전략」제1권 제1호, p. 18에서 재인용.

위의 세 가지 조항의 국가목표에서 한국의 국가이익을 유추해보면 국가의 생존보장, 경제의 번영과 복지의 실현, 민주주의 발전, 통일의 실현, 세계평화에 기여하는 것 등을 들 수 있다. 더욱 간단하게 정의한다면 생존, 번영, 민주, 통일이라고 축약해볼 수 있을 것이다. 그런데 1973년에서 1987년까지의 역사의 전개를 보면 생존과 번영은 중요한 국가이익이자 추구해야 할 목표로 추구되어 왔으나 민주와 통일은 보다 중요성이 덜한 것으로서 생존과 번영을 위해 희생되거나 유보되어야 할 것으로 간주해 온 것을 발견할 수 있다. 민주는 1993년에 와서야 국가의 최고가치로 인정되고 추구되고 있으며 통일은 아직도 생존을 위협하는 북한의 존재로 인해 먼 장래의 일로 간주되고 있는 실정이다.

여기서 알 수 있는 것은 국가이익의 모든 구성요소들이 똑같은 정도의 중요성과 비중을 가지고 추구된 것이 아니며 당시 국가 최고지도자와 정부의 우선순위 매김에 의하여 차별이 생기게 마련이다. 그리고 국가이익의 구성요소들이 항상 상호보완적이거나 상호비례관계에 놓여있지 않다는 것이다. 1970년대와 1980년대 민주화 가치를 추구한 정치집단은 경제의 지속적 발전과 국가생존, 즉 안정과 안보의 논리 하에 희생당할 수밖에 없었다. 한편, 국가이익을 구체적인 국가목표로 바꾸어 달성하기 위해서는 생존, 번영, 민주, 통일이라는 추상적 국가이익을 부문별 국가목표로 구체화시켜야 하는 작업이 최우선이다. 다음으로 그 목표를 달성하기 위한 부문별 전략인 정치발전전략, 군사전략, 경제발전전략, 통일전략으로 전략화 시켜야 하는 바, 이들 각 부문별 전략을 통일성 있고 체계적으로 통합하는 작업이 바로 국가전략 수립과정이라고 볼 수 있다.

위에서 한국의 국가이익을 생존과 번영, 민주와 통일이라고 더욱 구체화시켰음에도 불구하고 어떤 특정정책을 결정함에 있어서 국가이익 개념을 어떻게 적용해야 하는가가 문제로 되지 않을 수 없다. 왜냐하면 정부의 어느 한 부처는 그 부처의 정책을 입안, 결정, 집행함에 있어 보통 국가이익 중 어느 한 부분만 고려하고 그 정책을 선택하기 때문이다. 예를 들면 경제부처는 경제정책을 결정함에 있어서 생존, 민주, 통일이라는 국가이익을 고려치 않고 어떻게 하면 경제적 번영을 극대화할 수 있는가에 대해서만 고려한다는 것이다.

전략적 사고와 행동에 능숙한 미국을 비롯한 선진 민주주의 정치체제하에서는 그렇지 않다. 예를 들면 1980년대 말 미국에 대한 불법입국을 제한하는 새로운 이민법의 제정과정을 보면, 그것이 법무부의 소관사항이라고 하더라도 이민법이 <생존>, <번영>, <민주> 등 각 국가이익에 어떤 영향을 미치는가에 대해서 검토를 하고, 각 분야별로 드는 비용까지도 고려하여 국가순이익의 총계를 계산하여 정책을 최종적으로 선택한 것을 볼 수 있다.

간단하게 말하자면, 불법입국 숫자를 감소시키는 것은 미국의 국가로서의 독립을 유지하고 미국의 근본적인 가치의 제도를 보장한다는 측면에서 국가의 <생존>에 기여하며, 불법이민을 고용함으로써 조장되는 지하경제를 줄이고 미국의 <경제를 건강하게> 만들며, 불법적으로 거주해온 외국인의 지위를 합법화시킴으로써 인권을 개선시켜 <민주>에 기여한다는 것이었다. 그러나 불법이민자들은 실질노동인구로서 노동시장에서 최저임금으로 노동하고 있으므로 이들을 제한하는 것은 경제에 임금 상승 압박을 초래케 하여 <경제의 발전>을 저해하며, 이민법의 집행과정에서 불법 이민자처럼 보이는 외국인의 권리를 침해할 수 있다는 면에서 <민주>에 역행할 수도 있으므로 비용도 만만찮다는 것이었다.

이러한 이익과 비용에 대한 논쟁은 국민의 대표로 구성된 의회에서 활발하게 전개되었으며 결국은 피해를 최소화하고 이익을 최대화한다는 측면을 염두에 두고 행정부는 의회의 논의를 수용하여 최종법안을 결정했다. 행정부에서 정책이 최초로 입안될 때 그 정책이 여러 가지 국가이익에 미칠 효과에 대해서 다각적인 검토도 이루어지지만, 미국은 국민의 대의기관인 의회에서 그 정책이 집행되었을 때 생길 수 있는 여러 가지 문제점과 국가이익에 대한 영향을 실질적으로 검토하게 된다. 의회의 토론과정에서는 정부가 미처 예상할 수 없었던 문제점도 발견되고, 부처 이기주의에 의해 국가이익을 도외시한 것도 발견이 되며 무엇보다도 사회의 각 계층이 그 정책에 대해 어떻게 대응할 것인가에 대한 모의실험(simulation)이 이루어진다. 물론 의회 내 토론과정에 사회 각 방면의 전문가와 관련 이해집단의 대표들이 청문회를 통해 참가한다. 고로 어느 한 정책이나, 한 국가전략이 총체적인 국가이익에 어떤 영향을 미칠 것인지에 대한 종합적인 분석이 이루어지게 되는 것이다.

따라서 민주주의 정치체제하에서 의회가 제 기능을 하지 못한다면 어느 한 정책이나 전략이 국가이익의 모든 요소에 어떤 영향을 미치게 될지 제대로 분석해 낼 수 없다. 또한 국가이익의 어느 한 분야만 전공하는 전문가들이 모인 연구소에서 국가이익 전체를 제대로 추구하는 국가전략이 나올 수도 없다. 선진제국의 국가전략 연구소들에서 일하는 전문가들은 그 전공분야가 정치, 경제, 사회 등 사회과학분야뿐 아니라 환경, 법학, 인구, 행동과학, 지역전문가를 비롯해서 물리학, 화학, 공학 등 자연과학과 기술 분야의 거의 모든 학문의 전문가들이 같이 일하고 있음을 발견한다. 그것은 그만큼 국가이익이란 자체가 다양하며 다차원적이라는 것을 의미한다. 어느 한 분야만의 관심과 평가기준으로서는 국가이익 전체를 충분하고도 체계적으로 분석하지 못하고 있다는 것을 반증한다.

그러므로 어느 한 정책이 관련되는 국가이익의 모든 요소를 다 반영하고 있으며 또한 그 정책을 수행하는 데 드는 비용은 각 부문별로 얼마나 드는가를 분석하지 않고서는 그 정책과 국가이익간의 관계를 올바로 밝혀내기 힘들다. 여기서는 북한핵문제에 대한 정책이나 전략이 각 분야의 국가이익을 어떻게 반영하려고 노력하였으며 달성하였는가 하는 것을 면밀하게 살펴보아야 한다. 즉, 어느 한 시점의 대북한 핵정책과 전략이 민주, 생존 및 안보, 경제적 번영, 통일이라는 국가이익을 얼마나 가져올 수 있는지, 그리고 부문별로 소요되는 비용은 어떠한지 평가하고 결국 총이익과 총비용의 차이를 계산한 후에 국가 순이익을 극대화하는 정책대안을 선택하였는가 하는 것을 분석해볼 필요가 있다. 이러한 개념 틀은 비단 핵문제에만 국한된 것이 아니고 모든 정책분야에 확대되어어 할 것이다.

2. 국가이익과 국가전략의 상호관계

흔히 전략과 정책을 혼동하는 사례가 있는 바 여기에서 전략은 "목표와 자원을 연결시키는 방법", 즉 국가목표를 달성하기 위해 국가의 능력을 동원, 조직화, 조정, 통제, 사용하는 방법을 의미하며, 정책은 "문제해결과 변화유도를 위한 활동" 또는 "정부기관에 의해 결정된 미래의 행동지침 또는 계획"이라고 볼 수 있다.

전략은 대개 몇 분야의 정책으로 뒷받침된다고 볼 수 있다. 전략의 체계는 대전략, 국가전략, 세부전략 등으로 볼 수 있는데 대전략은 대개 20년 내지 50년 앞을 내다보는 장기 전략으로서 "국력의 모든 요소(정치, 경제, 이념, 산업, 기술, 군사력)를 동원, 조직화, 조정, 통제, 사용함으로써 국가의 목표를 달성하는 방법에 관한 기술(art)"로 정의된다.[4]

대전략은 국가의 모든 정책을 인도하는 고차원의 전략이며 정치 지도자가 규정하는 국가 목적달성을 위해 자신의 국가뿐만 아니라 우방국들의 국력과 자원을 동원, 조정, 통제, 사용하는 것이다.

예를 들면, 2차 세계대전 이후 미국의 트루만 대통령은 미국 국민에게 미래 세계의 비전을 제시하면서 유럽의 일본의 재건과 민주주의의 확산을 통한 대소동맹을 형성하고 소련을 봉쇄하는 대전략을 제시하였다. 이 봉쇄전략은 전후 45년간 미국 국가전략의 핵심이 되었으며 미국의 정치, 경제, 군사, 외교 모든 분야를 인도하

---

4) B. H. Liddel Hart, *Strategy*(New York : Fredrick A. Prager Publishers, 1967), pp. 335－336.

는 전략이 되었다. 일본에서는 메이지 유신 후 등장한 '대동아 공영권'이란 대전략이 있었고 말레이시아는 '말레이시아 2020'을 제시하고 있다.

대전략은 일명 국가수준의 전략이란 의미에서 국가전략이라고도 한다. 국가는 국가의 목표를 달성하기 위하여 전쟁과 평화 중 어느 하나를 선택할 최종권한이 있으며 국가목표달성을 위해서 민간경제와 군사 두 영역에서 적절한 힘의 배분을 도모하고 국력을 최대화하기 위하여 경제력, 군사력, 외교력, 정치력을 사용할 뿐만 아니라 도덕적인 힘, 국민의 정신적인 힘까지도 극대화한다. 여기서 클라인(Cline)의 국력의 정의가 연관되는 바 클라인은 국력을 모든 가시적인 힘의 총화(인구, 국토의 크기＋경제력＋군사력＋...)에다가 전략적 목표(strategic purpose)와 국가의지(national will)를 곱하였다.[5]

국가의 의지는 구체적으로 정치지도자의 리더쉽, 정치 엘리트들의 조정능력, 국민의 도덕적, 정신적 힘을 포괄하여 국가전략을 추구하려는 의지라고 할 수 있다. 그리고 여기서 전략적 목표는 구체적으로 지도자들의 전략기획(strategic planning) 능력을 의미한다. 어느 국가든 부존자원과 인적능력이 제한되어 있으므로 모든 국가이익과 목표를 동시에 달성할 수 없다. 따라서 모든 국민의 주의를 집중시키고 몇 가지 제한된 목표의 달성을 위하여 자원을 동원, 조직화, 조정, 사용하는 계획을 세우는 것을 전략기획이라고 한다.

전략기획은 20년 이상 앞의 국가의 미래를 예측하고 미래 국가가 지향해야 할 목표를 제시하며 국가의 자원을 동원하며, 그 목표를 달성하기 위한 각 부문별 전략과, 전략을 집행할 세부 정책을 수립하는 것을 의미한다. 따라서 국가전략 기획은 부문별 전략의 수립, 그 부문별 전략을 집행할 정책(policy)의 수립, 정책을 집행해 나갈 구체적인 계획(program)을 세우는 것을 필요로 한다. 이 전반적인 과정을 전략기획이라고 하는데 이것이 국가의 가시적인 힘을 배가시키기도 하고, 반으로 감소시키기도 하는 승수효과를 가진다.

그런데 전략기획은 몇 가지 속성을 지니고 있는 바, 국가의 목표를 더욱 발전시키고 명료하게 만드는 작용을 한다. 국가의 미래에 큰 영향을 미치게 될 중요한 변수들을 미리 발견케 하고 그 변수의 영향력을 이해하게 한다. 미래의 창조를 가능하게 하며 미래에 대처해 나가는 적절한 능력과 행동계획을 발견하게 한다. 그래서 미래에 국가에게 주어진 기회를 십분 활용하게 하고 국가의 취약성을 최소화시키며 어느 경우에도 적절한 대응을 가능케 한다. 그리고 중요한 점은 시간의 흐름

---

5) Ray S. Cline, *The Power of Nation in the 1990s*(Lanham : America University Press, Inc., 1994), p. 29.

에 따라 어느 시기에 구체적인 결정을 해야 하는가 하는 정확한 판단을 가능하게 하며, 그때그때 적절한 지침과 독트린, 정책개발을 가능하게 한다.

그러나 어떠한 경우에 전략기획이 실패하는가? 미래의 환경을 예측하지 못하고 대비하지 못했을 때, 발생할 가능성이 있는 위기와 분쟁을 예견하지 못했을 때, 미래의 불확실성을 다루는 것에 실패했을 때, 가장 중요한 것을 맨 처음 해야 하는데 그렇지 못했을 때, 일어날 사건 모두에 대해서 포괄적인 고려를 하지 못했을 때, 전략기획의 목적을 잘못 인지하고 있을 때, 일관성만 유지한 채 탄력적인(flexible) 대응을 못했을 때, 상대방의 의도를 잘못 읽었을 때 등에서 전략기획의 실패가 일어난다.

국가이익이 여러 분야에 걸쳐 존재하듯이 국가전략도 정치, 경제, 군사, 외교 등 분야별 전략으로 구성된다. 그리고 국가전략의 특성은 우선 국가목표를 정의하고 국가의 자원을 파악하며, 그것을 동원하고 조직화하며, 조정할 뿐만 아니라 사용하는 기술이므로 다양한 국가목표의 성격상 목표 간의 우선순위가 있기 마련이다. 그리고 자원 중에서도 인적자원을 동원하느냐, 물적 자원을 동원하느냐, 우방국의 자원을 동원하느냐 아니면 두 분야 이상의 힘을 종합하여 사용하느냐에 따라 우선순위가 생기기 마련이다.

미국의 대전략은 위에서 말한 바와 같이 냉전시대에는 대소 봉쇄전략이었으며 이를 위해 정치, 경제, 외교, 군사 면에서 자국의 국력을 동원, 사용하고 필요시에는 타국의 국력까지도 모두 합하여 사용하였다. 따라서 미국의 대전략은 미국의 생존과 번영을 보장하기 위하여 필연적으로 대소경쟁을 밑바탕에 깔고 있었으므로 국가 안보전략이라고도 불리어 왔으며 그것의 구성요소로서 외교전략, 경제전략 특히 국제경제전략, 군사전략, 군비통제전략 4가지를 포함하고 있었다.[6)

여기서 안보의 개념은 정치(외교)적, 경제적, 군사적, 군비통제적인 측면을 모두 포함하는 포괄적인 개념으로서 미국이 국가이익을 보호하고 확장(promote)하는 것을 지칭하고 있다. 물론 국가의 크기에 따라 국가전략의 범위나 속성에 차이가 나겠지만 근본적으로 국가전략의 세부전략이 다 갖추어지지 않는 한, 독립적이고 완전한 국가전략이라고 보기 힘들 것이다.

1990년대 초 한국이 북한의 핵문제에 대하여 접근을 시도할 때 독자적인 핵전략은 없었던 것으로 알려져 있다. 냉전시기 동안 한국의 안보는 주한미군의 핵무기에 의한 핵우산 제공과 핵억지 그리고 한미 연합군에 의한 재래식 억제에 의존해

---

6) The White House, *National Security Strategy of the United States*, August 1991. 미국의 국가안보전략은 정치(외교), 경제, 국방, 그리고 군비통제 분야에서 국가의 수단을 목표와 연결시키는 방법을 서술하고 있다.

왔다. 따라서 범 국가차원의 핵문제에 관한 통합적인 전략이나 정책은 존재하지 않는다는 것을 알 수 있다. 그러나 북한의 핵무기 개발문제가 대두하고 미국이 한반도로부터 전술핵무기를 전부 철수함으로써 독자적인 핵정책의 수립이 필요하게 되었다. 그러면 핵무기 없는 한반도라는 비전, 즉 한반도 비핵화라는 대전략을 수행하기 위한 구체적 정책의 개발과정에서 한국의 모든 중요한 국가이익은 충분히 고려되고 추구되었는가 하는 의문이 자연스럽게 발생하는 바, 다음 절에서 이를 살펴보기로 한다.

Ⅲ. 북한 핵문제 전개과정에서 한국의 국가이익

전술한 바와 같이 북한 핵문제의 전개과정은 간단치 않았다. 몇 가지 고비를 거쳐 미국과 북한간의 제네바 핵합의로 타결에 이르게 되었는 바, 여기서는 핵문제의 전개과정을 네 가지 시기로 분류하고 각 시기마다 한국과 북한, 그리고 미국이 국가이익을 추구해온 특성을 고찰하고자 한다.

시기구분은 첫째 북한 핵 개발 사실 포착시기(1980년대 말)부터 미국의 전술 핵무기 철수선언을 한 시기('91.9), 둘째 남한 단독으로 비핵선언을 한 시기부터 비핵화공동선언에 이은 남북한 간 핵 회담을 실시한 시기('91.10~'93.1), 셋째 한국의 팀스피리트 연습 재개 선언과 연이은 북한의 NPT탈퇴선언, 그리고 미·북한 직접 핵회담이 결정되기 직전의 시기('93.2~'93.5), 넷째 미국과 북한간의 핵협상 개시에서부터 제네바 핵합의가 타결된 시기('93.6~'94.10)로 구분하고자 한다.

1. 북한 핵개발 사실 포착시기부터 미국의 전술핵무기 철수 선언을 한 시기
   (1980년대 말부터 1991년 9월까지)

이 시기의 전략 환경의 특징은 독일의 통합과 동구 공산권의 몰락, 구소련의 해체위기 등으로서 냉전의 종식과 새로운 국제질서가 모색되는 시기였다. 중동에서는 쿠웨이트를 침공한 이라크가 미국 중심의 다국적군에 의해 완전히 격멸되고, 그 결과 이라크는 패전국으로서 개발 중이던 핵무기, 화학무기, 미사일을 UN특별위원회의 사찰단에 의해서 강제 폐기되기에 이르렀다.

한반도에서는 한국의 북방외교로 동서냉전의 고식적인 틀이 서서히 변모하는 시기였다. 한·소 수교로 북한은 전략적 고립에 직면하며 지도부는 안보위기의식을 느끼게 되어 이를 해소하기 위해 핵무기 개발을 서둘렀다고 지적된다. 중국도 한국의 UN가입을 반대하지 않아 한국의 UN 가입결정에 따라 북한도 UN에 가입하였다. 따라서 북한은 국제정세의 변화에 수동적이지만 변화를 모색하게 되었다.

　이러한 전략 환경의 변화에 따라 한반도 안보에 영향을 미치는 두 가지 큰 사건이 발생하였다. 하나는 미국이 취한 정책으로서 1991년 9월 유럽과 한반도에서 전술핵무기를 철수한다는 선언을 발표한 것이다. 미국이 이 정책을 취한 목적은 일차적으로 구소련의 해체위기로 발생할 세계적 차원, 특히 유럽과 소련 내부의 핵무기의 혼란을 사전에 방지하자는 것이었다. 미국의 일방적인 조치는 1991년 10월 초 고르바초프의 상응한 조치로 성공적으로 그 목적을 달성했다. 둘째, 남북한 고위급 회담의 시작이다. 남한은 북방정책의 성공에 기초한 자신감을 가지고 한반도의 냉전구조를 탈피하고 화해와 협력의 시대를 열기 위해서, 북한은 전략적 고립과 국내의 경제적 곤란을 탈피하고 미국의 핵문제 해결 압력을 탈피하기 위해 분단 후 처음으로 총리회담을 시작하게 되었다.

　미국의 일방적인 핵무기 철수 선언은 한반도에도 긍정적인 영향을 미쳤다. 북한의 주한미군 핵무기에 관한 비판에 대해서 NCND정책 외에 아무런 대응도 할 수 없었던 한국은 비로소 적극적으로 북한의 핵무기 개발에 대해서 그 중지를 요구할 수 있는 입장에 놓이게 되었다. 미국의 핵무기 철수 선언은 북한이 주한미군의 핵무기에 대항하여 핵무기를 개발할 수밖에 없다는 북한의 논리를 무색케 했다.[7]

　그러면 이 시기동안에 한국은 어떤 국가이익을 추구했는가? 한국의 국가이익을 달성하기 위해서는 어떤 조치가 필요했겠는가? 하는 문제를 생각해보기로 하자.

　이 시기에 한국은 생존과 안보, 경제발전의 지속이라는 국가이익을 추구해 왔으며, 특히 북한의 핵문제에 관련해서는 핵개발의 저지라는 안보이익을 추구해 왔다. 미국은 북한의 핵개발 성공은 남한과 일본의 연쇄적 핵개발을 촉발할 가능성이 있기 때문에 이를 차단하기 위해 노력했고 세계적인 차원에서는 핵확산의 방지와 구소련의 핵무기의 안전한 관리와 감축을 추구해 왔다. 북한도 이 시기에 핵무기 개발을 통한 국가의 생존과 안보를 확보할 뿐 아니라, 남북한 관계의 발전을 통한 흡수통일 위험성을 차단시키는 한편, 경제적 문제해결을 시도해 왔다.

　미국은 고르바초프의 전술핵무기 철수 선언으로 세계적 차원의 핵확산과 핵무기 혼란을 해결하려는 목적을 달성하여 안보적 측면에서 국가이익을 달성했다. 북한은 일단 주한미군의 핵무기 철수로 안보이익을 달성했다. 그러나 한국과 북한의 국가손익의 계산은 차후 전개될 남북한 고위급회담의 결과에 따라 달라질 수밖에 없었다.

---

7) James Baker Ⅲ, *Politics of Diplomacy*(Washington, D.C. : G.P. Putnam's Sons Inc., 1995), p. 597.

부시 행정부하에서 국방차관을 역임한 바 있는 울포위츠(Paul Wolfowitz) 교수는 그 무렵 미국의 국가안보회의에서 스코우크로포트 대통령 안보보좌관이 주한미군의 핵무기철수와 북한 핵문제를 서로 연계 짓는 필요성에 대해서 제기하였으나 부시 대통령이 이를 원하지 않아서 그렇게 하지 않았다고 한 바 있다.8) 한국정부도 미국에 대해서 주한미군의 핵무기를 철수시키려면 북한의 핵개발 포기가 선행되어야 한다거나 두 문제가 동시에 진행되어야 한다거나 요구한 바가 없는 것으로 알려져 있다. 따라서 북한의 핵개발 포기와 주한미군의 핵무기 철수는 연계되지 않았고 미국의 일방적인 조치로 끝났다.

미국의 이러한 일방적인 철수는 차후 남북한 고위급회담에서 남북한간에 직접 대화를 통해 핵문제를 풀 수 있는 전기를 제공하였다는 점에서 긍정적이지만, 귀중한 핵카드를 아무런 조건 없이 양보했다는 측면에서는 부정적인 결과를 낳았다고도 볼 수 있다.

즉, 미군의 핵억지에 의존해온 한국의 안보이익이 변화된 반면 북한의 핵무기 개발 카드는 그대로 남게 되어 생존이라는 국가이익의 측면에서 볼 때 단기적인 손실을 가져왔다고 해도 과언이 아니다. 북한이 만약 핵개발을 계속하게 된다면 핵무기를 가진 북한이 한국의 안보를 인질로 삼을 수 있는 상황이 도래할 수 있으므로 안보적인 측면에서 손실은 분명하다. 또한 북한의 핵개발 카드에 대해서 연계할 수 있는 핵카드가 없는 한국은 차후 재래식 군사훈련인 팀스피리트 연습을 카드로 걸어야 했으니 안보라는 측면에서 보면 분명 일방적인 핵무기 철수는 마이너스적인 측면이 뚜렷하다고 볼 수 있다.

그러나 통일이라는 국가이익의 측면에서 보면 남북한간의 직접회담에서 핵문제를 해결하고 상호신뢰를 구축하며 남북한 관계를 발전시켜 나갈 수 있는 계기를 마련해준 점으로 미루어 보아 플러스 적인 측면이 많았다고 볼 수 있다. 경제적 번영이라는 국가이익의 측면에서는 북한의 핵문제가 남북한간에 원만하게 해결이 될 경우, 한반도의 긴장완화로 인해 한국의 지속적인 경제발전이 가능하고 북한도 남북한간 경제교류의 활성화로부터 경제발전이라는 이익을 얻을 수 있기 때문에 남북한은 상호 이익이 된다는 것이다.

이 시기에 한국의 국가이익이 제대로 확보되고 있었는가 하는 질문은 다음 시기에 남북한관계가 어떻게 전개·발전되어 나갈 것인가에 달려있었다고 볼 수 있다. 주한미군이 보유한 핵무기의 일방적인 철수는 단기적으로는 한국의 안보이익

---

8) 필자와 Paul Wolfowitz와의 인터뷰(1995. 10. 28. 서울).

에 마이너스가 되는 측면이 많았으나 장기적으로는 북한 핵문제가 남북한간에 해결되고 그 결과 남북한 관계가 발전한다면 경제적 통일적 이익이 많아질 것이라고 생각한 때문이다.

2. 남한 단독으로 비핵화선언을 한 시기부터 한반도 비핵화 공동선언에 이은 남북한간 핵회담을 실시한 시기('91.10~'93.1)

이 시기의 전략적 환경은 주한미군의 핵무기 철수를 제외하면 그 전과 동일한 상황이었다. 대신에 미국정부와 한국정부는 북한의 핵무기 개발을 철저하게 저지하기 위해서 남북한 상호간의 사찰체제의 구축과 IAEA의 사찰을 북한에 관철하려고 노력했다.

미국은 북한의 핵개발 포기를 유도하는 수단으로서 두 가지를 이용했다. 하나는 걸프전에서 이라크에 대한 철저한 승리로 만약 북한이 미국의 정책에 도전하게 된다면 걸프전과 같은 결과를 당하리라는 것을 경고로 보내는 것이었고,[9] 다른 하나는 남북한 비핵화를 동시에 달성하며 남북한 대화를 이용하여 북한으로 하여금 남북한 상호간의 철저한 사찰제도를 수용하도록 하는 것이었다.

미국은 주한 핵무기 철수선언으로 북한의 핵개발 동기를 근원으로부터 제거하는 한편, 우선 한국의 선제적인 비핵선언 유도에 관심을 나타내었다. 한국은 1991년 11월 8일 일방적인 한반도 비핵화선언을 하였다.[10] 동 비핵화선언에는 재처리시설과 농축시설을 보유하지 않겠다는 내용을 담고 있었고 이는 평화적인 목적의 재처리와 농축시설도 자발적으로 포기함으로써 국내외적으로는 많은 논란을 야기하였다.

한국은 북한의 핵무기 개발이 민족의 생존 자체를 위협하는 것일 뿐 아니라 동북아시아와 세계의 평화를 한 순간에 파괴할 수 있는 것으로 간주하고 핵문제 해결을 위해 북한과 회담을 하자고 제의하면서 생존과 안보라는 국가이익을 달성하려고 노력하였다.

이어서 개최된 남북한 대표회담에서 북한은 1991년 12월 31일, 한반도 비핵화 공동선언에 합의하고 남한과 같이 재처리 농축시설도 보유하지 않기로 합의함에 따라 북한의 가장 큰 위험이었던 재처리시설의 가동중단을 유도하게 되는 계기를

---

9) Ibid. Baker에 의하면 미국의 최첨단 무기에 의한 걸프전의 승리는 북한에게 충분한 경고가 되었을 것이라고 말하고 있다. 그리고 북한에 대한 압력과 회유는 걸프전에서 미국이 취했던 정책의 재판이 될 것이라고 하였다. 이라크의 핵무기 계획이 미국이 예상했던 것보다도 훨씬 앞선 것이었기 때문에 북한도 그러하리라고 간주하였으며, 따라서 북한 핵에 대한 사찰제도도 이라크에 대한 강제사찰과 같아 철저해야 한다고 생각하였다는 것이다.

10) 노태우 대통령,"한반도 비핵화와 평화구축을 위한 선언," 1991. 11. 8.

미련하였다.

한반도 비핵화 공동선언의 합의는 한국의 국가이익에 어떤 영향을 주었는가?

북한의 가장 위험한 재처리시설의 가동중단을 유도하고 북한 핵 시설에 대한 IAEA의 사찰을 수용케 함으로써 핵무기 개발의 위험을 막는다는 측면에서 안보상으로 국가이익을 증진시켰다. 그러나 북한의 IAEA사찰 수용과 팀스피리트 연습의 상호 교환은 한국에게도 연합방위태세의 손실을 초래케 하여 안보상 비용을 지불하게 하는 결과가 되었다. 만약 북한이 차후 남북한 핵통제공동위원회에서 남북한 간 상호사찰을 수용하게 된다면 분명 한미연합방위태세의 손실을 보상할 만 하게 될 것이지만 그렇지 않을 경우 주한미군 핵무기의 일방적 철수에 이은 또 한번의 일방적인 양보가 되고 말 것이었다.

그러면 경제적인 번영이라는 국가이익에 어떠한 영향을 미쳤는가?

경제적인 측면에서 보면 사용 후 핵연료의 수용능력이 포화상태에 도달한 한국에게 재처리시설의 포기는 큰 희생을 각오한 것이나 다름없었다. 뿐만 아니라 재처리나 농축시설의 포기는 핵연료주기의 자립화라는 원자력발전 목표를 달성하기 어렵게 만들었다. 더욱이 한국의 일방적인 비핵화선언 결정과정에 과학기술처가 전혀 참여하지 않음으로써, 이로 인한 경제적 비용은 미리 고려되지 않았음을 보여준다. 그리고 기본합의서 채택 이후에도 남북한 간 경제협력이 이루어지지 않음으로써 남북한 관계발전의 결과 획득할 수 있는 경제적 이익도 아직 발생하지 않고 있었다.

이 시점에서 한국의 비핵화와 남북한 핵통제위원회 회담은 통일이라는 국가이익에 어떠한 영향을 미쳤는가? 1991년 12월 31일, 제6차 남북고위급회담에서 남북한 간에 합의된 기본합의서와 동년 말에 합의된 비핵화공동선언은 분단 이후 처음으로 남북한 관계를 대결에서 화해와 협력으로 유도할 수 있는 두 개의 헌장 구실을 하기에 충분했다.

그러나, 북한 핵문제의 해결 없이는 남북한 관계의 진전도 있을 수 없다는 남한의 연계전략과 특별사찰을 주내용으로 하는 남북한 간의 상호사찰은 있을 수 없다는 북한의 고집이 대립하여 남북한 관계진전과 남북한 간 핵문제의 해결노력은 중단되고 말았다. 따라서, 한국의 비핵화와 남북한 간 핵회담은 통일이라는 국가이익에 별 도움을 주지 못했다고 할 수 있을 것이다. 차후에 남북한 간 핵회담이 재개될 수 있었더라면 달라질 수 있었을 것이지만 말이다.

3. 한국의 팀스피리트 연습 재개 선언과 연이은 북한의 NPT탈퇴 선언, 그리고 미·북한 직접 핵회담이 결정되기 직전의 시기('93.1~'93.5)

1993년 1월 26일, 한국은 북한이 약속했던 상호사찰을 거부하고 핵 투명성을 제고하지 않음을 이유로 1993년도 팀스피리트 연습을 재개한다고 발표했다. 3일 뒤 남북고위급회담 북한 측 대표단은 남북당국 간 대화를 중단한다고 성명을 내었다. 2월 8일에 IAEA는 그동안 재개했던 북한 핵시설에 대한 사찰결과와 북한이 신고한 사실 간의 중대한 불일치를 발견했다고 하면서 북한의 납득할 만한 설명을 요구했다. 북한의 설명이 신뢰성이 없다는 이유를 들어 IAEA는 2월 25일 북한의 미신고 핵시설에 대한 특별사찰을 결의하고 1개월 내 수용을 촉구했다.

북한은 IAEA의 특별사찰 요구가 부당하며 국가의 최고이익을 침해한다고 규정하고 NPT 본문 10조에 근거하여 NPT의 탈퇴를 선언했다. 여기서 북한은 국가의 최고이익을 수호한다고 하는 이유를 들었는데, 이것은 핵문제 전개 이후 처음으로 북한이 직접적으로 국가이익에 대해 언급한 대목이다. 즉, 자주권과 민족의 존엄에 대한 침해를 시정하고 사회주의제도 압살에 대한 방어조치로서 NPT를 탈퇴하지 않을 수 없다고 하였다.[11] 다시 말해서 이때 북한은 생존과 체제안전의 확보라는 안보이익을 달성하려고 시도하였다고 볼 수 있다.

1993년 4월 22일 피터 타노프 미 국무부 정무차관이 방한하여 NPT탈퇴 문제를 어떤 회담방식으로 해결할 것이냐에 대해서 한국정부와 협의했다.[12] 이때 미국과 북한간의 고위급 접촉 가능성을 시사했다. 북한도 양면전략으로 나왔다. 미국과 협상만 하면 핵문제가 해결될 것이라고 하면서, 미·북 직접협상만이 문제를 해결할 수 있다고 하는 한편,[13] 한국과도 특사교환을 위한 회담을 개최하자고 제의해 왔다.

결국, 남북한 간 특사교환 회담은 이루어지지 못하고 미·북한 간 직접회담이 시작되게 되었다.

그러면 이 시기에 한국은 국가이익을 추구하였고 또한 달성하였는가? 북한의

---

11) 북한 중앙인민회의 발표, 1993. 3. 12.

12) 4월 22일 저녁, 필자는 공로명 당시 주일대사 내정자, 노재봉 전 국무총리와 함께 타노프 정무차관과 만찬을 한 적이 있다. 이 자리에서 필자는 북·미 직접협상은 북한이 한국을 젖히고 미국과 직접 deal을 시도하는 것이기 때문에 앞으로 두 가지 큰 문제를 초래할 것이라고 설명하면서 대안으로서 남-북-미 3자회담을 제의했다. 첫째, 북·미 직접협상을 하게 되면 김영삼 정부 하에서 북한은 대남한 협상을 하지 않으려고 할 것이며, 둘째, 최초 문민정부인 김영삼 정부는 대북 문제의 주도권을 놓치고 북한에 계속 끌려다니게 되어 국민적 지지기반이 약화될 것이라고 설명했다. 이 설명을 듣고 타노프 차관은 앞으로 미·북 회담은 1차례(부시 행정부 때 캔터-김용순 회담을 1차례 가졌던 것과 같이) 실시될 것이라고 답변한 바 있다.

13) 북한 외교부 대변인 담화, 1993. 3. 29, 4. 10, 5. 1, 5. 12.

NPT탈퇴 선언은 한국과 미국에게 북한의 핵 개발 의사가 확고불변이라는 인식을 갖게 하였다. 그러나 미국은 북한을 NPT체제 자체 내에 붙들어 두어야 한다는 국가목표를 중시하였고 한국은 그에 동의하면서도 북한의 핵 개발 계획 자체를 포기시키는 것에 국가 목표의 중점을 계속 둘 수밖에 없었다. 한편 미국은 1993년 2월 22일 IAEA의 비공개 이사회에서 북한 핵시설에 대한 인공위성 사진을 공개함으로써 IAEA의 특별사찰결의를 유도했는데 그것이 북한의 NPT탈퇴라는 과잉반응을 초래했다고 분석하면서 NPT 위기사태를 해결하기 위해서 직접 나서기 시작했다.[14] 반면 한국은 종전대로 한반도 비핵화를 추구할 수밖에 없다고 하였다.[15] 그러나 국제적 제재에 대한 입장도 한 달 후 제재가 아닌 대화를 통해 해결한다는 입장으로 변화하였다.[16]

　　여기서 미국과 한국간의 미묘한 국가이익의 차이가 드러나기 시작했다. 미국은 NPT체제유지 자체가 국가이익이며 한국은 북한의 핵개발저지 자체가 국가의 생존이익과 결부되어 있었다. 미국은 NPT체제유지를 위해서 북한과 직접협상도 개최하려고 하였고, 한국은 미-북 직접협상이 한국의 통일, 경제적 번영이라는 국가이익에 부정적인 영향을 미칠 것을 우려하여 선뜻 미-북 직접협상을 지지할 수 없는 형편이었다. 남북한 문제의 당사자 원칙에 의한 해결을 견지해 왔던 한국으로서는 그 원칙을 수정해야 하는 상황에 부딪치게 된 것이었다. 그리고 핵문제도 군사안보문제라고 할 때, 미·북한 간에 핵문제를 협의하게 되는 경우에 앞으로도 북한이 한반도 군사안보 문제에 대해서 미국과만 대화하려고 하는 것을 막지 못할 가능성이 컸기 때문에 우려할 수밖에 없는 형편이었다.

　　북한이 미·북한 직접대화에 대한 제의를 계속하고 1993년 5월 10일 북경에서 개최된 제33차 미-북한 참사관급 접촉에서 양국간 고위급회담을 갖기로 합의함에 따라, 한국도 5월 20일 핵문제해결을 위한 남북고위급회담 대표접촉을 제의하였다. 5일 후 북한이 특사교환을 갖기 위한 실무자 접촉을 제의했으나 결국 이는 이루어지지 않았다. 이로써 한국은 북한과 직접협상을 통해 국가이익을 추구할 수 있는 기회를 상실했으며 앞으로 전개될 미-북한간 협상에서 우방국 미국을 통해서 간접적으로 국가이익을 추구할 수밖에 다른 방법이 없었다. 이 시기에서 한국의 장기적인 국익추구에 가장 결정적이었던 것은 북한 핵문제를 풀기 위한 협상형식이 남북한 양자회담, 미-북한 양자회담, 남북한-미국 삼자회담 중 어느 것이 가장 최선이었으며 실현가능한 것인가를 분석한 후 그것을 계속 밀어야 하는 것이었다고 할 수 있다.

---

14) 정옥임, 『북핵588일』(서울 : 서울프레스, 1995), pp. 12-13.
15) 한국정부 대변인 성명, 1993.3.12.(통일원, 『북한 핵문제 전개과정 및 주요일지』, 1994. 9. 참조)
16) 이춘근, 『북한 핵의 문제 : 발단, 협상과정 전망』(성남 : 세종연구소, 1995), p. 79.

4. 미국과 북한간의 핵협상 개시와 제네바 핵합의의 타결의 시기(´93.6~ ´94.10)

1993년 6월 2일, 뉴욕에서 미-북한 고위급회담이 시작되어 6월 11일 양국은 합의에 이르렀다. 그 결과 양국은 핵무기 불사용 및 불위협 보장, 핵안전조치협정의 공정한 적용 및 비핵화된 한반도의 평화와 안전의 보장, 상대방 주권의 존중, 내정 불간섭, 한반도의 평화적 통일지지, 평등하고 공정한 기초위에 대화의 지속 등에 대해서 합의하고 북한은 NPT 탈퇴효력을 필요하다고 인정하는 기간 동안 일방적으로 정지시키기로 하였다. 이로써 북한의 NPT 탈퇴위기는 당분간 해소되었다.

1993년 7월 14일, 제네바에서 제2단계 미-북한 고위급회담이 개최되었다. 미국은 북한이 영변의 2개 지역에 대한 특별사찰수용을 촉구하였으며, 북한은 IAEA의 공정성 문제를 제기하였다. 7월 19일 고위급회담의 결과가 발표되었는 바, 양국은 북한의 흑연감속 원자로를 경수로로 교체하는 것에 합의하고 북한은 IAEA의 공정성을 전제로 안전조치에 관련된 문제를 해결하기 위해 IAEA와 협의를 시작할 것이며 미국의 압력에 의해 남북한 회담을 시작할 용의를 표명하였다.

두 차례의 미-북한 고위급회담 이후 북한과 IAEA간에 회담이 개최되고 사찰이 재개되었으며 남북한 간에도 특사교환을 위한 회담이 시작되었다. 그러나 한· 미 양국은 IAEA의 사찰 진전과 남북대화의 진전을 3단계 미-북한 고위급회담의 개최에 대한 전제조건으로 삼고 있었다. 북한 핵의 투명성 제고에 별 진전이 없자 북한은 방북 중이던 애커만 하원의원에게 핵문제와 미·북한 관계개선을 연계한 일괄타결방식을 제안했다. 한미 양국은 1993년 11월 한미 정상회담에서 북한에 대한 특별사찰요구와 북한의 일괄타결 제의를 다 수용한 철저하고도 광범위한 접근을 해나가자는 데 동의했다. 그 후 북한은 기술적 이유를 들어 5MW 원자로에서 핵연료봉을 인출하기 시작했으며, 미-북한 협상은 위기로 치닫게 되어 북한에 대한 제재추구와 북한의 제재시 전생불사 발언으로 한반도는 핵위기의 절정에 도달하게 되었다. 셀리그 해리슨과 카터 전 미국 대통령의 김일성 면담으로 북한은 핵 동결에 합의하면서 경수로로 전환을 약속했다.

미-북한 고위급회담 시기에 한국은 무슨 국가이익을 추구하였으며 그것은 어떤 정도로 달성되었는가? 한국은 특별사찰이 아니면 남북한 관계개선도 있을 수 없다는 1992년의 정책이 사실상 미국의 부시 행정부(92년)의 요구를 수용했던 것임을 예로 들면서, 핵문제는 핵문제의 테두리 내에서만 해결되어야 한다는 입장을 고수해줄 것을 미국에 요구했으나, 미국은 북한의 일괄타결 제안을 수용함으로써 한국의 정책을 변경하도록 유도했다. 북한의 핵문제도 특별사찰이냐 제재냐 하는 것에서부터 핵동결과 경수로 전환이라는 성격으로 전환되었다. 이 과정에서 한국의 생존과 안보, 경제적 번영, 통일, 민주라는 국가이익은 어느 정도 반영되었는가 살펴보기로 한다.

우선 북한의 핵문제로 인해 초래된 한반도의 위기가 전쟁으로 치닫는 것을 원하지 않는다는 것을 분명히 하면서 북한의 과거 핵문제 해소를 주장하였다. 전쟁위기는 해소되었으나 북한의 과거 핵활동의 투명화 문제는 해결하지 못하였다. 안보이익에 있어서 여전히 불확실한 결과를 초래했다. 또한 한국은 북한의 경수로 전환이라는 기습적 제안에 미리 대처하지 못함으로써 차후 경수로 비용부담을 떠맡게 되는 계기가 되었다. 통일문제에 있어서 미·북한간의 지속적인 회담과 북한의 한국 배제전략구사로 남북한 회담 진전을 볼 수가 없었다. 결국 미국의 주한 핵무기의 일방적 철수와 한국의 선제적인 비핵화 선언으로 시작된 북한 핵문제 해결노력은 미·북한 관계개선의 동시 추진방식으로 결말이 났으며 제네바 핵합의를 그 결과물로 낳게 되었다.

Ⅳ. 제네바 핵합의와 관련국의 국가이익

앞에서 구분한 바와 같이 북한 핵문제는 발단부터 네 가지 단계를 거쳐 1994년 10월 21일 미국과 북한 간에 합의에 이르렀다. 본 절에서는 제네바 핵합의의 내용과 한국, 미국, 그리고 북한의 국가이익이 어느 정도 반영되었는지 비교평가해 보기로 한다.

1. 제네바 핵합의의 내용

실로 1994년 10월 21일 미·북한 간에 제네바 핵합의는 탈냉전의 상황 하에서만 가능했던 미국과 북한간의 관계에 대한 코페르니쿠스적 전환이었다. 2년 전만해도 북한의 핵 개발 프로그램에 대한 완전한 투명성의 확보를 목적으로 했던 미국과 한국, 그리고 이를 거부하는 북한간의 일촉즉발의 대치상황이 계속되었다. 그러던 것이 불과 2년 사이에 문제의 본질을 북한 핵프로그램의 동결과 미·북한 간 관계개선의 등식으로 전환되었고 미·북한 양자사이의 협상을 통해 타결되어 버린 것이었다.

그만큼 문제의 본질이 변화된 것이기에 한국정부나 세계의 언론은 놀랄 수밖에 없었다. 한국정부가 직접 참여하지 못한 가운데 미국과 북한사이의 양자회담을 통해 북한의 핵문제에 대한 타결을 가져왔다는 그 자체가 충격이었고 또한 북한 핵에 대한 투명성 보장이 점진적으로 해결되거나 아니면 미결사건으로 남을 수밖에 없다는 두 가지 점이 향후 남북한 관계와 북한 핵문제 자체에 대해 큰 파장을 던질 것이었다.

아래에서 보는 바와 같이 제네바 합의에는 북한, 미국이 각각 이행해야 할 사항에 대하여 규정하고 있다.

가. 북한이 이행해야 할 사항
 - 흑연감속로 및 관련시설 동결('94. 11)
 - 재처리시설 봉인 및 폐쇄
 - 50MW, 200MW 원자로 건설 중단
 - IAEA사찰 계속
 - 미·북한 연락사무소 교환 설치, 대사급 관계로 점차적인 격상
 - 무역·투자 제한 완화('95. 1)
 - 제네바 핵 합의가 이행되어감에 따라 한반도 비핵화 공동선언 이행과 남북대화 착수
 - IAEA안전조치의 전면이행(미신고시설 사찰허용 : 경수로 핵심부품 공급 이전)
 - 폐연료봉의 안전보관 및 궁극적인 해외반출허용
 - 흑연감속로 시설 완전 해체

나. 미국이 이행해야 할 사항
 - 제1경수로 가동 시까지 매년 중유 제공 책임
   ('94~'95년 : 5만톤, '95~'96년 : 15만톤, '96년 이후 매년 50만톤)
 - 핵무기 불위협·불사용 보장
 - 무역·투자 제재 완화('95.1)
 - 미·북한 연락사무소 교환 설치, 대사급 관계로 점차적인 격상
 - KEDO 설립 및 경수로 사업 주감독자 역할('95.6)
 - 경수로 핵심부품 인도
 - 경수로 1, 2호기 준공·가동

다. 한국이 이행해야 할 사항(파생)
  － 경수로 비용 부담
  － 경수로 1, 2호기 건설 중심적 역할
  － 남북대화 추진

사실 제네바 합의의 요체는 북한 측이 흑연감속재형 원자로의 운전과 건설을 동결하고 경수로로 대체하는 조건하에서 미국 측이 대체에너지를 제공하며, 경수로 공급의 책임을 진다는 것이다. 그리고 미국은 북한과 정치적, 경제적 관계개선을 진행시켜 나간다는 것이다. 이 과정에서 한국은 경수로 제공의 중심적 역할을 수행하기로 되어있다. 이러한 상호 비대칭적인 이행사항을 둘러싸고 한미, 미·북한 간에, 또는 각 국가의 국내에서 격론이 있었던 것이 사실이다. 특히 한국 내에서는 한국형 경수로의 명문적인 삽입 없이 미국이 수행한 협상에서 경수로 비용만 떠맡았다는 비판이 있었던 것이 사실이다.

그러나 이 문제는 1995년 6월 쿠알라룸푸르회담과 12월 KEDO와 북한간의 경수로 공급협정 타결을 통해 어느 정도 해소되었다. 쿠알라룸푸르회담에서 북한에 제공되는 경수로는 KEDO가 선정한다고 합의하였고, 특히 그 노형에 있어서는 현재 건설 중인 두 개의 냉각제 유로를 가진 1,000MW 가압경수로 2기라고 합의하였다. 이어서 KEDO 집행이사회에서는 북한에 제공되는 경수로의 노형은 한국 표준형 2기로 구성하며 참조발전소는 울진 3, 4호기로 한다고 결의하고, 한국전력을 주계약자로 선정함으로써 경수로의 설계, 제작, 시공 및 사업관리 등 모든 분야에서 중심 역할을 담당하다고 결정하였다. KEDO와 북한 간에 타결된 경수로 공급협정에서는 한국 표준형 원자로와 한국의 중심역할을 재확인하고 경수로 건설사업 진행에 필수 사항을 명시함으로써 당초 제네바 핵합의의 미비점을 보완하였다고 볼 수 있다.

한편 북한에 주는 중유가 군사적으로 전용되었다는 우려를 해소하고자 1995년에 진행된 미·북한간 실무회담에서 선봉화력발전소의 중유공급 파이프에 계측기를 설치하기로 합의함으로써 북한이 군사용으로 전환시키지 못하도록 중유전용 감시방안이 보강되었다. 북한의 폐연료봉 처리와 관련하여서도 미국 측이 제시한 안전한 보관조치를 하기로 합의하였다. 물론 폐연료봉의 궁극적인 해외반출은 북한 측에 제공될 경수로가 완공되는 시기와 맞물려 있지만 말이다. 연이어 경수로 부지 조사단이 북한을 방문하였고 1995년 12월 경수로 공급협정 타결이 끝난 후 다시 부지 조사단이 북한을 다녀왔다.

전반적으로 볼 때 한국형 경수로의 명기와 한국의 주도적 역할을 둘러싸고 미국과 북한, 미국과 한국 간에 논란이 있어 온 것은 사실이지만 북한이 한국형 경수로를 수용한 것은 사실이며, 이는 한국정부의 성과로 보아도 무방하다.

2. 한국의 국가이익

한국정부는 제네바 합의에서 얻은 국가이익을 세 가지 정도로 보고 있다. 첫째, 북한 핵문제를 둘러싸고 전쟁의 위기에까지 도달했던 안보위기를 해소하였다는 것이다. 즉, 안보이익을 제고시켰다는 것이다. 둘째, 북한의 과거 핵개발 행적을 규명하지는 못하였으나, 북한의 현재와 미래의 핵개발 활동을 근본적으로 저지할 기제를 갖춤으로써 핵무기의 대량생산 가능성을 차단했다는 것이다. 이것도 안보이익을 증가시켰다는 것이다. 셋째, 북한에 대한 경수로 제공시 중심적 역할을 함으로써 궁극적으로는 남북한 간의 원자력 협력을 증가시킬 수 있을 뿐 아니라 교류·협력의 물꼬를 트고 결국 북한을 개혁개방으로 유도하여 통일의 국가이익을 증진할 수 있다는 것이다.

그러나 제네바 합의의 문제점도 결코 만만치 않았다. 첫째, 북한 핵개발의 과거 행적을 규명하지 못하거나 용인해주는 결과를 초래하리란 것이었다. 이는 북한으로 하여금 언제든지 핵 개발카드를 사용하게 해줄 것이란 것이다.[17) 둘째, 경수로 비용부담을 대부분 떠맡아야 한다는 것이었다. 경제적 비용은 40억 달러내지 50억 달러로 추산되기도 하였다. 셋째, 미·북 직접 핵협상에서 배제되고 소외되었으며 그 결과 북한이 계속 남북대화를 거부하고 미국과만 관계를 개선하려고 하기 때문에 한반도의 다른 안보문제에 있어서도 들러리 역할을 할 가능성이 있음으로써, 통일이라는 국가이익에 마이너스 효과를 가져올 것이란 것이다.

제네바 합의의 이익과 비용을 비교해본 결과 적어도 한국정부는 북한에 제공하는 경수로가 한국형이 된다면 순이익이 플러스가 될 것이라고 평가하고 제네바 합의를 적극 지원키로 한 것 같다. 왜냐하면 1994년 8월 15일 김영삼 대통령은 대북 경수로 전환지원은 핵문제 해결을 위한 반대급부의 차원이 아니라 민족공동발전계획의 일환으로 지원하겠다고 밝힌 것이었다.[18) 또한 한국정부의 입장에서도 평양이 장차 보유할 핵능력의 위험이 더욱 증대할 것이라는 데 미국과 견해를 같이 한 듯이 보인다. 5MW 원자로의 폐연료봉 8,000여 개를 재처리할 경수 핵무기 4-6개 분량의 Pu(플루토늄)추출이 가능할 뿐 아니라 50MWe, 200MWe 흑연감속로

---

17) 실제로 2002년 후반의 제2의 북한 핵위기는 이를 잘 입증하고 있다.
18) 통일원, 8·15 대통령 경축사 해설자료, 1994. 8.

건설완공시 연간 핵탄 30–50개 분량의 플루토늄 추출이 가능한 상황에서 북한 핵시설 및 핵물질을 현 수준으로 동결하여 대량 핵물질의 추가확보를 방지하는 것이 매우 긴요하였다고 설명하고 있다.[19]

그러나 제네바 핵합의가 한국의 국가이익에 기여하려면 적어도 북한이 핵카드를 더 이상 쓰지 않고, 경수로 핵심부품 공급시 과거 핵에 대한 투명성을 완전히 규명해야 하며, 경수로 제공시 남북한 직접 핵협력이 증대되어야 하며, 핵문제 해결과 병행하여 남북한 관계가 발전되어가야 함을 전제로 한다.

3. 미국의 국가이익

1995년 2월 말 발간된 미 국방부 동아시아·태평양지역 안보전략보고서에는 제네바 핵합의의 성과에 대해서 다음과 같이 적고 있다.[20]

첫째, 이 합의서는 이 지역 내 국가들의 가장 중요한 안보문제를 해결함으로써 동북아의 안정과 평화의 유지에 중요한 진전이 될 것이다.

둘째, 북한은 현재 추출된 연료봉을 재처리함으로써 획득할 수 있는 25–30kg의 플루토늄을 획득하지 못할 것이다. 또한 장차 2년 내 완공할 수 있었던 대규모의 플루토늄이 생산가능한 원자로를 동결시켰다.(이 두 개의 원자로는 준공시 매년 150kg 이상의 플루토늄을 생산할 수 있는 용량을 가지고 있었으며 이는 30개 정도의 원자탄을 만들기에 적합한 양이었다)

셋째, 동 합의서는 북한의 핵활동 동결상황을 IAEA가 확인하도록 하였으며, 북한의 과거 핵활동 문제를 해결함으로써 북한이 IAEA의 핵 안전조치를 전면 이행토록 하였다.

넷째, 불안정적인 핵확산 위험을 초래할 핵관련시설을 궁극적으로 해체시키도록 하였다. 이 마지막 사항은 북한이 핵무기를 개발하지 않도록 NPT가 보장할 수 있는 것보다 훨씬 강한 의무를 부과함으로써 동 합의서가 NPT보다 더 진전되었다는 것을 보여준다.

사실 제네바합의서는 핵 비확산 차원에서 볼 때 NPT와 IAEA가 부과하는 임무보다 훨씬 강력한 내용이 많이 포함되어 있다. NPT를 지키면서 각 국가는 원자로의 형태나 재처리 시설의 보유 여부에 있어 자유이다. 그러나 제네바합의서에는 북한의 흑연감속로에 의한 핵무기 개발을 즉각 중지하며, 비록 그 시기는 늦추어졌지

---

19) 서우덕·강진석·박동형, 『핵문제 100문 100답』, 국방부, 1994. 9. 7.
20) U.S. Department of Defense, *United States Security Strategy for the East Asia–Pacific Region*, 1995. 2, p. 17.

만 IAEA에 신고하지 않아도 되는 핵폐기물저장소까지도 IAEA에 의한 핵안전조치의 전면적인 이행을 부과함으로써 NPT와 IAEA의 임무를 넘어서고 있는 것이 사실이다. 더욱이 흑연감속로의 운전과 건설을 중단·해체시키고 핵확산 가능성이 적은 경수로로 대체할 것과 재처리 시설의 봉인과 폐쇄를 규정하고 있다는 점에서 더욱 그러하다.

미국정부는 제네바 핵합의로 북한의 NPT체제 준수와 더 이상의 핵확산을 저지했다는 의미에서 국가안보 이익을 확보하였다고 보고 있다. 북한의 핵동결을 지키고 경수로로 전환하는데 소요되는 비용은 모두 한국과 일본에게 부담시키고 중유제공은 1차분에 한해서 미국이 제공하고 나머지는 KEDO에 부담시킴으로써 경제적 비용도 거의 들이지 않고 국가목표를 달성했기 때문에 이익만 있지 비용은 거의 들지 않았다. 그래서 제네바 합의는 국가이익에 기여했다는 것이다.

그러나 미국 내에서도 1995년 11월 미 의회 중간선거에서 공화당이 압승함에 따라 클린턴 행정부의 대북 핵외교에 관한 비판이 거세게 일었다. 당시 미 의회의 공화당 지도자들의 언급 내용을 보면 다음과 같다. 상원 외교위원장 헬름스(Helms) 의원은 미국이 핵동결 약속대가로 대북 무역규제를 해제하고 경제·외교적 양보를 함으로써 오랫동안 견지해온 대북한 기본정책에 역행하는 외교행위를 하였다고 비난하였으며, 공화당 원내총무 돌(Bob Dole) 의원은 북미 합의이행이 미국의 국익에 위배될지도 모른다고 말하고 미 행정부가 북미 합의와 관련, 공화당과 충분한 사전협의를 갖지 않은 것과 약속을 지키지 않는 것으로 정평이 난 북한이 완전한 사찰을 받지 않는 상태에서 미국이 돈을 일부 내야한다는 사실에 대해서 불만을 나타내었다.

또한 상원 동아태소위 위원장 머코우스키(Murkowski) 의원은 북미 핵 합의는 북한에 일방적으로 양보한 것이기 때문에 절대로 받아들일 수 없다고 하면서 북한의 핵 위협이 제거되었음을 대통령이 의회에 통보하기 전에는 북한에 어떤 원조도 제공해서는 안 된다고 강력하게 반발하였다.[21] 그러나 머코우스키 의원은 1994년 12월 동경과 한국을 방문하고 나서 북미 합의에 대한 지지를 표명하였다. 그 이유로는 그가 미국 내에서는 공화당의 정치적 입지강화를 위해 반대했으나 일본과 한국의 현지 여론을 탐문한 결과 미국에서 조차 제네바 핵합의를 부정해 버리면 한국과 일본 정부가 경수로 지원금의 거의 대부분을 부담할 것에 대해서 가진 불만을 완화시킬 수 없음을 깨닫고 한국과 일본의 부담을 정당화시키기 위한 전략의 일환

---

21) 이와 같은 주장은 클린턴 행정부 내내 계속 되었다. 그리고 조지 W. 부시 행정부 때에 미국의 대북한 정책으로 재등장했다.

으로서 북미 합의에 대한 지지로 선회했다. 즉, 제네바 핵합의의 성과가 한국전쟁
이후 처음으로 북한 사회를 외부에 개방하는 기회를 제공하게 될 것이며, 이는 한
반도와 지역의 안정과 평화에 기여할 것으로 보고 있는 것이다.

이와 관련하여 셀리그 해리슨은 미국이 이제 한 개의 한국정책에서 두 개의
한국정책을 지향하고 있다고 지적하고 있다.[22] 그러나 미국정부나 안보 전문가들
의 다수 의견은 두 개의 한국이 아니라 한국은 미국의 전통적인 군사동맹이며 우
방국이기 때문에 미국이 남북한 등거리 정책을 추구하지도, 할 수도 없다는 것을
강조한다.

4. 북한의 국가이익

북한은 제네바 합의가 북한의 입장이 충분하고 만족하게 반영되었다고 함으로
써 국가이익에 기여할 것으로 평가하였다. 북한 정권은 미국과 직접 핵협상에서 제
네바 합의를 이끌어 낸 점을 정치적 외교적 승리(자주외교)로 선전하였다. 그리고 제
네바 핵합의는 미국의 대북한 적대시 정책을 변경시키고 북·미 사이의 적대관계를
해소하는 데 기여할 것이라고 하고 핵문제는 종국적으로 해결될 것이라고 하여 안
보와 외교이익을 증진시킬 것이란 확신을 보였다[23]. 미국과 직접 접촉을 통해 한
국정부를 최대한 외교적 궁지에 몰아넣었다고 간주하는 한편, 앞으로도 미북 관계
개선의 과정에서 한반도 군사 문제도 토의할 수 있는 발판을 마련함으로써 통일문
제에 있어서도 주도권을 행사할 수 있다고 판단하고 있다. 1994년 12월 미군 헬기
조종사 석방협상에서 북한은 평화협정을 체결하기 위한 미군 당국과 직접접촉을
희망하는 한편 그 후에도 계속 새로운 평화보장 체제를 제의하면서 미국과 직접
군사접촉을 시도한 바 있다.

그리고 경제적인 측면에서도 5MW 원자로의 동결 대신 중유를 공급받는 것에
만족을 표하고 차후 지속적이고 안정적인 중유공급의 확보에 관심을 나타내었다.
그러나 북한도 경제적·군사적 면에서 비용을 치르게 되었다. 사실상 영변 핵단지
의 대부분을 동결함으로써 지금까지의 투자를 포기해야 되며, 군사적인 면에서 핵
무기의 다량보유에서 올 수 있는 이점을 상실하였다.

1995년 신년사와 같은 사설을 보면 북한의 제네바 합의에 대한 평가는 확실하
게 나타난다.[24]

---

22) Selig Harrison, "The North Korea Nuclear Crises : From Stalemate to Breakthrough," *Arms Control Today*, November 1994, p. 20.

23) 북한 외교부 대변인 보도, 1994. 10. 20. 통일원, 『주간북한동향』 제199호(94.10.16−22)에서 재인용.

24) 통일원, 『주간북한동향』 제210호, 1995. 1. 1−1. 7.

조·미 기본합의문은 조선반도 핵문제의 해결과 조·미관계 발전을 위한 하나의 이정표이며 두 나라 수반들이 보증한 무게 있는 문건이다.

미국이 합의문을 성실히 수행할 때, 조·미 사이의 적대관계는 해소되고 그것은 조선반도의 핵문제를 근원적으로 해결하고 이 지대의 비핵화를 실현하는 데로 이어지게 될 것이다.

우리는 자주·평화·친선의 원칙에서 세계 여러 나라 인민들과의 친선협조관계를 발전시켜나갈 것이며 제국주의자들의 침략을 저지시키고 군축, 특히 핵 군축을 실현할 것이다.

위에서 본 바와 같이 북한이 핵합의의 가치를 높게 평가하고 이행해 나가고자 하는 이유는 첫째, 미국과의 관계에서 장애가 되는 핵문제를 해결함으로써 미국과의 관계개선을 도모하고자 함이며, 둘째, 핵합의를 이행하는 보다 근본적인 목적은 미국·일본과의 관계개선을 통한 외교적 고립의 탈피와 아울러 경제난을 해결하기 위한 일본의 경협과 전후 배상금 획득에 있는 것으로 보여진다. 외교적 고립의 탈피와 경제난의 해결은 바로 체제의 안정을 가져오게 되어 남한과 실질적인 공존을 달성하고 나아가서는 그들의 궁극적인 전략인 북한 주도의 통일에 유리한 환경을 창출하기 위함일 것이다.

5. 소결론

제네바 핵합의는 한국, 미국, 북한에게 각각 이익과 손실을 초래하였다. 세칭 제네바 핵합의에서 가장 손해를 본 국가는 한국이라는 비판도 있었다. 그러나 한국은 미·북한간의 회담이 기정사실화된 상황에서 최대한 국가이익을 확보하기 위해서 우방국 미국과 긴밀한 정책 공조를 유지해 왔다. 북한의 핵 동결과 경수로 전환이란 방식을 수용하면서 그 속에서 국가이익을 확보하는 방안은 한국형 경수로밖에 없다고 결론짓고 이의 관철을 위해 노력했다. 아울러, 미국과 북한간의 관계를 KEDO와 북한간의 관계, 즉 다자적관계로 전환시키는 데 일조를 하였다.

그러나 일괄타결방식의 채택은 방지하지 못하였고 결국 남북대화 없이 미·북한 관계개선이 진행되게 되었다. 남북대화 없는 미북한 관계개선은 2가지 문제점이 있었는 바, 하나는 미국이 규정한대로 북한의 개방을 촉진하여 궁극적으로 통일을 촉진하게 되는지, 아니면 북한의 한국 배제정책을 더욱 부추기게 되어 통일에 장애가 되는지는 불투명하다는 것이다. 또 하나는 미·북한 관계개선에 따라 북한

이 미국에게 원조를 요청하는 사항에 대해서 한국으로 하여금 비용을 부담하게 할
지 아니면 그러한 행태는 핵합의의 이행에만 국한되게 될지 불확실하다는 점이다.
이 당시 두 문제점은 제네바 핵합의에 따른 한국의 국가이익 계산에 있어 중요한
열쇠로서 고려되어져야 할 사안이었다.

V. 한국의 국가이익 추구 태도의 특징

앞 절에서 우리는 북한 핵문제의 발단에서부터 제네바 핵합의에 이르는 기간
중 중요 시기마다 한국의 국가이익이 제대로 추구되고 있으며 결과적으로 무슨 국
가이익을 확보하였는가 하는 점을 살펴보았다. 이상의 분석에서 한국이 국가이익
을 추구하는 태도의 특징을 추출할 수 있는 바 이를 요약해보면 다음과 같다.

1. 장   점

핵문제 해결과정에서 나타난 한국의 장점으로는 첫째, 한국은 주어진 제약조
건하에서 최선의 해답을 찾는 데 뛰어나다는 것이다. 미국이 북한과 핵협상에서 경
수로전환과 핵동결이라는 방식에 합의하자 우리가 경수로 경비를 부담하는 대신
한국형 경수로를 제공하며 그 과정에서 주도적인 역할을 확보할 수 있었다는 것이
다. KEDO와 북한 간 협상과정에서 경비의 대부분을 부담한다는 입지를 충분히 활
용하여 경수로 사업에서 한국의 원자력 기술자들과 북한의 원자력 기술자간의 협
력이 가능하도록 여건을 만들 수 있다. 결과적으로 남북한 간의 원자력협력이 가능
하다는 것은 북한의 부단한 한국 배제전략을 적어도 핵문제에 있어서만은 어느 정
도 원상회복할 수 있었다는 것을 의미한다.

둘째, 한·미 안보동맹관계의 특수성 속에서 우방국의 정책과 전문성을 최대한
활용할 수 있었다는 것이다. 1991년의 비핵화선언, 시범사찰, 강제사찰 등의 아이
디어가 비록 미국 쪽에서 먼저 제시되었으나 한국정부가 이를 정책수단으로 수용
하여 대북협상에서 추구하였는데 이는 우방국 미국의 세계적인 군비통제 경험과
전문성에서 나온 아이디어로서 한국정부가 이를 수용하여 추구한 것이다. 북한의
NTP탈퇴선언 이후에는 미국의 핵 동결 아이디어와 경수로 전환이라는 아이디어를
적극적으로 수용하여 한국의 국익을 추구해 나갔다는 것이다. 즉, 한국은 국가이익
을 추구함에 있어 우방의 정책과 전문성을 최대한 활용할 수 있었다는 것이다.

셋째, 우리의 대미국 관계를 충분히 활용하여 미국을 통해서 한국의 입장을 반

영해나가는 외교력이 돋보였다고 할 수 있다. 미·북한 협상과정에서 한국정부는 핵무기를 가진 자와는 악수할 수 없다거나 단 반개의 핵이라도 보유할 가능성을 막는 것이 국가정책의 최우선 과제라는 김영삼 정부의 의지는 미국이 북한과 협상에서 특별사찰을 배제하고 합의에 이르려는 것에 대해 강력한 반발을 나타낸 것이었으며, 결국 미국은 남북한 간의 갈등 사이에서 "선 핵동결, 후 과거 핵 투명성 해결"이라는 방식으로 타결지어야 했었다. 그리고 남북대화를 미북한 관계개선의 전제조건화한 것이라든가 남북한 관계개선 없이는 미북한 간 연락사무소 교환설치도 지연될 수밖에 없다던가 하는 것은 미국을 활용하여 국가이익을 확보해 왔다는 것을 의미한다.

2. 문제점

그러나 핵문제를 해결해 나가는 과정에서 우리 국가이익 추구 자세에 문제점도 만만치 않게 노정되었던 바 이를 요약하면 다음과 같다.

첫째, 국가이익을 구체화시킨 국가목표와 정책수단을 혼동하는 사례가 적지 않았다는 것이다. 즉, 북한 핵개발 방지라는 목표와 특별사찰이라는 수단을 혼동했다. 1992년 남북한 핵협상에서 특별사찰의 관철 그 자체가 목표가 되어 남북한 회담이라는 틀을 깨어 버리는 결과를 초래하였다. 그리고 남북한 회담이라는 채널은 남북한 간의 전반적 관계개선을 위한 도구가 될 수 있으며 나아가 국가이익인 통일에 도움이 될 수 있었음을 생각해볼 때 특별사찰 그 자체가 목표가 되어서는 곤란하다는 것이다.

결국 특별사찰 주장은 북한에게 NPT탈퇴라는 빌미를 제공하게 되었으며, 남북한간 핵회담이 미·북한 간 핵회담으로 가게 되는 결정적 계기가 되었다. 1992년 당시의 남북한 핵회담에서 달성할 수 있었던 목표와 1994년 제네바 핵합의에서 미국이 달성한 목표를 비교해보면 특별사찰 고수 그 자체가 국가이익 확보를 위한 제일 중요한 목표가 되어서는 곤란하다는 것을 보여준다. 제네바 핵합의에서도 북한의 핵 투명성을 확보하는 수단은 여전히 IAEA의 사찰에 의존하고 있는 것을 볼 때, 걸프전 패전국이었던 이라크에 대해서 행해졌던 강제사찰 성격의 특별사찰은 당초 실현가능성이 없었던 것으로 보아도 무방하다. 이러한 특별사찰 제도는 정기사찰제도나 IAEA사찰과 비교될 수 있는 하나의 수단이지 국가이익 그 자체는 아니었던 것이다.

둘째, 대외문제 즉, 북한의 핵문제를 해결해나가는 데 있어 독창적인(creative)

전략이 부족하였다는 것이다. 우리의 전략적 장점을 예시하는 가운데 우리의 우방국 미국의 전문성과 협상기술을 잘 활용하였다고 하였으나, 그것을 다른 각도에서 보면 남북한 핵회담에서 한국의 상황과 풍토에 맞는 핵통제정책과 실천방안을 제대로 개발해내지 못했다는 지적이 될 수 있다. 즉, 북한의 핵개발 동기와 능력, 그리고 협상태도를 감안한 대북한 설득방안에 대한 연구가 부족하였다고 할 수 있다.

협상에서 한 번 양보 받은 사항은 당연시하고 차후 더욱 양보만 요구하는 북한의 협상태도를 잘 알고 있으면서도 미국의 일방적인 주한미군 핵무기 철수시 북한 핵문제와 연계를 주장하지 않았으며, 비핵화선언도 일방적으로 하고 마는 그러한 사례는 북한을 고려한 한반도에 적합한 정책대안이 아니었다고 할 수 있다. 물론 우리의 일방적인 양보조치가 북한을 협상 테이블로 유도해내는 데는 성공했다고 볼 수 있다. 하지만 남북한 핵협상에서 우리가 전통적으로 재래식 군사훈련이라고 부르던 팀스피리트 연습까지 북한의 핵사찰 수용카드와 연계해야 했던 현실을 보면 대북한 핵협상에서 우리 나름의 아이디어가 부족했다고 밖에 할 수 없다.

셋째, 국가이익을 추구함에 있어 상대방 국가의 정책변화에 민감하지 못했다는 것이다. 1993년 1월 미국은 공화당 행정부에서 민주당 행정부로 정권교체를 하였다. 부시 행정부는 특별사찰 관철, 핵문제는 핵문제 범위 내에서만 해결되어야 한다는 소위 기술적 해결방식을 고수해 왔으나 클린턴 행정부는 핵문제와 미·북한 관계개선이라는 정치적 접근방식으로 핵문제 타결을 도모했다. 북한도 IAEA의 특별사찰결의안 이후 NPT탈퇴, 미-북한 핵 회담을 추구하면서 일괄 타결이라는 정치적 해결방식을 주장하고 나왔다. 이때 한국은 여전히 특별사찰이라는 기술적 해결방식을 고수하고 있었고 미-북한 간 회담이 성사되어 지금과 같은 한국 배제가 그렇게 심각한 결과를 초래할 수 있다는 것을 예측하지 못했다.

넷째, 핵 정책결정이 일부 부처와 소수 인사의 주도하에 이루어졌다는 것이다. 1991년 북한의 핵문제가 국제문제화 되기 이전에는 한국에서는 핵무기 문제에 대해 관심을 가지기 힘든 상황이었고 따라서 전문가도 부족하였던 것이 현실이었다. 하지만 우라늄 농축시설과 재처리시설 포기를 담은 비핵화선언 결정시 청와대 외교안보수석과 외무부 미주국만 관여하였고 과학기술처나 원자력연구소는 참여하지 않은 것으로 알려져 있다. 그리고 미·북 핵협상에서 경수로 전환문제가 한창 논의되고 있던 시점의 통일안보정책조정회의에서도 과학기술처장관은 정규 멤버도 아니었다. 이것은 우리의 핵정책이 정치, 안보적인 측면에서만 다루어졌지 기술적이고도 에너지적인 측면에서 다루어지지 않았다는 것을 의미한다. 미국의 국가안보회의에 핵무기와 에너지를 다루는 에너지성장관이 초빙멤버임을 감안하면 큰 대조가 되는 사실이다.

즉, 어느 한 특정정책이 국가이익의 모든 분야, 즉 생존, 번영, 민주, 통일 등 다방면의 국가이익에 영향을 미친다고 할 때, 핵 정책의 결정과정에 있어서 과학기술처의 참여가 없었다는 것은 국가의 에너지 안보, 경제적 번영이라는 국가이익에 대한 충분한 사전·사후 고려가 없었음을 의미한다.

따라서 우리는 국가이익 추구 태도에 있어 장점을 계속 살려나가되 문제점은 제도적으로나 개인적으로 과감하게 수정해나가야 할 것으로 생각된다.

3. 개선책

위에서 지적한 바와 같이 한국은 국가이익 추구 태도를 몇 가지 관점에서 개선할 필요가 있는 바 이를 요약하면 다음과 같다.

첫째, 구체적인 정책사안에 관계되는 모든 부처가 정책결정과정에 참여하여 국가이익과 관련된 활발한 토의를 가져야 한다는 것이다. 즉, 비핵정책의 결정과정에 과학기술처가 배제된 것 같은 현상이 다른 분야의 정책결정과정에서도 발견되는 바, 이러한 현상은 시정되어야 한다.

둘째, 한 가지 정책문제라고 하더라도 그 분야의 국가이익뿐 아니라 다른 분야의 국가이익에 직·간접으로 영향을 미치는 점을 감안하여 정책의 목표수립과 결정, 집행과정에서 국가이익과 관련된 총체적인 분석이 뒷받침되어야 할 것이다. 북한 핵문제는 비단 핵무기로 인해 초래될 생존에 대한 위협의 해소라는 차원의 안보문제일 뿐 아니라, 번영과 민주, 그리고 통일이라는 국가이익에 밀접하게 관련되는 문제임을 밝혔듯이, 이제는 모든 정책사안에 대해서 국가이익 차원에서 종합적이고도 장기적인 분석에 근거하여 정책이 추구되어야 할 것이다.

셋째, 한 가지 정책사안에 대해서 한반도 상황에 적합한 정책대안을 개발할 수 있도록 정부와 관련 전문가들 사이의 상호 협력과 피드백(feedback)이 잘 이루어져야 할 것이다. 핵문제 같은 고도의 전문성이 요구되는 사안에 있어서는 정부뿐만 아니라 우리가 가진 전문가들의 지적 견해가 정부의 정책수립과정에 잘 반영될 수 있도록 하는 것이 중요하다. 오늘날 세계적인 차원의 핵군축과 비확산을 위한 노력은 전문가그룹에서 주도해 나가고 있으므로 정부는 관련 전문가 육성에 지원을 아끼지 않아야 함은 물론 전문가를 잘 활용하는 방안을 강구하여야 할 것이다.

Ⅵ. 결   론

본 장에서는 제네바 핵합의에 이르는 과정과 제네바 핵합의 그 자체에서 추구되고 반영된 한국의 국가이익이 무엇인가 분석하였으며, 또한 북한 핵문제 해결과정에서 나타난 한국의 국가이익 추구 태도의 특징을 살펴보았다. 그리고 본문 제2절에서는 본 연구의 개념 틀로서 국가이익과 그것을 추구하는 전략의 개념을 정의하고 특성을 약술하였다.

국가이익은 어느 한 시대에 국가가 대외적으로 추구하는 가치라고 정의했으며, 현재 한국의 국가이익은 생존, 번영, 민주, 통일이라고 규정하였다. 아울러 어떤 특정정책은 그 정책이 해결하고자 하는 문제와 직결된 분야뿐 아니라 다른 분야의 국가이익에도 큰 영향을 미친다는 것을 지적하고, 북한 핵문제 전개과정의 중요 시기마다 추구된 한국의 국가이익이 무엇이며, 그 이익은 제대로 확보되었는가 아니면 어떤 가정 위에서 국가이익이 제대로 확보될 수 있는가 하는 문제를 분석하였다. 특히 안보라는 개념이 군사적 차원뿐 아니라 정치, 외교, 통일, 경제, 환경 모든 분야의 국가이익을 보호하고 확장한다는 포괄적 안보개념으로 전환된 탈냉전의 환경 속에서 북한의 핵문제가 이슈화되고, 해결노력이 전개된 점을 감안하여, 각 시기마다 국가이익의 종합적 측면이 분석되었다.

한국은 북한의 핵무기 개발행위를 생존 그 자체를 위협하는 국가이익뿐만 아니라 경제적 비용과 에너지 안보 등이 결부되는 경제적 번영이라는 국가이익, 남북한 갈등해소를 거쳐 평화공존 그리고 통일로 가야할 조건을 창출해야만 하는 통일이라는 국가이익, 그리고 민주적 정책결정과정을 거쳐서 관련 부처의 부분별 국가목표가 제대로 반영되어야 하는 민주라는 국가이익 등이 다각적으로 관련된 종합적인 국가문제였다고 할 수 있다. 그렇기 때문에 남북한은 각각 범정부적 정책조정기구를 만들어 국가이익을 최대한 확보하기 위한 정책을 결정·집행해 나갔으며, 미국 또한 국가안보보좌관 주관 하에 국가안보회의를 수시로 개최하여 미국의 국가이익을 확보하기 위해서 최대한 노력을 경주하였다.

물론, 한·미 양국은 처음에는 한국 중심으로 나중에는 미국 중심으로 정책 공조를 하였으며 북한 또한 한·미 양국을 차례대로 접촉하면서 갈등과 협력의 역동적인 전략게임을 전개하였다. 이 과정에서 한국은 북한의 핵무기를 반개라도 허용할 수 없다는 생존의 안보이익을 추구하기 위해서 시종일관 특별사찰 중심의 전략

을 몰아붙였다. 그러나 미국의 일방적인 주한미군 핵무기철수 조치, 한국의 선제적
인 비핵화선언으로 인해 핵차원에서 북한에 사용할 수 있는 카드가 없었다. 그리고
남북한 핵협상을 추진해감에 있어서 경제, 통일분야의 국가이익에 대한 종합적인
고려가 부족했다고 할 수 있다. 더욱이 대북창구가 미-북한 회담으로 전환되면서
한국은 미국을 통해서 국가이익을 반영해야 했기에 한계가 확연할 수밖에 없었다.

제네바 핵합의와 그 이후 전개된 핵협상에서 한국은 미-북한간의 협상이 한
국의 국가이익 추구에 주었던 한계를 극복하기 위해 노력했다. 핵위기가 전쟁으로
비화될 수 있는 가능성을 해소하는 데 성공했다. 미-북한 회담으로 빚어진 북한의
한국 배제전략으로 통일이라는 국가이익 추구에 큰 한계를 가졌던 한국은 한국형
경수로의 제공과 경수로 사업에서 주도적 역할 확보가 가능하게 되어 적어도 경수
로 사업에 있어서는 남북한 협력을 확대·발전시킬 수 있는 여건을 마련하였다. 그
리고 미-북한 관계 개선시 한국이 계속 배제될 수 있는 가능성을 차단하기 위해
미국을 견제하는 한편, KEDO를 통해 북한과 계속 접촉하는 다자형 협력모델을 발
전시키고 있으며, 한-미-일 정책조정그룹의 운용은 이와 맥을 같이한다.

북한 핵문제 해결과정을 회고해보면서 우리는 한국의 핵 정책결정과정상 문제
점을 발견하게 되었다. 정책결정과정에 일부 소수만 참여하며, 정책에 국가이익의
종합적인 측면이 반영되지 않고 일부 부처의 견해만 반영되고 있으며, 결정된 정책
또한 단기적인 국가이익 위주로 추진된다는 특징을 발견했다. 북한 핵문제는 2002
년 후반 다시 거론되기 시작했고 심각한 핵위기로 치닫고 있다. 한국정부는 1994년
북핵 위기를 거울삼아 국가이익의 종합적 측면, 장기적 측면, 미래지향적 측면을
반영한 핵 정책대안, 협상형식, 전략개발에 심혈을 기울여 국가이익 확보에 시행착
오를 되풀이하지 말아야 한다.

제 3 장

남북한, 미·북한 핵협상에서 북한의 협상전략과 전술[*]

I. 진성협상 대 의사협상 논쟁

　탈냉전 이후 북한은 협상에 대한 태도를 수정했다. 냉전시기 북한은 정치적 선전적 목적으로만 협상을 이용해 왔다. 그러나 1991년 12월에 북한은 남한과 두 개의 문서에 합의했다. 하나는 남북한 화해와 불가침, 교류협력에 관한 합의서(앞으로 "기본합의서"라고 칭함)와 한반도비핵화공동선언(앞으로 "비핵화공동선언"이라고 칭함)에 합의했다. 그 이후 남북한은 핵사찰제도를 실현시키기 위한 어려운 협상에 들어갔다.

　그러나 남북한 핵사찰 제도에 관한 협상은 끝내 결렬되었다. 한국과 미국은 1991년 12월 31일 북한의 비핵화 수용을 조건으로 1992년에 실시하기로 했던 팀스피리트 연습을 중지하는 것을 합의했다.[25] 1992년 내내 필자가 참여하였던 남북한 핵통제공동위원회 회의가 핵사찰합의를 이끌어내지 못하고 격렬한 선전장이 되고 있었을 때, 10월 초 한미 양국은 제24차 한미연례안보협의회의에서 "남북상호핵사찰 등에 대한 의미 있는 진전이 없을 경우, 한미 양국은 1993년도 팀스피리트 연습을 실시하기 위한 준비조치를 계속한다"는 합의를 하였다. 이 합의에 격분한 북한은 한국이 한미 간 합의사항을 철회하지 않으면 남북한 간에 핵사찰을 위한 협상을 할 수 없다고 완고하게 버텼고, 한국 측은 북한이 핵사찰을 수용하면 팀스피리트 연습문제는 고려할 수 있다고 완강한 입장을 견지함에 따라, 남북한 핵 협상은 결렬되게 된 것이다.

　1993년 1월 한미 양국이 팀스피리트 연습의 재개를 선언하자, 북한은 남북한 회담 중단 및 그보다 더한 조치를 취할 수 있음을 협박했다. 2월에 국제원자력기구

---

* Yong-Sup Han, "North Korean Behavior in Nuclear Negotiations," *The Nonproliferation Review,* Spring 2000, Vol. 7. No. 1, pp.41-54.를 번역 보충한 것임. 이 연구프로젝트는 한국 학술진흥재단의 지원(1996-001-Co360)에 의해 이루어졌으며 미국 몬테레이 소재 비확산 연구소에서 발간하는 학술지인 The Nonproliferation Review에 게재된 바 있음.

25) 한미 양국은 1976년부터 팀스피리트 연습이라는 명칭의 대규모 연합 군사훈련을 실시했다. 이에 대해 북한은 한미 양국이 북한에 대한 침략과 핵전쟁연습을 한다고 비판해 왔다. 북한은 팀스피리트 연습과 기타 한미 연합훈련의 항구적 취소를 요구해왔다.

가 북한 핵시설에 대한 특별사찰을 결의하자, 북한은 3월 12일에 핵확산금지조약의 탈퇴를 선언하고, 연이어서 이 문제를 해결하기 위해서는 북미 간 대화밖에 없다고 주장했다. 이로써 북한과 미국은 연속적인 핵 협상에 들어가게 되었다. 북미 양국은 협상을 개시한지 1년 4개월 만에 제네바 합의를 서명하게 되었다.

북한이 남한과 핵 협상을 하다가 미국으로 대화상대를 바꾸자, 많은 전문가들은 북한이 당초부터 핵문제는 미국만 상대로 협상을 하려는 의도를 가지고 있었다고 풀이했다.[26] 왜냐하면 북한은 한국을 정당한 협상 당사자로 인정해오지 않았기 때문이라는 것이다. 북한의 입장에서 보면 남북한 핵 협상은 합의에 이르기 위해 서로 주고받기식의 거래를 하려고 하는 진성협상(true negotiation)이 아니고 미국하고 협상하기 위한 빌미를 쌓는 의사협상(pseudo negotiation)이었다는 것이다. 그러나 이러한 주장은 북한이 남한과 흥정을 통해 비핵화공동선언에 합의하고, 그 후 국제원자력기구에 의한 사찰을 수용했다는 점을 간과하고 있다. 북한의 입장에서 보면, 팀스피리트 연습을 양보 받고, 재처리시설과 농축시설을 보유하지 않기로 합의하고 IAEA에 의한 핵사찰을 받아들였던 것이다. 1992년 말, 남북한 핵통제공동위원회가 파국을 맞던 최종회의에서 북한 대표는 남한이 팀스피리트 연습을 재개하리라고 꿈도 꾸지 못했다고 술회한 바가 있다. 따라서 남북한 핵협상이 결렬된 것은 남북한 양측에 책임이 있다고 해야 객관적인 평가라고 할 수 있다.

북한이 남한과 가진 핵 협상이 진성협상이냐 의사협상이냐에 대한 논란은 차치하고라도, 북한은 남한과 미국에 대해서 각각 다른 협상전략을 노정한 것은 사실이다. 북한이 협상 대상국가가 누구냐에 따라 다른 전략과 전술을 선택한 것을 파악하지 못한다면, 북한의 핵협상 행동에 대한 이해에 제약이 있을 수밖에 없다. 그리고 북한의 다음 행동이 무엇이 될 것인가에 대해 예측하기 힘들다. 예를 들면, 1992년 대부분의 남한 협상가들은 1993년에 한미 양국이 팀스피리트 연습을 재개할 경우 북한이 그해 가을쯤은 남북한 협상에 다시 들어올 것이라고 예견했다.[27] 대조적으로 1994년 5월에 북한이 폐연료봉을 모두 인출하기 시작했을 때, 미국의

---

26) 임동원, "남북고위급회담과 북한의 협상전략, 곽태환 편,"『북한의 협상전략과 남북한 관계』(서울 : 경남대 극동문제연구소, 1997), p. 117.

27) 필자는 1992년 12월 17일, 제13차 남북 핵통제공동위가 결렬된 뒤 열린 남한정부 내 핵협상평가회의에서 "우리 측이 팀스피리트 연습을 재개하게 되면, 북한은 앞으로 남북회담에 나오지 않을 것이며, 핵 협상이 있기 이전으로 돌아갈 뿐 아니라 더 중대한 조치도 취하게 될 것"이라고 의견을 개진한 바 있다. 이에 대해 대부분의 참석자들은 1990년과 1991년에도 팀스피리트 연습이 있었던 상반기에는 북한이 고위급회담 준비회의 및 고위급회담에 나오지 않았으나, 후반기에 북한 측이 회의에 나온 점을 예로 들면서 1993년 하반기에는 북한이 다시 대남한 협상에 나오게 될 것이라고 매우 안이한 판단을 제시하면서, 필자의 의견에 반대를 표시하였다.

관리들 대부분은 북한의 핵무기 보유의지가 너무 강했기 때문에 협상이 전혀 불가능하다고 예견했다. 이러한 예견들은 역사적으로 틀린 것으로 판명되었다. 두말할 필요도 없이 북한의 행동에 대한 잘못된 예견은 북한과 합의에 이르는데 더욱 어렵게 만들었으며, 협상의 효율성을 부정하는 결과를 초래했다.

본 장에서는 1991년 12월부터 1993년 1월까지 전개된 남북한 간의 핵 협상에서 북한의 협상행위를 분석한다. 그리고 1993년 6월부터 1994년 10월까지 전개된 북미 간 핵 협상에서 북한의 협상행위를 분석한다. 그 다음 각 협상의 경우 상황적 변수가 회담의 결과에 어떤 차이를 가져왔는지 분석한다. 아울러 북한의 협상전술과 전략이 협상 파트너에 따라 어떻게 달라지는가를 설명하며, 앞으로 북한과의 핵협상에 주는 정책적 함의를 도출하려고 한다. 이러한 연구를 통해 북한의 협상행태를 완전히 이해하고 차기 협상에서 행동을 예측하는데 도움을 얻으려고 한다. 본 장에서 얻은 결론은 한국과 미국은 핵협상을 함에 있어 남북한간 관계가 상당히 진전될 때 까지, 한반도 바깥 지역에서 협상을 가지도록 권고한다. 그리고 과거에 북한과 합의를 가졌던 부분에 대해서는 입장을 번복하거나 변경하지 않도록 권고한다. 그리고 북한과 협상에서는 북한에 대한 "당근과 채찍"을 균형을 이루도록 행사하기를 권고한다. 즉, 당근만 행사한다거나 채찍만 행사하게 되면 북한과 타결을 볼 수 없게 될 것이기 때문이다.

Ⅱ. 북한의 핵협상

1. 남-북한 핵협상

1991년 가을에 미국은 북한의 핵개발 프로그램 문제를 남북한 협상을 통해 해결하도록 북한을 유인했다. 1991년 9월 27일 조지 부시 미국 대통령은 해외에 배치한 모든 전술핵무기들을 본국으로 철수한다고 선언했다. 이것은 1958년 이후 한국에 배치했던 전술핵무기들을 모두 철수한다고 시사한 것이다. 물론 이것은 탈냉전과 소련제국의 붕괴에 따른 세계의 핵질서를 안정시키겠다는 계산에서 나온 조치였다. 필자가 당시 백악관 국가안보회의 고위당국자와 인터뷰한 바에 의하면, 몇몇 안보회의 당국자들은 한반도에서 핵무기 철수문제를 북한의 핵개발을 막는 것과 협상에 부치자는 의견을 보였으나, 부시 대통령과 스코우크로프트 안보보좌관은 그럴 경우 소련이 동구에 배치한 전술핵들을 철수시키는 일정이 지연되어 유럽의 핵질서가 불안해질 우려가 있으므로 반대했다고 한다. 그래서 부시 대통령이 먼저

해외에 배치한 전술핵을 모두 철수하겠다고 일방적으로 선언하고, 고르바초프 소
련 대통령은 10월 5일 해외에 배치한 모든 지상·공중 전술핵무기를 철수하여 폐기
하겠다고 선언했다. 이로써 한반도에서는 남북한 핵협상이 시작되게 된 것이다.

1991년 11월 8일, 노태우 대통령은 미국과 협의 끝에 「비핵화와 평화구축을 위
한 선언」을 발표했다. 이 선언에는 남한이 핵재처리시설과 농축시설을 보유하지
않을 것과 핵무기 제조, 보유, 저장, 배치, 사용을 하지 않는다는 내용이 포함되어
있었다. 이 선언에서 북한으로 하여금 한반도 비핵화에 동참할 것과 핵시설에 대한
IAEA의 사찰을 수용할 것을 촉구했다.

미국과 한국이 취한 두 가지 선제조치들은 북한이 비핵화에 동참하도록 미리
설계된 것이었다. 북한은 1985년에 NPT에 가입했지만, IAEA의 핵안전조치협정에
가입하지도 않았고, 핵시설에 대한 사찰을 받지 않고 있었다. 북한은 그때까지 한
반도에서 미국의 핵위협이 제거되고, 핵무기가 철수된다면 IAEA와 핵안전조치협정
을 체결하겠다고 말하고 있었다.

북한은 위의 두 가지 조치들을 환영하면서 각각 한국 및 미국과 분리된 핵협
상을 개최할 준비가 되어 있다고 주장했다.[28] 때마침 남북고위급회담이 개최되고
있었으므로 남북한이 먼저 핵협상을 개최했다. 1991년 12월 13일, 남북한이 기본합
의서를 서명함에 따라 12월 26일 남북한 양측 핵전문가들은 핵대화를 시작했다.
남북한 간 핵 협상은 두 가지 시기구분을 할 수 있다. 제1라운드 협상(1991.12.16~
1992.3.13)은 남북 핵전문가회의에서부터 남북 핵통제공동위원회(Joint Nuclear Control
Commission)[29] 출범 직전 시기이며 제2라운드 협상(1992.3.14~1993.1)은 남북 핵통제공
동위원회가 발족되어 중단될 때까지로서 남북한 간에 핵시설에 대한 상호사찰을
논의한 시기이다.

제1라운드 협상에서 한국의 협상목표는 북한의 재처리시설과 핵개발프로그램
을 포기시킴으로써 한반도의 비핵화를 달성하며, 북한으로 하여금 IAEA와 핵안전
조치협정을 체결하고 IAEA의 핵사찰을 수용하도록 만드는 것이었다. 남한 측은 협
상하기 힘든 남북한 상호사찰을 제2라운드 협상으로 미루었고 북한도 어려운 상호
사찰에 대해 의제를 제기하지 않아 자연히 뒤로 미루어졌다. 북한의 목표는 부시의
선언에 따라 미국의 핵무기가 완전히 철수되었는지 확인하며, 팀스피리트 연습을
영구히 취소시키는 것과, 한반도 비핵지대화를 통해 미국의 한국에 대한 핵우산 제

---

28) 북한외교부 대변인 성명, 1991. 11. 25.
29) 핵통제공동위의 남측 위원장은 공로명 당시 외교안보연구원장, 북측 위원장은 최우진 외교부
   평화군축연구소 순회대사였으며 남측 위원은 정부 각 부처에서 6명, 전략수행요원 6명 등이었다.

공을 제거시키는 것이었다.[30] 한반도 비핵지대화는 미국의 전략폭격기와 함정이
핵무기를 한반도에 반입하는 것을 금지시키고자 하는 의도였다.

　　제1라운드 협상의 결과, 남한은 북한의 핵재처리시설 포기 약속을 받아 냈으
며, 북한이 IAEA와 핵 안전조치협정을 맺고, IAEA의 사찰을 수용하는 대가로 팀스
피리트 연습을 취소하기로 합의했다. 북한은 팀스피리트 연습의 취소를 조건부로
핵재처리시설의 포기와 한반도의 비핵화에 합의했다. 북한이 재처리시설을 보유하
지 않겠다고 합의한 것은 한국과 미국 양국에게 매우 놀라운 양보로 평가되었다.[31]
왜냐하면 북한이 그 당시 대규모 재처리시설을 보유하고 있다고 의심하고 있었기
때문이다. 비핵화공동선언에서는 사찰에 대해서 "남과 북은 어느 한쪽이 선정하고
양쪽이 합의하는 대상에 대해서 핵통제공동위원회가 정하는 절차와 양식에 따라
사찰을 실시한다"고 규정했다.[32] 그래서 제2라운드 협상에서는 남북한 핵통제공동
위원회를 가동시켜서 남북한 간 상호사찰에 대해 토의를 실시했다.

　　제2라운드 협상은 남북 핵통제공동위원회가 구성되어 본 회의와 실무회의를
개최했다. 이 협상에서 남한 측의 협상목표는 북한으로 하여금 침투성이 강한 남북
한 간의 사찰을 받아들이도록 하는 것이었다. 왜냐하면 IAEA의 사찰은 피사찰국가
가 반대하면 특별사찰을 실시할 수 없다는 맹점이 있었기 때문에 북한이 IAEA에
신고하지 않았거나, 사찰을 방해하면 사찰을 제대로 실시하지 않았기 때문이다. 이
에 반해 북한 측의 목표는 침투성이 약한 IAEA의 사찰은 받아들이되, 남한 측이 주
장하는 침투적인 사찰은 최대한 연기하려는 것이었다. 북한 측은 사찰관계 협상을
지연시키기 위해 "비핵화공동선언은 너무 추상적인 합의이므로 이를 이행하기 위
한 이행합의서를 먼저 토의해야 한다"고 주장하였다. 몇 달 동안의 지연 끝에 북한
측은 이행합의서와 사찰규정 초안을 제시했다. 남한 측은 제1라운드 핵협상에서
관철시키지 못했던 특별사찰을 관철시키려고 했다. 즉, "언제 어느 시설이든지" 사
찰할 수 있도록 북한 측에 요구했다. 그리고 사찰에 예외지역이 있어서는 안 된다
고 강력하게 주장했다. 미국정부는 한국정부에게 매년 48회 사찰과 그 중 24회는
특별사찰을 관철시켜 줄 것을 주문했고, 핵문제에 진전이 없으면 남북한 간의 전반
적인 관계에도 진전이 있을 수 없음을 분명히 연계해 줄 것을 주문했다.

---

30) 북한의 1991.12.26 첫 제안은 Yong Sup Han, *Nuclear Disarmament and Proliferation in Northeast
　　Asia*(New York and Geneva : United Nation, 1995), p. 36. 참조.
31) Don Oberdorfer, *The Two Koreas : A Contemporary History*(New York : Basic Books, 1997), p. 264.
32) 강제사찰의 필요성을 강조하기 위해 남한은 핵사찰이 상대방이 선정한 대상들에 대해 이루어져
　　야 한다고 주장했다. 반면 북한은 양측이 합의한 대상들에 국한해서 실시할 것을 주장했다. 결국
　　남북한은 협상을 통해 상대측이 선정한 대상이면서 쌍방이 합의한 대상들에 대해 사찰한다는
　　절충안에 합의했다.

이에 반해, 북한은 남한 측의 특별사찰 주장은 비핵화공동선언 4항에 위배되는 것임을 분명히 했다. 4항의 내용은 "비핵화를 검증하기 위해 상대측이 선정하고 쌍방이 합의하는 대상들에 대하여 남북핵통제공동위원회가 규정하는 절차와 방법으로 사찰을 실시한다"고 되어 있다. 북한은 이를 인용해서 남한 측이 주장하는 특별사찰은 상대측이 선정하는 대상에 대해 쌍방이 합의하지 않고도 사찰을 하자고 주장하는 것이므로 비핵화공동선언에 위배된다는 것이었다. 남한 측의 주장은 무슨 사찰이든 남북핵통제공동위원회가 규정하는 절차와 방법으로 사찰을 실시하면 되기 때문에 핵통제공동위에서 합의하면 된다고 주장했다. 그러나 사찰대상 선정방법은 비핵화공동선언에서 상대측이 선정하고 쌍방이 합의한다고 되어 있기 때문에 쌍방이 합의하지 못하면 사찰이 실시되지 못하는 것으로 되어 있었다고 할 수 있다. 사실상 남한 측의 주장은 모법인 비핵화공동선언을 자의적으로 해석한 면이 있기 때문에 견강부회였다고 할 수 있다.

남북한 협상에서 남북한 간 사찰제도에 대한 합의가 이루어지지 않고, 진전이 없자 남한은 북한이 특별사찰을 수용하지 않으면 1993년도 팀스피리트 연습을 재개할 수밖에 없다고 연계시키면서 북한 측을 위협했다. 북한은 남한 측의 연계를 맹렬하게 반대했다. 1992년 10월 제24차 한미연례안보협의회회의에서 한미 양국은 "남북상호핵사찰 등에 대한 의미 있는 진전이 없을 경우, 한미 양국은 1993년도 팀스피리트 연습을 실시하기 위한 준비조치를 계속한다"는 합의를 하였다. 뒤에 밝혀진 바에 의하면 한국 외무부와 미국 국무부는 이 문항을 한미연례안보협의회의 공동선언에 포함시키는 것에 대해 우려를 표명했으나 한국 국방부가 강한 요구를 함에 따라 미국 국방부도 동조했다는 것이다. 그러나 북한은 핵협상을 지속하려면, 팀스피리트 연습 재개선언을 철회하라고 요구했다.[33]

한미 양국은 1993년 1월 26일 팀스피리트 연습 재개를 선언했으며,[34] 북한은 남북한 대화를 중단시켰다. 그 후 한미 양국은 북한 핵문제를 IAEA로 이관시켰다. 1993년 2월 IAEA에서는 "북한이 IAEA에 신고한 사항과 IAEA가 임시사찰을 통해 발견한 사항 간에 중대한 불일치가 있다"고 인정하고, 북한에게 특별사찰을 수용할 것을 결의했다. 1993년 2월 20일부터 2일간 북한은 IAEA의 정기이사회 직전 김계관 대사와 최학근 원자력공업부 부장을 보내어 불일치는 사실무근이며 핵활동과 무관한 군사대상까지 특별사찰을 하겠다는 무리한 요구를 수용할 수 없다고 거부

---

33) Ibid., p. 273. 그는 남한의 팀스피리트 연습 재개를 반갑지 않은 "청천의 날벼락"이라고 묘사했다.
34) 1993년 1월 27일, 북한 외무성은 남북 핵협상을 포함한 모든 남북회담을 중단한다고 발표하면서, 그 이유를 남한이 팀스피리트 연습 재개에 관한 계획을 공표했기 때문으로 돌리고 있다.

했다. 이에 2월 25일 IAEA 정기이사회에서는 "IAEA 핵안전조치협정에 모든 협조를 제공할 것과 미신고 시설인 핵폐기물저장소 두 곳에 대한 특별사찰을 실시할 것" 이란 결의를 통과시켰다. 이에 북한이 불응할 경우 IAEA는 이 문제를 UN안보리에 보고하겠다고 압박했다. 북한은 이를 거부하면서 1993년 3월 12일 NPT탈퇴를 선언함으로써 모든 남북한 대화채널은 끊기게 되었다.

2. 미-북 핵협상

미북 핵협상이 어떻게 전개되었으며, 양측은 어떻게 합의에 이르게 되었는지를 조사하기 위해 필자는 미국 협상대표단 중 거의 모두를 1995년 12월에 인터뷰했으며, 로버트 갈루치 대사는 1995년 이래 2002년 현재까지 모두 8번을 만나 심도 깊은 인터뷰를 한 적이 있다. 미북 핵협상은 북한이 NPT탈퇴를 선언하고 난 뒤부터 시작되었다. 그 이전까지는 한반도 군사문제에 대해 북한이 북-미 직접대화를 계속 주장해 왔으나, 한미 양국은 군사정전위원회를 통해서 의논하거나, 북한이 주장했던 남-북-미 3자회담도 받아들이지 않았다는 사실을 기억할 필요가 있다. 북한은 IAEA에서 미국이 주도하여 특별사찰을 결정한 것과, IAEA 사상 처음으로 북한에 대해서 특별사찰을 결의한 것은 IAEA가 국제기구로서 공정성을 잃었다고 주장하면서 IAEA의 특별사찰을 거부했다.[35] 또한 북한은 자기네들이 소위 "핵전쟁 연습"이라고 주장해 온 「팀스피리트 연습」을 한미 양국이 재개했으며, IAEA가 군사기지까지 사찰하려고 하기 때문에 NPT에서 규정한 국가의 최고이익이 침해될 위기 상황이 왔으므로 NPT를 탈퇴한다고 주장했다.[36]

미국과 북한은 모두 3라운드에 걸친 핵 협상을 가졌다.

제1라운드 협상은 1993년 6월 2일부터 11일까지 미국 뉴욕에서 개최되었다. 제2라운드 협상은 1993년 7월 14일부터 19일까지 스위스 제네바에서 개최되었다. 그리고 제3라운드 협상은 1994년 8월 8일부터 13일까지와 9월 23일부터 10월 17일까지 스위스 제네바에서 개최되었다. 협상의제에 따라 협상기간을 분류해보면, 제1라운드 기간 중에는 북한을 NPT에 복귀시키는 것에 초점을 맞추었고, 2·3라운드 기간 중에는 미-북 관계 개선 및 북한의 핵 동결방안에 초점을 맞추었다고 볼 수 있다.

---

35) 미국 주도로 IAEA가 대북한 특별사찰을 결의한 것은 이라크에 UN특별위원회가 강제사찰을 실시하게 된 배경과 무관하지 않다. 이라크는 IAEA와 핵안전조치협정을 맺고 사찰을 성실하게 받아 왔으나, 미신고시설을 이용하여 핵무기를 개발하고 있었다는 것이 드러나, IAEA는 다른 국가들에 대해서도 사찰제도를 강화할 필요성을 인식하고 있었다.

36) 1997년 9월, 필자는 남한으로 귀순했던 황장엽 전 북한노동당 비서를 인터뷰하여, 북한에서 NPT탈퇴를 논의한 의사결정과정에 대해 상세히 물어본 바 있다.

제1라운드 협상에서 미국의 목표는 두 가지였다. 첫째는 북한을 NPT에 복귀시켜 IAEA의 사찰을 받게 하는 것과, 둘째는 외교를 통해 한반도의 평화를 유지시키는 것이었다.[37] 북한의 목표는 미국과의 고위급 정치대화를 통해 평화협정을 체결함으로써 주한미군을 철수시키고 팀스피리트 연습을 영구히 취소시키는 것, 미국으로부터 북한체제의 생존을 보장받는 것과 북한에 대한 미국의 핵 및 군사적 위협을 중지시키는 것. 그리고 핵문제에 대해서는 최소한의 투명성만 보장하는 한편, 북미회담을 이용하여 남한을 따돌리는 것 등이었다.

미국은 북한을 NPT에 다시 복귀시키는 것이 매우 중요하다고 생각했기 때문에 북한과 고위급 협상을 갖기로 결정했다. 뉴욕에서 개최된 제1라운드 협상에서 북미 양측은 네 가지 사항에 합의했다[38] : 1) 핵무기를 포함한 무력사용과 위협을 하지 않기로 보장, 2) 핵무기 없는 한반도에서 평화와 안보확보, 3) 모든 범위의 핵안전조치의 공정한 적용, 4) 북한이 필요하다고 인정하는 기간 동안 NPT탈퇴 취소 등이었다.

협상의 결과, 북한은 미국과 직접협상을 성취시켰을 뿐 아니라 미국과 동등한 협상자로서 공동성명에 합의하는 성과를 얻었다. 미국은 북한을 NPT에 묶어두는 이익을 얻었다. 미국은 북한에 대한 특별사찰 실시에 실패했으며, 북한도 미국과 평화협정을 체결하지 못했다. 합의된 사항 중, '모든 범위의 핵안전조치의 공정한 적용'은 미국 국내에서 논란거리가 되었다. 북한이 NPT를 탈퇴하는 이유로서 IAEA의 공정성을 문제 삼았었기 때문에, 이 합의조항은 미국이 마치 북한의 NPT탈퇴 이유를 정당화시켜 주는 것과 동일한 효과가 있었기 때문이다. 사실 1993년 2월에 미국은 북한이 핵폐기물저장소를 은닉하는 위성사진을 IAEA에 제시한 바 있으며, IAEA는 이에 근거해서 특별사찰을 결의했다. 북한은 미국의 위성사진에 근거해서 IAEA가 특별사찰을 결의한 것을 IAEA가 공정성을 잃었다고 비난한 바 있다.

제2라운드와 3라운드 협상에서는 협상의 목표가 바뀌었다. 북한이 흑연감속로를 경수로로 교체하기를 희망함에 따라, 미국의 목표는 과거 핵시설에 대한 사찰보다는 북한의 현재 및 미래의 핵관련 시설과 계획을 동결시키는 것과 흑연로를 경수로로 교체하는 것으로 변경되었다.[39] 이것은 북한의 과거 핵활동 정보를 묵인하는 결과를 초래했으며,[40] 사실상 검증의 강도와 범위를 축소시키는 결과를 초래했

37) C. Kenneth Quinones, "Korea−From Containment to Engagement : US Policy Toward the DPRK 1988−1993," Conference Paper presented in Seoul, April 1996.
38) 『한국일보』(1993. 6. 14). 미북공동 성명서는 남북한의 한반도 비핵화 공동선언과 평화적 통일을 지지한다고 밝혔다.
39) 『한국일보』(1993. 7. 21) 참조.
40) 전 미 국무성 차관보이자 미−북 핵협상에서 미국 대표였던 Robert Gallucci 대사와 필자와의 인터뷰에 따르면(1996년 12월, 일본 도쿄), 갈루치 핵 대사는 북한 협상대표자 강석주로부터 북한

다. 조지 부시 행정부 때, 한국정부가 북한에게 관철하도록 주문했던 특별사찰은 물 건너 가게된 것이었다.[41] 미국은 북한핵시설에 대한 사찰방법을 IAEA에 의한 정기 및 임시사찰로 한정시켰다. 그리고 특별사찰도 IAEA에 의한 사찰을 하되, 경수로 핵심부품이 북한에게 공급되기 직전으로 미루었다.

북한의 협상목표는 더 구체적이 되었다. 미-북 관계 정상화와 현존하는 원자로를 동결하는 대신에 대체 에너지 제공을 요구하였다. 협상이 진전되다가, 2·3라운드 사이에 13개월의 대화 공백이 있었다. 북한은 모든 핵시설을 IAEA의 핵안전조치 사찰대상으로 허용하는데 주저했으며 IAEA의 사찰을 방해했다. 미국 측은 이 공백기간 중에 경수로프로젝트의 비용을 부담할 국가를 찾는 데 사용했다.[42] 그리고 남한정부가 경수로 비용을 부담하는 대신, 남북대화 조항을 제네바 합의에 넣어달라고 주문했고, 북한은 이에 격렬한 반대를 했기 때문에 북-미 협상이 지연되었다.

3라운드 핵협상이 시작되기 전에, 한반도에 핵위기가 발생했다. 1994년 5월, 북한이 영변의 5MW 원자로에서 8,000여 개의 핵 연료봉을 꺼내기 시작했던 것이다. 이것은 미국이 북-미 협상의 마지노선으로 북한에게 경고했던 것이었다. 이렇게 되자, 미국과 국제사회는 북한에 대한 제재를 논의하기 시작했다. 북한은 대화에는 대화, 제재에는 전쟁이라고 하면서 국제사회에 협박을 가했다. 미국 행정부는 북한에 대한 군사제재를 검토하기 시작했다.

위기를 극복하고자, 1994년 6월 지미 카터 전 미국 대통령이 평양을 방문하여 김일성 주석을 만났다. 카터 대통령은 김 주석에게 지금 당장 핵을 동결해야만 위기가 해소될 수 있다고 말했고, 김 주석은 핵 계획을 당장 동결하고, 남북정상회담을 갖겠다고 제의했다. 그러나 7월 8일에 김 주석은 사망했다. 북한의 내부수습기간을 지나, 1998년 8월 4일 제네바에서 3라운드 미북 핵회담을 개최하기로 합의했다.

1994년 8월 13일, 북미 양측은 합의에 이르렀다: 1) 북한은 현존 핵활동을 동결하고, 미국은 경수로를 제공키로 합의했다. 2) 양국의 수도에 외교대표부를 설치하며, 무역과 투자장벽을 감소시키는 조치를 취함으로써 양국 간 완전한 정치 및 경제적 관계의 정상화를 향해 나가기로 하였다. 3) 미국은 핵무기의 불위협 및 불사용에 대한 보장을 북한에 제공하기로 하였다. 4) 북한은 한반도비핵화공동선언

은 결코 특별사찰을 허용할 수 없는 바 그 이유는 북한이 일단 핵 시설을 보여주면 미국은 북한과의 협상을 영원히 중단시키려 할 것이기 때문이라고 했다고 한다.
41) 미국이 북한에게 강제 또는 특별사찰을 더 이상 요구하지 않은 이유는 협상이 결렬될 것을 두려워했기 때문이었다. 그러나 미국은 1년 전 조지 부시 행정부 때에는 남-북한 협상시 남한에게 1년에 24회의 특별사찰(언제 어느 곳이든 불시에 북한 핵시설을 사찰할 수 있는 제도)을 반영해 줄 것을 강력하게 요구했었다.
42) 로버트 갈루치 핵 대사와 저자의 인터뷰(1996. 12. 일본 도쿄).

을 이행하기로 합의하였다.

8월의 합의문에 이어서 10월 21일에는 완전한 제네바 합의가 이루어졌다. 제네바 합의에 의하면, 북한은 흑연감속로와 관련 핵시설을 동결하고 IAEA가 동결 핵 시설을 감시하기로 하였다. 북한은 NPT 회원국으로 남고, IAEA의 핵안전조치협정을 이행하기로 했다. 미국은 북한에게 2,000MW급 원자로를 제공할 컨소시움을 조직하기로 합의하고, 북한의 흑연감속로 동결로 인해 발생하는 에너지손실을 보전하기 위해 중유를 제공하기로 했다.

제네바 합의에서 미국은 북한의 핵시설을 동결시키는 데에는 성공했으나, 과거 핵개발계획에 대한 투명성을 보장하는데 실패했으며 북한의 핵개발 야망을 차단하는데 실패했다.[43] 또한 미-북 대화는 북한이 최대한 남한과의 대화를 기피하는 것을 허용한 것이 사실이다.[44] 북한은 대남한 전략적 열세를 만회하기 위해 한국을 협상상대로 인정해주지 않고, 한국을 따돌리기를 원했었는데, 북-미 회담을 통해 이를 달성할 수 있었다고 할 수 있다.

3. 두 협상에서 북한의 목표

북한은 두 핵협상에서 남한과 미국에 대해 각각 다른 목표를 추구했다. 남한과의 협상에서 북한은 군사적 목적이 앞섰다. 즉, 미국의 핵무기 철수를 확인하고, 한미 연합훈련인 팀스피리트 연습을 취소시키며, 한반도 비핵지대화를 통해 미국의 핵우산을 제거하려고 노력했다.

미-북 협상의 경우에 북한은 정치적, 경제적 목적을 우선했다. 미국과 고위급 협상체제를 구축하고 남한을 배제시키며, 미국으로부터 대체 에너지를 공급받는 것을 목표로 삼았다.

그렇지만, 북한은 사찰제도에 대해서는 두 협상에서 일관성을 유지했다. 남-북 협상에서 남한 측이 북한 측에 요구했던 특별사찰과 강제사찰은 결단코 반대했으며, 미-북 협상에서는 IAEA의 특별사찰을 반대했다. 즉, 침투성이 강한 사찰은 안 된다는 것이었다. 특히 북한은 군사기지에 대한 사찰을 싫어했다. 북한은 주한미군이 한국 내에 1000여 개의 핵무기를 가지고 있었으므로 모든 주한미군 기지를

---

43) 1997년 9월 서울에서 황장엽 전 북한 노동당 비서는 필자와의 면담에서, 노동당 군수공업부 담당 전병호 비서가 황장엽에게 다음과 같이 말했다 한다. "북-미 제네바합의에 의하면, 우리는 앞으로 5-6년 동안에 우리가 그동안 개발해 온 핵무기 개발프로그램과 시설을 다른 곳으로 다 옮길 수 있는 시간을 벌었다."
44) 미-북 대화에서 북한의 본질적 목표는 자신의 외교적 고립과 전략적 열세를 탈피하기 위해 남한을 배제하려는 것이었다. 미-북 대화 후 북한은 남한과의 대화를 지속적으로 거부했다.

동시에 사찰해야 한다고 주장하기도 했다.[45] 그러나 북한의 군사기지는 재래식 군사기지이지 핵기지가 아니므로 사찰대상이 되지 않는다고 주장했다.

북한의 특별사찰에 대한 거부가 완강했음에도 불구하고, 다음과 같은 의문이 남는다. 만약 한국이 북—미 협상에서 미국이 북한에게 제공했던 많은 당근책을 남북한 핵협상에서 북한에게 제공했더라면, 북한이 한국의 요구를 어느 정도 받아들여 특별사찰 비슷한 것을 받아들였을까. 조지 부시 행정부에서 클린턴 행정부로 바뀐 미국은, 북한에게 한국보다 더 침투성이 약한 사찰을 요구했다. 그러므로 북한은 한국보다 미국과 협상하는 것이 더 이익이라고 판단했을 것이다.

북한이 다른 협상파트너에게서 각각 다른 목표를 추구했다는 것은 왜 미국과의 협상은 타협에 이르고, 남한과의 협상은 결렬되었던가 하는 점을 부분적으로 설명해준다. 그러나 협상목표의 차이만으로 협상결과의 차이점을 설명할 수는 없다. 협상의 상황변수—협상의 배경, 양식, 과정 등도 협상의 결과에 많은 영향을 미쳤다고 할 수 있다. 물론 협상의 전략과 전술도 그렇다.

Ⅲ. 상이한 상황변수의 협상결과에 대한 영향

남북한, 미—북한 핵 협상들을 비교해 보면, 협상전략과 전술의 차이뿐만 아니라 두 가지 협상의 상황의 차이점이 다른 협상결과를 가져오는데 큰 영향을 미친 것을 알 수 있다. 여기서 여덟 가지 상황적 변수를 적용하여 협상결과의 차이점을 설명하고자 한다. 협상장소, 협상에서 사용되는 언어, 협상분위기, 협상대표간의 상호작용, 협상의 시한(deadline), 협상의제, 각 국의 국내 정치적 상황, 북한의 협상담당조직 등의 상황변수가 협상결과에 미친 영향을 설명하고자 한다.

1. 협상장소

남북한 핵협상은 판문점에서 북쪽으로 1km 위쪽에 있는 통일각, 남쪽으로 1km 아래쪽에 있는 평화의 집에서 번갈아 가면서 개최되었다. 사각테이블에 중간선을 기점으로 북쪽에 북한 측 협상대표단 7명이 앉고, 남쪽에 남한 측 대표단 7명이 앉았다. 그 중간선은 군사분계선이나 마찬가지였다. 핵협상에서 한 치라도 양보하면, 1953년 정전회담에서 땅 한 평 빼앗기는 기분으로 상호 적대적 입장에서 협

---

45) 북한 측은 미군의 핵무기와 핵기지에 대한 의심을 해소하기 위해 <동수사찰>은 안되며 모든 미군기지를 동시에 사찰해야 한다고 주장했다. 또한 북한 측은 남한 측이 의심하는 지역인 영변 한 곳만 보면 해결될 수 있다고 주장했다.

상을 했다. 여기서 협상을 하는 장면이 서울과 평양으로 중계가 되었다. 다시 말하자면, 양측 협상대표들은 자율성과 신축성이 있을 수 없었다. 협상 중에 상대편에게 잘못 대응하면 어김없이 각각의 수도로부터 시정을 요구하는 팩스나 전화가 왔다. 새로운 의제가 제시되면 정회를 하고 각기 서울과 평양으로 돌아가야 했다. 이 분위기는 협상자들을 협조적 분위기 보다는 전투적 분위기에 있게 만들었다.[46]

반면에 미－북한 핵협상은 뉴욕과 제네바에서 개최되었다. 제1라운드 협상 때만 뉴욕에서 개최되었고, 제2라운드와 제3라운드 회담은 스위스 제네바에서 개최되었다. 북한 협상 대표는 본국으로부터 감시와 감찰을 받고 있지 않았으므로 비교적 융통성과 신축성 있는 태도를 보일 수 있었다. 북한이 숙박비를 부담해야 했으므로, 회담이 길어지게 되면 북한 측의 손해였다. 공식적 회담 이외의 만찬이나 비공식 모임들이 있어서 북－미 양측은 개인적 친분과 신뢰를 쌓을 수 있었다. 즉, 판문점에 비해서는 긴장이 완화된 협조적인 분위기를 연출할 수 있어서 타협에 이르는데 도움이 되었음에 틀림없다.

2. 언 어

남북한 협상에서는 한국어를 사용했다. 협조적인 분위기에서 협상을 하는 데에는 같은 언어를 쓰는 것이 시간도 절약되고, 타협에 더 잘 도달할 수 있다. 그러나 적대적인 분위기 속에서 협상을 할 때에는 동일한 언어를 사용하게 되어 이념적, 감정적인 설전이 될 가능성이 많고 적대감을 가중시킬 수 있다. 제1라운드 핵협상 분위기는 매우 협조적이었다. 서로 주고받기식 협상이 진행될 때, 한국어를 서로 사용함으로써 매우 신속하게 타협에 이를 수 있었다. 그러나 사찰문제에 대한 제2라운드협상으로 진입하자 남북한 협상대표들은 적대적 분위기에 휩싸였다. 북한 대표는 남한 대표에게 모욕적, 중상모략적인 언사를 퍼부었으며, 남한체제를 비하하고 북한체제를 자랑하는 언사들을 쏟아놓음으로써 회담 분위기는 얼어붙었다. 세 번에 한 번 꼴로 한국 측도 북한의 비방과 모욕에 대응하는 감정적 발언을 함으로써 회담은 진전이 어려웠다.

반면에 북－미 회담은 영어를 공용어로 사용했다. 미국 측은 북한 측이 하는 극단적 비방, 체제선전 발언과 모욕적 발언들을 통역과정에서 생략하곤 했다. 순차적 통역을 함으로써 북한대표의 적대적 감정은 1차로 걸러졌으며, 2차로 장황한 발언이나 의제 외적인 발언은 과감한 축약을 당하기도 했다.[47] 북한대표는 점점 그

---

46) Scott Snyder, *Negotiating on the Edge : North Korean Negotiating Behavior*(Washington, D.C. : United States Institute of Peace Press 1999), p. 101.

러한 발언들이 시간 낭비임을 인식하고 실제의제에 집중하게 되었다고 한다. 영어를 사용함으로써 매우 논리적이고 행위 중심적인 합의사항이 만들어지게 되었다.

3. 협상 분위기

위에서 지적한 바와 같이 남북한 핵협상의 제1라운드에서는 남북한에 주고받기식 협상이 되어서 협조적 분위기였다고 할 수 있다. 그러나 제2라운드 협상에서는 적대적 협상 분위기로 인해 선수치기전략을 구사하는 북한에 의해 회담 분위기는 매우 적대적이 되었으며, zero-sum game 상황이 되었다고 볼 수 있다.[48]

이와 대조적으로 미-북 핵협상은 남북한 협상보다 덜 적대적이었다. 미국은 북한 측이 원하는 모든 요구사항을 내놓게 했으며, 그중 미국에게 손해가 가지 않는 사항은 말로 서비스를 하듯(lip service), 합의서에 다 포함시켜 주었다고 한다. 미국의 고위급과 대화를 하는 북한의 협상대표단은 매우 기분이 좋았으며, 미국과 주고받기식 협상을 함으로써 non zero-sum game 상황이 연출되었다. 제2라운드와 제3라운드 협상에서는 북한의 흑연감속로를 경수로로 대체하는 의제가 상정됨으로써 북-미 양국이 협조하여 공동의 문제해결을 논의하는 분위기가 되었다. 이로써 회담분위기는 협조적으로 변화되었다.

4. 협상대표단간의 상호작용

남북한 핵협상에서는 쌍방의 수석대표만 발언이 가능했다. 협상 현장에서 양측은 자기 측의 위원들을 충분히 활용할 수 없었다. 일대일 협상이나 마찬가지였다. 대표들은 스트레스가 많았다고 할 수 있다. 비공식적인 회합을 할 수 없는 분위기에서 공식적인 의견만 주고받는 가운데 타협의 기회가 제한되었다고 할 수 있다. 그나마 제1라운드 협상에서는 마이크를 끄고 회담장 코너에서 비공식적인 대화를 주고받아 비핵화공동선언에 합의할 수 있었다.[49] 그러나 비공식적인 대화는 기록되지 않아 무엇을 주고 받았는지 분명하게 기록되지 않았다.

북-미 협상에서는 미국이 주도해서 정부의 각 부처에서 온 위원들이 자신의 소속기관의 입장과 전문성을 표현할 수 있는 여건을 조성했다. 제1라운드 뉴욕회담에서는 북한 측은 미국의 국방부에서 위원이 참가한 것을 보고, "미 제국주의가 북한을 압살하려고 한다"고 주장하면서 국방부 위원이 빠지지 않으면 대화를 할

---

47) Kenneth Quinones와 필자와의 인터뷰(1995. 11. 30. 미국 워싱턴, 1997. 10월 중순. 서울).
48) Ibid., p. 98. 스나이더는 남북한간 대결의 역사와 "강경대응 딜레마(toughness Dilemma)"로 인해 양 국은 경합적인 행동으로 교전까지 가게 되었다고 설명하고 있다.
49) 필자의 경험.

수 없다고 고집을 피웠다.[50] 퀴노네스씨가 북한 측에게 미국 행정부의 의사결정과 정에는 각 부처를 대표해서 위원이 참가하는 것이 관례이므로 개의치 말라고 이틀 동안 설득하여 회담이 재개되었다고 한다. 제2, 제3라운드 제네바회담에서는 북한 핵문제를 경수로팀, 핵연료봉팀, 사찰팀, 대체에너지팀, 합의문작성팀 등으로 의제를 세분화하고, 대표단도 4-5가지 소그룹으로 나누어 협상을 유도했다.[51] 또한 휴식 과 만찬시간 중에 비공식적 대화로 개인적 관계와 협상의 타협가능성을 증진시켰다.

5. 협상의 시한 설정

남북한 핵협상에서는 한국이 협상의 데드라인을 설정했다. 북한은 데드라인도 없었고, 남한 측의 데드라인이 지나서 마지막 순간에 타협을 하는 경향을 보이거 나, 남한 측의 데드라인이 지나서 협상을 깨어버리기도 했다. 남한 측은 간혹 미국 의 요구에 의해 데드라인을 매우 조급하게 설정하는 경향을 보였다. 1991년 12월 31일 까지 비핵화공동선언을 합의해야 한다고 데드라인을 설정했으며, 1992년 3월 이전에 시범사찰을 해야 한다고 시한을 설정했고,[52] 남북 상호사찰의 합의시한을 1992년 12월 말로 설정했다. 데드라인에 쫓긴 것은 남한이었고, 북한은 전혀 서두 르는 기색이 없었다.

미-북한 핵협상의 제1라운드에서는 북한의 NPT탈퇴가 발효되는 시기인 1993 년 6월 12일이 데드라인이었다. 제2차, 제3차 협상의 데드라인은 1994년 11월 미국 의 의회중간선거였으며, 최종 데드라인은 1995년 NPT 재검토회의의 개최시기로서 미국의 입지가 매우 불리했다. 반면 북한은 시한에 대한 아무런 압박을 받지 않았 다고 할 수 있다. 한 가지 예외는 1994년 6월, 지미 카터 전 미국 대통령이 김일성 을 만났을 때, 만약 북한이 핵시설을 동결하는 등 양보하지 않는다면 미국이 군사 적 대응을 하려고 했던 시기였다고 볼 수 있다.

6. 회담의제

남북한 핵협상에서는 남한이 북한에게 한반도 비핵화 수용, 핵재처리시설의 포기, 그리고 상호사찰제도 확립 등을 요구했으며, 북한은 남한에게 팀스피리트 연 습 취소, 특별사찰 불용 등을 관철시키려고 했다. 특별사찰은 북한을 설득시키기도

---

50) Kenneth Quinones와 필자와의 인터뷰(1997. 10월 중순. 서울).
51) 당시 미 국무부 정무차관의 수석보좌관이었던 Daniel Russell과 필자의 인터뷰(1995. 11. 30. 미국 워싱턴).
52) 남한 측은 미국정부의 요구에 의거, 북한 측에게 본격적인 사찰이전에 영변 1곳, 군사기지 1곳을 보여주면 남한도 대덕단지와 군사기지 1곳을 보여준다는 시범사찰을 제의했다.

어렵고, 비핵화공동선언 4항 때문에 논쟁적이 되었다.

미－북한 핵협상에서는 북한이 당연히 해야 되는 국제적 의무인 NPT복귀, IAEA사찰 수용 등이었으므로 의제가 쉬웠다고 볼 수 있다. 북한 핵시설 동결과 경수로 대체, 대체에너지의 제공, 북미관계 개선 등 북한이 받는 이득이 많았으므로 회담의제가 남북한 핵협상의 의제보다 더 쉬웠다고 볼 수 있다. 미국은 핵사찰 의제를 완화시켰다.[53]

7. 국내의 정치적 상황

남북한 핵협상의 제2라운드에서는 남한은 대통령 선거기간이 다가오고 있었다. 국내는 보수적 경향을 띠고 있었고, 북한도 남한의 집권당을 도와 줄 인센티브가 없었다. 회담의 전망이 밝지 않았다고 볼 수 있다. 미국－소련 간에도 군축협상을 할 때 정권교체기에는 회담이 성사되지 않았거나 아무런 진전이 없었던 사례가 있다.

미－북 핵협상에서는 민주당의 승리로 인해 클린턴 신행정부가 들어섰으며, 부시 정부의 특별사찰 관철을 계승하지 않았다. 협상을 통한 해결을 모색했다. 북미 간에 타협의 분위기가 조성되었다고 볼 수 있다.

8. 협상을 책임진 북한의 기관

남북한 핵협상에서는 북한의 노동당 통일전선부가 대남협상을 총괄하고 있었다. 회담 대표에는 반드시 조평통에서 나온 위원이 포함되어 있었다. 북한은 남북협상시 노동당의 통일전선부가 협상전략을 담당하고 협상과정을 통제함으로써 협상자들은 체제에 대한 충성심의 과시용으로 대남한 선전과 비방에 열중했다. 북한 협상 대표는 매 회의마다 10내지 15분을 북한 체제선전에 사용했다. 남한 측이 의제 외의 발언은 하지 말라고 간섭하면, 큰 소리로 "가만히 있어"라고 대꾸하면서 체제선전과 남한체제 비방을 10내지 15분 간을 계속했다. 따라서 회담 분위기는 매우 대결적이며 경쟁적이 될 수밖에 없었다.

미－북 핵협상에서 북한 측의 협상대표자들은 대부분 외교부 소속이었으며 (강석주, 김계관, 리근 등), 외교 및 국제관계 업무종사경력을 가진 외교관들은 협상경험과 국제경험이 있어서 상대적으로 미국에 대해 협조적이었다.[54] 상기한 여덟 가지 상황변수의 차이점을 요약하면 <표 V－4>와 같다.

---

53) 로버트 갈루치 핵 대사와 필자와의 인터뷰(1999. 7. 6. 미국 몬테레이).
54) Daniel Russell과 필자와의 인터뷰(1995. 11. 30. 미국 워싱턴).

표 V-4	회담 상황변수가 각 협상에 미친 영향	

상황 변수	남-북 핵 협상	미-북 핵 협상
장소	판문점 군사적 대치 이미지 압도, 본국의 협상자에 대한 간섭이 용이하여 협상대표들의 융통성 결여 ⇒ 긴장된 전투적 분위기	뉴욕, 제네바 북한지도부의 협상자에 대한 직접지시 및 간섭불가, 협상자의 융통성 있는 태도 노정. 북미간 만찬 및 대접 ⇒ 융통성 있고 친밀한 분위기
언어	한국어 적대적 관계에서 동일한 언어사용은 감정적, 이념적 설전으로 인해 적개심을 가중시킴	영어 미국은 북한의 극단적 비방과 위협발언을 통역과정에서 삭제시킴. 북한 대표는 감정적 발언이 시간낭비임을 인식하고 점점 실제의제에 집중하게 됨. 순차적 통역은 북한 대표의 감정적 발언을 자제시킴
협상 분위기	적대적 협상분위기로 인해 선수치기 술책을 모색하는 zero-sum game 상황	남북한 협상보다 덜 적대적. 고위급 대화 및 주고받기식 협상운영으로 북한 측에 보상제공, 북한의 NPT복귀 등의 인센티브로 non zero-sum game 상황
대표자 간 상호 작용	협상 중 쌍방의 수석대표만 발언 가능. 휴식이나 음식을 먹을 시간도 없는 가운데 타협의 기회제한(2라운드 협상). 1라운드 협상시에는 휴식시간 중 사적인 대화가능한 가운데 타협도출	모든 대표자들이 자신의 소속기관의 입장과 전문성을 표현할 수 있는 여건조성. 세부사항은 소그룹으로 나누어 토의. 휴식과 만찬시간 중의 비공식적 대화로부터 개인적 관계 증진 및 타협 모색
협상의 데드 라인	한국이 협상의 데드라인 설정. 간혹 미국의 요구에 의해 데드라인을 매우 조급하게 설정	북한의 NPT 탈퇴가 발효되는 시기인 1995년 NPT 재검토회의 개최시기로서 미국의 입지 압박
협상 의제	한반도 비핵화를 위한 특별사찰은 북한을 설득하기도 어렵고, 비핵화공동선언 4항 때문에 논쟁적	북한의 NPT복귀, IAEA사찰수용 및 기타 의제는 남북한 대화의 의제보다 상대적으로 쉬움
정치적 상황	남한은 대통령 선거기간이어서 보수적 경향이었고, 북한도 남한의 집권당을 도와줄 인센티브가 없었음	클린턴의 선거승리에 따라 G. 부시 정부의 특별사찰 정책의 포기를 가져옴. 새로운 타협 분위기
북한의 협상 담당 기구	북한은 당조직 보다는 정부 부서가 더 융통성이 있으나, 남북 협상시 노동당의 통일전선부가 협상전략을 담당하고 협상과정을 통제함으로써 협상자들은 충성심 과시용으로 선전과 비방에 열중	대부분의 대표자들은 외교부 소속이었으며 (강석주, 김계관, 리근 등), 외교 및 국제관계 업무종사 경력은 협상과정을 보다 순조롭게 함

Ⅳ. 북한의 협상전략과 전술

북한은 협상 상대국이 누구냐에 따라, 각기 다른 전략과 전술을 사용했다. 남북한 협상은 상호 동등한 입장에서 전개된 협상이었으므로, 북한은 타협과 강경함의 혼합전략을 채택했다.[55] 북한은 한미 양국간을 이간시키는 전략을 구사했고, 미국의 군사위협을 감소시키는 전략을 사용했다.

반면, 미ー북 협상에서는 약소국과 강대국 간의 협상에서 약소국에게 유용한 전략을 사용했다. 평상시에는 미국 같은 강대국을 협상테이블에 끌어낼 수 없기 때문에 위기를 조성함으로써 미국을 협상테이블에 끌어내고자 했고 양보를 얻어내기 위해 '벼랑끝 외교(brinkmanship diplomacy)'를 구사했다. 미국과 협상의 범위와 의제를 확대시켰다. 남북한, 미ー북 두 가지 협상에서 공통적인 것은 북한이 최소 양보로 최대 이익을 얻으려는 행태를 보였다는 점이다.

1. 남한에 대한 북한의 전략과 전술

북한은 남한에 대해 몇 가지 전략적 목적을 달성하려고 시도했다.

첫째, 북한은 남한과 핵협상에서 한ー미 이간 및 한반도에서 미군 위협 감소 전략을 사용했다. 이를 위해 두 가지 세부 전술인 상대방의 문제에 초점 맞추기와 협상의제 바꾸기 전술을 구사했다.

(1) 상대방의 문제에 초점 맞추기 : 북한은 한반도 핵문제가 북한의 핵 개발에서 초래된 문제가 아니라, 핵문제의 근원은 남한 내에 미국이 핵무기를 주둔시켰기 때문이라고 반복해서 주장했다. 그래서 핵문제를 해결하는 방법도 남한 내에 있는 모든 미군기지를 한꺼번에 사찰해야 한다고 주장하면서 그 대가로 북한은 남한에게 영변 핵시설만 보여주려고 하였다. 핵문제의 책임이 주한미군에 있다고 주장함으로써 북한의 핵문제에 주어진 초점을 피하려고 하였다.

(2) 협상의제 바꾸기 : 첫째, 한반도의 비핵상태를 증명하려면 남한 내에 있는 모든 미군기지(북한은 핵기지라고 주장)에 북한이 자유롭게 접근할 수 있어야 한다고 주장하면서 남한의 군사기지나 민간시설에는 철저한 무관심으로 일관했다. 남한 협상단들은 이것을 북한의 남북한 사찰체제를 지연시키려는 술책으로 간주했다. 둘째, 북한은 모든 핵 의혹을 동시에 해소한다는 원칙을 채택할 것을 반복해서 촉

---

55) Ibid., pp. 98-103.

구했다. 만약 남한이 이를 수용한다면 북한은 남한 내의 모든 미군기지를 사찰하는 반면 남한은 영변의 핵시설을 사찰할 수 있도록 해주겠다고 주장했다. 이것은 철저한 비대칭, 비상호주의적 사찰임에 분명했다. 이 협상전술은 상대방에 책임전가하기 전술과 함께 협상의제를 북한 핵에 대한 남북한 사찰체제로부터 주한미군기지에 대한 사찰로 바꾸어 버리려는 시도였다.

둘째, 북한은 남한을 고립시키고 당황하게 만들기 위해 협상의 전 과정에서 선수치기(one-upmanship)전략을 택했다.[56] 이 전략은 다섯 가지 전술로 구성되어 있다. 자주의 원칙에 서라고 주장하기, 국제적 압력에 공갈로 맞대응하기, 남한 협상자들을 모욕하기, 남한 협상자들을 중상모략하기, 선전전 치루기 등이었다.

(1) 자주의 원칙에 서라고 주장하기: 협상시작부터 남한은 반드시 외세인 미국으로부터 자주적 입장에 서야 한다고 주장했다. 한-미간 정책 공조를 분열시키려는 행동을 보였다. 예를 들면, "남한이 핵문제에 무슨 결정권이 있는가? 다음 주에 미국의 고위관리가 귀 측을 방문한다고 하는데, 그들에게 물어보고 오라"고 주장했다. 이런 전술로 북한은 진정한 민족주의자라고 주장하면서, 남한은 미제의 앞잡이라고 공격을 가해오곤 했다.

(2) 국제적 압력에 공갈로 맞대응하기: 남한 협상자가 "만약 북한이 남북한 상호핵사찰을 받아들이지 않으면, 국제사회가 인내하지 않을 것이다"라고 압박했을 때, 북한 협상자는 "만약 남한이 우리에게 압력을 넣으면 우리도 죽고 너희도 죽는다. 그러면 남아있는 남한의 2천만 인민으로 통일해라"는 식으로 공갈하곤 했다.

(3) 남한 협상자들을 모욕하기: 남한 협상대표단에 새로운 인물이 나오면, "○○선생, 당신은 아무것도 모르는 신참이니 공부 열심히 해서 나와요"라는 식의 모욕을 주었다. 종종 존칭과 경칭을 사용치 않고 반말을 하곤 했다.[57]

(4) 남한 협상자들을 중상모략하기: 심지어 신체적 특징을 끄집어내면서 모욕하기도 했다. 북한대표는 남한대표의 대머리를 놀렸다. 가끔 협상자들을 중상모략함으로써 그들로 하여금 흥분케하여 그 순간을 악용하려고 노력했다.

---

56) Ibid., p. 102.
57) 가장 극적인 사례는 고위급 회담 군사분과위원회 회담에서 발생했다. 남한 측 대표는 박용옥 준장이었으며, 북한 측 대표는 김영철 소장이었다. 북한 인민군 소장이나 남한 육군 준장 모두 별이 하나다. 그러나 북한은 "소장"이라고 부르고 있으며, 남한은 "준장"이라고 부른다. 북한은 이 점을 이용하여, 고위급 회담운영규칙에 의하면 계급 대신 "대표"라고 부르기로 되어 있음에도 불구하고, 시종일관 북한대표는 남한대표를 "박 준장"하고 부름으로써 북한 측이 마치 우위에 있는 것처럼 행세했다.

(5) 선전전 치루기 : 남한을 미국의 괴뢰라고 하고, 남한 내에 미국 핵무기가 어디에 얼마나 있는가 묻고, 그것도 모르냐고 하면서 주권국가가 아니라고 비난하기도 했다. 남한대표가 영어 용어를 사용하면 민족의 배신자라고 비난하기도 했다.

셋째, 북한은 남한과의 협상에서 이익을 최대화하고, 양보를 최소화하는 전략을 사용했다. 이 전략은 세 가지 세부 전술을 가지고 있었다. 지연전술, 협상 개시 전 자기편 입장 공표 및 협상에서 양보 불가능함을 선언하기, 상대편 팀을 이간시키고 분열 조장하기 전술을 사용했다.

(1) 지연전술 : 이득이 있으면 재빨리 잡아채고, 이득이 없으면 남한이 더 많은 양보를 할 때까지 협상을 지연시키고, 더 이상 이득이 없다고 판단되면 회담장을 빠져나갈 변명거리를 찾는 식이었다. 제1라운드 협상동안 남한 측이 팀스피리트 연습 취소 가능성을 약간 보이자, 북한은 비핵화공동선언에 재빨리 서명했다. 제2라운드 협상에서는 북한이 얻을 이익이 안 보이자, 끝까지 지연전술을 쓰다가 결국 핵통제공동위원회 회의를 중단시켰다.

(2) 협상 개시 전 자기편 입장 공표 및 협상에서 양보 불가능함을 선언하기 : 북한은 "만약 미국이 한국으로부터 핵무기를 철수하면, IAEA와 핵안전조치협정을 맺을 것이다"라고 선언하고 미국이 핵무기 철수를 완료할 때까지 기다렸다. 북한은 "만약 남한이 팀스피리트 연습을 재개하면, 남북한 협상은 끝이다"라고 공표했다. 즉, 협상의 마지노선을 공표해 놓았다가, 남한이 팀스피리트 연습 재개를 선언하자 협상을 중단시켰으며, "IAEA사찰을 거부한다"고 발표했다.[58] 이렇게 함으로써 북한 협상자들은 그들이 전혀 움직일 수 없는 형편에 놓여 있으며, 따라서 전혀 양보할 수 없다고 전의를 불태우곤 했다.[59]

(3) 상대편 팀을 이간시키고 분열조장하기 : 북한대표는 남한 협상대표단 중에 타협을 할 수 있는 사람을 찍어서 칭찬하고, 강경한 사람이 있으면 찍어서 비난했다. "임동원 선생만 있으면 회담이 잘되는데, 이동복 선생이 있으면 회담이 안 돼"라는 식이었다. 강경파는 무조건 안기부에서 나온 사람이라고 비난했으며, 만약 이 자리에 안기부 사람이 없다면 타협에 이를 수 있다고 남한 팀을 이간시키고 분열시키고자 했다.

58) 『노동신문』, 1993. 1. 3. 팀스피리트 연습 재개와 관련된 IAEA사찰 거부를 위한 북한 최초의 위협은 북한 외무성 대변인에 의해서였다.
59) Ibid., Ch. 1. 스나이더는 이러한 현상을 북한의 문화적 특성의 일부인 관료주의적 경직성에서 비롯된다고 보고 있다.

2. 미-북 대화에서 북한의 협상전략과 전술

북한은 미국과의 핵협상에서 남한에 대해서와 다른 협상전략과 전술을 보였다. **첫째, 북한은 미국을 협상의 테이블로 유인해 최대한의 양보를 얻어내고자 '벼랑끝 외교' 전략을 사용했다.** 벼랑끝 외교 전략은 크게 보아 두 가지 요소, 즉 국제체제에서 위기조장하기와 벼랑 끝에 먼저 가서 상대방을 위협하기를 보이고 있다.

(1) 국제체제(국제핵확산금지체제, NPT)에서 위기 조장하기 : 탈냉전 이후 미국의 국가이익은 대량살상무기의 확산방지였다. 미국의 국가안보이익은 NPT체제를 유지 및 강화시키는 것이었으며, 1995년에 NPT를 무기한 연장시키는 것이었다. 북한은 미국의 핵심 국가이익인 NPT의 탈퇴를 선언함으로써 그 복귀 자체를 협상의제로 삼게 했다.[60] 즉, 위기를 조장함으로써 협상의제로 상정되게 하고, 협상에서 강력한 지렛대를 만들었다.[61] 국제적 규범을 파괴함으로써 북한은 고위급 대화와 미국 고위 정책담당자들의 정책적 관심을 이끌어내었으며, 미국은 북한의 NPT복귀를 최고 우선과제로 선택한 결과, 북한 핵시설에 대한 특별사찰 요구를 철회하게 되었다.

(2) 벼랑 끝에 먼저 가서 위협하기 : 1993년 3월 12일 북한은 NPT 탈퇴를 선언하고 미국과 국제사회를 위협했다. 그리고는 탈퇴선언이 발효되는 1993년 6월 12일 직전에 미국의 협상자들에게 "북한은 핵무기를 개발할 능력이 있다"고 위협했다. 그리고 미국의 양보를 요구했다. 1994년 3월에 북한은 남북한 특사교환을 위한 실무대표접촉에서 남한 대표에게 "서울 불바다" 발언으로 위협했다. 1994년 5월, 미국이 북미 협상유지의 기본 전제조건으로 간주하고 있던 영변 원자로에서 연료봉 8000여 개를 추출하면서, 미국이 제재를 부과하면 준 전시사태를 선포하겠다고 위협함으로써 결전의지를 과시했다. 이것은 북한이 먼저 벼랑 끝에 서서 미국에 대해 비겁자게임을 하기를 요구한 것과 마찬가지였다. 미국은 북한보다 잃을 것이 더 많았으므로, 협상유지의 기본 전제조건을 위반했음에도 불구하고, 북한과 협상을

---

60) Chuck Downs, *Over the Line : North Korea's Negotiating Strategy*(Washington, D.C. : The AEI Press, 1999), pp. 181－189. 그러나 다운스는 냉전시기와 탈냉전시기간 북한 협상전략의 차이를 완전히 이해하지는 못했다. 탈냉전시기 북한은 미국과 주고받는 방식의 협상을 하려고 했으며 심지어 남북한간 회담에서도 마찬가지였다. 북한은 비핵화 합의를 재처리 시설의 동결과 교환하려 하였다.

61) William Habeeb, *Power and Tactics in International Negotiations : How Weak Nations Bargain with Strong Nations*(Baltimore : Johns Hopkins University Press, 1998). 김용호, "북한의 대외협상 스타일, 전략 및 행태에 관한 연구," 「안보학술논집」, 제5집 제2호(1994), (서울 : 국방대학교 안보문제연구소출판부, 1994), pp. 324－328. Mitchell Reiss, *Bridled Ambition : Why Countries Constrain Their Nuclear Capabilities*(Washington D.C. : Woodrow Wilson Center Press, 1995), p. 251.

가지지 않을 수 없었다. 이렇듯 북한은 상대방이 벼랑 끝에 도달하기 전에 먼저 벼랑 끝에 가서 서서, 상대방을 위협하는 행태를 보여 왔다고 할 수 있다.

둘째, 북한은 미국과의 협상에서 협상의 범위와 의제를 확대하는 전략을 취했다. 최초의 핵문제는 북한이 IAEA의 핵사찰을 성실하게 받아 핵개발 계획을 완전히 포기하는가 하는 것이었다. 그러나 북한 측은 핵문제가 IAEA 사찰문제에만 한정된다면 잃기만 할 것이므로 협상범위와 의제를 확대시켜야겠다고 생각하게 되었다. 즉, 북한 핵문제를 북-미간 관계개선, 흑연감속로의 경수로로 대체 및 대체에너지공급과 관련된 경제문제 등으로 확대시켰다. 이러한 전략은 두 가지 요소를 내포하고 있었다. 즉, 타협 가능성을 내보임으로써 미국을 협상 테이블에 붙들어 두기와 포괄적 제안, 즉 패키지 거래를 제안하기 등이었다.

(1) 미국을 협상테이블에 붙들어 두기 : 1993년 3월, NPT 탈퇴선언 이후 북한은 미국과의 대화를 통해서만 문제를 해결할 수 있다고 반복해서 주장했다.[62] 또한 NPT에 대한 복귀를 미국과의 관계개선과 연계시켰다. 1993년 5월, 북한의 김용순은 미국의 노틸러스 연구소 피터 헤이스 박사를 초청하여, 미북 관계개선이 안 되면 핵문제에 진전이 있기 어렵다고 말한 바 있다. 1993년 7월, 북한의 강석주 대표는 미국의 갈루치 대표에게 "특별사찰을 협상의 후반부로 미루게 되면, 협상을 해볼 수 있다"고 제안했다. 1992년 1월, 미국은 아놀드 캔터 국무부 차관과 북한의 김용순 사이에 고위급 대화를 1회 가졌으나, 클린턴 행정부에서는 북한과 수차례의 핵협상을 가진 바 있다. 결국 북한은 남한을 배제하고, 미국과 연속적인 회담을 가지는데 성공했다.

(2) 포괄적 제안을 하기 : 1993년 5월, 김일성은 "북-미 양국간에 신뢰와 믿음을 구축하지 않고는 핵문제가 해결될 수 없다. 미국이 북한을 믿지 않는 상황에서, 북한이 모든 핵시설에 대해 사찰을 수용한다고 하더라도 북한을 믿을 수 있겠는가"라고 반문한 바 있다고 한다.[63] 그 후 북한은 핵사찰 문제에만 국한된 것이 아닌, NPT복귀, 경수로 대체문제, 대체에너지 제공문제, 북-미 관계개선문제, 미국의 대북한 핵 불사용과 불위협 보장, 경제제재 해제문제 등 포괄적 제안을 내놓았고, 제네바 핵합의는 북한이 확장한 회담범위 내에서 다양한 의제들에 관해서 협상을 가진 바 있다.

62) 『노동신문』, 1993. 4. 13. 『요미우리신문』, 1993. 5. 9.
63) 1993. 5. Peter Hayes와 필자와의 인터뷰. Peter Hayes는 북한에 관한 비정부기구 연구단체인 노틸러스 연구소를 운영하고 있다.

셋째, 북한은 미국과 협상에서 이익 최대화, 양보 최소화 전략을 사용했다.
북한은 남북한 핵협상에서도 이와 유사한 전략을 사용했으나, 차이점은 북한의 지연전술이나 미국대표들에 대한 모욕이 남한에 대해서보다 덜했다는 점이다. 이 전략도 네 가지 정도의 세부 전술을 가지고 있었다. 벼랑끝 외교와 함께 미국에 대한 협박하기, 협상에서 주도권 가지기, 협상의제를 세분화하고 그 조각들을 가지고 타협하기, 북한 내부에 강·온파간 대립이 있는 것처럼 보여 상대방 압박하기 등이었다.

(1) '벼랑끝 외교'와 동시에 미국에 대해 협박하기 : 김일성은 "북한이 핵무기를 개발할 의도도 능력도 없다"고 반복 주장하면서도, 협상대표자는 1993년 6월 북－미 협상에서 핵무기를 만들 수 있다고 발언한 바 있다. 1994년 3월에는 "서울 불바다" 위협발언을 함으로써 한미 양국을 위협했다. 협상을 통해 해결하는 것이 한미 양국에게 이익이 될 것이라는 협박이었다고 볼 수 있다.[64]

(2) 협상에서 주도권 행사 : 북한은 미－북 협상에서 회의 의제를 조작함으로써 협상의 주도권을 항상 유지하며, 우세한 입장에서 협상과정을 통제하려고 시도했다. NPT 탈퇴 선언 이전에 북한은 대IAEA관계에서 수세에 몰려있었으나, NPT탈퇴선언 이후 미국과 IAEA관계에서 공세적 입장으로 전환했다. 미국으로 하여금 NPT체제의 와해를 감수할 것이냐 아니면 NPT유지를 위해 북한과 타협을 통해 이득을 제공해줄 것이냐, 둘 중 하나를 선택하도록 강요했다. 한편, IAEA의 북한에 대한 공정성 여부를 시비 대상으로 만듦으로써 미국과 서방세계의 지적 양심에 호소했다. 1993년 7월, 제네바 핵협상에서 북한은 미국에게 흑연감속로를 경수로로 교체해 줄 것인가, 아니면 협상을 깰 것인가 둘 중 하나를 선택하게 함으로써, 북한 핵시설에 대한 사찰문제를 둔화시키고, 특별사찰 문제는 거론조차 못하게 했다.[65] 1994년 5월 핵연료봉을 인출함으로써, 핵연료봉의 재처리 문제가 추가협상 의제로 대두되었다. 북한은 시종일관 협상에서 주도권을 행사하고, 협상의 전 과정을 주도적으로 통제해갔다고 볼 수 있다.

(3) 협상의제를 세분화하고 그 조각들을 가지고 협상이익 극대화하기 : 북한은 NPT 복귀문제를 완전한 복귀, 북한이 필요하다고 간주하는 기간만의 일시적 복귀,

---

64) 김일성의 CNN방송과의 인터뷰(April 18, 1994); NHK(April 18, 1994); and Washington Times, (April 19, 1994).

65) Leon V. Sigal, *Disarming Strangers : Nuclear Diplomacy with North Korea*(Princeton : University Press, 1998), p. 69.

완전한 탈퇴로 이슈를 3분화했다. 그리고 미국과 협상의제로 만들었다. 국제적인 당연한 의무를 협상의제로 3분화하여, 협상이익을 극대화시키고자 했다. 북한의 핵 개발 활동에 대한 사찰 여부에 대해서는 모든 핵시설 사찰, 몇 가지 시설에 대한 선택적인 사찰허용, 강제사찰이나 특별사찰이 아닌 정기사찰 및 임시사찰 허용 등 으로 협상의제를 세분화시켰다. 사용 후 핵연료봉에 대해서도 연료봉 추출의혹, 연 료봉 재장전 위협, 폐연료봉 재처리 위협, 추출연료봉 포장 허용 여부 등으로 이슈 를 세분화하여 각각을 협상의제로 사용했다.66) 미국은 이 각각의 이슈에 대해서 오랫동안 협상에 임해서 양보를 해야만 했다.

　(4) 북한 내부에 강·온파간 대립이 있는 것처럼 보여 상대방 압박하기 : 미-북 협상에서 북한은 북한 내에 군부(military faction) 강경파와 온건한 외교관이라는 두 부류가 있다고 주장했다. 이것은 남북한 핵협상에서 사용하지 않은 독특한 전술이 다. 북한은 미국 행정부 내에도 강경파와 온건파가 있다는 것을 인식하고는 이것을 대미국 협상에서 활용했다. 즉, "우리 군부를 너무 코너에 몰지 말라. 만약 군부 강 경세력을 너무 코너에 몰면, 협상은 불가능하다. 그러니 양보해라"라고 하는 주장 을 많이 사용했다.67) 이것은 남북한 핵협상에서 사용하지 않은 독특한 전술이다.

3. 소결론

　북한은 남북한 핵협상과 미북한 핵협상을 진행함에 있어 몇 가지 공통점을 보 이고 있음에도 불구하고 대체로 다른 전략과 전술을 사용했다고 볼 수 있다. 북한 은 남한에 대해서는 '벼랑끝 외교' 전략을 사용하지 않았지만 미국에게는 빈번히 사용한 것을 볼 수 있다. 반면 남한 협상대표에게는 미국 협상대표에게 사용하지 않았던 다양한 전술을 사용했다. 협상대표단에게 인격적 모욕과 중상모략을 일삼 았으며, 북한의 체제의 우수성과 정통성을 대대적으로 선전하면서 남한이 미국의 괴뢰라는 주장으로 일관했으며, 협상 지연전술을 최대한 사용했다. 미국에 대해서 는 인격적 모욕이나 중상모략, 선전전, 지연전술 등을 상대적으로 적게, 혹은 전혀 사용하지 않았다. 북한은 미국에 대해서는 북한 내에 강·온파가 분리되어 있는 것 처럼 가장하면서 미국으로부터 협상이익을 짜내는데 활용한 반면, 남한에 대해서 는 이것을 사용하지 않았다. 그 이유는 남한이 미국에 비해 북한을 더 잘 알고 있

---

66) 홍양호, "탈냉전시대 북한의 협상행태에 관한 연구," (박사학위 논문, 단국대학교, 1997), p. 214.
67) Alexandre Y. Mansourov, "North Korea Decision Making Process Regarding the Nuclear Issue," *Northeast Asia Peace and Security Network*(April 1994). Reiss, *Bridled Ambition*, p. 247. Reiss는 북한 내부에 김일성과 김정일을 포함하는 강경파와 외교관과 같은 실용주의자 두 부류가 있다 는 Mansourov의 주장을 무비판적으로 인용하고 있다.

다든지, 혹은 미국에 비해 남한으로부터 협상이익을 얻어내는 것이 더 용이했던 때문인지 불확실하다.

북한의 대한국, 대미국 협상전략과 전술에서 발생하는 차이점은 남한과 미국의 국력차이, 한-미 관계의 구조적 특성, 북한의 협상대표들의 구성상 차이, 협상의 상황변수의 차이 혹은 두 협상에서 북한이 추구했던 목표가 상이한 것을 반영한 것이라고도 볼 수 있을 것이다.

북한이 대한국, 대미국 핵협상에서 구사한 전략과 전술에서 나타난 공통점은 터무니없는 양보 강요, 협상의제의 세분화와 의제의 조각들을 활용한 협상이익 극대화, 의제의 조작과 협상주도권 확보 등을 들 수 있다. 북한은 어떤 협상 대상국이든 이익을 얻을 수 있는 한 협상하고, 이익을 얻을 수 없으면 협상을 중단시켜 버렸다. 그런 의미에서 북한은 남한을 이등(second-rate)국가로 보고, 미국을 일등(first-rate)국가로 간주하기 때문에 남한과 하는 협상은 미국과 협상으로 가기 위해 잠깐 활용하는 협상이라는 주장은 타당성을 결여하고 있다고 해도 과언이 아닐 것이다. 북한은 남한과 핵협상에서 팀스피리트 연습 중단과 미국 핵무기의 한반도 배치금지라는 양보를 얻었기 때문에 한반도 비핵화에 찬성했다고 볼 수 있다. 그 이후 남북한 핵협상을 깨버린 것은 남한 측으로부터 얻을 것이 없는 대신, 침투성이 강한 핵 사찰제도를 강요받았기 때문이라고 볼 수 있다. 또한 남한 측이 양보했던 팀스피리트 연습을 재개한다고 위협했기 때문에 북한은 더 이상 핵협상을 진행해봤자 실익이 없다고 보았다. 한편, 북한은 남한과 IAEA에 의한 사찰들을 받아야 할 의무로부터 하루빨리 벗어나고 싶었기 때문이었다.

미국과 협상에서 많은 것을 받았으나, 과거 핵개발 행적에 대한 특별사찰은 경수로 완성 시기 이후로 지연시킴으로써 과거 핵개발 행적을 숨길 수 있는 사실상의 유예기간을 받았다. 이것은 그 후 북한이 숨어서 핵개발을 계속할 수 있는 빌미를 제공했다고 볼 수 있다. 한편 북한은 완공되지도 않은 핵시설들에 대한 에너지 보상을 먼저 받기로 보장받았다. 그래서 미국과 협상을 하게 되면 남한보다 더 큰 이익을 보장받을 수 있다는 신념을 가지게 된 것으로 볼 수 있다. 일단 미-북 핵협상이 개시되자, 북한은 남한과 핵협상을 거부하고, 김영삼 정부 동안 한 번도 협상다운 협상을 가져본 적이 없다. 그것은 핵문제를 국제문제화시킴으로써 북한이 전통적으로 주장해 왔던 군사문제에 대한 북-미간 배타적 협상을 사실상 보장받았기 때문이다.

V. 결론 : 북한의 핵 확산금지와 군비통제에 대한 함의

남북한 간, 북미 간 두 가지 협상을 분석해 보면, 북한은 각각 상이한 목표, 전략과 전술을 가지고 있었음을 알 수 있다. 또한 각 협상에 있어 상이한 상황변수들도 협상결과에 상당한 영향을 미쳤음을 알 수 있다. 남북한 핵협상에서 제1라운드 협상에서는 타결에 도달했으나 제2라운드 협상에서는 돌이킬 수 없는 난관에 봉착했다. 미-북 협상에서는 대타협에 도달했으며, 세부 이행계획까지도 합의했다. 북한이 남한과 미국을 상대로 가진 두 가지 협상을 비교해 보면, 앞으로 북한과 가질 비확산과 군비통제에 대한 유용한 교훈을 도출할 수 있다.

1. 남-북 대화 측면

첫째, 남한은 북한의 협상자들이 한반도에서 느끼는 심리적 열등감과 북한 당국으로부터 감시당하기 때문에 협상자들이 갖는 비신축성 문제를 해소하기 위해 남북한 관계가 어느 정도 수준에 이를 때까지 한반도 바깥에서 남북한 회담을 갖는 것이 좋다.

둘째, 남한은 북한의 선전전, 남한에 대한 모욕과 중상, 개인에 대한 공격을 무시하고 주요 의제 토의에 초점을 두어야 한다. 이렇게 함으로써 북한이 오로지 시간을 낭비하고 있다는 인식을 갖도록 해주어야 할 것이다.

셋째, 남한은 남북한 협상에 북한을 붙들어 두기 위해서, 더 많은 유인책을 개발해야 하며, 포괄적 대안을 만들어 북한의 양보에 연계시킬 수 있도록 협상력을 증가시켜야 할 것이다. 이렇게 하면서 남한은 북한과 협상시에 미국의 요구를 액면 그대로 반영시키려고 애쓰기보다는 미국의 제안이 북한과 타협 가능한 범위에 있는지 아닌지를 잘 살펴보아야 한다.

넷째, 남한은 북한과 협상시 남한 내의 정치적 압력으로부터 회담을 격리시키고, 북한에 대한 일관된 정책을 유지하여야 할 것이다. 또한 북한과 협상결과를 남한 내의 정치적 목적을 달성하는데 이용하려고 해서는 안 될 것이다.

다섯째, 북한이 남한보다 미국으로부터 더 많은 이익을 얻을 수 있다고 간주하는 한, 남한은 북한과의 대화 재개를 서두를 필요가 없다. 이와 관련하여, 남한은 미국으로 하여금 북한과 핵 및 미사일 대화의 주도권을 가지게 할 수 있을 것이다.

2. 미-북 대화 측면

첫째, 북한이 미국으로부터 더 많은 이익을 얻으려고 시도하는 한, 미국은 북한에 대해 균형 잡힌 "당근과 채찍" 접근법을 사용하여야 한다. "벼랑끝 외교"와 대량파괴무기의 개발이 자신에게 더 큰 이득이 되고 있다는 북한의 잘못된 관념을 고치기 위해 미국은 보다 효과적이고 다양한 "채찍"을 고안해내야 한다.

둘째, 동시에 미국은 북한과 화해를 추구하는 김대중 정부의 "햇볕정책"과 대북한 개입정책을 잘 이용해야 한다. 이렇게 함으로써 북한이 한-미 양국 사이를 이간시켜 북한의 이익을 극대화 시킬 수 있다는 생각을 막을 수 있다.

셋째, 미국 비확산 전문가와 정책결정자들은 이라크에 적용했던 강제사찰을 북한에 바로 적용하기보다는 북한이 이라크와 다른 지역적 특성을 잘 이해하고 인식할 필요가 있다. 즉, 북한에 대한 사찰제도는 이라크에 대한 사찰제도와 달라야 한다는 것이다. 이라크에 대해 적용한 사찰제도를 북한에 그대로 적용하는 데는 문제가 있다. 미국은 1992년에 남한정부로 하여금 북한에 대해 연간 24회 정도의 특별사찰과 24회 정도의 정기사찰을 수용하도록 주문한 바가 있는데, 이것은 이라크에 대한 강제사찰을 그대로 적용시키고자 한 시도로서 애당초부터 무리였던 것이 드러난 바 있다.

3. 한반도에서 비확산과 군비통제 노력 측면

국제사회는 북한이 제네바 합의의 구멍을 악용해서 은밀히 핵개발을 계속하는 것을 막기 위해, 북한의 비밀 핵활동을 근접 감시하는 노력을 증가시켜가야 할 것이다.

4. 검증 측면

첫째, 남한과 미국은 북한과의 협상 초기 단계부터 검증문제를 명시해야 한다. 특히 정치적 거래가 이루어지는 초기 단계에서 검증문제를 명시해야 하는 이유는 1991년과 1992년의 남북한 핵협상에서 얻은 뼈아픈 교훈이다. 즉, 팀스피리트 연습의 취소를 북한에게 양보할 때, 남한은 북한에게 IAEA의 사찰을 받아들일 것을 요구했으며, 남북한 상호사찰문제는 뒤로 미루어 버렸다. 팀스피리트 연습의 양보문제와 IAEA사찰 문제조차도 비핵화공동선언에 명기하지 않았다. 그래서 앞으로 북한에 대한 군비통제협상은 어떤 거래를 하든지 간에 초기부터 검증의 문제를 다루고 검증에 관한 조항을 삽입해야 할 것이다.

둘째, 초기단계에서 약한 검증체제는 완벽한 검증체제를 주장하다가 협상이 깨어지는 것보다 낫다. 특히 남북한 사이의 적대관계를 고려해볼 때, 북한에게 완벽하고도 침투성이 강한 검증을 요구하기 전에 남한과 미국의 정책결정자들과 전문가들은 정치적 실현가능성과 기술적 철저함 사이에서 적절하고도 효과적인 검증 대안을 마련해야 할 것이다.

5. 북한과의 협상에 대한 일반적 지침

첫째, 북한과의 협상에서 당사국들은 북한이 합의서를 잘못 해석하거나 위반하는 것을 방지하기 위해, 합의서 문안을 매우 자세하게 명시하여야 할 것이다. 그리고 북한과 비밀 메모라든지, 구두약속 등을 해서는 안 될 것이다. 1991년 12월 31일, 남북한 핵협상에서 남한 측은 팀스피리트 연습 취소를, 북한 측은 IAEA사찰을 받기로 합의했으나, 이 타협안은 어떤 형태로든 문서화되지 않았다. 북미 간 제네바 합의시 비밀메모가 있었으나, 그 이후 해석을 둘러싸고 매우 논란이 많았던 것을 상기해야 할 것이다.

둘째, 이미 양보된 카드를 가지고 협상에서 새로운 지렛대로 사용하려고 하지 말아야 한다. 예를 들면 이미 제공하기로 한 중유와 경수로는 북한의 미사일개발과 수출금지에 연계하지 말아야 한다. 만약 북한과 맺은 협정을 한미 양측에서 위반한다면, 북한은 협상이 있기 전의 입장으로 돌아갈 것이 분명해졌다. 1993년에 한국이 팀스피리트 연습을 재개하자, 북한은 NPT를 탈퇴해 버린 사례가 이를 증명한다.

셋째, 대북한 협상에서는 포괄적 접근이 필요하다. 미국은 일련의 협상에서 북한의 모든 요구 목록을 다 들어주는 함정에 빠지는 것을 피해야 한다. 이것은 북한이 이슈를 최대한 쪼개어서 쪼개진 이슈를 이용해 미국으로부터 이득을 얻는데 사용하는 전술을 더욱 조장할 뿐이다. 대신에 북한이 쪼갠 이슈들을 다 모아서 큰 타협을 일구어내는 포괄적인 전략으로 접근하는 것이 보다 유용하다.

넷째, 한미 양국은 남북관계가 상당히 개선될 때까지 한반도 밖 제3의 장소에서 대북한 협상을 진행하는 것이 바람직하다.

결론적으로 두 가지 핵협상에서 나타난 북한의 협상행태를 비교해봄으로써 우리는 미래의 비확산협상에 유용한 함의를 도출하였다. 이 연구에서 얻은 결론들은 앞으로 진행될 3자회담, 4자회담, 북미 대화, 남북한 대화를 성공적으로 이끄는 데 교훈이 될 것이다.

제 4 장

한반도 신뢰프로세스와 북핵문제 해결 방식

I. 서 론

　최근 한반도에서 전쟁분위기가 최고조에 도달함에 따라 남북한관계와 한반도의 정세는 6·25전쟁 이후 가장 위험한 순간에 이르게 되었다. 탈냉전 후 20여 년을 회고해보면 몇 차례의 남북화해와 교류협력, 남북한 간의 핵협상, 북미 간의 핵협상, 북핵문제를 해결하기 위한 6자회담의 시기가 있었음에도 불구하고, 북한이 선군정치에 근거하여 핵개발을 계속해왔기 때문에 한반도에서 군사적 긴장이 주기적으로 고조되는 현상을 보였다. 북한이 핵을 개발하고 핵능력을 과시하기 위해 2006년 10월, 2009년 5월, 2013년 2월에 각각 핵실험을 감행함에 따라 남북한 간 혹은 북한 대 국제사회의 대결구도는 더욱 첨예해지게 되었고, 특히 2010년 이후 북한이 남한에 대해 군사도발을 자행하고, 최근에는 핵전쟁 협박까지 가함에 따라 남북한 간의 긴장은 최고조에 이르게 되었다.

　그러나 탈냉전 이후 한국정부는 한반도에서 긴장완화를 위한 노력을 꾸준히 전개해왔으며, 북한도 필요하다고 생각하는 순간에는 그 노력에 동참하기도 했다. 1991-92년 사이에 남북한 고위급회담이 개최되어 「남북 사이의 화해와 불가침, 교류협력에 관한 합의서(기본합의서)」가 채택되었고, 핵문제해결을 위한 「한반도 비핵화 공동선언」이 합의되기도 했으며, 김대중 정부와 노무현 정부시대에는 햇볕정책을 추진한 결과 남북한 간 교류협력이 증가하기도 했다. 그럼에도 불구하고, 햇볕정책은 한국의 국내에서 추진동력과 지지를 잃게 되었는데, 그 가장 큰 이유는 북한의 김정일 정권이 선군정치노선을 갖고 과거 20년 동안 주민들의 인권과 삶을 희생시키면서 핵과 미사일 개발에 국력을 전부 투자함으로써 핵개발에 올인 했기 때문이다.

　북한은 세계에서 유례없는 호전적인 정치목표인 선군정치를 내걸고 남한을 비롯한 세계를 폭력과 공갈협박의 대상으로 삼으면서 핵과 미사일개발에 전력투구해

온 결과 핵보유를 선언하고 핵무기의 소형화, 경량화, 다종화에 성공했다고 선전하
게 되었다. 결국 한국 국민의 머리 위에 핵불바다, 워싱턴에 핵공격을 협박하고 나
섰으며, 핵위협이 싫으면 미국이 한반도에서 미군을 철수시키고 남한은 북한주도
의 자주통일을 수용하게 될 것이라고 하면서 협박하고 있는 것이다.

이런 배경에서 출범한 한국의 박근혜 정부는 북한의 핵전쟁 협박과 긴장조성
행위에도 불구하고, 한편으로는 북한 핵에 대한 억지와 압박을 추진하면서 다른 한편
으로는 대화와 협력을 병행 추진하겠다는 한반도 신뢰프로세스 추진 방침을 발표
한 바 있다.[68] 한반도 신뢰프로세스는 과거 한국정부가 추진한 햇볕정책과 비핵·
개방·3000 정책의 문제점을 인식하고 북핵에 대한 억제와 비핵화, 대화 및 교류협
력을 균형있게 추진하겠다는 방침이다. 즉, 햇볕정책이 군사안보를 무시한 채 성급
하게 남북 경협 일변도로 남북관계의 개선을 추진했기 때문에 국내외로부터 신뢰
를 받지도 못하고, 북한의 군사안보분야 행동변화를 유도해내지 못했다는 반성과,
이명박 정부가 대북정책이라는 큰 그림 없이 비핵정책을 우선 추진함으로써 남북
관계가 경색되었으며, 북핵문제는 더욱 심각해지는 결과를 초래하였다는 평가에
기초하고 있다.

박근혜 정부의 한반도 신뢰프로세스라는 새로운 정책노선의 추진 방침에도 불
구하고 한반도 군사안보상황은 좋지 않다. 따라서 앞으로의 한반도 신뢰프로세스
의 추진에 가장 걸림돌이 되는 요소가 북핵과 한반도 군사안보문제임을 볼 때, 북
핵문제와 군사안보문제를 어떻게 해결함으로써 남북한 간에 신뢰를 구축해나갈 것
인가에 대해 정확하고도 체계적인 진단과 해법을 마련해야 할 필요가 있다.

그러므로 본장에서는 핵과 군사분야에서 남북한 양측의 입장을 비교·평가하
고, 박근혜 정부가 한반도 신뢰프로세스를 성공시키기 위해서 북핵과 군사안보분
야에서 어떤 정책목표와 단계별 접근방법을 취해야 할지에 대해서 연구하여 그 대
안을 제시해보고자 한다. 아울러 북핵의 비핵화와 한반도 군사안보신뢰프로세스가
성공하기 위해서 꼭 필요한 새로운 대북전략을 모색해보기로 한다.

---

68) 박근혜 대통령 취임사, 2013.2.25.

Ⅱ. 북핵 문제에 대한 군비통제적 접근[69]

북한의 핵개발을 대화와 협상을 통해 저지하려는 노력을 군비통제적 접근방식이라고 할 수 있다. 또한 비핵국의 핵보유를 금지한 국제핵확산금지조약(NPT)은 가장 중요한 군비통제조약 중 하나이며, 북한 핵개발 저지노력은 NPT체제의 합법성과 정당성에 근거를 두고 있기 때문에 북핵을 대화를 통해 비핵화시키려고 하는 것은 군비통제적 방식이라고 부를 수 있다.

북한의 핵개발을 포기시키기 위해 1991년 말부터 남북한 핵협상, 북미 핵협상, 6자회담이 차례대로 개최되었다. 몇 가지 합의에도 불구하고 북한의 핵개발은 계속되고 있고, 북한 핵을 둘러싸고 몇 차례 위기가 고조되기도 했다. 그러면 왜 북한 핵문제가 해결되지 못하고 이런 위기가 도래하게 되었는가? 이번에는 포괄적인 안보대화의 제도화, 당사자 간의 신뢰구축 조치 이행, 검증제도, 정치지도자의 역할과 국내외 환경의 지지도를 가지고 각종 북핵 협상에 적용하여 분석한다.

1. 남북한 핵협상

1991년 12월부터 1993년 1월까지 북한의 핵개발을 막기 위해 남북한 당국은 핵협상을 개최했다. 남한측은 북한의 비핵화를 위해, 북한측은 남한에서 미군의 핵철수와 한반도 비핵지대화를 위해 협상에 임했다.

협상의 계기는 미국이 취한 세계적 차원의 조치로부터 주어졌다. 탈냉전과 함께 소련의 영향권에서 벗어나는 국가들이 소련의 핵무기를 자국의 소유로 주장할 경우 세계의 핵질서와 NPT체제는 와해될 것이란 위기감이 증폭되었다. 미국의 부시 대통령과 소련의 고르바초프 서기장 간에 해외에 배치한 핵무기를 철수하자는 비밀 합의가 이루어졌다. 이에 따라 1991년 9월 26일 부시 대통령은 "해외에 배치된 모든 전술핵무기를 본국으로 철수한다"는 선언을 했다. 연어어 고르바초프는 10월 5일 "해외에 배치한 모든 지상, 공중 전술핵무기를 철수하여 폐기한다"고 선언했다.

당시 북한은 탈냉전 후 안보불안과 체제붕괴위험, 남한과의 장기적인 군비경쟁에서 예상되는 패배에 대한 대응책 등으로서 핵무기 개발을 서둘렀다. 그러나 미국의 일방적인 핵무기 철수선언과 함께 미국의 부시 정부가 소련을 통해 압력을 행사하면서 국제원자력기구(IAEA)와의 핵안전보장조치를 촉구하자 남한과의 한반

69) 한용섭, "한반도 안보문제에 대한 군비통제적 접근 : 이론, 평가, 전망," 『국제정치논총』 49(5), 2009, pp. 110-117.

도 비핵화 회담에 임하게 되었다.

한반도비핵화공동선언이 합의된 것은 1991년 12월 26일부터 세 차례 개최되었던 남북 핵 전문가 회의에서였다. 이 회의에서 북한측은 남한측에게 한미양국의 팀스피리트 군사훈련의 중지를 요구했고, 남한측은 북한의 비핵화와 재처리 농축시설의 불보유를 합의해 달라고 요구했다. 타협의 결과 한반도비핵화선언이 이루어졌다.

한반도비핵화공동선언의 주요내용은 "남과 북은 핵무기의 시험, 제조, 생산, 접수, 보유, 저장, 배비, 사용을 하지 않는다. 남과 북은 핵에너지를 오직 평화적 목적으로만 이용한다. 남과 북은 핵재처리시설과 우라늄농축시설을 보유하지 아니한다. 남과 북은 한반도 비핵화를 검증하기 위해 상대측이 선정하고 쌍방이 합의하는 대상들에 대해 남북핵통제공동위원회가 규정하는 절차와 방법으로 사찰을 실시한다"이다.

이 공동선언의 이행여부를 검증하기 위해 남북한 간에 사찰제도를 확립하기 위해 개최한 회담이 남북핵통제공동위원회 회의이다. 남북 각기 회담 대표 1인과 위원 6명, 전략수행요원 6명이 본회담에 참석하였는데, 본회담은 13회, 실무회담은 7회 개최되었다. 그러나 이 회담은 남북 사찰규정에 대한 논란과 회담 기간 중 한미양국의 1993년 팀스피리트 연합훈련 재개 발표로 인해 아무런 진전도 기록하지 못하고 결렬되었다.

그러면 왜 남북한 핵협상은 결렬되고 북한은 핵개발을 계속했는가?

첫째, 군비통제적 접근이 성공하려면 관련 당사자들 간에 협상채널이 제도화되어야 하는데, 북핵 문제에 대해 협의하는 채널이 제도화되지 못했다. 미국이 관련 당사자임에도 불구하고 한국을 통해 입장을 반영하는 방식을 취하면서 핵협상에 직접 참여하지 않았다. 따라서 대화 채널은 불완전했고, 관련 이해당사국 간에 포괄적 의제가 논의되지도 못했고, 포괄적인 이해의 타협을 이룰 수가 없었다.

둘째, 비핵화공동선언의 합의에도 불구하고 북한은 핵시설과 핵무기 프로그램에 대한 신뢰구축조치를 취하지 않았고 한국과 미국의 군인과 민간인들을 북핵시설로 초청하거나 참관시키는 것에 대해 반대했다. 한국은 한반도비핵화공동선언을 서두른 결과 핵분야의 신뢰구축조치의 중요성을 인식하지 못했기 때문에 북한에게 이를 요구하지도 않았다. 한편 북한은 IAEA에게 핵프로그램과 시설을 몇 개만 통보하고 남한으로부터 팀스피리트 한미연합훈련의 영구중단만 확보하려고 했기 때문에 신뢰구축조치를 이행하지 않았다.

셋째, 한반도비핵화공동선언의 이행 여부를 확인할 검증제도의 확립에 실패했다. 북한은 보다 쉬운 IAEA의 사찰단을 여섯 번 초청함으로써 북핵에 대한 모든 의심이 해소되었다고 주장하기 시작했다. 남북한 간의 상호사찰을 수용할 의사가 없음을 분명히 했고, 남북핵협상에서 지연작전만 펼쳤다. 북한은 북한의 군사기지는 핵시설이 아닌 재래식 군사기지라고 주장하면서 사찰을 거부했고, 대신 주한미군의 군사기지는 모두 핵기지라고 하면서 주한미군기지에 대한 전면 사찰을 들고 나왔다. 남한측은 미국의 주문을 받아들여 북한측에 특별사찰제도를 요구했으나 북한의 거부로 실패했다.

넷째, 1992년 후반기의 국내외적 환경이 남북한 핵협상을 지원하지 않았다. 한미 양국은 각각 대통령 선거 정국에서 보수적인 국내 분위기라 팽배함으로써 남북한 핵협상에 대한 지지가 미약했으며, 특히 미국의 부시 행정부가 남한에 대해 핵문제의 진전과 남북관계개선을 연계해줄 것을 주문함에 따라 핵협상조차 곤란해졌다. 북한의 김일성은 비핵화를 구호로만 외치고 있었지 그것을 이행할 의지가 없었으며 오로지 팀스피리트 훈련의 영구적 취소와 남한의 흡수통일을 막는 데만 주력했다. 한미 양국이 1993년 팀스피리트 훈련의 재개를 발표하자, 북한은 NPT를 탈퇴한다고 선언함으로써 핵위기가 조성되고 말았다.

2. 북미 핵협상

북한의 NPT 탈퇴 선언 이후 북한을 NPT에 복귀시키고 북한의 핵개발을 막기 위해 개최된 미국과 북한 간의 핵협상은 1993년 6월부터 2000년 12월까지 빌 클린턴 미국 행정부와 북한 간에 계속되었다. 미국의 뉴욕에서 1차례, 스위스의 제네바에서 2차례, 총 3차에 걸쳐 전개된 핵협상에서 '미합중국과 조선민주주의인민공화국 사이의 제네바기본합의문'(일명 제네바 합의)이 타결되었다. 제네바 합의에 의하면 북한은 현재와 미래의 핵시설을 동결하고, NPT에 복귀하며, IAEA와의 핵안전조치협정을 이행하기로 되어 있고, 미국은 북한에 경수로를 제공할 의무와 핵무기 불위협 및 불사용 보장, 중요제공을 책임지게 되었다. 또 북미 양측은 정치적, 경제적 관계의 정상화를 위해 노력하기로 되어 있었다.

미국은 50MW 및 200MW 원자로 2기의 건설계획을 취소시킴으로써 매년 30개 정도의 핵무기를 만들 수 있는 북한의 핵능력을 중단시켰으며, 북한이 IAEA에 신고한 핵시설의 동결상황을 확인하고 흑연감속로를 경수로로 대치시킴으로써 핵문제를 해결했다고 제네바 합의의 성과를 홍보했다. 한편 북한은 미국과 직접협상을 통해 제네바 합의를 이끌어 낸 점을 정치외교적 승리로 불렀으며, 미국의 대북한 적대시정책을 변경시키고 적대관계를 해소하는데 기여할 것이라고 자랑했다.

그러나 1998년 8월 북한이 장거리미사일을 시험발사함으로써 한반도와 동북아 지역의 안정을 해치는 행위를 감행했고, 북한이 핵무기를 지속적으로 개발하고 있다는 의혹이 증폭되어가자 제네바합의체제가 도전을 받기 시작했다. 경수로 건설사업은 속도가 느렸으며 남북한 간에는 간혹 긴장이 고조된 적도 있었다. 북한의 핵개발 계속에 의심을 가진 조지 W 부시 행정부가 출범하고 9·11테러가 발생하였으며, 북한이 고농축우라늄 프로그램의 존재를 시인하자 제네바합의체제는 깨어졌고 한반도에 다시 핵위기가 고조되었다. 당시 북핵문제가 해결되지 못하고 위기가 고조된 원인을 유럽군비통제의 성공요인 중 네 가지를 적용하여 분석하면 다음과 같은 결론을 얻을 수 있다.

첫째, 핵문제 대화채널이 포괄적으로 제도화되지 못했다. 북핵으로부터 가장 큰 위협을 느끼는 남한과 일본이 북미회담에서 배제됨으로써 북미회담은 불완전한 대화체제가 될 수밖에 없었다. 남한을 배제하고 미국과 직접대화를 시도하는 북한의 통미봉남전략의 결과, 향후 남한은 한반도 안보문제 대화에서 소외되었다. 그러면서도 경수로 건설사업의 경비 대부분을 한국이 부담해야 했기 때문에 김영삼 정부는 대북정책부재, 북미회담의 들러리라는 국내 정치적 비판을 감수해야 했다. 북한의 한-미, 미-일 간 이간 책동이 구사되었으며 이에 대한 대응으로서 한미일 삼국은 대북정책조정그룹을 만들어 운영하기도 했다.

더욱이 북한은 국제적인 NPT체제의 탈퇴와 재가입을 협상카드로 사용했고, 제네바 합의는 이에 대해 미국이 보상하는 것과 같은 방식이 되어서 이후 북한이 국제 NPT체제를 지속적으로 악용하는 결과를 초래했다. 1998년 8월 북한의 장거리 미사일 시험 때에서부터 북미 간에 미사일 회담이라는 별도의 대화채널을 가졌기 때문에 북미 간에는 의제별로 회담을 따로 개최하는 양상을 보였다. 따라서 북미 협상조차도 포괄적으로 제도화되지 못했다고 할 수 있다. 핵협상 의제에 있었서도 북한이 핵카드를 잘게 쪼개어 협상카드로 사용하는 살라미 전술을 막지 못해서 의제의 포괄적 논의도 어려웠다.

둘째, 북한 핵에 대한 신뢰구축조치가 이루어지지 못했다. 북한핵에 대한 투명성과 공개성, 예측가능성을 확보할 수 있는 조치들이 이루어지지 않았다. 물론 북한이 IAEA에 신고한 핵시설들은 공개가 되었고 IAEA 사찰관이 접근할 수 있었다. IAEA에 신고한 영변 핵시설에 대해서는 미국 정부의 관리들을 초청하기도 했다. 그러나 제네바 합의의 결과 미국은 사실상 북한의 과거 핵개발문제에 대해서 일정 기간 유예기간을 부여함으로써, 결국 북한은 과거에 추출했던 플루토늄으로 핵개발을 계속해도 미국은 아무런 통제수단이 없었다. 그리고 1999년 칸(A. Q. Kahn)이 북한을 방문했을 때, 플루토늄탄 3개를 봤다는 증언에서 시사하듯이 북한이 파키스탄과 핵개발 협력을 한 것에 대해서도 아무런 규제를 할 수 없어 북한핵에 대한 의혹이 커져가자 북미 간의 신뢰는 계속 악화될 수밖에 없었다.

셋째, 북한의 핵시설과 핵무기 제조프로그램에 대해 철저하고도 광범위한 사찰이 이루어져야 하는데, 제네바 합의는 1992년 5월에 북한이 IAEA에 신고했던 시설들에 대한 IAEA의 사찰에만 의존함으로써 결국 북한의 핵무기와 핵무기프로그램에 대한 의혹을 해소할 수 없었다. 김영삼 정부는 클린턴 행정부에게 북핵에 대한 철저한 사찰을 강조했지만 미국의 대북한 협상에 반영시키지 못했다.

1998년 8월 북한의 미사일 시험 이후 북한에 대한 불신이 점증했고, 이를 해소하기 위해 금창리 지하시설 방문에 대한 반대급부로서 식량 50만 톤을 북한에 제공하는 일이 발생했다. 이렇듯 북한의 핵의혹에 대해서 미국이 검증하려고 하면 매번 북한에 보상을 주어야 했기 때문에 근본적으로 북한핵을 검증할 수 없었다. 북한도 북한에 대한 철저하고도 광범위한 사찰에 찬성하지 않았다.

넷째, 북미 핵협상에 대한 대내외 환경은 지지와 반대가 교차되었고, 북한의 정치지도자는 핵개발을 선호했다. 클린턴 정부 1기에는 북미 핵협상에 대해 지지가 우세했으나 클린턴 정부 2기에는 이 분위기 반전되었다. 제네바 합의의 이행 속도의 완만, 북한의 핵개발에 대한 의혹 증폭, 북한의 미사일 시험발사 이후 북미 협상에 대한 불신 증폭, 중국의 UN안보리에서의 미온적 태도로 인해 북핵 문제가 근본적으로 해결될 수 없었다. 북미 협상의 결과 북한 핵문제가 북미간의 문제라는 인식이 국제적으로 퍼짐에 따라, 다른 국가들은 무관심 내지 미국 탓이라는 분위기가 확산되었다. 김영삼 정부는 제1차 핵위기를 해소하기 위해 남북 정상회담을 추진했으나 이루지 못했다. 김대중 정부 때는 남북정상회담을 했으나 북핵문제를 의제로 삼지 않았다. 클린턴 행정부와 북한은 적대관계 해소에 합의했으나 대북 강경라인으로 선회한 부시 정부의 등장으로 곧 북미관계는 악화되었고, 제네바 합의는 그 효력이 정지될 위기를 맞았다고 할 수 있다. 무엇보다도 가장 큰 원인은 김일성 사후 등장한 김정일이 체제위기를 돌파하기 위해 강성대국과 선군정치를 채택하고 핵무기 보유가 강성대국을 실현시키는 가장 빠른 지름길이라는 인식을 가졌던 데서 제네바 합의 체제는 깨어질 것을 예고하고 있었다고 볼 수 있다.

3. 6자회담

2002년 10월 북한의 농축시설 보유여부를 둘러싸고 북미 간에 전개된 논란의 결과 발생한 북핵위기를 제2차 북핵위기라고 한다. 제2차 북핵위기를 해결하기 위해 2003년 8월부터 2008년 말까지 북미 양국과 중국, 한국, 일본, 러시아가 참가하여 6자회담을 개최했다. 북핵문제가 더욱 심각해짐에 따라 일본과 한국의 핵무장을 촉발할지도 모른다는 지역적 안보우려가 발생했고, 미국의 대이라크 공격 전후에 걸쳐 미국이 대북 군사공격을 감행할지도 모른다는 우려, 북한의 국제핵비확산체제 파괴 재시도 등이 복합적으로 작용하여 중국이 주최국 역할을 함으로써 6자회담이 출범하게 되었다.

6자회담은 북미양자회담의 산물인 제네바합의체제에 대해 비판적 시각을 가진 조지 W 부시 행정부에 의해 동북아 지역 국가들이 모두 북한에게 부담을 주자는 취지에서 제안되었다. 그전까지 북핵문제가 북미간의 문제라는 관념과 인식을 가지고 있었던 중국이 북핵문제가 동북아 지역의 안정과 평화에 영향을 끼치는 주요 문제이며 국제비확산질서에 큰 도전 요소라고 하는 인식 전환을 하게 되면서 중국은 6자회담을 주최하기에 이르렀다. 중국의 6자회담 주최는 북한의 비핵화를 추구하는 미국과, 책임있는 이익상관자(stakeholder)이자 대국으로서의 역할을 촉구받는 중국 사이의 이익균형의 결과로 생겨난 것이라고 볼 수도 있다. 21세기에 들어 중국은 핵비확산체제의 유지가 중국의 안보이익일 뿐만 아니라 중국의 화평발전과 더불어 국제체제 내에서 책임있는 대국으로서의 역할을 자임할 수 있는 의제라고 간주하고, 6자회담 의장국으로서 참가국들의 다양한 이해를 중재하고 조정함으로써 북한의 비핵화를 다루는 다자안보협력과정을 제도화시키고 있다는 것이다. 김대중 정부로부터 핵과 남북관계의 분리 접근이란 유산을 받고 출범한 노무현 정부는 이라크 전쟁이란 국제환경 속에서 북핵문제는 북미 간에 해결해야 하며 미국의 군사적 옵션은 절대 안 된다는 방침을 천명하고 북핵에 관한 한 미국보다는 중국 혹은 북한에 더 가까운 인상을 내비쳤다. 그러나 6자회담의 진도가 완만하자 한반도 평화번영정책을 이행하기 위해 북핵문제 해결에도 중재자에 가까운 역할을 자임하기도 했다.

6자회담을 통해 이룬 북한의 비핵화에 대한 성과는 9·19 공동성명을 통한 북한의 핵포기 약속 획득, 2·13 합의와 10·3 합의에 의한 주요 핵시설의 가동중단과 불능화 조치, 미국의 북한에 대한 안보보장 약속 등이 있다. 또한 북한의 핵문제를 핵에 국한시켜 해결하기보다는 북한의 안보불안, 외교적 고립, 경제난, 에너지난 등 복합적인 북한문제의 해결방식으로 북한핵을 해결해보고자 하는 포괄적 시도가 처음 시도되었다는 데 그 의미가 있다.[70] 하지만 2006년 북한은 제1차 핵실험을 강행하였으며, 북한은 UN의 제재를 받게 되었다. 이에 북한은 6자회담 무용론을 외치며 회담에로의 복귀를 거부하였고, UN, IAEA 등 국제기구들과 관련국가들의 촉구에도 불구하고 북한은 지금까지 6자회담에의 복귀를 거부하고 있다.

그렇다면 6자회담이 북핵문제에 대한 군비통제적 접근은 어떻게 평가할 수 있을까? 앞에서 언급한 네 가지 요인을 가지고 6자회담에 대해 적용 분석하면 다음과 같은 결론을 내릴 수 있다.

첫째, 한반도와 동북아에서 가장 중요한 안보문제인 북핵문제에 대해 이해당사국들이 모두 참여하는 6자회담체제를 만들어내었다는 것 자체에 의미가 있다. 특히 중국과 한국의 적극적인 참여는 주목할만했다. 6자회담의 틀 내에서 북미 양자회담, 참가국들 사이에 다양한 양자협의를 거칠 수 있게 되었다. 이것은 국제정치이론에서 구성주의자들이 말하는 '핵비확산에 대한 규범과 규칙이 북한을 제외한 5개국의 인식 속에 내재화되게 되었다'는 것과 같다. 6자회담에서 북핵문제에 대한 미국의 군사옵션 사용 배제, 북한의 6자회담 참가와 비핵화를 강요할 수 있어서 동북아 지역의 다자안보대화로 제도화 시도를 하게 되었다. 미국의 군사옵션에 대해서는 중국, 남북한, 일본, 러시아가 모두 반대하여 5대1의 의제 연합을 형성한 적이 있으며, 북한의 핵실험에 대해서는 북한을 제외한 5개국이 대북 제재에 대해 강력한 의제 연합을 형성하기도 했다.

참가국은 포괄적이 되었지만, 6자회담의 협상에서는 참가국들간에 포괄적인 이익의 타협에 이르지 못했다. 9 · 19 공동성명 이후 2 · 13 합의에 의해 5개의 실무그룹을 만들어 한반도 비핵화, 북미관계 정상화, 북일관계 정상화, 경제 및 에너지 협력, 동북아 평화와 안보체제 등을 논의하기로 했으나 실무그룹이 진전을 보지 못했다.

미국은 9 · 19 공동성명 직후에 북한의 불법자금세탁, 위조지폐문제를 들고 북한을 압박함으로써 북한이 6자회담 자체를 거부하는 사태가 발생했다. 북한은 이 조치를 북한체제를 붕괴시키기 위한 미국의 전략으로 해석했다. 이로써 "핵외교는 실패에 이르게 되었다"[71]라고 프리처드 대사는 지적했다. 한편 미국은 북미 양자회담을 계속 거부하다가 북한이 2006년 제1차 핵실험을 강행하자 그때까지 거부해

---

70) 서재진, "북한 핵문제에 대한 포괄적 접근법으로서의 2 · 13 합의 : 형성배경과 이행전망," 『통일정책연구』 제16권 1호, 2007, pp. 1-26.

71) Charles L. Pritchard. *Failed Diplomacy : The Tragic Story of How North Korea Got the Bomb* (Washington, D.C. : Brookings Institution, 2007), pp.107-131.

왔던 북미양자회담을 가지기 시작했다. 이것은 6자회담은 의제와 이익타협 측면에서, 그리고 참가자 면에서도 불완전한 제도화에 머무르게 되었다.

둘째, 9·19 공동성명이나 그 후의 2·13 합의와 10·3 선언에서 북한핵에 대한 신뢰구축조치를 취하지 못했다. 북한은 핵무기와 직접 관련된 프로그램, 핵무기와 핵물질, 과거 핵개발 행적에 대해 공개하거나 투명하게 하지 않았다. 가동 중단되거나 폐쇄된 핵시설, 즉 과거에 IAEA에 신고했던 시설들만 보여주는 행동을 취했다. 미국의 핵전문가를 간혹 초청했으나 한국, 일본, 중국, 러시아의 핵전문가들에게 북한에 대해 신뢰를 구축할 수 있는 조치를 취하거나 참관을 허용하지 않았다. 핵냉각탑 폭파라는 쇼를 진행했으나, 비핵화에 대한 본질적인 신뢰구축 조치를 시행하지 않았다. 중국은 북한의 비핵화를 원칙적으로 찬성한다는 입장을 표시하고 북한이 핵실험 등 6자회담을 일탈하지 않는 한 북핵에 대한 투명성 조치를 강하게 요구하지 않았다.

셋째, 북한의 핵에 대한 포괄적인 검증제도가 이루어지지 못했다. 미국은 남북한 핵협상이나 북미 제네바합의체제가 노정했던 검증문제의 취약성을 극복하기 위해 완전하고 검증가능하며 비가역적인 핵폐기(CVID : Complete, Verifiable, Irreversible Dismantlement)를 주장했고, 북한은 CVID는 수용불가하며 오히려 미국의 대북적대시 정책을 완전하고 검증가능하며 불가역적인 방식으로 제거하라고 대응했다.72) 결국 9·19 공동선언은 사찰규정 없이 끝났다. 특히 9·19 공동선언의 실천을 위한 2·13 합의에서 북한이 IAEA에 신고했던 핵시설 중 영변의 핵시설의 봉인과 불능화 작업이 IAEA 사찰관과 미 국무부 몇 명의 감독 하에 이루어졌다. 그러나 핵무기 관련 프로그램과 시설, 핵무기에 관한 사찰은 전혀 논의되지도, 합의되지도 못했다. 그리고 북한이 핵불능화와 관련하여 모든 핵정보를 미국에 통보하기도 약속했으나, 핵무기관련 정보는 통보하지 않았고, 시료채취 등을 거부함으로써 불능화 이후에 한 발짝도 진전하지 못한 가운데 제2차 핵실험을 감행함으로써 북한의 핵무기에 대한 검증제도는 확립되지 못했다.

넷째, 6자회담에 대한 관련국의 국내외 지지분위기가 유동적이었으며, 북한의 핵실험 이후 6자회담에 대한 지지분위기는 급감했다. 김정일 국방위원장은 국방위원회를 강화하고 북미협상을 하지 않는 한 핵개발을 계속할 수밖에 없다는 입장을 나타냄으로써 북핵협상은 결렬되고 말았다. 미국의 네오콘들이 주도한 대북 금융제재와 이에 대한 북한의 반발, 한미 간의 대북 정책에 대한 갈등, 일본의 납치자

---

72) 하영선,『북핵위기와 한반도 평화』(서울 : 동아시아연구원, 2006), pp. 13—42.

문제 우선, 북한의 핵개발 지속 등으로 6자회담에 대한 지지는 감소했다. 제1차 북한의 핵실험 이후 유엔 제재결의안 1718호에도 불구하고 중국의 대북한 지원은 계속되고 유엔 제재의 효과가 별무했다. 이것은 6자회담의 국제제도로서의 한계를 노정한 것이다. 그러나 제2차 핵실험 이후 6자회담 참가 5개국 및 국제사회는 대북 제재에 대해 높은 지지를 보이기도 했다. 한편 핵에 대한 전략적 결정권을 가지고 있는 김정일 국방위원장이 국방위원회를 헌법상 최고 권력기관으로 규정하는 등 선군정치를 계속함으로써 국제사회는 김정일 시대가 존속하는 한 북한의 비핵화는 어려운 것으로 간주하게 되었다.

결국 북한이 핵실험을 감행함으로써 6자회담의 목표인 북한의 비핵화가 더욱 어렵게 되었다. 미국, 중국, 일본, 한국, 러시아를 비롯하여 유엔안보리에서는 북한에 대해 유엔안보리 결의안 제1874호를 만장일치로 채택함으로써 북한에 대한 제재에 나서게 되었다. 북한의 핵실험 결과, 한·미·일·중·러 5개국은 북한의 비핵화 목표에 더욱 공감을 가지게 되는 정체성 인식의 계기가 되었으며, 국제비확산레짐의 정당성과 유효성에 대한 인식을 공유하게 되었다고 불 수 있다. 하지만 북한 지도부의 강도 높은 검증에 대한 태도가 바뀌지 않는 한 6자회담을 통한 북핵문제 해결은 매우 어렵게 되었다고 할 수 있다.

Ⅲ. 안보와 북핵문제 해결을 위한 3단계 신뢰프로세스 구축방안

본장에서는 박근혜 정부가 제시한 전반적인 남북관계를 개선시키기 위한 한반도 신뢰프로세스에 맞추어 한반도의 안보문제와 북핵문제를 해결하기 위한 실현가능한 접근방식을 모색하고자 한다.

앞장에서 설명한 바와 같이 현재 남북한 간, 북미 간, 북한과 국제사회 간에는 신뢰보다는 불신이 존재하고 있으며 북핵문제와 군사적 긴장이 더 악화됨에 따라 불신은 더 깊어지고 있는 실정이다. 따라서 한반도에서 안보와 북핵문제와 관련하여 당사자 간에 신뢰를 구축해 나가기 위해서는 첫째, 당사자 간에 최소한의 신뢰구축 의지를 확인하는 신뢰모색단계가 필요하다. 둘째, 당사자 간에 최소한의 신뢰구축 의지가 확인되면 신뢰구축단계로 진입한다. 셋째, 다양한 신뢰구축조치가 이행되면 마지막 단계에 가서 신뢰프로세스를 제도화하는 단계가 필요할 것이다. 한반도에서 안보문제와 북핵문제 해결을 위한 3단계 프로세스를 표로 나타내면 <표 Ⅴ-5>와 같다.

표 V-5 안보와 북핵문제 해결을 위한 3단계 신뢰프로세스 구축방안

제3단계 : 「한반도 신뢰 제도화 단계」

평화 공동체
· 남북 정상회담, 남북 국방장관회담 정례화 · 북한 핵폐기 달성 · 군비통제 및 평화체제 수립 · 6자회담 제도화 · 북미·북일 국교 정상화 · 다자안보협력 추진 : 동북아 헬싱키 프로세스 제도화

제2단계 : 「한반도 신뢰구축 단계」

핵분야	재래식 군사분야	국제관계 분야

· 넌·루가 방식
  북핵폐기 – 대북 경제지원
  패키지딜(Package deal)
· 북핵무기·핵시설 폐기
  사찰
· 미사일 개발 제한
· 화생무기 폐기 검증
	· 도발, 침략 중지
	· 한미연합훈련과 북한 군사
	  훈련의 규모 축소
	· 군사정보 교환
	· 훈련 및 기동 상호 참관
	· 군사력 규모와 배치 조정
		· 미국의 대북한 안전보장
		  조치
		· 6자회담 참가국간 불가침
		  선언
		· 정전체제 대체할 한반도
		  평화체제 수립
		· 남북한·미국 삼자간 신뢰
		  구축 조치 협의

제1단계 : 「한반도 신뢰프로세스 모색단계」

한국	북한
· 남북기본합의서(남북불가침) 준수 · 한반도 비핵화 공동선언 준수 · 남북대화 착수 · 핵·미사일 포괄적 해결방안 모색 · 군비통제 세미나	· 남북불가침, 정전협정 준수 · 북한의 NPT복귀 선언, 비핵화 준수, 핵시설 가동 중단 · 핵개발·시험 중단 · 장거리 미사일 개발·시험 모라토리움 · 군비통제 세미나

1. 제1단계 : 한반도 신뢰프로세스 모색단계

한반도 신뢰프로세스의 모색단계에서는 남북 양측이 상대방의 신뢰구축 의도를 탐색하게 되고 상대방을 믿을만한 대화상대로 받아들이게 된다. 그러기 위해서는 북한이 일방적으로 폐기선언을 했던 남북한 간 혹은 북한이 참가한 모든 국제적인 합의문을 준수하겠다는 의지를 표명해야 한다. 예를 들면, 남북기본합의서 준수, 정전협정 준수, 북한의 NPT 복귀선언, 한반도 비핵화 공동선언의 준수, 6자회

담 공동선언 등을 준수하겠다고 선언하고, 핵시설 가동중단과 핵개발 중단, 핵실험 중단, 장거리 미사일 개발과 시험의 모라토리움을 선언할 용의가 있음을 밝혀야 한다.

이와 동시에 한국은 남북기본합의서와 한반도비핵화공동선언의 준수방침을 재확인하고, 남북대화에 착수하겠다는 의사를 밝힐 필요가 있다. 또한 한국이 적극적으로 나서서 북핵과 미사일 문제를 포괄적으로 해결할 방안을 모색하겠다고 천명할 필요가 있다. 또한 남북한이 트랙 1.5 혹은 트랙 2 방식을 통해 공동으로 군비통제세미나를 개최하고 한반도에서 군사분야 신뢰구축을 위한 전문가들의 의견을 광범위하게 청취하고 수집할 필요가 있다. 특히 유럽의 신뢰구축조치가 신뢰프로세스로 전환하는 데에는 전문가공동체의 활약이 컸음을 감안할 때, 남북한 전문가 군비통제세미나는 매우 유익할 것이다.

2. 제2단계 : 한반도 신뢰구축단계

제1단계에서 북한 당국이 기존의 합의서를 이행할 의지를 표명하고 남북대화 혹은 다자대화를 통해서 신뢰구축을 하겠다는 의지를 천명하게 되면, 의제에 따라서 남북한 간, 남북한 미국 3자간, 남북한 미국 중국 4자간, 남북한 미중러일 6자간에 회담을 개최하여 신뢰구축 방안에 대한 협의를 해나간다.

북핵문제에 대해서는 6자회담을 개최하여 북핵의 폐기를 조건부로 북한을 제외한 한미중러일 5개국이 북한에 대해 경제지원을 하고 또한 북한이 관심을 보이는 북한에 대한 안보제공 방식으로 포괄적인 해결을 시도한다. 이것은 다음 장에서 설명하겠지만 1991년에 미국과 구소련의 공화국 사이에 핵무기의 폐기와 핵과학자 및 기술자의 전직을 지원하기 위해 만들어진 협력적위협감소 방식을 원용한 것이다. 북한의 핵위협과 능력에 대해서 한미중러일 5개국이 공동 평가를 실시하고, 북한에게 모든 핵시설 및 핵물질, 핵무기를 신고하도록 촉구한다. 북한의 핵신고를 받아 한미중러일 5개국과 IAEA가 공동으로 북한의 핵에 대한 완전한 리스트를 만든다. 북한이 핵신고를 마치면 한·미·중·러·일과 IAEA가 참가하는 국제검증단을 구성하여 북핵에 대한 검증활동을 전개한다. 북한이 핵에 대한 정보를 신고하고 사찰을 받는 조건으로 한·미·중·러·일 5개국은 북한에 대한 경제지원 방식에 대해 공동의 패키지를 만들고, 북한과 협상을 통해 경제지원 규모에 대해 합의에 이르도록 한다. 여기에서는 6자회담의 효과성을 높이기 위해 중국의 대북한 경제지원을 모두 포함시키는 것이 필수적으로 요구된다고 하겠다.

북한이 핵신고를 마치게 되면, 북한의 핵신고의 완전성과 정확성 여부를 검증하기 위해 국제검증단이 30일-90일 사이의 기초사찰을 실시한다. 기초사찰 허용을 조건으로 북한측에 에너지 지원과 인도적, 경제적 지원을 제공하기 위해 5개국 간 협의를 할 수 있다. 기초사찰 이후 북한핵에 대한 완전한 리스트가 만들어지면, 한미중러일 5개국과 IAEA가 참가하는 국제공동검증단을 구성하여 북한 핵폐기 사찰을 실시하게 되는데 이때 북한이 폐기사찰을 받아들이는 조건으로 한미중러일 5개국이 북한에게 제공할 경제지원 규모와 내용에 대해서 5자간의 패키지를 만들고 북한과의 협상에 임하도록 한다. 그리고 폐기된 북한의 핵물질은 미국으로 반출하도록 한다. 북한의 핵개발에 종사하고 있던 인력들은 모두 민수용 과학기술 인력으로 전환하도록 5개국이 이들의 전직을 지원하게 된다. 물론 북한핵에 대한 폐기사찰과 경제지원 방식은 몇 년간에 걸쳐서 진행되게 될 것이다.

재래식 군사분야에서는 남북한 간, 남북미 삼자 간, 6자회담 참가국들 간에 한반도에서 군사적 도발과 침략중지 선언, 즉 불가침선언을 하도록 한다. 한미 연합훈련과 북한의 군사훈련의 규모 축소, 훈련계획에 대한 사전 통보, 훈련시 상대방의 참관 초청, 군사정보에 대한 상호 교환, 일정 규모 이상의 군사훈련과 기동에 대한 통보와 상호 참관, 전방 배치한 군사력의 규모와 배치를 조정하는 문제 등을 상호 협의를 통해 군사분야의 투명성과 공개성, 예측가능성을 높임으로써 남북한 간과 남북한 및 미국 3자 간의 신뢰를 증진시키는 조치를 취한다.

국제관계분야에서는 우선 미국이 대북한 안전보장조치를 취하고, 6자 회담 참가국들 간에 불가침 선언을 함으로써 북한에 대한 안전보장을 약속한다.[73] 한반도에서 정전체제를 평화체제로 전환하기 위한 별도의 평화포럼 즉, 남북한과 미국, 중국이 참가하는 4자회담을 개최하여 한반도 평화체제 수립 방안을 협의하여 합의에 이른다. 즉, 재래식 군사분야에 있어서 신뢰구축과 군비통제를 보다 큰 틀의 한반도 평화체제협상에서 다룬다는 뜻이다. 4자회담기구 산하에 남북한 간에 한반도 군사적 신뢰구축 및 군축을 협상하는 남북회담을 개최하며, 남북한과 미국 등 3자 간에 한반도에서 군사적 신뢰구축과 군축을 진행할 3자회담을 진행하게 된다. 남북한 간에는 1992년 남북기본합의서에서 합의되었던 5대 군비통제조치를 구체적으로 이행하기 위한 합의를 도출하고 남북한 간 검증기구도 설치한다. 아울러 남북한과 미국 3자 간 신뢰구축과 군비통제를 위해서 북한의 재래식 군사력과 주한미군의 전력, 한국의 재래식 전력을 모두 협상 테이블에 올려놓고 포괄적인 합의를 도출하도록 한다.

---

73) Charles Wolf, Jr. and Norman D. Levin, *Modernizing the North Korean System: Objectives, Method, and Application*(Santa Monica, CA: RAND, 2008), pp. 37-45.

전체적으로 볼 때, 북한의 비핵화를 위한 6자회담과 한반도에서 군사적 신뢰 구축과 평화체제 구축을 위한 4자 내지 3자 회담은 동시에 개최되는 것이 바람직 하다. 2009년 8월 이명박 정부가 북한 핵에 대한 그랜드바겐(grand bargain)방식의 협 상을 제의할 때에 한국정부의 입장은 북핵문제를 선결하기 위해 6자회담에서 북핵 폐기 방식에 대한 윤곽이 잡혀지고 난 후, 한반도 평화포럼을 개최하여 평화체제구 축을 협상한다고 하는 것이었다.[74] 그러나 2015년 현재 북한의 핵위협과 재래식 군사위협이 혼합되어 북한이 전쟁협박을 하고 있는 상황에서는 북핵과 평화문제가 선후를 가릴 수 없는 상황이 도래했으므로, 북핵문제의 해결과 한반도 평화체제 구 축문제가 협상채널은 다르더라도, 동시에 협상을 진행시키는 것이 바람직할 것으 로 보인다.[75] 이 협상과정에서 한미 양국이 북한에 대해 요구하는 사항이 북한이 군사적으로 요구하는 사항보다 많을 수도 있기 때문에 북한에 추가로 경제지원을 제공해야 할지도 모른다. 이에 대비하여 한미간에 사전 협의가 필요할 것이다.

3. 제3단계 : 한반도 신뢰제도화 단계

제2단계에서 북핵에 대한 폐기가 거의 마무리 되고, 재래식 군사문제와 관련 해서 동시 다발적인 신뢰구축이 이루어지게 되면, 다음 단계인 신뢰제도화 단계로 진입하게 된다. 이 단계에 이르면 남북 정상회담과 남북 국방장관회담을 정기적으 로 개최하도록 함으로써 남북대화의 제도화 단계에 이르게 된다. 또한 북한의 핵폐 기가 달성되고 북한의 핵과학자 및 기술자를 전직시키고 있으므로 북핵에 대한 외 부의 신뢰는 제도화되는 단계로 진입하게 된다. 아울러 한반도에서는 지속적인 군 비통제와 평화체제를 확고하게 만들기 위해서 제도화 노력이 가해진다.

6자회담을 제도화시켜 북한의 비핵화를 완전하게 달성하기 위해서는 이란의 핵타결 방식도 참고하여 현재의 각국의 6자회담 수석대표를 차관보급에서 장관급 으로 격상시킬 필요가 있으며, 회담의 중단을 막기 위해 3개월 혹은 6개월 마다 기 간을 미리 정하여 정기적으로 회담을 개최하도록 해야 한다. 또한 중국의 북경에서 만 6자회담을 개최할 것이 아니라, 어느 정도 6자회담이 제도화되면 각국의 수도를 순회해 가면서 6자회담을 개최하는 방법도 고려해볼 만하다. 유럽의 헬싱키프로세 스가 각국의 수도를 순회해 가면서 유럽안보협력회의를 개최했던 점을 벤치마킹할 필요가 있다. 북미 및 북일 수교는 신뢰프로세스의 완성단계에서 이루어질 필요가

---

74) 이명박 대통령, "제64차 UN총회 기조연설," 2009.9.23. http://www.president.go.kr. 이명박 대통령, "US CFR/KS/AS 공동주최 오찬 연설," 2009. 9.21. http://www.president.go.kr.

75) 한반도평화포럼, 『2013년 새 정부의 통일외교안보분야 비전과 과제』(서울 : 한반도평화포럼, 2012).

있다. 북핵문제가 해결될 즈음에 동북아 6개국은 동북아판 헬싱키 프로세스로서 6
자회담을 제도화시키며,76) 회담의 의제를 동북아 국가들 간 다자간 안보협력문제
로 확대시킬 필요가 있다.

Ⅳ. 대북한 협상 전략

앞에서 제시한 한반도 안보와 북핵문제해결을 위한 3단계 신뢰프로세스 구축
방안이 실현가능하기 위해서는 정교한 대북한 협상전략이 필요하다. 북한의 핵능
력과 전쟁위협이 현실적인 문제로 다가온 지금, 과거의 햇볕정책과 같이 대화를 갖
기 위해 무조건 북한을 지원하는 전략은 실효성이 없을 것이다. 한편 강경일변도의
대북정책은 남북한 간에 긴장과 대결만 고조시킬 뿐, 북한의 비핵화와 한반도의 평
화와 안정을 유도해 낼 수가 없을 것이다.

따라서 중장기적으로 북한을 비핵화회담으로 유인하기 위해서는 힘에 의한 억
제와 압박 전략을 구사하면서, 다른 한편으로는 협상의 인센티브를 제공하는 양면
전략을 구사하는 것이 필요하다. 북한이 비핵화를 위한 핵협상에 들어오기 전에는
한국은 국제공조를 통한 대북한 억제와 압박 전략을 구사하면서 동시에 한국이 독
자적인 대북 압박전략을 수립하여 구사하도록 한다. 아울러 북한이 대화로 들어 올
경우 어떤 협상을 거치게 될 지에 대한 개략적인 대화구상을 북한에게 통보하도록
한다. 만약 핵협상이 개시되면 여기에서 제시한 안보와 북핵문제 해결을 위한 3단
계 신뢰프로세스 구축방안을 실행하도록 한다. 본장에서는 대북한 협상전략을 핵
협상 개시 이전과 이후로 구분하여 설명한다.

1. 핵협상 개시 이전 : 대북한 억제와 압박 전략 구사

가. 북한에 대한 억제 전략

북한이 핵무기로 한미 양국을 위협하고 있는 상황에서 한국은 어떻게 북한의
핵위협에 대처하며, 북한을 대화로 유인할 것인가? 우선 북한이 핵무기를 사용하지
못하도록 억제하는 것이 제일 시급한 과제이다. 그러나 한국은 핵무기가 없기 때문
에 한미동맹에 근거하여 미국이 핵억제력을 한국에게 제공해주겠다는 공약을 재확
인하는 것이 필요하다. 이와 관련하여 미국 국방부는 1978년 한미연합군사령부 창
설 당시 때부터 매년 한미연례안보협의회의의 공동성명을 통해 한국에 대한 핵우

---

76) 박종철 외, 『평화번영정책의 이론적 기초와 과제』(서울 : 통일연구원, 2003). pp. 146 – 156.

산 보장을 천명하여 왔다. 그러다가 2006년 10월 북한의 제1차 핵실험 이후, 미국
은 "핵우산, 재래식 타격능력 및 미사일 방어능력을 포함한 모든 범주의 군사능력을
운용함으로써 한국을 위해 확장억제를 제공하고 그 억제력을 강화시켜 나갈 것"이
라고 하면서 미국의 대한반도 안보공약을 재확인해왔다.[77]

   2013년 2월, 북한의 제3차 핵실험 이후 한국의 국내에서는 북한의 증강된 핵
능력에 대하여 한국이 독자적으로 핵무장을 해야 한다는 주장이 일어났다. 국민
여론의 2/3가 한국의 독자적 핵무장에 대해 지지입장을 나타내었다.[78] 한편에서는
1991년 12월 미국이 철수했던 주한미군의 전술핵무기를 재반입해야 한다는 주장도
제기되었다. 이에 대해서 한국정부는 비핵정책을 지속적으로 견지하겠다는 입장을
표명하였고, 미국정부는 한반도에 전술핵을 재반입하지 않고도 미국의 핵무기와
첨단재래식무기, 미사일방어체제를 가지고 한국에 대해 신뢰성 있는 확장억제력을
제공할 수 있다고 천명한 바 있다. 특히 2013년 3월 북한의 핵전쟁 협박 행위에
대응하여 때마침 실시하고 있던 키리졸브 한미연합훈련에 미국이 B−2, B−52,
F−117 전투기 등을 한국에 배치시키고 핵공격능력이 있음을 무력시위를 통해 보
여줌으로써 북한에 대한 경고와 함께 확장억제력의 신뢰성을 한국에게 보이려고
노력했다.[79] 이와 같은 미국의 대한반도 확장억제력의 과시는 북한의 핵공갈과 핵
위협을 효과적으로 억제할 수 있는 것으로 간주되고 있기 때문에, 북한의 핵위협이
상존하는 한 미국이 정기적으로 핵억제력 관련 무력시위를 전개할 필요가 있다.

나. 북한에 대한 압박전략

   북한의 핵개발과 핵위협이 지속되는 동안에는 대북한 경제제재가 지속적으로
강화될 필요가 있다. 그동안 한국, 미국, 일본, EU 등은 북한의 미사일 시험과 핵실
험에 대해서 대북한 경제제재를 철저하게 이행해왔다. 대북한 경제제재를 위한 국
제적인 공동 노력의 효과를 손상시켜 온 것은 다름 아닌 중국의 지속적인 대북한
경제지원이었다. 중국은 북한의 핵실험과 전쟁 협박 행위와는 관계없이 북중 우호
차원에서 대북한 경제지원을 지속해왔다. 이러한 중국의 대북지원은 북한의 잘못
된 태도를 지속시키는 결과를 초래했을 뿐만 아니라, 중국을 제외한 국제사회의 대
북 압박과 제재의 효과를 반감시키는 결과를 초래했다. 따라서 북한이 핵개발을 지
속하는 한, 중국을 포함한 모든 국제사회가 유엔안보리의 결의를 철저하게 준수할
필요가 있다. 2012년 말까지 중국의 대북한 경제제재 참여 및 이행 여부가 의문시

---

77) 대한민국 국방부, 『2010 국방백서』(서울 : 국방부, 2010), pp.305−307.
78) 아산정책연구원, 『긴급 여론조사』 2013.2.13.−15.
79) *New York Times*, March 14, 2014. 필자의 인터뷰 내용이 게재되어 있다.

되고 있었는데, 2013년 2월 북한의 제3차 핵실험 이후에 중국정부는 유엔안보리 결의 2087호와 2094호를 철저히 이행해달라는 국제사회의 요청에 부응하여 사상 처음으로 중국의 중앙정부가 관련 정부기관 및 기업체에게 대북한 경제제재를 철저하게 이행하도록 공문으로 지시한 것으로 알려졌다.[80] 한편 북한의 제3차 핵실험 이후 중국의 국내에서 핵무기개발과 전쟁위협을 계속하고 있는 북한의 김정은 정권에 대해서 예전과 같이 지원을 해서는 안 된다는 자성과 비판이 일어남에 따라 중국정부도 미중 간 협력과 한중간의 협의를 통해서 과거와는 다르게 북한의 비핵화를 촉구하면서 대북 경제제재에 대해서 성의있는 태도를 보이고 있는 것으로 나타나고 있다.

북한이 국제사회의 통일된 대북 경제제재에 대해서 반발하는 태도를 나타낼 뿐만 아니라 지속적으로 핵을 개발하며 남한과 외부세계에 대해 협박을 강화시키고 있는 동안에는 전방위적 압박전략을 구사하지 않을 수 없다. 또한 북한이 핵능력을 계속 진전시키고 특히 미국과 대결적 자세를 고취하고 있는 것은 북핵게임을 북미간의 게임으로 전환시키기 위한 것이다. 여기서 명심할 것은 북미 간에 협상이 개시되고, 6자회담이 시작되어도 북한은 핵프로그램을 검증가능하고 비가역적인 방식으로 폐기하지 않을 것이며, 기존의 핵보유국의 지위를 인정받고 핵프로그램을 동결하는 방식으로 핵회담을 진행시킬 것이라고 시사하고 있는 것이다. 만약 북한이 1990년대에 전개된 북미 제네바협상 방식을 노리고 있다면, 남한은 북한의 핵위협을 고스란히 떠안게 된다. 이를 방지하기 위해 국제공조의 바탕 위에 대북한 압박전략을 지속적으로 전개할 필요가 있다.

다. 한국의 독자적인 대북 압박 전략

북한의 한국 배제 전략을 막고, 한국이 처음부터 핵협상에 적극적으로 참가할 수 있는 방안은 무엇인가? 그것은 핵과 미사일 분야에서 북한이 한국을 무서운 상대라고 인식하게 만들 수 있어야 한다. 즉, 한국이 핵무기를 개발하지 못한다고 하더라도 북한의 핵미사일 공격에 대해서 한국이 선제적으로 공격하거나 방어할 수 있는 능력을 갖추게 되면 북한이 한국을 협상당사자로 받아들일 것이란 것이다.

이와 관련하여 전문가들은 한국이 북한의 핵미사일 사용을 거부하기 위한 거부적 억제전력인 자위적 선제타격능력과 미사일 방어체계를 갖추어야 한다고 주장하고 있다.[81] 한국이 소위 말하는 탐지에서 타격까지 킬체인(Kill Chain)능력을 갖추

---

80) http://www.baidu.com.
81) 함형필, "북한 3차 핵실험과 우리의 대책,"『국가안보전략』2013년 3월호, 한국전략문제연구소, 2013.

게 될 때, 북한의 핵미사일 사용 억제는 물론 북한이 협상에서 한국을 당당한 당사자로 받아들이게 될 것이다. 이와 관련하여 사드(THAAD)체계를 주한미군이 도입하여 한반도에 배치함으로써 북한 핵미사일에 대한 전방위 억제력을 증강시키는 것도 필요하다.

아울러 한국정부는 북한보다 40배나 우세한 경제력, 글로벌 국가로서 보유한 외교력, 민간 과학기술능력을 총동원하여 북한의 핵미사일을 요격하거나 무력화시킬 수 있는 첨단 재래식 군사능력과 전장인식능력을 획기적으로 발전시켜야 한다. 거국적으로 한국의 대북한 핵미사일 공격능력과 방어능력을 향상시킬 때에 북한은 소모적인 군비경쟁보다 대화를 통한 신뢰구축과 군비통제의 길로 나오게 될 것이다.

2. 핵협상 개시 이후 : 대북한 협력적 위협감소 전략

북한이 비핵화를 위한 협상에 들어온다면, 6자회담을 통해 한미중일러 5개국이 북한에 대해 협력적위협감소전략을 구사하는 것이 필요하다. 이 전략의 요체는 북한의 핵폐기와 한미중일러 5개국의 대북 경제지원을 패키지 방식으로 타협하자는 것이다. 즉, 북한이 모든 핵무기와 핵물질, 핵개발프로그램의 폐기를 약속하고, 한미중일러 5개국은 그 폐기기간 동안 북한에 대한 경제지원을 약속하면서, IAEA(국제원자력기구)와 함께 대북한 핵사찰기구를 만들어 사찰을 실시하는 것이다.[82]

이 계획은 미국의 리차드 루가 공화당 상원의원과 샘 넌 민주당 상원의원이 1991년 초당적 합의를 바탕으로 구소련 국가들의 핵무기 및 화학무기의 폐기와 핵물질의 안전한 관리, 핵과학기술자들의 대체 직업 훈련 및 전직 협조 제공, 민수용 과학기술센터의 설립을 목적으로 통과시킨 법에 의해서 매년 구소련 공화국 특히 러시아, 우크라이나, 벨루로시, 카자흐스탄 등에 1992년부터 매년 3억불에서 4억불까지를 지원해 주는 방식을 택했던 소위 협력적위협감소(CTR : Cooperative Threat Reduction)프로그램과 유사하다.[83] 2002년에 이 CTR 프로그램은 G8(미국, 캐나다, 영국, 프랑스, 독일, 이태리, 일본, 러시아) 국가들이 참여함으로써 대량살상무기감소를 위한 전지구적동반자프로그램(Global Partnership Against the Spread of Weapons and Materials of Mass Destruction)으로 확대되었다. 1992년부터 2012년 말까지 구소련 공화국의 핵무기를 해체한 핵물질 250여 톤을 미국으로 운송해왔으며, 안전한 핵무기 폐기와 핵과학기술자들의 전직에 놀랄만한 성과를 거두었다고 평가되고 있다.

---

82) 유사한 연구로는 박종철, 손기웅, 구본학, 김영호, 전봉근 공저, 『한반도 평화와 북한 비핵화 : 협력적 위협감축(CTR)의 적용방안』, KINU 연구총서 11-07, (서울 : 통일연구원, 2011) 참조.

83) Amy F. Woolf, "Nunn-Lugar Cooperative Threat Reduction Programs : Issues for Congress," *CRS Report for Congress*, Congressional Research Service, 97-1027 F, March 23, 2001.

그런데 이러한 CTR의 대북한 적용에 대해서 박근혜 대통령은 긍정적인 의견을 피력한 적이 있다.[84] 북한의 핵무기 폐기와 대북한 경제지원을 연계시켜서 협상을 통해 단계적으로 북한의 핵무기를 폐기시키고, 핵개발에 종사했던 인력들을 다른 직종으로 전직시킬 수 있다면, 이러한 방식을 북핵분야에 대한 한반도 신뢰프로세스라고 부를 수 있을 것이다. 또한 한반도에서 협력적위협감소프로그램이 시작되면, G8 Global Partnership으로부터 북핵 폐기와 화생무기 폐기를 위한 재정적 협력도 받을 수 있을 것이다.

3. 한반도 평화체제 구축 전략

북한이 비핵화 방침을 천명하고 핵협상에 들어오게 되면, 6자회담의 개최와 동시에 한국, 북한, 미국, 중국 4자가 참여하는 한반도 평화포럼을 개최한다. 사실 남북한간의 군사적 신뢰구축을 먼저 진행할 것인가 혹은 정전협정을 준수하면 되지 평화협정을 위한 별도의 포럼이 필요한가에 대한 논의는 많이 진행되었다. 그러나 북한의 비핵화를 위한 협상이 개시되면, 한반도 평화체제구축을 위한 협상이 병행추진될 필요가 있으며, 이 협의과정에서 신뢰구축과 군비통제관련 의제를 포함시켜 논의하는 것이 현실적인 방안이 될 것이다. 따라서 북핵문제 이외의 안보의제는 이 포럼에서 포괄적으로 논의하는 것이 바람직하다. 한반도 평화포럼에서는 정전체제를 대체하기 위한 평화체제 문제를 협의하며, 4자회담의 하위 기구로서 남북한 군사적 신뢰구축과 군비통제 문제를 협의하고, 남북한과 미국 3자가 협상을 개시하여 3자간의 신뢰구축과 군비통제 문제도 협의할 수 있을 것이다. 종전에 한국정부는 선 북핵문제 해결 후 한반도 평화체제 구축이란 공식을 견지하였으나, 북핵문제가 심각해지고 북한이 핵전쟁위협을 협박하고 있는 현 상황에서는 6자회담과 함께 4자회담 혹은 3자회담을 동시에 개최하는 방안도 고려해봄직하다. 북핵과 한반도 안보문제를 동시에 해결할 수 있다면 그것이 하나의 역동적인 한반도 신뢰프로세스가 될 수 있을 것이다.

V. 결   론

본 장에서는 북한이 핵무기를 가지고 전쟁을 협박하는 상황 하에서 어떻게 해야 한반도 신뢰프로세스라는 기치를 내건 박근혜 정부가 한반도에서 북핵문제를 해결하고 안보분야에서 신뢰구축을 할 수 있겠는가에 대해 연구하였다. 남북한 간

---

84) 『중앙일보』, "박대통령, 북한이 카자흐스탄의 선택 따르길," 2013.4.27.

에 신뢰구축에 대한 이해도와 입장의 차이가 너무 크고, 북한이 남한을 군사적 신뢰구축의 당사자로서 자격도 인정하지 않은 현실은 신뢰구축프로세스의 앞에 놓여있는 장애물이 여간하지 않다는 것을 보여주고 있다. 또한 북한이 남북한 간 합의와 국제적 합의를 위반하고 핵개발을 계속해왔기 때문에 북핵문제에 관련하여 신뢰를 상실해왔으며 관련 국가들이 북핵문제를 정책의 우선순위에 놓음에 따라, 안보분야에서 신뢰구축과 군비통제 문제는 뒤로 밀리는 현상을 노정해왔다.

그래서 북한을 핵협상과 안보분야의 신뢰구축 협상으로 유인하기 위해서는 대화에 매달리는 전략보다는 억지와 압박, 대화와 협력 두 가지 전략을 동시에 추구하는 이른바 양면전략(two track strategy)이 가장 효과적인 전략이 될 것이다. 우선 북한의 김정은 정권을 미국의 확장억지력으로 억제하면서 국제공조 하에 경제제재로 압박하는 전략을 구사함과 동시에 한국이 독자적으로 북한의 핵미사일 사용을 거부할 수 있는 선제타격능력과 미사일 방어능력을 조속한 시일 내에 구비하는 전략을 추구해야 할 것이다. 그러면서 북한이 협상에 들어올 경우에 3단계 신뢰프로세스 구축전략을 제시하는 것이다.

그래야 북한이 한국을 무서운 대화 상대자로 간주하고 한국이 핵협상과 안보분야 신뢰구축협상에 주도적으로 참가할 수 있도록 수용할 것이다. 아울러 6자회담 등 북핵 대화가 시작되면, 한반도 평화체제구축을 위한 평화포럼, 즉 4자회담을 동시에 개시하고, 4자회담의 틀 내에서 신뢰구축과 군비통제를 위한 남북한 양자회담, 남북미 3자회담을 병행시키는 방법도 고려해 볼만하다.

여기서는 한반도 신뢰프로세스를 3단계로 구분하고 제1단계는 신뢰구축의지를 탐색하는 단계, 제2단계는 실제적으로 신뢰를 구축하는 단계, 제3단계는 신뢰구축의 제도화 단계라고 불렀다. 각 단계마다 정책수단을 제시하였는데, 가장 주목할 것은 제2단계인 신뢰구축단계이다. 신뢰구축단계에서는 북핵문제를 해결하기 위해 협력적위협감소 전략을 제시하였고, 한·미·중·러·일 5개국이 대북한 경제지원 패키지를 마련하고 북핵폐기 협상에 임하며, 북핵폐기 관련 합의의 이행을 검증할 한미중러일 5개국과 IAEA의 합동 검증체제를 제시하였다. 또한 6자회담의 재개와 함께 한반도 군사안보분야의 신뢰구축과 군비통제를 추동할 수 있는 4자회담의 재개를 제안하였다.

이런 협상과정이 성공하여 한반도에서 공고한 신뢰프로세스가 구축되기 위해서는 유럽의 헬싱키프로세스에서 보듯이 세 가지 요소가 협력하여 잘 작동해야 한다. 첫째는 정치지도자들의 신뢰구축을 향한 강력한 의지, 둘째는 전문가공동체의 적극적이고 지속적인 참여와 기여, 셋째는 정치지도자와 군부의 활발한 토론과 실용적인 협상전략의 개발과 적용 등이다. 이 세 가지 요소는 북한에도 동일하게 적용되어야 한다. 왜냐하면 북한에서는 지도자 개인의 역할이 크지만, 신뢰구축에 대한 광범위한 지지와 제도화 과정을 거치려면 군부의 이해와 지지가 필수적이기 때문이다. 효과적인 대북전략의 구사와 함께 이 세 가지 요인이 긍정적으로 상호작용한다면 한반도 신뢰프로세스의 돌파구는 생길 수도 있다.

부　록

[부록 1]

핵무기확산금지조약
Treaty on the Non-Proliferation of Nuclear Weapons(NPT)

본 조약을 체결하는 국가들(이하 "조약당사국"이라 칭한다)은, 핵전쟁이 모든 인류에게 미치는 참해와 그러한 전쟁의 위험을 회피하기 위하여 모든 노력을 경주하고 제 국민의 안전을 보장하기 위한 조치를 취하여야 할 필연적 필요성을 고려하고, 핵무기의 확산으로 핵전쟁의 위험이 심각하게 증대할 것임을 확신하며, 핵무기의 광범한 전파방지에 관한 협정의 체결을 요구하는 국제연합총회의 제결의에 의거하며, 평화적 원자력 활동에 대한 국제원자력기구의 안전조치 적용을 용이하게 하는데 협조할 것임을 약속하며, 어떠한 전략적 장소에서의 기재 및 기타 기술의 사용에 의한 선원물질 및 특수분열성물질의 이동에 대한 효과적 안전조치 적용원칙을 국제원자력기구의 안전조치제도의 테두리 내에서, 적용하는 것을 촉진하기 위한 연구개발 및 기타의 노력에 대한 지지를 표명하며, 핵폭발장치의 개발로부터 핵무기 보유국이 인출하는 기술상의 부산물을 포함하여 핵기술의 평화적 응용의 이익은, 평화적 목적을 위하여 핵무기 보유국이거나 또는 핵무기 비보유국이거나를 불문하고 본 조약의 모든 당사국에 제공되어야 한다는 원칙을 확인하며, 상기원칙을 추구함에 있어서 본 조약의 모든 당사국은 평화적 목적을 위한 원자력의 응용을 더욱 개발하기 위한 과학정보의 가능한 한 최대한의 교환에 참여할 권리를 가지며 또한 단독으로 또는 다른 국가와 협조하여 동 응용의 개발에 가일층 기여할 수 있음을 확신하며, 가능한 한 조속한 일자에 핵무기 경쟁의 중지를 달성하고 또한 핵군비축소의 방향으로 효과적인 조치를 취하고자 하는 당사국의 의도를 선언하며, 이러한 목적을 달성함에 있어 모든 국가의 협조를 촉구하며, 대기권, 외기권 및 수중에서의 핵무기 실험을 금지하는 1963년 조약 당사국들이, 핵무기의 모든 실험폭발을 영원히 중단하도록 노력하고 또한 이러한 목적으로 교섭을 계속하고자 동 조약의 전문에서 표명한 결의를 상기하며, 엄격하고 효과적인 국제감시하의 전면적 및 완전한 군축에 관한 조약에 따라 핵무기의 제조 중지, 모든 현존 비축 핵무기의 소멸 및 국내 병기고로부터의 핵무기와 핵무기 운반수단의 제거를 용이하게 하기 위하여 국제적 긴장완화와 국가간의 신뢰증진을 촉진하기를 희망하며, 국제연합헌장에 따라 제국가는, 그들의 국제관계에 있어서 어느 국가의 영토보전과 정치적 독립에 대하여 또는 국제연합의 목적과 일치하지 아니하는 여하한 방법으로 무력의 위협 또는 무력사용을 삼가해야 하며 또한 국제평화와 안전의 확립 및 유지는 세계의 인적 및 경제적 자원의 군비목적에의 전용을 최소화함으로써 촉진될 수 있다는 것을 상기하여, 다음과 같이 합의하였다.

제 1 조

핵무기보유 조약당사국은 여하한 핵무기 또는 핵폭발장치 또는 그러한 무기 또는 폭발장치에 대한 관리를 직접적으로 또는 간접적으로 어떠한 수령자에 대하여 양도하지 않을 것을 약속하며, 또한 핵무기 비보유국이 핵무기 또는 기타의 핵폭발장치를 제조하거나 획득하며 또는 그러한 무기 또는 핵폭발장치를 관리하는 것을 여하한 방법으로도 원조, 장려 또는 권유하지 않을 것을 약속한다.

제 2 조

핵무기 비보유 조약당사국은 여하한 핵무기 또는 핵폭발장치 또는 그러한 무기 또는 폭발장치의 관리를 직접적으로 또는 간접적으로 어떠한 양도자로부터도 양도받지 않을 것과, 핵무기 또는 기타의 핵폭발장치를 제조하거나 또는 다른 방법으로 획득하지 않을 것과 또한 핵무기 또는 기타의 핵폭발장치를 제조함에 있어서 어떠한 원조를 구하거나 또는 받지 않을 것을 약속한다.

제 3 조

1. 핵무기 비보유 조약당사국은 원자력을, 평화적 이용으로부터 핵무기 또는 기타의 핵폭발장치로 전용하는 것을 방지하기 위하여 본 조약에 따라 부담하는 의무이행의 검증을 위한 목적으로 국제원자력기구헌장 및 동 기구의 안전조치제도에 따라 국제원자력기구와 교섭하여 체결할 합의사항에 열거된 안전조치를 수락하기로 약속한다. 본조에 의하여 요구되는 안전조치의 절차는 선원물질 또는 특수분열성물질이 주요원자력시설내에서 생산처리 또는 사용되고 있는가 또는 그러한 시설외에서 그렇게 되고 있는가를 불문하고, 동 물질에 관하여 적용되어야 한다. 본조에 의하여 요구되는 안전조치는 동 당사국 영역내에서나 그 관할권하에서나 또는 기타의 장소에서 동 국가의 통제하에 행하여지는 모든 평화적 원자력 활동에 있어서의 모든 선원물질 또는 특수분열성물질에 적용되어야 한다.

2. 본 조약 당사국은, 선원물질 또는 특수분열성물질이 본조에 의하여 요구되고 있는 안전조치에 따르지 아니하는 한, (가) 선원물질 또는 특수분열성물질 또는 (나) 특수분열성물질의 처리사용 또는 생산을 위하여 특별히 설계되거나 또는 준비되는 장비 또는 물질을 평화적 목적을 위해서 여하한 핵무기보유국에 제공하지 아니하기로 약속한다.

3. 본조에 의하여 요구되는 안전조치는, 본 조약 제4조에 부합하는 방법으로, 또한 본조의 규정과 본 조약 전문에 규정된 안전조치 적용원칙에 따른 평화적 목적을 위한 핵물질의 처리사용 또는 생산을 위한 핵물질과 장비의 국제적 교류를 포함하여 평화적 원자력 활동분야에 있어서의 조약당사국의 경제적 또는 기술적 개발 또는 국제협력에 저해되지 않는 방법으로 시행되어야 한다.

4. 핵무기 비보유 조약당사국은 국제원자력기구규정에 따라 본조의 요건을 충족하기 위하여 개별적으로 또는 다른 국가와 공동으로 국제원자력기구와 협정을 체결한다. 동 협정의 교섭은 본 조약의 최초 발효일로부터 180일이내에 개시되어야 한다. 전기의 180일 후에 비준서 또는 가입서를 기탁하는 국가에 대해서는 동 협정의 교섭이 동 기탁일자 이전에 개시되어야 한다. 동 협정은 교섭개시일로부터 18개월 이내에 발효하여야 한다.

제 4 조

1. 본 조약의 어떠한 규정도 차별없이 또한 본 조약 제1조 및 제2조에 의거한 평화적 목적을 위한 원자력의 연구생산 및 사용을 개발시킬 수 있는 모든 조약당사국의 불가양의 권리에 영향을 주는 것으로 해석되어서는 아니된다.

2. 모든 조약당사국은 원자력의 평화적 이용을 위한 장비 물질 및 과학기술적 정보의 가능한 한 최대한의 교환을 용이하게 하기로 약속하고, 또한 동 교환에 참여할 수 있는 권리를 가진다. 상기의 위치에 처해 있는 조약당사국은, 개발도상지역의 필요성을 적절히 고려하여, 특히 핵무기 비보유 조약당사국의 영역내에서, 평화적 목적을 위한 원자력 응용을 더욱 개발하는데 단독으로 또는 다른 국가 및 국제기구와 공동으로 기여하도록 협력한다.

제 5 조

본 조약 당사국은 본 조약에 의거하여 적절한 국제감시하에 또한 적절한 국제적 절차를 통하여 핵폭발의 평화적 응용으로부터 발생하는 잠재적 이익이 무차별의 기초위에 핵무기 비보유 조약당사국에 제공되어야 하며, 또한 사용된 폭발장치에 대하여 핵무기 비보유 조약당사국이 부담하는 비용은 가능한 한 저렴할 것과 연구 및 개발을 위한 어떠한 비용도 제외할 것을 보장

하기 위한 적절한 조치를 취하기로 약
속한다. 핵무기 비보유 조약당사국은
핵무기 비보유국을 적절히 대표하는 적
당한 국제기관을 통하여 특별한 국제
협정에 따라 그러한 이익을 획득할 수
있어야 한다. 이 문제에 관한 교섭은
본 조약이 발효한 후 가능한 한 조속히
개시되어야 한다. 핵무기 비보유 조약
당사국이 원하는 경우에는 양자협정에
따라 그러한 이익을 획득할 수 있다.

제 6 조

조약당사국은 조속한 일자내에 핵무기
경쟁중지 및 핵군비 축소를 위한 효과
적 조치에 관한 교섭과 엄격하고 효과
적인 국제적 통제하의 전반적 및 완전
한 군축에 관한 조약 체결을 위한 교섭
을 성실히 추구하기로 약속한다.

제 7 조

본 조약의 어떠한 규정도 복수의 국가
들이 각자의 영역내에서 핵무기의 전
면적 부재를 보장하기 위하여 지역적
조약을 체결할 수 있는 권리에 영향을
주지 아니한다.

제 8 조

1. 조약당사국은 어느 국가나 본 조약
에 대한 개정안을 제의할 수 있다. 제
의된 개정문안은 기탁국 정부에 제출되
며 기탁국 정부는 이를 모든 조약당사국

에 배부한다. 동 개정안에 대하여 조약
당사국의 3분의 1 또는 그 이상의 요청
이 있을 경우에, 기탁국 정부는 동 개
정안을 심의하기 위하여 모든 조약당사
국을 초청하는 회의를 소집하여야 한다.
2. 본 조약에 대한 개정안은, 모든 핵
무기 보유 조약당사국과 동 개정안이
배부된 당시의 국제원자력기구 이사국
인 조약당사국 전체를 포함한 모든 조
약당사국의 과반수의 찬성투표로써 승
인되어야 한다. 동 개정안은 개정안에
대한 비준서를 기탁하는 당사국에 대
하여, 모든 핵무기 보유 조약당사국과
동 개정안이 배부된 당시의 국제원자
력기구 이사국인 조약당사국 전체의
비준서를 포함한 모든 조약당사국 과
반수의 비준서가 기탁된 일자에 효력
을 발생한다. 그 이후에는 동 개정안에
대한 비준서를 기탁하는 일자에 동 당
사국에 대하여 효력을 발생한다.
3. 본 조약의 발효일로부터 5년이 경과
한 후에 조약당사국회의가 본 조약 전
문의 목적과 조약규정이 실현되고 있
음을 보증할 목적으로 본 조약의 실시
를 검토하기 위하여 스위스 제네바에
서 개최된다. 그 이후에는 5년마다 조
약당사국 과반수가 동일한 취지로 기
탁국 정부에 제의함으로써 본 조약의
운용상태를 검토하기 위해 동일한 목
적의 추후 회의를 소집할 수 있다.

제 9 조

1. 본 조약은 서명을 위하여 모든 국가에 개방된다. 본조 3항에 의거하여 본 조약의 발효전에 본 조약에 서명하지 아니한 국가는 언제든지 본 조약에 가입할 수 있다.

2. 본 조약은 서명국에 의하여 비준되어야 한다. 비준서 및 가입서는 기탁국 정부로 지정된 미합중국, 영국 및 소련 정부에 기탁된다.

3. 본 조약은 본 조약의 기탁국 정부로 지정된 국가 및 본 조약의 다른 40개 서명국에 의한 비준과 동 제국에 의한 비준서 기탁일자에 발효한다. 본 조약상 핵무기 보유국이라 함은 1967년 1월 1일 이전에 핵무기 또는 기타의 핵폭발장치를 제조하고 폭발시킨 국가를 말한다.

4. 본 조약의 발효후에 비준서 또는 가입서를 기탁하는 국가에 대해서는 동 국가의 비준서 또는 가입서 기탁일자에 발효한다.

5. 기탁국 정부는 본 조약에 대한 서명일자, 비준서 또는 가입서 기탁일자, 본 조약의 발효일자 및 회의소집 요청 또는 기타의 통고접수일자를 모든 서명국 및 가입국에 즉시 통보하여야 한다.

6. 본 조약은 국제연합헌장 제102조에 따라 기탁국 정부에 의하여 등록된다.

제 10 조

1. 각 당사국은, 당사국의 주권을 행사함에 있어서, 본 조약상의 문제에 관련하여 비상사태가 자국의 최고이익을 위태롭게 하고 있다고 결정하는 경우에는 본 조약으로부터 탈퇴할 수 있는 권리를 가진다. 각 당사국은 동 탈퇴 통고를 3개월전에 모든 조약당사국과 국제연합 안전보장이사회에 행한다. 동 통고에는 동 국가의 최고이익을 위태롭게 하고 있는 것으로 그 국가가 간주하는 비상사태에 관한 설명이 포함되어야 한다.

2. 본 조약의 발효일로부터 25년이 경과한 후에 본 조약이 무기한으로 효력을 지속할 것인가 또는 추후의 일정기간동안 연장될 것인가를 결정하기 위하여 회의를 소집한다. 동 결정은 조약당사국 과반수의 찬성에 의한다.

제 11 조

동등히 정본인 영어, 노어, 불어, 서반아어 및 중국어로 된 본 조약은 기탁국 정부의 문서보관소에 기탁된다. 본 조약의 인증등본은 기탁국 정부에 의하여 서명국과 가입국 정부에 전달된다. 이상의 증거로서 정당히 권한을 위임받은 하기 서명자는 본 조약에 서명하였다.

1968년 7월 1일 워싱턴, 런던 및 모스크바에서 본 협정문 3부를 작성하였다.

남북간 군사 관련 합의서

1. 남북공동성명

1972. 7. 4 발효

최근 평양과 서울에서 남북관계를 개선하며 갈라진 조국을 통일하는 문제를 협의하기 위한 회담이 있었다.

서울의 이후락 중앙정보부장이 1972년 5월 2일부터 5월 5일까지 평양을 방문하여 평양의 김영주 조직지도부장과 회담을 진행하였으며, 김영주 부장을 대신한 박성철 제2부수상이 1972년 5월 29일부터 6월 1일까지 서울을 방문하여 이후락 부장과 회담을 진행하였다.

이 회담들에서 쌍방은 조국의 평화적 통일을 하루빨리 가져와야 한다는 공통된 염원을 안고 허심탄회하게 의견을 교환하였으며 서로의 이해를 증진시키는 데서 큰 성과를 거두었다.

이 과정에서 쌍방은 오랫동안 서로 만나보지 못한 결과로 생긴 남북 사이의 오해와 불신을 풀고 긴장의 고조를 완화시키며 나아가서 조국통일을 촉진시키기 위하여 다음과 같은 문제들에 완전한 견해의 일치를 보았다.

1. 쌍방은 다음과 같은 조국통일 원칙들에 합의를 보았다.

첫째, 통일은 외세에 의존하거나 외세의 간섭을 받음이 없이 자주적으로 해결하여야 한다.

둘째, 통일은 서로 상대방을 반대하는 무력행사에 의거하지 않고 평화적 방법으로 실현하여야 한다.

셋째, 사상과 이념·제도의 차이를 초월하여 우선 하나의 민족으로서 민족적 대단결을 도모하여야 한다.

2. 쌍방은 남북 사이의 긴장상태를 완화하고 신뢰의 분위기를 조성하기 위하여 서로 상대방을 중상 비방하지 않으며 크고 작은 것을 막론하고 무장도발

을 하지 않으며 불의의 군사적 충돌사
건을 방지하기 위한 적극적인 조치를
취하기로 합의하였다.

3. 쌍방은 끊어졌던 민족적 연계를 회
복하며 서로의 이해를 증진시키고 자주
적 평화통일을 촉진시키기 위하여 남북
사이에 다방면적인 제반교류를 실시하
기로 합의하였다.

4. 쌍방은 지금 온 민족의 거대한 기대
속에 진행되고 있는 남북적십자회담이
하루빨리 성사되도록 적극 협조하는 데
합의하였다.

5. 쌍방은 돌발적 군사사고를 방지하고
남북 사이에 제기되는 문제들을 직접,
신속 정확히 처리하기 위하여 서울과
평양 사이에 상설 직통전화를 놓기로
합의하였다.

6. 쌍방은 이러한 합의사항을 추진시킴
과 함께 남북 사이의 제반문제를 개선
해결하며 또 합의된 조국통일원칙에 기
초하여 나라의 통일문제를 해결할 목적
으로 이후락 부장과 김영주 부장을 공동
위원장으로 하는 남북조절위원회를 구
성·운영하기로 합의하였다.

7. 쌍방은 이상의 합의사항이 조국통일
을 일일천추로 갈망하는 온 겨레의 한
결같은 염원에 부합된다고 확신하면서
이 합의사항을 성실히 이행할 것을 온
민족 앞에 엄숙히 약속한다.

서로 상부의 뜻을 받들어

이후락   김영주

1972년 7월 4일

2. 남북직통전화 가설 및 운용에 관한 합의서

1972. 7. 4 발효

1. 직통전화의 설치목적

조국의 평화통일을 자주적으로 실현하기 위한 과업과 기타 남북간에 제기되는 문제 및 불의의 사태에 대비하는 문제를 직접, 신속, 정확히 처리하기 위하여 서울－평양간 직통전화(이하 직통전화라고 함)를 설치 운용한다.

2. 직통전화 설치장소

직통전화는 서울에서는 이후락 중앙정보부장의 사무실 그리고 평양에는 김영주 조직지도부장의 사무실에 각각 설치한다.

3. 운용시간

직통전화는 일요일과 공휴일을 제외하고 매일 9시부터 12시까지, 16시부터 20시까지의 사이에 운용하며 쌍방이 필요하다고 인정할 경우에는 이상의 지정된 시간과 날짜에 구애됨이 없이 사전에 날짜와 시간을 설정하여 운용한다.

4. 통화자

직통전화의 통화자는 다음과 같은 사람으로 한다.

서울에는 이후락 중앙정보부장과 그가 지명한 3명으로 하며 평양에서는 김영주 조직지도부장과 그가 지명한 3명으로 한다.

5. 시험통화

직통전화의 이상유무를 확인하기 위하여 제3항에 지정된 날의 10시에 시험통화를 한다.

6. 고장수리

직통전화에 이상이 있을 때는 판문점 상설 연락사무소를 통하여 이를 통보하고 쌍방은 각기 자기 관할지역을 책임지고 보수하며 판문점 공동경비구역 내의 고장은 양측이 공동으로 수리한다.

7. 비밀보장

쌍방은 통화내용의 비밀을 엄격히 보장한다.

8. 수정 또는 보충

본 합의서의 내용을 수정 또는 보충할 필요가 있을 경우에는 쌍방의 합의에 의해서만 할 수 있다.

9. 유효기간

본 합의서는 서로 서명하여 교환한 때로부터 발효하여 쌍방의 합의에 따라 폐기하기 전에는 계속 유효하다.

서 울	평 양
중앙정보부장	조직지도부장
이후락	김영주

1972년 7월 4일

3. 남북 사이의 화해와 불가침 및 교류·협력에 관한 합의서

1992. 2. 19 발효

남과 북은 분단된 조국의 평화적 통일을 염원하는 온 겨레의 뜻에 따라, 7·4 남북 공동성명에서 천명된 조국통일 3대원칙을 재확인하고, 정치 군사적 대결상태를 해소하여 민족적 화해를 이룩하고, 무력에 의한 침략과 충돌을 막고 긴장 완화와 평화를 보장하며, 다각적인 교류·협력을 실현하여 민족공동의 이익과 번영을 도모하며, 쌍방 사이의 관계가 나라와 나라사이의 관계가 아닌 통일을 지향하는 과정에서 잠정적으로 형성되는 특수관계라는 것을 인정하고, 평화 통일을 성취하기 위한 공동의 노력을 경주할 것을 다짐하면서, 다음과 같이 합의하였다.

제 1 장 남북화해

제 1 조 남과 북은 서로 상대방의 체제를 인정하고 존중한다.

제 2 조 남과 북은 상대방의 내부문제에 간섭하지 아니한다.

제 3 조 남과 북은 상대방에 대한 비방·중상을 하지 아니한다.

제 4 조 남과 북은 상대방을 파괴·전복하려는 일체 행위를 하지 아니한다.

제 5 조 남과 북은 현정전상태를 남북 사이의 공고한 평화상태로 전환시키기 위하여 공동으로 노력하며 이러한 평화상태가 이룩될 때까지 현군사정전협정을 준수한다.

제 6 조 남과 북은 국제무대에서 대결과 경쟁을 중지하고 서로 협력하며 민족의 존엄과 이익을 위하여 공동으로 노력한다.

제 7 조 남과 북은 서로의 긴밀한 연락과 협의를 위하여 이 합의서 발효 후 3개월 안에 판문점에 남북연락사무소를 설치·운영한다.

제 8 조 남과 북은 이 합의서 발효 후 1개월 안에 본회담 테두리 안에서 남북 정치분과위원회를 구성하여 남북화해에 관한 합의의 이행과 준수를 위한 구체적 대책을 협의한다.

제 2 장 남북불가침

제 9 조 남과 북은 상대방에 대하여 무력을 사용하지 않으며 상대방을 무력으로 침략하지 아니한다.

제 10 조 남과 북은 의견대립과 분쟁

문제들을 대화와 협상을 통하여 평화적으로 해결한다.

제 11 조 남과 북의 불가침 경계선과 구역은 1953년 7월 27일자 군사정전에 관한 협정에 규정된 군사분계선과 지금까지 쌍방이 관할하여 온 구역으로 한다.

제 12 조 남과 북은 불가침의 이행과 보장을 위하여 이 합의서 발효 후 3개월 안에 남북군사공동위원회를 구성·운영한다. 남북군사공동위원회에서는 대규모 부대이동과 군사연습의 통보 및 통제문제, 비무장지대의 평화적 이용문제, 군인사교류 및 정보교환문제, 대량살상무기와 공격능력의 제거를 비롯한 단계적 군축 실현문제, 검증문제 등 군사적 신뢰조성과 군축을 실현하기 위한 문제를 협의·추진한다.

제 13 조 남과 북은 우발적인 무력충돌과 그 확대를 방지하기 위하여 쌍방 군사당국자 사이에 직통 전화를 설치·운영한다.

제 14 조 남과 북은 이 합의서 발효 후 1개월 안에 본회담 테두리 안에서 남북군사분과위원회를 구성하여 불가침에 관한 합의의 이행과 준수 및 군사적 대결 상태를 해소하기 위한 구체적 대책을 협의한다.

제 3 장 남북교류·협력

제 15 조 남과 북은 민족경제의 통일적이며 균형적인 발전과 민족전체의 복리향상을 도모하기 위하여 자원의 공동개발, 민족 내부 교류로서의 물자교류, 합작투자 등 경제교류와 협력을 실시한다.

제 16 조 남과 북은 과학·기술, 교육, 문화·예술, 보건, 체육, 환경과 신문, 라디오, 텔레비전 및 출판물을 비롯한 출판·보도 등 여러 분야에서 교류와 협력을 실시한다.

제 17 조 남과 북은 민족구성원들의 자유로운 왕래와 접촉을 실현한다.

제 18 조 남과 북은 흩어진 가족·친척들의 자유로운 서신거래와 왕래와 상봉 및 방문을 실시하고 자유의사에 의한 재결합을 실현하며, 기타 인도적으로 해결할 문제에 대한 대책을 강구한다.

제 19 조 남과 북은 끊어진 철도와 도로를 연결하고 해로, 항로를 개설한다.

제 20 조 남과 북은 우편과 전기통신 교류에 필요한 시설을 설치·연결하며, 우편·전기통신교류의 비밀을 보장한다.

제 21 조 남과 북은 국제무대에서 경제와 문화 등 여러 분야에서 서로 협력하며 대외에 공동으로 진출한다.

제 22 조 남과 북은 경제와 문화 등 각 분야의 교류와 협력을 실현하기 위한 합의의 이행을 위하여 이 합의서 발효 후 3개월 안에 남북경제교류·협력 공동위원회를 비롯한 부문별 공동위원회들을 구성·운영한다.

제 23 조 남과 북은 이 합의서 발효
후 1개월 안에 본회담 테두리 안에서
남북교류·협력분과위원회를 구성하여
남북교류·협력에 관한 합의의 이행과
준수를 위한 구체적 대책을 협의한다.

제 4 장 수정 및 발효

제 24 조   이 합의서는 쌍방의 합의에
의하여 수정·보충할 수 있다.

제 25 조 이 합의서는 남과 북이 각기
발효에 필요한 절차를 거쳐 그 문본을
서로 교환한 날부터 효력을 발생한다.

1991년 12월 13일

남북고위급회담　　　북남고위급회담
남측대표단수석대표　북측대표단단장
대한민국　　　　　　조선민주주의
　　　　　　　　　　인민공화국
국무총리 정원식　　정무원총리 연형묵

4. 한반도의 비핵화에 관한 공동선언

1992. 2. 19 발효

남과 북은 한반도를 비핵화함으로써 핵전쟁 위험을 제거하고 우리나라의 평화와 평화통일에 유리한 조건과 환경을 조성하며 아시아와 세계의 평화와 안전에 이바지하기 위하여 다음과 같이 선언한다.

1. 남과 북은 핵무기의 시험, 제조, 생산, 접수, 보유, 저장, 배비, 사용을 하지 아니한다.

2. 남과 북은 핵에너지를 오직 평화적 목적에만 이용한다.

3. 남과 북은 핵재처리시설과 우라늄농축시설을 보유하지 아니한다.

4. 남과 북은 한반도의 비핵화를 검증하기 위하여 상대측이 선정하고 쌍방이 합의하는 대상들에 대하여 남북핵통제공동위원회가 규정하는 절차와 방법으로 사찰을 실시한다.

5. 남과 북은 이 공동선언의 이행을 위하여 공동선언이 발효된 후 1개월 안에 남북핵통제공동위원회를 구성·운영한다.

6. 이 공동선언은 남과 북이 각기 발효에 필요한 절차를 거쳐 그 문본을 교환한 날부터 효력을 발생한다.

1992년 1월 20일

남북고위급회담   북남고위급회담
남측대표단수석대표   북측대표단단장
대한민국   조선민주주의
                     인민공화국
국무총리 정원식   정무원총리 연형묵

5. 남북 핵통제공동위원회 구성·운영에 관한 합의서

1992. 3. 19 발효

남과 북은 '한반도의 비핵화에 관한 공동선언'을 이행하기 위하여 남북핵통제공동 위원회(이하 '핵통제공동위원회'라 함)를 다음과 같이 구성·운영하기로 합의하였다.

제 1 조　핵통제공동위원회는 다음과 같이 구성한다.

① 핵통제공동위원회는 쌍방에서 각각 위원장 1명과 부위원장 1명을 포함하여 7명으로 구성하며, 그중 1~2명은 현역 군인으로 한다. 위원장은 차관(부부장)급 으로 한다.

② 쌍방은 핵통제공동위원회의 구성원 들을 교체할 경우 사전에 상대측에 이를 통보한다.

③ 핵통제공동위원회 수행원은 6명으로 하며 필요에 따라 쌍방이 합의하여 조정할 수 있다.

제 2 조　핵통제공동위원회는 다음과 같은 사항을 협의·추진한다.

① '한반도의 비핵화에 관한 공동선언'의 이행문제를 토의한데 따라 부속문건들을 채택·처리하는 문제와 기타 관련 사항.

② 한반도의 비핵화를 검증하기 위한 정보(핵시설과 핵물질 그리고 혐의가 있다고 주장하는 핵무기와 핵기지 포함) 교환에 관한 사항.

③ 한반도의 비핵화를 검증하기 위한 사찰단의 구성·운영에 관한 사항.

④ 한반도의 비핵화를 검증하기 위한 사찰대상(핵시설과 핵물질 그리고 혐의가 있다고 주장하는 핵무기와 핵기지 포함)의 선정, 사찰절차·방법에 관한 사항.

⑤ 핵사찰에 사용될 수 있는 장비에 관한 사항.

⑥ 핵사찰 결과에 따른 시정조치에 관한 사항.

⑦ '한반도의 비핵화에 관한 공동선언' 이행과 사찰활동에서 발생하는 분쟁의

해결에 관한 사항.

제 3 조 핵통제공동위원회는 다음과
같이 운영한다.

① 핵통제공동위원회 회의는 2개월마
다 개최하는 것을 원칙으로 하며, 쌍방
이 합의하여 수시로 개최할 수 있다.

② 핵통제공동위원회 회의는 판문점
남측지역 '평화의 집'과 북측지역 '통일
각'에서 번갈아 하는 것을 원칙으로 하
며, 쌍방이 합의하여 다른 장소에서도
할 수 있다.

③ 핵통제공동위원회 회의는 쌍방 위원
장이 공동으로 운영하며 비공개로 하는
것을 원칙으로 한다.

④ 핵통제공동위원회 회의를 위해 상
대측지역을 왕래하는 인원들에 대한 신
변안전보장, 편의제공과 회의기록 등
실무절차는 관례대로 한다.

⑤ 핵통제공동위원회 운영과 관련한 그
밖의 필요한 사항은 핵통제공동위원회
에서 쌍방이 협의하여 정한다.

제 4 조 핵통제공동위원회의 합의사
항은 쌍방 총리가 합의문건에 서명한
날부터 효력을 발생한다. 경우에 따라
쌍방이 합의하는 중요한 문건은 쌍방
총리가 서명하고 발효에 필요한 절차
를 거쳐 그 문본을 교환한 날부터 효력
을 발생한다.

제 5 조 이 합의서는 쌍방의 합의에
따라 수정·보충할 수 있다.

제 6 조 이 합의서는 쌍방이 서명하여
교환한 날부터 효력을 발생한다.

1992년 3월 18일

남북고위급회담　　北남고위급회담
남측대표단수석대표　북측대표단단장
대한민국　　　　　　조선민주주의
　　　　　　　　　　인민공화국
국무총리 정원식　정무원총리 연형묵

6. 남북 군사공동위원회 구성·운영에 관한 합의서

1992. 5. 7 발효

남과 북은 '남북 사이의 화해와 불가침 및 교류·협력에 관한 합의서'에 따라 남북 사이의 불가침을 이행·보장하고 군사적 신뢰조성과 군축을 실현하기 위한 문제를 협의·추진하기 위하여 '남북 군사공동위원회'(이하 '군사공동위원회'라고 한다)를 다음과 같이 구성·운영하기로 합의하였다.

제 1 조　군사공동위원회는 다음과 같이 구성한다.

① 군사공동위원회는 위원장 1명, 부위원장 1명, 위원 5명으로 구성한다.

② 군사공동위원회 위원장은 차관급(부부장급) 이상으로 하며 부위원장과 위원들의 급은 각기 편리하게 한다.

③ 쌍방은 군사공동위원회 구성원을 교체할 경우 사전에 이를 상대측에 통보한다.

④ 수행원은 15명으로 하며 필요에 따라 쌍방이 합의하여 조정할 수 있다.

⑤ 쌍방은 군사공동위원회의 원활한 운영을 위하여 필요에 따라 실무협의회를 구성·운영할 수 있다.

제 2 조　군사공동위원회는 다음과 같은 기능을 수행한다.

① 불가침의 이행과 준수 및 보장을 위한 구체적 실천대책을 협의한다.

② 불가침의 이행과 준수 및 보장을 위한 구체적 실천대책을 협의한 데 따라 필요한 합의서를 작성하고 실천한다.

③ 군사적 대결상태를 해소하기 위한 합의사항을 실천한다.

④ 위에서 합의한 사항의 실천을 확인·감독한다.

제 3 조　군사공동위원회는 다음과 같이 운영한다.

① 군사공동위원회 회의는 분기에 1회 개최하는 것을 원칙으로 하며 필요한 경우 쌍방이 합의하여 수시로 개최할

수 있다.

② 군사공동위원회 회의는 판문점과 서울, 평양 또는 쌍방이 합의하는 다른 장소에서도 개최할 수 있다.

③ 군사공동위원회 회의는 쌍방 위원장이 공동으로 운영한다.

④ 군사공동위원회 회의는 비공개로 하는 것을 원칙으로 하며 쌍방의 합의에 따라 공개로 할 수도 있다.

⑤ 군사공동위원회 회의를 위하여 상대측 지역을 왕래하는 인원들에 대한 신변 안전보장, 편의 제공과 회의기록 등 실무절차는 관례대로 한다.

⑥ 군사공동위원회의 운영과 관련한 그 밖의 필요한 사항은 쌍방이 협의하여 정한다.

제 4 조　군사공동위원회 회의에서의 합의사항은 쌍방 공동위원장이 합의 문건에 서명한 날부터 효력을 발생한다. 경우에 따라 쌍방이 합의하는 중요한 문건은 쌍방공동위원장이 서명하고 각기 발효에 필요한 절차를 거쳐 그 문본을 교환한 날부터 효력을 발생한다. 실무협의회에서의 합의 문건을 쌍방 공동위원장이 서명·교환하는 방식으로 발효시키는 경우 그것을 군사공동위원회 회의에 보고 하여야 한다.

제 5 조　이 합의서는 쌍방의 합의에 따라 수정·보충할 수 있다.

제 6 조　이 합의서는 쌍방이 서명하여 교환한 날부터 효력을 발생한다.

1992년 5월 7일

남북고위급회담　　북남고위급회담
남측대표단수석대표　북측대표단단장
대한민국　　　　　조선민주주의
　　　　　　　　　인민공화국
국무총리 정원식　정무원총리 연형묵

7. '남북 사이의 화해와 불가침 및 교류·협력에 관한 합의서'의
'제2장 남북불가침'의 이행과 준수를 위한 부속합의서

1992. 9. 17 발효

남과 북은 '남북 사이의 화해와 불가침 및 교류·협력에 관한 합의서'의 '제2장 남북불가침'의 이행과 준수 및 군사적 대결상태를 해소하기 위한 구체적 대책을 협의한 데 따라 다음과 같이 합의하였다.

제 1 장 무력불사용

제 1 조 남과 북은 군사분계선 일대를 포함하여 자기 측 관할 구역 밖에 있는 상대방의 인원과 물자, 차량, 선박, 함정, 비행기 등에 대하여 총격, 포격, 폭격, 습격, 파괴를 비롯한 모든 형태의 무력사용 행위를 금지하며 상대방에 대하여 피해를 주는 일체 무력 도발 행위를 하지 않는다.

제 2 조 남과 북은 무력으로 상대방의 관할구역을 침입 또는 공격하거나 그의 일부, 또는 전부를 일시라도 점령하는 행위를 하지 않는다. 남과 북은 어떠한 수단과 방법으로도 상대방 관할 구역에 정규무력이나 비정규무력을 침입시키지 않는다.

제 3 조 남과 북은 쌍방의 합의에 따라 남북 사이에 오가는 상대방의 인원과 물자. 수송 수단들을 공격, 모의공격하거나 그 진로를 방해하는 일체 적대 행위를 하지 않는다. 이 밖에 남과 북은 북측이 제기한 군사분계선 일대에 무력을 증강하지 않는 문제, 상대방에 대한 정찰활동을 하지 않는 문제, 상대방의 영해·영공을 봉쇄하지 않는 문제와 남측이 제기한 서울지역과 평양지역의 안전보장문제를 남북군사공동위원회에서 계속 협의한다.

제 2 장 분쟁의 평화적 해결 및 우발적 무력충돌 방지

제 4 조 남과 북은 상대방의 계획적이라고 인정되는 무력침공 징후를 발견하였을 경우 즉시 상대측에 경고하고 해명을 요구할 수 있으며 그것이 무력

충돌로 확대되지 않도록 필요한 사전 대책을 세운다.

남과 북은 쌍방의 오해나 오인, 실수 또는 불가피한 사고로 인하여 우발적 무력충돌이나 우발적 침범 가능성을 발견하였을 경우 쌍방이 합의한 신호규정에 따라 상대측에 즉시 통보하며 이를 방지하기 위한 사전 대책을 세운다.

제 5 조 남과 북은 어느 일방의 무력집단이나 개별적인 인원과 차량, 선박, 함정, 비행기등이 자연재해나 항로미실과 같은 불가피한 사정으로 상대측 관할 구역을 침범하였을 경우 침범측은 상대측에 그 사유와 적대의사가 없음을 즉시 알리고 상대측의 지시에 따라야 하며 상대측은 그를 긴급 확인한 후 그의 대피를 보장하고 빠른 시일안에 돌려보내기 위한 조치를 취한다.

돌려보내는 기간은 1개월 이내로 하며 그 이상 걸릴 수도 있다.

제 6 조 남과 북 사이에 우발적인 침범이나 우발적인 무력충돌과 같은 분쟁문제가 발생하였을 경우 쌍방의 군사당국자는 즉각 자기측 무장집단의 적대행위를 중지시키고 군사 직통전화를 비롯한 빠른 수단과 방법으로 상대측 군사 당국자에게 즉시 통보한다.

제 7 조 남과 북은 군사분야의 모든 의견대립과 분쟁문제들을 쌍방 군사당국자가 합의하는 기구를 통하여 협의 해결한다.

제 8 조 남과 북은 어느 일방이 불가침의 이행과 준수를 위한 이 합의서를 위반하는 경우 공동조사를 하여야 하며 위반사건에 대한 책임을 규명하고 재발방지대책을 강구한다.

제 3 장 불가침 경계선 및 구역

제 9 조 남과 북의 지상불가침 경계선과 구역은 군사정전에 관한 협정에 규정한 군사분계선과 지금까지 쌍방이 관할하여온 구역으로 한다.

제 10 조 남과 북의 해상불가침 경계선은 앞으로 계속 협의한다.

해상불가침구역은 해상불가침 경계선이 확정될 때까지 쌍방이 지금까지 관할하여 온 구역으로 한다.

제 11 조 남과 북의 공중불가침 경계선과 구역은 지상 및 해상 불가침 경계선과 관할구역의 상공으로 한다.

제 4 장 군사직통전화의 설치 · 운영

제 12 조 남과 북은 우발적 무력충돌과 확대를 방지하기 위하여 남측 국방부장관과 북측 인민무력부장 사이에 군사직통전화를 설치·운영한다.

제 13 조 군사직통전화의 운영은 쌍방이 합의하는 통신수단으로 문서통신을 하는 방법 또는 전화문을 교환하는 방법으로 하며 필요한 경우 쌍방 군사당국자들이 직접 통화할 수 있다.

제 14 조 군사직통전화의 설치·운영과 관련하여 제기되는 기술실무적 문제들은 이 합의서가 발효된 후 빠른 시일 안에 남북 각기 5명으로 구성되는 통신실무자 접촉에서 협의 해결한다.

제 15 조 남과 북은 이 합의서 발효 후 50일 이내에 군사직통전화를 개통한다.

제 5 장 협의·이행기구

제 16 조 남북군사공동위원회는 남북합의서 제12조와 '남북군사공동위원회

구성·운영에 관한 합의서' 2조에 따르는 임무와 기능을 수행한다.

제 17 조 북군사분과위원회는 불가침의 이행과 준수 및 군사적 대결상태를 해소하기 위하여 더 필요하다고 서로 합의하는 문제들에 대하여 협의하고 구체적인 대책을 세운다.

제 6 장 수정 및 발효

제 18 조 이 합의서는 쌍방의 합의에 따라 수정·보충할 수 있다.

제 19 조 이 합의서는 쌍방이 서명하여 교환한 날부터 효력을 발생한다.

1992년 9월 17일

남북고위급회담　　　북남고위급회담
남측대표단수석대표　북측대표단단장
대한민국　　　　　　조선민주주의
　　　　　　　　　　인민공화국
국무총리 정원식　　　정무원총리 연형묵

8. 6·15 **남북공동선언**

2000. 6. 15

조국의 평화적 통일을 염원하는 온 겨레의 숭고한 뜻에 따라 대한민국 김대중 대통령과 조선민주주의인민공화국 김정일 국방위원장은 2000년 6월 13일부터 6월 15일까지 평양에서 역사적인 상봉을 하였으며 정상회담을 가졌다.

남북정상들은 분단 역사상 처음으로 열린 이번 상봉과 회담이 서로 이해를 증진시키고 남북관계를 발전시키며 평화통일을 실현하는데 중대한 의의를 가진다고 평가하고 다음과 같이 선언한다.

1. 남과 북은 나라의 통일문제를 그 주인인 우리 민족끼리 서로 힘을 합쳐 자주적으로 해결해 나가기로 하였다.

2. 남과 북은 나라의 통일을 위한 남측의 연합제 안과 북측의 낮은 단계의 연방제안이 서로 공통성이 있다고 인정하고 앞으로 이 방향에서 통일을 지향시켜 나가기로 하였다.

3. 남과 북은 올해 8·15에 즈음하여 흩어진 가족, 친척 방문단을 교환하며, 비전향장기수 문제를 해결하는 등 인도적 문제를 조속히 풀어 나가기로 하였다.

4. 남과 북은 경제협력을 통하여 민족경제를 균형적으로 발전시키고, 사회, 문화, 체육, 보건, 환경 등 제반분야의 협력과 교류를 활성화하여 서로의 신뢰를 다져 나가기로 하였다.

5. 남과 북은 이상과 같은 합의사항을 조속히 실천에 옮기기 위하여 빠른 시일 안에 당국 사이의 대화를 개최하기로 하였다.

김대중 대통령은 김정일 국방위원장이 서울을 방문하도록 정중히 초청하였으며, 김정일 국방위원장은 앞으로 적절한 시기에 서울을 방문하기로 하였다.

2000년 6월 15일

대한민국   조선민주주의인민공화국
대 통 령   국방위원장
김 대 중   김 정 일

9. 남북국방장관회담 공동보도문

2000. 9. 26

대한민국 국방부장관과 조선민주주의인민공화국 인민무력부장간 회담 공동보도문

역사적인 남북정상회담에서 채택된 6·15 남북공동선언 이행을 군사적으로 보장하기 위하여 대한민국 국방부장관과 조선민주주의인민공화국 인민무력부장 사이의 회담이 9월 25일부터 26일 사이에 남측 제주도에서 진행되었다.

회담에는 남측에서 대한민국 조성태 국방부장관을 수석대표로 하는 5명의 대표들과 북측에서 조선민주주의인민공화국 인민무력부장 김일철 차수를 단장으로 하는 5명의 대표들이 참가하였다. 회담에서 쌍방은 6·15 남북공동선언이 채택된 이후 그 이행을 위한 사업들이 본격적으로 추진되고 있는 가운데 적절한 군사적 조치들이 요구되고 있다는데 견해를 같이하면서 다음과 같은 문제들을 합의하였다.

1. 쌍방은 남북 정상들이 합의한 6·15 남북공동선언의 이행을 위해 최선의 노력을 다하고, 민간인들의 왕래와 교류, 협력을 보장하는데 따르는 군사적 문제들을 해결하기 위하여 상호 적극 협력하기로 하였다.

2. 쌍방은 군사적 긴장을 완화하며, 한반도에서 항구적이고 공고한 평화를 이룩하여 전쟁의 위험을 제거하는 것이 긴요한 문제라는데 이해를 같이하고 공동으로 노력해 나가기로 하였다.

3. 쌍방은 당면 과제인 남과 북을 연결하는 철도와 도로공사를 위하여 각측의 비무장지대 안에 인원과 차량, 기재들이 들어오는 것을 허가하고 안전을 보장하기로 하였으며, 쌍방 실무급이 10월 초에 만나서 이와 관련한 구체적 세부사항들을 추진하기로 하였다.

4. 남과 북을 연결하는 철도와 도로 주변의 군사분계선과 비무장지대를 개방하여 남북관할지역을 설정하는 문제는 정전협정에 기초하여 처리해 나가기로 하였다.

5. 쌍방은 2차 회담을 11월 중순에 북측지역에서 개최하기로 하였다.

2000. 9. 26
제 주 도

10. 동해지구와 서해지구 남북관리구역 설정과 남과 북을 연결하는
철도·도로 작업의 군사적 보장을 위한 합의서

2002. 9. 17

대한민국 국방부와 조선민주주의인민공화국 국방위원회 인민무력부는 역사적인 6·15 남북공동선언을 성실히 이행하기 위하여 동해지구와 서해지구의 철도·도로를 하루빨리 연결하는 것이 남북사이의 긴장을 완화하고 교류와 협력을 보다 활성화 하는데서 중요한 의의를 가진다는데 견해를 같이 하고 이를 군사적으로 보장하기 위하여 다음과 같이 합의하였다.

1. 남북관리구역 설정

① 쌍방은 동해지구와 서해지구의 비무장지대에 남북관리구역을 설정한다. 동해지구 남북관리구역은 군사분계선 표식물 제1289호－제1291호 구간에서 낡은 철도노반 중심을 기준으로 하여 동쪽으로 70m, 서쪽으로 30m, 계 100m, 서해지구 남북관리구역은 군사분계선 표식물 제0039호－제0043호 구간에서 낡은 철도노반 중심을 기준으로 하여 동쪽으로 50m, 서쪽으로 200m, 계 250m 폭으로 비무장지대 남과 북의 경계선까지로 한다.

② 남북관리구역들에서 제기되는 모든 군사 실무적 문제들은 남과 북이 협의 처리한다.

③ 쌍방은 동해지구 남북관리구역 안에 동해선 철도와 도로를, 서해지구 남북관리구역 안에 서울－신의주간 철도와 문산－개성간 도로를 건설하여 운영한다.

④ 쌍방은 동해지구와 서해지구 남북관리구역 자기측 지역에서 지뢰제거(해제)와 철도 및 도로 연결작업 그리고 공사인원과 장비의 출입 및 통제 등 군사적 제반 문제들에 대하여 책임을 진다.

⑤ 쌍방은 남북관리구역들에서 지뢰제거(해제)가 끝나면 그의 외곽선을 따라 일정한 간격으로 표시하고 상대측에 통보한다.

⑥ 쌍방은 군사분계선으로부터 250m 떨어진 남북관리구역 자기측 도로주변에 각각 1개씩의 경비(차단)초소를 설치하며 그외 다른 군사시설물들을 건설하지 않는다.

⑦ 남과 북을 오가는 인원들과 열차 및 차량의 군사분계선 통과와 남북관리구역 안의 군사적 안전보장과 관련한 문제들은 별도로 날짜를 선정하여 협의 및 확정한다.

2. 지뢰제거(해제) 작업

① 쌍방은 철도와 도로건설 및 운행, 유지를 위하여 남북관리구역 자기측 지역의 지뢰와 폭발물을 제거(해제) 한다.

② 쌍방은 지뢰제거(해제)를 비무장지대 자기측 경계선으로부터 군사분계선 방향으로 나가면서 하며 필요한 경우 쌍방의 합의하에 군사분계선 가까이에 있는 일부 구간에서 먼저 작업할 수 있다.

③ 쌍방은 작업인원수, 장비(기재)수량, 식별표식을 작업에 편리하게 정하며 사전에 상대측에 통보한다.

④ 쌍방은 작업을 09시에 시작하여 17시까지 하며 필요한 경우 합의하여 연장할 수 있다.

⑤ 쌍방은 상대측 작업인원들에게 폭음으로 자극을 주거나 파편으로 피해를 줄 수 있는 폭발은 1일전 16시까지 상대측에 통보하며 이러한 폭발은 오후 작업시간에만 한다.

⑥ 쌍방 작업인원들이 군사분계선 일대에서 가까이 접근하여 그 거리가 400m로 좁혀지는 경우 안전보장을 위하여 그 구역 안에서의 작업은 날짜를 엇바꾸어 월·수·금은 북측이, 화·목·토는 남측이 하도록 한다.

⑦ 군사분계선까지 지뢰제거(해제)를 먼저 끝낸 측에서는 지뢰제거(해제)구역을 다른 일방이 알아볼 수 있게 표시하고 상대측에 통보한다.

⑧ 쌍방은 지뢰제거(해제)와 관련한 장비 및 기술적 문제들을 협조한다.

⑨ 쌍방은 2002년 9월 19일부터 동해지구와 서해지구 남북관리구역 자기측 지역 안의 지뢰제거(해제) 작업을 동시에 착수한다.

3. 철도와 도로 연결작업

① 작업인원과 장비(기재)들의 수와 식별표식은 지뢰제거(해제)시와 같이하며 작업시간은 각기 편리하게 정한다.

② 쌍방은 작업과정에 폭발을 비롯하여 상대방에 영향을 줄 수 있는 문제들을 사전에 전화를 통하여 통보해 주며 필요한 협조를 한다.

③ 쌍방의 작업장 거리가 200m까지 접근하는 경우 그 구역 안에서의 작업을 남측은 월요일부터 수요일까지, 북측은 목요일부터 토요일까지 하며 필요에 따라 협의하여 변경시킬 수 있다.

④ 쌍방은 군사분계선일대의 철도와 도로를 연결하는 마감단계 공사를 위해 일방의 인원이나 차량들이 군사분계선을 20m범위까지 넘어서는 것을 허용한다.

⑤ 쌍방은 철도와 도로 연결작업에 따르는 측량 및 기술협의를 위해 남북관리구역 자기측 지역들에 출입하는 상대측 인원에 대한 신변안전 및 편의를 보장한다.

4. 접촉 및 통신

① 지뢰제거(해제) 및 철도, 도로 연결작업과 관련하여 수시로 제기되는 군사실무적 문제들은 전화통지문을 통하여 협의하는 것을 원칙으로 한다.

② 작업과정에 제기되는 군사적 문제들을 토의하기 위한 현장 군사실무책임자 사이의 접촉은 남북관리구역들에서 지뢰를 제거(해제)하고 철도, 도로 노반 공사를 끝내는 시기에 그 구역들의 군사분계선상에 지어 놓은 임시건물에서 한다.

③ 그 전 단계에서 부득이 만나야 할 필요가 있을 때에는 어느 일방의 요청에 따라 남측「자유의 집」과 북측「판문각」에서 접촉한다.

④ 쌍방은 공사현장들 사이의 통신보장을 위하여 동해지구와 서해지구에 각각 유선통신 2회선(자석식 전화 1회선, 팩스 1회선)을 연결한다.
서해지구에서는 합의서 발효 후 1주일 내에 판문점 회의장구역 서쪽 군사분계선에서 연결하고 동해지구에서는 지뢰가 완전히 제거(해제)된 다음 남북관리구역 동쪽 군사분계선상에서 연결하며 그 전단계에서의 통신연락은 서해지구 통신선로를 이용한다.

⑤ 쌍방은 매일 07시부터 07시 30분 사이에 시험통화를 하며 통신이 두절되는 경우 기존통로를 이용하여 상대방에 통보해 주고 즉시 복구한다.

5. 작업장경비 및 안전보장

① 쌍방은 남북관리구역들에서 공사인원과 장비(기재)들의 안전을 보장하기 위하여 각각 100명을 넘지않는 군사인원으로 자기측 경비근무를 수행하며 그중 군사분계선방향 경계인원은 15명으로 한다.

② 경비인원들의 무장은 각기 편리한

개인무기로 하고 1인당 실탄 30발을 휴대하며 그외 모든 무기, 전투장비(기술기재)의 반입을 금지한다.

③ 경비인원들의 식별표식은 작업인원과 구별되게 하며 경비인원 외에는 그 어떤 인원도 무기를 휴대할 수 없다.

④ 경비인원들은 군사분계선을 넘어 상대측 지역으로 들어갈 수 없으며 상대측 작업인원들을 향하여 도발 행위를 할 수 없다.

⑤ 쌍방이 날짜를 엇바꾸어 작업하는 경우 작업을 하지 않는 측의 경비인원들은 군사분계선으로부터 100m 떨어진 위치에서 경비근무를 수행한다.

⑥ 쌍방은 상대측 작업인원과 장비(기재)의 안전을 보장하며 예상치 않은 대결과 충돌을 막기 위하여 작업장과 그 주변에서 상대측을 자극하는 발언이나 행동, 심리전 등을 하지 않도록 한다.

⑦ 쌍방은 우발적인 충돌이 발생할 경우 즉시 작업을 중단시키고 모든 경비 및 작업인원들을 비무장지대 밖으로 철수시키며 전화통지문 또는 남북군사실무회담을 통하여 사태를 해결하고 사건의 재발을 방지하기 위한 대책을 세운다.

⑧ 쌍방은 작업장과 그 주변에서 산불이나 홍수 등 자연재해가 발생하여 상대측에 영향을 줄 수 있는 경우 즉시 서로 통보해주며 자기측 지역에 대한 진화 및 피해방지 대책을 신속히 세우고 피해확대를 막기 위하여 최선의 노력을 한다.

6. 합의서 효력발생과 폐기 및 수정, 보충

① 본 합의서는 남측 국방부장관과 북측 인민무력부장이 서명하여 문건을 교환한 날부터 효력을 발생한다.

② 본 합의서는 동해선 철도와 도로, 서울-신의주간 철도와 문산-개성간 도로가 지나가는 비무장지대 남북관리구역들에서만 적용된다.

③ 본 합의서의 철도, 도로 연결작업과 관련한 조항(1조 4항, 7항, 2조~5조)들은 작업이 완료되면 자동적으로 폐기된다.

④ 본 합의서는 남측 국방부장관과 북측 인민무력부장이 합의하여 수정, 보충할 수 있다.

이 합의서는 2부 작성되었으며 두 원본은 같은 효력을 가진다.

2002년 9월 17일

대한민국 국방부장관 이 준

조선민주주의인민공화국 국방위원회 인민무력부장 조선인민군 차수 김일철

11. 서해해상에서 우발적 충돌 방지와 군사분계선 지역에서의 선전활동 중지 및 선전수단 제거에 관한 합의서

2004. 6. 4

대한민국 국방부와 조선민주주의인민공화국 국방위원회 인민무력부는 2004년 6월 3일과 4일 설악산에서 제2차 남북장성급군사회담을 개최하고 다음과 같이 합의하였다.

1. 쌍방은 한반도에서의 군사적 긴장완화와 공고한 평화를 이룩하기 위하여 공동으로 노력하기로 하였다.

2. 쌍방은 서해해상에서 우발적 충돌 방지를 위해 2004년 6월 15일부터 다음과 같은 조치를 취하기로 하였다.

① 쌍방은 서해해상에서 함정(함선)이 서로 대치하지 않도록 철저히 통제한다.

② 쌍방은 서해해상에서 상대측 함정(함선)과 민간 선박에 대하여 부당한 물리적 행위를 하지 않는다.

③ 쌍방은 서해해상에서 쌍방 함정(함선)이 항로미실, 조난, 구조 등으로 서로 대치하는 것을 방지하고 상호 오해가 없도록 하기 위하여 국제상선공통망(156.8Mhz, 156.6Mhz)을 활용한다.

④ 쌍방은 필요한 보조수단으로 기류 및 발광신호규정을 제정하여 활용한다.

⑤ 쌍방은 서해해상의 민감한 수역에서 불법적으로 조업을 하는 제3국 어선들을 단속·통제하는 과정에서 우발적 충돌이 발생할 수 있다는 데 견해를 같이하고 이 문제를 외교적 방법으로 해결하도록 하는 데 상호협력하며 불법조업선박의 동향과 관련한 정보를 교환한다.

⑥ 서해해상에서 제기된 문제들과 관련한 의사교환은 당분간 서해지구에 마련되어 있는 통신선로를 이용한다.
쌍방은 서해해상 충돌방지를 위한 통신의 원활성과 신속성을 보장하기 위하여 2004년 8월 15일까지 현재의 서해지구 통신선로를 남북관리구역으로 따로 늘여 각기 자기측 지역에 통신연락소를 설치하며, 그를 현대화하는데 상호 협력한다.

3. 쌍방은 한반도의 군사적 긴장을 완화하고 쌍방군대들 사이의 불신과 오해를 없애기 위해 군사분계선 지역에서의 선전활동을 중지하고 선전수단들을 제거하기로 하였다.

① 쌍방은 역사적인 6.15 남북공동선언 발표 4주년이 되는 2004년 6월 15일부터 군사분계선 지역에서 방송과 게시물, 전단 등을 통한 모든 선전활동을 중지한다.

② 쌍방은 2004년 8월 15일까지 군사분계선 지역에서 모든 선전수단을 3단계로 나누어 제거한다.

○ 1단계는 6월 16일부터 6월 30일까지 서해지구 남북관리구역과 판문점지역이 포함된 군사분계선 표식물 제0001호부터 제0100호 구간에서 시범적으로 실시하며,

○ 2단계는 7월 1일부터 7월 20일까지 군사분계선 표식물 제0100호부터 제0640호 구간에서,

○ 3단계는 7월 21일부터 8월 15일까지 군사분계선 표식물 제0640호부터 제1292호 구간에서 선전수단들을 완전히 제거한다.

③ 쌍방은 단계별 선전수단 제거가 완료되면 그 결과를 상대측에 통보하며 각각 상대측의 선전수단 제거 결과를 자기측 지역에서 감시하여 확인하되 필요에 따라 상호검증도 할 수 있다.

④ 쌍방은 단계별 선전수단 제거가 완료되면 각각 그 결과를 언론에 공개한다.

⑤ 쌍방은 앞으로 어떤 경우에도 선전수단들을 다시 설치하지 않으며 선전활동도 재개하지 않는다.

4. 쌍방은 위 합의사항들을 구체적으로 실천하기 위하여 후속 군사회담을 개최하기로 한다.

2004년 6월 4일

남북장성급군사회담　남북장성급군사회담
남측수석대표　　　　북측단장
준장 박정화　　　　소장 안익상

12. 제5차 남북장성급군사회담 공동보도문

2007. 5. 11

남과 북은 2007년 5월 8일부터 11일까지 판문점 북측지역 통일각에서 제5차 남북장성급군사회담을 개최하고 다음과 같이 합의하였다.

1. 쌍방은 서해해상에서의 군사적 충돌을 방지하고 공동어로를 실현하는 것이 군사적 긴장을 완화하고 평화를 정착시켜 나가는데 있어 시급히 해결해야 할 중요한 과제라는데 견해를 같이 하였다.

① 쌍방은 서해에서의 평화를 정착시키고 민족의 공영, 공리를 도모하는 원칙에서 공동어로를 실현하기로 하였다.

② 쌍방은 서해해상에서 군사적 충돌을 방지하고 공동어로 수역을 설정 하는 것 등과 관련한 문제를 계속 협의하기로 하였다.

③ 쌍방은 서해해상에서의 군사적 신뢰가 조성되는데 따라 북측 민간선박들의 해주항에로의 직항 문제를 협의하기로 하였다.

2. 쌍방은 민족공동의 번영과 민족경제의 균형적 발전에 도움이 되는 남과 북 사이의 경제협력과 교류에 필요한 군사적 보장조치가 마련되어야 한다는데 인식을 같이 하였다.

① 쌍방은 2007년 5월 17일 남북 열차 시험운행을 군사적으로 보장하기 위한 잠정합의서를 채택하고 발효시키기로 하였다. 쌍방은 앞으로 남북 철도·도로 통행의 군사적 보장 합의서를 채택하는 문제를 협의해 나가기로 하였다.

② 쌍방은 임진강 수해방지, 한강하구 골재채취와 관련한 군사적 보장대책을 협의하기로 하였다.

3. 쌍방은 이미 채택된 남북간 군사적 합의들을 철저히 준수하고 이행할 것을 재확인 하였다. 합의이행 과정에서 위반현상이 발생할 경우 이를 상대측에 통보하며 통보를 받은 상대측은 재발방지를 위하여 적극 노력하기로 하였다.

4. 쌍방은 장성급군사회담의 진전에 따라 제2차 남북국방장관회담이 빠른 시일 내에 개최되도록 적극 협력하기로 하였다.

5. 쌍방은 제6차 남북장성급군사회담을 7월중에 개최하기로 하고 구체적인 일정은 추후 통지문으로 합의하기로 하였다.

2007년 5월 11일   판문점

13. 남북관계 발전과 평화번영을 위한 선언

2007. 10. 4

대한민국 노무현 대통령과 조선민주주의인민공화국 김정일 국방위원장 사이의 합의에 따라 노무현 대통령이 2007년 10월 2일부터 4일까지 평양을 방문하였다.

방문기간중 역사적인 상봉과 회담들이 있었다.

상봉과 회담에서는 6·15 공동선언의 정신을 재확인하고 남북관계발전과 한반도 평화, 민족공동의 번영과 통일을 실현하는데 따른 제반 문제들을 허심탄회하게 협의하였다.

쌍방은 우리민족끼리 뜻과 힘을 합치면 민족번영의 시대, 자주통일의 새시대를 열어 나갈 수 있다는 확신을 표명하면서 6·15 공동선언에 기초하여 남북관계를 확대·발전시켜 나가기 위하여 다음과 같이 선언한다.

1. 남과 북은 6·15 공동선언을 고수하고 적극 구현해 나간다.

남과 북은 우리민족끼리 정신에 따라 통일문제를 자주적으로 해결해 나가며 민족의 존엄과 이익을 중시하고 모든 것을 이에 지향시켜 나가기로 하였다.

남과 북은 6·15 공동선언을 변함없이 이행해 나가려는 의지를 반영하여 6월 15일을 기념하는 방안을 강구하기로 하였다.

2. 남과 북은 사상과 제도의 차이를 초월하여 남북관계를 상호존중과 신뢰 관계로 확고히 전환시켜 나가기로 하였다.

남과 북은 내부문제에 간섭하지 않으며 남북관계 문제들을 화해와 협력, 통일에 부합되게 해결해 나가기로 하였다.

남과 북은 남북관계를 통일 지향적으로 발전시켜 나가기 위하여 각기 법률적·제도적 장치들을 정비해 나가기로 하였다.

남과 북은 남북관계 확대와 발전을 위한 문제들을 민족의 염원에 맞게 해결하기 위해 양측 의회 등 각 분야의 대화와 접촉을 적극 추진해 나가기로 하였다.

3. 남과 북은 군사적 적대관계를 종식
시키고 한반도에서 긴장완화와 평화를 보
장하기 위해 긴밀히 협력하기로 하였다.

남과 북은 서로 적대시하지 않고 군사
적 긴장을 완화하며 분쟁문제들을 대화
와 협상을 통하여 해결하기로 하였다.

남과 북은 한반도에서 어떤 전쟁도 반
대하며 불가침의무를 확고히 준수하기
로 하였다.

남과 북은 서해에서의 우발적 충돌방지
를 위해 공동어로수역을 지정하고 이
수역을 평화수역으로 만들기 위한 방안
과 각종 협력사업에 대한 군사적 보장
조치 문제 등 군사적 신뢰구축조치를
협의하기 위하여 남측 국방부 장관과
북측 인민무력부 부장간 회담을 금년
11월중에 평양에서 개최하기로 하였다.

4. 남과 북은 현 정전체제를 종식시키
고 항구적인 평화체제를 구축해 나가
야 한다는데 인식을 같이하고 직접 관
련된 3자 또는 4자 정상들이 한반도지
역에서 만나 종전을 선언하는 문제를
추진하기 위해 협력해 나가기로 하였다.

남과 북은 한반도 핵문제 해결을 위해
6자회담 「9·19 공동성명」과 「2·13 합
의」가 순조롭게 이행되도록 공동으로

노력하기로 하였다.

5. 남과 북은 민족경제의 균형적 발전
과 공동의 번영을 위해 경제협력사업
을 공리공영과 유무상통의 원칙에서 적
극 활성화하고 지속적으로 확대 발전
시켜 나가기로 하였다.

남과 북은 경제협력을 위한 투자를 장
려하고 기반시설 확충과 자원개발을
적극 추진하며 민족내부협력사업의 특
수성에 맞게 각종 우대조건과 특혜를
우선적으로 부여하기로 하였다.

남과 북은 해주지역과 주변해역을 포
괄하는 「서해평화협력특별지대」를 설치
하고 공동어로구역과 평화수역 설정,
경제특구건설과 해주항 활용, 민간선박
의 해주직항로 통과, 한강하구 공동이
용 등을 적극 추진해 나가기로 하였다.

남과 북은 개성공업지구 1단계 건설을
빠른 시일안에 완공하고 2단계 개발에
착수하며 문산-봉동간 철도화물수송
을 시작하고, 통행·통신·통관 문제를
비롯한 제반 제도적 보장조치들을 조
속히 완비해 나가기로 하였다.

남과 북은 개성-신의주 철도와 개성
-평양 고속도로를 공동으로 이용하기
위해 개보수 문제를 협의·추진해 가기

로 하였다.

남과 북은 안변과 남포에 조선협력단지를 건설하며 농업, 보건의료, 환경보호 등 여러 분야에서의 협력사업을 진행해 나가기로 하였다.

남과 북은 남북 경제협력사업의 원활한 추진을 위해 현재의 「남북경제협력추진위원회」를 부총리급 「남북경제협력공동위원회」로 격상하기로 하였다.

6. 남과 북은 민족의 유구한 역사와 우수한 문화를 빛내기 위해 역사, 언어, 교육, 과학기술, 문화예술, 체육 등 사회문화 분야의 교류와 협력을 발전시켜 나가기로 하였다.

남과 북은 백두산관광을 실시하며 이를 위해 백두산-서울 직항로를 개설하기로 하였다.

남과 북은 2008년 북경 올림픽경기대회에 남북응원단이 경의선 열차를 처음으로 이용하여 참가하기로 하였다.

7. 남과 북은 인도주의 협력사업을 적극 추진해 나가기로 하였다.

남과 북은 흩어진 가족과 친척들의 상봉을 확대하며 영상 편지 교환사업을

추진하기로 하였다.

이를 위해 금강산면회소가 완공되는데 따라 쌍방 대표를 상주시키고 흩어진 가족과 친척의 상봉을 상시적으로 진행하기로 하였다.

남과 북은 자연재해를 비롯하여 재난이 발생하는 경우 동포애와 인도주의, 상부상조의 원칙에 따라 적극 협력해 나가기로 하였다.

8. 남과 북은 국제무대에서 민족의 이익과 해외 동포들의 권리와 이익을 위한 협력을 강화해 나가기로 하였다.

남과 북은 이 선언의 이행을 위하여 남북총리회담을 개최하기로 하고, 제1차 회의를 금년 11월중 서울에서 갖기로 하였다.

남과 북은 남북관계 발전을 위해 정상들이 수시로 만나 현안 문제들을 협의하기로 하였다.

2007년 10월 4일

평 양

대한민국	조선민주주의인민공화국
대 통 령	국방위원장
노 무 현	김 정 일

14. 「남북관계발전과 평화번영을 위한 선언」 이행을 위한
남북국방장관회담 합의서

2007. 11. 29

제2차 남북국방장관회담이 2007년 11월 27일부터 29일까지 평양에서 진행되었다.

회담에서 쌍방은 역사적인 정상회담에서 채택된 「남북관계 발전과 평화번영을 위한 선언」의 이행을 위한 군사적 대책을 토의하고 다음과 같이 합의하였다.

1. 쌍방은 군사적 적대관계를 종식시키고 긴장완화와 평화를 보장하기 위한 실제적인 조치를 취하기로 하였다.

① 쌍방은 적대감 조성행동을 하지 않으며 남북사이에 제기되는 모든 군사관계 문제를 상호 협력하여 평화적으로 처리하기로 하였다.

② 쌍방은 2004년 6월 4일 합의를 비롯하여 이미 채택된 남북간 군사적 합의들을 철저히 준수해 나가기로 하였다.

③ 쌍방은 지상·해상·공중에서의 모든 군사적 적대행위를 하지 않기로 하였다.

④ 쌍방은 충돌을 유발시키지 않도록 제도적 장치들을 수정·보완하며 우발적 충돌이 발생하는 경우에는 즉시적인 중지대책을 취한 다음 대화와 협상을 통하여 해결하기로 하였다.

이를 위해 쌍방사이에 이미 마련된 통신연락체계를 현대화하고, 협상통로들을 적극 활용·확대해 나가기로 하였다.

2. 쌍방은 전쟁을 반대하고 불가침의 무를 확고히 준수하기 위한 군사적 조치들을 취하기로 하였다.

① 쌍방은 지금까지 관할하여 온 불가침경계선과 구역을 철저히 준수하기로 하였다.

② 쌍방은 해상불가침경계선 문제와 군사적 신뢰구축 조치를 남북군사공동위원회를 구성·운영하여 협의·해결해 나가기로 하였다.

③ 쌍방은 무력불사용과 분쟁의 평화적 해결 원칙을 재확인 하고 이를 위한

실천적 대책을 마련하기로 하였다.

3. 쌍방은 서해해상에서 충돌을 방지하고 평화를 보장하기 위한 실제적인 대책을 취하기로 하였다.

① 쌍방은 서해해상에서의 군사적 긴장을 완화하고 충돌을 방지하기 위해 공동어로구역과 평화수역을 설정하는 것이 절실하다는데 인식을 같이하고, 이 문제를 남북장성급군사회담에서 빠른 시일 안에 협의·해결하기로 하였다.

② 쌍방은 한강 하구와 임진강 하구 수역에 공동 골재채취 구역을 설정하기로 하였다.

③ 쌍방은 서해해상에서의 충돌방지를 위한 군사적 신뢰보장조치를 남북군사공동위원회에서 협의·해결하기로 하였다.

4. 쌍방은 현 정전체제를 종식시키고 항구적인 평화체제를 구축해 나가기 위해 군사적으로 상호 협력하기로 하였다.

① 쌍방은 종전을 선언하고 평화체제를 구축해 나가는 것이 민족의 지향과 요구라는데 인식을 같이하기로 하였다.

② 쌍방은 종전을 선언하기 위한 여건을 조성하기 위하여 필요한 군사적 협력을 추진해 나가기로 하였다.

③ 쌍방은 전쟁시기의 유해발굴문제가 군사적 신뢰조성 및 전쟁종식과 관련된 문제라는데 이해를 같이하고 추진대책을 협의·해결해 나가기로 하였다.

5. 쌍방은 남북교류협력사업을 군사적으로 보장하기 위한 조치들을 취하기로 하였다.

① 쌍방은 민족의 공동번영과 군사적 긴장완화에 도움이 되는 교류협력에 대하여 즉시적인 군사적 보장대책을 세우기로 하였다.

② 쌍방은 「서해평화협력특별지대」에 대한 군사적 보장대책을 세워나가기로 하였다.

쌍방은 서해공동어로, 한강하구 공동이용 등 교류협력 사업에 대한 군사적 보장대책을 별도로 남북군사실무회담에서 최우선적으로 협의·해결하기로 하였다.

쌍방은 북측 민간선박들의 해주항 직항을 허용하고, 이를 위해 항로대 설정과 통항절차를 포함한 군사적 보장조치를 취해 나가기로 하였다.

③ 쌍방은 개성·금강산지역의 협력사업

이 활성화되도록 2007년 12월 11일부터 개시되는 문산－봉동간 철도화물 수송을 군사적으로 보장하기로 합의하였으며, 남북관리구역의 통행·통신·통관을 위한 군사보장합의서를 2007년 12월초 판문점 통일각에서 남북군사실무회담을 개최하여 협의·채택하기로 하였다.

④ 쌍방은 백두산 관광이 실현되기 전까지 직항로 개설과 관련한 군사적 보장조치를 협의·해결하기로 하였다.

6. 쌍방은 본 합의서의 이행을 위한 협의 기구들을 정상적으로 가동하기로 하였다.

① 제3차 남북국방장관회담은 2008년 중 적절한 시기에 서울에서 개최하기로 하였다.

② 남북군사공동위원회는 구성되는데 따라 제1차 회의를 조속히 개최하기로 하였다.

7. 본 합의서는 쌍방 국방부장관이 서명하여 발효에 필요한 절차를 거쳐 문본을 교환한 날부터 효력을 발생한다.

① 이 합의서는 필요에 따라 쌍방이 합의하여 수정·보충할 수 있다.

② 이 합의서는 각기 2부 작성되었으며, 같은 효력을 가진다.

2007년 11월 29일

대한민국   조선민주주의인민공화국
국방부장관   국방위원회 인민무력부장
김 장 수   조선인민군 차수 김일철

15. 동·서해지구 남북관리구역 통행·통신·통관의 군사적 보장을 위한 합의서

2007. 12. 13

쌍방은 '남북관계발전과 평화번영을 위한 선언' 이행을 위한 남북국방장관회담 합의에 따라 개성공업지구와 금강산관광 지구의 교류협력을 활성화하기 위하여 동·서해 지구 남북관리구역 통행·통신·통관을 다음과 같이 군사적으로 보장하기로 하였다.

1. 통행의 군사적 보장

① 쌍방은 남북관리구역 도로가 연결되는 지점들에서 동해지구에서는 10m 구간, 서해지구에서는 20m 구간의 군사분계선을 각각 개방하고 도로통행시간을 늘이는 원칙에서 연간 매일 07시부터 22시까지 상시적으로 통행을 보장하기로 하였다.

쌍방 주요 명절과 기념일, 일요일의 통행은 상호 합의하여 그때마다 편리하게 결정하기로 하였다.

② 쌍방은 도로를 통하여 남북관리구역 상대측 지역에 들어가는 경우 인원명단과 차량, 적재한 기자재들의 품목과 수량, 군사분계선 통과날짜를 24시간 전에 통보하여 승인을 받도록 하였다.

통행을 그대로 실현할 수 없는 경우에는 승인된 날짜의 도로 통행이 마감되기 3시간 전에 상대측에 그 내용을 통보하여 다시 승인을 받은 다음 통행하기로 하였다.

③ 쌍방은 동·서해지구 인원 및 차량 통행과 관련한 구체적인 행동질서와 표식규정 등을 동·서해지구 군사실무책임자 접촉에서 협의·확정하기로 하였다.

④ 쌍방은 서해지구에서는 통행편의와 통행질서를 유지하기 위하여 일정한 통행시간 간격을 두고 도로통과를 보장하며, 동해지구에서는 검사장과 주차장이 건설될 때까지 현통행질서를 유지하기로 하였다.

인원과 차량이 증가하는데 따라 통행편의 보장방안을 해당실무접촉에서 협의해 나가기로 하였다.

⑤ 쌍방은 도로통행을 지체시키는 일이 없도록 상대측의 통제품 및 금지품 등의 반출입 규정을 철저히 지키기로 하였다.

⑥ 쌍방은 인명피해를 비롯하여 불의의 상황이 발생하는 경우 해당 인원과 차량 등에 대한 긴급통행을 보장하기로 하였다.

⑦ 쌍방은 철도화물 통행을 '문산-봉동간 철도화물 수송의 군사적 보장을 위한 합의서'에 규정된대로 하기로 하였다.

⑧ 쌍방은 도로통행시간이 늘어나고 야간통행을 진행하는 것과 관련하여 필요한 자재·장비 등을 제공하는 문제를 해당 실무접촉에서 협의하기로 하였다.

2. 통신의 군사적 보장

① 쌍방은 개성공업지구와 금강산관광지구안의 통신의 신속성을 보장하는 원칙에서 2008년부터 인터넷 통신과 유선 및 무선전화통신을 허용하기로 하였다.

개성공업지구 통신센터 건설과 운영방식, 통신중계국 구성 등과 관련한 실무적인 문제는 해당 실무접촉에서 협의하기로 하였다.

② 쌍방은 자연재해로 통신이 두절되는 경우 상호 통보하고 피해복구를 위한 조치를 신속히 취하여 남북통신망의 2중화를 위한 문제를 계속 협의해 나가기로 하였다.

③ 쌍방은 남북관리구역 작업현장 사이에 연결되어 있는 현재의 군통신 선로와 군통신연락소를 남북 교류와 협력의 군사적 보장에 그대로 이용하며 통행시간이 늘어나는데 맞게 통신 근무시간을 늘이기로 하였다.

이와 관련하여 통신연락소를 현대화하는데 필요한 자재·장비를 제공하는 문제를 해당 통신실무자접촉에서 협의하기로 하였다.

3. 통관의 군사적 보장

① 쌍방은 개성공업지구와 금강산관광지구 통관절차를 간소화하고 통관시간을 단축하는 원칙에서 통관의 군사적 보장대책을 마련하기로 하였다.

② 쌍방은 통관시간을 단축하기 위하여 개성공업지구와 금강산관광지구 통관질서를 철저히 지키기로 하였다.

이와 관련하여 통관질서를 위반하는 인원, 차량들에 대해서는 적절한 조치를 취하기로 하였다.

③ 쌍방은 선별검사 방식 등을 통해 통관절차를 간소화하고 통관시간을 단축하기 위하여 세관검사장을 신설하거나 확장하기로 하였다.

이와 관련하여 필요한 검사설비와 자재·장비를 제공하는 문제는 해당 전문일꾼들의 실무접촉에서 협의·해결하기로 하였다.

4. 수정보충 및 발효

① 본 합의서는 남측 국방부장관과 북측 인민무력부장이 서명·교환한 날부터 효력을 발생한다.

② 본 합의서는 동·서해지구 철도·도로통행, 통신·통관의 새로운 군사적 보장합의서가 채택·발효되는 경우 자동적으로 폐기된다.

③ 본 합의서는 필요한 경우 쌍방합의에 따라 수정·보충할 수 있다.

④ 본 합의서는 2부 작성되었으며, 두 원본은 같은 효력을 가진다.

2007년 12월 13일

대한민국   조선민주주의인민공화국
국방부장관   국방위원회 인민무력부장
김 장 수   조선인민군 차수 김일철

북한 비핵화 관련 주요 합의문

1. 미합중국과 조선민주주의인민공화국 간의 공동성명

1993. 6. 11. 뉴욕

미합중국(이하 '미국'으로 호칭)과 조선민주주의인민공화국(이하 '북한'으로 호칭)은 1993년 6월 2일부터 11일까지 뉴욕에서 정부차원의 회담을 개최하였다.

회담에는 로버트 엘 갈루치 국무성차관보를 단장으로 하는 미국정부 대표단과 강석주 외교부 제1부부장을 단장으로 하는 북한 대표단이 각각 자국정부를 대표하여 참석하였다.

양측은 회담에서 한반도의 핵문제를 근본적으로 해결하기 위한 목적으로 정책적 문제들을 토의하였다. 양측은 [핵확산금지목표]를 위해 한반도 비핵화에 관한 남북한 공동선언에 대한 지지를 표명하였다.

미국과 북한은 다음과 같은 원칙들에 합의하였다.

① 핵무기를 포함한 무력 불사용 및 불위협보장

② 핵이 없는 한반도의 평화와 안전, 전면안전조치의 공평한 적용, 주권 상호존중 및 상대방 국내문제 불간섭

③ 한국(Korea)의 평화통일지지

이러한 맥락하에서 양국정부는 동등하고 불편부당한 기초위에서 대화를 계속하기로 합의하였다.

이와 관련하여 북한은 자국이 필요하다고 인정하는 동안 핵무기 확산금지조약으로부터의 탈퇴효력발생을 정지시키기로 일방적으로 결정하였다.

2. 미합중국과 조선민주주의인민공화국 간의 공동성명

1993. 7. 19. 제네바

미합중국대표단과 조선민주주의인민공화국 대표단은 1993년 7월 14일부터 19일까지 제네바에서 핵문제 해결을 위한 2단계회담을 진행했다. 쌍방은 1993년 6월 11일자 미국과 북한간 공동성명의 원칙들을 재확인했다.

미국측은 특히 핵무기를 포함한 무력을 사용하지 않으며 이러한 무력으로 위협도 하지 않는다는 것을 보장하는 원칙에 대한 자기의 공약을 재확인했다. 쌍방은 북한이 현존 흑연감속원자로와 그와 연관된 핵시설들을 경수로로 교체하는 것이 바람직하다는 사실을 인정한다. 미국은 핵문제의 종국적 해결의 일환으로서 또 경수로 설비와 관련된 문제 해결이 실현될 수 있다는 것을 전제로 하면서 북한의 경수로 도입을 지지하며 그를 위한 방안을 북한과 함께 모색할 용의를 표명한다.

쌍방은 국제원자력기구(IAEA)의 핵안전장치의 완전하고도 공정한 적용이 국제적인 핵확산금지체제를 강화하는데 필수적이라는데 대하여 견해를 같이하였다. 이의 기초위에서 북한은 핵안전과 그와 관련된 현안문제들에 관한 IAEA와의 협상을 가능한 빠른 시일내에 시작할 용의를 표명한다. 미국과 북한은 또한 한반도 비핵화에 관한 남북공동선언이행의 중요성을 재확인하였다. 북한은 핵문제를 포함, 쌍방사이의 문제들에 대한 남북한회담을 가능한 빠른 시일내에 시작할 용의를 여전히 가지고 있다는 것을 재확인하였다. 미국과 북한은 경수로 도입과 관련한 기술적 문제들을 포함, 핵문제 해결과 관련된 현안들을 토의하며 미국과 북한사이의 전반적 관계개선의 기초를 마련하기 위하여 2개월 안에 다음 회담을 진행하기로 합의하였다.

미합중국	조선민주주의인민공화국
수석대표	수석대표
미합중국	외교부
본부대사	제 1 부부장
로버트 갈루치	강 석 주

3. 미합중국과 조선민주주의인민공화국 간의 제네바 기본합의문

1994. 10. 21. 제네바

미합중국(이하 '미국'으로 호칭) 대표단과 조선민주주의인민공화국(이하 '북한'으로 호칭) 대표단은 1994년 9월 23일부터 10월 21일까지 제네바에서 한반도 핵문제의 전반적 해결을 위한 협상을 가졌다.

양측은 비핵화된 한반도의 평화와 안전을 확보하기 위해서는 1994년 8월 12일 미국과 북한간의 합의 발표문에 포함된 목표의 달성과 1993년 6월 11일 미국과 북한간 공동발표문상의 원칙의 준수가 중요함을 재확인하였다. 양측은 핵문제 해결을 위해 다음과 같은 조치들을 취하기로 결정하였다.

I. 양측은 북한의 흑연감속 원자로 및 관련 시설을 경수로 원자로 발전소로 대체하기 위해 협력한다.

1) 미국 대통령의 1994년 10월 20일자 보장서한에 의거하여, 미국은 2003년을 목표시한으로 총 발전용량 약 2천 메가와트의 경수로를 북한에 제공하기 위한 조치를 주선할 책임을 진다.

① 미국은 북한에 제공할 경수로의 재원조달 및 공급을 담당할 국제컨소시엄을 미국의 주도하에 구성한다. 미국은 동 컨소시엄을 대표하여 경수로 사업을 위한 북한과의 주접촉선 역할을 수행한다.

② 미국은 국제 컨소시엄을 대표하여 본 합의문 서명후 6개월 내에 북한과 경수로 제공을 위한 공급 계약을 체결할 수 있도록 최선의 노력을 경주한다. 계약 관련 협의는 본 합의문 서명후 가능한 조속한 시일내 개시한다.

③ 필요한 경우 미국과 북한은 핵에너지의 평화적 이용 분야에 있어서 협력을 위한 양자협정을 체결한다.

2) 1994년 10월 20일자 대체에너지 제공관련 미국 대통령의 보장서한에 의거, 미국은 국제 컨소시엄을 대표하여 북한의 흑연감속 원자로 동결에 따라 상실될 에너지를 첫번째 경수로 완공시까지 보전하기 위한 조치를 주선한다.

① 대체에너지는 난방과 전력 생산을 위해 중유로 공급한다.

② 중유의 공급은 본 합의문 서명후 3개월내 개시되고 양측간 합의된 공급 일정에 따라 연간 50만톤 규모까지 공급된다.

3) 경수로 및 대체 에너지 제공에 대한 보장서한 접수 즉시 북한은 흑연감속 원자로 및 관련시설을 동결하고, 궁극적으로 이를 해체한다.

① 북한의 흑연감속 원자로 및 관련 시설의 동결은 본 합의문 서명후 1개월내 완전 이행된다. 동 1개월 동안 및 전체 동결기간중 국제원자력기구(IAEA)가 이러한 동결상태를 감시하는 것이 허용되며, 이를 위해 북한은 국제원자력기구에 대해 전적인 협력을 제공한다.

② 북한의 흑연감속 원자로 및 관련 시설의 해체는 경수로사업이 완료될 때 완료된다.

③ 미국과 북한은 5메가와트 실험용 원자로에서 추출된 사용후 연료봉을 경수로 건설기간동안 안전하게 보관하고, 북한 내에서 재처리하지 않는 안전한 방법으로 동 연료가 처리될 수 있는 방안을 강구하기 위해 상호 협력한다.

4) 본 합의후 가능한 조속한 시일내에 미국과 북한의 전문가들은 두 종류의 전문가 협의를 가진다.

① 한쪽의 협의에서 전문가들은 대체에너지와 흑연감속 원자로의 경수로의 대체와 관련된 문제를 협의한다.

② 다른 한쪽의 협의에서 전문가들은 사용후 연료 보관 및 궁극적 처리를 위한 구체적 조치를 협의한다.

II. 양측은 정치적, 경제적 관계의 완전 정상화를 추구한다.

1) 합의후 3개월내 양측은 통신 및 금융거래에 대한 제한을 포함한 무역 및 투자제한을 완화시켜 나간다.

2) 양측은 전문가급 협의를 통해 영사 및 여타 기술적 문제가 해결된 후에 쌍방의 수도에 연락사무소를 개설한다.

3) 미국과 북한은 상호 관심 사항에 대한 진전이 이루어짐에 따라 양국 관계를 대사급으로까지 격상시켜 나간다.

III. 양측은 핵이 없는 한반도 평화와 안전을 위해 함께 노력한다.

1) 미국은 북한에 대한 핵무기 불위협 또는 불사용에 관한 공식보장을 제공한다.

2) 북한은 한반도 비핵화 공동선언을 이행하기 위한 조치를 일관성 있게 취한다.

3) 본 합의문이 대화를 촉진하는 분위기를 조성해 나가는 데 도움을 줄 것이기 때문에 북한은 남북대화에 착수한다.

Ⅳ. 양측은 국제적 핵확산금지체제 강화를 위해 함께 노력한다.

1) 북한은 핵확산금지조약(NPT) 당사국으로 잔류하며 동 조약상의 안전조치협정 이행을 허용한다.

2) 경수로 제공을 위한 공급 계약 체결 즉시, 동결대상이 아닌 시설에 대하여 북한과 국제원자력기구간 안전조치협정에 따라 임시 및 일반사찰이 재개된다. 경수로 공급계약 체결시까지, 안전조치의 연속성을 위해 국제원자력기구가 요청하는 사찰은 동결대상이 아닌 시설에서 계속된다.

3) 경수로 사업의 상당 부분이 완료될 때, 그러나 주요 핵심 부품의 인도 이전에, 북한은 북한 내 모든 핵물질에 관한 최초보고서의 정확성과 안전성을 검증하는 것과 관련하여 국제원자력 기구와의 협의를 거쳐 국제원자력기구가 필요하다고 판단하는 모든 조치를 취하는 것을 포함하여 국제원자력기구 안전조치협정(INFCIRC/403)을 완전히 이행한다.

미합중국　　　조선민주주의인민공화국
수석대표　　　수석대표
미합중국　　　외교부
본부대사　　　제 1 부부장
로버트 갈루치　강 석 주

4. 한반도에너지개발기구 설립에 관한 협정

1995. 3. 9

대한민국 정부, 일본국 정부 및 미합중국 정부는, 1994년 10월 21일 제네바에서 서명된 미합중국과 북한과의 기본합의문(이하 '기본합의문'이라 한다)에 명시된 북한 핵문제의 전반적 해결이라는 목적을 확인하고, 기본합의문의 이행조건으로 기본합의문에 명시된 북한이 취하여야 할 비확산 및 기타 조치의 결정적인 중요성을 인식하며, 한반도의 평화와 안보유지의 최상의 중요성에 유념하고, 국제연합헌장, 핵무기의 비확산에 관한 조약 그리고 국제원자력기구 규약과 부합하여, 기본합의문의 이행에 필요한 조치를 취하는 데 협력하기를 희망하며, 기본합의문에 상정된 바와 같이 관련국간 협력을 조정하고 기본합의문의 이행에 필요한 사업의 재원조달과 수행을 촉진하기 위한 기구 설립의 필요성을 확신하여, 다음과 같이 합의하였다.

제 1 조

한반도에너지개발기구(이하 '기구'라 한다)는 다음에 명시된 규정 및 조건에 따라 설립된다.

제 2 조

가. 기구의 목적은 다음과 같다.

(1) 기구와 북한간에 체결될 공급협정에 따라 각각 약 1,000메가와트 용량의 2기의 한국표준형원자로로 구성되는 북한에서의 경수로 사업의 재원조달과 공급
(2) 경수로발전소 제1호기가 건설될 때까지 북한의 흑연감속로에서 생산되는 에너지를 대신하는 대체에너지의 공급
(3) 상기 목적을 달성하기 위하여 또는 기본합의문의 목적을 수행하기 위하여 필요한 것으로 간주되는 기타 조치의 이행이나 기구는 기본합의문에 명시된 북한의 의무사항의 완전한 이행확보를 목표로 하여 그 목적을 수행한다.

제 3 조

상기 목적을 이행하는 데 있어서, 기구는 다음 기능을 수행할 수 있다.

가. 기구의 목적을 추진하기 위한 사업의 평가 및 관리

나. 기구의 목적을 추진하기 위한 사업의 재원조달을 위하여 기구의 회원국 또는 기타 국가나 단체로부터의 자금 수령, 그러한 자금의 관리와 지출 및 동 자금에 대한 이자의 기구의 목적을 위한 보유

다. 기구의 목적을 추진하기 위한 사업을 위하여 기구의 회원국 또는 기타 국가나 단체로 부터의 현물기여의 수령

라. 기구가 제공하는 경수로사업과 기타 재화 및 용역의 상환으로서 북한이 제공하는 자금 및 기타 보상의 수령

마. 기구가 수령하거나 기구의 사업을 위하여 지정된 자금의 관리를 위하여, 합의된 바에 따라 적합한 금융기관과 협력하거나 협정, 계약 또는 기타 약정의 체결

바. 기구의 목적을 달성하기 위하여 필요한 재산, 시설, 장비 또는 재화의 취득

사. 기구의 목적을 달성하고 기능을 수행하기 위하여 필요한 국가, 국제기구 또는 기타 적절한 단체와의 차관협정을 포함한 협정, 계약, 또는 기타 약정의 체결

아. 원자력 안전성 증진활동을 포함하여 기구의 목적을 추진하는 활동의 수행을 위하여 국가, 지방당국 및 기타 공공단체, 국내 및 국제기관 그리고 사적 당사자 등과의 조정과 이들에 대한 지원

자. 기구의 수령액·자금·계정 또는 기타 자산의 처분 및 이로 인한 수익의 기구의 재정적 의무에 따른 분배, 그리고 기구의 결정에 따른 잔여 자산과 그로부터 발생하는 수익의 기구의 각 회원국 기여정도에 상응하는 균등한 방식의 분배

차. 이 협정과 일치하는 범위내에서 기구의 목적과 기능 수행에 필요한 기타 권한의 행사

제 4 조

가. 기구의 활동은 국제연합헌장, 핵무기의 비확산에 관한 조약 및 국제원자력기구 규약과 일치하여 수행되어야 한다.

나. 기구의 활동은 북한이 북한과 기구간의 모든 협정규정을 준수하고 기본합의문과 일치하는 방법으로 행동할 것을 조건으로 한다. 이러한 조건이 충족되지 않으면 기구는 적절한 조치를 취할 수 있다.

다. 기구는 기구가 수행하는 사업과 관

련되어 북한에 이전되는 핵물질, 장비 또는 기술이 전적으로 동 사업을 위해서만, 평화적 목적을 위하여 그리고 원자력의 안전한 이용을 보장하는 방법으로 사용될 것임을 북한으로부터 공식적으로 보장받아야 한다.

제 5 조

가. 기구의 원회원국은 대한민국, 일본국 및 미합중국(이하 '원회원국'이라 한다)이다.

나. 기구의 목적을 지지하고 자금, 재화 또는 용역과 같은 지원을 기구에 제공하는 기타 국가도 집행이사회의 승인을 받아 제14조 나항의 절차에 따라 기구의 회원국(이하 원회원국과 함께 '회원국'이라 한다)이 될 수 있다.

제 6 조

가. 기구의 기능을 수행하는 권한은 집행이사회에 있다.

나. 집행이사회는 각 원회원국의 1명의 대표와 승인을 얻은 기타 회원의 대표로 구성된다. 이러한 승인은 기구에 대한 실질적이고 지속적인 지지를 기초로 동 승인시의 집행이사회 결정에 의한다. 회원국 승인과 관련한 규정 및 조건은 동 승인시의 집행이사회에 의

하여 각 사안별로 결정된다.

다. 집행이사회는 집행이사회 대표들 중에서 2년 임기의 의장을 선출한다.

라. 집행이사회는 집행이사회가 채택한 의사규칙에 의거하여 집행이사회 의장, 사무총장 또는 집행이사회 대표의 요청에 따라 언제든지 필요한 경우 소집된다.

마. 집행이사회의 결정은 집행이사회 대표들의 합의에 의하거나, 합의의 도달이 불가능할 경우 다수결투표에 의하여 이루어진다. 투표가 요구될 때 집행이사회에 참석하는 각 회원(이하 '집행이사회 회원'이라 한다)은 집행이사회 대표에 의하여 1개의 투표를 행사할 권리를 지닌다.

바. 집행이사회는 기구의 목적을 달성하는 데 필요하거나 적합한 규칙과 규정을 승인할 수 있다.

사. 집행이사회는 기구의 기능에 관련된 모든 사안에 대하여 필요한 조치를 취할 수 있다.

제 7 조

가. 총회는 모든 회원국 대표들로 구성된다.

나. 총회는 제12조에 규정된 연례보고서를 심의하기 위하여 매년 개최된다.

다. 총회의 임시회의는 집행이사회가 제출한 사안을 토의하기 위하여 집행이사회의 지침에 따라 개최된다.

라. 총회는 권고사항을 포함한 보고서를 집행이사회에 제출하여 그 심의를 받을 수 있다.

제 8 조

가. 기구의 직원은 사무총장이 대표한다. 사무총장은 이 협정이 발효된 후 가능한 조속한 시일내에 집행이사회에 의하여 임명된다.

나. 사무총장은 기구의 최고행정책임자로서 집행이사회의 지휘와 감독을 받는다. 사무총장은 집행이사회가 위임한 모든 권한을 행사하며, 본부 및 직원의 조직과 지휘, 연례 예산안의 준비, 재원조달 그리고 기구의 목적을 달성하기 위한 계약의 승인, 작성 및 집행을 포함한 기구의 일상적인 업무수행을 담당한다. 사무총장은 상기 권한을 그가 적합하다고 생각하는 다른 직원에게 위임할 수 있다. 사무총장은 집행이사회가 승인한 모든 규칙 및 규정에 따라 자신의 임무를 수행한다.

다. 사무총장은 2명의 사무차장으로부터 보좌를 받는다. 2명의 사무차장은 집행이사회에 의하여 임명된다.

라. 사무총장 및 사무차장은 2년의 임기로 임명되며, 재임명될 수 있다. 급여를 포함한 이들의 고용조건은 집행이사회에 의하여 결정된다. 사무총장 및 사무차장은 집행이사회의 결정에 의하여 그들의 임기만료 이전에 해고될 수 있다.

마. 사무총장은 집행이사회가 채택한 지침과 승인된 예산의 범위내에서 기구를 대신하여 사업을 승인하고 계약을 작성하며 기타 재정적 의무를 부담할 권한을 가진다. 단, 그러한 사업·계약 및 재정적 의무가 기구의 효과적이고 효율적인 운영 필요성에 기초하여 집행이사회가 결정적 특정가액을 초과하는 경우에는 집행이사회의 사전승인을 받는다.

바. 사무총장은 집행이사회의 승인하에 직원의 직책과 급여를 포함한 고용조건을 수립한다.
사무총장은 집행이사회가 승인한 규칙 및 규정에 따라 유자격자를 그러한 직책에 임명 하고 필요한 경우 직원을 해고한다. 사무총장은 경수로 사업을 포함한 기구(KEDO)의 활동을 이행함에 있어서 전체적인 역할 및 기여도와 최상 수준의 성실성, 효율성 및 기술적 능력 확보의 중요성을 고려하면서, 원회원 국 및 기타 집행이사회 회원의 국민들 이 공평하게 채용될 수 있도록 직원을 임명한다.

사. 사무총장은 집행이사회 및 총회에 게 기구의 활동과 재정에 관하여 보고 한다. 사무총장은 집행이사회의 조치 를 요하는 사안은 집행이사회가 즉시 주지하도록 한다.

아. 사무총장은 사무차장의 조언을 받 아 이 협정과 기구의 목적에 부합되는 규칙 및 규정을 준비한다. 규칙 및 규 정은 시행 이전에 집행이사회의 승인 을 위하여 제출한다.

자. 사무총장과 직원은 그들의 직무를 수행함에 있어서 어느 정부나 또는 기 구 이외의 어떠한 기관의 지시도 구하 거나 받지 아니한다. 그들은 오로지 기 구에 대해서만 책임을 지는 국제공무 원으로서의 지위를 손상시키는 어떠한 행동도 삼가야 한다. 각 회원국은 사무 총장과 직원의 직무의 국제적 성격을 존 중하고 그들의 직무수행에 영향을 미치 지 아니하도록 한다.

제 9 조

가. 집행이사회는 기구가 수행중이거 나 수행하도록 제의된 특정사업에 대 하여 사무총장과 집행이사회에 적절한 조언을 제공할 자문위원회를 설치한다. 자문위원회는 경수로 사업, 대체에너지 의 공급사업 및 집행이사회가 결정하 는 기타 사업을 위하여 설치한다.

나. 각 자문위원회는 동 위원회의 설립 목적이 되는 사업을 지원하는 원회원 국과 다른 회원국 대표들을 포함한다.

다. 자문위원회의 소집시기는 각 위원 회에서 결정한다.

라. 사무총장은 각 자문위원회가 소관 사업에 관련된 사항을 충분히 인지하 도록 하며, 집행이사회와 사무총장은 자 문위원회의 권고에 유념한다.

제 10 조

가. 각 회계연도의 예산은 사무총장이 준비하며 집행이사회의 승인을 받는다. 기구의 회계연도는 1월 1일부터 12월 31일까지로 한다.

나. 회원국은 자국이 적절하다고 생각 하는 자금을 제공하거나 이용하게 하

도록 함으로써 기구에 자발적인 기여를 할 수 있다. 이러한 기여는 기구에 대한 직접적인 기여나 기구의 계약자에 대한 지불을 통하여 이루어질 수 있다. 기여는 현금예치, 조건부 증서, 신용장, 약속어음, 또는 기구와 기여자간 합의하는 기타 법적 수단과 통화를 통하여 이루어진다.

다. 기구는 적절하다고 생각하는 공공 또는 사적 재원에서의 기여를 구할 수 있다.

라. 기구는 회원국이나 기타 재원으로부터 자금을 수령하기 위하여 계정을 설치한다. 동 계정은 특정사업과 기구 운영을 위하여 확보된 자금을 위한 독립계정을 포함한다. 그러한 계정에서 발생하는 이자 또는 배당은 기구의 활동을 위하여 재투자된다. 잉여자금은 제3조 자항에 규정된 대로 분배된다.

제 11 조

가. 회원국은 기구의 목적 달성에 도움이 될 수 있는 재화·용역·장비 및 시설을 기구나 기구의 계약자가 이용 가능하도록 할 수 있다.

나. 기구는 자신의 목적 달성에 도움이 될 수 있는 재화·용역·장비 및 시설

을 적절하다고 생각하는 공공 또는 사적 재원으로부터 수령할 수 있다.

다. 사무총장은 기구에 대한 직접적 또는 간접적인 현물기여의 가치산정 업무를 담당한다.
회원국은 현물기여에 관한 정기보고서 제출과 동 기여의 가치확인에 필요한 기록에 대한 접근 허용등을 통하여 가치산정 과정에서 사무총장과 협조한다.

라. 현물기여의 가치에 관하여 분쟁이 발생할 경우에는 집행이사회가 사안을 심의하고 결정을 내린다.

제 12 조

사무총장은 기구의 활동에 관한 연례보고서를 집행이사회에 제출하여 그 승인을 받는다. 동 보고서는 경수로 사업 및 기타 사업의 현황에 관한 기술, 활동계획과 집행실적의 비교, 기구의 계정에 대한 회계검사보고서등을 포함한다. 사무총장은 집행이사회의 승인을 얻어 회원국들에게 연례보고서를 배포한다. 사무총장은 집행이사회가 요구하는 기타 보고서를 집행이사회에 제출한다.

제 13 조

가. 기구는 그 목적과 기능을 수행하기

위하여 법적 능력, 특히 (1)계약의 체결, (2)부동산의 차용과 임차, (3)동산의 취득과 처분 및 (4)법적 소송을 제기할 수 있는 능력을 가진다. 회원국은 자국의 법령에 따라 기구가 그 목적과 기능을 수행하는 데 필요한 법적 능력을 기구에 부여할 수 있다.

나. 어떤 회원국도 회원국으로서의 지위나 기구참여를 이유로 기구의 작위, 부작위 또는 의무에 대한 책임을 부담하지 아니한다.

다. 회원국이 기구에 제공하는 정보는 전적으로 기구의 목적을 위해서만 사용되어야 하며 동 회원국의 명시적인 동의없이는 공개되지 아니한다.

라. 회원국 영역에서의 이 협정의 이행은 각 회원국의 예산배정을 포함하여 관련 법령에 따라 이루어진다.

제 14 조

가. 이 협정은 원회원국들이 서명함과 동시에 발효한다.

나. 제5조 나항에 따라 집행이사회가 회원국 가입을 승인한 국가 및 지역통합기구를 포함한 국제기구는 사무총장에게 이 협정 수락서를 제출함으로써 회원국이 될 수 있다.

다. 이 협정은 집행이사회 회원 전원의 서면합의 또는 만일 이같은 합의에의 도달이 불가능할 경우 집행이사회 회원 과반수의 서면합의에 의하여 개정·종료 또는 정지될 수 있다.

라. 이 협정의 개정은 서면 개정합의문이 사무총장에게 등록된 날로부터 90일 후에 발효된다.

동 서면 합의문에 참여하지 아니하는 어떠한 집행이사회 회원도 동 합의문의 사무총장에의 등록과 개정발효사이의 기간중 언제든지 사무총장에게 서면으로 탈퇴의사를 통보함으로써 이 협정으로부터 탈퇴할 수 있다. 이러한 탈퇴는 제15조의 규정에도 불구하고 사무총장의 통보 접수일자에 발효한다.

제 15 조

회원국은 사무총장에게 서면으로 탈퇴통보를 함으로써 언제든지 이 협정으로부터 탈퇴할 수 있다. 탈퇴는 사무총장이 탈퇴통보를 접수한 지 90일 후부터 유효하다.

1995년 3월 9일 뉴욕에서 영어로 3부를 작성하였다.

5. 한반도에너지개발기구·북한간 경수로 공급협정
(한반도에너지개발기구와 조선민주주의 인민공화국 정부간의
조선민주주의인민공화국에 대한 경수로사업의 공급에 관한 협정)

1995. 12. 15

　　한반도에너지개발기구(이하 'KEDO'라 한다)와 조선민주주의인민공화국(이하 '북한'이라 한다)은, KEDO가 1994년 10월 21일의 미합중국과 조선민주주의인민공화국간의 기본합의문(이하 '미·북 기본합의문'이라 한다)에 규정된 북한에 대한 경수로사업(이하 '경수로사업'이라 한다)의 재원조달과 공급을 위한 국제기구임을 인식하고, 미·북 기본합의문과 1995년 6월 13일의 미·북 공동언론발표문은 미국이 경수로사업과 관련하여 북한과 주접촉선 역할을 할 것이라고 정하고 있음을 인식하며, 북한은 미·북 기본합의문의 관련 규정에 따른 제반의무를 이행하며, 1995년 6월 13일의 미·북 공동언론발표문에 명시된 내용에 따라 경수로사업을 수락한다는 것을 재확인하면서, 다음과 같이 합의하였다.

제 1 조　공급범위

1. KEDO는 북한에 2개 냉각재유로를 가진 약 1,000메가와트 용량의 가압경수로 2기로 구성되는 경수로사업을 일괄 도급방식으로 제공한다. 노형은 KEDO가 선정하며 미국의 원설계와 기술로부터 개발된 개량형으로 현재 생산중인 것으로 한다.

2. KEDO는 협정 제1부속서에 명시된 경수로사업의 공급범위를 부담한다. 북한은 협정 제2부속서에 명시된 제반임무 및 품목으로 구성되는 경수로사업의 이행에 필요한 기타사항을 부담한다.

3. 경수로사업은 국제원자력기구와 미국의 규제 및 기술수준에 상당하며, 이 조 1항에 언급된 노형에 적용된 규제 및 기술기준에 따라 수행된다. 이러한 규제 및 기술기준은 경수로 발전소의 설계, 제작, 시공, 시험운전, 운전 및 유지 보수뿐만 아니라, 안전, 물리적 방호, 환경보호 및 방사성 폐기물의 저장과 처리에도 적용된다.

제 2 조　상환조건

1. KEDO는 협정 제1부속서에 규정된

임무 및 품목의 비용에 소요되는 재원을 조달하며 북한은 이 비용을 장기, 무이자 방식으로 상환한다.

2. 북한의 상환금액은 KEDO와 북한이 공동으로 결정하되, 이러한 결정은 경수로사업의 상업 공급계약(주계약)에 명시된 경수로사업의 기술명세서, 경수로사업의 공정하고 합리적인 시장가격, 그리고 협정 제1부속서에 규정된 임무 및 품목과 관련한 공급계약에 따라 KEDO가 계약자 및 하청 계약자에게 지불해야 하는 계약금액에 대한 양측의 검토에 근거하여 결정된다. 이 협정 제1부속서에 명시된 임무 및 품목에 대해 북한은 추가비용의 책임이 없으나. 북한의 작위 또는 귀책사유 있는 부작위로서 야기된 추가비용에 대해서는 북한이 책임지며, 이 경우 경수로사업에 관하여 KEDO가 지불하여야 할 실제 추가비용에 근거하여 KEDO와 북한이 공동으로 결정하는 금액만큼 상환금액이 증액된다.

3. 북한은 KEDO에 각 경수로 발전소 완공 후 3년 거치간 포함, 20년간 무이자로 연 2회 균등 분할 상환한다. 북한은 KEDO에 현금, 현금에 상당하는 기타 수단, 또는 재화로 상환(그러한 상환은 이하 '현물상환'이라 한다)하는 경우, 현물상환의 가치는 공정하고 합리적인 시장

가격 산출을 위해 합의된 방식에 근거하여 KEDO와 북한이 공동으로 결정한다.

4. 상환금액 및 조건에 관한 상세사항은 이 협정에 따른 KEDO와 북한간의 별도 의정서에 정한다.

제 3 조 인도일정

1. KEDO는 2003년 완공을 목표로 하는 경수로사업의 인도일정을 수립한다. 북한이 제2부속서에 규정한 바와 같이 미·북 기본합의문에 따라 이행하여야 하는 관련조치의 일정은, 이러한 조치가 2003년까지 이행되고 경수로사업이 순조롭게 이행되도록 경수로사업 인도일정에 포함된다. 경수로사업의 제공과 제3부속서에 규정된 조치의 이행은 미·북 기본합의문에 규정된 바와 같이 상호 조건부이다.

2. 이 협정의 목적상 경수로 발전소의 '완공'이라 함은 제1조 제3항에 규정된 규제 및 기술기준에 부합하는 성능시험의 완료를 말한다. 각 발전소 완공시에 북한은 KEDO에 대해 각 발전소별로 인수증을 발급한다.

3. 경수로사업의 인도 및 이 협정 제3부속서에 규정된 조치의 이행일정에 관한 상세사항과 필요한 일정조건을

위한 상호합의된 절차 및 이 협정 제4 부속서에 규정된 경수로사업의 상당부분의 완료에 관한 상세사항은 이 협정에 따른 KEDO와 북한간의 별도 의정서에서 정한다.

제 4 조 이행구조

1. 북한은 하나의 북한기업을 대리인으로 지정하고 그 기업에게 경수로사업의 추진을 위해 필요한 이행구조에 참여하도록 허가할 수 있다.

2. KEDO는 경수로사업을 수행할 주계약자를 선정하며, 이 주계약자와 상업공급계약을 체결한다. 하나의 미국기업이 프로그램 코디네이터로서 KEDO가 경수로사업의 전반적 이행을 감리하는 것을 보좌한다. 이 프로그램 코디네이터는 KEDO가 선정한다.

3. KEDO와 북한은 경수로사업의 신속하고 원활한 이행을 보장하기 위하여 경수로사업 참여자들 사이의 효율적인 접촉과 협력을 포함하여 양측이 필요하다고 인정하는 실질적인 조치를 촉진한다.

4. 이 협정의 이행에 필요한 서면 교신은 영어와 한국어로 할 수 있으며, 기존 문서 및 자료는 원래의 언어로 사용 또는 전달될 수 있다.

5. KEDO, 계약자 및 하청계약자는 사업현장외에, 경수로사업의 진전에 따라 필요한 경우, KEDO와 북한이 합의한 바에 따라 인근항구 또는 공항과 같이 사업과 직접 관련된 부지외 다른 지역에도 사무소를 운영할 수 있다.

6. 북한은 KEDO에 독립된 법적지위를 인정하고 KEDO 및 그 직원에게 KEDO의 위임된 기능의 수행에 필요한 북한 영역 내에서의 법적지위와 특권 및 면제는 이 협정에 따른 KEDO와 북한간의 별도 의정서에서 정한다.

7. 북한은 KEDO, 계약자 및 하청계약자가 북한에 파견한 모든 인원의 신변과 재산을 보호하는 조치를 취한다. 이들 모든 인원에 대하여 적절한 영사보호가 허용된다. 필요한 영사 보호 조치는 이 협정에 따른 KEDO와 북한간의 별도 의정서에서 정한다.

8. KEDO는 KEDO, 계약자 및 하청계약자가 북한에 파견한 모든 인원은 KEDO와 북한간에 별도로 합의될 내용에 따라 북한의 관련법을 존중하며, 아울러 항상 품위를 지키고 전문가적인 태도로 행동하도록 한다.

9. 북한은 KEDO, 계약자 및 하청계약자가 경수로사업과 관련된 건설장비

및 잔여물자를 통관절차에 따라 재반
출하는 것을 방해하지 아니한다.

제 5 조 부지선정 및 조사

1. KEDO는 부지가 KEDO와 북한이 합
의하는 적합한 부지선정 기준에 부합
하는지 여부와 하부구조 개선사항을 포
함한 경수로 발전소의 시공과 운전을
위한 제반 요건을 확인하기 위하여 우
선적으로 함경남도 신포시 인근 금호
리 일원 지역에 대한 조사를 실시한다.

2. 이 조사가 용이하게 이루어지도록
북한은 KEDO와 협조하고 동지역을 대
상으로 기 수행된 조사결과를 포함한
관련정보를 KEDO가 이용할 수 있도록
한다. 이러한 자료가 불충분할 경우,
KEDO는 추가적인 정보획득 또는 필요
한 부지조사 수행을 위한 조치를 취한다.

3. 부지접근과 부지사용에 관한 상세사
항은 이 협정에 따른 KEDO와 북한간
의 별도 의정서에서 정한다.

제 6 조 품질보장 및 보증

1. KEDO는 제1조 제3항에 규정된 규
제 및 기술기준에 따라 품질보장 계획
을 수립하고 이를 이행하여야 한다. 이
품질보장계획은 이를 이행하여야 한다.

이 품질보장계획은 설계, 자재, 장비와
부품의 제작 및 조립, 그리고 시공품질
을 위한 적절한 절차를 포함한다.

2. KEDO는 북한에 품질보장 계획을
적절히 문서로 제공하며, 북한은 적절
한 검사와 시험, 시운전, 그리고 그 결
과에 대한 북한측 검토가 포함될 품질
보장계획의 이행에 참여할 수 있는 권
리를 가진다.

3. KEDO는 경수로 발전소 각 호기가
제3조 제2항에 규정된 대로 완공되는
시점에서 그 발전용량이 약 1,000메가
와트가 되도록 보장한다. KEDO는 관
련 계약자와 하청계약자가 제공하는 주
요 부품이 신품이며, 완공후 2년동안
그러나 당해 주요부품의 선적후 5년을
초과하지 않는 기간 동안 설계·제작기
술·자재면에서 결함이 없다는 것을 보
증한다. 각 경수로발전소의 최초 장전을
위한 경수로 연료는 원자력업계의 기준
관행에 따라 보장된다. KEDO는 경수
로사업의 토목공사가 설계, 제작기술,
자재면에서 결함이 없음을 완공후 2년
간 보증한다.

4. 상기 언급된 사항과 보증서 내용 및
그 발급과 수령에 관한 절차는 이 협
정에 따른 KEDO와 북한간의 별도 의
정서에서 정한다.

제 7 조 훈 련

1. KEDO는 북한의 경수로발전소의 운전 및 유지보수를 위해 원자력업계의 기준관행에 따라 포괄적인 훈련계획을 수립하고 이행한다. 동 훈련은 상호 합의하는 장소에서 가급적 조기에 실시된다. 북한은 동 훈련계획을 위해 충분한 숫자의 자격있는 후보자를 제공하는 것을 책임진다.

2. 훈련계획에 관한 상세사항은 이 협정에 따른 KEDO와 북한간의 별도 의정서에서 정한다.

제 8 조 운전 및 유지보수

1. KEDO는 경수로발전소의 사용가능한 수명기간 동안 북한이 선호하는 공급자와의 상업 계약을 통하여, 이 협정 제1부속서에 따른 제공분을 제외한 경수로 연료를 북한이 구득하는 것을 지원한다.

2. KEDO는 경수로발전소의 사용가능한 수명기간 동안 북한이 선호하는 공급자와의 상업 계약을 통하여, 협정 제1부속서에 따른 제공을 예비부품, 마모성부품, 소모성 자재, 특수 공구와 경수로발전소의 운전 및 유지보수에 필요한 기술용역을 북한이 구득하는 것을 지원한다.

3. KEDO와 북한은 경수로발전소에서 발생하는 사용 후 연료의 안전한 보관 및 처리를 보장하는 데 협력한다. KEDO의 요구가 있는 경우 북한은 경수로의 사용 후 연료에 대한 소유권을 포기하며, 적절한 상업계약을 통해 동 사용 후 연료의 인출 후, 기술적으로 가능한 한 조속히 이를 북한 밖으로 이전하는 데 동의한다.

4. 경수로 사용 후 연료의 북한 밖으로의 이전을 위한 필요조치는 이 협정에 따른 KEDO와 북한간의 별도 의정서에서 정한다.

제 9 조 서 비 스

1. 북한은 경수로사업의 완공에 필요한 모든 신청에 대한 승인을 신속히, 그리고 무료로 처리한다. 이러한 승인에는 북한의 원자력 통제당국이 발급하는 모든 허가, 통관, 입국 및 기타 허가, 각종 면허, 부지접근권 및 부지인도 협정이 포함된다. 이러한 승인이 통상적으로 소요되는 시간 이상으로 지체되거나 거부될 경우, 북한은 KEDO에 그 이유를 즉각적으로 통보하여야 하며, 이에 따라 경수로사업의 일정 및 비용은 적절히 조정될 수 있다.

2. KEDO, 계약자, 하청계약자 및 그 인원은, 경수로사업과 관련하여, 북한의 조세, 관세 및 KEDO와 북한이 합의하는 각종 부과금과 각종 수수료를 면제받으며 수용조치로부터도 면제된다.

3. KEDO, 계약자 및 하청계약자가 북한에 파견하는 모든 인원은 사업현장에 방해받지 않는 접근이 허용되며, 사업현장으로의 출입을 위해 항공로와 해로를 포함하여 북한이 지정하고 KEDO와 북한이 합의하는 적절하고 효율적인 진행에 따라 필요한 경우 추가 통행료가 고려된다.

4. 북한은 KEDO, 계약자 및 하청계약자가 북한에 파견하는 인원이 항만 서비스, 수송, 노동력, 식수, 음식, 부지밖 숙박시설 및 사무실, 통신, 연료, 전력, 자재, 의료서비스, 환전 및 여타 금융서비스, 기타 생활 및 작업에 필요한 편의설비를 공정한 가격으로 가능한 범위에서 이용할 수 있도록 한다.

5. KEDO, 계약자 및 하청계약자와 이들이 파견하는 인원은 북한내의 이용가능한 통신수단에 대한 방해받지 않는 이용이 허용된다. 이에 부가하여 KEDO, 계약자 및 하청계약자는 각 장비설치 요청에 대한 신속한 사안별 검토를 거쳐 북한의 통신관련 규정에 따라 사무소에 보안이 유지되는 독자적인 통신수단을 설치할 수 있다.

6. 상기 서비스 관련 상세사항은, 이 협정에 따른 KEDO와 북한간의 하나 또는 그 이상의 별도 의정서에서 적절히 정한다.

제 10 조 핵안전 및 규제

1. KEDO는 경수로 발전소의 설계, 제작, 시공, 시험과 시운전이 제1조 제3항에 규정된 핵 안전 규제 및 기술기준을 준수하도록 보장하는 책임을 진다.

2. 북한은 부지조사 완료시 KEDO에 부지 인도증을 발급한다. 북한의 원자력 통제당국은 예비안전성분석보고서 및 부지조사에 대한 검토와 경수로발전소가 제1조 제3항의 핵안전 규제 및 기술기준에 부합하는지 여부에 대한 판단에 기초하여 발전소 기초 굴착작업 이전에 KEDO에 건설허가를 발급한다. 북한의 원자력 통제당국은 경수로발전소의 최종설계가 포함된 최종안전성분석보고서 검토와 핵연료장입전 시운전시험 결과에 기초하여 최초 연료장전 이전에 KEDO에 시운전 허가를 발급한다. 발전소 운영자에 대한 운영허가 발급을 지원하기 위해 KEDO는 핵연료장입 후 시운전시험 결과와 운전요원에 대

한 훈련기록을 북한에 제공한다. KEDO
는 안전성분석보고서, 규제 및 기술기
준에 관한 정도 등 필요정보와 함께 이
협정상 요구되는 결정에 필요하다고
KEDO가 인정하는 기타 문서를 북한에
신속히 제공한다.

북한은 사업일정을 저해하지 않도록 이
러한 허가를 적기에 발급하는 것을 보
장한다.

3. 북한은 경수로발전의 안전한 운영과
유지보수, 적절한 물리적 방호, 환경보
호, 그리고 제8조 제3항에 일치하는 사
용 후 연료를 포함한 방사성폐기물의
안전한 보관 및 처리를 제1조 제3항에
규정된 규제 및 기술기준에 부합되도
록 할 책임이 있다. 이와 관련, 북한은
경수로발전소의 안전한 운영과 유지보
수를 위하여 적절한 원자력 규제기준
과 절차가 이행되는 것을 보장한다.

4. 핵연료집합체 선적에 앞서 북한은
원자력 안전에 관한 협약(1994. 9. 20, 비
엔나에서 채택), 핵사고의 조기통보에 관
한 협약(1986. 9. 26, 비엔나에서 채택), 핵
사고 또는 방사능 긴급사태시 지원에
관한 협약(1986. 9. 26, 비엔나에서 채택) 및
핵물질의 물리적 방호에 관한 협약
(1980. 3. 3, 비엔나 및 뉴욕에서 서명을 위하
여 개방)의 규정을 준수한다.

5. 경수로발전소 완공 후 KEDO와 북
한은 경수로발전소의 안전한 운영과 유
지 보수를 보장하기 위하여 안전점검
을 실시한다. 이와 관련, 북한은 이러
한 점검이 가능한 한 신속하게 이루어
질 수 있도록 필요한 지원을 제공하며,
이러한 점검결과를 적절히 고려한다.
안전점검의 절차 및 일정에 관한 상세
사항은 이 협정에 따른 KEDO와 북한
간의 별도 의정서에서 정한다.

6. 핵 비상사태나 사고발생시 북한은
KEDO, 계약자 또는 하청계약자가 파
견한 인원이 안전 우려 범위를 확정하
고 안전지원을 제공할 수 있도록 즉시
현장 및 관련 정보에 대한 접근을 허용
해야 한다.

제 11 조 핵사고 책임

1. 북한은 경수로발전소와 관련된(1963
년 5월 21일자 핵피해의 민사책임에 관한 비
엔나협약에서 정의된) 핵사고로 인한 손해
와 관련하여 북한내에서 제기되는 배상
청구를 충족시킬 수 있는 법적·재정적
장치가 마련되는 것을 보장한다. 이러
한 법적장치는 절대책임주의 원칙에 의
거, 핵사고 발생시 운영자에게 책임이
부과되는 것을 포함한다. 북한은 운영
자가 이러한 책임을 이행할 수 있음을
보장한다.

2. 경수로발전소와 관련한 핵사고로 인해 북한영역 내·외에서 핵피해 또는 손실이 발생하여 제3자가 이 협정에 따라 수행된 활동을 이유로 법원에 제기하는 배상청구로부터 KEDO와 그 계약자, 하청계약자 및 그 인원을 보호하기 위하여 북한은 배상협정을 체결하며, 핵사고 책임보험 또는 기타 재정적 보상장치를 확보한다. 배상협정, 보험 및 기타 재정적 보장장치에 관한 상세사항은 이 협정에 따른 KEDO와 북한간의 별도 의정서에서 정한다.

3. 북한은 핵피해 또는 손실과 관련하여 KEDO와 그 계약자, 하청계약자 및 이들의 임직원에 대하여 손해배상을 청구하지 아니한다.

4. 이 조항은 어떤 특정한 법원의 재판관할권을 인정하거나 어느 일방이 면책권을 포기하는 것으로 해석되지 아니한다.

5. 북한은 관련 핵피해가 전부 또는 부분적으로 피해인의 중과실에 기인하였거나, 피해인의 가해의도에 따라 행한 작위나 부작위에 의한 것임을 운영자가 입증할 경우에는 피해인에 대한 손해배상 의무로부터 운영자를 전부 또는 부분적으로 면제시키도록 국내법에 규정할 수 있다. 운영자는 핵사고에 따

른 피해가 고의성이 있는 작위 또는 부작위에 의하여 발생한 경우에만 그러한 고의성 있는 작위 또는 부작위를 행한 개인을 대상으로 구상권을 가진다. 이 항의 목적을 위하여 '자' 또는 '개인'이라 함은 핵피해의 민사책임에 관한 비엔나 협약(1963년 5월 21일, 비엔나에서 채택)에서의 용어와 동일한 의미를 가진다.

제 12 조   지적재산

1. 이 협정상의 의무를 이행함에 있어 양측은 상대방의 지적재산과 관련된 정보를 직·간접적으로 받아볼 수 있다. 이러한 정보와 동 정보를 포함하는 물건이나 문서(이하 함께 '지적재산'이라 한다)는 특허법 또는 저작권법에 의한 보호여부와 관계없이 상대방에 귀속되며, 비밀이 보호된다. 양측은 상대방의 지적재산에 대한 비밀을 보호하며, 협정에 규정된 경수로사업의 목적을 위해서만, 그리고 산업재산권 보호에 관한 파리협약에 따른 관행을 포함한 국제규범에 따라 이를 이용한다는 데 합의한다.

2. 별도로 합의하지 아니하는 한, 어느 일방도 경수로사업과 관련하여 제공된 상대방의 장비나 기술을 복제, 복사 또는 재생산하지 아니한다.

제 13 조 보 장

1. 북한은 이 협정에 따라 이전되는 원자로, 기술, 핵물질(국제관행에 따라 정의됨) 및 이들에 사용되거나 또는 그 사용을 통하여 생성되는 핵물질을 전적으로 평화적이고 핵폭발과 무관한 목적으로만 사용한다.

2. 북한은 이 협정에 따라 이전되는 원자로, 기술, 핵물질 및 이들에 사용되거나 또는 그 사용을 통하여 생성되는 핵물질이 적절하게 그리고 전적으로 경수로사업을 위해서만 사용되도록 보장한다.

3. 북한은 이 협정에 따라 이전되는 원자로, 핵물질 및 이들에 사용되거나 또는 그 사용을 통하여 생성되는 핵물질에 대하여 그러한 원자로와 핵물질이 유용수명기간동안 국제기준에 따른 효과적인 물리적 방호를 제공한다.

4. 북한은 이 협정에 따라 이전되는 원자로, 핵물질 및 이들에 사용되거나 또는 그 사용을 통하여 생성되는 핵물질에 대하여 그러한 원자로와 핵물질의 유용수명기간동안 국제원자력기구의 안전조치를 적용한다.

5. 북한은 이 협정에 따라 이전되는 핵물질 또는 경수로사업에 따라 이전되는 원자로 핵물질에 이용되거나 또는 그 사용을 통하여 생성되는 핵물질을 어떠한 경우에도 재처리하거나 그 농축도를 증가시켜서는 아니된다.

6. 북한은 이 협정에 따라 이전되는 핵장비나 기술, 핵물질 또는 이들에 사용되거나 그 사용을 통하여 생성되는 핵물질을 KEDO와 북한간에 별도로 합의되지 아니하는 한 북한 영역밖으로 이전하여서는 아니된다. 다만 제8조 제3항에 규정된 경우는 그러하지 아니한다.

7. 상기에 언급된 보장들은, 해당 KEDO 회원국과 북한이 필요하다고 인정하는 경우, 경수로사업을 위해 핵공급국 그룹의 수출통제품목으로 규제되는 품목을 북한에 공급하는 KEDO회원국에 대해 적절한 형태로 북한측의 보장으로 보완될 수 있다.

제 14 조 불가항력

어느 일방의 이행이 국제적으로 불가항력이라고 인정되는 사건에 의해 지연되는 경우 그러한 지연은 용납될 수 있는 것으로 양해한다. 그러한 사건은 이 협정에서 '불가항력'적 사건이라고 규정한다. 불가항력적 사건에 의해 의무이행이 지연되는 측은 그러한 사건 발생 후 지연사실을 즉시 상대방에 통보하고 의무이행의 지연과 이로 인한 영향을 경감시킬 수 있도록 합리적인 노력을 기울인다. 양측은 이에 따른 대체방안과 경수로사업 일정의 조건이 필요한지 여부 및 어느 측이 이에 따른 비용을 부담해야 하는지를 결정하기 위하여 상대방과 즉시 신의성실에 입각하여 협의한다.

제 15 조 분쟁해결

1. 이 협정의 해석 또는 이행과 관련하여 발생하는 모든 분쟁은 국제법의 원칙에 따라 KEDO와 북한간의 협의를 통하여 해결한다. KEDO와 북한은 협정의 이행과정에서 발생할 수 있는 분쟁의 해결을 위하여 양측이 선정한 각 3명으로 구성되는 조정위원회를 설치한다.

2. 상기 방법으로 해결되지 아니한 모든 분쟁은 일방이 요청하고 타방이 동의하는 경우에는 다음과 같이 구성되는 중재재판소에 회부된다. KEDO와 북한은 각각 1인의 재판관을 임명하여 이 2인의 재판관은 재판장이 될 제3의 재판관 1인을 선정한다. 만일 중재에 관한 상호 합의후 30일내에 KEDO 또는 북한이 재판관을 임명하지 아니한 경우 KEDO 또는 북한은 국제사법재판소 소장에게 재판관 임명을 요청할 수 있

다. 2명의 재판관 선정후 30일내에 제3의 재판관이 임명되지 못하는 경우에도 동일한 절차가 적용된다. 중재재판소의 의사 정족수는 과반수이며, 모든 결정은 재판관 2명의 의견일치를 필요로 한다. 재판소의 결정은 KEDO와 북한을 기속한다. 양측은 자신이 선임한 재판관과 중재재판 임무수행비용과 기타 중재재판소 비용은 양측이 균등하게 부담한다.

제 16 조 불이행시 조치

1. KEDO와 북한은 이 협정의 기본목적 달성을 위하여 각자의 의무를 성실히 이행한다.

2. 어느 일방이 이 협정에 명시된 조치를 취하지 못한 경우 상대방은 경수로사업과 관련하여 지불하게 되어 있는 금액 및 재정적 손실의 즉각적인 지불을 요구할 수 있는 권리를 가진다.

3. 어느 일방이 이 협정의 이행에 따라 발생하는 상대방에 대한 재정적 의무와 관련된 상환을 지연하거나 이행하지 아니할 경우 상대방은 벌칙금을 산정하여 이를 부과할 수 있다. 벌칙금 산정 및 부과에 관한 상세사항은 이 협정에 따른 KEDO와 북한간의 별도 의정서에서 정한다.

제 17 조 개 정

1. 이 협정은 협정당사자간의 서면합의로 개정할 수 있다.

2. 협정의 개정은 서명과 동시에 발효한다.

제 18 조 발 효

1. 이 협정은 KEDO와 북한간의 국제적 합의로서 국제법에 따라 양당사자를 기속한다.

2. 이 협정은 서명일에 발효한다.

3. 이 협정의 부속서는 협정의 불가분의 일부를 구성한다.

4. 이 협정에 따른 의정서는 각 의정서의 서명일에 발효한다.

이상의 증거로, 아래 서명자는 정당히 권한을 위임받아 이 협정에 서명하였다.

1995년 12월 15일 뉴욕에서 영어로 2부를 작성하였다.

제 1 부 속 서

KEDO가 제공하여야 할 이 협정 제1조에 언급된 경수로발전소의 공급범위는 다음 임무 및 품목으로 구성된다.

1. 부지조사

2. 부지정리, 평토, 부지내 공사에 필요한 전력 및 경수로 발전소 완공을 위하여 필요한 부지내 용수공급으로 이루어지는 부지 준비

3. KEDO가 경수로발전소 건설에 필수적이며 전적으로 이를 위해서만 사용된 것으로 판단하는 하부구조, 이러한 하부구조는 부지내 도로, 부지에서 부지밖 도로까지의 연결도로, 바지선 하역시설과 부지간 도로, 수중보를 포함한 취수시설과 수로, KEDO, 계약자 및 하청계약자를 위한 주거시설 및 관련시설로 구성된다.

4. 공사일정을 포함한 경수로발전소의 운전 및 유지보수에 필요한 기술문서

5. KEDO가 2기의 경수로발전소에 필요하다고 판단하는 발전 체계, 시설, 건물, 구조물, 기기, 보조시설 외에 실험실, 측정기기, 공장기계실을 포함

6. 발전소 2기를 위한 중·저준위 방사성 폐기물의 10년 저장 시설

7. 발전소 인수시까지의 요구되는 모든 시험

8. 원자력업계 기준관행에 따라 KEDO가 발전소를 2년간 운전하는 데 필요하다고 인정하는 예비부품, 마모성 부품, 소모성 자재 및 특수공구

9. 초기 운전의 안전확보에 필요한 연료봉을 포함한 각 경수로의 최초장전용 핵연료

10. 완전한 범위의 모의훈련대의 제공을 포함하여 KEDO와 계약자가 원자력업계의 기존 관행에 따라 실시하는 경수로발전소 운전과 유지를 위한 포괄적인 훈련계획

11. 원자력업계 기준관행에 따라 경수로발전소 1호기 완공후 1년간 이 발전소의 운전과 유지보수에 KEDO가 필요하다고 인정하는 기술지원서비스

12. 전반적인 사업관리

제 2 부 속 서

북한이 그 책임을 지는 이 협정 제1조 제2항에 언급된 임무 및 품목은 다음과 같이 구성된다.

1. 거주민 소개, 현존 구조물 및 시설의 이전을 포함한 경수로사업용 부지(육지 및 해상) 확보

2. 북한 내에서 이용가능한 경수로사업의 이행에 필요한 정보 및 문서의 제공 또는 접근

3. 2기의 경수로발전의 시운전을 위해 북한 내에서 이용가능한 전력의 안정적 공급

4. 경수로사업에 필요한 자재와 장비를 수송하기 위하여 북한이 지정하고 KEDO와 북한이 합의하는 부지에 인접한 기존의 항구, 철도 및 공항시설에 대한 접근

5. 골재 및 채석장 확보

6. 이 협정 제9조에 따라 가능한 범위까지의 경수로 부지로 연결하는 통신선로

7. 시운전에 참여시키기 위하여 KEDO가 훈련할 자질있는 운전요원

제 3 부 속 서

이 협정 제3조 제1항에 명시된 대로 북한이 미·북 기본합의문에 따라 경수로사업의 제공과 관련하여 취해야 할 조치는 다음과 같다.

1. 북한은 미·북 기본합의문에 명시된 바대로 핵무기의 비확산에 관한 조약의 당사국으로 잔류하며 동 조약에 따른 안전조치협정의 이행을 허용한다.

2. 북한은 흑연감속로 및 관련시설을 계속 동결하고 국제원자력기구의 동결상태 감시를 위한 활동에 적극 협조한다.

3. 북한은 새로운 흑연감속로 및 관련시설을 건설하지 아니한다.

4. 미국기업이 핵심부품을 공급하는 경우 북한과 미국은 이러한 부품의 인도전에 원자력의 평화적 협력을 위한 양자협정을 체결한다.
이 양자협정은 협정의 제4부속서에 명시된 대로 경수로사업의 상당부분이 완료된 후에 이행된다. 이 협정의 목적상 핵심부품이라 함은 원자력공급국 그룹 수출통제목록에 따라 규제되는 부품을 말한다.

5. 북한은 5메가와트 실험용 원자로에서 추출된 사용 후 연료의 안전한 보관 및 영구처분을 위하여 계속 협조한다.

6. 북한은 이 협정이 서명되면 동결대상이 아닌 시설에 대하여 북한과 국제원자력기구간의 안전조치협정에 따른 임시 및 일반사찰의 재개를 허용한다.

7. 북한은 경수로사업의 상당부분이 완료될 때, 그러나 핵심 부품의 인도이전에, 국제원자력기구가 필요하다고 판단하는 모든 조치를 이행하는 것을 포함하여 국제원자력기구 안전조치 협정을 전면 이행한다.

8. 경수로 발전소 1호기가 완료되면 북한은 동결된 흑연감속로 및 관련시설의 해체를 시작하여 경수로발전소 2호기 완료시까지 이러한 해체작업을 완료한다.

9. 경수로발전소 1호기의 핵심 부품이 인도되기 시작하면 5메가와트 실험용 원자로로부터 추출된 사용 후 연료의 영구처분을 위하여 이 연료의 북한으로부터의 이전이 시작되며, 이러한 작업은 경수로 발전소 1호기 완공시까지 완료된다.

제 4 부 속 서

이 협정의 제3조 제3항에 언급된 '경수로사업의 상당부분'은 다음을 의미한다. 보다 상세한 정의는 제3조 제3항에 언급된 별도 의정서에서 정한다.

1. 경수로사업을 위한 계약의 체결

2. 부지준비 완료, 굴착, 경수로사업 건설지원에 필요한 시설의 완료

3. 선정된 부지에 대한 발전소 초기 설계의 완료

4. 사업 계획과 일정에 규정된 바에 따라 경수로발전소 제1호기 주요 원자로

기기의 사양서 작성 및 제작

5. 사업 계획과 일정에 따른 터빈과 발전기를 포함한 경수로발전소 제1호기의 주요 비핵부품 인도

6. 사업 계획과 일정에 규정된 단계에 부합되는 경수로발전소 제1호기 터빈용 건물과 기타 부속건물의 건설

7. 핵 중기공급계통의 기기를 설치할 수 있는 단계까지의 경수로발전소 제1호기 원자로 건물과 격납 구조물의 건설

8. 사업공정에 따른 경수로발전소 제2호기의 토목공사와 기기제작 및 인도

6. 미 합중국과 조선민주주의인민공화국 사이의 공동 코뮤니케

2000. 10. 12. 워싱턴

조선민주주의인민공화국(이하 '북한'으로 호칭) 국방위원회 김정일 위원장의 특사인 국방위원회 제1부위원장 조명록 차수가 2000년 10월 9일부터 12일까지 미 합중국(이하 '미국'으로 호칭)을 방문하였다. 방문기간 국방위원회 김정일 위원장이 보낸 친서와 미북 관계에 대한 김정일 위원장의 의사를 조명록 특사가 미국 빌 클린턴 대통령에게 직접 전달하였다.

조명록 특사와 일행은 메들린 올브라이트 국무장관과 윌리엄 코언 국방장관을 비롯한 미 행정부의 고위관리들을 만나 공동의 관심사로 되는 문제들에 대하여 폭넓은 의견교환을 진행하였다.

쌍방은 미국과 북한 사이의 관계를 전면적으로 개선시킬 수 있는 새로운 기회들이 조성된데 대하여 심도있게 검토하였다. 회담들은 진지하고 건설적이며 실무적인 분위기 속에서 진행되었으며 이 과정을 통하여 서로의 관심사들에 대하여 더 잘 이해할 수 있게 되었다. 미국과 북한은 역사적인 남북 최고위급 상봉에 의하여 한반도의 환경이 변화되었다는 것을 인정하면서 아시아·태평양지역의 평화와 안정을 강화하는데 이롭게 두 나라 사이의 쌍무관계를 근본적으로 개선하는 조치들을 취하기로 결정하였다.

이와 관련하여 쌍방은 조선반도에서 긴장상태를 완화하고 1953년의 정전 협정을 공고한 평화보장체계로 바꾸어 조선전쟁을 공식 종식시키는데서 4자회담 등 여러 가지 방안들이 있다는데 대하여 견해를 같이하였다.

미국측과 북한측은 관계를 개선하는 것이 국가사이의 관계에서 자연스러운 목표로 되며 관계개선이 21세기에 두 나라 국민들에게 다같이 이익으로 되는 동시에 한반도와 아시아 태평양 지역의 평화와 안전도 보장하게 될 것이라고 인정하면서 쌍무관계에서 새로운 방향을 취할 용의가 있다고 선언하였다.

첫 중대조치로서 쌍방은 그 어느 정부도 타방에 대하여 적대적 의사를 가지지 않을 것이라고 선언하고 앞으로 과

거의 적대감에서 벗어난 새로운 관계를 수립하기 위하여 모든 노력을 다할 것이라는 공약을 확언하였다.

쌍방은 1993년 6월 11일부 미북 공동성명에 지적되고 1994년 10월 21일부 기본합의문에서 재확인된 원칙들에 기초하여 불신을 해소하고 상호신뢰를 이룩하며 주요관심사들을 건설적으로 다루어 나갈 수 있는 분위기를 유지하기 위하여 노력하기로 합의하였다.

이와 관련하여 쌍방은 두 나라 사이의 관계가 자주권에 대한 상호존중과 내정불간섭의 원칙에 기초하여야 한다는 것을 재확언하면서 쌍무적 및 다자적 공간을 통한 외교적 접촉을 정상적으로 유지하는 것이 유익하다는 데 대하여 유의하였다.

쌍방은 호혜적인 경제협조와 교류를 발전시키기 위하여 협력하기로 합의하였다.

쌍방은 두 나라 국민들에게 유익하고 동북아시아 전반에서의 경제적 협조를 확대하는데 유리한 환경을 마련하는데 기여하게 될 무역 및 상업 가능성들을 담보하기 위하여 가까운 시일안에 경제무역 전문가들의 상호방문을 실현하는 문제를 토의하였다.

쌍방은 미사일 문제의 해결이 미북 관계의 근본적인 개선과 아시아 태평양 지역에서의 평화와 안정에 중요한 기여를 할 것이라는데 대하여 견해를 같이하였다. 북한측은 새로운 관계 구축을 위한 또 하나의 노력으로 미사일 문제와 관련한 회담이 계속되는 동안에는 모든 장거리 미사일을 발사하지 않을 것이라는데 대하여 미국측에 통보하였다.

미국과 북한은 기본합의문에 따르는 자기들의 의무를 완전히 이행하기 위한 공약과 노력을 배가할 것을 확약하면서 이렇게 하는 것이 한반도의 비핵 평화와 안정을 이룩하는데 중요하다는 것을 굳게 확언하였다.

이를 위하여 쌍방은 기본합의문에 따르는 의무이행을 보다 명백히 할 것에 관하여 견해를 같이 하였다. 이와 관련하여 쌍방은 금창리 지하시설에 대한 접근이 미국의 우려를 해소하는데 유익하였다는데 대하여 유의하였다.

쌍방은 최근 몇년간 공동의 관심사로 되는 인도주의 분야에서 협조사업이 시작되었다는데 대하여 유의하였다.

북한측은 미국이 식량 및 의약품 지원 분야에서 북한의 인도주의적 수요를 충족시키는데 의의있는 기여를 한데 대하여 사의를 표하였다.

미국측은 북한이 한국전쟁시기 실종된 미군병사들의 유골을 발굴하는데 협조하여 준데 대하여 사의를 표하였으며 쌍방은 실종자들의 행처를 가능한 최대로 조사 확인하는 사업을 신속히 진전시키기 위하여 노력하기로 합의하였다. 쌍방은 이상의 문제들과 기타 인도주의 문제들을 토의하기 위한 접촉을 계속하기로 합의하였다.

쌍방은 2000년 10월 6일 공동성명에 지적된 바와 같이 테러를 반대하는 국제적 노력을 지지 고무하기로 합의하였다.

조명록 특사는 역사적인 남북 최고위급 상봉결과를 비롯하여 최근 몇 개월 사이에 남북대화 상황에 대하여 미국측에 통보하였다.

미국측은 현행 남북대화의 계속적인 진전과 성과 그리고 안보대화의 강화를 포함한 남북 사이의 화해와 협조를 강화하기 위한 발기들의 실현을 위하여 모든 적절한 방법으로 협조할 자기의 확고한 공약을 표명하였다.

조명록 특사는 클린턴 대통령과 미국 국민이 방문기간 따뜻한 환대를 베풀어준 데 대하여 사의를 표하였다.

북한 국방위원회 김정일 위원장에게 윌리암 클린턴 대통령의 의사를 직접 전달하며 미국 대통령의 방문을 준비하기 위하여 매들린 올브라이트 국무장관이 가까운 시일에 북한을 방문하기로 합의하였다.

2000년 10월 12일
워싱턴.

7. 제4차 6자회담 공동성명

2005. 9. 19. 베이징

제4차 6자회담이 베이징에서 중화인민공화국, 조선민주주의인민공화국, 일본, 대한민국, 러시아연방, 미합중국이 참석한 가운데 2005년 7월 26일부터 8월 7일까지 그리고 9월 13일부터 19일까지 개최되었다.

우다웨이 중화인민공화국 외교부 부부장, 김계관 조선민주주의인민공화국 외무성 부상, 사사에 켄이치로 일본 외무성 아시아대양주 국장, 송민순 대한민국 외교통상부 차관보, 알렉세예프 러시아연방 외무부 차관, 그리고 크리스토퍼 힐 미합중국 국무부 동아태 차관보가 각 대표단의 수석대표로 동 회담에 참석하였다.

우다웨이 부부장은 동 회담의 의장을 맡았다.

한반도와 동북아시아 전반의 평화와 안정이라는 대의를 위해, 6자는 상호 존중과 평등의 정신하에, 지난 3회에 걸친 회담에서 이루어진 공동의 이해를 기반으로, 한반도의 비핵화에 대해 진지하면서도 실질적인 회담을 가졌으며, 이러한 맥락에서 다음과 같이 합의하였다.

1. 6자는 6자회담의 목표가 한반도의 검증가능한 비핵화를 평화적인 방법으로 달성하는 것임을 만장일치로 재확인하였다.

조선민주주의인민공화국은 모든 핵무기와 현존하는 핵계획을 포기할 것과, 조속한 시일 내에 핵확산금지조약(NPT)과 국제원자력기구(IAEA)의 안전조치에 복귀할 것을 공약하였다.

미합중국은 한반도에 핵무기를 갖고 있지 않으며, 핵무기 또는 재래식 무기로 조선민주주의인민공화국을 공격 또는 침공할 의사가 없다는 것을 확인하였다.

대한민국은 자국 영토 내에 핵무기가 존재하지 않는다는 것을 확인하면서, 1992년도 「한반도의 비핵화에 관한 남·북 공동선언」에 따라, 핵무기를 접수 또는 배비하지 않겠다는 공약을 재확인하였다.

1992년도 「한반도의 비핵화에 관한 남·북 공동선언」은 준수, 이행되어야 한다.

조선민주주의인민공화국은 핵에너지의 평화적 이용에 관한 권리를 가지고 있다고 밝혔다. 여타 당사국들은 이에 대한 존중을 표명하였고, 적절한 시기에 조선민주주의인민공화국에 대한 경수로 제공 문제에 대해 논의하는데 동의하였다.

2. 6자는 상호 관계에 있어 국제연합헌장의 목적과 원칙 및 국제관계에서 인정된 규범을 준수할 것을 약속하였다.

조선민주주의인민공화국과 미합중국은 상호 주권을 존중하고, 평화적으로 공존하며, 각자의 정책에 따라 관계정상화를 위한 조치를 취할 것을 약속하였다.

조선민주주의인민공화국과 일본은 평양선언에 따라, 불행했던 과거와 현안사항의 해결을 기초로 하여 관계정상화를 위한 조치를 취할 것을 약속하였다.

3. 6자는 에너지, 교역 및 투자 분야에서의 경제협력을 양자 및 다자적으로 증진시킬 것을 약속하였다.

중화인민공화국, 일본, 대한민국, 러시아연방 및 미합중국은 조선민주주의인민공화국에 대해 에너지 지원을 제공할 용의를 표명하였다.

대한민국은 조선민주주의인민공화국에 대한 2백만 킬로와트의 전력공급에 관한 2005.7.12자 제안을 재확인하였다.

4. 6자는 동북아시아의 항구적인 평화와 안정을 위해 공동 노력할 것을 공약하였다.

직접 관련 당사국들은 적절한 별도 포럼에서 한반도의 항구적 평화체제에 관한 협상을 가질 것이다.

6자는 동북아시아에서의 안보협력 증진을 위한 방안과 수단을 모색하기로 합의하였다.

5. 6자는 '공약 대 공약', '행동 대 행동' 원칙에 입각하여 단계적 방식으로 상기 합의의 이행을 위해 상호조율된 조치를 취할 것을 합의하였다.

6. 6자는 제5차 6자회담을 11월초 북경에서 협의를 통해 결정되는 일자에 개최하기로 합의하였다.

8. 9.19 공동성명 이행을 위한 초기 조치(2. 13합의)

2007. 2. 13

제5차 6자회담 3단계회의가 베이징에서 중화인민공화국, 조선민주주의인민공화국, 일본, 대한민국, 러시아연방, 미합중국이 참석한 가운데, 2007년 2월 8일부터 13일까지 개최되었다.

우다웨이 중화인민공화국 외교부 부부장, 김계관 조선민주주의인민공화국 외무성 부상, 사사에 켄이치로 일본 외무성 아시아대양주 국장, 천영우 대한민국 외교통상부 한반도평화교섭본부장, 알렉산더 로슈코프 러시아 외무부 차관, 그리고 크리스토퍼 힐 미합중국 국무부 동아태 차관보가 각 대표단의 수석대표로 동 회담에 참석하였다.

우다웨이 부부장은 동 회담의 의장을 맡았다.

Ⅰ. 참가국들은 2005년 9월 19일 공동성명의 이행을 위해 초기단계에서 각국이 취해야 할 조치에 관하여 진지하고 생산적인 협의를 하였다. 참가국들은 한반도 비핵화를 조기에 평화적으로 달성하기 위한 공동의 목표와 의지를 재확인하였으며, 공동성명상의 공약을 성실히 이행할 것이라는 점을 재확인하였다. 참가국들은 '행동 대 행동'의 원칙에 따라 단계적으로 공동성명을 이행하기 위해 상호 조율된 조치를 취하기로 합의하였다.

Ⅱ. 참가국들은 초기단계에 다음과 같은 조치를 병렬적으로 취하기로 합의하였다.

1. 조선민주주의인민공화국은 궁극적인 포기를 목적으로 재처리 시설을 포함한 영변 핵시설을 폐쇄·봉인하고 IAEA와의 합의에 따라 모든 필요한 감시 및 검증활동을 수행하기 위해 IAEA 요원을 복귀토록 초청한다.

2. 조선민주주의인민공화국은 9·19 공동성명에 따라 포기하도록 되어있는, 사용후 연료봉으로부터 추출된 플루토늄을 포함한 공동성명에 명기된 모든 핵프로그램의 목록을 여타 참가국들과 협의한다.

3. 조선민주주의인민공화국과 미합중국은 양자간 현안을 해결하고 전면적 외

교관계로 나아가기 위한 양자대화를 개
시한다. 미합중국은 조선민주주의인민
공화국을 테러지원국 지정으로부터 해
제하기 위한 과정을 개시하고, 조선민
주주의인민공화국에 대한 대적성국 교
역법 적용을 종료시키기 위한 과정을
진전시켜 나간다.

4. 조선민주주의인민공화국과 일본은 불
행한 과거와 미결 관심사안의 해결을
기반으로, 평양선언에 따라 양국관계
정상화를 취해 나가는 것을 목표로 양
자대화를 개시한다.

5. 참가국들은 2005년 9월 19일 공동성
명의 1조와 3조를 상기하면서, 조선민
주주의인민공화국에 대한 경제·에너
지·인도적 지원에 협력하기로 합의하
였다. 이와 관련, 참가국들은 초기단계
에서 조선민주주의인민공화국에 긴급
에너지 지원을 제공하기로 합의하였다.
중유 5만톤 상당의 긴급 에너지 지원
의 최초 운송은 60일 이내에 개시된다.

참가국들은 상기 초기 조치들이 향후
60일 이내에 이행되며, 이러한 목표를
향하여 상호 조율된 조치를 취한다는
데 합의하였다.

Ⅲ. 참가국들은 초기조치를 이행하고
공동성명의 완전한 이행을 목표로 다

음과 같은 실무그룹(W/G)을 설치하는데
합의하였다.

1. 한반도 비핵화
2. 미·북 관계정상화
3. 일·북 관계정상화
4. 경제 및 에너지 협력
5. 동북아 평화·안보 체제

실무그룹들은 각자의 분야에서 9·19
공동성명의 이행을 위한 구체적 계획을
협의하고 수립한다. 실무그룹들은 각
각의 작업진전에 관해 6자회담 수석대
표 회의에 보고한다. 원칙적으로 한 실
무그룹의 진전은 다른 실무그룹의 진
전에 영향을 주지 않는다. 5개 실무그
룹에서 만들어진 계획은 상호 조율된
방식으로 전체적으로 이행될 것이다.

참가국들은 모든 실무그룹 회의를 향
후 30일 이내에 개최하는데 합의하였다.

Ⅳ. 초기조치 기간 및 조선민주주의
인민공화국의 모든 핵프로그램에 대한
완전한 신고와 흑연감속로 및 재처리
시설을 포함하는 모든 현존하는 핵시
설의 불능화를 포함하는 다음단계 기
간중, 조선민주주의인민공화국에 최초
선적분인 중유 5만톤 상당의 지원을 포
함한 중유 100만톤 상당의 경제·에너
지·인도적 지원이 제공된다.

상기 지원에 대한 세부 사항은 경제 및 에너지 협력 실무그룹의 협의적절한 평가를 통해 결정된다.

V. 초기조치가 이행되는 대로 6자는 9·19 공동성명의 이행을 확인하고 동북아 안보협력 증진방안 모색을 위한 장관급 회담을 신속하게 개최한다.

VI. 참가국들은 상호신뢰를 증진시키기 위한 긍정적인 조치를 취하고 동북아시아에서의 지속적인 평화와 안정을 위한 공동노력을 할 것을 재확인하였다. 직접 관련 당사국들은 적절한 별도 포럼에서 한반도의 항구적 평화체제에 관한 협상을 갖는다.

VII. 참가국들은 실무그룹의 보고를 청취하고 다음단계 행동에 관한 협의를 위해 제6차 6자회담을 2007년 3월 19일에 개최하기로 합의하였다.

대북 지원부담의 분담에 관한 합의 의사록

미합중국, 중화인민공화국, 러시아연방, 대한민국은 각국 정부의 결정에 따라, II조 5항 및 IV조에 규정된 조선민주주의인민공화국에 대한 지원부담을 평등과 형평의 원칙에 기초하여 분담할 것에 합의하고, 일본이 자국의 우려사항이 다루어지는 대로 동일한 원칙에 따라 참여하기를 기대하며, 또 이 과정에서 국제사회의 참여를 환영한다.

9. 9·19 공동성명 이행을 위한 제2단계 조치(10·3 합의)

2007. 10. 3

제6차 6자회담 2단계회의가 베이징에서 중화인민공화국, 조선민주주의인민공화국, 일본, 대한민국, 러시아연방, 미합중국이 참석한 가운데, 2007년 9월 27일부터 30일까지 개최되었다.

우다웨이 중화인민공화국 외교부 부부장, 김계관 조선민주주의인민공화국 외무성 부상, 사사에 켄이치로 일본 외무성 아시아대양주국장, 천영우 대한민국 외교통상부 한반도평화교섭본부장, 알렉산더 로슈코프 러시아 외무부 차관, 그리고 크리스토퍼 힐 미합중국 국무부 동아태 차관보가 각 대표단의 수석대표로 동 회담에 참석하였다.

우다웨이 부부장은 동 회담의 의장을 맡았다.

참가국들은 5개 실무그룹의 보고를 청취, 승인하였으며, 2·13 합의상의 초기조치 이행을 확인하였고, 실무그룹회의에서 도달한 컨센서스에 따라 6자회담 과정을 진전시켜 나가기로 합의하였으며, 또한 평화적인 방법에 의한 한반도의 검증가능한 비핵화를 목표로 하는 9·19 공동성명의 이행을 위한 제2단계 조치에 관한 합의에 도달하였다.

I. 한반도 비핵화

1. 조선민주주의인민공화국은 9·19 공동성명과 2·13 합의에 따라 포기하기로 되어 있는 모든 현존하는 핵시설을 불능화하기로 합의하였다.

영변의 5MWe 실험용 원자로, 재처리시설(방사화학실험실) 및 핵연료봉 제조시설의 불능화는 2007년 12월 31일까지 완료될 것이다. 전문가 그룹이 권고하는 구체 조치들은, 모든 참가국들에게 수용 가능하고, 과학적이고, 안전하고, 검증가능하며, 또한 국제적 기준에 부합되어야 한다는 원칙들에 따라 수석대표들에 의해 채택될 것이다. 여타 참가국들의 요청에 따라, 미합중국은 불능화 활동을 주도하고, 이러한 활동을 위한 초기 자금을 제공할 것이다. 첫번째 조치로서, 미합중국측은 불능화를 준비하기 위해 향후 2주내에 조선민주주의인민공화국을 방문할 전문가 그룹을 이끌 것이다.

2. 조선민주주의인민공화국은 2·13 합의에 따라 모든 자국의 핵프로그램에 대해 완전하고 정확한 신고를 2007년 12월 31일까지 제공하기로 합의하였다.

3. 조선민주주의인민공화국은 핵 물질, 기술 또는 노하우를 이전하지 않는다는 공약을 재확인하였다.

Ⅱ. 관련국간 관계정상화

1. 조선민주주의인민공화국과 미합중국은 양자관계를 개선하고 전면적 외교관계로 나아간다는 공약을 유지한다. 양측은 양자간 교류를 증대하고, 상호신뢰를 증진시킬 것이다. 조선민주주의인민공화국을 테러지원국 지정으로부터 해제하기 위한 과정을 개시하고 또 조선민주주의인민공화국에 대한 대적성국 교역법 적용을 종료시키기 위한 과정을 진전시켜나간다는 공약을 상기하면서, 미합중국은 미·북 관계정상화 실무그룹 회의를 통해 도달한 컨센서스에 기초하여, 조선민주주의인민공화국의 조치들과 병렬적으로 조선민주주의인민공화국에 대한 공약을 완수할 것이다.

2. 조선민주주의인민공화국과 일본은 불행한 과거 및 미결 관심사안의 해결을 기반으로, 평양선언에 따라 양국관계를 신속하게 정상화하기 위해 진지한 노력을 할 것이다. 조선민주주의인민공화국과 일본은 양측간의 집중적인 협의를 통해, 이러한 목적 달성을 위한 구체적인 조치를 취해 나갈 것을 공약하였다.

Ⅲ. 조선민주주의인민공화국에 대한 경제 및 에너지 지원

2·13 합의에 따라, 중유 100만톤 상당의 경제·에너지·인도적 지원(기전달된 중유 10만톤 포함)이 조선민주주의인민공화국에 제공될 것이다. 구체 사항은 경제 및 에너지협력 실무그룹에서의 논의를 통해 최종 결정될 것이다.

Ⅳ. 6자 외교장관회담

참가국들은 적절한 시기에 북경에서 6자 외교장관회담이 개최될 것임을 재확인하였다.

참가국들은 외교장관회담 이전에 동 회담의 의제를 협의하기 위해 수석대표 회의를 개최하기로 합의하였다.

북한 핵개발 관련 일지

연도	내용
1955.3	북한 과학원 제2차 총회, 원자 및 핵물리학 연구소 설치 결정
1956.2.28	소련 두브나 핵연구소에 과학자 파견 연수(1964까지, 연간 30명)
1956.3	조·소간 원자력의 평화적 이용에 관한 협정 체결
1962	(11.2) 영변 원자력 연구소 설치 김일성종합대학 및 김책공대에 원자력학과 신설
1965.6	소련에서 2MW급 원자로 도입 (1973년부터 4MW로 출력 증가. 1978년부터 매년 1회 IAEA 사찰 실시)
1974.9	IAEA 가입
1980.7	30MW급 제2원자로 착공
1985.12	NPT 가입
1986	30MW급(북한은 5MW라고 주장) 제2원자로 가동
1986.12	정무원 산하 원자력공업부 신설
1989.9	프랑스 위성 SPOT 2호, 영변 핵시설 촬영사진 공개
1989.11	200MW급 원자로 착공(태천)
1991.7	IAEA와 핵안전조치협정 문안 합의 한반도비핵화 공동선언 제안
1991.9.12	북한, IAEA 핵안전조치협정 서명 거부
1991.9.27	미국 부시 대통령, 해외 전술 핵무기 폐기 선언
1991.11.8	노태우 대통령, 비핵화와 평화구축을 위한 선언
1991.12.31	남북한 한반도 비핵화에 관한 공동선언 합의
1992.1.30	IAEA 핵안전조치협정 서명
1992.2.19	비핵화공동선언 발효
1992.3.19	남북 핵통제공동위원회 구성과 운영에 관한 합의서 발효
1992.4.9	IAEA 핵안전조치협정 비준, 발효
1992.5.11	IAEA 사무총장 한스 블릭스 초청 핵사찰(−5.26)
1992.5.25 − 1993.2.6	IAEA 임시사찰 총 6회 1차(1992.5.25−6.5); 2차(1992.7.8−18); 3차(1992.9.1−11); 4차(1992.11.2−13); 5차(1992.12.14−19); 6차(1993.1.26−2.6) IAEA, 중대한 불일치 발견 : 최소 3회 플루토늄 추출 확인, 방사화학실험실은 대규모 재처리시설, 2개의 미신고시설은 재처리한 핵폐기물의 저장소
1993.2.9	IAEA, 미신고시설 2곳에 대한 특별사찰 허용요구; 북, 거부(2.24)
1993.3	(3.8) 준전시상태 선포 (3.12) NPT탈퇴발표, 유엔안보리에 제출
1993.5.11	유엔안보리, 북한의 핵사찰 수용과 NPT탈퇴 철회촉구 결의안 채택
1993.6.2	북미고위급 회담(강석주−갈루치, 뉴욕) (6.11) 북한, NPT탈퇴 잠정유보 결정

1993.12.29	핵사찰 수용 합의
1994.3.3 −14	IAEA 사찰(의심시설 7곳). 북한 시료채취 거부
1994.4.10	영변 5MW급 흑연감속로 가동 중단(핵연료봉 추출) 연료봉 8천여 개 추출(6.15)
1994.6.10	IAEA, 대북제재결의안 채택
1994.6.13	IAEA 탈퇴 공식선언 "제재는 선전포고로 간주할 것"
1994.6.14	미국, 대북 군사공격 검토
1994.6.15 −18	카터 방북. 김일성 회담
1994.7.8 −10	3차 북미고위급회담(제네바) (7.8) 김일성 사망
1994.8.5 −12	3차 북미고위급회담 재개(제네바)
1994.10.17	3차 북미고위급회담 두 번째 회의(제네바). 합의틀 도출
1994.10.21	제네바 합의문 체결
1994.11.1	핵활동 동결 선언(제네바 합의 이행)
1995.3.9	한반도에너지개발기구(KEDO) 설립
1995.4.27	폐연료봉 8천여 개 밀봉작업 개시
1998.8.3	대포동 1호(광명성 1호) 미사일 발사
1998.8.7	NYT, 북 금창리 지하 핵시설 의혹제기
1999.3.16	금창리 지하시설 사찰 합의(북−미)
1999.5.18 −24	미 금창리 방문단 현장조사(핵과 무관한 시설로 판명)
1999.6.15	제1차 연평해전
2000.2.2	경수로 지연 이유로 제네바 합의 파기 경고 (2.5) 경수로 본공사 착공
2000.6.13 −15	남북정상회담
2000.10.9 −12	조명록 방미(김정일 특사) (10.12) 북미공동코뮤니케(신뢰회복, 경제협력, 인도주의적 협조)
2000.10.23 −25	올브라이트 미 국무장관 방북(북 미사일문제 협의)
2001.9.11	9.11테러공격 발생
2002.1.29	미 부시 대통령, 북한을 "악의 축"으로 규정
2002.3.13	미 핵태세검토보고서(NPR) : 핵 선제사용 가능 대상국가 지목(중, 러, 이란, 이라크, 리비아, 시리아, 북한)
2002.5.21	미, 북한 테러지원국 지정
2002.6.29	제2차 연평해전
2002.9.16	미 럼스펠드 국방장관, "북 핵무기 보유"
2002.10.3 −5	미 켈리 국무부차관보 방북 (10.16) "북 고농축우라늄 핵개발 추진계획 인정" (11.13) 미, 중유공급 중단 발표

2002.12.12	핵동결 해제 선언 (12.21) 핵시설 봉인과 감시장비 제거 (12.23) 방사화학실험실(재처리시설) 봉인과 감시장비 제거 (12.27) IAEA 사찰단원 추방 통보 (12.31) IAEA 사찰단원 철수
2003.1.10	NPT 탈퇴 선언 (2.7) 미, 군사적 행동 고려 위협 (2.26) 영변 원자로 재가동 (6.17) 미, 대북식량지원 유보 (6.30) 재처리 플루토늄 무기화 언급
2003.3.20	이라크 전쟁 발발
2003.8.27 −29	1차 6자회담(베이징)
2003.11.6	리영호 영국대사, 핵억제력 보유 주장
2004.1.6 −9	미국 헤커 박사 등 방북(영변 핵시설방문)
2004.2.4	파키스탄 칸 박사, "북에 핵무기 제조기술 유출"
2004.2.25 −28	2차 6자회담(베이징)
2004.6.23 −26	3차 6자회담(베이징)
2004.9.18	한국, 핵의 평화적 이용에 관한 4원칙 발표 : 핵무기 개발 및 보유 의사 없음 핵 투명성 유지와 국제협력 강화 핵 비확산에 관한 국제규범 준수 핵의 평화적 이용 범위 확대
2004.9.27	최수헌 외무성 부상(UN총회 기조연설), "미국의 공격을 억제하기 위해 8천 개의 폐연료봉 재처리해 무기화"
2005.2.10	핵무기 보유 선언
2005.6.18	영변 원자로 재가동
2005.7.26 −8.7	1단계 4차 6자회담(베이징)
2005.9.13 −19	2단계 4차 6자회담(베이징), 9.19공동성명 채택
2005.9.20	미, 방코델타아시아 은행 "돈세탁 우려 대상"
2005.11.9 −11	1단계 5차 6자회담(베이징)
2005.11.17	유엔총회, 대북인권결의안 채택
2006.2.16	방코델타아시아 은행, 대북거래 중단 선언
2006.5.31	KEDO, 경수로 사업 공식종료
2006.7.5	대포동 2호 발사
2006.7.15	유엔안보리 결의 1695호 채택
2006.9.9	세계 24개 금융기관, 대북거래중단(중국 포함)
2006.10.9	1차 지하 핵실험
2006.10.14	유엔안보리 결의 1718호 채택

2006.12.18 −22	2단계 5차 6자회담(베이징)
2007.2.13	2.13합의
2007.3.19 −22	1단계 6차 6자회담(베이징)
2007.4.10	마카우 동결자금 해제 조치
2007.7.14	한국, 중유제공
2007.7.18	영변 원자로 폐쇄 공식 발표
2007.10.2 −4	남북정상회담
2007.10.3	10.3합의
2008.6.26	핵시설 신고서 제출
2008.6.27	영변 원자로 냉각탑 폭파
2008.10.11	미, 북 테러지원국 지정 해제
2008.12.8 −11	6차 6자회담 3차 수석대표회의
2008.12.12	미, 대북 중유 지원 중단
2009.4,5	광명성 2호(장거리로켓) 발사
2009.4.25	"폐연료봉 재처리 시작" 발표
2009.5.25	2차 핵실험
2009.6.12	유엔안보리 결의 1874호 채택
2009.9.21	이명박 대통령, Grand Bargain 제안
2009.11.3	<조선중앙통신> "8천 개의 폐연료봉 재처리를 8월말 성공적으로 끝냈다."
2009.11.20	미 핵과학자회보 "올해 말 현재 핵보유국은 북한을 포함해 9개국"
2010.4.6	미 <핵태세 검토 보고서(NPR)> 발표
2010.4.12 −13	제1차 핵안보정상회담(워싱턴)
2010.5.24	한국, 대북한 5.24조치 발표
2010.11.9 −13	헤커 미 스태포드대학 국제안보협력센터 소장, 영변 핵 단지 내 우라늄 농축 시설 방문
2011.9.21	제2차 남북비핵화회담(베이징)
2011.10.24 −26	북미 2차 고위급회담(제네바)
2011.11.7	IAEA <이란 핵 보고서> 발표 "이란 핵 개발 중. 북한, (구)소련, 파키스탄으로부터 핵심기술 확보"
2011.12.17	김정일 사망
2012.2.29	북미 고위급회담, 2.29합의 (9.19공동성명 이행. 정전협정 준수. 평화협정체결. 북미관계정상화. 대북적대정책폐기. 민간교류확대)
2012.3.26 −27	제2차 핵안보정상회담(서울)
2012.4.13	광명성 3호 발사(실패)
2012.5.30	북, 개정 헌법에 '핵 보유국' 명기
2010.10.8	한미 탄도미사일 협상 타결

2010.12.12	은하 3호(장거리로켓. 광명성 3호 2호기 사거리13000km) 발사 성공
2013.1.23	유엔안보리 대북 규탄 결의안 통과(2087호)
2013.2.12	3차 핵실험(고농축우라늄)
2013.3.7	유엔안보리 대북제재 결의(2094호)
2013.3.31	노동당 중앙위원회 '경제·핵무력 병진노선' 채택
2013.4.2	영변 5MW 원자로 재가동
2013.10.30	<노동신문> "우리의 핵 억제력을 그 무엇과도 바꾸기 위한 흥정물이 결코 아니다."
2014.3.24 -25	제3차 핵안보정상회담(헤이그)
2014.8.27	미 <워싱턴 프리비컨>, 북 SLBM / 3000톤급 잠수함 개발 가능성 제기
2015.5.8	북한 SLBM 수중발사 시험 공개

* 참조 : 조민·김진하, 『북핵일지 1955-2014』, (서울 : 통일연구원, 2014).

참 고 문 헌

Ⅰ. 국 문

강성학. "한반도의 군축을 위한 신뢰구축 방안" 이호재 편.『한반도 군축론』. 서울: 법문사,
    1989.

강정민, 전봉근. "후쿠시마 원전사고와 2012년 핵안보 정상회의."『정세와 정책』(서울:
    세종연구소, 2011).

곽태환 외.『한반도 평화체제의 모색』. 서울: 경남대학교 출판부, 1997.

구본학·오관치.『동북아지역 군비통제조치에 관한 연구: 한미 공동연구Ⅱ』. 서울: 한국
    국방연구원, 1995.

구영록.『한국의 국가이익』. 서울: 법문사, 1995.

_____. "한국의 안보전략."『국가전략』. 제1권 1호. 성남: 세종연구소, 1995년 봄.

국가안전기획부.『군축조약집』. 서울: 국가안전기획부, 1989.

국방대학원 안보문제연구소.『핵개발과 핵환산금지정책』. 서울: 국방대학원, 1983.

국방부.『군비통제란?』. 서울: 국방부, 1996.

_____.『국방백서 1993 – 1994』. 서울: 국방부, 1993.

_____.『국방백서 1994 – 1995』. 서울: 국방부, 1994.

_____.『국방백서 2000』. 서울: 국방부, 2000.

_____.『국방백서 2008』. 서울: 국방부, 2008.

_____.『국방백서 2014』. 서울: 국방부, 2014.12.

국방부 군비통제관실. "북한의 핵무기 개발 실태 및 저의를 폭로하고 우리의 입장을 밝힌다."
    『한반도 군비통제』. 군비통제자료, 제6집 서울: 국방부 군비통제관실, 1991.

국방선진화연구회.『새정부의 국방정책』. 서울: 한반도선진화재단, 2012.

권용수 외.『한국의 탄도미사일 방어 개념 발전 및 구축전략 연구』. 국가안전보장문제
    연구소, 2015.

권태영·노훈·박휘락·문장렬.『북한 핵·미사일 위협과 대응』. 성남: 북코리아, 2014.

권희석. "제7차 NPT 평가회의 결과와 향후 전망."『원자력산업』, 2015. 7.

김대중.『김대중의 3단계 통일론: 남북연합을 중심으로』. 서울: 아태평화재단, 1995.

김덕영. "국가안보의 경제적 쟁점: 경제안보 이론체계의 구상."『국방연구』. 제43권 제1호.
    서울: 국방대학교 안보문제연구소, 2000. 6.

김도태. "남북한 협상행태 비교연구." 민족통일연구원『연구보고서』, 94 – 29, 1994. 12.

김명기. "한국 평화조약체결에 관한 연구." 『국제법학논총』. 제31권 제2호. 1986.

김민석. "워싱턴체제의 성립과정과 요인에 관한 연구." 서울 : 고려대 정치외교학과대학원 박사학위논문, 2002.

_____ · 최문희. 북한 핵무기 개발연표. 『한반도 군비통제』 군비통제자료, 제10집 1993.

김석용. "국가안보와 정치." 국방대학원 『안보기초이론』. 서울 : 국방대학원, 1994.

김석우. "민주적 평화와 안보협상." 『국제정치논총』. 37 - 1. 1997.

김성배, 신성호, 이상현, 전재성, 전진호, 『글로벌 거버넌스와 핵안보정상회의』(서울 : EAI, 2012).

김영호, "2012 핵안보정상회의와 미국의 핵정책," 2012 핵안보정상회의 개최기념 한국국제 정치학회 주최 국제학술회의 발표문, 2012.2.29.

김용호. "북한의 대외협상 스타일, 전략 및 행태에 관한 연구." 『안보학술논집』, 제5집 제2호. 서울 : 국방대학교 안보문제연구소출판부, 1994.

_____. "대북정책과 국제관계이론 : 4자회담과 햇볕정책을 중심으로 한 비판적 고찰." 『한국정치학회보』 제36집 3호. 2002.

김점곤 외 편역. 『세계군축 : 이론과 실제』. 서울 : 전영사, 1991.

김주홍. 『리처드슨의 군비경쟁 이론에 대한 비판적 고찰』. 서울 : 서울대 박사학위논문, 1994.

김태우. "NPT연장협상과 우리의 외교." 『외교 제27호』, 1993. 9.

_____. "북핵억제를 위한 연합대비 태세 강화." 여의도연구원/새누리당 국책자문위원회 공동주최 국방정책발전 세미나 발표자료. 2015.2.15.

다께사다. "미 · 북 제네바 핵합의 이행과 남 · 북한 관계 : 일본인의 관점." 국방대학원 안보 문제연구소 주최 안보학술토론회(96 - 2) 제출논문, 1996. 8. 26.

돈 오버도퍼. 『북한국과 남조선 두개의 코리아』. 진창욱 역. 서울 : 중앙일보, 1998.

데이비드 C. 라이트 · 티무르 카디쉐프. "북한 노동미사일 분석." 『극동문제』 1996. 3.

마이클 쉬한. "Arms Control : Theory & Practice." 『군비통제의 이론과 실제』. 나갑수 역. 서울 : 국방대학원, 1991.

마이클 J. 마자르. 김태규 역. 『북한 핵 뛰어넘기』. 서울 : 흥림문화사, 1995.

문장렬 · 박휘락 · 권태영 · 노훈. "북한 핵미사일 위협분석과 한국의 대응전략." 한국안보 문제연구소(KINSA) 2014년 세미나 발표문, 2014.2.7.

박건영 외. 『한반도 평화 보고서』. 서울 : 한울, 2004.

박종철. 『남북한 군비통제의 포괄적 이행방안 : 미 · 북 관계 및 남북관계 개선 관련』. 서울 : 민족통일연구원, 1995. 12.

박종철 외. 『평화번영정책의 이론적 기초와 과제』. 서울 : 통일연구원, 2002.

박영규. 『한반도 군비통제의 재조명 : 문제점과 개선방향』. 서울 : 통일연구원, 연구총서 2000 - 14, 2000.

박영호 외.『한반도 평화정착 추진전략』. 서울 : 통일연구원, 2003.

박형중. "대북지원과 대북정책."『북핵 문제 해결 방향과 북한 체제의 변화 전망』 통일
　　　연구원 : KINU 학술회의 총서 09－01, 2009. 3.

백영철 외.『한반도 평화 프로세스』. 서울 : 건국대학교 출판부, 2005.

백진현.『군비통제 검증관련 기구 및 법령에 관한 연구』. 서울 : 한국전략문제연구소, 2001

_____. "핵확산금지조약(NPT)의 성과와 한계." 백진현 편.『핵비확산체계의 위기와 한국』.
　　　서울 : 오름, 2010.

_____ 편.『핵비확산체계의 위기와 한국』. 서울 : 오름, 2010.

북한 사회과학원 철학연구소 간.『철학사전』. 평양 : 사회과학 출판사, 1970.

서우덕·강진석·박동형.『핵문제 100문 100답』. 국방부, 1994. 9. 7.

서울핵안보정상회의 준비기획단.『서울 핵안보정상회의 참가국 국가이행보고서 내 주요
　　　실적 및 공약』(서울 : 서울핵안보정상회의 준비기획단, 2012.3.27.).

서재진. "북한 핵문제에 대한 포괄적 접근법으로서의 2·13 합의 : 형성배경과 이행전망."
　　　『통일정책연구』제16권 1호, 2007.

서창록.『국제기구: 글로벌 거버넌스의 정치학』(서울 : 다산출판사, 2004).

세종연구소.『통계로 보는 남북한 변화상 연구 : 북한연구자료집』. 성남 : 세종연구소, 2011.

송대성.『한반도 군비통제 : 이론, 실제 그리고 대책』. 서울 : 신태양사, 1996.

_____.『한반도 평화체제』. 성남 : 세종연구소, 연구총서 98－05, 1998.

_____.『남북한 신뢰구축 : 정상회담 이후 근본 문제점 및 해결방안』. 성남 : 세종연구소
　　　세종정책연구 2001－17, 2001.

_____.『한반도 평화체제구축과 군비통제 : 2000년대 초 장애요소 및 극복방안』. 성남 :
　　　세종연구소, 2001.

송종환.『북한 협상행태의 이해』. 서울 : 도서출판 오름, 2002.

시드니 렌즈 외 저.『군사복합체론』. 서동만 편역. 전주 : 기린문화사, 1983.

신영순. "THAAD 레이더 논쟁의 허구."『월간 국가안보전략』한국전략문제연구소. 2015.6.

신우철. "화학무기의 과거, 현재 그리고 미래."『한반도 군비통제』. 군비통제자료, 제17집,
　　　서울 : 국방부 군비통제관실, 1995.

신정현.『한반도의 군비통제 : 평화와 통일의 새 국면』. 서울 : 예진출판, 1990.

아태평화재단.『김대중의 3단계 통일론』. 서울 : 아태재단출판사, 1997.

엄태암.『동북아안보협력대화(NEACD)의 전망』. 국방연구원 연구보고서 95－992. 1995. 5.

_____. "제2차 ARF와 동북아 다자안보."『주간국방논단』, 1995. 12. 18.

외교부. "4자회담을 통한 한반도 평화체제 구축 노력."『외교백서』. 2000.

_____.『2013 군축·비확산 편람』. 외교부, 2013.

외교안보연구원. "최근 ASEAN의 동향: AMM, ARF 그리고 PMC를 중심으로."『주요국제
　　　문제분석』, 1994. 9. 7.

_____. "아태지역 다자안보대화 전망 : 제3차 ARF를 계기로." 『주요국제문제분석』, 1996. 8. 14.

_____. "포괄적 핵실험금지조약(CTBT)협상 동향과 전망." 『주요 국제문제분석』, 1996. 7. 10.

_____ 비확산핵안보센터. "외교안보연구원 비확산핵안보센터 개소 기념 세미나 : 후쿠시마 이후 2012 서울핵안보정상회의와 원자력의 미래." (2011. 9. 7).

외교통상부 군축비확산과. 『군축·비확산 주요 국제문서집』(서울 : 외교통상부, 2008).

윤영관·황병무. 『국제기구와 한국외교』. 서울 : 민음사, 1996.

윤현근. "OSCE 신뢰구축조치 경험의 ARF에의 접목 가능성과 한계." 황병무 외. 『동아시아 안보와 한반도』. 서울 : 국방대학교 안보문제연구소 안보연구시리즈 제2집 2호, 2001.

이근주. 『NGO 지원과 정부』. 연구보고서, 서울 : 한국행정연구원, 2000.

이동휘. 『새로운 글로벌 거버넌스의 모색 : G−8과 G20의 비교분석을 중심으로』. (서울 : 외교안보연구원 현지정책연구과제 2010−1, 2010).

이상우. 『국제관계이론(3정판)』. 서울 : 박영사, 1999.

이서항. 『동북아 및 아·태지역 다자간 안보협력 추진 방향 : 개념 및 접근방법』. 서울 : 외교안보연구원, 1993.

_____. 『세계 군축사례와 한반도 군비통제 단계별 추진과업』. 서울 : 외교안보연구원, 1994년 12월.

_____. "아·태지역 신뢰구축과 UN재래식 무기등록제도의 「지역화」." 『IRI리뷰』, 제1권 제3호. 1996.

_____. "한반도 안정과 평화를 위한 포괄적 군비통제 방안." 『한반도 군비통제』. 군비통제자료집 제24집 . 1998.

_____. "흔들리는 범세계적 핵비확산 체제." 『JPI PeaceNet』, 2015−24.

이정순. 『군축의 경제학』. 서울 : 을유문화사, 1992.

이종학 편역. 『손자병법』. 서울 : 박영사, 1987.

이철기. 『동북아 군축론 : 신동북아 질서의 모색』. 서울 : 호암출판사, 1993.

이춘근. 『북한 핵의 문제 : 발단, 협상과정, 전망』. 성남 : 세종연구소, 1995.

이형순. 『군축의 경제학』. 서울 : 을유문화사, 1992.

이호재 편. 『한반도 평화론』. 서울 : 법문사, 1986.

_____. 『한반도 군축론』. 고려대학교 평화연구소, 연구논집 제3집. 서울 : 법문사, 1989.

임동원. "한국의 국가이익." 『국가전략』, 제1권 제1호, 성남 : 세종연구소, 1995년 봄.

_____. "남북고위급회담과 북한의 협상전략." 곽태환 편 『북한의 협상전략과 남북한 관계』. 서울 : 경남대 극동문제연구소, 1997.

_____. 『피스메이커 : 남북관계와 북핵문제 20년』. 서울 : 중앙북스, 2008.

장준익. 『북한 핵위협 대비책』. 고양 : 서문당, 2015.

전봉근. "핵안보 정상회의의 성과와 과제." 『주요국제문제분석』(서울 : 외교안보연구원, 2010).

_____. "국제 핵안보 동향과 과제 : 핵안보 정상회의를 중심으로." 『2010년 정책연구과제 1』 외교안보연구원(2011).

_____. "2012 서울 핵안보정상회의 개최 의미와 핵안보 쟁점." 『주요국제문제분석』 외교 안보연구원(2011).

_____. "2012 서울 핵안보정상회의 : 한국의 핵안보 국익과 세계적 책임." 『주요국제문제 분석』(서울 : 외교안보연구원, 2012.2).

전성훈. 『군비통제검증연구-이론 및 역사와 사례를 중심으로』. 민족통일연구원 연구보고서 92-06, 1992.

_____. 『북한 핵사찰과 군비통제검증』. 서울 : 한국군사사회연구소, 1994.

_____. 『1995년 NPT 연장회의와 한국의 대책』. 서울 : 민족통일연구원, 1994.

_____. 『미국의 NMD 구축과 한반도 안전보장』. 서울 : 통일연구원, 2001.

정옥임. 『북핵 588일』. 서울 : 서울프레스, 1995.

정은숙. "제8차 NPT 평가회의와 비확산 레짐의 미래." 『정세와 정책』. 2010.6.

_____. "이란 P5+1 핵해결틀 타결 : 내용, 전망, 시사점." 『세종논평』 295. 2015.

정준호. "국가안보개념의 변천에 관한 연구." 『국방연구』. 제35권 제2호. 서울 : 국방대학원 안보문제연구소, 1992. 12.

조민. "오바마 행정부와 북한 핵문제 : 대타협이냐, 대파국이냐." 『북핵 문제해결 방향과 북한 체제의 변화 전망 : KINU 학술회의 총서 09-01』, 서울 : 통일연구원, 2009.

____ · 김진하. 『북핵일지 1955-2014』. 서울 : 통일연구원, 2014.

조성렬. "한반도 비핵화와 평화체제 구축의 로드맵 : 6자회담 공동성명 이후의 과제." 통일 연구원 KINU 정책연구시리즈, 2005-05.

_____. 『뉴한반도 비전-비핵 평화와 통일의 길』. 서울 : 백산서당, 2012.

조현. "핵안보정상회의 개최 의의 및 준비방향." 『외교』(제96호) (서울 : 한국외교협회, 2011).

최경락 · 정준호 · 황병무. 『국가안전보장서론』. 서울 : 법문사, 1989.

최상용 편. 『현대평화사상의 이해』. 서울 : 한길사, 1992.

최한수. 『한국의 정치』. 서울 : 대왕사, 1997.

통일원. 『남북 기본합의서 해설』. 서울 : 통일부, 1992.

_____. 『8·15 대통령 경축사 해설자료』. 서울 : 통일부, 1994.

_____. 『북한의 평화협정제의 관련 자료집』. 서울 : 통일원, 화해·협력 1994. 12.

하영선. 『Nuclear Proliferation, World Order and Korea』. 서울 : 서울대 출판부, 1983.

_____ 편저. 『한반도의 군비경쟁의 재인식』. 서울 : 인간사랑, 1988.

_____. 『한반도에서 전쟁과 평화 : 군사적 긴장의 구조』. 서울 : 청계연구소, 1989.

_____. 『21세기 평화학』. 서울 : 풀빛, 2002.

_____. 『북핵위기와 한반도 평화』. 서울 : 동아시아연구원, 2006.

한국국민윤리학회.『북한의 핵 문제와 한반도 평화정착』. 통일부 후원 2003년도 한국 국민
　　　윤리학회 춘계학술회의 세미나 발표논문, 2003. 5. 2.

한국국방연구원.『군비통제 : 한·미 공동연구』. 서울 : 한국 국방연구원, 1983.

한국전략문제연구소.『군비통제 선험사례연구』. 서울 : 한국 전략문제연구소, 1992.

한동만 외.『다자안보정책의 이론과 실제』. 서울 : 서문당, 2003.

한반도평화포럼.『2013년 새정부의 통일외교안보분야 비전과 과제』. 서울 : 한반도평화포럼,
　　　2012.

한용섭.『북한의 핵 : 그 실상과 과제』. 서울 : 공보처, 1992.

_____.“한반도 군비통제전략의 모색.”국방대학원『교수논총』제3집 1호. 1995.

_____.“전략무기감축과 신NPT체제.”『군사논단』1996. 겨울.

_____.“한반도 군사적 신뢰구축 : 이론, 선례, 정책대안.”『국가전략』. 제8권 4호. 성남 :
　　　세종연구소, 2002.

_____.“한반도 평화체제 구축 : 내용과 추진전략.”『통일문제연구』. 제14권 2호. 서울 :
　　　평화문제연구소, 2002.

_____.“한반도 안보현안 해결과 평화체제 구축.”박종철 외.『평화번영정책의 이론적
　　　기초와 과제』. 서울 : 통일연구원, 2003.

_____.“한반도 안보문제에 대한 군비통제적 접근 : 이론, 평가, 전망.”『국제정치논총』
　　　제49집 5호, 2009.

_____.“핵무기 없는 세계 : 이상과 현실.”『국제정치논총』제50집 2호, 2010.

_____.“<한반도 신뢰프로세스>를 통한 안보와 북핵문제 해결 방안.”『통일정책연구』
　　　제22권 1호, 2013.

_____.“북한 핵미사일 위협의 억제와 사드(THAAD) 관련 안보외교의 쟁점과 해소방안.”
　　　『외교』제14호, 2015.7.

함택영 외.『남북한 군비경쟁과 군축』. 서울 : 경남대 극동문제연구소, 1992.

_____.“남북한 군비경쟁의 대내적 요인.”『안보학술논집』, 제3권 1집. 서울 : 국방대학교
　　　안보문제연구소, 1992.

_____.『국가안보의 정치경제학』. 서울 : 법문사, 1998.

_____.『21세기 안보위협과 전쟁양상』. 서울 : 한국 국방경영분석학회, 2002.

현인택·김성한.“인간안보와 한국외교.”『IRI 리뷰』. 5-1, 2000 겨울/2001 봄.

_____·최강.“한반도 군비통제에의 새로운 접근.”『전략연구』제9권 2호, 2002. 7.

홍기준.“유럽통합의 경로의존성과 창발성.”『국제정치논총』. 제48집 4호. 2008.

홍양호.“탈냉전시대 북한의 협상행태에 관한 연구.”박사학위 논문, 단국대학교, 1997.

황병무.『신중국군사론』. 서울 : 법문사, 1995.

황병무.『21세기 한반도 평화와 편승의 지혜』. 서울 : 도서출판 오름, 2003.

황진환.『협력안보 시대에 한국의 안보와 군비통제』. 서울 : 봉명, 1998.

Etcheson, Craig. 국방대학원 역,『군비경쟁이론』. 서울: 국방대학원, 1994.

Issacson, Jeffrey A. "North Korea's Missile Proliferation Threat on Northeast Asian Security: American Perception and Strategy." 제17차 국제안보학술회의 발표논문, 국방대학원 안보문제연구소, 1999. 9. 15.

Keohane, Robert O. and Nye, Joseph S., 이호철 역. "현실주의와 복합상호의존." 김우상 외 편.『국제관계론 강의 I』. 서울: 한울 아카데미, 1999.

O'Hanlon, Michael, and Mike M. Mochizuki.『대타협: 북한 대 미국 평화를 위한 로드맵』. 최용환 역. 서울: 삼인, 2004.

Russett, Bruce. 이춘근 역,『핵전쟁은 가능한가』. 서울: 청아출판사, 1988.

Sampson, Anthony. 전종덕 역,『전쟁상인과 무기시장』. 서울: 일월총서, 1982.

II. 영 문

Abramowitz, Morton I. and Laney, James T. *Managing Change on the Korean Peninsula.* New York: Council on Foreign Relations, 1998.

Albright, David. *Disabling DPRK Nuclear Facilities.* Washington D.C.: U.S. Institute of Peace, 2007.

Altfeld, Michael. "Arms Races?—And Escalation? A Comment on Wallace," *International studies Quarterly*, Vol. 27, No. 2. June 1983.

Anderton, Charles H. "A Survey of Arms Race Models." in Walter Isard ed., *Arms Races, Arms Control, and Conflict Analysis.* New York: Cambridge University Press, 1988.

Arms Control Association, "Chronology of U.S.—North Korean Nuclear and Missile Diplomacy." *Arms Control Today*, Vol. 38, June 2008. http://www.armscontrol.org/factsheets/dprkchron (검색일: 2009년 7월 30일).

Arms Control Association and Partnership for Global Security. "The 2010 Nuclear Security Summit: A Status Update." (2011).

Arms Control Today. *Post—COCOM 'Wassenaar Arrangement' Set to Begin New Export Control Role.* December 1995/January 1996.

_____. "Illuminating Global Interests: The UN and Arms Control." *An Interview With UN Undersecretary—General Jayantha Dhanapala*, September/October 1999.

_____. "UN Conventional Arms Register Shows Export Decrease in 1999." *Arms Control Today*, November 2000.

Armitage, Richard L. "*A Comprehensive Approach to North Korea*, U.S. National Defense University," Strategic Forum, No. 159, March 1999.

Ashton B. Carter, William J. Perry & John D. Steinbrummer. "A New Concept of

Cooperative Security." *Brookings Occasional Papers*, The Brookings Institution, 1992.

Axelrod, Robert. *The Evolution of Cooperation*. New York : Basic Books Inc., 1984.

Baker Ⅲ, James. *Politics of Diplomacy*, Washington. D.C. : G.P. Putnam's Sons Inc.,1995.

Bandow, Doug. "America's Obsolete Korean Commitment." *Orbis*, Fall, 1998.

Ban, Ki－moon, UN Secretary General Ban Ki－moon's Statement on the Entry into Force of the International Convention for the Suppression of Acts of Nuclear Terrorism (June 13, 2007). http://www.un.org/sg/statements/index.asp?nid=2614 (검색일 : 2011.5.20.)

_____, UN Secretary General Ban Ki－moon's Address to the Kiev Institute of International Relations (April 21, 2011). http://www.un.org/sg/statements/?nid=5212 (검색일 : 2012.1.10.)

Banning N. Garrett & Bonnie S. Glaser, "Chinese Perspectives on Nuclear Arms Controls." *International Security*. 20:3, Winter 1995/96.

Barash, David P. *Introduction to Peace Studies*, Belmont, CA : Wadsworth Publishing Company, 1991.

Ben－Horin, Y.; Darilek, R.; Jas, M.; Lawrence, M. and Platt, A. *Building Confidence and Security in Europe : The Potential Role of Confidence and Security－Building Measures*. Santa Monica : RAND, 1986.

Bermudez, Joseph S. Jr. *Jane's Intelligence Review*. May 1993.

_____. *Democratic Peoples Republic of Korea : Nuclear Infrastructure*. January 1994.

Bjørn Møller. *Common Security and Nonoffensive Defense : A Nonrealist Perspective*. Lynne Rienner Publishers Inc, Boulder : Colorado, 1992.

Blackwill, Robert D. "Conceptual Problems of Conventional Arms Control." *International Security*, Vol. 12. 12, No. 4, Spring 1988.

_____. and Larrabee, Stephen F. *Conventional Arms Control and East－West Security*. Durham, NC : Duke University Press, 1989.

Bomsdorf, Falk. "The Confidence Building Offensive in the United Nations." *Aussenpolitik*. 33, 4, Winter, 1982.

Brodie, Bernard. *Strategy in the Missile Age*. Princeton, NJ : Princeton University Press, 1959.

Bowie, Robert R. *Basic Requirements of Arms Control*. in Donald G. Brennan ed. *Arms Control, Disarmament and National Security*. New York, 1961.

Brown, Michael E. *Recent and Future Developments in Nuclear Arsenals*. the UNIDIR Conference Paper, December 1992.

Bueno de Mesquita, Bruce. *Principles of International Politics : People's Power, Preferences, and Perception.* Washington D.C. : Congressional Quarterly Press, 2000.

Bull, Hedley. *The Control of the Arms Race.* London, 1961.

_____. "Arms Control and the Balance of Power." in Robert O'Neill and David N. Schwartz, eds. *Hedley Bull on Arms Control.* New York : St. Martin's Press, 1987.

Bunn, Matthew. *Securing the Bomb 2010 : Securing All Nuclear Stockpiles in Four Years* (Cambridge : Harvard University, 2010).

Caldwell, Dan. "The Standing Consultative Commission : Past Performance and Future Possibilities," Potter, William. ed. *Verification and Arms Control.* Los Angeles : UCLA, 1985.

Carlson, John, "Revisiting Principles of Nuclear Security for the 21st Century," Presentation at the 2012 Seoul Nuclear Security Symposium, (2012.3.23.).

Carnesale, Albert & Haass, Richard N. *Superpower Arms Control : Setting the Record Straight.* Cambridge, MA : Ballinger Publishing Company, 1987.

Center for Non−Proliferation Studies of Monterey Institute of International Studies. *Theater Missile Defense in Northeast Asia : An Annotated Chronology.* 1990−Present, 1999.

Center for Nonproliferation, Monterey Institute of International Studies. "CNS Special Report on North Korean Ballistic Missile Capabilities." Center for Nonproliferation Studies, March 2006.

Cha, Victor D. "Winning Asia : Washington's Untold Success Story." Foreign Affairs Vol. 86, No. 6, November/December 2007.

Chalmers, Malcolm. *Confidence−Building in South−East Asia.* Trowbridge, Wiltshire : Redwood Books, 1996.

Chung, Suh−yong. "Global Nuclear Security Governance Building Through the Nuclear Security Summit." *The Korean Journal of Defense Analysis* Vol. 24. No. 1. (March 2012).

Clay, Blair. *The Forgotten War : America in Korea, 1950−1953.* New York and London : An Anchor Press Book, Double day, 1989.

Commission on Global Governance. *Our Global Neighbourhood : Report of the Commission on Global Governance* (Oxford : Oxford University Press, 1995).

Craig, Etcheson. *Arms Race Theory : Strategy and Structure of Behavior.* New York : Greenwood, 1989.

Darilek, Richard. "The Future of Conventional Arms Control in Europe : A Tale of Two Cities, Stockholm and Vienna." *Survival,* Vol. 29, No.1, January/February, 1987.

_____ and Setear, John. *Arms Control Constraints for Conventional Forces in Europe.* Santa Monica, CA : RAND N−3046−OSD, 1990.

Davis, Paul K. *Conceptual Framework for Operational Arms Control in Europe's Central Region.* Santa Monica, CA : RAND, 1988.

_____. *Toward a Conceptual Framework for Operational Arms Control in Europe's Central Region.* Santa Monica, C.A. : RAND, R−3704, November 1988.

Dean, Jonathan. "Negotiated Force Cuts in Europe : Overtaken by Events?" *Arms Control Today.* December 1989/January 1990.

Denmark, Abraham. Patel, Nirav. Ford, Lindsey. Hosford, Zaxhary and Zubrow, Michael. "No Illusions : Regaining the Strategic Initiative with North Korea." Center for a New American Security, June 2006.

Diehl, Paul F., and Brian Frederking, eds. *The Politics of Global Governance : International Organizations in an Interdependent World* (Boulder, Colorado : Lynne Rienner Publishers, 2010).

Diehl, Sarah J. and Moltz, James Clay. *Nuclear Weapons and Nonproliferation.* Santa Babara, California : ABC−CLIO, 2002.

Domke, William K. *War and the Changing Global System.* New Haven : Yale University Press, 1988.

Dorian, Thomas and Spector, Leonard. "Covert Nuclear Trade and International Nuclear Regime." *Journal of International Affairs,* 35−1, Spring/Summer 1981.

Downs, Chuck Downs. Over the Line : North Korea's *Negotiating Strategy,* Washington, D.C. : The AEI Press, 1999.

Dunn, Lewis. *Controlling the Bomb : Nuclear Proliferation in the 1980s.* New York : Yale University Press, 1979.

DuPuy, Trevor N. *A Study of Breakthrough Warfare.* Washington, D.C. : U.S. Defence Nuclear Agency, 1976.

Etcheson, Craig. *Arms Race Theory : Strategy and Structure of Behavior.* New York : Greenwood Press, 1989.

Evera. "Primed for Peace : Europe after the Cold War." *International Security 15:3,* Winter 1990/91.

Farley, Philip J. "Arms Control and U.S.−Soviet Security Cooperation." in George, Alexander. et. al., *U.S.−Soviet Security Cooperation : Achievements, Failures and Lessons.* New York : Oxford University Press, 1988.

Feldman, Shai. *Nuclear Weapons and Arms Control in the Middle East.* Cambridge, Massachusetts, London : the MIT Press, 1997.

Ferguson, Allen R. "Mechanics of Some Limited Disarmament Measures." *American Economic Review.* 51, May 1961.

Findlay, Trevor. *Nuclear Energy and Global Governance: Ensuring Safety, Security and Nonproliferation* (London: Routledge Global Security Studies, 2010).

Fischer, David A.V. *The International Non-Proliferation Regime.* Geneva, Swiss: UNIDIR, 1987.

Forsberg, Randall, Leavitt, Rob and Lilly-Weber, Steve. "Conventional Forces Treaty, Buries Cold War." *Bulletin of the Atomic Scientists,* January/February 1999.

Foster, Gregory D. A. "Conceptual Foundation for a Theory of Strategy." *The Washington Quarterly.* Winter 1990.

Fravel, M. Taylor and Evan S. Medeiros. "China's Search for Assured Retaliation: The Evolution of Chinese Nuclear Strategy and Force Structure." *International Security,* Vol. 35. No.2 (Fall 2010).

Fry, John. *The Helsinki Process: Negotiating Security and Cooperation in Europe.* Washington, D.C.: National Defense University, 1993.

Galtung, Johan. Buddhism: A Quest for Unity and Peace. Daewonsa Buddhist Temple of Hawaii, 1988.

_____. *Peace By Peaceful Means: Peace and Conflict, Development, and Civilization.* London and New Delhi: PRIO, 1996.

Garrett, Banning N. & Glaser, Bonnie S. "Chinese Perspectives on Nuclear Arms Control." *International Security* 20:3. Winter 1995/96.

George, Alexander L., Farley, Philips J. and Dallin, Alexander. *U.S.-Soviet Security Cooperation: Achievements, Failures and Lessons.* New York, Oxford: Oxford University Press, 1988.

Goldblat, Josef. *Arms Control: A Guide to Negotiations and Agreements.* London: SAGE Pub., 1994.

Goldblat, Josef. "Contribution of the UN to Arms Control." Bourantonis, Dimitris and Evriviades, Marios eds. *The United Nations for the Twenty-First Century: Peace, Security and Development.* Kluwer Law International: the Hague, 1996.

_____. *Twenty Years of the Non-Proliferation Treaty; Implementation and Prospects.* PRIO, 1990.

Goodby, James E. "The Stockholm Conference: Negotiating a Cooperative Security System for Europe." in Alexander George, L. et. al. *US-Soviet Security Cooperation: Achievements, Failures,* Lessons. New York, Oxford: Oxford University Press, 1988.

Gray, Colin S. "The Arms Race Phenomenon," *Journal of Conflict Resolution,* Vol. 24, No. 1. October 1971.

Gurtov, Melvin and Hwang, Byong-Moo. *China under Threat: The Politics of Strategy and Diplomacy.* Baltimore : The Johns Hopkins University, 1980.

Habeeb, William. *Power and Tactics in International Negotiations : How Weak Nations Bargain with Strong Nations.* Baltimore : Johns Hopkins University Press, 1998.

Hamel−Green, Michael. *The South Pacific Nuclear Free Zone Treaty : A Critical Assessment.* Canberra : Peace Research Centre, Research School of Pacific Studies, Australian National University, 1990.

Han, Yong−Sup. *Designing and Evaluating Conventional Arms Control Measures : The Case of the Korean Peninsula.* Santa Monica, CA : RAND, 1993.

_____. *Nuclear Disarmament and Proliferation in Northeast Asia*, New York and Geneva : United Nations, 1995.

_____. "Resolving the Arms Control Dilemma on the Korean Peninsula." in Bjørn Møller, ed. *Security, Arms Control and Defense Restructuring in East Asia.* Brookfield, VT : Ashgate Publishing Company, 1998.

_____. "North Korean Behavior in Nuclear Negotiations," *The Nonproliferation Review*, Spring 2000, Vol. 7. No. 1.

_____. Davis, Paul K. and Darilek, Richard E. "Time for Conventional Arms Control on the Korean Peninsula." *Arms Control Today*, 30:10, Dec., 2000.

_____. Davis, Paul K. and Darilek, Richard. "Time for Conventional Arms Control on the Korean Peninsula." *Arms Control Today*, Vol. 30, No. 10, December 2000.

_____. "Building a Global Nuclear Security Regime." *Korea Review.* Vol. 1, No.2 (December, 2011).

_____. "Global Nuclear Security Governance and Korea." Presentation at the 2012 Seoul Nuclear Security Symposium, (2012.3.23).

Harahan, Joseph P. *"On−site inspection under the INF treaty."* US DOD, Washington D.C. 1993.

Harrison, Selig. "The North Korea Nuclear Crises : From Stalemate to Breakthrough," *Arms Control Today*, November 1994.

Herz, John H. *International Politics in the Atomic Age.* New York, NY : Columbia University Press, 1959.

Hill, Walter W. "Time−Lagged Richardson Model," *Journal of Peace Science*, Vol. 13, No. 1, 1978.

Hirschfeld, Thomas J. *Verifying Conventional Stability in Europe : An Overview.* Santa Monica, C.A. : RAND, N−3045, April 1990.

Holst, Johan Jørgen and Melander, Karen Alette. "European Security and Confidence −Building Measures." *Survival 19*, 4, July/August, 1977.

Hong, Ki−Joon. *The CSCE Security Regime Formation : An Asian Perspective.* New York : St. Martin's Press Inc., 1997.

Huntington, Samuel P. "Arms Races : Prerequisites and Results," in Robert J. Art and Kenneth N. Waltz eds., *The Use of Force.* Boston : Little Brown and Company, 1971.

IAEA. *Yearbook 1994*, International Atomic Energy, Vienna, C2.

_____. *Nuclear Power Reactors in the World.* 1994.

IAEA International Nuclear Safety Group. "The Interface Between Safety and Security at Nuclear Power Plants INSAG−24, 2010."

IFANS−KINAC−FMWG. "Conference on the 2012 Seoul Nuclear Security Summit and Next Generation Nuclear Security." (November 2, 2011).

International Panel on Fissile Material. "Global Fissile Material 2009 A Path to Nuclear Disarmament." 2009.

_____. "Global Fissile Material 2010 Balancing the Books : Production and Stocks." 2010.

International Peace Research Association, Disarmament Studies Group. "Building Confidence in Europe." *Bulletin of Peace Proposals*, Vol. 2, No. 2, 1980.

Izumi, Hajime. "Japan and Proliferation in Northeast Asia." in *Nuclear Policies in Northeast Asia.* Conference Paper organized by UNIDIR with the co−operation of IFANS, Seoul, 25−27 May 1994.

Jack, Mendelsohn and Dunbar, Lockwood. "The Nuclear Weapon States and Article Ⅵ of the NPT." *Arms Control Today*, March 1995.

Japan Atomic Energy Commission. *Long−Term Program for Research, Development and Utilization of Nuclear Energy.* June 1996.

_____. *White Paper on Nuclear Energy.* 1995.

Jensen, Lloyd. *Bargaining for National Security : The Postwar Disarmament Negotiations.* Columbia : University of South Carolina Press, 1988.

Jervis, Robert. "Cooperation under the Security Dilemma," *World Politics*, Vol. 30. No. 2, January 1978.

Johnston, Alastair Iain. "China's New "Old Thinking" : The Concept of Limited Deterrence." *International Security* 20:3. Winter 1995/96.

Jordan, Amos A., et. al. *American National Security : Policy and Process.* Baltimore and London : American National Security, 1989.

Karkoszka, Andrzej. "Strategic Disarmament, Verification and National Security," *SIPRI Yearbook 1976.* Stockholm : SIPRI, 1977.

Keohane, Robert. *After Hegemony*. Princeton, New Jersey : Princeton University Press, 1984.

KEDO. *Annual Report*. 1998/1999.

Kim, Bong−hyeon. "The Significance of Hosting the 2012 Seoul Nuclear Security Summit." *Korea Policy* (Korea Policy Research Center, 2011).

Kim, Kyoung−Soo. et al. *North Korea's Weapons of Mass Destruction : Problems and Prospects*, Elizabeth, NJ · Seoul : Hollym International Corp, 2004.

Kissenger, Henry. "Toward an East Asian Security System." *Tribune Media Services International*, August 17, 2003.

Knopf, Jeffrey W. *Domestic Society and International Cooperation : The Impact of Protest on the U.S. Arms Control Policy*. Cambridge : Cambridge University Press, 1998.

Krasner, Stephen D. ed. *International Regimes* (Ithaca, NY : Cornell University Press, 1983).

Kranser, Stephen D. "Structural Causes and Regime Consequences : Regimes as Intervening Variables," in Stephen D. Kranser ed., *International Regimes*. Ithaca, NY : Cornell University Press, 1983.

Krass, Allan. "Verification : How Much is Enough?" *SIPRI Yearbook 1984*. Stockholm : SIPRI, 1985.

Kwak, Tae−Hwan et. al. *North Korea's Negotiation Strategy and South−North Relations*. Seoul : Kyongnam University Press, 1997.

Kwak, Tae−Hwan and Joo, Seung−Ho ed. *North Korea's Second Nuclear Crisis and Northeast Asian Security*. Hamphshire and Burlington : Ashgate, 2007.

Lachowski, Zdzislaw. "Conventional Arms Control," *SIPRI Yearbook 1998 : Armaments, Disarmaments, and International Relations*. Oxford : Oxford University Press, 1997.

_____. "Conventional Arms Control," *SIPRI Yearbook 1999 : Armaments, Disarmaments, and International Relations*. Oxford : Oxford University Press, 1998.

_____ et.al. *Tools for Building Confidence on the Korean Peninsula*. Solna, Sweden : SIPRI, 2007.

Lawrence, Marilee Fawn. *A Game Worth the Candle : The Confidence and Security Building Process in Europe−An Analysis of U.S. and Soviet Negotiation Strategy*. Doctoral Dissertation of The RAND Graduate School, June 1986.

Lederach, John Paul. *Building Peace : Sustainable Reconciliation in Divided Societies*. Washington, D.C. : United States Institute of Peace Press, 1997.

Lee, Seo−Hang. *"Multilateralism in East Asia : The Role of ARF and Its Future."* A Conference Paper presented at a Workshop on Defense/Military Official's Cooperation within the ARF held on August 28−29, 2002 in Seoul, Korea.

Lefever, Ernest W. ed. *Arms and Arms Control*. New York, 1962.

Leonard S. Spector and Mark G. McDonough. *Tracking Nuclear Proliferation: A Guide in Maps and Charts*. Carnegie Endowment For International Peace, 1995.

Levy, Jack S. "Democratic Politics and War." *Journal of Interdisciplinary History*, 18−4. Spring 1988.

Lewis Dunn. *Controlling the Bomb: Nuclear Proliferation in the 1980s*. New York: Yale University Press, 1979.

Lewis, John Wilson and Di, Hua. "China's Ballastic Missile Programs: Technologies, Strategies, Goals." *International Security* 17:2, Fall 1992.

_____ and Litai. "Strategic Weapons and Chinese Power: The Formative Years." *China Quarterly*, 112, December 1987.

Lewis, Kevin N. and Lorell, Mark A. "Confidence Building Measures and Crisis Resolution: Historical Perspectives." *Orbis*, Vol. 28, No. 2, Summer 1984.

Liddel Hart, B.H. *Strategy*. New York: Fredrick A. Prager Publishers, 1967.

Lugar, Richard G. *"Assessing US Dismantlement and Nonproliferation Assistance Program in the Newly Independent States."* Center for Nonproliferation Studies of Monterey Institute of International Studies, http://cns.miis.edu/cns/projects/nisnp/ctrconf/spch03.htm.

Luongo, Kenneth. "Creating a 21st−Century Nuclear Material Security Architecture." Stanley Foundation Policy Analysis Brief (November, 2010).

_____. "Nuclear Security Governance for the 21st Century: Assessment and Action Plan," Presentation at the 2012 Seoul Nuclear Security Symposium, (2012.3.23).

Macintosh, James. *Confidence (and Security) Building Measures in the Arms Control Process: A Canadian Perspective*. Otawa, Canada: Department of External Affairs, 1985.

_____. *Confidence Building in the Arms Control Process: A Transformation View*. Canada: Department of Foreign Affairs and International Trade, 1996.

Mack, Andrew. *Proliferation in Northeast Asia*. Washington D.C.: The Henry Stimson Center, 1996.

_____. and Kerr, Pauline. "The Evolving Security Discourse in the Asia−Pacific." *The Washington Quarterly*, vol.18, no.1, 1995.

Mansourov, Alexandre Y. "North Korea Decision Making Process Regarding the Nuclear Issue." *Northeast Asia Peace and Security Network*. April 1994.

Mearsheimer. "Back to the Future: Instability in Europe after the Cold War." *International Security 15:1*, Summer 1990.

Medeiros, Evan S. ed. *The Second US−China Conference Report on Arms Control,*

Disarmament and Nonproliferation: Missiles, Theater Missile Defense and Regional Stability. Monterey Institute of International Studies, April 1999.

Meyer, Stephen M. *The Dynamics of Nuclear Proliferation.* Chicago: The University of Chicago Press, 1984.

Mintz, Alex and Geva, Nehemia. "Why Don't Democracies Fight Each Other?," *Journal of Conflict Resolution.* 37−3. September 1992.

Mistry, Dinshaw. "Ballistic Missile Proliferation and the MTCR: A Ten Year Review." *Contemporary Security Policy*, 18:3. December 1997.

Mitchell Reiss. *Briddled Ambition: Why Countries Constrain Their Nuclear Capabilities.* Washington D.C.: Woodrow Wilson Center Press, 1995.

Møller, Bjørn. *Common Security and Non−offensive Defense: A Non−realist Perspective.* Boulder, Colorado: Lynne Rienner Publishers, Inc., 1992.

Moltz, Clay and Mansourov, Alexander Y. eds. *The North Korean Nuclear Program: From Soviet Dubna to the Implementation of the Agreed Framework.* Center for Non−Proliferation Studies of Monterey Institute of International Studies, 1999.

Moon, Jung−In. *Arms Control on the Korean Peninsula.* Seoul: Yonsei University Press, 1996.

Muller, Harald and Reiss, Mitchell. "Counterproliferation: Putting New Wine in Old Bottles." *The Washington Quarterly*, 18:2, Spring 1995.

Nerlich, Uwe and Thomson, James A. *Conventional Arms Control and the Security of Europe.* Santa Monica, CA: RAND, 1998.

Newman, Edward. "Human Security and Constructivism." *International Studies Pers−pectives*, 2−3. August 2001.

Nolan, Janne E. *Global Engagement: Cooperation and Security in the 21st Century.* Washington, D.C.: The Brookings Institution, 1994.

Nove, Alec. "East−West Trade in an Arms Control Context." in Emile Benoit eds., *Disarmament and World Economic Interdependence.* New York: Columbia University Press, 1967.

Nuechterlein, Doanld E. "The Concept of National Interest: A Time For New Approaches." *Orbis.*, Spring 1979.

Nye, Joseph. "Nuclear Proliferation in the 1980s." *Bulletin of the Atomic Scientists*, 38−7, August/September 1982.

Nye, Joseph Jr. "Nuclear Learning and U.S. − Soviet Security Regimes," *International Organization*, Vol. 41, No 3, Summer 1987.

Oberdorfer, Don. *The Two Koreas: A Contemporary History.* New York: Basic Books,

1997.

Official Brochure of the Korean Nuclear Security Summit Preparatory Committee, Outcome of the Helsinki Sherpa Meeting for the 2012 Seoul Nuclear Security Summit." (October 6, 2011), Retrieved from http://www.thenuclearsecuritysummit.org/

Official Brochure of the Korean Nuclear Security Summit Preparatory Committee. 2012 Seoul Nuclear Security Summit. (2011).

Oye, Kenneth A. "Explaining Cooperation under Anarchy : Hypotheses and Strategies." *World Politics*, Vol. 38. No. 1, October 1985.

Park, Tong Whan. "The Korean Arms Race : Implications in the International Politics of Northeast." *Asian Survey*, June 1990, Vol. XX, No. 6.

Patel, Nirav & Denmark, Abe. "Session Four : No Illusions : Regaining Strategic Initiative with North Korea." Center for a New American Security, June 11, 2009.

Perry, William J. *Review of United States Policy Toward North Korea: Findings and Recommendations.* October 12, 1999.

Piasecki, Edmund and Gati, Toby Trister. "The United Nations and Disarmament." in Burns, Richard D. Ed. *Encyclopedia of Arms Control and Disarmament*, Vol. 2. New York : Charles Scribner's sons, 1993.

Pomper, Miles A. and Dover, Michelle E. "The Seoul Nuclear Summit." *The National Interest.* JAN−FEB 2012 issue (January 4, 2012).

Poneman, Daniel B., Wit, Joel S. and Gallucci, Robert L. *Going Critical : The First North Korean Nuclear Crisis.* Washington D.C. : Brookings Institution Press, 2004.

Potter, William C. "Nuclear Proliferation : US−Soviet Cooperation." *Washington Quarterly*, 8−1, winter 1985.

Pritchard, Charles L. *Failed Diplomacy : The Tragic Story of How North Korea Got the Bomb.* Washington : Brookings Institution Press, 2007.

Putnam, Robert D. "Diplomacy and Domestic Politics : The Logic of Two−Level Games." *International Organization*, Vol. 42, No. 3, Summer 1988.

Quinones, C. Kenneth. *"Korea−From Containment to Engagement : US Policy Toward the DPRK 1988−1993."* Conference Paper Presented in Seoul, April 1996.

Rauf, Tariq. "An Unequivocal Success? Implications of the NPT Review Conference." *Arms Control Today*, July/August 2000.

Ray S. Cline. *The Power of Nation in the 1990s.* Lanham : America University Press, Inc., 1994.

Reiner, Hubert, K. (ed.), *Military Stability.* Baden−Baden, Germany : Nomos Verklagsgesellschaft, 1990.

Robert Strong. "the Nuclear Weapon States," in William Kincade and Christoph Bertram eds. *Nuclear Proliferation in the 1980s.* London : MacMillian Press, 1982.

Rosenau, James N. and E. O. Czempel eds., *Governance Without Government : Order and Change in World Politics* (Cambridge : Cambridge University Press, 1992).

Rotfeld, Adam. "CBMs Between Helsinki and Madrid : Theory and Experience." in Larrabee, Stephen and Stobbe, Dietrich eds. *Confidence Building Measures in Europe.* New York : Institute for East−West Security Studies, 1983.

Rohn, Laurinda. *Conventional Forces in Europe : A New Approach to the Balance, Stability and Arms Control.* Santa Monica, C.A. : RAND, R−3732, May 1990.

Rozman, Gilbert. *Strategic Thinking about the Korean Nuclear Crisis : Four Parties Caught Between North Korea and the United States.* New York : Palgrave MacMillan, 2007.

Rumsfeld, Donald H. *Executive Summary of the Report of the Commission to Assess the Ballistic Missile Threat to the United States.* July 15, 1998.

Russell, John. "On−Site Inspections Under the INF Treaty," *Vertic Briefing Paper*, 2001. 8.

Sagan, Scott D. "The Perils of Proliferation : Organization Theory, Deterrence Theory and the Spread of Nuclear Weapons." *International Security, 18:4*, Spring 1994.

_____. and Waltz, Kenneth N. *The Spread of Nuclear Weapons : A Debate.* New York and London : W.W. Norton & Company, 1995.

Saunders, Harold H. "We Need a Larger Theory of Negotiation : The Importance of Pre−Negotiating Phases." in Breslin, J. William and Rubin, Jeffrey Z. *Negotiating Theory and Practice.* Cambridge, MA : Harvard Law School, 1999.

Schultz, George, et al. "Toward a Nuclear−Free World." *The Wall Street Journal* (January 15, 2008).

Scott, Harriet Fast and Scott, William F. *Soviet Military Doctrine.* Colorado : Westview Press, 1988.

Senghaas, Dieter. "Arms Race Dynamic and Arms Control," in Nils Petter Gleditsch & Olavnjølstad ed., *Arms Races : Technological and Political Dynamics.* London : PRIO, 1990.

Shelling, Thomas C. and Halperin, Morton H. *Strategy and Arms Control.* New York : A Pergamon−Brassey's Classic, 1961.

Sheppard, Ben. "Ballistic Missile Proliferation and the Geopolitics of Terror." *Jane Intelligence Review*, December 1998.

She, Zhongguo Xinwen. January 30, 1992, cited in China−U.S.−CIS : Beijing Difines Nuclear Disarmament Condition, FBIS−Trends, FB TM 92−005, February 5.

Sigal, Leon V. *Disarming Strangers : Nuclear Diplomacy with North Korea.* Princeton :

University Press, 1998.

Skolnikoff, Eugene.; Suzuki, Tatsujiro.; Oye, Kenneth. *International Responses Plutonium Programs.* the working paper CIS Archive #2616 MIT, August 1995.

Smith, Theresa C. "Arms Race Instability and War," *The Journal of Conflict Resolution,* Vol. 24, No. 2. June 1980.

Smoke, Richard and Kortunov Andrei (eds.), *Mutual Security: A New Approach to Soviet-American Relations.* New York: St. Martin's Press, 1991.

Snidal, Duncan. "The Game Theory of International Politics," *World Politics,* Vol. 38, No. 1, October 1985.

Snyder, Scott. *Negotiating on the Edge: North Korean Negotiating Behavior.* Washington, D.C.: United States Institute of Peace Press 1999.

Spanier John W. and Nogee, Joseph L. *The Politics of Disarmament: A Study in Soviet-American Gamesmanship.* New York, 1962.

Spector, Leonard S. and McDonough, Mark G. *Tracking Nuclear Proliferation: A Guide in Maps and Charts.* Carnegie Endowment For International Peace, 1995.

Squassoni, S. "Toward the 2012 Nuclear Security Summit." (2011) http://csis.org/files/publication/110301_Squassoni_Asian _trilat_NSS.pdf.

Stephen M. Meyer. *The Dynamics of Nuclear Proliferation.* Chicago: The University of Chicago Press, 1984.

Strong, Robert. *"The Nuclear Weapon States."* in Kincade, William and Bertram, Christoph eds. Nuclear Proliferation in the 1980s. London: MacMillian Press, 1982.

Swaine, Michael. *Taiwan's National Security, Defense Policy and Weapons Procurement Processes.* Santa Monica C.A.: RAND, 1999.

Taylor, William J. Jr., Cha, Young-Koo and Blodgett, John Q. eds. *"The Korean Peninsula: Prospects for Arms Reduction Under Global Detente."* Boulder Colorado: Westview, 1990.

Tenet, George J. *"Worldwide Threat: Converging Dangers in a Post 9·11 World."* Testimony of Director of Central Intelligence Agency Before the Senate Select Committee on Intelligence, February 6, 2002.

The Heritage Foundation. "Four Principles for Curtailing The Proliferation of Biological and Chemical Arms." *Backgrounder,* No. 844, Aug. 1991.

The White House. *National Security Strategy of the United States.* August 1991.

Thomas C, Schelling. Reciprocal Measures for Arms Stabilization. in Donald G. Brennan ed. *Arms Control, Disarmament and National Security.* 1994.

Thomas Dorian and Leonard Spector. "Covert Nuclear Trade and International Nuclear

Regime," *Journal of International Affairs* 35 − 1. Spring/Summer 1981.

Tobey, William. "Planning for Success at the 2012 Seoul Nuclear Security Summit." *Korea Review*. Vol. 1, No. 2 (December, 2011).

UN General Assembly. *The Sixteen Verification Principles*, Resolution A/RES/43/81(B), December 7, 1988.

UNIDIR. *Nuclear Deterrence : Problems and Perspectives in the 1990s*. 1993.

United States Information Service. Lord Lays Out 10 Goals for U.S. Policy in Asia. Canberra, April 5, 1993.

U.S. CIA. *Unclassified Report to Congress on the Acquisition of Technology Relating to Weapons of Mass Destruction and Advanced Conventional Munitions*. February 1999.

U.S. Congress, North Korea Advisory Group. *Report to the Speaker US House of Representatives*. November 1999.

U.S. Congressional Research Service(CRS). Korea : Procedural and Jurisdictional Questions Regarding Possible Normalization of Relations with North Korea. *CRS Report for Congress 94−933 S.*

U.S. Department of Defense. *A Strategic Framework for the Asian Pacific Rim : Looking Toward the 21st Century*, April 1990.

─────────────────────. *United States Security Strategy for the East Asia−Pacific Region*. 1995. 2.

─────────────────────. *Counterproliferation Committee Report to the Congress*. 1997.

─────────────────────. *United States Security Strategy for the East Asia−Pacific Region*. 1998. 11.

─────────────────────. *Report to Congress on Theater Missile Defense Architecture Options in the Asia−Pacific Region*. April 1999.

─────────────────────. *Quadrennial Defense Review 2001*.

─────────────────────. *Quadrennial Defense Review Report (2006)*.

─────────────────────. *Nuclear Posture Review*. April 6, 2010.

U.S. Institute of Peace. *"Mistrust and the Korean Peninsula : Dangers of Miscalculation."* October 1998.

U.S. State Department. *US−DPRK Joint Communique*. Washington D.C., October 12, 2000.

Wallace, Michael D. "Arms Race and Escalation : Some New Evidence," *Journal of Conflict Resolution*, Vol. 23, No. 1. March 1979.

Wan, Wilfred. "Why the 2015 NPT Review Conference Fell Apart." (http://cpr.unu.e−

du/whu − the − 2015 − npt − review − conference − fell − apart.html).

Warden, John and He Yun. US Missile Defense and China : An Exchange, CSIS PACNet #50, January 7, 2011. (http://csis.org/print/32077 검색일 : 2015.6.20.)

Weede, Erich. "Arms Races and Escalation : Some Persisting Doubts," *Journal of Conflict Resolution*, Vol. 24, No. 2. June 1980.

_____. "Beyond Pax Atomica : Is Conventional Stability Conceivable? Does Tension Reduction Matter?" in Reiner, Huber K. ed. *Military Stability*, Verlagsgesellschaft : Nomos. Baden − Baden, Germany, 1990.

White House, Office of the Press Secretary, Fact Sheet on U.S. Missile Defense Policy : A Phased, Adaptive Approach for Missile Defense in Europe. September 17, 2009.

White Paper on Arms Control and Disarmament. *FBIS−CHI−95−221*, Thursday November 16, 1995.

William C. Potter. "Nuclear Proliferation : US − Soviet Cooperation," *Washington Quarterly* 8 − 1, winter 1985.

Williams, Phil. "Nuclear Deterrence." John Baylis, et. al., *Contemporary Strategy*, 2nd ed. New York : Holmes & Meier, 1987.

Wit, Joel S. and Sun Young Ahn. *North Korea's Nuclear Futures : Technology and Strategy.* US − Korea Institute at SAIS, March 2015.

Wohlstetter, Albert. "The Delicate Balance of Terror," *Foreign Affairs*, 37 − 1:4. October 1958 − July 1959.

Wolf, Jr. Charles. and Levin, Norman D. *Modernizing the North Korean System : Objectives, Method, and Application.* Santa Monica, CA : RAND, 2008.

Woo, Jung − yeop. "Public Understanding of Nuclear Security Summit." Korea Herald Editorial (September 8, 2011).

Woolf, Amy F. "Nunn − Lugar Cooperative Threat Reduction Programs : Issues for Congress," *CRS Report for Congress*, Congressional Research Service, 97 − 1027 F, March 23, 2001.

Zhang, Hui, "Assessing North Korea's uranium enrichment capabilities." *Bulletin of the Atomic Scientists*, June 18, 2009.

Ⅲ. 일간지

노동신문, 뉴스타운 동아일보, 연합뉴스, 요미우리신문, 조선일보, 조선중앙통신, 중앙일보, 한국일보, New York Times, Washington Post

Ⅳ. 기　타

노태우 대통령. "한반도 비핵화와 평화구축을 위한 선언." 1991. 11. 8.

북한 외교부 성명, 1996. 2. 22.

북한 중앙인민회의 발표

북한 외교부 대변인 보도

연형묵 북한 총리 서신, 1992. 10. 13.

월간중앙. 제288호, 1999. 11. 1.

통일원. 『주간북한동향』 제210호, 1995. 1. 1－1. 7.

통일원. 『주간북한동향』 제199호, 1994. 10. 16－10. 22.

王仲春. 『核武器·核国家·核战略』. 中国 北京：时事出版社, 2007.

CIA. *CIA Estimate of North Korean Nuclear Capability*. Prepared for U.S. Congress, 2002.

Louis Merxler, Majority urges U.N to pass landmark N－pact, *Korea Herald*, 11 September 1996.

OSCE. *Annual Report 2001 on OSCE Activities*. November 26, 2001. Qichen, Speech at the Conference on Disarmament in Geneva, 27 February 1990.

See Liu, Joyce. Taiwan：Taiwan Won't Make Nuclear Weapons, Says President. *Reuters*, 31 July 1995.

Sunday Times(London). The secret of Israel's Nuclear Arsenal, Oct 5, 1986.

The Christian Science Monitor. 25 March 1992.

UN Press Release DC/2623. December 18, 1998.

US CIA. *DCI Intelligence Report*. 1998.

http://www.nautilus.org/DPRKBriefingBook/nuclearweapons/nuclearweapons.html.

http://www.odci.gov/cia/publications/fy98intellrpt/report.html.

http://www.osce.org

찾아보기

[저자 약력]

서울대학교 정치학과 학사 및 석사
미국 하버드대학교 정책학 석사
미국 랜드대학원 안보정책학박사
미국 RAND연구소, 유엔군축연구소, 미국몬트레이 비확산연구소 연구위원
중국 외교학원, 푸단대학 교환교수
미국 포틀랜드주립대학 교환교수
한국핵정책학회 회장, 한국평화학회 회장
한국국제정치학회 부회장, 한국정치학회 부회장
제21회 행정고시 합격
국방부 군비통제실 핵정책담당관, 남북핵통제공동위원회 전략수행요원
국방부장관 정책보좌관
국방대학교 교수(1994 - 현재)
국방대학교 안보문제연구소장 및 부총장
국가안보회의, 외교부, 통일부, 행안부, 과학기술부, 국가보훈처 자문위원
국방부, 합참, 육해공군 정책자문위원
남북관계발전위원회 민간위원

[주요 저서]

한반도 평화와 군비통제(초판, 2004)
자주냐 동맹이냐(공저, 2004)
동아시아 안보공동체(공저, 2005)
미일중러의 군사전략(공저, 2008)
미중 경쟁시대의 동북아평화(공저, 2010)
국방정책론(2012)

Designing and Evaluating Conventional Arms Control Measures(1991)
Nuclear Nonproliferation and Disarmament in Northeast Asia(1995)
Sunshine in Korea(co-authored, 2002)
Peace and Arms Control on the Korean Peninsula(2005)

[수 상]

한국국제정치학회 학술상
세종문화상(외교통일안보분야)
문화체육관광부 우수학술도서(자주냐 동맹이냐)
대한민국 학술원 우수학술도서(국방정책론)
홍조근정훈장

전정판
한반도 평화와 군비통제

초판발행	2004년 7월 20일
전정판인쇄	2015년 12월 1일
전정판발행	2015년 12월 10일

지은이	한용섭
펴낸이	안종만

편 집	한두희
기획/마케팅	우인도
표지디자인	김문정
제 작	우인도 · 고철민

펴낸곳	(주) **박영사**
	서울특별시 종로구 새문안로3길 36, 1601
	등록 1959. 3. 11. 제300-1959-1호(倫)

전 화	02)733-6771
f a x	02)736-4818
e-mail	pys@pybook.co.kr
homepage	www.pybook.co.kr
ISBN	979-11-303-0247-8 93390

copyright©한용섭, 2015, Printed in Korea

정 가   32,000원